高超声速飞行中的
辐射输运和磁流体力学

王保国　黄伟光　著

科学出版社
北　京

内 容 简 介

本书分为五篇13章，分别从辐射流体力学和磁流体力学基本方程组的构成、离散与求解以及应用等方面进行了系统的研究。它是飞行器热防护、红外隐身以及磁流体控制的理论基础。书中给出了国内外著名科学家的重要著作与文献882篇，为读者提供了一个十分宝贵的文献参考平台。

本书可供从事流体力学、飞行器热防护、高温辐射和磁流体控制等专业的硕士生、博士生和相关科技人员参考。

图书在版编目(CIP)数据

高超声速飞行中的辐射输运和磁流体力学/王保国，黄伟光著. —北京：科学出版社，2018.3

ISBN 978-7-03-056869-4

Ⅰ.①高… Ⅱ.①王…②黄… Ⅲ.①高超音速飞行器-气动传热-研究 Ⅳ.①V47

中国版本图书馆CIP数据核字(2018)第048898号

责任编辑：刘宝莉 / 责任校对：郭瑞芝
责任印制：吴兆东 / 封面设计：陈 敬

科学出版社 出版
北京东黄城根北街16号
邮政编码：100717
http://www.sciencep.com
北京中石油彩色印刷有限责任公司 印刷
科学出版社发行 各地新华书店经销
*
2018年3月第 一 版 开本：720×1000 1/16
2023年3月第三次印刷 印张：33 1/4
字数：670 000
定价：245.00元
(如有印装质量问题，我社负责调换)

前　　言

山东临清是明清时期中国的30个大城市之一，素有“临清傍运河，富庶甲齐郡”、“繁华压两京”，并享有“南有苏杭，北有临张”的美誉。它是我国国学大师季羡林先生的故乡，也是本书第一作者出生的地方。作者儿时常听大人们讲：季羡林先生主张“天人合一”、关注人与大自然的和谐，“关爱地球家园”。尽管当时作者不懂其中的道理，更不知道天到底有多大、人体到底有多么复杂，但坚信：季先生的教诲一定是对的，一定有着它深奥的道理。作者儿时常喜欢抬头看满天闪烁的星星，但始终感到数也数不清，一种对太空充满着敬畏与好奇之心激励着儿时的成长。

20世纪60年代，Albert Einstein（爱因斯坦）两部著作的中译本问世了：一部是《相对论的意义》（1961年，科学出版社），另一部是《狭义与广义相对论浅说》（1964年，上海科学技术出版社）。当时作者的父母将这两本书作为生日礼物送给本书的第一作者，父亲站在一旁双目盯着孩儿、母亲手捧这两本宝书交给王保国的情景，至今回想时仍热泪盈眶。作为中学生，那时对书中的内容读不太懂，但在朦胧中已使作者儿时感到相对论对学习理论物理、了解宇宙和从事航天科学研究是非常重要的理论基石，将来长大后要认真学习它。

Einstein 1905年创立了狭义相对论，1915年又在狭义相对论的基础上创建了广义相对论。狭义相对论的基本假设有两条：一条是狭义相对性原理，另一条是光速不变原理，该理论的核心方程是洛伦兹变换群。另外，狭义相对论只适用于惯性坐标系，它的时空背景是平直的四维时空。广义相对论的基本假设也有两条：一条是等效原理，另一条是广义相对性原理，该理论的核心方程是Einstein的引力方程，即

$$R_{\mu\nu}-\frac{1}{2}g_{\mu\nu}R+\Lambda g_{\mu\nu}=-8\pi GT_{\mu\nu},\quad \mu,\nu=1,2,3,4$$

式中，$g_{\mu\nu}$为二阶度规张量的协变分量；$R_{\mu\nu}$为Ricci张量的协变分量；R为曲率标量；$T_{\mu\nu}$为宇宙介质的能量动量张量的协变分量；G为引力常数；Λ为宇宙常数。这里应强调的是，广义相对论适用于包括非惯性系在内的一切参考系，它的时空背景是弯曲的Riemann（黎曼）时空。

狭义相对论预言了牛顿经典物理学所没有的一些新效应，如时间膨胀、长度收缩、横向Doppler（多普勒）效应、质速关系、质能关系。一切微观物理理论（如基本粒子理论）和宏观引力理论（如广义相对论）都满足狭义相对论的要求。这些相对性的动力学理论已经被许多高精度的实验所证实。另外，Einstein的引力理论将

时-空几何和引力场统为一体，它第一次为宇宙学提供了动力学基础。因此，应用广义相对论可以根据宇宙的现在去研究宇宙的过去和未来。此外，广义相对论理论也像粒子物理学标准模型那样，也应为近代大量的科学实验和观测所证实。在粒子物理学中，1964 年英国爱丁堡大学 Higgs 教授和比利时布鲁塞尔大学的 Brout 教授与 Englert 教授对 Higgs Bose 子的存在做出了预言并提出了 Higgs 机制。48 年后，即 2012 年 7 月 4 日 CERN(欧洲核子研究中心)宣布了 Higgs Bose 子存在的坚实实验证据，从而粒子物理学标准模型所预言的 62 种基本粒子全部被实验证实。Higgs Bose 子被确认，这是 100 年来人类最伟大的发现之一，因此 2013 年 10 月 8 日，84 岁的 Higgs 教授和 81 岁的 Englert 教授荣获 2013 年诺贝尔物理学奖。Brout-Englert-Higgs Bose 子简称 Higgs 粒子，又称为“上帝粒子”，它对解释为什么基本物质具有质量起着关键作用。同样，广义相对论的提出，也必须要接受大量的科学实验与观测之后才能被学术界所接受。这里以广义相对论的实验验证和引力波探测为例：

① 在水星近日点的进动中，每百年 43s 的剩余进动长期无法得到解释，但应用广义相对论便得到完美的解答。

② 光线在引力场中的弯曲，用广义相对论计算的结果比牛顿理论正好大一倍，Eddington(爱丁顿)的观测团队借助 1919 年 5 月 29 日的日全食进行观测的结果证实了广义相对论是正确的。

③ 光谱线的引力红移。按照广义相对论，在引力场中的时钟要变慢，因此从恒星表面射到地球上的光线其光谱线会发生红移。目前，人类仅知道两种红移机制：一种是 Doppler 红移，它是由于光源在空间中运动造成的；另一种是引力红移，它是由于空间膨胀造成的。因此两种红移有着不同的本质，引力红移又称宇宙学红移，这种现象也在很高精度上得到了证实。

④ 人类首次探测到引力波信号。2015 年 9 月 14 日激光干涉引力波探测(laser interferometer gravitational wave observatory，LIGO)团队直接探测到两个质量分别为 36 倍与 29 倍太阳质量的黑洞合并成单一黑洞(合并后质量变为 62 倍的太阳质量)时释放的引力波信号(又简称双黑洞合并的引力波信号)，所获得的观测数据与广义相对论的预测完全吻合。上述两个黑洞的合并过程中，将有大约 3 个太阳质量转化成以引力波形式散发出去的能量。

⑤ 人类第二次探测到引力波信号。2015 年 12 月 26 日，LIGO 合作组(LSC)和 Virgo 合作组的科学家探测到两个质量分别为 14 倍和 8 倍左右太阳质量的两个黑洞合并成一个质量约为 21 倍太阳质量的黑洞所释放的引力波信号。人类两次在地球上探测到引力波信号，这就为更加精确地检验爱因斯坦的广义相对论并对黑洞的各项参数做出了更加精确的估算。

⑥ 黑洞是广义相对论的预言之一，黑洞物理与量子理论联系密切。黑洞理论

涉及德国天文学与物理学家 Karl Schwarzschild(史瓦西,1873—1916)的度规和半径。如果将任何一个天体的全部质量都“塞进”它的史瓦西半径以内,这个天体便成为一个黑洞。可以计算:太阳的史瓦西半径大约是 3km,而地球的史瓦西半径只有 9mm。在黑洞理论研究方面,John Wheeler(惠勒,1911—2008)、Yakov Borisovich Zeldovich(泽尔多维奇,1914—1987)和 Dennis Sciama(夏玛,1926—1999)是三位领衔大师,其中惠勒是 Richard Phillips Feynman(费曼,1918—1988)的老师,夏玛是 Stephen William Hawking(霍金)的导师。

广义相对论诞生至今已 100 多年了。在过去的 100 多年里,与相对论同时创建的量子理论取得了长足的进展,相比之下,广义相对论却发展得较为缓慢。这一方面是由于广义相对论在数学上以及物理内容的本身上都不好理解,另一方面更重要的是在 20 世纪初期与中期还缺少检验引力理论的大量实验数据,而且至今也未捕捉到引力子的存在。

20 世纪中叶,远程遥感技术和航天飞行技术获得了巨大的发展,航天飞行技术的飞速发展使得天文学家和天体物理学家能够把高精度的远程遥感设备放置在地球大气层的上方。以 NASA 建造的著名四大观测台为例,自从 Hubble(哈勃)太空望远镜 1990 年发射升空以来,它对天文学的发展做出了巨大贡献;另外 Compton(康普顿)伽马射线观测台于 1991 年升空,它对伽马射线天文学的发展做出了巨大贡献;还有 Chandrase(钱德拉)X 射线观测台于 1999 年升空,它对 X 射线天文学的发展做出了巨大贡献;此外,Spitzer(斯皮策)太空望远镜于 2003 年升空,它对红外天文学的发展做出了巨大贡献。毫无疑问,上述四大观测台以及 James Webb(韦伯)太空望远镜(将于 2019 年升空)构成了 NASA 最重要的五大观测工具,其探测领域从光学扩大到紫外、X 射线、γ 射线等波段,从而使现代天文学真正走向了“空间天文”和“全波段天文”,用它们去观测宇宙、去证实物理学中的相关理论与定律便有了实验量测上的可靠保障。

随着空间技术的发展,在地球大气层外进行观测已成为一种基本方式。空间观测设备与地面观测设备相比,具有极大的优势:以光学望远镜为例,望远镜可以接收到宽得多的波段,短波甚至可以延伸到 100nm。由于没有大气抖动,分辨本领得到了很大提高。事实上,在大气层外的观测,只受衍射极限的限制,角分辨率可以比地面观测提高近 10 倍,达到 0.1 角秒,这相当于能够分辨出约 10km 之外的一枚 5 分的硬币,为了更充分地展示这方面空间天文望远镜的进展,以下列举 NASA 在 2003~2014 年间升空的四个重大空间项目:

(1) Spitzer 太空望远镜主镜口径为 84cm,配备有极高灵敏度的红外探测元件,能够穿越气团和尘埃看到恒星的诞生和死亡,还能够观测那些宇宙大爆炸之后不久形成的星系,让科学家了解宇宙早期的模样。Spitzer 太空望远镜于 2003 年升空。

(2) 空间干涉测量飞行任务(space interferometry mission, SIM)测量仪，2009年送入近地轨道。它是一个在空间释放的由7架30cm口径镜面排列而成长达10m的望远镜阵。运用Michelson光学干涉技术，其最终的空间分辨率可比哈勃太空望远镜(Hubble space telescope, HST)高近千倍，它能够提供毫角秒级精度的恒星的绝对精度定位的测量，能够产生高分辨率的图像，用于实现搜索其他行星的科学研究。

(3) 新一代太空望远镜(next generation space telescope, NGST)也是专为红外观测设计的，配有一块直径7m的反射镜。NGST的造价仅为HST的1/4，但它对天体结构的分辨率提高了近10倍，探测遥远星光的灵敏度则激增100倍，它可以捕捉到来自首代恒星和星系形成时的"第一缕星光"；它和SIM都是NASA探讨"起源计划"的关键项目，可用于探索宇宙最早期形成的第一批星系、星团。NGST于2011年升空，它将人们对银河系的结构和演化的了解跨入一个新的境界。

(4) 地外行星发现者(terrestrial planet finder, TPF)是集空间望远镜技术之精粹，用来探测45光年以内邻近恒星周围的类地球型行星，为人类寻觅太空知音。TPF于2014年升空，它的设计思路与SIM相仿，但TPF的镜面阵列可达数百米尺度。利用TPF，人们足以探明在太阳系邻近数十光年内，是否存在与地球条件相似的行星。显然，能够探测到这些类地行星，正是人类从事航天研究所急需的。2017年，NASA第一次宣布一颗体积与地球相似的行星，可能适合人类居住，它距离地球约490光年。天文学家估计，在银河系就存在着数十亿个类似的可能存在生命的行星。

从20世纪90年代起，天文学研究进入一个信息时代。例如，大型巡天望远镜(large synoptic survey telescope, LSST)项目与搜索引擎业Google的合作将人类的视野带入一个全新的层次。LSST每月都将对半球天空进行多次扫描，并借助功能强大的统计分析和数据挖掘技术进行数据的归纳与处理，进而去搭建虚拟的数字天文台，以便为人类提供更加丰富的宇宙数据库。

另外，国外科学家还提出一个更加宏伟的设想：建议在月球表面安放一台射电望远镜，并同地球表面上的望远镜进行干涉测量，由于基线长达38万km以上，测量精度和分辨率必然会极大地提高。科学家提出如此宏伟的设想，绝对不是用于人类的战争，而是使用它去揭示宇宙中更多的奥秘，去寻找那些处于可居住带的类地球型的行星。

此外，天体物理的全天球天体测量干涉仪(global astrometric interferometry for astrophysics, GAIA)项目属于欧洲空间局(ESA)的"地平线(Horizon)2000"长期科学规划的一部分，该干涉仪于2013年12月19日升空，造价32亿美元。其目的是用中等基线的光学干涉测量对银河系的总体几何结构及其运动规律做全面的普查，并在精细测量的基础上再次精密检验广义相对论理论。2016 年 9 月 23 日，GAIA 公布首批测量数据。

GAIA 是采用 Fizeau 像平面干涉方案工作的，它由 3 个共面的干涉仪组成。Fizeau 干涉的主要优点是视场大，有利于空间成图。更重要的是，GAIA 和 SIM 在性能上形成互补性：GAIA 能够提供参考恒星的大角度网，形成一个均匀的参考系，这对 SIM 来讲十分有用。SIM 除了能观测极限星等较暗的天体和具有较高的精度外，还有一些性能是 GAIA 所没有的，例如，它可对复杂源（多重点源或者点源加展源）成图，能观测有时间要求的源（如变源、双星、突发天象等）。因此，GAIA、NGST 以及 SIM 等关键项目的开展，将使人类对宇宙起源的探索推上一个更新的台阶。

射电望远镜比光学望远镜的优越之处，在于射电波可以穿过光波无法通过的尘埃。例如，在银河系的中心方向存在大量的尘埃，这时使用射电天文手段就可以观测到以往单凭光学方法所不能观测到的地方。事实上，20 世纪 60 年代时天文学上的四大发现（即类星体、脉冲星、星际空间中的有机分子和微波背景辐射）都是采用射电天文方法才发现的，其中脉冲星和微波背景辐射的发现还分别获得了 1974 年和 1978 年的诺贝尔物理学奖。

对于各类望远镜，其中包括光学望远镜、射电望远镜和其他各类空间望远镜来讲，总的发展趋势是镜的口径做得越来越大。就射电天文观测来说，用它可以监听最微弱的太空电波，即使远在 135 亿 km 之外以及处于太阳系边缘的“旅行者 1 号”和“旅行者 2 号”探测器所发出的电波也可以监听到。

人类为了探索宇宙，除了需要各种大型太空巡天高端望远镜（如光学望远镜、红外望远镜、射电望远镜、Keck 干涉仪、射频望远镜等）、引力透镜以及粒子物理方面的相关测试仪器和设备之外，高超声速飞行器便是目前人类进行上述科学研究和实现人类飞天梦想时最为关心的运输工具。

现代宇宙学家和天文学家根据天文卫星最新测量数据已经可以精确地给出如下结论：我们的宇宙已经有 137 亿年的历史，误差不超过 2 亿年。另外，最近的观测结果也表明：宇宙物质密度与临界密度之比为 1.02，误差只有 ± 0.02，因此我们的宇宙是平直的。此外，宇宙学界也普遍认为：Gamow（伽莫夫）的宇宙起源和演化的大爆炸标准理论模型能够完美地解释哈勃星系退行、宇宙微波背景辐射以及宇宙元素丰度的观测事实，并且还认为 Guth（古斯）的宇宙暴涨理论成功地解决了宇宙大爆炸标准理论模型所无法解释的两道难题。按照 Guth 的暴涨理论，在大爆炸刚刚发生后的 10^{-35} s 时，宇宙发生了暴涨，宇宙以极大的速度向各个方向暴涨。暴涨前的宇宙极其微小，大约尺度为 10^{-25} cm，完全处于光的作用范围之内，所以宇宙在暴涨前已有足够的时间达到均匀，这样暴涨理论解释了均匀问题。另外，暴涨的时间很短暂，只有 10^{-33} s，但体积却增大了 10^{26} 倍，暴涨结束时宇宙的半径才仅有 10cm，以后宇宙又变为正常的膨胀，直至今日成为一个半径达 10^{28}cm 的浩瀚宇宙。

上面谈到宇宙的早期模样，这里必然会联想到宇宙微波背景辐射问题的发现：1964 年，美国贝尔实验室的 Penzias 和 Wilson 发现了宇宙微波背景辐射。1989 年和 2001 年美国分别发射了宇宙背景探测卫星（COBE 卫星）和威尔金森微波背景辐射各向异性探测器（WMAP），准确地测定了背景辐射温度为 2.725K，而且宇宙不同方向上的微波背景辐射几乎相同，差别不超过十万分之一。宇宙微波背景辐射如此均匀使广义的宇宙暴涨理论找到了强有力的证据。另外，2001 年 6 月 30 日发射的威尔金森微波背景辐射各向异性探测器在做了一年观测后发表了观测的结果，它证实了宇宙各种成分的比例是：4％的重子物质、23％的暗物质、73％的暗能量。

谈到暗物质与暗能量问题，这里很有必要讲一下李政道先生在清华大学的演讲和丁肇中先生历时二十多年的暗物质研究工作。2005 年 10 月 25 日，李政道先生在清华大学的演讲中指出："21 世纪初科学最大的谜团是暗物质和暗能量。暗物质存在于人类已知的物质之外，人们目前知道它的存在，但不知道它是什么，它的构成也和人类已知的物质不同。"他鼓励大家要勇于探索，加强暗物质和暗能量的研究，他指出："21 世纪对暗物质和暗能量的研究，也会产生令今天的人类无法想象的新发明。"事实上虽然近些年来西方科技发达国家的财政吃紧，但却不愿意放弃对暗物质研究的投入，如 AMS-01 和 AMS-02 项目就是一个典型的例证。1998 年 6 月 2 日发现号航天飞机和 2011 年 5 月 16 日奋进号航天飞机分别将阿尔法磁谱仪Ⅰ号和Ⅱ号送到国际空间站去寻找反物质和暗物质。阿尔法磁谱仪重 7.5 吨，价值 20 亿美元。丁肇中先生从 1994 年开始一直在寻找暗物质，这种持之以恒奋斗的精神为我们树立了光辉的榜样。

对于人类为什么要进行太空的探索，北京系统工程研究所黄志澄先生 2013 年 7 月 1 日在《中国青年报》发表的文章中讲了三方面的理由，其大意可概括为：①解答"宇宙从哪儿来"、"人类是怎么产生"等哲学问题；②要爱护和珍惜地球家园；③要树立"天人合一"的理念、努力保护太空生态。对于黄志澄的上述观点，我们表示赞同，但还有一点是应该强调的：在地球一旦遇到危难之时，如何将地球上的人类（哪怕是其中的很少数）尽快地移居到可适宜居住的外星球，也应是地球上的人类进行太空探索的目的之一，也是取之不尽的动力源泉。

在广袤浩瀚的宇宙空间，有太阳系、银河系、河外星系等，适应于人类生存的星球也绝对不可能仅有地球一个。大量的现代宇宙学的研究结果表明：人类自己所居住的星球在宇宙中并无任何特殊地位，地球也不过是宇宙中平淡无奇的行星，它围绕着一颗名叫太阳的恒星运转着，而太阳仅仅是银河系的星群中无数恒星里的一颗。而银河系也只不过是散布在广袤穹宇中无数星系的一支。另外，著名德国宇宙生物学家Gerda Horneck院士在2007年与Petra Rettberg合著的*Complete Course in Astrobiology*一书中给出了具体的数据，她明确指出：目前人类已经检测到380颗可居住的太阳系外行星，甚至可以探测到20光年以外行星上的生物信号。

宇宙学界一致认为：Gliese 581C是人类探测到的第一颗类地行星。在已观测到的太阳系外行星中，位于飞马座（Pegasus）中的HD209458b使众多科学家倍感兴趣。但要指出的是：尽管人类借助于现代各种高精度的望远镜可以看到120亿光年之外接近137亿光年的星系，并且人类还能够不断地发现一个接一个的类地行星，但这些行星距离地球太远了。要到达这些星球上居住，乘坐目前人类制造的航天器所花费的时间太长了。因此科学家才建议要发展以核聚变技术为支撑的新型航天器动力装置或采用激光推进技术以及反物质星际火箭去取代目前人类使用的化学火箭，这正是本书在前言中想告诉读者的第一个不能回避的客观现实。

2004年3月2日欧洲空间局（European Space Agency，ESA）发射Rosetta（罗塞塔）探测器及搭载的Philae（菲莱）登陆器，它飞行了10余年之后于2014年11月12日在Churyumov-Gerasimenko彗星（简称C-G彗星）成功着陆。这里必须强调的是，这次Philae在C-G彗星上的着陆，其风险非常大。这颗彗星最宽也只有4km，最窄只有1.3km，可是彗星的移动速度超过每小时4万m，而且彗星的引力非常微弱，例如，地球上100kg重的东西，在该彗星表面将只有1g重。Philae在地球上有100kg重，因此它在C-G彗星表面便只有1g重，这也是导致Philae登陆器在C-G彗星上着陆时不稳定的重要原因之一。Philae成功登陆彗星的技术与经验，为人类登陆太阳系的有关行星或者去一些星球上进行资源探测和挖掘活动提供了十分宝贵的经验。另外，Philae发射的十多年来，2000多名ESA的科学家一直坚守岗位，用足够的耐心和毅力参与、追踪这个探测器的飞行，他们这种为人类航天科学的奉献精神值得发扬光大，这也是本书前言中想告诉读者的第二个问题——探索在小天体上着陆的经验非常宝贵，而且更需要持之以恒、要有奉献精神。

此外，在登月与火星之旅的探索方面，美国NASA已积累了十分宝贵的登月经验，这里不妨以Orion（猎户座）载人探测飞船（crew exploration vehicle，CEV）的试飞为例说明人类在探索登陆火星以及探测小行星方面所做出的不懈努力。美国东部时间2014年12月5日早7时5分，Orion CEV由Delta-4重型运载火箭搭载从肯尼迪航天中心（Kennedy Space Center，KSC）发射升空。升空后Orion CEV距离地球的最大高度为5790km，这个高度要比Mercury（水星）号飞船（美国第一代载人飞船）和Gemini（双子星座）号飞船（美国第二代载人飞船）试飞时高度都高，它比目前国际空间站的飞行高度还高出15倍，已飞出了近地球轨道。这次试飞之所以选择这个高度，是为了保证飞船再入地球大气层时的速度提高到

8.89km/s(即 3.2×10^4km/h),以此去有效地校核航天器隔热罩的气动热防护设计。这也是过去 42 年间 NASA 第一次将一艘旨在为载人航天设计的飞船发射到离地球 5790km 的宇宙深空之中,而上一艘这样的飞船是 1972 年的 Apollo-17 号。Orion CEV 高 3.35m,宽 5m,这个尺寸超过了 Apollo 飞船。Orion 飞船可容纳 6 名航天员,它比 Apollo 的“三人间”大得多。

Orion CEV 在经过 4.5h 的测试飞行即绕地球飞行两圈之后安全降落到美国加州海岸外的太平洋着陆区。当飞船再入大气层后经过 7min 的时间,飞船的速度由 3.2×10^4km/h 降到 32km/h,以保证飞船能够平稳坠入太平洋着陆区。显然,在 7min 的时间里飞船的速度由 3.2×10^4km/h 降到 32km/h,这需要高深的高超声速气动热力学专门知识和十分精细的控制技术之间的巧妙配合,只有这样才能保证飞船的安全返回和准确着陆。这次试飞耗资 3.75 亿美元,NASA 强调,这次飞行是火星探测之旅的“重大里程碑”。Orion CEV 是继航天飞机之后美国新一代载人航天工具,NASA 希望 Orion 能够成为未来太空探索活动的多面手,即承担起美国重返月球、完成载人探测火星,甚至探测小行星(如 Apophis)的多重任务。

这里我们想介绍一下科学家对于基础理论的探索,不妨以理论物理中的 M 理论的研究与探索为例。20 世纪 80 年代,基于量子场论发展起来的超弦理论第一次将广义相对论和量子力学这两大基础理论统一起来,建立了量子引力理论。人们常把 1984～1985 年间的超弦理论称为弦理论发生的第一次革命,而把 1994～1995 年弦理论发生的革命称为弦理论的第二次革命。第二次弦理论革命主要由著名物理学家 Edward Witten 率领,并且学术界将完善与统一后的弦理论称为 M 理论。为此,剑桥大学著名理论物理学家 Stephen Hawking 在 2010 年所著的 *The Grand Design* 一书中写道:“M 理论是 Einstein 希望找到的统一理论。”Hawking 教授和 Mlodinow 教授为写这部重要的著作,他们花费了整整十年的宝贵时光。尤其是 Hawking 教授,近些年来他身体状况一直不佳,但他仍能为人类科学的研究如此拼搏,难道这种精神不值得我们这些身强力壮的后生学习吗?

在广义相对论中,Einstein 方程决定了由于质量与能量的存在所造成的时空曲率。但在 Planck 尺度(即长度约为 10^{-33}cm,时间约为 10^{-43}s,能量约为 10^{28}eV,质量约为 10^{-8}kg)时由于度规系数的剧烈变化,在此尺度时由广义相对论无法得到合理的引力值。而采用 10 维的弦论和 11 维的 M 理论,可以在大尺度下获得与广义相对论相容的结果,而且在小尺度下还可以得到与量子力学分析相一致的数据。这里应强调的是,M 理论中的时空是 11 维的,当其中的 7 维蜷缩成内空间后,留下 4 维时空及其表观规律。对于蜷缩的内空间,世界著名数学家丘成桐教授曾分别于 2003 年和 2010 年出版过两部英文版专著,并且较详细地从微分几何与现代流形的角度上阐述了蜷缩的内空间与 Calabi-Yau manifold 之间的关联。换句话说,理论物理中的弦论与现代微分几何学之间建立了密切的联系。因此,使用 M

理论便可以成功地解释微观物理中存在的大量客观问题和浩瀚宇宙天体间所发生的复杂现象。

高超声速气动热力学是气体动力学与热力学、化学动力学、统计力学和量子物理相结合所形成的新分支学科。由于飞行器进行高超声速再入飞行，通常会涉及四个流区（自由分子流区、过渡流区、滑移流区、连续介质流区），书中提出了从适用于上述四个流区的力学方程——Liouville 方程出发，根据飞行器再入时 Knudsen 数的大小，引入适当的近似之后便可推出 Boltzmann 方程；再借助于 Chapman-Enskog 逐级逼近展开，又可得到 Euler 方程、Navier-Stokes 方程以及 Burnett 方程等。因此，在某些近似假设下，不同流区所服从的 Boltzmann 方程或者 Navier-Stokes 方程在理论上都是自洽的、协调的、统一的。典型算例选取了再入地球大气层以及进入火星、土卫六大气层的 18 种国际著名高超声速飞行器的 242 个飞行工况，并将我们高速气动热与人机工程中心（Aerothermodynamics and Man Machine Environment Laboratory，AMME Lab）团队的计算结果与国际上公开的相关飞行试验数据进行了详细比较，充分显示了书中所提方法的可行性与有效性。

在高超声速飞行与再入的过程中，要涉及高超声速气体的流动、高温气体动力学以及“声障”、“热障”和“黑障”等问题，涉及辐射输运以及磁流体力学中的诸多方面。因此，如何在统一的框架下求解上述问题正是本书所研究的核心内容。

飞行器在高超声速飞行时，高温气体的辐射输运问题十分重要。如何较准确地计算高温气体各组分的吸收系数和散射系数，需要理论物理、微观力学的支撑。另外，磁流体力学方程在高温状态下的求解，其中许多物性参数的确定，也离不开原子分子理论。尤其是等离子问题采用动理学方程（如 Fokker-Planck 方程以及热等离子体的 Vlasov-Maxwell 方程组等）求解时更是如此。因此，本书提出了物理化学气体动力学（physicochemical gasdynamics，PCGD）的原子分子理论，它涵盖了高超声速气动热力学、输运理论和辐射流体力学、电磁学和磁流体力学、气动光学这四个分支学科。本书着重讨论了高超声速飞行中的辐射输运与磁流体力学，全书分为五篇 13 章：

第一篇是高超声速飞行中的气体动理学、输运理论和气动热力学基本方程组。这篇包括三章，分别讨论 Boltzmann 方程、辐射输运方程以及广义 Navier-Stokes 方程。

第二篇是辐射流体力学基本方程组及其数值求解方法。这篇也包括三章，分别讨论非定常可压缩湍流计算的高效高分辨率算法、吸收和散射系数的确定以及全光谱 K 分布辐射输运方程、高超声速飞行中辐射流体力学基本方程组的耦合求解。

第三篇是电磁流体力学基础与矢量辐射输运方程。这篇包括四章，分别讨论 Maxwell 方程组的数学结构以及电磁场中带电粒子的运动、磁流体力学的一维和多维流动以及稳定性理论、狭义相对论下磁流体力学方程组的构成、考虑辐射偏振特性的矢量辐射输运方程。

第四篇是磁流体力学基本方程组的数值求解方法。这篇虽仅包含一章，即磁流体力学基本方程组的高精度、高分辨率解法，但涵盖了现代计算磁流体力学的主要内容，其中包括磁场伪散度问题的处理、有限体积法中的高效率 LU 算法以及 Gauss-Seidel 迭代法、非结构网格下有限体积法的双时间步长迭代格式、高精度、高分辨率 RKDG 有限元方法等，内容十分丰富，充分展示了我们两个团队(即王保国团队和黄伟光团队)在磁流体计算方面所完成的工作。

第五篇是两类基本方程组的典型应用，这里两类基本方程组是指辐射流体力学基本方程组和磁流体力学基本方程组。这篇仅包含一章(即辐射与磁流体的典型算例以及红外隐身与磁流体控制技术)，但讨论的内容十分丰富，其中包括典型飞行器表面 8～14μm 波段红外辐射特性的计算、发动机尾喷管 3～5μm 波段 K 分布辐射输运的计算、飞行马赫数分别为 23.9 和 25.9 绕著名 RAM-CII 飞行器时热化学非平衡态流动的光辐射计算(其中包括 0.2～0.4μm 的紫外光谱辐射和 2～5μm 的红外光谱辐射)、一维磁流体力学激波管典型问题、MHD 非定常 Rayleigh 问题、磁流体力学二维 Riemann 问题、二维 MHD 强扭转的 Rotor 问题以及飞行马赫数分别为 28.3、25.9、15.0、10.6 和 5.0 时高超声速钝体磁流体力学绕流计算的问题等。另外，这章还讨论了飞行器和发动机尾喷管的红外隐身以及飞行器的磁流体力学流动控制问题。应当讲，这些内容十分新颖，它反映了我们两个团队近 20 年间在基础研究方面所取得的重要成果。

两位作者衷心地向一直关心与支持他们两个团队工作的流体力学界、计算物理界以及工程热物理界老前辈卞荫贵先生、秦元勋先生、周毓麟先生、童秉纲先生、陈乃兴先生、俞鸿儒先生、陈懋章先生、吴承康先生、王仲奇先生、陶文铨先生、周力行先生、庄逢甘先生、刘高联先生、崔济亚先生、叶大均先生、吴文权先生、沈孟育先生和周盛先生等表示深深的感谢！另外，本书的第一作者还想将本书献给带领他迈进这个领域并引导他夯实好理论物理和化学物理基础的老师与恩人王竹溪先生、李政道先生、彭桓武先生、郭永怀先生和钱学森先生；献给几十年来一直在外流气动热力学和内流气动热力学两大方面精心培育与直接指导的恩师卞荫贵先生(1978～2005 年)和吴仲华先生(1978～1992 年)。令本书第一作者十分荣幸的是，1978 年作为中国科学院研究生院首届研究生，并分别拜吴仲华先生和卞荫贵先生为师。如今，中国科学院研究生院已更名为中国科学院大学，将会有更多师弟、师妹在母校茁壮成长、培养成才，这是本书第一作者所希望并感到欣慰的。此外，本书的第一作者还万分感谢季羡林先生，是他使作者有幸与王竹溪先生相识与请教并受益终生。

李成勤博士负责书稿的文字录入和整理工作，在此表示衷心的感谢。

本书在出版期间得到科学出版社，尤其是该社刘宝莉编辑的大力支持，正是她一丝不苟的敬业精神才使得本书得以如期出版，在此表示衷心的感谢。

最后，本书的第一作者还要特别祝福他的小孙儿艺宸、小孙女筠溪、艺颖、Ellen 和珂怡以及小外孙女巍琳、巍宇健康快乐。爷爷盼望他(她)们健康快乐地成长，长大后为人类航天科学的发展以及人类社会的和平与进步多做贡献。

由于本书涉及面广、两位作者水平有限，书中可能会存在疏漏与不妥，敬请广大读者及专家批评指教。E-mail：bguowang@163.com。

目　　录

第四篇　磁流体力学基本方程组的数值求解方法

第1章　绪　　论

高超声速(hypersonic)是我国著名科学家钱学森先生在1946年发表的一篇论文中提出的一个重要概念与术语[1]。1963年,钱学森先生出版了《星际航行概论》这部专著[2],进一步全面阐述了星际航行技术和星际航行实践这项复杂的系统工程。如今,航空与航天技术已成为衡量一个国家整体科技实力和工业基础的重要标志,同时也是衡量一个国家综合国力的重要组成部分。

高超声速飞行器是指飞行Mach数大于5,能够在大气层或星际空间中进行远程飞行的飞行器,其中包括航天飞机、高超声速巡航导弹、星际空间探测器以及行星与行星际载人飞船等。因此,高超声速飞行器技术涉及高超声速气动热力学、辐射流体力学、磁流体力学(magnetohydrodynamics,MHD)、化学动力学、稀薄气体动力学、平衡态与非平衡态高温气体的统计物理学、气动电磁学、气动光谱学、气动光学、计算流体力学(computational fluid dynamics,CFD)、计算电磁学,以及导航与控制技术、电子信息与通信技术、材料结构与工艺制造技术等多门学科的交叉与融合,涉及高超声速推进、高超声速飞行器机身与推进一体化设计、飞行器热防护技术、高超声速飞行器地面风洞试验技术以及空中飞行试验等多项前沿技术的高度综合,涉及系统工程理论的指导和系统论方法学的研究[3,4]。

《高超声速气动热力学》[5]一书主要讨论了高超声速飞行器飞行和再入大气层时,所涉及的四个流区(即自由分子流区、过渡区、滑流区和连续介质区)。按照以前传统的做法,四个流区各自采用不同的近似方法,因此不同的处理方法便缺乏计算方法上的统一与协调,缺乏共同指导的理论基础。因此,我们在该书中针对涉及的四个流区,提出了"从一个力学基本方程出发,构建一个基本的求解框架、突出一个统计系综、立足一种普遍形态的思想方法",并借助这一方法分析与求解了火星大气层、土卫六大气层以及地球大气层中18种国际上著名航天器与探测器的高超声速绕流问题,其中包括242个再入飞行典型工况的气动力、气动热以及飞行器热防护问题的分析,且有231个工况已在相关国际会议、学术杂志以及全国学术会上发表。应该讲,文献[5]更多的是讨论针对四个流区如何在统一的力学方程基础上进行合理近似求解的问题,它紧紧扣住了高超声速气动热力领域的核心内容,进行了一次在这一领域中将微观物理与宏观力学相互结合的成功探索。

本书主要探讨辐射气体动力学和磁流体力学两大部分。这些内容的研究与钱学森先生、郭永怀先生1958年在中国科学技术大学创建近代力学系(钱学森任首届系主任)、化学物理系(郭永怀任首届系主任)以及郭永怀先生在中国科学院力学所创建"磁流体力学"方向[6]的总体布局紧密相关。在钱学森和郭永怀先生的倡导下，中国科学技术大学建校初期在近代力学系设立了高速空气动力学专业（林同骥、卞荫贵、郭永怀、钱学森等先生亲自授课）和喷气技术热物理专业（吴仲华等先生亲自授课）等；在化学物理系设立了物理力学专业（钱学森先生亲自授课并于1962年出版了《物理力学讲义》[7]）和高速化学反应动力学专业等，现在看来这些专业的设置的确是非常英明的决策。如果从1958年至今这些专业一直坚持办下去的话，那么我国高超声速飞行器方面的设计队伍一定会比现在更加强大、基础研究一定会更加坚实。

1.1 高超声速飞行与再入问题中PCGD的原子分子理论

气体动力学(gasdynamics)[8~12]是流体力学的一个分支，是研究可压缩流体的运动规律及其与固体的相互作用。以空气动力学为例，它是研究物体（如各种飞行器）与空气做相对运动时的相互作用及其规律的一门科学。随着物体相对于空气运动速度的增加，物体与空气之间的相互作用也越来越强烈，于是出现了"声障""热障"和"黑障"等问题。突破"声障"发展与形成了以激波理论为核心的超声速空气动力学理论，突破"热障"发展与形成了以研究飞行器周围气体对飞行器的热输运为核心的气动热力学(aerothermodynamics)。气动热力学将空气动力学与化学热力学、化学动力学、统计物理和量子力学相结合，主要研究高速或高超声速流动问题。因此，von Karman（冯・卡门）把这种流动问题称为气动热化学(aerothermochemistry)[13]，也有的书籍中称为高超声速和高温气体动力学[14]或物理气体动力学[15]等；更多的学者将其称为气动热力学[16]或者高超声速气动热力学[17~20]。

在高超声速飞行问题中，"黑障"是指通信中断，即高超声速气流绕飞行器流动，产生脱体弓形激波，飞行器周围的气体在激波和表面摩擦作用下形成高温气体并产生电离，成为部分电离气体，这些电离气体流向飞行器尾部便形成等离子体尾迹。通常，人们把飞行器周围的等离子体称为等离子鞘。当飞行器机载电磁通信天线发射或接收电磁波时，电磁波被电离气体反射、吸收而强度衰减，甚至完全不能穿过等离子体层而发生通信中断[21]。20世纪50～70年代随着航天工程的开展[22~26]，美国和苏联对"黑障"问题开展了大量的飞行试验，详细研究了飞行器周围气体产生等离子体的机理、气体的电磁性质的变化、与电磁波相互作用的规律，并寻找到解决通信中断的技术途径。由于"黑障"问题出现在飞行器高超声速再入的过程中，因此当时人们常把"黑障"问题的研究称为"再入气动物理(reentry aerophysics)"，常简称为再入物理[27~29]。另外，那时"再入物理"还包括再入过程中飞行器和周围气体的光辐射、对雷达波的散射以及大气中雨、雪粒子对飞行器表面防热材料的侵蚀等物理现象的机理分析与研究。

回顾我国在气动物理方面开展的研究工作,应该追思与怀念我国著名气动力学家卞荫贵先生。早在1975年国防科学技术委员会成立气动力、气动热和气动物理三个专业组时,卞荫贵先生就被聘请为气动物理专业组组长,他是我国气动物理的倡导者和领路人,他为我国开展气动物理研究、为我国发展战略武器和卫星研制做出了重大贡献。另外,他直接率领的中国科学院力学研究所第11研究室早在20世纪80年代便在战略弹头气动力、气动热和热防护研究方面、在再入通讯可行性途径的研究方面、在高超声速飞行器底部流动及传热分析方面取得了创新性的重大成果,并分别于1978年、1980年、1986年和1987年等多次荣获全国科学大会奖、中国科学院科技进步奖和国家科技进步奖。此外,卞先生还于1986年出版了《高温边界层传热》[30],1997年出版了《气动热力学》[16],这两部重要著作填补了当时我国在高超声速飞行器气动设计与热防护领域出版的空白,为全国高校航天类研究生和广大航天科技人员从事这一领域研究指明了前进的方向,提供了十分宝贵的学习素材。本书的第一作者有幸能够在钱学森先生任所长的中国科学院力学研究所和吴仲华先生任所长的中国科学院工程热物理研究所工作16年,能够在吴仲华先生和卞荫贵先生的直接教诲下从事科研,尤其是卞先生27年(1978~2005)精心的培育和指导,这是王保国人生中最宝贵的财富。另外,本书的两位作者自1991年6月合作至今,20多年共同不懈地努力使他们真正感受到高超声速飞行与再入问题的重要性,感受到外流气动热力学与叶轮机械气动热力学之间的共同基础与相互融合,深刻体会到钱学森先生、郭永怀先生、吴仲华先生在中国科学科技大学建校初期创办与设计这些专业方向的良苦用心,这也正是本书的两位作者下决心将本书问世的真正动力。

随着航天和导弹技术的发展,人们已不局限于研究高超声速飞行器的"再入"状态,而是要求能够掌握飞行器在各种飞行状态下飞行器周围等离子体对电磁信号的传输效应、掌握对飞行器电磁导航和末制导的影响。另外,随着光电技术的飞速发展,各种光电侦察、探测、观瞄、制导等装备器材(如主动红外夜视仪、激光测距仪、目标指示器、微光夜视仪、红外热像仪、红外辐射仪等)的研究、应用与开发在航天器和新型武器装备上获得了较大的发展,而这些仪器的应用都离不开对目标、背景和大气的红外特征的掌握,离不开气动力学与电磁理论以及辐射输运理论之间的融合,也离不开气动力学与光学理论之间的结合。正是由于飞行器技术发展所提出的物理问题范围在不断拓展,"再入物理"这个术语已不能涵盖上述新出现的交叉学科所研究的内容,因此"气动物理(aerophysics)"这一术语便被使用。文献[31]对气动物理规范了一个研究范围,即研究物体和空气相对运动时相互作用引起的物体周围气体物理性质的变化及其与电磁波、光波相互作用的规律,并应用这些规律解决实际问题的一个空气动力学分支,是空气动力学与物理学的一个交叉学科。按照这个说法,气动与电磁学的结合、气动与光学的结合、气动与高温气体辐射光谱特性的结合等都属于气动物理的范畴。

在飞行器高超声速飞行与再入的过程中，除了上述气动物理所研究的问题之外，飞行器的绕流问题是十分复杂的[16,32~34]。这时的流动往往处于高温非平衡态，例如，航天器在离地球表面 80km 或更高的高空并以 20～30 的 Mach 数再入地球大气层时，化学非平衡和热力学非平衡效应十分显著，因此要研究这一过程，就必须将气动力学与化学热力学、化学反应动力学相结合[5]，而化学热力学与化学反应动力学属于化学学科研究的内容。另外，在再入飞行过程中炽热的气体将飞行器表面材料的烧蚀(ablation)过程应属于物理化学的研究范畴[30]。综上所述，飞行器进行高超声速飞行与再入问题的过程中，除了要涉及高速气体动力学问题之外，还要涉及大量的气动化学和气动物理的问题，这里我们将气体动力学与物理化学的结合称作物理化学气体动力学(physicochemical gasdynamics)，而研究这门交叉学科的方法应该从分子和原子角度入手，采取微观分析和宏观描述相结合的方法，为此我们将这种处理称为 PCGD 的原子分子理论(atomic and molecular theory of physicochemical gasdynamics，AMTPCGD)。在具体处理高超声速飞行和再入问题的过程中，我们将所涉及的物理化学气体动力学问题分成了四个子方向，如图 1. 1所示，即①高超声速气动热力学；②高超声速飞行中的辐射输运理论和辐射流体力学；③气动电磁学磁流体力学；④气动光学原理与计算模型。

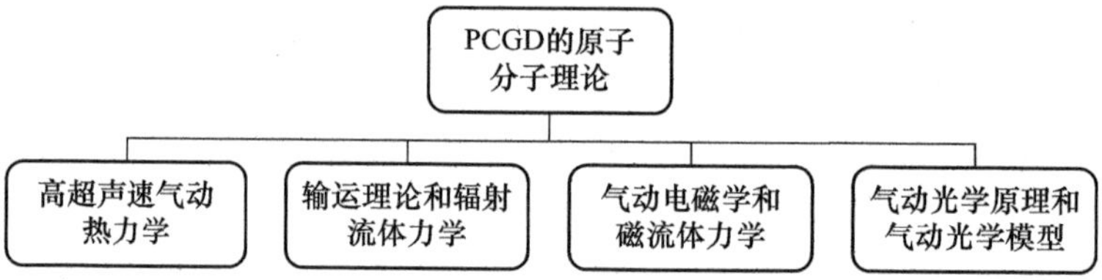

图 1. 1　高超声速飞行与再入问题中 PCGD 的原子分子理论及其涵盖的四个分支学科

高超声速气动热力学是气体动力学与热力学、化学动力学、统计力学和量子物理相结合所形成的新分支学科。由于飞行器进行高超声速再入飞行，通常会涉及四个流区(自由分子流区、过渡流区、滑移流区、连续介质流区)，根据飞行器再入时 Knudsen 数的大小，稀薄区采用 DSMC(direct simulation Monte Carlo)方法，连续介质区采用多组分、考虑非平衡态气体振动与热化学非平衡态效应的广义 Navier-Stokes 方程，而过渡区仍可使用 DSMC 方法，文献[5]给出了上述流动处理的细节，这里不再赘述。

飞行器在进行高超声速飞行时，输运理论和辐射输运方程十分重要。任何一种辐射体都有它特有的辐射光谱，以区别于其他物体。因此，航天器和导弹目标的这些辐射的光谱特性成为探测识别指示航天器和导弹目标的重要依据。高温气体辐射是气体原子分子能态的激发和去激发过程，原子分子辐射的波长范围取决于所跃迁能级间的能量差，辐射强度要依赖于参与跃迁的粒子数。因此，研究高温气体辐射要从原子分子结构、能级分布和跃迁概率入手，这是理论物理中原子和分子物理学以及分子光谱学的研究内容。流场中高温气体辐射要遵循辐射输运方程。为了确定流场中每一体元的辐射强度，需要知道每种组分在不同状态下的吸收/发射系数。而要确定高温气体组分的吸收系数需要从原子分子的微观能级分布和常态光谱数据出发，不仅要去考虑不同内能能级之间的耦合，还应该考虑到谱线加宽效应和能级之间的跃迁概率等，因此如何较准确地确定高温状态下气体组分吸收系数和其他辐射光谱数据对辐射输运方程的计算至关重要。辐射仅是能量传移的一种形式，在分析飞行器表面辐射加热和求解流动控制基本方程组时，一般需要在能量守恒方程中加入辐射能项，这是辐射流体力学的重要研究内容。综上所述，在ATPG(即 AMTPCGD 的简称)的框架下，将输运理论和辐射流体力学作为高超声速飞行与再入问题中的一个分支学科是必要的。

飞行器进行高超声速飞行时，激波加热和飞行器表面强烈摩擦使得飞行器周围的气体变成高温并导致了部分气体发生电离。这些电离气体流向飞行器的尾部，形成了等离子体尾迹。另外，人们通常把飞行器周围的等离子体称为等离子鞘。等离子鞘可以使高超声速飞行器再入时通信中断，使得再入飞行试验时遥测中断；等离子鞘可以影响导弹的微波末制导，甚至能够导致导弹失控。从电磁理论的观点上看，等离子鞘和等离子体尾迹都属于一种特殊的电磁介质场。因此，只要注意研究高超声速飞行器全流场(其中包括整个飞行器的绕流以及尾流)中等离子体产生的机理，流场中电磁性质其及变化规律；注意研究这些特殊的电磁介质场和电磁波的相互作用及其变化规律；注意研究如何去改善或控制电磁波的传输特性与散射特性、探讨消除通信中断的技术途径。因此，只要把流体力学与电磁理论结合起来，形成一个新的气动电磁学和磁流体力学分支，便可以有效地解决飞行器高超声速飞行与再入问题中可能遇到的电磁传输方面的相关问题。

随着各类飞行器或精确打击武器对信息获取精确性与时效性要求的大幅度提高，采取光学成像探测跟踪瞄准体系与追求高速甚至高超声速飞行，已成为一种发展的必然趋势。伴随着上述两项技术在航天工程上的应用，气动光学问题也应运而生。事实上，飞行器飞行的速度越高，产生的气动光学效应越严重并影响到探测的精度。以高速飞行器光学头罩的气动热效应为例，飞行器在大气中作高超声速飞行，来流与光学头罩头部相遇时受到压缩，在头罩表面附近形成边界层，在边界层内来流中的动能被耗散而转变为热能、产生气动加热。飞行速度越高，这种气动加热越严重，并且会影响光学头罩结构材料的强度和刚度，更严重的是影响成像探测系统对目标的探测信噪比和探测精度。另外，介质密度与折射率之间的关联，使光学与空气动力学联系得更加紧密。流场中层流与湍流流动对光学系统图像也都会产生影响，相比之下层流对图像仅产生偏移的影响。对于这类偏移，还容易用光学方法进行校正，而流场中湍流流动因其流动的随机性，对图像不仅仅是产生偏移，而且还会有激烈的抖动、造成图像模糊。因此，气动光学效应的校正必须在摸清与掌握了湍流运动规律的情况下进行。综上所述，随着航天和航空技术的发展，在空气动力学的范围内已经形成了以气动力、气动热和气动光学为基本内容的重要研究方向，因此在高超声速武器和空间技术发展中、在高超声速飞行与再入问题的研究中将气动光学原理和气动光学计算模型作为 PCGD 原子分子理论框架下的一个分支是非常必要的。

1.2　本书的范围、内容和意义

作为高超声速飞行与再入问题中的基础理论框架，所涵盖的内容十分广泛，图 1.1所给出的框架和四个分支学科仍是最基础、最基本的研究工作，随着航天技术的进一步发展，所包含的分支还会有所增加。对于高超声速气动热力学分支，在文献[5]中已作详述，本书仅涉及其他的三个分支。遵照华罗庚先生倡导的读书学习的方法与策略，本书采取了“化繁为简”和“抓干去枝”的归纳写作策略。全书分五篇共 13 章，重点研究辐射流体力学和磁流体力学两个分支。对于气动光学，仅在第 13 章以典型应用方式予以讨论。为节约篇幅，书中直击各分支学科的关键科学问题和基本方程组，详细讨论方程组的数学性质与数值求解方法。书中虽仅用 1 章的篇幅讨论了方程组的工程应用，但涵盖的内容十分广泛。该章给出的飞行 Mach 数的变化范围从 28.3 到 0.8，给出的计算结果图多达 105 幅，而且更多的计算结果可参考相关文献。

最后，在结束本章讨论之前，还有三点必须要特别说明：

(1) 将物理化学流体动力学作为近代流体力学的一个重要分支的思想，其实早在 20 世纪 60 年代初就已经被科学界有所认识。例如，早在 1962 年，Levich 便在 Prentice-Hall 出版社出版了 *Physicochemical Hydrodynamics* 一书；再如美国麻省理工学院机械工程系的 Probstein 教授曾出版 *Physicochemical Hydrodynamics*：*An Introduction* 一书，并且该书一直作为麻省理工学院机械工程系和化学工程系研究生的课程教材。另外，更为重要的是，1979 年在英国剑桥大学召开了世界第一次物理化学流体动力学会议，此后每隔 3～4 年召开一次。此外，由英国著名教授 Spalding 主编的 *Physicochemical Hydrodynamics* 也于 1980 年创刊。在我国，“两弹一星”功勋科学家彭恒武先生也于 1982 年 2 月在北京大学物理系讲授“分子反应动力学”课程，以提倡与警示人们要重视物理与化学之间的深度交叉。所有上述这些事例的发生与研究工作的进展，都有力地促进了物理化学流体动力学学科的进一步成长与发展。

(2) 人类进行太空探索，除了解与认识宇宙之外，在地球一旦遇到危难之时，如何将地球上的人类哪怕是其中的很少数人尽快地移居到可适宜居住的外星球，这也是取之不尽的动力源泉。

(3) 在广袤浩瀚的宇宙间,有太阳系、银河系、河外星系等,适宜人类生存的星球也绝对不可能仅有地球一个。尽管当今人类借助现代各种高精度的望远镜可以看到120亿光年之外接近137亿光年的星系,而且人类正不断地发现一个接一个的类地行星,但这些行星距离地球太远了。要到达这些星球上居住,乘坐目前人类制造的航天器所花费的时间太长了。因此,科学家建议要发展以核聚变技术为支撑的新型航天器动力装置或采用激光推进技术以及反物质星际火箭、光子火箭等去取代目前人类使用的化学火箭。

对于激光推进和光子火箭推进技术,Sänger早在1953年便提出过用光子火箭进行星际飞行的设想。人类发明激光之后,Sänger又于1960年改进了他的光子推进概念,采用核泵浦的固体激光来产生推进所需要的辐射压力。2000年,一种用高功率CO_2激光驱动的光帆在美国Wright-Patterson空军基地通过了测试。毫无疑问,在世界航天科学家的共同努力下,飞得更快、效率更高、更加安全、更加经济的航天器一定会被人类设计出来。

如今,在世界范围内航天航空工程得到飞速发展,人们追求飞行器以更快的飞行速度飞往其他星球探索的理想也越来越迫切。在美国,自2011年航天飞机退役后,NASA(美国国家航天航空局)提出美国商业轨道运输服务(commercial orbital transportation service)和商业载人太空飞行开发计划(commercial crew development)之后,美国已有两家私人公司参与国际空间站运货任务,其中包括美国太空探索技术公司(Space X)的Dragon飞船和美国轨道科学公司(Orbital Sciences Corporation,OSC)的Cygnus飞船。以Dragon飞船为例,2015年5月21日美国东部时间12点42分,Dragon飞船载着1400kg重的科研试验品由国际空间站返回地球平安地溅落在太平洋海域,成功完成了第6次为国际空间站的运货任务。

第一篇　气体动理学、输运理论和气动热力学基本方程组

本篇仅给出飞行器高超声速飞行与再入问题中最为关键的三个部分(气体动理学、输运理论基础和气动热力学广义 Navier-Stokes 方程组)作为第 2～4 章的内容讲述。电磁理论基础和磁流体力学放到第三篇与第四篇,气动光学尽管十分重要,但本书不作重点讲述,因此仅选取了与本书相关的内容放到了第五篇的第 13 章中,更多有关气动光学的讨论感兴趣的读者可参考相关文献。

第 2 章　Boltzmann 方程和广义 Boltzmann 方程

随着航天与星际探索工程的开展，准确回答航天器在高空的机动飞行与制动以及空中变轨飞行时处于高空低密度气流状态下飞行器的受力与受热问题，摆在了气动力学研究人员的面前。气体动理学理论已成为解决这些问题的有力工具[35,36]，Boltzmann 方程与广义 Boltzmann 方程的求解一直为人们所追求[37~50]。通常，研究微观粒子的运动和碰撞要用量子力学，对于通常的气动力学问题，用经典力学已经足够了。因此，1872 年，Boltzmann 推导出了单组分气体的 Boltzmann 方程，它是气体动理学中的基本方程，在整个稀薄气体动理学中占据着中心的地位。随着飞行器做高超声速飞行，在高温稀薄气体流动的状态下，存在着热力学非平衡与化学非平衡现象，气体分子内能激发和松弛以及气体分子离解、复合、置换、电离和辐射等诸多的方面如何体现在 Boltzmann 方程的相关项中便成为人们一直关注但又十分困难的问题。为此国际上出现了两大类处理方法：一类是 DSMC 方法，其典型代表是 Bird 教授[51]；另一类是 Uhlenbeck 教授和我国科学家王承书先生倡导的半经典方法[41]。在后一类方法中，平动能的各自由度以及平动运动按照经典力学方法处理，而分子内部的自由度以及转动和内部的振动则按量子力学去计算。这类方程，国际上常称为 Wang Chang-Uhlenbeck 方程[42,43]，也称为广义 Boltzmann 方程(generalized Boltzmann equation，GBE)。国际上特意用我国科学家王承书先生和她早年在美国求学时导师的名字命名，以此表彰与纪念两位科学家在这方面做出的杰出贡献。使用这个方程可以考虑多组元、多原子分子，可以考虑分子内部自由度(如转动、振动和电子态)的量子数。因此求解 GBE 问题被国际上公认为现代计算流体力学的前沿课题。

2.1　Boltzmann 方程的守恒性质和宏观守恒方程

为便于本节讨论，将 Boltzmann 方程写为如下形式[5,41]：

$$\frac{\partial f_i}{\partial t}+\boldsymbol{v}_i\cdot\nabla f_i+\frac{\boldsymbol{F}_i}{m_i}\cdot\nabla_v f_i=c(f_i,f_j) \tag{2.1.1a}$$

式中，$c(f_i,f_j)$为碰撞项，其表达式为

$$\begin{aligned}c(f_i,f_j)=&\int g_{ij}\sigma(g_{ij},\boldsymbol{k}_{ij}\cdot\boldsymbol{k}'_{ij})[f_i(\boldsymbol{v}'_i,\boldsymbol{r},t)f_j(\boldsymbol{v}'_j,\boldsymbol{r},t)\\&-f_i(\boldsymbol{v}_i,\boldsymbol{r},t)f_j(\boldsymbol{v}_j,\boldsymbol{r},t)]\mathrm{d}\boldsymbol{k}'_{ij}\mathrm{d}\boldsymbol{v}_j\end{aligned} \tag{2.1.1b}$$

$$g_{ij}=|\boldsymbol{g}_{ij}|,\quad \boldsymbol{g}_{ij}=\boldsymbol{v}_i-\boldsymbol{v}_j \tag{2.1.1c}$$

为简单起见,本节下面在不会造成误会的情况下,常省略了下角标 i 与 j 并且还省略了 $f(\boldsymbol{v},\boldsymbol{r},t)$ 中的变量 $\boldsymbol{v}$、$\boldsymbol{r}$ 与 t,而直接用 f 表示。于是式(2.1.1a)与式(2.1.1b)可写为

$$\frac{\partial f}{\partial t}+\boldsymbol{v}\cdot\nabla f+\frac{\boldsymbol{F}}{m}\cdot\nabla_v f=c(f,f_1) \tag{2.1.2a}$$

$$c(f,f_1)=\iint g\sigma(g,\boldsymbol{k}\cdot\boldsymbol{k}')(f'f'_1-ff_1)\mathrm{d}\boldsymbol{k}'\mathrm{d}\boldsymbol{v}_1 \tag{2.1.2b}$$

式(2.1.2b)中带撇号的量表示粒子碰撞后的相应量;矢量 $\boldsymbol{k}_{ij}$ 与 $\boldsymbol{k}'_{ij}$ 分别表示沿碰撞前与碰撞后的相对速度方向的单位矢量;在式(2.1.1b)中,量 $g_{ij}\sigma(g_{ij},\boldsymbol{k}_{ij}\cdot\boldsymbol{k}'_{ij})\mathrm{d}\boldsymbol{k}'_{ij}$ 表示在碰撞前沿 $\boldsymbol{k}_{ij}$ 方向,而在碰撞后沿相对速度 $\boldsymbol{g}'_{ij}$ 方向且处于区间($\boldsymbol{k}'_{ij},\boldsymbol{k}'_{ij}+\mathrm{d}\boldsymbol{k}'_{ij}$)内的条件概率;另外,$\sigma(g_{ij},\boldsymbol{k}_{ij}\cdot\boldsymbol{k}'_{ij})$也称为将 $\boldsymbol{g}_{ij}$ 的方向由 $\boldsymbol{k}_{ij}$ 改变到 $\boldsymbol{k}'_{ij}$ 的"截面"。量 $\boldsymbol{k}_{ij}\cdot\boldsymbol{k}'_{ij}$ 代表两方向夹角的余弦值。

为了讨论 Boltzmann 方程的守恒性质,下面首先定义碰撞守恒量:对于在 $\boldsymbol{r}$ 处发生的碰撞$\{\boldsymbol{v},\boldsymbol{v}_1\}\to\{\boldsymbol{v}',\boldsymbol{v}'_1\}$,如果有物理量 $\psi(\boldsymbol{v},\boldsymbol{r})$、$\psi_1(\boldsymbol{v}_1,\boldsymbol{r})$满足

$$\psi+\psi_1=\psi'+\psi'_1 \tag{2.1.3a}$$

则称 ψ 为碰撞守恒量。容易证明:对于碰撞守恒量存在着如下关系:

$$\int\psi(\boldsymbol{v},\boldsymbol{r})c(f,f_1)\mathrm{d}\boldsymbol{v}=0 \tag{2.1.3b}$$

以及

$$\int\psi(\boldsymbol{v},\boldsymbol{r})\left(\frac{\partial f}{\partial t}+\boldsymbol{v}\cdot\nabla f+\frac{\boldsymbol{F}}{m}\cdot\nabla_v f\right)\mathrm{d}\boldsymbol{v}=0 \tag{2.1.3c}$$

在证明式(2.1.3b)成立的过程中,曾使用了如下两个关系式:

$$\begin{aligned}&\sum_{i,j}\int\psi_i c(f_i,f_j)\mathrm{d}\boldsymbol{v}_i\\&=\frac{1}{2}\sum_{i,j}\int\iiint(\psi_i-\psi'_i)(f'_if'_j-f_if_j)g_{ij}^3\sigma(g_{ij},\boldsymbol{k}_{ij}\cdot\boldsymbol{k}'_{ij})\mathrm{d}\boldsymbol{k}'_{ij}\mathrm{d}\boldsymbol{k}_{ij}\mathrm{d}\boldsymbol{g}_{ij}\mathrm{d}\boldsymbol{v}_{(ij)}\end{aligned} \tag{2.1.3d}$$

$$\begin{aligned}&\sum_{i,j}\int\psi_i c(f_i,f_j)\mathrm{d}\boldsymbol{v}_i\\&=\frac{1}{4}\sum_{i,j}\int\iiint(\psi_i+\psi_j-\psi'_i-\psi'_j)(f'_if'_j-f_if_j)g_{ij}^3\sigma(g_{ij},\boldsymbol{k}_{ij}\cdot\boldsymbol{k}'_{ij})\mathrm{d}\boldsymbol{k}'_{ij}\mathrm{d}\boldsymbol{k}_{ij}\mathrm{d}g_{ij}\mathrm{d}\boldsymbol{v}_{(ij)}\end{aligned} \tag{2.1.3e}$$

显然,如果 ψ_i 为碰撞守恒量,则式(2.1.3e)中的 $\psi_i+\psi_j-\psi'_i-\psi'_j$ 项等于零。

在上述两式中,$\boldsymbol{v}_{(ij)}$ 代表两个速度为 $\boldsymbol{v}_i$ 与 $\boldsymbol{v}_j$ 的粒子的质心速度,其表达式为

$$\boldsymbol{v}_{(ij)}=\frac{m_i\boldsymbol{v}_i+m_j\boldsymbol{v}_j}{m_i+m_j} \tag{2.1.3f}$$

式(2.1.3b)又可表示为

$$\sum_{i,j}\int \psi_i c(f_i, f_j)\mathrm{d}\boldsymbol{v}_i$$
$$=\sum_{i,j}\iiint \psi_i(f'_i f'_j - f_i f_j) g_{ij}\sigma(g_{ij}, \boldsymbol{k}_{ij}\cdot \boldsymbol{k}'_{ij})\mathrm{d}\boldsymbol{k}'_{ij}\mathrm{d}\boldsymbol{v}_i\mathrm{d}\boldsymbol{v}_j = 0 \tag{2.1.3g}$$

如果取碰撞不变量 ψ_i 等于 m_i，并乘以方程式(2.1.1a)的两边，然后两边积分便可得到第 i 种组元的质量守恒方程：

$$\frac{\partial \rho_i}{\partial t} = -\nabla\cdot(\rho_i \boldsymbol{V}) - \nabla\cdot \boldsymbol{J}_i \tag{2.1.4a}$$

式中，$\boldsymbol{J}_i$ 为扩散通量；$\boldsymbol{V}$ 为混合气体的运动速度。$\boldsymbol{J}_i$ 与 $\boldsymbol{V}$ 的表达式分别为

$$\boldsymbol{J}_i \equiv m_i\int(\boldsymbol{v}_i - \boldsymbol{V}) f_i \mathrm{d}\boldsymbol{v}_i \tag{2.1.4b}$$

$$\rho\boldsymbol{V} \equiv \sum_i \left(m_i\int \boldsymbol{v}_i f_i \mathrm{d}\boldsymbol{v}_i\right) \tag{2.1.4c}$$

总的质量密度 ρ 与组元 i 间 ρ_i 的关系式：

$$\rho = \sum_i \rho_i = \sum_i \left(m_i\int f_i \mathrm{d}\boldsymbol{v}_i\right) \tag{2.1.4d}$$

于是总的连续方程为

$$\frac{\partial \rho}{\partial t} + \nabla\cdot(\rho\boldsymbol{V}) = 0 \tag{2.1.4e}$$

如果碰撞不变量 ψ_i 取为 $m_i\boldsymbol{v}_i$，并乘以方程式(2.1.1a)的两边，然后两边积分可得动量方程

$$\frac{\partial(\rho\boldsymbol{V})}{\partial t} = -\nabla\cdot(\rho\boldsymbol{V}\boldsymbol{V} - \boldsymbol{\pi}) + \sum_i(\rho_i \boldsymbol{F}_i) \tag{2.1.5a}$$

式中，$\boldsymbol{\pi}$ 为应力张量，其表达式为

$$\boldsymbol{\pi} = -\sum_i m_i\int(\boldsymbol{v}_i - \boldsymbol{V})(\boldsymbol{v}_i - \boldsymbol{V}) f_i \mathrm{d}\boldsymbol{v}_i \tag{2.1.5b}$$

如果碰撞不变量 ψ_i 取为 $\frac{1}{2}m_i\boldsymbol{v}_i\cdot\boldsymbol{v}_i$，并乘以方程式(2.1.1a)的两边，然后两边积分可得出能量方程

$$\rho\frac{\mathrm{d}e}{\mathrm{d}t} = \frac{\partial(\rho e)}{\partial t} + \nabla\cdot(e\rho\boldsymbol{V}) = \boldsymbol{\pi}:\nabla\boldsymbol{V} + \sum_i(\boldsymbol{J}_i\cdot\boldsymbol{F}_i) - \nabla\cdot\boldsymbol{J}_q \tag{2.1.6a}$$

式中，ρe 为气体的内能密度；$\boldsymbol{J}_q$ 为热通量，它们的表达式分别为

$$\rho e \equiv \frac{1}{2}\sum_i m_i\int(\boldsymbol{v}_i - \boldsymbol{V})^2 f_i \mathrm{d}\boldsymbol{v}_i \tag{2.1.6b}$$

$$\boldsymbol{J}_q \equiv \frac{1}{2}\sum_i m_i\int(\boldsymbol{v}_i - \boldsymbol{V})^2(\boldsymbol{v}_i - \boldsymbol{V}) f_i \mathrm{d}\boldsymbol{v}_i \tag{2.1.6c}$$

另外，由式(2.1.6b)又可定义出动理学温度 T，为

$$\frac{3}{2}nk_{\mathrm{B}}T=\rho e=\frac{1}{2}\sum_i m_i\int(\boldsymbol{v}_i-\boldsymbol{V})^2 f_i\mathrm{d}\boldsymbol{v}_i \tag{2.1.6d}$$

这里，$n=\sum_i n_i$ 代表总的分子数密度；k_{B} 为 Boltzmann 常数。

在动理学理论中，熵密度 ρs 定义为

$$\rho s=-k_{\mathrm{B}}\sum_i\int f_i(\ln f_i-1)\mathrm{d}\boldsymbol{v}_i \tag{2.1.6e}$$

将式(2.1.6e)对时间求导数，并利用式(2.1.2a)，可推出

$$\rho\frac{\mathrm{d}s}{\mathrm{d}t}=\frac{\partial(\rho s)}{\partial t}+\nabla\cdot(\rho s\boldsymbol{V})=-\nabla\cdot\boldsymbol{J}_s+\tilde{\sigma}_s \tag{2.1.7a}$$

式中，$\boldsymbol{J}_s$ 与 $\tilde{\sigma}_s$ 分别为熵通量(又称为熵流)与熵源强度(又称为熵产生率)，它们的表达式分别为

$$\boldsymbol{J}_s=-k_{\mathrm{B}}\sum_i\int(\boldsymbol{v}_i-\boldsymbol{V})f_i(\ln f_i-1)\mathrm{d}\boldsymbol{v}_i \tag{2.1.7b}$$

$$\tilde{\sigma}_s=-k_{\mathrm{B}}\sum_{i,j}\int c(f_i,f_j)\ln f_i\mathrm{d}\boldsymbol{v}_i \tag{2.1.7c}$$

或者为

$$\tilde{\sigma}_s=-k_{\mathrm{B}}\sum_{i,j}\iiint\ln f_i(f'_if'_j-f_if_j)g_{ij}\sigma(g_{ij},\boldsymbol{k}_{ij}\cdot\boldsymbol{k}'_{ij})\mathrm{d}\boldsymbol{k}'_{ij}\mathrm{d}\boldsymbol{v}_i\mathrm{d}\boldsymbol{v}_j \tag{2.1.7d}$$

如果将式(2.1.7d)等号右侧的积分对称化，则式(2.1.7d)又可变为

$$\tilde{\sigma}_s=\frac{1}{4}k_{\mathrm{B}}\sum_{i,j}\int\iiint\frac{\ln f'_if'_j}{\ln f_if_j}(f'_if'_j-f_if_j)g_{ij}^3\sigma(g_{ij},\boldsymbol{k}_{ij}\cdot\boldsymbol{k}'_{ij})\mathrm{d}\boldsymbol{k}'_{ij}\mathrm{d}\boldsymbol{k}_{ij}\mathrm{d}g_{ij}\mathrm{d}\boldsymbol{v}_{(ij)} \tag{2.1.7e}$$

式中，$\boldsymbol{v}_{(ij)}$ 的定义同式(2.1.3e)。容易证明式(2.1.7e)等号右侧的积分总是大于等于零，因此有

$$\tilde{\sigma}_s\geqslant 0 \tag{2.1.7f}$$

这个不等式表明熵源强度必须大于等于零。对于一个封闭系统，在边界上 $\boldsymbol{V}=0$，$\boldsymbol{J}_s=0$，于是将式(2.1.7a)对整个系统占据的空间积分，便有

$$\frac{\mathrm{d}S}{\mathrm{d}t}=\int\tilde{\sigma}_s\mathrm{d}\boldsymbol{r}\geqslant 0 \tag{2.1.8a}$$

式(2.1.8a)说明非平衡的封闭系统的熵总是增加的，直至系统达到平衡态使得 $\tilde{\sigma}_s=0$时。引入 n_0 表示 t 时刻 $\boldsymbol{r}$ 附近单位体积中的粒子数，s 表示平均每个粒子的熵，N 代表系统中的总粒子数，于是式(2.1.8a)中的 S 可表示为

$$S=\int n_0 s\mathrm{d}\boldsymbol{r} \tag{2.1.8b}$$

式(2.1.8a)实质上就是 Boltzmann 的 H 定理，H 与 S 间的关系为

$$S=-k_{\mathrm{B}}(H-N) \tag{2.1.8c}$$

当 N 固定时，借助于式(2.1.8c)，则式(2.1.8a)可变为

$$\frac{\mathrm{d}H}{\mathrm{d}t}=-\frac{1}{k_{\mathrm{B}}}\frac{\mathrm{d}S}{\mathrm{d}t}\leqslant 0 \tag{2.1.8d}$$

在平衡态时，H 取极小值。另外，如果令 S 定义为

$$S=\int_V \rho s\,\mathrm{d}V \tag{2.1.8e}$$

式中，V 为体积；s 为单位质量所包含的熵；ρ 为密度；按照通常热力学原理，熵的变化 $\mathrm{d}S$ 可表示为两项之和

$$\mathrm{d}S=\mathrm{d}_{\mathrm{e}}S+\mathrm{d}_{\mathrm{i}}S \tag{2.1.8f}$$

这里 $\mathrm{d}_{\mathrm{e}}S$ 是由外界供给体系的熵；而 $\mathrm{d}_{\mathrm{i}}S$ 代表在体系内部所增长的熵，当体系发生可逆变化时，$\mathrm{d}_{\mathrm{i}}S$ 为零，而当体系发生不可逆变化时，则 $\mathrm{d}_{\mathrm{i}}S$ 大于零，即

$$\mathrm{d}_{\mathrm{i}}S\geqslant 0 \tag{2.1.8g}$$

另外，外界供给体系的熵 $\mathrm{d}_{\mathrm{e}}S$ 则可正、可负、也可为零，这要根据体系与其外界的相互作用而定。此外，在熵方程用式(2.1.7a)表达时，可以证明这时的熵流 $\boldsymbol{J}_s$ 与熵产生率 $\tilde{\sigma}_s$ 为

$$\boldsymbol{J}_s=\frac{1}{T}\left[\boldsymbol{J}_q-\sum_{k=1}^{n}(\mu_k\boldsymbol{J}_k)\right] \tag{2.1.8h}$$

$$\tilde{\sigma}_s=-\frac{1}{T^2}\boldsymbol{J}_q\cdot\nabla T-\frac{1}{T}\sum_{k=1}^{n}\boldsymbol{J}_k\cdot\left[T\,\nabla\left(\frac{\mu_k}{T}\right)-\boldsymbol{F}_k\right]-\frac{1}{T}\boldsymbol{\Pi}:\nabla\boldsymbol{V}-\frac{1}{T}\sum_{j=1}^{r}(J_jA_j) \tag{2.1.8i}$$

式中，$\boldsymbol{J}_q$ 为热通量；$\boldsymbol{J}_k$ 为扩散流；J_j 为反应 j 的化学反应率；$\boldsymbol{\Pi}$ 为黏性应力张量；$\boldsymbol{F}$ 为外力；A_j 为反应 j（这里 $j=1,2,\cdots,r$）的化学亲和势；μ_k 为组元 k 的化学势，这里 A_j 与 μ_k 间的关系为

$$A_j=\sum_{k=1}^{n}(v_{kj}\mu_k),\quad j=1,2,\cdots,r \tag{2.1.8j}$$

式中，v_{kj} 代表组元 k 在第 j 个反应式中的化学计量系数。

2.2　单原子分子、多组元气体的 Boltzmann 方程

1. 单组元、单原子分子的 Boltzmann 方程

在文献中，稀薄气体的 Boltzmann 方程大都在单组分、单原子分子气体的经典力学框架下进行讨论，在这种情况下分布函数多用 $f=f(\boldsymbol{v},\boldsymbol{r},t)$ 来表示，相应的这时单组元、单原子分子的 Boltzmann 方程为

$$\frac{\partial f}{\partial t}+\boldsymbol{v}\cdot\frac{\partial f}{\partial \boldsymbol{r}}+\frac{\boldsymbol{F}}{m}\cdot\frac{\partial f}{\partial \boldsymbol{v}}=\int f(\boldsymbol{v}')f(\boldsymbol{v}_1')g\mathrm{d}\sigma(\boldsymbol{v}',\boldsymbol{v}_1'\to\boldsymbol{v},\boldsymbol{v}_1)\frac{\mathrm{d}\boldsymbol{v}'\mathrm{d}\boldsymbol{v}_1'}{\mathrm{d}\boldsymbol{v}}-\int f(\boldsymbol{v})f(\boldsymbol{v}_1)g\mathrm{d}\sigma(\boldsymbol{v},\boldsymbol{v}_1\to\boldsymbol{v}',\boldsymbol{v}_1')\mathrm{d}\boldsymbol{v}_1 \tag{2.2.1a}$$

注意到

$$\mathrm{d}\boldsymbol{v}'\mathrm{d}\boldsymbol{v}_1'\mathrm{d}\sigma(\boldsymbol{v}',\boldsymbol{v}_1'\to\boldsymbol{v},\boldsymbol{v}_1)=\mathrm{d}\boldsymbol{v}\mathrm{d}\boldsymbol{v}_1\mathrm{d}\sigma(\boldsymbol{v},\boldsymbol{v}_1\to\boldsymbol{v}',\boldsymbol{v}_1') \tag{2.2.1b}$$

于是式(2.2.1a)可变为

$$\frac{\partial f}{\partial t}+\boldsymbol{v}\cdot\frac{\partial f}{\partial \boldsymbol{r}}+\frac{\boldsymbol{F}}{m}\cdot\frac{\partial f}{\partial \boldsymbol{v}}=\int[f(\boldsymbol{v}')f(\boldsymbol{v}_1')-f(\boldsymbol{v})f(\boldsymbol{v}_1)]g\mathrm{d}\sigma(\boldsymbol{v},\boldsymbol{v}_1\to\boldsymbol{v}',\boldsymbol{v}_1')\mathrm{d}\boldsymbol{v}_1 \tag{2.2.2a}$$

需要说明的是,在式(2.2.1a)～式(2.2.2a)中,所考虑的所有分子对的碰撞问题均采用了如下的约定:各分子对在碰撞前的速度分别为 $\boldsymbol{v}$ 与 $\boldsymbol{v}_1$,碰撞后的速度分别为 $\boldsymbol{v}'$ 与 $\boldsymbol{v}_1'$;上述式中符号 g 的含义同式(2.1.2b),它代表相对速度;$\mathrm{d}\sigma(\boldsymbol{v},\boldsymbol{v}_1\to\boldsymbol{v}',\boldsymbol{v}_1')$ 称为微分散射截面,并且有

$$\mathrm{d}\sigma(\boldsymbol{v},\boldsymbol{v}_1\to\boldsymbol{v}',\boldsymbol{v}_1')=\sigma(g,\boldsymbol{k}\cdot\boldsymbol{k}')\mathrm{d}\boldsymbol{k}' \tag{2.2.2b}$$

式中,$\boldsymbol{k}$ 与 $\boldsymbol{k}'$ 分别代表分子对在碰撞前与碰撞后相对速度方向上的单位矢量。

借助于式(2.2.2b),式(2.2.2a)又可写为

$$\frac{\partial f}{\partial t}+\boldsymbol{v}\cdot\frac{\partial f}{\partial \boldsymbol{r}}+\frac{\boldsymbol{F}}{m}\cdot\frac{\partial f}{\partial \boldsymbol{v}}=\iint(f'f_1'-ff_1)g\sigma(g,\boldsymbol{k}\cdot\boldsymbol{k}')\mathrm{d}\boldsymbol{k}'\mathrm{d}\boldsymbol{v}_1 \tag{2.2.2c}$$

在文献中,常引进两个角度即 θ 与 φ 去描述 $\boldsymbol{k}'$。引入碰撞参数 b,并且使用多重积分中换元积分公式之后,式(2.2.2c)可变为

$$\frac{\partial f}{\partial t}+\boldsymbol{v}\cdot\frac{\partial f}{\partial \boldsymbol{r}}+\frac{\boldsymbol{F}}{m}\cdot\frac{\partial f}{\partial \boldsymbol{v}}=\iint(f'f_1'-ff_1)g\sigma\mathrm{d}\boldsymbol{\Omega}\mathrm{d}\boldsymbol{v}_1 \tag{2.2.3a}$$

或者

$$\frac{\partial f}{\partial t}+\boldsymbol{v}\cdot\frac{\partial f}{\partial \boldsymbol{r}}+\frac{\boldsymbol{F}}{m}\cdot\frac{\partial f}{\partial \boldsymbol{v}}=\iiint(f'f_1'-ff_1)g\sigma\sin\theta\mathrm{d}\theta\mathrm{d}\varphi\mathrm{d}\boldsymbol{v}_1 \tag{2.2.3b}$$

或者

$$\frac{\partial f}{\partial t}+\boldsymbol{v}\cdot\frac{\partial f}{\partial \boldsymbol{r}}+\frac{\boldsymbol{F}}{m}\cdot\frac{\partial f}{\partial \boldsymbol{v}}=\iiint(f'f_1'-ff_1)gb\,\mathrm{d}b\mathrm{d}\varphi\mathrm{d}\boldsymbol{v}_1 \tag{2.2.3c}$$

上述三个式中使用了如下两个关系式:

$$|\sigma\mathrm{d}\boldsymbol{\Omega}|=b\mathrm{d}b\mathrm{d}\varphi \tag{2.2.3d}$$

$$\int_0^{4\pi}\mathrm{d}\boldsymbol{\Omega}=\int_0^{2\pi}\int_0^{\pi}\sin\theta\mathrm{d}\theta\mathrm{d}\varphi \tag{2.2.3e}$$

式(2.2.3a)、式(2.2.3d)与式(2.2.3e)中 $\boldsymbol{\Omega}$ 的含义与式(2.2.2c)中的 $\boldsymbol{k}'$ 相同。

2. 多组元、单原子分子气体的 Boltzmann 方程

对于多组元、单原子分子在经典力学的框架下,第 i 种组分的分布函数多用

$f_i=f(i,\boldsymbol{v}_i,\boldsymbol{r},t)$来表示，相应的 Boltzmann 方程为

$$\frac{\partial f_i}{\partial t}+\boldsymbol{v}_i\cdot\nabla f_i+\boldsymbol{g}_i\cdot\nabla_v f_i=\sum_{j=1}\boldsymbol{J}_{ij} \tag{2.2.4a}$$

式中，$\boldsymbol{J}_{ij}$代表组分 i 的分子被组分 j 的分子散射的碰撞积分，其表达式为

$$\boldsymbol{J}_{ij}=\int[f_i(i,\boldsymbol{v}_i',\boldsymbol{r},t)f_j(j,\boldsymbol{v}_j',\boldsymbol{r},t)-f_i(i,\boldsymbol{v}_i,\boldsymbol{r},t)f_j(j,\boldsymbol{v}_j,\boldsymbol{r},t)]\cdot g_{ij}\mathrm{d}\sigma(\boldsymbol{v}_i,\boldsymbol{v}_j\rightarrow\boldsymbol{v}_i',\boldsymbol{v}_j')\mathrm{d}\boldsymbol{v}_j \tag{2.2.4b}$$

或者

$$\boldsymbol{J}_{ij}=\iint[f_i(i,\boldsymbol{v}_i',\boldsymbol{r},t)f_j(j,\boldsymbol{v}_j',\boldsymbol{r},t)-f_i(i,\boldsymbol{v}_i,\boldsymbol{r},t)f_j(j,\boldsymbol{v}_j,\boldsymbol{r},t)]\cdot g_{ij}\sigma(g_{ij},\boldsymbol{k}_{ij}\cdot\boldsymbol{k}_{ij}')\mathrm{d}\boldsymbol{k}_{ij}'\mathrm{d}\boldsymbol{v}_j \tag{2.2.4c}$$

2.3　单组元、多原子分子、考虑量子数和简并度的 Boltzmann 方程

与单原子气体相比，多原子气体由于存在内能自由度，气体输运系数的计算要比单原子气体复杂得多。对于多原子气体，在非弹性碰撞中会发生平动能与内能之间的交换，这就导致了在黏性系数中除了剪切黏性系数之外还会出现体膨胀黏性系数。另外，体膨胀黏性系数也与弛豫时间密切相关，而当平动能分布由于某过程发生变化时，则上述弛豫时间便与平动能以及内能的状态之间密切相关。对于单组元、多原子分子、考虑分子内部量子数以及简并度的情况下，这时 Boltzmann 方程如何表达并不是一件容易的事。王承书和 Uhlenbeck 提出了一种处理多原子气体的半经典方法。在这种方法中，平动能的各自由度以及平动运动按照经典力学方法处理，而分子内部的自由度以及转动和内部的振动则按量子力学观点去计算，在用量子态描述与计算的过程中，考虑了简并度。如果用 $f_\alpha=f(\boldsymbol{v}_\alpha,\alpha,\boldsymbol{r},t)$代表单组元、多原子分子、量子态为 α 时的分布函数，在不考虑简并度时 Boltzmann 方程为[41,45]

$$\frac{\partial f_\alpha}{\partial t}+\boldsymbol{v}_\alpha\cdot\frac{\partial f_\alpha}{\partial\boldsymbol{r}}+\frac{\boldsymbol{F}_\alpha}{m}\cdot\frac{\partial f_\alpha}{\partial\boldsymbol{v}_\alpha}=\sum_{\beta,\gamma,\delta}\iint[f_\gamma'f_\delta'g'\sigma_{\gamma\delta}^{\alpha\beta}(g',\theta,\varphi)-f_\alpha f_\beta g\sigma_{\alpha\beta}^{\gamma\delta}(g,\theta,\varphi)]\,\mathrm{d}\boldsymbol{\Omega}\mathrm{d}\boldsymbol{v}_\beta \tag{2.3.1a}$$

式中 $\sigma_{\alpha\beta}^{\gamma\delta}(g,\theta,\varphi)$表示处于 α 状态与 β 状态的两个分子碰撞后分别处于 γ 与 δ 状态的微分碰撞截面；g 代表处于 α 与 β 两状态的分子之间的相对速度；θ 为折射角；φ 是一个角度，其定义同式(2.2.3b)。注意这里不对式(2.3.1a)等号右侧的 α 求和。由量子力学中 Schrödinger 方程的对称性，可以得到下列碰撞截面的倒易关系为

$$g\sigma_{\alpha\beta}^{\gamma\delta}(g,\theta,\varphi)=g'\sigma_{\gamma\delta}^{\alpha\beta}(g',\theta,\varphi) \tag{2.3.1b}$$

式(2.3.1b)给出了碰撞速率与反碰撞速率之间的关系，显然式(2.3.1b)只有

当分子的内能状态为非简并时才成立(即没有两个状态处于同一能级)。借助于式(2.3.1b),则式(2.3.1a)变为

$$\frac{\partial f_\alpha}{\partial t}+\boldsymbol{v}_\alpha\cdot\frac{\partial f_\alpha}{\partial \boldsymbol{r}}+\frac{\boldsymbol{F}_\alpha}{m}\cdot\frac{\partial f_\alpha}{\partial \boldsymbol{v}_\alpha}=\sum_{\beta,\gamma,\delta}\iint\left(f'_\gamma f'_\delta-f_\alpha f_\beta\right)g\sigma_{\alpha\beta}^{\gamma\delta}(g,\theta,\varphi)\mathrm{d}\boldsymbol{\Omega}\mathrm{d}\boldsymbol{v}_\beta \tag{2.3.1c}$$

式(2.3.1c)国际上常称为 WCU 方程或称 Wang-Chang Uhlenbeck 方程。对 f_α 取矩,并对所有状态相加便可得到密度、流体运动速度、胁强张量以及单位质量热能的物理量,例如

$$\sum_\alpha\int\begin{bmatrix}1\\ m\boldsymbol{v}\\ m(\boldsymbol{v}-\boldsymbol{V})(\boldsymbol{v}-\boldsymbol{V})\end{bmatrix}f_\alpha\mathrm{d}\boldsymbol{v}=\begin{bmatrix}n\\ \rho\boldsymbol{V}\\ -\boldsymbol{\pi}\end{bmatrix} \tag{2.3.2}$$

式中,$\boldsymbol{V}$ 与 $\boldsymbol{\pi}$ 分别代表流体速度与流体的应力张量。

类似地,对 WCU 方程左右两边分别乘以 1、$m\boldsymbol{v}$ 以及 $\left[\frac{1}{2}m(\boldsymbol{v}-\boldsymbol{V})\cdot(\boldsymbol{v}-\boldsymbol{V})+E_\alpha\right]$,再对 $\boldsymbol{v}$ 积分并对全部状态求和,可得

$$\frac{\partial\rho}{\partial t}+\frac{\partial}{\partial\boldsymbol{r}}\cdot(\rho\boldsymbol{V})=0 \tag{2.3.3a}$$

$$\rho\left(\frac{\partial\boldsymbol{V}}{\partial t}+\boldsymbol{V}\cdot\frac{\partial\boldsymbol{V}}{\partial\boldsymbol{r}}\right)=\frac{\partial}{\partial\boldsymbol{r}}\cdot\boldsymbol{\pi}+\rho\boldsymbol{X} \tag{2.3.3b}$$

$$\rho\left(\frac{\partial e}{\partial t}+\boldsymbol{V}\cdot\frac{\partial e}{\partial\boldsymbol{r}}\right)=-\frac{\partial}{\partial\boldsymbol{r}}\cdot\boldsymbol{q}+\boldsymbol{\pi}:\frac{\partial\boldsymbol{V}}{\partial\boldsymbol{r}} \tag{2.3.3c}$$

式中,e 为气体的内能密度;$\boldsymbol{q}$ 为热流矢量;$\boldsymbol{\pi}$ 为应力张量。

如果考虑能级简并度,则单组元、多原子分子气体的 Boltzmann 方程为

$$\frac{\partial f_\alpha}{\partial t}+\boldsymbol{v}_\alpha\cdot\frac{\partial f_\alpha}{\partial \boldsymbol{r}}+\frac{\boldsymbol{F}_\alpha}{m}\cdot\frac{\partial f_\alpha}{\partial \boldsymbol{v}_\alpha}=\sigma_0\sum_{\beta,\gamma,\delta}\iint(q_\alpha q_\beta f_\gamma f_\delta-q_\gamma q_\delta f_\alpha f_\beta)gp_{\alpha\beta}^{\gamma\delta}\mathrm{d}\boldsymbol{\Omega}\mathrm{d}\boldsymbol{v}_\beta \tag{2.3.4a}$$

式中,α、β 为分子对碰撞前的初量子态;γ、δ 为分子对碰撞后的末量子态;q_α、q_β、q_γ 以及 q_δ 均代表能级简并度。分布函数 f_α、f_β、f_γ、f_δ 以及相对速度 $g_{\alpha\beta}$ 的定义分别为

$$f_\alpha\equiv f(\boldsymbol{v}_\alpha,\alpha,\boldsymbol{r},t),\quad f_\beta\equiv f(\boldsymbol{v}_\beta,\beta,\boldsymbol{r},t) \tag{2.3.4b}$$

$$f_\gamma\equiv f(\boldsymbol{v}_\gamma,\gamma,\boldsymbol{r},t),\quad f_\delta\equiv f(\boldsymbol{v}_\delta,\delta,\boldsymbol{r},t) \tag{2.3.4c}$$

$$g_{\alpha\beta}=|\boldsymbol{v}_\alpha-\boldsymbol{v}_\beta| \tag{2.3.4d}$$

另外,σ_0 与 $\sigma_{\alpha\beta}^{\gamma\delta}$、$p_{\alpha\beta}^{\gamma\delta}$ 间的关系为

$$\sigma_{\alpha\beta}^{\gamma\delta}=\sigma_0 p_{\alpha\beta}^{\gamma\delta} \tag{2.3.4e}$$

或者

$$p_{\alpha\beta}^{\gamma\delta}=\frac{\sigma_{\alpha\beta}^{\gamma\delta}}{\sigma_{\alpha\beta}},\quad \sigma_{\alpha\beta}\equiv\sum_{\gamma,\delta}\sigma_{\alpha\beta}^{\gamma\delta} \tag{2.3.4f}$$

$$\sum_{\gamma,\delta} p_{\alpha\beta}^{\gamma\delta} = 1, \quad 0 \leqslant p_{\alpha\beta}^{\gamma\delta} \leqslant 1 \tag{2.3.4g}$$

这里在式(2.3.4e)中已假设 $\sigma_{\alpha\beta}$ 独立于内部的分子能态，并且等于弹性碰撞截面 σ_0；$p_{\alpha\beta}^{\gamma\delta}$ 为关于 $(\alpha,\beta)\to(\gamma,\delta)$ 的跃迁概率；另外，将式(2.3.4a)改写为如下形式：

$$\begin{aligned} &\frac{\partial f_\alpha}{\partial t} + \boldsymbol{v}_\alpha \cdot \frac{\partial f_\alpha}{\partial \boldsymbol{r}} + \frac{\boldsymbol{F}_\alpha}{m} \cdot \frac{\partial f_\alpha}{\partial \boldsymbol{v}_\alpha} \\ &= \sum_{\beta,\gamma,\delta} \int_{-\infty}^{\infty} \int_0^{2\pi} \int_0^{bm} (f_\gamma f_\delta \omega_{\alpha\beta}^{\gamma\delta} - f_\alpha f_\beta) p_{\alpha\beta}^{\gamma\delta} g_{\alpha\beta} b \, \mathrm{d}b \mathrm{d}\varphi \mathrm{d}\boldsymbol{v}_\beta \end{aligned} \tag{2.3.5}$$

式中，b 为碰撞参数，其含义同式(2.2.3c)；符号 $\omega_{\alpha\beta}^{\gamma\delta}$ 是与简并度有关的一个比例系数，其定义同文献[41]。

2.4　多组元和多原子分子的广义 Boltzmann 方程

这里组分用 i 表示，分子内部自由度(如转动、振动和电子能级的激发)的量子数所对应的量子态记作 α，于是多组元、多原子分子的分布函数为 $f_{i,\alpha} \equiv f(i, \boldsymbol{v}_{i,\alpha}, \alpha, \boldsymbol{r}, t)$。今考察组元 i 的一个粒子与组元 j 的一个粒子相碰撞(即它们构成一个碰撞对)，碰撞后生成组元 i' 与组元 j' 的粒子；如果粒子 i、j、i' 与 j' 的动量和内部量子态分别为 $(\boldsymbol{p}_i, \alpha)$、$(\boldsymbol{p}_j, \beta)$、$(\boldsymbol{p}_{i'}, \gamma)$ 与 $(\boldsymbol{p}_{j'}, \delta)$，那么对应于上述情况下的微分散射截面是

$$\mathrm{d}\sigma((\boldsymbol{p}_i, \alpha; \boldsymbol{p}_j, \beta) \to (\boldsymbol{p}_{i'}, \gamma; \boldsymbol{p}_{j'}, \delta)) \tag{2.4.1a}$$

不考虑能级简并度的情况下，多组元、多原子分子的广义 Boltzmann 方程为[45]

$$\begin{aligned} &\frac{\partial f_{i,\alpha}}{\partial t} + \boldsymbol{v}_{i,\alpha} \cdot \frac{\partial f_{i,\alpha}}{\partial \boldsymbol{r}} + \frac{\boldsymbol{F}_i}{m_i} \cdot \frac{\partial f_{i,\alpha}}{\partial \boldsymbol{v}_{i,\alpha}} \\ &= \sum_j \sum_{\beta,\gamma,\delta} \iint [f_{i',\gamma} f_{j',\delta} - f_{i,\alpha} f_{j,\beta}] g_{ij} \, \mathrm{d}\sigma((\boldsymbol{p}_i, \alpha; \boldsymbol{p}_j, \beta) \to (\boldsymbol{p}_{i'}, \gamma; \boldsymbol{p}_{j'}, \delta)) \mathrm{d}\boldsymbol{v}_{j,\beta} \end{aligned} \tag{2.4.1b}$$

或者

$$\begin{aligned} &\frac{\partial f_{i,\alpha}}{\partial t} + \boldsymbol{v}_{i,\alpha} \cdot \frac{\partial f_{i,\alpha}}{\partial \boldsymbol{r}} + \frac{\boldsymbol{F}_i}{m_i} \cdot \frac{\partial f_{i,\alpha}}{\partial \boldsymbol{v}_{i,\alpha}} \\ &= \sum_j \sum_{\beta,\gamma,\delta} \int_{-\infty}^{\infty} \int_0^{2\pi} \int_0^{bm} (f_{i',\gamma} f_{j',\delta} - f_{i,\alpha} f_{j,\beta}) g_{ij} b \, \mathrm{d}b \mathrm{d}\varphi \mathrm{d}\boldsymbol{v}_{j,\beta} \end{aligned} \tag{2.4.1c}$$

式中，$f_{i,\alpha}$、$f_{j,\beta}$、$f_{i',\gamma}$ 与 $f_{j',\delta}$ 的定义分别为

$$f_{i,\alpha} = f(i, \boldsymbol{v}_{i,\alpha}, \alpha, \boldsymbol{r}, t), \quad f_{j,\beta} = f(j, \boldsymbol{v}_{j,\beta}, \beta, \boldsymbol{r}, t) \tag{2.4.1d}$$

$$f_{i',\gamma} = f(i', \boldsymbol{v}_{i',\gamma}, \gamma, \boldsymbol{r}, t), \quad f_{j',\delta} = f(j', \boldsymbol{v}_{j',\delta}, \delta, \boldsymbol{r}, t) \tag{2.4.1e}$$

如果考虑能级的简并度，则多组元、多原子分子的广义 Boltzmann 方程为

$$\frac{\partial f_{i,\alpha}}{\partial t}+\boldsymbol{v}_{i,\alpha}\cdot\frac{\partial f_{i,\alpha}}{\partial \boldsymbol{r}}+\frac{\boldsymbol{F}_i}{m_i}\cdot\frac{\partial f_{i,\alpha}}{\partial \boldsymbol{v}_{i,\alpha}}$$
$$=\sum_{j}\sum_{\beta,\gamma,\delta}\int_{-\infty}^{\infty}\int_0^{2\pi}\int_0^{bm}(f_{i',\gamma}f_{j',\delta}\omega_{\alpha\beta}^{\gamma\delta}-f_{i,\alpha}f_{j,\beta})p_{i,\alpha\beta}^{j,\gamma\delta}g_{\alpha\beta}b\,\mathrm{d}b\mathrm{d}\varphi\mathrm{d}\boldsymbol{v}_{j,\beta} \quad (2.4.2)$$

式中,符号 $\omega_{\alpha\beta}^{\gamma\delta}$ 的定义同式(2.3.5);$p_{i,\alpha\beta}^{j,\gamma\delta}$ 代表由 $(i,\alpha,\beta)\to(j,\gamma,\delta)$ 的跃迁概率,这里 i 与 j 为组元,α、β、γ 与 δ 为内部量子态。显然,$p_{i,\alpha\beta}^{j,\gamma\delta}$ 值可借助于量子力学的方法确定。

2.5 BGK 模型方程及其局限性

在 Boltzmann 方程中,碰撞项是关于分布函数的非线性项,求解 Boltzmann 方程的难点最主要也是体现在对碰撞项的处理上。通常人们常用碰撞模型代替碰撞项,并将得到的方程称为模型方程。在众多的模型方程中,以 BGK 模型方程最为简单,这里主要讨论这个方程。

1. 碰撞模型应具备的主要性质

如果令 $Q(f)$ 代表一个简单的算子,欲用它代替 Boltzmann 方程的碰撞积分项 $\left(\frac{\partial f}{\partial t}\right)_{\text{coll}}$ 或者 $J(ff_1)$,令

$$J(ff_1)\equiv\iint(f'f_1'-ff_1)g\sigma(g,\theta)\mathrm{d}\boldsymbol{\Omega}\mathrm{d}\boldsymbol{V}_1 \quad (2.5.1\text{a})$$

那么 $Q(f)$ 必须具备以下两个性质:

(1) 令 ψ_i 代表碰撞守恒量(即碰撞前后质量守恒、动量守恒和能量守恒),$J(ff_1)$ 的含义同式(2.5.1a),于是应有

$$\int\psi_i J(ff_1)\mathrm{d}\boldsymbol{v}=0,\quad i=1,2,\cdots,5 \quad (2.5.1\text{b})$$

因此 $Q(f)$ 也应满足

$$\int\psi_i Q(f)\mathrm{d}\boldsymbol{v}=0,\quad i=1,2,\cdots,5 \quad (2.5.1\text{c})$$

(2) 引入 Boltzmann 总的 H 函数,其定义是

$$H\equiv\iint f\ln f\mathrm{d}\boldsymbol{v}\mathrm{d}\boldsymbol{r} \quad (2.5.2\text{a})$$

于是

$$\frac{\mathrm{d}H}{\mathrm{d}t}=\iint\frac{\partial f}{\partial t}\ln f\mathrm{d}\boldsymbol{v}\mathrm{d}\boldsymbol{r}+\iint\frac{\partial f}{\partial t}\mathrm{d}\boldsymbol{r}\mathrm{d}\boldsymbol{v} \quad (2.5.2\text{b})$$

由于分子数是个常数,因此式(2.5.2b)等号右侧最后一项为零。另外,式(2.5.2b)还可以变为

$$\frac{\mathrm{d}H}{\mathrm{d}t}=-\iint \boldsymbol{v}\cdot(\nabla f)\ln f\mathrm{d}\boldsymbol{r}\mathrm{d}\boldsymbol{v}-\iint \frac{\boldsymbol{F}}{m}\cdot(\nabla_v f)\ln f\mathrm{d}\boldsymbol{v}\mathrm{d}\boldsymbol{r}+\iint J(ff_1)\ln f\mathrm{d}\boldsymbol{v}\mathrm{d}\boldsymbol{r} \tag{2.5.2c}$$

假设系统是固定在壁面上的孤立系统，则容易证明式(2.5.2c)等号右侧第一项积分为零。如果假设 $\boldsymbol{F}$ 仅仅是 $\boldsymbol{r}$ 的函数，则易证明式(2.5.2c)等号右侧第二项积分也为零。因此，式(2.5.2c)这时变为

$$\begin{aligned}\frac{\mathrm{d}H}{\mathrm{d}t}&=\iint J(ff_1)\ln f\mathrm{d}\boldsymbol{v}\mathrm{d}\boldsymbol{r}\\&=\frac{1}{4}\iiint[\ln(ff_1)-\ln(f'f_1')](f'f_1'-ff_1)g\mathrm{d}\sigma(\boldsymbol{v},\boldsymbol{v}_1\rightarrow\boldsymbol{v}',\boldsymbol{v}_1')\mathrm{d}\boldsymbol{v}_1\mathrm{d}\boldsymbol{v}\mathrm{d}\boldsymbol{r}\end{aligned} \tag{2.5.2d}$$

如果令

$$a\equiv f'f_1',\quad b\equiv ff_1 \tag{2.5.3a}$$

则在式(2.5.2d)等号右侧的被积函数中含有

$$\beta=(a-b)(\ln b-\ln a) \tag{2.5.3b}$$

显然对任意两个正数 a 与 b，有

$$\beta\leqslant 0 \tag{2.5.3c}$$

借助于式(2.5.3c)，则式(2.5.2d)可写为

$$\frac{\mathrm{d}H}{\mathrm{d}t}\leqslant 0 \tag{2.5.4a}$$

或者

$$\iint J(ff_1)\ln f\mathrm{d}\boldsymbol{v}\mathrm{d}\boldsymbol{r}\leqslant 0 \tag{2.5.4b}$$

因此，前面所假设的 $Q(f)$ 也应满足如下关系：

$$\iint Q(f)\ln f\mathrm{d}\boldsymbol{v}\mathrm{d}\boldsymbol{r}\leqslant 0 \tag{2.5.5a}$$

或者

$$\int Q(f)\ln f\mathrm{d}\boldsymbol{v}\leqslant 0 \tag{2.5.5b}$$

2. BGK 方程及其基本性质

BGK 模型认为碰撞的效应是使 f 趋于 Maxwell-Boltzmann 平衡态 $f^{(0)}$，并认为改变率的大小与 $(f-f^{(0)})$ 成正比；如果假设这个比例系数为 ν，并假定它是一个与分子速度 $\boldsymbol{v}$ 无关的常数，于是有

$$Q(f)=\nu[f^{(0)}(\boldsymbol{r},\boldsymbol{v})-f(\boldsymbol{r},\boldsymbol{v},t)] \tag{2.5.6a}$$

因此，BGK 模型方程为

$$\frac{\partial f}{\partial t}+\boldsymbol{v}\cdot\frac{\partial f}{\partial \boldsymbol{r}}+\boldsymbol{X}\cdot\frac{\partial f}{\partial \boldsymbol{v}}=\nu(f^{(0)}-f) \tag{2.5.6b}$$

式中，ν 为碰撞频率；矢量 $\boldsymbol{X}$ 的定义式为

$$\boldsymbol{X}=\frac{\boldsymbol{F}}{m} \tag{2.5.6c}$$

在式(2.5.6b)中，$f^{(0)}$ 可以用局部平均速度 $\boldsymbol{V}$ 与局部温度 T 予以表达；注意这里 $\boldsymbol{V}$ 与 T 都是用分布函数的矩来定义的，即

$$\rho\boldsymbol{V}=\int m\boldsymbol{v}f\,\mathrm{d}\boldsymbol{v} \tag{2.5.7a}$$

$$\frac{3}{2}nk_{\mathrm{B}}T=\int\frac{1}{2}m(\boldsymbol{v}-\boldsymbol{V})\cdot(\boldsymbol{v}-\boldsymbol{V})\mathrm{d}\boldsymbol{v} \tag{2.5.7b}$$

$$n=\int f\mathrm{d}\boldsymbol{v} \tag{2.5.7c}$$

所以式(2.5.6b)仍然是非线性微分-积分方程。这个方程从形式上看好像变成了线性方程，好像比 Boltzmann 方程简单得多，然而实际上并非如此，欲得到它的解析解仍然非常困难。令 $\psi_i(i=1,2,\cdots,5)$代表 5 个碰撞守恒量，即 m、$m\boldsymbol{v}$ 的三个分量以及$\frac{1}{2}mU^2$，这里 U 为

$$U\equiv|\boldsymbol{U}|,\quad \boldsymbol{U}\equiv\boldsymbol{v}-\boldsymbol{V} \tag{2.5.8a}$$

于是借助于式(2.5.7)很容易验证如下公式成立：

$$\int\psi_i Q(f)\mathrm{d}\boldsymbol{v}=0 \tag{2.5.8b}$$

或者

$$\int\psi_i f^{(0)}(\boldsymbol{r},\boldsymbol{v})\mathrm{d}\boldsymbol{v}=\int\psi_i f(\boldsymbol{r},\boldsymbol{v},t)\mathrm{d}\boldsymbol{v} \tag{2.5.8c}$$

式中，$Q(f)$项由式(2.5.6a)定义。另外，式(2.5.8c)给出了 $f^{(0)}(\boldsymbol{r},\boldsymbol{v})$与 $f(\boldsymbol{r},\boldsymbol{v},t)$之间的普遍关系，这里 $f^{(0)}$为局域 Maxwell-Boltzmann 平衡态分布。从形式上看，好像 BGK 方程将 Boltzmann 方程变成了关于 f 的线性方程，然而实际上在 $f^{(0)}$中出现的宏观量 ρ、$\boldsymbol{V}$ 和 T 都是关于 f 的积分值，换句话说，$Q(f)$项按式(2.5.6a)选取之后使得关于 f 的方程的非线性性质更强了。

对式(2.5.6b)进行量纲分析后可知，ν 的量纲是时间的倒数。通常还有这样一种假设：如果认为用$-\nu f$ 代替了 Boltzmann 方程等号右侧碰撞积分项中的第二项，即

$$-\nu f=-\iint ff_1 g\sigma\mathrm{d}\boldsymbol{\Omega}\mathrm{d}\boldsymbol{v}_1 \tag{2.5.9a}$$

另外，还认为用 $\nu f^{(0)}$代替了 Boltzmann 方程等号右侧碰撞积分项中的第一项，即

$$\nu f^{(0)}=\iint f'f'_1 g\sigma\mathrm{d}\boldsymbol{\Omega}\mathrm{d}\boldsymbol{v}_1 \tag{2.5.9b}$$

这样便得到了式(2.5.6b)。当然,式(2.5.9)仅是一种假设的看法或者说是某种近似,这里并不能给出理论上的严格证明,这是应该说明的。

下面分析 $\nu(f^{(0)}-f)$ 是否满足式(2.5.5a)。对 BGK 模型的 $Q(f)$ 有

$$\int Q(f)\ln f \mathrm{d}\boldsymbol{v}=\int Q(f)\ln\frac{f}{f^{(0)}}\mathrm{d}\boldsymbol{v}+\int Q(f)\ln f^{(0)}\mathrm{d}\boldsymbol{v} \tag{2.5.10a}$$

由于 $\ln f^{(0)}$ 是由守恒量组成的,因此得

$$\int Q(f)\ln f^{(0)}\mathrm{d}\boldsymbol{v}=0 \tag{2.5.10b}$$

于是式(2.5.10a)变为

$$\int Q(f)\ln f \mathrm{d}\boldsymbol{v}=\int Q(f)\ln\frac{f}{f^{(0)}}\mathrm{d}\boldsymbol{v}=\int(\nu f^{(0)}-\nu f)\ln\frac{f}{f^{(0)}}\mathrm{d}\boldsymbol{v} \tag{2.5.10c}$$

借助于式(2.5.3a)、式(2.5.3b)与式(2.5.3c),于是式(2.5.10c)可得

$$\int Q(f)\ln f \mathrm{d}\boldsymbol{v}\leqslant 0 \tag{2.5.10d}$$

这就是说 BGK 方程的 $Q(f)$ 项满足碰撞项的第二个性质。如果引入碰撞时间 τ

$$\tau\equiv\frac{1}{\nu} \tag{2.5.10e}$$

这里 τ 为两次连续碰撞的平均时间间隔,也称弛豫时间或称松弛时间。在通常情况下,τ 是一个非常小的量,在10^{-10} s 的量级上。由于 τ 很小,因此 $f-f^{(0)}$ 也是很小的量。

3. BGK 方程的局限性

正如文献[41]所述,Chapman-Enskog 逐级逼近解法的最基本特点是:首先将方程写为无量纲形式并注意量级分析,注意利用守恒量消去时间导数,最后注意使用同幂次项相等这一原则得到一系列各级近似下的方程以便求解。可以证明,将 Chapman-Enskog 方法应用于 BGK 方程后可以得到形式与 Navier-Stokes 方程一致的守恒型方程组,但这时的黏性系数 μ 以及热传导系数 λ 分别为

$$\mu_{\mathrm{BGK}}=\frac{nk_{\mathrm{B}}T}{\nu} \tag{2.5.11a}$$

$$\lambda_{\mathrm{BGK}}=\frac{5}{2}\frac{k_{\mathrm{B}}}{m}\frac{nk_{\mathrm{B}}T}{\nu} \tag{2.5.11b}$$

在式(2.5.11a)与式(2.5.11b)中,ν 为碰撞频率。另外,BGK 方程的 Plandtl 数为

$$Pr_{\mathrm{BGK}}=c_p\frac{\mu_{\mathrm{BGK}}}{\lambda_{\mathrm{BGK}}}=1 \tag{2.5.11c}$$

而对于 Boltzmann 方程,采用 Chapman-Enskog 方法时得到的 μ、λ 与 Pr 分别为

$$\mu=0.499\rho\overline{U}l,\quad \overline{U}=\left(\frac{8k_{\mathrm{B}}T}{\pi m}\right)^{\frac{1}{2}} \tag{2.5.12a}$$

$$\lambda=\frac{15}{4}\frac{k_{\mathrm{B}}}{m}(0.499\rho\overline{U}l) \tag{2.5.12b}$$

$$Pr=\frac{2}{3} \tag{2.5.12c}$$

式中，l 为分子的自由程；m 为分子的质量；k_{B} 为 Boltzmann 常数。

显然，式(2.5.11a)～式(2.5.11c)与式(2.5.12a)～式(2.5.12c)分别给出的输运系数并不相同，这一结果应引起高度的关注。黏性系数影响着动量交换，热传导系数影响着能量交换，Prandtl 数在高温边界层传热问题中起着重要作用，因此 BGK 方程的适用范围必须要针对具体的工程问题从试验中进行严格的界定与考验。需要说明的是，BGK 方程因其外形简单，对于偏离平衡态不远的小扰动问题是可以应用的，但是在远离平衡时，很难由 BGK 模型方程去获得符合真实物理过程的气体输运系数的正确结果。

2.6 小 Knudsen 数特征区的主要特点及其分析

近 10 年来，AMME Lab 团队成功完成了国外公开发表的 18 种国际著名航天器与探测器、进入 3 种大气层(即火星大气层、土卫六大气层以及地球大气层)共计 242 个典型飞行工况的数值计算与流场分析[5]。在我们已完成的 18 种算例中，Apollo AS-202 返回舱、Orion、ARD、OREX、Stardust SRC、RAM-CⅡ(Radio Attenuation Measurement-CⅡ)、USERS 等都是再入地球大气层的，Huygens 是进入土卫六大气层的，Mars Microprobe、Mars Pathfinder、Viking、Fire-II、ESA-MARSENT 都是进入火星大气层的。在我们成功完成的 242 个飞行工况的气动力与气动热流场计算中，已将 231 个工况的结果公开发表。在上述典型算例的计算中，有的工况属于连续流区则采用 Navier-Stokes 方程计算流场，有的工况属于稀薄流区则采用 DSMC 计算。另外，文献[52]还采用 RANS 与 DES 混合算法计算了第一代载人飞船 Mercury、第二代载人飞船 Gemini、人类第一枚成功到达火星上空的 Fire-Ⅱ探测器、具有丰富风洞试验数据(来流 Mach 数从 0.50 变到 2.86)的巡航导弹、高升阻比乘波体(Waverider)以及目前国际上大力研究的具有大容积效率与高升阻比的通用大气飞行器 CAV(common aero vehicle)6 种著名飞行器的绕流问题共有 63 个典型工况。从我们已完成的 242 个算例的 Mach 数从由 0.5 变到 32.81，Knudsen 数从 10^{-5} 变到 111，飞行攻角从 45°变到 −45°的范围。许多计算结果与 NASA Langley 和 Ames 研究中心发表的相关飞行数据与地面试验数据较为接近；一些稀薄流的 DSMC 结果与 Moss 等的数值计算结果基本上相吻合。大量的数值计算积累了丰富的计算经验,因此对此略作总结是必要的,这里仅对小 Knudsen 数特征区的一些重要特点做简要的分析。大量的典型算例可以发现:采用 DSMC 源程序计算时,若来流工况的 Knudsen 数越小,则流场计算所需的时间越长,在上述几个算例中使用现在我们编制的 DSMC 源程序能够计算的来流工况最小 Knudsen 数(这里记作 Kn_1)为 0.0019;采用我们编制的广义 Navier-Stokes 程序计算时,若来流工况的 Knudsen 数越大,则流场计算越不易收敛,在上述几个算例中使用现在的广义 Navier-Stokes 方程源程序能够计算的来流工况最大 Knudsen 数(这里记作 Kn_2)为 0.0125;如果采用广义 Navier-Stokes 方程再加上物面处滑移条件,则 Kn_2 最大可取到 0.2;因此我们便可以称$[Kn_1,Kn_2]$为再入飞行过程中的小 Knudsen 数特征区的区间范围。正是由于再入过程中存在着小 Knudsen 数特征区,原则上只要两个源程序(即 DSMC 源程序与广义 Navier-Stokes 程序)便可以完成整个再入飞行过程中所有工况的流场计算[43]。

针对在小 Knudsen 数特征区进行流场计算的特点,在来流工况的 Knudsen 数接近 Kn_1(采用 DSMC 程序)或者 Kn_2(采用广义 Navier-Stokes 程序)时可以采取如下三种加速计算收敛的办法:

(1) 发展上述两个源程序的高效算法,并且还需要进一步提高两个源程序本身的计算效率。这里需指出的是,对于广义 Navier-Stokes 方程的快速求解来讲,可供借鉴的算法很多[53~59],但对于 DSMC 方法如何再进一步提高它的计算效率乃是一个需要进一步深入研究的新课题。这里需要说明的是:随着气动力辅助变轨技术的发展,特别是在星际航行中利用星球的大气层去实现辅助引力转弯(aerogravity-assist)的变轨技术的出现,使人们对稀薄气体动力学的计算更加重视。而近些年出现的辅助引力转弯是美国喷气推进实验室 Longuski 等[60]提出的一种新概念,利用气动力辅助制动,节约了推进剂,可以增加有效载荷,具有很好的应用前景。例如,从地球到火星的航段,飞行器到达火星时,采用部分气动力辅助变轨后进入绕火星的椭圆轨道,近地点高度为 200km,远地点高度为 37223km,周期为 24.6h。另外,返程航段结束到达地球时,飞行器采用部分气动力辅助变轨后进入绕地球的椭圆轨道,近地点高度为 463km,远地点高度为 77641km,周期为 24h。值得注意的是,轨道的近地点比较高,那里的大气相对稀薄,为了有效地对飞行器进行控制、去实现气动力辅助变轨,因此人们更加重视对稀薄气体动力学的三维流场计算。此外,Sims 等[61]计算了星际飞行器从地球到达木星、土星、天王星、海王星以及冥王星的最短飞行时间,并且考虑了阻力损失对飞行器升阻比 L/D 的影响,这更使人们充分认识到在星际航行中,气动力辅助变轨技术是 21 世纪先进运载飞行器设计的关键技术,而稀薄气体动力学的三维流场计算是确保气动力辅助变轨技术实现的重要基础。在 DSMC 方法的研究方面,Bird 教授应是领军人物，他早在20世纪60年代初便致力于这一领域的研究，他提出和发展了一系列改进算法和程序[62]。

(2) 在选用广义 Navier-Stokes 源程序求解再入飞行流场的情况下，当计算来流 Knudsen 数接近 Kn_2 的高 Mach 数飞行工况时，可以取来流 Mach 数逐渐爬升的办法去解决计算不易收敛的困难。大量的数值计算表明这个办法十分有效。

(3) 在进一步探讨 DSMC 高效算法的同时还应该开展对广义 Boltzmann(即 Wang Chang-Uhlenbeck)方程的求解。广义 Boltzmann 方程是一个微分积分型方程，对于三维流动问题来讲这个方程等号右侧的积分项为5重积分，对于单组分、多原子分子、考虑分子内部量子数但不考虑简并度的 Boltzmann 方程的表达式为

$$\frac{\partial f_i}{\partial t}+\xi\cdot\frac{\partial f_i}{\partial \boldsymbol{r}}+\tilde{\boldsymbol{g}}\cdot\frac{\partial f_i}{\partial \xi}=\sum_{j,k,l}\int_{-\infty}^{\infty}\int_{\Omega}(f_k f_l-f_i f_j)g\sigma_{ij}^{kl}\,\mathrm{d}\Omega\mathrm{d}\xi_j \tag{2.6.1}$$

式中，f_i 为单组元、多原子分子、量子态为 i 时的分布函数，ξ_j 代表 j 的速度。对于这个方程，可以考虑分子内部量子数但这里没有考虑简并度，可以考虑弹性与非弹性碰撞，可以考虑化学反应，也可以考虑气体的离解、电离问题。显然，对方程(2.6.1)的数值求解来讲，气体动力学和计算流体力学书上许多加速收敛的办法是可以采用的，而且这个方程所包含的物理信息要比 BGK 方程丰富得多。

下面，对本节所涉及的研究内容进行如下简要归纳：

(1) 文献[43]中首次提出了高超声速再入飞行过程中"小 Knudsen 数特征区(即[Kn_1,Kn_2])"的概念，并采用数值计算的办法确定了该区域的边界值。详细研究了在这个特征区域中采用两种模型进行同一个工况数值计算时的一些特点，并提出了加速计算收敛的措施。另外，我们针对小 Knudsen 数特征区分别用广义 Navier-Stokes 模型[63,64]与 DSMC 模型[47,50]完成了多个典型算例，而且还将两种模型的计算结果进行了比较，可以发现：采用广义 Navier-Stokes 模型得到的值与 DSMC 的有差别，但差别不大，而且两个结果的变化趋势基本一致。事实上，DSMC 方法是直接模拟流动的物理过程，在某些假设条件下，理论上能够证明它与 Boltzmann 方程是等价的；更重要的是，Boltzmann 方程与 Navier-Stokes 方程都来源于同一个力学方程(即 Liouville 方程)，这就决定了在适当的条件下 Boltzmann 方程与 Navier-Stokes 方程是相互协调的、一致的。

(2) 我们在40多年从事计算流体力学计算与近10多年针对18种国际著名航天器与探测器作高超声速再入飞行时完成了242个典型工况的数值计算。在上述大量计算的基础上[5,41]，提出了如下看法：对于每一个计算工况来讲，恰当地选取 DSMC 模型或者广义 Navier-Stokes 模型(必要时对严重的大分离区域加入局部的 DES 分析技术[52])，可以完成每一个工况的计算，因此合理地选取 DSMC 模型与

广义 Navier-Stokes 模型能够完成整个再入过程中所有飞行工况(当飞行速度在 5～9km/s 范围时)的数值计算。显然,这个结论对再入飞行过程中的数值计算来说是非常重要的。

(3) 开展对广义 Boltzmann 方程数值算法的研究与求解是十分必要的。这个方程可以考虑分子内部量子数以及简并度,可以考虑弹性与非弹性碰撞,可以考虑化学反应,也可以考虑气体的离解与电离方面的问题。因此,广义 Boltzmann 方程与 BGK 方程相比可以更多地反映物理过程的相关信息。为此,AMME Lab 团队在这一方向上进行了如下两方面的研究:一方面与美国 Washington 大学 Agarwal 教授合作开展广义 Boltzmann 方程直接数值求解的探索研究与源程序的编写工作[45];另一方面,针对高超声速再入飞行过程中出现的稀薄流区、过渡流区、连续流区所表现出的在时间上与空间上均具有的多尺度特征,开展了 UFS(unified flow solver)方法的研究,这是一个重要的新方法。

(4) 飞行器以高超声速再入地球大气层、进入火星大气层、土卫六大气层的飞行过程中,根据 AMME Lab 团队计算国外 18 种著名航天器 242 个工况的计算经验[5,41]可以认为(以下以再入地球大气层问题为例):当 $Kn\geqslant 1$ 时为自由分子流区;当 $0.03<Kn<1.0$ 时为过渡区;当 $Kn\leqslant 0.03$ 时为连续流区;在过渡区,当 $Kn>0.03$ 时必须考虑滑移效应,其中 $0.03<Kn\leqslant 0.2$ 时可以用 Navier-Stokes 方程加上滑移条件求解;当 $Kn<0.03$ 时使用广义 Navier-Stokes 方程而且不需要加滑移条件便能完成计算。根据本章提出的"小 Knudsen 数特征区"的概念,使用 DSMC 计算时,Kn 的下限为 Kn_1,目前使用我们 DSMC 程序得到的 Kn_1 的最小值为 0.0019;使用 Navier-Stokes 计算时,Kn 的上限为 Kn_2,目前使用我们自己编制的三维广义 Navier-Stokes 程序不加滑移条件 Kn_2 最大可算到 0.0125;加上滑移条件,Kn_2 最大可取为 0.2。上述所给出区域的划分,实际上可以初步作为再入飞行过程中所有工况点下三维流场计算时选用 DSMC 或者广义 Navier-Stokes 模型的判断准则。

另外,AMME Lab 团队还编制了多组分混合气体的广义 Boltzmann 方程的源程序[45],该程序在求解过程中同时考虑转动-平动以及振动-平动的热力学非平衡问题,并且成功地完成了一维激波管问题[45]、二维钝头体绕流与二维双锥体绕流[45]的 48 个工况的计算。在所完成的算例中,Knudsen 数从 0.001 变到 10.0,所计算的 Mach 数从 2 变到 25,所得计算结果与相关试验数据以及广义 Navier-Stokes 方程或者 DSMC 方法数值结果进行了对比验证,初步显示了所编程序的可行性、有效性、通用性与鲁棒性。

最后,需要说明的是:我们提出了"小 Knudsen 数特征区"的重要概念,以及再入飞行过程中所有工况点下三维流场计算时选用 DSMC 或者广义 Navier-Stokes 模型的判断准则[43]。值得注意的是,这样初步选取流场计算模型的办法有时会使流场计算的效率不高；当这种情况发生时，一个更为有效的办法是以流场局部 Kn 或者局部的 Kn_{GL}（即 the gradient-length Knudsen number）作为当地流场计算选用模型的依据，在这种情况下完成某一工况的流场计算过程时，一些局部区域可以采用广义 Navier-Stokes 模型，另一些局部区域可以采用 DSMC 模型，对于这种复杂的计算情况本节不作赘述。

第 3 章　粒子输运方程、Lorentz 变换和辐射输运方程

考虑辐射场影响的流体力学常称为辐射流体力学，Zeldovich 和 Raizer[65]、Pai[66]、Pomraning[67]、Modest[68]、Siegel 和 Howell[69]以及 Mihalas 和 Minhalas[70]在这方面做了大量研究。20 世纪 80 年代以来，在飞行器再入(reentry)大气层(如飞行速度为7～8km/s)过程中，除了气动力与气动热问题十分严重外，再入体本身的光辐射特性和再入体周围等离子体流场对电磁波传播的影响也直接关系到飞行器的飞行安全；再加上某些飞行体(如弹体、飞机)隐身技术的需要，使得辐射传输问题的研究变得十分重要。另外，随着国际上热核聚变技术、惯性约束聚变(inertial confinement fusion，ICF)技术、高强激光束驱动核聚变技术、强脉冲中子源技术、高能粒子束武器技术以及电磁轨道炮技术等的大力发展，在一些于系统内部存在着剧烈的热核反应而且反应率很大并且系统内离子、电子、光子趋向平衡的弛豫过程又相对较长，那里热核聚变燃烧过程处于非平衡的状态，这些物理现象已成为学界关注的热点。此外，文献[19]的第 12 章，在“航天探索、能源利用以及激光推进技术的新进展”的标题下给出了国外正在发展的，且很有发展潜力的 6 个探索项目，其中“太阳帆宇宙飞船技术”、“冲压喷气聚变发动机技术”、“纳米飞船技术”和“激光推进光船技术”是直接与未来航天飞行工程密切相关的高新技术。对于这些新型技术，从基础理论的角度上看，它们涉及粒子的输运理论、中子的输运理论，涉及光子的辐射输运方程，涉及著名的 Lorentz 变换等问题。因此，本章分四小节具体讨论这些相关的基础理论和基本方程。

3.1　粒子输运方程和中子输运方程

输运理论的基础是统计力学，它所研究的问题属于非平衡统计力学的范畴，它把微观粒子在介质内的输运现象采用数学的方法加以描述，在这方面 Balescu[71,72]、黄祖洽和丁鄂江[73]、Pomraning[67]和 Pai[66]等做了大量研究并获得了重要成果。微观粒子可以是中子、光子、电子、分子等，中子的约化波长 $\hat{\lambda}$ 为

$$\hat{\lambda}=\frac{4.55\times 10^{-12}}{\sqrt{E}} \tag{3.1.1}$$

式中，E 是以 eV 为单位的中子能量。可以看到，即使中子能量低到 0.01eV，这时 $\hat{\lambda}$ 也只有 4.55×10^{-11}m，它仍比固体中原子间距小一个数量级，而比宏观尺寸和平

均自由程要小几个数量级。中子在介质内的输运过程，主要是中子与介质原子核碰撞的结果。在核技术问题中，中子的密度（一般小于 $10^{11}/cm^3$）比起介质的原子核密度（一般为 $10^{22}/cm^3$）要小得多，因而中子与中子之间的碰撞可以略去不计。另外，中子不带电荷，不受电和磁的影响，可以认为它在介质内两次碰撞之间穿行的路程是直线。

在平衡统计力学中有三种不同层次的描述，即微观层次、动理学层次和流体力学层次，其中动理学是从微观动力学出发，通过单粒子分布函数来讨论系统的宏观性质。从实质上讲，输运方程是粒子数守恒的数学描述，对于粒子其输运方程为[5,73]

$$\frac{\partial f}{\partial t}+\boldsymbol{V}\cdot\nabla f+\frac{\boldsymbol{F}}{m}\cdot\frac{\partial f}{\partial \boldsymbol{V}}=\left(\frac{\partial f}{\partial t}\right)_{c}+\left(\frac{\partial f}{\partial t}\right)_{s} \tag{3.1.2a}$$

或者

$$\frac{\partial f}{\partial t}+\boldsymbol{V}\cdot\nabla f+\frac{\boldsymbol{F}}{m}\cdot\nabla_{V} f=\left(\frac{\partial f}{\partial t}\right)_{c}+\left(\frac{\partial f}{\partial t}\right)_{s} \tag{3.1.2b}$$

式中，f 与 $\boldsymbol{V}$ 分别为分布函数与粒子速度；$\boldsymbol{F}$ 与 m 分别为作用在粒子上的外力以及粒子的质量；$(\partial f/\partial t)_c$ 为碰撞项，$(\partial f/\partial t)_s$ 为源项。f 的定义式为

$$f\equiv f(\boldsymbol{r},E,\boldsymbol{\Omega},t) \tag{3.1.2c}$$

式中，t 为时间；$\boldsymbol{r}$、E 和 $\boldsymbol{\Omega}$ 分别为粒子的位置矢量、粒子的动能和粒子运动方向上的单位矢量。$\boldsymbol{V}$ 与 $\boldsymbol{\Omega}$ 之间有如下关系：

$$\boldsymbol{V}=V\boldsymbol{\Omega} \tag{3.1.2d}$$

$$V=|\boldsymbol{V}|,\quad |\boldsymbol{\Omega}|=1 \tag{3.1.2e}$$

用

$$\mathrm{d}n=f\mathrm{d}\boldsymbol{r}\mathrm{d}E\mathrm{d}\boldsymbol{\Omega} \tag{3.1.2f}$$

表示 t 时刻，空间点 $\boldsymbol{r}$ 附近的微元体 $\mathrm{d}\boldsymbol{r}$ 内，具有能量为 $E\sim(E+\mathrm{d}E)$，在立体角元 $\mathrm{d}\boldsymbol{\Omega}$ 内沿着 $\boldsymbol{\Omega}$ 方向运动的粒子数。在式(3.1.2b)中，算子∇与∇_V分别定义为

$$\nabla\equiv\frac{\partial}{\partial \boldsymbol{r}},\quad \boldsymbol{r}=x\boldsymbol{i}+y\boldsymbol{j}+z\boldsymbol{k} \tag{3.1.2g}$$

$$\nabla=\left(\frac{\partial}{\partial x},\frac{\partial}{\partial y},\frac{\partial}{\partial z}\right) \tag{3.1.2h}$$

$$\nabla_V=\left(\frac{\partial}{\partial u},\frac{\partial}{\partial v},\frac{\partial}{\partial z}\right),\quad \boldsymbol{V}=u\boldsymbol{i}+v\boldsymbol{j}+w\boldsymbol{k} \tag{3.1.2i}$$

引入微分散射截面 $\mathrm{d}\sigma_s(\boldsymbol{r},E\to E',\boldsymbol{\Omega}\to\boldsymbol{\Omega}',t)$的概念，因此表达式

$$\mathrm{d}\sigma_s(\boldsymbol{r},E\to E',\boldsymbol{\Omega}\to\boldsymbol{\Omega}',t)\mathrm{d}E\mathrm{d}\boldsymbol{\Omega}\mathrm{d}s \tag{3.1.2j}$$

便表示在 t 时刻 $\boldsymbol{r}$ 点处一个粒子在穿行 $\mathrm{d}s$ 距离、能量间隔 $\mathrm{d}E$ 内从能量 E 散射到 E'、在 $\mathrm{d}\boldsymbol{\Omega}$ 内方向由 $\boldsymbol{\Omega}$ 变化到 $\boldsymbol{\Omega}'$的概率。对于式(3.1.2j)，也可用下面形式，即

$$\mathrm{d}\sigma_s(\boldsymbol{r},E\to E',\boldsymbol{\Omega}\cdot\boldsymbol{\Omega}',t)\mathrm{d}E\mathrm{d}\boldsymbol{\Omega}\mathrm{d}s \tag{3.1.2k}$$

表达。在式(3.1.2k)中,$\boldsymbol{\Omega}\cdot\boldsymbol{\Omega}'$表示散射角余弦,即两单位方向的点积。在式(3.1.2a)与式(3.1.2b)中,碰撞项$(\partial f/\partial t)_c$的表达式为

$$\left(\frac{\partial f}{\partial t}\right)_c=\iint[V'\mathrm{d}\sigma_s(\boldsymbol{r},E'\to E,\boldsymbol{\Omega}'\to\boldsymbol{\Omega},t)f(\boldsymbol{r},E',\boldsymbol{\Omega}',t)-V\mathrm{d}\sigma_s(\boldsymbol{r},E\to E',\boldsymbol{\Omega}\to\boldsymbol{\Omega}',t)f(\boldsymbol{r},E,\boldsymbol{\Omega},t)]\mathrm{d}E'\mathrm{d}\boldsymbol{\Omega}'-V\sigma_a(\boldsymbol{r},E,t)f(\boldsymbol{r},E,\boldsymbol{\Omega},t) \quad (3.1.2l)$$

式中,$\sigma_a(\boldsymbol{r},E,t)$为介质的宏观吸收截面(又称吸收系数);如果将$\sigma_a(\boldsymbol{r},E,t)$乘以d$s$后,则可以表示粒子在穿行d$s$距离后被吸收的概率;符号$V$与$V'$分别定义为

$$V=|\boldsymbol{V}|,\quad V'=|\boldsymbol{V}'| \quad (3.1.2m)$$

另外,在式(3.1.2k)中d$\boldsymbol{\Omega}$为

$$\mathrm{d}\boldsymbol{\Omega}=\sin\theta\mathrm{d}\theta\mathrm{d}\varphi \quad (3.1.2n)$$

式中,θ与φ分别为天顶角与圆周角[74]。

在输运理论中,常引进强度函数$\psi(\boldsymbol{r},E,\boldsymbol{\Omega},t)$,它与分布函数$f(\boldsymbol{r},E,\boldsymbol{\Omega},t)$的关系是

$$\psi(\boldsymbol{r},E,\boldsymbol{\Omega},t)=Vf(\boldsymbol{r},E,\boldsymbol{\Omega},t) \quad (3.1.2o)$$

借助于强度函数ψ,式(3.1.2l)可改写为

$$\left(\frac{\partial f}{\partial t}\right)_c=\iint[\psi(\boldsymbol{r},E',\boldsymbol{\Omega}',t)\mathrm{d}\sigma_s(\boldsymbol{r},E'\to E,\boldsymbol{\Omega}'\to\boldsymbol{\Omega},t)-\psi(\boldsymbol{r},E,\boldsymbol{\Omega},t)\mathrm{d}\sigma_s(\boldsymbol{r},E\to E',\boldsymbol{\Omega}\to\boldsymbol{\Omega}',t)]\mathrm{d}E'\mathrm{d}\boldsymbol{\Omega}'-\sigma_a(\boldsymbol{r},E,t)\psi(\boldsymbol{r},E,\boldsymbol{\Omega},t) \quad (3.1.2p)$$

在式(3.1.2a)中,$\left(\frac{\partial f}{\partial t}\right)_s$项代表源项。因为吸收和散射只改变粒子的能量和运动方向,并不产生新的粒子。所以为了描述粒子源,要引进源函数$S^*(\boldsymbol{r},E,\boldsymbol{\Omega},t)$,则在$t$时刻$\boldsymbol{r}$点d$\boldsymbol{r}$内,能量为$E$的d$E$间隔内,沿着方向$\boldsymbol{\Omega}$在d$\boldsymbol{\Omega}$内每单位时间的源粒子数为

$$源速率=S^*=S^*(\boldsymbol{r},E,\boldsymbol{\Omega},t)\mathrm{d}\boldsymbol{r}\mathrm{d}E\mathrm{d}\boldsymbol{\Omega} \quad (3.1.2q)$$

并且有

$$\left(\frac{\partial f}{\partial t}\right)_s=S^*(\boldsymbol{r},E,\boldsymbol{\Omega},t) \quad (3.1.2r)$$

如果没有外力场$\boldsymbol{F}$,那么式(3.1.2a)可写为

$$\frac{1}{V}\frac{\partial\psi(E,\boldsymbol{\Omega})}{\partial t}+\boldsymbol{\Omega}\cdot\nabla\psi(E,\boldsymbol{\Omega})=\iint[\psi(E',\boldsymbol{\Omega}')\mathrm{d}\sigma_s(E'\to E,\boldsymbol{\Omega}'\to\boldsymbol{\Omega})-\psi(E,\boldsymbol{\Omega})\mathrm{d}\sigma_s(E\to E',\boldsymbol{\Omega}\to\boldsymbol{\Omega}')]\mathrm{d}E'\mathrm{d}\boldsymbol{\Omega}'-\sigma_a(E)\psi(E,\boldsymbol{\Omega})+S^*(E,\boldsymbol{\Omega}) \quad (3.1.3)$$

式中,为了书写简便起见,略去了变量$\boldsymbol{r}$和t,如$\psi(\boldsymbol{r},E,\boldsymbol{\Omega},t)$这里便可以简写为$\psi(E,\boldsymbol{\Omega})$。式(3.1.3)便是所有中性粒子所服从的输运方程,它是一个线性的微分

积分型方程，在一般情况下稳态时它含有 $\boldsymbol{r}(x,y,z)$、E 和 $\boldsymbol{\Omega}(\theta,\varphi)$ 六个自变量，这样方程的求解即使用计算机，也仍然是件复杂和困难的事[75]，中子是中性粒子的一种特例[76]，它当然也应服从式(3.1.3)所给出的方程。

3.2 辐射输运方程

目前，美国、俄罗斯、日本、英国、法国、德国等国家正在进行激光核聚变、惯性约束聚变和重离子驱动核聚变的研究。在这个过程中，将会涉及大量的高温等离子体物理以及强激光通过物质等问题[77]，同时也涉及光子与物质相互作用的问题，因此建立与研究光子在物质内的输运方程是必要的。在高温介质或等离子体中，光子与物质的相互作用，具体讲就是光子与电子、原子和离子间的相互作用，其作用过程在经典理论的框架下可归结为四种基本过程，即吸收、辐射、感应和散射；对于这些过程，在下面推导光子的输运方程时会进行简要说明。

习惯上常用光子频率 ν、角频率 ω、波长 λ 或者波数 η 取代能量 E 作为相空间的一个独立变量，有

$$E=h\nu=\hbar\omega=\frac{hc}{\lambda}=c\hbar\tilde{\kappa}=ch\eta \tag{3.2.1a}$$

式中，h 和 $\hbar$ 分别为 Planck(普朗克)常量和折合 Planck 常量，其中 $h=2\pi\hbar$。

另外，令光子的波矢量为 $\boldsymbol{\kappa}$，则光子的动量 $\boldsymbol{p}=\hbar\boldsymbol{\kappa}$；令 $|\boldsymbol{\kappa}|$ 称为修正波数(亦常称作角波数)并记作 $\tilde{\kappa}$，即 $\tilde{\kappa}=|\boldsymbol{\kappa}|$；通常将角频率 ω 与 $\tilde{\kappa}$ 间的关系称为色散关系，对于光子则有 $\omega=c\tilde{\kappa}$；为了方便起见，对于红外辐射问题通常习惯使用波数 η，其定义是波长 λ 的倒数，即 $\eta=1/\lambda$；因此，角波数 $\tilde{\kappa}$ 与波数 η 之间恒有 $\tilde{\kappa}=2\pi\eta$；相应地式(3.1.2f)可以写为

$$\mathrm{d}n=f(\boldsymbol{r},\nu,\boldsymbol{\Omega},t)\,\mathrm{d}\boldsymbol{r}\mathrm{d}\nu\mathrm{d}\boldsymbol{\Omega} \tag{3.2.1b}$$

式(3.2.1b)表示 t 时刻在空间点 $\boldsymbol{r}$ 附近的微元体 $\mathrm{d}\boldsymbol{r}$ 内，具有能量为 $h\nu\sim h(\nu+\mathrm{d}\nu)$，在立体角元 $\mathrm{d}\boldsymbol{\Omega}$ 内沿着 $\boldsymbol{\Omega}$ 方向运动的光子数。

在辐射理论中常引入辐射强度 $I(\boldsymbol{r},\nu,\boldsymbol{\Omega},t)$，它与 $f(\boldsymbol{r},\nu,\boldsymbol{\Omega},t)$ 间的关系式为

$$I(\boldsymbol{r},\nu,\boldsymbol{\Omega},t)=c\nu hf(\boldsymbol{r},\nu,\boldsymbol{\Omega},t) \tag{3.2.1c}$$

并用 $j(\boldsymbol{r},\nu,t)$ 表示单位时间、单位体积、单位频率间隔发射的辐射能源项，它与 $S^*(\boldsymbol{r},\nu,t)$ 间的关系为

$$j(\boldsymbol{r},\nu,t)=h\nu S^*(\boldsymbol{r},\nu,t) \tag{3.2.1d}$$

另外，采用符号

$$K_{\mathrm{a}}(\boldsymbol{r},\nu,t)\longrightarrow\sigma_{\mathrm{a}}(\boldsymbol{r},E,t) \tag{3.2.1e}$$

$$K_{\mathrm{s}}(\boldsymbol{r},\nu'\rightarrow\nu,\boldsymbol{\Omega}'\cdot\boldsymbol{\Omega},t)\longrightarrow\mathrm{d}\sigma_{\mathrm{s}}(\boldsymbol{r},E'\rightarrow E,\boldsymbol{\Omega}'\rightarrow\boldsymbol{\Omega},t) \tag{3.2.1f}$$

$$K_s(\boldsymbol{r},\nu\to\nu',\boldsymbol{\Omega}\cdot\boldsymbol{\Omega}',t)\longrightarrow \mathrm{d}\sigma_s(\boldsymbol{r},E\to E',\boldsymbol{\Omega}\to\boldsymbol{\Omega}',t) \tag{3.2.1g}$$

式中，K_a 与 K_s 分别称为吸收系数与散射核。

借助于式(3.2.1e)～式(3.2.1g)的约定与关系式，对于光子，式(3.1.3)变为

$$\begin{aligned}\frac{1}{c}\frac{\partial I(\boldsymbol{r},\nu,\boldsymbol{\Omega},t)}{\partial t}+\boldsymbol{\Omega}\cdot\nabla I(\boldsymbol{r},\nu,\boldsymbol{\Omega},t)=&\iint\Big[\frac{\nu}{\nu'}I(\boldsymbol{r},\nu',\boldsymbol{\Omega}',t)K_s(\boldsymbol{r},\nu'\to\nu,\boldsymbol{\Omega}'\cdot\boldsymbol{\Omega},t)\\&-I(\boldsymbol{r},\nu,\boldsymbol{\Omega},t)K_s(\boldsymbol{r},\nu\to\nu',\boldsymbol{\Omega}\cdot\boldsymbol{\Omega}',t)\Big]\mathrm{d}\nu'\mathrm{d}\boldsymbol{\Omega}'\\&-K_a(\boldsymbol{r},\nu,t)I(\boldsymbol{r},\nu,\boldsymbol{\Omega},t)+j(\boldsymbol{r},\nu,t)\end{aligned} \tag{3.2.2a}$$

式中，c 为光速。

光子是Bose子，在式(3.2.2a)中还没有考虑感应效应[36]，如果考虑感应效应，那么在计算辐射项和散射项时应增加一个因子，即增加一项 $\widetilde{A}$，其表达式为

$$\widetilde{A}=1+\frac{c^2 I}{2h\nu^3} \tag{3.2.2b}$$

于是光子的输运方程(即辐射输运方程)最后变为

$$\begin{aligned}\frac{1}{c}\frac{\partial I(\nu,\boldsymbol{\Omega})}{\partial t}+\boldsymbol{\Omega}\cdot\nabla I(\nu,\boldsymbol{\Omega})=&\iint\Big\{\frac{\nu}{\nu'}I(\nu',\boldsymbol{\Omega}')K_s(\nu'\to\nu,\boldsymbol{\Omega}'\cdot\boldsymbol{\Omega})\left[1+\frac{c^2 I(\nu,\boldsymbol{\Omega})}{2h\nu^3}\right]\\&-I(\nu,\boldsymbol{\Omega})K_s(\nu\to\nu',\boldsymbol{\Omega}\cdot\boldsymbol{\Omega}')\left[1+\frac{c^2 I(\nu',\boldsymbol{\Omega}')}{2h(\nu')^3}\right]\Big\}\mathrm{d}\nu'\mathrm{d}\boldsymbol{\Omega}'\\&-K_a(\nu)I(\nu,\boldsymbol{\Omega})+j(\nu)\left[1+\frac{c^2 I(\nu,\boldsymbol{\Omega})}{2h\nu^3}\right]\end{aligned} \tag{3.2.3}$$

比较式(3.2.3)与式(3.2.2a)可以发现：前者是非线性的微分积分型方程，而后者是线性的。

当系统处于完全热力学平衡时，这时辐射强度 I 应是Planck分布，即

$$B(\nu,T)=\frac{2h\nu^3}{c^2}\left[\exp\left(\frac{h\nu}{k_B T}\right)-1\right]^{-1} \tag{3.2.4a}$$

式中，k_B 为Boltzmann常数，而由

$$j(\nu)\left[1+\frac{c^2 B(\nu,T)}{2h\nu^3}\right]-K_a(\nu)B(\nu,T)=0 \tag{3.2.4b}$$

得

$$\frac{j(\nu)}{K_a(\nu)}=\frac{B(\nu,T)}{1+\dfrac{c^2 B(\nu,T)}{2h\nu^3}}=\frac{2h\nu^3}{c^2}\exp\left(-\frac{h\nu}{k_B T}\right) \tag{3.2.4c}$$

这就是Kirchhoff定律，令

$$j(\nu)=K'_a(\nu)B(\nu,T) \tag{3.2.4d}$$

在式(3.2.4b)与式(3.2.4d)中,K_a 为完全热平衡条件时的吸收系数;K'_a为修正后的吸收系数,于是可得到两者之间的关系式为

$$K'_a(\nu)=K_a(\nu)\left[1-\exp\left(-\frac{h\nu}{k_B T}\right)\right] \tag{3.2.4e}$$

借助 $B(\nu,T)$与 $K'_a(\nu)$,式(3.2.3)最后可写为[5]

$$\begin{aligned}\frac{1}{c}\frac{\partial I(\nu,\boldsymbol{\Omega})}{\partial t}+\boldsymbol{\Omega}\cdot\nabla I(\nu,\boldsymbol{\Omega})=&\iint\left\{\frac{\nu}{\nu'}I(\nu',\boldsymbol{\Omega}')K_s(\nu'\to\nu,\boldsymbol{\Omega}'\cdot\boldsymbol{\Omega})\left[1+\frac{c^2I(\nu,\boldsymbol{\Omega})}{2h\nu^3}\right]\right.\\&\left.-I(\nu,\boldsymbol{\Omega})K_s(\nu\to\nu',\boldsymbol{\Omega}\cdot\boldsymbol{\Omega}')\left[1+\frac{c^2I(\nu',\boldsymbol{\Omega}')}{2h(\nu')^3}\right]\right\}d\nu'd\boldsymbol{\Omega}'\\&+K'_a(\nu)\left[B(\nu,T)-I(\nu,\boldsymbol{\Omega})\right]\end{aligned} \tag{3.2.5}$$

式(3.2.3)和式(3.2.5)便是辐射输运方程的普遍形式,式中 $B(\nu,T)$为 Planck 分布。

3.3 Lorentz 变换

Lorentz 变换是狭义相对论的重要数学表达形式。在 Einstein 提出的相对性原理和光速不变原理的两条假设下,今考察从一个惯性系 K 转换到另一个惯性系 $\overline{K}$ 时,其相应的空间时间坐标(x_1,x_2,x_3,t)和$(\overline{x}_1,\overline{x}_2,\overline{x}_3,\overline{t})$之间变换关系为

$$\begin{cases}\overline{x}_1=\widetilde{f}_1(x_1,x_2,x_3,t)\\\overline{x}_2=\widetilde{f}_2(x_1,x_2,x_3,t)\\\overline{x}_3=\widetilde{f}_3(x_1,x_2,x_3,t)\\\overline{t}=\widetilde{f}_4(x_1,x_2,x_3,t)\end{cases} \tag{3.3.1a}$$

如果假设变换式(3.3.1a)是线性的,即有如下形式的可逆线性变换:

$$\overline{x}_\alpha=\sum_{\beta=1}^{4}a_{\alpha\beta}x_\beta,\quad \alpha=1,2,3,4 \tag{3.3.1b}$$

式中,$a_{\alpha\beta}$为常数,并且将 t 与 $\overline{t}$ 分别记为 x_4 与 $\overline{x}_4$。

另外,假设

$$\sum_{i=1}^{3}x_i^2-(ct)^2 \tag{3.3.1c}$$

为上述变换下的不变量,式中 c 为光在真空中的波传播速度。于是定义以式(3.3.1c)为不变量的线性变换式(3.3.1b)便称为 Lorentz 变换[78]。

3.3.1 一类特殊的 Lorentz 变换

为了得到 Lorentz 变换的一般形式,下面先讨论变换时 x_2 与 x_3 保持不变,参考系 $\overline{K}$ 相对于参考系 K 沿 x_1 方向以速度

$$V=-\frac{a_{14}}{a_{11}} \tag{3.3.2a}$$

做匀速直线运动的特殊情况。该情况下的变换为

$$\begin{cases}\bar{x}_1=a_{11}x_1+a_{14}x_4\\ \bar{x}_2=x_2\\ \bar{x}_3=x_3\\ \bar{x}_4=a_{41}x_1+a_{44}x_4\end{cases} \tag{3.3.2b}$$

将上述变换代入不变量的表达式(3.3.1c)，可得

$$(a_{11}x_1+a_{14}x_4)^2-c^2\,(a_{41}x_1+a_{44}x_4)^2=x_1^2-c^2x_4^2 \tag{3.3.2c}$$

分别比较式(3.3.2c)两端 x_1^2、x_4x_1 和 x_4^2 项的系数，得

$$\begin{cases}a_{14}^2-c^2a_{44}^2=-c^2\\ a_{14}a_{11}-c^2a_{44}a_{41}=0\\ a_{11}^2-c^2a_{41}^2=1\end{cases} \tag{3.3.2d}$$

由式(3.3.2d)与式(3.3.2a)可以得到

$$\begin{cases}a_{11}^2=a_{44}^2=\lambda^2\\ a_{41}^2=\dfrac{1}{c^4}a_{14}^2=\dfrac{\lambda^2V^2}{c^4}\end{cases} \tag{3.3.2e}$$

式中，

$$\lambda=\frac{1}{\sqrt{1-\left(\dfrac{V}{c}\right)^2}} \tag{3.3.2f}$$

V 为实常数且$|V|<c$，于是在假设 $a_{44}>0$ 与 $a_{11}>0$ 的情况下，可得到如下一组 a_{11}、a_{44}、a_{14}和 a_{41}的取值，即

$$\begin{cases}a_{11}=\lambda,\quad a_{44}=\lambda\\ a_{14}=-\lambda V,\quad a_{41}=-\lambda\dfrac{V}{c^2}\end{cases} \tag{3.3.2g}$$

将式(3.3.2g)代入式(3.3.2b)，便得到此类特殊的 Lorentz 变换为

$$\begin{cases}\bar{x}_1=\lambda(x_1-Vx_4)\\ \bar{x}_2=x_2\\ \bar{x}_3=x_3\\ \bar{x}_4=\lambda\left(x_4-\dfrac{V}{c^2}x_1\right)\end{cases} \tag{3.3.2h}$$

3.3.2　一般的 Lorentz 变换

对于一般的 Lorentz 变换，有如下定理：设在某时刻[如 $x_4=0(t=0)$时]，惯性系 K 与惯性系 $\overline{K}$ 的时空坐标系重合，然后 $\overline{K}$ 以常速度 $V=(V_1,V_2,V_3)$相对于 K 做匀速直线运动，如图 3.1 所示。如果以(x_1,x_2,x_3,x_4)与$(\bar{x}_1,\bar{x}_2,\bar{x}_3,\bar{x}_4)$分别表

示 K 与 $\overline{K}$ 中的时空坐标，则这种一般情况下的 Lorentz 变换为

$$\begin{cases}\bar{x}_i=-\lambda V_i x_4+\sum_{j=1}^{3}\left(\frac{\lambda-1}{V^2}V_iV_j+\delta_{ij}\right)x_j, \quad i=1,2,3 \\ \bar{x}_4=\lambda\left(x_4-\frac{V_1}{c^2}x_1-\frac{V_2}{c^2}x_2-\frac{V_3}{c^2}x_3\right)\end{cases} \tag{3.3.3a}$$

式中，δ_{ij} 为 Kronecker 符号。

$$\lambda=\frac{1}{\sqrt{1-\left(\frac{V}{c}\right)^2}} \tag{3.3.3b}$$

$$V=|\,\mathbf{V}\,| \tag{3.3.3c}$$

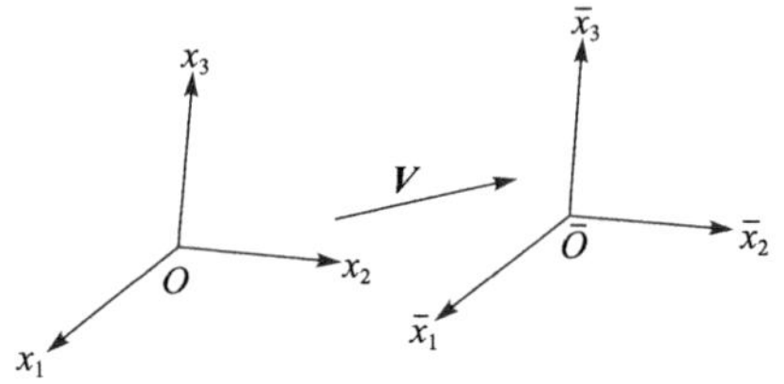

图 3.1　惯性系 $\overline{K}$ 相对于惯性系 K 以常速度 $\boldsymbol{V}$ 做匀速直线运动

3.4　辐射输运方程的 Lorentz 变换及其近似处理

在辐射输运方程的 Lorentz 变换问题中，常定义随流体运动的坐标系为流体静止坐标系(fluid rest frame)，并且约定这个坐标系中的量使用下角标“0”。正因如此，上述这个坐标系又称为“0”坐标系(zero frame)[79]。另一个惯性坐标系为实验室坐标系，文献[79]中取名为 unadorned frame，并且约定这个坐标系中的量不写下角标。令流体宏观力学运动的速度为 $\boldsymbol{u}(\boldsymbol{r},t)$，今考虑实验室坐标系相对于“0”坐标系以速度 $\boldsymbol{V}$ 运动的情况，这里 $\boldsymbol{V}$ 与 $\boldsymbol{u}$ 的关系为

$$\boldsymbol{V}=-\boldsymbol{u}(\boldsymbol{r},t) \tag{3.4.1}$$

借助于 Lorentz 变换，则式(3.2.3)和式(3.2.5)变为[67,79]

$$\begin{aligned}&\frac{1}{c}\frac{\partial I(\nu,\boldsymbol{\Omega})}{\partial t}+\boldsymbol{\Omega}\cdot\nabla I(\nu,\boldsymbol{\Omega})\\&=\iint\left\{\frac{\nu}{\nu'}I(\nu',\boldsymbol{\Omega}')K_s(\nu'\to\nu,\boldsymbol{\Omega}'\cdot\boldsymbol{\Omega})\left[1+\frac{c^2I(\nu,\boldsymbol{\Omega})}{2h\nu^3}\right]\right.\\&\quad\left.-I(\nu,\boldsymbol{\Omega})K_s(\nu\to\nu',\boldsymbol{\Omega}\cdot\boldsymbol{\Omega}')\left[1+\frac{c^2I(\nu',\boldsymbol{\Omega}')}{2h\,(\nu')^3}\right]\right\}\mathrm{d}\nu'\mathrm{d}\boldsymbol{\Omega}'\\&\quad-K_a(\nu,\boldsymbol{\Omega})I(\nu,\boldsymbol{\Omega})+j(\nu,\boldsymbol{\Omega})\left[1+\frac{c^2I(\nu,\boldsymbol{\Omega})}{2h\nu^3}\right]\end{aligned} \tag{3.4.2}$$

$$\frac{1}{c}\frac{\partial I(\nu,\boldsymbol{\Omega})}{\partial t}+\boldsymbol{\Omega}\cdot\nabla I(\nu,\boldsymbol{\Omega})$$
$$=\iint\left\{\frac{\nu}{\nu'}I(\nu',\boldsymbol{\Omega}')K_s(\nu'\to\nu,\boldsymbol{\Omega}'\cdot\boldsymbol{\Omega})\left[1+\frac{c^2I(\nu,\boldsymbol{\Omega})}{2h\nu^3}\right]\right.$$
$$\left.-I(\nu,\boldsymbol{\Omega})K_s(\nu\to\nu',\boldsymbol{\Omega}\cdot\boldsymbol{\Omega}')\left[1+\frac{c^2I(\nu',\boldsymbol{\Omega}')}{2h(\nu')^3}\right]\right\}\mathrm{d}\nu'\mathrm{d}\boldsymbol{\Omega}'$$
$$+K'_a(\nu,\boldsymbol{\Omega})[B(\nu,\boldsymbol{\Omega})-I(\nu,\boldsymbol{\Omega})] \tag{3.4.3}$$

式中，

$$j(\nu,\boldsymbol{\Omega})=\frac{1}{(b\tilde{m})^2}j_0(\nu_0) \tag{3.4.4a}$$

$$\nu_0=b\nu\tilde{m} \tag{3.4.4b}$$

$$b=1-\frac{\boldsymbol{u}\cdot\boldsymbol{\Omega}}{c} \tag{3.4.4c}$$

$$\tilde{m}=\left(1-\frac{u^2}{c^2}\right)^{-1/2} \tag{3.4.4d}$$

$$B(\nu,\boldsymbol{\Omega})=\frac{1}{(b\tilde{m})^3}B_0(\nu_0) \tag{3.4.4e}$$

$$K_a(\nu,\boldsymbol{\Omega})=b\tilde{m}K_{a0}(\nu_0) \tag{3.4.4f}$$

$$K'_a(\nu,\boldsymbol{\Omega})=b\tilde{m}K'_{a0}(\nu_0) \tag{3.4.4g}$$

$$K_s(\nu\to\nu',\boldsymbol{\Omega}\to\boldsymbol{\Omega}')=\frac{b}{b'}K_{s0}(\nu_0\to\nu'_0,\boldsymbol{\Omega}_0\cdot\boldsymbol{\Omega}'_0) \tag{3.4.4h}$$

$$b'=1-\frac{\boldsymbol{u}\cdot\boldsymbol{\Omega}'}{c} \tag{3.4.4i}$$

当$\frac{u}{c}\ll 1$时，$j(\nu,\boldsymbol{\Omega})$、$B(\nu,\boldsymbol{\Omega})$、$K_a(\nu,\boldsymbol{\Omega})$、$K'_a(\nu,\boldsymbol{\Omega})$以及 $K_s(\nu\to\nu',\boldsymbol{\Omega}\to\boldsymbol{\Omega}')$可以近似简化为[79]

$$j(\upsilon,\boldsymbol{\Omega})=j_0(\nu)+\frac{\boldsymbol{u}\cdot\boldsymbol{\Omega}}{c}\left[2j_0(\nu)-\nu\frac{\mathrm{d}j_0(\nu)}{\mathrm{d}\upsilon}\right]+O\left(\frac{u^2}{c^2}\right) \tag{3.4.5}$$

$$B(\upsilon,\boldsymbol{\Omega})=B_0(\nu)+\frac{\boldsymbol{u}\cdot\boldsymbol{\Omega}}{c}\left[3B_0(\nu)-\nu\frac{\mathrm{d}B_0(\nu)}{\mathrm{d}\upsilon}\right]+O\left(\frac{u^2}{c^2}\right) \tag{3.4.6}$$

$$K_a(\upsilon,\boldsymbol{\Omega})=K_{a0}(\nu)-\frac{\boldsymbol{u}\cdot\boldsymbol{\Omega}}{c}\left[K_{a0}(\nu)+\nu\frac{\mathrm{d}K_{a0}(\nu)}{\mathrm{d}\upsilon}\right]+O\left(\frac{u^2}{c^2}\right) \tag{3.4.7}$$

$$K'_a(\upsilon,\boldsymbol{\Omega})=K'_{a0}(\nu)-\frac{\boldsymbol{u}\cdot\boldsymbol{\Omega}}{c}\left[K'_{a0}(\nu)+\nu\frac{\mathrm{d}K'_{a0}(\nu)}{\mathrm{d}\upsilon}\right]+O\left(\frac{u^2}{c^2}\right) \tag{3.4.8}$$

$$K_s(\nu\to\nu',\boldsymbol{\Omega}\to\boldsymbol{\Omega}')=K_{s0}(\nu\to\nu',\boldsymbol{\Omega}\cdot\boldsymbol{\Omega}')$$
$$-\frac{\boldsymbol{u}\cdot\boldsymbol{\Omega}}{c}\left[K_{s0}+\nu\frac{\partial K_{s0}}{\partial\upsilon}+(1-\boldsymbol{\Omega}\cdot\boldsymbol{\Omega}')\frac{\partial K_{s0}}{\partial(\boldsymbol{\Omega}\cdot\boldsymbol{\Omega}')}\right]$$
$$-\frac{\boldsymbol{u}\cdot\boldsymbol{\Omega}}{c}\left[-K_{s0}+\nu'\frac{\partial K_{s0}}{\partial\upsilon'}+(1-\boldsymbol{\Omega}\cdot\boldsymbol{\Omega}')\frac{\partial K_{s0}}{\partial(\boldsymbol{\Omega}\cdot\boldsymbol{\Omega}')}\right]+O\left(\frac{u^2}{c^2}\right) \tag{3.4.9}$$

第 4 章　高超声速非平衡广义 Navier-Stokes 方程组

高温、高速气体流动中的热力学非平衡和化学反应非平衡问题，是现代气体动力学研究的前沿问题之一。航天器以高超声速在大气层飞行时，这种高温非平衡的流动状态普遍存在着。正确地分析与计算这类流场，对航天器的飞行安全与飞行控制至关重要。本章分三节从不同角度讨论这类流动的控制方程组，给出了具体表达形式。

4.1　Navier-Stokes 方程组的积分与微分形式

令 $\tau^*(t)$ 为一般控制体，$\sigma^*(t)$ 为控制体 $\tau^*(t)$ 的边界面，$\boldsymbol{b}$ 为控制面的局部边界速度，于是采用一般控制体时流体力学的基本方程组为[53,80,81]

$$\frac{\mathrm{d}}{\mathrm{d}t}\iiint\limits_{\tau^*(t)}\rho\mathrm{d}\tau+\oiint\limits_{\sigma^*(t)}\rho(\boldsymbol{V}-\boldsymbol{b})\cdot\boldsymbol{n}\mathrm{d}\sigma=0 \tag{4.1.1a}$$

$$\frac{\mathrm{d}}{\mathrm{d}t}\iiint\limits_{\tau^*(t)}\rho\boldsymbol{V}\mathrm{d}\tau+\oiint\limits_{\sigma^*(t)}\rho\boldsymbol{V}(\boldsymbol{V}-\boldsymbol{b})\cdot\boldsymbol{n}\mathrm{d}\sigma=\iiint\limits_{\tau^*(t)}\rho\boldsymbol{f}\mathrm{d}\tau+\oiint\limits_{\sigma^*(t)}\boldsymbol{n}\cdot\boldsymbol{\pi}\mathrm{d}\sigma \tag{4.1.1b}$$

$$\frac{\mathrm{d}}{\mathrm{d}t}\iiint\limits_{\tau^*(t)}\rho e_{\mathrm{t}}\mathrm{d}\tau+\oiint\limits_{\sigma^*(t)}\rho e_{\mathrm{t}}(\boldsymbol{V}-\boldsymbol{b})\cdot\boldsymbol{n}\mathrm{d}\sigma=\iiint\limits_{\tau^*(t)}\rho\boldsymbol{f}\cdot\boldsymbol{V}\mathrm{d}\tau+\oiint\limits_{\sigma^*(t)}(\boldsymbol{n}\cdot\boldsymbol{\pi})\cdot\boldsymbol{V}\mathrm{d}\sigma-\oiint\limits_{\sigma^*(t)}\boldsymbol{q}\cdot\boldsymbol{n}\mathrm{d}\sigma \tag{4.1.1c}$$

$$\frac{\mathrm{d}}{\mathrm{d}t}\iiint\limits_{\tau^*(t)}\rho S\mathrm{d}\tau+\oiint\limits_{\sigma^*(t)}\rho S(\boldsymbol{V}-\boldsymbol{b})\cdot\boldsymbol{n}\mathrm{d}\sigma=\iiint\limits_{\tau^*(t)}\frac{\Phi}{T}\mathrm{d}\tau+\iiint\limits_{\tau^*(t)}\frac{\nabla\cdot(-\boldsymbol{q})}{T}\mathrm{d}\tau \tag{4.1.1d}$$

式中，$\boldsymbol{\pi}$ 为应力张量；e_{t} 为单位质量气体所具有的广义内能；ρ、$\boldsymbol{V}$、T 与 S 分别为气体的密度、速度、温度与熵；$\boldsymbol{f}$ 为作用在单位质量流体上的体积力；$\boldsymbol{q}$ 与 Φ 分别为热流矢量与耗散函数。

如果将 Reynolds 输运定理与广义 Green 公式分别用于式(4.1.1)等号左侧并注意使用连续方程即

$$\frac{\partial\rho}{\partial t}+\nabla\cdot(\rho\boldsymbol{V})=0 \tag{4.1.2}$$

这个条件，则式(4.1.1)等号左侧分别变为

$$\frac{\mathrm{d}}{\mathrm{d}t}\iiint\limits_{\tau^*(t)}\rho\mathrm{d}\tau+\oiint\limits_{\sigma^*(t)}\rho(\boldsymbol{V}-\boldsymbol{b})\cdot\boldsymbol{n}\mathrm{d}\sigma=\iiint\limits_{\tau^*(t)}\left[\frac{\partial\rho}{\partial t}+\nabla\cdot(\rho\boldsymbol{V})\right]\mathrm{d}\tau \tag{4.1.3a}$$

$$\frac{\mathrm{d}}{\mathrm{d}t}\iiint_{\tau^*(t)}\rho\boldsymbol{V}\mathrm{d}\tau+\oiint_{\sigma^*(t)}\rho\boldsymbol{V}(\boldsymbol{V}-\boldsymbol{b})\cdot\boldsymbol{n}\mathrm{d}\sigma=\iiint_{\tau^*(t)}\left(\rho\frac{\mathrm{d}\boldsymbol{V}}{\mathrm{d}t}\right)\mathrm{d}\tau \tag{4.1.3b}$$

$$\frac{\mathrm{d}}{\mathrm{d}t}\iiint_{\tau^*(t)}\rho e_{\mathrm{t}}\mathrm{d}\tau+\oiint_{\sigma^*(t)}\rho e_{\mathrm{t}}(\boldsymbol{V}-\boldsymbol{b})\cdot\boldsymbol{n}\mathrm{d}\sigma=\iiint_{\tau^*(t)}\left(\rho\frac{\mathrm{d}e_{\mathrm{t}}}{\mathrm{d}t}\right)\mathrm{d}\tau \tag{4.1.3c}$$

$$\frac{\mathrm{d}}{\mathrm{d}t}\iiint_{\tau^*(t)}\rho S\mathrm{d}\tau+\oiint_{\sigma^*(t)}\rho S(\boldsymbol{V}-\boldsymbol{b})\cdot\boldsymbol{n}\mathrm{d}\sigma=\iiint_{\tau^*(t)}\left(\rho\frac{\mathrm{d}S}{\mathrm{d}t}\right)\mathrm{d}\tau \tag{4.1.3d}$$

或者将式(4.1.1)写为

$$\iiint_{\tau^*(t)}\frac{\partial\rho}{\partial t}\mathrm{d}\tau+\oiint_{\sigma^*(t)}\rho(\boldsymbol{V}\cdot\boldsymbol{n})\mathrm{d}\sigma=0 \tag{4.1.4a}$$

$$\iiint_{\tau^*(t)}\frac{\partial(\rho\boldsymbol{V})}{\partial t}\mathrm{d}\tau+\oiint_{\sigma^*(t)}\rho\boldsymbol{V}(\boldsymbol{V}\cdot\boldsymbol{n})\mathrm{d}\sigma=\iiint_{\tau^*(t)}\rho\boldsymbol{f}\mathrm{d}\tau+\oiint_{\sigma^*(t)}\boldsymbol{n}\cdot\boldsymbol{\pi}\mathrm{d}\sigma \tag{4.1.4b}$$

$$\iiint_{\tau^*(t)}\frac{\partial(\rho e_{\mathrm{t}})}{\partial t}\mathrm{d}\tau+\oiint_{\sigma^*(t)}\rho e_{\mathrm{t}}(\boldsymbol{V}\cdot\boldsymbol{n})\mathrm{d}\sigma=\iiint_{\tau^*(t)}\rho\boldsymbol{f}\cdot\boldsymbol{V}\mathrm{d}\tau+\oiint_{\sigma^*(t)}(\boldsymbol{n}\cdot\boldsymbol{\pi})\cdot\boldsymbol{V}\mathrm{d}\sigma-\oiint_{\sigma^*(t)}\boldsymbol{q}\cdot\boldsymbol{n}\mathrm{d}\sigma \tag{4.1.4c}$$

$$\iiint_{\tau^*(t)}\frac{\partial(\rho S)}{\partial t}\mathrm{d}\tau+\oiint_{\sigma^*(t)}\rho S(\boldsymbol{V}\cdot\boldsymbol{n})\mathrm{d}\sigma=\iiint_{\tau^*(t)}\left[\frac{\Phi}{T}+\frac{\nabla\cdot(-\boldsymbol{q})}{T}\right]\mathrm{d}\tau \tag{4.1.4d}$$

另外,式(4.1.4)又可以写为

$$\iiint_{\tau^*(t)}\left[\frac{\partial\rho}{\partial t}+\nabla\cdot(\rho\boldsymbol{V})\right]\mathrm{d}\tau=0 \tag{4.1.5a}$$

$$\iiint_{\tau^*(t)}\left(\rho\frac{\mathrm{d}\boldsymbol{V}}{\mathrm{d}t}\right)\mathrm{d}\tau=\iiint_{\tau^*(t)}(\rho\boldsymbol{f}+\nabla\cdot\boldsymbol{\pi})\mathrm{d}\tau \tag{4.1.5b}$$

$$\iiint_{\tau^*(t)}\left(\rho\frac{\mathrm{d}e_{\mathrm{t}}}{\mathrm{d}t}\right)\mathrm{d}\tau=\iiint_{\tau^*(t)}[\rho\boldsymbol{f}\cdot\boldsymbol{V}+\nabla\cdot(\boldsymbol{\pi}\cdot\boldsymbol{V})-\nabla\cdot\boldsymbol{q}]\mathrm{d}\tau \tag{4.1.5c}$$

$$\iiint_{\tau^*(t)}\left(\rho\frac{\mathrm{d}S}{\mathrm{d}t}\right)\mathrm{d}\tau=\iiint_{\tau^*(t)}\left(\frac{\Phi}{T}-\frac{\nabla\cdot\boldsymbol{q}}{T}\right)\mathrm{d}\tau \tag{4.1.5d}$$

由于被积函数的连续性及积分域的任意性,则积分形式的式(4.1.4)与式(4.1.5)可整理为如下微分形式:

$$\frac{\partial\rho}{\partial t}+\nabla\cdot(\rho\boldsymbol{V})=0 \tag{4.1.6a}$$

$$\rho\frac{\mathrm{d}\boldsymbol{V}}{\mathrm{d}t}=\frac{\partial(\rho\boldsymbol{V})}{\partial t}+\nabla\cdot(\rho\boldsymbol{V}\boldsymbol{V})=\rho\boldsymbol{f}+\nabla\cdot\boldsymbol{\pi}=\rho\boldsymbol{f}+\nabla\cdot\boldsymbol{\Pi}-\nabla p \tag{4.1.6b}$$

$$\rho\frac{\mathrm{d}e_{\mathrm{t}}}{\mathrm{d}t}=\frac{\partial(\rho e_{\mathrm{t}})}{\partial t}+\nabla\cdot[(\rho e_{\mathrm{t}}+p)\boldsymbol{V}]=\rho\boldsymbol{f}\cdot\boldsymbol{V}+\nabla\cdot(\boldsymbol{\Pi}\cdot\boldsymbol{V})-\nabla\cdot\boldsymbol{q} \tag{4.1.6c}$$

$$\frac{\partial(\rho S)}{\partial t}+\nabla\cdot(\rho S\boldsymbol{V})=\frac{1}{T}(\Phi-\nabla\cdot\boldsymbol{q}) \tag{4.1.6d}$$

显然,积分型方程组式(4.1.4)与式(4.1.5)以及微分型方程组式(4.1.6)具有很好的通用性。通常将式(4.1.4)中的前三个式子与式(4.1.5)中的前三个式子分别称为积分型 Navier-Stokes 基本方程组,将式(4.1.6)中的前三个式子称为微分型 Navier-Stokes 基本方程组。

4.2 广义的 Navier-Stokes 方程组

对 Newton 流体而言,其本构方程可由应力张量 $\boldsymbol{\pi}$ 与应变速率张量 $\boldsymbol{D}$ 之间线性表达式表达,即

$$\boldsymbol{\pi}=\pi_{ij}\boldsymbol{e}^i\boldsymbol{e}^j=\boldsymbol{\pi}^{ij}\boldsymbol{e}_i\boldsymbol{e}_j=\boldsymbol{\Pi}-p\boldsymbol{I}=2\mu\boldsymbol{D}+\left[-p+\left(\mu_b-\frac{2}{3}\mu\right)\nabla\cdot\boldsymbol{V}\right]\boldsymbol{I} \tag{4.2.1}$$

式中,$\boldsymbol{\Pi}$ 为黏性应力张量;p 为压强;$\boldsymbol{I}$ 为单位张量;μ_b 与 μ 分别代表流体的体膨胀黏性系数(bulk viscosity)与流体的动力黏性系数;π_{ij} 与 π^{ij} 分别为应力张量 $\boldsymbol{\pi}$ 的协变分量与逆变分量;$\boldsymbol{e}^i$ 与 $\boldsymbol{e}^j$ 为曲线坐标系(x_1,x_2,x_3)的基矢量;$\boldsymbol{e}_i$ 与 $\boldsymbol{e}_j$ 为曲线坐标系(x^1,x^2,x^3)的基矢量,注意这里(x^1,x^2,x^3)坐标系与(x_1,x_2,x_3)坐标系互易,换句话说,$(\boldsymbol{e}_1,\boldsymbol{e}_2,\boldsymbol{e}_3)$与$(\boldsymbol{e}^1,\boldsymbol{e}^2,\boldsymbol{e}^3)$构成对偶基矢量[53],即有

$$\boldsymbol{e}_i\times\boldsymbol{e}_j=\varepsilon_{ijk}\boldsymbol{e}^k,\quad \boldsymbol{e}^i\times\boldsymbol{e}^j=\varepsilon^{ijk}\boldsymbol{e}_k \tag{4.2.2}$$

式中,ε_{ijk} 与 ε^{ijk} 为 Eddington 张量的协变分量与逆变分量。

在式(4.2.1)中应变速率张量 $\boldsymbol{D}$ 与单位张量 $\boldsymbol{I}$ 又分别定义为

$$\boldsymbol{D}=\frac{1}{2}[\nabla\boldsymbol{V}+(\nabla\boldsymbol{V})_c] \tag{4.2.3}$$

$$\boldsymbol{I}=g^{ij}\boldsymbol{e}_i\boldsymbol{e}_j=g_{ij}\boldsymbol{e}^i\boldsymbol{e}^j \tag{4.2.4}$$

式中,g^{ij} 与 g_{ij} 分别表示曲线坐标系(x_1,x_2,x_3)与(x^1,x^2,x^3)的度量张量分量。

$$g^{ij}=\boldsymbol{e}^i\cdot\boldsymbol{e}^j \tag{4.2.5a}$$

$$g_{ij}=\boldsymbol{e}_i\cdot\boldsymbol{e}_j \tag{4.2.5b}$$

在式(4.2.1)中,$\boldsymbol{\pi}$、$\boldsymbol{\Pi}$、p 与 $\boldsymbol{V}$ 之间还有如下公式成立:

$$\nabla\cdot(\boldsymbol{\pi}\cdot\boldsymbol{V})=\nabla\cdot(\boldsymbol{\Pi}\cdot\boldsymbol{V})-\nabla\cdot(p\boldsymbol{V}) \tag{4.2.6}$$

另外,在式(4.2.1)中,系数 μ、μ_b 与第二黏性系数 $\tilde{\lambda}$ 间的关系为

$$\tilde{\lambda}=\mu_b-\frac{2}{3}\mu \tag{4.2.7}$$

对于空气,在温度不高的情况下,常可以引进 Stokes 假定,即令

$$\tilde{\lambda}+\frac{2}{3}\mu=0 \tag{4.2.8}$$

成立;但在高温情况下,分子振动能被激发或者在常温情况下,运动的周期短(如高

频声波)，这时 μ_b 的影响便不可忽略。在式(4.1.6a)～式(4.1.6d)中，由符号 e_t、$\boldsymbol{f}$、$\boldsymbol{q}$、$\boldsymbol{\Pi}$ 以及 Φ 的含义可以得到如下定义式与某些重要关系式：

$$e_t = e + \frac{1}{2}(\boldsymbol{V} \cdot \boldsymbol{V}) \tag{4.2.9}$$

$$e = e_e + e_v + e_r + e_{tr} + e_s + \cdots \tag{4.2.10}$$

$$\boldsymbol{f} = \boldsymbol{f}_g + \boldsymbol{f}_{em} + \cdots \tag{4.2.11}$$

$$\boldsymbol{q} = \boldsymbol{q}_c + \boldsymbol{q}_w + \boldsymbol{q}_D + \boldsymbol{q}_R + \cdots \tag{4.2.12}$$

$$\boldsymbol{\Pi} = \Pi_{ij}\boldsymbol{e}^i\boldsymbol{e}^j \tag{4.2.13a}$$

$$\Pi_{ij} = \mu\left(\nabla_i v_j + \nabla_j v_i - \frac{2}{3}g_{ij}\nabla_k v^k\right) \tag{4.2.13b}$$

$$\Phi = \boldsymbol{\Pi} : \boldsymbol{D} = \boldsymbol{\Pi} : \nabla\boldsymbol{V} \tag{4.2.14}$$

$$\boldsymbol{q}_c = -\lambda_k \nabla T \tag{4.2.15}$$

$$\nabla\boldsymbol{V} = (\nabla u)\boldsymbol{i}_1 + (\nabla v)\boldsymbol{i}_2 + (\nabla w)\boldsymbol{i}_3 \tag{4.2.16a}$$

$$(\nabla\boldsymbol{V})_c = \boldsymbol{i}_1(\nabla u) + \boldsymbol{i}_2(\nabla v) + \boldsymbol{i}_3(\nabla w) \tag{4.2.16b}$$

注意：在式(4.2.9)与式(4.2.10)中，e_t 与 e 分别表示单位质量气体所具有的广义内能与单位质量气体所具有的内能；由式(4.2.10)可以看出，对气体分子来讲，e 中通常包括轨道电子能 e_e、振动能 e_v、转动能 e_r、平动能 e_{tr}、核态等能量；在式(4.2.11)中，$\boldsymbol{f}$ 代表作用在单位质量气体上的体积力，它可以包括重力 $\boldsymbol{f}_g$、电磁力 $\boldsymbol{f}_{em}$ 以及其他力等，其中 $\boldsymbol{f}_g$ 与 $\boldsymbol{f}_{em}$ 可以表达为

$$\boldsymbol{f}_g = -\boldsymbol{g} \tag{4.2.17a}$$

$$\boldsymbol{f}_{em} = \rho_e\boldsymbol{E} + \boldsymbol{J} \times \boldsymbol{B} \tag{4.2.17b}$$

式中，ρ_e 为电荷密度；$\boldsymbol{E}$ 为电场强度；$\boldsymbol{J}$ 与 $\boldsymbol{B}$ 分别为电流强度与磁感应强度。

在式(4.2.12)中，$\boldsymbol{q}$ 为热流矢量，它可以包括热传导所导致的热流矢量 $\boldsymbol{q}_c$、对流传热所导致的热流矢量 $\boldsymbol{q}_w$、扩散传热所导致的热流矢量 $\boldsymbol{q}_D$，也可以包括热辐射传热所导致的热流矢量 $\boldsymbol{q}_R$ 等[16,74]；式(4.2.15)是著名的 Fourier 导热定律，λ_k 为热传导系数。在式(4.2.13a)与式(4.2.13b)中，$\boldsymbol{\Pi}$ 与 Π_{ij} 分别表示黏性应力张量与黏性应力张量的协变分量；在式(4.2.13b)中，∇_i、∇_j、∇_k 代表协变导数，例如，$\nabla_i v_j$ 代表协变速度分量 v_j 对坐标 x^i 的协变导数；g_{ij} 为曲线坐标系(x^1, x^2, x^3)的度量张量。

在式(4.2.14)中，Φ 代表耗散函数，$\boldsymbol{\Pi} : \boldsymbol{D}$ 代表张量 $\boldsymbol{\Pi}$ 与张量 $\boldsymbol{D}$ 的双点积[5,12]。在式(4.2.16a)与式(4.2.16b)中，$(\nabla\boldsymbol{V})_c$ 称为 $\nabla\boldsymbol{V}$ 的转置张量，符号 $\boldsymbol{i}_1$、$\boldsymbol{i}_2$ 和 $\boldsymbol{i}_3$ 表示在直角笛卡儿坐标系(y^1, y^2, y^3)中的单位矢量，符号 u、v、w 代表速度 $\boldsymbol{V}$ 沿 $\boldsymbol{i}_1$、$\boldsymbol{i}_2$ 和 $\boldsymbol{i}_3$ 方向上的分速度；另外，符号 ∇u、∇v 与 ∇w 分别表示对 u、v 与 w 求梯度运算。

4.2.1　Navier-Stokes 方程组的守恒形式

在省略了式(4.1.6b)与式(4.1.6c)中的体积力 $\boldsymbol{f}$ 并且仅考虑式(4.2.12)中的

热传导项之后，式(4.1.6a)～式(4.1.6c)可变为

$$\frac{\partial \rho}{\partial t}+\nabla\cdot(\rho \boldsymbol{V})=0 \tag{4.2.18a}$$

$$\frac{\partial(\rho \boldsymbol{V})}{\partial t}+\nabla\cdot(\rho \boldsymbol{V}\boldsymbol{V}+p\boldsymbol{I}-\boldsymbol{\Pi})=0 \tag{4.2.18b}$$

$$\frac{\partial(\rho e_{\mathrm{t}})}{\partial t}+\nabla\cdot[(\rho e_{\mathrm{t}}+p)\boldsymbol{V}-\boldsymbol{\Pi}\cdot\boldsymbol{V}-(\lambda_k\nabla T)]=0 \tag{4.2.18c}$$

相应地积分型为

$$\frac{\partial}{\partial t}\iiint_{\tau}\boldsymbol{W}\mathrm{d}\tau+\oiint_{\sigma}\boldsymbol{E}\cdot\boldsymbol{n}\mathrm{d}\sigma=0 \tag{4.2.19a}$$

式中，

$$\boldsymbol{W}=\begin{bmatrix}\rho\\ \rho\boldsymbol{V}\\ \rho e_{\mathrm{t}}\end{bmatrix} \tag{4.2.19b}$$

$$\boldsymbol{E}=\begin{bmatrix}\rho\boldsymbol{V}\\ \rho\boldsymbol{V}\boldsymbol{V}-\boldsymbol{\pi}\\ (\rho e_{\mathrm{t}}+p)\boldsymbol{V}-\boldsymbol{V}\cdot\boldsymbol{\Pi}-\lambda_k\nabla T\end{bmatrix}=\boldsymbol{E}_1+\boldsymbol{E}_2 \tag{4.2.19c}$$

式中，$\boldsymbol{E}_1$ 与 $\boldsymbol{E}_2$ 分别表示无黏部分的通量与黏性部分的通量。

$$\boldsymbol{E}_1=\begin{bmatrix}\rho\boldsymbol{V}\\ \rho u\boldsymbol{V}+p\boldsymbol{i}_1\\ \rho v\boldsymbol{V}+p\boldsymbol{i}_2\\ \rho w\boldsymbol{V}+p\boldsymbol{i}_3\\ (\rho e_{\mathrm{t}}+p)\boldsymbol{V}\end{bmatrix} \tag{4.2.19d}$$

式中，符号 u、v、w、$\boldsymbol{i}_1$、$\boldsymbol{i}_2$ 和 $\boldsymbol{i}_3$ 的定义同式(4.2.16a)。

式(4.2.19a)还可以整理为如下积分形式[82,83]：

$$\frac{\partial}{\partial t}\iiint_{\tau}\boldsymbol{W}\mathrm{d}\tau+\oiint_{\sigma}\boldsymbol{n}\cdot\boldsymbol{F}_{\mathrm{inv}}\mathrm{d}\sigma=\oiint_{\sigma}\boldsymbol{n}\cdot\boldsymbol{F}_{\mathrm{vis}}\mathrm{d}\sigma \tag{4.2.20a}$$

式中，$\boldsymbol{W}$ 的定义同式(4.2.19a)，而符号 $\boldsymbol{F}_{\mathrm{inv}}$ 与 $\boldsymbol{F}_{\mathrm{vis}}$ 为广义通量，可分别定义为

$$\boldsymbol{F}_{\mathrm{inv}}=\begin{bmatrix}\rho\boldsymbol{V}\\ \rho\boldsymbol{V}\boldsymbol{V}+p\boldsymbol{I}\\ (\rho e_{\mathrm{t}}+p)\boldsymbol{V}\end{bmatrix} \tag{4.2.20b}$$

$$\boldsymbol{F}_{\mathrm{vis}}=\begin{bmatrix}0\\ \boldsymbol{\Pi}\\ \boldsymbol{\Pi}\cdot\boldsymbol{V}+\lambda_k\nabla T\end{bmatrix} \tag{4.2.20c}$$

显然，$\boldsymbol{F}_{\mathrm{inv}}$、$\boldsymbol{F}_{\mathrm{vis}}$ 与 $\boldsymbol{E}$ 间的关系为

$$\boldsymbol{E}=\boldsymbol{F}_{\text{inv}}-\boldsymbol{F}_{\text{vis}} \tag{4.2.20d}$$

4.2.2　Navier-Stokes 方程组的数学性质及其定解条件

为便于讨论 Navier-Stokes 方程组的数学结构，这里选用笛卡儿直角坐标系，并用 x_1、x_2、x_3 代表 x、y、z，用 u_1、u_2、u_3 代表分速度 u、v、w，于是连续方程(4.2.18a)可写为

$$\frac{\partial\rho}{\partial t}+u_i\frac{\partial\rho}{\partial x_i}=\tilde{f}_0 \tag{4.2.21a}$$

式中采用了 Einstein 求和规约；而符号 $\tilde{f}_0$ 定义为

$$\tilde{f}_0=-\rho\,\nabla\cdot\mathbf{V} \tag{4.2.21b}$$

将动量方程写为

$$\frac{\partial(\rho\mathbf{V})}{\partial t}+\nabla\cdot(\rho\mathbf{V}\mathbf{V}-\boldsymbol{\pi})=\rho\boldsymbol{f} \tag{4.2.22a}$$

或者利用连续方程，将动量方程改写为

$$\rho\frac{\mathrm{d}u_i}{\mathrm{d}t}+\frac{\partial p}{\partial x_i}-\frac{\partial}{\partial x_i}\left[\left(\mu_{\mathrm{b}}-\frac{2}{3}\mu\right)\nabla\cdot\mathbf{V}\right]-\frac{\partial}{\partial x_j}\left[\mu\left(\frac{\partial u_i}{\partial x_j}+\frac{\partial u_j}{\partial x_i}\right)\right]=\rho\hat{f}_i\quad(i=1,2,3) \tag{4.2.22b}$$

将式(4.2.22b)写为矢量形式便为

$$\rho\frac{\mathrm{d}\mathbf{V}}{\mathrm{d}t}+\nabla p-\nabla\left[\left(\mu_{\mathrm{b}}-\frac{2}{3}\mu\right)\nabla\cdot\mathbf{V}\right]-2\,\nabla\cdot(\mu\boldsymbol{D})=\rho\hat{\boldsymbol{f}} \tag{4.2.22c}$$

当状态方程采用

$$p=\rho RT \tag{4.2.22d}$$

并且认为

$$\mu=\text{const},\quad \mu_{\mathrm{b}}=\text{const} \tag{4.2.22e}$$

时，式(4.2.22b)简化为

$$\frac{\partial u_1}{\partial t}-\frac{1}{\rho}\left[\left(\mu_{\mathrm{b}}+\frac{4}{3}\mu\right)\frac{\partial^2u_1}{\partial x_1^2}+\mu\frac{\partial^2u_1}{\partial x_2^2}+\mu\frac{\partial^2u_1}{\partial x_3^2}\right]-\frac{\mu^*}{\rho}\frac{\partial^2u_2}{\partial x_1\partial x_2}-\frac{\mu^*}{\rho}\frac{\partial^2u_3}{\partial x_1\partial x_3}=\tilde{f}_1 \tag{4.2.22f}$$

$$\frac{\partial u_2}{\partial t}-\frac{\mu^*}{\rho}\frac{\partial^2u_1}{\partial x_1\partial x_2}-\frac{1}{\rho}\left[\mu\frac{\partial^2u_2}{\partial x_1^2}+\left(\mu_{\mathrm{b}}+\frac{4}{3}\mu\right)\frac{\partial^2u_2}{\partial x_2^2}+\mu\frac{\partial^2u_2}{\partial x_3^2}\right]-\frac{\mu^*}{\rho}\frac{\partial^2u_3}{\partial x_2\partial x_3}=\tilde{f}_2 \tag{4.2.22g}$$

$$\frac{\partial u_3}{\partial t}-\frac{\mu^*}{\rho}\frac{\partial^2u_1}{\partial x_1\partial x_3}-\frac{\mu^*}{\rho}\frac{\partial^2u_2}{\partial x_2\partial x_3}-\frac{1}{\rho}\left[\mu\frac{\partial^2u_3}{\partial x_1^2}+\mu\frac{\partial^2u_3}{\partial x_2^2}+\left(\mu_{\mathrm{b}}+\frac{4}{3}\mu\right)\frac{\partial^2u_3}{\partial x_3^2}\right]=\tilde{f}_3 \tag{4.2.22h}$$

式中，$\tilde{f}_1$、$\tilde{f}_2$ 与 $\tilde{f}_3$ 为方程等号右侧相应的项；符号 μ^* 定义为

$$\mu^* = \mu_b + \frac{1}{3}\mu \tag{4.2.22i}$$

对于能量方程式(4.1.6c),在省略体积力并且使用连续方程,经适当整理后[81]可写为

$$\frac{\partial T}{\partial t} - \lambda_k \left(\rho \frac{\partial e}{\partial T}\right)^{-1} \nabla^2 T = \widetilde{f}_4 \tag{4.2.23a}$$

式中,认为内能 e 是关于 ρ 与 T 的函数,于是有

$$e = e(\rho, T) \tag{4.2.23b}$$

由连续方程(4.2.21a)、动量方程(4.2.22f)、(4.2.22g)、(4.2.22h)和能量方程(4.2.23a)这五个方程所组成的 Navier-Stokes 方程组,如果令

$$\boldsymbol{U} = [u_1 \quad u_2 \quad u_3 \quad T]^{\mathrm{T}} \tag{4.2.24a}$$

并且将动量方程(4.2.22f)、(4.2.22g)、(4.2.22h)与能量方程(4.2.23a)等号左侧整理为只包含 $\boldsymbol{U}$ 对 t 的一阶偏导数以及对 x_i 的二阶偏导数,其余项全部移到方程等号的右侧,于是这时的动量方程与能量方程便可以整理为如下矩阵形式:

$$\frac{\partial \boldsymbol{U}}{\partial t} - \sum_{i=1}^{3}\sum_{j=1}^{3}\left(\boldsymbol{A}_{ij} \cdot \frac{\partial^2 \boldsymbol{U}}{\partial x_i \partial x_j}\right) = \boldsymbol{C} \tag{4.2.24b}$$

式中,$\boldsymbol{A}_{11}$、$\boldsymbol{A}_{22}$、$\boldsymbol{A}_{33}$、$\boldsymbol{A}_{12}$、$\boldsymbol{A}_{23}$、$\boldsymbol{A}_{13}$ 均为 4×4 的对称矩阵,文献[81]上册的第 72 页中给出了这些矩阵的具体表达式,这里因篇幅所限不再给出。

文献[81]中还严格证明了对于任意给定的归一化矢量 $\boldsymbol{\eta}$ 并且 $|\boldsymbol{\eta}|=1$,矩阵 $\sum_{i=1}^{3}\sum_{j=1}^{3}(\boldsymbol{A}_{ij}\eta_i\eta_j)$ 为对称正定阵,于是便证实了由动量方程与能量方程所构成的方程组(4.2.24b)属于 Petrovsky 意义下的对称抛物型方程。另外,又由于连续方程(4.2.21a)是关于密度 ρ 的一阶对称双曲型偏微分方程,因此由连续方程、动量方程和能量方程所组成的 N-S 基本方程组是一阶对称双曲方程组与二阶对称抛物型方程组相互耦合的结果,它们构成了一个拟线性对称双曲-抛物耦合方程组,这就是通常经典气体黏性力学中常使用的 Navier-Stokes 基本方程组的数学结构与数学性质。对于这类问题通常可以提 Cauchy 问题,即给定初始状态。除此之外,有时还应该给定边界条件,其中包括入流边界条件、出流边界条件、物面条件以及远场边界条件等。因篇幅所限,这里仅对物面条件的提法略作讨论。对物面条件,常给定物面的速度条件,例如,给定物面条件为

$$\boldsymbol{V}|_{\Gamma} = 0 \tag{4.2.25a}$$

式中,Γ 为绕流的物体表面。

对于物面温度分布的边界条件,可以给定如下常用的三类边界条件之一。这三类边界条件为:

(1) 在边界 Γ 上给定温度 T 的分布,这属于第一类边界条件,即 Dirichet 问题。

(2) 在边界 Γ 上给定 $\frac{\partial T}{\partial n}$ 的分布，这属于第二类边界条件，即 Neumann 问题，这里 $\frac{\partial T}{\partial n}$ 又可表示为

$$\frac{\partial T}{\partial n}=\boldsymbol{n}\cdot\nabla T=f(\boldsymbol{r},t) \tag{4.2.25b}$$

(3) 在边界 Γ 上给定如下形式的分布：

$$\alpha T+\gamma_k\frac{\partial T}{\partial n}=f(\boldsymbol{r},t) \tag{4.2.25c}$$

这属于第三类边界条件，即 Robin 问题。

Navier-Stokes 方程组属于拟线性偏微分方程组，如何恰当地给出它的初边值问题的提法[59,84~86]，给出合适的边界条件(其中包括物理边界条件与数值边界条件)以及探讨一种高效率、高分辨率[57,58]、高精度、高有效带宽(effective bandwidth)、低数值耗散、能够适用于各种运动速度(包括不可压缩流、亚声速流、跨声速流[87~89]、超声速流以及高超声速流动[90~138])的数值方法，仍是一个亟待解决的难题，对此这里不作进一步的讨论。

4.3　高温、高速、热力学与化学非平衡态流动的控制方程组

航天器以高超声速(如飞行速度为 7～12km/s，有时甚至更高)再入星球(如地球)大气层的飞行过程中，随着飞行高度和再入速度的不断变化，飞行器头部脱体激波后高温区域内的气体处于热力学非平衡与化学反应非平衡的状态，本节正是研究这类问题的流动。Karman 曾把这类流动的研究称为气动热化学问题，卞荫贵称之为气动热力学问题。本节将给出这类问题的基本方程组[139]。

4.3.1　组元 s 的连续方程及其总的连续方程

令 $\boldsymbol{V}_s$ 与 $\boldsymbol{U}_s$ 分别代表组元 s 的运动速度与扩散速度，$\boldsymbol{V}$ 代表气体混合物的运动速度，于是有[5,12]

$$\boldsymbol{V}_s=\boldsymbol{V}+\boldsymbol{U}_s \tag{4.3.1}$$

令 $\dot{\omega}_s$ 为组元 s 的单位体积化学生成率，于是组元 s 的连续方程为

$$\frac{\partial}{\partial t}\iiint_{\Omega}\rho_s\,\mathrm{d}\Omega+\oint\!\!\!\oint_{\sigma}\rho_s\boldsymbol{V}_s\cdot\boldsymbol{n}\,\mathrm{d}\sigma=\iiint_{\Omega}\dot{\omega}_s\,\mathrm{d}\Omega \tag{4.3.2a}$$

其微分形式为

$$\frac{\partial\rho_s}{\partial t}+\nabla\cdot(\rho_s\boldsymbol{V}_s)=\dot{\omega}_s \tag{4.3.2b}$$

引入组元 s 的质量扩散流矢 $\boldsymbol{J}_s$，它通常与温度梯度(即导致 Soret 效应)、浓度梯度(即导致 Dufour 效应)、压强梯度以及外力有关。在忽略了外力以及压强梯度的影响后，并且仅考虑二元扩散时，则 $\boldsymbol{J}_s$ 的表达式为

$$\boldsymbol{J}_s = \rho_s \boldsymbol{U}_s = -\rho D_s \nabla Y_s - D_s^T \nabla(\ln T) \tag{4.3.3a}$$

式中，D_s 与 D_s^T 分别代表组元 s 的二元扩散系数与组元 s 的热扩散系数；Y_s 为质量比数，即

$$Y_s = \frac{\rho_s}{\rho} \tag{4.3.3b}$$

由于通常 D_s^T 很小，于是在省略了温度梯度项后，式(4.3.3a)变为

$$\boldsymbol{J}_s = \rho_s \boldsymbol{U}_s \approx -\rho D_s \nabla Y_s \tag{4.3.4a}$$

将式(4.3.4a)代入式(4.3.2b)，可得

$$\rho \frac{\mathrm{d}Y_s}{\mathrm{d}t} - \nabla \cdot (\rho D_s \nabla Y_s) = \dot{\omega}_s \tag{4.3.4b}$$

由于，

$$\sum_s Y_s = 1, \quad \sum_s \rho_s = \rho \tag{4.3.5a}$$

$$\sum_s \dot{\omega}_s = 0, \quad \sum_s (\rho_s \boldsymbol{U}_s) = 0 \tag{4.3.5b}$$

于是可得到混合气总的连续方程为

$$\frac{\partial \rho}{\partial t} + \nabla \cdot (\rho \boldsymbol{V}) = 0 \tag{4.3.6}$$

4.3.2 组元 s 的动量方程及其总的动量方程

通常，组元 s 的动量方程可写为[5]

$$\frac{\partial(\rho_s \boldsymbol{V}_s)}{\partial t} + \nabla \cdot (\rho_s \boldsymbol{V}_s \boldsymbol{V}_s) + \nabla p_s - \nabla \cdot \boldsymbol{\Pi}_s = \boldsymbol{F}_{s,\mathrm{coll}} + \boldsymbol{F}_{s,f} \tag{4.3.7}$$

式中，$\boldsymbol{F}_{s,\mathrm{coll}}$ 代表对应于组元 s 的碰撞体积力矢量项；$\boldsymbol{F}_{s,f}$ 代表对应于组元 s 的电磁体积力(electromagnetic volume force，EVF)，并且 $\sum_s \boldsymbol{F}_{s,f}$ 与 $\boldsymbol{j} \times \boldsymbol{B}$ 有关；$\boldsymbol{\Pi}_s$ 为对应于组分 s 的黏性应力张量；p_s 为组元 s 的分压强。另外，总的动量方程为

$$\rho \frac{\mathrm{d}\boldsymbol{V}}{\mathrm{d}t} = -\nabla p + \nabla \cdot \boldsymbol{\Pi} \tag{4.3.8}$$

式中，$\boldsymbol{\Pi}$ 为混合气的黏性应力张量；p 为压强。

当气体处于弱电离状态时，则组元 s 的动量方程(4.3.7)应变为

$$\frac{\partial(\rho_s V_s)}{\partial t} + \nabla \cdot (\rho_s \boldsymbol{V}_s \boldsymbol{V}_s + p_s \boldsymbol{I} - \boldsymbol{\Pi}_s) = \boldsymbol{F}_{s,\mathrm{ele}} + \boldsymbol{F}_{s,\mathrm{ela}} \tag{4.3.9a}$$

式中，$\boldsymbol{I}$ 为单位张量；$\boldsymbol{F}_{s,\mathrm{ele}}$ 与 $\boldsymbol{F}_{s,\mathrm{ela}}$ 分别代表组元 s 的电场作用力与弹性相互作用力；

通常 $\boldsymbol{F}_{s,\mathrm{ele}}$ 可由式(4.3.9b)近似算出，即

$$\boldsymbol{F}_{s,\mathrm{ele}} \approx n_s e z_s \boldsymbol{E} \tag{4.3.9b}$$

式中，n_s 为组元 s 的粒子数密度；e 为电子电荷，$\boldsymbol{E}$ 为电场强度，z_s 为组元 s 的电离电荷数。

相应地，由式(4.3.9a)可得到弱电离状态时总的动量方程为

$$\frac{\partial(\rho \boldsymbol{V})}{\partial t} + \nabla \cdot (\rho \boldsymbol{V}\boldsymbol{V} + p\boldsymbol{I} - \boldsymbol{\Pi}) = \sum_s (n_s e z_s \boldsymbol{E}) \tag{4.3.9c}$$

4.3.3　组元 s 的能量方程及其总的能量方程

热力学非平衡过程，通常可由 4 个温度即平动温度 T_{tr}、转动温度 T_{r}、振动温度 T_{v} 以及电子温度 T_{e} 来描述，为此通常需要给出关于这几个温度的能量方程。在不同问题的计算中，对于温度的处理出现了三种模型[14,17,18]：

(1) 一温模型，在这个模型中

$$T = T_{\mathrm{tr}} = T_{\mathrm{r}} = T_{\mathrm{v}} = T_{\mathrm{e}} \tag{4.3.10a}$$

即认为只存在一个平动温度，这时考虑的非平衡效应只有化学非平衡。

(2) 两温模型，在这个模型中只考虑平动温度 T_{tr} 和振动温度 T_{v}，而且令

$$T_{\mathrm{v}} = T_{\mathrm{e}} \tag{4.3.10b}$$

因此在两温模型下考虑非平衡效应时便有振动非平衡和化学非平衡。

(3) 三温模型，考虑这种温度模型时，认为存在着平动温度 T_{tr}、振动温度 T_{v} 以及电子温度 T_{e}，这时考虑的非平衡效应有化学非平衡、振动非平衡以及电离非平衡。为了便于本节描述与表达，这里首先给出组元 s 的能量方程[5]，即

$$\frac{\partial(\rho_s E_{\mathrm{t},s})}{\partial t} + \nabla \cdot [\rho_s \boldsymbol{V}_s E_{\mathrm{t},s} - (\boldsymbol{\Pi}_s - p_s \boldsymbol{I}) \cdot \boldsymbol{V}_s + \boldsymbol{q}_s] = \dot{Q}_s - q_{\mathrm{R},s} \tag{4.3.11a}$$

式中，$E_{\mathrm{t},s}$ 为组元 s 的广义内能，$\boldsymbol{q}_s$ 为组元 s 的热流矢量；$\dot{Q}_s$ 代表由于碰撞等原因而导致的能量生成；$Q_{\mathrm{R},s}$ 代表辐射能量的损失；$\boldsymbol{I}$ 为单位张量；$\boldsymbol{q}_s$ 的表达式为

$$\boldsymbol{q}_s = -\eta_s \nabla T_{\mathrm{tr},s} - \eta_{\mathrm{v},s} \nabla T_{\mathrm{v},s} - \eta_{\mathrm{e},s} \nabla T_{\mathrm{e},s} \tag{4.3.11b}$$

$$\dot{Q}_s = \dot{Q}_{s,f} + \dot{Q}_{s,\mathrm{coll}} \tag{4.3.11c}$$

式中，$\dot{Q}_{s,f}$ 代表由于外部电磁场所导致的能量生成项；$\dot{Q}_{s,\mathrm{coll}}$ 代表由于粒子间碰撞所导致的能量生成项。

$$\boldsymbol{\pi} = \boldsymbol{\Pi} - p\boldsymbol{I} \tag{4.3.11d}$$

$$\dot{Q}_f = \sum_s \dot{Q}_{s,f} \tag{4.3.11e}$$

$$Q_{\mathrm{R}} = \sum_s Q_{\mathrm{R},s} \tag{4.3.11f}$$

$$\boldsymbol{q} = \sum_s \boldsymbol{q}_s \tag{4.3.11g}$$

于是式(4.3.11a)变为

$$\frac{\partial(\rho E_t)}{\partial t}+\nabla\cdot[(\rho E_t+p)\boldsymbol{V}+\boldsymbol{q}-\boldsymbol{\Pi}\cdot\boldsymbol{V}]=\nabla\cdot\left[\rho\sum_s(h_s D_s\,\nabla Y_s)\right]+\dot{Q}_f-Q_R \tag{4.3.11h}$$

式中，h_s 为组元 s 的静焓；E_t 为混合气体的广义内能。

4.3.4 组分 s 的振动能量方程

早在 20 世纪 80 年代研究者就对振动能守恒、电子能守恒以及电子和电子激发能量守恒问题进行了细致的研究，这里给出组分 s 的振动能量守恒方程，其表达形式为[5]

$$\frac{\partial(\rho_s e_{v,s})}{\partial t}+\nabla\cdot(\rho_s e_{v,s}\boldsymbol{V}+\rho_s e_{v,s}\boldsymbol{U}_s+\boldsymbol{q}_{v,s})=\dot{Q}_{v,s}+\dot{\omega}_s\hat{D}_s \tag{4.3.12a}$$

式中，矢量 $\boldsymbol{V}$ 和 $\boldsymbol{U}_s$ 的定义同式(4.3.1)；$e_{v,s}$代表组元 s 的每单位质量所具有的振动能，它是温度 T_v 的函数；$\hat{D}_s$ 代表组元 s 的分子由于复合或离解的原因所产生或者损耗的振动能大小；$\boldsymbol{q}_{v,s}$代表组元 s 借助于振动传热的热流矢量，其表达式为

$$\boldsymbol{q}_{v,s}=-\eta_{v,s}\,\nabla T_{v,s} \tag{4.3.12b}$$

并且有

$$\boldsymbol{q}_v=\sum_s\boldsymbol{q}_{v,s}=-\eta_v\,\nabla T_v \tag{4.3.12c}$$

在(4.3.12a)式中，符号 $\dot{Q}_{v,s}$的表达式为

$$\dot{Q}_{v,s}=\dot{Q}_s^{t\text{-}v}+\dot{Q}_s^{v\text{-}v}+\dot{Q}_s^{e\text{-}v} \tag{4.3.12d}$$

式中，等号右侧三项的上角标 t-v、v-v 和 e-v 分别表示平动-振动能量转换、振动-振动能量转换和电子-振动能量转换。借助于式(4.3.12a)，可得到总的振动能量守恒方程为

$$\begin{aligned}&\frac{\partial(\rho e_v)}{\partial t}+\nabla\cdot\left[\rho\boldsymbol{V}e_v-\eta_v\,\nabla T_v-\rho\sum_s(h_{v,s}D_s\,\nabla Y_s)\right]\\&=\sum_s\left[\rho_s\frac{e_{v,s}^{*}(T)-e_{v,s}}{\tau_s}\right]+\sum_s\left[\rho_s\frac{e_{v,s}^{**}(T_e)-e_{v,s}}{\tau_{e,s}}\right]+\sum_s(\dot{\omega}_s\hat{D}_s)\end{aligned} \tag{4.3.12e}$$

式中，$e_{v,s}^{*}(T)$表示组元 s 在平动-转动温度(即温度 T)下的振动能；$e_{v,s}^{**}(T_e)$表示组元 s 在电子温度 T_e 下的振动能；τ_s 代表平动-振动(t-v)能量转换时的特征松弛时间；$\tau_{e,s}$代表电子-振动(e-v)能量转换的特征松弛时间。

4.3.5 总的电子与电子激发能量守恒方程

总的电子与电子激发能量守恒方程的表达式为[5]

$$\frac{\partial(\rho e_{\mathrm{e}})}{\partial t}+\nabla\cdot\left[(\rho e_{\mathrm{e}}+p_{\mathrm{e}})\boldsymbol{V}\right]+\nabla\cdot\left[\sum_{s}(\rho_{s}e_{\mathrm{e},s}\boldsymbol{U}_{s})\right]+\nabla\cdot\boldsymbol{q}_{\mathrm{e}}$$

$$=\boldsymbol{V}\cdot\nabla p_{\mathrm{e}}+\sum_{s}\dot{Q}_{s}^{\mathrm{t\text{-}e}}-\sum_{s}\dot{Q}_{s}^{\mathrm{e\text{-}v}}-Q_{\mathrm{R}} \tag{4.3.13a}$$

或者写为

$$\frac{\partial(\rho e_{\mathrm{e}})}{\partial t}+\nabla\cdot\left[(\rho e_{\mathrm{e}}+p_{\mathrm{e}})\boldsymbol{V}\right]-\nabla\cdot\left[\eta_{\mathrm{e}}\nabla T_{\mathrm{e}}+\rho\sum_{s}(h_{\mathrm{e},s}D_{s}\nabla Y_{s})\right]$$

$$=\boldsymbol{V}\cdot\nabla p_{\mathrm{e}}+\sum_{s}\dot{Q}_{s}^{\mathrm{t\text{-}e}}-\sum_{s}\dot{Q}_{s}^{\mathrm{e\text{-}v}}-Q_{\mathrm{R}} \tag{4.3.13b}$$

式中，p_{e} 代表电子压强；$h_{\mathrm{e},s}$代表组元 s 每单位质量的电子静焓，它是温度 T_{e} 的函数；$e_{\mathrm{e},s}$代表组元 s 每单位质量的电子能，它是电子温度 T_{e} 的函数；Q_{R} 表示由电子引起的辐射所产生的能量损失率。

综上所述，组元 s 的连续方程(4.3.2b)、动量方程(4.3.8)、能量方程(4.3.11h)、振动能量方程(4.3.12e)以及总的电子与电子激发能量方程(4.3.13b)便构成了以 ρ_s、$\boldsymbol{V}$、T、T_{v} 和 T_{e} 为未知量的考虑高超声速高温流动状态下热力学非平衡、化学非平衡的广义 Navier-Stokes 方程组，用它可以有效地描述高超声速再入飞行时采用三温度(即 T_{tr}、T_{v} 与 T_{e})模型的气动热力学问题。文献[5]曾采用这组方程组用自己编制的源程序成功完成了再入地球大气层、进入火星大气层以及土卫六大气层的大量典型算例。在自己编制的广义 Navier-Stokes 方程组源程序以及自己编制的稀薄气体 DSMC 源程序的基础上，AMME Lab 团队对国外 18 种著名飞行器的 242 个飞行工况进行了成功计算，其中 231 个飞行工况均已公开发表，文献[5]与文献[41]给出了上述 242 个工况的部分重要计算结果。

第二篇　辐射流体力学基本方程组及其数值求解方法

所谓辐射流体力学，是指考虑辐射场影响的流体力学，因此辐射流体力学基本方程组的数值求解应该包括通常可压缩广义 Navier-Stokes 方程组的数值求解，也应包括微分积分形式的辐射输运方程的数值求解，另外也应该包括上述 Navier-Stokes 方程组与辐射输运方程之间的耦合求解。本篇还较详细地讨论辐射输运方程本身的构成以及吸收与散射系数的确定，而后讨论非均匀介质中全光谱 K 分布(full spectrum K-distribution，FSK)的辐射输运方程。为此，本篇分为三章，对相关的算法给出简明扼要的讨论与分析。

第 5 章　非定常可压缩湍流计算的高效高分辨率算法

5.1　基于 Favre 平均的可压缩湍流基本方程组

为简单起见，在 Descartes 直角坐标系中给出如下形式以瞬态量表达的 Navier-Stokes 方程组：

$$\frac{\partial \rho}{\partial t}+\frac{\partial(\rho u_j)}{\partial x_j}=0 \tag{5.1.1a}$$

$$\frac{\partial(\rho u_i)}{\partial t}+\frac{\partial(\rho u_i u_j)}{\partial x_j}=-\frac{\partial p}{\partial x_i}+\frac{\partial \tau_{ij}}{\partial x_j} \tag{5.1.1b}$$

$$\frac{\partial(\rho e)}{\partial t}+\frac{\partial(e\rho u_j)}{\partial x_j}=\frac{\partial}{\partial x_j}\left(\lambda\frac{\partial T}{\partial x_j}\right)-p\frac{\partial u_j}{\partial x_j}+\Phi \tag{5.1.1c}$$

式中，ρ 与 u_i 分别为气体的密度与分速度；e、T、λ 分别为气体内能、温度、气体的导热系数；τ_{ij} 为黏性应力张量的分量；Φ 为黏性耗散函数；p 为压强。e、p、τ_{ij} 与 Φ 的表达式为

$$e=c_v T \tag{5.1.2}$$

$$p=\rho RT \tag{5.1.3}$$

$$\tau_{ij}=\mu\left(\frac{\partial u_i}{\partial x_j}+\frac{\partial u_j}{\partial x_i}\right)-\frac{2}{3}\mu\frac{\partial u_k}{\partial x_k}\delta_{ij} \tag{5.1.4}$$

$$\Phi=\tau_{ij}\frac{\partial u_i}{\partial x_j} \tag{5.1.5}$$

这里采用了 Einstein 求和约定。在式(5.1.4)中，速度梯度张量可分解为应变率张量 $\boldsymbol{S}$ 与旋转率张量 $\boldsymbol{R}$ 之和，其分量表达式为

$$\frac{\partial u_i}{\partial x_j}=S_{ij}+R_{ij} \tag{5.1.6}$$

$$S_{ij}=\frac{1}{2}\left(\frac{\partial u_i}{\partial x_j}+\frac{\partial u_j}{\partial x_i}\right) \tag{5.1.7a}$$

$$R_{ij}=\frac{1}{2}\left(\frac{\partial u_i}{\partial x_j}-\frac{\partial u_j}{\partial x_i}\right) \tag{5.1.7b}$$

将式(5.1.1)中各个变量采用系综平均法分解，并定义如下一个列向量：

$$\boldsymbol{f}=\overline{\boldsymbol{f}}+\boldsymbol{f}' \tag{5.1.8}$$

式中，

$$\boldsymbol{f}=[\rho,u_i,p,e,T,\tau_{ij},\Phi]^{\mathrm{T}} \tag{5.1.9a}$$

$$\overline{\boldsymbol{f}}=[\bar{\rho},\overline{u_i},\bar{p},\bar{e},\overline{T},\overline{\tau_{ij}},\overline{\Phi}]^{\mathrm{T}} \tag{5.1.9b}$$

$$\boldsymbol{f}'=[\rho',u_i',p',e',T',\tau_{ij}',\Phi']^{\mathrm{T}} \tag{5.1.9c}$$

将式(5.1.1)做密度加权平均，并利用各态遍历定理(即时间平稳态过程中随机量的系综平均等于随机过程的时间平均，也就是说这时的系综平均与 Reynolds 时间平均相等)，可以得到密度加权平均方程[81,140,141]

$$\frac{\partial\bar{\rho}}{\partial t}+\frac{\partial}{\partial x_j}(\bar{\rho}\tilde{u}_j)=0 \tag{5.1.10a}$$

$$\frac{\partial}{\partial t}(\bar{\rho}\tilde{u}_i)+\frac{\partial}{\partial x_j}(\bar{\rho}\tilde{u}_i\tilde{u}_j)=-\frac{\partial\bar{p}}{\partial x_i}+\frac{\partial}{\partial x_j}(\overline{\tau_{ij}}-\overline{\rho u_i''u_j''}) \tag{5.1.10b}$$

$$\begin{aligned}\frac{\partial}{\partial t}(\bar{\rho}e^*)+\frac{\partial}{\partial x_j}(\bar{\rho}\tilde{u}_jH)=&\frac{\partial}{\partial x_j}\left[-(q_{\mathrm{L}j}+q_{\mathrm{T}j})+\overline{\tau_{ij}u_i''}-\frac{1}{2}\overline{\rho u_j''u_i''u_i''}\right]\\&+\frac{\partial}{\partial x_j}[\tilde{u}_i(\overline{\tau_{ij}}-\overline{\rho u_i''u_j''})]\end{aligned} \tag{5.1.10c}$$

另外，式(5.1.10c)又可写为

$$\begin{aligned}\frac{\partial}{\partial t}(\bar{\rho}\tilde{h}_0)+\frac{\partial}{\partial x_j}(\bar{\rho}\tilde{u}_j\tilde{h}_0)=&\frac{\partial\bar{p}}{\partial t}-\frac{\partial}{\partial x_j}(\bar{q}_j+\overline{\rho u_j''h''})\\&+\frac{\partial}{\partial x_j}\left(\tilde{u}_i\bar{\tau}_{ij}+\overline{u_i''\tau_{ij}}-\frac{1}{2}\overline{\rho u_j''}\,\frac{\overline{\rho u_i''u_i''}}{\bar{\rho}}\right.\\&\left.-\tilde{u}_i\overline{\rho u_i''u_j''}-\frac{1}{2}\overline{\rho u_i''u_i''u_j''}\right)\end{aligned} \tag{5.1.10d}$$

在式(5.1.10)中，变量 e^*、$\tilde{h}_0$、k 以及层流热流 $q_{\mathrm{L}j}$ 与湍流热流 $q_{\mathrm{T}j}$ 的定义式分别为

$$e^*\equiv\tilde{e}+\frac{1}{2}\tilde{u}_i\tilde{u}_i+k \tag{5.1.11a}$$

$$\tilde{h}_0\equiv\tilde{h}+\frac{1}{2}\tilde{u}_i\tilde{u}_i+\frac{1}{2}\frac{\overline{\rho u_i''u_i''}}{\bar{\rho}} \tag{5.1.11b}$$

$$k\equiv\frac{1}{2}\frac{\overline{\rho u_i''u_i''}}{\bar{\rho}} \tag{5.1.11c}$$

$$q_{\mathrm{L}j}=\lambda\frac{\partial\tilde{T}}{\partial x_j},\quad q_{\mathrm{T}j}=\overline{\rho u_j''h''} \tag{5.1.11d}$$

另外，总焓 h_0 与静焓 h 以及热流矢量 $\boldsymbol{q}$ 分别为

$$h_0\equiv h+\frac{1}{2}u_iu_i \tag{5.1.11e}$$

$$\boldsymbol{q}=-\lambda\nabla T,\quad h\equiv e+\frac{p}{\rho} \tag{5.1.11f}$$

在本节中若没有特殊说明，上角标“-”表示 Reynolds 平均，上角标“~”表示密

度加权平均(即 Favre 平均)。这里要特别指出的是,在高超声速流动中,压强脉动以及密度脉动都很大,可压缩效应直接影响着湍流的衰减时间,而且当脉动速度的散度足够大时,湍流的耗散不再与湍流的生成平衡,这种情况下在边界层流动中,至少在近壁区,流动特征被某种局部 Mach 数(如摩擦 Mach 数)所控制,因此在 Morkovin 假设下湍流场的特征尺度分析对于高超声速边界层的流动就不再适用。毫无疑问,在高 Mach 数下湍流边界层流动中所出现湍流脉动量所表征的内在压缩性效应及其对转捩以及湍流特征的影响,是人们需要弄清楚的主要问题之一。另外,对于高超声速钝体绕流问题,来流的小扰动与弓形激波的干扰对边界层流动的感受性以及转捩特征都有很强的影响。对于可压缩流动,如果将扰动波分为声波、熵波和涡波,直接数值模拟(direct numerical simulation,DNS)计算表明:来流扰动波与弓形激波干扰在激波后仍然会形成声波、熵波和涡波这三种模态。另外,在边界层中,感受到的主要是压力扰动波(即声波扰动),更为重要的是这时边界层内感受到的涡波扰动要比声波扰动小一个量级,所感受到的熵波扰动更小,它要比声波扰动小四五个量级,显然这一结果对深刻理解高超声速边界层的流动问题是有益的。此外,在高超声速绕流中,壁面温度条件对边界层流动的稳定性也有重大的影响。DNS 计算表明:在冷壁和绝热壁条件下,边界层有不同的稳定性机制,它将直接影响着边界层转捩位置的正确确定。因此,如何快速有效地预测高超声速边界层的转捩问题仍是一个有待深入研究的课题之一,它直接会影响到飞行器气动力与气动热的正确预测、会影响到航天器的热防护设计问题,所以对于这个问题的研究便格外重要[5]。

5.2　可压缩湍流的大涡数值模拟及其基本方程组

可压缩湍流的大涡数值模拟控制方程可以将式(5.1.1)做密度加权过滤(即 Favre 过滤)得到,其表达式为

$$\frac{\partial \bar{\rho}}{\partial t}+\frac{\partial}{\partial x_j}(\bar{\rho}\,\hat{u}_j)=0 \tag{5.2.1a}$$

$$\frac{\partial}{\partial t}(\bar{\rho}\,\hat{u}_i)+\frac{\partial}{\partial x_j}(\bar{\rho}\,\hat{u}_i\hat{u}_j)=-\frac{\partial}{\partial x_i}\bar{p}+\frac{\partial}{\partial x_j}(\tau_{ij}^{*}+\tau_{ij}^{s})+\frac{\partial}{\partial x_j}(\bar{\tau}_{ij}-\tau_{ij}^{*}) \tag{5.2.1b}$$

$$\frac{\partial\left(\bar{\rho}\hat{e}+\frac{1}{2}\bar{\rho}\,\hat{u}_i\hat{u}_i\right)}{\partial t}+\frac{\partial\left[\left(\bar{\rho}\hat{e}+\frac{1}{2}\bar{\rho}\,\hat{u}_i\hat{u}_i+\bar{p}\right)\hat{u}_j\right]}{\partial x_j}=\frac{\partial(\tau_{ij}^{*}\,\hat{u}_i)}{\partial x_j}+\frac{\partial q_j^{*}}{\partial x_j}+B^{*} \tag{5.2.1c}$$

式中,上角标“ˉ”表示大涡模拟(large eddy simulation,LES)方法中的过滤运算;上角标“^”表示密度加权过滤运算(即 Favre 过滤运算);τ_{ij}^{s} 为亚格子应力张量分量;

τ_{ij}^{*} 为以密度加权过滤后的速度、温度为参数的分子黏性所对应的黏性应力张量分量；$\hat{\tau}_{ij}$ 为过滤后的分子黏性所对应的黏性应力张量分量。它们的表达式为

$$\tau_{ij}^{s} = \hat{\rho}(\widehat{u}_i\widehat{u}_j - \widehat{R}_{ij}), \quad R_{ij} = u_i u_j \tag{5.2.2a}$$

$$\tau_{ij}^{*} = \mu(\widehat{T})\left(\frac{\partial \widehat{u}_i}{\partial x_j} + \frac{\partial \widehat{u}_j}{\partial x_i}\right) \tag{5.2.2b}$$

$$\hat{\tau}_{ij} = \mu(\hat{T})\left(\frac{\partial \hat{u}_i}{\partial x_j} + \frac{\partial \hat{u}_j}{\partial x_i}\right) \tag{5.2.2c}$$

在式(5.2.1c)中，q_j^{*} 与 B^{*} 的表达式分别为

$$q_j^{*} = -\lambda(\widehat{T})\frac{\partial \widehat{T}}{\partial x_j} \tag{5.2.2d}$$

$$B^{*} = -b_1 - b_2 - b_3 + b_4 + b_5 + b_6 \tag{5.2.2e}$$

式中，

$$b_1 = -\widehat{u}_i\frac{\partial \tau_{ij}^{s}}{\partial x_j} \tag{5.2.3a}$$

$$b_2 = \frac{\partial}{\partial x_j}(\hat{c}_j - \hat{e}\widehat{u}_j), \quad c_j \equiv e u_j \tag{5.2.3b}$$

$$b_3 = \hat{a}_j - \hat{p}\frac{\partial \widehat{u}_j}{\partial x_j}, \quad a_j \equiv p\frac{\partial u_j}{\partial x_j} \tag{5.2.3c}$$

$$b_4 = \hat{m} - \hat{\tau}_{ij}\frac{\partial \widehat{u}_i}{\partial x_j}, \quad m \equiv \tau_{ij}\frac{\partial u_i}{\partial x_j} \tag{5.2.3d}$$

$$b_5 = \frac{\partial}{\partial x_j}(\hat{\tau}_{ij}\widehat{u}_i - \tau_{ij}\widehat{u}_i) \tag{5.2.3e}$$

$$b_6 = \frac{\partial}{\partial x_j}(\hat{q}_j - q_j^{*}) \tag{5.2.3f}$$

由式(5.2.3)可知，除了式(5.2.3a)中的 b_1 不需要附加模式外，其余 5 个公式中的$b_2 \sim b_6$ 都需要附加亚格子模式。另外，大涡模拟的方程组还可以整理为下面式(5.2.4)的形式。在 Descartes 直角坐标系下，针对可压缩湍流给出 Favre 过滤后的连续方程、动量方程以及几种形式的能量方程：

$$\frac{\partial \hat{\rho}}{\partial t} + \frac{\partial}{\partial x_j}(\hat{\rho}\,\widehat{u}_j) = 0 \tag{5.2.4a}$$

$$\frac{\partial}{\partial t}(\hat{\rho}\,\widehat{u}_i) + \frac{\partial}{\partial x_j}(\hat{\rho}\,\widehat{u}_i\widehat{u}_j + \hat{p}\delta_{ij} - \widehat{\tau}_{ij}) = \frac{\partial}{\partial x_j}\tau_{ij}^{s} \tag{5.2.4b}$$

$$\frac{\partial(\hat{\rho}\widehat{e})}{\partial t} + \frac{\partial(\hat{\rho}\,\widehat{u}_j\widehat{e})}{\partial x_j} + \frac{\partial}{\partial x_j}\widehat{q}_j + \hat{p}\widehat{s}_{kk} - \widehat{\tau}_{ij}\widehat{s}_{ij} = -c_v\frac{\partial Q_j}{\partial x_j} - \Pi_d + \varepsilon_v \tag{5.2.4c}$$

$$\frac{\partial(\hat{\rho}\widehat{h})}{\partial t} + \frac{\partial(\hat{\rho}\,\widehat{u}_j\widehat{h})}{\partial x_j} + \frac{\partial}{\partial x_j}\widehat{q}_j - \frac{\partial \hat{p}}{\partial t} - \widehat{u}_j\frac{\partial \hat{p}}{\partial x_j} - \widehat{\tau}_{ij}\widehat{s}_{ij} = -c_v\frac{\partial Q_j}{\partial x_j} - \Pi_d + \varepsilon_v \tag{5.2.4d}$$

$$\frac{\partial(\hat{\rho}\widehat{E})}{\partial t}+\frac{\partial[(\hat{\rho}\widehat{E}+\hat{p})\hat{u}_j+\hat{q}_j-\hat{\tau}_{ij}\hat{u}_i]}{\partial x_j}=-\frac{\partial}{\partial x_j}\left(\gamma c_v Q_j+\frac{1}{2}J_j-D_j\right) \tag{5.2.4e}$$

式中，

$$\hat{\tau}_{ij}=2\hat{\mu}\hat{s}_{ij}-\frac{2}{3}\hat{\mu}\delta_{ij}\hat{s}_{kk},\quad \hat{q}_j=-\hat{\lambda}\frac{\partial}{\partial x_j}\widehat{T} \tag{5.2.5a}$$

$$\tau_{ij}^s=\hat{\rho}(\hat{u}_i\hat{u}_j-\widehat{R}_{ij}),\quad R_{ij}=u_iu_j \tag{5.2.5b}$$

$$Q_j=\hat{\rho}(\widehat{m}_j-\hat{u}_j\widehat{T}),\quad m_j=u_jT \tag{5.2.5c}$$

$$\Pi_d=\hat{n}_{kk}-\hat{p}\hat{s}_{kk},\quad n_{kk}=ps_{kk} \tag{5.2.5d}$$

$$\varepsilon_v=\hat{b}-\hat{\tau}_{ij}\hat{s}_{ij},\quad b=\tau_{ij}s_{ij} \tag{5.2.5e}$$

$$J_j=\hat{\rho}(\hat{a}_j-\hat{u}_j\widehat{R}_{kk}),\quad a_j=u_ju_ku_k,\quad R_{kk}=u_ku_k \tag{5.2.5f}$$

$$D_j=\hat{c}_j-\hat{\tau}_{ij}\hat{u}_i,\quad c_j=\tau_{ij}u_i \tag{5.2.5g}$$

$$h=e+\frac{p}{\rho},\quad E=e+\frac{1}{2}u_iu_i,\quad e=c_vT \tag{5.2.5h}$$

$$s_{ij}=\frac{1}{2}\left(\frac{\partial u_i}{\partial x_j}+\frac{\partial u_j}{\partial x_i}\right) \tag{5.2.5i}$$

以上是可压缩湍流大涡模拟方法的主要方程。对于上述动量方程以及能量方程等号右侧项都需要引进湍流模型。显然，可压缩湍流的大涡数值模拟要比不可压缩湍流的大涡模拟困难得多。另外，还应该指出的是，如果令 $u(\boldsymbol{x},t)$ 代表湍流运动的瞬时速度，那么 $\hat{u}(\boldsymbol{x},t)$ 表示过滤后的大尺度速度；$\overline{u}(\boldsymbol{x},t)$ 是系综平均速度，而 $u'(\boldsymbol{x},t)=u(\boldsymbol{x},t)-\overline{u}(\boldsymbol{x},t)$ 表示包含所有尺度的脉动速度的量，其中 $u(\boldsymbol{x},t)-\hat{u}(\boldsymbol{x},t)$ 代表 $u'(\boldsymbol{x},t)$ 中的大尺度脉动的量。另外，将 Reynolds 应力张量（这里用 $\boldsymbol{\tau}_{\text{RANS}}$ 表示）与亚格子应力张量（这里用 $\boldsymbol{\tau}_{\text{SGS}}$ 表示，在密度加权过滤运算下它的分量表达式为式(5.2.2a)中的 τ_{ij}^s），采用并矢张量表达时，其表达式分别为

$$\boldsymbol{\tau}_{\text{RANS}}=-\overline{\rho\boldsymbol{u}''\boldsymbol{u}''} \tag{5.2.6}$$

$$\boldsymbol{\tau}_{\text{SGS}}=\hat{\rho}(\hat{\boldsymbol{u}}\hat{\boldsymbol{u}}-\widehat{\boldsymbol{W}}),\quad \boldsymbol{W}=\boldsymbol{u}\boldsymbol{u} \tag{5.2.7}$$

显然，上面两个应力张量的物理含义大不相同。因此，弄清 RANS 中 Reynolds 平均与 LES 中的过滤运算（又称滤波操作）以及 $\boldsymbol{\tau}_{\text{RANS}}$ 与 $\boldsymbol{\tau}_{\text{SGS}}$ 这几个重要概念是十分必要的。

5.3　RANS 与 LES 组合的杂交高效方法

湍流脉动具有多尺度的性质，高 Reynolds 数湍流包含很宽的尺度范围，大涡模拟方法就是借助于过滤技术在物理空间中将大尺度脉动与其余的小尺度脉动分离，即通过对湍流运动的过滤将湍流分解为可解尺度湍流（即包含大尺度脉动）与

不可解尺度湍流(也就是说包含所有小尺度脉动);对于可解尺度湍流的运动则使用大涡数值模拟的控制方程组直接求解,而小尺度湍流脉动的质量、动量和能量的输运及其对大尺度运动的作用则采用亚格子模型的方法,从而使可解尺度的运动方程封闭。一般来讲,LES 方法能获得比 RANS 方法更为精确的结果,但 LES 的计算量要比 RANS 大得多。LES 特别适用于有分离的非平衡复杂湍流,而 RANS 多用于平衡湍流(即湍动能生成等于湍动能的耗散)或者接近平衡的湍流区域。在高速飞行器的绕流流场中,并非处处是非平衡的复杂湍流流动,因此发展将 RANS 与 LES 相互组合杂交的方法是非常需要的。

通常 RANS 与 LES 组合杂交方法可分为两类:一类为全局组合杂交方法(global hybrid RANS/LES),它要对 RANS/LES 的界面进行连续处理,即不需要专门在界面处进行湍流脉动的重构,因此也称为弱耦合方法(weak RANS/LES coupling);另一类是分区组合方法(zonal hybrid RANS/LES),它要在界面上重构湍流脉动,因此称为强耦合方法(strong RANS/LES coupling)。在目前工程计算中,第一类方法应用较广,以下讨论的分离涡模型(detached eddy simulation,DES)便属于全局组合杂交方法的一种。DES 方法的基本思想是用统一的涡黏输运方程,以网格分辨尺度去区分 RANS 和 LES 的计算模式。这里,为突出 DES 方法的基本要点,又不使叙述过于烦长,给出如下形式的流动控制方程组:

$$\frac{\partial \bar{u}_i}{\partial t}+\frac{\partial \bar{u}_i \bar{u}_j}{\partial x_j}=-\frac{\partial \bar{p}}{\partial x_i}+\frac{1}{Re}\frac{\partial^2 \bar{u}_i}{\partial x_j \partial x_j}+\frac{\partial \bar{\tau}_{ij}}{\partial x_j} \tag{5.3.1a}$$

$$\frac{\partial \bar{u}_i}{\partial x_i}=0 \tag{5.3.1b}$$

$$\bar{\tau}_{ij}-\frac{2}{3}\bar{\tau}_{kk}\delta_{ij}=2\nu_t \bar{s}_{ij} \tag{5.3.2a}$$

$$\bar{s}_{ij}=\frac{1}{2}\left(\frac{\partial \bar{u}_i}{\partial x_j}+\frac{\partial \bar{u}_j}{\partial x_i}\right) \tag{5.3.2b}$$

涡黏系数方程采用 Spalart-Allmaras 模式(也可以参阅文献[52]中的式(3)):

$$\frac{\partial \nu^*}{\partial t}+u_j\frac{\partial \nu^*}{\partial x_j}=c_{b1}s_1\nu^*-c_{w1}f_w\left(\frac{\nu^*}{d^*}\right)^2+\frac{1}{\sigma}\left\{\frac{\partial}{\partial x_j}\left[(\nu+\nu^*)\frac{\partial \nu^*}{\partial x_j}\right]+c_{b2}\left(\frac{\partial \nu^*}{\partial x_j}\frac{\partial \nu^*}{\partial x_j}\right)\right\} \tag{5.3.3a}$$

显然,上述流动控制方程组与 Spalart-Allmaras 模式是针对不可压缩湍流流动而言的,对于可压缩湍流流动,则式(5.3.3a)可改写为

$$\frac{\mathrm{d}(\rho\nu^*)}{\mathrm{d}t}=c_{b1}\rho s_1\nu^*-c_{w1}\rho f_w\left(\frac{\nu^*}{d^*}\right)^2+\frac{1}{\sigma}\left\{\frac{\partial}{\partial x_j}\left[(\mu+\rho\nu^*)\frac{\partial \nu^*}{\partial x_j}\right]+c_{b2}\rho\left(\frac{\partial \nu^*}{\partial x_j}\frac{\partial \nu^*}{\partial x_j}\right)\right\} \tag{5.3.3b}$$

式中，μ 为分子黏性。

式(5.3.3a)和式(5.3.3b)中，符号 f_w、s_1 等的表达式为

$$\nu_t=\nu^* f_{v1},\quad f_{v1}=\frac{\vartheta^3}{\vartheta^3+c_{v1}^3},\quad \vartheta=\frac{\nu^*}{\nu},\quad f_{v3}=1 \tag{5.3.4a}$$

$$f_w=g\left(\frac{1+c_{w3}^6}{g^6+c_{w3}^6}\right)^{\frac{1}{6}},\quad g=r+c_{w2}(r^6-r) \tag{5.3.4b}$$

$$r=\frac{\nu^*}{s_1 k_1^2 (d^*)^2},\quad s_1=f_{v3}\sqrt{2\Omega_{ij}\Omega_{ij}}+\frac{\nu^*}{k_1^2 (d^*)^2}f_{v2} \tag{5.3.4c}$$

$$f_{v2}=1-\frac{\vartheta}{1+\vartheta f_{v1}},\quad \Omega_{ij}=\frac{1}{2}\left(\frac{\partial \bar{u}_i}{\partial x_j}+\frac{\partial \bar{u}_j}{\partial x_i}\right) \tag{5.3.4d}$$

对于式(5.3.4c)中的 s_1 量，也可以引入其他进一步的修正表达式，于是便可得到相应修正的 Spalart-Allmaras 模型。

在式(5.3.3a)～式(5.3.3b)与式(5.3.4a)～式(5.3.4d)中，系数 c_{b1}、σ、c_{b2}、k_1、c_{w1}、c_{w2}、c_{w3}、c_{v1} 分别为

$$c_{b1}=0.1355,\quad \sigma=\frac{2}{3},\quad c_{b2}=0.622,\quad k_1=0.41 \tag{5.3.4e}$$

$$c_{w1}=\frac{c_{b1}}{k_1^2}+\frac{1+c_{b2}}{\sigma},\quad c_{w2}=0.3,\quad c_{w3}=2.0,\quad c_{v1}=7.1 \tag{5.3.4f}$$

在式(5.3.3a)与式(5.3.4c)中，d^* 是 RANS 与 LES 的分辨尺度，其值为

$$d^*=\min(d_{\text{RANS}},d_{\text{LES}}) \tag{5.3.5a}$$

$$d_{\text{RANS}}=Y,\quad d_{\text{LES}}=c_{\text{DES}}\Delta \tag{5.3.5b}$$

式中，Y 为网格点与壁面间的垂直距离；系数 $c_{\text{DES}}=0.65$；Δ 为网格尺度，对于非均匀网格则有

$$\Delta=\max(\Delta x,\Delta y,\Delta z) \tag{5.3.5c}$$

值得注意的是，RANS 与 LES 的分辨尺度 d^* 是一个非常重要的参数，如何合理地定义它，一直是近年来 RANS 与 LES 组合杂交方法研究的核心问题之一，其中美国的 Spalart 团队、法国的 Sagaut 团队等在这方面都做了大量的非常细致的研究工作。文献[52]采纳了 Improved DDES 方法中的分辨尺度，并成功地提出了将全场 RANS 与局部 DES 分析相结合，产生了一个高效率的工程新算法，计算了第一代载人飞船 Mercury、第二代载人飞船 Gemimi、人类第一枚成功到达火星上空的 Fire-Ⅱ探测器、具有丰富风洞试验数据(来流 Mach 数从 0.5 变到 2.86)的 NASA 巡航导弹、具有高升阻比的乘波体以及具有大容积效率与高升阻比的 CAV 6 种国际上著名飞行器的流场，完成上述 6 个典型飞行器的 63 个工况的数值计算。计算结果表明：这样获得的数值结果(其中包括气动力和气动热)与相关风洞试验数据或飞行测量数据较为贴近并且流场的计算效率较高，因此全场 RANS 计算与局部 DES 分析相结合的算法是流场计算与工程设计分析中值得推荐的一

种快速方法。对于这方面更多的内容，在 5.6 节中会有详细地介绍。对于分辨尺度的选取，这里式(5.3.5a)仅仅给出了一种选择方式，它可以有多种方式，关于这个问题目前仍然处于探索中。

5.4 RANS、DES 和 LES 方法中 ν_t 的计算

为了说明 RANS 与 LES 方程在表达结构形式上的相似特点，这里给出无量纲不可压缩湍流动量方程的 RANS 与 LES 的表达式，它们分别为

$$\frac{\partial \bar{u}_i}{\partial t}+\frac{\partial}{\partial x_j}(\bar{u}_i\bar{u}_j)+\frac{\partial \bar{p}}{\partial x_i}=\frac{1}{Re}\frac{\partial}{\partial x_j}\left(\nu\frac{\partial}{\partial x_j}\bar{u}_i\right)+\frac{\partial}{\partial x_j}\tau_{ij}^{\mathrm{RANS}} \tag{5.4.1}$$

$$\frac{\partial \hat{u}_i}{\partial t}+\frac{\partial}{\partial x_j}(\hat{u}_i\hat{u}_j)+\frac{\partial \hat{p}}{\partial x_i}=\frac{1}{Re}\frac{\partial}{\partial x_j}\left(\nu\frac{\partial}{\partial x_j}\hat{u}_i\right)+\frac{\partial}{\partial x_j}\tau_{ij}^{\mathrm{LES}} \tag{5.4.2}$$

式中，“¯”代表 Reynolds 平均；“ˆ”代表过滤运算(或称滤波操作)。

将上述两式统一写为如下形式：

$$\frac{\partial \bar{u}_i}{\partial t}+\frac{\partial}{\partial x_j}(\bar{u}_i\bar{u}_j)=-\frac{\partial}{\partial x_i}\bar{p}+\frac{1}{Re}\frac{\partial}{\partial x_j}\tau_{ij}^{\mathrm{mol}}+\frac{\partial}{\partial x_j}\tau_{ij}^{\mathrm{turb}} \tag{5.4.3}$$

式中，

$$\tau_{ij}^{\mathrm{mol}}=2\nu\bar{s}_{ij},\quad \bar{s}_{ij}=\frac{1}{2}\left(\frac{\partial \bar{u}_i}{\partial x_j}+\frac{\partial \bar{u}_j}{\partial x_i}\right) \tag{5.4.4}$$

需要说明的是，在式(5.4.3)中，对于 LES 来讲，“¯”代表滤波操作；对于 RANS 来讲，“¯”代表 Reynolds 平均。另外，对于 DES 和 RANS 来讲，可以用 S-A 湍流模型使控制方程组封闭。引入涡黏系数 ν_t，有

$$\tau_{ij}^{\mathrm{turb}}+\frac{1}{3}\delta_{ij}\tau_{kk}^{\mathrm{turb}}=2\nu_t\bar{s}_{ij} \tag{5.4.5}$$

利用式(5.3.3)得到 ν_t^*，然后再由式(5.3.4a)得到 ν_t；对于 LES，可引入 Smagorinsky 模型，有

$$\nu_t=l^2\ |\bar{s}_{ij}| \tag{5.4.6a}$$

$$l=c_S\Delta\left[1-\exp\left(\frac{-y^+}{A^+}\right)^3\right]^{0.5} \tag{5.4.6b}$$

$$\Delta\equiv(\Delta x\Delta y\Delta z)^{\frac{1}{3}},\quad y^+=\frac{yu_\tau}{\nu} \tag{5.4.6c}$$

$$u_\tau=\sqrt{\frac{\tau_w}{\rho}},\quad A^+=25 \tag{5.4.6d}$$

式中，c_S 为 Smagorinsky 常数，因此，对于 LES 来讲，由式(5.4.6a)得到 ν_t，便可得到式(5.4.5)所需要的 $\tau_{ij}^{\mathrm{turb}}$ 值。

5.5　可压缩湍流的 k-ω 模型

由流体力学基本方程组可以获得基于 Reynolds 平均和 Favre 平均的湍动能 k 方程以及比耗散率 ω（令耗散率为 ε，则 $\omega=\varepsilon/k$，称为比耗散率）的方程，即

$$\frac{\partial}{\partial t}(\bar{\rho}k)+\frac{\partial}{\partial x_j}(\bar{\rho}\tilde{u}_jk)$$
$$=-\overline{\rho u_i''u_j''}\frac{\partial\tilde{u}_i}{\partial x_j}+\frac{\partial}{\partial x_j}\left[\overline{\tau_{ij}u_i''}-\frac{1}{2}\overline{\rho u_j''u_i''u_i''}-\overline{p'u_j''}\right]-\bar{\rho}\varepsilon-\overline{u_i''}\frac{\partial\bar{p}}{\partial x_i}+\overline{p'\frac{\partial u_i''}{\partial x_i}} \tag{5.5.1}$$

$$\frac{\partial}{\partial t}(\bar{\rho}\omega)+\frac{\partial}{\partial x_j}(\bar{\rho}\tilde{u}_j\omega)=\frac{\partial}{\partial x_j}\left[(\mu_l+\sigma\mu_t)\frac{\partial\omega}{\partial x_j}\right]+\alpha\frac{\omega}{k}P_k-\bar{\rho}\beta_\omega^*\omega^2 \tag{5.5.2}$$

对式(5.5.1)和式(5.5.2)进行模化后，最后得到引入湍流 Mach 数 M_t 并考虑了可压缩性修正的 k-ω 两方程湍流模式，其形式为

$$\frac{\partial}{\partial t}(\bar{\rho}k)+\frac{\partial}{\partial x_j}(\bar{\rho}\tilde{u}_jk)$$
$$=-\overline{\rho u_i''u_j''}\frac{\partial\tilde{u}_i}{\partial x_j}(1+\alpha_2M_t)+\frac{\partial}{\partial x_j}\left[(\mu_l+\mu_t\sigma^*)\frac{\partial k}{\partial x_j}\right]-\bar{\rho}k\omega\beta_k^*-\frac{1}{\sigma_\rho}\frac{\mu_t}{(\bar{\rho})^2}\frac{\partial\bar{\rho}}{\partial x_i}\frac{\partial\bar{p}}{\partial x_i} \tag{5.5.3}$$

$$\frac{\partial}{\partial t}(\bar{\rho}\omega)+\frac{\partial}{\partial x_j}(\bar{\rho}\tilde{u}_j\omega)=\frac{\partial}{\partial x_j}\left[(\mu_l+\sigma\mu_t)\frac{\partial\omega}{\partial x_j}\right]-\bar{\rho}\omega^2\beta_\omega^*+\alpha\frac{\omega}{k}P_k \tag{5.5.4}$$

式中，“$\bar{\ }$”表示 Reynolds 平均；“$\tilde{\ }$”表示 Favre 平均；P_k 代表湍动能的生成项；符号 α_2、σ^*、σ、σ_ρ、β_k、β_ω 以及 α 均为相关系数；湍流 Mach 数 M_t 以及 β_ω^*、β_k^* 和 τ_{ij} 等的定义分别为

$$M_t\equiv\frac{\overline{[(\boldsymbol{V}')^2]^{\frac{1}{2}}}}{\bar{a}} \tag{5.5.5a}$$

$$\boldsymbol{V}'\equiv u'\boldsymbol{i}+v'\boldsymbol{j}+w'\boldsymbol{k} \tag{5.5.5b}$$

$$\beta_\omega^*\equiv\beta_\omega-1.5\beta_kF(M_t) \tag{5.5.5c}$$

$$\beta_k^*\equiv\beta_k[1+1.5F(M_t)-\alpha_3M_t^2] \tag{5.5.5d}$$

$$\tau_{ij}\equiv(\tau_l)_{ij}+(\tau_t)_{ij} \tag{5.5.6a}$$

$$(\tau_l)_{ij}\equiv\mu_l\left(\frac{\partial u_i}{\partial x_j}+\frac{\partial u_j}{\partial x_i}-\frac{2}{3}\frac{\partial u_k}{\partial x_k}\delta_{ij}\right) \tag{5.5.6b}$$

$$(\tau_t)_{ij}\equiv-\frac{2}{3}\rho k\delta_{ij}+\mu_t\left(\frac{\partial u_i}{\partial x_j}+\frac{\partial u_j}{\partial x_i}-\frac{2}{3}\frac{\partial u_k}{\partial x_k}\delta_{ij}\right) \tag{5.5.6c}$$

$$\overline{\tau_{ij}u_i''}-\frac{1}{2}\overline{\rho u_j''u_i''u_i''}=\left(\mu_l+\frac{\mu_t}{\sigma_k}\right)\frac{\partial k}{\partial x_j} \tag{5.5.6d}$$

$$P_k = -\overline{\rho u_i'' u_j''} \frac{\partial \widetilde{u}_i}{\partial x_j} \tag{5.5.6e}$$

式中，$F(M_t)$为关于 M_t 的函数。

另外，又可将式(5.5.3)等号右侧最后两项记为 Q_k^*，即

$$Q_k^* \equiv -\bar{\rho} k \omega \beta_k^* - \frac{1}{\sigma_\rho} \frac{\mu_t}{(\bar{\rho})^2} \frac{\partial \bar{\rho}}{\partial x_i} \frac{\partial \bar{p}}{\partial x_i} \tag{5.5.7}$$

借助于式(5.5.7)，则式(5.5.3)可改写为

$$\frac{\partial}{\partial t}(\bar{\rho} k) + \frac{\partial}{\partial x_j}(\bar{\rho} \widetilde{u}_j k) = -\overline{\rho u_i'' u_j''} \frac{\partial \widetilde{u}_i}{\partial x_j}(1 + \alpha_2 M_t) + \frac{\partial}{\partial x_j}\left[(\mu_l + \sigma^* \mu_t) \frac{\partial k}{\partial x_j}\right] + Q_k^* \tag{5.5.8}$$

因此，式(5.5.8)与式(5.5.4)便构成了通常考虑湍流 Mach 数修正的 k-ω 两方程湍流模式。

需要指出的是，k-ω 模型也可用于 DES 方法中，便得到了 k-ω 模型的 DES 方法。这种方法与基于 S-A 模型的 DES 方法一样，在复杂湍流流场的计算中都有广泛的应用。另外，在湍流计算中，多尺度、多分辨率计算是湍流计算的重要特征，因此小波分析与小波奇异分析技术[58]等在湍流计算中是绝对不可忽视的；发展高阶精度、低耗散、低色散、提高有效带宽、注意格式的保单调(montonicity-preserving，MP)、发展优化的 WENO 格式以及紧致与强紧致格式[81]等已成为目前人们选用数值格式的主要方向。

在高超声速流场计算中，激波与湍流边界层之间的干涉是一个普遍存在的重要物理现象。激波对边界层的干涉导致了边界层内湍流的动量输运与热量输运呈现出强烈的非平衡特征，并且使得边界层的湍流脉动能量显著增大，使得边界层外层大尺度湍流结构与边界层内层小尺度脉动结构之间相互作用以及非线性调制(modulation)作用进一步增强，这种非线性的调制作用对壁湍流的恢复有促进作用，使得激波与湍流边界层干涉的恢复区往往出现较高的壁面剪切力，因此在对高超声速流场分析时也应格外注意。此外，当湍流场中出现非定常激波束时，高波数谱范围增加，湍流场中的物理量的尺度范围也就明显增大，这时对数值方法的空间分辨率提出了更高的要求，也就是说这里需要考虑对非定常、非稳定激波以及激波-湍涡干扰能力的分辨，显然，这是个有待进一步研究与完善的课题。随着航天事业的发展，对高超声速再入飞行过程中广义 Navier-stokes 方程的湍流数值求解将会促进这项课题的发展。

5.6 RANS 计算与局部 DES 分析相结合的高效算法

5.6.1 RANS 与 LES 间的分辨尺度

在现代航空航天高新技术领域中，无论是绕飞行器的外部流动问题还是航空

发动机内部的流动，流场的涡系结构越来越复杂，对计算这类流场所采用的数值方法的要求也越来越高。从20世纪60年代开始，计算流体力学进入了第一阶段，即线性计算流体力学阶段，其表现形式是面元法的应用。面元法计算量小、使用方便，成为20世纪60年代中期到80年代初期现代飞机设计中不可缺少的一种有效设计工具。20世纪70年代初期，采用小扰动速度势方程等方法求解无黏流，开辟了计算跨声速流场的新领域。20世纪70～80年代，全位势方法(或Euler方程组)加上边界层的耦合方法已成为飞机设计中计算设计状态时的一种经济、准确、有效的方法，是计算流场中只有微弱激波时的很好的模型。以美国Boeing公司为例，每年几乎2000次使用全位势加边界层的耦合方法去解决飞机设计中出现的大量问题。20世纪80年代以后，在黏性项的处理和Navier-Stokes方程组的求解方面，以文献[101]、[126]和[142]为例，曾用FORTRAN语言编制了高速进气道三维源程序并成功地在当时的小型计算机(“286计算机”加“加速板”)上完成了大题目，有效地完成了三维流场的计算。当时求解的是Euler方程与Navier-Stokes方程两种情况。另外，AMME Lab团队在非定常流场的数值计算方面也做了很好的研究工作[143]。

尽管计算流体力学在20世纪80年代以来已获得飞速的发展，但随着航空航天技术的高度发展，计算流体力学在某些领域中仍然显得十分薄弱，尤其是在高超声速飞行器气动力与气动热的计算上。在一些高超声速流场的计算中，常会出现在同一个计算工况下仅仅由于网格密度以及差分格式所取精度的不同，就造成算出的热流分布有量级的差别。正是由于计算出的热流精度不高才使得飞行器的热防护设计带来了很大的困难。另外，随着航天技术的发展，空中变轨技术也提到了日程，变轨控制技术迫切需要流体力学工作者准确地给出飞行器气动力与气动热的分布。高超声速再入飞行器，常采用大钝头体的气动结构与布局。因此这种气动布局下所形成的流场常常处于高温、高速、热力学非平衡与化学反应非平衡的状态，那里的空气已成了分子、原子、离子和电子组成的多组元化学气体的混合物；再加上再入飞行器的壁面条件(即催化壁条件与非催化壁条件，不同的壁面条件对壁面附近气体组分的分布影响也很大)十分复杂，它们要比叶轮机械叶片表面的壁面条件复杂得多，因此导致了流场的计算十分困难[5]。此外，在高超声速流动下，这时流场的特性可能包含流动的转捩(尤其是转捩位置的确定)、湍流、激波与激波间的干扰、激波与湍流的相互作用(尤其是流动分离导致的激波与边界层间的干扰)、流动的分离与再附等复杂现象，显然这些内容涉及了流体力学的许多前沿领域。这里需要指出的是：目前国际上对于可压缩湍流的研究还处在起步阶段，虽然湍流的DNS和LES方法已用于可压缩湍流的研究之中，但当前所研究的对象一是形状十分简单，二是来流Mach数较低，与高超声速飞行器的飞行Mach数(如$M_a=29$)相比还相差甚远，三是来流Reynolds数也较低。另外，如果要进行 LES 计算，在时间与空间离散上还需要使用高阶精度的数值格式，以确保格式的数值耗散不会淹没物理亚格子黏性。因此将 DNS 或 LES 真正用于工程计算、去计算一个绕高超声速飞行器的复杂流动，不是近十年能够实现的事[144]。

此外，RANS 方法可以很好地给出边界层内的流动结构，但难以准确地预测出大尺度分离流动；DES 方法可以较好地模拟大尺度分离的湍流大涡结构，而且 DES 方法对附着的边界层可通过湍流模型的长度尺度自动切换为 RANS 模拟，从而有效地解决了采用 LES 方法时所出现的高 Reynolds 数壁面湍流（即为保证能够正确地分辨近壁区的湍流拟序结构及其演化过程所需要的巨大计算量）问题所带来的困惑。换句话说，DES 方法在网格密度足够时进行着 LES 计算（即在这个区域，亚格子应力模型发挥作用），在网格相对不够细密时进行着 RANS 模拟（即在这个区域，Reynolds 应力模型发挥作用）。面对上述这些客观现实与 DES 的特点，王保国教授率领的 AMME Lab 团队提出了一种将 RANS 计算与局部 DES 分析相结合去计算高超声速流场的数值方法[52]（首先对飞行器进行全流场的 RANS 数值计算，获得初步的流场结构；然后对大分离区域（如有必要的话）采用 DES 分析技术，以便捕捉到较准确的湍流大涡结构及其涡系演化过程），并用于 Mercury、Gemini、Fire-Ⅱ、乘波体以及 CAV 等国际上著名 6 种飞行器的流场分析，完成了 63 个工况的数值计算，所得流场的数值结果（其中包括气动力与气动热）与相应试验数据较为贴近，因此这是一种在流场工程计算与流场分析中值得推荐的快速方法。

为简便起见，这里给出直角笛卡儿坐标系下没有考虑体积力时的 Navier-Stokes 方程组，即

$$\frac{\partial}{\partial t}\rho+\frac{\partial}{\partial x_j}(\rho u_j)=0 \tag{5.6.1a}$$

$$\frac{\partial}{\partial t}(\rho u_i)+\frac{\partial}{\partial x_j}(\rho u_i u_j)=-\frac{\partial}{\partial x_i}p+\frac{\partial}{\partial x_j}\tau_{ij} \tag{5.6.1b}$$

$$\frac{\partial}{\partial t}e^*+\frac{\partial}{\partial x_j}(u_j e^*)=-\frac{\partial}{\partial x_j}(p u_j)+\frac{\partial}{\partial x_j}(u_i\tau_{ij})-\frac{\partial}{\partial x_j}q_j \tag{5.6.1c}$$

式中，τ_{ij} 为黏性应力张量的分量；e^* 为广义内能；q_j 为热流分量；ρ 与 u_j 分别为密度与速度分量。

对式(5.6.1)做时间统计平均并注意引入密度加权的 Favre 平均，于是可得到 RANS 方程组，并且方程组出现了 Reynolds 应力张量项；对式(5.6.1)进行空间滤波，将大尺度的涡直接数值求解而小尺度的湍流脉动则通过亚格模型进行模化处理，于是得到 LES 下 Navier-Stokes 方程组（简称 LES 方程组），并且方程组出现了亚格子应力张量项。因此，Reynolds 应力张量项和亚格子应力张量项的封闭问题

便成了求解 RANS 方程组和 LES 方程组时的关键技术。

1997 年研究人员提出了 DES 的思想框架，这种 DES 方法是一种使用单一湍流模型的三维非定常数值方法，其湍流模型在网格密度足够的区域时，发挥亚格子应力模型的作用，进行 LES 计算（即相当于求解 LES 方程组）；而在网格不够细密的区域时，发挥 Reynolds 应力模型的作用，进行 RANS 计算（即相当于求解 RANS 方程组）。DES 方法的核心思想就是用统一的涡黏输运方程（本节仍采用 Spalart-Allmaras 的涡黏模型）获得 ν^* 值进而得到 ν_t，而 RANS 与 LES 之间的分辨尺度定义为 l_{DES}，表达式为

$$l_{\mathrm{DES}}=\overline{f_d}(1+f_e)l_{\mathrm{RANS}}+(1-\overline{f_d})l_{\mathrm{LES}} \tag{5.6.2}$$

式中，l_{RANS}与 l_{LES}分别代表 RANS 的尺度与 LES 的尺度；符号$\overline{f_d}$与 f_e 的定义同文献[52]。

显然，按式(5.6.2)定义的分辨尺度对解决边界层内对数律的不匹配问题是十分有益的。在 DES 方法的框架下，ν^* 满足 Spalart-Allmaras 模式，其输运方程为

$$\frac{\mathrm{d}(\rho\nu^*)}{\mathrm{d}t}=c_{b1}\rho s_1\nu^*-c_{w1}f_w\rho\left(\frac{\nu^*}{l_{\mathrm{DES}}}\right)^2+\frac{\rho}{\sigma}\{\nabla\cdot[(\nu+\nu^*)\nabla\nu^*]+c_{b2}(\nabla\nu^*)^2\} \tag{5.6.3}$$

式中，

$$s_1=f_{v3}\sqrt{2\Omega_{ij}^2}+\frac{\nu^*}{k_1^2\,l_{\mathrm{DES}}^2}f_{v2} \tag{5.6.4a}$$

$$\gamma=\frac{\nu^*}{s_1k_1^2\,l_{\mathrm{DES}}^2} \tag{5.6.4b}$$

$$g=\gamma+c_{w2}(\gamma^6-\gamma),\quad f_w=g\left(\frac{1+c_{w3}^6}{g^6+c_{w3}^6}\right)^{1/6} \tag{5.6.4c}$$

$$\Omega_{ij}=\frac{1}{2}\left(\frac{\partial u_i}{\partial x_j}-\frac{\partial u_j}{\partial x_i}\right) \tag{5.6.4d}$$

另外，

$$\nu_{\mathrm{t}}=f_{v1}\nu^* \tag{5.6.5}$$

$$f_{v1}=\frac{\chi^3}{\chi^3+c_{v1}^3},\quad \chi^3\equiv\frac{\nu^*}{\nu} \tag{5.6.6}$$

式中，ν 为流体的分子运动黏性系数。

5.6.2 DES 方法的程序实现

在已有的 RANS 源程序的基础上完成 DES 程序的编制并不困难，这里仅给出

程序实现中的一些要点。采用 DES 方法时，使用的方程应从 LES 方程组出发，时间离散采用双时间步(dual-time-step)的隐式时间离散法[143]，空间离散大体上与文献[143]相同，也是采用有限体积法，但这里采用的是结构网格。黏性项的计算仍然沿用原来的方法处理[82]，而无黏对流项的计算与文献[143]略有不同。令 F_{DES}代表方程离散后单元体表面的无黏对流通量，其表达式为

$$F_{DES}=f_{DES}F_{RANS}+(1-f_{DES})F_{LES} \tag{5.6.7}$$

$$f_{DES}=\frac{\overline{f_d}(1+f_e)}{1+f_e\overline{f_d}} \tag{5.6.8}$$

式中，F_{RANS}与 F_{LES}分别代表 RANS 的通量与 LES 的通量。另外，在文献[52]程序的修订中，采用了在 LES 的计算中选取高阶中心型格式的做法。

5.6.3　RANS 计算与局部 DES 分析相结合的工程算法

这里提出了一种将 RANS 与 DES 相结合的工程算法，该算法的基本思想是：首先对飞行器流场进行 RANS 方法的数值计算，以得到初步的流场结构；然后再对那些大分离或者凭实践经验认为可能出现严重分离的区域采用 DES 方法计算，以便捕捉到较为准确细致的涡系结构，得到较为准确的飞行器壁面气动力与气动热分布。显然，这种算法应当属于分区算法的一种，采用这种方法后可以使分区更加合理一些，计算量更小一些，更利于工程上的快速计算。以下给出六种典型飞行器，并用 RANS 计算与局部 DES 分析相结合的计算策略计算了相关的流场细节。计算中并不是所有工况都做局部 DES 分析，要视具体情况而定。

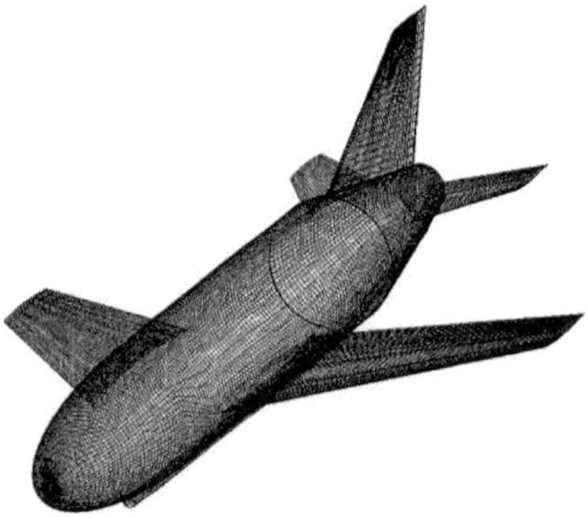

图 5.1　巡航导弹外形及表面网格分布

1. NASA Langley 巡航导弹多工况流场的计算

NASA Langley(兰利)巡航导弹外形如图 5.1 所示，它由弹体、弹翼和尾翼组成。弹长 109.86cm，弹径 12.70cm，弹翼、水平尾翼以及垂直尾翼都采用 NACA 65A006 翼型，弹翼后掠角为 58°；本节计算了来流 Mach 数分别为 0.8、1.2、2.0、2.5，攻角 α 分别为 0°、4°、6°、8°与 10°，共计 20 个工况的 RANS 计算。图 5.2 与图 5.3分别给出了不同攻角下升力系数 C_L 和阻力系数 C_D 随 Mach 数的变化曲线。表 5.1 给出了四种 Mach 数(即 0.8、1.2、2.0 和 2.5)和五个攻角(即 0°、4°、6°、8°和 10°)时采用 AMME Lab 团队自行编制的 RANS 源程序算出的结果与文献

[145]的风洞试验值的比较，可以看到在上述 20 个工况下两者符合得相当好，从而显示了所编 RANS 源程序的可靠性。

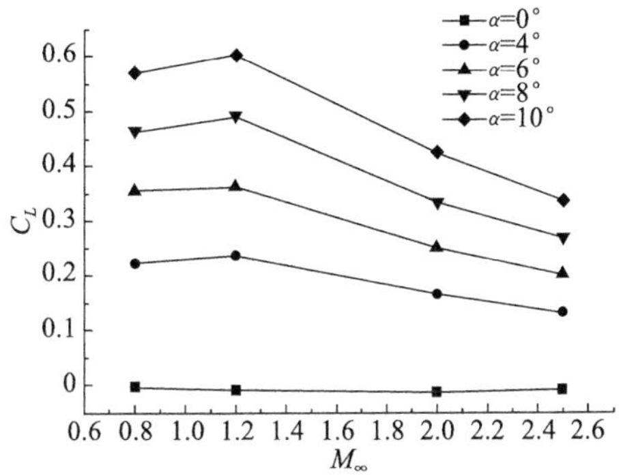

图 5.2　不同攻角下升力系数随 Mach 数的变化曲线

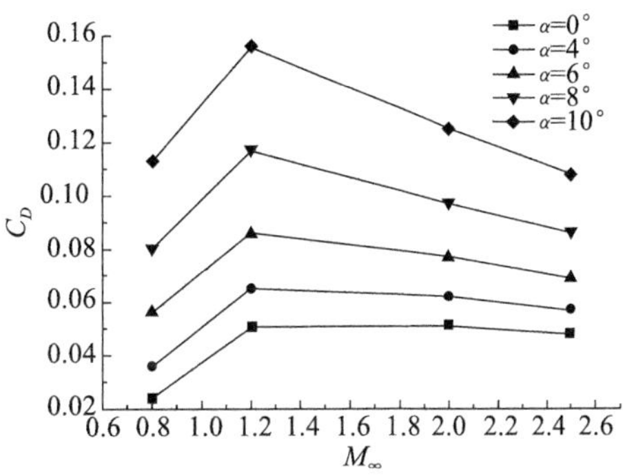

图 5.3　不同攻角下阻力系数随 Mach 数的变化曲线

表 5.1　风洞试验值与本节计算值的比较

Ma	特征参数	试验值与计算值	0°	4°	6°	8°	10°
0.8	C_L	试验值	0	0.220	0.370	0.520	0.610
		计算值	−0.004	0.222	0.357	0.464	0.570
	C_D	试验值	0.020	0.030	0.050	0.079	0.110
		计算值	0.024	0.036	0.056	0.080	0.13
1.2	C_L	试验值	0	0.240	0.360	0.500	0.610
		计算值	−0.009	0.236	0.363	0.492	0.604
	C_D	试验值	0.047	0.061	0.081	0.112	0.151
		计算值	0.051	0.065	0.086	0.117	0.156
2.0	C_L	试验值	−0.020	0.170	0.260	0.340	0.430
		计算值	−0.013	0.164	0.250	0.333	0.424
	C_D	试验值	0.051	0.063	0.076	0.098	0.125
		计算值	0.051	0.062	0.077	0.097	0.125
2.5	C_L	试验值	−0.010	0.140	0.210	0.280	0.350
		计算值	−0.009	0.132	0.201	0.269	0.336
	C_D	试验值	0.047	0.057	0.068	0.087	0.107
		计算值	0.048	0.057	0.069	0.086	0.108

由图 5.2 可以看出，当 Mach 数为超声速流动时，升力系数随着 Mach 数的增

大而变小。由图 5.3 可以看出，对于超声速流动，随着 Mach 数增加，阻力系数在渐渐变小。文献[52]中详细地给出了多个工况下巡航导弹表面的压强等值线的分布图。由图 5.2 和图 5.3 可以看出，当攻角为 0°时压强最大点为导弹头部的驻点处；当来流攻角逐渐大于 0°时，驻点渐渐下移，而且高压区在上表面的分布区域逐渐减小，而在下表面的高压区渐渐变大。

2. Mercury 与 Gemini 两代载人飞船流场的计算与分析

Mercury 飞船是美国第一代载人飞船，Mercury 飞船计划始于 1958 年 10 月、结束于 1963 年 5 月，历时 4 年 8 个月，总共进行了 25 次飞行试验，其中 6 次为载人飞行试验，图 5.4 给出了 Mercury 飞船的外形示意图[146]。在文献[52]的流场计算中，共进行了 3 个工况（即①$M_\infty=6.9$，$\alpha=5°$；②$M_\infty=5.34$，$\alpha=5°$；③$M_\infty=3.28$，$\alpha=2°$）的流场计算，3 个工况的飞行高度都为 20km。

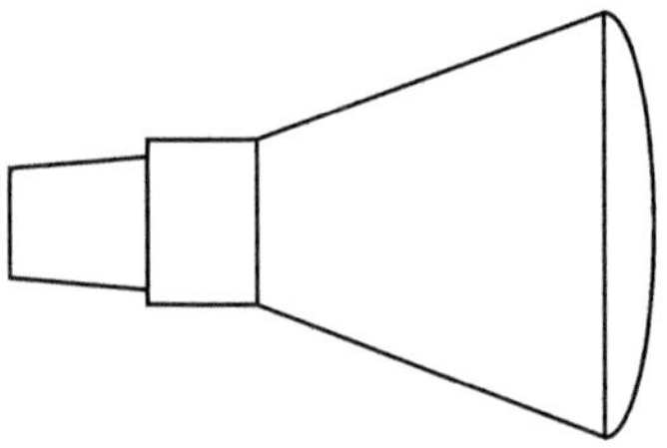

图 5.4 Mercury 飞船的外形示意

图 5.5 给出了 $M_\infty=6.9$、$\alpha=5°$时绕飞船周围的温度等值线分布；图 5.6 给出了 $M_\infty=3.28$、$\alpha=2°$时全场等 Mach 数线的分布。从上述这些图中可以看出，在飞行器头部和尾部温度较高，而且头部的脱体激波很强，那里的等 Mach 数线与压强等值线都比较密集。

Gemini 飞船是美国第二代载人飞船，Gemini 飞船计划始于 1961 年 11 月，结束于 1966 年 11 月，历时 5 年，总共进行了 12 次飞行试验，其中 2 次无人飞行、10 次载人飞行，图 5.7 给出了 Gemini 飞船的外形示意图[147]。在文献[52]的流场计算中，共进行了三种来流 Mach 数（即 3.15、4.44 和 7.0）以及两个攻角（即 0°与−10°）总共 6 个工况的计算，文献[52]分别给出了上述工况下温度、压强和 Mach 数等值线分布图以及全场流线分布的相关结果，图 5.8 与图 5.9 分别给出了 Gemini 飞船绕流的全场温度与 Mach 数的等值线分布。这些结果为飞行器的气动力与气动热计算准备了基础数据、为飞船的气动设计奠定了基础。

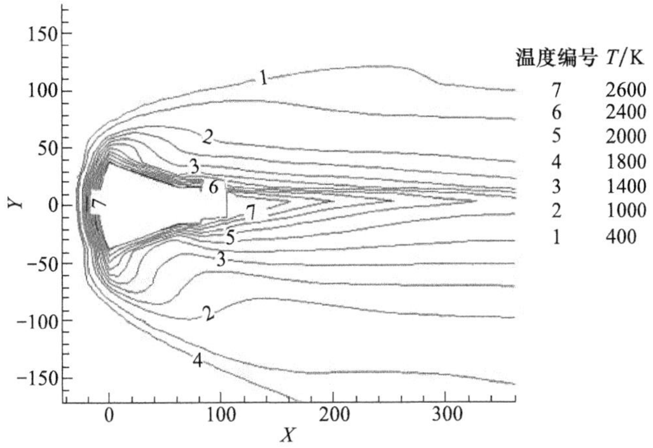

图 5.5　绕飞船周围的温度等值线分布

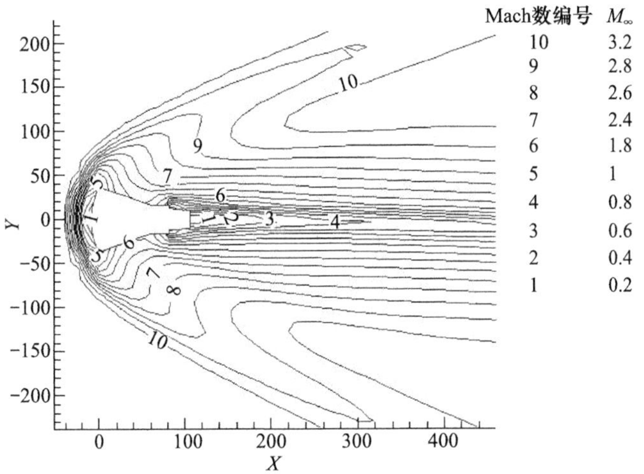

图 5.6　$M_\infty=3.28$，$\alpha=2°$时全场等 Mach 数线分布

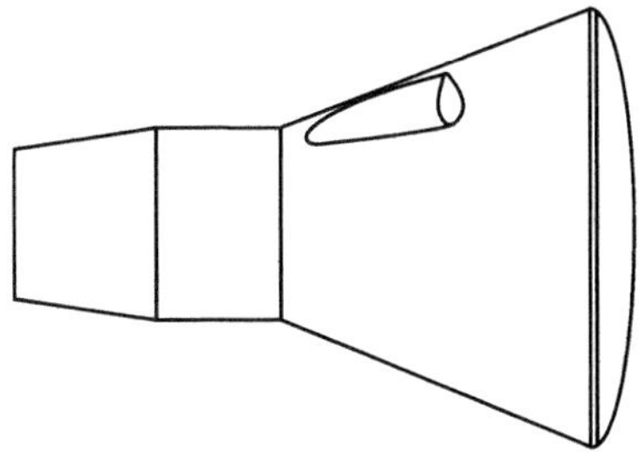

图 5.7　Gemini 飞船的外形示意图

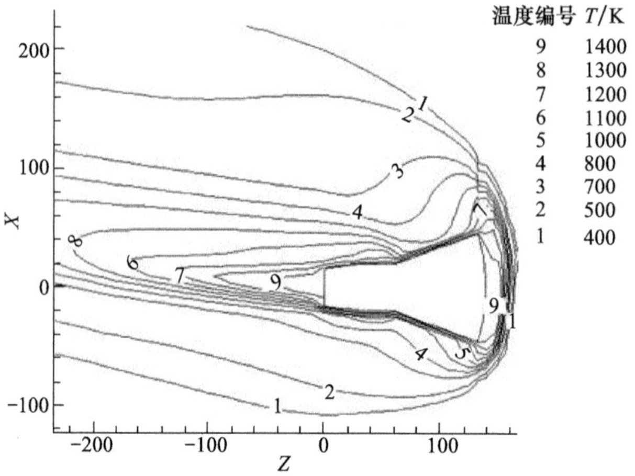

图 5.8　Gemini 飞船绕流的温度等值线分布

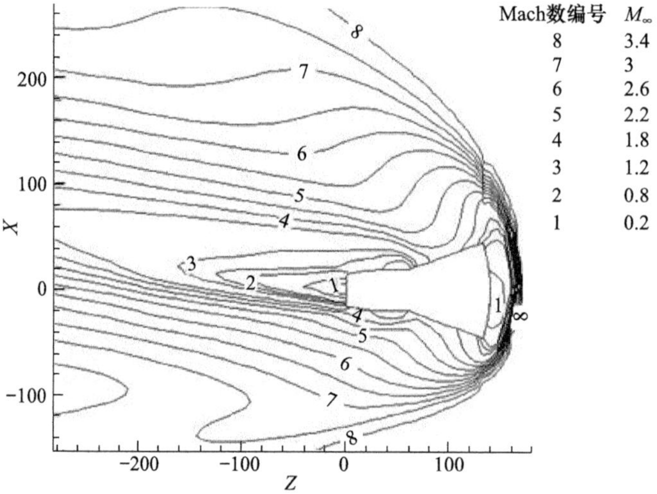

图 5.9　Gemini 飞船绕流的等 Mach 线分布

3. 两种高升阻比的乘波体与 CAV 流场计算

1959 年研究者提出了乘波体的概念。之后，乘波体的设计技术有了很大的发展。2010 年 4 月 22 日由 Boeing 公司建造的高超声速新型 CAV/SMV(space maneuver vehicle)类的飞行器 X-37B 成功发射，这标志着这种高超声速飞行器可以具备“机动变轨与躲避”的功能，可以作为一种非常安全的通用空天平台，固守住太空战略制高点。X-37B 在气动布局、自动化、新材料以及隐形设计等方面十分成功，集成了当代最优秀的技术成果。2010 年 5 月 26 日高超声速 X-51A 验证机首飞成功，该试验飞行的原计划是由 B-52H 轰炸机携带 X-51A 升空后，在大约 15km 高空，飞行 Mach 数为 4.6～4.8，然后助推器分离，X-51A 借惯性滑行数秒后，超燃冲压发动机依次点燃乙烯和燃油，达到热平衡后便仅用 JP-7 碳氢燃料作动力实现不断加速，历经 300s 左右使 X-51A 的最终飞行速度达到 Mach 数 6.5；在燃料耗尽后，X-51A 验证机将无动力滑行 500s，随后坠入太平洋。整个 X-51A 的实际试验过程进展得也相当顺利，虽然超燃冲压发动机 SJX61-2（由 PWR 公司专门研制）由于发动机舱后部温度高于设计值而仅工作了 140s（原计划为 300s），飞行速度仅达 Mach 数为 5.0（原计划为 6.5）左右，但这次试验成功地完成了超燃冲压发动机研制中的一些关键技术：先点燃乙烯，过渡到乙烯与 JP-7 燃料的混合燃烧，达到 JP-7 的燃烧条件后，仅使用 JP-7 碳氢燃料燃烧，并持续了 140s 等，因此试验方认为：这次 X-51A 的试验仍然是很成功的。X-51 验证机的机身长 4.26m，采用镍合金制造，空载约 635kg，在总体布局上采用了楔形头部、乘波体机身、腹部进气道与控制面，头部采用钨合金材料（外部覆盖了二氧化硅隔热层），X-51 飞行时产生激波，看似飞行在激波顶上，而且压缩的空气被引入矩形发动机进气道中，因此属于楔形乘波体结构，X-51 看上去是介于航天飞机和未来巡航导弹的构型之间，它是发展临近空间吸气式高超声速飞行器的首选外形之一。另外，Boeing 公司还在着手考虑 X-51B 至 X-51H 等一系列发展型号的研究工作，而且还考虑持久冲压发动机（robust scramjet）计划，并打算在 X-51B 上使用热喉道冲压发动机、继续使用碳氢燃料，但结构会更简单而且能够使验证机持续保持 Mach 数在 5.0 的水平上高超声速飞行。文献[52]生成了一种锥形乘波体，并进行了 Mach 数为 4、6 和 7 总共 7 个工况的流场计算，这里仅讨论来流 Mach 数为 7 时的情况。图 5.10 为本节计算时所选用的乘波体外形，计算工况为 20km 高空飞行、来流 Mach 数为 7，来流攻角为 0°。

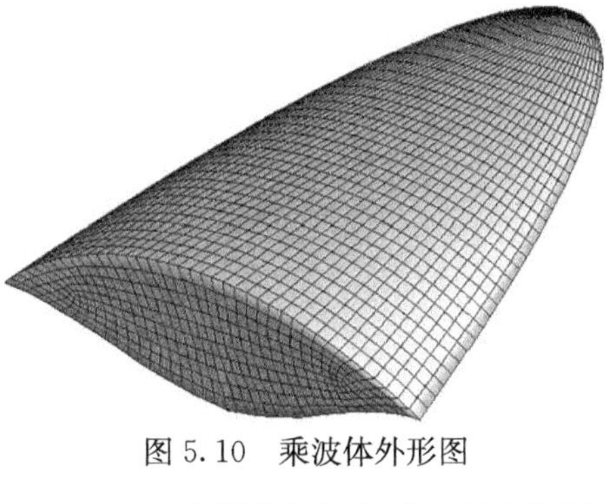

图 5.10　乘波体外形图

图 5.11～图 5.13 分别给出了乘波体相应截面处周围流场的流线、等 Mach 线和压强等值线的分布。从这些图中可以看出，高压气流都集中在下表面，这说明这里乘波体的设计是成功的。

CAV 又称通用航空航天飞行器，是一种高超声速再入机动滑翔的飞行器，其中美国 Falcon 计划中提出的 CAV 以及 HyTech 计划的巡航 Mach 数为 7～8，是射程为 1390km 的弹用飞行器中的典型代表，它们是目前国际上高度重视的一类飞行器。本节选用了文献[52]构造的一种 CAV 外形，图 5.14给出了文献[52]计算所选取的 CAV 外形以及计算时所划分的网格图。

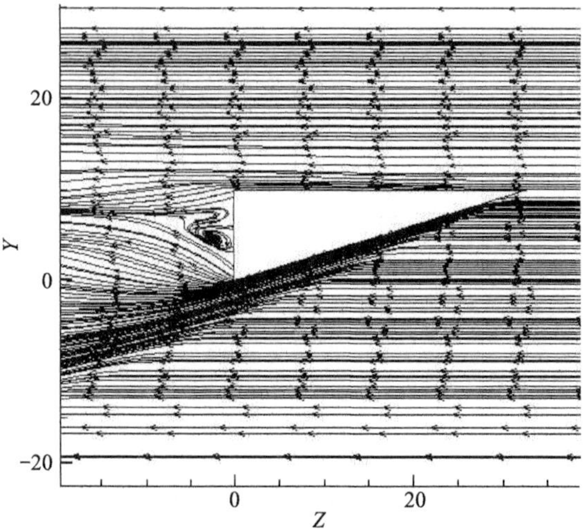

图 5.11　乘波体对称面上的流线图

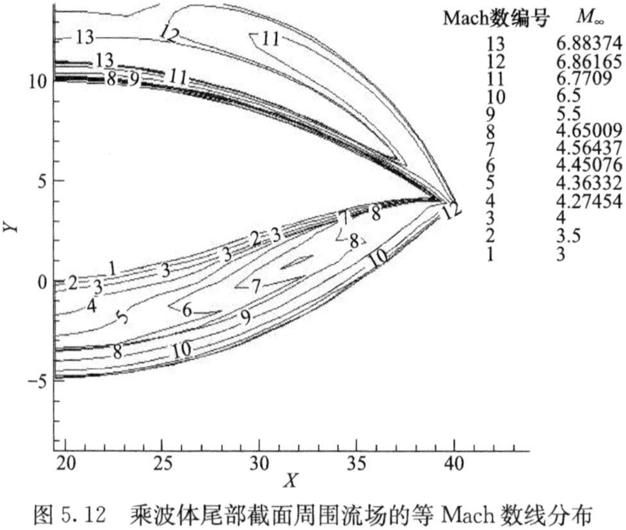

图 5.12　乘波体尾部截面周围流场的等 Mach 数线分布

图 5.15～图 5.17 分别给出 CAV 相应的截面上周围流场压强等值线的分布图，这里计算的工况是：来流 Mach 数为 6，飞行高度为 20km，图 5.15～图 5.17 的来流攻角 α 分别为 0°、10°和－10°，更多数值结果可参阅文献[52]。

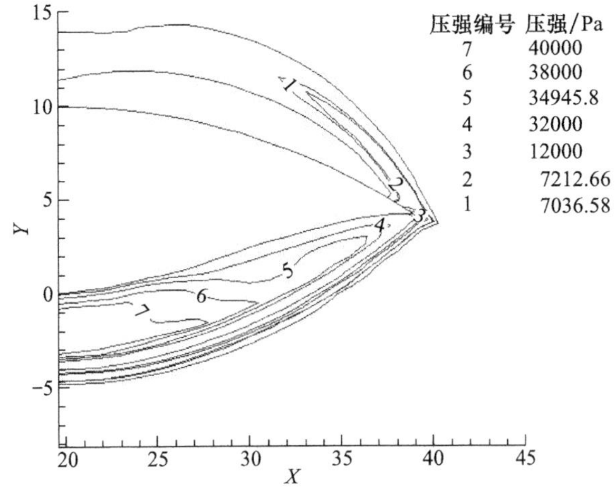

图 5.13　乘波体尾部截面周围流场的压强等值线分布

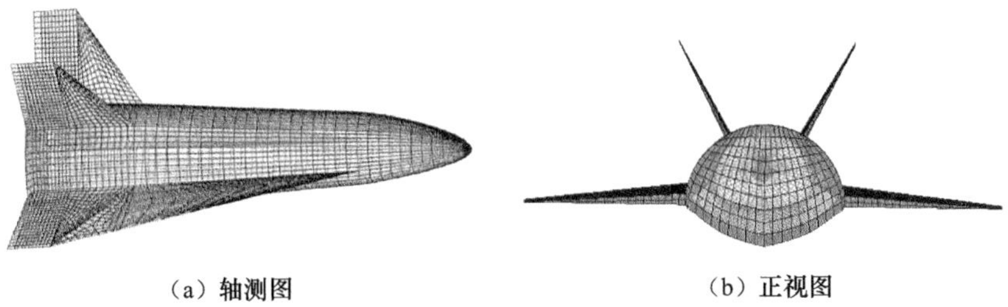

图 5.14　CAV 的外形及计算时的网格的划分

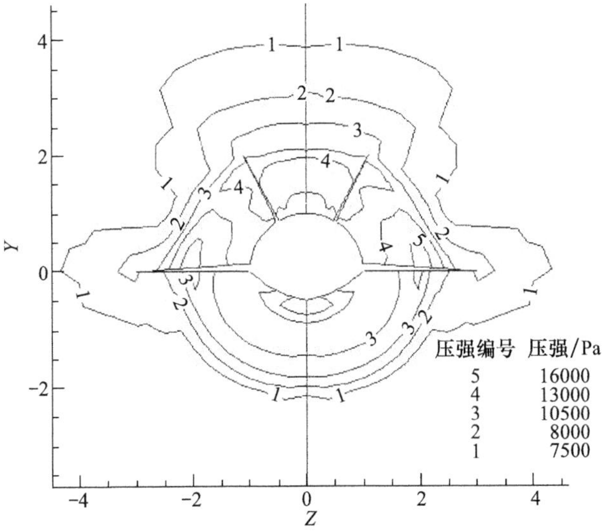

图 5.15　CAV 尾部截面处流场压强等值线分布($\alpha=0°$)

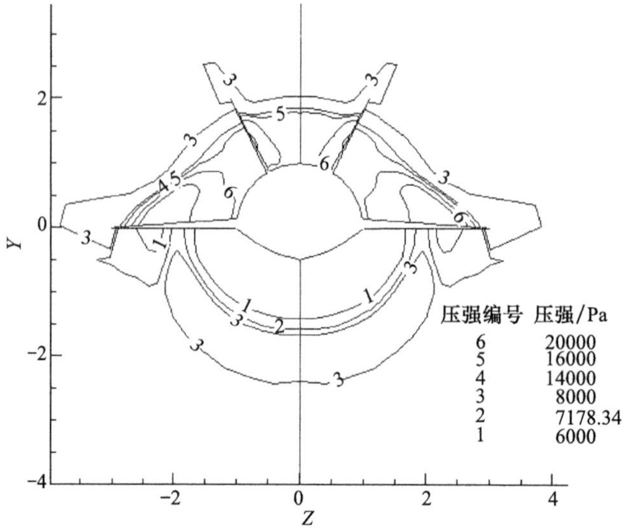

图 5.16　CAV 尾部截面处流场压强等值线分布($\alpha=10°$)

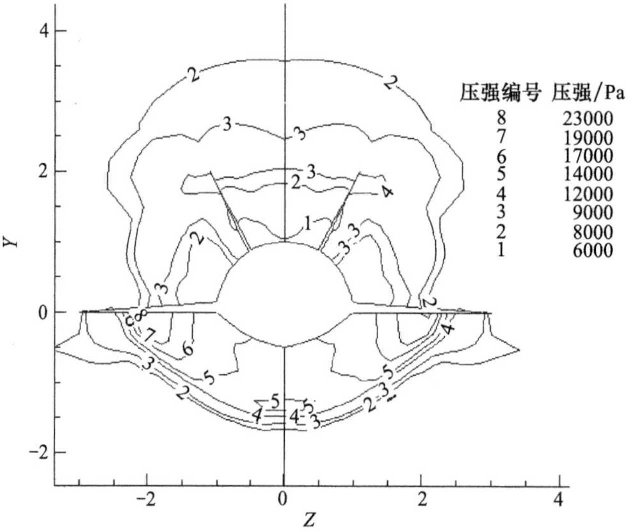

图 5.17　CAV 尾部截面处流场压强等值线分布($\alpha=-10°$)

4. Fire-Ⅱ火星探测器流场的计算以及局部区域的 DES 分析

Fire-Ⅱ探测器于 1964 年 12 月 28 日发射，1965 年 7 月 14 日到达火星上空 9800km 处成为第一枚成功访问火星的航天器。Viking 是世界上第一个在火星着陆的飞行器，1975 年 8 月 20 日与 9 月 9 日，Viking 1 号与 Viking 2 号探测器发射，两个探测器分别于 1976 年 7 月 20 日和 1976 年 9 月 3 日在火星表面成功着陆并进行了大量的探测工作。更有趣的是，Near 探测器与爱神星(Eros)在 2000 年 2 月 14 日情人节之际的幽会。1996 年 2 月 17 日 Near 探测器由 Delta Ⅱ号火箭发射升空，1999 年 1 月 10 日进入绕爱神星运行的轨道，2000 年 2 月 14 日 Near 探测器以相对爱神星速度约为 1m/s 的相对速度飞行，从而使爱神星得以利用其微弱的引力将 Near 探测器拉进了围绕它运行的轨道，形成了情人节之时探测器与爱神星幽会的壮观景象。2001 年 2 月 12 日 Near 探测器以 1.6m/s 的速度成功降落在爱神星表面上。对于金星(Venus)的探测，1962 年 8 月 27 日发射了 Mariner 2 号探测器，于同年 12 月 14 日到达金星上空 3500km 处，首次测得了金星的大气温度；Magellan 金星探测器 1989 年 5 月 4 日由 Atlantis 号航天飞机送入地球低轨道，然后再由一枚固体火箭推入飞向金星的轨道，1990 年 8 月 10 日进入距金星最近点 310km 的椭圆轨道，1990 年 9 月 15 日 Magellan 探测器首次获得了第一张完整的金星地图，一直到 1994 年 10 月 12 日该探测器在金星轨道工作了 4 年 2 个月零 2 天，绕金星 15018 圈，对 99%的金星地貌全景进行了测绘。对于木星(Jupiter)的探测，Galileo 木星探测器是世界上第一个木星专用的探测器，它于 1989 年 10 月 18 日发射，1995 年 12 月 7 日到达木星轨道并绕木星飞行。另外，2011 年 8 月 5 日 Juno(朱诺)号木星探测器发射，这颗耗资 11 亿美元的木星探测器在经过 4 年 11 个月长达 32 亿 km 的飞行之后已于 2016 年 7 月 4 日(美国东部时间)成功抵达木星轨道。按照计划，Juno 号抵达木星后将围绕这颗气态木星轨道运转一年，共绕木星飞行 33 圈，其飞行任务是考察木星的大气层、引力场以及磁场。Juno 号是自 2003 年 Galileo 号结束木星探测任务之后，13 年来首颗绕木星工作的探测器。AMME Lab 团队对 Viking、Mars Microprobe 与 Galileo 等国际著名探测器的绕流进行过大量的数值计算，并发表了多篇学术论文与著作[5,50,148]。图 5.18 给出了 Fire-Ⅱ的外形及主要尺寸[149]，文献[52]计算了来流 Mach 数分别为 5、6、7，来流攻角为 0°、−10°与 10°，总共 9 个工况下的流场，AMME Lab 团队计算了 35km 高空处、来流速度为 4950m/s，来流 Mach 数为 16 并且攻角为 0°时的流场。本节则进一步完善来流 Mach 数为 16 时流场的计算，并给出较为贴近飞行数据的壁面热流分布。在 $M_\infty=16$ 的计算工况下，这里主要考虑 5 组元(即 N_2、O_2、N、O 和 NO) 17 种化学基元化学反应，即

$$\begin{cases} N_2 + M \rightleftharpoons 2N + M \\ O_2 + M \rightleftharpoons 2O + M \\ NO + M \rightleftharpoons N + O + M \\ N_2 + O \rightleftharpoons NO + N \\ NO + O \rightleftharpoons O_2 + N \end{cases} \tag{5.6.9}$$

式中，M 为反应碰撞单元；化学反应速率遵循 Arrhenius 模型。

对于考虑热力学非平衡与化学非平衡的 Navier-Stokes 方程组，文献[63]做过详细讨论并完成了大量算例。为了进行 DES 计算，需要对文献[63]的源程序进行修改、引进 S-A 湍流模型[即式(5.6.3)]并引入式(5.6.2)所定义的分辨尺度 l_{DES}，使原来的 RANS 源程序变为 DES 源程序。换句话说，是使编制的 DES 在程序上实现 RANS 与 LES 之间的组合(即在执行 RANS 时湍流模式采用了 Spalart-Allmaras 湍流模型；在执行 LES 时采用了 Smagorinski 亚格子应力模型；这里还特别注意了 LES 需要采用高阶精度的时间与空间离散格式，以确保格式的数值耗散不会淹没物理的亚格子黏性；而 RANS 和 LES 之间的切换是借助于分辨尺度 l_{DES}来实现的)。还需要说明的是：这里发展 DES 程序的目的并不是用于全场的数值计算，而仅仅是用于局部区域(即严重大分离区域)的进一步计算与分析。为此，在对 Fire-Ⅱ探测器进行了 RANS 计算后，再对图 5.19 所示的 $AB_1B_2B_3B_4D$ 区域进行 DES 的计算与分析，这个区域涡系十分复杂，而且有较大的回流现象。因篇幅所限，这里不准备给出在上述区域中进行 DES 计算的详细过程，仅给出计算出的沿壁面 $Acde$ 热流分布以及计算出的 μ_t/μ_∞ 的曲线，如图 5.20 与图 5.21 所示。

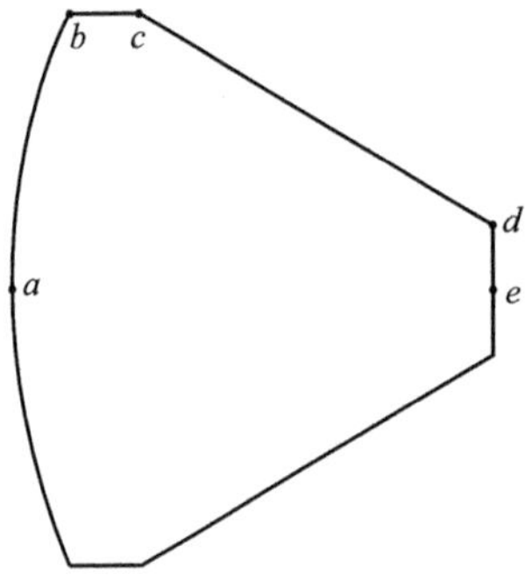

图 5.18 Fire-Ⅱ探测器的外形

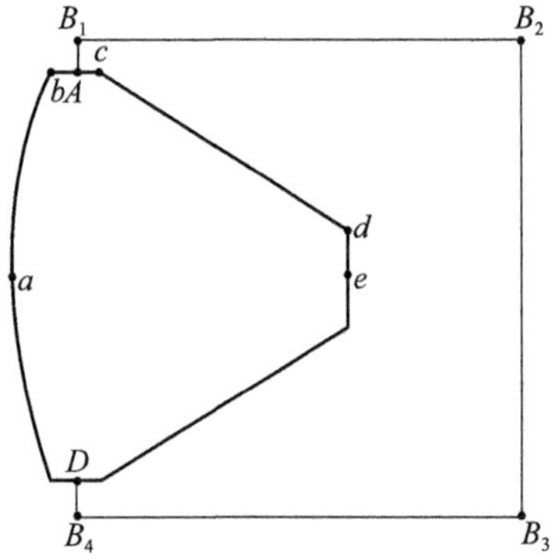

图 5.19 用于 DES 分析的区域示意图

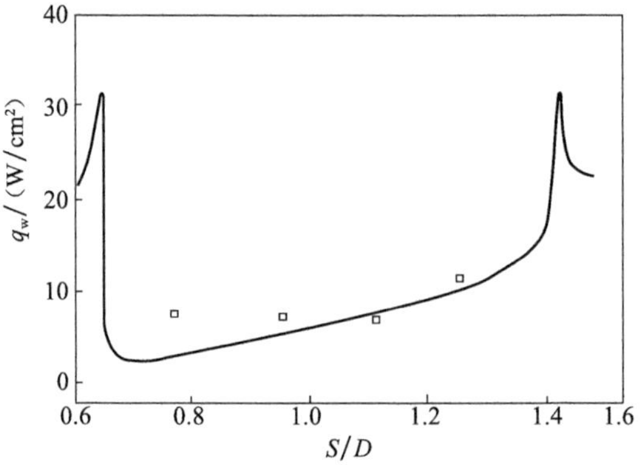

图 5.20 沿壁面 $Acde$ 的热流分布

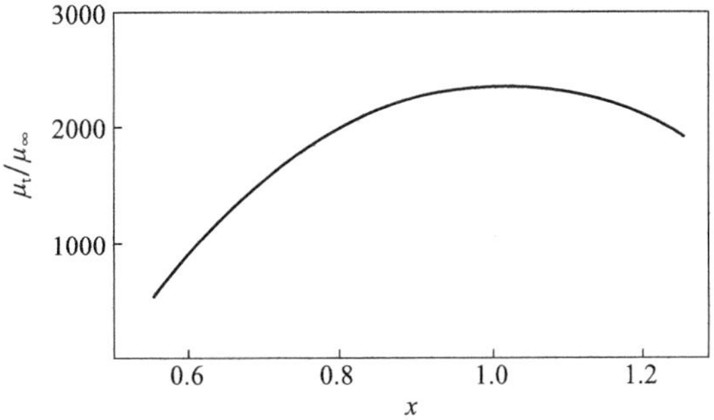

图5.21 沿尾部对称轴方向上的 μ_t/μ_∞ 分布

在Fire-Ⅱ的后体区域(即含物面 *cde* 以及 *de* 面以后的尾流区)中,计算出的 μ_t/μ_l 值在25~370内变化,这里 μ_t 为计算出的当地湍流黏性系数,μ_l 为当地的分子黏性系数。显然,在这个区域中如果只考虑层流的黏性系数而不考虑湍流的黏性系数,会使流场计算(尤其是壁面区域的换热计算)产生较大的误差。图5.22给出了采用RANS计算时沿壁面 *abA* 的热流分布曲线。另外,与飞行数据[149]比较后可以发现:对局部区域采用DES计算与分析后所得到的壁面热流分布(见图5.20)与飞行数据(即图5.20中方块所示)较为贴近,它比RANS的计算结果要好一些。

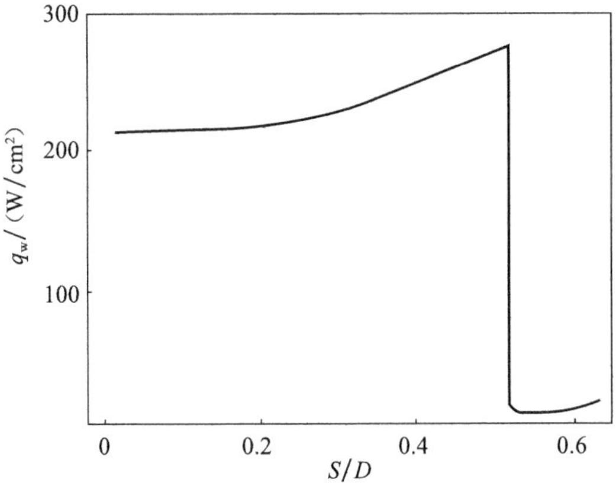

图5.22 沿壁面 *abA* 的热流

5.6.4 数值计算的几点经验和建议

(1) 文献[52]提出了一种将RANS与DES相结合的流场计算工程算法。该算法的核心思想是:首先进行全场的RANS计算,而后对严重大分离的局部区域采用DES分析技术。这样的处理虽然并非真正意义上的DES,但这样近似后所得到的数值结果贴近了试验值;另外在计算的时间上它比全场的LES以及全场的DES大大节省了时间,符合工程快速计算的特点。

(2) 文献[52]完成了 6 个国际上著名的飞行器 63 个工况的流场计算，大量的计算结果表明：飞行器的许多工况采用 RANS 计算可以得到工程上的满意结果；另外，文献[63]中的大量算例也都显示：使用 RANS 程序可以得到工程上满意的气动力分布；计算出的气动热与试验数据或飞行数据相比虽有误差，但仍然能有效地指导飞行器的热防护设计。鉴于上述情况，我们认为：在通常高超声速来流的情况下，考虑热化学非平衡的 RANS 计算可以给出工程上所需要的气动力与气动热的结果。仅在飞行 Mach 数很高，流场中大分离严重时，需要细致地考虑热力学与化学非平衡的影响[52]，并且还要求准确地计算飞行器壁面热流分布的情况下，才在局部大分离的那些区域中采用 DES 分析技术。

(3) 文献[52]认为在求解 N-S 方程的研究中，开展多组分、考虑非平衡态气体的振动以及热化学非平衡态效应的守恒性 N-S 方程组的高分辨率、高效率、高精度算法是必要的；对于某些再入飞行工况，考虑辐射以及弱电离气体的影响也是需要的；对于流场中存在严重大分离的区域，我们认为采用全场 RANS 计算与局部区域 DES 分析相结合的技术是非常必要的；对于湍流模型，AMME Lab 团队常使用 Baldwin-Lomax 零方程模型和 Spalart-Allmaras 一方程模型；对于转捩模型，多使用 Abu-Ghannam & Shaw(即 AGS 模型)和 Menter & Langtry(即 M-L)模型。目前已有一些用于高超声速流动的新模型[150]，但应指出的是：可压缩湍流的转捩模型，目前仍是一个需要进一步研究与完善的问题。转捩位置对非定常分离流的特征有着很大的影响，因此对于非定常流计算时的转捩问题更应慎重考虑。

(4) AMME Lab 团队完成了国外 18 种著名航天器与探测器 242 个飞行工况的气动力与气动热计算，在高超声速再入飞行方面积累了十分丰富的经验[5,41]。AMME Lab 团队所完成的 18 种航天器是：①Apollo Mission AS-202 返回舱；②Orion Crew Module；③ARD(ESA'S Atmospheric Reentry Demonstrator)；④OREX(日本的 Orbital Reentry Experiments)；⑤Strardust SRC(Stardust Sample Return Capsule)；⑥CAV/Hypersonic 乘波体；⑦RAM-CⅡ；⑧USERS(日本的 USERS Vehicle)飞行器的 READ(Reentry Environment Advanced Diagnostics)飞行试验；⑨Mars Microprobe；⑩Mars Pathfinder；⑪Mars Viking Lander；⑫人类第一枚成功到达火星上空的 Fire-Ⅱ 航天器；⑬ESA-MARSENT 探测器；⑭Titan Huygens 探测器；⑮Galileo 探测器；⑯美国第一代载人飞船 Mercury；⑰美国第二代载人飞船 Gemini；⑱Ballute(balloon+parachute)星际飞行变轨用减速气球装置。另外，AMME Lab 团队还与美国 Washington 大学 Agarwal 教授合作开展广义 Boltzmann 方程直接数值求解的探索研究与源程序的编写工作，使用我们自己编制的源程序成功完成了用广义 Boltzmann 方程求解的 48 个典型算例，其中包括：①一维激波管问题；②二维钝头体绕流问题；③二维双锥体绕流问题。在用广义 Bo-

ltzmann 方程完成的 48 个算例中，Knudsen 数从 0.001 变化到 10.0，所计算的 Mach 数从 2 变化到 25，其中文献[45]便反映了 AMME Lab 团队与 Agarwal 教授在求解广义 Boltzmann 方程方面所取得的重要成果。应当指出：直接求解广义 Boltzmann 方程属于高超声速稀薄气体动力学中的前沿领域，它能够为航天器在高空实施空中变轨控制提供准确的气动力数据，其中 Ballute 气球装置的气动计算就是典型例证。

(5) 对于优化问题，我们认为：钱学森在《创建系统学》[3] 中提出的综合集成法，从哲学的角度体现了整体论与还原论的有机结合，体现了形象思维与抽象思维方式之间的优势互补、辩证统一[4,151]。另外，吴仲华在《能的梯级利用与燃气轮机总能系统》[152] 中所体现的 IES(integrated energy systems)思想，体现了系统集成、优化整合的基本原则。因此，钱学森的综合集成法和吴仲华的 IES 思想是我们进行大型航天器系统优化设计以及大型能源动力系统集成时的指导思想与总策略。

在工程计算和科学分析问题中，有些容易量化、可以用常规数学手段来描述，因此对于这类变量的多目标、多设计变量的优化问题，采用 Nash-Pareto 优化策略是合适的[131]；对于另一些无法用常规数学手段来量化的变量，这时需要引入模糊数学、灰色数学、可拓学等新型数学分析工具[140,153]；对于复杂的人-机-环境系统，文献[4]和[153]提出了“安全、环保、高效、经济”的评价指标。这种指标评价体系既体现了对人类自身的关爱，也体现了人与自然的和谐[154]，它充分体现了钱学森倡导的人-机-环境系统工程的思想[155]，是评价一个系统优劣的重要指标。

5.7　非定常流的高分辨率高效率算法及其处理策略

本节主要讨论 5 个问题，它们涉及非定常流数值计算中的一些关键问题，其中包括动网格下的 ALE(arbitrary-lagrangian-eulerian)格式、带可调参数的低耗散保单调优化迎风格式、隐式双时间步长迭代格式、浸入边界法以及自适应 Descartes 网格生成技术等。给出了处理这些问题的框架与策略，为进一步开展这些方面的研究奠定了基础。

5.7.1　动网格下的 Navier-Stokes 方程和 ALE 格式的发展

如果令 $\boldsymbol{V}$ 和 $\boldsymbol{U}_r$ 分别表示流体的绝对速度和网格的运动速度，$\boldsymbol{F}_{\text{inv}}$ 与 $\boldsymbol{F}_{\text{vis}}$ 分别为对流无黏部分的矢通量与黏性部分的矢通量。$\boldsymbol{V}$ 和 $(\boldsymbol{n}\cdot\boldsymbol{F}_{\text{inv}})$ 的表达式分别为[156~160]

$$\boldsymbol{V} \equiv u\boldsymbol{i} + v\boldsymbol{j} + w\boldsymbol{k} \tag{5.7.1a}$$

$$\boldsymbol{n}\cdot\boldsymbol{F}_{\text{inv}} \equiv \boldsymbol{F}_{\text{inv}}^{M} = \begin{bmatrix} \rho V_r \\ \rho u V_r + n_x p \\ \rho v V_r + n_y p \\ \rho w V_r + n_z p \\ \rho H V_r + V_t p \end{bmatrix} \tag{5.7.1b}$$

式中，H 为总焓；V_t 和 V_r 的定义为

$$V_t = \boldsymbol{n} \cdot \boldsymbol{U}_r = n_x \frac{\partial x}{\partial t} + n_y \frac{\partial y}{\partial t} + n_z \frac{\partial z}{\partial t} \tag{5.7.1c}$$

$$V_r = \boldsymbol{n} \cdot (\boldsymbol{V} - \boldsymbol{U}_r) \tag{5.7.1d}$$

于是动网格下当略去体积力和外加热源时，Descartes 直角坐标系下的三维可压缩非定常积分形式的 Navier-Stokes 方程组为

$$\frac{\partial}{\partial t}\iiint_{\tau} \boldsymbol{W} \mathrm{d}\tau + \oiint_{\sigma} \boldsymbol{n} \cdot \boldsymbol{F}_{\mathrm{inv}} \mathrm{d}\sigma = \oiint_{\sigma} \boldsymbol{n} \cdot \boldsymbol{F}_{\mathrm{vis}} \mathrm{d}\sigma \tag{5.7.1e}$$

式中，$\boldsymbol{n}$ 为边界的单位外法矢量；$\boldsymbol{W}$ 的定义为

$$\boldsymbol{W} \equiv \begin{bmatrix} \rho \\ \rho u \\ \rho v \\ \rho w \\ \rho e_{\mathrm{t}} \end{bmatrix} \tag{5.7.1f}$$

式中，e_{t} 的定义同式(4.2.9)

对于动网格问题(例如，导弹发射时将坐标系建在地面上研究运动导弹的绕流问题；再如，航空发动机压气机长叶片进行气动弹性计算，需要考虑叶片的变形时；又如，微型扑翼飞行器的绕流问题)，在非定常流动中经常会遇到。求解这类问题最常用的是 ALE 格式[161]，该格式共分三步进行：①显式 Lagrange 计算，即只考虑压强梯度分布对速度和能量改变的影响，在动量方程中，压强取前一时刻的量，因而是显式格式；②用隐式格式解动量方程，把第一步求得的速度分量作为迭代求解的初始值；③重新划分网格，完成网格之间输运量的计算。文献[162]中给出了更详细的推导求解过程，供感兴趣的读者参考。应特别指出的是，自 1964 年 Noh 首先提出 ALE 格式以来，Amsden 和 Hirt 率先于 1973 年根据 ALE 方法编制了名为 YAQUI 的源程序，在其基础上 Hirt 等于 1974 年发表了关于 ALE 格式方面的重要文章[161]。事实上，ALE 格式一直在不断完善、不断改进并广泛地用于航空、航天和爆炸力学、工程热物理等众多工程技术领域中，文献[163]也从侧面反映了 ALE 格式在改进与完善过程中的一些进展。

5.7.2 用于非定常多尺度流动的一类优化 WEO 格式

近年来，高精度算法[57,58,164]一直为计算流体力学界所关注，其重要原因是求解可压缩复杂湍流问题、计算声学问题、电磁流体力学问题、叶轮机械气动设计问题以及高超声速飞行器热防护问题时需要去发展这些方法。因此，绝对不是格式的精度越高就越好，而应该以能否分辨与捕捉到所关注的物理尺度下的物理现象以及能否具有高的计算效率作为选取格式的标准。高精度算法是工具，它不是目

的，从这个意义上讲“发展高分辨率、高效率、高精度算法”的提法更为合理些。

非定常的流动问题往往是多尺度复杂涡系下的流动问题，尤其是高超声速先进飞行器的气动设计和现代高性能涡轮喷气发动机的气动优化设计问题中总会遇到转捩位置的确定、流动分离导致的激波与边界层干扰、不同焓值热流之间的掺混、高温涡轮中热斑点的位置以及高超声速再入飞行时飞行器壁面热流分布等一些关键问题。正是为了使这些问题得到有效解决，这里才再次讨论高精度格式的问题。需要说明的是，面对上述十分复杂、非常广泛的物理现象，目前还不可能得到一个通用的格式，用它解决上述所有物理问题。事实上，任何一种数值离散格式都有它的限制条件，有它所面对的对象和适用的范围，有它自身所刻画的耗散效应与色散效应。因此，所选用的数值格式必须与所关注的物理问题相适应，这是选取数值格式的最基本原则。

下面扼要讨论一下可压缩湍流的DNS与LES计算时对数值格式的要求。一方面，为了捕捉小尺度流动结构以及复杂的湍流结构需要高阶的或者低耗散的数值格式，过大的数值耗散会抹平湍流的小尺度结构，会使脉动能量过度衰减，导致计算结果的失真。大量的数值计算表明：高精度的MP格式对于小尺度流动结构的模拟性能明显优于高阶精度的WENO格式。正是基于MP格式的基本思想，舒其望教授于2000年提出了MPWENO格式，计算表明[58]：这种格式的稳定性与计算效率都要比原始的WENO格式高。另一方面，通常高阶激波捕捉格式的有效带宽仍然较低，它无法高效率地对湍流问题进行DNS或者LES计算。令k与$\tilde{k}$分别代表波数与数值解波数(modified wavenumber)，首先对线性格式的带宽特性进行简单分析。令谐波函数$f(x)=\exp(\mathrm{i}kx)$作为测试函数，因$f'(x)$为

$$f'(x)=\mathrm{i}k\exp(\mathrm{i}kx)=\mathrm{i}kf(x) \tag{5.7.2a}$$

令Δ为离散的网格间距，$x_n=x+n\Delta$，则有

$$f(x_n)=\exp[\mathrm{i}k(x+n\Delta)]=\exp(\mathrm{i}kn\Delta)f(x) \tag{5.7.2b}$$

对于一般的线性差分格式，一阶导数的近似值可以表示为

$$\tilde{f}'(x)=\frac{1}{\Delta}\sum_n a_n f(x_n)=\frac{1}{\Delta}\sum_n a_n\exp(\mathrm{i}kn\Delta)f(x) \tag{5.7.2c}$$

引入$\tilde{k}$，则式(5.7.2c)变为

$$\tilde{f}'(x)=\mathrm{i}\tilde{k}f(x) \tag{5.7.2d}$$

在不失一般性的情况下，令$\Delta=1$，则由式(5.7.2c)与式(5.7.2d)可得

$$\tilde{k}=-\mathrm{i}\sum_n a_n\exp(\mathrm{i}kn) \tag{5.7.2e}$$

式(5.7.2e)给出了各种线性格式下$\tilde{k}$与k之间的关系，即格式的带宽特性，其中式(5.7.2e)的实部代表格式的带宽分辨率，其虚部代表格式的带宽耗散，图5.23

给出了线性格式的带宽特性，其中图 5.23(a)为实部，图 5.23(b)为虚部。由图 5.23(a)可以看出，$\tilde{k}$ 与 k 之间的误差随着 k 的增加而增大，这意味着对小尺度脉动计算时，数值格式会产生较大的误差。另外，比较同阶的显式格式与紧致格式，紧致格式有更好的带宽分辨率特性。此外，还有一点要指出：$2n$ 阶的中心格式[图 5.23(a)上用黑方块表示]与显式的$(2n-1)$阶迎风格式具有相同的带宽分辨率。由图 5.23(b)可以看出，迎风格式的带宽耗散集中于高波数端，这意味着格式对小尺度流动结构有较强的抑制作用。从图 5.23(b)还可以看出，迎风格式的阶数越高，其在整个带宽上的耗散越低，换句话说，高阶迎风格式更有利于小尺度湍流结构的捕捉和脉动能量的保持。

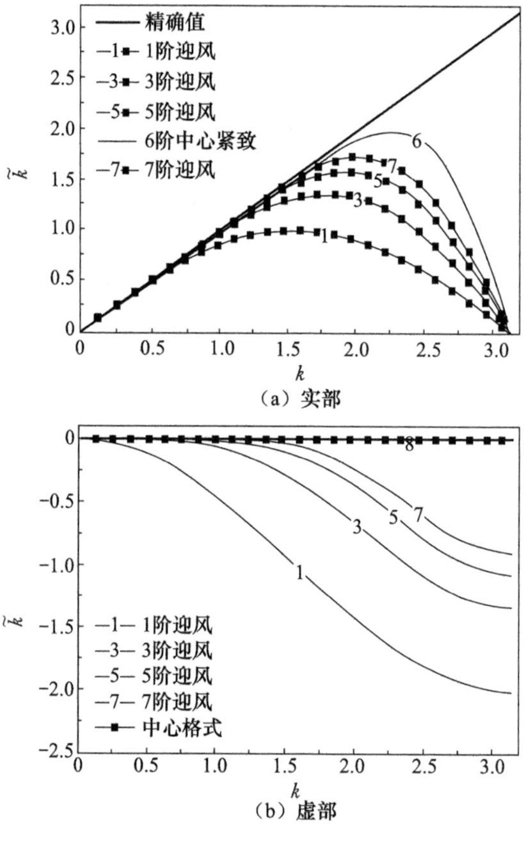

(a) 实部

(b) 虚部

图 5.23　线性格式的带宽特性

通常，5 阶和 7 阶线性迎风格式分别为

$$\tilde{f}^{L}_{i+\frac{1}{2}}=\frac{1}{60}(2f_{i-2}-13f_{i-1}+47f_{i}+27f_{i+1}-3f_{i+2}) \tag{5.7.3a}$$

$$\widetilde{f}^{\mathrm{L}}_{i+\frac{1}{2}}=\frac{1}{420}(-3f_{i-3}+25f_{i-2}-101f_{i-1}+319f_{i}+214f_{i+1}-38f_{i+2}+4f_{i+3}) \tag{5.7.4a}$$

对于 5 阶迎风格式，如果引入一个$(i+3)$点使其在形式上构成以点$\left(i+\frac{1}{2}\right)$对称的 5 阶迎风格式，在$(i+3)$点处配一权重系数 c_1，则带参数的 5 阶线性迎风格式便为

$$\widetilde{f}^{\mathrm{L}(5)}_{i+\frac{1}{2}}=\frac{1}{60}(a_{-2}f_{i-2}+a_{-1}f_{i-1}+a_0f_i+a_1f_{i+1}+a_2f_{i+2}+c_1f_{i+3}) \tag{5.7.3b}$$

借助 Taylor 展开，在满足截断误差为 5 阶精度的条件下，可得如下系数间的关系：

$$\begin{bmatrix} a_{-2} \\ a_{-1} \\ a_0 \\ a_1 \\ a_2 \end{bmatrix}=\begin{bmatrix} -c_1+2 \\ 5c_1-13 \\ -10c_1+47 \\ 10c_1+27 \\ -5c_1-3 \end{bmatrix} \tag{5.7.3c}$$

当 $c_1=0$ 与 $c_1=1$ 时，式(5.7.3b)分别等同于 5 阶迎风格式与 6 阶显式中心格式；值得注意的是 $c_1=1$ 时为零耗散。为了保证格式(5.7.3b)的迎风特性，参数 c_1 的取值范围为[0，1]，图 5.24(b)给出了 c_1 变化时相应格式的耗散特性。由图 5.24(b)可以看出，通过调节参数 c_1 可以任意控制 5 阶迎风格式的数值耗散的水平。由该图可以看出，当 c_1 为 0.3 时 5 阶带参数 c_1 的迎风格式的带宽耗散可以降到与通常 7 阶迎风格式相接近的水平。

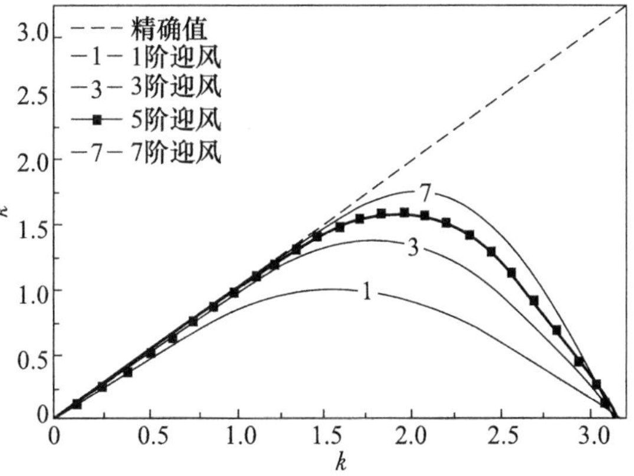

(a) 带宽分辨率

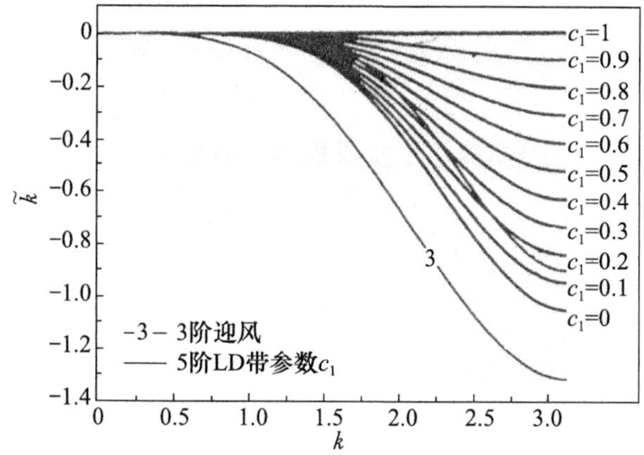

（b）耗散特性

图 5.24　含 c_1 的迎风格式及其带宽特性

对于 7 阶迎风格式，同样地如果引入一个 $(i+4)$ 点使其在形式上构成以点 $\left(i+\frac{1}{2}\right)$ 对称的 7 阶迎风格式，在 $(i+4)$ 点处配一权重系数 c_2，则相应地带参数的 7 阶线性迎风格式有

$$\tilde{f}^{L(7)}_{i+\frac{1}{2}}=\frac{1}{280}(a_{-3}f_{i-3}+a_{-2}f_{i-2}+a_{-1}f_{i-1}+a_0f_i+a_1f_{i+1}+a_2f_{i+2}+a_3f_{i+3}+c_2f_{i+4}) \tag{5.7.4b}$$

借助 Taylor 展开，在满足截断误差为 7 阶精度的条件下，可得到如下系数间的关系：

$$\begin{bmatrix}a_{-3}\\a_{-2}\\a_{-1}\\a_0\\a_1\\a_2\\a_3\end{bmatrix}=\begin{bmatrix}c_2-2\\-7c_2+\frac{50}{3}\\21c_2-\frac{202}{3}\\-35c_2+\frac{638}{3}\\35c_2+\frac{428}{3}\\-21c_2-\frac{76}{3}\\7c_2+\frac{8}{3}\end{bmatrix} \tag{5.7.4c}$$

当 $c_2=0$ 与 $c_2=1$ 时，式(5.7.4b)分别等同于 7 阶迎风格式与 8 阶显式中心格式；值得注意的是 $c_2=1$ 时为零耗散。当 c_2 从 0 变到 1 时，式(5.7.4b)的带宽频率等同于常规 7 阶迎风格式的带宽分辨率(见图 5.25)，而带宽耗散则由通常 7 阶迎风格式的耗散值降到零，因此调节参数 c_2 可以使式(5.7.4b)的带宽耗散发生变化。

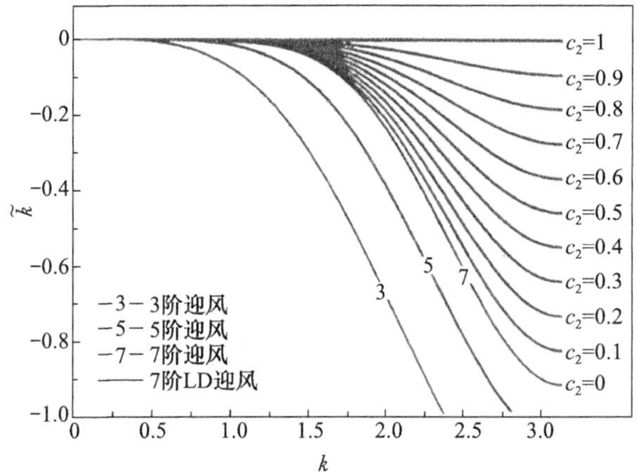

图 5.25　含 c_2 的迎风格式及其带宽特性

综上所述，式(5.7.3b)是带可调参数 c_1 的 5 阶迎风格式，它具有可变格式耗散的特征；式(5.7.4b)是带可调参数 c_2 的 7 阶迎风格式，它也具有可变格式耗散的特征，关于这点非常重要。事实上，在计算流体力学领域，迎风型低耗散格式是进行复杂湍流计算时所关注的格式之一[118,165~174]。

应该指出：仅对线性部分进行优化不足以提高激波捕捉格式对湍流的模拟能力，文献[167]已注意了使用限制器来进一步降低 WENO 格式的非线性误差。这里使用文献[175]建议的激波探测器函数：

$$\Phi_i = \left|\frac{p_{i+1}-2p_i+p_{i-1}}{p_{i+1}+2p_i+p_{i-1}}\right| \frac{\left(\dfrac{\partial u_k}{\partial x_k}\right)^2}{\left(\dfrac{\partial u_k}{\partial x_k}\right)^2+\omega_k\omega_k+\alpha} \tag{5.7.5a}$$

式中，Φ_i 为网格点 i 处的激波探测函数的值；ω_k 为涡量值；α 为防止分母为零的小量。

由式(5.7.5a)可以看出，Φ_i 由两部分组成，一部分为压强梯度项，另一部分为速度散度项。对于 7 阶精度的格式来讲，点$\left(i+\dfrac{1}{2}\right)$处的激波探测函数值为

$$\Phi_{i+1/2} = \max(\Phi_{i-3},\Phi_{i-2},\Phi_{i-1},\Phi_i,\Phi_{i+1},\Phi_{i+2},\Phi_{i+3},\Phi_{i+4}) \tag{5.7.5b}$$

当 $\Phi_{i+1/2}$ 满足阈值条件

$$\Phi_{i+1/2} > \varphi \tag{5.7.5c}$$

时，使用 MP 限制器由式(5.7.5d)最终确定出界面上的值，即

$$\tilde{f}_{i+1/2} = \text{median}(\tilde{f}^{\mathrm{L}}_{i+1/2}, f^{\min}, f^{\max}) \tag{5.7.5d}$$

式中，$f^{\min}$ 与 $f^{\max}$ 按文献[176]的 MP 限制器决定；$\widetilde{f}^{L}_{i+1/2}$ 由式(5.7.3b)或者式(5.7.4b)给出。

另外，median(f_1, f_2, f_3)为中值函数，定义为

$$\text{median}(f_1, f_2, f_3) \equiv f_1 + \text{minmod}(f_2 - f_1, f_3 - f_1) \tag{5.7.5e}$$

如果 $\Phi_{i+1/2}$不满足式(5.7.5c)，则认为该界面处于光滑流场区域，于是最终界面上的 $\widetilde{f}_{i+1/2}$为

$$\widetilde{f}_{i+1/2} = \widetilde{f}^{L}_{i+1/2} \tag{5.7.5f}$$

需要说明的是，式(5.7.5c)中 φ 的取值范围为 0.001～0.1。φ 值应当取得足够小，以保证所有的激波都识别出来。另外，为了有效地加快高精度格式的收敛速度，多重网格法[53]、V 循环或者 W 循环，在保证收敛结果为高精度的同时，注意利用低阶精度格式耗散大的特点，去改善高精度格式在迭代计算中收敛速度慢的弱点。多重网格法从实质上讲是为了快速获得细网格上的计算结果。在迭代中，引入了与细网格存在特定关系的粗网格上的计算过程，注意将低阶精度算法用到 V 循环或者 W 循环的初场计算中。

5.7.3 非结构网格下有限体积法的双时间步长迭代格式

对于非定常流动问题，常采用双时间步的求解方法，当时 Jameson 是用于结构网格的流体力学问题，这里将它用到非结构网格下并且采用有限体积法求解流场。首先考虑非结构网格下半离散形式的 Navier-Stokes 方程

$$\frac{\partial \boldsymbol{U}_i}{\partial t} + \frac{\boldsymbol{R}_i}{\Omega_i} = 0 \tag{5.7.6}$$

引进伪时间项，则式(5.7.6)变为

$$\frac{\partial \boldsymbol{U}_i}{\partial \tau} + \frac{\partial \boldsymbol{U}_i}{\partial t} + \frac{\boldsymbol{R}_i}{\Omega_i} = 0 \tag{5.7.7}$$

式中，τ 为伪时间；t 为物理时间。对物理时间项采用二阶逼近，而伪时间项用一阶逼近，则式(5.7.7)变为[53]

$$\begin{aligned}\frac{\boldsymbol{U}_i^{(n),(k+1)} - \boldsymbol{U}_i^{(n),(k)}}{\Delta\tau} &+ \left\{ \frac{3\boldsymbol{U}_i^{(n),(k+1)} - 4\boldsymbol{U}_i^{(n)} + \boldsymbol{U}_i^{(n-1)}}{2\Delta t} + \frac{R_i^{(n),(k)}}{\Omega_i} \right. \\ &+ \frac{1}{\Omega_i}\sum_{j=nb(i)}\left[(A^I_{i,ij} + A^V_{i,ij})^{(n),(k)} \cdot S_{ij}\,\delta\boldsymbol{U}_i^{(n),(k)}\right] \\ &\left. + \frac{1}{\Omega_i}\sum_{j=nb(i)}\left[(\boldsymbol{A}^I_{j,ij} + \boldsymbol{A}^V_{j,ij})^{(n),(k)} \cdot S_{ij}\,\delta\boldsymbol{U}_j^{(n),(k)}\right] \right\} = 0\end{aligned} \tag{5.7.8}$$

式中，S_{ij}代表单元体 i 与单元体 j 的交界面的面积；另外，从计算物理力学的角度来讲，上角标(n)代表物理时间层，(k)代表伪时间层；从迭代计算的角度来讲，这里上角标(k)表示内迭代，上角标(n)表示外迭代。而符号 $\delta\boldsymbol{U}_i^{(n),(k)}$ 的定义为

$$\delta \boldsymbol{U}_i^{(n),(k)} \equiv \boldsymbol{U}_i^{(n),(k+1)} - \boldsymbol{U}_i^{(n),(k)} \tag{5.7.9}$$

对上角标(k)进行迭代，当迭代收敛时，$\boldsymbol{U}^{(n),(k)} \to \boldsymbol{U}^{(n),(k+1)}$，于是有

$$\boldsymbol{U}^{(n+1)} := \boldsymbol{U}^{(n),(k+1)} \tag{5.7.10}$$

这就是说通过内迭代获得了$(n+1)$物理时间层上的$\boldsymbol{U}$值。这里内迭代的收敛标准可取为

$$\frac{\| \boldsymbol{U}^{(n),(k+1)} - \boldsymbol{U}^{(n),(k)} \|_2}{\| \boldsymbol{U}^{(n),(k+1)} - \boldsymbol{U}^{(n)} \|_2} \leqslant \varepsilon_1 \tag{5.7.11}$$

式中，ε_1 可在$10^{-3} \sim 10^{-2}$内取值。

将式(5.7.8)整理后，又可得

$$\left\{ \Omega_i \left(\frac{1}{\Delta\tau} + \frac{3}{2\Delta t} \right) \boldsymbol{I} + \sum_{j=nb(i)} \left[(\boldsymbol{A}_{i,ij}^I + \boldsymbol{A}_{i,ij}^V)^{(n),(k)} S_{ij} \right] \right\} \cdot \delta \boldsymbol{U}_i^{(n),(k)}$$
$$= -\boldsymbol{R}_i^{(n),(k)} + \frac{\boldsymbol{U}_i^{(n)} - \boldsymbol{U}_i^{(n-1)}}{2\Delta t} \Omega_i - \sum_{j=nb(i)} \left[(\boldsymbol{A}_{j,ij}^I + \boldsymbol{A}_{j,ij}^V)^{(n),(k)} S_{ij} \cdot \delta \boldsymbol{U}_j^{(n),(k)} \right] \tag{5.7.12}$$

由式(5.7.12)，借助于 Gauss-Seidel 点迭代便可解出 $\delta \boldsymbol{U}_i^{(n),(k)}$ 值。

5.7.4　浸入边界法

浸入边界法又称 IB(immersed boundary)方法，是 20 世纪 70 年代提出的在正交矩形网格上求解运动边界问题的一种新型数值模拟方法。与通常计算流体力学书籍[59,157,177]中给出的方法的最大不同之处在于 IB 方法不需要依据物体表面去构建贴体曲线坐标系，无论固体形状多么复杂，它总是在简单的长方体网格上进行求解，即使物体在计算域中不断运动，网格也不需要做任何相应的改变。另外，在求解叶轮机械压气机或涡轮的转子与静子叶片排之间相互干涉问题以及叶栅颤振和叶轮机气动弹性问题时[178,179]采用浸入式边界方法显得十分便捷。首先，采用传统方法计算动叶排与静叶排之间的干涉问题时，总要采用两套坐标系，即静止固定坐标系和相对运动的动坐标系[180,181]，需要采用贴体曲线坐标[182~188]，要引入掺混面的假设[189~193]或者去做整圈计算[124]；对于叶轮机械的颤振稳定性问题，采用传统的做法便感到了困难[194,195]。而采用浸入式边界方法之后，可以采用一套静止固定统一的坐标系去处理动叶排与静叶排之间的干涉问题，而且也不需要引入掺混面假设。采用浸入式边界方法处理流固耦合问题和叶轮机气动弹性问题时 IB 方法具有天然的优势，这是固体边界由流场的条件构建，流固耦合中的参数和能量传递边界已经自动满足。从北京航空航天大学孙晓峰教授团队十几年从事 IB 方法的计算经验上看[196~205]，IB 方法的确是解决气动声学、气动弹性和流固耦合问题中的一种十分有效的方法。事实上在高超声速飞行器的热防护问题(尤其是表面烧蚀问题)、强爆炸问题、燃烧问题、叶片气动弹性问题、转子/静子干涉问题、凝

固和融化问题、仿生微型飞行器的扑翼等问题中存在着大量的运动边界问题，它们都属于非定常气体动力学的研究范畴。运动界面的追踪问题一直为人们所关注，如融冰问题，这是典型的单相 Stefan 问题；如描述溃坝和涌浪自由面发展过程的 VOF(volume of fluids)方法[206]；再如激波通过气泡问题[207]的 Level Set 方法[208,209]等，VOF 方法和 Level Set 方法是数值求解运动边界、进行界面捕捉的有效方法。浸入边界最早是由 Peskin[210,211]在 1972 年提出的，该方法的基本思想是：用长方体描述计算域，计算域内部的固体边界条件通过引入力源项来满足。这些源项反映了流动边界与流体的相互作用，也反映了运动边界的性质，它由 Level Set 函数来描述，通过求解带源项的流动方程组和 Level Set 函数使流动满足运动边界条件。因此，IB 方法中最核心的两个步骤是如何获得准确的力源和如何将力源作用于流场。通常，在流动方程中添加源项有两种方式：一种只是在动量方程中加入力源项；另一种是在连续方程中加入质量源项。因此，按照源项处理方法的不同便产生了两大类算法：一类为连续力算法，多应用于生物流和多相流问题，在那里假定源项在离散前就有了解析表达式；另一类为离散力算法，通常在离散前无法得到解析表达式，必须要通过求解离散方程才可以获得源项，这类方法更适用于处理刚性壁面问题。也可以将上述两种源项的处理办法结合起来计算，便产生了众多研究者的不同特色。作为例子，这里给出将两种源项结合的一种具体做法：在动量方程中添加体积力，同时在连续方程中添加质量源(汇)，这时流动方程组为

$$\frac{\partial u}{\partial x}+\frac{\partial v}{\partial y}-\tilde{q}=0 \tag{5.7.13a}$$

$$\frac{\partial u}{\partial t}+\frac{\partial}{\partial x}u^2+\frac{\partial}{\partial y}(uv)=\frac{1}{Re}\left(\frac{\partial^2 u}{\partial x^2}+\frac{\partial^2 u}{\partial y^2}\right)-\frac{\partial p}{\partial x}+\tilde{f}_x \tag{5.7.13b}$$

$$\frac{\partial v}{\partial t}+\frac{\partial}{\partial x}(uv)+\frac{\partial}{\partial y}v^2=\frac{1}{Re}\left(\frac{\partial^2 v}{\partial x^2}+\frac{\partial^2 v}{\partial y^2}\right)-\frac{\partial p}{\partial y}+\tilde{f}_y \tag{5.7.13c}$$

式中，$\tilde{q}$ 和 $\tilde{f}_x$、$\tilde{f}_y$ 分别为质量源项和体积力源项。

浸入边界由 Level Set 函数来描述，它的距离函数为

$$\varphi(x,y)=\begin{cases} d, & \text{流体} \\ 0, & \text{边界} \\ -d, & \text{固体} \end{cases} \tag{5.7.13d}$$

式中，d 为点(x,y)到边界的距离。

在动量方程中加入的体积力 $\tilde{f}_x$ 和 $\tilde{f}_y$ 可通过虚拟网格法(ghost cell method)求解(见图 5.26)，利用无滑移边界条件，由一阶差分可得

$$\tilde{f}_x=\frac{u_g-u}{\Delta t},\quad \tilde{f}_y=\frac{v_g-v}{\Delta t} \tag{5.7.13e}$$

式中，u_g 与 v_g 分别为点 $P_{i,j}$ 的速度；u_f 与 v_f 分别为点 P_f 的速度。

图 5.26 中,控制体 $V_{i,j}$ 称为虚拟网格,该网格的中心点为 $P_{i,j}$ 在浸入边界内部(见图 5.26),点 P_f 在浸入边界外部。

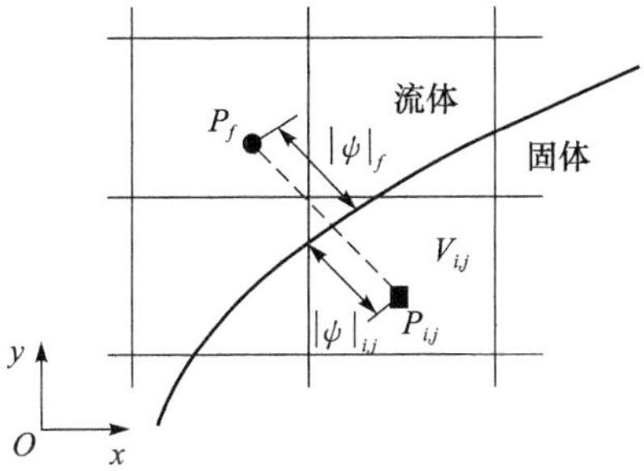

图 5.26 体积力求解网格示意图

对图 5.27 所示的控制体写出质量守恒方程后便可以得到有关 $\tilde{q}$ 的表达式。详细的计算过程因篇幅所限,不再赘述。为便于读者了解 IB 方法的处理细节,这里给出相关的代表性文章[212~222]。另外文献[196]~[205]、[219]反映了孙晓峰研究团队在使用 IB 方法进行叶轮机械叶栅流场计算方面所做的工作。

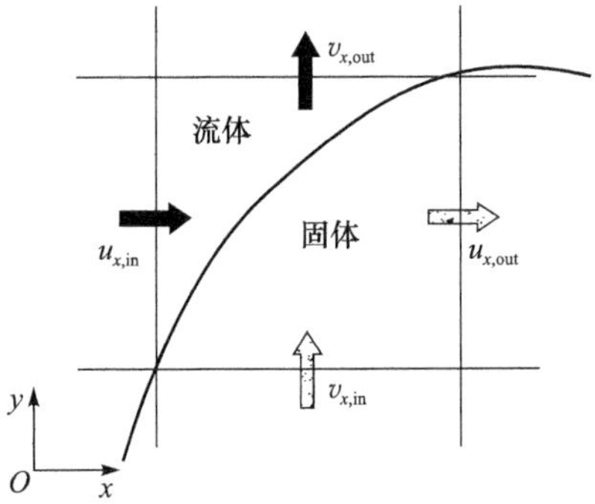

图 5.27 质量源项求解网格示意图

5.7.5 自适应 Descartes 网格生成技术

自适应 Descartes 直角结构网格生成技术是 20 世纪 90 年代初才出现的一类新方法,这类方法的核心思想是在均匀分布的 Descartes 直角结构网格上进行有选择的精细调整、加密细化。文献[223]给出一种能够高效率地定位激波和剪切层流动特征的自适应细化加密的一个准则:如果满足 $\tau_{ci}^* > \sigma_c^*$ 或者 $\tau_{di}^* > \sigma_d^*$,则该网格单元加密;如果满足 $\tau_{ci}^* < \frac{1}{10}\sigma_c^*$ 并且 $\tau_{di}^* < \frac{1}{10}\sigma_d^*$,则该网格单元粗化。这里 τ_{ci}^* 与 τ_{di}^* 分别定义为

$$\tau_{ci}^* = |\nabla \times \mathbf{V}|(l_i)^{\frac{r+1}{r}} \tag{5.7.14a}$$

$$\tau_{di}^{*} = |\nabla \cdot \boldsymbol{V}| (l_i)^{\frac{r+1}{r}} \tag{5.7.14b}$$

式中,r 为经验参数(通常取为 2.0);l_i 为网格单元 i 的几何尺寸;$\boldsymbol{V}$ 为网格单元 i 在单元体心处的速度;σ_c^* 与 σ_d^* 分别定义为

$$\sigma_c^* \equiv \sqrt{\frac{\sum_{i=1}^{n} (\tau_{ci}^*)^2}{n}} \tag{5.7.14c}$$

$$\sigma_d^* \equiv \sqrt{\frac{\sum_{i=1}^{n} (\tau_{di}^*)^2}{n}} \tag{5.7.14d}$$

式中,n 为网格数。

如何将自适应 Descartes 直角网格生成方法与流场的计算求解相耦合一直是许多研究人员从事的课题,这里限于篇幅不再展开讨论。为了使读者了解这一过程的总体发展概况与相关的技术细节[224~232],其中文献[230]~[232]反映了高歌教授所率领的研究团队在自适应 Descartes 直角网格生成以及在这套网格下完成 Euler 方程或者 Navier-Stokes 方程数值求解方面所做的工作。

图 5.28 给出了用于超声速圆柱绕流的自适应 Descartes 网格,由网格图能清楚地看出圆柱前脱体激波的形状。

图 5.29 给出了 RAE2822 翼型在来流 Mach 数为 0.75,攻角为 3°的工况下计算时的自适应 Descartes 网格,这属于跨声速流动,从图中也可以看到翼型上表面靠近尾部型面的激波。以上这两张图是用于 Euler 流计算的,数值计算已经表明:自适应 Descartes 网格方法能够有效地识别流场中的稀疏膨胀波和激波的流动特性,并在需要加密的激波区域对网格进行了加密。

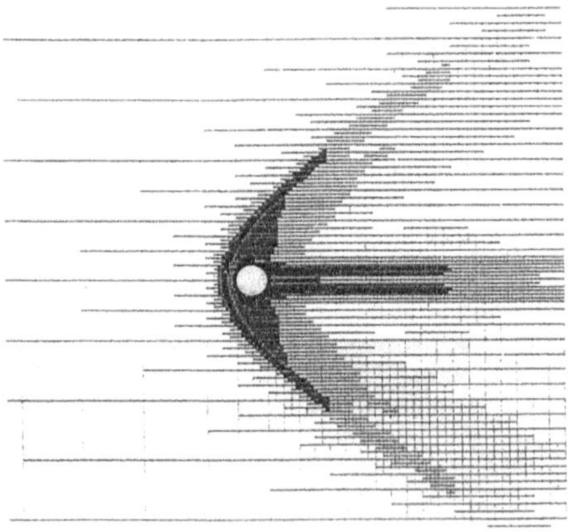

图 5.28 用于超声速圆柱绕流的自适应 Descartes 网格

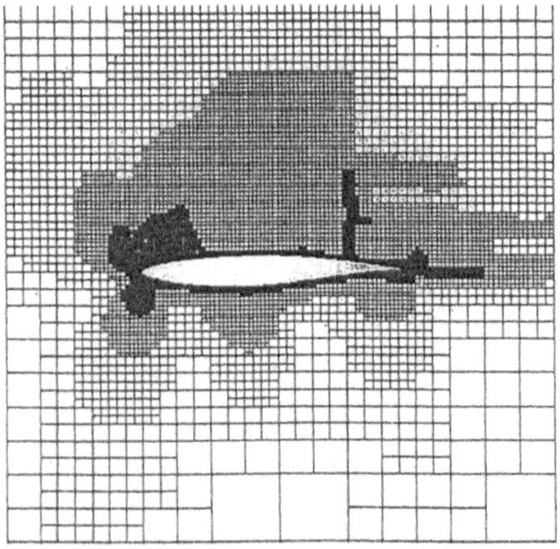

图 5.29 用于含激波跨声速绕流计算的自适应 Descartes 网格

图 5.30 给出了双 NACA0012 翼型在来流 Reynolds 数为 500，来流 Mach 数为 0.8，攻角为 10°的工况下的自适应 Descartes 网格，由于流场求解的是 Navier-Stokes 方程，因此由自适应 Descartes 网格技术所生成的壁面网格也非常密集，这里图 5.30给出的是经过 4 次自适应之后生成的网格图。与黏性流场数值计算相耦合的实践表明：自适应加密技术能够准确捕捉到流场的黏性特征，并在需要细化的地方进行了网格加密，所得到流场的计算结果与文献[233]采用非结构网格时所得流场的结果符合良好。这里自适应 Descartes 网格生成方法是与流场的 Euler 方程组或者 Navier-Stokes 方程组的求解过程相耦合的，这也是所有自适应网格方法都应该具备的特征，也正是由于两者间的密切耦合才使得生成的网格能够捕捉到流场的许多重要特征，使得需要细化的位置进行了合理的网格加密，使网格的布局简单、合理。

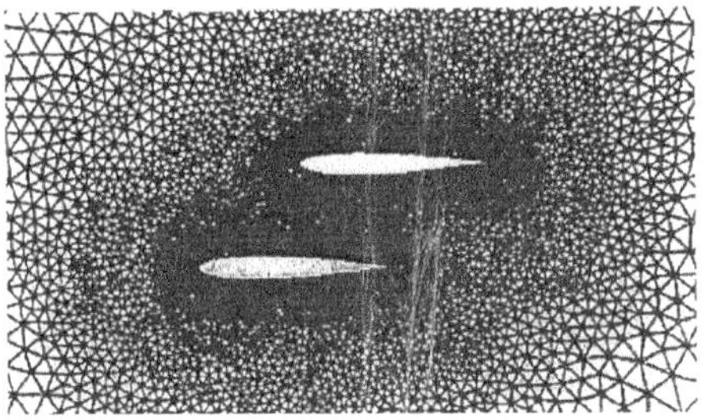

(a) 非结构网格

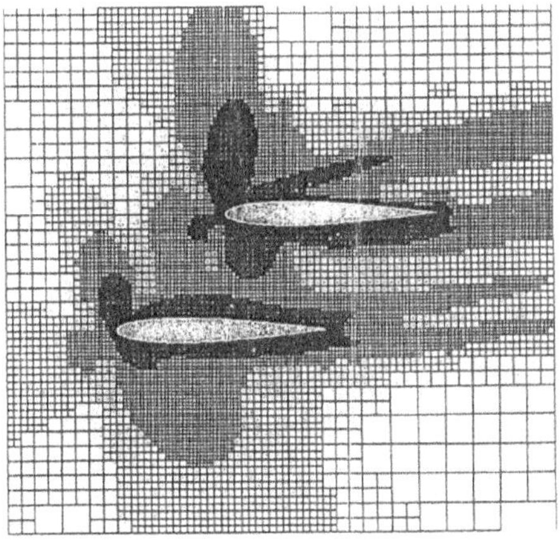

(c) 最终计算的自适应Descartes网格

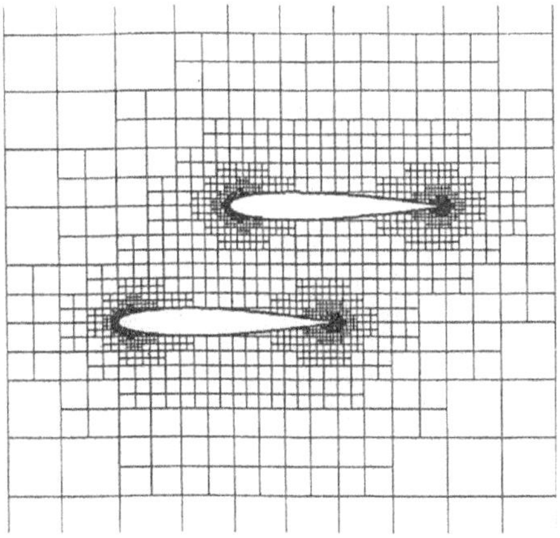

(b) 初始计算的自适应Descartes网格

图 5.30　用于双 NACA0012 翼型黏性绕流计算的自适应 Descartes 网格

第 6 章　吸收和散射系数的确定及全光谱 K 分布的辐射输运方程

6.1　辐射的本质和电磁辐射的波谱范围

辐射输运方程(radiative transfer equation,RTE)是辐射输运理论的基础。传统上人们一直认为辐射输运方程是唯象公式,一直到文献[234]～[237]等的研究工作才被证实辐射输运方程可以由 Maxwell 方程组推出。这里应指出的是,要完整描述电磁辐射,还需要同时去考虑辐射强度和偏振特性[234,238,239],需要求解矢量辐射输运(vector radiative transfer,VRT)方程[238～245]。本书将在第三篇的第 11 章中对 VRT 方程进行详细分析。

辐射是自然界以及宇宙天体之间最为普遍存在的一种能量传递的方式[246～251]。以太阳为例,太阳的结构可用太阳的内部结构与太阳的大气区域进行说明,如图 6.1 所示,图中 CME(coronal mass ejection)代表日冕物质抛射。太阳的内部分为四个区域:日核、辐射区、界面层和对流区。①日核为太阳的中心,其厚度约为太阳半径的 1/4,那里的温度高达 1.5×10^7K,密度高达 151g/cm^3(大约为金的 10 倍),在如此高温下发生核聚变反应,其反应式为

$$4\,^1\text{H}+2\text{e}\longrightarrow{}^4\text{He}+2\text{ 个中子}+6\text{ 个光子} \tag{6.1.1}$$

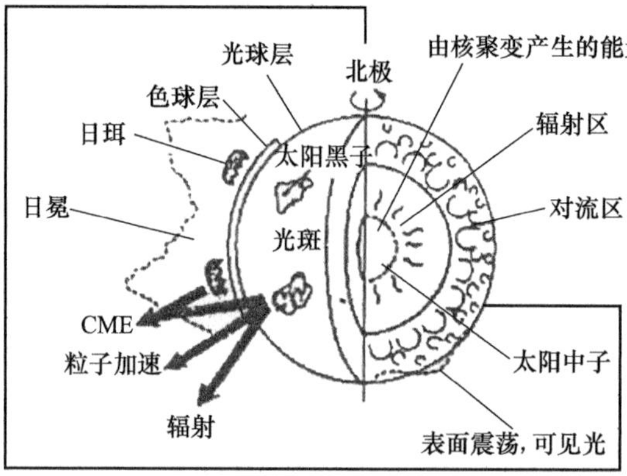

图 6.1　太阳的结构

产生的能量被带到太阳表面(光球层),在那里以光和热释放出来。太阳的绝大多数能量是以可见光的形式出现,另外也产生紫外、X 射线、γ 射线和射电发射。从太阳中心往外,温度和密度逐渐减小,在日核的边缘,温度仅为中心的一半,那里的密度也降到 $20g/cm^3$;②辐射区的外半径约为太阳半径的 0.86 倍,在日核所产生的能量以光子的形式向外传播,光子在传输过程中在粒子之间要经过无数次的弹跳,最后才到达交界面。从辐射区下部到顶部,密度由 $20g/cm^3$ 降低到 $0.2g/cm^3$,温度也由 7×10^6K 降低到 2×10^6K。③界面层位于辐射区与对流区之间的一个薄层,在这个薄层中流体速度的变化可拉伸磁力线,使磁场增强。目前,学术界普遍认为太阳磁场是由这个薄层中的磁发电机产生的。④对流层是太阳内部结构的最外层,从太阳半径的 0.86 倍处一直到可见的表面,其中的物质处于剧烈对流状态。

另外,太阳大气也可以划分成四个区域,即光球层、色球层、日冕和太阳风。①光球层是太阳大气的最低部分,它由一些弱电离的等离子体构成,其厚度约为 350km。大约有 2/3 的太阳辐射都来源于太阳的光球层,该层为连续辐射,具有 5830K 的有效温度,太阳在可见光波段的辐射几乎全部是光球层发射的。②色球层位于光球层之上,其厚度约 1500km,温度约为 10^4K。色球层以 H、He 原子和其他离子的线辐射的发射来表征,用单色光观测,该层是一个玫瑰红色的气层。③日冕是最热的低密度等离子体层,其温度约 2×10^6,等离子体的密度为 10^8cm^{-3}。在日冕与太阳色球层之间还夹有一个薄的过渡薄层,该层的温度从 10^4K 跃升到 10^6K,人们目前对中间过渡薄层的了解甚少。日冕辐射覆盖了从 X 射线到无线电波的整个电磁波谱段。值得注意的是,那些由 Fe、Ca、Ni、Si 和 O 元素的高荷电离子发射的连续谱是由于带电粒子的相互作用所产生的韧致辐射。另外,还应注意在远紫外(FUV)和 X 光波段,日冕辐射通常强于光球层和色球层,它是主要的发射源。④由于日冕气体温度很高,足以克服太阳引力,以 400～800km/s 的典型速度离开太阳,这个外流的等离子体称为太阳风。太阳风主要由质子和电子组成,但也含有少量的氦核以及微量的重离子。在地球轨道附近,每立方厘米的太阳风中含有大约 8 个质子和等量的电子。另外,太阳风与地球的磁层相互作用,在极区可以导致极光的呈现。太阳辐射主要包括电磁辐射和粒子辐射,它的绝大多数能量都集中在电磁辐射中,尤其是在可见光波段。粒子辐射能量比电磁辐射能量小得多,但变化很大,对地球空间的状态有明显的影响,因此粒子辐射便成为日地物理学所关注的重要内容。太阳电磁辐射覆盖了从 γ 射线、X 射线、紫外线、可见光、红外,直到射电波段的米波区,其波段划分如表 6.1 所示。

另外,太阳的爆发性活动如耀斑和日冕物质抛射(即图 6.1 中的 CME)一直是太阳物理学家所关注的热点[246]。耀斑指发生在太阳表面局部区域里突然和大规模的磁能释放过程。耀斑发生时,强烈的辐射覆盖了整个电磁波谱,其中包括 γ 射线、X 射线、紫外线、可见光,直到射电波段。此外,电子、质子和重离子等粒子在太

表 6.1 太阳电磁辐射的频谱

波段	波长范围	能量范围	温度范围/K
γ射线	$\lambda<2.5$pm	500keV$<E$	$5.8\times10^9<T$
硬X射线	0.0025nm$\leqslant\lambda<$0.1nm	12.4keV$<E\leqslant$500keV	$1.43\times10^8<T\leqslant5.8\times10^9$
软X射线	0.1nm$\leqslant\lambda<$10nm	0.124keV$<E\leqslant$12.4keV	$1.43\times10^6<T\leqslant1.43\times10^8$
极紫外(EUV)	10nm$\leqslant\lambda<$150nm	8.24eV$<E\leqslant$124eV	$9.56\times10^4<T\leqslant1.43\times10^6$
紫外(UV)	150nm$\leqslant\lambda<$300nm	4.13eV$<E\leqslant$8.24eV	$4.79\times10^4<T\leqslant9.56\times10^4$
可见光	300nm$\leqslant\lambda<$750nm	1.65eV$<E\leqslant$4.13eV	$1.91\times10^4<T\leqslant4.79\times10^4$
红外(IR)	0.75μm$\leqslant\lambda<$1mm	0.00124eV$<E\leqslant$1.65eV	$1.43\times10<T\leqslant1.91\times10^4$
射电	1mm$\leqslant\lambda$	$E\leqslant$0.00124eV	$T\leqslant1.43\times10$

阳大气中被加热和加速。一个典型耀斑在单位时间里所释放的能量为 10^{20} J/s，有的大耀斑可发射高达 10^{25} J/s 的能量，这相当于同时爆炸几百万个亿吨级的氢弹，这个能量比通常火山爆发所释放的能量大 1000 万倍。CME 是指太阳低日冕中的物质瞬间向外膨胀或向外喷射的现象。大的 CME 可含有 10 亿吨物质，这些物质被加速到每秒几百甚至上千公里。快速 CME 向外的速度可达 2000km/s，而正常的太阳风速度约为 400km/s，当快速 CME 穿过太阳风时会产生很强的激波。一些太阳风离子被激波加热，因此变成强的并持续时间长的高能粒子源。毫无疑问，研究太阳的辐射机制和规律，研究它的耀斑和 CME 现象，对地球上的人类有效地组织生产活动是至关重要的。

对于辐射问题，以下再以飞行器再入问题为例。飞行器受热主要来自气动热和辐射加热，这两种加热所占的比例随着飞行器的速度而变化。概括地讲，速度低时，气动加热是主要的，在速度高于 9km/s，飞行高度离地球表面低于 40km 时，飞行器头部弓形激波层的炽热气体变成对飞行器加热的强辐射源。高速飞行器的辐射热流随着速度的增大而迅速增大，约与速度的 8 次方或更高次方成正比。火星探测器以 14km/s 的速度再入火星大气层时[5]，辐射热流的峰值为气动热流峰值的 10 倍，为飞行速度约为 8km/s 的洲际导弹气动加热峰值的 100 倍。由此可见，对于星际航天器来讲，再入时的辐射加热问题显得更加重要。再如，飞行器再入大气层时热防护材料的烧蚀问题。当飞行器再入大气层时，头部产生很高的温度，在激波层内热防护材料燃烧产生烧蚀气体[30]。烧蚀气体由烧蚀产物汽化产生，烧蚀过程是一个非常复杂的化学反应过程。为了确定烧蚀产物及其温度，需要由烧蚀理论与原理去确定烧蚀速度，而后由烧蚀速度去计算烧蚀气体的组分和粒子数，有了这些烧蚀参数之后才能够去计算烧蚀气体的热辐射问题，从而为飞行器的红外探测与制导提供重要的基础数据。综上所述，辐射是自然界与现代高新工程技术领域中存在最普遍的一种能量传输方式，但它的传输与能量交换机理不同于对流与导热，发生辐射的能量传递时不需要介质。一切物质由于与材料内能相关的分子和原子激发的结果，都可以连续地发出电磁辐射。这种辐射所包括的范围从无线电波到红外线与可见光、直到 X 射线和 γ 射线，其频率与波长的标尺跨有 20 个量级，如图 6.2 所示。

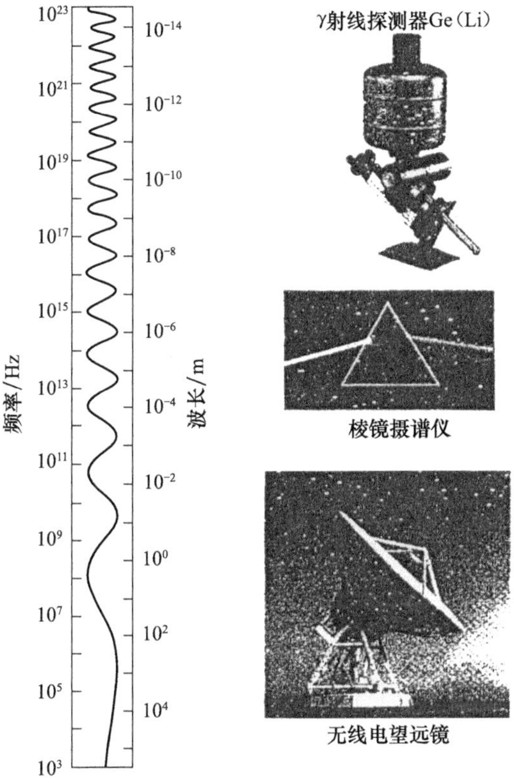

图 6.2　电磁辐射的波谱

表 6.2 给出了不同类型电磁辐射对应的波长、频率、波数和光子能量。从上述角度来看，可以认为辐射为电磁辐射，辐射场为电磁场，因此可以用经典的电磁波理论和量子力学去描述辐射能的传播。用 Maxwell 经典电磁场方程组去量化辐射的波动本性，用经典电动力学去刻化电磁波的能量传递，用量子电动力学去反映辐射的粒子特征，去揭示辐射迁移理论与光子输运理论间的本质联系。所以，将辐射传热与电磁波引起的热量传输联系起来是必要的、合理的。另外，从量子力学的观点来看[252]，辐射还可以被看成光子在物质中的输运，而光子与物质(其中包括电子、原子和离子等)的相互作用可以归结为吸收、辐射、感应和散射这四种基本过程[253,254]，而这些基本过程所起的作用在光子输运方程中起着产生光子和消失光

子的作用。对于高温高速再入问题,流场中的气体在许多工况下呈等离子体状态,这时还应考虑集体振荡行为,也就是说还要考虑光子与准粒子之间的作用,因此研究辐射迁移理论实际上就是研究光子运输理论。

表 6.2 不同类型电磁辐射对应的波长、频率、波数和光子能量

类型	波长 λ	频率 $\nu=\frac{c}{\lambda}$/Hz	光子能量 $E_{phot}=h\nu$/eV	波数 $\eta=\frac{1}{\lambda}$/cm^{-1}
无线电波	100～0.001km	3.00×10^{3}～3.00×10^{8}	1.24×10^{-11}～1.24×10^{-6}	1.00×10^{-7}～1.00×10^{-2}
微波(MW)	1～0.001m	3.00×10^{8}～3.00×10^{11}	1.24×10^{-6}～1.24×10^{-3}	1.00×10^{-2}～10
红外线(IR)	1～0.002min	3.00×10^{11}～3.00×10^{14}	1.24×10^{-3}～0.62	10～5000
近红外(NIR)	2000～750nm	$(1.50～4.00)\times10^{14}$	0.62～1.65	5000～1.33×10^{4}
可见光(VIS)	750～370nm	$(4.00～8.10)\times10^{14}$	1.65～3.35	$(1.33～2.70)\times10^{4}$
暗红色光	750～680nm	$(4.00～4.41)\times10^{14}$	1.65～1.82	$(1.33～1.47)\times10^{4}$
红色光	680～622nm	$(4.41～4.82)\times10^{14}$	1.82～1.99	$(1.47～1.61)\times10^{4}$
橙色光	622～597nm	$(4.82～5.02)\times10^{14}$	1.99～2.08	$(1.61～1.68)\times10^{4}$
黄色光	597～576nm	$(5.02～5.20)\times10^{14}$	2.08～2.15	$(1.68～1.74)\times10^{4}$
绿色光	576～492nm	$(5.20～6.09)\times10^{14}$	2.15～2.52	$(1.74～2.03)\times10^{4}$
蓝色光	492～455nm	$(6.09～6.59)\times10^{14}$	2.52～2.73	$(2.03～2.20)\times10^{4}$
紫色光	455～370nm	$(6.59～8.10)\times10^{14}$	2.73～3.35	$(2.20～2.70)\times10^{4}$
紫外线(UV)	370～10nm	8.10×10^{14}～3.00×10^{16}	3.35～124	2.70×10^{4}～10^{6}
UV A	370～315nm	$(8.10～9.52)\times10^{14}$	3.35～3.94	$(2.70～3.17)\times10^{4}$
UV B	315～280nm	$(0.95～1.07)\times10^{15}$	3.94～4.43	$(3.17～3.57)\times10^{4}$
UV C	280～10nm	$(0.11～3.00)\times10^{16}$	4.43～124	3.57×10^{4}～10^{6}
X 射线	3～0.03nm	10^{17}～10^{19}	414～4.14×10^{4}	$(0.03～3.33)\times10^{8}$
γ 射线	30～3pm	10^{19}～10^{20}	$(0.41～4.14)\times10^{5}$	$(0.33～3.33)\times10^{9}$
宇宙射线	<50fm	>6×10^{21}	>2.48×10^{7}	>2×10^{11}

在波动理论的体系中,电磁波是电场强度和磁感应强度振动的传播,电场强度和磁感应强度都是有方向的物理量,电磁波属于横波,电磁辐射应遵循横波的相关定律。所谓横波就是振动方向垂直于传播方向的波动。电磁辐射在真空中的传播速度为 $c_0=2.998\times10^{8}$m/s,它与光速一样。在介质中的速度 c 小于 c_0,通常为

$$c=\frac{c_0}{n} \tag{6.1.2}$$

式中,n 为折射率。

从量子力学的观点看,辐射被看成是光子和光量子的集合,这些光子在空间的分布形成一个辐射场。光子的速度为 c,不同的光子具有不同的频率 ν、波长 λ、能量 E_{phot}、动量 $\boldsymbol{p}_{\nu}$、波数 η 和角频率 ω_c,并有如下关系:

$$\nu=\frac{\omega_c}{2\pi}=\frac{c}{\lambda}=c\eta \tag{6.1.3a}$$

$$\lambda\eta = 1 \tag{6.1.3b}$$

$$\lambda\nu = c \tag{6.1.3c}$$

$$E_{\text{phot}} = h\nu = \hbar\omega_{c} \tag{6.1.4}$$

$$\boldsymbol{p}_{\nu} = \frac{h\nu}{c}\boldsymbol{\Omega} = \frac{h}{\lambda}\boldsymbol{\Omega} \tag{6.1.5}$$

$$|\boldsymbol{K}| = \frac{1}{\lambda} = \frac{\nu}{c} \tag{6.1.6}$$

式中，$\boldsymbol{\Omega}$ 为光子运动方向的单位矢量；$\boldsymbol{K}$ 的方向为光子运动的方向；h 为 Planck 常数，即 $h=6.6261\times10^{-34}\,\text{J}\cdot\text{s}$；另外，$\hbar=1.05459\times10^{-34}\,\text{J}\cdot\text{s}$；电磁波用光子携带的能量 $h\nu$ 来表征，其能量的单位为电子伏特，$1\text{eV}=1.6022\times10^{-19}\,\text{J}$。

6.2　辐射输运方程的扩散近似和散射相函数截断的方法

辐射输运方程的一般形式已由式(3.2.5)和式(3.2.3)给出，它们都是关于独立变量($\boldsymbol{r},\nu,\boldsymbol{\Omega},t$)的非线性微分-积分型方程。由于非线性项的出现，辐射输运方程的求解变得十分困难与复杂。数值计算表明：一个完整的辐射输运方程的数值求解，其代价是昂贵的。因此在数值求解前要对方程作某些近似与简化。最常用的方法是对辐射强度(分布函数、辐射能量密度)与频率、角度的依赖关系作一些近似处理，使得辐射输运方程得到些简化，而后再用数值方法进行求解。例如，当辐射强度接近各向同性时，采用扩散近似，这样得到的结果较为理想。而且实际辐射越接近各向同性，采取扩散假设后所得到的结果也就越接近实际值；反之，各向同性程度越差，采取扩散近似后的精度也就越差。另外，在数值求解辐射输运方程的过程中，通常将散射相函数展开成一系列的 Legendre 多项式。理论上，要精确地表达原相函数需要无穷级数项的展开，但实际计算中必须将相函数在展开时截断。数值计算发现：相函数截断的方法十分关键。

6.2.1　P_N 近似方法和球谐函数

为了便于说明扩散近似和球谐函数法在辐射输运方程简化的过程，这里从式(3.2.5)出发。现将微分散射系数 $K_{s}(\nu'\to\nu,\boldsymbol{\Omega}'\cdot\boldsymbol{\Omega})$[注意在式(3.2.5)中为简便起见，变量 $\boldsymbol{r}$ 和 t 没有写出]展开成 Legendre 多项式，为(略去变量 $\boldsymbol{r}$ 和 t)

$$K_{s}(\nu'\to\nu,\boldsymbol{\Omega}'\cdot\boldsymbol{\Omega}) = K_{s}(\nu'\to\nu,\mu_{0}) = \sum_{n=0}^{\infty}\left[\frac{2n+1}{4\pi}K_{sn}(\nu'\to\nu)P_{n}(\mu_{0})\right] \tag{6.2.1a}$$

式中，$K_{sn}(\nu'\to\nu)$为展开系数。另外，还有

$$\boldsymbol{\Omega}'\cdot\boldsymbol{\Omega} = \mu_{0} \tag{6.2.1b}$$

由数学物理方法[255]知道,Legendre 多项式具有正交性,有

$$P_0(x)=1 \tag{6.2.1c}$$

$$P_n(x)=\frac{1}{2^n n!}\frac{\mathrm{d}^n}{\mathrm{d}x^n}(x^2-1)^n,\quad n=1,2,\cdots \tag{6.2.1d}$$

如果一个多项式 $\varphi(x)$的阶数小于 n,则有

$$\int_{-1}^{1}\varphi(x)P_n(x)\mathrm{d}x=0 \tag{6.2.1e}$$

如果 $\varphi(x)$是一个 Legendre 多项式,如 $\varphi(x)=P_m(x)$,则有

$$\int_{-1}^{1}P_m(x)P_n(x)\mathrm{d}x=\frac{2\delta_{mn}}{2n+1},\quad \delta_{mn}=\begin{cases}1, & m=n\\ 0, & m\neq n\end{cases} \tag{6.2.1f}$$

借助于 Legendre 多项式的正交性,有

$$K_{sn}(\nu'\to\nu)=2\pi\int_{-1}^{1}K_s(\nu'\to\nu,\mu_0)P_n(\mu_0)\mathrm{d}\mu_0 \tag{6.2.1g}$$

$$K_{s0}(\nu'\to\nu)=2\pi\int_{-1}^{1}K_s(\nu'\to\nu,\mu_0)\mathrm{d}\mu_0 \tag{6.2.1h}$$

并注意引入 $K_s(\nu)$,其定义是

$$K_s=\int_{0}^{\infty}K_{s0}(\nu'\to\nu)\mathrm{d}\nu' \tag{6.2.1i}$$

假设辐射强度与角度之间的关系可以用球谐函数展开

$$I(\boldsymbol{r},\nu,\boldsymbol{\Omega},t)=\frac{1}{4\pi}\sum_{n=0}^{\infty}\sum_{m=-n}^{n}A_n^m I_n^m(\boldsymbol{r},\nu,t)Y_n^m(\boldsymbol{\Omega}) \tag{6.2.2a}$$

式中,$Y_n^m(\boldsymbol{\Omega})$为球谐函数;$A_n^m$ 为归一化系数,其值为

$$A_n^m=\frac{(2n+1)(n-|m|)!}{(n+|m|)!} \tag{6.2.2b}$$

$I_n^m(\boldsymbol{r},\nu,t)$的含义详见文献[256]。在球谐函数方法(即 P_N 近似方法,简称 P_N 方法)中,N 表示近似程度的阶次,例如,N 取无穷大时,P_N 方法的解就是精确解;取 $N=1$ 时,则可以化为扩散近似。如果将 $I(\boldsymbol{r},\nu,\boldsymbol{\Omega},t)$用球谐函数展开的前两项表示[即式(6.2.2a)中 $n=0,1$],也就是取著名的 Eddington 近似,便有

$$I(\boldsymbol{r},\nu,\boldsymbol{\Omega},t)=\frac{1}{4\pi}I_0(\boldsymbol{r},\nu,t)+\frac{3}{4\pi}\boldsymbol{\Omega}\cdot\boldsymbol{I}_1(\boldsymbol{r},\nu,t) \tag{6.2.2c}$$

式中,等号右侧第一项与方向无关,表现为各向同性;第二项体现了对各向异性的一级校正。因此,这种方法对光子场为近似各向同性的情况特别适用。在式(6.2.2c)中,$I_0(\boldsymbol{r},\nu,t)$和 $\boldsymbol{I}_1(\boldsymbol{r},\nu,t)$分别定义为

$$\begin{aligned}I_0(\boldsymbol{r},\nu,t)&=\int_{4\pi}I(\boldsymbol{r},\nu,\boldsymbol{\Omega},t)\mathrm{d}\boldsymbol{\Omega}\\&=\int_{4\pi}ch\nu f(\boldsymbol{r},\nu,\boldsymbol{\Omega},t)\mathrm{d}\boldsymbol{\Omega}=cU_\nu(\boldsymbol{r},\nu,t)\end{aligned} \tag{6.2.2d}$$

$$\boldsymbol{I}_1(\boldsymbol{r},\nu,t)=\int_{4\pi}\boldsymbol{\Omega}I(\boldsymbol{r},\nu,\boldsymbol{\Omega},t)\mathrm{d}\boldsymbol{\Omega}\equiv\boldsymbol{S}_\nu(\boldsymbol{r},\nu,t) \tag{6.2.2e}$$

式中，$f(\boldsymbol{r},\nu,\boldsymbol{\Omega},t)$为光子的分布函数；$c$ 为光速；$U_\nu(\boldsymbol{r},\nu,t)$表示在 t 时刻点 $\boldsymbol{r}$ 处单位体积($1\mathrm{cm}^3$)空间内、单位频率间隔所包含的频率为 ν 的辐射能量密度(或称为辐射的谱密度)，它是辐射强度的零次角矩；$I_0(\boldsymbol{r},\nu,t)$为与辐射传播方向无关的辐射强度，其值为光速 c 与能量密度 U_ν 的乘积；$\boldsymbol{I}_1$ 为每单位频率的辐射能流矢量[或称为谱能流矢量，记作 $\boldsymbol{S}_\nu(\boldsymbol{r},\nu,t)$]，它是辐射强度的一次角矩。将辐射的谱强度 I_ν、谱密度 U_ν 和谱能流矢量 $\boldsymbol{S}_\nu$ 对所有频谱积分便得到辐射的总强度 I、总密度 U 和总能流矢量 $\boldsymbol{S}$，其表达式为

$$I(\boldsymbol{r},t)=\int_0^\infty I_\nu\mathrm{d}\nu \tag{6.2.3a}$$

$$U(\boldsymbol{r},t)=\int_0^\infty U_\nu\mathrm{d}\nu \tag{6.2.3b}$$

$$\boldsymbol{S}(\boldsymbol{r},t)=\int_0^\infty S_\nu\mathrm{d}\nu \tag{6.2.3c}$$

另外，辐射强度 I 的二阶角矩为辐射压强张量 $\boldsymbol{P}(\boldsymbol{r},t)$，即

$$\boldsymbol{P}(\boldsymbol{r},t)=\frac{1}{c}\int_0^\infty\int_{4\pi}\boldsymbol{\Omega}\boldsymbol{\Omega}I(\boldsymbol{r},\nu,\boldsymbol{\Omega},t)\mathrm{d}\boldsymbol{\Omega}\mathrm{d}\nu \tag{6.2.3d}$$

借助于式(6.2.1)和式(6.2.2)，将式(6.2.2c)代入式(3.2.5)之后乘以 $\boldsymbol{\Omega}$ 并对立体角积分，得(注意略去了变量 $\boldsymbol{r}$、t)

$$\begin{aligned}&\frac{1}{c}\frac{\partial I_0(\nu)}{\partial t}+\nabla\cdot\boldsymbol{I}_1(\nu)\\&=K_\mathrm{a}'(\nu)[4\pi B(\nu,T)-I_0(\nu)]-K_\mathrm{s}(\nu)I_0(\nu)+\int_0^\infty\frac{\nu}{\nu'}I_0(\nu')K_{\mathrm{s}0}(\nu'\to\nu)\mathrm{d}\nu'\\&\quad+\frac{c^2}{8\pi h}I_0(\nu)\int_0^\infty I_0(\nu')\left[\frac{1}{\nu^2\nu'}K_{\mathrm{s}0}(\nu'\to\nu)-\frac{1}{(\nu')^3}K_{\mathrm{s}0}(\nu-\nu')\right]\mathrm{d}\nu'\\&\quad+\frac{3c^2}{8\pi h}\boldsymbol{I}_1(\nu)\int_0^\infty\boldsymbol{I}_1(\nu')\left[\frac{1}{\nu^2\nu'}K_{\mathrm{s}1}(\nu'\to\nu)-\frac{1}{(\nu')^3}K_{\mathrm{s}1}(\nu-\nu')\right]\mathrm{d}\nu'\end{aligned} \tag{6.2.4}$$

借助于式(6.2.1)和式(6.2.2)，将式(6.2.2c)代入式(3.2.5)之后乘以 $\boldsymbol{\Omega}$ 并对立体角积分，得(注意同样也略去了变量 $\boldsymbol{r}$、t)

$$\begin{aligned}&\frac{1}{c}\frac{\partial\boldsymbol{I}_1(\nu)}{\partial t}+\frac{1}{3}\nabla I_0(\nu)\\&=-[K_\mathrm{a}'(\nu)+K_\mathrm{s}(\nu)]\boldsymbol{I}_1(\nu)+\int_0^\infty\frac{\nu}{\nu'}\boldsymbol{I}_1(\nu')K_{\mathrm{s}1}(\nu'\to\nu)\mathrm{d}\nu'\\&\quad+\frac{c^2}{8\pi h}I_0(\nu)\int_0^\infty\boldsymbol{I}_1(\nu')\left[\frac{1}{\nu^2\nu'}K_{\mathrm{s}1}(\nu'\to\nu)-\frac{1}{(\nu')^3}K_{\mathrm{s}1}(\nu-\nu')\right]\mathrm{d}\nu'\\&\quad+\frac{c^2}{8\pi h}\boldsymbol{I}_1(\nu)\int_0^\infty I_0(\nu')\left[\frac{1}{\nu^2\nu'}K_{\mathrm{s}0}(\nu'\to\nu)-\frac{1}{(\nu')^3}K_{\mathrm{s}0}(\nu-\nu')\right]\mathrm{d}\nu'\end{aligned} \tag{6.2.5}$$

在给定了初始条件和边界条件后，方程(6.2.4)与方程(6.2.5)便构成关于$I_0(\boldsymbol{r},\nu,t)$和$\boldsymbol{I}_1(\boldsymbol{r},\nu,t)$的方程组。该方程组又常称为$P_1$方程组，它的边界条件可以从辐射输运方程相应的边界条件导出。

6.2.2 辐射吸收的自由程和 Rosseland 平均自由程

引入谱能流矢量$\boldsymbol{S}_\nu$与谱辐射密度U_ν间的近似关系[65]

$$\boldsymbol{S}_\nu=-\frac{cl'_\nu}{3}\nabla U_\nu \tag{6.2.6a}$$

式中，l'_ν为辐射吸收的自由程，其表达式为

$$l'_\nu=\frac{1}{K'_{\mathrm{a}}(\nu)} \tag{6.2.6b}$$

式中，$K'_{\mathrm{a}}(\nu)$为吸收系数。

在辐射流体力学计算中，Rosseland 平均自由程$\bar{l}(\boldsymbol{r},t)$是一个很重要的量。引进权重因子$G(u)$，其中表达式为

$$G(u)=\frac{15}{4\pi^4}\frac{u^4\mathrm{e}^{-u}}{(1-\mathrm{e}^{-u})^2} \tag{6.2.6c}$$

借助权重因子$G(u)$对辐射吸收的自由程l'_ν进行平均所得到的量$\bar{l}$称为 Rosseland 平均自由程，即[65]

$$\bar{l}=\int_0^\infty l'_\nu G(u)\mathrm{d}u \tag{6.2.6d}$$

式中，

$$l'_\nu=\frac{1}{K'_{\mathrm{a}}(\nu)}=\frac{1}{K_{\mathrm{a}}(1-\mathrm{e}^{-u})} \tag{6.2.6e}$$

$$u\equiv\frac{h\nu}{k_{\mathrm{B}}T} \tag{6.2.6f}$$

式中，k_{B}为 Boltzmann 常量，$k_{\mathrm{B}}=1.3805\times10^{-23}$ J/K。于是式(6.2.6c)和式(6.2.6d)又可改写为

$$G'(u)=\frac{15}{4\pi^4}\frac{u^4\mathrm{e}^{-u}}{(1-\mathrm{e}^{-u})^3} \tag{6.2.6g}$$

$$\bar{l}=\int_0^\infty\frac{1}{K_{\mathrm{a}}}G'(u)\mathrm{d}u \tag{6.2.6h}$$

在局部平衡的条件下，辐射总能量矢量$\boldsymbol{S}$与温度T、Rosseland 平均自由程$\bar{l}$间有如下关系：

$$\boldsymbol{S}=-\frac{16\sigma\bar{l}T^3}{3}\nabla T \tag{6.2.6i}$$

式中，σ为 Stefan-Boltzmann 常量，即

$$\sigma = \frac{2\pi^5 k_B^4}{15h^3c^2} = 5.66956 \times 10^{-5} \mathrm{erg/(cm^2 \cdot K^4 \cdot s)} \tag{6.2.6j}$$

由式(6.2.6i)可以看出，在局部平衡的条件下辐射能流矢量正比于温度的梯度，换句话说，辐射输运在局部平衡的条件下具有热传导的特点，并且 Rosseland 平均自由程 $\bar{l}$ 越大，辐射能流越大。

6.2.3　P_1 方程组的边界条件

令辐射输运方程的边界条件为

$$I(\boldsymbol{r}_s, \nu, \boldsymbol{\Omega}, t) = \Gamma(\boldsymbol{r}_s, \nu, \boldsymbol{\Omega}, t), \quad \boldsymbol{n} \cdot \boldsymbol{\Omega} < 0 \tag{6.2.7a}$$

式中，$\boldsymbol{r}_s$ 为界面上点的位置矢量；$\boldsymbol{n}$ 为在该点向外法线方向的单位矢量；Γ 为确定的已知函数。

令辐射输运方程的初始条件(当 $t=0$ 时)为

$$I(\boldsymbol{r}, \nu, \boldsymbol{\Omega}, 0) = \Lambda(\boldsymbol{r}, \nu, \boldsymbol{\Omega}) \tag{6.2.7b}$$

式中，Λ 为确定的已知函数。

将初始条件[即式(6.2.7b)]展开成球谐函数，便有

$$I(\boldsymbol{r}, \nu, \boldsymbol{\Omega}, 0) = \Lambda(\boldsymbol{r}, \nu, \boldsymbol{\Omega}) = \frac{1}{4\pi} \sum_{n=0}^{\infty} \sum_{m=-n}^{n} [A_n^m \Lambda_n^m(\boldsymbol{r}, \nu) Y_n^m(\boldsymbol{\Omega})] \tag{6.2.7c}$$

对 $I_n^m(\boldsymbol{r}, \nu, t)$ 的初始条件为

$$I_n^m(\boldsymbol{r}, \nu, 0) = \Lambda_n^m(\boldsymbol{r}, \nu), \quad n = 0, 1, \cdots, N \tag{6.2.7d}$$

将边界条件[即式(6.2.7a)]展成球谐函数，便有

$$I(\boldsymbol{r}_s, \nu, \boldsymbol{\Omega}, t) = \Gamma(\boldsymbol{r}_s, \nu, \boldsymbol{\Omega}, t) = \frac{1}{4\pi} \sum_{n=0}^{\infty} \sum_{m=-n}^{n} [A_n^m I_n^m(\boldsymbol{r}_s, \nu, t) Y_n^m(\boldsymbol{\Omega})] \tag{6.2.7e}$$

严格的边界条件为

$$I(\boldsymbol{r}_s, \nu, \boldsymbol{\Omega}, t) = \Gamma(\boldsymbol{r}_s, \nu, \boldsymbol{\Omega}, t), \quad \boldsymbol{n} \cdot \boldsymbol{\Omega} < 0 \tag{6.2.8}$$

式中，$\boldsymbol{n}$ 是边界上 $\boldsymbol{r}_s$ 点单位外法向矢量。

现在需要给出每一个边界点 $\boldsymbol{r}_s$ 上 I_0 与 $\boldsymbol{I}_1$ 之间的关系。因式(6.2.2c)只取了球谐函数展开的前两项，不能保证边界上的任一点都使式(6.2.8)成立。解决的方法是引进一个权重函数 $W(\boldsymbol{\Omega})$，使下面的积分式满足边界条件，即

$$\int_{\boldsymbol{n}\cdot\boldsymbol{\Omega}<0} W(\boldsymbol{\Omega}) \left[\frac{1}{4\pi} I_0(\boldsymbol{r}_s, \nu, t) + \frac{3}{4\pi} \boldsymbol{\Omega} \cdot \boldsymbol{I}_1(\boldsymbol{r}_s, \nu, t) - \Gamma(\boldsymbol{r}_s, \nu, \boldsymbol{\Omega}, t) \right] \mathrm{d}\boldsymbol{\Omega} = 0 \tag{6.2.9}$$

当 $W(\boldsymbol{\Omega})$ 给定后，式(6.2.9)便是式(6.2.4)与式(6.2.5)所需要的边界条件[68]。这里我们取 Marshak 边界条件，即

$$W(\boldsymbol{\Omega}) = \boldsymbol{n} \cdot \boldsymbol{\Omega} \tag{6.2.10a}$$

于是式(6.2.9)相应地变为

$$\int_{\boldsymbol{n}\cdot\boldsymbol{\Omega}<0} \boldsymbol{n} \cdot \boldsymbol{\Omega}\left[\frac{1}{4\pi}I_0(\boldsymbol{r}_s,\nu,t) + \frac{3}{4\pi}\boldsymbol{\Omega} \cdot \boldsymbol{I}_1(\boldsymbol{r}_s,\nu,t) - \Gamma(\boldsymbol{r}_s,\nu,\boldsymbol{\Omega},t)\right]\mathrm{d}\boldsymbol{\Omega} = 0 \tag{6.2.10b}$$

6.2.4 相函数截断的 Delta-*M* 方法

令 $\boldsymbol{\Omega}$ 与 $\boldsymbol{\Omega}'$之间的夹角为散射角 ϑ,于是

$$\cos\vartheta = [\sin\theta\cos\varphi \quad \sin\theta\sin\varphi \quad \cos\theta]\begin{bmatrix}\sin\theta'\cos\varphi' \\ \sin\theta\sin\varphi' \\ \cos\theta'\end{bmatrix}$$

$$= \mu\mu' + \sqrt{1-\mu^2}\sqrt{1-(\mu')^2}\cos(\varphi - \varphi') \tag{6.2.11a}$$

$$\mu = \cos\theta, \quad \mu' = \cos\theta' \tag{6.2.11b}$$

式(6.2.11a)表明散射角 ϑ 是角 θ、φ、θ' 和 φ' 的函数。引入 Dirac(狄拉克)δ 函数并用 Legendre 多项式表示为

$$\delta(x - x_0) = \sum_{n=0}^{\infty}\frac{2n+1}{2}P_n(x)P_n(x_0) \tag{6.2.12}$$

式中,$P_n(x)$和 $P_n(x_0)$分别为 n 阶 Legendre 多项式。

设辐射输运方程积分的散射相函数为 $p(\cos\vartheta)$,于是有

$$p(\cos\vartheta) = \sum_{n=0}^{\infty}C_nP_n(\cos\vartheta) \approx \sum_{n=0}^{N-1}C_nP_n(\cos\vartheta) \tag{6.2.13a}$$

式中,ϑ 为散射角;$P_n(*)$为 n 阶 Legendre 多项式;C_n 为系数。

$$C_n = \frac{2n+1}{2}\int_{-1}^{1}p(\cos\vartheta)P_n(\cos\vartheta)\mathrm{d}(\cos\vartheta) \tag{6.2.13b}$$

如果把无量纲的相函数 $p(\vartheta)$归一化到 4π,即

$$\int_{4\pi}p(\vartheta)\mathrm{d}\Omega = 4\pi \tag{6.2.13c}$$

于是 n 取 0 和 1 时,则有

$$C_0 = 1 \tag{6.2.13d}$$

$$C_1 = \frac{3}{2}\int_{-1}^{1}p(\vartheta)\cos\vartheta\mathrm{d}(\cos\vartheta) = 3g \tag{6.2.13e}$$

式中,g 为相函数的不对称因子[251]。

研究中发现,对于相函数在前向散射方向上有一个显著的峰的问题,文献[257]建议将原相函数近似表达成如下形式:

$$p(\cos\vartheta) \approx 2f_{\mathrm{fws}}\delta(1-\cos\vartheta) + (1 - f_{\mathrm{fws}}p'(\cos\vartheta))$$

$$= 4\pi f_{\mathrm{fws}}\delta(\mu - \mu')\delta(\varphi - \varphi') + (1 - f_{\mathrm{fws}})p'(\mu,\varphi,\mu',\varphi') \tag{6.2.14}$$

式中，f_{fws} 为散射能量中在入射方向上“未被散射”的那部分份额。因此，如果用 $p'(\cos\vartheta)$ 进行辐射输运计算，则需要相对应的相函数和单次散射消光比进行调整。

设原光学厚度和单次散射消光比分别为 τ 和 $\tilde{\omega}$，与 $p'(\cos\vartheta)$ 相应的调整后的光学厚度为 τ'，则有

$$\tau'=\tau'_{\mathrm{sca}}+\tau_{\mathrm{abs}}=(\tau_{\mathrm{sca}}-f_{\mathrm{fws}}\tau_{\mathrm{sca}})+\tau_{\mathrm{abs}}=\tau-f_{\mathrm{fws}}\tau_{\mathrm{sca}}=\tau-f_{\mathrm{fws}}\tau\tilde{\omega}=(1-f_{\mathrm{fws}}\tilde{\omega})\tau \tag{6.2.15a}$$

$$\tau=\tau_{\mathrm{sca}}+\tau_{\mathrm{abs}} \tag{6.2.15b}$$

相应地，调整后的单次散射消光比 $\tilde{\omega}'$ 为

$$\tilde{\omega}'=\frac{\tau'_{\mathrm{sca}}}{\tau'}=\frac{(1-f_{\mathrm{fws}})\tau_{\mathrm{sca}}}{\tau'}=\frac{(1-f_{\mathrm{fws}})\tau_{\mathrm{sca}}}{(1-f_{\mathrm{fws}}\tilde{\omega})\tau}=\frac{(1-f_{\mathrm{fws}})\tilde{\omega}}{1-f_{\mathrm{fws}}\tilde{\omega}} \tag{6.2.15c}$$

$$\tilde{\omega}=\frac{\tau_{\mathrm{sca}}}{\tau} \tag{6.2.15d}$$

由式(6.2.15b)和式(6.2.15d)还可推出如下相似性关系式：

$$1-f_{\mathrm{fws}}\tilde{\omega}(\tau)=\frac{\mathrm{d}\tau'}{\mathrm{d}\tau} \tag{6.2.16a}$$

$$\tilde{\omega}(\tau)(1-f_{\mathrm{fws}})=\tilde{\omega}'(\tau')[1-f_{\mathrm{fws}}\tilde{\omega}(\tau)]=\tilde{\omega}'(\tau')\frac{\mathrm{d}\tau'}{\mathrm{d}\tau} \tag{6.2.16b}$$

$$1-\tilde{\omega}(\tau)=[1-\tilde{\omega}'(\tau')]\frac{\mathrm{d}\tau'}{\mathrm{d}\tau} \tag{6.2.16c}$$

由辐射输运方程，即

$$\mu\frac{\mathrm{d}I_\lambda(\tau,\mu,\varphi)}{\mathrm{d}\tau}=I_\lambda(\tau,\mu,\varphi)-\tilde{\omega}(\tau)\int_0^{2\pi}\int_{-1}^{1}I_\lambda(\tau,\mu',\varphi')\frac{p(\tau,\mu,\varphi,\mu',\varphi')}{4\pi}\mathrm{d}\mu'\mathrm{d}\varphi'-[1-\tilde{\omega}(\tau)]B_\lambda[T(\tau)] \tag{6.2.17}$$

式中，$\mu=\cos\theta$，$\mu'=\cos\theta'$。

将式(6.2.14)代入式(6.2.17)的积分中，并注意结合狄拉克 δ 函数的性质之后，则式(6.2.17)又可改写为

$$\mu\frac{\mathrm{d}I_\lambda(\tau,\mu,\varphi)}{\mathrm{d}\tau}=I_\lambda(\tau,\mu,\varphi)[1-f_{\mathrm{fws}}\tilde{\omega}(\tau)]-\tilde{\omega}(\tau)(1-f_{\mathrm{fws}})\int_0^{2\pi}\int_{-1}^{1}I_\lambda(\tau,\mu',\varphi')\frac{p'(\tau,\mu,\varphi,\mu',\varphi')}{4\pi}\mathrm{d}\mu'\mathrm{d}\varphi'-[1-\tilde{\omega}(\tau)]B_\lambda[T(\tau)] \tag{6.2.18}$$

利用式(6.2.16)中的相似性关系式，则式(6.2.18)可改写为

$$\mu\frac{\mathrm{d}I_\lambda(\tau',\mu,\varphi)}{\mathrm{d}\tau'}=I_\lambda(\tau',\mu,\varphi)-\tilde{\omega}'(\tau')\int_0^{2\pi}\int_{-1}^{1}I_\lambda(\tau',\mu',\varphi')\frac{p'(\tau',\mu,\varphi,\mu',\varphi')}{4\pi}\mathrm{d}\mu'\mathrm{d}\varphi'-[1-\tilde{\omega}'(\tau')]B_\lambda[T(\tau')] \tag{6.2.19}$$

显然,式(6.2.17)与式(6.2.19)具有相同的形式,因此相似性关系式(6.2.16)成立。

对于式(6.2.13a)中的 $P_n(\cos\vartheta)$ 项,由 ϑ 与 θ、θ'、φ、φ' 之间的关系以及球谐函数的加法定理可得

$$P_n(\cos\vartheta)=P_n(\mu,\varphi,\mu',\varphi')=\sum_{m=0}^{n}(2-\delta_{m0})\widetilde{P}_n^{(m)}(\mu)\widetilde{P}_n^{(m)}(\mu')\cos[m(\varphi-\varphi')] \tag{6.2.20a}$$

式中,$P_n(\cos\vartheta)$ 为 Legendre 多项式,令 $x=\cos\vartheta$,于是 $P_n(x)$ 的定义为

$$P_n(x)=\frac{1}{2^n n!}\frac{\mathrm{d}^n}{\mathrm{d}x^n}(x^2-1)^n \tag{6.2.20b}$$

Legendre 多项式具有正交性,即

$$\int_{-1}^{1}P_j(x)P_k(x)\mathrm{d}x=\frac{2}{2j+1}\delta_{jk} \tag{6.2.20c}$$

在式中(6.2.20a)中,$\widetilde{P}_n^{(m)}$ 和 $\widetilde{P}_n^{(m)}(\mu')$ 为重整化的 Legendre 函数。如 $\widetilde{P}_n^{(j)}(x)$,其定义为

$$\widetilde{P}_n^{(j)}(x)=\sqrt{\frac{(n-j)!}{(n+j)!}}P_n^{(j)}(x),\quad -1\leqslant x\leqslant 1 \tag{6.2.20d}$$

在式(6.2.20d)中,$P_n^{(j)}(x)$ 为 Legendre 连带多项式,其定义是

$$P_n^{(j)}(x)=(1-x^2)^{\frac{j}{2}}\frac{\mathrm{d}^j}{\mathrm{d}x^j}P_n(x),\quad j\leqslant m,\ |x|<1 \tag{6.2.20e}$$

并且该多项式满足正交关系

$$\int_{-1}^{1}P_n^{(j)}(x)P_k^{(j)}(x)\mathrm{d}x=\frac{2}{2n+1}\frac{(n+j)!}{(n-j)!}\delta_{nk} \tag{6.2.20f}$$

到 $j=0$ 时,Legendre 连带多项式变为 Legendre 多项式。另外,还可以证明[257],有

$$\int_{-1}^{1}\widetilde{P}_j^{(m)}(x)\widetilde{P}_k^{(m)}(x)\mathrm{d}x=\frac{2}{2j+1}\delta_{jk},\quad -1\leqslant x\leqslant 1 \tag{6.2.20g}$$

相应地,有

$$\begin{aligned}p(\cos\vartheta)&\approx\sum_{n=0}^{N-1}C_nP_n(\cos\vartheta)\\&=\sum_{m=0}^{\infty}\sum_{n=0}^{N-1}C_n(2-\delta_{m0})\widetilde{P}_n^{(m)}(\mu)\widetilde{P}_n^{(m)}(\mu')\cos[m(\varphi-\varphi')]\\&=\sum_{m=0}^{N-1}(2-\delta_{m0})\left[\sum_{n=m}^{N-1}C_n\widetilde{P}_n^{(m)}(\mu)\widetilde{P}_n^{(m)}(\mu')\cos(\varphi-\varphi')\right]\end{aligned} \tag{6.2.21a}$$

于是得到相函数的 Fourier 展开,即

$$p(\cos\vartheta)\approx\sum_{m=0}^{N-1}P^{(m)}(\mu,\mu')\cos[m(\varphi-\varphi')] \tag{6.2.21b}$$

式中,

$$P^{(m)}(\mu,\mu') = (2-\delta_{m0})\left[\sum_{n=m}^{N-1} C_n \widetilde{P}_n^{(m)}(\mu)\widetilde{P}_n^{(m)}(\mu')\right] \tag{6.2.21c}$$

1977 年 Wiscombe[258] 提出用 M 项的 Legendre 多项式给出截断相函数的方法，截断的相函数为

$$p'(\cos\vartheta) = \sum_{k=0}^{M-1} C'_k P_k(\cos\vartheta) \tag{6.2.22a}$$

$$\begin{aligned} p(\cos\vartheta) &= \sum_{k=0}^{\infty} C_k P_k(\cos\vartheta) \\ &\approx 2 f_{\mathrm{fws}} \delta(1-\cos\vartheta) + (1+f_{\mathrm{fws}}) \sum_{k=0}^{M-1} C'_k P_k(\cos\vartheta) \end{aligned} \tag{6.2.22b}$$

在式(6.2.22a)和式(6.2.22b)中，C_k 与 C'_k 满足

$$\frac{C_k}{2K+1} \approx f_{\mathrm{fws}} + (1-f_{\mathrm{fws}})\frac{C'_k}{2K+1}, \quad k=0,1,\cdots,M-2,M-1 \tag{6.2.22c}$$

而式(6.2.22b)中的 f_{fws} 应取为[258]

$$f_{\mathrm{fws}} = \frac{C_M}{2M+1} \tag{6.2.22d}$$

由式(6.2.22c)和式(6.2.22d)所确定的 C'_k 和 f_{fws} 去构造相函数的方法就是著名的 delta-M 方法，这种方法在地球-大气系统的辐射输运问题求解中获得了广泛的应用。

6.3　辐射输运方程中吸收系数的计算

在辐射输运方程中，要涉及吸收系数 $K_{\mathrm{a}}(\boldsymbol{r},\nu,t)$、散射系数 $K_{\mathrm{s}}(\boldsymbol{r},\nu'\to\nu,\boldsymbol{\Omega}'\cdot\boldsymbol{\Omega},t)$ 以及自发发射源 $S^*(\boldsymbol{r},\nu,t)$。这几个参数需要预先给出，才能求解辐射输运方程。而获取这些参数需要涉及光与物质的相互作用过程以及原子结构和光谱学等方面的量子理论，辐射的严格量子理论属于量子电动力学和量子场论的范畴[259~264]，详细地讨论这些内容显然不是本节所为。一般来讲，讨论光与物质的相互作用过程大体上有四种方法：①经典电动力学方法[265]；②半经典电动力学方法[266]；③非协变量子电动力学方法[267]；④协变量子电动力学方法，即量子场论方法[268]。经典辐射理论适用于光子能量远小于辐射粒子动能的情况，但事实上，许多辐射过程并不满足条件 $h\nu \ll E$。大多数辐射现象都可以用半经典的量子辐射理论予以处理。这种理论的基本特点是：只考虑带电粒子运动的量子化，而辐射场则仍当做经典电磁场处理而不进行量子化。事实上，在处理高超声速气动热力学问题中的许多热力学参数和物性参数时，也用了半经典的处理方法[5,269,270]。

6.3.1　吸收系数和散射系数计算的一般步骤

吸收系数和散射系数的计算，涉及原子物理学、分子物理学、光谱学、量子力学、统计力学、量子电动力学以及量子辐射理论等，它涉及面广，涵盖学科多，因此很难在一小节中将其介绍。首先，在计算吸收系数与散射系数前，需要先了解离子（或原子）与光子的相互作用以及它们的微观截面。离子（或原子）与光子的相互作用大体上可分成四类（见图 6.3）：①光子的散射；②导致原子中的电子在束缚态之间的跃迁，这种跃迁称为束缚-束缚跃迁；③导致原子中的电子在束缚态和连续态之间的跃迁，这种跃迁称为束缚-自由跃迁；④导致电子在自由态间的跃迁，这种跃迁称为自由-自由跃迁。后三种过程均伴随着光子的吸收与发射两种作用。另外，吸收系数通常也应包括两大部分，一个是原子或离子对连续光谱的吸收系数，另一个是原子或离子对线光谱的吸收系数。更重要的是，在计算吸收系数时除了要知道原子的微观吸收截面外，还要知道原子和离子在各个能态上的布居数（population，又称占有数或占居数）。因此，如何有效地获得布居数而避免求解非平衡态时所有能级激发和退激过程的速率方程就变得尤其重要。

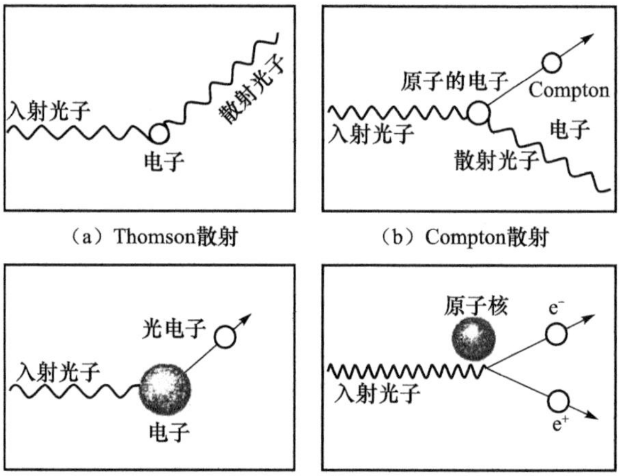

（a）Thomson散射　（b）Compton散射

（c）光电效应　（d）电子偶的产生

图 6.3　光与物质的基本相互作用

在现代航天工程中，飞行器作高超声速飞行，其头部区域的气体温度高达 10000K 以上，这就使得气体分子产生离解、电离、飞行器表面材料烧蚀，流场中发生着复杂的化学反应，形成了由离子、原子、电子、分子和光子组成的高温、高速多组分混合气。因此，辐射传输中，光子与这些混合气体的作用使得辐射场中辐射光谱数据的计算十分困难。为此，这里采取删繁就简、直击问题的核心。首先概括地给出吸收系数和散射系数计算的大体步骤，然后抓住计算中的关键部分作扼要讨论。

通常，吸收系数和散射系数计算的主要步骤如下：

(1) 给出介质的温度、密度和原子成分，用统计力学的方法计算出在各种量子能级上的原子或离子的布居数，即在单位体积内、在能态 i 上的原子数或离子数[271]。

(2) 用现代原子物理方法计算能态为 i 上的原子或离子的跃迁截面或吸收系数[272~274]。

(3) 计算出系数的平均值[275,276]。

当所研究的光子能量较低(如 $h\nu<1.02\text{MeV}$)时，可以不考虑光子和核子、正电子和介子的作用[277,278]，而只考虑光子和离子、原子的相互作用。为叙述简单起见，本章仅考虑后一种情况。

6.3.2　发射与吸收系数之间的关系以及细致平衡原理

由量子电动力学[279]描述光子和物质相互作用可有两种量子跃迁概率：一种是自发辐射，即如果原子在能态 n，它可能自发地跃迁到另一比较低能级 m，同时发射出一个光子，其能量为

$$h\nu_{nm}=|E_m-E_n| \tag{6.3.1}$$

如果在某一时刻在能态 n 有 N_n 个原子(这里 m 与 n 表示全部量子数)，则在 1s 时间内辐射的跃迁数为 $A_{nm}N_n$，这里 A_{nm} 为 Einstein 辐射系数(又称自发辐射系数)，它表示在单位时间内原子由高能态 n 自发跃迁到低能态 m 的概率，同时辐射出光子。

另一种是吸收，即在单位时间内，从 m 跃迁到 n 吸收过程的数目与在 m 能态的原子数 N_m 以及频率为 ν_{nm} 的被吸收光子场强度 $I(\nu)$ 成正比，也就是说在 1s 内吸收的跃迁数等于 $B_{mn}N_mI(\nu)$，这里 B_{mn} 为 Einstein 吸收系数(又称吸收系数)，它表示在单位时间内原子从 m 能态跃迁到 n 能态的概率，同时吸收光子。另外，还有感应或诱导辐射，即如果位于能态 n 的原子是在频率为 ν_{nm} 的辐射场内，ν_{nm} 相对应的跃迁是从 $n\to m$，则原子由能态 n 跃迁到能态 m 同时辐射出光子的概率要增加一个 $B_{nm}I(\nu_{nm})$ 量，这里 B_{nm} 为在辐射作用下感应跃迁的概率(又称诱发辐射系数)。如果有 N_n 个原子的能态为 n，则感应跃迁数就等于 $B_{nm}N_nI(\nu_{nm})$；综上所述，如果假定原子和光子处于热平衡状态，则从 $m\to n$ 的跃迁数必定等于从 $n\to m$ 的跃迁数，因此有

$$(A_{nm}+B_{nm}I(\nu_{nm}))N_n=B_{mn}I(\nu_{nm})N_m \tag{6.3.2}$$

通常，将自发辐射系数 A_{nm}、诱发辐射系数 B_{nm} 和吸收系数 B_{mn} 统称为 Einstein 辐射系数，常简称为 Einstein 系数。

另外，在热动平衡状态时[280,281]，两个能态 m 和 n 的原子数的比应遵守 Boltzmann 公式，即

$$\frac{N_n}{N_m}=\frac{g_n}{g_m}\exp\left(-\frac{E_n-E_m}{k_{\mathrm{B}}T}\right)=\frac{g_n}{g_m}\exp\left(-\frac{h\nu}{k_{\mathrm{B}}T}\right) \tag{6.3.3}$$

式中，g_m 和 g_n 分别为相应能态的统计权重。

将式(6.3.3)代入式(6.3.2)，可得在温度为 T 时的黑体辐射强度，即

$$I(\nu_{nm})=\frac{A_{nm}}{\frac{g_m}{g_n}B_{mn}\exp\left(\frac{h\nu}{k_{\mathrm{B}}T}\right)-B_{nm}} \tag{6.3.4}$$

当 $h\nu/(k_{\mathrm{B}}T)\ll 1$ 时，式(6.3.4)应该过渡到经典理论的 Rayleigh-Jeans 公式，即

$$I(\nu_{nm})=\frac{A_{nm}}{\left(\frac{g_m}{g_n}B_{mn}-B_{nm}\right)+\frac{g_m}{g_n}B_{mn}\frac{h\nu}{k_{\mathrm{B}}T}}\rightarrow\frac{2\nu_{nm}^2}{c^2}k_{\mathrm{B}}T \tag{6.3.5}$$

当 $T\rightarrow\infty$ 时，由式(6.3.5)则 $I(\nu_{nm})$ 必定趋于 ∞，即由此推出式(6.3.5)的分母必定趋于零，便得到

$$g_nB_{nm}=g_mB_{mn} \tag{6.3.6}$$

而当 $h\nu/(k_{\mathrm{B}}T)\ll 1$ 时，由式(6.3.6)和式(6.3.5)便能得到 A_{nm}、B_{nm} 与 B_{mn} 之间的关系，即

$$A_{nm}=\frac{2h\nu_{nm}^3}{c^2}B_{nm}=\frac{2h\nu_{nm}^3}{c^2}\frac{g_m}{g_n}B_{mn} \tag{6.3.7}$$

式(6.3.6)和式(6.3.7)便是细致平衡原理的表达式。这里应指出的是，式(6.3.6)和式(6.3.7)是在分立能级跃迁以及热平衡的条件下推出的公式，事实上使用量子电动力学理论可以证明[279]，不使用热平衡条件同样可以推出式(6.3.6)和式(6.3.7)；另外，上述两个式子也可以推广到连续状态的情况。综上所述，细致平衡原理的关系式与原子和光子是否处于热平衡无关[282,283]，而且只要计算出一种系数 A_{nm} 就可以直接求出另外的系数 B_{nm} 和 B_{mn}，显然这个结论对辐射计算十分重要。

在辐射理论与辐射计算中，还有五个定律这里也扼要说明如下：令 I_ν、u_ν、$\boldsymbol{F}_{r\nu}$、I、U、$\boldsymbol{F}_r$ 和 $\boldsymbol{\pi}_r$ 分别定义为谱辐射强度、谱辐射能量密度、谱辐射能流矢量、辐射强度、辐射能量密度、辐射能流矢量和辐射压强张量，其中 u_ν、$\boldsymbol{F}_{r\nu}$、I、$\boldsymbol{U}$、$\boldsymbol{F}_r$ 和 $\boldsymbol{\pi}_r$ 的定义表达式分别为

$$u_\nu=\frac{1}{c}\int_{4\pi}I_\nu\mathrm{d}\boldsymbol{\Omega} \tag{6.3.8}$$

$$\boldsymbol{F}_{r\nu}=\int_{4\pi}I_\nu\boldsymbol{\Omega}\mathrm{d}\boldsymbol{\Omega} \tag{6.3.9}$$

$$I=\int_0^\infty I_\nu\mathrm{d}\nu \tag{6.3.10}$$

$$U=\frac{1}{c}\int_0^\infty\int_{4\pi}I_\nu\mathrm{d}\boldsymbol{\Omega}\mathrm{d}\nu \tag{6.3.11}$$

$$\boldsymbol{F}_r=\int_0^{\infty}\int_{4\pi}I_\nu\boldsymbol{\Omega}\mathrm{d}\boldsymbol{\Omega}\mathrm{d}\nu \tag{6.3.12}$$

$$\boldsymbol{\pi}_r=\frac{1}{c}\int_0^{\infty}\int_{4\pi}\boldsymbol{\Omega}\boldsymbol{\Omega}I_\nu\mathrm{d}\boldsymbol{\Omega}\mathrm{d}\nu \tag{6.3.13}$$

上述这些量在描述辐射场的性质与辐射计算中会经常遇到。下面分别对辐射中常用的五个定律作简要说明：

(1) Planck 定律：它是描述黑体发射光谱所遵循的变化定律，黑体发射的辐射只取决于它的温度。如果以波长 λ 作参量，Planck 定律可写为

$$B_\lambda(T)=\frac{2hc^2}{\lambda^5}\frac{1}{\exp\left(\dfrac{hc}{k_B\lambda T}\right)-1}=\frac{c_1\lambda^{-5}}{\exp\left(\dfrac{c_2}{\lambda T}\right)-1} \tag{6.3.14a}$$

如果以波数 η(即 $\eta=1/\lambda$)作为参量，Planck 定律可写为

$$B_\eta(T)=\frac{2hc^2\eta^3}{\exp\left(\dfrac{hc\eta}{k_B T}\right)-1} \tag{6.3.14b}$$

如果以频率 ν(即 $\nu=c/\lambda$)作参量，Planck 定律可写为

$$B_\nu(T)=\frac{2h\nu^3}{c^2}\frac{1}{\exp\left(\dfrac{h\nu}{k_B T}\right)-1} \tag{6.3.14c}$$

式(6.3.14a)中，c_1 与 c_2 分别为 Planck 定律的第一辐射常数和第二辐射常数，其表达式为

$$c_1=2\pi hc^2,\quad c_2=\frac{hc}{k_B} \tag{6.3.14d}$$

式(6.3.14)中，c 为真空中的光速，即 $c=2.99792458\times10^8\,\mathrm{m/s}$；如果黑体处在介质中，令介质的折射率为 n，由于介质中的光速变为真空中光速的 $1/n$，因此介质中射线波长 λ_m 应为

$$\lambda_m=\frac{\lambda}{n} \tag{6.3.15a}$$

于是用 λ_m 作为参量时，介质中的 Planck 定律可写为

$$B_{\lambda m}(T)=\frac{c_{1m}\lambda_m^{-5}}{\exp\left(\dfrac{c_{2m}}{\lambda_m T}\right)-1} \tag{6.3.15b}$$

式中，c_{1m}和 c_{2m}分别为介质中 Planck 定律的第一辐射常数和第二辐射常数，其表达式为

$$c_{1m}=\frac{c_1}{n^2},\quad c_{2m}=\frac{c_2}{n} \tag{6.3.15c}$$

(2) Wien 位移定律：该定律描述了黑体的峰值波长(即函数 $B_\lambda(T)$取最大值时所对应的 λ 记为 $\lambda_{\max}$)与绝对温度 T 呈反比关系。Wien 位移定律的表达式为

$$\lambda_{\max}T=K_W=2897.79\,\mu\mathrm{m}\cdot\mathrm{K} \tag{6.3.16a}$$

式中，K_W 为 Wien 位移定律中的常数。

特别需要注意的是，如果将 $B_\nu(T)$ 取最大值时所对应的 ν 记为 ν_{max} 时，并将 c/ν_{max} 记作 λ'_{max}，可以发现：

$$\lambda'_{max} \neq \lambda_{max} \tag{6.3.17}$$

之所以如此，是因为波长和频率之间的非线性关系。类似于式(6.3.16)的推导，可得到

$$\frac{\nu_{max}}{T} = K_{W_\nu} = 5.8789 \times 10^{10}\,\mathrm{Hz/K} \tag{6.3.18}$$

借助于类似的推导，可获得介质中的 Wien 位移定律的表达式为

$$n\lambda_{m,max}T = 2897.79\,\mu\mathrm{m} \cdot \mathrm{K} \tag{6.3.16b}$$

式中，$\lambda_{m,max}$ 为介质中黑体辐射的峰值波长。

(3) Stefan-Boltzmann 定律：它给出了能量收支中的一个重要参量——黑体发射的宽带辐照度。有如下关系式成立：

$$\pi\int_0^\infty B_\lambda(T)\mathrm{d}\lambda = \frac{2k_B^4\pi T^4}{h^3c^2}\int_0^\infty \frac{x^3}{\exp(x)-1}\mathrm{d}x = \frac{2k_B^4\pi^5}{15h^3c^2}T^4 = \sigma T^4 \tag{6.3.19a}$$

式中，σ 为 Stefan-Boltzmann 常量，即

$$\sigma = \frac{2\pi^5k_B^4}{15c^2h^3} = 5.671 \times 10^{-8}\,\mathrm{W/(m^2 \cdot K^4)} \tag{6.3.19b}$$

同样，在介质中的 Stefan-Boltzmann 定律，有

$$\pi\int_0^\infty B_{\lambda m}(T)\mathrm{d}\lambda_m = n^2\sigma T^4 \tag{6.3.20}$$

(4) Kirchhoff 定律：即在热力学平衡态下，如果物体吸收波数为 ν 的辐射能，它也将发射同样波数的辐射能。换句话说，任何物质的发射本领和它的吸收系数之比有如下关系：

$$\frac{I_\nu}{\alpha(\nu)} = B_\nu(T) \tag{6.3.21}$$

式中，$B_\nu(T)$ 的定义同式(6.3.14c)。

在使用 Kirchhoff 定律时应注意：①整个系统应该处于热力学平衡态；②吸收率与发射率必须是同温度下的值；③物质吸收率的投射辐射源必须是与该物质同温的黑体。

(5) Lambert-Bouguer 定律：也称 Beer 定律，描述了在不考虑多次散射和发射贡献的情况下，光谱辐射强度 I_λ 沿传递行程的变化规律，其表达式为

$$\mathrm{d}I_\lambda = -\beta(\lambda,S)I_\lambda\mathrm{d}S \tag{6.3.22a}$$

式中，$\beta(\lambda,S)$ 为光谱衰减系数，它由光谱吸收系数 $K_a(\lambda,S)$ 和光谱散射系数 $K_s(\lambda,S)$ 组成，即

$$\beta(\lambda,S) = K_a(\lambda,S) + K_s(\lambda,S) \tag{6.3.22b}$$

式中，S 为光线穿过的路径。

将式(6.3.22a)积分，可得

$$I_\lambda(S)=I_\lambda(0)\exp\left[-\int_0^S\beta(\lambda,S')\mathrm{d}S'\right] \tag{6.3.22c}$$

式中，$I_\lambda(0)$代表 S 取 0 时 $I_\lambda(S)$的值。

式(6.3.22c)表明，在不考虑多次散射和发射贡献时，光谱辐射强度 I_λ 沿行程以指数规律衰减。

6.3.3 吸收系数、原子微观截面与布居数间的关系

在忽略散射时，光子辐射输运方程可以写为如下形式：

$$\begin{aligned}&\frac{1}{c}\frac{\partial I(\nu_{nm})}{\partial t}+\boldsymbol{\Omega}\cdot\nabla I(\nu_{nm})\\&=h\nu_{nm}\sum_{n,m}N_nA_{nm}+h\nu_{nm}\sum_{n,m}N_nB_{nm}I(\nu_{nm})-h\nu_{nm}\sum_{n,m}N_mB_{mn}I(\nu_{nm})\end{aligned} \tag{6.3.23a}$$

由式(6.3.23a)等号右侧的第一项和第三项与式(3.2.3)等号右侧的第三项和第二项，可得到源函数 S^*、吸收系数 K_a 与 Einstein 系数 A_{nm}、B_{mn}间的关系，即

$$j(\nu_{nm})=h\nu_{nm}S^*=h\nu_{nm}\sum_{n,m}N_nA_{nm} \tag{6.3.23b}$$

$$K_\mathrm{a}(\nu_{nm})=h\nu_{nm}\sum_{n,m}N_mB_{mn} \tag{6.3.23c}$$

将式(6.3.23a)等号右侧的第二项与第三项合并整理，最后式(6.3.23a)变为

$$\begin{aligned}&\frac{1}{c}\frac{\partial I(\nu_{nm})}{\partial t}+\boldsymbol{\Omega}\cdot\nabla I(\nu_{nm})\\&=h\nu_{nm}\sum_{n,m}(N_nA_{nm})-h\nu_{nm}\left[\sum_{n,m}N_mB_{mn}I(\nu_{nm})\right]\left[1-\frac{\sum\limits_{n,m}N_nB_{nm}I(\nu_{nm})}{\sum\limits_{n,m}N_mB_{mn}I(\nu_{nm})}\right]\end{aligned} \tag{6.3.23d}$$

如果假定介质处于热平衡态，由式(6.3.3)和式(6.3.6)可得到

$$N_nB_{nm}=N_mB_{mn}\exp\left(-\frac{h\nu}{k_\mathrm{B}T}\right) \tag{6.3.23e}$$

借助于式(6.3.23e)、式(6.3.23b)和式(6.3.23c)，则式(6.3.23d)可近似为

$$\frac{1}{c}\frac{\partial I(\nu_{nm})}{\partial t}+\boldsymbol{\Omega}\cdot\nabla I(\nu_{nm})\approx h\nu_{nm}\sum_{n,m}(N_nA_{nm})-K_\mathrm{a}'(\nu_{nm})I(\nu_{nm}) \tag{6.3.23f}$$

式中，

$$K_\mathrm{a}'(\nu_{nm})=K_\mathrm{a}(\nu_{nm})\left[1-\exp\left(-\frac{h\nu_{nm}}{k_\mathrm{B}T}\right)\right] \tag{6.3.23g}$$

另外，由吸收系数 $K_{\mathrm{a}\eta}(\nu_{nm})$与原子微观吸收截面 $\sigma_{\mathrm{a}\eta}(\nu_{nm})$间的关系，有

$$K_{a\eta}(\nu_{nm})=\sum_{m}N_{m}\sigma_{a\eta}(\nu_{nm}) \tag{6.3.23h}$$

式中，N_m 为第 m 能级的数密度；ν_{nm}的含义同式(6.3.1)。

另外，发射系数可以由自发跃迁概率系数 A_{ur} 求得，即

$$j_{\eta}=\sum_{u}\left[N_{u}\sum_{r}(hc\eta_{ur}A_{ur})\right] \tag{6.3.23i}$$

式中，u 为发射能级；N_u 为第 u 能级的数密度；η_{ur}为谱线中心的波数；A_{ur}为自发跃迁概率系数。

因此，只要知道了原子的吸收截面和布局数，则由式(6.3.23h)便可求出吸收系数。借助于式(6.3.23c)和式(6.3.23h)又可以建立 Einstein 系数和微分截面之间的关系。需要说明的是，气体辐射的吸收和发射是大量的原子分子能级间辐射跃迁的结果，其光谱特征包含在吸收系数和发射系数之中。由式(6.3.23h)可以看出，吸收系数是由能级 m 的数密度 N_m 与吸收截面 $\sigma_a(\nu_{nm})$乘积并对所有能级求和得到的。发射系数可以借助于自发跃迁概率数得到，也可以借用 Kirchhoff 定律得到(对于热力学平衡态)。对于非平衡态，发射系数 j_η 可用式(6.3.24)计算：

$$j_{\eta}=K_{a\eta}E_{b\eta}(T) \tag{6.3.24}$$

式中，$K_{a\eta}$为吸收系数，下角标 η 为波数；$E_{b\eta}$为黑体光谱辐射力。对于非平衡态使用式(6.3.24)时，只能用于单个的跃迁过程，并且温度 T 也应是此跃迁过程时的激发温度。

高超声速飞行器的再入过程多处于高温、低密度的环境，再入体周围气体往往会产生各种形式的能量激发、能级跃迁、离解、电离和各种化学反应等过程[5,65,139]，伴随着多时间尺度(流动时间尺度、振动激发和化学反应时间尺度)的变化，可能会出现振动和化学平衡流动、非平衡流和冻结流动[30]。在高超声速再入飞行中，由于空气密度很低，原子、分子、离子间的碰撞会不充分，空气组元之间的碰撞概率较小，再加之高速度又会导致空气组元的运动时间缩短，使得气体分子的平动、转动、振动和电子激发等热力学能量来不及通过碰撞交换能量使之平衡，因此可能要经历相对长一点时间的热力学非平衡态[5,17]。因此与上述现象相伴随的辐射过程也表现出以下一些特点：

(1) 辐射光谱范围宽，从紫外、可见光到红外的多波段性。

(2) 由于多种组元参与到吸收与发射过程中，因此多种辐射形式并存(如束缚-束缚跃迁、束缚-自由跃迁、自由-束缚跃迁、自由-自由跃迁以及化学发光辐射)，这必然会涉及谱线吸收概率、光电吸收截面、复合辐射截面、轫致辐射截面、化学反应截面的概念以及能够描述光子、电子、原子和分子相互碰撞(包括弹性碰撞、非弹性碰撞等)作用的各类微分截面的计算问题[284]。

(3) 处于热力学非平衡态下各种能量模式的松弛过程使各组分在各个能态下的数密度不可能符合平衡态下的 Boltzmann 分布规律和 Saha 方程。近 20 年来的

辐射研究表明：由于非平衡现象的存在，可以导致气体的辐射能力提高2～15倍[285]。因此，非平衡态下对能级分布的准确描述以及非平衡态下布居数的计算，便成为高温、高速飞行时辐射输运方程中吸收系数计算的关键。

(4) 伴着高超声速飞行器飞往地外星球（如火星、木星、土星）的需要，更高的飞行速度使得多组元化学非平衡问题变得更加复杂，因此高超声速气动力学的研究[5,14,16]必将越来越成为航天科学的热点。随着人类迈向太空步伐的加速[286,287]，辐射传热问题对飞行器的热防护也将越来越重视，辐射加热在气动热中所占的份额地位也将变得非常重要。例如，计算表明：当空间探测器进入木星(Jupiter)大气层时，辐射加热将占总加热量的95%以上。因此开展广义Navier-Stokes方程组与辐射输运方程耦合求解必将成为一个大的发展趋势。求解多组分、非平衡态、有化学反应、考虑辐射对运动方程和能量方程影响的广义气动热力学方程组，便成为流体力学工作者的重要研究方向之一。

对于有S种组分的混合物总吸收系数，发射系数分别为

$$K_{a\eta}=\sum_{S}K_{a\eta,S}=\sum_{S}\sum_{m}K_{a\eta,S}^{m} \tag{6.3.25}$$

$$j_{\eta}=\sum_{S}j_{\eta,S}=\sum_{S}\sum_{m}j_{\eta,S}^{m} \tag{6.3.26}$$

式中，下角标η代表波数；S代表某一组元；m代表某一辐射跃迁机理，其中包括原子束缚-束缚跃迁、束缚-自由跃迁，离子自由-自由跃迁，分子的电子谱带系跃迁；$K_{a\eta}$和j_{η}分别代表吸收系数和发射系数。

这里还应指出，式(6.3.23h)中的$\sigma_{a\eta}$和式(6.3.23i)中的A_{ur}都是单个原子分子的微观参数，宏观的热力学状态对其没有影响。因此，热力学非平衡态气体吸收系数$K_{a\eta}$、发射系数j_{η}的计算便可以归纳为对非平衡态能级的数密度和单个原子分子微观参数的计算，这是进行非平衡态气体吸收系数和发射系数计算的基本出发点。

6.3.4　非平衡辐射吸收系数的计算

高超声速飞行和再入的气动热力学问题是多组分、非平衡态的流体力学问题，在那里常发生多组分多种形式的量子辐射跃迁过程。由量子力学、量子统计理论[264]和光谱学可知，单个原子或分子的辐射性质是不随宏观热力学的温度变化的，温度对辐射的影响是通过能级数密度来实现的，这就是说，单个原子或分子的辐射性质取决于原子或分子的结构[288,289]，因此辐射吸收系数的计算既包含辐射光谱的计算，又包括数密度的计算。

在Born-Oppenheimer近似下，双原子以上气体分子内部的总能量E可表示为

$$E=E_{e}+E_{V}+E_{r} \tag{6.3.27}$$

式中，E_{e}、E_{V}和E_{r}分别表示不同轨道上电子运动的能量、分子中原子在平衡位置的振动能量和分子转动能量。高温时气体的性质受振动激发、离解、电子激发和电

离的影响非常大。不同的能量模式可能不在同一个时间尺度(如流动驻留时间)内一起松弛到平衡态。若不考虑辐射,则非平衡松弛到平衡的过程主要通过气体粒子间的相互碰撞来传递能量。按照动理学理论,只有两个碰撞体的质量接近时,两个粒子相互碰撞能量传递效率才是最高的。

对于平动能激发松弛(包括自由电子平动能以及重粒子的平动能过程),电子与重粒子(原子、分子、离子)碰撞的动能交换是最小的,但电子与电子的碰撞传能效率非常高,自由电子平动能可以非常快地达到一种类 Boltzmann 分布,建立自由电子平动温度。同样,重粒子与重粒子碰撞的传能效率也是非常高的,重粒子平动量也可以很快达到一种类 Blotzmann 分布,建立重粒子平动温度。

转动能激发松弛过程主要是借助于重粒子的碰撞去实现,电子碰撞不起作用。当碰撞对的质量接近时,转动激发效率最高,即若碰撞粒子与分子中的原子质量接近,则转动优先激发。通常,转动能级差很小,仅需几次或几十次碰撞即可达到 Boltzmann 分布,因此转动温度很快建立。另外,只需很少次数的碰撞便可使平动温度和转动温度很快达到一个统一的温度。

对于电子能态激发松弛过程,文献[290]的研究表明:在 5000～50000K 的温度内,自由电子碰撞引起电子态激发速率系数比重粒子碰撞引起的电子态激发速率系数要大 10 倍以上的数量级。之所以如此是因为两种碰撞激发松弛的具体过程是不同的。自由电子可以直接与重粒子中的一个束缚电子碰撞,非常有效地把能量传递给束缚电子,将其激发到更高能级轨道上去。有时自由电子甚至可以把束缚电子撞出去成为自由电子,而自由电子降低了能量,占据了束缚电子的轨道成为束缚电子。重粒子碰撞引起电子激发过程则需要经历转动能、振动能激发,再到电子能激发,这一过程很慢。在 5000K 以下时,很少有自由电子产生,重粒子碰撞是引起电子激发的主要机理。通常,在 Mach 数低于 4 时一般电子数密度 N_e 远小于重粒子密度 N_h(即 $N_e/N_h \ll 10^{-6}$),此时可以不考虑电子碰撞激发的影响。

对于振动能态激发松弛过程,电子碰撞和重粒子碰撞均可以引起振动态激发。但是,两种碰撞效应的相对重要性,目前仍未获得有效的证实数据。而振动态—电子态和电子态—自由电子平动态的能量传递无疑是最终自由电子动能和重粒子动能达到完全平衡的主要机理。

综上所述,非平衡态向平衡态松弛的历程可归纳为如下三点:①首先是建立重粒子平动态和自由电子平动态,即建立重粒子平动温度和自由电子平动温度;②重粒子平动态和转动态建立平衡,这一过程所需时间非常短,可以认为在平动态建立平衡的同时即与转动态建立了平衡。与此同时,自由电子和电子激发态也很快达到平衡。由于电子碰撞引起的电子激发态能级松弛时间非常短,可以认为电子激发温度和自由电子平动温度很快便达到了平衡。因此,在重粒子平动态—转动态、自由电子平动态—电子态分别建立平衡后,向统一的平衡温度的松弛过程必然要依靠振动能量的传递去实现；③假设振动态也可建立一种平衡，可用一个振动温度表示，并且认为在向统一的平衡态松弛过程的每一个时间上，各种能量模式都很快建立了各自的平衡态，即认为每一种能量模式的松弛都很快达到各自控制温度下的平衡态，也就是说电子能级、振动能级以及转动能级的数密度分布分别符合用电子温度 T_e、振动温度 T_V 以及转动温度 T_r 表达的 Boltzmann 分布。需注意的是，这里自由电子平动温度与电子温度相同，重粒子平动温度与转动温度相同。显然，这里用 3 个温度（T_e、T_V 和 T_r）去描述每一个非平衡状态就避免了求解复杂的速率方程。对于高超声速、高温空气动力学和气动物理以及高温非平衡绕流问题，早在 20 世纪 80 年代便引起了科学界的关注。当飞行器以 7～10km/s 的速度进入地球外部大气层时，飞行器周围流动的热化学状态已不再是化学平衡和热力学平衡状态。在高空、低密度飞行中，出现了以有限速率进行的化学反应和由于高温而导致的电离现象。在电离气体中，电子温度明显偏离重粒子的平动温度，分子的振动温度也偏离了平动温度，于是产生了一个同时存在的化学非平衡和热力学非平衡环境，Park 详细研究过这类环境[17]，Lee[291]给出了这类流场的控制方程并将其广泛用于航天器高超声速飞行的绕流问题中。当航天器在 80km 或者更高的高空再入地球大气层时，那时飞行的 Mach 数高达 20～30。在这种条件下热化学非平衡效应已经十分严重，而 20 世纪 80～90 年代时地面的试验设备又绝对不可能模拟出这样的流动状态和环境，而人类要进行这类高超声速飞行器的气动设计，除进行必要的飞行试验外，更迫切需要流体力学家提供上述环境与状态下飞行器所承受的气动力和气动热载荷。这时人们才真正感到了高温非平衡态绕流问题的重要性，而双温度模型[292]、多温度模型[293]、双态模型[294]以及前面讲述的三温度模型恰在这时为这类流场的数值计算提供了有力工具。

引入三种温度即重粒子平动-转动温度 T_r、振动温度 T_V、电子平动以及电子温度 T_e，获得了非平衡态能级的数密度，在此基础上便可以去计算非平衡态辐射吸收系数，其计算可分如下三个步骤：

(1) 首先，计算每种辐射情况的高态和低态能级。这里分两种情况：对于原子谱线辐射，可根据其确定的谱线得到；对于分子波段辐射，可通过振动常数和转动常数间接得出。而后才能决定高超声速流场中气相的各种组分辐射的波长。

(2) 计算强度因子。这里分几种情况：对于原子谱线，可借助于 Einstein 辐射系数得到；对于分子谱线，以电子跃迁过程的形式给出，可用 Franck-Condon 因子以及 $|\boldsymbol{R}_e|^2$（即相应谱带系电子跃迁矩阵元的平方）等进行表达[295～298]；对于自由-束缚和自由-自由连续光谱，则借助于吸收截面给出。

(3) 完成随波长或频率的发射系数和吸收系数的计算。为了进一步说明这个步骤的有关计算过程，以下分三种情况扼要给出辐射吸收系数的典型计算模式。

① 束缚-束缚跃迁。

束缚-束缚跃迁是指电子在原子或分子的量子化能级状态中的跃迁，它导致线谱或带谱。对于原子情况，电子在原子周围运动的不同量子化能级状态中跃迁，这种跃迁产生线谱。在量子力学中，线谱的吸收系数可由 Einstein 系数 B_{mn} 给出

$$B_{mn}=\frac{1}{h\nu_{mn}}\int(\sigma)_{\nu_{mn}}\mathrm{d}\nu \tag{6.3.28}$$

式中，$(\sigma)_{\nu_{mn}}$ 表示当电子跃迁 $n\to m$ 时，对于频率 ν_{mn} 的有效吸收截面；h 为 Planck 常量。

束缚-束缚跃迁时吸收系数 $K_{a\eta}$ 为

$$\begin{aligned}K_{a\eta}&=(N_nB_{nm}-N_mB_{mn})hc\eta_{nm}F(\eta)\\&=\left(1-\frac{N_mg_n}{N_ng_m}\right)N_nB_{nm}hc\eta_{nm}F(\eta)\end{aligned} \tag{6.3.29}$$

式中，η_{nm} 为谱线中心波数；B_{nm} 为 Einstein 诱发辐射系数；g_n 与 g_m 为 n 态与 m 态的简并度；N_n 与 N_m 分别表示原子处在 n 能态与 m 能态时的数密度；$F(\eta)$ 为谱线线性因子。

另外，在式(6.3.29)中，已经使用了 Einstein 系数关系，即

$$g_nB_{nm}=g_mB_{mn} \tag{6.3.30}$$

② 束缚-自由跃迁和自由-束缚跃迁。

束缚-自由跃迁是指中性原子或分子与电离状态的分子或原子之间的转换。在这种跃迁中，不是初态就是终态总要包含一个自由电子。通过吸收光量子，电子获得能量逃逸核的束缚成为自由电子。吸收光量子激发电子的称光电离，这一过程为光电吸收过程，其反应式为

$$A+h\nu\to A^{+}+e^{-} \tag{6.3.31a}$$

其逆过程称为光复合，即离子俘获自由电子，导致光量子的发射，这一过程为复合辐射过程，其反应式为

$$A^{+}+e^{-}\to A+h\nu \tag{6.3.31b}$$

由于自由电子可具有任意的正的能量，因此束缚-自由跃迁给出连续的光谱。令 $\sigma_{\mathrm{bf},n}(\eta)$ 为 n 束缚态的光电吸收截面(这里下角标 bf 代表光电吸收过程)，N_n 为 n 态的束缚电子数密度，于是 n 束缚态的光电吸收系数 $\mu_{\mathrm{bf},n}$ 为

$$\mu_{\mathrm{bf},n}(\nu)=N_n\sigma_{\mathrm{bf},n}(\nu) \tag{6.3.32a}$$

吸收 $h\nu$ 光子的总光电吸收系数为

$$\mu_{\mathrm{bf}}(\nu)=\sum_{I_n\leqslant h\nu}\mu_{\mathrm{bf},n}(\nu) \tag{6.3.32b}$$

注意式(6.3.32b)对各 n 态求和，不过要加上 $I_n\leqslant h\nu$ 这个条件，这里 I_n 为 n 态束缚电子的电离能，也称阈能。对于类氢近似时，由于

$$I_n=\frac{Z^2}{n^2}I_H \tag{6.3.32c}$$

式中，Z 为原子电荷数目；n 为主量子数。

$$I_H = \frac{2\pi^2 m_e e^4}{h^2} = 13.6\text{eV} \tag{6.3.32d}$$

式中，m_e 为电子的质量；e 为电子电荷；h 为 Planck 常量。

对于复合辐射过程，令某 n 态的复合截面为 $\sigma_{fb,n}$，这里下角标 fb 代表复合辐射过程，于是复合辐射系数 $j_{fb}(\nu)$ 为

$$j_{fb}(\nu) = N_e N \sum_{n}^{I_n \leqslant h\nu} \frac{h^2 \nu}{m_e} \frac{\sigma_{fb,n}(\nu)}{4\pi} f(\hat{v}) \tag{6.3.33a}$$

式中，N 为原子数密度；N_e 为自由电子数密度；$f(\hat{v})$ 为关于速度 $\hat{v}$ 的速度分布函数，这里取为 Maxwell 分布函数，即

$$f(\hat{v}) = 4\pi\left(\frac{m_e}{2\pi k_B T}\right)^{\frac{3}{2}} \exp\left(-\frac{m_e \hat{v}^2}{2k_B T}\right)\hat{v}^2 \tag{6.3.33b}$$

③ 自由-自由跃迁。

自由电子自身不能吸收光量子，它必须要有载体，如离子、原子或分子。当电子接近载体时，电子受到 Coulomb 力或其他力的作用使得电子的速度和方向发生改变而发散或吸收光量子。当电子与载体（如离子或原子、分子）相互作用时辐射出光子的现象称为韧致辐射，其跃迁的反应式为

$$A^+ + e \longrightarrow A^+ + e + h\nu \tag{6.3.34a}$$

或者中性原子场中改变速度时，有

$$A + e \longrightarrow A + e + h\nu \tag{6.3.34b}$$

当电子与载体相互作用时，吸收光子的现象称逆韧致辐射吸收，其跃迁反应式为

$$h\nu + e + A^+ \longrightarrow e + A^+ \tag{6.3.34c}$$

对于类氢原子，令自由-自由吸收截面 $\sigma_{ff}(\nu)$，于是吸收截面乘以原子数密度 N 便得到逆韧致辐射吸收系数 K_{ff} 为

$$K_{ff} = N \cdot \sigma_{ff}(\nu) \tag{6.3.34d}$$

写的详细些，便有[299]

$$K_{ff}(\nu) = N_e N \frac{4}{3}\left(\frac{2\pi}{3m_e k_B T}\right)^{\frac{1}{2}} \frac{Z^2 e^6}{hcm_e \nu^3} \tag{6.3.34e}$$

式中，m_e 为电子的质量；Z 为核电荷数；e 为电子电荷；N 与 N_e 分别为原子数密度与自由电子数密度；h 为 Planck 常量。

类似地，可得到韧致辐射系数 $j_{ff}(\nu)$ 为[299]

$$j_{ff}(\nu) = N_e N \frac{8}{3}\left(\frac{2\pi}{3m_e k_B T}\right)^{\frac{1}{2}} \frac{Z^2 e^6}{m_e c^3} \exp\left(-\frac{h\nu}{k_B T}\right) \tag{6.3.34f}$$

现在对这几种典型模式的吸收系数进行比较：自由电子对吸收系数的贡献不受频率的限制，而束缚电子则需要一定的频率。束缚-自由和自由-自由贡献的比例取决于游离的程度。在低温时，自由电子很小，主要是束缚-自由吸收为主。在极

高温时,大部分电子已游离,所以便以自由-自由为主。但对于重元素,自由-自由吸收往往要比光电吸收小,例如,当温度达 100keV 时,光电吸收往往比自由-自由吸收的贡献大几个数量级。因此,一般在辐射流体力学中,往往只考虑光电吸收。

6.3.5 高超声速飞行中高温流场的辐射吸收系数

飞行器在高超声速飞行与再入过程中,周围空气处于高温离解、电离状态,流体含有 N_2、O_2、NO、N、O、N_2^+、O_2^+、N^+、O^+、NO^+、NO_2^+ 以及 e^- 等组元。这些组分的跃迁机制不同,使高温空气产生了原子谱线辐射、分子谱带辐射以及连续辐射等类型。以下面五个化学发光反应为例

$$O+O+M_1 \rightleftharpoons O_2+M_1+h\nu_1 \tag{6.3.35a}$$

$$N+N+M_2 \rightleftharpoons N_2+M_2+h\nu_2 \tag{6.3.35b}$$

$$N+O+M_3 \rightleftharpoons NO+M_3+h\nu_3 \tag{6.3.35c}$$

$$N+O_2 \rightleftharpoons NO+O+h\nu_4 \tag{6.3.35d}$$

$$NO+O \rightleftharpoons NO_2+h\nu_5 \tag{6.3.35e}$$

式(6.3.35a)的反应产生 O_2 的 S-R 带系辐射;式(6.3.35b)的反应产生 N_2 的 L-R 余辉辐射,以可见光为主;式(6.3.35c)的反应产生 NO 余辉辐射,有 β、γ、δ 等 3 个带系,主要分布在可见光与紫外区上;式(6.3.35d)的反应产生 NO 的转动-振动带系,主要分布在红外区上;式(6.3.35e)的反应产生 NO_2 的连续谱辐射,从 0.3875～1.4μm,峰值在 0.65μm 处。

值得注意的是,这里应说明一下连续谱、线谱、带谱对吸收系数的贡献。通常,连续谱包括原子系统(原子、分子和离子)的韧致辐射(自由-自由跃迁)和原子分子的光电辐射(束缚-自由跃迁);线谱包括 N 和 O 的电子跃迁;带谱应包括 NO 的 β 带系、NO 的 γ 带系、N_2 的第一正态带系、O_2 的 S-R 带系、NO_2 的连续谱带系和热辐射带系等。根据频谱 ν 的具体值,分别计算出属于这一频率的连续谱辐射吸收系数(记作 K_ν^A)、线谱辐射吸收系数(记作 K_ν^B)和带谱辐射吸收系数(记作 K_ν^C),于是高温流场热空气的吸收系数(记作 K_ν)便可写为

$$K_\nu = K_\nu^A + K_\nu^B + K_\nu^C \tag{6.3.36}$$

6.3.6 5 种典型谱带模型的方程与谱线轮廓

气体辐射特性参数的计算,常以温度和气体所处的热力学状态进行划分,如将 3000K 以下划分为中高温、3000K 以上并且几万 K 以下划分为高温、几万 K 以上划分为极高温。对于处于热力学平衡态的中高温气体(如 CO_2、H_2O、CO、SO_2、NO、NO_2 等),其辐射光谱多集中于红外区。3000K 以上高温或极高温气体的辐射多与高超声速飞行、核爆炸、激光与物质作用以及等离子体加热过程相联系。在高温下,气体内部自由度被激发,会导致离解甚至电离发生。由于各种过程的松弛

时间不同，气体将经历热力学的非平衡态。

20 世纪 50 年代以来，随着航天技术的发展，当时许多高温、高压极端条件下气体的性能参数无法用试验手段获得，因此科学家开始采取物理力学的手段[7]，用原子与分子物理学中的辐射理论研究气体辐射，并借鉴了天体物理学和大气辐射研究中常用的光谱方法，于是出现了谱带模型法[69,300]、逐线计算法（line-by-line method，LBLM）[65,68,301]以及窄谱带模型法（narrow band model，NBM）和宽谱带模型法（wide band model，WBM）[302~305]等。在进行多原子分子辐射问题计算时，逐线计算法和谱带模型方法是通常使用的两大基本方法。谱带模型法包括窄谱带模型法和宽谱带模型法，它们都属于光谱方法。通常逐线计算法的光谱分辨率最高，其光谱间隔尺度（波数）在 0.0002～0.02cm^{-1}；窄谱带模型法的光谱间隔尺度在5～50cm^{-1}；宽谱带模型法的光谱间隔尺度在 100～1000cn^{-1}；如果将整个光谱作为一个间隔，并假定其辐射特性为常数，这时便为灰气体近似。用高分辨率的光学仪器观察分子的红外光谱时发现，分子光谱的每一个谱带都是由许多挤在一起的谱线组成的。在谱线中心，强度最大，往两侧伸展则强度逐渐减弱[306~308]。这里给出 5 种典型谱带模型曲线，即 Lorentz 模型、Doppler 模型、Voigt 模型、Elsasser 模型和统计模型，如图 6.4 和图 6.5 所示。

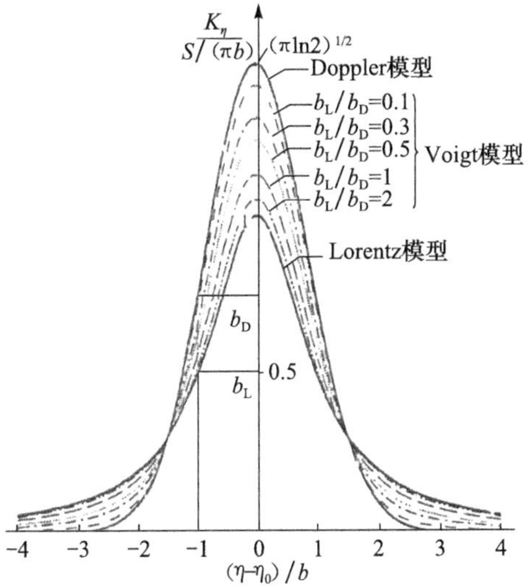

图 6.4　三种典型谱带模型曲线

下面详细讨论前四种模型。

1. Lorentz 模型

Lorentz 模型主要描述中等温度和较高压强下光谱线的碰撞增宽效应。在一

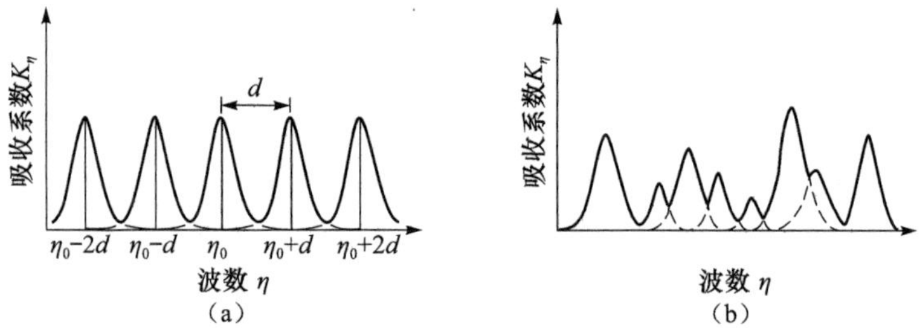

图 6.5　Elsasser 模型和统计模型曲线

定压强下，组成气体的分子、原子或离子处于相互碰撞的状态中。试验表明，仅在两次相继碰撞的时间间隔内，粒子才能进行自发发射。一个正处于自发射状态的粒子，一旦受到碰撞就立即停止了按原来规律的继续发射，结果导致发射辐射的相位变化，导致了谱线增宽效应，碰撞增宽称为 Lorentz 增宽。令这种碰撞增宽谱线的吸收系数为 $K_{\mathrm{a,L}}(\eta)$，其表达式为[309]

$$K_{\mathrm{a,L}}(\eta)=\frac{S_{\mathrm{L}}}{\pi}\frac{b_{\mathrm{c}}}{(\eta-\eta_0)^2+b_{\mathrm{c}}^2} \tag{6.3.37a}$$

$$S_{\mathrm{L}}\equiv\int_{\Delta\eta}K_{\mathrm{a},\eta}\mathrm{d}\eta \tag{6.3.37b}$$

$$b_{\mathrm{c}}=\frac{2}{\sqrt{\pi}}\frac{D^2P}{\sqrt{mk_{\mathrm{B}}T}}=b_{\mathrm{c0}}\frac{P}{P_0}\sqrt{\frac{T_0}{T}} \tag{6.3.37c}$$

式中，η 为波数；b_{c} 为气体碰撞增宽的半宽，cm^{-1}，它是温度 T 和压强 P 的函数；b_{c0} 为参考压强 P_0 和参考温度 T_0 时的半宽，其值可由 HITRAN 数据库获得；S_{L} 为吸收或发射线强度，该值可由式(6.3.37b)给出；m 和 D 为分子的质量和它的有效直径。另外，$K_{\mathrm{a,L}}(\eta)$中的下角标 L 代表 Lorentz 模型。

2. Doppler 模型

Doppler 增宽是由分子运动的 Doppler 效应引起的，当气体处于高温状态时，气体中的原子和分子进行高速运动，其速度大到应考虑相对论效应的程度。由于相对论效应使跃迁频率发生移动，由此产生了光谱线的增宽效应。按 Doppler 原理，有

$$\eta-\eta_0=\eta_0\frac{\boldsymbol{V}\cdot\hat{\boldsymbol{S}}}{c} \tag{6.3.38}$$

式中，$\boldsymbol{V}$ 为发射者的速度；$\hat{\boldsymbol{S}}$ 为从发射者到观察者方向上的单位矢量；c 为光速。

令 Doppler 模型的吸收系数为 $K_{\mathrm{a,D}}(\eta)$，其表达式为[68,298]

$$K_{\mathrm{a,D}}(\eta)=\sqrt{\frac{\ln 2}{\pi}}\frac{S_D}{b_{\mathrm{D}}}\exp\left[-\ln 2\left(\frac{\eta-\eta_0}{b_{\mathrm{D}}}\right)^2\right] \tag{6.3.39a}$$

$$b_{\mathrm{D}}=\frac{\eta_0}{c_0}\sqrt{\frac{2k_{\mathrm{B}}T}{m}\ln 2} \tag{6.3.39b}$$

式中，S_{D} 为谱线强度；b_{D} 为 Doppler 模型的半宽；m 为分子的质量。另外，式(6.3.29a)中 $K_{\mathrm{a,D}}(\eta)$的下角标D代表Doppler模型。

3. Voigt 模型

首先引入Lorentz模型和Doppler模型的形状因子 $f_{\mathrm{L}}(\eta-\eta_0)$和 $f_{\mathrm{D}}(\eta-\eta_0)$，其表达式分别为

$$f_{\mathrm{L}}(\eta-\eta_0)=\frac{1}{\pi}\frac{b_{\mathrm{c}}}{(\eta-\eta_0)^2+b_{\mathrm{c}}^2} \tag{6.3.40a}$$

$$f_{\mathrm{D}}(\eta-\eta_0)=\frac{1}{b_{\mathrm{D}}}\sqrt{\frac{\ln 2}{\pi}}\exp\left[-\ln 2\left(\frac{\eta-\eta_0}{b_{\mathrm{D}}}\right)^2\right] \tag{6.3.40b}$$

将 f_{L} 和 f_{D} 在波数 η'域做卷积运算便得到Voigt模型的形状因子 $f_{\mathrm{V}}(\xi)$，其表达式为

$$f_{\mathrm{V}}(\xi)=\int_{-\infty}^{\infty}f_{\mathrm{L}}(\xi-x)f_{\mathrm{D}}(x)\mathrm{d}x \tag{6.3.40c}$$

式中，

$$\xi=\eta-\eta_0,\quad x\equiv\eta_0'-\eta_0,\quad \xi-x=\eta-\eta_0' \tag{6.3.40d}$$

于是Voigt模型的吸收系数 $K_{\mathrm{a,V}}(\eta-\eta_0)$为[68,310]

$$K_{\mathrm{a,V}}(\eta-\eta_0)=S_{\mathrm{V}}\int_{-\infty}^{\infty}f_{\mathrm{L}}(\eta-\eta_0')f_{\mathrm{D}}(\eta_0'-\eta_0)\mathrm{d}\eta_0' \tag{6.3.40e}$$

式(6.3.40e)表明，两个光谱合成的结果等价于求两个独立光谱的卷积运算，换句话说，Voigt模型可以用于考虑压强碰撞增宽和Doppler增宽的混合效应。

4. Stark 增宽

Stark效应是Stark于1913年发现的，是指在外电场中的原子能级的劈裂与位移，由此而产生的光谱线增宽称为Stark增宽[253]。如果辐射原子处于高温状态，并且有电场作用其上，这个场就是周围离子产生的电场。如果原子在电场的作用下谱线发生劈裂，或产生频移或两种效应同时产生，这时称为二次Stark效应。文献[309]给出了如下四种产生Stark增宽效应的原因：①缓慢变化的离子场产生的增宽效应；②快速变化的电子场产生的增宽效应；③电子和离子产生一个背景，而这个背景对离子的电场产生屏蔽效应；④离子之间相互作用破坏了高场强的电场。

为了说明能级的劈裂，这里不妨以外电场中氢原子的线性Stark效应为例。在氢原子中，能级发生的劈裂与电场强度成正比，即由于能级在轨道量子数 l 方面的简并发生了线性Stark效应。图6.6示意地给出了主量子数 n 取2和3时能级

的劈裂，同时也说明了来自这些劈裂能级的辐射跃迁。正如该图所展示的 H_α 谱线劈裂成为 16 个分量，在图 6.6 中箭头表示可能的辐射跃迁。

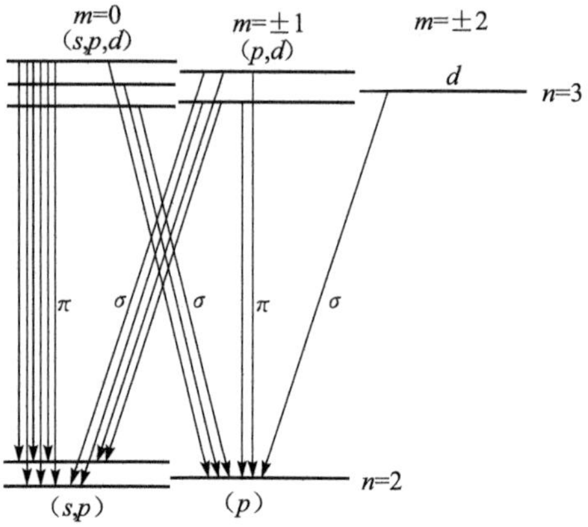

图 6.6　氢原子在电场中 $n=2$ 和 $n=3$ 时的能级劈裂

另外，试验和理论都已表明 Stark 展宽的谱线线型也属于 Lorentz 型。假如所研究的气体处于高温状态，并有大量的离子，这时的谱线线型可考虑为 Doppler 和 Stark 增宽的耦合效应所导致，其形状因子仍为 Voigt 型的，即[311,312]

$$f_S(\omega)=\frac{a}{\pi\nu_{ul}}\left(\frac{mc^2}{2\pi k_B T}\right)^{\frac{1}{2}}\int_{-\infty}^{+\infty}\frac{\exp(-y^2)}{a^2+(\zeta-y)^2}dy \tag{6.3.41a}$$

式中，

$$a=\frac{b_S}{b_D}\ln2,\quad b_D=\nu_{ul}\left(\frac{2k_B T}{mc^2}\ln2\right)^{\frac{1}{2}} \tag{6.3.41b}$$

$$\zeta=\frac{N\ln2}{b_D}(\nu_{ul}-\omega-b) \tag{6.3.41c}$$

$$b=\frac{\beta}{b_D}\sqrt{\ln2} \tag{6.3.41d}$$

$$\omega=2\pi\nu=\frac{2\pi c}{\lambda}=\frac{c}{2\pi}\widetilde{K} \tag{6.3.41e}$$

式中，b_S 和 b_D 分别为 Stark 半宽和 Doppler 模型半宽；β 为由于碰撞而产生的谱线移动；ν_{ul} 为两能级简的跃迁频率；c 为光速；m 为原子质量；ω 为圆频率；ν 为频率；$\widetilde{K}$ 为角波数；N 为单位体积中的原子数；k_B 为 Boltzmann 常量。

5. Elsasser 模型

1942 年 Elsasser 假设吸收带是由一系列等谱线强度 S'、等谱线半宽 b_L、等谱线间距 d' 排列的 Lorentz 谱线组成的，如图 6.3 所示。在 $\Delta\eta$ 内，吸收系数 $K_{a,E}(\eta)$ 为[313]

$$K_{a,E}(\eta)=\sum_{j=-\infty}^{\infty}\frac{S'}{\pi}\frac{b_L}{(\eta-\eta_0-jd')^2+b_L^2} \tag{6.3.42a}$$

引入 $\bar{K}_{a,E}(\eta)$，有

$$\bar{K}_{a,E}(\eta)=\frac{1}{\Delta\eta}\int_{\eta-\frac{\Delta\eta}{2}}^{\eta+\frac{\Delta\eta}{2}}K_{a,E}(\eta')\mathrm{d}\eta' \tag{6.3.42b}$$

如果将式(6.3.42a)整理为[313]

$$K_{a,E}(Z)=\frac{S'}{d'}\frac{\sinh(2\beta)}{\cosh(2\beta)-\cos(Z-Z_0)} \tag{6.3.42c}$$

式中，$\sinh(2\beta)$ 和 $\cosh(2\beta)$ 均为双曲函数，β 与 Z 定义为

$$\beta\equiv\frac{\pi b_L}{d'},\quad Z\equiv\frac{2\pi\eta}{d'} \tag{6.3.42d}$$

借助于式(6.3.42b)，则有

$$\bar{K}_{a,E}=\frac{S'}{d'} \tag{6.3.42e}$$

这里应指出的是，Elsasser 模型广泛应用于谱线分布规则的气体分子谱带的辐射特性计算，尤其是应用于计算 CO、NO 和 CO_2 的谱带辐射特性。

6.4 K分布方法与关联K分布方法

尽管K分布方法的基本概念起源于20世纪30年代，但真正引起学术界重视[314,315]并广泛用于辐射输运方程计算应该是 Domoto[316]、Lacis 等[317]、Fu 等[318]、Goody 等[319]、Taine 等[320~322]、Modest 等[323~331]和 Edwards[332]在窄带K分布、宽带K分布、关联K分布、全光谱K分布和其他指数宽谱带模型等领域所开展的一系列工作。K分布方法能够很好地与辐射输运方程的数值解法相适应，而且计算精度高，因此20世纪90年代以来这个方法发展很快，并且逐渐发展成为一类求解辐射输运方程的高效方法。

在辐射输运理论、光谱分析以及辐射输运方程数值求解方面，我国学者也做出了许多贡献，以戴文赛[333]、黄祖洽等[73]、卞荫贵等[16,30]、苟清泉等[334]、周秀骥等[335]、李世昌[336]、章冠人[337]、曹昌祺[264]、尤峻汉[338]、陶文铨[159,339~341]、石广玉[342]、彭惠民[343]、曹玉璋[344,345]、陆大有[346]、黄素逸等[347]、卞伯绘[348]、王福恒等[349]和张志成[31]为代表的中国学者多年来潜心钻研、积累了大量经验。以戴文赛在光谱分析与天体物理基础研究为例，戴文赛29岁在英国剑桥大学获取博士学位，他的导师是世界上著名的天文学家和理论物理学家 Eddington 教授。戴文赛的博士论文“特殊恒星光谱的光度分析研究”在当时实属开创性的工作并一直为学界所引用。戴文赛1941年回国后便一直致力于太阳系演化方面的基础研究，而且

还成功地领导了南京大学数学天文系的科研与教学工作。为纪念戴文赛先生所作出的贡献，1994 年 5 月国际小行星命名委员会将 1964 年 10 月 30 日由中国人发现的小行星命名为“戴文赛星”。另外，在国内一些由中青年组成的科研团队正在茁壮成长，尤其是北京航空航天大学王强团队[350~355]和哈尔滨工业大学谈和平团队[356~358]已经取得了丰硕的研究成果并用于工程实践，他们在计算热辐射方面的研究工作正为广大学者所关注。

6.4.1 K 分布的数学基础以及典型谱带模型的 $f(K)$ 表达式

Goody 等[310]给出了辐射加热计算中所涉及的四种频率尺度：第一种尺度是 Planck 函数及其对温度的导数，它们随频率的变化相当缓慢；第二种尺度是吸收带的轮廓，对于通常的气体(除水汽外)，单条吸收带范围内的 Planck 函数实际上是一个常数；第三种尺度是分子转动带的谱线间隔在 $1\sim5\text{cm}^{-1}$；第四种尺度是可以把吸收系数处理成常数、遵从 Lambert 吸收定律的单色辐射尺度，其数量级大致为 Doppler 宽度。在对频率进行积分时，为了不丢失可能对积分有重要贡献的谱线，积分步长必须小于 Doppler 加宽的半宽度。例如，要对 $0\sim2000\text{cm}^{-1}$ 的长波光谱区进行辐射通量积分(令气体的 Doppler 宽度为 10^{-4}cm^{-1})，积分样点数 M 至少应为

$$M=\frac{2000}{10^{-4}}=2.0\times10^{7} \tag{6.4.1}$$

显然积分点太多，造成计算量太大。解决上述问题的方法之一是考虑某一区间的光谱平均量。

从波数域来看，某一光谱区间的吸收系数可能随着波数而发生急剧变化。如果把一个光谱区间划分成许多很小的子区间，并用子区间中心位置的吸收系数代替该子区间的吸收系数，于是区间总的光谱透射率与这些子区间的排列次序无关。现在看来，K 分布方法可能是一种最有前途的、并有可能取代其他方法的计算方法，尤其是对于大气的辐射计算问题。另外，有学者指出，K 分布方法与解析带模型方法相比，其优点是它使用实际的 K 分布，对均匀路径进行精确的频率积分，透射率函数的表达式允许辐射模式扩展到包括多次散射。因此，本节就讨论 K 分布方法，并给出它的重要数学基础。

令 X 代表吸收路径的长度，τ' 代表光谱透射率，η 代表波数，并用以下积分变量的变换来定义光谱透射率 $\tau'(X)$：

$$\begin{aligned}\tau'(X)&=\frac{1}{\Delta\eta}\int_{\eta_1}^{\eta_2}\exp[-K_{\text{a}}(\eta)X]\text{d}\eta\\&=\int_{K_{\text{a,min}}}^{K_{\text{a,max}}}f(K_{\text{a}})\exp(-K_{\text{a}}X)\text{d}K_{\text{a}}\end{aligned} \tag{6.4.2}$$

式中，$\Delta\eta=\eta_2-\eta_1$ 代表光谱宽度；$K_{a,\min}$ 和 $K_{a,\max}$ 分别代表光谱区间 $\Delta\eta$ 内吸收系数的最小值和最大值。$f(K_a)$ 为吸收系数的概率分布函数。如果光谱区间 $\Delta\eta$ 被划分成 N 个子区间，并且吸收系数在每个区间内单调增加或减少，于是概率分布函数 $f(K_a)$ 的数学表达式为[317,359]

$$f(K_a)=\frac{1}{\Delta\eta}\left(\left|\frac{d\eta}{dK_a}\right|_{K_a^{(1,0)}<K_a<K_a^{(1,1)}}+\left|\frac{d\eta}{dK_a}\right|_{K_a^{(2,0)}<K_a<K_a^{(2,1)}}+\left|\frac{d\eta}{dK_a}\right|_{K_a^{(3,0)}<K_a<K_a^{(3,1)}}+\cdots+\left|\frac{d\eta}{dK_a}\right|_{K_a^{(N,0)}<K_a<K_a^{(N,1)}}\right) \tag{6.4.3a}$$

式中，$K_a^{(i,0)}$ 与 $K_a^{(i,1)}$ 分别代表第 i 个子区间吸收系数的最小值与最大值，这里 $i=1\sim N$。式(6.4.3a)又可简记作

$$f(K_a)=\frac{1}{\Delta\eta}\sum_{i=1}^{N}\left|\frac{d\eta}{dK_a}\right|_i \tag{6.4.3b}$$

令 i 表示子光谱区间，如果某个子区间内吸收系数超出了限制范围，即 $K_a<K_a^{(i,0)}$ 或者 $K_a>K_a^{(i,1)}$，那么这个子光谱区间对 $f(K_a)$ 无贡献。引入累加概率函数 $g(K_a)$，其数学表达式为

$$g(K_a)=\int_0^{K_a}f(K_a')dK_a' \tag{6.4.4}$$

这里累加概率函数是关于吸收系数的函数，因此对累加概率函数求反函数便可得到吸收系数。

对于均匀路径，平均透射概率 $\bar{\tau}'(X)$ 可写为

$$\bar{\tau}'(X)=\frac{1}{\Delta\eta}\int_{\Delta\eta}\exp[-K_a(\eta)X]d\eta=\int_0^{\infty}f(K_a)\exp[-K_a(\eta)X]dK_a \tag{6.4.5a}$$

假定累加概率函数 g 是一个解析函数，g 的变化范围为[0,1]，借助于变量替换，于是式(6.4.5a)又可改写为

$$\bar{\tau}'(X)=\int_0^1\exp[-K_a(g)X]dg \tag{6.4.5b}$$

$$g(K_a)=\int_0^{K_a}f(K_a')dK_a' \tag{6.4.5c}$$

式中，$g(K_a)$ 是一个单调递增函数。如果将式(6.4.5a)改写为

$$\bar{\tau}'(X)=\int_0^1\exp[-K_a(\eta)X]d\left(\frac{\eta}{\Delta\eta}\right) \tag{6.4.5d}$$

分析式(6.4.5d)和式(6.4.5b)可以发现，它们是完全相似的。这种相似意味着对同一条均匀路径来讲，变量 $\frac{\eta}{\Delta\eta}$ 与 g 是可以相互替代的，换句话说，对同一条均

匀路径来讲,存在如下关系:

$$\frac{\eta}{\Delta\eta} \leftrightarrow g \tag{6.4.6}$$

另外,如果将 $f(K_a)$定义为一个光谱函数,由式(6.4.5a)可将 $\bar{\tau}(X)$作 Laplace 变换:

$$\bar{\tau}'(X) = L[f(K_a)] \tag{6.4.7a}$$

因 $\bar{\tau}'(X)$为连续、解析函数,因此可作 Laplace 逆变换以获取 $f(K_a)$,即

$$f(K_a) = L^{-1}[\bar{\tau}'(X)] \tag{6.4.7b}$$

在数学上,还常引入 Dirac-delta 函数去定义概率分布函数 $f(K)$,即

$$f(K) = \frac{1}{\Delta\eta}\int_{\Delta\eta} \delta(K - K_\eta)\,\mathrm{d}\eta \tag{6.4.8a}$$

这里为便于书写,将 K_a 与 $K_a(\eta)$均省略了下角标 a 并分别写为 K 与 K_η,在本章下面的讨论中在不至于混淆时均采用了这一约定。在式(6.4.8a)中,$\delta(K-K_\eta)$为 Dirac-delta 函数,该函数具有如下特性:

$$\delta(x) = \begin{cases} \infty, & x = 0 \\ 0, & x \neq 0 \end{cases} \tag{6.4.8b}$$

且

$$\int_{-\infty}^{\infty} \delta(x - x_0)\phi(x)\,\mathrm{d}x = \phi(x_0) \tag{6.4.8c}$$

$$\int_{-\infty}^{\infty} \delta(x)\,\mathrm{d}x = 1 \tag{6.4.8d}$$

假定 g 是一个解析函数,于是有

$$\bar{g}(x) = \frac{1}{\Delta\eta}\int_{\Delta\eta} g(K_\eta)\,\mathrm{d}\eta \tag{6.4.9a}$$

假定第 i 个子区间位于第 i 个极大 $K_i(\max)$和第 i 个极小 $K_i(\min)$之间。在这一个子区间中,可以实行变量变换,即

$$\frac{\mathrm{d}\eta}{\Delta\eta} \rightarrow \frac{\mathrm{d}K}{\Delta\eta}\left|\frac{\mathrm{d}\eta}{\mathrm{d}K}\right|_i \tag{6.4.9b}$$

式中,

$$K_i(\max) \equiv K^{(i,1)}, \quad K_i(\min) \equiv K^{(i,0)} \tag{6.4.9c}$$

这里符号 $K^{(i,0)}$ 与 $K^{(i,1)}$ 的定义同式(6.4.3a)。利用式(6.4.9b)并引入 Heaviside 阶跃函数 H,于是式(6.4.9a)可以变换为

$$\bar{g}(X) = \int_0^{\infty} f(K)g(K)\,\mathrm{d}K \tag{6.4.9d}$$

式中,

$$f(K) = \sum_{i=1}^{N} \frac{1}{\Delta\eta}\left|\frac{\mathrm{d}\eta}{\mathrm{d}K_\eta}\right|_i \{H[K - K_i(\min)] - H[K_i(\max) - K]\} \tag{6.4.9e}$$

这里阶跃函数 $H(x)$定义为

$$H(x)=\begin{cases}0, & x<0\\ 1, & x>0\end{cases} \tag{6.4.9f}$$

可以有两种使用式(6.4.9e)的方式：

(1) 如果频率谱具有解析形式，那么可以直接对其进行微分进而获取 $f(k)$，如 Elsasser 模型和 Schnaidt 模型，它们都只有一个独立的子区间，因此

$$f(K)=\frac{2}{\delta}\left|\frac{\mathrm{d}\eta}{\mathrm{d}K_{\eta}}\right|,\quad 0\leqslant\eta\leqslant\frac{\delta}{2} \tag{6.4.10}$$

式中，δ 为谱线之间的平均间隔。

为此这里给出三种典型谱带模型的概率分布函数：对于 Schnaidt 模型，$f(K)$为[310]

$$f(K)=\frac{1}{\pi K}\left(\frac{1}{\pi y}\frac{K}{K^{*}}-\frac{K^{2}}{(K^{*})^{2}}\right)^{-\frac{1}{2}} \tag{6.4.11a}$$

式中，

$$\frac{1}{\pi\left(y+\frac{1}{4y}\right)}\leqslant\frac{K}{K^{*}}\leqslant\frac{1}{\pi y} \tag{6.4.11b}$$

$$y\equiv\frac{\alpha_{\mathrm{L}}}{\delta},\quad K^{*}\equiv\frac{S'}{\delta} \tag{6.4.11c}$$

式中，α_{L} 为谱线的 Lorentz 半宽度；δ 为谱线距离；S'为谱线强度。

对于 Elsasser 模型，$f(K)$为

$$f(K)=\frac{1}{\pi K}\left[2\frac{K}{K^{*}}\coth(2\pi y)-1-\frac{K^{2}}{(K^{*})^{2}}\right]^{-\frac{1}{2}} \tag{6.4.12a}$$

式中，

$$\frac{\sinh(2\pi y)}{\cosh(2\pi y)+1}\leqslant\frac{K}{K^{*}}\leqslant\frac{\sinh(2\pi y)}{\cos(2\pi y)-1} \tag{6.4.12b}$$

对于 Malkmus 模型，$f(K)$为[310]

$$f(K)=\frac{1}{2K}\left(\frac{K^{*}y}{K}\right)^{\frac{1}{2}}\exp\left[\frac{\pi y}{4}\left(2-\frac{K}{K^{*}}-\frac{K^{*}}{K}\right)\right] \tag{6.4.13}$$

(2) 利用大气分子吸收谱线汇编[如 HITRAN(美国地球物理实验室高温分辨率气体分子光谱数据库)分子光谱参数资料集等]，首先要进行吸收系数的计算，然后再由式(6.4.9e)求出 $f(K)$。

6.4.2　关联 K 分布方法的基本假设与主要的数学表达式

本节讨论非均匀路径(即压强 P、温度 T 随路径变化)的情况，讨论该情况下关联 K 分布(correlated-Kdistribution，CKD，又称相关 K 分布)方法。20 世纪 50～

70 年代，处理非均匀路径的透过率问题常有三种近似方法：①单参数近似，即只用一个参数将一条非均匀路径变换成等价的均匀路径，也称换算近似(scaling appoximation)；②双参数近似，即用两个参数将一条非均匀路径变换成等价的均匀路径，又称 Curtis-Godson 近似，常简称 CG 近似[360]；③三参数近似，即用等效线强、等效半宽和参数 ε 将一条非均匀路径变换成等价的均匀路径。进入 20 世纪 80 年代以来，关联 K 分布方法逐渐取代了上述几种方法[361]。

由平均透射率 $\bar{\tau}'$的关系式(6.4.5b)，得

$$\bar{\tau}'(X)=\int_0^1 \exp[-K(g)X]\mathrm{d}g \tag{6.4.14a}$$

式中，g 为 K 的一个单调函数，并注意使用式(6.4.6)的变换关系，则式(6.4.14a)变为

$$\bar{\tau}'(X)=\int_0^1 \exp[-K(\eta)X]\mathrm{d}\left(\frac{\eta}{\Delta\eta}\right) \tag{6.4.14b}$$

由 $g(K)$的定义

$$g(K)\equiv\int_0^K f(K')\mathrm{d}K' \tag{6.4.14c}$$

以大气层为例，对于包含许多大气层(这里用下角标 j 代表第 j 层)的一条垂直路径，式(6.4.14b)可写为

$$\bar{\tau}'=\int_0^1 \exp\left[-\sum_j (K_{\eta,j}\Delta X_j)\right]\mathrm{d}\left(\frac{\eta}{\Delta\eta}\right) \tag{6.4.15a}$$

式(6.4.14a)可写为

$$\bar{\tau}'=\int_0^1 \exp\left[-\sum_j (K_{g,j}\Delta X_j)\right]\mathrm{d}g \tag{6.4.15b}$$

文献[362]证明了关联 K 分布在满足以下两个条件时成立：①如果在参考压强 P_r 和参考温度 T_r 下有 $K_\mathrm{a}(\eta_1)=K_\mathrm{a}(\eta_2)$，那么在任意压强和温度下也有 $K_\mathrm{a}(\eta_1)=K_\mathrm{a}(\eta_2)$；②如果在参考压强 P_r 和温度 T_r 下有 $K_\mathrm{a}(\eta_1)>K_\mathrm{a}(\eta_2)$，那么任意压强和温度下也有 $K_\mathrm{a}(\eta_1)>K_\mathrm{a}(\eta_2)$。需要说明的是，在实际大气条件下，关联 K 分布方法所需要的两个假设条件并不能完全获得满足。令人鼓舞的是，大量的研究已表明：对大气辐射计算来讲，恰当使用关联 K 分布方法不但可以得到很好的大气透过率，而且可以得到相当精确的大气冷却(加热)率[363,364]。

对于非均匀路径问题，采用关联 K 分布方法时平均透射率 $\bar{\tau}'$为

$$\begin{aligned}\bar{\tau}'_\eta(0\rightarrow X)&=\frac{1}{\Delta\eta}\int_{\Delta\eta}\exp\left[-\int_0^X K_\eta(X')\mathrm{d}X'\right]\mathrm{d}\eta\\&\approx\int_0^1\exp\left[-\int_0^X K(X',g)\mathrm{d}X'\right]\mathrm{d}g\end{aligned} \tag{6.4.16}$$

对于非均匀路径问题，采用 Scaled K 分布方法时，因为这时吸收系数与压强、温度间的关系可以与波数分离，有[68]

$$K_\eta(\eta,T,P)=K_\eta(\eta)\tilde{u}(T,P) \tag{6.4.17a}$$

于是平均透射率 $\bar{\tau}'$ 为

$$\begin{aligned}\bar{\tau}'_\eta(0\to X)&=\frac{1}{\Delta\eta}\int_{\Delta\eta}\exp\left[-K_\eta(\eta)\int_0^X\tilde{u}\mathrm{d}X'\right]\mathrm{d}\eta\\&\approx\frac{1}{\Delta\eta}\int_{\Delta\eta}\exp(-K_\eta X^*)\mathrm{d}\eta\end{aligned} \tag{6.4.17b}$$

式中，

$$X^*=\int_0^X\tilde{u}\mathrm{d}X' \tag{6.4.17c}$$

把积分变量由 η 换成 g 后，式(6.4.17b)又可写为

$$\bar{\tau}'_\eta(0\to X)=\int_0^1\exp[-K(g)X^*]\mathrm{d}g \tag{6.4.17d}$$

文献[365]和[366]将关联 K 分布方法成功地用于卫星遥感技术，并获得了满意的结果。在应用中他们注意了考虑测量仪器的光谱响应函数，并进一步改进了关联 K 分布的方法。

6.5　平衡态与非平衡态时粒子数布居的方程

在宏观辐射输运方程的求解过程中，吸收系数和散射系数的计算是十分重要的关键环节，辐射参数的研究已形成一个专门的领域。在计算吸收系数时，除了要知道原子的微观吸收截面外，还需要知道原子或离子在某个能态上的布居分布。以等离子体为例，在等离子体中的各种原子物理过程决定了等离子体的状态。快速的电离和复合过程决定了各种电荷态的相对丰度，快速的激发和退激发过程决定了粒子的平均激发态。当正逆过程的速率相等时，达到定态。在各种定态之中局部热力学平衡(local thermodynamic equilibrium，LTE)是一种非常接近完全热力学平衡的状态。在局部热力学平衡的等离子体中三种粒子即离子、电子和光子都处于平衡态，即这时电子和离子的速度分布服从 Maxwell-Boltzmann 分布，激发态的分布为 Boltzmann 型，光子的能量分布服从 Planck 分布。局部热力学平衡通常发生在等离子体密度较高的情况。在等离子体中局部热力学平衡发生在等离子的尺度远远小于等离子体发出的光子的平均自由程，但又远远大于电子和离子的碰撞长度。在局部热力学平衡下，光子可以从它们被发射的位置运动相当长的距离，直到它们逃逸出等离子体或在某个状态不同的地方被吸收。所以光子不需要与物质处于平衡态。电子和离子以高速率碰撞，它们的速度分布和激发态分布是相同的。

在等离子密度很低的光学簿情况下，冕区平衡经常发生。另外，碰撞辐射定态是介于局部热力学平衡和冕区平衡的中间态，并且在高密度极限下趋向局部热力

学平衡，在低密度极限下趋向冕区平衡。此外，非定态过程是指等离子体中的一些快速演变过程，这时需要去求解粒子数布居的动力学过程方程。

在等离子体中，粒子数布居速率方程大体上可分为两大类，第一类是建立在平均原子（离子）模型的基础上，计算模拟热等离子体的状态。这些状态参数包括等离子体中的电子和离子温度与密度，以及各类型的离子丰度等。这类模型，常用于研究热核聚变以及天体物理中的等离子体问题。该模型最大特点是简单、易行、工作量小。第二类是细致组态模型，它往往要去计算成百上千个不同组态的离子，对于重元素甚至要计算数以万计的离子，因此这类模型工作量大，但对有些问题还必须要采用它。因此这两类方法都应掌握，针对所研究问题的具体情况，采取不同的处理模型与方法。

6.5.1 等离子体中三种定态平衡模型及其数密度布居方程

1. *局域热力学平衡以及 Saha 方程*

令 q 为电荷、Z 为离子的原子序数，今考虑由中性原子（$q=0$）到完全电离的离子（$q=Z$）以及电子所组成的等离子体。用 n_1、n_2、…、n_Z 分别表示各种电荷态的离子数密度，用 n_e 表示电子数密度。在局域热力学平衡状态下，等离子体中电荷态的分布可以由 Helmholtz 自由能 F 最小，即 $\delta F=0$，获得平衡条件

$$-\frac{\partial F}{\partial N^{q-1}}+\frac{\partial F}{\partial N^{q}}+\frac{\partial F}{\partial N_e}=0 \tag{6.5.1}$$

式中，N^{q-1}、N^q 分别为电荷为 $q-1$ 和 q 的离子总数；N_e 为总电子数。

自由能 F 的表达式为

$$F=-T\log[Z(T)] \tag{6.5.2a}$$

式中，$Z(T)$代表整个系统的配分函数，它等于系统中各样品配分函数的乘积，即

$$Z(T)=Z_e(T)\prod_{q=0}^{Z} Z^q(T) \tag{6.5.2b}$$

例如，对于反应

$$X^{q-1}+\mathrm{e}\Longleftrightarrow X^{q}+\mathrm{e}+\mathrm{e} \tag{6.5.2c}$$

由于电荷守恒，有

$$-\delta(N^{q-1})=\delta(N^q)=\delta(N_e) \tag{6.5.2d}$$

相对于粒子数的自由能变化为

$$\delta F=\frac{\partial F}{\partial N^{q-1}}\delta N^{q-1}+\frac{\partial F}{\partial N^{q}}\delta N^{q}+\frac{\partial F}{\partial N_e}\delta N_e \tag{6.5.2e}$$

借助于式(6.5.2)获得相关偏导数值后代入式(6.5.1)，可得

$$T\left(-\log\frac{Z^{q-1}}{N^{q-1}}+\log\frac{Z^{q}}{N^{q}}+\log\frac{Z_e}{N_e}\right)=0 \tag{6.5.3a}$$

或者

$$\frac{N^q N_e}{N^{q-1}}=\frac{Z^q(T)Z_e(T)}{Z^{q-1}(T)} \tag{6.5.3b}$$

式中，Z^{q-1}、Z^q 以及 Z_e 分别代表电荷为 $q-1$ 和 q 的配分函数以及单个自由电子的配分函数。令 V 为所考虑系统的体积，且有

$$N_e=n_e V,\quad N^q=n^q V,\quad N^{q-1}=n^{q-1}V \tag{6.5.4}$$

电荷为 q 和 $q-1$ 的离子分配函数的动能部分是相等的，因此从方程中可消去。在计算配分函数的激发能部分时，要注意相应的电离能 E_j^{q-1} 以及激发温度 T_{ex}；在等离子体处于局部热力学平衡状态时，等离子体中的每一种重粒子组分(原子、离子或分子)处于高于基态的各能级的粒子数密度满足 Boltzmann 分布，且对每一激发能级，该分布函数中的激发温度 T_{ex} 均相同，并且等于 Maxwell 分布函数中出现的温度(对应于粒子热运动的平均动能)。借助于式(6.5.3b)和式(6.5.4)，可得到如下形式的 Saha 方程[367,368]：

$$\frac{n^q n_e}{n^{q-1}}=2\frac{Z^q(T_{ex})}{Z^{q-1}(T_{ex})}\frac{(2\pi m_e k_B T_{ex})^{\frac{3}{2}}}{h^3}\exp\left(\frac{-E_j^{q-1}}{k_B T_{ex}}\right) \tag{6.5.5a}$$

式中，k_B 和 h 分别为 Boltzmann 常数和 Planck 常数；m_e 为电子质量。

列出所有电荷态的类似方程，再加上下面两个辅助方程[即式(6.5.5b)和式(6.5.5c)]便得线性方程组，求解这个方程组便可解出不同电荷态的分布。这两个辅助方程是关于离子密度 n_i 和电子密度 n_e 的方程，分别为

$$\sum_{q=0}^{Z} n^q=n_i \tag{6.5.5b}$$

$$\sum_{q=0}^{Z} qn^q=n_e \tag{6.5.5c}$$

2. 冕区平衡和碰撞辐射平衡时数密度布居速率方程

冕区平衡通常发生在等离子体密度很低的光学簿时，在电子和离子都处于低密度的情况下，碰撞激发的速率要比自发辐射慢得多，因此可以假设一个被激发到上能态的电子将在下一次的激发之前就衰变到基态，也就是说，大多数离子处于基态。此外，在低密度光学簿的等离子体中，光电离和光激发过程的速率很小，而且三体复合速率与辐射复合速率相比小到可以忽略的地步。在这种情况下，等离子体中主导过程是电子碰撞电离和两体复合(辐射复合＋双电子复合)。令 T_e 代表电子温度并以能量单位度量，$R_{i,j}^{q;q+1}(T_e)$ 表示电子碰撞电离的速率系数，其中 q 是离子电荷，$i=0,1,2,\cdots$是在相互作用之前依照能量向上的次序表示的激发态，用 $i=0$ 表示基态；$q+1$ 和 j 表示相互作用之后的性质；$A_{j,i}^{q;q-1}$ 表示辐射复合速率系

数。如果复合的离子初始在基态，便可略去下角标 j，终态用量子数 nl 表示。冕区平衡时数密度的分布为

$$\frac{n^q}{n^{q+1}}=\frac{R^{q-1,q}(T_e)}{(R^{q,q-1}(T_e))_2}=\frac{R^{q-1,q}(T_e)}{A^{q,q-1}(T_e)+(R^{q,q-1}(T_e))_d} \tag{6.5.6}$$

式中，下角标 2 表示两体复合；下角标 d 表示双电子复合；上角标 q 取为 1，2，…，Z。

按照式(6.5.6)写出所有电荷态的关系式便得到一组具有 $Z+1$ 个参数 n^q 的 $Z+1$ 个递归的线性方程，再用两个辅助方程(即总离子密度和电荷中性化方程)，就得到一个完整的方程组，求解它便得到数密度的分布[367]。

6.5.2 平均原子模型下布居数的速率方程

平均原子模型的基本物理图像是假设系统只有一种平均离子，它代表该元素所有可能状态的统计平均，该离子各轨道上平均占有 Z_{nl} 个束缚电子，因此 Z_{nl} 称为平均占居数，它可能是非整数。这种模型可以算出束缚电子的能级和占居数。另外，借助于 Schrödinger 方程或等效 Dirac 波动方程，解出一组单电子轨道波函数。在计算中，电子服从 Fermi 统计，并注意到平均原子模型的出发点是 Thomas-Fermi(TF)统计模型。

假设电荷为 Z 的原子核位于 $r=0$ 处，Z 个(束缚和自由)电子位于离子球内。依照 TF 统计模型可得如下 Poisson 方程：

$$\nabla^2 V(\boldsymbol{r})=-4e\pi[Z\delta(\boldsymbol{r})-n_e(\boldsymbol{r})] \tag{6.5.7a}$$

式中，e 为电子电荷数；n_e 为电子在等离子球体内的统计分布，其表达式为

$$n_e(\boldsymbol{r})=\frac{1}{2\pi^2}\left[\frac{2mc^2T_e}{(\hbar c)^2}\right]^{\frac{3}{2}}F_{1/2}\left(\frac{\mu+eV(\boldsymbol{r})}{T_e}\right) \tag{6.5.7b}$$

式中，μ 为 Fermi 能；$\hbar$ 为折合 Planck 常量，$\hbar=h/(2\pi)$；$F_{1/2}$ 为 Fermi-Dirac 积分，如 $F_{1/2}(\alpha)$ 的表达式为

$$F_{1/2}(\alpha)=\int_0^\infty \frac{x^{1/2}}{1+\exp(x+\alpha)}\mathrm{d}x \tag{6.5.7c}$$

另外，$V(\boldsymbol{r})$ 的表达式为

$$V(\boldsymbol{r})=\frac{eZ}{|\boldsymbol{r}|}+V_e(\boldsymbol{r}) \tag{6.5.7d}$$

式中，$V_e(\boldsymbol{r})$ 为电子产生的势，其表达式为

$$V_e(\boldsymbol{r})=-4e\pi\left[\frac{1}{r}\int_0^r n_e(\boldsymbol{r}')\,(r')^2\mathrm{d}r'+\int_r^{R_i}n_e(\boldsymbol{r}')r'\mathrm{d}r'\right] \tag{6.5.7e}$$

在 TF 统计模型中，原子不具有壳层结构，我们可以按照统计理论的意义来确定束缚电子数和自由电子数。令 $\rho_f(\boldsymbol{r})$ 和 $\rho_b(\boldsymbol{r})$ 分别表示自由电子密度分布函数和

束缚电子密度分布函数，于是一个半径为 R_0 的原子球中，束缚电子总数 n_b 和自由电子总数 n_f 分别为

$$n_b = 4\pi\int_0^{R_0} r^2\rho_b(r)\mathrm{d}r \tag{6.5.7f}$$

$$n_f = 4\pi\int_0^{R_0} r^2\rho_f(r)\mathrm{d}r \tag{6.5.7g}$$

由离子数守恒条件，应有

$$Z = n_b + n_f \tag{6.5.7h}$$

在文献[369]中给出了 TF 理论在物态方程中的应用，可供感兴趣的读者进一步参考。

6.5.3 非平衡时平均原子模型下原子轨道布居速率方程

非平衡情况时，粒子数布居是研究趋向平衡的演变过程。通常，在等离子体中所遇到物理过程有电子碰撞电离和三体复合、电子碰撞激发和退激发、光电离和辐射复合、Auger 自电离和双电子复合、原子的光激发和退激发（即辐射线跃迁）等。因此在平均原子模型下，考虑系统中每个过程随时间的变化方程，综合起来便得到在平均原子模型下的粒子数布居速率方程。

1. 光电离过程和辐射俘获

在光电离过程中，一个光子把原子（或离子）中的束缚电子电离到连续态，它的逆过程是辐射俘获，其中入射电子被离子俘获而发射一个光子：

$$X_i^{+q} + \mathrm{e} \Longleftrightarrow X_j^{+q+1} + \hbar\omega \tag{6.5.8a}$$

在高温高密等离子体中，光电离过程是一个重要的物理过程。概括地讲，光电离和辐射俘获所引起的 i 束缚态电子布居概率的变化为

$$\frac{\mathrm{d}P_i}{\mathrm{d}t} = n_e A_{ri}^{q+1,q}(1-P_i) - A_{ri}^{q;q+1}P_i \equiv C_{ri} - D_{ri}P_i \tag{6.5.8b}$$

式中，P_i 为 i 能态束缚电子占居概率；$A_{ri}^{q+1,q}$ 为辐射复合速率系数；$A_{ri}^{q;q+1}$ 为 i 态离子光电离速率系数，上角标表示原子的核电荷变化；n_e 为自由电子密度。在式(6.5.8b)中，下角标 r 表示光电离和辐射复合这一对过程。

2. 电子碰撞电离和三体复合

在高温等离子体中，电子碰撞电离是非常重要的过程，特别是对于光学簿的情况。它的逆过程是三体复合，它也是高密度等离子体中一种重要的过程。当一个电子碰撞一个离子并打出一个束缚电子时，出现碰撞电离。当两个自由电子在同一时刻进入一个粒子体积中，其中一个被俘获到束缚态，而另一个获得额外能量时便出现三体复合。用符号表达便为

$$X_m^{+q} + \mathrm{e} \Longleftrightarrow X_m^{+q+1} + \mathrm{e} + \mathrm{e} \tag{6.5.9a}$$

如果用 $R_{i,j}^{q,q+1}$ 表示电子碰撞电离的速率系数，其中 q 为离子电荷，i 代表相互作用之前依照能量向上次序表示的激发态，用 $q+1$ 和 j 表示相互作用之后的性质。概括地讲，电子碰撞电离和三体复合引起的束缚态 i 电子布居概率的变化为

$$\frac{\mathrm{d}P_i}{\mathrm{d}t}=n_{\mathrm{e}}^2 R_{\mathrm{e}i}^{q+1,q}(1-P_i)-R_{\mathrm{e}i}^{q,q+1}\equiv C_{\mathrm{e}i}-D_{\mathrm{e}i}P_i \tag{6.5.9b}$$

式中，$C_{\mathrm{e}i}$ 和 $D_{\mathrm{e}i}$ 的下角标 e 表示碰撞电离和三体复合这一对过程。

3. 电子碰撞激发和退激发

在电子碰撞激发的过程中，一个电子与一个电荷为 q 的位于低能态 l 的离子相遇，相互作用的结果是离子被激发到上能态 u，电子则损失能量 $\Delta E=E_u-E_l$；而退激发则是电子碰撞激发的逆过程。因此，电子碰撞激发和退激发过程中，离子的电荷数 q 不变，而仅仅是改变状态，即

$$X_l^{+q}+\mathrm{e}\Longleftrightarrow X_u^{+q}+\mathrm{e} \tag{6.5.10a}$$

如果用 $R_{l,u}^q$ 与 $R_{u,l}^q$ 分别代表电荷为 q 的离子碰撞激发($l\rightarrow u$)与退激发($u\rightarrow l$)速率系数，于是概括地讲，若将 q 电离度的 i 态电子碰撞激发与退激发速率系数分别简记为 R_{ij}^q 与 R_{ji}^q，则束缚态 i 电子布居概率变化率为

$$\begin{aligned}\frac{\mathrm{d}P_i}{\mathrm{d}t}=&n_{\mathrm{e}}\Big(\sum_{j>i}\frac{g_j}{g_i}R_{ji}^q P_j+\sum_{j<i}\frac{g_j}{g_i}R_{ji}^q\Big)(1-P_i)\\&-n_{\mathrm{e}}\Big[\sum_{j>i}(1-P_j)R_{ij}^q+\sum_{j<i}(1-P_j)R_{ij}^q\Big]P_i\equiv C_{\mathrm{ee}i}-D_{\mathrm{ee}i}P_i\end{aligned} \tag{6.5.10b}$$

式中，$g_i\equiv g_i^q$，$g_j\equiv g_j^q$，它们分别代表电荷为 q 的离子在 i 能态、j 能态的统计权重；$C_{\mathrm{ee}i}$ 和 $D_{\mathrm{ee}i}$ 的下角标 ee 表示电子碰撞激发和退激发过程。

4. 谱线的吸收和发射引起的激发和退激发

热等离子体的辐射谱由两部分(即连续谱和孤立线谱)组成，两者间的强度都依赖于发射离子附近的温度和密度状态以及发射机制的细节。谱区的大部分辐射主要取决于等离子体的温度，中心近似地位于具有同样温度的黑体辐射谱区并具有最大值。对于连续谱[370]，有两种过程对其有贡献：一种是韧致辐射，又称自由-自由跃迁(这里电子在初态和终态都是自由的)；另一种是复合辐射，又称自由-束缚辐射，它是自由电子与离子复合过程中的辐射，这种辐射机制在中等温度下是很重要的。令 A_{ij}^q 和 A_{ji}^q 分别代表 q 电离度的束缚态 i 自发辐射和谱线吸收的线跃迁过程的速率系数，用 $\varphi(\nu-\nu_{ij})$ 代表谱线分布函数，用 ν_{ij} 代表跃迁能级差。因此概括地讲，线跃迁过程引起束缚态 i 电子布居概率变化为

$$\frac{\mathrm{d}P_i}{\mathrm{d}t}=\Big[\sum_{j>i}\frac{g_j}{g_i}A_{ji}^q P_j\int_0^{\infty}\varphi(\nu-\nu_{ji})(1+f_\nu)\mathrm{d}\nu+\sum_{j<i}\frac{g_j}{g_i}A_{ji}^q P_j\int_0^{\infty}\varphi(\nu-\nu_{ji})f_\nu\mathrm{d}\nu\Big](1-P_i)$$

$$-\left[\sum_{j>i}(1-P_j)A_{ij}^q\int_0^\infty\varphi(\nu-\nu_{ij})f_\nu\mathrm{d}\nu+\sum_{j<i}(1-P_j)A_{ij}^q\int_0^\infty\varphi(\nu-\nu_{ij})(1+f_\nu)\mathrm{d}\nu\right]P_i$$

$$\equiv C_{li}-D_{li}P_i \tag{6.5.11}$$

式中，C_{li} 与 D_{li} 中的下角标 l 代表谱线的发射和吸收过程。

5. Auger 自电离和双电子复合

自电离和双电子复合是包含双激发态的两个过程。一个双激发离子 $X_{n'l',n''l''}^{+q}$（这里 n' 与 n'' 为主量子数，l' 与 l'' 为轨道量子数），其中一个电子被激发到 $n'l'$ 态，第二个电子被激发到 $n''l''$ 态，如果低激发态的电子能量超过基态的，大于在较高能态的束缚能就能自发电离。在电离过程中一个被激发的电子衰变到基态，同时另一个取得额外能量被发射到连续态。双电子复合并不精确的是自电离的逆过程，双电子复合过程可由两个过程进行处理：第一个过程是由一个具有特定能量的自由电子与电离度为 $q+1$ 的离子碰撞，该离子中一个束缚电子从其占据的 $n_\mathrm{a}l_\mathrm{a}$ 轨道激发到未被占满的轨道 $n'l'$，同时该自由电子由于损失部分能量而被共振俘获到另一个未被占满的轨道 nl 上，从而形成 q 度电离的离子的双电子共振激发态 $(X_{n'l',nl}^{q+})^{**}$；第二个过程是该双电子共振激发态通过发射光子而衰变为不能发射 Auger 电子的稳定离子 $(X_{n_\mathrm{b}l_\mathrm{b},n_\mathrm{k}l_\mathrm{k}}^{q+})^{*}$。关于平均原子模型下共振俘获和 Auger 电离的速度方程，不再详细列出，这里仅概括地表示为

$$\frac{\mathrm{d}P_i}{\mathrm{d}t}=C_{\mathrm{d}i}-D_{\mathrm{d}i}P_i \tag{6.5.12}$$

式中，$C_{\mathrm{d}i}$ 与 $D_{\mathrm{d}i}$ 中的下角标 d 代表共振俘获和 Auger 电离过程。

将上述各种原子物理过程[即式(6.5.8)～式(6.5.12)]综合起来，便可得到平均原子模型下的束缚电子布居概率的速率方程为

$$\frac{\mathrm{d}P_i}{\mathrm{d}t}=(C_{\mathrm{r}i}+C_{\mathrm{e}i}+C_{\mathrm{ee}i}+C_{\mathrm{l}i}+C_{\mathrm{d}i})-(D_{\mathrm{r}i}+D_{\mathrm{e}i}+D_{\mathrm{ee}i}+D_{\mathrm{l}i}+D_{\mathrm{d}i})P_i$$

$$\equiv C_i-D_iP_i \tag{6.5.13}$$

式中，C_i 与 D_i 是与 i 能态有关的各种速度系数之和。

6.5.4　细致组态模型下粒子数布居速率方程

由原子分子物理学知道[272,371]，对于单电子原子或多电子原子，原则上可以通过求解 Schrödinger 方程得到原子的能级结构。多电子的 Hamilton 量包含四部分：①每个电子的动能以及原子核对它的 Coulomb 势能；②电子间相互排斥的势能；③每个电子的自旋及轨道角动量的磁相互作用能；④其他修正项，如自旋-自旋相互作用、核的有限质量修正、相对论修正等。显然，将所有这些因素都考虑进去是非常困难的，因此一般都是先采用有心力场近似。在这种近似下，每个电子都在

原子核和其他电子所产生的球对称有效势场 $V(\boldsymbol{r})$ 中独立运动。在省略了不重要的修正之后，系统的 Hamilton 量可写为

$$H = H_c + H_1 + H_2 \tag{6.5.14}$$

式中，H_c 为非微扰的部分，它代表有心势场近似下系统的 Hamilton 量；H_1 为电子的实际 Coulomb 场与平均 Coulomb 场之间的差；H_2 为电子的自旋-轨道磁相互作用量。下面通过 H_1 与 H_2 大小的比较，可以划分成三种耦合情况：

(1) 当 H_1 与 H_2 的大小相当时，这种情况为中间耦合，处理起来比较复杂。

(2) 当 $|H_1| \gg |H_2|$ 时，这种情况称为 LS 耦合，通常轻元素或 Z 不大的离子就属于这种情况。

(3) 当 $|H_1| \ll |H_2|$ 时，这种情况称为 JJ 耦合，通常 Z 比较大的离子就属于这种情况。

对于入射电子与靶的相互作用情况，可以按照入射电子能量的大小，电子与原子(离子)间的碰撞可分为慢碰撞和快碰撞两种情况。所谓慢碰撞，是指入射电子的能量与靶中电子的轨道能差不多时，入射电子与靶组成一个复合系统，各种耦合态之间以及反应后各通道之间存在着强的耦合作用。由于入射电子与靶的相互作用很强，所以微扰理论这时不再适用，因此在处理慢碰撞问题时常用强耦合方法(CC 方法)以及 R 矩阵方法等。

对于快碰撞，是指入射电子的能量远远大于靶中束缚电子的轨道能，入射电子与靶的相互作用很弱，因此微扰理论的方法有效。

由非微扰 Hamilton 量的不同形式，一级 Born 近似有了三种不同的基本形式，即平面波 Born 近似(PWBA)、Coulomb 波 Born 近似(CBA)和扭曲波 Born 近似(DWBA)。根据不同情况，借助于上述近似可以求出电子碰撞激发的微分截面和积分截面，进而可以计算出碰撞强度和速率系数。

在等离子体的研究中，双电子复合过程是一个非常重要的过程，在研究热力学非平衡态下离子能级布居时，它是一个必不可少的原子过程。

综上所述，上述在细致组态模型下，研究 q 度的离子，即使仅考虑相邻电离度的离子与它的相互作用，所得到的电离度为 q 的离子处于 i 态的粒子数布居速率方程仍是很复杂的。这时得到速率方程通常会涉及谱线跃迁速率，线共振(光)激发到 i 能级的速率和离开 i 能级的速率，碰撞激发和退激发速率，辐射、碰撞和双电子复合到 i 能级的速率，经光电离、碰撞和 Auger 电离到 q 度电离 i 态离子的速率，自发辐射、光电离、碰撞和 Auger 电离以及双电子复合使 i 能态 q 度电离离子减少的速率。当然，对于实际不同的情况，上述所讨论的粒子数布居速率方程中可以忽略一些次要的过程，只考虑主要的物理过程。

流体力学量(如等离子体密度 ρ、电子温度 T_e、粒子温度 T_i 等)的变化相对于原子物理过程来讲是比较慢的，其速率数量级是$(\mathrm{ns})^{-1}$。在冕区物理分析中，常

把比流体力学量变化速率快的过程称为快过程，其余的称为慢过程。在粒子数布居速率方程中，线跃迁和 Auger 过程是快过程，有时电子碰撞激发和退激发过程是快过程。离子处于激发态才会发生这些过程，激发态的寿命大大短于基态的，因此对激发态可采用稳态近似，即取 $d/dt=0$，这就使粒子数布居速率方程近似为

$$\rho \frac{d}{dt}\left(\frac{n_i^q}{\rho}\right)=0 \tag{6.5.15}$$

式中，n_i^q 代表电离度 q 的离子处于 i 态的粒子数密度。

事实上，在天体物理中，由于流体力学状态变化缓慢，常将激发态和基态都取为稳态近似，因此这时的模型被称为碰撞辐射模型。在研究 X 射线激光问题时[370,371]，效果较好的模型为准稳态(quasi steady state，QSS)模型，这时假设激发态处于稳态，并假设基态是随着时间变化的。

6.6 散射系数计算的主要步骤和 5 种典型的散射过程

6.6.1 散射系数计算的三个步骤

通常，散射系数的计算包括如下三个步骤：

(1) 给出介质的温度、密度和原子成分，用统计力学的方法计算出在各种量子能级上的原子或离子的布居数。

(2) 用原子物理学的方法计算出能态为 i 时原子或离子的散射微分截面[372~381]。

(3) 计算出散射系数的平均值。

6.6.2 5 种典型的散射过程

首先研究光子的散射过程。散射分两类，即弹性散射和非弹性散射。弹性散射又称相干散射，它包括下列几种过程：①光子对原子中束缚电子的 Rayleigh 散射；②光子对原子核的 Thomson 散射等。非弹性散射又称非相干散射，当参加散射的电子是互相独立无关时，则从不同电子上散射的光子，其波长和相位没有固定的差别，换句话说，这时的散射光就不相干了。非弹性散射包括：①对束缚电子 Compton 散射；②改变光子能量的联合散射。所谓联合散射是指光子交付部分能量给束缚电子，束缚电子从低能级跃迁到高能级而使原子呈激发状态。

1. Rayleigh 散射

当光子的能量比束缚电子的结合能小时，光子对原子中各电子的作用好像与

整个原子分不开似的，一个光子被原子吸收，电子跃迁到虚激发态，然后返回初态，放出另一个光子，这就是 Rayleigh 散射，散射光子的能量与入射光子的相同，是弹性散射过程。光子的动量变化被原子作为整体吸收了，光子给予原子一小部分能量，因而改变了频率。但由于光子波长和原子壳层尺度为同数量级，光子对壳层上电子散射后的相位差是一样的，因此散射光为相干光。

2. Thomson 散射

在等离子体中，Thomson 散射分为光子对自由电子的 Thomson 散射和光子对裸核的 Thomson 散射。当光子的能量远小于电子的静止能量时，它和自由电子的散射过程为

$$h\nu + \mathrm{e} \longrightarrow h\nu' + \mathrm{e} \tag{6.6.1}$$

这个过程可用经典的电磁场理论来计算。当光子能量为 1MeV 的量级时，光子的波长超过了原子核的大小，原子核好像和自由电子一样，对光发生 Thomson 散射，其散射截面的计算也与自由电子的散射截面公式相类似，这里因篇幅所限不再给出。

3. Compton 散射

当光子能量超过电子在原子中的结合能时，光子对电子的散射便是大角度的，散射光就不相干了，这种散射称为 Compton 散射，这时散射的微分截面由 Klein 和 Nishina 公式给出，其表达式为

$$\frac{\mathrm{d}\sigma_{\mathrm{c}}}{\mathrm{d}\Omega} = \frac{r_{\mathrm{e}}^2}{2}\frac{1}{[1+\eta(1-\cos\theta)]^2}\left[1+\cos^2\theta+\frac{\eta^2(1-\cos\theta)^2}{1+\eta(1-\cos\theta)}\right] \tag{6.6.2a}$$

式中，σ_{c} 为 Compton 散射截面；r_{e} 为电子的经典半径；θ 为光子的散射角；η 定义为

$$\eta \equiv \frac{h\nu}{mc^2} \tag{6.6.2b}$$

式中，$h\nu$ 为光子的能量，h 与 ν 分别为 Planck 常量与光子的频率；c 为光速；m 为电子的静止质量。另外，学界还常将 $h/(mc)$ 称作电子的 Compton 波长。

Compton 效应是指波长极短的电磁波（如 γ 射线或 X 射线）经散射后波长变长的现象，它是量子力学中的重要奠基性发现，它有力地证实了量子理论所预言的光谱位移的真实性。另外，光具有粒子性质的一个很有说服力的证据就是 Compton 效应。Compton 效应在 Compton 发现之后命名，并在 1919～1923 年间 Compton 成功地解释了这个效应。

Compton 散射的理论计算，需用光量子理论来处理。这里可以将光子看成粒子，借助于光子与初始为静止的电子发生碰撞，利用能量守恒定律和动量守恒定律确定散射的微分截面。

4. 对束缚电子的 Compton 散射

在上面的计算中，均假设电子是自由电子，并且是静止的，这种条件仅在入射光子的能量大大超过电子在原子中的结合能时才是正确的。当入射光子表现出对整个原子的作用时，即表明发生了非弹性散射。非弹性散射的 Compton 截面要比上述弹性公式计算出的截面小，尤其是在小角度散射时更是这样。另外，若原子内的电子不是静止而是运动的，也不能用式(6.6.2a)去计算散射微分截面。对束缚电子在运动时 Compton 散射公式是相当复杂的，这里因篇幅所限不再给出，感兴趣的读者可参考文献[77]、[337]～[379]。

5. 联合散射

当光子能量足以激发原子时，与原子作用后原子中的电子跃迁到另一能态 n，同时发出一个能量不同的光子，过程是

$$h\nu + A \longrightarrow A^* + h\nu' \tag{6.6.3}$$

这种改变光子能量的散射称为联合散射。令 E_m 为原子所在的原来能态时的能量，而 E_n 为跃迁到能态 n 时的能量，因此当 $E_n > E_m$ 时，观察到光子的频率向红端移动(即 $\nu' < \nu$)；而当 $E_n < E_m$ 时，观察到向紫端移动(即 $\nu' > \nu$)。

6.7　考虑电子散射效应的 Fokker-Planck 方程

在非平衡辐射输运问题中，电子的 Compton 散射对能量迁移经常是一个非常重要的机制。在讨论高温稠密等离子体中的辐射输运时，往往要考虑自由电子对光子的散射作用。本节主要讨论高能光子与静止的自由电子之间的散射效应、高能光子与运动的自由电子之间的散射效应以及 Fokker-Planck 方程在非相对论和相对论两种情况下的表达形式。

6.7.1　Compton 散射问题中的主要关系式

令 $h\nu$ 和 $h\nu/c$ 分别代表光子碰撞前的能量和动量；$h\nu'$ 和 $h\nu'/c$ 分别代表散射光子的能量和动量，光子的散射角为 θ；令 m 为电子的质量；假定高能光子与自由电子碰撞前，自由电子处于静止状态；Compton 散射时电子飞行角为 φ、飞行速度为 v，如图 6.7 所示。

由能量守恒和动量守恒可得

$$h\nu = h\nu' + mc^2\left(\frac{1}{\sqrt{1-\beta^2}} - 1\right) \tag{6.7.1a}$$

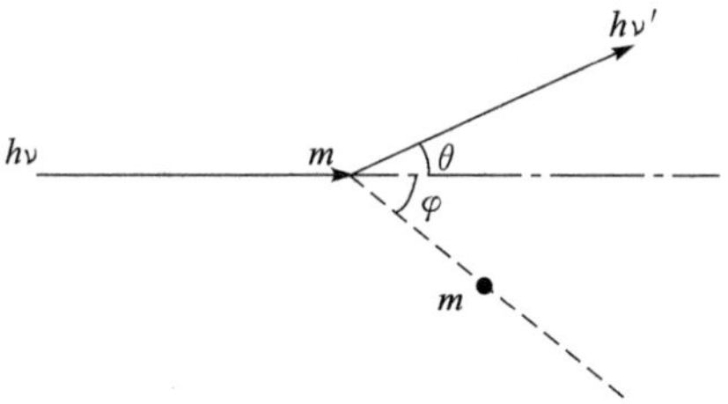

图 6.7 Compton 散射示意图

$$\frac{h\nu}{c}=\frac{h\nu'}{c}\cos\theta+\frac{mc\gamma}{\sqrt{1-\beta^2}}\cos\varphi \tag{6.7.1b}$$

$$\frac{h\nu'}{c}\sin\theta-\frac{mc\gamma}{\sqrt{1-\beta^2}}\sin\varphi=0 \tag{6.7.1c}$$

式中，β 与 γ 分别定义为

$$\beta=\frac{v}{c},\quad \gamma=\frac{h\nu}{mc^2} \tag{6.7.2}$$

由式(6.7.1a)、式(6.7.1b)和式(6.7.1c)中消 φ 与 β，可得

$$h\nu'=\frac{h\nu}{1+\gamma(1-\cos\theta)}=\frac{mc^2}{1-\cos\theta+\dfrac{1}{\gamma}} \tag{6.7.3}$$

Compton 散射时，电子飞行角 φ 与光子散射角 θ 之间的关系为

$$\cot\varphi=(1+\gamma)\frac{1-\cos\theta}{\sin\theta}=(1+\gamma)\tan\frac{\theta}{2} \tag{6.7.4}$$

$$\cos\theta=\frac{(1+\gamma)^2\tan^2\varphi-1}{(1+\gamma^2)\tan^2\varphi-1} \tag{6.7.5}$$

Compton 散射的微分碰撞截面可由 Klein-Nishina 公式给出。考虑非极化光时，碰撞截面的表达式为

$$\mathrm{d}\sigma_{\mathrm{comp}}\equiv\mathrm{d}\sigma_{\mathrm{comp}}^{S}+\mathrm{d}\sigma_{\mathrm{comp}}^{\alpha}=\frac{r_0^2}{2}\left(\frac{\nu'}{\nu}\right)^2\left(\frac{\nu}{\nu'}+\frac{\nu'}{\nu}-\sin^2\theta\right)\mathrm{d}\Omega \tag{6.7.7a}$$

式中，$\mathrm{d}\sigma_{\mathrm{comp}}$ 为碰撞截面；$\mathrm{d}\sigma_{\mathrm{comp}}^{S}$ 为散射截面；$\mathrm{d}\sigma_{\mathrm{comp}}^{\alpha}$ 为吸收截面；r_0 为经典电子半径，其表达式为

$$r_0\equiv\frac{e^2}{mc^2}=2.82\times10^{-13}\,\mathrm{cm} \tag{6.7.7b}$$

$\mathrm{d}\sigma_{\mathrm{com}}$ 与 $\mathrm{d}\sigma_{\mathrm{comp}}^{S}$ 和频率 ν 与 ν' 间的关系为

$$\mathrm{d}\sigma_{\mathrm{comp}}^{S}=\frac{\nu'}{\nu}\mathrm{d}\sigma_{\mathrm{comp}}=\frac{r_0^2}{2}\left(\frac{\nu'}{\nu}\right)^3\left(\frac{\nu}{\nu'}+\frac{\nu'}{\nu}-\sin^2\theta\right)\mathrm{d}\Omega \tag{6.7.8a}$$

或者

$$\mathrm{d}\sigma_{\mathrm{comp}}^{S}=r_0^2\left[\frac{1}{1+r(1-\cos\theta)}\right]^3\frac{1+\cos^2\theta}{2}\left\{1+\frac{\gamma^2(1-\cos\theta)^2}{(1+\cos^2\theta)[1+\gamma(1-\cos\theta)]}\right\}\mathrm{d}\Omega \tag{6.7.8b}$$

很显然，当 $\gamma\to 0$ 时，式(6.7.8)过渡到 Thomson 散射公式。

将微分碰撞截面对散射角 θ 积分，并利用式(6.7.8a)和式(6.7.8b)可得

$$\sigma_{\text{comp}}=2\pi\gamma_0^2\left\{\frac{1+\gamma}{\gamma^2}\left[\frac{2(1+\gamma)}{1+2\gamma}-\frac{1}{\gamma}\ln(1+2\gamma)\right]+\frac{1}{2\gamma}\ln(1+2\gamma)-\frac{1+3\gamma}{(1+2\gamma)^2}\right\}\tag{6.7.9}$$

当 $\gamma\ll 1$ 并且采用非相对论近似时，式(6.7.9)可近似为

$$\sigma_{\text{comp}}=\frac{8\pi}{3}\gamma_0^2\left(1-2\gamma+\frac{26}{5}\gamma^2-\frac{133}{10}\gamma^3+\cdots\right)\tag{6.7.10a}$$

当 $\gamma=0$ 时，过渡为 Thomson 散射截面；当 $\gamma\gg 1$，即在强相对论范围时，碰撞截面为

$$\sigma_{\text{comp}}\approx\frac{1}{\gamma}\pi\gamma_0^2\left(\ln 2\gamma+\frac{1}{2}\right)\tag{6.7.10b}$$

积分式(6.7.8b)，可得到总散射截面，其表达式为

$$\sigma_{\text{comp}}^{S}=\pi\gamma_0^2\left[\frac{1}{\gamma^3}\ln(1+2\gamma)+\frac{2(1+\gamma)(2\gamma^2-2\gamma-1)}{\gamma^2(1+2\gamma)^2}+\frac{8\gamma^2}{3(1+2\gamma)^3}\right]\tag{6.7.11a}$$

对于小的 γ 值，式(6.7.11a)可近似为

$$\sigma_{\text{comp}}^{S}=\frac{8\pi}{3}\gamma_0^2(1-3\gamma+9.4\gamma^2-28\gamma^3+\cdots)\tag{6.7.11b}$$

另外，吸收纵截面 σ_{comp}^{a} 为

$$\begin{aligned}\sigma_{\text{comp}}^{a}&=\sigma_{\text{comp}}-\sigma_{\text{comp}}^{S}\\&=2\pi\gamma_0^2\left[\frac{2(1+\gamma)^2}{\gamma^2(1+2\gamma)}-\frac{1+3\gamma}{(1+2\gamma)^2}-\frac{(1+\gamma)(2\gamma^2-2\gamma-2)}{\gamma^2(1+2\gamma)^2}\right.\\&\quad\left.-\frac{4\gamma^2}{3(1+2\gamma)^3}\right]-\left(\frac{1+\gamma}{\gamma^3}-\frac{1}{2\gamma}+\frac{1}{2\gamma^3}\right)\ln(1+2\gamma)\end{aligned}\tag{6.7.12a}$$

当 $\gamma\ll 1$ 时，式(6.7.12a)可简化为

$$\sigma_{\text{comp}}^{a}=\frac{8\pi}{3}\gamma_0^2(\gamma-4.2\gamma^2+14.7\gamma^3+\cdots)\tag{6.7.12b}$$

6.7.2　实验室坐标系与电子静止坐标系间的变换以及光子的 Boltzmann 方程

令电子的动量为 $\boldsymbol{p}_{\text{e}}$，速度矢量为 $\mathbf{V}$，其模为 v，即

$$\boldsymbol{p}_{\text{e}}=\frac{m\mathbf{V}}{\beta}\tag{6.7.13a}$$

$$\beta\equiv\left(1-\frac{v^2}{c^2}\right)^{\frac{1}{2}}\tag{6.7.13b}$$

取 $\boldsymbol{p}_e$ 的方向沿着 z 轴向，光子动量为 $\hbar\boldsymbol{K}$（这里 $\boldsymbol{K}$ 为波矢，$\hbar$ 为约化 Planck 常量），$\boldsymbol{K}$ 位于 xz 平面并与 z 轴成 α 角，即 $\boldsymbol{p}_e$ 与 $\boldsymbol{K}$ 间的夹角为 α，如图 6.8 所示。借助于 Lorentz 变换进行坐标变换，变换到电子静止坐标系中，用下角标“0”表示电子静止坐标系的量。

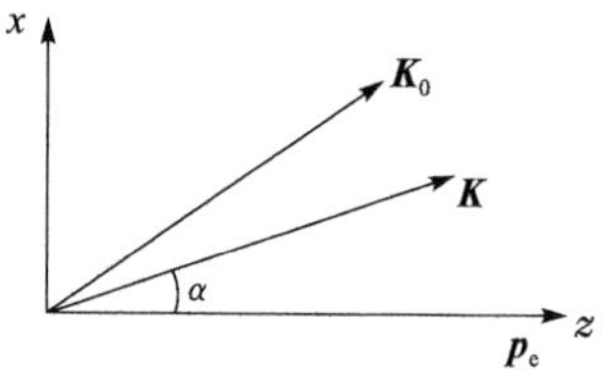

图 6.8　Compton 散射坐标变换图

另外，在电子静止坐标系中，经过散射，光子由 $\boldsymbol{K}_0$ 态变成 $\boldsymbol{K}_0'$ 态，$\boldsymbol{K}_0'$ 与 $\boldsymbol{K}_0$ 的夹角在电子静止坐标系中为 θ 和 φ；此外，如果要变换到实验室坐标系，则相当于一个速度为 $-v$ 沿着 z 轴的 Lorentz 变换。

令 f 为光子的分布函数，于是光子分布函数所遵循的输运方程为

$$\left(\frac{\partial}{\partial t}+c\boldsymbol{\Omega}\cdot\nabla\right)f=\left(\frac{\partial f}{\partial t}\right)_{\mathrm{r}} \tag{6.7.14a}$$

式中，下角标 r 表示反应项。

$$\left(\frac{\partial f}{\partial t}\right)_{\mathrm{r}}=\left(\frac{\partial f}{\partial t}\right)_{\mathrm{p}}+\left(\frac{\partial f}{\partial t}\right)_{\mathrm{b}}+\left(\frac{\partial f}{\partial t}\right)_{\mathrm{comp}}+\left(\frac{\partial f}{\partial t}\right)_{\mathrm{l}}+\cdots \tag{6.7.14b}$$

式中，下角标 p、b、comp 和 l 分别表示光电效应、轫致效应、Compton 效应和线辐射效应等项。需要说明的是，通常碰撞微分截面（如 Compton 碰撞微分截面）都是在初始电子静止坐标系中给出的，所以要给出实验室坐标系与电子静止坐标系中相应物理量的相对论变换关系。通常给出的电子静止坐标系中 Compton 碰撞微分截面为

$$\frac{\mathrm{d}\sigma}{\mathrm{d}\Omega}=\frac{r_0^2}{2}\left(\frac{\nu'}{\nu}\right)^2\left(\frac{\nu}{\nu'}+\frac{\nu'}{\nu}-\sin^2\theta\right)=\frac{r_0^2}{2}\left(\frac{\widetilde{K}_0'}{\widetilde{K}_0}\right)^2\left(\frac{\widetilde{K}_0}{\widetilde{K}_0'}+\frac{\widetilde{K}_0'}{\widetilde{K}_0}-\sin^2\theta\right) \tag{6.7.14c}$$

式中，$\widetilde{K}_0$ 与 $\widetilde{K}_0'$ 为波矢 $\boldsymbol{K}_0$ 与 $\boldsymbol{K}_0'$ 的模，即

$$|\boldsymbol{K}_0|=\widetilde{K}_0,\quad |\boldsymbol{K}_0'|=\widetilde{K}_0' \tag{6.7.14d}$$

用 Compton 截面表示跃迁概率，就可得到光子的 Boltzmann 方程用 Compton 截面表达的形式：

$$\left(\frac{\partial f}{\partial t}\right)_{\mathrm{comp}}=\iint\left[f'f_e'(1+f)-ff_e(1+f')\right]c\left(1-\frac{v}{c}\cos\alpha\right)\frac{\mathrm{d}\sigma}{\mathrm{d}\Omega}\mathrm{d}\Omega\mathrm{d}\boldsymbol{p} \tag{6.7.14e}$$

6.7.3　光子的 Fokker-Planck 方程

1. 非相对论下的 Fokker-Planck 方程

Compton 碰撞中的 Boltzmann 方程如式(6.7.14e)所示。为简单起见，假设光子和电子分布是各向同性的，并且假定每散射一次，光子的能量改变很小，即

$$\frac{\widetilde{K}_0-\widetilde{K}'_0}{\widetilde{K}_0}\ll 1,\quad 即\quad \frac{\Delta\nu}{\nu}\ll 1 \tag{6.7.15a}$$

如果进一步假设电子具有 Maxwell 分布，并注意取非相对论近似，于是有

$$f_e=A\exp\left(-\frac{E}{T_e}\right) \tag{6.7.15b}$$

式中电子温度采用了能量单位。因此

$$\frac{\partial f_e}{\partial E}=-\frac{f_e}{T_e},\quad \frac{\partial^2 f_e}{\partial E^2}=\frac{f_e}{T_e^2} \tag{6.7.15c}$$

利用式(6.7.15c)，将式(6.7.14e)中的 f' 和 f'_e 在 $\widetilde{K}$、E 点展开并且保留到二次项，可得到

$$\left(\frac{\partial f}{\partial t}\right)_{\text{comp}}=\frac{1}{2}\frac{\partial^2 f}{\partial\widetilde{K}^2}\langle\Delta\widetilde{K}^2\rangle+\frac{\partial f}{\partial\widetilde{K}}\langle\Delta\widetilde{K}\rangle+\frac{\partial f}{\partial\widetilde{K}}(1+f)\frac{\langle\Delta\widetilde{K}^2\rangle}{T_e}$$
$$+f(1+f)\left(\frac{\langle\Delta\widetilde{K}^2\rangle}{2T_e^2}+\frac{\langle\Delta\widetilde{K}\rangle}{T_e}\right) \tag{6.7.16a}$$

式中，

$$\langle\Delta\widetilde{K}\rangle=\iint f_e c\left(1-\frac{v}{c}\cos\alpha\right)(\Delta\widetilde{K})\frac{d\sigma}{d\Omega}d\Omega d\boldsymbol{p} \tag{6.7.16b}$$

$$\langle\Delta\widetilde{K}^2\rangle=\iint f_e c\left(1-\frac{v}{c}\cos\alpha\right)(\Delta\widetilde{K}^2)\frac{d\sigma}{d\Omega}d\Omega d\boldsymbol{p} \tag{6.7.16c}$$

这里应指出的是，$\langle\Delta\widetilde{K}\rangle$和$\langle\Delta\widetilde{K}^2\rangle$的严格计算十分繁杂，显然它不是本节所应采取的方法。如果采用 c. g. s 制单位，则$\langle\Delta\widetilde{K}\rangle$和$\langle\Delta\widetilde{K}^2\rangle$又可分别表示为

$$\langle\Delta\widetilde{K}\rangle=N_e c\sigma_T\widetilde{K}\left(\frac{4T_e}{mc^2}-\frac{\widetilde{K}}{mc^2}\right) \tag{6.7.16d}$$

$$\langle\Delta\widetilde{K}^2\rangle=N_e c\sigma_T\widetilde{K}^2\frac{2T_e}{mc^2} \tag{6.7.16e}$$

式中，$N_e c\sigma_T$ 代表单位时间内光子与电子的碰撞次数。

将式(6.7.16d)和式(6.7.16e)代入式(6.7.16a)，可得

$$\left(\frac{\partial f}{\partial t}\right)_{\text{comp}}=N_e c\sigma_T\frac{1}{\widetilde{K}^2}\frac{\partial}{\partial\widetilde{K}}\left[\frac{\widetilde{K}^4 T_e}{mc^2}\frac{\partial f}{\partial\widetilde{K}}+\frac{\widetilde{K}^4}{mc^2}f(1+f)\right]$$

$$=\frac{1}{\widetilde{K}^2}\frac{\partial}{\partial\widetilde{K}}\left\{\alpha_{\mathrm{NR}}\left[f(1+f)+T_{\mathrm{e}}\frac{\partial f}{\partial\widetilde{K}}\right]\right\} \tag{6.7.16f}$$

式中，

$$\alpha_{\mathrm{NR}}=\frac{N_{\mathrm{e}}\sigma_{\mathrm{T}}\widetilde{K}^4}{mc}=\frac{8\pi}{3mc}r_0^2N_{\mathrm{e}}\widetilde{K}^4 \tag{6.7.16g}$$

式(6.7.16f)称为非相对论下的 Fokker-Planck 方程。

2. 相对论下的 Fokker-Planck 方程

假设电子服从 Maxwell 分布，即

$$f_e=A\exp\left(-\frac{E}{T_{\mathrm{e}}}\right) \tag{6.7.17a}$$

式中，T_{e} 为电子温度，并取能量单位。

假设光子分布是各向同性的，并且令光子的能量为 $h\nu=c\hbar\widetilde{K}$，$\widetilde{K}$ 为波矢 $\mathbf{K}$ 的模，可建立如下的方程：

$$\begin{aligned}\widetilde{K}^2\frac{\partial f(\widetilde{K},t)}{\partial t}=&\int_0^\infty\{S(\widetilde{K}',\widetilde{K};T_{\mathrm{e}})[1+f(\widetilde{K},t)]f(\widetilde{K}',t)\\&-S(\widetilde{K},\widetilde{K}';T_{\mathrm{e}})[1+f(\widetilde{K}',t)]f(\widetilde{K},t)\}\mathrm{d}\widetilde{K}'\end{aligned} \tag{6.7.17b}$$

式中，$S(\widetilde{K},\widetilde{K}';T_{\mathrm{e}})/\widetilde{K}^2$ 代表由 $\widetilde{K}$ 散射到 $\widetilde{K}'$的概率。如果假设 $f(\widetilde{K},t)$是解析的，$S(\widetilde{K},\widetilde{K}';T_{\mathrm{e}})$在$(\widetilde{K}'-\widetilde{K})/\widetilde{K}\ll1$ 的范围内有峰值。考虑到细致平衡，有

$$S(\widetilde{K}',\widetilde{K};T_{\mathrm{e}})=S(\widetilde{K},\widetilde{K}';T_{\mathrm{e}})\exp\left(\frac{\widetilde{K}'-\widetilde{K}}{T_{\mathrm{e}}}\right) \tag{6.7.17c}$$

把 $f(\widetilde{K}',t)$在 $\widetilde{K}$ 处展开并取到二阶项，有

$$f(\widetilde{K}',t)\approx f(\widetilde{K},t)+\frac{\partial f}{\partial\widetilde{K}}\Delta\widetilde{K}+\frac{1}{2}\frac{\partial^2 f}{\partial(\widetilde{K})^2}(\Delta\widetilde{K})^2 \tag{6.7.17d}$$

并且有

$$\Delta\widetilde{K}=\widetilde{K}'-\widetilde{K} \tag{6.7.17e}$$

令

$$\langle(\Delta\widetilde{K})^n\rangle\equiv\int_0^\infty(\widetilde{K}'-\widetilde{K})^nS(\widetilde{K},\widetilde{K}';T_{\mathrm{e}})\mathrm{d}\widetilde{K}' \tag{6.7.17f}$$

由于，

$$\frac{\partial\langle(\Delta\widetilde{K})^2\rangle}{\partial\widetilde{K}}=\frac{1}{T_{\mathrm{e}}}\langle(\Delta\widetilde{K})^2\rangle+2\langle\Delta\widetilde{K}\rangle \tag{6.7.17g}$$

利用式(6.7.17d)和式(6.7.17g)，可以得到光子的 Fokker-Planck 方程：

$$\widetilde{K}^2\frac{\partial f(\widetilde{K},t)}{\partial t}=\frac{\partial}{\partial\widetilde{K}}\left\{\alpha(\widetilde{K},T_e)\left\{f(\widetilde{K},t)\left[1+f(\widetilde{K},t)\right]+T_e\frac{\partial f(\widetilde{K},t)}{\partial\widetilde{K}}\right\}\right\}\tag{6.7.18a}$$

式中，

$$\alpha(\widetilde{K},T_e)=\frac{1}{2}\frac{\langle(\Delta\widetilde{K})^2\rangle}{T_e}=\frac{1}{2}\frac{\partial\langle(\Delta\widetilde{K})^2\rangle}{\partial\widetilde{K}}-\langle\Delta\widetilde{K}\rangle\tag{6.7.18b}$$

文献[382]给出了推导 Fokker-Planck 方程的细节以及 $\alpha(\widetilde{K},T_e)$ 的具体形式，可供感兴趣的读者进一步参考。

6.8　考虑介质折射率的辐射输运方程

由于介质的组分、密度、温度、压强存在着非均匀性的梯度分布，导致了介质折射率连续、非均匀的变化并且产生折射率梯度。当介质折射率连续变化时，梯度折射率介质内光线将发生弯曲而改变传播方向。光线传播方向的改变对于高超声速拦截器、高能激光武器、导弹的光学末制导、光学成像寻的、机载激光制导系统来讲就变得格外重要。20 世纪 80 年代以来，针对反导导弹红外寻技术的开展，美国开展了较大规模的气动光学研究，并下大力去改造地面试验设备、发展气动光学试验技术、进行地面与空中飞行的多次试验[383,384]。为了弥补红外寻技术的不足，美国还开展紫外寻的技术研究。另外，美国开展了多次反导拦截试验，而且都取得了成功，这表明美国对这类导弹所涉及的气动光学工程问题已基本解决。

6.8.1　均匀折射率介质中的辐射输运方程

在半透明梯度折射率介质内，沿辐射传播路径不仅介质的吸收、发射和散射会导致辐射强度的变化，另外折射率的变化也会引起辐射强度的变化。通常，每个光子携带的能量为 $h\nu$，当地的光速 c 与真空中的光速 c_0 间的关系为

$$c=\frac{c_0}{n}\tag{6.8.1}$$

式中，n 为介质折射率。

另外，光子数密度分函数为 $f_\nu(\boldsymbol{r},\boldsymbol{\Omega},t)$，相应地单色辐射强度为 $I_\nu(\boldsymbol{r},\boldsymbol{\Omega},t)$，两者间的关系为

$$I_\nu(\boldsymbol{r},\boldsymbol{\Omega},t)=h\nu c f_\nu(\boldsymbol{r},\boldsymbol{\Omega},t)\tag{6.8.2}$$

式中，$\boldsymbol{\Omega}$ 为光子的飞行方向，它是个单位方向矢量。

描述光子输运的 Boltzmann 方程为

$$\frac{\partial f_\nu}{\partial t}+\nabla_{\boldsymbol{r}}\cdot(\boldsymbol{v}f_\nu)+\nabla_\nu\cdot(\boldsymbol{a}f_\nu)=Q_\nu(\boldsymbol{r},\boldsymbol{\Omega},t)\tag{6.8.3}$$

式中,$\boldsymbol{v}$ 和 $\boldsymbol{a}$ 分别为速度矢量和加速度矢量;下角标 ν 表示辐射能的频率;∇_r 和 ∇_ν 分别为几何空间和速度空间的算子;$Q_\nu(\boldsymbol{r},\boldsymbol{\Omega},t)$ 为光子源项,它通常应包括吸收、散射、发射等效应。当介质折射率 n 在空间均匀分布,若忽略相对论效应,并假定加速度矢量 $\boldsymbol{a}=0$,且

$$\boldsymbol{v}=c\boldsymbol{\Omega} \tag{6.8.4}$$

则式(6.8.3)可进一步简化为

$$\frac{\partial f_\nu}{\partial t}+c\,\nabla_r\cdot(\boldsymbol{\Omega}f_\nu)=Q_\nu(\boldsymbol{r},\boldsymbol{\Omega},t) \tag{6.8.5a}$$

或者

$$\frac{ch\nu}{c}\frac{\partial f_\nu}{\partial t}+ch\nu\,\nabla_r\cdot(\boldsymbol{\Omega}f_\nu)=h\nu Q_\nu(\boldsymbol{r},\boldsymbol{\Omega},t) \tag{6.8.5b}$$

如果光子源项 $h\nu Q_\nu(\boldsymbol{r},\boldsymbol{\Omega},t)$ 只考虑弹性散射,此时源项又可表示为

$$h\nu Q_\nu(\boldsymbol{r},\boldsymbol{\Omega},t)=-\beta_\nu I_\nu+n^2K_{a\nu}I_{b\nu}+\frac{K_{s\nu}}{4\pi}\int_{4\pi}I_\nu(\boldsymbol{r},\boldsymbol{\Omega}',t)\Phi(\boldsymbol{\Omega}',\boldsymbol{\Omega})\mathrm{d}\boldsymbol{\Omega}' \tag{6.8.6a}$$

并且有

$$\beta_\nu=K_{a\nu}+K_{s\nu} \tag{6.8.6b}$$

式中,β_ν 为衰减系数;$K_{a\nu}$ 和 $K_{s\nu}$ 分别为介质的吸收系数和散射系数;$I_{b\nu}$ 为在介质温度下的黑体单色辐射强度;$\Phi(\boldsymbol{\Omega}',\boldsymbol{\Omega})$ 表示从入射方向 $\boldsymbol{\Omega}'$ 到出射方向 $\boldsymbol{\Omega}$ 的散射相函数。

如果将式(6.8.6a)代入式(6.8.5b),可得

$$\frac{1}{c}\frac{\partial I_\nu}{\partial t}+\boldsymbol{\Omega}\cdot\nabla_r I_\nu=-\beta_\nu I_\nu+n^2K_{a\nu}I_{b\nu}+\frac{K_{s\nu}}{4\pi}\int_{4\pi}I_\nu(\boldsymbol{r},\boldsymbol{\Omega}',t)\Phi(\boldsymbol{\Omega}',\boldsymbol{\Omega})\mathrm{d}\boldsymbol{\Omega}' \tag{6.8.6c}$$

如果令 S 为光线轨迹的弧长,在折射率 $n(\boldsymbol{r})$ 为空间坐标的 $\boldsymbol{r}$ 的函数时,光线方程为[385]

$$\frac{\mathrm{d}}{\mathrm{d}S}\left(n\frac{\mathrm{d}\boldsymbol{r}}{\mathrm{d}S}\right)=\nabla n \tag{6.8.7}$$

式中,$\boldsymbol{r}$ 为矢径。

另外,式(6.8.6c)等号左侧第二项又可表示为

$$\boldsymbol{\Omega}\cdot\nabla_r I_\nu=\frac{\partial I_\nu}{\partial S} \tag{6.8.8}$$

借助于式(6.8.8),则式(6.8.6c)变为

$$\begin{aligned}\frac{1}{c}\frac{\mathrm{d}I_\nu}{\mathrm{d}t}&=\frac{1}{c}\frac{\partial I_\nu}{\partial t}+\frac{\partial I_\nu}{\partial S}\\&=-(K_{a\nu}+K_{s\nu})I_\nu+n^2K_{a\nu}I_{b\nu}+\frac{K_{s\nu}}{4\pi}\int_{4\pi}I_\nu(\boldsymbol{r},\boldsymbol{\Omega}',t)\Phi(\boldsymbol{\Omega}',\boldsymbol{\Omega})\mathrm{d}\boldsymbol{\Omega}'\end{aligned} \tag{6.8.9}$$

这就是均匀折射率介质中辐射输运方程的表达式。为了进一步表达 $\boldsymbol{\Omega}$ 矢量，引入直角坐标系 xyz 和局部坐标系 $\tilde{x}\tilde{y}\tilde{z}$，如图 6.9 所示。$\boldsymbol{\Omega}$ 为单位方向矢量，它的方向余弦为 μ、η、ξ，并且有

$$\mu=\sin\theta\cos\varphi \tag{6.8.10a}$$

$$\eta=\sin\theta\sin\varphi \tag{6.8.10b}$$

$$\xi=\cos\theta \tag{6.8.10c}$$

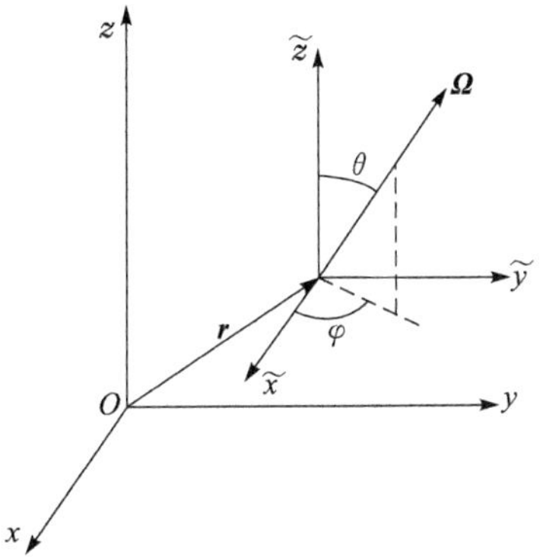

图 6.9 直角坐标系 xyz 和局部坐标系 $\tilde{x}\tilde{y}\tilde{z}$

式(6.8.10)两边同时对 S 微分，可得

$$\begin{bmatrix}\dfrac{\mathrm{d}\mu}{\mathrm{d}S}\\ \dfrac{\mathrm{d}\eta}{\mathrm{d}S}\\ \dfrac{\mathrm{d}\xi}{\mathrm{d}S}\end{bmatrix}=\begin{bmatrix}\cos\theta\cos\varphi & -\sin\theta\sin\varphi\\ \cos\theta\sin\varphi & \sin\theta\cos\varphi\\ -\sin\theta & 0\end{bmatrix}\begin{bmatrix}\dfrac{\mathrm{d}\theta}{\mathrm{d}S}\\ \dfrac{\mathrm{d}\varphi}{\mathrm{d}S}\end{bmatrix} \tag{6.8.10d}$$

或者

$$\begin{bmatrix}\dfrac{\mathrm{d}\theta}{\mathrm{d}S}\\ \dfrac{\mathrm{d}\varphi}{\mathrm{d}S}\end{bmatrix}=\begin{bmatrix}0 & 0 & \dfrac{-1}{\sin\theta}\\ \dfrac{-\sin\varphi}{\sin\theta} & \dfrac{\cos\varphi}{\sin\theta} & 0\end{bmatrix}\begin{bmatrix}\dfrac{\mathrm{d}\mu}{\mathrm{d}S}\\ \dfrac{\mathrm{d}\eta}{\mathrm{d}S}\\ \dfrac{\mathrm{d}\xi}{\mathrm{d}S}\end{bmatrix} \tag{6.8.10e}$$

于是，

$$\boldsymbol{\Omega}=\mu\boldsymbol{i}_x+\eta\boldsymbol{i}_y+\xi\boldsymbol{i}_z=\frac{\mathrm{d}\boldsymbol{r}}{\mathrm{d}S} \tag{6.8.10f}$$

$$\boldsymbol{\Omega}\cdot\nabla_r I_\nu=\mu\frac{\partial I_\nu}{\partial x}+\eta\frac{\partial I_\nu}{\partial y}+\xi\frac{\partial I_\nu}{\partial z} \tag{6.8.10g}$$

6.8.2　梯度折射率介质中的辐射输运方程

介质折射率的不均匀性，除了会使辐射一般不再沿直线传播之外，另一个重要的影响是它将使辐射强度在传播的过程中发生改变。图 6.10 给出一个底面积为 $\mathrm{d}\tilde{\sigma}$、厚度为 dS 的气体柱。

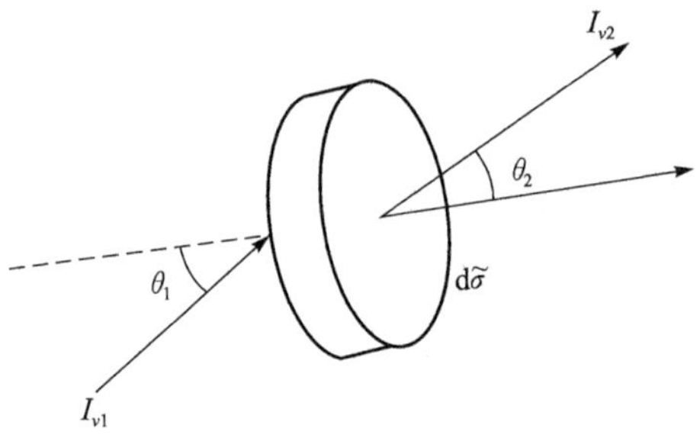

图 6.10　沿射线方向$\frac{I_\nu}{n_\nu^2}=\mathrm{const}$的推导示意图

令强度为 $I_{\nu1}$的辐射以 θ_1 的倾角射入柱体，由于介质不均匀性，将以 θ_2 射出并且强度变为 $I_{\nu2}$；因此在 dt 时间内，沿 θ_1 方向的立体角元 $\mathrm{d}\Omega_1$，进入柱体的能量 $\mathrm{d}E_{\mathrm{in}}$为

$$\mathrm{d}E_{\mathrm{in}}=I_{\nu1}\cos\theta_1\,\mathrm{d}\tilde{\sigma}\,\mathrm{d}\nu\mathrm{d}t\mathrm{d}\Omega_1 \tag{6.8.11a}$$

射出柱体的能量 $\mathrm{d}E_{\mathrm{out}}$为

$$\mathrm{d}E_{\mathrm{out}}=I_{\nu2}\cos\theta_2\,\mathrm{d}\tilde{\sigma}\,\mathrm{d}\nu\mathrm{d}t\mathrm{d}\Omega_2 \tag{6.8.11b}$$

假设介质没有吸收和辐射，于是应有

$$\mathrm{d}E_{\mathrm{in}}=\mathrm{d}E_{\mathrm{out}} \tag{6.8.11c}$$

即

$$I_{\nu2}\cos\theta_2\,\mathrm{d}\Omega_2=I_{\nu1}\cos\theta_1\,\mathrm{d}\Omega_1 \tag{6.8.11d}$$

按照 Snell 定律，沿射线方向应有

$$n\sin\theta=\mathrm{const} \tag{6.8.11e}$$

或者

$$n_1\sin\theta_1=n_2\sin\theta_2 \tag{6.8.11f}$$

因此立体角元之比变为

$$\frac{\mathrm{d}\Omega_2}{\mathrm{d}\Omega_1}=\frac{\sin\theta_2\,\mathrm{d}\theta_2}{\sin\theta_1\,\mathrm{d}\theta_1}=\frac{\sin\theta_2}{\sin\theta_1}\,\frac{n_1\cos\theta_1}{n_2\cos\theta_2}=\left(\frac{n_1}{n_2}\right)^2\frac{\cos\theta_1}{\cos\theta_2} \tag{6.8.11g}$$

将式(6.8.11g)代入式(6.8.11d)，可得

$$\frac{I_{\nu2}}{n_2^2}=\frac{I_{\nu1}}{n_1^2} \tag{6.8.11h}$$

即沿射线方向有

$$\frac{I_\nu}{n_\nu^2}=\text{const} \tag{6.8.12a}$$

所以在一个折射率缓慢变化的不均匀介质中，即使介质本身没有吸收和辐射，但强度也会沿着射线路径而改变，并且折射率大的地方，强度也大，这个重要特点对分析辐射场来讲十分重要。

由式(6.8.12a)可以求出，沿着射线方向，由于折射率的变化而引起的辐射强度的变化率，这里将此变化率记作 $\partial I_\nu/\partial S$，并有

$$\frac{\partial I_\nu}{\partial S}=\frac{2I_\nu}{n_\nu}\frac{\mathrm{d}n_\nu}{\mathrm{d}S} \tag{6.8.12b}$$

考虑到式(6.8.12b)以后，便可得到稳态时具有梯度折射率、吸收、发射、散射、半透明介质中辐射输运方程普遍形式的表示式，即

$$\frac{\mathrm{d}}{\mathrm{d}S}\left(\frac{I_\nu}{n_\nu^2}\right)=-(K_{a\nu}+K_{s\nu})\frac{I_\nu}{n_\nu^2}+K_{a\nu}I_{b\nu}+\frac{K_{s\nu}}{4\pi}\int_{4\pi}\frac{I_\nu(\boldsymbol{r},\boldsymbol{\Omega}',t)}{n_\nu^2}\Phi(\boldsymbol{\Omega}',\boldsymbol{\Omega})\mathrm{d}\boldsymbol{\Omega}' \tag{6.8.12c}$$

式中，I_ν 定义为

$$I_\nu=I(\boldsymbol{r},\boldsymbol{\Omega},\nu) \tag{6.8.12d}$$

对于瞬态问题，则具有梯度折射率、吸收、发射、散射、半透明介质中辐射输运方程普遍形式的表达式为

$$\begin{aligned}\frac{1}{c}\frac{\mathrm{d}}{\mathrm{d}t}\left[\frac{I_\nu(\boldsymbol{r},\boldsymbol{\Omega},t)}{n_\nu^2}\right]&=\frac{1}{c}\frac{\partial}{\partial t}\left[\frac{I_\nu(\boldsymbol{r},\boldsymbol{\Omega},t)}{n_\nu^2}\right]+\frac{\partial}{\partial S}\left[\frac{I_\nu(\boldsymbol{r},\boldsymbol{\Omega},t)}{n_\nu^2}\right]\\&=-(K_{a\nu}+K_{s\nu})\frac{I_\nu(\boldsymbol{r},\boldsymbol{\Omega},t)}{n_\nu^2}+K_{a\nu}I_{b\nu}+\frac{K_{s\nu}}{4\pi}\int_{4\pi}\frac{I_\nu(\boldsymbol{r},\boldsymbol{\Omega}',t)}{n_\nu^2}\Phi(\boldsymbol{\Omega}',\boldsymbol{\Omega})\mathrm{d}\boldsymbol{\Omega}'\end{aligned} \tag{6.8.13a}$$

式中，下角标 ν 代表频率，折射率 n_ν 定义为

$$n_\nu=n(\boldsymbol{r},\nu,t) \tag{6.8.13b}$$

在气动光学中，气体介质的折射率 n 与气体的密度、温度、压强、气体的化学组分、光波波长(频率)等有关。对于高超声速湍流边界层问题，湍流的脉动量对折射率 n 的影响也常常不可忽视。此外，在高超声速飞行中，飞行器头部的脱体弓形激波对折射率 n 的影响也不可忽视。因此，要全面考虑各种因素对介质折射率 n 的影响是件十分繁杂的事情[386～389]，在工程计算分析中，为简化计算，这时仅能考虑主要的影响因素。

6.8.3　折射率与圆频率以及波矢模之间的关系

令 $\boldsymbol{K}$ 代表波矢，ω 与 ν 分别为波的圆频率与频率，λ 与 v 分别代表波长与在介质中传播速度的模，它们之间与折射率 n 有如下关系：

$$|\boldsymbol{K}|=\widetilde{K}, \quad c_0=nc \tag{6.8.14a}$$

$$\widetilde{K}=\frac{2\pi}{\lambda}, \quad \omega=2\pi\nu \tag{6.8.14b}$$

$$v=\frac{\omega}{\widetilde{K}}, \quad v=\lambda\nu, \quad \widetilde{K}=\frac{\omega}{v} \tag{6.8.14c}$$

$$n=\frac{c_0\widetilde{K}}{\omega} \tag{6.8.14d}$$

式中，c_0 与 c 分别表示光在真空中的速度与在介质中的传播速度。

6.9 辐射输运方程的有限体积法及其与能量方程的耦合求解

令 c 与 ν 分别为光速与频率，ω 与 $\widetilde{K}$ 分别为圆频率与角波数，$\boldsymbol{K}$ 为波矢，η 为波数，λ 为波长，它们之间的关系为

$$\eta=\frac{1}{\lambda}=\frac{\nu}{c} \tag{6.9.1a}$$

$$\nu=\frac{\omega}{2\pi}=\frac{c\widetilde{K}}{2\pi} \tag{6.9.1b}$$

$$|\boldsymbol{K}|=\widetilde{K}, \quad \omega=c\widetilde{K} \tag{6.9.1c}$$

对光子来讲，其能量 E 为

$$E=h\nu=\hbar\omega=\frac{hc}{\lambda}=c\hbar\widetilde{K}=ch\eta \tag{6.9.1d}$$

6.9.1 均匀折射率介质中光子的典型辐射输运方程

对于光子输运的 Boltzmann 方程(6.8.3)，如果用波数 η 表达时可写为

$$\frac{\partial f_\eta}{\partial t}+\nabla_{\boldsymbol{r}}\cdot(\boldsymbol{v}f_\eta)+\nabla_{\boldsymbol{v}}\cdot(\boldsymbol{a}f_\eta)=Q_\eta(\boldsymbol{r},\boldsymbol{\Omega},t) \tag{6.9.2a}$$

当假定介质折射率在空间中均匀分布，并假定忽略相对论效应和认为加速度矢量 $\boldsymbol{a}=0$ 时，有

$$\boldsymbol{v}=c\boldsymbol{\Omega} \tag{6.9.2b}$$

$$I_\eta(\boldsymbol{r},\boldsymbol{\Omega},t)=c^2h\eta f_\eta(\boldsymbol{r},\boldsymbol{\Omega},t) \tag{6.9.2c}$$

于是式(6.9.2a)可简化为

$$\begin{aligned}&\frac{1}{c}\frac{\partial I_\eta}{\partial t}+\nabla_{\boldsymbol{r}}\cdot(\boldsymbol{\Omega}I_\eta)=ch\eta Q_\eta(\boldsymbol{r},\boldsymbol{\Omega},t)\\&=-(K_{a\eta}+K_{s\eta})I_\eta+n^2K_{a\eta}I_{b\eta}+\frac{K_{s\eta}}{4\pi}\int_{4\pi}I_\eta(\boldsymbol{r},\boldsymbol{\Omega}',t)\Phi(\boldsymbol{\Omega}',\boldsymbol{\Omega})\mathrm{d}\boldsymbol{\Omega}'\end{aligned} \tag{6.9.2d}$$

或者将式(6.9.2d)简记为

$$\frac{1}{c}\frac{\partial I_\eta}{\partial t}+\nabla_{\boldsymbol{r}}\cdot(\boldsymbol{\Omega} I_\eta)=S_\eta(\boldsymbol{r},\boldsymbol{\Omega},t) \tag{6.9.2e}$$

或者

$$\frac{\partial}{\partial t}\left[\frac{I_\eta(\boldsymbol{r},\boldsymbol{\Omega},t)}{c}\right]+\nabla_{\boldsymbol{r}}\cdot[\boldsymbol{\Omega} I_\eta(\boldsymbol{r},\boldsymbol{\Omega},t)]=S_\eta(\boldsymbol{r},\boldsymbol{\Omega},t) \tag{6.9.2f}$$

式中，$S_\eta(\boldsymbol{r},\boldsymbol{\Omega},t)$代表式(6.9.2d)等号右侧的项，即

$$S_\eta(\boldsymbol{r},\boldsymbol{\Omega},t)=-(K_{a\eta}+K_{s\eta})I_\eta+n^2K_{a\eta}I_{b\eta}+\frac{K_{s\eta}}{4\pi}\int_{4\pi}I_\eta(\boldsymbol{r},\boldsymbol{\Omega}',t)\Phi(\boldsymbol{\Omega}',\boldsymbol{\Omega})\mathrm{d}\boldsymbol{\Omega}' \tag{6.9.2g}$$

在式(6.9.2d)和式(6.9.2g)中，下角标 a 表示吸收，下角标 s 表示散射，因此 $K_{a\eta}$和 $K_{s\eta}$分别表示介质的吸收系数和散射系数。式(6.9.2f)称为均匀折射率介质中光子的典型辐射输运方程。

6.9.2　典型辐射输运方程的有限体积法离散及其源项散射相函数积分的处理

引进天顶角 θ 和圆周角 φ 如图 6.11 所示，引进单位方向矢量 $\boldsymbol{\Omega}$ 如图 6.12 所示，其中 θ 的变化范围为$[0,\pi]$，φ 的变化范围为$[0,2\pi]$。另外，微元立体角 $\mathrm{d}\boldsymbol{\Omega}$ 的定义为

$$\mathrm{d}\boldsymbol{\Omega}\equiv\sin\theta\mathrm{d}\theta\mathrm{d}\varphi \tag{6.9.3}$$

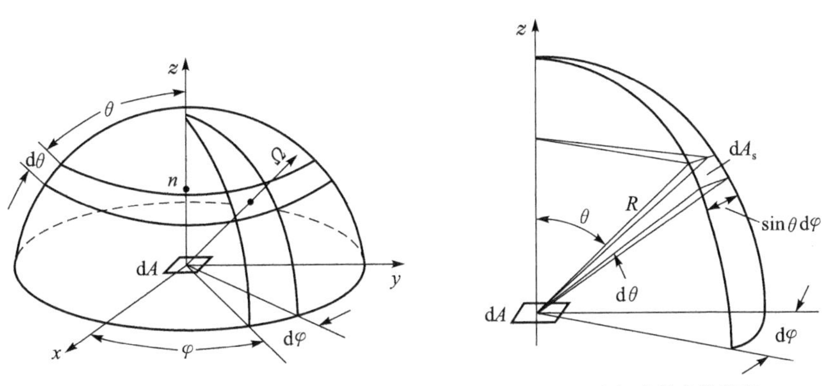

(a) 立体角　　(b) 立体角的定义

图 6.11　天顶角 θ 和圆周角 φ

有限体积法(finite volume method，FVM)是计算流体力学中常用的有效方法[53,54,93,94,101]，它在求解辐射输运方程中也有广泛的应用[390~394]。与流体力学中 Navier-Stokes 方程不同，在方程(6.9.2f)中不仅有空间微分项，还包含角度 θ 与 φ 的积分项，因此数值求解辐射输运方程时需要对空间项和角度项都进行离散。

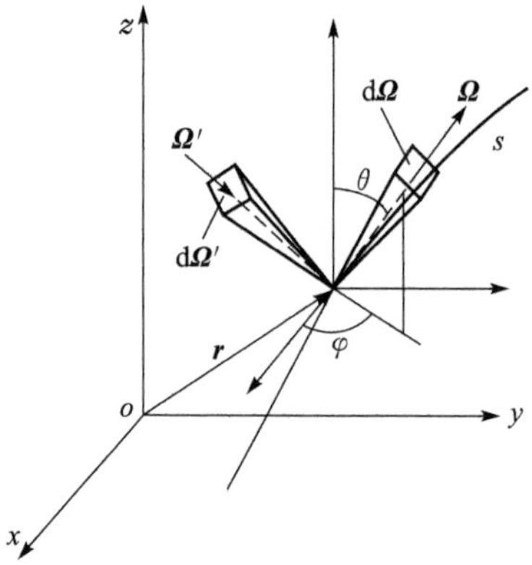

图 6.12　单位方向矢量 $\boldsymbol{\Omega}$

为方便下面叙述，这里仅考虑计算空间的结构网格划分，在三个方向上将计算域划分成贴体网格，得到一系列的曲面六面体单元(即划分成 $N_I \times N_J \times N_K$ 个单元体)，今任取一个单元体(i,j,k)，其大小为 τ_{ijk}，计算节点取在单元体的体心处。另外，将立体角分割成 $N_\theta \times N_\varphi$ 份，其中天顶角 θ_m 与圆周角 $\varphi_{\tilde{n}}$ 按如下公式计算：

$$\theta_m = \left(m - \frac{1}{2}\right)\Delta\theta, \quad m = 1,2,\cdots,N_\theta \tag{6.9.4a}$$

$$\varphi_{\tilde{n}} = \left(\tilde{n} - \frac{1}{2}\right)\Delta\varphi, \quad \tilde{n} = 1,2,\cdots,N_\varphi \tag{6.9.4b}$$

式中，

$$\Delta\theta = \frac{\pi}{N_\theta}, \quad \Delta\varphi = \frac{2\pi}{N_\varphi} \tag{6.9.4c}$$

任取一个立体角单元$(m,\tilde{n})$，其大小为 $\Omega_{m\tilde{n}}$(见图 6.13)，即

$$\Omega_{m\tilde{n}} = \int_{\varphi_{\tilde{n}}-\frac{1}{2}\Delta\varphi}^{\varphi_{\tilde{n}}+\frac{1}{2}\Delta\varphi}\int_{\theta_m-\frac{\Delta\theta}{2}}^{\theta_m+\frac{\Delta\theta}{2}} \sin\theta \mathrm{d}\theta \mathrm{d}\varphi \tag{6.9.4d}$$

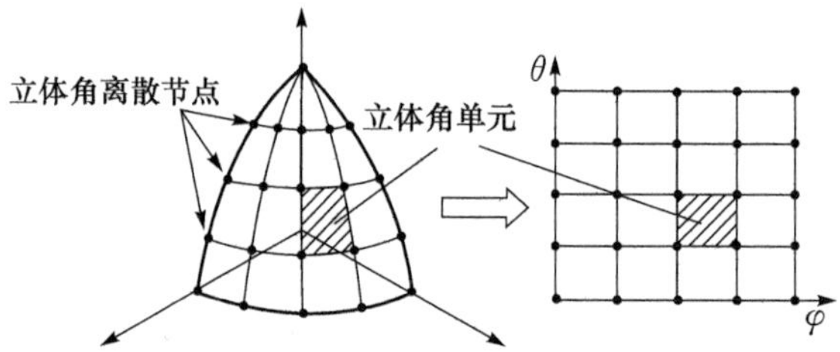

图 6.13　角度离散示意图

遵照有限体积法的基本思想，对方程(6.9.2f)两边在每一个空间单元体和每一个立体角单元内积分，得

$$\iiint_{\tau_{ijk}}\iint_{\Omega_{m\tilde{n}}} \frac{\partial}{\partial t}\left[\frac{I_\eta(\boldsymbol{r},\boldsymbol{\Omega},t)}{c}\right]\mathrm{d}\boldsymbol{\Omega}\mathrm{d}\tau+\iint_{\Omega_{m\tilde{n}}}\iiint_{\tau_{ijk}}\nabla_{\boldsymbol{r}}\cdot\left[\boldsymbol{\Omega}I_\eta(\boldsymbol{r},\boldsymbol{\Omega},t)\right]\mathrm{d}\tau\mathrm{d}\boldsymbol{\Omega}$$
$$=\iiint_{\tau_{ijk}}\iint_{\Omega_{m\tilde{n}}} S_\eta(\boldsymbol{r},\boldsymbol{\Omega},t)\mathrm{d}\boldsymbol{\Omega}\mathrm{d}\tau \tag{6.9.5}$$

假设在每一个空间单元和每一个立体角单元内辐射强度不变，并注意使用 Gauss 公式，则最终可得到如下 5 项：

$$\iiint_{\tau_{ijk}}\iint_{\Omega_{m\tilde{n}}} \frac{\partial}{\partial t}\left[\frac{I_\eta(\boldsymbol{r},\boldsymbol{\Omega},t)}{c}\right]\mathrm{d}\boldsymbol{\Omega}\mathrm{d}\tau=\frac{\Omega_{m\tilde{n}}\tau_{ijk}}{c_{ijk}}\frac{\partial}{\partial t}\left[I_\eta(\boldsymbol{r}_{ijk},\boldsymbol{\Omega}_{m\tilde{n}},t)\right]$$
$$=\frac{\Omega_{m\tilde{n}}\tau_{ijk}}{c_{ijk}\Delta t}\Delta I_\eta^{(n)}(\boldsymbol{r}_{ijk},\boldsymbol{\Omega}_{m\tilde{n}},t) \tag{6.9.6a}$$

$$\iint_{\boldsymbol{\Omega}_{m\tilde{n}}}\iiint_{\tau_{ijk}}\nabla_{\boldsymbol{r}}\cdot\left[\boldsymbol{\Omega}I_\eta(\boldsymbol{r},\boldsymbol{\Omega},t)\right]\mathrm{d}\tau\mathrm{d}\boldsymbol{\Omega}=\iint_{\Omega_{m\tilde{n}}}\left\{\sum_{l=1}^{6}\left[\boldsymbol{n}\cdot(\boldsymbol{\Omega}I_\eta)\sigma\right]_{l,(ijk)}\right\}\sin\theta\mathrm{d}\theta\mathrm{d}\varphi$$
$$=\Omega_{m\tilde{n}}\sum_{l=1}^{6}\left[\boldsymbol{n}\cdot(\boldsymbol{\Omega}I_\eta)\sigma\right]_{l,(ijk)} \tag{6.9.6b}$$

$$\iiint_{\tau_{ijk}}\iint_{\Omega_{m\tilde{n}}}(K_{\mathrm{a}\eta}+K_{\mathrm{s}\eta})I_\eta\mathrm{d}\boldsymbol{\Omega}\mathrm{d}\tau=\Omega_{m\tilde{n}}\tau_{ijk}(K_{\mathrm{a}\eta}+K_{\mathrm{s}\eta})_{ijk}I_\eta(\boldsymbol{r}_{ijk},\boldsymbol{\Omega}_{m\tilde{n}},t) \tag{6.9.6c}$$

$$\iiint_{\tau_{ijk}}\iint_{\Omega_{m\tilde{n}}} n^2K_{\mathrm{a}\eta}I_{\mathrm{b}\eta}\mathrm{d}\boldsymbol{\Omega}\mathrm{d}\tau=\Omega_{m\tilde{n}}\tau_{ijk}n_{ijk}^2(K_{\mathrm{a}\eta}I_{\mathrm{b}\eta})_{ijk} \tag{6.9.6d}$$

$$\iiint_{\tau_{ijk}}\iint_{\Omega_{m\tilde{n}}}\left[\frac{K_{\mathrm{s}\eta}}{4\pi}\iint_{\boldsymbol{\Omega}'}I_\eta(\boldsymbol{r},\boldsymbol{\Omega}',t)\Phi(\boldsymbol{\Omega}',\boldsymbol{\Omega})\mathrm{d}\boldsymbol{\Omega}'\right]\mathrm{d}\boldsymbol{\Omega}\mathrm{d}\tau$$
$$=\tau_{ijk}\Omega_{m\tilde{n}}\left(\frac{K_{\mathrm{s}\eta}}{4\pi}\right)_{ijk}\sum_{m',\tilde{n}'}\left[\widetilde{\Phi}(\boldsymbol{\Omega}'_{m',\tilde{n}'},\boldsymbol{\Omega}_{m\tilde{n}})I_\eta(\boldsymbol{r}_{ijk},\boldsymbol{\Omega}'_{m'\tilde{n}'},t)\Omega_{m'\tilde{n}'}\right] \tag{6.9.6e}$$

在式(6.9.6a)和式(6.9.6e)中，$\Delta I_\eta^{(n)}(\boldsymbol{r}_{ijk},\boldsymbol{\Omega}_{m\tilde{n}},t)$与$\widetilde{\Phi}(\boldsymbol{\Omega}'_{m'\tilde{n}'},\boldsymbol{\Omega}_{m\tilde{n}})$分别定义为

$$\Delta I_\eta^{(n)}(\boldsymbol{r}_{ijk},\boldsymbol{\Omega}_{m\tilde{n}},t)\equiv I_\eta^{(n+1)}(\boldsymbol{r}_{ijk},\boldsymbol{\Omega}_{m\tilde{n}},t)-I_\eta^{(n)}(\boldsymbol{r}_{ijk},\boldsymbol{\Omega}_{m\tilde{n}},t) \tag{6.9.6f}$$

$$\widetilde{\Phi}(\boldsymbol{\Omega}_{m'\tilde{n}'},\boldsymbol{\Omega}_{m\tilde{n}})\equiv\frac{1}{\Omega_{m'\tilde{n}'},\Omega_{m\tilde{n}}}\int_{\Omega_{m\tilde{n}}}\int_{\Omega_{m'\tilde{n}'}}\Phi(\boldsymbol{\Omega}',\boldsymbol{\Omega})\mathrm{d}\boldsymbol{\Omega}'\mathrm{d}\boldsymbol{\Omega} \tag{6.9.6g}$$

在式(6.9.6b)中，下角标“$l,(ijk)$”代表节点在(i,j,k)上六面体单元的第 l 个外侧表面面心处的物理参数。另外，在式(6.9.6a)中，上角标“(n)”代表迭代计算中的时间层；在式(6.9.6b)中，σ 代表第 l 个面的面积。将式(6.9.6a)～式(6.9.6e)代入式(6.9.5)，可以得到最终的离散方程：

$$\frac{\tau_{ijk}}{c_{ijk}\Delta t}\Delta I_\eta^{(n)}+\sum_{l=1}^{6}(F)_{l,(ijk)}^{(n+1)}=\widetilde{S}_\eta^{(n)} \tag{6.9.7a}$$

或者

$$\frac{\tau_{ijk}}{c_{ijk}\Delta t}\Delta I_\eta^{(n)}+F_{i+\frac{1}{2}}^{(n+1)}+F_{i-\frac{1}{2}}^{(n+1)}+F_{j+\frac{1}{2}}^{(n+1)}+F_{j-\frac{1}{2}}^{(n+1)}+F_{k+\frac{1}{2}}^{(n+1)}+F_{k-\frac{1}{2}}^{(n+1)}=\widetilde{S}_\eta^{(n)} \tag{6.9.7b}$$

这里约定单元体(i,j,k)与单元体$(i+1,j,k)$所夹的那个面为$\left(i+\dfrac{1}{2},j,k\right)$，简称$\left(i+\dfrac{1}{2}\right)$面；同理可定义出$\left(j+\dfrac{1}{2}\right)$面与$\left(k+\dfrac{1}{2}\right)$面。在式(6.9.7a)中，$(F)_{l,(ijk)}^{(n+1)}$的上角标"$(n+1)$"代表迭代计算时的时间层，而$(F)_{l,(ijk)}$的定义为

$$\sum_{l=1}^{6}(F)_{l,(ijk)} \equiv \sum_{l=1}^{6}[\boldsymbol{n}\cdot(\boldsymbol{\Omega}I_{\eta})\sigma]_{l,(ijk)} \tag{6.9.7c}$$

式(6.9.7a)中，$\widetilde{S}_{\eta}^{(n)}$代表离散方程最终形式时等号右侧的项，这里上角标"$(n)$"代表迭代计算的时间层。在式(6.9.7b)中，$F_{i+\frac{1}{2}}^{(n+1)}$代表时间层为$(n+1)$时$\left(i+\dfrac{1}{2}\right)$面上的$F$值。需要说明的是，在计算流体力学中由单元体$(i,j,k)$与单元体$(i+1,j,k)$体心上的值去构造两单元体交界面$\left(i+\dfrac{1}{2},j,k\right)$上相应值的方法可以有许多种(如梯度格式、高分辨率TVD格式等)，而且从方程(6.9.7b)出发又可以构造出多种高效率计算法，这里因篇幅所限对此不作赘述，感兴趣的读者也可参考文献[395]和[396]中给出的方法。

6.9.3 辐射输运方程与能量方程的耦合求解

在目前我们所考虑的辐射输运问题中，都是假定某一波数(频率)的辐射与其他波数的辐射之间不存在相关性，即各波数的辐射过程是相互独立的，这就是用单一波数的单色辐射输运方程去描述辐射过程的依据。另外，我们也应该知道：辐射输运方程[如式(6.9.2f)]只是描述了某一个方向上微元体的辐射能量平衡，因此需要将$I_{\eta}(\boldsymbol{r},\boldsymbol{\Omega},t)$对$\boldsymbol{\Omega}$在全空间$4\pi$上积分才可以得到$\boldsymbol{q}_{R\eta}$，然后再对波数$\eta$积分才能够得到$\boldsymbol{q}_R$值。通常，$\nabla\cdot\boldsymbol{q}_R$出现在能量方程中。如果用公式表达上述过程，则有

$$\int_{4\pi}\boldsymbol{\Omega}\cdot\nabla I_{\eta}\mathrm{d}\boldsymbol{\Omega}=\nabla\cdot\boldsymbol{q}_{R\eta} \tag{6.9.8a}$$

$$\int_{0}^{\infty}\int_{4\pi}\boldsymbol{\Omega}\cdot\nabla I_{\eta}\mathrm{d}\boldsymbol{\Omega}\mathrm{d}\eta=\nabla\cdot\boldsymbol{q}_R \tag{6.9.8b}$$

$$\rho\frac{\mathrm{d}h}{\mathrm{d}t}=\nabla\cdot(\lambda\nabla T)-\nabla\cdot\boldsymbol{q}_R+\Phi+\frac{\mathrm{d}P}{\mathrm{d}t} \tag{6.9.8c}$$

式中，h、λ、Φ、P和ρ分别代表气体的静焓、导热系数、气体的黏性耗散函数、压强和密度。式(6.9.8c)是能量方程。

在辐射输运方程[如式(6.9.2d)]中包含两个未知量，一个是I_{η}，另一个是温度T的分布，因此在没有给定温度T的分布时，必须要与能量方程[如式(6.9.8c)]联立，辐射输运方程才能求解。

6.10　全光谱 K 分布的辐射输运方程

全光谱 K 分布方法是国外 2002 年前后出现的方法。用这种方法去求解现代航空和航天工程中经常要遇到的大温度梯度、大压强梯度和高温气体组分浓度剧烈变化的高速流动以及喷管辐射问题十分有效,它是高超声速飞行器红外头罩气动设计、未来先进武器红外成像制导技术的发展以及现代热力喷管的红外隐身技术研究的重要理论基础。由于本节涵盖面很广,而且内容十分新颖,因此本节仅围绕着最重要、很基础的 K 分布函数、累加 K 分布函数和全光谱 K 分布方法这三大部分内容进行较详细的讨论。对于其他相关内容,感兴趣的读者可参阅本书所给出的国外大量相关文献。

6.10.1　K 分布函数和累加 K 分布函数

为了说明 K 分布函数 $f(K)$的概念,这里不妨以窄带(narrow band)K 分布为例。在某一窄带($5\sim100\text{cm}^{-1}$)内,从波数域来看,吸收系数随波数在急剧变化。如图 6.14 所示,即使在很小的谱带间隔内,吸收系数的变化也非常剧烈,在一个窄带内就会出现很多相同的 K_η 值,因此在采用逐线计算法进行计算时就要做许多重复的工作,造成很大的浪费。窄带 K 分布方法的基本思想就是将窄带内的光谱吸收系数进行重排,转换为一个光滑的、递增的函数,使得辐射计算时,相同的吸收系数仅计算一次,避免了重复计算。换句话说,如果把一个光谱区分成许多个很小的子区间,并用子区间中心位置的吸收系数代替该子区间的吸收系数,那么区间总的光谱透射率与这些区间的排列次序无关。因此,通过对这些吸收系数的重排以提高计算的效率。

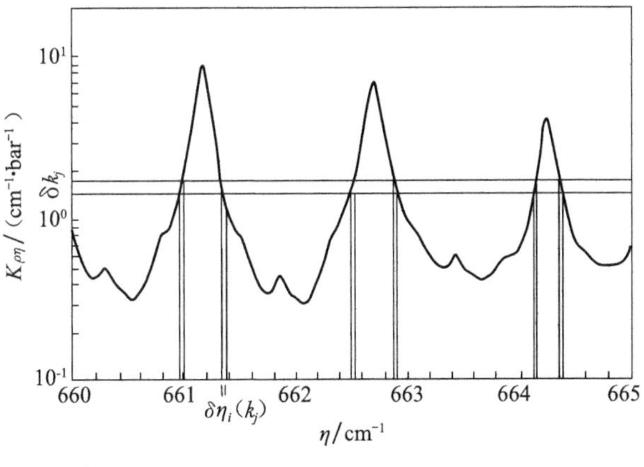

图 6.14　CO_2 在 15μm 处($P=1.0\text{bar}$,$T=296\text{K}$)的光谱吸收系数

令吸收路径长度为 X，平均光谱投射率为 $\bar{\tau}_\eta$，即

$$\bar{\tau}(X)=\frac{1}{\Delta\eta}\int_{\Delta\eta}\exp(-K_\eta X)\,\mathrm{d}\eta=\int_0^\infty\exp(-KX)f(K)\,\mathrm{d}K \tag{6.10.1a}$$

由

$$\int\exp(-K_\eta X)\,\mathrm{d}\eta=\int_{K_{\eta,\min}}^{K_{\eta,\max}}\exp(-K_\eta X)\left|\frac{\mathrm{d}\eta}{\mathrm{d}K_\eta}\right|\mathrm{d}K_\eta \tag{6.10.1b}$$

$$f(K)=\frac{1}{\Delta\eta}\sum_i\left|\frac{\mathrm{d}\eta}{\mathrm{d}K_\eta}\right|_i \tag{6.10.1c}$$

如果引入 Dirac-delta 函数 $\delta(K-K_\eta)$，$\delta(x)$的定义为

$$\delta(x)=\lim_{\delta\varepsilon\to0}\begin{cases}0, & |x|\geqslant\delta\varepsilon\\ \dfrac{1}{2\delta\varepsilon}, & |x|<\delta\varepsilon\end{cases} \tag{6.10.1d}$$

$$\int_{-\infty}^{\infty}\delta(x)\,\mathrm{d}x=1 \tag{6.10.1e}$$

于是式(6.10.1c)又可写为

$$f(K)=\frac{1}{\Delta\eta}\int_{\Delta\eta}\delta(K-K_\eta)\,\mathrm{d}\eta \tag{6.10.1f}$$

另外，如果引入 Heaviside 阶跃函数 $H(x)$，即

$$H(x)=\begin{cases}0, & x\leqslant0\\ 1, & x>0\end{cases} \tag{6.10.1g}$$

在窄带内对吸收系数 K 进行重新排列，在区间 $K_j\leqslant K<K_j+\delta K_j$ 内便有如下形式的分布函数：

$$f(K_j)\delta K_j\approx\frac{1}{\Delta\eta}\sum_i\left|\frac{\mathrm{d}\eta}{\mathrm{d}K_\eta}\right|_i[H(K_j+\delta K_j-K_\eta)-H(K_j-K_\eta)] \tag{6.10.1h}$$

式中，K_η 满足

$$K_j<K_\eta<K_{j+1},\quad K_j+\delta K_j=K_{j+1} \tag{6.10.1i}$$

对于式(6.10.1a)，如果将 $f(k)$定义为一个光谱函数，则 $\bar{\tau}(X)$可以看成对 $f(K)$进行 Laplace 变换，即

$$\bar{\tau}(X)=L[f(K)] \tag{6.10.1j}$$

如果认为 $\bar{\tau}(X)$是连续与解析的，则 $f(K)$可以看成对 $\bar{\tau}(X)$进行 Laplace 逆变换，即

$$f(K)=L^{-1}[\bar{\tau}(X)] \tag{6.10.1k}$$

引入累加 K 分布(cumulative K-distribution)函数 $g(K)$，其定义为

$$g(K)=\int_0^K f(K)\,\mathrm{d}K \tag{6.10.2}$$

式中，$g(K)$是一个单调递增函数。

文献[329]中提出了一种 K 的离散方式，既保证了较小 K 值的地方分辨率较高，也不会导致 K 值较大的地方分辨率过低，即

$$(\Delta K)' = \frac{(K_{\max})^n - (K_{\min})^n}{N_K - 1} \tag{6.10.3a}$$

$$K_j = [(K_{\min})^n + (j-1)(\Delta K)']^{\frac{1}{n}}, \quad j=1,2,\cdots,N_K \tag{6.10.3b}$$

式中，n 为指数因子。在通常情况下，n 取小于 1 的数(如取 $n=0.1$，$N_K=5000$)；当取 $n=1$ 时，为平均分配。

累加 K 分布函数可由式(6.10.3c)得到，即

$$g(K_{j+1}) = \sum_{i=1}^{j} f(K_i)\Delta K_i = g(K_j) + f(K_j)\Delta K_j \tag{6.10.3c}$$

6.10.2　关联 K 分布和 Scaled-K 分布模式

带模式只适用于研究均匀大气路径问题，1964 年 Goody[304]提出的 Goody 统计模式、1955 年 Godson[397]提出的逆幂模式和 1967 年 Malkmus[398]提出的 Malkmus 模式等为带模式的典型代表。为了考虑非均匀大气路径问题，人们引进单参数近似法[399]以及 Curtis-Godson 方法[400,401]。进入 20 世纪 80 年代以来，K 分布和关联 K 分布方法以其精度高、速度快、可以较好地处理吸收与散射同时存在的辐射输运问题，进而逐渐取代了带模式方法而被广泛地应用于大气遥感、气候模拟、红外隐身等重要的辐射工程领域。这正如美国马里兰大学 Ellingson 教授在评价 K 分布方法时所说：“K 分布方法与解析带模式方法相比其优点是它可使用实际的 K 分布，对均匀路径进行精确的频率积分，透射率函数的表达式允许辐射模式扩展到包括多次散射”[402]。

对于非均匀大气路径问题，关联 K 分布方法是 Curtis-Godson 方法的一种有效替代性方法。这种方法是假定：在不同压强和温度下，K 分布之间存在着简单的相关性[317]。仍以平均透射率 $\bar{\tau}_\eta(X)$ 为例，这时有

$$\bar{\tau}_\eta(X) = \frac{1}{\Delta\eta}\int_{\Delta\eta}\exp\left(-\int_0^X K_\eta \mathrm{d}X\right)\mathrm{d}\eta \approx \int_0^1 \exp\left[-\int_0^X K(X,g)\mathrm{d}X\right]\mathrm{d}g \tag{6.10.4}$$

关联 K 分布模型是假设光谱吸收系数的每个波峰和波谷所处的波数位置不随温度、压强和组分浓度变化[324]，而 Scaled-K 分布是在关联 K 分布的假设之下，再假设在参考条件下的光谱吸收系数 $K(\eta,T_0,P_0)$ 与条件函数 $f(T,P,x)$ 是独立的(这里 x 代表组分浓度)，即当条件变化后的光谱吸收系数可表示为

$$K(\eta,T,P,x) = K(\eta,T_0,P_0,x_0)f(T,P,x,T_0,P_0,x_0) \tag{6.10.5}$$

6.10.3　全光谱 K 分布方法与非灰性介质中的辐射输运方程

全光谱 K 分布方法[323]是 Modest 教授所领导的团队在 2002 年推出的一类新

模型。为方便下面讨论，这里暂不考虑介质折射率的影响并仅考虑非灰性介质中的稳态问题，于是式(6.9.2d)可简化为

$$\frac{\mathrm{d}I_\eta}{\mathrm{d}S}=\boldsymbol{\Omega}\cdot\nabla I_\eta=K_{\mathrm{a}\eta}I_{\mathrm{b}\eta}-(K_{\mathrm{a}\eta}+K_{\mathrm{s}\eta})I_\eta+\frac{K_{\mathrm{s}\eta}}{4\pi}\int_{4\pi}I_\eta(\boldsymbol{r},\boldsymbol{\Omega}')\Phi(\boldsymbol{\Omega}',\boldsymbol{\Omega})\mathrm{d}\boldsymbol{\Omega}' \tag{6.10.6}$$

式中，S 的含义同式(6.8.9)；下角标 η 代表波数。

将式(6.10.6)两边同乘 Dirac-delta 函数 $\delta(K-K_\eta)$，然后在全光谱上积分，得到

$$\frac{\mathrm{d}I_K}{\mathrm{d}S}=Kf(T,K)I_\mathrm{b}-(K+K_\mathrm{s})I_K+\frac{K_\mathrm{s}}{4\pi}\int_{4\pi}I_K(\boldsymbol{r},\boldsymbol{\Omega}')\Phi(\boldsymbol{\Omega}',\boldsymbol{\Omega})\mathrm{d}\boldsymbol{\Omega}' \tag{6.10.7a}$$

式中，I_K 与 $f(T,K)$ 分别定义为

$$I_K=\int_0^\infty I_\eta\delta(K-K_\eta)\mathrm{d}\eta \tag{6.10.7b}$$

$$f(T,K)=\frac{1}{I_\mathrm{b}}\int_0^\infty I_{\mathrm{b}\eta}(T)\delta(K-K_\eta)\mathrm{d}\eta \tag{6.10.7c}$$

利用式(6.10.7a)得到 I_K，对其从 0 到∞积分便可得到

$$I=\int_0^\infty I_K\mathrm{d}K \tag{6.10.7d}$$

对于窄带分布，更理想的是用累加 K 分布去整理辐射输运方程。首先定义 $g(T,K)$，其表达式为

$$g(T,K)=\int_0^K f(T,K)\mathrm{d}K=\frac{1}{I_\mathrm{b}}\int_0^\infty I_{\mathrm{b}\eta}(T)H(K-K_\eta)\mathrm{d}\eta \tag{6.10.7e}$$

这里 $H(K-K_\eta)$为 Heaviside 阶跃函数，该函数的性质由式(6.10.1g)给出。全光谱 K 分布是温度的函数，因此要定义一个参考温度 T_0；引入 $f(T_0,K)$并用它去除方程(6.10.7a)，得

$$\frac{\mathrm{d}I_g}{\mathrm{d}S}=K[a(T,T_0,g_0)I_b(T)-I_g]-K_\mathrm{s}\left[I_g-\frac{1}{4\pi}\int I_g(\boldsymbol{r},\boldsymbol{\Omega}')\Phi(\boldsymbol{\Omega}',\boldsymbol{\Omega})\mathrm{d}\boldsymbol{\Omega}'\right] \tag{6.10.8a}$$

式中，

$$I_g\equiv\frac{I_K}{f(T_0,K)}=\frac{1}{f(T_0,K)}\int_0^\infty I_\eta\delta(K-K_\eta)\mathrm{d}\eta \tag{6.10.8b}$$

$$g_0(T_0,K)\equiv\int_0^K f(T_0,K)\mathrm{d}K \tag{6.10.8c}$$

$$a(T,T_0,g_0)\equiv\frac{f(T,K)}{f(T_0,K)}=\frac{\mathrm{d}g(T,K)}{\mathrm{d}g(T_0,K)} \tag{6.10.8d}$$

式中，a 是一个非灰性扩展函数，对于等温介质，$a=1$；另外，总辐射强度 I 为

$$I=\int_0^\infty I_\eta\mathrm{d}\eta=\int_0^\infty I_K\mathrm{d}K=\int_0^1 I_g\mathrm{d}g \tag{6.10.8e}$$

第7章　高超声速飞行中辐射流体力学基本方程组的耦合求解

在天体物理、惯性约束聚变以及高超声速飞行器再入大气层的飞行中，辐射场对流体力学运动的影响有时不能忽略。因此，学术界特将考虑辐射场影响的流体力学问题，称作辐射流体力学。为了估计辐射的重要性，这里引入一个无量纲的量 $\widetilde{R}$，其定义为

$$\widetilde{R} \equiv \frac{E}{E_{\mathrm{r}}} = \frac{3k_{\mathrm{B}}N}{2aT^3} = 2.74 \times 10^{-2}\,\frac{N}{T^3} \tag{7.0.1}$$

式中，k_{B} 为 Boltzmann 常数；a 为辐射密度常数；N 与 T 分别为气体的粒子数密度(单位为 cm^{-3})与平衡时气体的温度(单位为 K)；E 和 E_{r} 分别为所考虑物质的内能密度和辐射能量密度。为了对 $\widetilde{R}$ 有一个直观的认识，这里仅以天体物理中 O 型星为例加以说明。在宇宙学中，光谱型为 O 型的恒星称为 O 型星，如表 7.1 所示。O 型星光谱主要特征为电离氦吸收线，它们的质量非常大，通常超过太阳的 16 倍，最热的 O 型星质量超过太阳的 150 倍。大多数 O 型星的直径介于太阳的6～30倍，如牡丹星是太阳的 30 倍。通常，对于 O 型星大气，$\widetilde{R} \approx 0.1$，因此在那里辐射的影响是极其重要的[403]。

表 7.1　恒星表面温度与吸收谱型的分类

温度/K	颜色	谱型	谱线特征
50 000	蓝白	O	有 HeⅡ，HeⅠ，HⅠ，但都弱
25 000	蓝白	B	HⅠ变强，HeⅠ明显
11 000	白	A	HⅠ强，出现 MgⅡ，CaⅡ线
7 600	黄白	F	HⅠ强，但比 A 弱，CaⅡ大大增强，出现许多金属线
6 000	黄	G	HⅠ变弱，金属线增强
5 100	橙	K	金属线比 G 型强很多
3 600	红	M	金属线比 K 型弱，TiO 分子带很强

在某些热核聚变问题中[70,404～407]，系统内部进行着剧烈的热核反应，反应率很大，系统内的离子、电子、光子趋向平衡的弛豫过程相对很长，也就说这时热核聚变燃烧过程是在非平衡状态下进行的。如果电子不能达到 Maxwell 速度分布，则需要去求解多群电子的输运方程；如果认为离子和电子能量分别达到各自的 Maxwell 分布，则这时的离子温度 T_{i} 和电子温度 T_{e} 是不同的，而且光子的分布函数也

不是 Planck 分布，这时整个热核反应系统都处于非平衡态。另外，在某些情况下，特别是在广袤浩瀚的宇宙间，聚变反应在宇宙星系中总是不断发生，这是大自然为宇宙提供能量的最好方式。当氢气被加热、压缩使质子融合形成氦气并持续一定时间，满足 Lawson 标准[408]（无论是对氢弹、恒星或反应器中的聚变反应都应遵循 Lawson 标准）的要求时，便释放出巨大的能量。在这种情况下，聚变反应所诱发的流体速度也很大，以致需要考虑相对论效应的影响，也就是说这时需要研究相对论的非平衡辐射流体力学。

在高超声速飞行器的飞行中，尤其是再入大气层时，不同特性的飞行器及其流场所产生的光电物理现象也不完全相同，学界将这种再入物理现象称为再入目标特性或再入目标特征[28,31,409~412]，同时高速飞行器表面材料的热辐射和高超声速流场的辐射也正是雷达系统所关注的重要信息[413~418]。

当前，再入物理研究已成为当今世界上主要航空航天强国大力开展的研究方向。这类研究涉及各类高超声速飞行器（特别是弹道导弹）的识别、监视、探测和跟踪，而准确地捕获与计算分析出目标的光特性与电特性，是进行导弹突防与防御、识别与反识别设计中的关键与核心，因此高超声速飞行器飞行中的辐射计算十分重要。

7.1　考虑辐射时平衡态与非平衡态的流体力学方程组

在高超声速再入飞行中，热辐射的重要性随着温度的升高而增大，当激波后温度达到几千度甚至上万度以上时，辐射传热就不能忽略了，就必须同时考虑流体力学和热辐射所起的作用，即需要求解辐射流体力学方程组，其表达式为

连续方程：

$$\rho \frac{\mathrm{d}}{\mathrm{d}t}\left(\frac{1}{\rho}\right)-\nabla\cdot \boldsymbol{V}=0 \tag{7.1.1a}$$

或者

$$\frac{\partial \rho}{\partial t}+\nabla\cdot(\rho \boldsymbol{V})=0 \tag{7.1.1b}$$

动量方程：

$$\frac{\partial}{\partial t}\left(\rho \boldsymbol{V}+\frac{\boldsymbol{F}_{\mathrm{r}}}{c^2}\right)+\nabla\cdot(\rho \boldsymbol{V}\boldsymbol{V}-\boldsymbol{\pi}_{\mathrm{f}}+\boldsymbol{\pi}_{\mathrm{r}})=\rho \boldsymbol{f} \tag{7.1.2}$$

能量方程：

$$\frac{\partial}{\partial t}\left(\rho \frac{\boldsymbol{V}\cdot\boldsymbol{V}}{2}+E_{\mathrm{m}}+E_{\mathrm{r}}\right)+\nabla\cdot\left[\boldsymbol{V}\left(\rho\frac{\boldsymbol{V}\cdot\boldsymbol{V}}{2}+E_{\mathrm{m}}\right)-\boldsymbol{\pi}_{\mathrm{f}}\cdot\boldsymbol{V}+\boldsymbol{F}_{\mathrm{r}}+\boldsymbol{q}\right]=\rho \boldsymbol{V}\cdot\boldsymbol{f} \tag{7.1.3a}$$

或者

$$\frac{\partial}{\partial t}\left(\rho\frac{\boldsymbol{V}\cdot\boldsymbol{V}}{2}+E_{\mathrm{m}}+E_{\mathrm{r}}\right)+\nabla\cdot\left[\boldsymbol{V}\left(\rho\frac{\boldsymbol{V}\cdot\boldsymbol{V}}{2}+E_{\mathrm{m}}+p_{\mathrm{m}}\right)-\boldsymbol{\Pi}_{\mathrm{f}}\cdot\boldsymbol{V}+\boldsymbol{F}_{\mathrm{r}}+\boldsymbol{q}\right]=\rho\boldsymbol{V}\cdot\boldsymbol{f} \tag{7.1.3b}$$

式中，$\boldsymbol{\pi}_{\mathrm{r}}$ 为光子场动量通量张量；$\boldsymbol{F}_{\mathrm{r}}$ 为光子场能量通量；p_{m} 为流体介质压强；E_{m} 为流体介质内能；E_{r} 为光子场能量密度；$\boldsymbol{\pi}_{\mathrm{f}}$ 与 $\boldsymbol{\Pi}_{\mathrm{f}}$ 分别为流体介质的应力张量与黏性应力张量；$\boldsymbol{q}$ 为热流矢；$\boldsymbol{f}$ 为体积力。$\boldsymbol{\pi}_{\mathrm{f}}$ 的表达式为

$$\boldsymbol{\pi}_{\mathrm{f}}=\boldsymbol{\Pi}_{\mathrm{f}}-p_{\mathrm{m}}\boldsymbol{I} \tag{7.1.4}$$

为了便于说明 $\boldsymbol{F}_{\mathrm{r}}$ 与 $\boldsymbol{\pi}_{\mathrm{r}}$ 的表达式，这里选用了柱坐标系(r,θ,z)，于是有

$$(\boldsymbol{F}_{\mathrm{r}})_i\equiv[\boldsymbol{F}_{\mathrm{r}}(r,\theta,z,t)]_i=\iint\Omega_i I(r,\theta,z,\eta,\boldsymbol{\Omega},t)\,\mathrm{d}\eta\mathrm{d}\boldsymbol{\Omega} \tag{7.1.5}$$

$$(\boldsymbol{\pi}_{\mathrm{r}})_{ij}=[\boldsymbol{\pi}_{\mathrm{r}}(r,\theta,z,t)]_{ij}=\frac{1}{c}\iint\Omega_i\Omega_j I(r,\theta,z,\eta,\boldsymbol{\Omega},t)\,\mathrm{d}\eta\mathrm{d}\boldsymbol{\Omega} \tag{7.1.6}$$

式中，$i,j=r,\theta,z$；当然辐射通量矢量（又称辐射能流矢量）$\boldsymbol{F}_{\mathrm{r}}$ 也可表示为

$$\boldsymbol{F}_{\mathrm{r}}=\iint\boldsymbol{\Omega}I(r,\theta,z,\eta,\boldsymbol{\Omega},t)\,\mathrm{d}\eta\mathrm{d}\boldsymbol{\Omega} \tag{7.1.7}$$

显然，方程(7.1.1)～方程(7.1.3)连同光子输运方程(6.9.2d)便构成一套完整的基本方程组，可以用于辐射气体动力学的数值计算。为便于讨论，以下仅以忽略黏性但考虑辐射场影响的流体力学问题为例，分三种情况进一步讨论上述基本方程组的简化形式与求解。

7.1.1 热力学平衡状态下辐射流体力学方程组的求解

在热力学平衡的状态下，如忽略黏性应力只考虑辐射场的影响，这时整个系统有统一的温度，即 $T_{\mathrm{i}}=T_{\mathrm{e}}=T_{\mathrm{r}}=T$，辐射能量密度 $E_{\mathrm{r}}=\alpha T^4$，束缚电子布居服从 Fermi-Dirac 分布，光子能量服从 Planck 分布，这时基本方程组可简化为

连续方程：

$$\frac{\partial\rho}{\partial t}+\nabla\cdot(\rho\boldsymbol{V})=0 \tag{7.1.8a}$$

动量方程：

$$\frac{\mathrm{d}\boldsymbol{V}}{\mathrm{d}t}=\frac{1}{\rho}\nabla\left(p_{\mathrm{m}}+\frac{1}{3}\alpha T^4\right) \tag{7.1.8b}$$

能量方程：

$$\rho\frac{\mathrm{d}}{\mathrm{d}t}\left(\tilde{e}+\frac{\alpha T^4}{\rho}\right)+\left(p_{\mathrm{m}}+\frac{1}{3}\alpha T^4\right)\nabla\cdot\boldsymbol{V}-\nabla\cdot\left(\frac{\alpha c\lambda^{\mathrm{R}}}{3}\nabla T^4\right)=0 \tag{7.1.8c}$$

式中，$\tilde{e}$ 为流体的内能；λ^{R} 为 Rosseland 平均不透明度；α 为辐射常数；c 为光速。

显然，上述方程组(7.1.8)式与由式(7.1.1)～式(7.1.3)所构成的基本方程相比易于求解。

7.1.2 非定常、三温、辐射流体力学方程组及其求解

所谓三温，是指电子、离子和光子的温度(即 T_e、T_i 和 T_r)彼此不同。为方便讨论，这里假定电子、离子和光子分别达到各自的热力学平衡的温度所处的状态，它们本身均服从 Maxwell-Boltzmann 分布，各有一个动平衡的温度(即 T_e、T_i 和 T_r)，但电子与离子、电子与光子之间存在着剧烈的碰撞和能量交换。在上述情况下忽略黏性但考虑辐射影响的基本方程组可简化为

连续方程：

$$\frac{\partial \rho}{\partial t}+\nabla \cdot (\rho \boldsymbol{V})=0 \tag{7.1.9a}$$

动量方程：

$$\frac{\partial (\rho \boldsymbol{V})}{\partial \mathrm{t}}+\nabla \cdot (\rho \boldsymbol{V}\boldsymbol{V})+\nabla p=0 \tag{7.1.9b}$$

电子能量守恒方程：

$$\begin{aligned}\frac{\partial}{\partial t}(\rho \varepsilon_e)+\nabla \cdot (\rho \boldsymbol{V}\varepsilon_e)+p_e\,\nabla \cdot \boldsymbol{V}+\nabla \cdot \boldsymbol{F}_e&\\ =\rho\omega_{ei}(T_i-T_e)+\rho\omega_{er}(T_r-T_e)+\rho W_e&\end{aligned} \tag{7.1.9c}$$

离子能量守恒方程：

$$\frac{\partial}{\partial t}(\rho \varepsilon_i)+\nabla \cdot (\rho \boldsymbol{V}\varepsilon_i)+p_i\,\nabla \cdot \boldsymbol{V}+\nabla \cdot \boldsymbol{F}_i=\rho\omega_{ei}(T_i-T_e)+\rho W_i \tag{7.1.9d}$$

光子能量守恒方程：

$$\frac{\partial}{\partial t}(\rho \varepsilon_r)+\nabla \cdot (\rho \boldsymbol{V}\varepsilon_r)+p_r\,\nabla \cdot \boldsymbol{V}+\nabla \cdot \boldsymbol{F}_r=\rho\omega_{er}(T_e-T_r) \tag{7.1.9e}$$

式中，ρ 为介质的密度；p_e、p_i 和 p_r 分别为电子、离子和光子压强，总压强 $p=p_e+p_i+p_r$；ω_{ei}、ω_{er} 分别为电子与离子、电子与光子的能量交换系数；$\boldsymbol{F}_e$、$\boldsymbol{F}_i$ 以及 $\boldsymbol{F}_r$ 分别表示电子、离子以及光子的能量通量矢量；W_e 与 W_i 分别表示单位时间单位质量中电子与离子从能源中所吸收的能量；ε_e、ε_i 与 ε_r 分别表示电子、离子与光子的内能。

除了上述方程组外，还需要给出状态方程、原子能级以及粒子数布居方程等，另外还需给定方程的初、边值条件，这样才能构成完整的辐射流体力学方程组。显然，这一方程组的求解要比式(7.1.8)困难些。

7.1.3 非平衡态、非定常、辐射流体力学基本方程组

为简便起见，这里假设电子和离子本身是平衡的，它们服从 Maxwell-Boltzmann 分布，各有一个动平衡的温度 T_e 与 T_i，而这里假定光子辐射强度不等于黑

体辐射强度，因此不能用一个温度去定义它。之所以作上述的假设，一方面是由于电子和离子本身平衡的时间较短，而光子的平衡需要通过与电子以及离子的相互作用来达到，故需要较长的时间；另一方面也是由于这样假设使问题变得相对简单，也有一定的实际价值。在上述假设下非平衡态辐射流体力学基本方程组可以简化为

连续方程：

$$\frac{\partial \rho}{\partial t} + \nabla \cdot (\rho \boldsymbol{V}) = 0 \tag{7.1.10a}$$

动量方程：

$$\frac{\partial (\rho \boldsymbol{V})}{\partial t} + \nabla \cdot (\rho \boldsymbol{V}\boldsymbol{V}) + \nabla (p_{\mathrm{m}} + p_{\mathrm{r}}) = 0 \tag{7.1.10b}$$

电子能量守恒方程：

$$\rho \frac{\mathrm{d}\varepsilon_{\mathrm{e}}}{\mathrm{d}t} = -p_{\mathrm{e}} \nabla \cdot \boldsymbol{V} + \nabla \cdot (k_{\mathrm{e}} \nabla T_{\mathrm{e}}) + \rho \omega_{\mathrm{ie}} (T_{\mathrm{e}} - T_{\mathrm{i}}) + R^{\mathrm{e}} + C^{\mathrm{e}} \tag{7.1.10c}$$

离子能量守恒方程：

$$\rho \frac{\mathrm{d}\varepsilon_{\mathrm{i}}}{\mathrm{d}t} = -p_{\mathrm{i}} \nabla \cdot \boldsymbol{V} + \nabla \cdot (k_{\mathrm{i}} \nabla T_{\mathrm{i}}) + \rho \omega_{\mathrm{ie}} (T_{\mathrm{e}} - T_{\mathrm{i}}) + R^{\mathrm{i}} + C^{\mathrm{i}} \tag{7.1.10d}$$

光子输运方程（略去散射项）：

$$\frac{1}{c} \frac{\partial I(\eta, \boldsymbol{\Omega})}{\partial t} + \boldsymbol{\Omega} \cdot \nabla I(\eta, \boldsymbol{\Omega}) = c\eta h s^{*}(\eta) - \sigma_{\mathrm{a}}(\eta) I(\eta, \boldsymbol{\Omega}) \tag{7.1.10e}$$

离子数布居速率方程：

$$\rho \frac{\mathrm{d}}{\mathrm{d}t}\left(\frac{n_j^q}{\rho}\right) = (\text{谱线跃迁速率}) + (\text{碰撞激发和退激发速率}) + \cdots \tag{7.1.10f}$$

式中，ε_{e} 与 ε_{i} 分别为电子与离子的内能；p_{r} 为光子场压强；k_{e} 与 k_{i} 为电子与离子的热传导系数；$s^{*}(\eta)$的含义同式(6.2.9d)；n_j^q 代表q 度电离的离子处于j 态的粒子数密度；T_{e} 与 T_{i} 分别为电子与离子的温度；R^{e} 为电子与光子作用的能量获得和损失；R^{i} 为离子与光子作用的能量获得和损失；C^{e} 为电子与离子发生非弹性碰撞所损失的能量；C^{i} 为离子非弹性碰撞所损失的能量。显然，这里 R^{e}、C^{e}、R^{i} 和 C^{i} 的值均由光子、电子和离子间的作用过程来决定，以下分 11 种过程略作说明。

(1) 光电游离。

$$A(z, j) + hc\eta \longrightarrow A(z+1, 0) + \mathrm{e}^{-} \tag{7.1.11}$$

能量为 $hc\eta$ 的光子作用到电荷为 z 的离子第 j 个能级的束缚电子上，光子的一部分能量给予了离子。

(2) 光电复合。

$$A(z+1, 0) + \mathrm{e} \longrightarrow A(z, j) + hc\eta \tag{7.1.12}$$

在光电复合时，自由电子失去了能量，离子增加了内能。

(3) 碰撞游离。

$$A(z,j)+\mathrm{e}\longrightarrow A(z+1,0)+2\mathrm{e} \tag{7.1.13}$$

自由电子与离子碰撞后，使 j 能级上的电子游离。

(4) 三体复合碰撞。

$$A(z,0)+\mathrm{e}^{-}+\mathrm{e}^{-}\longrightarrow A(z-1,j)+\mathrm{e}^{-} \tag{7.1.14}$$

两个电子在离子场内相碰撞后，一个电子剩下的能量不足以逃脱出离子场的结果。

(5) 碰撞激发。

$$A(z,j)+\mathrm{e}\longrightarrow A(z,f)+\mathrm{e} \tag{7.1.15}$$

自由电子对 j 能级的束缚电子激发到 f 能级。

(6) 碰撞去激发。

$$A(z,f)+\mathrm{e}\longrightarrow A(z,j)+\mathrm{e} \tag{7.1.16}$$

自由电子获得了能量，离子贡献出部分能量。

(7) 谱线发射。

$$A(z,j)\longrightarrow A(z,f)+hc\eta_{jf} \tag{7.1.17}$$

在光子作用下，导致 j 能级上的电子跨迁到 f 能级上，同时放出一个能量为 $hc\eta_{jf}$ 的光子。

(8) 谱线吸收。

$$A(z,f)+hc\eta_{fj}\longrightarrow A(z,j) \tag{7.1.18}$$

在光子作用下，导致 f 能级上的电子吸收一个能量为 $h\nu_{fj}$ 的光子。

(9) 韧致吸收。

$$hc\eta+\mathrm{e}+A(z,f)\longrightarrow \mathrm{e}+A(z,f) \tag{7.1.19}$$

自由电子得到能量，光子失去能量，离子能量不变。

(10) 韧致发射。

$$\mathrm{e}+A(z,f)\longrightarrow hc\eta+\mathrm{e}+A(z,f) \tag{7.1.20}$$

自由电子损失能量，光子得到能量，离子能量不变。

(11) Compton 散射。

Compton 散射是高能光子与静止的自由电子之间的碰撞。Compton 散射充分证明了光的量子理论的正确性，而且还证明了微观粒子相互作用过程也遵循动量守恒定律和能量守恒定律。在非平衡辐射输运问题中，电子的 Compton 散射对能量迁移来讲是很重要的机制。另外，对于其他作用过程，如对离子的散射、多光子过程、离子碰撞激发、直接重激发等过程，这里因篇幅所限均从略。考虑前面所述的 11 种作用过程，便可以得到 R^{e}、C^{e}、R^{i} 与 C^{i} 的计算式，这里因篇幅所限，其表达式从略。

综上所述，式(7.1.10)给出了非平衡状态下辐射流体力学的主要方程，如果再加上电子以及离子的状态方程，这样方程组就封闭了。当然，还需要给出作用过程的微观截面以及跃迁概率的表达式，另外还应加上初、边值条件，这样该问题便可以进行数值求解。这里应指出的是，在高超速再入飞行中，非平衡状态下的非定常、辐射流体力学方程组的数值求解是一项非常前沿、有待深入开展的课题，值得进一步去深入研究与发展。

7.2　定解条件的提法和飞行器壁表面温度的确定

从前面的讨论中可以发现：高超声速气动热力学所遇到的方程，往往需要考虑多组元、黏性流动，有时要考虑热力学非平衡与化学反应非平衡流动，有时还要考虑电磁场的影响以及热辐射与热传导的效应，因此不同的飞行工况（包括飞行速度、飞行高度等）和飞行环境下，所考虑的主要因素是不相同的，其相应的基本方程组的形式也就略有不同。以考虑热辐射和热传导效应的电磁流体力学方程组为例，其表达式为

$$\frac{\partial \rho}{\partial t}+\nabla \cdot (\rho \boldsymbol{V})=0 \tag{7.2.1a}$$

$$\frac{\partial}{\partial t}(\rho \boldsymbol{V}+\boldsymbol{E}\times\boldsymbol{H})=-\nabla\cdot\left[\rho\boldsymbol{V}\boldsymbol{V}-\boldsymbol{\Pi}_{\mathrm{f}}-\boldsymbol{\pi}_{\mathrm{em}}+(p+p_{\mathrm{r}})\boldsymbol{I}^{*}\right]+\boldsymbol{f}^{*} \tag{7.2.1b}$$

$$\begin{aligned}&\frac{\partial}{\partial t}\left[\rho\left(\tilde{e}+\frac{1}{2}\boldsymbol{V}\cdot\boldsymbol{V}\right)+Q_{\mathrm{r}}+(\boldsymbol{H}\cdot\boldsymbol{B}+\boldsymbol{E}\cdot\boldsymbol{D})\right]\\&=-\nabla\cdot\left[\rho\boldsymbol{V}\left(\tilde{e}+\frac{1}{2}\boldsymbol{V}\cdot\boldsymbol{V}\right)+\boldsymbol{V}Q_{\mathrm{r}}-(\lambda+\lambda_{\mathrm{r}})\nabla T-\boldsymbol{\Pi}_{\mathrm{f}}\cdot\boldsymbol{V}+(p+p_{\mathrm{r}})\boldsymbol{V}+\boldsymbol{E}\times\boldsymbol{H}\right]\\&\quad+\boldsymbol{f}^{*}\cdot\boldsymbol{V}+Q^{*}\end{aligned} \tag{7.2.1c}$$

式中，$\boldsymbol{\Pi}_{\mathrm{f}}$ 为流体介质的黏性应力张量；Q_{r} 为辐射能量密度；p_{r} 为辐射压强；λ_{r} 为与辐射相关的热传导系数；λ 为流体介质的热传导系数；$\tilde{e}$ 为流体的内能，$\boldsymbol{f}^{*}$ 为除电磁力以外的体积力；Q^{*} 为非电磁热源，$\boldsymbol{I}^{*}$ 为单位张量。另外，为了简化计算，Q_{r} 与 p_{r} 常可以分别用平衡辐射的总密度与平衡辐射压强来近似表示，这时有

$$Q_{\mathrm{r}}=\sigma T^{4} \tag{7.2.2}$$

$$p_{\mathrm{r}}=\frac{Q_{\mathrm{r}}}{3}=\frac{\sigma T^{4}}{3} \tag{7.2.3}$$

对于非平衡态问题，还需要求解辐射输运方程去获得辐射强度，而后再去计算 Q_{r} 与 p_{r} 的值。显然，如果忽略热辐射以及电磁场的作用，则式(7.2.1)便退化为普通流体力学中常用的 Navier-Stokes 方程式，其表达式为

$$\frac{\partial \rho}{\partial t}+\nabla \cdot (\rho \boldsymbol{V})=0 \tag{7.2.4a}$$

$$\frac{\partial}{\partial t}(\rho \boldsymbol{V})+\nabla\cdot\left[\rho\boldsymbol{V}\boldsymbol{V}-\boldsymbol{\Pi}+p\boldsymbol{I}^{*}\right]=\boldsymbol{f}^{*} \tag{7.2.4b}$$

$$\frac{\partial}{\partial t}\left[\rho\left(\tilde{e}+\frac{1}{2}\boldsymbol{V}\cdot\boldsymbol{V}\right)\right]+\nabla\cdot\left[\rho\boldsymbol{V}\left(\tilde{e}+\frac{1}{2}\boldsymbol{V}\cdot\boldsymbol{V}\right)-\boldsymbol{\Pi}\cdot\boldsymbol{V}+p\boldsymbol{V}-\lambda\nabla T\right]=\boldsymbol{f}^{*}\cdot\boldsymbol{V} \tag{7.2.4c}$$

如果省略了式(7.2.4)中流体的黏性项,则式(7.2.4)便退化为通常的 Euler 方程组,即

$$\frac{\partial\rho}{\partial t}+\nabla\cdot(\rho\boldsymbol{V})=0 \tag{7.2.5a}$$

$$\frac{\partial}{\partial t}(\rho\boldsymbol{V})+\nabla\cdot[\rho\boldsymbol{V}\boldsymbol{V}+p\boldsymbol{I}^{*}]=\boldsymbol{f}^{*} \tag{7.2.5b}$$

$$\frac{\partial}{\partial t}\left[\rho\left(\tilde{e}+\frac{1}{2}\boldsymbol{V}\cdot\boldsymbol{V}\right)\right]+\nabla\cdot\left[\rho\boldsymbol{V}\left(\tilde{e}+\frac{1}{2}\boldsymbol{V}\cdot\boldsymbol{V}\right)+p\boldsymbol{V}-\lambda\nabla T\right]=\boldsymbol{f}^{*}\cdot\boldsymbol{V} \tag{7.2.5c}$$

笼统地讨论高超声速气动热力学问题定解条件的提法是很难回答的,因此这里分三个具体问题进行讨论,即:①一般流体力学问题定解条件的提法;②热力学非平衡与化学非平衡流动的边界条件;③高超声速飞行器壁表面温度的确定。显然,这三个问题在进行高超声速再入问题的流场数值求解时是非常重要的。

7.2.1 一般流体力学问题定解条件的提法

在求解 Navier-Stokes 方程组时要给定合适的定解条件。正确的定解条件应该要保证所研究的偏微分方程组的定解问题是适定的,即方程组的解存在唯一,并且应该连续依赖于定解条件。这里应该指出:对于普遍的一阶拟线性偏微分方程组,其定解条件的正确提法仍然是一个没有完全解决的问题。定解条件通常包括初始条件与边界条件,而且初始条件与边界条件必须满足相容性条件。今考察如下形式的方程:

$$W_t+AW_x=Q(x,t),\quad t\geqslant 0;x\geqslant 0 \tag{7.2.6}$$

其初始条件为

$$W(x,0)=W_0(x),\quad x\geqslant 0 \tag{7.2.7}$$

如果式(7.2.6)只含有一次微分,并假定这里 A 为常数,因此相应的边界条件为 Dirichlet 型,不妨将这时的边界条件记为

$$LW(0,t)=g(x),\quad t\geqslant 0 \tag{7.2.8}$$

显然,这里初始条件式(7.2.7)与边界条件式(7.2.8)两者必须是相容的,即要满足

$$LW_0(0)=g(0) \tag{7.2.9}$$

式中,算子 L 为 $l\times m$ 矩阵,l 为边界条件的个数。可以证明,l 应等于矩阵 A 正特征值的个数[5]。文献[12]的第 4.4 节详细讨论了双曲型微分方程组初、边值问题提法的一般性原则,并详细讨论了单向波动方程以及一维非定常 Euler 方程组的初、边值问题,这里因篇幅所限,只扼要地给出抛物型方程以及椭圆型方程的定解

问题。

对于抛物型方程，这里考虑单个一维扩散方程，其表达式为

$$\frac{\partial u}{\partial t}=\frac{\partial^2 u}{\partial x^2} \tag{7.2.10}$$

为便于分析，引入 ε→0，将上述原方程变为

$$\begin{cases}\dfrac{\partial v}{\partial x}-\varepsilon^2\dfrac{\partial w}{\partial t}=w\\[2mm]\dfrac{\partial w}{\partial x}-\dfrac{\partial v}{\partial t}=0\end{cases} \tag{7.2.11}$$

式中，$v=\dfrac{\partial u}{\partial x}$，$w=\dfrac{\partial u}{\partial t}$；当 ε→0 时上述方程组退化为原方程。

将式(7.2.11)写为矢量形式，即

$$\boldsymbol{A}\cdot\frac{\partial \boldsymbol{f}}{\partial x}+\boldsymbol{B}\cdot\frac{\partial \boldsymbol{f}}{\partial t}=\boldsymbol{Q} \tag{7.2.12a}$$

式中，

$$\boldsymbol{f}=\begin{bmatrix}v\\w\end{bmatrix},\quad \boldsymbol{A}=\begin{bmatrix}1&0\\0&1\end{bmatrix},\quad \boldsymbol{B}=\begin{bmatrix}0&-\varepsilon^2\\-1&0\end{bmatrix},\quad \boldsymbol{Q}=\begin{bmatrix}w\\0\end{bmatrix} \tag{7.2.12b}$$

系数矩阵 **A**、**B** 的特征值为

$$\lambda=\frac{\mathrm{d}x}{\mathrm{d}t}=\pm\varepsilon \tag{7.2.13}$$

显然，当方程组(7.2.12)的 ε→0 时，无论 dx 取任何的正值或负值，特征值 λ 总为零。因此，在求解抛物型方程(7.2.10)时应该给出初始条件以及全部进出口的边界条件。对式(7.2.10)来讲，初始条件为

$$u(x,0)=f(x) \tag{7.2.14}$$

而边界条件也可有三种典型的提法：

(1) Dirichlet 条件，即第 1 类边界条件，其表达式为

$$u|_{\Gamma}=g(x,t) \tag{7.2.15a}$$

(2) Neumann 条件，即第 2 类边界条件，其表达式为

$$\left(\frac{\partial u}{\partial n}\right)_{\Gamma}=g(x,t) \tag{7.2.15b}$$

(3) Robin 条件，即第 3 类边界条件，其表达式为

$$\left(k\frac{\partial u}{\partial n}+hu\right)=g(x,t) \tag{7.2.15c}$$

式中，$\boldsymbol{n}$ 表示边界线 Γ 的法线方向；f、g、k、h 都是已知函数。

对于椭圆型方程，这里给出单个椭圆型 Laplace 方程或者 Poisson 方程，其表达式为

$$\frac{\partial^2 u}{\partial x^2}+\frac{\partial^2 u}{\partial y^2}=0,\quad (x,y)\in\sigma \tag{7.2.16}$$

或者

$$\frac{\partial^2 u}{\partial x^2}+\frac{\partial^2 u}{\partial y^2}=f(x,y),\quad (x,y)\in\sigma \tag{7.2.17}$$

对于椭圆型方程,不需要给初始条件,但要在它的所有边界上给出相应的边界条件。同样,这些边界上的边界条件也有如同式(7.2.15)那样的 3 种提法。

黏性流体力学的 Navier-Stokes 方程属于拟线性的对称双曲-抛物型耦合方程组[12],对于它的定解条件,文献[12]已作过较详细的讨论,因此这里不再赘述。

7.2.2 热力学非平衡与化学非平衡流动的边界条件

对于来流 Mach 数低于 5 时,一般流动的 Navier-Stokes 方程组以及 Euler 方程组的边界条件,这里不再赘述,本节着重讨论高超声速飞行器壁面边界条件的提法。首先,由于基本方程组中包含了组元的连续方程,因此必须要补充组元的壁面条件。另外,将能量方程整理为如下的形式:

$$\rho\frac{\mathrm{d}\left(\tilde{e}+\frac{1}{2}\boldsymbol{V}\cdot\boldsymbol{V}\right)}{\mathrm{d}t}=-\nabla\cdot\boldsymbol{q}^*-\nabla\cdot(p\boldsymbol{V})+\nabla\cdot(\boldsymbol{\Pi}\cdot\boldsymbol{V}) \tag{7.2.18}$$

式中,$\boldsymbol{q}^*$ 定义为

$$\boldsymbol{q}^*=-\eta_*\nabla T+\sum_j\rho_j h_j\boldsymbol{U}_j+\boldsymbol{q}_{\mathrm{R}} \tag{7.2.19}$$

式中,$\boldsymbol{U}_j$ 为组元 j 的扩散速度;h_j 为组元 j 的静焓;另外还有

$$Q_{\mathrm{R}}=\nabla\cdot\boldsymbol{q}_{\mathrm{R}} \tag{7.2.20}$$

$$\boldsymbol{q}=-\eta_*\nabla T=-\eta\nabla T-\eta_V\nabla T_V-\eta_e\nabla T_e \tag{7.2.21}$$

$\boldsymbol{q}^*$ 可称为广义热通量矢量,由式(7.2.19)可知,它是热传导、扩散和辐射之和。在高超声速飞行器壁面处,气体与表面材料之间相互作用,必须服从质量守恒和能量守恒,因此可得到表面质量与能量的相容关系。假设用 D_j 代表关于组元 j 的双组元扩散系数,则壁表面处组元 j 的质量相容条件为

$$(\boldsymbol{n}\cdot\rho Y_j\boldsymbol{V}_j)_{\mathrm{W}}=(\boldsymbol{n}\cdot\rho Y_j\boldsymbol{V})_{\mathrm{W}}+(\boldsymbol{n}\cdot\rho_j\boldsymbol{U}_j)_{\mathrm{W}} \tag{7.2.22a}$$

或者

$$(\boldsymbol{n}\cdot\rho_j\boldsymbol{V}_j)_{\mathrm{W}}=(\boldsymbol{n}\cdot\rho\boldsymbol{V}Y_j)_{\mathrm{W}}+(\boldsymbol{n}\cdot\rho_j\boldsymbol{U}_j)_{\mathrm{W}} \tag{7.2.22b}$$

$$(\boldsymbol{n}\cdot\rho_j\boldsymbol{V}_j)_{\mathrm{W}}=(\boldsymbol{n}\cdot\rho_j\boldsymbol{V})_{\mathrm{W}}-(\boldsymbol{n}\cdot\rho D_j\nabla Y_j)_{\mathrm{W}} \tag{7.2.22c}$$

$$\dot{m}_{j,\mathrm{W}}=\dot{m}_{\mathrm{W}}Y_{j,\mathrm{W}}+(\boldsymbol{n}\cdot\boldsymbol{J}_j)_{\mathrm{W}} \tag{7.2.22d}$$

式中,

$$\dot{m}_{j,\mathrm{W}}\equiv(\boldsymbol{n}\cdot\rho_j\boldsymbol{V}_j)_{\mathrm{W}} \tag{7.2.23}$$

$$\dot{m}_{\mathrm{W}}\equiv\sum_j\dot{m}_{j,\mathrm{W}}=(\rho\boldsymbol{V}\cdot\boldsymbol{n})_{\mathrm{W}} \tag{7.2.24}$$

$$\boldsymbol{J}_j = -\rho D_j \nabla Y_j \tag{7.2.25}$$

对于有化学反应以及质量引射的高超声速飞行器的壁表面，壁表面处组元 j 的质量相容条件应将式(7.2.22)改写为

$$(\boldsymbol{n} \cdot \boldsymbol{J}_j^*)_{\mathrm{W}} = \dot{m}_{\mathrm{W}} Y_{j,\mathrm{W}} - \dot{m}_{\mathrm{g}} Y_{\mathrm{g},j} + (\boldsymbol{n} \cdot \boldsymbol{J}_j)_{\mathrm{W}} \tag{7.2.26}$$

式中，$\boldsymbol{J}_j^*$ 代表组元 j 的净质量流速率矢量，显然这时有

$$(\boldsymbol{n} \cdot \boldsymbol{J}_j^*)_{\mathrm{W}} = \int_{-0}^{+0} \dot{\omega}_j \, \mathrm{d}n \tag{7.2.27}$$

式中，令 0 截面为壁表面，-0 截面与 $+0$ 截面分别为仅靠 0 截面的位于固体一侧与位于气体一侧的两个计算截面并且这两个面垂直于壁面的法线；$\boldsymbol{n}$ 为壁表面的单位法矢量；$\dot{\omega}_j$ 代表单位时间、单位体积中组元 j 的质量生成速率；$\dot{m}_{\mathrm{g}}$ 代表从物体内部引射出的气体质量速率；$\dot{m}_{\mathrm{W}}$ 代表壁面总的质量烧蚀速率或者质量引射速率；$Y_{\mathrm{g},j}$ 为引射(或者塑料热解)气体中组元 j 的质量比数；$Y_{j,\mathrm{W}}$ 代表壁面处气体组元 j 的质量比数。令

$$\tilde{f} \equiv \frac{\dot{m}_{\mathrm{g}}}{\dot{m}_{\mathrm{W}}} \tag{7.2.28}$$

$$\boldsymbol{J}_j^* \equiv \boldsymbol{J}_{\mathrm{h},j}^* + \boldsymbol{J}_{\mathrm{g},j}^* \tag{7.2.29}$$

式中，$\boldsymbol{J}_{\mathrm{h},j}^*$ 代表气相与固相反应、升华或者蒸发的组元 j 的质量流；$\boldsymbol{J}_{\mathrm{g},j}^*$ 仅代表气相之间反应产生的质量流。借助于式(7.2.28)与式(7.2.29)，则式(7.2.26)便可写为

$$(\boldsymbol{n} \cdot \boldsymbol{J}_j)_{\mathrm{W}} + \dot{m}_{\mathrm{W}}(Y_{j,\mathrm{W}} - Y_{g,j} f) = [\boldsymbol{n} \cdot (\boldsymbol{J}_{\mathrm{h},j}^* + \boldsymbol{J}_{\mathrm{g},j}^*)]_{\mathrm{W}} \tag{7.2.30}$$

式(7.2.30)便为壁表面处组元 j 的质量相容条件的最一般形式，它适用于有化学反应以及质量引射时的物面边界条件的提法。

下面分三种情况进一步阐明式(7.2.30)的物理含义。

(1) 非烧蚀时物面边界条件。

式(7.2.30)可以写成

$$\dot{m}_{\mathrm{W}}(Y_{j,\mathrm{W}} - f Y_{\mathrm{g},j}) - (\boldsymbol{n} \cdot \rho D_j \nabla Y_j)_{\mathrm{W}} = [\boldsymbol{n} \cdot (\boldsymbol{J}_{\mathrm{h},j}^* + \boldsymbol{J}_{\mathrm{g},j}^*)]_{\mathrm{W}} \tag{7.2.31}$$

在壁面不发生烧蚀或者无质量引射时，$\dot{m}_{\mathrm{W}} = 0$；另外，壁面不存在气相与固相化学反应时，$\boldsymbol{J}_{\mathrm{h},j}^* = 0$；此外，$\boldsymbol{J}_{\mathrm{g},j}^*$ 项代表气相化学反应所产生的组元 j 的质量流矢；它与质量生成速率 $\dot{\omega}_j$ 有关。令考虑有 N_s 个组元和 N_r 个化学反应式组成的化学反应混合气体系统，其基元反应的一般表达式为

$$\sum_{i=1}^{N_j} \alpha_{i,r} Z_i \underset{\kappa_{\mathrm{b},r}}{\overset{\kappa_{\mathrm{f},r}}{\rightleftharpoons}} \sum_{i=1}^{N_j} \beta_{i,r} Z_i, \quad r = 1, 2, \cdots, N_r \tag{7.2.32}$$

式中，下角标 r 为化学反应式的序号；符号 $\alpha_{i,r}$ 与 $\beta_{i,r}$ 分别代表第 r 个化学反应式的正向与逆向反应当量比系数；$\kappa_{\mathrm{f},r}$ 与 $\kappa_{\mathrm{b},r}$ 分别代表第 r 个化学反应式的正向与逆向反应速率系数；符号 Z_i 代表组元 i 的成分或者催化体。因此，任一组元 i 的净生成

率为

$$\frac{\mathrm{d}[Z_i]}{\mathrm{d}t}=\sum_{r=1}^{N_r}\frac{\mathrm{d}[Z_i]_r}{\mathrm{d}t}=\sum_{r=1}^{N_r}(\beta_{i,r}-\alpha_{i,r})(R_{\mathrm{f},r}-R_{\mathrm{b},r}) \tag{7.2.33}$$

式中，$[Z_i]$代表 Z_i 的浓度（摩尔密度）；$R_{\mathrm{f},r}$与$R_{\mathrm{b},r}$分别定义为

$$R_{\mathrm{f},r}\equiv\kappa_{\mathrm{f},r}\prod_{j=1}^{N_j}(\gamma_j\rho)^{\alpha_{j,r}} \tag{7.2.34a}$$

$$R_{\mathrm{b},r}\equiv\kappa_{\mathrm{b},r}\prod_{j=1}^{N_j}(\gamma_j\rho)^{\beta_{j,r}} \tag{7.2.34b}$$

式中，γ_j 为摩尔质量比，对于气体组元，其定义为

$$\gamma_j=\frac{Y_j}{M_j},\quad j=1,2,\cdots,N_s \tag{7.2.35}$$

式中，M_j 为组元 j 的分子量；对于催化体，γ_j 值依赖于所考虑的化学反应式。

显然，式(7.2.33)就是化学动力学中质量作用定理的最一般形式，借助于式(7.2.33)，$\dot{\omega}_i$ 可表示为

$$\dot{\omega}_i=\rho\frac{\mathrm{d}Y_i}{\mathrm{d}t}=M_i\frac{\mathrm{d}[Z_i]}{\mathrm{d}t}=M_i\sum_{r=1}^{N_r}(\beta_{i,r}-\alpha_{i,r})(R_{\mathrm{f},r}-R_{\mathrm{b},r}) \tag{7.2.36}$$

式中，Y_j 与$[Z_i]$间的关系为

$$Y_i=\frac{M_i}{\rho}[Z_i] \tag{7.2.37}$$

令 κ_{c} 为

$$\kappa_{\mathrm{c}}\equiv\frac{\kappa_{\mathrm{f},r}}{\kappa_{\mathrm{b},r}} \tag{7.2.38}$$

于是式(7.2.36)可写为

$$\dot{\omega}_i=M_i\sum_{r=1}^{N_r}\left\{\kappa_{\mathrm{f},r}(\beta_{i,r}-\alpha_{i,r})\left[\prod_{j=1}^{N_j}\left(\frac{\rho}{M_j}Y_j\right)^{\alpha_{j,r}}-\frac{1}{\kappa_{\mathrm{c}}}\prod_{j=1}^{N_j}\left(\frac{\rho}{M_j}Y_j\right)^{\beta_{j,r}}\right]\right\} \tag{7.2.39}$$

对于非催化壁，因 $\kappa_{\mathrm{f},r}\to 0$，对于组元 i，由式(7.2.31)与式(7.2.39)可以给出

$$(\boldsymbol{n}\cdot\nabla Y_i)_{\mathrm{W}}=0 \tag{7.2.40}$$

对于完全催化壁，因 $\kappa_{\mathrm{f},r}\to\infty$，方程(7.2.31)等号左侧所表示的扩散质量流为有限值，于是由式(7.2.39)，此时应有

$$\prod_{j=1}^{N_j}\left(\frac{\rho}{M_j}Y_j\right)^{\alpha_{j,r}}-\frac{1}{\kappa_{\mathrm{c}}}\prod_{j=1}^{N_j}\left(\frac{\rho}{M_j}Y_j\right)^{\beta_{j,r}}=0 \tag{7.2.41}$$

或者

$$\kappa_c = \frac{\prod_{j=1}^{N_j}\left(\frac{\rho}{M_j}Y_j\right)^{\beta_{j,r}}}{\prod_{j=1}^{N_j}\left(\frac{\rho}{M_j}Y_j\right)^{\alpha_{j,r}}} \tag{7.2.42}$$

(2) 质量引射或发汗冷却时物面边界条件。

当考虑壁面有质量引射或者发汗冷却时，如果不考虑气体与多孔壁之间的多相化学反应，于是 $\boldsymbol{J}_{h,j}^{*}=0$，同时 $\dot{m}_W=\dot{m}_g$，方程(7.2.31)可变为

$$\dot{m}_W(Y_{j,W}-fY_{g,j})-(\boldsymbol{n}\cdot\rho D_j\nabla Y_j)_W=\boldsymbol{n}\cdot(\boldsymbol{J}_{g,j}^{*})_W \tag{7.2.43}$$

对于非催化壁，因 $\kappa_{f,r}\to 0$，$\boldsymbol{J}_{h,j}^{*}=0$，于是式(7.2.43)变为

$$(\boldsymbol{n}\cdot\rho D_j\nabla Y_j)_W=\dot{m}_W(Y_{j,W}-fY_{g,j}) \tag{7.2.44}$$

对于完全催化壁，与前面式(7.2.42)所讨论的相类似，这里就不再赘述。

(3) 烧蚀壁面的边界条件。

首先要指出的是，在化学反应气体中，尽管每个组元的浓度在变化，但这个变化要受到化学反应的制约，关于这一点可以从组元连续方程中的化学生成项 $\dot{\omega}_i$ 看出。在不发生核反应的情况下，化学反应气体中各个化学元素的质量浓度是不会改变的。通常，在化学反应系统中，组元浓度 Y_j(更准确地讲应为 $Y_{j(i)}$)与元素浓度 $\widetilde{Y}_i$ 间的关系为

$$\widetilde{Y}_i=\sum_j\gamma_{i,j}Y_{j(i)}=\text{const} \tag{7.2.45}$$

对式(7.2.45)取微分，便有

$$\mathrm{d}\widetilde{Y}_i=\sum_j(\gamma_{i,j}\mathrm{d}Y_{j(i)})=0 \tag{7.2.46}$$

同样，组元化学生成率 $\dot{\omega}_j$(更准确地讲应为 $\dot{\omega}_{j(i)}$)与元素生成率 $\dot{\widetilde{\omega}}_i$ 之间的关系为

$$\dot{\widetilde{\omega}}_i=\sum_j(\gamma_{i,j}\dot{\omega}_{j(i)})=0 \tag{7.2.47}$$

在式(7.2.45)～式(7.2.47)中，$\gamma_{i,j}$ 定义为

$$\gamma_{i,j}=\frac{\nu_i M_i}{\nu_j M_j} \tag{7.2.48}$$

式中，ν_i 与 ν_j 均为相应化学动力学中的计量系数；M_i 与 M_j 均为分子量。

显然，元素浓度 $\widetilde{Y}_i$ 满足如下扩散方程(这里忽略了热扩散项)：

$$\mathbf{V}\cdot\nabla\widetilde{Y}_i=\nabla\cdot(\rho D_i\nabla\widetilde{Y}_i) \tag{7.2.49}$$

这是一个非常重要的关于 $\widetilde{Y}_i$ 的表达式。在壁表面处，除表面材料所含的化学元素外，无论化学反应是否发生，任何化学元素垂直于表面方向上的净质量流必须等于零。如果假定气体为有效二元扩散的混合物，则由式(7.2.49)，对空气中的元

素在壁表面处便可推出如下关系式：

$$(\rho \boldsymbol{V} \cdot \boldsymbol{n} \widetilde{Y}_i)_{\mathrm{W}} - (\boldsymbol{n} \cdot \rho D_i \nabla \widetilde{Y}_i)_{\mathrm{W}} = 0 \tag{7.2.50}$$

式中，$\boldsymbol{n}$ 为壁表面的单位法矢量。

如果 i 取为壁表面材料时，式(7.2.50)要修改为如下形式：

$$(\rho \boldsymbol{V} \cdot \boldsymbol{n})_{\mathrm{W}} = (\rho \boldsymbol{V} \cdot \boldsymbol{n} \widetilde{Y}_i)_{\mathrm{W}} - (\boldsymbol{n} \cdot \rho D_i \nabla \widetilde{Y}_i)_{\mathrm{W}} \tag{7.2.51}$$

式(7.2.50)与式(7.2.51)即为烧蚀壁面处的质量相容条件。

7.2.3 高超声速飞行器壁表面温度的确定

高超声速飞行器壁表面的温度是不能由人为去给定的，而必须要服从壁表面上的能量平衡关系，其表达式为

$$\widetilde{q}_{\mathrm{b}} = -\widetilde{q}_{\mathrm{W}} - (\boldsymbol{n} \cdot \rho \boldsymbol{V})_{\mathrm{W}} h_{\mathrm{W,g}} - (\boldsymbol{n} \cdot \rho \boldsymbol{V})_{\mathrm{W}} h_{\mathrm{W,E}} \tag{7.2.52}$$

如果再计入壁面处的辐射热，则式(7.2.52)可变为

$$\widetilde{q}_{\mathrm{b}} = -\widetilde{q}_{\mathrm{W}} - (\rho \boldsymbol{n} \cdot \boldsymbol{V})_{\mathrm{W}} h_{\mathrm{W,g}} + (\rho \boldsymbol{n} \cdot \boldsymbol{V})_{\mathrm{W}} h_{\mathrm{W,E}} - \widetilde{q}_{\mathrm{RW}} + \alpha \widetilde{q}_{\mathrm{R}} \tag{7.2.53a}$$

或者

$$\widetilde{q}_{\mathrm{b}} = -\widetilde{q}_{\mathrm{W}} - \dot{m}_{\mathrm{W}} h_{\mathrm{W,g}} + \dot{m}_{\mathrm{W}} h_{\mathrm{W,E}} + \alpha \widetilde{q}_{\mathrm{R}} - \widetilde{q}_{\mathrm{RW}} \tag{7.2.53b}$$

式(7.2.52)与式(7.2.53)就是壁表面处所遵循的能量平衡关系式，由它可以去决定壁表面的温度 T_{W} 值。在式(7.2.53)中，$\widetilde{q}_{\mathrm{b}}$ 代表传给固体内部的热通量；$\dot{m}_{\mathrm{W}} h_{\mathrm{W,g}}$代表引射质量从交界面带走的能流；$\dot{m}_{\mathrm{W}} h_{\mathrm{W,E}}$代表由于壁表面反应从固体进入交界面的能量；$-\widetilde{q}_{\mathrm{W}}$ 代表从气体边界层传入交界面的热通量；$\alpha \widetilde{q}_{\mathrm{R}}$ 代表高温气体辐射传递给壁表面的辐射热流；$\widetilde{q}_{\mathrm{RW}}$代表从壁表面向外辐射所损失的能量；$h_{\mathrm{W,g}}$与 $h_{\mathrm{W,E}}$分别为壁表面处气体的混合焓与固体焓；系数 α、ε 和 σ 分别为壁表面材料的吸收系数、辐射系数和 Stefan-Boltzmann 常数；$\widetilde{q}_{\mathrm{RW}}$以及$\widetilde{q}_{\mathrm{R}}$ 的表达式分别为

$$\widetilde{q}_{\mathrm{RW}} = \varepsilon \sigma T_{\mathrm{W}}^4 \tag{7.2.54}$$

$$\widetilde{q}_{\mathrm{R}} = \boldsymbol{n} \cdot \boldsymbol{q}_{\mathrm{R}} \tag{7.2.55}$$

式中，$\boldsymbol{q}_{\mathrm{R}}$ 满足如下关系：

$$\nabla \cdot \boldsymbol{q}_{\mathrm{R}} = \iint \frac{\mathrm{d}\boldsymbol{I}(\eta, \boldsymbol{\Omega})}{\mathrm{d}S} \mathrm{d}\eta \mathrm{d}\boldsymbol{\Omega} \tag{7.2.56}$$

式中，$\boldsymbol{I}(\eta,\boldsymbol{\Omega})$、$\eta$ 与 $\boldsymbol{\Omega}$ 的含义同式(7.1.7)。这里特别要指出的是，$\widetilde{q}_{\mathrm{b}}$ 值的计算要依赖于材料内部的传热过程，这里给出材料内部能量传递的瞬态热传导方程

$$\nabla \cdot (\lambda_{\mathrm{s}} \nabla T) = \widetilde{\rho}_{\mathrm{s}} \widetilde{C}_{\mathrm{s}} \frac{\partial T}{\partial t} \tag{7.2.57}$$

为了讨论方便，将壁面假定为大厚度平板，这里仅考虑沿大厚度平板内部的传

热，令 $\boldsymbol{n}$ 为平板的法线方向，于是热传导方程可简化为

$$\tilde{\rho}_s \tilde{C}_s \frac{\partial T}{\partial t} = \frac{\partial}{\partial n}\left(\lambda_s \frac{\partial T}{\partial n}\right) \tag{7.2.58}$$

如果在壁面处取 y 轴垂直于平板，并且 y 的正方向指向板内部，于是上述热传导方程可写为

$$\tilde{\rho}_s \tilde{C}_s \frac{\partial T}{\partial t} = \frac{\partial}{\partial y}\left(\lambda_s \frac{\partial T}{\partial y}\right) \tag{7.2.59}$$

这个方程的边界条件为

$$y=0:\quad T=T_W,\quad -\lambda_s \frac{\partial T}{\partial y} = \tilde{q}_b \tag{7.2.60a}$$

$$y=L:\quad T=T_0,\quad -\lambda_s \frac{\partial T}{\partial y} = 0 \tag{7.2.60b}$$

在式(7.2.57)～式(7.2.60)中，λ_s、$\tilde{\rho}_s$ 和 $\tilde{C}_s$ 分别为材料的热传导系数、密度和比热；T 与 t 分别为材料的温度与时间；$\tilde{q}_b$ 的含义同式(7.2.53)。通常，对于材料表面非定常烧蚀过程的精确数值计算，原则上可以从式(7.2.59)出发，并注意与边界条件式(7.2.60)联立求解，便能够获得该方程的解。然而，现在的问题是想建立 T_W 与 $\tilde{q}_b$ 间的直接关系式，对研究固体壁面的烧蚀问题来讲，这种关系的近似表达式可写为

$$\tilde{q}_b = \frac{\tilde{\rho}_s \tilde{C}_s \dot{S}}{\tilde{D}_s}(T_W - T_0) \tag{7.2.61}$$

式中，T_W 与 T_0 的含义同式(7.2.60)；$\tilde{D}_s$ 为非定常烧蚀因子；$\dot{S}$ 为表面烧蚀速度。因此，将式(7.2.61)代入式(7.2.53)便得到了关于壁表面温度 T_W 的关系式，由它去确定壁面温度。

在结束本节讨论之前，这里需对高超声速飞行器壁表面的边界条件问题作一个小结：飞行器在进行高超声速飞行，尤其是再入飞行过程时，其流场计算十分困难、非常复杂，目前仍然是一个有待进一步深入研究的重要课题之一，而壁表面边界条件的提法便是这个问题中最为困难的一个部分。壁表面处既要满足质量相容条件（如式(7.2.50)与式(7.2.51)），又要满足壁表面能量的平衡关系（如式(7.2.53)），因此这两个条件都是十分重要的，而且是普通流体力学数值计算中所未遇到的新问题。另外，壁表面温度的确定直接涉及飞行器的热防护设计、涉及飞行器的热安全问题，因此它的准确确定更为重要[419]。

此外，辐射加热在高超声速再入飞行中是不可忽视的，“Apollo 11 号”飞船再入地球大气层时，其辐射传热已占总加热率的 30%左右，“Pioneer 10 号”空间探测器进入 Jupiter（木星）大气层以及 Magellan 探测器进入 Venus（金星）大气层时，辐射热都占总加热率的 95%以上，因此为得到较准确的壁表面温度，辐射输运方程

[即式(6.9.2d)]必须要与 Navier-Stokes 方程联立求解。显然,将广义 Navier-Stokes 方程与热辐射输运方程联立,并且考虑飞行器壁表面质量相容条件与表面能量的平衡关系,于是这样所构成的高超声速飞行器气动热力学问题的求解便成为一个急待深入研究的课题。计算流体力学中的许多方法[52,53,55,58,59],在高超声速飞行这个大课题中针对辐射流体力学基本方程组的耦合求解,需要进一步去发展与完善。

7.3 一维非定常辐射流体力学基本方程组

在航空与航天工程以及受控热核聚变反应堆工程中,一维与二维的非定常辐射流体力学模型常被采用。当今的世界资源枯竭、能量紧张、气候变暖、人类面临大气环境的污染。过去世界经济的发展基本上依赖于石油、天然气和煤炭之类化石燃料的发展模式,正在经受着严重的冲击,太阳能、氢能(即基于可再生能源类技术,如太阳能、风能、水力发电和氢能等)以及受控热核聚变反应堆工程越来越受到人类的重视。对于采用原子核的聚变反应来获取巨大能量的方法可有两类:一类是通过重核裂变来获取巨能,如原子弹(其中 1945 年 8 月 6 日在日本广岛用 B-29 轰炸机投掷了两颗原子弹,其中一颗是钚弹,另一颗是铀弹;另外,1964 年 10 月 16 日我国试验成功了第一颗原子弹,它属于内爆式铀弹),但这类通过裂变反应获能的方式存在核辐射的严重问题,存在放射性污染。另一类是轻核聚变也能够释放出比重核裂变要多得多的能量。1952 年 10 月,美国成功爆炸了世界上第一个热核聚变装置。对于这类反应,像在太阳中心所发生的反应一样,两个氢原子核聚合生成氦,其反应式为

$$^{2}\mathrm{H} + {}^{3}\mathrm{H} \longrightarrow {}^{4}\mathrm{He} + \mathrm{n} \tag{7.3.1}$$

式中,n 代表中子。数学家 Ulam 在这一热核聚变装置设计中做出了重大贡献。目前人们认为最有希望加以利用的轻核聚变反应有如下六种:

$$\mathrm{d} + \mathrm{d} \longrightarrow {}^{3}\mathrm{He}(0.82\mathrm{MeV}) + \mathrm{n}(2.45\mathrm{MeV}) \tag{7.3.2a}$$

$$\mathrm{d} + \mathrm{d} \longrightarrow \mathrm{t}(1.01\mathrm{MeV}) + \mathrm{p}(3.03\mathrm{MeV}) \tag{7.3.2b}$$

$$\mathrm{d} + \mathrm{t} \longrightarrow {}^{4}\mathrm{He}(3.52\mathrm{MeV}) + \mathrm{n}(14.06\mathrm{MeV}) \tag{7.3.2c}$$

$$\mathrm{d} + {}^{3}\mathrm{He} \longrightarrow {}^{4}\mathrm{He}(3.67\mathrm{MeV}) + \mathrm{p}(14.67\mathrm{MeV}) \tag{7.3.2d}$$

$$\mathrm{d} + {}^{6}\mathrm{Li} \longrightarrow 2\,{}^{4}\mathrm{He} + 22.4\mathrm{MeV} \tag{7.3.2e}$$

$$\mathrm{n} + {}^{6}\mathrm{Li} \longrightarrow \mathrm{t} + {}^{4}\mathrm{He} + 4.8\mathrm{MeV} \tag{7.3.2f}$$

其中,d 即氘同位素 $^{2}\mathrm{H}$ 核;t 即氚同位素 $^{3}\mathrm{H}$ 核;n 与 p 分别代表中子与质子。图 7.1给出了前三种反应的反应截面,它们构成一个循环,产生的 $^{3}\mathrm{He}$ 核和 t 均被利用,总的效果为

$$6\mathrm{d} \rightarrow 2\alpha + 2\mathrm{n} + 2\mathrm{p} + 43.23\mathrm{MeV} \tag{7.3.3}$$

式中，α 即代表^{4}He；为了实现受控热核反应，需要建立一个绝热的能容纳高温等离子体的聚变反应堆，在其中产生的聚变核能在考虑效率 η(如辐射和其他能力损失)之后，必须有大于维持等离子体所需要的能量，这就要求等离子体要有足够高的温度 T 和大的数密度 n，并且能维持足够的时间 τ，著名的 Lawson 判据[408]与温度 T 有关。图 7.2 给出了三种效率下 d-t 反应时所计算得到的 Lawson 判据结果，如能量利用效率 η 取 1/3 时的一组典型 Lawson 判据是

$$T=10\text{keV},\quad n\tau=8\times10^{19}\,\text{s/m}^3 \tag{7.3.4a}$$

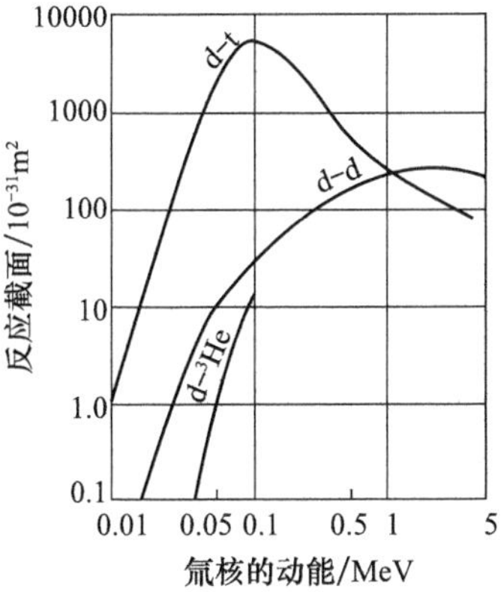

图 7.1　d-d、d-t 和 d-^{3}He 反应截面

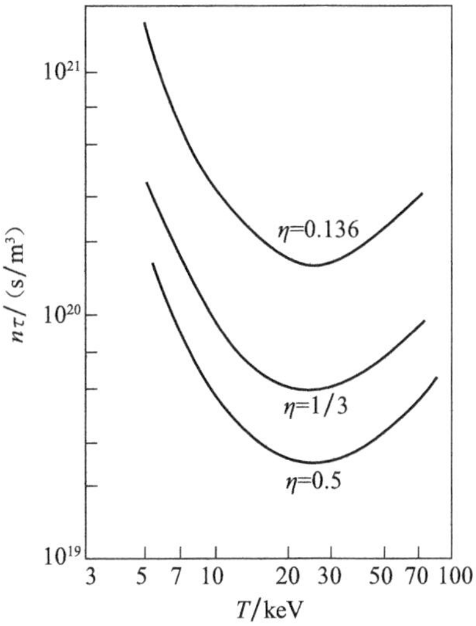

图 7.2　d-t 反应时的 Lawson 判据

另外，在惯性约束聚变(ICF)研究中，还得到了如下两种反应的 Lawson 判据：

对 d-t 反应，则

$$n\tau\geqslant10^{14}\,\text{s/cm}^3 \tag{7.3.4b}$$

对 d-d 反应，则

$$n\tau\geqslant10^{16}\,\text{s/cm}^3 \tag{7.3.4c}$$

普通的反应堆容器不可能同时实现约束一段时间的等离子体，又能承受这样高的温度。历经大量研究之后，人们找到了两种实现聚变反应堆的方案：一种方案是磁约束装置(MCF)，利用强磁场将等离子体约束而围绕磁力线运动，其中美国普林斯顿实验室的 TFTR 装置为典型代表；另一种方案是惯性约束聚变(ICF)，尤其是激光惯性约束[420]。除了高温核聚变之外，人们还一直追求不需要高温条件的核聚变，如冷核聚变技术，其中包括 μ 子催化和电化学技术[421~423]。此外，还有一个研究方向就是聚变增殖堆或称聚变－裂变混合堆[424,425]，总之核聚变研究的路途虽艰辛但前程振奋人心[426~428]。

这里之所以讲述了如此多的核聚变问题，其目的有两个：一是核聚变技术是人类未来能源的源泉，是解决环境污染的重大举措，同时也是人类未来高超声速飞行器动力的重要保障，因此我们应该认识它；二是核聚变技术直接涉及等离子体物理和聚变能[405]，而辐射流体力学恰恰是它的重要基础。在许多热核技术工程问题的设计与估算中，一维非定常辐射流体力学是最常用的方法之一。

7.3.1 一维非定常、非平衡辐射流体力学方程组($T_i = T_e$)

以下考虑沿流线的广义一维非平衡辐射流体力学的方程组，首先考虑电子与离子温度相同(即 $T_i = T_e$)时的情况。这时电子与离子的速度分布都服从 Maxwell 分布，但系统内部辐射与物质未达到平衡。令取一维广义曲线坐标 S，令流体微团沿 S 运动、速度矢量为 $\boldsymbol{u}$，其模为 u，并有

$$\boldsymbol{u} = u\boldsymbol{S}, \quad S = |\boldsymbol{S}| \tag{7.3.5a}$$

于是 $\boldsymbol{u}$ 沿着 $\boldsymbol{S}$ 的方向导数为[81,429~436]

$$\frac{\partial \boldsymbol{u}}{\partial S} = \boldsymbol{S} \cdot \nabla \boldsymbol{u} \tag{7.3.5b}$$

沿流线广义的一维辐射流体力学基本方程组，由连续方程、运动方程、能量方程、粒子数布居方程、辐射输运方程、气体的状态方程、比热容方程以及基本方程组的定解条件所组成。另外，还包括初始条件和边界条件。因篇幅有限，以下仅给出上述问题的主要方程。

(1) 连续方程[81]。

$$\frac{\partial \rho}{\partial t} + \frac{1}{A}\frac{\partial (A\rho u)}{\partial S} = 0 \tag{7.3.6a}$$

对于定常流，则有

$$\frac{\partial (\rho u A)}{\partial S} = 0 \tag{7.3.6b}$$

式中，ρ 与 u 分别为流体的密度与速度；S 和 A 分别为流向弧长和流道截面积。

(2) 运动方程。

$$\rho \frac{\mathrm{d}u}{\mathrm{d}t} = -\frac{\partial \tilde{p}}{\partial S} - \frac{4\tau_w}{D_e} \tag{7.3.7a}$$

或者

$$\frac{\partial (\rho u)}{\partial t} + \frac{1}{A}\frac{\partial (A\rho u^2)}{\partial S} = -\frac{\partial \tilde{p}}{\partial S} - \frac{4\tau_w}{D_e} \tag{7.3.7b}$$

式中，τ_w 和 D_e 分别为壁面的摩擦应力和水力直径[81]；$\tilde{p}$定义为

$$\tilde{p} \equiv p_m + \frac{1}{3}E_r \tag{7.3.7c}$$

式中，E_r 与 p_m 分别代表辐射能量密度与流体的压强。

(3) 能量方程。

在流体力学中，应力张量 $\boldsymbol{\pi}$ 与黏性应力张量 $\boldsymbol{\Pi}$ 之间有如下关系[12,437]：

$$\boldsymbol{\pi}=\boldsymbol{\Pi}-P\boldsymbol{I}=2\mu\boldsymbol{D}+\left[-p+\left(\mu_b-\frac{2}{3}\mu\right)\nabla\cdot\boldsymbol{V}\right]\boldsymbol{I} \tag{7.3.8a}$$

或者用协变分量写出便为

$$\pi_{ij}=\Pi_{ij}-pg_{ij} \tag{7.3.8b}$$

$$\Pi_{ij}=\mu(\nabla_j v_i+\nabla_i v_j)+\left(\mu_b-\frac{2}{3}\mu\right)g_{ij}\nabla_k v^k \tag{7.3.8c}$$

式中，μ 为流体的动力黏性系数；μ_b 为流体的体膨胀黏性系数。

将式(7.3.8c)用张量形式写出为

$$\boldsymbol{\Pi}=\mu[\nabla\boldsymbol{V}+(\nabla\boldsymbol{V})_c]+\left(\mu_b-\frac{2}{3}\mu\right)(\nabla\cdot\boldsymbol{V})\boldsymbol{I} \tag{7.3.8d}$$

引进耗散函数 Φ，其表达式为

$$\Phi\equiv\boldsymbol{\Pi}:\boldsymbol{D} \tag{7.3.8e}$$

式中，

$$\boldsymbol{D}=\frac{1}{2}[\nabla\boldsymbol{V}+(\nabla\boldsymbol{V})_c] \tag{7.3.8f}$$

将 Φ 在直角笛卡儿坐标系中表达，且 $\boldsymbol{V}=u_1\boldsymbol{i}+u_2\boldsymbol{j}+u_3\boldsymbol{k}$ 时，便为

$$\Phi=\frac{\mu}{2}\left(\frac{\partial u_i}{\partial x_j}+\frac{\partial u_j}{\partial x_i}\right)^2+\left(\mu_b-\frac{2}{3}\mu\right)\left(\frac{\partial u_k}{\partial x_k}\right)^2 \tag{7.3.8g}$$

或者

$$\Phi=\frac{\mu}{2}[\nabla\boldsymbol{V}+(\nabla\boldsymbol{V})_c]:[\nabla\boldsymbol{V}+(\nabla\boldsymbol{V})_c]+\left(\mu_b-\frac{2}{3}\mu\right)(\nabla\cdot\boldsymbol{V})^2 \tag{7.3.8h}$$

因此，在流体力学中能量方程常可表达为

$$\rho\frac{\mathrm{d}e}{\mathrm{d}t}=\frac{\partial(\rho e)}{\partial t}+\nabla\cdot(\rho e\boldsymbol{V})=\Phi-p\nabla\cdot\boldsymbol{V}-\nabla\cdot\boldsymbol{q}+W \tag{7.3.9a}$$

式中，$\boldsymbol{q}$、e 和 W 的含义可以用如下几项进行概括：

$$\boldsymbol{q}\equiv\boldsymbol{q}_c+\boldsymbol{q}_w+\boldsymbol{q}_D+q_R+\cdots \tag{7.3.9b}$$

$$e\equiv C_V T+\widetilde{V}+\cdots \tag{7.3.9c}$$

$$W\equiv\widetilde{W}+W_r+\cdots \tag{7.3.9d}$$

式中，$\boldsymbol{q}_c$ 为由于热传导所导致的热量矢量[438,439]；$\boldsymbol{q}_w$ 为由于对流传热所导致的热流矢量；$\boldsymbol{q}_D$ 为由于扩散传热所导致的热流矢量；$\boldsymbol{q}$ 为由于热辐射传热所导致的热流矢量。这里仅给出 $\boldsymbol{q}_c$ 的表达式，即

$$\boldsymbol{q}_c=-\widetilde{\lambda}\nabla T \tag{7.3.9e}$$

式中，$\tilde{\lambda}$ 为热传导系数。显然，式(7.3.9e)就是著名的 Fourier 导热定律。

热传导、对流、扩散传热均是以分子为载体并通过介质实现能量的转移，而热辐射则是以电磁波或光量子为载体，由于光子的运动或电磁波的传播并不依赖于介质的存在与否，所以热辐射不仅可以在介质中进行，也可以在真空中进行。

在式(7.3.9c)中，$C_V T$ 项是通常热力学狭义内能；$\tilde{V}$ 为势能，在平均原子模型近似下，$\tilde{V}$ 可表达为

$$\tilde{V}=\tilde{V}_0-\frac{N_0 K}{A_0}\sum_i g_i p_i E_i \tag{7.3.9f}$$

式中，$\tilde{V}_0$ 为初始时刻的势能；N_0 为 Avogadro 常量；A_0 为相对原子质量；g_i 为 i 能态的统计权重；p_i 为 i 能态束缚电子占居概率。

在式(7.3.9d)中，W_r 为辐射与物质能量交换项，如考虑物质对辐射的吸收和发射，再如考虑 Compton 碰撞引起的辐射与物质电子的能量交换等。在式(7.3.9d)中，$\tilde{W}$ 代表其他能源项，例如，在磁流体力学中，$\tilde{W}$ 应包括$\frac{\boldsymbol{J}\cdot\boldsymbol{J}}{\sigma}$，即

$$\tilde{W}=\frac{\boldsymbol{J}\cdot\boldsymbol{J}}{\sigma}+\cdots \tag{7.3.9g}$$

式中，σ 为电导率；$\boldsymbol{J}$ 为磁流体力学中的电流强度，对于静止介质，有

$$\boldsymbol{J}=\sigma(\boldsymbol{E}+\boldsymbol{V}\times\boldsymbol{B}) \tag{7.3.9h}$$

式中，$\boldsymbol{E}$ 和 $\boldsymbol{B}$ 分别表示电场强度和磁感应强度。

借助于式(7.3.9a)，沿流线的广义一维能量方程为

$$\rho\left(\frac{\partial e}{\partial t}+u\frac{\partial e}{\partial s}\right)=\Phi-p\frac{\partial u}{\partial s}-\nabla\cdot\boldsymbol{q}+\tilde{W} \tag{7.3.10}$$

式中，$u=|\boldsymbol{V}|$，即速度 $\boldsymbol{V}$ 的模。

(4) 粒子数布居方程。

为叙述简单起见，这里采用平均原子模型。P_i 为 i 能态束缚电子占居概率，于是考虑影响粒子数布居的物理过程，已有式(6.5.13)给出，即

$$\frac{\mathrm{d}P_i}{\mathrm{d}t}=C_i-D_i P_i \tag{7.3.11}$$

式中，符号 C_i 与 D_i 的含义同式(6.5.13)。

(5) 辐射输运方程。

光子分布函数 f 所遵循的输运方程已由式(6.7.14a)给出，即

$$\left(\frac{\partial}{\partial t}+C\boldsymbol{\Omega}\cdot\nabla\right)f=\left(\frac{\partial f}{\partial t}\right)_{\mathrm{r}} \tag{7.3.12a}$$

式中，下角标 r 表示反应项，通常$\left(\frac{\partial f}{\partial t}\right)_{\mathrm{r}}$包括：

$$\left(\frac{\partial f}{\partial t}\right)_{\mathrm{r}}=\left(\frac{\partial f}{\partial t}\right)_{\mathrm{p}}+\left(\frac{\partial f}{\partial t}\right)_{\mathrm{b}}+\left(\frac{\partial f}{\partial t}\right)_{\mathrm{comp}}+\left(\frac{\partial f}{\partial t}\right)_{\mathrm{l}}+\cdots \tag{7.3.12b}$$

这里，下角标 p、b、comp 和 l 分别表示光电效应、韧致效应、Compton 效应和线辐射效应等项。在一维非定常、非平衡辐射流体力学方程组的计算中，处理辐射能量迁移常采用扩散近似、多群方法以及多带方法，对此这里不做赘述，感兴趣的读者可参阅文献[440]和[441]等。

7.3.2　一维非定常、非平衡辐射流体力学方程组($T_{\mathrm{i}}\neq T_{\mathrm{e}}$)

在高超声速再入飞行[5]或者惯性约束聚变中的热核反应以及高密度 θ 箍缩和 Bennett 箍缩过程的等离子体[442]中，由于系统内进行着激烈的反应或者反应时间很短，因此系统内达不到热力学平衡，电子与离子有可能各自达到 Maxwell 分布，但电子温度 T_{e} 并不等于离子温度 T_{i}。当系统内发生反应时，核反应能量先集中于反应产物的高能粒子上，它们在慢化过程中把能量交给离子和电子。高能粒子通过 Coulomb 碰撞把能量交给电子。电子通过韧致辐射和 Compton 散射把能量交给光子，电子和粒子也通过传热和膨胀做功把能量传到系统之外。因此，在这种情况下辐射流体力学方程组中的能量方程，应该分别考虑加入电子的能量方程和离子的能量方程。

沿流线广义的一维辐射流体力学基本方程组，由连续方程、运动方程、电子能量方程、离子能量方程、粒子数布居方程、辐射输运方程以及关于电子的和离子的两个状态方程等。因篇幅所限，以下仅给出上述问题中的主要方程。

(1) 连续方程

$$\frac{\partial\rho}{\partial t}+\frac{1}{A}\frac{\partial(A\rho u)}{\partial S}=0 \tag{7.3.13}$$

式中，符号 u 与 A 的含义同式(7.3.6a)。

(2) 运动方程

$$\frac{\partial(\rho u)}{\partial t}+\frac{1}{A}\frac{\partial(A\rho u^{2})}{\partial S}=-\frac{\partial\widetilde{P}}{\partial S}-\frac{4\tau_{\mathrm{w}}}{D_{\mathrm{e}}} \tag{7.3.14a}$$

式中，$\widetilde{P}$ 应定义为

$$\widetilde{P}=P_{\mathrm{i}}+P_{\mathrm{e}}+\frac{1}{3}E_{\mathrm{r}} \tag{7.3.14b}$$

式中，下角标 i 与 e 分别代表离子与电子的相关物理量。

(3) 电子能量方程。

在多维情况下，电子的能量方程为

$$\frac{\partial}{\partial t}(\rho\varepsilon_{\mathrm{e}})+\nabla\cdot(\rho\varepsilon_{\mathrm{e}}V)+P_{\mathrm{e}}\,\nabla\cdot\boldsymbol{V}+\nabla\cdot\boldsymbol{F}_{\mathrm{e}}=\rho\omega_{\mathrm{ei}}(T_{\mathrm{i}}-T_{\mathrm{e}})+\rho\omega_{\mathrm{er}}(T_{\mathrm{r}}-T_{\mathrm{e}})+\rho W_{\mathrm{e}} \tag{7.3.14c}$$

式中，ε_e 代表电子的比内能（单位质量）；ω_{ei} 和 ω_{er} 分别代表电子与离子之间的能量交换系数和电子与辐射（光子）之间的能量交换系数；$\boldsymbol{F}_e$ 为电子能流；W_e 代表单位时间单位质量中电子从能源中所吸收的能量。显然，将式(7.3.14c)沿流线进行广义一维展开便得到这种情况下电子的能量方程。

(4) 离子能量方程。

在通常多维情况下，离子的能量方程为

$$\frac{\partial}{\partial t}(\rho\varepsilon_i)+\nabla\cdot(\rho\varepsilon_i\boldsymbol{V})+P_i\,\nabla\cdot\boldsymbol{V}+\nabla\cdot\boldsymbol{F}_i=\rho\omega_{ei}(T_e-T_i)+\rho W_i \tag{7.3.14d}$$

式中，ε_i 代表离子的比内能（单位质量）；$\boldsymbol{F}_i$ 为离子能流；W_i 代表单位时间单位质量中离子从能源中所吸收的能量。类似地，将式(7.3.14d)沿流线进行广义一维展开便得到这种情况下离子的能量方程。

(5) 粒子数布居方程。

对于一般低 Z 介质，这时系统基本上处于全电离状态，因此可以不去解粒子数布居方程。如果系统含有高 Z 介质，则需要解粒子数布居方程，其方程的形式如式(7.3.11)。

(6) 辐射输运方程。

对于一般低 Z 介质，光子的辐射输运方程仅需考虑韧致效应和 Compton 效应。如果系统中含有重介质，还需要考虑光电效应等项。辐射输运方程的形式如式(7.3.12a)和式(7.3.12b)。同样，对这个辐射输运方程也可以采用扩散近似处理。

7.3.3 一维非定常平衡辐射流体力学方程组

这里所谓平衡态是指整个系统有了统一的温度，即

$$T_i=T_e=T_r=T \tag{7.3.15a}$$

这时的辐射能量密度 E_r 的表达式为

$$E_r=\frac{4\sigma}{c}T^4 \tag{7.3.15b}$$

式中，σ 为 Stefan-Boltzmann 常数；c 为光速。在平衡态时，束缚电子布居服从 Fermi-Dirac 分布，光子的能量分布遵从 Planck 分布。因此，这时的辐射流体力学方程组可有很大的简化，以下仅给出运动方程和能量方程的具体形式。

(1) 运动方程。

$$\frac{\partial(\rho u)}{\partial t}+\frac{1}{A}\frac{\partial(A\rho u^2)}{\partial S}=-\frac{\partial\widetilde{P}}{\partial S}-\frac{4\tau_w}{D_e} \tag{7.3.15c}$$

式中，P_m、τ_w 与 D_e 的含义同式(7.3.7a)和式(7.3.7c)；$\widetilde{P}$ 的定义为

$$\widetilde{P}=P_m+\frac{4\sigma}{3c}T^4 \tag{7.3.15d}$$

(2) 能量方程。

通常，平衡态多维情况下的能量方程为

$$\rho\left(C_V+\frac{16\sigma}{\rho c}T^3\right)\left(\frac{\partial T}{\partial t}+\boldsymbol{V}\cdot\nabla T\right)=\Phi+\frac{1}{\rho}\left(P_{\mathrm{m}}+\frac{16\sigma}{3c}T^4\right)\left(\frac{\partial \rho}{\partial t}+\boldsymbol{V}\cdot\nabla\rho\right)+W \tag{7.3.15e}$$

式中，P_{m} 和 W 的含义同式(7.3.7c)和式(7.3.9a)；σ 与 c 的含义同式(7.3.15d)。同样，将式(7.3.15e)沿流线方向展开，便得到广义一维时的能量方程。

7.4　二维非定常辐射流体力学方程组

非平衡态热力学、非平衡态统计力学以及原子分子物理与光谱理论是我们有效地进行高超声速流场和辐射场分析的理论基础[17,71,264,276,281,376,443～448]，它所提供的原子结构与动力学过程的各种基础参数在航天高超声速飞行中已经有了广泛应用。原则上讲，描述二维非定常辐射流体力学的方程组是由辐射流体力学基本方程、原子能级和粒子数布局方程、在采用某种近似(如扩散近似、多群方法、多带方法、全光谱 K 分布等)下的辐射输运方程、状态方程以及相应的初始条件与边界条件共同组成。与前面 7.3 节所讨论的沿流线广义一维问题相比较，主要的区别在于空间坐标限定为二维(如果是广义二维的话，也可以像吴仲华先生处理三维流动时采用广义二维的 S_1 流面与 S_2 流面的方式去处理三维问题[180,449])。为了便于讨论，这里仅在柱坐标系和球坐标系的框架下讨论二维方程。

7.4.1　二维柱坐标系下三温、非定常、辐射流体力学基本方程组

这里所谓三温，是指等离子体中电子、离子和光子分别达到了各自的热力学平衡态的温度，而且电子与离子、电子与光子之间存在着剧烈的碰撞和能量交换。

(1) 连续方程。

守恒形式的连续方程为

$$\frac{\partial \rho}{\partial t}+\nabla\cdot(\rho\boldsymbol{V})=0 \tag{7.4.1a}$$

在柱对称坐标系(x,r)下，流体速度 $\boldsymbol{V}$ 的分量分别是 $V_x=u$，$V_r=v$，于是二维坐标下的连续方程为

$$\frac{\partial \rho}{\partial t}+\frac{\partial(\rho u)}{\partial x}+\frac{1}{r}\frac{\partial(r\rho v)}{\partial r}=0 \tag{7.4.1b}$$

(2) 动量方程。

守恒形式略去黏性的动量方程为

$$\frac{\partial}{\partial t}(\rho\boldsymbol{V})+\nabla\cdot(\rho\boldsymbol{V}\boldsymbol{V})+\nabla p=0 \tag{7.4.2a}$$

在柱坐标系(x,r)下，式(7.4.2a)可写为

$$\begin{cases}\dfrac{\partial}{\partial t}(\rho u)+\dfrac{\partial}{\partial x}(\rho u^2)+\dfrac{1}{r}\dfrac{\partial}{\partial r}(r\rho uv)+\dfrac{\partial p}{\partial x}=0\\ \dfrac{\partial}{\partial t}(\rho v)+\dfrac{\partial}{\partial x}(r\rho uv)+\dfrac{1}{r}\dfrac{\partial}{\partial r}(r\rho v^2)+\dfrac{\partial p}{\partial r}=0\end{cases} \tag{7.4.2b}$$

式中，p 为电子、离子和光子的压强之和，即

$$p=p_{\mathrm{e}}+p_{\mathrm{i}}+p_{\mathrm{r}} \tag{7.4.2c}$$

(3) 电子的能量方程。

守恒形式的电子能量方程为

$$\frac{\partial}{\partial t}(\rho\varepsilon_{\mathrm{e}})+\nabla\cdot(\rho\varepsilon_{\mathrm{e}}\boldsymbol{V})+p_{\mathrm{e}}\nabla\cdot\boldsymbol{V}+\nabla\cdot\boldsymbol{F}_{\mathrm{e}}=\rho\omega_{\mathrm{ei}}(T_{\mathrm{i}}-T_{\mathrm{e}})+\rho\omega_{\mathrm{er}}(T_{\mathrm{r}}-T_{\mathrm{e}})+\rho W_{\mathrm{e}} \tag{7.4.3a}$$

式中，ε_{e} 为电子比内能(单位质量)；$\boldsymbol{F}_{\mathrm{e}}$ 为电子能流；ω_{ei}和 ω_{er}分别为电子与离子和电子与光子之间能量交换系数；W_{e} 为单位时间单位质量中电子从能源中所吸收的能量。

在柱坐标系(x,r)下，式(7.4.3a)可写为

$$\begin{aligned}&\frac{\partial}{\partial t}(\rho\varepsilon_{\mathrm{e}})+\frac{\partial}{\partial x}(\rho u\varepsilon_{\mathrm{e}})+\frac{1}{r}\frac{\partial}{\partial r}(\rho\varepsilon_{\mathrm{e}}rv)+P_{\mathrm{e}}\left[\frac{\partial u}{\partial x}+\frac{1}{r}\frac{\partial}{\partial r}(rv)\right]\\&\quad+\frac{\partial F_{\mathrm{ex}}}{\partial x}+\frac{1}{r}\frac{\partial(rF_{\mathrm{er}})}{\partial r}=\rho\omega_{\mathrm{ei}}(T_{\mathrm{i}}-T_{\mathrm{e}})+\rho\omega_{\mathrm{er}}(T_{\mathrm{r}}-T_{\mathrm{e}})+\rho W_{\mathrm{e}}\end{aligned} \tag{7.4.3b}$$

式中，F_{ex}和 F_{er}分别代表$\boldsymbol{F}_{\mathrm{e}}$ 在 x 和 r 方向上的分量。

(4) 离子的能量方程。

守恒形式的离子能量方程为

$$\frac{\partial}{\partial t}(\rho\varepsilon_{\mathrm{i}})+\nabla\cdot(\rho\varepsilon_{\mathrm{i}}\boldsymbol{V})+p_{\mathrm{i}}\nabla\cdot\boldsymbol{V}+\nabla\cdot\boldsymbol{F}_{\mathrm{i}}=\rho\omega_{\mathrm{ei}}(T_{\mathrm{e}}-T_{\mathrm{i}})+\rho W_{\mathrm{i}} \tag{7.4.4a}$$

式中，ε_{i} 为离子比内能(单位质量)；$\boldsymbol{F}_{\mathrm{i}}$ 为离子能流，W_{i} 为单位时间单位质量中离子从能源中所吸收的能量。

在柱坐标系(x,r)下，式(7.4.4a)可写为

$$\begin{aligned}&\frac{\partial}{\partial t}(\rho\varepsilon_{\mathrm{i}})+\frac{\partial}{\partial x}(\rho u\varepsilon_{\mathrm{i}})+\frac{1}{r}\frac{\partial}{\partial r}(\rho\varepsilon_{\mathrm{i}}rv)+p_{\mathrm{i}}\left[\frac{\partial u}{\partial x}+\frac{1}{r}\frac{\partial}{\partial r}(rv)\right]\\&\quad+\frac{\partial F_{\mathrm{ix}}}{\partial x}+\frac{1}{r}\frac{\partial(rF_{\mathrm{ir}})}{\partial r}=\rho\omega_{\mathrm{ei}}(T_{\mathrm{e}}-T_{\mathrm{i}})+\rho W_{\mathrm{i}}\end{aligned} \tag{7.4.4b}$$

式中，F_{ix}和 F_{ir}分别代表$\boldsymbol{F}_{\mathrm{i}}$ 沿 x 和 r 方向上的分量。

(5) 光子的能量方程。

守恒形式光子的能量方程为

$$\frac{\partial}{\partial t}(\rho\varepsilon_{\mathrm{r}})+\nabla\cdot(\rho\varepsilon_{\mathrm{r}}\boldsymbol{V})+p_{\mathrm{r}}\nabla\cdot\boldsymbol{V}+\nabla\cdot\boldsymbol{F}_{\mathrm{r}}=\rho\omega_{\mathrm{er}}(T_{\mathrm{e}}-T_{\mathrm{r}}) \tag{7.4.5a}$$

式中，ε_r 为单位质量的辐射能；$\boldsymbol{F}_r$ 为辐射能流。

在柱坐标系(x,r)下，式(7.4.5a)可写为

$$\frac{\partial}{\partial t}(\rho\varepsilon_r)+\frac{\partial}{\partial x}(\rho u\varepsilon_r)+\frac{1}{r}\frac{\partial}{\partial r}(\rho\varepsilon_r rv)+p_r\left[\frac{\partial u}{\partial x}+\frac{1}{r}\frac{\partial}{\partial r}(rv)\right]+\frac{\partial F_{rx}}{\partial x}+\frac{1}{r}\frac{\partial(rF_{rr})}{\partial r}=\rho\omega_{er}(T_e-T_r) \tag{7.4.5b}$$

式中，F_{rx}和F_{rr}分别代表$\boldsymbol{F}_r$沿x和r方向上的分量。

除了上述 5 个主要方程之外，完整的辐射流体力学基本方程组还应包括状态方程、原子能级和离子数布居方程等，这里就不再一一给出。需要说明的是，这里三温、非定常、辐射流体力学问题并不需要去求解辐射输运方程。

7.4.2　二维、非平衡态、非定常、辐射流体力学基本方程组

输运理论的基础是统计力学，输运理论所研究的问题属于非平衡统计力学的范畴。这里二维、非平衡态、非定常、辐射流体力学基本方程组与前面所讨论的二维、三温、非定常、辐射流体力学问题的主要区别是需要求解二维辐射输运方程。最简单的情况是解限流扩散理论[450~452]近似下的辐射输运方程，而且这些方法已被广泛地应用于天体物理和等离子体物理领域的辐射流体力学计算。正如式(7.3.12a)所概述的，光子分布函数 f 所遵循的输运方程为

$$\left(\frac{\partial}{\partial t}+c\boldsymbol{\Omega}\cdot\nabla\right)f=\left(\frac{\partial f}{\partial t}\right)_r \tag{7.4.6}$$

式中，下角标 r 表示反应项。在二维坐标系下求解式(7.4.6)获得 f，于是便得到了辐射强度 $\boldsymbol{I}$，进而可以进一步得到辐射能量密度、辐射能流和辐射压强等相关的物理量。

第三篇　电磁流体力学基础
与矢量辐射输运方程

第 8 章　Maxwell 方程组的数学结构和电磁场中带电粒子的运动

8.1　“黑障”问题的出现和气动电磁学的内涵

在航空、航天飞行器的气动设计与飞行实践中，曾遇到“声障”、“热障”和“黑障”三大技术难关。突破“声障”形成了以激波理论为核心的超声速空气动力学理论[453～456]，突破“热障”形成了以研究飞行器周围气体对飞行器热输运为核心的气动热力学[457～462]。“黑障”是指通信中断，高超声速飞行器周围气体在激波和表面摩擦力的作用下形成高温气体，以 Apollo 返回舱再入地球大气层为例，再入飞行 Mach 数为 36 时，头部脱体激波后区域的温度高达 11000K，约为太阳表面温度的 2 倍。如此高的激波后高温气体要发生电离，当弹载电磁通信天线发射或接收的电磁波通过这个电离的气体层传播时，电磁波被电离气体反射、吸收而强度衰减，甚至完全不能穿过等离子体层而发生通信中断。图 8.1 给出了一个大气压条件下空气分子振动激发、离解和电离的温度范围，图 8.2 给出了飞行器在不同速度和高度时，头部驻点区域空气的热化学状态，在图 8.2 中 NASP 指美国国家航天飞机轨道器(以下简称航天飞机)、AOTV 指气动轨道转换飞行器、RV 指弹道导弹的再入飞行。在广袤浩瀚的宇宙间，人类探索宇宙一直在孜孜不倦地追求着，其中国际空间站的建立和航天飞行的诞生是 20 世纪 80 年代间人类进行太空活动的两大标志性成果。

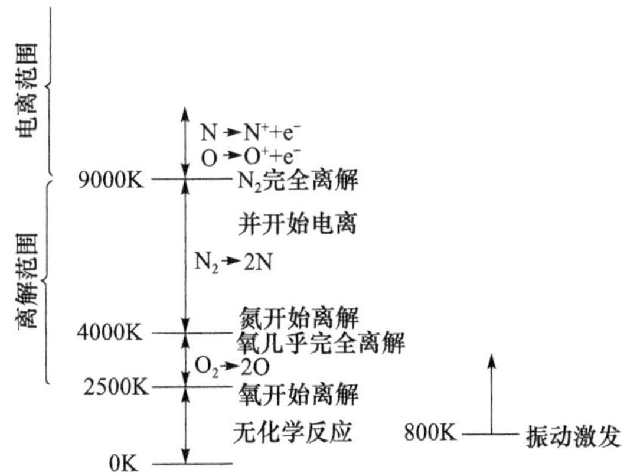

图 8.1　空气分子振动激发、离解和电离的温度范围(在一个大气压的条件下)

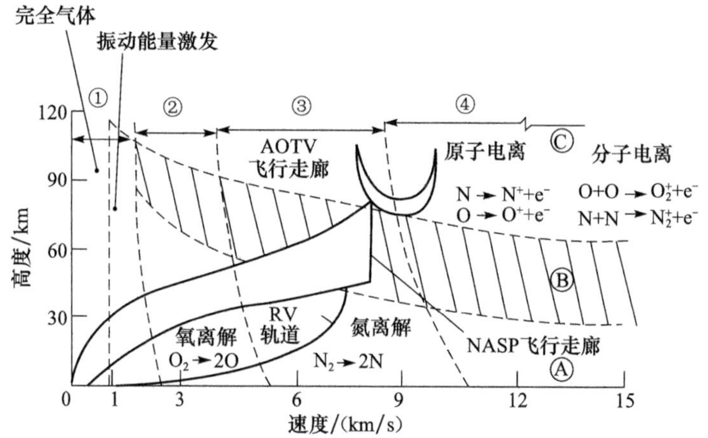

图 8.2 飞行器在不同速度和高度时驻点区域的空气热化学状态

从 1981 年 4 月 12 日 Columbia 号航天飞机首次升空，到 2011 年 7 月 21 日 Atlantics 在 Kennedy 航天中心安全着陆，它经历了 30 多年的锤炼与成长。在美国先后建造了 Columbia（哥伦比亚）号、Challeger（挑战者）号、Discovery（发现）号、Athantis（亚特兰蒂斯）号和 Endeavour（奋进）号航天飞机。事实上，航天飞机已成为 20 世纪地球上最伟大的发明。航天飞机外形复杂、飞行高度从 0km 变到 500km、飞行 Mach 数从 0 变到 30、飞行攻角从 0°变到 40°、飞行 Reynolds 数在 $10^4 \sim 10^8$ 内变化、飞行 Knudsen 数从 0.001 变到 40 甚至更大，这类飞行器可以重复使用上千次。因此航天飞机几乎涵盖了大型普通飞机、运载火箭、宇宙飞船等所涉及的流体力学与气动热力学中所有的关键问题。对于这样十分复杂的飞行器的研制，NASA 科研人员做了十分细致的理论分析与试验研究工作，这里仅以航天飞机气动特性研究过程中所占用的风洞试验为例。在美国航天飞机的研制中，总计占用风洞时间约 9 万 h，使用试验模型 113 个，耗资近 9550 万美元，这在世界飞行器的研究历史上都是极为罕见的。因此，航天飞机气动设计是流体力学与气动热力学研究中最典型的范例。

20 世纪 50 年代至 70 年代期间，美国和苏联对“黑障”问题开展了大规模研究，进行了大量飞行试验，细致地研究了飞行器周围气体中等离子体产生的机理、气体电磁性质的变化以及与电磁波相互作用的规律，努力寻找解决通信中断的技术途径，并且逐渐形成了以研究飞行器周围高温气体电磁性质变化及其与电磁波相互作用规律的气动电磁学科。

气动电磁学是属于气体动力学中的一个分支，是气体动力学与电磁理论交叉而涌现出的一门新学科。它的基础是流体力学基本方程和电磁理论，它所研究的内容是随着航天工程的发展在不断扩展、不断加深的。20 世纪 50 年代开始，由于

“黑障”问题出现在飞行器的再入过程中，当时人们常称对“黑障”问题的研究为“再入物理”，而且那时的“再入物理”还包括再入过程中飞行器和周围气体的光辐射、对雷达波的散射，大气中的雨、雪粒子对飞行器表面防热材料的侵蚀等物理现象的研究。

随着导弹和航天器技术的发展，“黑障”问题的内涵在不断扩大，人们不再局限于要求掌握通信“中断”或“不中断”的规律，还要求准确掌握飞行器周围的等离子体对电磁信号的传输效应、对飞行器电磁导航和导弹末制导的影响。另外，人们也不再限于研究“再入”飞行状态，而希望掌握各种飞行状态下等离子体对电磁信号的传输效应。

从物理学的角度来讲，飞行器周围的气体可以看成是不同物理性质的介质。然而，它不是普通介质场，而是一种具有不同于常见物理学问题的特殊介质场，是一种薄层介质场、性质快速变化的介质场，而且不是光学和电磁学通常所研究的远场区而是一种近区介质场。这里所谓薄层介质场是指作为电磁介质，飞行器周围被扰动的气体层厚度与电磁波波长相当，或小于电磁波波长；这里所谓性质快速变化的介质场是针对飞行器绕流场参数在垂直于流动方向上快速变化，沿流动方向也在急剧变化并且随着飞行器的飞行高度和姿态其扰动的介质场是非定常的；这里所谓近介质场是指对于弹载光学或电磁系统来讲，飞行器周围的介质场位于光、电接收或发射系统的近区，而不是通常光学和电磁学所研究的远场区。

事实上，在高超声速飞行器周围的高温高速气流导致了部分气体发生电离，这些电离的气体流向飞行器尾部，形成等离子体尾迹。通常，人们常将飞行器周围所导致的等离子体称为等离子鞘。等离子鞘使高超声速飞行器再入通信中断、使再入飞行试验时遥测中断。另外，等离子鞘影响导弹微波末制导、GPS 导航的精度。此外，等离子鞘和等离子体尾迹、发动机喷流等离子体会改变导弹的电磁散射特性，影响导弹的雷达探测识别，不利于导弹的精确打击。

近十几年来，电磁控制技术也在高超声速飞行器上获得应用，例如，在机翼局部施加脉冲交变电场，使气体局部电离达到增加升力、减少阻力的目的；再如在高超声速飞行器的钝锥体前施加一股强激光束，以改变脱体激波的形状，达到减少弓形激波波阻的目的。因此，人们还时常将这类研究称为电气体动力学或磁气体动力学。

总之，随着航天器的新型设计和高超声速导弹突防能力的不断提升与发展，气动电磁学所研究的内涵也在不断地扩展，因此从电磁理论的基础入手，弄清 Maxwell 方程组的数学性质对发展快速、高效的数值方法，对提高电磁场的数值模拟精度，对于准确地捕捉到这种特殊的介质场中物理量的变化规律是十分有益的。另外，弄清楚电磁场中带电粒子的运动规律，也为有效地提出与解决通信中断的技术方案与途径奠定了坚实的理论基础。

8.2　电磁场的重要定律及其场的规范变换

8.2.1　电磁场的能量守恒与动量守恒定律

电流本质上是电荷的流动，因此电流密度 $\boldsymbol{J}$ 为

$$\boldsymbol{J}=\rho\boldsymbol{v} \tag{8.2.1a}$$

式中，$\boldsymbol{v}$ 代表电荷运动的速度。

设 $\mathrm{d}\Omega$ 处电荷的速度为 $\boldsymbol{v}$，则 $\rho\mathrm{d}\Omega$ 所受电磁场的作用力为

$$\mathrm{d}\boldsymbol{F}=\rho(\boldsymbol{E}+\boldsymbol{v}\times\boldsymbol{B})\mathrm{d}\Omega=(\rho\boldsymbol{E}+\boldsymbol{J}\times\boldsymbol{B})\mathrm{d}\Omega \tag{8.2.1b}$$

式中，$\boldsymbol{E}$ 和 $\boldsymbol{B}$ 分别为电场强度与磁感强度。

单位体积带电体所受力为

$$\boldsymbol{f}_{\mathrm{e}}=\frac{\mathrm{d}\boldsymbol{F}}{\mathrm{d}\Omega}=\rho\boldsymbol{E}+\boldsymbol{J}\times\boldsymbol{B} \tag{8.2.1c}$$

称 $\boldsymbol{f}_{\mathrm{e}}$ 为 Lorentz 力密度。在空间区域 Ω 内，电磁场对运动电荷的作功率为

$$\frac{\mathrm{d}W}{\mathrm{d}t}=\int_{\Omega}\boldsymbol{f}_{\mathrm{e}}\cdot\boldsymbol{v}\mathrm{d}\Omega=\int_{\Omega}\rho(\boldsymbol{E}+\boldsymbol{v}\times\boldsymbol{B})\cdot\boldsymbol{v}\mathrm{d}\Omega=\int_{\Omega}\boldsymbol{J}\cdot\boldsymbol{E}\mathrm{d}\Omega \tag{8.2.1d}$$

由 Maxwell 方程组

$$\nabla\times\boldsymbol{H}=\frac{\partial\boldsymbol{D}}{\partial t}+\boldsymbol{J} \tag{8.2.2a}$$

$$\nabla\times\boldsymbol{E}=-\frac{\partial\boldsymbol{B}}{\partial t}\quad(\text{Faraday 定律}) \tag{8.2.2b}$$

$$\nabla\cdot\boldsymbol{D}=\rho\quad(\text{Coulomb 定律}) \tag{8.2.2c}$$

$$\nabla\cdot\boldsymbol{B}=0 \tag{8.2.2d}$$

式中，$\boldsymbol{D}$ 与 $\boldsymbol{H}$ 分别为电感应强度(或电位移矢量)与磁场强度。$\boldsymbol{D}$ 与 $\boldsymbol{E}$ 以及 $\boldsymbol{B}$ 与 $\boldsymbol{H}$ 间的关系为

$$\boldsymbol{D}=\varepsilon\boldsymbol{E},\quad \boldsymbol{B}=\mu\boldsymbol{H} \tag{8.2.2e}$$

式中，ε 与 μ 分别为介电常数(又称电容率)与磁导率。

另外，将式(8.2.2a)点乘 $\boldsymbol{E}$，将式(8.2.2b)点乘 $\boldsymbol{H}$，然后将两式相减，并注意使用式(8.2.2e)，便可得到 Poynting 定理

$$\begin{aligned}\boldsymbol{J}\cdot\boldsymbol{E}&=\boldsymbol{E}\cdot(\nabla\times\boldsymbol{H})-\boldsymbol{H}\cdot(\nabla\times\boldsymbol{E})-\left(\boldsymbol{E}\cdot\frac{\partial\boldsymbol{D}}{\partial t}+\boldsymbol{H}\cdot\frac{\partial\boldsymbol{B}}{\partial t}\right)\\&=-\frac{\partial u}{\partial t}-\nabla\cdot\boldsymbol{S}\end{aligned} \tag{8.2.3a}$$

式中，u 与 $\boldsymbol{S}$ 分别为电磁场的能量密度与能流密度矢量(又称 Poynting 矢量)，其表达式为

$$u=\frac{1}{2}(\boldsymbol{E}\cdot\boldsymbol{D}+\boldsymbol{H}\cdot\boldsymbol{B})=\frac{1}{2}\left(\varepsilon E^2+\frac{1}{\mu}B^2\right) \tag{8.2.3b}$$

$$\boldsymbol{S}=\boldsymbol{E}\times\boldsymbol{H}=\frac{1}{\mu}\boldsymbol{E}\times\boldsymbol{B} \tag{8.2.3c}$$

式中，

$$E=|\boldsymbol{E}|,\quad B=|\boldsymbol{B}| \tag{8.2.3d}$$

将式(8.2.3a)两端对区域 Ω 积分，并使用 Gauss 定理，得到 Poynting 定理的积分形式，即

$$\int_{\Omega}\boldsymbol{J}\cdot\boldsymbol{E}\mathrm{d}\Omega=-\oiint_{\sigma}\boldsymbol{S}\cdot\boldsymbol{n}\mathrm{d}\sigma-\frac{\partial}{\partial t}\int_{\Omega}u\,\mathrm{d}\Omega \tag{8.2.4a}$$

或者

$$\frac{\mathrm{d}W}{\mathrm{d}t}=-\frac{\partial}{\partial t}\int_{\Omega}u\,\mathrm{d}\Omega-\oiint_{\sigma}\boldsymbol{S}\cdot\boldsymbol{n}\mathrm{d}\sigma \tag{8.2.4b}$$

式中，$\mathrm{d}W/\mathrm{d}t$ 由式(8.2.1d)定义，它表示单位时间内电磁场对带电物体所做的功。

电磁场能量密度 u 可以分为两部分：一部分为电场能量密度 $\frac{1}{2}\boldsymbol{D}\cdot\boldsymbol{E}$(记作 u_{e})，另一部分为磁场能量密度 $\frac{1}{2}\boldsymbol{B}\cdot\boldsymbol{H}$(记作 u_{m})，即

$$u=u_{\mathrm{e}}+u_{\mathrm{m}} \tag{8.2.4c}$$

式(8.2.4b)可以解释为：电磁场对带电物体所做的功在数值上等于区域 Ω 内电磁场能量的减少以及单位时间经过该体积 Ω 的边界流入的能量之和。这正是能量守恒定律在由电磁场以及带电物体所组成系统上的具体表示。

对于 Lorentz 力 $\boldsymbol{f}_{\mathrm{e}}$，将式(8.2.2c)中的 ρ 与式(8.2.2a)中的 $\boldsymbol{J}$ 代入式(8.2.1c)，并利用式(8.2.2b)和式(8.2.5a)，即

$$\begin{aligned}\nabla\cdot(\boldsymbol{EE})&=(\nabla\cdot\boldsymbol{E})\boldsymbol{E}+\boldsymbol{E}\cdot(\nabla\boldsymbol{E})\\&=(\nabla\cdot\boldsymbol{E})\boldsymbol{E}+(\nabla\times\boldsymbol{E})\times\boldsymbol{E}+\frac{1}{2}\nabla\boldsymbol{E}^2\end{aligned} \tag{8.2.5a}$$

于是得到

$$\boldsymbol{f}_{\mathrm{e}}=\nabla\cdot\hat{\boldsymbol{T}}-\frac{\partial\boldsymbol{g}_{\mathrm{e}}}{\partial t} \tag{8.2.5b}$$

式中，$\hat{\boldsymbol{T}}$ 与 $\boldsymbol{g}_{\mathrm{e}}$ 分别为二阶与一阶张量；$\hat{\boldsymbol{T}}$ 称为电磁场应力张量(又称 Maxwell 应力张量或称电磁动量流密度张量)，为二阶张量；$\boldsymbol{g}_{\mathrm{e}}$ 称为电磁场动量密度，为一阶张量；$\hat{\boldsymbol{T}}$ 与 $\boldsymbol{g}_{\mathrm{e}}$ 的表达式分别为

$$\begin{aligned}\hat{\boldsymbol{T}}&=\varepsilon\left(\boldsymbol{EE}-\frac{1}{2}E^2\boldsymbol{I}\right)+\mu\left(\boldsymbol{HH}-\frac{1}{2}H^2\boldsymbol{I}\right)\\&=(\boldsymbol{ED}+\boldsymbol{HB})-\frac{1}{2}(\boldsymbol{E}\cdot\boldsymbol{D}+\boldsymbol{H}\cdot\boldsymbol{B})\boldsymbol{I}\\&=\varepsilon\left[(\boldsymbol{EE}+c^2\boldsymbol{BB})-\frac{1}{2}(\boldsymbol{E}\cdot\boldsymbol{E}+c^2\boldsymbol{B}\cdot\boldsymbol{B})\boldsymbol{I}\right]\end{aligned} \tag{8.2.5c}$$

$$\boldsymbol{g}_{\mathrm{e}} = \boldsymbol{D} \times \boldsymbol{B} = \frac{\boldsymbol{S}}{c^2} = \frac{\boldsymbol{E} \times \boldsymbol{H}}{c^2} \tag{8.2.5d}$$

式中,c 与 $\boldsymbol{I}$ 分别为电磁波传播的速度与单位并矢张量,即

$$c = \frac{1}{\sqrt{\varepsilon\mu}} \tag{8.2.5e}$$

$$\boldsymbol{I} = \boldsymbol{ii} + \boldsymbol{jj} + \boldsymbol{kk} \tag{8.2.5f}$$

对于电磁场应力张量 $\hat{\boldsymbol{T}}$,通常可分为两部分:一部分为电场应力张量 $\hat{\boldsymbol{T}}_{\mathrm{e}}$,另一部分为磁场应力张量 $\hat{\boldsymbol{T}}_{\mathrm{m}}$,其表达式分别为

$$\hat{\boldsymbol{T}} = \hat{\boldsymbol{T}}_{\mathrm{e}} + \hat{\boldsymbol{T}}_{\mathrm{m}} \tag{8.2.5g}$$

$$\hat{\boldsymbol{T}}_{\mathrm{e}} = \boldsymbol{ED} - \frac{1}{2}(\boldsymbol{E} \cdot \boldsymbol{D})\boldsymbol{I} \tag{8.2.5h}$$

$$\hat{\boldsymbol{T}}_{\mathrm{m}} = \boldsymbol{HB} - \frac{1}{2}(\boldsymbol{H} \cdot \boldsymbol{B})\boldsymbol{I} \tag{8.2.5i}$$

令在体积 Ω 内作用在运动电荷的机械动量为 $\boldsymbol{G}_{\mathrm{m}}$,由 Newton 定律有

$$\frac{\mathrm{d}\boldsymbol{G}_{\mathrm{m}}}{\mathrm{d}t} = \int_{\Omega} \boldsymbol{f}_{\mathrm{e}} \mathrm{d}\Omega = \int_{\Omega} (\rho\boldsymbol{E} + \boldsymbol{J} \times \boldsymbol{B}) \mathrm{d}\Omega \tag{8.2.6a}$$

将式(8.2.5b)代入式(8.2.6a),可得电磁场的动量方程,即

$$\frac{\mathrm{d}\boldsymbol{G}_{\mathrm{m}}}{\mathrm{d}t} + \frac{\partial \boldsymbol{G}_{\mathrm{e}}}{\partial t} = \oint_{\sigma} \hat{\boldsymbol{T}} \cdot \boldsymbol{n} \mathrm{d}\sigma \tag{8.2.6b}$$

式中,$\boldsymbol{G}_{\mathrm{e}}$ 为电磁场的总动量,其定义为

$$\boldsymbol{G}_{\mathrm{e}} = \int_{\Omega} \boldsymbol{g}_{\mathrm{e}} \mathrm{d}\Omega \tag{8.2.6c}$$

8.2.2 电磁场的规范变换以及 d'Alembert 方程

引入矢势 $\boldsymbol{A}$,令

$$\boldsymbol{B} = \nabla \times \boldsymbol{A} \tag{8.2.7a}$$

于是式(8.2.2d)自动满足。将式(8.2.7a)代入式(8.2.2b),可得

$$\nabla \times \left(\boldsymbol{E} + \frac{\partial \boldsymbol{A}}{\partial t}\right) = 0 \tag{8.2.7b}$$

由式(8.2.7b)可引入标势 φ,令

$$\boldsymbol{E} + \frac{\partial \boldsymbol{A}}{\partial t} = -\nabla\varphi \tag{8.2.7c}$$

这样式(8.2.7b)便自动满足。借助于 $\boldsymbol{A}$ 与 φ,则电磁场的 $\boldsymbol{B}$ 与 $\boldsymbol{E}$ 可表示为

$$\begin{cases} \boldsymbol{E} = -\nabla\varphi - \dfrac{\partial \boldsymbol{A}}{\partial t} \\ \boldsymbol{B} = \nabla \times \boldsymbol{A} \end{cases} \tag{8.2.7d}$$

按上述办法引入的矢势 $\boldsymbol{A}$ 与标势 φ 所描写的电磁场并不唯一。从数学上讲，任一向量场均可分解为纵场和横场两部分的叠加(即分解为无旋场与无源场的叠加)。对于磁感强度 $\boldsymbol{B}$，由于式(8.2.2d)成立，因此 $\boldsymbol{B}$ 为横场(即 $\nabla\cdot\boldsymbol{B}=0$)，它一定可表示为另一个向量场 $\boldsymbol{A}$ 的旋度(即 $\boldsymbol{B}=\nabla\times\boldsymbol{A}$)，但这时 $\boldsymbol{A}$ 的决定不是唯一的，可以有相差一个梯度函数 $\nabla\theta$ 的自由度，其中 θ 为任意标量函数。由于 $\nabla\theta$ 是一个纵场(即这个矢量场的旋度为零)，$\boldsymbol{A}+\nabla\theta$ 仍具有与 $\boldsymbol{A}$ 同样的性质，这说明 $\boldsymbol{A}$ 可以加上任一纵场而不改变其性质。事实上作如下变化：ψ 为任意函数，令

$$\begin{cases}\boldsymbol{A}'=\boldsymbol{A}+\nabla\psi\\ \varphi'=\varphi-\dfrac{\partial\psi}{\partial t}\end{cases}\tag{8.2.8}$$

将式(8.2.8)中的 $\boldsymbol{A}'$ 与 φ' 代入 $\nabla\times\boldsymbol{A}'$ 与 $\left(-\nabla\varphi'-\dfrac{\partial\boldsymbol{A}'}{\partial t}\right)$ 后分别得到 $\boldsymbol{B}$ 与 $\boldsymbol{E}$。因此，利用式(8.2.8)对 φ 与 $\boldsymbol{A}$ 进行变换，则变换后的 $\boldsymbol{A}'$ 和 φ' 所确定的电磁场与 $\boldsymbol{A}$ 和 φ 的相同。于是式(8.2.8)的变换称为规范变换。在规范变换下，矢势、标势所描写的电磁场保持不变，称规范不变性。显然由电磁场的规范不变性可知，φ、$\boldsymbol{A}$ 与 $\boldsymbol{E}$、$\boldsymbol{B}$ 不是唯一对应的。将式(8.2.7d)代入式(8.2.2a)与式(8.2.2c)，可得

$$\left(\nabla^2-\mu\varepsilon\frac{\partial^2}{\partial t^2}\right)\boldsymbol{A}=-\mu\boldsymbol{J}+\nabla\left(\nabla\cdot\boldsymbol{A}+\mu\varepsilon\frac{\partial\varphi}{\partial t}\right)\tag{8.2.9a}$$

$$\left(\nabla^2-\mu\varepsilon\frac{\partial^2}{\partial t^2}\right)\varphi=-\frac{\rho}{\varepsilon}-\frac{\partial}{\partial t}\left(\nabla\cdot\boldsymbol{A}+\mu\varepsilon\frac{\partial\varphi}{\partial t}\right)\tag{8.2.9b}$$

为了化简上述两个方程，可以引进 Coulomb 条件[见式(8.2.10a)]与 Lorenz 条件[见式(8.2.10b)]，其表达式为

$$\nabla\cdot\boldsymbol{A}=0\tag{8.2.10a}$$

$$\nabla\cdot\boldsymbol{A}+\mu\varepsilon\frac{\partial\varphi}{\partial t}=0\quad\text{或}\quad\nabla\cdot\boldsymbol{A}+\frac{1}{c^2}\frac{\partial\varphi}{\partial t}=0\tag{8.2.10b}$$

在 Lorenz 条件(又称 Lorenz 规范)下，式(8.2.9a)与式(8.2.9b)变为 d'Alembert 方程，即

$$\begin{cases}\left(\nabla^2-\mu\varepsilon\dfrac{\partial^2}{\partial t^2}\right)\boldsymbol{A}=-\mu\boldsymbol{J}\\ \left(\nabla^2-\mu\varepsilon\dfrac{\partial^2}{\partial t^2}\right)\varphi=-\dfrac{\rho}{\varepsilon}\end{cases}\tag{8.2.11}$$

显然，这个方程的解可以用推迟势表达。

8.3　Maxwell 方程组的数学结构及其边界条件

8.3.1　Maxwell 方程组的数学结构

在真空中的 Maxwell 方程组为

$$\frac{1}{c^2}\frac{\partial \boldsymbol{E}}{\partial t}-\nabla\times\boldsymbol{B}=-\mu_0\boldsymbol{J} \tag{8.3.1a}$$

$$\frac{\partial \boldsymbol{B}}{\partial t}+\nabla\times\boldsymbol{E}=0 \tag{8.3.1b}$$

$$\nabla\cdot\boldsymbol{E}=\frac{\rho}{\varepsilon_0} \tag{8.3.2a}$$

$$\nabla\cdot\boldsymbol{B}=0 \tag{8.3.2b}$$

$$\frac{1}{c^2}=\varepsilon_0\mu_0 \tag{8.3.2c}$$

与其相伴的还有电荷守恒方程

$$\frac{\partial \rho}{\partial t}+\nabla\cdot\boldsymbol{J}=0 \tag{8.3.2d}$$

显然，式(8.3.1b)与式(8.3.2a)决定了电场的旋度和散度，式(8.3.1a)与式(8.3.2b)决定了磁场的旋度和散度，并通过式(8.3.1b)与式(8.3.1a)把电场与磁场联系起来。这种联系是电磁场以波动形式运动的基础。值得注意的是，只要在 $t=0$ 时，式(8.3.2b)成立，则它对一切时间 t 必自动满足。这只要在式(8.3.1b)两边作用散度即可得证。另外，只要 $t=0$ 时式(8.3.2a)成立，则借助于式(8.3.2d)，可以由式(8.3.1a)推出对一切时间 t 必有式(8.3.2a)成立。因此式(8.3.2a)与式(8.3.2b)可以认为是对初值应满足的附加要求，所以讨论 Maxwell 方程组的数学结构时可以仅对式(8.3.1a)与式(8.3.1b)进行。

引进向量 $\boldsymbol{U}$

$$\boldsymbol{U}=[E_x \quad E_y \quad E_z \quad B_x \quad B_y \quad B_z]^{\mathrm{T}} \tag{8.3.3a}$$

于是式(8.3.1a)～式(8.3.1b)可表示为

$$\boldsymbol{A}_0\cdot\frac{\partial \boldsymbol{U}}{\partial t}+\boldsymbol{A}_1\cdot\frac{\partial \boldsymbol{U}}{\partial x}+\boldsymbol{A}_2\cdot\frac{\partial \boldsymbol{U}}{\partial y}+\boldsymbol{A}_3\cdot\frac{\partial \boldsymbol{U}}{\partial z}=\boldsymbol{F} \tag{8.3.3b}$$

式中，

$$\boldsymbol{A}_0=\mathrm{diag}\left(\frac{1}{c^2},\frac{1}{c^2},\frac{1}{c^2},1,1,1\right) \tag{8.3.3c}$$

$$\boldsymbol{F}=-\mu_0[J_x \quad J_y \quad J_z \quad 0 \quad 0 \quad 0]^{\mathrm{T}} \tag{8.3.3d}$$

因篇幅所限，矩阵 $\boldsymbol{A}_1$、$\boldsymbol{A}_2$、$\boldsymbol{A}_3$ 的表达式不再给出。很容易看出：$\boldsymbol{A}_0$ 为对称正定阵；$\boldsymbol{A}_1$、$\boldsymbol{A}_2$、$\boldsymbol{A}_3$ 都为对称阵。由式(8.3.1a)和式(8.3.1b)组成的方程组为一阶对称双曲型方程组。对于这类方程组，文献[463]和[464]分别对线性及拟线性的情况作了理论上的细致讨论。

8.3.2 电磁场的波动性

假定介质是均匀各向同性的，$\boldsymbol{D}=\varepsilon\boldsymbol{E}$，$\boldsymbol{B}=\mu\boldsymbol{H}$，并且 ε 与 μ 为常量，则 Maxwell 方程组可写为

$$\nabla\times\boldsymbol{H}=\varepsilon\frac{\partial\boldsymbol{E}}{\partial t}+\boldsymbol{J}=\frac{\partial\boldsymbol{D}}{\partial t}+\boldsymbol{J} \tag{8.3.4a}$$

$$\nabla\times\boldsymbol{E}=-\mu\frac{\partial\boldsymbol{H}}{\partial t}=-\frac{\partial\boldsymbol{B}}{\partial t} \tag{8.3.4b}$$

$$\nabla\cdot\boldsymbol{E}=\frac{\rho}{\varepsilon}\quad\text{或者}\quad\nabla\cdot\boldsymbol{D}=\rho \tag{8.3.4c}$$

$$\nabla\cdot\boldsymbol{H}=0\quad\text{或者}\quad\nabla\cdot\boldsymbol{B}=0 \tag{8.3.4d}$$

对式(8.3.4b)或式(8.3.4a)取旋度，并注意使用$\nabla\times(\nabla\times\boldsymbol{A})=\nabla(\nabla\cdot\boldsymbol{A})-\nabla^2\boldsymbol{A}$这一恒等式，消去 $\boldsymbol{H}$ 或 $\boldsymbol{E}$ 后便得到式(8.3.5a)，即

$$\begin{cases}\nabla^2\boldsymbol{E}-\dfrac{1}{v^2}\dfrac{\partial^2\boldsymbol{E}}{\partial t^2}=\dfrac{1}{\varepsilon}\nabla\rho+\mu\dfrac{\partial\boldsymbol{J}}{\partial t}\\ \nabla^2\boldsymbol{H}-\dfrac{1}{v^2}\dfrac{\partial^2\boldsymbol{H}}{\partial t^2}=-\nabla\times\boldsymbol{J}\end{cases} \tag{8.3.5a}$$

式中，

$$v=\frac{1}{\sqrt{\varepsilon\mu}} \tag{8.3.5b}$$

由式(8.3.5a)可知，$\boldsymbol{E}$ 与 $\boldsymbol{H}$ 满足波动方程所描述的性质，而电荷以及电流作为非齐次项即为它们的源，可以激发或吸收电磁波。电磁场可以脱离电荷与电流而单独存在，并以波的形式运动和传播；它可以与电荷及电流相互作用，但它的存在并不以电荷及电流的存在为前提[465]。在真空中电磁波的传播速度为光速 c。

8.3.3　介质交界面上的条件——边值关系

令 Ω 为空间的有限体积，S 为该空间体的闭合界面，$\mathrm{d}a$ 为界面的面元，$\boldsymbol{n}$ 为面元 $\mathrm{d}a$ 处界面的外法线单位矢量，将式(8.3.4c)与式(8.3.4d)在 Ω 上积分并注意用 Gauss 公式，则有

$$\oiint_S\boldsymbol{D}\cdot\boldsymbol{n}\mathrm{d}a=\iiint_\Omega\rho\mathrm{d}\Omega \tag{8.3.6a}$$

$$\oiint_S\boldsymbol{B}\cdot\boldsymbol{n}\mathrm{d}a=0 \tag{8.3.6b}$$

在交界面上它们则变为

$$\boldsymbol{n}\cdot(\boldsymbol{D}_2-\boldsymbol{D}_1)=\sigma \tag{8.3.7a}$$

$$\boldsymbol{n}\cdot(\boldsymbol{B}_2-\boldsymbol{B}_1)=0 \tag{8.3.7b}$$

式中，σ 为自由电荷的面密度。另外，在交界面的两侧作一环形回路，使其回路的两侧边平行于交界面，另两侧边与交界面相垂直；令该环形回路所围区域为 S'，其面元矢 $\mathrm{d}\boldsymbol{S}'=\boldsymbol{N}\mathrm{d}S'$，这里 $\boldsymbol{N}$ 是环形回路的法线单位矢量。将式(8.3.4a)与式(8.3.4b)的两边分别点乘 $\boldsymbol{N}$，而后对 S' 作面积分并注意使用 Stokes 公式，于是得

$$\oint_L \boldsymbol{H} \cdot \mathrm{d}\boldsymbol{l} = \iint_{S'} \left(\frac{\partial \boldsymbol{D}}{\partial t} + \boldsymbol{J}\right) \cdot \mathrm{d}\boldsymbol{S}' = \iint_{S'} \left(\frac{\partial \boldsymbol{D}}{\partial t} + \boldsymbol{J}\right) \cdot \boldsymbol{N}\mathrm{d}S' \tag{8.3.8a}$$

$$\oint_L \boldsymbol{E} \cdot \mathrm{d}\boldsymbol{l} = \iint_{S'} \left(-\frac{\partial \boldsymbol{B}}{\partial t}\right) \cdot \mathrm{d}\boldsymbol{S}' = \iint_{S'} \left(-\frac{\partial \boldsymbol{B}}{\partial t}\right) \cdot \boldsymbol{N}\mathrm{d}S' \tag{8.3.8b}$$

仍然令 $\boldsymbol{n}$ 为介质交界面上外法线单位矢量，于是在交界面上它们则变为

$$\boldsymbol{n} \times (\boldsymbol{H}_2 - \boldsymbol{H}_1) = \boldsymbol{\alpha} \tag{8.3.9a}$$

$$\boldsymbol{n} \times (\boldsymbol{E}_2 - \boldsymbol{E}_1) = 0 \tag{8.3.9b}$$

式中，$\boldsymbol{\alpha}$ 为面电流密度矢量。

综上所述，从数学上说电磁场量的微分方程只有两类：一类为散度型方程[即式(8.3.4c)与式(8.3.4d)]，另一类为旋度型方程[即式(8.3.4a)与式(8.3.4b)]。与散度型方程对应的是法向分量边值关系[即式(8.3.7a)与式(8.3.7b)]，式(8.3.7a)可以表明：当 $\sigma \neq 0$ 时，$\boldsymbol{D}$ 的法向分量经过分界面后出现一个跳跃，跃变值为 σ；当 $\sigma = 0$ 时，$\boldsymbol{D}$ 的法向分量连续(但不是 $\boldsymbol{D}$ 连续)。与旋度型方程对应的是切向分量边值关系[即式(8.3.9a)与式(8.3.9b)]，式(8.3.9a)可以表明：当 $\alpha \neq 0$ 时，交界面两侧的 $\boldsymbol{H}$ 在与 $\boldsymbol{N}$ 正交的切向分量出现跳跃，跃变值为($\boldsymbol{\alpha} \cdot \boldsymbol{N}$)；当 $\boldsymbol{\alpha} \cdot \boldsymbol{N} = 0$ 时，该方向 $\boldsymbol{H}$ 的切向分量连续(但不是 $\boldsymbol{H}$ 连续)。

8.3.4 Maxwell 方程组的一个定解问题

这里仅讨论如下问题的定解条件：设 Ω 为一有界空间域，其外部为理想导体，即 $\sigma = +\infty$；在 Ω 中电磁场满足的 Maxwell 方程组如式(8.3.4a)～式(8.3.4d)所示，其中 $\boldsymbol{J}$ 与 ρ 还应满足连续性方程(8.3.2d)。

现在讨论在边界 $\partial\Omega$ 上，$\boldsymbol{E}$ 与 $\boldsymbol{B}$ 应满足的边界条件。对于理想导体，由 Ohm 定律 $\boldsymbol{J} = \sigma\boldsymbol{E}$ 可得 $\boldsymbol{E} = 0$，于是 $\partial\Omega$ 作为不同介质的交界面，在其外侧有 $\boldsymbol{E} = \frac{\partial \boldsymbol{B}}{\partial t} = 0$，再利用在介质交界面上电磁场应满足的条件式(8.3.7b)与式(8.3.9b)，可得

$$\boldsymbol{E} \times \boldsymbol{n} = 0, \quad \text{在 } \partial\Omega \text{ 上} \tag{8.3.10a}$$

$$\frac{\partial}{\partial t}(\boldsymbol{B} \cdot \boldsymbol{n}) = 0, \quad \text{在 } \partial\Omega \text{ 上} \tag{8.3.10b}$$

另外假设 $\boldsymbol{E}$ 与 $\boldsymbol{B}$ 还满足初始条件

$$t = 0: \quad \boldsymbol{E} = \boldsymbol{E}_0, \quad \boldsymbol{B} = \boldsymbol{B}_0 \tag{8.3.11}$$

式中，$\boldsymbol{E}_0$ 与 $\boldsymbol{B}_0$ 满足如下相容性条件[466]：

$$\nabla \cdot \boldsymbol{E}_0 = \frac{\rho_0}{\varepsilon}, \quad \rho_0 = \rho(0, x, y, z) \tag{8.3.12a}$$

$$\nabla \cdot \boldsymbol{B}_0 = 0 \tag{8.3.12b}$$

$$\boldsymbol{E}_0 \times \boldsymbol{n} = 0, \quad \text{在 } \partial\Omega \text{ 上} \tag{8.3.12c}$$

可以证明，在上述初边值的条件下，Maxwell 方程组是适定的。

8.4　电磁流体力学基本方程组及其数学结构

8.4.1　电磁流体力学基本方程及守恒形式

电磁流体力学研究导电流体与电磁场之间的相互作用。一方面，导电流体在磁场中的运动可以感应电动势，从而改变电磁场的位形；另一方面，电磁力与 Joule 热使导电流体的受力状况与能量关系发生变化，从而影响流体的平衡与运动。

质量守恒定律仍为连续性方程

$$\frac{\partial \rho}{\partial t}+\nabla\cdot(\rho \boldsymbol{V})=0 \tag{8.4.1}$$

式中，ρ 与 $\boldsymbol{V}$ 分别为流体密度与流体速度。如果由于化学反应或其他过程有质量源，则式(8.4.1)等号右侧还应增加质量生成率项。对于动量守恒方程，应在对单纯流体力学的动量守恒方程中加入由于电磁动量流所带来的流入所考察区域中的动量项，于是借助于式(8.2.5b)，流体力学的动量方程变为

$$\frac{\partial}{\partial t}(\rho \boldsymbol{V}+\boldsymbol{g}_{\mathrm{e}})+\nabla\cdot \boldsymbol{\Pi}=\boldsymbol{f} \tag{8.4.2a}$$

式中，$\boldsymbol{f}$ 为除电磁力以外的体积力(如重力或其他力等)；$\boldsymbol{g}_{\mathrm{e}}$ 为电磁场动量密度向量，它由式(8.2.5d)定义；$\boldsymbol{\Pi}$ 为二阶张量，即

$$\boldsymbol{\Pi}\equiv\rho\boldsymbol{V}\boldsymbol{V}-\boldsymbol{\Pi}_{\mathrm{f}}-\boldsymbol{\Pi}_{\mathrm{em}} \tag{8.4.2b}$$

$$\boldsymbol{\Pi}_{\mathrm{f}}=\bar{\mu}[\nabla\boldsymbol{V}+(\nabla\boldsymbol{V})_{\mathrm{c}}]-p\boldsymbol{I}+\left(\bar{\mu}'-\frac{2}{3}\bar{\mu}\right)(\nabla\cdot\boldsymbol{V})\boldsymbol{I} \tag{8.4.2c}$$

$$\begin{aligned}\boldsymbol{\Pi}_{\mathrm{em}}&=(\boldsymbol{E}\boldsymbol{D}+\boldsymbol{H}\boldsymbol{B})-\frac{1}{2}(\boldsymbol{E}\cdot\boldsymbol{D}+\boldsymbol{H}\cdot\boldsymbol{B})\boldsymbol{I}\\&=(\varepsilon\boldsymbol{E}\boldsymbol{E}+\mu\boldsymbol{H}\boldsymbol{H})-\frac{1}{2}(\varepsilon\boldsymbol{E}\cdot\boldsymbol{E}+\mu\boldsymbol{H}\cdot\boldsymbol{H})\boldsymbol{I}\\&=\left(\boldsymbol{E}\boldsymbol{E}-\frac{1}{2}\mid\boldsymbol{E}\mid^2\boldsymbol{I}\right)+\mu\left(\boldsymbol{H}\boldsymbol{H}-\frac{1}{2}\mid\boldsymbol{H}\mid^2\boldsymbol{I}\right)\end{aligned} \tag{8.4.2d}$$

式中，$\bar{\mu}$ 与 $\bar{\mu}'$分别为流体的动力黏性系数(又称第一黏性系数)与膨胀黏性系数(又称第二黏性系数)；$\boldsymbol{I}$ 为二阶单位张量；$\boldsymbol{\Pi}_{\mathrm{f}}$ 与 $\boldsymbol{\Pi}_{\mathrm{em}}$ 分别为流体的应力张量与 Maxwell 应力张量。显然，这里 $\boldsymbol{\Pi}_{\mathrm{em}}$就是式(8.2.5c)中的 $\hat{\boldsymbol{T}}$；对于能量方程，应在原来流体能量平衡式中加入电磁能量密度以及 Poynting 矢量(又称能流密度矢量)的贡献，于是借助于式(8.2.3a)，流体力学的能量方程变为

$$\frac{\partial}{\partial t}(e+u)+\nabla\cdot(e\boldsymbol{V}-\boldsymbol{\Pi}_{\mathrm{f}}\cdot\boldsymbol{V}+\boldsymbol{S}_{\mathrm{em}})=\boldsymbol{f}\cdot\boldsymbol{V}-\nabla\cdot\boldsymbol{q}+Q \tag{8.4.3a}$$

式中，e 为单位体积流体所具有的广义内能；u 为电磁能量密度，其表达式已由式(8.2.3b)给出；$\boldsymbol{S}_{\mathrm{em}}$为 Poynting 矢量，显然这里 $\boldsymbol{S}_{\mathrm{em}}$ 就是式(8.2.3c)中的 $\boldsymbol{S}$；Q 为

非电磁热源；$\boldsymbol{f}$ 为除电磁力外的体积力（注意它是单位体积流体所具有的体积力）；$\boldsymbol{q}$ 为矢量，在仅考虑热传导时，热流矢量 $\boldsymbol{q}$ 为

$$\boldsymbol{q} = -\lambda \nabla T \tag{8.4.3b}$$

式中，λ 与 T 分别为流体的导热系数与流体的温度。

描述介质电磁状态的方程有三个关系式：

$$\boldsymbol{D} = \varepsilon \boldsymbol{E} \tag{8.4.4a}$$

$$\boldsymbol{B} = \mu \boldsymbol{H} \tag{8.4.4b}$$

$$\boldsymbol{J} = \rho_e \boldsymbol{V} + \sigma(\boldsymbol{E} + \boldsymbol{V} \times \boldsymbol{B} + \boldsymbol{E}^*) \tag{8.4.4c}$$

式中，σ、μ 与 ε 分别为电导率、磁导率与介电系数，它们皆由物质的电磁特性所确定。方程(8.4.4c)也称为运动介质的 Ohm 定律，$\boldsymbol{E}^*$ 是其他的感应电场。对于给定的电流 $\boldsymbol{J}$ 和电荷分布 ρ_e，电磁场的方程是完备的。Maxwell 方程为

$$\begin{cases} \nabla \cdot \boldsymbol{D} = \rho_e \\ \nabla \times \boldsymbol{E} = -\dfrac{\partial \boldsymbol{B}}{\partial t} \\ \nabla \cdot \boldsymbol{B} = 0 \\ \nabla \times \boldsymbol{H} = \boldsymbol{J} + \dfrac{\partial \boldsymbol{D}}{\partial t} \end{cases} \tag{8.4.4d}$$

综上所述，守恒关系(8.4.1)、(8.4.2a)与(8.4.3a)以及 Maxwell 方程组(8.4.4d)，加上热力学状态方程和电磁状态方程，便构成了电磁流体力学的完整方程组。

8.4.2 磁流体力学基本方程组

如果相对于 $\boldsymbol{H}$ 而言，$\boldsymbol{E}$ 是一个小量，对这样的电磁流体的力学通称为磁流体力学。因此对于磁流体力学，电磁动量密度向量 $\boldsymbol{g}_e$[见式(8.2.5d)]变为 0；电磁动量流密度张量 $\hat{\boldsymbol{T}}$[见式(8.2.5c)]变为 $\mu\left(\boldsymbol{HH} - \dfrac{1}{2}|\boldsymbol{H}|^2\boldsymbol{I}\right)$；电磁能量密度 u[见式(8.2.3b)]变为$\dfrac{1}{2}\mu\,|\boldsymbol{H}|^2$；能量密度矢量 $\boldsymbol{S}$ 为 $\boldsymbol{E}\times\boldsymbol{H}$，仍用式(8.2.3c)表达。而这时动量方程[见式(8.4.2a)]与能量方程[见式(8.4.3a)]变为

$$\frac{\partial(\rho \boldsymbol{V})}{\partial t} + \nabla \cdot \boldsymbol{\Pi} = \boldsymbol{f} \tag{8.4.5a}$$

$$\frac{\partial}{\partial t}(e + u) + \nabla \cdot (e\boldsymbol{V} - \boldsymbol{\Pi}_f \cdot \boldsymbol{V} + \boldsymbol{S}_{em}) = \boldsymbol{f} \cdot \boldsymbol{V} - \nabla \cdot \boldsymbol{q} + Q \tag{8.4.5b}$$

式中，

$$\boldsymbol{\Pi} \equiv \rho \boldsymbol{VV} - \boldsymbol{\Pi}_f - \Pi_{em} \tag{8.4.5c}$$

$$\boldsymbol{\Pi}_f = \bar{\mu}[\nabla \boldsymbol{V} + (\nabla \boldsymbol{V})_c] - p\boldsymbol{I} + \left(\bar{\mu}' - \frac{2}{3}\bar{\mu}\right)(\nabla \cdot \boldsymbol{V})\boldsymbol{I} \tag{8.4.5d}$$

$$\boldsymbol{\Pi}_{\mathrm{em}}=\mu\left(\boldsymbol{H}\boldsymbol{H}-\frac{1}{2}|\boldsymbol{H}|^{2}\boldsymbol{I}\right) \tag{8.4.5e}$$

$$u=\frac{1}{2}\mu\boldsymbol{H}\cdot\boldsymbol{H} \tag{8.4.5f}$$

$$\boldsymbol{S}_{\mathrm{em}}=\boldsymbol{E}\times\boldsymbol{H} \tag{8.4.5g}$$

矢量分析中常用的公式为

$$\nabla\cdot\left[\boldsymbol{H}\boldsymbol{H}-\frac{1}{2}(\boldsymbol{H}\cdot\boldsymbol{H})\boldsymbol{I}\right]=(\nabla\times\boldsymbol{H})\times\boldsymbol{H}+(\nabla\cdot\boldsymbol{H})\boldsymbol{H} \tag{8.4.6a}$$

将式(8.3.4d)代入式(8.4.6a)，可得

$$\nabla\cdot\left[\boldsymbol{H}\boldsymbol{H}-\frac{1}{2}(\boldsymbol{H}\cdot\boldsymbol{H})\boldsymbol{I}\right]=(\nabla\times\boldsymbol{H})\times\boldsymbol{H} \tag{8.4.6b}$$

借助于式(8.4.6b)，则式(8.4.5a)变为

$$\frac{\partial}{\partial t}(\rho\boldsymbol{V})+\nabla\cdot(\rho\boldsymbol{V}\boldsymbol{V}-\boldsymbol{\Pi}_{\mathrm{f}})-\mu(\nabla\times\boldsymbol{H})\times\boldsymbol{H}=\boldsymbol{f} \tag{8.4.6c}$$

或者

$$\rho\frac{\mathrm{d}\boldsymbol{V}}{\mathrm{d}t}-\nabla\cdot\boldsymbol{\Pi}_{\mathrm{f}}-\mu(\nabla\times\boldsymbol{H})\times\boldsymbol{H}=\boldsymbol{f} \tag{8.4.6d}$$

假设电磁场为准静态的，则有[467～475]

$$\boldsymbol{J}=\sigma(\boldsymbol{E}+\boldsymbol{V}\times\boldsymbol{B}) \tag{8.4.7a}$$

$$\nabla\times\boldsymbol{H}=\sigma(\boldsymbol{E}+\mu\boldsymbol{V}\times\boldsymbol{H}) \tag{8.4.7b}$$

$$\boldsymbol{E}=\frac{1}{\sigma}\nabla\times\boldsymbol{H}-\mu\boldsymbol{V}\times\boldsymbol{H} \tag{8.4.7c}$$

将式(8.4.7c)代入式(8.4.5g)，可得

$$\boldsymbol{S}_{\mathrm{em}}=\boldsymbol{E}\times\boldsymbol{H}=\frac{1}{\sigma}(\nabla\times\boldsymbol{H})\times\boldsymbol{H}-\mu(\boldsymbol{V}\times\boldsymbol{H})\times\boldsymbol{H} \tag{8.4.7d}$$

于是式(8.4.5b)可写为

$$\begin{aligned}&\frac{\partial}{\partial t}\left(e+\frac{1}{2}\mu\boldsymbol{H}\cdot\boldsymbol{H}\right)+\nabla\cdot(e\boldsymbol{V}-\boldsymbol{\Pi}_{\mathrm{f}}\cdot\boldsymbol{V})\\&+\nabla\cdot\left[\frac{1}{\sigma}(\nabla\times\boldsymbol{H})\times\boldsymbol{H}-\mu(\boldsymbol{V}\times\boldsymbol{H})\times\boldsymbol{H}\right]=\boldsymbol{f}\cdot\boldsymbol{V}-\nabla\cdot\boldsymbol{q}+Q\end{aligned} \tag{8.4.7e}$$

式中，e 为单位体积流体所具有的广义内能，即

$$e=\rho\tilde{e}+\frac{1}{2}\rho\boldsymbol{V}\cdot\boldsymbol{V} \tag{8.4.7f}$$

式中，$\tilde{e}$ 为单位质量流体所具有的狭义热力学内能。利用式(8.4.6d)以及式(8.4.8a)与式(8.4.8b)所给出的两个矢量分析中的公式：

$$\boldsymbol{H}\cdot[\nabla\times(\nabla\times\boldsymbol{H})]-\nabla\cdot[(\nabla\times\boldsymbol{H})\times\boldsymbol{H}]=(\nabla\times\boldsymbol{H})\cdot(\nabla\times\boldsymbol{H}) \tag{8.4.8a}$$

$$\boldsymbol{H}\cdot[\nabla\times(\boldsymbol{V}\times\boldsymbol{H})]-\nabla\cdot[(\boldsymbol{V}\times\boldsymbol{H})\times\boldsymbol{H}]-[\boldsymbol{H}\times(\nabla\times\boldsymbol{H})]\cdot\boldsymbol{V}=0 \tag{8.4.8b}$$

于是式(8. 4. 7e)可整理为

$$\rho \frac{\mathrm{d}\tilde{e}}{\mathrm{d}t}+p\,\nabla\cdot\boldsymbol{V}-\Phi-\frac{1}{\sigma}(\nabla\times\boldsymbol{H})\cdot(\nabla\times\boldsymbol{H})=Q-\nabla\cdot\boldsymbol{q} \tag{8.4.8c}$$

式中,Φ 为耗散函数,即

$$\Phi=\boldsymbol{\Pi}':\nabla\boldsymbol{V} \tag{8.4.8d}$$

式中,$\boldsymbol{\Pi}'$为流体的黏性应力张量。

下面扼要推导磁场强度 $\boldsymbol{H}$ 所满足的方程。首先将式(8. 4. 7c)代入式(8. 3. 4b),且有

$$\nabla\times(\nabla\times\boldsymbol{H})=\nabla(\nabla\cdot\boldsymbol{H})-\nabla\cdot\nabla\boldsymbol{H} \tag{8.4.9a}$$

以及式(8. 3. 4b),于是有

$$\frac{\partial\boldsymbol{H}}{\partial t}-\nabla\times(\boldsymbol{V}\times\boldsymbol{H})=\frac{1}{\sigma\mu}\nabla\cdot\nabla\boldsymbol{H} \tag{8.4.9b}$$

显然式(8. 4. 9b)不能单独求解,它必须与流体力学方程组联立解算。

综上所述,方程(8. 4. 9b)、(8. 4. 1)、(8. 4. 6c)、(8. 4. 7e)以及状态方程,即

$$p=p(\rho,T) \tag{8.4.10}$$

共有五个方程,并有 ρ、p、T、$\boldsymbol{V}$ 与 $\boldsymbol{B}$ 五个未知量,因此问题是完备的。这里式(8. 3. 4d)是作为对初始条件的要求,可以作为补充条件处理。

8.4.3　磁流体力学方程组的数学结构

为了便于数学上的讨论,这里仅讨论电导率 σ 为无穷大时理想磁流体力学的方程组。所谓理想磁流体是指流体中没有任何耗散过程,此时,$\bar{\mu}=0$,$\bar{\mu}'=0$,$\lambda=0$,并且 $\sigma=+\infty$时的情况。在这种情况下动量方程(8. 4. 6d)退化为

$$\rho\frac{\partial v_i}{\partial t}+\sum_{k=1}^{3}\left(\rho v_k\frac{\partial v_i}{\partial x_k}\right)+\frac{\partial p}{\partial x_i}+\mu[\boldsymbol{H}\times(\nabla\times\boldsymbol{H})]_i=f_i \tag{8.4.11}$$

对于连续方程,可引入局部声速的概念,即令

$$a^2=\left(\frac{\partial p}{\partial\rho}\right)_s \tag{8.4.12a}$$

于是式(8. 4. 1)变为

$$\frac{1}{\rho a^2}\frac{\partial p}{\partial t}+\sum_{k=1}^{3}\frac{\partial v_k}{\partial x_k}+\sum_{k=1}^{3}\left(\frac{v_k}{\rho a^2}\frac{\partial p}{\partial x_k}\right)=0 \tag{8.4.12b}$$

另外,

$$\nabla\times(\boldsymbol{V}\times\boldsymbol{H})=\boldsymbol{H}\cdot\nabla\boldsymbol{V}-\boldsymbol{V}\cdot\nabla\boldsymbol{H}-(\nabla\cdot\boldsymbol{V})\boldsymbol{H}+(\nabla\cdot\boldsymbol{H})\boldsymbol{V} \tag{8.4.13a}$$

考虑到式(8. 3. 4d),则式(8. 4. 13a)变为

$$\nabla\times(\boldsymbol{V}\times\boldsymbol{H})=\boldsymbol{H}\cdot\nabla\boldsymbol{V}-\boldsymbol{V}\cdot\nabla\boldsymbol{H}-(\nabla\cdot\boldsymbol{V})\boldsymbol{H} \tag{8.4.13b}$$

借助于式(8. 4. 13b),则式(8. 4. 9b)可写为

$$\frac{\mathrm{d}\boldsymbol{H}}{\mathrm{d}t}-\boldsymbol{H}\cdot\nabla\boldsymbol{V}+\boldsymbol{H}(\nabla\cdot\boldsymbol{V})=\frac{1}{\sigma\mu}\nabla\cdot\nabla\boldsymbol{H} \tag{8.4.13c}$$

对于理想磁流体，则式(8.4.13c)便退化为

$$\mu\frac{\partial H_i}{\partial t}+\sum_{k=1}^{3}\left(\mu v_k\frac{\partial H_i}{\partial x_k}\right)+\mu[\boldsymbol{H}(\nabla\cdot\boldsymbol{V})-\boldsymbol{H}\cdot\nabla\boldsymbol{V}]_i=0,\quad i=1,2,3 \tag{8.4.13d}$$

对于能量方程，这里可简单的采用熵守恒方程代替，即

$$\frac{\partial\tilde{S}}{\partial t}+\sum_{k=1}^{3}\left(v_k\frac{\partial\tilde{S}}{\partial x_k}\right)=0 \tag{8.4.14}$$

式中，$\tilde{S}$ 为流体的熵。

综上所述，方程(8.4.11)、(8.4.12b)、(8.4.13d)以及(8.4.14)以 v_1、v_2、v_3、p、H_1、H_2、H_3、$\tilde{S}$ 为未知数，构成了一个完备的理想磁流体力学的方程组。这个方程组可以写成如下矩阵表达的形式：

$$\boldsymbol{A}_0\cdot\frac{\partial\boldsymbol{U}}{\partial t}+\boldsymbol{A}_1\cdot\frac{\partial\boldsymbol{U}}{\partial x_1}+\boldsymbol{A}_2\cdot\frac{\partial\boldsymbol{U}}{\partial x_2}+\boldsymbol{A}_3\cdot\frac{\partial\boldsymbol{U}}{\partial x_3}=\boldsymbol{C} \tag{8.4.15a}$$

式中，$\boldsymbol{C}$ 为 8×1 的列向量；$\boldsymbol{A}_0$、$\boldsymbol{A}_2$、$\boldsymbol{A}_3$ 均为 8×8 的矩阵，其中 $\boldsymbol{A}_0$ 为对称正定阵，而 $\boldsymbol{A}_1$、$\boldsymbol{A}_2$、$\boldsymbol{A}_3$ 均为对称阵；$\boldsymbol{U}$ 为列向量，即

$$\boldsymbol{U}=[v_1\quad v_2\quad v_3\quad p\quad H_1\quad H_2\quad H_3\quad \tilde{S}]^{\mathrm{T}} \tag{8.4.15b}$$

$\boldsymbol{A}_0$ 为对角阵，即

$$\boldsymbol{A}_0=\mathrm{diag}(\rho,\rho,\rho,\rho^{-1}a^{-2},\mu,\mu,\mu,1) \tag{8.4.15c}$$

数学上可以证明式(8.4.15a)是一阶拟线性对称双曲型方程组。以上是针对非守恒形式的方程组进行讨论的，由于电磁激波的存在，所以应该考虑间断解。因此应把上述方程组变为守恒律的形式，这里因篇幅所限不再给出。

8.5　狭义相对论下 Maxwell 方程组的协变性

8.5.1　Einstein 理论的基本假设和 Lorentz 变换

Einstein 提出的狭义相对论的基本假设有两条：①相对性原理即物理定律在所有惯性系中具有相同的形式；②光速不变原理，即对所有的惯性系，光在真空中沿一切方向的传播速度都相等，与光源和观察者的运动状态无关。作为基本物理常量，真空中的光速为 $c=2.99792458\times10^8\,\mathrm{m/s}$。

Einstein 在上面两条假设下，考察从一个惯性系 K 变换到另一个惯性系 $\overline{K}$ 时其相应的时空坐标(t,x,y,z)与$(\bar{t},\bar{x},\bar{y},\bar{z})$之间满足式(8.5.1)，即

$$\bar{x}_\alpha=\sum_{\beta=0}^{3}(a_{\alpha\beta}x_\beta),\quad \alpha=0,1,2,3 \tag{8.5.1}$$

显然，只有当 $a_{\alpha\beta}$ 为常数时才能保证相对于 K 做匀速直线运动的任何物体相对于 $\overline{K}$ 也做匀速直线运动。

根据光速不变原理,数学上容易推出

$$\sum_{i=1}^{3}(\mathrm{d}\bar{x}_i)^2-(c\mathrm{d}\bar{t})^2=k\left[\sum_{i=1}^{3}(\mathrm{d}x_i)^2-(c\mathrm{d}t)^2\right] \tag{8.5.2}$$

成立,其中 k 为一常数。因为两个惯性系 K 和 $\overline{K}$ 的地位完全是对称的,因此应有

$$\sum_{i=1}^{3}(\mathrm{d}x_i)^2-(c\mathrm{d}t)^2=k\left[\sum_{i=1}^{3}(\mathrm{d}\bar{x}_i)^2-(c\mathrm{d}\bar{t})^2\right] \tag{8.5.3}$$

成立。由此得到 $k=\pm1$;式(8.5.2)是一个二次型在线性变换式(8.5.1)下的变换关系,由二次型惯性定理应有 $k=1$,也就说应有

$$\sum_{i=1}^{3}(\mathrm{d}\bar{x}_i)^2-(c\mathrm{d}\bar{t})^2=\sum_{i=1}^{3}(\mathrm{d}x_i)^2-(c\mathrm{d}t)^2 \tag{8.5.4}$$

成立。因此,所谓 Lorentz 变换就是满足式(8.5.4)的线性变换[也就是说,既满足式(8.5.1),又要满足式(8.5.4)的变换]。另外,可以证明:当某一时刻惯性系 K 与 $\overline{K}$ 的时空坐标系重合,而后 $\overline{K}$ 以常速度 $\mathbf{V}=(v_1,v_2,v_3)$ 相对于 K 做直线运动时,如果以 (x_0,x_1,x_2,x_3) 与 $(\bar{x}_0,\bar{x}_1,\bar{x}_2,\bar{x}_3)$ 分别表示这里 K 与 $\overline{K}$ 中的时空坐标,则它们间的 Lorentz 变换为

$$\begin{cases}\bar{x}_0=\gamma\left[x_0-\dfrac{1}{c^2}\displaystyle\sum_{i=1}^{3}(v_ix_i)\right]\\ \bar{x}_i=-\gamma v_ix_0+\displaystyle\sum_{j=1}^{3}\left[\left(\dfrac{\gamma-1}{V^2}v_iv_j+\delta_{ij}\right)x_j\right],\quad i=1,2,3\end{cases} \tag{8.5.5}$$

式中, $\gamma=\left[1-\left(\dfrac{V}{c}\right)^2\right]^{-\frac{1}{2}}$,而 $V=|\mathbf{V}|$; δ_{ij} 为 Kronecker 符号。

$$\begin{cases}\bar{x}=\gamma(x-Vt)\\ \bar{y}=y\\ \bar{z}=z\\ \bar{t}=\gamma\left(t-x\dfrac{V}{c^2}\right)\end{cases} \tag{8.5.6a}$$

式中,

$$\gamma=\left[1-\left(\frac{V}{c}\right)^2\right]^{-\frac{1}{2}} \tag{8.5.6b}$$

很显然,式(8.5.6a)为式(8.5.5)的特例,它是 Lorentz 变换的一种形式。

8.5.2　Minkowski 四维时空中的张量

为便于讨论,如同一般相对论的文献中那样[476],记

$$x^0=ct,\quad x^i=x_i,\quad i=1,2,3 \tag{8.5.7a}$$

或者取

$$x^0=\mathrm{i}ct,\quad x^j=x_j,\quad j=1,2,3 \tag{8.5.7b}$$

式(8.5.7b)中的 i 为虚数。如果采用 ct、x、y、z 作为四维空间坐标，则称该空间为实四维 Euclidean 空间；如果采用 $\mathrm{i}ct$、x、y、z 作为四维空间坐标，则称该空间为复四维 Euclidean 空间。四维空间（又称四维时空）的这种描述方法是 1907 年 Minkowski 提出的，因此上述四维空间又称作 Minkowski 四维时空，记作 M；另外，在四维空间中还约定，凡是用希腊字母作下角标时，取值为 0、1、2、3；凡是用拉丁字母作下角标时，取值为 1、2、3；而且两个量的乘积中出现重复的上、下角标时采用 Einstein 求和规约。在 M 中，对其元素 $\boldsymbol{x}=(x^0,x^1,x^2,x^3)$，$\boldsymbol{y}=(y^0,y^1,y^2,y^3)$，定义内积为

$$\langle \boldsymbol{x},\boldsymbol{y}\rangle = x^0y^0 - x^1y^1 - x^2y^2 - x^3y^3 \tag{8.5.8a}$$

或

$$\langle \boldsymbol{x},\boldsymbol{y}\rangle = g_{\alpha\beta}x^\alpha y^\beta \tag{8.5.8b}$$

式中，

$$(g_{\alpha\beta}) = \mathrm{diag}(1,-1,-1,-1) \tag{8.5.8c}$$

引进线性变换 L，对于 Minkowski 空间中的任意两个元素 $\boldsymbol{x}$ 与 $\boldsymbol{y}$，如果在 L 作用下内积具有不变性，即

$$\langle L\boldsymbol{x},L\boldsymbol{y}\rangle = \langle \boldsymbol{x},\boldsymbol{y}\rangle,\ \forall\, \boldsymbol{x},\boldsymbol{y}\in M \tag{8.5.9}$$

则称线性变换 L 为 M 中的正交变换。设 $\{\boldsymbol{e}_0,\boldsymbol{e}_1,\boldsymbol{e}_2,\boldsymbol{e}_3\}$ 为 M 中的一组标准正交基，则有

$$\langle \boldsymbol{e}_\alpha,\boldsymbol{e}_\beta\rangle = g_{\alpha\beta},\quad \alpha,\beta=0,1,2,3 \tag{8.5.10a}$$

成立；对 M 中的正交变换 L，记

$$\bar{\boldsymbol{e}}_\alpha = L\boldsymbol{e}_\alpha,\quad \alpha=0,1,2,3 \tag{8.5.10b}$$

则 $\{\bar{\boldsymbol{e}}_0,\bar{\boldsymbol{e}}_1,\bar{\boldsymbol{e}}_2,\bar{\boldsymbol{e}}_3\}$ 也是 M 中的一组标准正交基。线性变换 L 由矩阵 $\boldsymbol{A}=(a^\alpha_\beta)$ 表示，于是有

$$\boldsymbol{e}_\alpha = a^\beta_\alpha \bar{\boldsymbol{e}}_\beta \tag{8.5.11a}$$

将 M 中的一个元素 $\boldsymbol{x}$ 在上述两组标准正交基下表示，便为

$$\boldsymbol{x} = x^\alpha \boldsymbol{e}_\alpha = \bar{x}^\beta \bar{\boldsymbol{e}}_\beta \tag{8.5.11b}$$

注意到式(8.5.11a)，于是由式(8.5.11b)得到

$$\bar{x}^\beta = a^\beta_\alpha x^\alpha \tag{8.5.11c}$$

$$\mathrm{d}\bar{x}^\beta = a^\beta_\alpha \mathrm{d}x^\alpha \tag{8.5.11d}$$

利用 M 中的内积在 Lorentz 变换下的不变性，得到

$$(\mathrm{d}x^0)^2 - \sum_{i=1}^{3}(\mathrm{d}x^i)^2 = (\mathrm{d}\bar{x}^0)^2 - \sum_{i=1}^{3}(\mathrm{d}\bar{x}^i)^2 \tag{8.5.12}$$

若 $\boldsymbol{P}$ 为四维二阶张量，在上述两组标准正交基下可以表示为

$$\boldsymbol{P}=p^{\alpha\beta}\boldsymbol{e}_{\alpha}\boldsymbol{e}_{\beta}=\bar{p}^{\alpha\beta}\bar{\boldsymbol{e}}_{\alpha}\bar{\boldsymbol{e}}_{\beta} \tag{8.5.13a}$$

显然有

$$\bar{p}^{\alpha\beta}=a_{\gamma}^{\alpha}a_{\delta}^{\beta}p^{\gamma\delta} \tag{8.5.13b}$$

值得注意的是，如果按式(8.5.7a)选取$[x^0\quad x^1\quad x^2\quad x^3]$去讨论由坐标系$x^{\beta}$变换到坐标系$\bar{x}^{\beta}$，这种取法的好处是避免了虚数，但由坐标系$x^{\beta}$到坐标系$\bar{x}^{\beta}$的变换不再是正交变换；如果按式(8.5.7b)选取$[x^0\quad x^1\quad x^2\quad x^3]$去讨论由坐标系$x^{\beta}$到坐标系$\bar{x}^{\beta}$的变换，这就使$x^0$为一虚数，而同时使 Lorentz 变换成为正交变换。

8.5.3　固有时间间隔以及四维速度

由式(8.5.11d)可知$\mathrm{d}\boldsymbol{x}=[\mathrm{d}x^0\quad \mathrm{d}x^1\quad \mathrm{d}x^2\quad \mathrm{d}x^3]$为$M$中的向量。但由于时间$t$的微分$\mathrm{d}t$不是四维标量，因此$\mathrm{d}\boldsymbol{x}/\mathrm{d}t$不是四维速度。引入固有时间间隔$\mathrm{d}\tau$，它是四维标量，其表达式为

$$\mathrm{d}\tau=(\mathrm{d}t)\sqrt{1-\left(\frac{V}{c}\right)^2} \tag{8.5.14}$$

$\mathrm{d}\boldsymbol{x}/\mathrm{d}\tau$为四维速度，并记为

$$[u^0\quad u^1\quad u^2\quad u^3]=\left[\frac{\mathrm{d}x^0}{\mathrm{d}\tau}\quad \frac{\mathrm{d}x^1}{\mathrm{d}\tau}\quad \frac{\mathrm{d}x^2}{\mathrm{d}\tau}\quad \frac{\mathrm{d}x^3}{\mathrm{d}\tau}\right]=\left[c\frac{\mathrm{d}t}{\mathrm{d}\tau}\quad \frac{\mathrm{d}\boldsymbol{r}}{\mathrm{d}\tau}\right]=\gamma(c,v^1,v^2,v^3) \tag{8.5.15a}$$

或者

$$\frac{\mathrm{d}\boldsymbol{x}}{\mathrm{d}\tau}=u^{\alpha}\boldsymbol{e}_{\alpha}=\boldsymbol{u} \tag{8.5.15b}$$

式中，$\boldsymbol{r}$为三维欧氏空间中的矢径；γ为

$$\gamma=\left[1-\left(\frac{V}{c}\right)^2\right]^{-\frac{1}{2}},\quad V=|\mathbf{V}| \tag{8.5.15c}$$

$$\mathbf{V}=[v^1\quad v^2\quad v^3]\equiv\left[\frac{\mathrm{d}x^1}{\mathrm{d}t}\quad \frac{\mathrm{d}x^2}{\mathrm{d}t}\quad \frac{\mathrm{d}x^3}{\mathrm{d}t}\right] \tag{8.5.15d}$$

类似地，可定义

$$\left[\frac{\mathrm{d}u^0}{\mathrm{d}\tau}\quad \frac{\mathrm{d}u^1}{\mathrm{d}\tau}\quad \frac{\mathrm{d}u^2}{\mathrm{d}\tau}\quad \frac{\mathrm{d}u^3}{\mathrm{d}\tau}\right]=\left[c\frac{\mathrm{d}^2t}{\mathrm{d}\tau^2}\quad \frac{\mathrm{d}^2\boldsymbol{r}}{\mathrm{d}\tau^2}\right] \tag{8.5.16}$$

为四维加速度。

另外，式(8.5.12)还可以写为

$$(\mathrm{d}s)^2=(c\mathrm{d}t)^2-|\mathrm{d}\boldsymbol{r}|^2 \tag{8.5.17}$$

8.5.4　Maxwell 方程组的 Lorentz 不变性

在M中，引进四维电流密度$[J^0\quad J^1\quad J^2\quad J^3]$，即

$$[J^0\quad J^1\quad J^2\quad J^3]=[\rho c\quad \rho v_1\quad \rho v_2\quad \rho v_3]=[\rho c\quad \rho\mathbf{V}]=\rho_0[u^0\quad u^1\quad u^2\quad u^3] \tag{8.5.18a}$$

式中，$u^\alpha(\alpha=0,1,2,3)$由式(8.5.15a)定义；$\rho=\gamma\rho_0$，γ由式(8.5.15c)给出。

于是描述电荷守恒定律的连续方程(8.4.1)在 M 中变为四维电流密度的四维散度等于零，即

$$\frac{\partial J^\alpha}{\partial x^\alpha}=0 \tag{8.5.18b}$$

由电磁场的标势 φ 与矢势 $\boldsymbol{A}$[它们满足式(8.2.11)]以及 Lorentz 规范条件[它满足式(8.2.9b)]，引进四维势$[A^0\quad A^1\quad A^2\quad A^3]$，它是一个四维向量，其表达式为

$$[A^0\quad A^1\quad A^2\quad A^3]=\left[\frac{1}{c}\varphi\quad \boldsymbol{A}\right] \tag{8.5.19a}$$

借助于式(8.5.19a)，则式(8.2.11)与式(8.2.9b)分别可以改写为关于四维势的方程，即

$$\Box A^\alpha=\mu J^\alpha \tag{8.5.19b}$$

Lorenz 条件：

$$\frac{\partial A^\beta}{\partial x^\beta}=0 \tag{8.5.19c}$$

式中，$\Box$为 d'Alembert 算符(又称波动算子)，其定义为

$$\Box=g^{\alpha\beta}\frac{\partial}{\partial x^\alpha}\frac{\partial}{\partial x^\beta} \tag{8.5.19d}$$

而$(g^{\alpha\beta})$定义为

$$(g^{\alpha\beta})=\mathrm{diag}(1,-1,-1,-1) \tag{8.5.19e}$$

对于真空中的 Maxwell 方程组，引进四维时空中电磁场的场强张量 $\boldsymbol{F}$，它是一个二阶反对称张量，其逆变分量 $F^{\alpha\beta}$的表达式为

$$F^{\alpha\beta}=g^{\beta\delta}\frac{\partial A^\alpha}{\partial x^\delta}-g^{\alpha\gamma}\frac{\partial A^\beta}{\partial x^\gamma},\quad \alpha,\beta=0,1,2,3 \tag{8.5.20a}$$

$$F^{\alpha\beta}=-F^{\beta\alpha} \tag{8.5.20b}$$

令 $\boldsymbol{F}$ 的对偶张量为 $\boldsymbol{F}^*$，其逆变分量记作 $\widetilde{F}^{\alpha\beta}$，于是式(8.3.1b)与式(8.3.2b)可改写为

$$\frac{\partial(\widetilde{F}^{\alpha\beta})}{\partial x^\beta}=0 \tag{8.5.21}$$

而式(8.3.1a)与式(8.3.2a)可以改写为

$$\frac{\partial F^{\alpha\beta}}{\partial x^\beta}=\mu J^\alpha,\quad \alpha=0,1,2,3 \tag{8.5.22}$$

当考虑介质中的电磁场时，由于这时 Maxwell 方程组为式(8.4.4d)，因此要引进场强张量 $\boldsymbol{G}$ 去代替 $\boldsymbol{F}$，$\boldsymbol{G}$ 的表达式为

$$(G^{\alpha\beta})=\begin{bmatrix} 0 & D_1 & D_2 & D_3 \\ -D_1 & 0 & \frac{1}{c}H_3 & -\frac{1}{c}H_2 \\ -D_2 & -\frac{1}{c}H_3 & 0 & \frac{1}{c}H_1 \\ -D_3 & \frac{1}{c}H_2 & -\frac{1}{c}H_1 & 0 \end{bmatrix} \tag{8.5.23}$$

式中，$\boldsymbol{D}$ 为电位移向量；H 为电磁场强度。$\boldsymbol{G}$ 的对偶张量为 $\boldsymbol{G}^*$，其逆变分量记作 $(\widetilde{G}^{\alpha\beta})$；借助于 $\boldsymbol{G}$ 与 $\boldsymbol{G}^*$，则在四维时空中式(8.4.4d)可以改写为

$$\frac{\partial G^{\alpha\beta}}{\partial x^\beta}=\frac{1}{c}J^\alpha,\quad \alpha=0,1,2,3 \tag{8.5.24a}$$

$$\frac{\partial(\widetilde{G}^{\alpha\beta})}{\partial x^\beta}=0,\quad \alpha=0,1,2,3 \tag{8.5.24b}$$

8.5.5 电磁场能量守恒与动量守恒的协变性

单位体积元中的电荷、电流受到的电磁场作用力已由式(8.2.1c)给出，这里写为如下形式：

$$\boldsymbol{f}=(f_1,f_2,f_3)=\rho\boldsymbol{E}+\boldsymbol{J}\times\boldsymbol{B}=\rho\boldsymbol{E}+\rho\boldsymbol{V}\times\boldsymbol{B} \tag{8.5.25}$$

式中，$\boldsymbol{J}=\rho\boldsymbol{V}$。

单位时间内场对单位体积元的运动电荷(令速度为 $\boldsymbol{V}$)做的功为

$$W=\boldsymbol{f}\cdot\boldsymbol{V}=\boldsymbol{J}\cdot\boldsymbol{E} \tag{8.5.26}$$

令

$$\begin{cases} f^0=-\dfrac{\boldsymbol{J}\cdot\boldsymbol{E}}{c} \\ f^i=-f_i \end{cases} \tag{8.5.27a}$$

式中，f_1、f_2、f_3 满足：

$$f_1\boldsymbol{i}+f_2\boldsymbol{j}+f_3\boldsymbol{k}=\boldsymbol{f} \tag{8.5.27b}$$

于是(f^0,f^1,f^2,f^3)为四维时空 M 中的力密度(又称 Lorentz 力密度)。电磁场的能量守恒方程与动量守恒方程分别由式(8.2.3a)与式(8.2.5b)给出，将它们写为如下形式：

$$\frac{\partial u}{c\partial t}+\nabla\cdot\left(\frac{\boldsymbol{S}}{c}\right)=-\frac{\boldsymbol{J}\cdot\boldsymbol{E}}{c} \tag{8.5.28}$$

$$\frac{\partial(c\boldsymbol{g}_{\mathrm{e}})}{c\partial t}+\nabla\cdot(-\hat{\boldsymbol{T}})=-\boldsymbol{f} \tag{8.5.29}$$

式中，u 为电磁场的能量密度；$\boldsymbol{g}_{\mathrm{e}}$ 为电磁场动量密度向量；$\hat{\boldsymbol{T}}$ 为电磁动量流密度张量；$\boldsymbol{S}$ 为电磁能量流密度向量。

引进四维时空 M 中的电磁场应力能量动量张量(又称 Minkowski 应力张量)$\hat{\boldsymbol{\tau}}$，其逆变分量 $\hat{\tau}^{\alpha\beta}$ 的表达式为

$$\hat{\tau}^{00}=\frac{1}{2}(\varepsilon E^2+\mu H^2) \tag{8.5.30a}$$

$$\hat{\tau}^{0i}=\hat{\tau}^{i0}=\frac{1}{c}(\boldsymbol{E}\times\boldsymbol{H})^i \tag{8.5.30b}$$

$$\hat{\tau}^{ij}=-(\varepsilon E^iE^j+\mu H^iH^j)+\frac{1}{2}(\varepsilon E^2+\mu H^2)\delta^{ij} \tag{8.5.30c}$$

或者将上述诸式统一写为如下形式：

$$\hat{\tau}^{\alpha\beta}=-cg_{\delta\gamma}F^{\alpha\delta}G^{\beta\gamma}+\frac{1}{2}g^{\alpha\beta}(\mu H^2+\varepsilon E^2) \tag{8.5.30d}$$

式中，δ^{ij} 为 Kronecker 记号；$F^{\alpha\beta}$ 与 $G^{\alpha\beta}$ 的定义分别同式(8.5.20a)与式(8.5.23)。显然 $\hat{\boldsymbol{\tau}}$ 可表示为

$$(\hat{\tau}^{\alpha\beta})=(\hat{\tau}^{\beta\alpha})=\begin{bmatrix} u & \dfrac{s^k}{c} \\ c(g_e)^i & -T^{ik}\end{bmatrix},\quad \alpha,\beta=0,1,2,3;i,k=1,2,3 \tag{8.5.30e}$$

在四维时空 M 中，利用 Minknowski 应力张量 $\hat{\boldsymbol{\tau}}$，则式(8.5.28)与式(8.5.29)合并为对 $\hat{\boldsymbol{\tau}}$ 求四维散度的形式：

$$\frac{\partial\hat{\tau}^{\alpha\beta}}{\partial x^\beta}=f^\alpha \tag{8.5.31}$$

如果令 $\boldsymbol{\pi}$ 与 $\boldsymbol{\Pi}$ 分别代表流体力学中流体的应力张量与黏性应力张量[12,81]，令 $\hat{\boldsymbol{T}}$ 代表 Maxwell 应力张量，于是考虑到电磁场存在对流体力学方程的影响之后，这时动量方程为

$$\rho\frac{\mathrm{d}\mathbf{V}}{\mathrm{d}t}=\rho\hat{\boldsymbol{f}}+\nabla\cdot(\boldsymbol{\pi}+\hat{\boldsymbol{T}})=\rho\hat{\boldsymbol{f}}+\nabla\cdot\boldsymbol{T} \tag{8.5.32a}$$

式中，$\hat{\boldsymbol{f}}$ 为通常流体力学中常讲的体积力(如重力等，但电磁力除外)；p 为流体的压强。

$$\boldsymbol{T}=\boldsymbol{\pi}+\hat{\boldsymbol{T}} \tag{8.5.32b}$$

$$\boldsymbol{\pi}=\boldsymbol{\Pi}-p\boldsymbol{I} \tag{8.5.32c}$$

8.6　电磁场中带电粒子运动的 Lagrange 函数与 Hamilton 函数

本节采用分析力学的 Lagrange 与 Hamilton 两种形式，去研究带电粒子在电磁场中的运动方程。在高超声速气动热力学以及微观分析领域内，研究带电粒子的运动问题十分重要。在微观领域内需要用量子力学来解决粒子的运动问题，而量子力学是用 Hamilton 量或 Lagrange 来解决粒子运动问题的。因此，讨论电磁场中带电粒子运动的 Lagrange 函数与 Hamilton 函数，正是为讨论从经典电动力学过渡到量子力学的量而奠定的必要基础。对于如何构造这两个函数，以下分非相对论与相对论两种情况分别进行讨论。

8.6.1　四维能量-动量向量以及四维力

以 m_0 表示粒子在静止时的质量，因此称 m_0 为静止质量。引进四维动量，记作$[p^0\quad p^1\quad p^2\quad p^3]$，即

$$[p^0\quad p^1\quad p^2\quad p^3]=m_0[u^0\quad u^1\quad u^2\quad u^3] \tag{8.6.1a}$$

式中，$u^{\alpha}(\alpha=0,1,2,3)$已由式(8.5.15a)定义。令

$$\boldsymbol{p}=m\boldsymbol{V}=[p^1 \quad p^2 \quad p^3] \tag{8.6.1b}$$

式中，

$$m=\gamma m_0 \tag{8.6.1c}$$

式中，γ 由式(8.5.15c)定义；m 称为粒子的惯性质量，显然，m 并不是 Lorenz 变换下的不变量，即它不是一个四维标量。

另外，p^0 为

$$p^0=\frac{E}{c} \tag{8.6.1d}$$

式中，

$$E=mc^2 \tag{8.6.1e}$$

式中，E 称为粒子的总能量。

利用式(8.6.1d)与式(8.6.1b)，则式(8.6.1a)可以写为

$$[p^0 \quad p^1 \quad p^2 \quad p^3]=\left[\frac{E}{c} \quad \boldsymbol{p}\right] \tag{8.6.1f}$$

显然，式(8.6.1f)既含有粒子的动量 $\boldsymbol{p}$，又含有粒子的总能量 E，所以这里四维动量又称作四维能量-动量向量。粒子的静止能量 E_0 是四维时空 M 中的标量，其表达式为

$$E_0=m_0c^2 \tag{8.6.2a}$$

由式(8.6.1f)与式(8.6.2a)可以得到

$$(p^0)^2-(p^1)^2-(p^2)^2-(p^3)^2=\frac{1}{c^2}E_0^2 \tag{8.6.2b}$$

$$E^2-c^2|\boldsymbol{p}|^2=E_0^2 \tag{8.6.2c}$$

式(8.6.2c)称为能量-动量公式。将粒子的四维动量对固有时间 τ 求导数，便得到四维力(又称 Minkowski 力)，并记为$[\hat{g}^0 \quad \hat{g}^1 \quad \hat{g}^2 \quad \hat{g}^3]$：

$$[\hat{g}^0 \quad \hat{g}^1 \quad \hat{g}^2 \quad \hat{g}^3]=\left[\frac{\mathrm{d}p^0}{\mathrm{d}\tau} \quad \frac{\mathrm{d}p^1}{\mathrm{d}\tau} \quad \frac{\mathrm{d}p^2}{\mathrm{d}\tau} \quad \frac{\mathrm{d}p^3}{\mathrm{d}\tau}\right] \tag{8.6.3a}$$

而普通力向量 $\boldsymbol{f}$ 为

$$\boldsymbol{f}=[f^1 \quad f^2 \quad f^3]=\frac{\mathrm{d}\boldsymbol{p}}{\mathrm{d}t} \tag{8.6.3b}$$

注意这里 $\boldsymbol{f}$ 并不是四维力的空间分量。如果式(8.6.2c)两边对 t 求导数，并注意使用式(8.6.1b)、式(8.6.1e)和式(8.6.3b)，可以得到

$$\frac{\mathrm{d}E}{\mathrm{d}t}=\boldsymbol{V}\cdot\boldsymbol{f} \tag{8.6.3c}$$

借助于式(8.6.3a)，则 $\hat{g}^0$ 为

$$\hat{g}^0=\frac{\gamma}{c}\boldsymbol{V}\cdot\boldsymbol{f} \tag{8.6.3d}$$

于是四维力的表达式可以写为如下形式：

$$[\hat{g}^0 \quad \hat{g}^1 \quad \hat{g}^2 \quad \hat{g}^3]=\gamma\left[\frac{1}{c}\boldsymbol{V}\cdot\boldsymbol{f} \quad \boldsymbol{f}\right] \tag{8.6.3e}$$

式中，γ 由式(8.5.15c)定义。

8.6.2　非相对论情况下电磁场中带电粒子的运动

带电质点在电磁中运动时所受到的电磁力已由式(8.5.25)给出。令 q 为带电质点的电量，则所受电磁力的表达式为

$$\boldsymbol{f}=q(\boldsymbol{E}+\boldsymbol{V}\times\boldsymbol{B}) \tag{8.6.4}$$

由分析力学知道，只要质点系的约束是完整、理想约束，则 Lagrange 方程对任意形式的外力都成立。也就是说，存在一个函数 $U(q_1,\cdots,q_m,\dot{q}_1,\cdots,\dot{q}_m)$，使式(8.6.5)成立：

$$\frac{\mathrm{d}}{\mathrm{d}t}\left(\frac{\partial U}{\partial\dot{q}_s}\right)-\frac{\partial U}{\partial q_s}=Q_s,\quad s=1,2,\cdots,m \tag{8.6.5}$$

式中，Q_s 是系统的广义力。

由通常的 Lagrange 方程减去式(8.6.5)，可得

$$\frac{\mathrm{d}}{\mathrm{d}t}\left[\frac{\partial}{\partial\dot{q}_s}(T-U)\right]-\frac{\partial}{\partial q_s}(T-U)=0 \tag{8.6.6a}$$

定义 Lagrange 函数 L 为

$$L=T-U \tag{8.6.6b}$$

式中，T 为动能。

于是式(8.6.6a)为

$$\frac{\mathrm{d}}{\mathrm{d}t}\left(\frac{\partial L}{\partial\dot{q}_s}\right)-\frac{\partial L}{\partial q_s}=0 \tag{8.6.6c}$$

在电动力学中，电磁场 $\boldsymbol{E}$、$\boldsymbol{B}$ 可用标势 φ 与矢势 $\boldsymbol{A}$ 即式(8.2.7a)与式(8.2.7c)表示。将这两式代入式(8.6.4)中可以得到

$$\boldsymbol{f}=q\left[-\nabla\varphi-\frac{\partial\boldsymbol{A}}{\partial t}+\boldsymbol{V}\times(\nabla\times\boldsymbol{A})\right] \tag{8.6.7a}$$

在直角坐标系中，式(8.6.7a)可写为

$$f_i=q\left(-\frac{\partial\varphi}{\partial x_i}-\frac{\partial A_i}{\partial t}+v_j\frac{\partial A_j}{\partial x_i}-v_j\frac{\partial A_i}{\partial x_j}\right) \tag{8.6.7b}$$

令

$$\begin{cases}U\equiv q(\varphi-\boldsymbol{V}\cdot\boldsymbol{A})=q(\varphi-v_jA_j)\\ v_j=\dot{x}_j\end{cases} \tag{8.6.8a}$$

则容易证明

$$\frac{\mathrm{d}}{\mathrm{d}t}\left(\frac{\partial U}{\partial \dot{x}_i}\right)-\frac{\partial U}{\partial x_i}=q\left(-\frac{\partial \varphi}{\partial x_i}-\frac{\partial A_i}{\partial t}+v_j\frac{\partial A_j}{\partial x_i}-v_j\frac{\partial A_i}{\partial x_j}\right)=f_i \tag{8.6.8b}$$

成立。这就表明:只要按式(8.6.8a)定义广义势函数 U,式(8.6.5)便能成立,因而可按式(8.6.6b)定义 Lagrange 函数并由式(8.6.6c)去求带电粒子在电磁场中的运动微分方程。也就是说,这时 Lagrange 函数 L 为

$$L=T-U=\frac{1}{2}m\boldsymbol{V}\cdot\boldsymbol{V}-q(\varphi-\boldsymbol{V}\cdot\boldsymbol{A}) \tag{8.6.9a}$$

由式(8.6.9a)可求出正则动量为

$$\begin{cases}P_i=\dfrac{\partial L}{\partial v_i}=mv_i+qA_i\\ \boldsymbol{P}=m\boldsymbol{V}+q\boldsymbol{A}\end{cases} \tag{8.6.9b}$$

于是 Hamilton 函数 $H=v_iP_i-L=\frac{1}{2}m\boldsymbol{V}\cdot\boldsymbol{V}+q\varphi$,利用式(8.6.9b)消去 $\boldsymbol{V}$,则 H 可表示为

$$H=\frac{1}{2m}(\boldsymbol{P}-q\boldsymbol{A})^2+q\varphi \tag{8.6.9c}$$

式中的 $\boldsymbol{P}$ 是正则动量。将式(8.6.9c)所定义的 Hamilton 函数代入正则方程

$$\dot{x}_i=\frac{\partial H}{\partial P_i},\quad \dot{P}_i=-\frac{\partial H}{\partial x_i} \tag{8.6.9d}$$

容易证明,第一式实际上表示动量 $\boldsymbol{P}=m\boldsymbol{V}$,第二式写成矢量便为

$$\dot{\boldsymbol{P}}=-\nabla H \tag{8.6.9e}$$

用式(8.6.9b)消去式(8.6.9e)等号左侧的 $\boldsymbol{P}$,用式(8.6.9c)消去式(8.6.9e)等号右侧的 H,并适当整理后可得

$$\frac{\mathrm{d}}{\mathrm{d}t}(m\boldsymbol{V})=q(\boldsymbol{E}+\boldsymbol{V}\times\boldsymbol{B}) \tag{8.6.10}$$

这正是带电粒子在电磁场中的运动方程。可见式(8.6.9a)与式(8.6.9c)便为非相对论情况下电磁场中带电粒子的 Lagrange 函数与 Hamilton 函数。

8.6.3 狭义相对论情况下电磁场中带电粒子的运动

在狭义相对论下,正确的运动方程应该为

$$\frac{\mathrm{d}}{\mathrm{d}t}(\gamma m_0\boldsymbol{V})=q(\boldsymbol{E}+\boldsymbol{V}\times\boldsymbol{B}) \tag{8.6.11}$$

因为 $\gamma m_0 v_i=\frac{\partial}{\partial v_i}(-\gamma^{-1}m_0c^2)$,于是可取 Lagrange 函数为

$$L=-\gamma^{-1}m_0c^2-q(\varphi-\boldsymbol{V}\cdot\boldsymbol{A}) \tag{8.6.12a}$$

式中,γ 的定义同式(8.5.15c)。相应的正则动量是

$$\begin{cases} P_i = \dfrac{\partial L}{\partial v_i} = \gamma m_0 v_i + qA_i \\ \boldsymbol{P} = \widetilde{\boldsymbol{p}} + q\boldsymbol{A} \end{cases} \tag{8.6.12b}$$

式中，

$$\widetilde{\boldsymbol{p}} = \gamma m_0 \boldsymbol{V} \tag{8.6.12c}$$

Hamilton 函数是 $H=\boldsymbol{P}\cdot\boldsymbol{V}-L$，将式(8.6.12a)与式(8.6.12b)代入 Hamilton 函数后得到

$$H = \gamma m_0 c^2 + q\varphi \tag{8.6.12d}$$

利用式(8.6.1c)与式(8.6.1e)，可将能量-动量关系式(8.6.2c)改写为

$$\gamma m_0 c^2 = [(\boldsymbol{p} - q\boldsymbol{A})^2 c^2 + m_0^2 c^4]^{\frac{1}{2}} \tag{8.6.12e}$$

利用式(8.6.12e)，则式(8.6.12d)变为

$$H = mc^2 + q\varphi = [(\boldsymbol{p} - q\boldsymbol{A})^2 c^2 + m_0^2 c^4]^{\frac{1}{2}} + q\varphi \tag{8.6.12f}$$

综上所述，在狭义相对论下，带电粒子在电磁场中运动时的 Lagrange 函数与 Hamilton 函数分别由式(8.6.12a)与式(8.6.12f)所规定。

8.7　运动点电荷的电磁场及其带电粒子的加速运动

8.7.1　运动点电荷的电磁场和电磁势

现在考查运动点电荷所激发的电动势。设一运动的点电荷 e(令其电量为 q)，在 t' 时刻其运动状态用位置 $\boldsymbol{r}_e(t')$ 和速度 $\boldsymbol{V}(t')$ 描述。现在要研究这一运动的点电荷在空间一点 $\boldsymbol{r}, t$ 时刻的场(见图 8.3)。由于运动电荷激发的场是以有限速度 c 传播的，所以 $\boldsymbol{r}$ 点 t 时刻的场应该是在较早时刻 t' 运动电荷在 $\boldsymbol{r}_e(t')$ 处激发的，即应满足推迟条件

$$R(t') = |\boldsymbol{r} - \boldsymbol{r}_e(t')| = c(t - t') \tag{8.7.1}$$

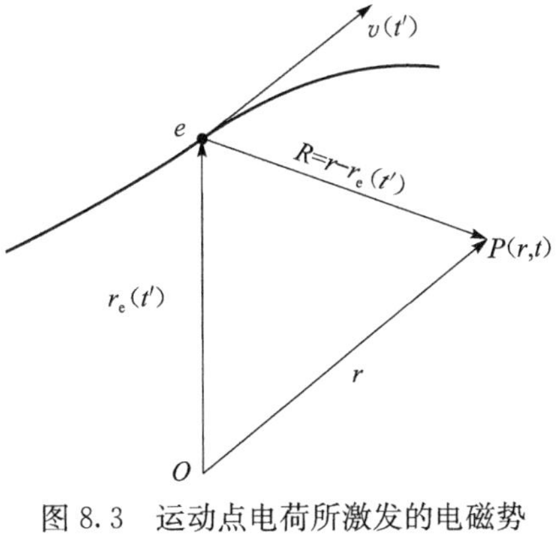

图 8.3　运动点电荷所激发的电磁势

可以证明,在 $\boldsymbol{r}$ 点 t 时刻的矢势 $\boldsymbol{A}$ 与标势 φ 分别为

$$A(\boldsymbol{r},t)=\frac{q}{4\pi\varepsilon_0 c}\left[\frac{\boldsymbol{\beta}}{KR}\right]_{\mathrm{ret}}=\frac{\mu_0}{4\pi}\frac{q\boldsymbol{V}^*}{S^*} \tag{8.7.2}$$

$$\varphi(\boldsymbol{r},t)=\frac{q}{4\pi\varepsilon_0}\left[\frac{1}{KR}\right]_{\mathrm{ret}}=\frac{1}{4\pi\varepsilon_0}\frac{q}{S^*} \tag{8.7.3}$$

式中,方括号[·]中的量 $\boldsymbol{\beta}$、K、R 都是 t' 的函数;下角标 ret 表示[·]中的 t' 应按式(8.7.1)的推迟条件,即

$$t'=t-\frac{1}{c}R(t')=t-\frac{1}{c}\ |\boldsymbol{r}-\boldsymbol{r}_{\mathrm{e}}(t')| \tag{8.7.4}$$

取值;标有 * 号的量表示该量应取 t' 时刻的值;标号 $\boldsymbol{\beta}$、K、S 等的定义分别为

$$\boldsymbol{\beta}=\frac{\boldsymbol{V}(t')}{c},\quad K=1-\boldsymbol{n}\cdot\boldsymbol{\beta},\quad \boldsymbol{n}\equiv\frac{\boldsymbol{R}}{R} \tag{8.7.5a}$$

$$\boldsymbol{R}=\boldsymbol{r}-\boldsymbol{r}_{\mathrm{e}}(t'),\quad R=|\boldsymbol{R}|,\quad \boldsymbol{V}^*=\frac{\mathrm{d}\boldsymbol{r}_{\mathrm{e}}(t')}{\mathrm{d}t'} \tag{8.7.5b}$$

$$S=R-\frac{\boldsymbol{R}\cdot\boldsymbol{V}}{c},\quad S^*=R^*-\frac{\boldsymbol{R}^*\cdot\boldsymbol{V}^*}{c} \tag{8.7.5c}$$

$$\boldsymbol{R}^*=\boldsymbol{r}-\boldsymbol{r}_{\mathrm{e}}(t')=\boldsymbol{R} \tag{8.7.5d}$$

式中,$\boldsymbol{V}$ 为带电粒子对观测者的速度;μ_0 与 ε_0 分别为真空磁导率与真空介电常数。式(8.7.2)与式(8.7.3)常称为 Lienard-Wiechert 势。将运动点电荷的电磁势(即 lienard-wiechert 势)直接代入式(8.2.7d),可得

$$\boldsymbol{E}=\frac{q}{4\pi\varepsilon_0}\left\{\frac{(\boldsymbol{n}-\boldsymbol{\beta})(1-\boldsymbol{\beta}\cdot\boldsymbol{\beta})}{K^3R^2}+\frac{\boldsymbol{n}\times[(\boldsymbol{n}-\boldsymbol{\beta})\times\dot{\boldsymbol{\beta}}]}{cK^3R}\right\}_{\mathrm{ret}} \tag{8.7.6a}$$

$$\boldsymbol{B}=\frac{1}{c}[\boldsymbol{n}\times\boldsymbol{E}]_{\mathrm{ret}} \tag{8.7.6b}$$

式中,

$$\dot{\boldsymbol{\beta}}=\frac{1}{c}\frac{\mathrm{d}\boldsymbol{V}(t')}{\mathrm{d}t'} \tag{8.7.6c}$$

式(8.7.6a)与式(8.7.6b)就是任意运动的点电荷所激发的电磁场。显然,只要给定点电荷的运动 $\boldsymbol{r}_{\mathrm{e}}(t')$,利用上两式以及推迟条件式(8.7.1)就可以得到它所激发的电磁场 $\boldsymbol{E}(\boldsymbol{r},t)$ 与 $\boldsymbol{B}(\boldsymbol{r},t)$;另外,从式(8.7.6a)可以看出,运动电荷所激发的电磁场可以分解为两部分:第一项只与速度有关,是随 $1/R^2$ 变化的,并且不是辐射能量,是似稳场;第二项与加速度[见式(8.7.6c)]有关,是随 $1/R$ 变化的,有能量辐射,是典型的辐射场。因此,匀速直线运动的点电荷是不辐射能量的,只有加速运动的点电荷才辐射能量。

8.7.2 点电荷加速运动时的辐射能量

这里只讨论加速运动点电荷的辐射问题。由式(8.7.6a)与式(8.7.6b)可知,

辐射场为

$$\begin{cases} \boldsymbol{E}(\boldsymbol{r},t)=\dfrac{q}{4\pi\varepsilon_0 c}\left[\dfrac{\boldsymbol{n}\times[(\boldsymbol{n}-\boldsymbol{\beta})\times\dot{\boldsymbol{\beta}}]}{k^3R}\right]_{\text{ret}} \\ \boldsymbol{B}(\boldsymbol{r},t)=\dfrac{1}{c}[\boldsymbol{n}\times\boldsymbol{E}]_{\text{ret}} \end{cases} \tag{8.7.7}$$

令 $\boldsymbol{S}$ 为能流密度矢量，则 $\boldsymbol{S}$ 沿 $\boldsymbol{R}$ 方向上的分量为

$$\begin{aligned}[\boldsymbol{S}\cdot\boldsymbol{n}]_{\text{ret}}&=\frac{1}{\mu_0}[(\boldsymbol{E}\times\boldsymbol{B})\cdot\boldsymbol{n}]_{\text{ret}}=\frac{1}{\mu_0 c}|\boldsymbol{E}|^2_{\text{ret}}\\ &=\left[\frac{q^2|\boldsymbol{n}\times[(\boldsymbol{n}-\boldsymbol{\beta})\times\dot{\boldsymbol{\beta}}]|^2}{16\pi^2\varepsilon_0 ck^6R^2}\right]_{\text{ret}}\end{aligned} \tag{8.7.8}$$

式中，$[\boldsymbol{S},\boldsymbol{n}]_{\text{ret}}$是 t 时刻在场点垂直 $\boldsymbol{n}$ 方向的单位面积上所接收的功率；$[\boldsymbol{S}\cdot\boldsymbol{n}]\partial t/\partial t'$则是运动点电荷在 t'时刻沿 $\boldsymbol{n}$ 方向单位面积所发射的功率。因此，运动电荷在 t'时刻辐射到立体角 $\mathrm{d}\Omega$ 内的功率应为

$$\mathrm{d}p(t')=(\boldsymbol{S}\cdot\boldsymbol{n})\frac{\partial t}{\partial t'}R^2\mathrm{d}\Omega=(\boldsymbol{S}\cdot\boldsymbol{n})KR^2\mathrm{d}\Omega \tag{8.7.9a}$$

将式(8.7.8)代入式(8.7.9a)，可得瞬时辐射功率角分布为

$$\frac{\mathrm{d}p(t')}{\mathrm{d}\Omega}=\frac{q^2\ |\boldsymbol{n}\times(\boldsymbol{n}-\boldsymbol{\beta})\times\dot{\boldsymbol{\beta}}\ |^2}{16\pi^2\varepsilon_0 c(1-\boldsymbol{n}\cdot\boldsymbol{\beta})^5} \tag{8.7.9b}$$

将式(8.7.9b)对 $\mathrm{d}\Omega$ 积分可以得到辐射总功率 $p(t')$，下面分两种情况给出 $p(t')$的表达式。

1. 非相对论时低速带电粒子辐射的能量

对于$|\mathbf{V}|\ll c$ 的低速带电粒子，其辐射总功率可由 Larmor 公式决定，其表达式为

$$p(t')=\frac{q^2\dot{\mathbf{V}}\cdot\dot{\mathbf{V}}}{6\pi^2\varepsilon_0 c^3} \tag{8.7.10}$$

2. 狭义相对论时任意速度带电粒子辐射的能量和动量

令 $x_0=\mathrm{i}ct,x_1=x,x_2=y,x_3=z$；在复四维 Euclidean 空间中，能量与动量构成一个四维矢量，于是

$$\mathrm{d}p_\mu=\left(\frac{\mathrm{id}W}{c},\mathrm{d}\mathbf{p}\right) \tag{8.7.11a}$$

四维加速度与四维速度分别为

$$a_\mu=\frac{\mathrm{d}u_\mu}{\mathrm{d}\tau} \tag{8.7.11b}$$

$$u_\mu=(\mathrm{i}\gamma c,\gamma\mathbf{V}) \tag{8.7.11c}$$

因此，在任一惯性系中应有

$$\frac{\mathrm{d}p_\mu}{\mathrm{d}\tau}=-\frac{q^2}{6\pi\varepsilon_0 c^5}(a_\nu)^2 u_\mu \tag{8.7.12a}$$

式中，τ 为固有时间；a_ν 为四维加速度，并且 $(a_\nu)^2$ 为

$$(a_\nu)^2=a_\nu a_\nu=\frac{\dot{\mathbf{V}}\cdot\dot{\mathbf{V}}-\left(\frac{\mathbf{V}}{c}\times\dot{\mathbf{V}}\right)^2}{(1-\beta^2)^3} \tag{8.7.12b}$$

$$\beta=\frac{|\mathbf{V}|}{c} \tag{8.7.12c}$$

于是式(8.7.12a)的空间部分与时间部分可分别写为

$$\frac{\mathrm{d}\boldsymbol{p}}{\mathrm{d}t}=-\frac{q^2}{6\pi\varepsilon_0 c^5}\frac{\dot{\mathbf{V}}\cdot\dot{\mathbf{V}}-\left(\frac{\mathbf{V}}{c}\times\dot{\mathbf{V}}\right)^2}{(1-\beta^2)^3}\mathbf{V}=-\frac{q^2\gamma^6}{6\pi\varepsilon_0 c^3}[\dot{\boldsymbol{\beta}}\cdot\dot{\boldsymbol{\beta}}-(\boldsymbol{\beta}\times\dot{\boldsymbol{\beta}})^2]\mathbf{V} \tag{8.7.13}$$

$$\frac{\mathrm{d}W}{\mathrm{d}t}=-\frac{q^2}{6\pi\varepsilon_0 c^3}\frac{\dot{\mathbf{V}}\cdot\dot{\mathbf{V}}-\left(\frac{\mathbf{V}}{c}\times\dot{\mathbf{V}}\right)^2}{(1-\beta^2)^3}=-\frac{q^2\gamma^6}{6\pi\varepsilon_0 c}[\dot{\boldsymbol{\beta}}\cdot\dot{\boldsymbol{\beta}}-(\boldsymbol{\beta}\times\dot{\boldsymbol{\beta}})^2] \tag{8.7.14}$$

式中，γ 由式(8.5.15c)定义。式(8.7.13)与式(8.7.14)就是以任意速度运动的带电粒子在单位时间内向整个空间辐射电磁波的动量与能量的方程，它们分别等于带电粒子受到的辐射反作用力与能量损失的速率。

8.8　电子的电磁质量与辐射阻尼力

由 8.7 节可知，任意运动的带电粒子所激发的电磁场可分为两部分：一部分与速度有关，主要是依附于带电粒子周围的速度场，也称自有场；另一部分是与加速度有关的辐射场。对于匀速运动的电子，除了电子本身的能量和动量外，其周围的自有场对能量和动量也有贡献，也就是说自有场对电子的反作用表现为电子的电磁质量 m_{em}；另外，对于受外力作用而加速运动的电子，除了自有场变化外，还有辐射场，这部分也要带走能量与动量；辐射场对电子的反作用表现在场对电子的辐射阻尼力 $\boldsymbol{F}_{\mathrm{r}}$，这里扼要的讨论 m_{em} 与 $\boldsymbol{F}_{\mathrm{r}}$ 的计算。

8.8.1　电子的电磁质量

现在讨论自有场对能量与动量的贡献。为了简化，假定电子的速度 $|\mathbf{V}|\ll c$，则电子的机械动量 $\boldsymbol{G}_{\mathrm{m}}=m_0\mathbf{V}$，电子的机械动能 $U_{\mathrm{m}}=\frac{1}{2}m_0\mathbf{V}\cdot\mathbf{V}$，并设自有场的动量为 $\hat{\boldsymbol{G}}$，自有场的能量为 U，因此电子机械与自有场的总动量与总能量分别为

$$\begin{cases} \boldsymbol{G}_{\mathrm{m}}+\hat{\boldsymbol{G}}=m\boldsymbol{V} \\ U_{\mathrm{m}}+U=U_0+\dfrac{1}{2}m\boldsymbol{V}\cdot\boldsymbol{V} \end{cases} \tag{8.8.1a}$$

式中，$\hat{\boldsymbol{G}}$ 与 U 分别为

$$\hat{\boldsymbol{G}}=\varepsilon_0\int_\Omega(\boldsymbol{E}\times\boldsymbol{B})\mathrm{d}\Omega=\frac{4U_0}{3c}\boldsymbol{\beta}=\frac{4U_0}{3c^2}\boldsymbol{V} \tag{8.8.1b}$$

$$U=\frac{1}{2}\int_\Omega\left(\varepsilon_0\boldsymbol{E}\cdot\boldsymbol{E}+\frac{1}{\mu_0}\boldsymbol{B}\cdot\boldsymbol{B}\right)\mathrm{d}\Omega=\left(1+\frac{2}{3c^2}\boldsymbol{V}\cdot\boldsymbol{V}\right)U_0 \tag{8.8.1c}$$

式中，U_0 为静止点电荷的电场能量。

$$U_0=\frac{\varepsilon_0}{2}\int_\Omega\boldsymbol{E}_0\cdot\boldsymbol{E}_0\mathrm{d}\Omega \tag{8.8.1d}$$

利用式(8.8.1b)、式(8.8.1c)和式(8.8.1d)，则式(8.8.1a)变为

$$\begin{cases} \boldsymbol{G}_m+\hat{\boldsymbol{G}}=m\boldsymbol{V}=\left(m_0+\dfrac{4U_0}{3c^2}\right)\boldsymbol{V} \\ U_m+U=U_0+\dfrac{1}{2}m\boldsymbol{V}\cdot\boldsymbol{V}=U_0+\dfrac{1}{2}\left(m_0+\dfrac{4U_0}{3c^2}\right)\boldsymbol{V}\cdot\boldsymbol{V} \end{cases} \tag{8.8.2a}$$

式中，

$$m=m_0+\frac{4U_0}{3c^2}=m_0+m_{\mathrm{em}},\quad m_{\mathrm{em}}=\frac{4U_0}{3c^2} \tag{8.8.2b}$$

应指出的是，由于运动电子与自有场是不可分割的，所以试验上实际测量的电子质量 m 应该是非电磁的质量 m_0 与电磁质量 m_{em} 之和，即 $m=m_0+m_{\mathrm{em}}$。

8.8.2　辐射阻尼力的计算

电子作加速运动时激发电磁场，向外辐射能量和动量，因此外力 $\boldsymbol{F}_{\mathrm{e}}$ 的作用不仅使电子加速而且还要克服辐射场对电子的反作用，这种辐射场的反作用称为辐射阻尼力 $\boldsymbol{F}_{\mathrm{r}}$，于是电子的运动方程为

$$\frac{\mathrm{d}(m\boldsymbol{V})}{\mathrm{d}t}=\boldsymbol{F}_{\mathrm{e}}+\boldsymbol{F}_{\mathrm{r}} \tag{8.8.3}$$

式中，m 为电子质量，它应该由式(8.8.2b)定义。

为简单起见，在 $\beta\ll 1$ 的条件下，辐射功率可由 Larmor 公式[即式(8.7.10)]给出：

$$P=\frac{q^2}{6\pi\varepsilon_0c^3}\dot{\boldsymbol{V}}\cdot\dot{\boldsymbol{V}} \tag{8.8.4a}$$

辐射功率损失应由外力克服辐射力做功来补偿，故有

$$\boldsymbol{F}_{\mathrm{r}}\cdot\boldsymbol{V}+\frac{q^2}{6\pi\varepsilon_0c^3}(\dot{\boldsymbol{V}}\cdot\dot{\boldsymbol{V}})=0 \tag{8.8.4b}$$

对式(8.8.4b)积分,可得

$$\int_{t_1}^{t_2} \boldsymbol{F}_{\mathrm{r}} \cdot \boldsymbol{V} \mathrm{d}t + \int_{t_1}^{t_2} \frac{q^2}{6\pi\varepsilon_0 c^3} \dot{\boldsymbol{V}} \cdot \dot{\boldsymbol{V}} \mathrm{d}t = 0 \tag{8.8.5a}$$

对式(8.8.5a)第二项作分部积分后得到

$$\int_{t_1}^{t_2} \left(\boldsymbol{F}_{\mathrm{r}} - \frac{q^2 \ddot{\boldsymbol{V}}}{6\pi\varepsilon_0 c^3} \right) \cdot \boldsymbol{V} \mathrm{d}t + \left(\frac{q^2}{6\pi\varepsilon_0 c^3} \boldsymbol{V} \cdot \dot{\boldsymbol{V}} \right) \Bigg|_{t_1}^{t_2} = 0 \tag{8.8.5b}$$

如果电子做周期运动或者加速度只存在一段时间,则式(8.8.5b)等号左侧第二项为 0,所以平均地讲,当

$$\boldsymbol{F}_{\mathrm{r}} = \frac{q^2 \ddot{\boldsymbol{V}}}{6\pi\varepsilon_0 c^3} \tag{8.8.5c}$$

时,能量得到平衡。因此,式(8.8.5c)只是表示一种平均的效果。将式(8.8.5c)代入式(8.8.3)便得到考虑电磁场反作用后的电子运动方程,即

$$m\dot{\boldsymbol{V}} = \boldsymbol{F}_{\mathrm{e}} + \frac{q^2}{6\pi\varepsilon_0 c^3} \ddot{\boldsymbol{V}} \tag{8.8.6}$$

这就是 Abraham-Lorentz 运动方程,它仅适用于$|\boldsymbol{V}| \ll c$ 时的情形。

8.9　Vlasov 方程和耦合的方程组

8.9.1　Vlasov 方程

在气体分子运动论(又称气体动理论)中,Boltzmann 方程是重要方程之一。对于 Boltzmann 方程所描述的气体分子群体[477~480],通常假定其粒子(分子)之间除了碰撞(近程作用力)之外没有其他的作用力,认为任何一个粒子在不发生碰撞时的运动状态是完全独立的。在等离子体或电动力学中,带电粒子间作用的 Coulomb 力是一种长程力,任一带电粒子在任何时刻都与其他粒子发生相互作用,而不可能存在独立的运动状态。此外,对宇宙星系而言,其星体之间由于(长程的)引力而相互作用。因此,所有这些都不符合 Boltzmann 方程成立的条件。但在许多情况下,可以近似地认为粒子之间相互作用的结果能够用一个平均外加力场来表述,即每个粒子在该场的作用下运动,而这个平均场又由全部粒子的运动状态所决定。于是这样便可用一个平均的外加力场去代替粒子间的长程相互作用,于是便可以继续使用 Boltzmann 方程的基本框架来处理相关的问题。

现考察一个粒子群体,其粒子之间的相互作用力是长程的,且假设无碰撞发生。假设由全体粒子运动状态所决定的平均力场对每个粒子的作用力为 $\hat{\boldsymbol{g}}(t, \boldsymbol{x})$,于是引进粒子的分布函数 $f(t, \boldsymbol{x}, \boldsymbol{v})$,它满足如下方程:

$$\frac{\partial f}{\partial t} + \boldsymbol{v} \cdot \nabla_x f + \hat{\boldsymbol{g}} \cdot \nabla_v f = 0 \tag{8.9.1a}$$

式中，$\hat{\boldsymbol{g}}$ 为单位质量上的作用力；算子∇_x与∇_v分别为(这里以直角坐标系为例)

$$\nabla_x=\begin{bmatrix}\frac{\partial}{\partial x_1} & \frac{\partial}{\partial x_2} & \frac{\partial}{\partial x_3}\end{bmatrix} \tag{8.9.1b}$$

$$\nabla_v=\begin{bmatrix}\frac{\partial}{\partial v_1} & \frac{\partial}{\partial v_2} & \frac{\partial}{\partial v_3}\end{bmatrix} \tag{8.9.1c}$$

方程(8.9.1a)称为 Vlasov 方程，它作为 Boltzmann 方程的一种特殊形式，是等离子体研究中的基本方程之一。

8.9.2 Vlasov-Poisson 方程组

现研究带电粒子群体(如等离子体中的电子群体等)的运动。假定过程进行得不太快，这时电磁效应可以忽略，即可作静电近似。设粒子的质量为 m，所带电荷为 q，并假定这些带电粒子所形成的(平均)电场为 $\boldsymbol{E}(t,\boldsymbol{x})$。由于这里磁场已被忽略，因此一个粒子单位质量上所受到的电场力为 $\tilde{\boldsymbol{g}}=\frac{q}{m}\boldsymbol{E}(t,\boldsymbol{x})$，这时这些带电粒子的分布函数 $f(t,\boldsymbol{x},\boldsymbol{v})$应满足如下的 Vlasov 方程：

$$\frac{\partial f}{\partial t}+\boldsymbol{v}\cdot\nabla_x f+\frac{q}{m}\boldsymbol{E}\cdot\nabla_v f=0 \tag{8.9.2a}$$

对于 $\boldsymbol{E}$ 还满足如下方程：

$$\nabla\cdot\boldsymbol{E}=\frac{\rho}{\varepsilon_0} \tag{8.9.2b}$$

式中，ε_0 为真空中的介电常数；ρ 为电荷密度。

另外，由分布函数 $f(t,\boldsymbol{x},\boldsymbol{v})$的定义，电荷密度即单位体积中的电荷为

$$\rho(t,\boldsymbol{x})=q\int f(t,\boldsymbol{x},\boldsymbol{v})\mathrm{d}\boldsymbol{v} \tag{8.9.3}$$

在静电近似下，可以引进电场 $\boldsymbol{E}$ 的势 φ，使其满足

$$\boldsymbol{E}=-\nabla_x\varphi \tag{8.9.4}$$

且有

$$\nabla\cdot\boldsymbol{E}=\frac{\rho}{\varepsilon_0} \tag{8.9.5a}$$

成立，于是利用式(8.9.3)与式(8.9.4)，则式(8.9.5a)可改写为

$$-\nabla\cdot\nabla\varphi=-\Delta\varphi=\frac{q}{\varepsilon_0}\int f(t,\boldsymbol{x},\boldsymbol{v})\mathrm{d}\boldsymbol{v} \tag{8.9.5b}$$

利用式(8.9.4)，则式(8.9.2a)可改写为

$$\frac{\partial f}{\partial t}+\boldsymbol{v}\cdot\nabla_x f-\frac{q}{m}(\nabla_x\varphi)\cdot\nabla_v f=0 \tag{8.9.6}$$

方程(8.9.5b)与(8.9.6)构成了 Vlasov-Poisson 方程组。在这个方程组中，方程(8.9.6)是关于未知函数 f 的一阶双曲型偏微分方程，其系数依赖于另一个未知数 φ 对 $\boldsymbol{x}$ 的梯度；而方程(8.9.5b)是关于未知函数 φ 的 Poisson 方程，其等号右侧由

未知函数 f 的积分给出。因此,这个方程组是一个非线性双曲-椭圆耦合的积分微分方程组。

8.9.3 Vlasov-Maxwell 方程组

通常,在运动的带电粒子群体(如等离子体)中,磁场效应是不能忽略的。在这种情况下,带电粒子群体便处在由全体粒子的宏观运动所产生的电磁场中。设所考察的粒子质量为 m,电量为 q,又设电磁场的电场强度与磁感强度分别为 $\boldsymbol{E}(t,\boldsymbol{x})$ 与 $\boldsymbol{B}(t,\boldsymbol{x})$,于是带电粒子所受的 Lorentz 力为

$$\boldsymbol{f}_{\mathrm{L}}=q(\boldsymbol{E}+\boldsymbol{v}\times\boldsymbol{B}) \tag{8.9.7}$$

因此粒子的分布函数 $f(t,\boldsymbol{x},\boldsymbol{v})$ 所满足的 Vlasov 方程变为

$$\frac{\partial f}{\partial t}+\boldsymbol{v}\cdot\nabla_{x}f+\frac{q}{m}(\boldsymbol{E}+\boldsymbol{v}\times\boldsymbol{B})\cdot\nabla_{v}f=0 \tag{8.9.8}$$

同时,为简单起见,假设 $\boldsymbol{E}$ 与 $\boldsymbol{B}$ 满足真空中的 Maxwell 方程组,即

$$\varepsilon_0\mu_0\frac{\partial\boldsymbol{E}}{\partial t}=\nabla\times\boldsymbol{B}-\mu_0\boldsymbol{J} \tag{8.9.9a}$$

$$\frac{\partial\boldsymbol{B}}{\partial t}=-\nabla\times\boldsymbol{E} \tag{8.9.9b}$$

$$\nabla\cdot\boldsymbol{E}=\frac{\rho}{\varepsilon_0} \tag{8.9.9c}$$

$$\nabla\cdot\boldsymbol{B}=\boldsymbol{0} \tag{8.9.9d}$$

式中,ρ 为电荷密度;$\boldsymbol{J}$ 为电流密度;ε_0 与 μ_0 为真空中的介电常数与磁导率。电荷密度 ρ 与电流密度 $\boldsymbol{J}$ 可由分布函数 f 分别表示,即

$$\rho(t,\boldsymbol{x})=q\int f(t,\boldsymbol{x},\boldsymbol{v})\mathrm{d}\boldsymbol{v} \tag{8.9.9e}$$

$$\boldsymbol{J}=q\int\boldsymbol{v}f(t,\boldsymbol{x},\boldsymbol{v})\mathrm{d}\boldsymbol{v} \tag{8.9.9f}$$

应该指出的是,电流是由带电粒子群体的宏观运动形成的,而带电粒子的宏观运动速度就是粒子的平均速度 $\boldsymbol{V}$,即

$$\boldsymbol{V}(t,\boldsymbol{x})=\frac{1}{n}\int\boldsymbol{v}f(t,\boldsymbol{x},\boldsymbol{v})\mathrm{d}\boldsymbol{v} \tag{8.9.10}$$

式中,n 为 t 时刻在 $\boldsymbol{x}$ 处单位体积内的分子总数,即

$$n(t,\boldsymbol{x})=\int f(t,\boldsymbol{x},\boldsymbol{v})\mathrm{d}\boldsymbol{v} \tag{8.9.11}$$

因此 $\boldsymbol{V}$ 的方向与电流密度 $\boldsymbol{J}$ 的方向相同,而 $\boldsymbol{J}$ 在数值上等于单位时间内通过垂直于 $\boldsymbol{V}$ 方向上的单位面积的电荷量。综上所述,由方程(8.9.8)以及方程(8.9.9a)～(8.9.9f)所构成的方程组称为 Vlasov-Maxwell 方程组。显然,它是由描述粒子守恒的 Vlasov 方程与描述电磁场变化的 Maxwell 方程组耦合而成的。

8.9.4　Vlasov-Maxwell 方程组的数学结构及其定解问题

由式(8.9.8)和式(8.9.9a)～式(8.9.9f)组成的 Vlasov-Maxwell 方程组中，式(8.9.9c)与式(8.9.9d)可以化为对初始条件的要求。事实上，当 $t=0$ 时，

$$f=f^0(\boldsymbol{x},\boldsymbol{v}),\quad \boldsymbol{E}=\boldsymbol{E}^0(\boldsymbol{x}),\quad \boldsymbol{B}=\boldsymbol{B}^0(\boldsymbol{x}) \tag{8.9.12}$$

且这些初始时就满足相容性条件

$$\nabla\cdot\boldsymbol{E}^0=\frac{q}{\varepsilon_0}\int f^0(\boldsymbol{x},\boldsymbol{v})\mathrm{d}\boldsymbol{v} \tag{8.9.13}$$

$$\nabla\cdot\boldsymbol{B}^0=0 \tag{8.9.14}$$

那么在数学上可以证明：当 $t>0$ 时恒有

$$\nabla\cdot\boldsymbol{E}=\frac{q}{\varepsilon_0}\int f(t,\boldsymbol{x},\boldsymbol{v})\mathrm{d}\boldsymbol{v} \tag{8.9.15}$$

$$\nabla\cdot\boldsymbol{B}=0 \tag{8.9.16}$$

成立。因此对 Vlasov-Maxwell 方程组来讲，只需要考虑由式(8.9.8)、式(8.9.9a)、式(8.9.9b)与式(8.9.9f)所构成的方程组。Vlasov 方程式(8.9.8)是关于 f 的一阶双曲型偏微分方程，其系数还依赖于未知函数 $\boldsymbol{E}$ 与 $\boldsymbol{B}$；而 Maxwell 方程(8.9.9a)和(8.9.9b)则是关于未知函数 $\boldsymbol{E}$ 与 $\boldsymbol{B}$ 的一阶对称双曲型方程，其中含有的 $\boldsymbol{J}$ 是通过对未知函数 f 的积分由式(8.9.9f)给出。因此，Vlasov-Maxwell 方程组是一个一阶非线性双曲型积分偏微分方程组。

对于 Vlasov 方程(8.9.1a)的定解问题，可分为初值问题(又称 Cauchy 问题)和初边值问题两类进行处理。Vlasov-Poisson 方程组以及 Vlasov-Maxwell 方程组的定解问题是近些年来应用偏微分方程领域中一个十分热门的研究课题之一。对于 Vlasov-Maxwell 方程组，在小初值情况下数学上已证明了其 Cauchy 问题整体经典解的存在性；但对于一般初值情况，仍是一个尚待完全解决的问题。虽然其整体弱解的存在性已得到证明，但弱解的唯一性尚未解决[481]。

8.9.5　强激光作用的小参量展开法

Boltzmann 方程是稀薄气体动力学的基本方程，在非平衡统计力学建立的初期它起了奠基性的作用。现今，非平衡统计力学已不仅仅限于讨论稀薄气体，但稀薄气体仍然是一个比较简单而且又带有某种普遍意义的物理模型，因此至今 Boltzmann 方程在非平衡统计力学中仍具有重要的理论意义。

文献[5]从 Liouville 方程出发，在文献[39]的基础上重新导出了关于约化分布函数的 BBGKY 方程链以及广义的 Liouville 方程。

BBGKY 方程链本来是处理强耦合中性粒子系统的一种非平衡统计物理学方

法，后来经 Balescu[71,72,283]和 Dupree[482]等的改进，将这种方法成功地引入带电的粒子系。另外，Guernsey 还用于处理强激光在等离子体中的碰撞吸收问题[483]。

强激光与等离子体的相互作用一直是国际上激光聚变问题中所关注的热点之一。当激光入射到等离子体后，其两者间的相互作用大致上可以分成两部分：线性过程和非线性过程。在线性过程中，入射激光能量比电子的能量（平均动能或 Coulomb 势能）小得多，这时主要是激光受到电子产生的感生电流的影响而改变了传播行为；而激光对电子流体的影响很小。同时被激光电场驱动的离子，由于反应太慢，它们对激光传播的影响也可忽略。因此在线性相互作用中，只需将描述激光传播的波动方程与描述电子流体的运动方程相耦合就足够了。非线性的激光与等离子体间的相互作用又可分成非相对论的相互作用与相对论的相互作用两种。一般认为，当激光强度

$$I = c\,\frac{E_{\max}^2}{8\pi} > 10^{18}\,\mathrm{W/cm^2}, \quad E_{\max} > 10^{10}\,\mathrm{V/cm} \tag{8.9.17}$$

时，被激光电场所加速的电子流体元的速度可以接近光速，这时激光磁场对电子流体的 Lorentz 力和其电场所产生的 Coulomb 力可以相比，这时的 Lorentz 力不能再被忽略。对于强激光与等离子体之间作用的研究，恰是当今物理学中所关注的内容。

当激光强度在 $10^{12}\sim10^{18}\,\mathrm{W/cm^2}$ 时，激光与等离子体相互作用是非相对论性的，但仍是非线性的，这时入射激光不但可以驱动非束缚态的电子和离子流体，而且也会使处于束缚态的电子云强烈地极化。反过来，入射激光也会在非线性的感生电流及非线性的极化强度的影响下，发生强烈的变化，出现了所谓的“参量过程”[484,485]。对于“参量过程”，这里给出两大类描述方法：一类是用等离子体的双流体理论，另一类是动理学理论中的 BBGKY 方程链小参量展开方法，它是基于 Chapman-Enskog 逐级逼近进行展开的。为了更清楚地说明激光和等离子体之间的相互作用过程，以下分六个方面从物理与基本方程的角度加以进一步说明。

1) 电场强度 $\boldsymbol{E}$ 的波动方程

在激光-等离子体物理中，习惯使用 Gauss 制，这时 Maxwell 方程组可以写为

$$\nabla\cdot\boldsymbol{D} = 4\pi\rho_q, \quad \nabla\cdot\boldsymbol{B} = 0 \tag{8.9.18a}$$

$$\nabla\times\boldsymbol{E} = -\frac{1}{c}\frac{\partial\boldsymbol{B}}{\partial t}, \quad \nabla\times\boldsymbol{B} = \frac{4\pi}{c}\boldsymbol{J} + \frac{1}{c}\frac{\partial\boldsymbol{D}}{\partial t} \tag{8.9.18b}$$

$$\boldsymbol{D} = \boldsymbol{E} + 4\pi\boldsymbol{P}, \quad \boldsymbol{P} = \boldsymbol{P}(\boldsymbol{E}) \tag{8.9.18c}$$

$$\rho_q = -en_e, \quad \boldsymbol{J} = -en_e\boldsymbol{V}_e \tag{8.9.18d}$$

将式(8.9.18b)中的第一个方程两边取旋度，并使用式(8.9.18b)中的第二个

方程，可得

$$\nabla\times(\nabla\times \boldsymbol{E})=-\frac{4\pi}{c^2}\frac{\partial \boldsymbol{J}}{\partial t}-\frac{1}{c^2}\frac{\partial^2 E}{\partial t^2}-\frac{4\pi}{c^2}\frac{\partial^2 \boldsymbol{P}}{\partial t^2} \tag{8.9.19a}$$

又可写为

$$\frac{\partial^2 \boldsymbol{E}}{\partial t^2}+c^2[\nabla\times(\nabla\times \boldsymbol{E})]=-4\pi\frac{\partial \boldsymbol{J}}{\partial t}-4\pi\frac{\partial^2 \boldsymbol{P}}{\partial t^2} \tag{8.9.19b}$$

2）电子流体方程组

这里仅给出电子的质量守恒和运动方程，即

$$\frac{\partial n_e}{\partial t}+\nabla\cdot(n_e\boldsymbol{V}_e)=0 \tag{8.9.20a}$$

$$\frac{\partial \boldsymbol{V}_e}{\partial t}+\boldsymbol{V}_e\cdot\nabla\boldsymbol{V}_e+\frac{e}{m_e}\boldsymbol{E}+\frac{e}{m_e c}\boldsymbol{V}_e\times\boldsymbol{B}+\frac{\gamma_e T_e}{m_e n_e}\nabla n_e=0 \tag{8.9.20b}$$

式中，γ_e 为电子流体的绝热指数。

将运动方程(8.9.20b)两边同时取旋度，并使用式(8.9.18b)中的第一式，则运动方程可变为

$$\frac{\partial \boldsymbol{V}_e}{\partial t}+\frac{1}{2}\nabla(\boldsymbol{V}_e\cdot\boldsymbol{V}_e)+\frac{e}{m_e}\boldsymbol{E}+\frac{\gamma_e T_e}{m_e n_e}\nabla n_e=0 \tag{8.9.20c}$$

3）离子流体方程组

这里也仅给离子的质量守恒和运动方程，即

$$\frac{\partial n_i}{\partial t}+\nabla\cdot(n_i\boldsymbol{V}_i)=0 \tag{8.9.21a}$$

$$\frac{\partial \boldsymbol{V}_i}{\partial t}+\boldsymbol{V}_i\cdot\nabla\boldsymbol{V}_i-\frac{q}{m_i}\boldsymbol{E}-\frac{q}{m_{ic}}(\boldsymbol{V}_i\times\boldsymbol{B})+\frac{\gamma_i T_i}{m_i n_i}\nabla n_i=0 \tag{8.9.21b}$$

同样，类似于式(8.9.20c)的推导，由式(8.9.21b)可推出

$$\frac{\partial \boldsymbol{V}_i}{\partial t}+\frac{1}{2}\nabla(\boldsymbol{V}_i\cdot\boldsymbol{V}_i)-\frac{q}{m_i}\boldsymbol{E}+\frac{\gamma_i T_i}{m_i n_i}\nabla n_i=0 \tag{8.9.21c}$$

表面上看，式(8.9.20c)与式(8.9.21)在形式上相像，但两者在物理上有很大的不同。在这两个方程中的电场项由入射电磁波(激光)的电场和等离子体内本征的电磁波及静电波的电场组成。其中，只有静电波中的离子声波是低频波，其他电磁波以及电子静电波都属于高频波。电子对高频电场和低频电场都可以做出响应，但离子因为质量太大，来不及跟随电场高频地加速和减速，所以只能停留在原地不动。因此在式(8.9.21c)中起作用的电场只能是低频电场，关于这点应格外注意。

4）极化强度与电场的函数关系

极化强度 $\boldsymbol{P}$ 与电场强度 $\boldsymbol{E}$ 间的关系为

$$\boldsymbol{P}(\boldsymbol{E})=\chi^{(1)}\boldsymbol{E}+\boldsymbol{\chi}^{(2)}\cdot\boldsymbol{EE}+\boldsymbol{\chi}^{(3)}:\boldsymbol{EEE}+\cdots \tag{8.9.22}$$

式中，$\chi^{(1)}$、$\boldsymbol{\chi}^{(2)}$ 和 $\boldsymbol{\chi}^{(3)}$ 分别为线性、一阶和二阶的极化率(electric susceptibility)。

5）激光在等离子体中传播的波动方程与色散关系

激光是电磁波，属于横波，有

$$\nabla\cdot \boldsymbol{E}=0 \tag{8.9.23a}$$

令 $\boldsymbol{P}=0$，于是式(8.9.19b)变为

$$\frac{\partial^2 \boldsymbol{E}}{\partial t^2}-c^2\ \nabla^2 \boldsymbol{E}=-4\pi\frac{\partial \boldsymbol{J}}{\partial t} \tag{8.9.23b}$$

式中，

$$\boldsymbol{J}=-en_{\mathrm{e}}\boldsymbol{V}_{\mathrm{e}} \tag{8.9.23c}$$

它是激光电场所产生的扰动电流。由于激光的频率很高，能响应它的只有电子，于是

$$\frac{\partial \boldsymbol{J}}{\partial t}=\frac{\partial}{\partial t}(-en_{\mathrm{e}}\boldsymbol{V}_{\mathrm{e}})\approx -en_{\mathrm{e}}\frac{\partial \boldsymbol{V}_{\mathrm{e}}}{\partial t} \tag{8.9.23d}$$

可以证明：在极化强度 $\boldsymbol{P}=\chi^{(1)}\boldsymbol{E}$ 时，激光在均匀等离体中传播的波动方程与色散关系为[484]

$$(1+4\pi\chi^{(1)})\frac{\partial^2 \boldsymbol{E}}{\partial t^2}-c^2\ \nabla^2 \boldsymbol{E}=-4\pi\frac{\partial \boldsymbol{J}}{\partial t} \tag{8.9.24}$$

$$\nabla^2 \boldsymbol{E}(\boldsymbol{r})+\frac{\omega^2}{c^2}(1+4\pi\chi^{(1)})\varepsilon(\boldsymbol{r},\omega)\boldsymbol{E}=0 \tag{8.9.25a}$$

$$\omega^2=\frac{K^2c^2}{(1+4\pi\chi^{(1)})\varepsilon}\quad 或\quad \omega^2=\omega_{\mathrm{pe}}^2+\frac{K^2c^2}{1+4\pi\chi^{(1)}} \tag{8.9.25b}$$

式中，ω_{pe}代表等离子体的振荡频率；ω 与 K 分别为频率与波数。$\varepsilon(\boldsymbol{r},\omega)$与 ω 和 ω_{pe} 间的关系为

$$\varepsilon(\boldsymbol{r},\omega)=1-\frac{\omega_{\mathrm{pe}}^2}{\omega^2} \tag{8.9.25c}$$

6）参量过程的线性和非线性演化

当入射激光的强度达到一定阈值后，一方面它在介质中的传播会受到带电粒子系极化以及扰动电流效应的影响，另一方面它也会在介质中激发出比较强的本征模式。这时，激光可以通过波-波耦合的方式将波能（以 $\hbar\omega$ 的形式）和波的动量（以 $\hbar\boldsymbol{K}$，这里 $\boldsymbol{K}$ 为波矢）转换给新产生的波。像这类光与介质相互作用的过程一般称为参量过程。

等离子体中的参量过程有许多，如受激 Raman 散射过程、受激 Brillouin 散射过程、双等离子体波衰变不稳定过程、离子声衰变不稳定过程、泵波和等离子体波的共振模耦合过程等，感兴趣的读者可参考文献[484]。

对于激光与等离子体相互作用的 BBGKY 方程链计算模型，大都采用了从电子为静止的 Vlasov 方程出发，把离子当成是在光场中高速振荡，并把这些振荡离子造成的平均电场当成作用于电子的已知自洽场，可求出电子分布函数中对平衡分布偏离的部分。然后把这种偏离等价成电子和（振荡）离子两体碰撞而产生的对

平衡分布的偏离，于是便可以求得受光场影响的电子-离子碰撞频率，并且当外场趋于零时它能自动回归经典的两体碰撞频率。大量的工程实践表明：使用这类模型在激光强度较低(如光强 $I<10^{13}\,\mathrm{W/cm^2}$)时是可行的，但激光强度较大时由模型算出的结果便与实际有大的差别，而且这种模型也难于推广到相对论情况。

20 世纪 90 年代以来，人们开始以 $U_e/W_0\ll 1$ 为小参量，这里 U_e 为电子在离子 Coulomb 场中平均 Coulomb 能，W_0 为电子在光场中平均抖动时的动能，展开 BBGKY 的头两个链式方程，在电子-离子关联函数 P_{ei} 的运动方程(即 BBGKY 链式方程的第二个方程)中加入外加光场的影响，这样求出的关联函数 P_{ei} 再代回电子分布函数的运动方程后，就构成了依赖于激光强度和频率的两体碰撞问题，并在此基础上得出了激光在等离子体中的碰撞吸收频率表达式。另外，当外光场趋于零时，又可以回到经典的两体碰撞算子(即 Balescu-Lenard 算子或者 Landau 算子)。采用这种模式还有可能向相对论情况推广。使用上述这个模型可以在光强 $I=10^{14}\sim10^{17}\,\mathrm{W/cm^2}$ 范围获得和试验曲线十分吻合的结果。

最后，有必要简单介绍一下我国科学家与相关学者的研究工作。在采用关联统计动力学方法去处理等离子体问题方面，陆全康和蔡诗东[486]曾做过大量的研究，并取得了许多成果。在输运理论和非平衡态统计力学方面，黄祖洽、丁鄂江[73]和陈式刚[448]也积累了许多重要成果。在激光和等离子体的相互作用，尤其是在受激 Raman 散射过程和受激 Brillouin 散射过程的分析方面，胡希伟等[487～489]进行了较为细致的研究，感兴趣的读者可参阅他们的文章和著作。

第 9 章　磁流体力学的一维和多维流动及其稳定性理论

正如麻省理工学院 Freidberg 教授所指出的，对聚变反应堆来讲，磁流体力学的稳定性，特别是理想磁流体力学的稳定性，是至关重要的[405]。另外，1956 年当 Spitzer 撰写的 *Physics of Fully Ionized Gases* 出版后[490]，1957 年苏联便译成了俄文出版。著名苏联科学家捷米尔汉诺夫在这本书的“俄译本序”中写道：“可惜的是 Spitzer 的这本书并没有把等离子体的所有最重要的动力学问题完全包括进去，特别是没有讨论等离子体的不稳定性”。20 世纪 50 年代末和 60 年代初，我国也逐渐开展了磁流体力学的研究。1961 年，时任中国科学院力学研究所副所长的郭永怀先生在力学所创建了电磁流体力学研究室，开创了磁流体力学这个重要的研究方向，潘良儒、徐复、胡文瑞、戴世强都是当时郭永怀团队中的成员。1959 年 9 月，我国也将 Spitzer 的书[490]译成了中文出版[491]。1966 年徐复等翻译了库里柯夫斯基和留比莫夫于 1962 年出版的俄文《磁流体力学》[492]，1982 年徐复等翻译了 Bateman 的 *MHD Instabilites*[493]。这些著作的翻译出版，极大地提升与推动了我国磁流体力学的发展。此外，1987 年胡文瑞出版了《宇宙磁流体力学》[494]，这是自瑞典物理学家、诺贝尔物理奖得主 Alfven 1950 年出版 *Cosmical Electrodynamics*[495] 和 1963 年出版 *Cosmical Electrodynamics*：*Fundamental Principles*[496] 等书以来，我国首部以广袤浩瀚的宇宙为背景撰写的磁流体力学方面的书籍。2007 年 Planck Surveyor 卫星发射升空，其主要目的是精确测定宇宙物质的组成。根据最近 Planck Surveyor 卫星公布的测量（以能量密度表征）结果：宇宙中正常物质占 4.9%，暗物质占 26.8%，暗能量占 68.3%，可以发现宇宙中主要是暗能量主导，其次是冷暗物质（CDM），再次才是正常物质。另外，根据印度天体物理学家Saha 的计算，宇宙中 99%的可见物质都处于等离子体状态。从炽热的恒星、灿然的气态星云、浩瀚的星际间物质，到多变的电离子层和高速的太阳风，都是等离子体的天下。因此，从这个角度也就不难理解郭永怀先生生前为什么如此重视磁流体力学和等离子物理的研究。宇宙天体、空间环境的研究需要这些学问，高超声速飞行器未来的动力装置、强流粒子束（intense particle beams，IPB）技术（如高能脉冲闪光 X 射线机、脉冲中子源、Z-pinch 驱动源等高新技术，其中借助于这些新技术所研发的设备如大型闪光 X 射线机、大型激光器被科学界公认为研究核武器以及新型粒子束武器的两大工具）以及受控聚变能源也需要这些知识，因此郭永怀先生在中国科学院力学所创办磁流体力学的方向功不可没。

在磁流体力学与高超声速空气动力学方面，还需要介绍一下曹鹤荪先生的工作。曹鹤荪先生(1912—1998)早年曾从事过气动弹性力学的研究。1980 年曹鹤荪率领的空气动力教研室吸收瞿章华和吴其芬两位讲师，成立研究小组开始磁流体力学方向的研究；1981 年为解决再入弹头遇到的再入物理问题，又开设了再入物理等研究方向；1986 年开辟了计算流体力学方向，1988 年又增开了稀薄气体动力学方向。数十年来研究团队在曹鹤荪的率领下取得了许多重要成果并发表了数十篇学术论文，但令人十分敬佩的是，曹鹤荪作为导师在团队成员和研究生发表的文章上从不留名，他想以此促进新生力量的成长。

本章主要讨论如下五部分内容：一是给出磁流体力学的多组元模型、双组元以及单组元模型方程并给出相应模型的条件。二是磁流体的一维不可压与可压缩流动，其中包括：①一维定常 Hartman 流动；②一维非定常线性流动；③磁流体一维可压缩流及其基本特征；④一维简波流动；⑤拟一维流。三是磁流体的二维不可压与可压缩流动，其中包括：①二维定常 Hartman 流动；②磁流体中的激波关系；③磁流体中激波的几何性质与热力学性质；④磁流体定常流动的判据及其主要特性；⑤具有横向磁场的非定常二维流动。四是磁边界层的概念以及磁流体可压、定常边界层流动。五是给出磁流体力学的不稳定性分类，给出线性稳定性方程。这五部分内容很好地涵盖了磁流体力学的基础内容。

9.1　带电体运动与电磁场相互作用的经典理论

9.1.1　Maxwell 方程组的适定性以及初始条件

在 Maxwell 经过多年努力之后，1864 年他在英国皇家学会宣读的论文“电磁场的动力学理论”中提出了“电磁场的普遍方程”。当时 Maxwell 通过总结 Faraday 和 Ampere 的试验结果，加以推理概括，得到的仅仅是在真空里适用的 Maxwell 方程。是 Lorentz 将仅适用于真空中的 Maxwell 方程推广到了物体媒质中。Lorentz 通过考虑“微观”的电荷及其运动，得到了所谓“微观”的 Maxwell 方程，然后经过适当地平均，得出了适用于物体媒质中的宏观 Maxwell 方程[497,498]。顺便指出，这里所说的“微观”，还不属于量子力学范畴的微观概念，而仍属经典范畴内的概念。1862 年，Maxwell 从 Maxwell 方程组得出电磁场的波动性，并预言了电磁波的存在，指出其传播速度为光速，而且由此提出了光的电磁学说——光是一种电磁波。使用 Maxwell 理论能够圆满解释光的反射、折射、绕射、干涉等多种现象，因而证明了光波是一种电磁波的科学论断。另外，在经典物理的范围内，从 Maxwell 方程推导出来的结论[497~499]已被试验所证实，这就确认了 Maxwell 方程在经典物理的范畴内能够有效地正确地描述宏观电磁现象，从而证实了 Maxwell 理论对实践有着巨大的指导意义。现在我们知道，不仅各种光波，而且无线电波、红外线、紫外线、X 射线、γ 射线等都是波长在不同范围中的电磁波。这些都充分证明了 Maxwell 理论的正确性。另外，1907 年 Rose 和 Dorsey 用电容法测定了光速的理论值为

$$C_{理论}=\frac{1}{\sqrt{\mu_0\varepsilon_0}}=(2.9979\pm 0.0001)\times 10^8\,\mathrm{m/s} \tag{9.1.1a}$$

1983 年 10 月第 17 届国际计量大会公布的光速测量结果为

$$C_{试验}=2.99792458\times 10^8\,\mathrm{m/s} \tag{9.1.1b}$$

Maxwell 方程组是由 Gauss 定律、Faraday 电磁感应定律、Maxwell-Ampere 定律和描述磁场为无源的 Biot-Savart 定律（或称自由磁极不存在）所组成，即[5,19,500～507]

Maxwell-Ampere 定律：
$$\nabla\times\boldsymbol{H}=\boldsymbol{j}_{\mathrm{f}}+\frac{\partial\boldsymbol{D}}{\partial t} \tag{9.1.2a}$$

Faraday 电磁感应定律：
$$\nabla\times\boldsymbol{E}=-\frac{\partial\boldsymbol{B}}{\partial t} \tag{9.1.2b}$$

Poisson 方程 /Gauss-Coulomb 定律：
$$\nabla\cdot\boldsymbol{D}=\rho_q \tag{9.1.2c}$$

Biot-Savart 定律 / 磁场 Gauss 定律：
$$\nabla\cdot\boldsymbol{B}=0 \tag{9.1.2d}$$

式中，$\boldsymbol{E}$、$\boldsymbol{B}$、$\boldsymbol{H}$、$\boldsymbol{D}$、$\boldsymbol{j}_{\mathrm{f}}$ 和 ρ_q 别代表电场强度、磁感应强度、磁场强度、电感应强度、电流密度矢量和自由电荷密度。令 ε、μ、σ_l 和 E_{ext} 分别代表介质的介电常数、磁导率、电导率和等效的电场强度，并且有本构关系式

$$\boldsymbol{D}=\varepsilon\boldsymbol{E},\quad \boldsymbol{B}=\mu\boldsymbol{H} \tag{9.1.2e}$$

或更一般的（不一定是线性的，可以是非线性的）关系：

$$\boldsymbol{D}=\boldsymbol{D}(\boldsymbol{E},\boldsymbol{B}),\quad \boldsymbol{H}=\boldsymbol{H}(\boldsymbol{E},\boldsymbol{B}) \tag{9.1.2f}$$

以及运动介质的广义 Ohm 定律

$$\boldsymbol{j}_{\mathrm{f}}=\rho_q\boldsymbol{V}+\sigma_{\mathrm{e}}(\boldsymbol{E}+\boldsymbol{V}\times\boldsymbol{B}-\beta\boldsymbol{j}_{\mathrm{f}}\times\boldsymbol{B}+\alpha\boldsymbol{j}_{\mathrm{f}}\times\boldsymbol{B}\times\boldsymbol{B}+\hat{\boldsymbol{E}}) \tag{9.1.2g}$$

或者更一般的关系：

$$\boldsymbol{j}_{\mathrm{f}}=\boldsymbol{j}_{\mathrm{f}}(\boldsymbol{E},\boldsymbol{B}) \tag{9.1.2h}$$

式中，β 和 α 分别表示 Hall 效应和离子滑移参数。在强磁场和低密度气体时 Hall 效应和离子滑移效应则不可忽视；$\hat{\boldsymbol{E}}$ 为其他的感应电场。对于给定的电流 $\boldsymbol{j}_{\mathrm{f}}$ 和电荷分布 ρ_q，电磁场的方程是完备的。这里应指出的是，对于大多数热等离子体的流动与传热问题，如果电荷密度 ρ_q 可以忽略，而且感生电场 $\boldsymbol{V}\times\boldsymbol{B}$ 比起 $\boldsymbol{E}$ 又很小，这时 Ohm 定律式(9.1.2g)又可被简化为

$$\boldsymbol{j}_{\mathrm{f}}=\sigma_{\mathrm{e}}\boldsymbol{E} \tag{9.1.2i}$$

Maxwell 方程组的式(9.1.2c)和式(9.1.2b)决定了电场的散度和旋度；Maxwell 方程组的式(9.1.2d)和式(9.1.2a)决定了磁场的散度和旋度，并且通过式(9.1.2b)和式(9.1.2a)把电场以及磁场联系起来，这样联系是电磁场以波动形式运动的基础。事实上，对式(9.1.2b)或式(9.1.2a)两边取旋度，借助于恒等式

$$\nabla\times(\nabla\times \boldsymbol{A})=\nabla(\nabla\cdot \boldsymbol{A})-\nabla^2\boldsymbol{A} \tag{9.1.3}$$

并注意消去 $\boldsymbol{H}$ 或 $\boldsymbol{E}$，可得

$$\nabla^2\boldsymbol{E}-\frac{1}{c^2}\frac{\partial^2\boldsymbol{E}}{\partial t^2}=\frac{1}{\varepsilon}\left(\nabla\rho_q+\mu\varepsilon\frac{\partial \boldsymbol{j}_{\mathrm{f}}}{\partial t}\right) \tag{9.1.4a}$$

$$\nabla^2\boldsymbol{H}-\frac{1}{c^2}\frac{\partial^2\boldsymbol{H}}{\partial t^2}=-\nabla\times \boldsymbol{j}_{\mathrm{f}} \tag{9.1.4b}$$

式(9.1.4a)和式(9.1.4b)为典型的有源波动方程。

值得注意的是，将式(9.1.2a)两边取散度，并注意使用电荷守恒定律，即

$$\frac{\partial\rho_q}{\partial t}+\nabla\cdot \boldsymbol{j}_{\mathrm{f}}=0 \tag{9.1.5}$$

于是由式(9.1.2a)便推出

$$\nabla\cdot(\nabla\times \boldsymbol{H})=\frac{\partial}{\partial t}(\nabla\cdot \boldsymbol{D}-\rho_q)=0 \tag{9.1.6a}$$

也就是说，可推出$(\nabla\cdot \boldsymbol{D}-\rho_q)$不随时间 t 而变化。只要 $t=t_0$ 时就有$\nabla\cdot \boldsymbol{D}-\rho_q=0$，则任何时刻恒有$\nabla\cdot \boldsymbol{D}=\rho_q$，换句话说，式(9.1.2c)可以看成是式(9.1.2a)的初始条件。

类似地，由式(9.1.2b)两边取散度，得

$$\nabla\cdot(\nabla\times \boldsymbol{E})=-\frac{\partial}{\partial t}(\nabla\cdot \boldsymbol{B})=0 \tag{9.1.6b}$$

也就是说，可推出$\nabla\cdot \boldsymbol{B}$ 为不随时间变化的量，只要 $t=t_0$ 时就有$\nabla\cdot \boldsymbol{B}=0$，则任何时刻恒有$\nabla\cdot \boldsymbol{B}=0$，换句话说，式(9.1.2d)也可以看成是式(9.1.2b)的初始条件。综合上述，可以认为式(9.1.2a)和式(9.1.2b)是决定电磁场运动的基本方程，而式(9.1.2c)和式(9.1.2d)是它们的初始条件。换句话说，如果已知电荷和电流在电磁场中的分布，则 Maxwell 方程组包含 6 个未知函数，即 $\boldsymbol{E}=(E_x,E_y,E_z)$与 $\boldsymbol{B}=(B_x,B_y,B_z)$，便可由

$$\begin{cases}\dfrac{\partial(\varepsilon\boldsymbol{E})}{\partial t}-\nabla\times\left(\dfrac{\boldsymbol{B}}{\mu}\right)=-\boldsymbol{j}_{\mathrm{f}}\\[2ex]\dfrac{\partial\boldsymbol{B}}{\partial t}+\nabla\times\boldsymbol{E}=0\end{cases} \tag{9.1.7}$$

并在初始条件

$$\begin{cases}\nabla\cdot(\varepsilon\boldsymbol{E})=\rho_q\\ \nabla\cdot\boldsymbol{B}=0\end{cases} \tag{9.1.8}$$

下唯一确定。

9.1.2 描述运动带电体与电磁场的耦合方程组

通常,电动力学的基本方程组由 Maxwell 方程组、Lorentz 力的公式以及电荷守恒定律这三部分组成,单位体积带电体受到的 Lorentz 力公式为

$$\boldsymbol{f}_{\mathrm{L}}=\rho_q\boldsymbol{E}+\boldsymbol{j}_{\mathrm{f}}\times\boldsymbol{B} \tag{9.1.9}$$

式中,$\boldsymbol{f}_{\mathrm{L}}$ 代表 Lorentz 力。

另外,还应注意到由物质特性所决定的物质方程[如在各向同性介质中有式(9.1.2e)或者式(9.1.2f)的关系存在];此外,还应注意到存在着电流密度矢量 $\boldsymbol{j}_{\mathrm{f}}$ 与电场强度 $\boldsymbol{E}$ 间的确定关系[如运动介质中的广义 Ohm 定律,即式(9.1.2g)或者更一般的关系式(9.1.2h)]。因此,式(9.1.2)以及式(9.1.5)和式(9.1.9)便构成了经典电动力学的基础方程组。在这个基本方程组中再加上 Newton 第二定律,便构成了完整的、可以描述相互作用的带电粒子与电磁场的经典理论。也就是说,运动带电体与电磁场组成的力学体系的运动规律应该由 Maxwell 方程组和 Newton 力学定律共同决定。显然,严格地求解这种问题是很困难的,因此在具体计算时,多采用逐级近似的方法:即先假定电荷、电流分布,而后由 Maxwell 方程组去确定电、磁场的分布;再根据 Newton 力学定律去研究带电体在电磁场中的运动。在通常情况下,总是忽略了运动带电体对电磁场分布的修正,但对于强流,如强流粒子束(intense particle beams)[508~510],应考虑运动的带电体对电磁场分布的修正,然后还要计算修正后的电磁场对带电体运动的影响。如有必要,上述逐次近似过程还需要反复地进行。

9.2 磁流体力学的基本标度及其多组元模型

9.2.1 描述磁流体力学的基本标度

文献[511]特别强调:科学工作者应该具备以简驭繁、洞察复杂现象背后科学内涵的工作能力与素质,而发现与合理使用各科学领域中的基本标度恰是简化科学问题的基础与依据。事实上,中国科学院工程热物理所吴仲华先生、中国科学院力学研究所吴承康先生和清华大学工程力学系周力行先生在他们各自从事的叶轮机械气动热力学、燃烧、烧蚀和等离子体热科学领域研究的过程中,正是具备了这种科研能力才取得了累累的硕果,如 1952 年在 NACA TN2604 报告中提出 S_1 与 S_2 流面的概念[180]、1979 年提出了非正交曲线坐标和非正交速度分量的概念[182]以及 1988 年提出了能的梯级利用的概念[152],是吴仲华先生为人类文明和科学发展留下的三项宝贵财富。正如文献[58]第 89~92 页所综述的那样,世界各国在进行叶轮机械的气动设计时,尤其是一些国际上著名航空发动机,如 Spey、RB211、

JT3D、JT9D、F404 等的研制与气动设计过程中都普遍采用了吴仲华先生提出的两类流面理论。吴仲华先生 1954 年回国后，亲自组建了中国科学院工程热物理研究所和中国工程热物理学会。由于吴先生工作过度劳累，于 1992 年 9 月 9 日在北京逝世。国际学术界为表彰与追思这位世界级杰出的科学家，从 1995 年起在每两年举办一届的国际吸气式发动机学术会议(International Symposium on Air-Breathing Engines)上专门设立了永久性的"吴仲华讲座"。此外，吴仲华先生在科学用能方面提出了"分配得当、各得其所、温度对口、阶梯利用"的用能原则，并且已经用于 IGCC(即整体煤气化联合循环)技术中去，成为发展新的 IGCC 热力循环系统、多联产与综合利用的 IGCC 系统、CO_2 零排放的 IGCC 系统以及燃料多样化的 IGCC 系统的理论支撑。另外，1955 年吴承康先生在第 5 届国际燃料会议上提出了 Livengood-Wu"爆震累积临界值"的概念，给出了爆震发生的定量准则[512]；1984 年吴承康先生在第 20 届国际燃烧会议上发表了他用激光测速法确定了"真正的一维火焰传播速度"，澄清了以往由于火焰拉伸导致测量数据分散的原因[513]。再如，清华大学工程力学系周力行先生在多相湍流反应流方面曾提出了大量的湍流燃烧模型，有效地改进与提高了湍流燃烧模拟的精度[514,515]。另外，他还撰写了大量的学术著作[516～518]。

为了说明描述磁流体力学的特征长度 L、特征时间 τ 和特征速度，这里不妨以等离子体为例。在等离子体中，有很多不同量级的空间特征尺度和时间特征尺度。如空间特征尺度有 Landau 长度 λ_L、Debye 半径或 Debye 长度 λ_D、Larmor 半径或回旋半径 r_L(其中包括电子回旋半径 r_{Le}、离子回旋半径 r_{Li})以及装置的尺寸等，而时间特征尺度有 Alfven 时间、电阻扩散时间、能量约束时间、振荡频率对应的时间、碰撞频率对应的时间等。在分析和研究等离子体中的物理现象时，恰当地引入或使用由这些特征尺度之间相对量级关系所构成的无量纲参数往往是解决问题的关键。

9.2.2 多组元模型理论

双组元模型特别适用于电子与离子之间远未达到热力学平衡的等离子体的流动问题。在双组元模型的近似下，认为等离子体由两种组元组成，并认为电子和离子分别独立运动，因此对每一种组元都可以分别写出各自服从的流体动力学方程。不同成分之间由于碰撞导致了等离子体电阻的产生。双组元模型所依据的微观理论是，在电子和离子的每一种组元里，达到平衡的 Maxwell 分布所需的时间都远小于电子和离子之间进行热交换的特征时间。

多组元模型认为，在各个不同组元相互混合成整个流体的过程中，组元之间存在着能量交换和动能交换，而且每一组元遵循着确定的统计平均规律。所有组元的几何平均可给出，例如

$$\rho = \sum_k \rho_k, \quad \rho \boldsymbol{V} = \sum_k (\rho_k \boldsymbol{V}_k) \tag{9.2.1}$$

如果组元之间没有质量交换，即每一组元的质量生成率为零，于是 k 组元的质量守恒关系为

$$\frac{\partial}{\partial t}\rho_k + \nabla\cdot(\rho_k \boldsymbol{V}_k) = 0 \tag{9.2.2}$$

k 组元的动量方程为

$$\rho_k\left[\frac{\partial}{\partial t}\boldsymbol{V}_k + (\boldsymbol{V}_k\cdot\nabla)\boldsymbol{V}_k\right] = \tilde{q}_k n_k(\boldsymbol{E} + \boldsymbol{V}_k \times \boldsymbol{B}) + \nabla\cdot\boldsymbol{\Pi}_k - \nabla p_k + \boldsymbol{R}_k \tag{9.2.3a}$$

式中，$\tilde{q}_k$ 为 k 组元带电粒子的电荷。

在式(9.2.3a)中，电场 $\boldsymbol{E}$ 和磁场 $\boldsymbol{B}$ 还应包括外加的电、磁场 $\boldsymbol{E}_{\text{appl}}$、$\boldsymbol{B}_{\text{appl}}$ 以及等离子体本身产生的自洽电、磁场 $\boldsymbol{E}_{\text{self}}$、$\boldsymbol{B}_{\text{self}}$；在上述方程中，$\boldsymbol{R}_k$ 代表由不同种类粒子间弹性碰撞而引起的动量交换率，即

$$\boldsymbol{R}_k = \sum_{j\neq k}\boldsymbol{R}_{kj}, \quad \boldsymbol{R}_{kj} = -m_k n_k \nu_{kj}(\boldsymbol{V}_k - \boldsymbol{V}_j) \tag{9.2.3b}$$

式中，ν_{kj} 代表两种不同种类粒子间的弹性碰撞频率。

同种类粒子间的弹性碰撞不会产生动量交换率的变化，之所以如此是由牛顿第三定律，同种粒子间的弹性碰撞保持了整个粒子系的总动量守恒，因而动量的变化速率为零。另外，在动量方程中的 p_k 和 $\boldsymbol{\Pi}_k$ 分别表示第 k 种组元流体的热压强和黏性应力张量。

k 组元的能量方程为

$$\frac{\partial}{\partial t}\left(\rho_k e_k + \frac{1}{2}\rho_k \boldsymbol{V}_k\cdot\boldsymbol{V}_k\right) + \nabla\cdot\left[\left(\rho_k e_k + p_k + \frac{1}{2}\rho_k\boldsymbol{V}_k\cdot\boldsymbol{V}_k\right)\boldsymbol{V}_k - \boldsymbol{\Pi}_k\cdot\boldsymbol{V}_k\right]$$
$$= (\boldsymbol{\Pi}_k\cdot\nabla)\cdot\boldsymbol{V}_k + \tilde{q}_k n_k \boldsymbol{V}_k\cdot\boldsymbol{E} + \boldsymbol{V}_k\cdot\boldsymbol{R}_k + Q_k^{\text{el}} + Q_k^{\text{nonel}} \tag{9.2.4}$$

式中，e_k 代表单位质量 k 组元流体所具有的狭义热力学内能；Q_k^{el} 与 Q_k^{nonel} 分别代表弹性碰撞与非弹性碰撞所引起的能量转移，这里非弹性碰撞引起的能量转移应包括由于粒子数变化(电离、复合、激发等)而引起的动能变化以及因非弹性碰撞而造成的热能变化。

对于量热完全气体(calorically perfect gas)，单位质量的内能 e 和单位质量的焓 h 与温度 T 有如下关系：

$$e = C_v T, \quad h = C_p T \tag{9.2.5a}$$

$$C_v = \frac{R}{\gamma - 1}, \quad C_p = \frac{\gamma}{\gamma - 1}R \tag{9.2.5b}$$

式中，C_v 和 C_p 分别为比定容热容和比定压热容；R 为气体常数，并有

$$p = \rho R T = n k_{\text{B}} T, \quad R = \frac{n k_{\text{B}}}{\rho} \tag{9.2.5c}$$

式中，k_B 为 Boltzmann 常数。

将式(9.2.4a)换成关于温度 T_k 的能量方程，取绝热指数 $\gamma=\frac{5}{3}$时为

$$\frac{3}{2}n_k\left(\frac{\partial}{\partial t}+\boldsymbol{V}_k\cdot\nabla\right)k_BT_k+n_kk_BT_k\,\nabla\cdot\boldsymbol{V}_k=\boldsymbol{\Pi}_k:\nabla\boldsymbol{V}_k-\nabla\cdot\boldsymbol{q}_k+Q_k^{\mathrm{el}}+Q_k^{\mathrm{nonel}} \tag{9.2.6a}$$

或者

$$\frac{3}{2}n_k\frac{\mathrm{d}}{\mathrm{d}t}(k_BT_k)+n_kk_BT_k\,\nabla\cdot\boldsymbol{V}_k=\boldsymbol{\Pi}_k:\nabla\boldsymbol{V}_k-\nabla\cdot\boldsymbol{q}_k+Q_k^{\mathrm{el}}+Q_k^{\mathrm{nonel}} \tag{9.2.6b}$$

通常，在等离子体的文献中，一般将能量(如电子伏)取为温度的单位，即用 T 取代了 k_BT，于是这时物态方程、单位体积的内能 ρe 和单位体积的焓 ρh 可以分别表示为

$$p=nT,\quad \rho e=\frac{\rho RT}{\gamma-1}=\frac{nT}{\gamma-1} \tag{9.2.7a}$$

$$\rho h=\frac{\rho\gamma RT}{\gamma-1}=\frac{\gamma}{\gamma-1}nT \tag{9.2.7b}$$

在本节中，以下温度 T 的单位都取作能量。另外，单位质量的熵可写成

$$S-S_0=C_v\ln\frac{p}{\rho^{\gamma}}=C_v\ln\frac{T}{\rho^{\gamma-1}} \tag{9.2.8a}$$

同样，当取绝热指数 $\gamma=\frac{5}{3}$时，单位体积的熵为

$$\rho(S-S_0)=\rho C_v\ln\frac{p}{\rho^{\gamma}}=\frac{3}{2}n\ln\frac{p}{\rho^{\gamma}}=\frac{3}{2}n\ln\frac{T}{\rho^{\gamma-1}} \tag{9.2.8b}$$

因此，平均到每个粒子上的熵(这里用小写的英文字母表示)为

$$s-s_0=\frac{1}{n}\rho(S-S_0)=\frac{1}{\gamma-1}\ln\frac{p}{\rho^{\gamma}}=\frac{1}{\gamma-1}\ln\frac{T}{\rho^{\gamma-1}} \tag{9.2.8c}$$

或者将平均到每个粒子上的熵写成微分形式，即

$$\frac{\mathrm{d}s}{\mathrm{d}t}=\frac{1}{\gamma-1}\frac{1}{T}\frac{\mathrm{d}T}{\mathrm{d}t}+\nabla\cdot\boldsymbol{V} \tag{9.2.8d}$$

所以单位体积(即 n 个粒子)时，熵变方程为

$$nT\frac{\mathrm{d}s}{\mathrm{d}t}=\frac{1}{\gamma-1}n\frac{\mathrm{d}T}{\mathrm{d}t}+nT\,\nabla\cdot\boldsymbol{V} \tag{9.2.8e}$$

借助于式(9.2.6b)和式(9.2.8e)，且 $\gamma=\frac{5}{3}$时，则可得到单位体积时关于 k 粒子的熵变方程为

$$n_kT_k\frac{\mathrm{d}s_k}{\mathrm{d}t}=\boldsymbol{\Pi}_k:\nabla\boldsymbol{V}_k-\nabla\cdot\boldsymbol{q}_k+Q_k^{\mathrm{el}}+Q_k^{\mathrm{nonel}} \tag{9.2.9a}$$

或者

$$T_k \frac{\mathrm{d}}{\mathrm{d}t}(n_k s_k) = T_k \frac{\partial}{\partial t}(n_k s_k) + T_k \nabla \cdot (n_k \boldsymbol{V}_k s_k) = \boldsymbol{\Pi}_k : \nabla \boldsymbol{V}_k - \nabla \cdot \boldsymbol{q}_k + Q_k^{\mathrm{el}} + Q_k^{\mathrm{nonel}}$$

(9.2.9b)

由式(9.2.9a)和式(9.2.9b)可以看出,不但流体黏性、热传导引起的热能变化可以使体系的熵发生变化,而且 Ohm 加热、弹性碰撞和非弹性碰撞所引起的能量损失也能使带电粒子系的熵发生变化。如果将 $n_k s_k$ 用大写的 S_k 来表示,式(9.2.9b)等号右侧的项用 $\rho_k \frac{\delta Q_k}{\delta t}$ 来表示,于是有

$$T_k \frac{\mathrm{d}S_k}{\mathrm{d}t} = \rho_k \frac{\delta Q_k}{\delta t} \tag{9.2.9c}$$

9.3 磁流体力学的双组元模型

今考虑由电子与离子组成的等离子体系统,$\tilde{q}_{\mathrm{e}}$ 与 $\tilde{q}_{\mathrm{i}}$ 分别代表电子与离子的电荷,有

$$\tilde{q}_{\mathrm{e}} = -\tilde{e}, \quad \tilde{q}_{\mathrm{i}} = \tilde{e} Z_{\mathrm{i}} \tag{9.3.1a}$$

式中,Z_{i} 代表离子带的基本电荷数;$\tilde{e}$ 代表电子电荷。

由于 ρ_{e}、ρ_{i} 与数密度 n_{e}、n_{i} 以及电子质量 m_{e}、离子质量 m_{i} 之间有如下关系:

$$\rho_{\mathrm{e}} = m_{\mathrm{e}} n_{\mathrm{e}}, \quad \rho_{\mathrm{i}} = m_{\mathrm{i}} n_{\mathrm{i}} \tag{9.3.1b}$$

于是由式(9.2.2)、式(9.2.3a)和式(9.2.6b)可得

$$\left(\frac{\partial}{\partial t} + \boldsymbol{V}_{\mathrm{e}} \cdot \nabla\right) n_{\mathrm{e}} + n_{\mathrm{e}} \nabla \cdot \boldsymbol{V}_{\mathrm{e}} = 0 \tag{9.3.2a}$$

$$\left(\frac{\partial}{\partial t} + \boldsymbol{V}_{\mathrm{i}} \cdot \nabla\right) n_{\mathrm{i}} + n_{\mathrm{i}} \nabla \cdot \boldsymbol{V}_{\mathrm{i}} = 0 \tag{9.3.2b}$$

$$n_{\mathrm{e}} m_{\mathrm{e}} \left(\frac{\partial}{\partial t} + \boldsymbol{V}_{\mathrm{e}} \cdot \nabla\right) \boldsymbol{V}_{\mathrm{e}} + \nabla p_{\mathrm{e}} + \tilde{e} n_{\mathrm{e}} (\boldsymbol{E} + \boldsymbol{V}_{\mathrm{e}} \times \boldsymbol{B}) = \nabla \cdot \boldsymbol{\Pi}_{\mathrm{e}} + \boldsymbol{R}_{\mathrm{e}} \tag{9.3.2c}$$

$$n_i m_i \left(\frac{\partial}{\partial t} + \boldsymbol{V}_{\mathrm{i}} \cdot \nabla\right) \boldsymbol{V}_{\mathrm{i}} + \nabla p_{\mathrm{i}} - Z_{\mathrm{i}} \tilde{e} n_{\mathrm{i}} (\boldsymbol{E} + \boldsymbol{V}_{\mathrm{i}} \times \boldsymbol{B}) = \nabla \cdot \boldsymbol{\Pi}_{\mathrm{i}} - \boldsymbol{R}_{\mathrm{e}} \tag{9.3.2d}$$

$$\frac{3}{2} n_{\mathrm{e}} \left(\frac{\partial}{\partial t} + \boldsymbol{V}_{\mathrm{e}} \cdot \nabla\right) k_{\mathrm{B}} T_{\mathrm{e}} + p_{\mathrm{e}} \nabla \cdot \boldsymbol{V}_{\mathrm{e}} = \boldsymbol{\Pi}_{\mathrm{e}} : \nabla \boldsymbol{V}_{\mathrm{e}} - \nabla \cdot \boldsymbol{q}_{\mathrm{e}} - (\boldsymbol{V}_{\mathrm{e}} - \boldsymbol{V}_{\mathrm{i}}) \cdot \boldsymbol{R}_{\mathrm{e}} - Q_{\mathrm{i}} \tag{9.3.2e}$$

$$\frac{3}{2} n_{\mathrm{i}} \left(\frac{\partial}{\partial t} + \boldsymbol{V}_{\mathrm{i}} \cdot \nabla\right) k_{\mathrm{B}} T_{\mathrm{i}} + p_{\mathrm{i}} \nabla \cdot \boldsymbol{V}_{\mathrm{i}} = \boldsymbol{\Pi}_{\mathrm{i}} : \nabla \boldsymbol{V}_{\mathrm{i}} - \nabla \cdot \boldsymbol{q}_{\mathrm{i}} + Q_{\mathrm{i}} \tag{9.3.2f}$$

式中,p_{e} 与 p_{i} 分别为电子的压强和离子的压强,有如下关系式:

$$p_{\mathrm{e}} = n_{\mathrm{e}} k_{\mathrm{B}} T_{\mathrm{e}}, \quad p_{\mathrm{i}} = n_{\mathrm{i}} k_{\mathrm{B}} T_{\mathrm{i}} \tag{9.3.2g}$$

Q_{i} 和 Q_{e} 分别为电子与离子间由于弹性碰撞而交换的热量;$\boldsymbol{R}_{\mathrm{e}}$ 与 $\boldsymbol{R}_{\mathrm{i}}$ 为弹性碰撞而

引起的动量交换，相关的关系式为[519]

$$\boldsymbol{R}_e = -\boldsymbol{R}_i \tag{9.3.2h}$$

$$Q_e = -(\boldsymbol{V}_e - \boldsymbol{V}_i) \cdot \boldsymbol{R}_e - Q_i \tag{9.3.2i}$$

$$Q_i = \frac{3n_e k_B (T_e - T_i)}{2\tau_{eq}}, \quad \tau_{eq} \equiv \frac{m_i}{2m_e}\tau_e \tag{9.3.2j}$$

$$\boldsymbol{q}_i = -\lambda_i \nabla(k_B T_i) \tag{9.3.2k}$$

式中，τ_e 代表电子的平均碰撞时间，$\tau_e \approx 6.1\times10^{-6}\,\mathrm{s}$。

在运动方程(9.3.2c)与(9.3.2d)中，$\boldsymbol{R}_e$ 可按 Braginskii 的定义[520]，取为

$$\boldsymbol{R}_e = \alpha_0 \frac{m_e n_e}{\tau_e}(\boldsymbol{V}_i - \boldsymbol{V}_e) \tag{9.3.2l}$$

式中，α_0 为常数。

相应地，这时的 Maxwell 方程组中式(9.1.2a)的$\boldsymbol{j}_f$ 变为

$$\boldsymbol{j}_f \equiv -\tilde{e}(n_e \boldsymbol{V}_e - Z_i n_i \boldsymbol{V}_i) \tag{9.3.3a}$$

而式(9.1.2c)变为

$$\nabla \cdot \boldsymbol{E} = \frac{1}{\varepsilon_0}\tilde{e}(Z_i n_i - n_e) \tag{9.3.3b}$$

也就是说，这时 ρ_q 为

$$\rho_q \equiv (Z_i n_i - n_e)\tilde{e} \tag{9.3.3c}$$

9.4　单组元模型及其简化时的限制条件

9.4.1　实施单组元模型简化的主要条件

令

总质量密度：$$\rho \equiv n_e m_e + n_i m_i \tag{9.4.1a}$$

电荷密度：$$\tilde{\tau} \equiv \tilde{e}(Z_i n_i - n_e) \tag{9.4.1b}$$

动量密度：$$\rho \boldsymbol{V} \equiv n_e m_e \boldsymbol{V}_e + n_i m_i \boldsymbol{V}_i \tag{9.4.1c}$$

电流密度矢量：$$\boldsymbol{j}_f \equiv (Z_i n_i \boldsymbol{V}_i - n_e \boldsymbol{V}_e)\tilde{e} \tag{9.4.1d}$$

压强：$$p \equiv p_i + p_e = (n_e + n_i) k_B T \tag{9.4.1e}$$

且有

$$n_e = \frac{Z_i\left(\rho - \dfrac{m_i}{Z_i \tilde{e}}\tilde{\tau}\right)}{m_i(1+\mu^*)} \approx \frac{Z_i}{m_i(1+\mu^*)}\rho \tag{9.4.2a}$$

$$n_i = \frac{\rho + \mu^* \dfrac{m_i}{Z_i \tilde{e}}\tilde{\tau}}{m_i(1+\mu^*)} \approx \frac{1}{m_i(1+\mu^*)}\rho \tag{9.4.2b}$$

$$\boldsymbol{V}_{\mathrm{e}}=\frac{\rho\boldsymbol{V}-\dfrac{m_{\mathrm{i}}}{Z_{\mathrm{i}}\tilde{e}}\boldsymbol{j}_{\mathrm{f}}}{\rho-\dfrac{m_{\mathrm{i}}}{Z_{\mathrm{i}}\tilde{e}}\tilde{\tau}}\approx\boldsymbol{V}-\frac{m_{\mathrm{i}}}{Z_{\mathrm{i}}\tilde{e}}\frac{\boldsymbol{j}_{\mathrm{f}}}{\rho} \tag{9.4.2c}$$

$$\boldsymbol{V}_{\mathrm{i}}=\frac{\rho\boldsymbol{V}+\dfrac{m_{\mathrm{i}}}{Z_{\mathrm{i}}\tilde{e}}\boldsymbol{j}_{\mathrm{f}}}{\rho+\mu^{*}(m_{\mathrm{i}}/Z_{\mathrm{i}}\tilde{e})\tilde{\tau}}\approx\boldsymbol{V}+\mu^{*}\frac{m_{\mathrm{i}}}{Z_{\mathrm{i}}\tilde{e}}\frac{\boldsymbol{j}_{\mathrm{f}}}{\rho} \tag{9.4.2d}$$

$$p_{\mathrm{e}}=n_{\mathrm{e}}k_{\mathrm{B}}T=\frac{n_{\mathrm{e}}}{n_{\mathrm{e}}+n_{\mathrm{i}}}p\approx\frac{Z_{\mathrm{i}}}{1+Z_{\mathrm{i}}}p \tag{9.4.2e}$$

$$p_{\mathrm{i}}=n_{\mathrm{i}}k_{\mathrm{B}}T=\frac{n_{\mathrm{i}}}{n_{\mathrm{e}}+n_{\mathrm{i}}}p\approx\frac{1}{1+Z_{\mathrm{i}}}p \tag{9.4.2f}$$

$$\mu^{*}\equiv\frac{Z_{\mathrm{i}}m_{\mathrm{e}}}{m_{\mathrm{i}}} \tag{9.4.2g}$$

以及

$$|n_{\mathrm{e}}-Z_{\mathrm{i}}n_{\mathrm{i}}|\ll n_{\mathrm{e}}\quad\text{或者}\quad\frac{m_{\mathrm{i}}}{Z_{\mathrm{i}}\tilde{e}}|\tilde{\tau}|\ll\rho \tag{9.4.3}$$

于是由式(9.3.2a)和式(9.3.2b)可得

$$\frac{\partial\rho}{\partial t}+\nabla\cdot(\rho\boldsymbol{V})=0 \tag{9.4.4a}$$

或者

$$\frac{\mathrm{d}\rho}{\mathrm{d}t}+\rho\nabla\cdot\boldsymbol{V}=0 \tag{9.4.4b}$$

另外，由式(9.3.2a)和式(9.3.2b)又可得到

$$\frac{\partial\tilde{\tau}}{\partial t}+\nabla\cdot\boldsymbol{j}_{\mathrm{f}}=0 \tag{9.4.4c}$$

由式(9.3.2c)和式(9.3.2d)并利用式(9.4.1)和式(9.4.2)，可得如下形式的运动方程与广义 Ohm 定律。

运动方程为

$$\rho\frac{\partial\boldsymbol{V}}{\partial t}+\rho\boldsymbol{V}\cdot\nabla\boldsymbol{V}+\mu^{*}\left(\frac{m_{\mathrm{i}}}{Z_{\mathrm{i}}\tilde{e}}\right)^{2}\nabla\cdot\left(\frac{1}{\rho}\boldsymbol{j}_{\mathrm{f}}\boldsymbol{j}_{\mathrm{f}}\right)+\nabla p-\tilde{\tau}\boldsymbol{E}-\boldsymbol{j}_{\mathrm{f}}\times\boldsymbol{B}=\nabla\cdot(\boldsymbol{\Pi}_{\mathrm{e}}+\boldsymbol{\Pi}_{\mathrm{i}}) \tag{9.4.5a}$$

广义 Ohm 定律为

$$\begin{aligned}&\frac{\partial}{\partial t}\boldsymbol{j}_{\mathrm{f}}+\nabla\cdot\left[\boldsymbol{j}_{\mathrm{f}}\boldsymbol{V}+\boldsymbol{V}\boldsymbol{j}_{\mathrm{f}}-\frac{m_{\mathrm{i}}}{Z_{\mathrm{i}}\tilde{e}}(1-\mu^{*})\frac{1}{\rho}\boldsymbol{j}_{\mathrm{f}}\boldsymbol{j}_{\mathrm{f}}\right]\\&+\frac{1}{\mu^{*}}\frac{Z_{\mathrm{i}}\tilde{e}}{m_{\mathrm{i}}}\left[(1-\mu^{*})\boldsymbol{j}_{\mathrm{f}}\times\boldsymbol{B}-\frac{Z_{\mathrm{i}}-\mu^{*}}{Z_{\mathrm{i}}+1}\nabla p\right]-\frac{1}{\mu^{*}}\left(\frac{Z_{\mathrm{i}}\tilde{e}}{m_{\mathrm{i}}}\right)^{2}\rho(\boldsymbol{E}+\boldsymbol{V}\times\boldsymbol{B})\\&=\frac{1}{\mu^{*}}\frac{Z_{\mathrm{i}}\tilde{e}}{m_{\mathrm{i}}}[\nabla\cdot(\mu^{*}\boldsymbol{\Pi}_{\mathrm{i}}-\boldsymbol{\Pi}_{\mathrm{e}})-(1+\mu^{*})\boldsymbol{R}_{\mathrm{e}}]\end{aligned} \tag{9.4.5b}$$

由式(9.3.2e)和式(9.3.2f)并利用式(9.4.1)和式(9.4.2),可得能量方程,即

$$\frac{\partial p}{\partial t}+\boldsymbol{V}\cdot\nabla p+\gamma p\,\nabla\cdot\boldsymbol{V}+\frac{Z_{\mathrm{i}}-\mu^{*}}{Z_{\mathrm{i}}+1}\frac{m_{\mathrm{i}}}{Z_{\mathrm{i}}\tilde{e}}\left[(\gamma-1)\frac{1}{\rho}\boldsymbol{j}_{\mathrm{f}}\cdot\nabla p-\gamma\boldsymbol{j}_{\mathrm{f}}\cdot\nabla\left(\frac{p}{\rho}\right)\right]$$
$$=(\gamma-1)\left[\boldsymbol{\Pi}_{\mathrm{e}}:\nabla\boldsymbol{V}_{\mathrm{e}}+\boldsymbol{\Pi}_{\mathrm{i}}:\nabla\boldsymbol{V}_{\mathrm{i}}-\nabla\cdot(\boldsymbol{q}_{\mathrm{e}}+\boldsymbol{q}_{\mathrm{i}})+(1+\mu^{*})\frac{m_{\mathrm{i}}}{Z_{\mathrm{i}}\tilde{e}}\frac{1}{\rho}\boldsymbol{j}_{\mathrm{f}}\cdot\boldsymbol{R}_{\mathrm{e}}\right] \tag{9.4.6}$$

式中,γ 为绝热指数,$\gamma=\frac{5}{3}$。

经典磁流体力学的概念是建立在连续介质力学的基础上,因此碰撞过程非常重要。磁流体力学近似通常包括下列条件:①连续介质近似;②非相对论近似;③低频近似;④弱电场近似。并且常可以有

$$\boldsymbol{\Pi}_{\mathrm{e}}\rightarrow 0,\quad \boldsymbol{\Pi}_{\mathrm{i}}\rightarrow 0 \tag{9.4.7a}$$

$$\boldsymbol{q}_{\mathrm{e}}\rightarrow 0,\quad \boldsymbol{q}_{\mathrm{i}}\rightarrow 0 \tag{9.4.7b}$$

$$\boldsymbol{R}_{\mathrm{e}}\approx\eta\frac{1}{1+\mu^{*}}\frac{Z_{\mathrm{i}}\tilde{e}}{m_{\mathrm{i}}}\rho\boldsymbol{j}_{\mathrm{f}} \tag{9.4.7c}$$

$$|\boldsymbol{V}_{\mathrm{i}}-\boldsymbol{V}_{\mathrm{e}}|\ll|\boldsymbol{V}|\quad \text{或者}\quad \frac{m_{\mathrm{i}}}{Z_{\mathrm{i}}\tilde{e}}|\boldsymbol{j}_{\mathrm{f}}|\ll\rho|\boldsymbol{V}| \tag{9.4.7d}$$

式(9.4.7c)中 η^{*} 为电阻率,其定义式为

$$\eta^{*}=\frac{m_{\mathrm{e}}\nu_{\mathrm{ei}}}{(\tilde{e})^{2}n_{\mathrm{e}}} \tag{9.4.7e}$$

这里电阻率 η^{*} 与电导率 σ_{e} 的关系为

$$\eta^{*}=\frac{1}{\sigma_{\mathrm{e}}} \tag{9.4.7f}$$

利用式(9.4.7),于是式(9.4.5a)、式(9.4.5b)和式(9.4.6)分别被简化为

$$\rho\frac{\partial\boldsymbol{V}}{\partial t}+\rho\boldsymbol{V}\cdot\nabla\boldsymbol{V}+\nabla p-\tilde{\tau}\boldsymbol{E}-\boldsymbol{j}_{\mathrm{f}}\times\boldsymbol{B}=0 \tag{9.4.8}$$

$$\boldsymbol{E}+\boldsymbol{V}\times\boldsymbol{B}-\mu^{*}\left(\frac{m_{\mathrm{i}}}{Z_{\mathrm{i}}\tilde{e}}\right)^{2}\frac{1}{\rho}\left[\frac{\partial}{\partial t}\boldsymbol{j}_{\mathrm{f}}+\nabla\cdot(\boldsymbol{j}_{\mathrm{f}}\boldsymbol{V}+\boldsymbol{V}\boldsymbol{j}_{\mathrm{f}})\right]$$
$$-\frac{m_{\mathrm{i}}}{Z_{\mathrm{i}}\tilde{e}}\frac{1}{\rho}\left[(1-\mu^{*})\boldsymbol{j}_{\mathrm{f}}\times\boldsymbol{B}-\frac{Z_{\mathrm{i}}-\mu^{*}}{Z_{\mathrm{i}}+1}\nabla p\right]=\eta^{*}\boldsymbol{j}_{\mathrm{f}} \tag{9.4.9}$$

$$\frac{\partial p}{\partial t}+\boldsymbol{V}\cdot\nabla p+\gamma p\,\nabla\cdot\boldsymbol{V}=(\gamma-1)\eta^{*}\,|\boldsymbol{j}_{\mathrm{f}}|^{2}=(\gamma-1)\eta^{*}\boldsymbol{j}_{\mathrm{f}}\cdot\boldsymbol{j}_{\mathrm{f}} \tag{9.4.10}$$

由于 $\mu^{*}\ll 1$,并使用式(9.4.7d),于是式(9.4.9)又可被简化为

$$\eta^{*}\boldsymbol{j}_{\mathrm{f}}=\boldsymbol{E}+\boldsymbol{V}\times\boldsymbol{B} \tag{9.4.11}$$

由于，

$$|\tilde{\tau}\boldsymbol{E}| \ll |\boldsymbol{j}_{\mathrm{f}} \times \boldsymbol{B}| \tag{9.4.7g}$$

于是式(9.4.8)又可简化为

$$\rho\frac{\partial \boldsymbol{V}}{\partial t}+\rho\boldsymbol{V}\cdot\nabla\boldsymbol{V}+\nabla p-\boldsymbol{j}_{\mathrm{f}}\times\boldsymbol{B}=0 \tag{9.4.12}$$

此外，Maxwell-Ampere 定律可以写为

$$\frac{1}{c^2}\frac{\partial \boldsymbol{E}}{\partial t}+\mu_0\boldsymbol{j}_{\mathrm{f}}-\nabla\times\boldsymbol{B}=0 \tag{9.4.13a}$$

式中，

$$c=\frac{1}{\sqrt{\varepsilon_0\mu_0}} \tag{9.4.13b}$$

由于，

$$\frac{1}{c^2}\left|\frac{\partial \boldsymbol{E}}{\partial t}\right| \ll |\nabla\times\boldsymbol{B}| \tag{9.4.7h}$$

于是式(9.4.13a)可以被简化为

$$\mu_0\boldsymbol{j}_{\mathrm{f}}=\nabla\times\boldsymbol{B} \tag{9.4.13c}$$

9.4.2 考虑电阻性的单组元磁流体力学方程组

利用式(9.1.2b)、式(9.4.2a)、式(9.4.8)、式(9.4.10)、式(9.4.13c)和式(9.4.11)可得到考虑电阻率时的单组元磁流体力学基本方程组，即

连续方程：
$$\frac{\partial \rho}{\partial t}+\nabla\cdot(\rho\boldsymbol{V})=0 \tag{9.4.14a}$$

动量方程：
$$\rho\frac{\partial \boldsymbol{V}}{\partial t}+\rho\boldsymbol{V}\cdot\nabla\boldsymbol{V}+\nabla p-\boldsymbol{j}_{\mathrm{f}}\times\boldsymbol{B}=0 \tag{9.4.14b}$$

能量方程：
$$\frac{\partial p}{\partial t}+\boldsymbol{V}\cdot\nabla p+\gamma p\,\nabla\cdot\boldsymbol{V}=(\gamma-1)\eta^*\boldsymbol{j}_{\mathrm{f}}\cdot\boldsymbol{j}_{\mathrm{f}} \tag{9.4.14c}$$

Faraday 定律：
$$\frac{\partial \boldsymbol{B}}{\partial t}+\nabla\times\boldsymbol{E}=0 \tag{9.4.14d}$$

式中，$\boldsymbol{j}_{\mathrm{f}}$ 和 $\boldsymbol{E}$ 可以由如下 Ampere 定律和 Ohm 定律得出，即

Ampere 定律：
$$\boldsymbol{j}_{\mathrm{f}}=\frac{1}{\mu_0}\nabla\times\boldsymbol{B} \tag{9.4.14e}$$

Ohm 定律：
$$\boldsymbol{E}+\boldsymbol{V}\times\boldsymbol{B}=\eta^*\boldsymbol{j}_{\mathrm{f}} \tag{9.4.14f}$$

另外，磁场还应满足初始条件，即

$$\nabla\cdot\boldsymbol{B}=0 \tag{9.4.14g}$$

9.4.3 理想磁流体力学的守恒型方程组

理想磁流体力学是研究这样的一类流动问题，它的黏性系数 $\mu_{\mathrm{f}}=0$，并且它的

磁扩散系数 $\eta=0$，这里 η 定义为

$$\eta=\frac{1}{\mu\sigma} \tag{9.4.14h}$$

因此磁流体力学是研究无黏性阻尼和无 Ohm 阻尼的流动，其方程组为

连续方程：
$$\frac{\partial\rho}{\partial t}+\nabla\cdot(\rho\boldsymbol{V})=0 \tag{9.4.15a}$$

动量方程：
$$\rho\frac{\mathrm{d}\boldsymbol{V}}{\mathrm{d}t}=\boldsymbol{j}_{\mathrm{f}}\times\boldsymbol{B}-\nabla p \tag{9.4.15b}$$

能量方程：
$$\frac{\mathrm{d}}{\mathrm{d}t}\left(\frac{p}{\rho^{\gamma}}\right)=0 \tag{9.4.15c}$$

Faraday 定律：
$$\frac{\partial\boldsymbol{B}}{\partial t}+\nabla\times\boldsymbol{E}=0 \tag{9.4.15d}$$

Ampere 定律：
$$\nabla\times\boldsymbol{B}=\mu_0\boldsymbol{j}_{\mathrm{f}} \tag{9.4.15e}$$

Ohm 定律：
$$\boldsymbol{E}+\boldsymbol{V}\times\boldsymbol{B}=0 \tag{9.4.15f}$$

$$\nabla\cdot\boldsymbol{B}=0 \tag{9.4.15g}$$

由连续性方程(9.4.15a)、运动方程(9.4.15b)和 Ampere 定律(9.4.15e)，且有

$$(\nabla\cdot\boldsymbol{B})\boldsymbol{B}+(\nabla\times\boldsymbol{B})\times\boldsymbol{B}=\nabla\cdot(\boldsymbol{BB})-\frac{1}{2}\nabla(\boldsymbol{B}\cdot\boldsymbol{B}) \tag{9.4.16a}$$

$$\nabla p=\nabla\cdot(p\boldsymbol{I}) \tag{9.4.16b}$$

$$\boldsymbol{B}\cdot\boldsymbol{B}\equiv B^2 \tag{9.4.16c}$$

可推出如下形式的动量守恒方程：

$$\frac{\partial}{\partial t}(\rho\boldsymbol{V})+\nabla\cdot\boldsymbol{T}=0 \tag{9.4.17a}$$

式中，$\boldsymbol{T}$ 定义为

$$\boldsymbol{T}=\rho\boldsymbol{VV}+p\boldsymbol{I}+\frac{1}{\mu_0}\left(\frac{1}{2}B^2\boldsymbol{I}-\boldsymbol{BB}\right) \tag{9.4.17b}$$

式(9.4.17b)等号右侧小括号中的项是代表磁压强应力张量，它属于电磁场 Maxwell 应力张量的磁场应力部分，是磁流体所特有的。

用 $\boldsymbol{V}$ 点乘运动方程(9.4.15b)的两边，并利用式(9.4.15e)，可得

$$\rho\boldsymbol{V}\cdot\frac{\partial\boldsymbol{V}}{\partial t}=-\rho\boldsymbol{V}\cdot(\boldsymbol{V}\cdot\nabla\boldsymbol{V})+\frac{1}{\mu_0}\boldsymbol{V}\cdot(\nabla\times\boldsymbol{B})\times\boldsymbol{B}-\boldsymbol{V}\cdot\nabla p \tag{9.4.18a}$$

用 $\boldsymbol{B}$ 点乘式(9.4.15d)的两边，并利用式(9.4.15f)，可得

$$\begin{aligned}\frac{1}{2\mu_0}\frac{\partial B^2}{\partial t}&=\frac{1}{\mu_0}\boldsymbol{B}\cdot[\nabla\times(\boldsymbol{V}\times\boldsymbol{B})]\\&=-\frac{1}{\mu_0}\nabla\cdot[\boldsymbol{B}\times(\boldsymbol{V}\times\boldsymbol{B})]-\frac{1}{\mu_0}\boldsymbol{V}\cdot[(\nabla\times\boldsymbol{B})\times\boldsymbol{B}]\end{aligned} \tag{9.4.18b}$$

利用连续方程(9.4.15a),将 $\rho\boldsymbol{V}\cdot\dfrac{\partial\boldsymbol{V}}{\partial t}$变形为

$$\rho\boldsymbol{V}\cdot\frac{\partial\boldsymbol{V}}{\partial t}=\frac{\partial}{\partial t}\left(\frac{\rho V^2}{2}\right)+\frac{V^2}{2}\nabla\cdot(\rho\boldsymbol{V}) \tag{9.4.18c}$$

将式(9.4.15c)展开,可得

$$-\boldsymbol{V}\cdot\nabla p=-\frac{\mathrm{d}}{\mathrm{d}t}\left(\frac{p}{\gamma-1}\right)-\nabla\cdot\left(\frac{\gamma p\boldsymbol{V}}{\gamma-1}\right) \tag{9.4.18d}$$

综合式(9.4.18a)～式(9.4.18d),可得如下形式的能量守恒方程:

$$\frac{\partial\widetilde{H}}{\partial t}+\nabla\cdot\widetilde{\boldsymbol{U}}=0 \tag{9.4.19a}$$

式中,

$$\widetilde{H}\equiv\frac{1}{2}\rho V^2+\frac{1}{2\mu_0}B^2+\frac{p}{\gamma-1}=\frac{1}{2}\rho V^2+\frac{1}{2\mu_0}B^2+\rho e \tag{9.4.19b}$$

$$\begin{aligned}\widetilde{\boldsymbol{U}}&\equiv\frac{1}{2}\rho V^2\boldsymbol{V}+\frac{1}{\mu_0}\boldsymbol{B}\times(\boldsymbol{V}\times\boldsymbol{B})+\frac{\gamma}{\gamma-1}p\boldsymbol{V}\\&=\left(\frac{1}{2}\rho V^2+\frac{\gamma}{\gamma-1}p\right)\boldsymbol{V}+\frac{1}{\mu_0}\boldsymbol{E}\times\boldsymbol{B}\\&=\left(\frac{1}{2}\rho V^2+p+\rho e+\frac{1}{\mu_0}B^2\right)\boldsymbol{V}-\frac{1}{\mu_0}\boldsymbol{V}\cdot\boldsymbol{B}\boldsymbol{B}\end{aligned} \tag{9.4.19c}$$

式中,e 为内能,它与压强有如下关系:

$$p=(\gamma-1)\rho e \tag{9.4.19d}$$

另外,由于矢量恒等式:

$$\nabla\times(\boldsymbol{V}\times\boldsymbol{B})=\nabla\cdot(\boldsymbol{B}\boldsymbol{V}-\boldsymbol{V}\boldsymbol{B}) \tag{9.4.20a}$$

于是利用式(9.4.15f)和式(9.4.20a),$\nabla\times\boldsymbol{E}$ 可改写为

$$\nabla\times\boldsymbol{E}=-\nabla\times(\boldsymbol{V}\times\boldsymbol{B})=\nabla\cdot(\boldsymbol{V}\boldsymbol{B}-\boldsymbol{B}\boldsymbol{V}) \tag{9.4.20b}$$

因此利用式(9.4.20b),式(9.4.15d)可改写为

$$\frac{\partial\boldsymbol{B}}{\partial t}+\nabla\cdot(\boldsymbol{V}\boldsymbol{B}-\boldsymbol{B}\boldsymbol{V})=0 \tag{9.4.21}$$

式(9.4.21)为磁通量守恒方程。

至此,关于理想磁流体力学的四个守恒方程,即连续方程(9.4.15a)、动量方程(9.4.17a)、能量方程(9.4.19a)和磁通量方程(9.4.21)已全部获得,它们是理想磁流体力学理论中最重要的四大方程,汇总如下:

$$\frac{\partial}{\partial t}\begin{bmatrix}\rho\\\rho\boldsymbol{V}\\\widetilde{H}\\\boldsymbol{B}\end{bmatrix}+\nabla\cdot\begin{bmatrix}\rho\boldsymbol{V}\\\boldsymbol{T}\\\widetilde{\boldsymbol{U}}\\\widetilde{\boldsymbol{Y}}\end{bmatrix}=0 \tag{9.4.22a}$$

式中，$\tilde{\boldsymbol{Y}}$ 定义为

$$\tilde{\boldsymbol{Y}} \equiv \boldsymbol{VB} - \boldsymbol{BV} \tag{9.4.22b}$$

9.5　一维、定常和磁流体的 Hartmann 流动及其通解

9.5.1　定常、不可压缩和一维磁流体 Hartmann 流的通解

磁流体力学是研究导电流体在磁场作用下运动规律的学科，在自然界中广泛存在的导电流体是等离子体。按照天体物理学家 Saha 的计算，宇宙中 99%的可见物质都处于等离子体状态。从炽热的恒星、灿然的气态星云、浩瀚的星际间物质，到多变的电离层和高速的太阳风，这些都是等离子体的天下。因此，高超声速航天器的太空飞行不可能避开它。磁流体力学和等离子体物理学与许多经典物理学领域（从粒子动力学、流体力学到统计力学）有着共同的基础[35,39,521~523]，夯实好这些基础才是进行航天飞行器气动设计与故障分析的根本保障。考虑如下形式的磁流体力学方程：

$$\frac{\partial \rho}{\partial t} + \nabla\cdot(\rho \boldsymbol{V}) = 0 \tag{9.5.1a}$$

$$\begin{aligned} \rho \frac{\mathrm{d}\boldsymbol{V}}{\mathrm{d}t} &= -\nabla p + \boldsymbol{j}_{\mathrm{f}} \times \boldsymbol{B} + \frac{1}{3}\eta_{\mathrm{f}} \nabla(\nabla\cdot \boldsymbol{V}) + \eta_{\mathrm{f}} \nabla^2 \boldsymbol{V} \\ &= -\nabla p + \frac{1}{3}\eta_{\mathrm{f}} \nabla(\nabla\cdot \boldsymbol{V}) + \eta_{\mathrm{f}} \nabla^2 \boldsymbol{V} + \frac{1}{\mu_0}(\nabla\times \boldsymbol{B}) \times \boldsymbol{B} \end{aligned} \tag{9.5.1b}$$

$$\nabla\times \boldsymbol{E} = -\frac{\partial \boldsymbol{B}}{\partial t} \tag{9.5.1c}$$

$$\nabla\times \boldsymbol{B} = \mu_0 \boldsymbol{j}_{\mathrm{f}} \tag{9.5.1d}$$

$$\boldsymbol{j}_{\mathrm{f}} = \sigma(\boldsymbol{E} + \boldsymbol{V} \times \boldsymbol{B}) \tag{9.5.1e}$$

$$\rho \frac{\mathrm{d}e}{\mathrm{d}t} = -p\,\nabla\cdot \boldsymbol{V} + \phi + \lambda_T \nabla^2 T + \frac{1}{\sigma}\boldsymbol{j}_{\mathrm{f}} \cdot \boldsymbol{j}_{\mathrm{f}} \tag{9.5.1f}$$

$$p = \rho R T \tag{9.5.1g}$$

$$\nabla\cdot \boldsymbol{B} = 0 \tag{9.5.1h}$$

使用 Maxwell-Ampere 定律(9.5.1d)和 Ohm 定律(9.5.1e)消去 $\boldsymbol{j}_{\mathrm{f}}$，可得

$$\boldsymbol{E} = \frac{1}{\mu_0 \sigma} \nabla\times \boldsymbol{B} - \boldsymbol{V} \times \boldsymbol{B} \tag{9.5.2a}$$

并将其代入 Faraday 电磁感应定律(9.5.1c)，可得

$$\frac{\partial \boldsymbol{B}}{\partial t} = -\nabla\times \boldsymbol{E} = \frac{1}{\mu_0 \sigma} \nabla^2 \boldsymbol{B} + \nabla\times(\boldsymbol{V} \times \boldsymbol{B}) \tag{9.5.2b}$$

引入磁扩散系数 η^*：

$$\eta^* = \frac{1}{\mu_0 \sigma} \tag{9.5.2c}$$

由式(9.5.2b)可得到磁扩散方程为

$$\frac{\partial \boldsymbol{B}}{\partial t} = \eta^* \ \nabla^2 \boldsymbol{B} + \nabla \times (\boldsymbol{V} \times \boldsymbol{B}) \tag{9.5.2d}$$

显然,磁扩散方程(9.5.2d)与流体力学中的涡扩散方程和温度边界层中的热扩散方程[12,81]具有相同的形式,并且在速度场 $\boldsymbol{V}$ 给定之后,它们具有相类似的求解方法。

方程组(9.5.1a)～(9.5.1g)分别为连续方程、运动方程、Faraday 电磁感应定律、Maxwell-Ampere 定律、Ohm 定律、能量方程、状态方程。在式(9.5.1f)中,ϕ 为耗散函数[5,12]。方程(9.5.1h)和(9.5.1i)分别代表了磁感应强度 $\boldsymbol{B}$ 为无源场和在磁流体力学近似下,电流密度矢量 $\boldsymbol{j}_{\mathrm{f}}$ 为无源场。另外,在磁流体力学近似下,由于

$$\frac{\nabla \times \boldsymbol{H}}{\dfrac{\partial \boldsymbol{D}}{\partial t}} = O\left(\frac{c^2}{V^2}\right) \gg 1 \tag{9.5.3a}$$

因此,这时 Maxwell-Ampere 定律便可以近似地写为

$$\nabla \times \boldsymbol{H} \approx \boldsymbol{j}_{\mathrm{f}} \tag{9.5.3b}$$

或者

$$\nabla \cdot \boldsymbol{j}_{\mathrm{f}} \approx 0 \tag{9.5.1i}$$

作为典型例子,以下讨论图 9.1 所示的常截面管中的黏性导电流体的流动。设管宽度为 b_2,长为 b_1,高为 $2b_3$,如果管的宽度 b_1 和长度 b_2 满足

$$b_1 \gg b_3 \tag{9.5.4a}$$

$$b_2 \gg b_3 \tag{9.5.4b}$$

则该流动问题可近似为 $Z = \pm b_3$ 过无限大平行平面间的黏性导电流体的流动。在这种近似下,除压强 p 以外,其他流动参数不依赖于 x 和 y,也就是,它们仅是 z 的

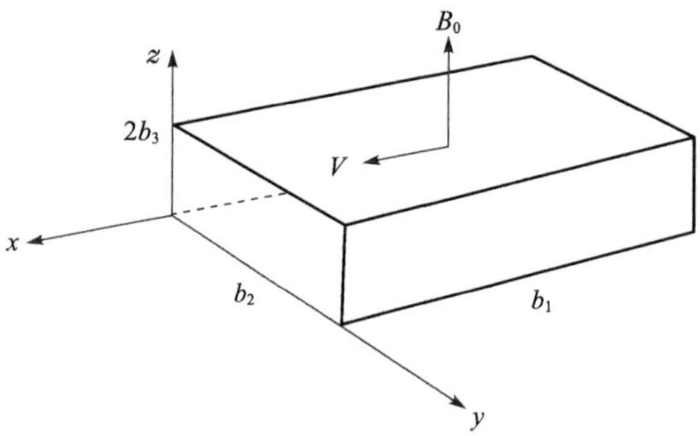

图 9.1 长方形管道中的 Hartmann 流动

函数，这就是经典 Hartmann 流动的主要特征。需要说明的是，如果取消条件(9.5.4a)，将会引起对 y 的依赖性，从而导致二次流；同样，如果取消条件(9.5.4b)，则会引起对 x 的依赖性(即产生管的端口效应)。

取笛卡儿坐标系，使 x 轴与 z 轴分别与流速 $\boldsymbol{V}$ 和稳定均匀外加磁场 $\boldsymbol{B}_0$ 的方向一致，并有

$$\boldsymbol{V}=[V_x \quad 0 \quad 0] \tag{9.5.5a}$$

$$\boldsymbol{B}_0=[0 \quad 0 \quad B_0] \tag{9.5.5b}$$

在不可压缩和定常流动的假定下，因为 $\nabla \cdot \boldsymbol{V}=0$，且存在着式(9.5.5a)的关系，因此有

$$\frac{\partial V_x}{\partial x}=0 \tag{9.5.6a}$$

又由于 $\nabla \cdot \boldsymbol{B}=0$，且注意 Hartmann 流动中 B_x 和 B_y 的特点，于是有

$$B_z=\text{const}=B_0 \tag{9.5.6b}$$

在不可压和定常流动的假设下，式(9.5.1b)变为

$$\nabla p=\frac{1}{\mu_0}(\nabla\times\boldsymbol{B})\times\boldsymbol{B}+\eta_{\mathrm{f}}\nabla^2\boldsymbol{V}=\boldsymbol{j}_{\mathrm{f}}\times\boldsymbol{B}+\eta_{\mathrm{f}}\nabla^2\boldsymbol{V} \tag{9.5.7}$$

将式(9.5.7)在 y 方向上的分量代入式(9.5.1d)，可得

$$\boldsymbol{j}_{\mathrm{f}}=\left[0 \quad \frac{1}{\mu_0}\frac{\mathrm{d}B_x}{\mathrm{d}z} \quad 0\right] \tag{9.5.8}$$

另外，还可以证明[474,524]：

$$E_x=0,\quad E_z=0,\quad E_y=\text{const}=E_0 \tag{9.5.9a}$$

$$p(x,z)=-p_0x+p_1(z) \tag{9.5.9b}$$

$$\frac{\partial p}{\partial x}=\text{const}=-p_0 \tag{9.5.9c}$$

$$\frac{\partial p}{\partial x}=\frac{B_0}{\mu_0}\frac{\mathrm{d}B_x}{\mathrm{d}z}+\eta_{\mathrm{f}}\frac{\mathrm{d}V_x}{\mathrm{d}z} \tag{9.5.9d}$$

对于定常问题，借助于式(9.5.1e)，由式(9.5.7)可得 x 方向的表达式，即

$$\eta_{\mathrm{f}}\frac{\mathrm{d}^2V_x}{\mathrm{d}z^2}-\sigma B_z^2V_x=\frac{\partial p}{\partial x}+\sigma E_yB_z=-\sigma V_0B_z^2 \tag{9.5.10a}$$

由式(9.5.6b)、式(9.5.9a)和式(9.5.9c)可知，式(9.5.10a)等号右侧的项为常数，并记作 $-\sigma V_0B_z^2$，这里 V_0 为管道进口的速度；另外，式(9.5.10a)中的 σ 为导电流体的导电率，η_{f} 为流体的黏性系数。于是这时式(9.5.10a)是二阶线性常微分方程，它的通解为

$$V_x=V_0+c_1\exp\left(\frac{Z\widetilde{H}}{b_3}\right)+c_2\exp\left(\frac{-Z\widetilde{H}}{b_3}\right) \tag{9.5.10b}$$

式中，c_1 和 c_2 均为由边界条件确定的待定积分常数；$\widetilde{H}$ 为以管子半高度 b_3 为特征长度的 Hartmann 数，其表达式为

$$\widetilde{H} \equiv b_3 B_z \sqrt{\frac{\sigma}{\eta_f}} \tag{9.5.10c}$$

式中，外加磁场 B_z 为特征磁感应强度。

在求得速度 V_x 之后，再由 Ohm 定律，即对式(9.5.1e)取 y 方向分量表达式，可得

$$(\boldsymbol{j}_f)_y = \sigma(E_y - V_x B_z) \tag{9.5.11a}$$

由上求出 $(\boldsymbol{j}_f)_y$ 之后，再由 Maxwell-Ampere 定律，即对式(9.5.1d)取 y 方向分量表达式，可得

$$\mu_0 (\boldsymbol{j}_f)_y = \frac{\partial B_x}{\partial z} \tag{9.5.11b}$$

对式(9.5.11b)积分，便能得到 x 方向磁感应强度 B_x 值。

至此，除了 y 方向的电场强度 E_0 之外，其余全部参数都可以给定。如果将式(9.5.11a)从 $z=-b_3$ 到 $z=b_3$ 积分，于是能够得到平均电流密度 j_0，即

$$j_0 \equiv \frac{1}{2b_3}\int_{-b_3}^{b_3} (\boldsymbol{j}_f)_y \mathrm{d}z = \sigma(E_0 - B_0 V_0) \tag{9.5.12a}$$

式中，V_0 为平均流速，其表达式为

$$V_0 \equiv \frac{1}{2b_3}\int_{-b_3}^{b_3} V_x \mathrm{d}z \tag{9.5.12b}$$

式(9.5.12b)中的 V_x 已由式(9.5.10b)给出，于是在由式(9.5.12b)求出平均流速 V_0 后，代入式(9.5.12a)中，因此平均电流密度 j_0 值已知时，E_0 值由此式便可以得到。

9.5.2　Poiseuille 流动时积分常数的确定

如果边界条件的提法为 Poiseuille 流，即

$$V_x = 0, \quad z = \pm b_3 \tag{9.5.13}$$

由此边界条件确定的待定积分常数 c_1 和 c_2 分别为

$$c_1 = c_2 = \frac{V_0}{\exp(\widetilde{H}) + \exp(-\widetilde{H})} \tag{9.5.14}$$

将式(9.5.14)代入式(9.5.10b)，可得

$$V_x = V_0 \left(1 - \frac{\mathrm{ch}\,\dfrac{z\widetilde{H}}{b_3}}{\mathrm{ch}\widetilde{H}} \right) \tag{9.5.15a}$$

式中，V_0 可由式(9.5.10a)确定，为

$$V_0 = -\left(\frac{b_3^2}{\widetilde{H}^2}\frac{1}{\eta_f}\frac{\partial p}{\partial x} + \frac{\widetilde{H}}{b_3}E_y\sqrt{\frac{\sigma}{\eta_f}}\right) \tag{9.5.15b}$$

通常二维渠道内流体力学的 Poiseuille 流动的速度剖面为[81]

$$(V_x)_f = \frac{1}{2\eta_f}\frac{\partial p}{\partial x}(z^2 - b_3^2) = V_0'\left(1 - \frac{z^2}{b_3^2}\right) \tag{9.5.16}$$

其速度剖面为抛物线分布，将其与磁流体力学 Poiseuille 流动解式(9.5.15a)的剖面分布相比，后者显得肥厚些，如图 9.2 所示。

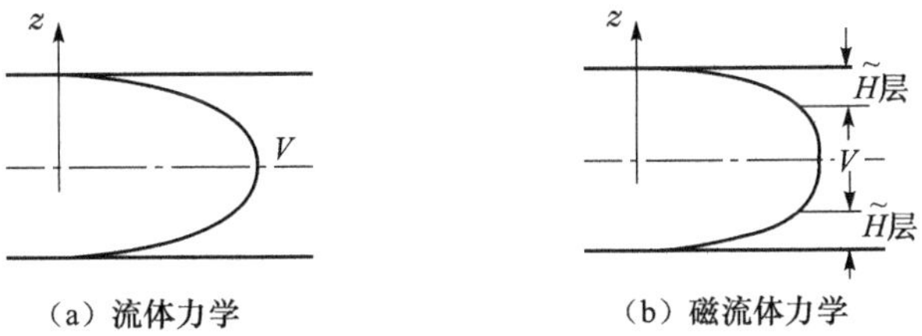

图 9.2　流体力学和磁流体力学 Poiseuille 流动速度剖面的比较

9.6　二维、定常和磁流体的 Hartmann 流动及其 Shercliff 解法

9.6.1　不可压缩、磁流体力学常用的方程组

由式(9.5.2d)可得磁扩散方程，即

$$\frac{\partial \boldsymbol{B}}{\partial t} = \eta^* \nabla^2 \boldsymbol{B} + \nabla\times(\boldsymbol{V}\times\boldsymbol{B}) \tag{9.6.1}$$

式中，η^* 为磁扩散系数，由式(9.5.2c)定义。式(9.6.1)已使用 Faraday 电磁感应定律和 Ampere 定律。利用如下矢量恒等式：

$$\nabla\times(\boldsymbol{V}\times\boldsymbol{B}) = (\boldsymbol{B}\cdot\nabla)\boldsymbol{V} - (\boldsymbol{V}\cdot\nabla)\boldsymbol{B} + (\nabla\cdot\boldsymbol{B})\boldsymbol{V} - (\nabla\cdot\boldsymbol{V})\boldsymbol{B} \tag{9.6.2a}$$

以及不可压缩流体的假设，于是式(9.6.2a)可变为

$$\nabla\times(\boldsymbol{V}\times\boldsymbol{B}) = (\boldsymbol{B}\cdot\nabla)\boldsymbol{V} - (\boldsymbol{V}\cdot\nabla)\boldsymbol{B} \tag{9.6.2b}$$

利用式(9.6.2b)，则式(9.6.1)可变为

$$\frac{\mathrm{d}\boldsymbol{B}}{\mathrm{d}t} = \frac{\partial \boldsymbol{B}}{\partial t} + (\boldsymbol{V}\cdot\nabla)\boldsymbol{B} = (\boldsymbol{B}\cdot\nabla)\boldsymbol{V} + \eta^* \nabla^2\boldsymbol{B} \tag{9.6.2c}$$

利用式(9.5.1b)，不可压缩、磁流体的运动方程为

$$\rho\frac{\mathrm{d}\boldsymbol{V}}{\mathrm{d}t} = -\nabla p + \eta_f\nabla^2\boldsymbol{V} + \boldsymbol{j}_f\times\boldsymbol{B} \tag{9.6.3a}$$

由于，

$$\boldsymbol{j}_f\times\boldsymbol{B} = \frac{1}{\mu_0}(\boldsymbol{B}\cdot\nabla)\boldsymbol{B} - \nabla\left(\frac{\boldsymbol{B}\cdot\boldsymbol{B}}{2\mu_0}\right) \tag{9.6.3b}$$

于是式(9.6.3a)可变为

$$\rho\frac{\mathrm{d}\boldsymbol{V}}{\mathrm{d}t}=-\nabla p^{*}+\frac{1}{\mu_0}(\boldsymbol{B}\cdot\nabla)\boldsymbol{B}+\eta_{\mathrm{f}}\nabla^2\boldsymbol{V} \tag{9.6.3c}$$

式中，

$$p^{*}=p+\frac{1}{2\mu_0}\boldsymbol{B}\cdot\boldsymbol{B} \tag{9.6.3d}$$

至此，不可压缩、磁流体力学常用的方程组已全部得到，即

$$\rho\frac{\mathrm{d}\boldsymbol{V}}{\mathrm{d}t}=\frac{1}{\mu_0}(\boldsymbol{B}\cdot\nabla)\boldsymbol{B}+\eta_{\mathrm{f}}\nabla^2\boldsymbol{V}-\nabla p^{*} \tag{9.6.4a}$$

$$\frac{\mathrm{d}\boldsymbol{B}}{\mathrm{d}t}=(\boldsymbol{B}\cdot\nabla)\boldsymbol{V}+\eta^{*}\nabla^2\boldsymbol{B} \tag{9.6.4b}$$

而且磁场感应强度 $\boldsymbol{B}$ 和速度场 $\boldsymbol{V}$ 都是无源场，即

$$\nabla\cdot\boldsymbol{B}=0 \tag{9.6.4c}$$

$$\nabla\cdot\boldsymbol{V}=0 \tag{9.6.4d}$$

9.6.2 二维定常 Hartmann 流动的主要特点及其基本控制方程组

对于二维、定常、不可压缩磁流体的 Hartmann 流动即如图 9.3 所示的矩形常截面管中黏性流动，令其宽(沿 z 方向)为 b_2、高(沿 y 方向)为 b_4、长(沿 x 方向)为 b_1。流体介质在 y 方向上均匀的外加磁场 $B_y=\mathrm{const}$ 作用下沿着 x 方向流动。

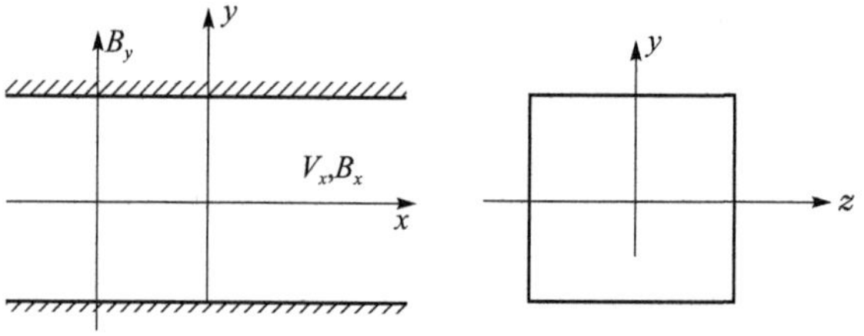

图 9.3 二维 Hartmann 流动

如果 b_2 与 b_4 量级相当，并且有

$$b_1\gg b_2 \tag{9.6.5a}$$

则 V_x 和 B_x 仅是 y、z 和 t 的函数，且假定磁感应强度在 z 方向为零。另外，因流体介质处于直渠道内流动，还假定沿 y 方向和沿 z 方向的分速度为零。综合上述，这些假定与特征用式子表达便为

$$V_x=V_x(y,z,t),\quad V_y=0,\quad V_z=0 \tag{9.6.5b}$$

$$B_x=B_x(y,z,t),\quad B_z=0 \tag{9.6.5c}$$

利用式(9.6.5)，则运动方程(9.6.4a)沿 x 方向的分式为

$$\rho\frac{\partial V_x}{\partial t}+\frac{\partial p^{*}}{\partial x}=\frac{1}{\mu_0}B_y\frac{\partial B_x}{\partial y}+\eta_{\mathrm{f}}\nabla^2V_x \tag{9.6.6a}$$

式中，Laplace 算子∇^2定义为

$$\nabla^2 \equiv \frac{\partial^2}{\partial y^2} + \frac{\partial^2}{\partial z^2} \tag{9.6.6b}$$

同理，利用式(9.6.5)，可得式(9.6.4b)沿 x 方向的分式为

$$\frac{\partial B_x}{\partial t} = B_y \frac{\partial V_x}{\partial y} + \eta^* \nabla^2 B_x \tag{9.6.7}$$

这里，算子∇^2的定义同式(9.6.6b)。于是式(9.6.6a)和式(9.6.7)便构成了非定常、二维、不可压缩磁流体 Hartmann 流动的基本方程组。对于定常、不可压缩、磁流体流动，则控制方程组可写为

$$\left(\frac{\partial^2}{\partial y^2} + \frac{\partial^2}{\partial z^2}\right) V_x + \frac{1}{\eta_{\mathrm{f}} \mu_0} B_y \frac{\partial B_x}{\partial y} = \frac{1}{\eta_{\mathrm{f}}} \frac{\partial p}{\partial x} \tag{9.6.8a}$$

$$\left(\frac{\partial^2}{\partial y^2} + \frac{\partial^2}{\partial z^2}\right) B_x + \frac{1}{\eta^*} B_y \frac{\partial V_x}{\partial y} = 0 \tag{9.6.8b}$$

9.6.3　磁流体定常流动控制方程组的 Shercliff 解法

由于方程(9.6.8a)为非齐次方程，因此首先引入因变量代换，即令

$$V_x = V_x' + V_p \tag{9.6.9a}$$

且要求 $V_p(y,z)$满足如下 Poisson 方程的边值问题：

$$\begin{cases} \left(\dfrac{\partial^2}{\partial y^2} + \dfrac{\partial^2}{\partial z^2}\right) V_p = \dfrac{1}{\eta_{\mathrm{f}}} \dfrac{\partial p}{\partial x} \\ V_p|_{\mathrm{w}} = 0 \end{cases} \tag{9.6.9b}$$

式(9.6.9b)中用 w 表示在壁面处取值。当给定$\frac{1}{\eta_{\mathrm{f}}}\frac{\partial p}{\partial x} = \mathrm{const}$ 之后，式(9.6.9b)的定解问题可用经典的数理方程方法得到[255]，因此可以认为 V_p 是已知的。另外，V_x'应满足如下齐次方程：

$$\left(\frac{\partial^2}{\partial y^2} + \frac{\partial^2}{\partial z^2}\right) V_x' + \frac{1}{\eta_{\mathrm{f}} \mu_0} B_y \frac{\partial B_x}{\partial y} = 0 \tag{9.6.10}$$

这个方程在形式上与方程(9.6.8b)相类似。

然后，Shercliff 引入了待定参数 α 以消去式(9.6.8)中的耦合项，可得[525]

$$\nabla^2 (V_x' + \alpha B_x) + B_y \left(\frac{\sigma}{\eta_{\mathrm{f}}}\right)^{\frac{1}{2}} \frac{\partial}{\partial y}\left[\left(\frac{\eta^*}{\eta_{\mathrm{f}}\mu_0}\right)^{\frac{1}{2}} B_x + \alpha \left(\frac{\eta_{\mathrm{f}}\mu_0}{\eta^*}\right)^{\frac{1}{2}} V_x'\right]$$

$$= -\alpha \left(\frac{\eta_{\mathrm{f}}\mu_0}{\eta^*} \frac{\sigma}{\eta_{\mathrm{f}}}\right)^{\frac{1}{2}} B_y \frac{\partial V_p}{\partial y} \tag{9.6.11a}$$

$$\nabla^2 (V_x' - \alpha B_x) + B_y \left(\frac{\sigma}{\eta_{\mathrm{f}}}\right)^{\frac{1}{2}} \frac{\partial}{\partial y}\left[\left(\frac{\eta^*}{\eta_{\mathrm{f}}\mu_0}\right)^{\frac{1}{2}} B_x - \alpha \frac{\eta_{\mathrm{f}}\mu_0}{\eta^*} V_x'\right]$$

$$=\alpha\left(\frac{\eta_{\mathrm{f}}\mu_0}{\eta^*}\frac{\sigma}{\eta_{\mathrm{f}}}\right)^{\frac{1}{2}}B_x\frac{\partial V_p}{\partial y} \tag{9.6.11b}$$

式中,σ 的定义同式(9.5.2c)。如果使下面式(9.6.11c)和式(9.6.11d)同时成立,那么式(9.6.11a)和式(9.6.11b)就变成关于未知函数 $f(y,z)$ 和 $g(y,z)$ 由式(9.6.12a)和式(9.6.12b)组成的各自独立的方程组。上述这几个表达式具体为

$$V_x'+\alpha B_x=\left(\frac{\eta^*}{\eta_{\mathrm{f}}\mu_0}\right)^{\frac{1}{2}}B_x+\alpha\left(\frac{\eta_{\mathrm{f}}\mu_0}{\eta^*}\right)^{\frac{1}{2}}V_x'=2f(y,z) \tag{9.6.11c}$$

$$V_x'-\alpha B_x=\alpha\left(\frac{\eta_{\mathrm{f}}\mu_0}{\eta^*}\right)^{\frac{1}{2}}V_x'-\left(\frac{\eta^*}{\eta_{\mathrm{f}}\mu_0}\right)^{\frac{1}{2}}B_x=2g(y,z) \tag{9.6.11d}$$

$$\left(\frac{\partial^2}{\partial y^2}+\frac{\partial^2}{\partial z^2}\right)f+\left(\frac{\sigma}{\eta_{\mathrm{f}}}\right)^{\frac{1}{2}}B_y\frac{\partial f}{\partial y}=-\frac{1}{2}\left(\frac{\sigma}{\eta_{\mathrm{f}}}\right)^{\frac{1}{2}}B_y\frac{\partial V_p}{\partial y} \tag{9.6.12a}$$

$$\left(\frac{\partial^2}{\partial y^2}+\frac{\partial^2}{\partial z^2}\right)g-\left(\frac{\sigma}{\eta_{\mathrm{f}}}\right)^{\frac{1}{2}}B_y\frac{\partial g}{\partial y}=\frac{1}{2}\left(\frac{\sigma}{\eta_{\mathrm{f}}}\right)^{\frac{1}{2}}B_y\frac{\partial V_p}{\partial y} \tag{9.6.12b}$$

显然,当式(9.6.11a)和式(9.6.11b)中的 α 取

$$\alpha=\frac{\eta^*}{\eta_{\mathrm{f}}\mu_0} \tag{9.6.13}$$

时,便可以得到关于未知函数 $f(y,z)$ 与 $g(y,z)$ 的方程,即式(9.6.12a)和式(9.6.12b)。换句话说,在通过式(9.6.12a)和式(9.6.12b)求出 $f(y,z)$ 和 $g(y,z)$ 之后,由如下两式:

$$V_x=V_x'+V_p=f(y,z)+g(y,z)+V_p \tag{9.6.14a}$$

$$B_x=\left(\frac{\eta_{\mathrm{f}}\mu_0}{\eta^*}\right)^{\frac{1}{2}}\left[f(y,z)-g(y,z)\right] \tag{9.6.14b}$$

可以得到 V_x 与 B_x,从而获得方程组(9.6.8)的解。另外,求解方程(9.6.12a)和(9.6.12b)时所需的边界条件,也可以通过 V_x 和 B_x 满足的边界条件,借助于变换式(9.6.14a)和式(9.6.14b)得到。

9.7 磁流体力学中小扰动方程及其简单波流动的特征

波动现象普遍存在于连续介质中。在气体动力学中,由于气体的压缩性而有声波传播,这种波传播的方向与激发波动的振动方向相同,声波是纵波[526]。在电动力学中广泛地研究电磁波,真空中电磁场的变化在与波传播方向垂直的平面中,它是横波。在弹性介质中,既有法向应力,也有剪切应力,弹性波的模式同时包含

横波和纵波。从力学的观点上看,每一种波动模式反映着一类特定的动量变化关系,每一种波动模式都联系着一类运动过程。磁流体力学是探讨导电流体与磁场相互耦合的过程,由于 Lorentz 力的作用会引进新的波动模式,它既包括纵波的成分(如压缩 Alfven 波,它是由 Maxwell 应力张量中的压力分量产生的,是纵波),也有横波的成分(如剪切 Alfven 波[496],它是由 Maxwell 应力张力成分产生的,是横波)。另外,Lorentz 力与导电气体中的压力梯度相耦合,就形成了磁流体力学波,其中包括磁声波等。类似地,声波和重力波耦合成声重波,重力波与磁流体力学波耦合成磁声重波。在等离子体物理中,由于存在着三种不同的力[527,528]:热压力、静电力和磁场力,因此等离子体中的波动现象要比普通介质中的波动现象复杂得多,它除了热压力驱动的声波外,还存在静电波(纵波)、电磁波(横波)以及它们的混杂波。

在等离子体物理学里的波动现象中,按扰动波场的幅度可以划分为线性波和非线性波两大类。非线性波一般指大振幅的扰动,如激波和孤立波等,而线性波是小振幅扰动。描述等离子体现象的磁流体力学方程是一组非线性偏微分方程组,但是当等离子体中产生的是小振幅扰动时,这种过程可以用线性化的偏微分方程组来描述,并称这类波动为线性波,本节讨论的磁流体中的简单波就属于线性波。由于线性方程组的解满足叠加原理,所以可以采取 Fourier 分析方法。这里还要指出的是,线性波理论是研究非线性波及其他理论的基础,对分析和研究在天体物理和地球物理环境中所发生的一些波动现象起着重要作用。因此,本节主要讨论小扰动方程以及磁流体流动中的一类线性波动问题。另外,还着重讨论简单波区的流动以及所具有的重要性质。

9.7.1　绝热、理想、磁流体力学方程组以及小扰动方程

在气体动力学和磁流体力学中,常用熵增去替代能量方程。另外,在磁流体力学中,也常用磁扩散方程代替电磁学方程,因此由连续方程、运动方程、熵方程、状态方程、Faraday-Ampere 定律以及磁感应强度为无源场所组成的磁流体力学基本方程组为

$$\frac{\mathrm{d}}{\mathrm{d}t}\rho+\rho\,\nabla\cdot\boldsymbol{V}=0 \tag{9.7.1a}$$

$$\rho\frac{\mathrm{d}\boldsymbol{V}}{\mathrm{d}t}=-\nabla p+\nabla\cdot\{\eta_{\mathrm{f}}[\nabla\boldsymbol{V}+(\nabla\boldsymbol{V})_{\mathrm{c}}]\}-\frac{2}{3}\nabla(\eta_{\mathrm{f}}\nabla\cdot\boldsymbol{V})+\frac{1}{\mu_0}(\nabla\times\boldsymbol{B})\times\boldsymbol{B} \tag{9.7.1b}$$

$$\rho T\frac{\mathrm{d}S}{\mathrm{d}t}=\Phi+\eta_{\mathrm{f}}(\nabla\cdot\boldsymbol{V})^2+\lambda_T\nabla^2T+\frac{1}{\sigma\mu_0^2}(\nabla\times\boldsymbol{B})^2 \tag{9.7.1c}$$

$$p=\rho RT \tag{9.7.1d}$$

$$\frac{\partial \boldsymbol{B}}{\partial t}=\eta^{*}\ \nabla^{2}\boldsymbol{B}+\nabla\times(V\times\boldsymbol{B}) \tag{9.7.1e}$$

$$\nabla\cdot\boldsymbol{B}=0 \tag{9.7.1f}$$

上述式中,S 为单位质量流体所具有的熵;Φ 为耗散函数,η_{f}为流体的动力黏性系数;η^{*} 和 μ_0 的定义分别同式(9.5.2c)和式(9.5.1d);σ 为导电率。如果流体是绝热导电流体并处于无任何耗损的运动;另外,还假定流体是无黏的(即$\eta_{\mathrm{f}}=0$),并且是完全导电体$\left(即\frac{1}{\sigma}=0\right)$,于是由式(9.7.1)便可以得到这时绝热、理想磁流体力学方程组,其表达式为

$$\frac{\partial}{\partial t}\rho+\nabla\cdot(\rho\boldsymbol{V})=0 \tag{9.7.2a}$$

$$\rho\left[\frac{\partial \boldsymbol{V}}{\partial t}+(\nabla\times\boldsymbol{V})\times\boldsymbol{V}+\nabla\left(\frac{1}{2}\boldsymbol{V}\cdot\boldsymbol{V}\right)\right]=-\nabla p+\frac{1}{\mu_0}(\nabla\times\boldsymbol{B})\times\boldsymbol{B} \tag{9.7.2b}$$

$$\frac{\partial S}{\partial t}+\boldsymbol{V}\cdot\nabla S=0 \tag{9.7.2c}$$

$$\frac{\partial \boldsymbol{B}}{\partial t}-\nabla\times(\boldsymbol{V}\times\boldsymbol{B})=0 \tag{9.7.2d}$$

运动方程(9.7.2b)采用了 Crocco 型[12]。为了使上述方程组(9.7.2)完备,还需要补充热力学量 p、ρ、S 之间的状态方程。在完全气体的假定下,熵增与压强 p、密度 ρ 之间有

$$S=S_0+C_v\ln\frac{p}{\rho^{\gamma}} \tag{9.7.3a}$$

或者应用微分关系表示

$$\mathrm{d}p=a^2\mathrm{d}\rho \tag{9.7.3b}$$

在式(9.7.3a)中 γ 为流体介质的绝热指数,在式(9.7.3b)中 a 为流体介质的声速,其表达式为

$$a=\sqrt{\left(\frac{\partial p}{\partial \rho}\right)_S}=\sqrt{\frac{\gamma p}{\rho}} \tag{9.7.3c}$$

引入以未知函数变量组成的矢量 $\boldsymbol{Z}$,其定义式为

$$\boldsymbol{Z}=[V_1\quad V_2\quad V_3\quad B_1\quad B_2\quad B_3\quad \rho\quad S]^{\mathrm{T}} \tag{9.7.4a}$$

于是方程组(9.7.2)可以写为如下矢量形式:

$$\frac{\partial \boldsymbol{Z}}{\partial t}+\sum_{j=1}^{3}\left[\mathbf{A}_j(\boldsymbol{Z})\cdot\frac{\partial \boldsymbol{Z}}{\partial x_j}\right]=0 \tag{9.7.4b}$$

式中,x_j 是空间变量;$\mathbf{A}(\boldsymbol{Z})$是仅依赖于矢量 $\boldsymbol{Z}$ 而与 $\boldsymbol{Z}$ 的导数无关的系数矩阵。在小扰动假设下,可以记

$$\boldsymbol{Z}=\boldsymbol{Z}_0+\boldsymbol{Z}' \tag{9.7.5a}$$

式中，$\boldsymbol{Z}_0$ 为未扰动时的 $\boldsymbol{Z}$ 矢量值，它应满足式(9.7.4b)，即

$$\frac{\partial \boldsymbol{Z}_0}{\partial t}+\sum_{j=1}^{3}\left[\boldsymbol{A}_j(\boldsymbol{Z}_0)\cdot\left(\left.\frac{\partial \boldsymbol{Z}}{\partial x_j}\right|_{\boldsymbol{Z}_0}\right)\right]=0 \tag{9.7.5b}$$

$\boldsymbol{Z}'$ 为扰动量，根据小扰动的假设，$\boldsymbol{Z}'$ 的所有分量值都远远小于 $\boldsymbol{Z}_0$ 对应的分量值。将式(9.7.5a)代入式(9.7.4b)后，可得

$$\frac{\partial \boldsymbol{Z}_0}{\partial t}+\frac{\partial \boldsymbol{Z}'}{\partial t}+\sum_{j=1}^{3}\left[\boldsymbol{A}_j(\boldsymbol{Z}_0+\boldsymbol{Z}')\cdot\left(\left.\frac{\partial \boldsymbol{Z}}{\partial x_j}\right|_{\boldsymbol{Z}_0}+\left.\frac{\partial \boldsymbol{Z}}{\partial x_j}\right|_{\boldsymbol{Z}'}\right)\right]=0 \tag{9.7.5c}$$

对上述方程进行相关的运算，注意保留 $\boldsymbol{Z}'$ 的一阶项、略去 $\boldsymbol{Z}'$ 的高阶项，并注意使用式(9.7.5b)，于是可得到扰动量 $\boldsymbol{Z}'$ 满足的常系数线性方程，即

$$\frac{\partial \boldsymbol{Z}'}{\partial t}+\sum_{j=1}^{3}\left[\boldsymbol{B}_j(\boldsymbol{Z}_0)\cdot\left.\frac{\partial \boldsymbol{Z}}{\partial x_j}\right|_{\boldsymbol{Z}'}\right]=\boldsymbol{Q}(\boldsymbol{Z}_0,\boldsymbol{Z}') \tag{9.7.5d}$$

式(9.7.5d)常称为小扰动方程，也称为线性波方程，这类方程属于线性双曲型方程。

9.7.2　特征流形和特征面

为了方便讨论波形和波阵面问题，这里引入四维相空间$(\boldsymbol{x},t)$中的流形和流形坐标系的概念。如图 9.4 给出了四维空间$(\boldsymbol{x},t)$中波阵面的流形 $\sum(t)$以及流形坐标系。当固定 $t=t_0$ 时，流形 $\sum(t)$是曲面 $F(x,y,z,t_0)=0$ 和平面 $t=t_0$ 的交面。对于固定的空间点 $\boldsymbol{x}=\boldsymbol{x}_0$，在不同的时刻 t 有不同的流形 $\sum(t)$ 通过。流形坐标系是以流形 $\sum(t)$ 为一个坐标面(如在该面上选取两个张在流形面上的正交曲线 τ_1 与 τ_2 构成两个坐标轴线)，并且以 $\sum(t)$ 的法向方向 $\boldsymbol{n}$ 作为另一个坐标轴线，于是 n、τ_1 和 τ_2便构成一个正交坐标系即流形坐标系。在图 9.4 中，On 轴沿

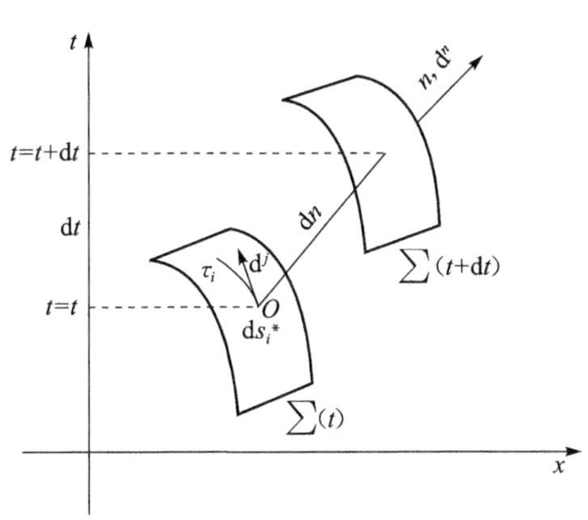

图 9.4　四维空间$(\boldsymbol{x},t)$中波阵面的流形 $\sum(t)$ 以及流形坐标系

$\boldsymbol{n}$ 的方向，$O\tau_1$ 与 $O\tau_2$ 轴以 τ_i 表示，它们的微元弧分别为 $\mathrm{d}n$ 和 $\mathrm{d}s_i^*$（这里 $i=1,2$），并且 $\mathrm{d}n$ 代表流形 $\sum(t)$ 和 $\sum(t+\mathrm{d}t)$ 之间的距离，换句话说就是在时间间隔 $\mathrm{d}t$ 内流形 $\sum(t)$ 移动的路程，因此波阵面的位移速度模 $U=U(\boldsymbol{x},t)$ 为

$$U=\frac{\mathrm{d}n}{\mathrm{d}t} \tag{9.7.6}$$

为方便书写，引入记号 d^n 表示垂直于流形 $\sum(t)$ 方向上的增量，d^j 表示与流形 $\sum(t)$ 相切方向上的增量。另外，将以流形 $\sum(t)$ 为坐标面、以 $\sum(t)$ 的法向为另一个坐标轴所构成的正交曲线坐标系记为 (β_1,β_2,β)，这里 $\beta_j(j=1,2)$ 代表与流形 $\sum(t)$ 相切方向的坐标，β 代表垂直于 $\sum(t)$ 方向的坐标，它们与直角坐标系 (x,y,z) 之间的关系为

$$\begin{cases} f_1(x,y,z)=\beta_1 \\ f_2(x,y,z)=\beta_2 \\ f_3(x,y,z)=\beta \end{cases} \tag{9.7.7a}$$

式中，$f_3(x,y,z)=\beta$ 是流形 $\sum(t)$，因此有

$$\beta=\beta(t) \tag{9.7.7b}$$

坐标系 (β_1,β_2,β) 的 Lame 系数记为 h_1、h_2 和 h，并且有

$$\begin{cases} \mathrm{d}s_j^*=\dfrac{1}{h_j}\mathrm{d}\beta_j, \quad j=1,2 \\ \mathrm{d}n=\dfrac{1}{h}\mathrm{d}\beta \end{cases} \tag{9.7.7c}$$

又由于

$$\begin{cases} \mathrm{d}^n\boldsymbol{Z}=\dfrac{\partial \boldsymbol{Z}}{\partial \beta}\dfrac{\mathrm{d}\beta}{\mathrm{d}n}\mathrm{d}n+\dfrac{\partial \boldsymbol{Z}}{\partial t}\mathrm{d}t=h\dfrac{\partial \boldsymbol{Z}}{\partial \beta}\mathrm{d}n+\dfrac{\partial \boldsymbol{Z}}{\partial t}\mathrm{d}t \\ \mathrm{d}^j\boldsymbol{Z}=\dfrac{\partial \boldsymbol{Z}}{\partial \beta_j}\dfrac{\mathrm{d}\beta_j}{\mathrm{d}S_j^*}\mathrm{d}s_j^*=h_j\dfrac{\partial \boldsymbol{Z}}{\partial \beta_j}\mathrm{d}s_j^*, \quad j=1,2 \end{cases} \tag{9.7.7d}$$

$$\frac{\partial \boldsymbol{Z}}{\partial t}+\sum_{j=1}^{3}\left[\mathbf{A}_j(\boldsymbol{Z})\cdot\frac{\partial \boldsymbol{Z}}{\partial x_j}\right]=\boldsymbol{F}(\boldsymbol{Z},\boldsymbol{x},t) \tag{9.7.8}$$

将式(9.7.7d)代入式(9.7.8)，可得

$$\frac{\partial \boldsymbol{Z}}{\partial t}+h\mathbf{A}(\boldsymbol{Z})\cdot\frac{\partial \boldsymbol{Z}}{\partial n}=\boldsymbol{W}_1\left(h_j,\frac{\mathrm{d}^j\boldsymbol{Z}}{\mathrm{d}\beta_j}\right) \tag{9.7.9a}$$

又由式(9.7.7d)中的第一式与式(9.7.6)，可得

$$\frac{\partial \boldsymbol{Z}}{\partial t}+Uh\frac{\partial \boldsymbol{Z}}{\partial n}=\frac{\mathrm{d}^n\boldsymbol{Z}}{\mathrm{d}t} \tag{9.7.9b}$$

将式(9.7.9b)代入式(9.7.9a)中，并消去 $\dfrac{\partial \boldsymbol{Z}}{\partial t}$ 项，可得

$$[\boldsymbol{A}(\boldsymbol{Z})-U\boldsymbol{I}]\cdot\frac{\partial \boldsymbol{Z}}{\partial n}=\boldsymbol{W}_2\left(h,h_j,\frac{\mathrm{d}^n\boldsymbol{Z}}{\mathrm{d}t},\frac{\mathrm{d}^j\boldsymbol{Z}}{\mathrm{d}\beta_j}\right) \tag{9.7.9c}$$

式中，$\boldsymbol{I}$ 为单位矩阵。

令

$$\Delta\equiv\det(\boldsymbol{A}-U\boldsymbol{I}) \tag{9.7.10}$$

如果 $\Delta=0$，那么在流形 $\sum(t)$ 上给定的函数必须满足一定的条件，这时便称流形 $\sum(t)$ 为特征流形；而流形 $\sum(t)$ 与平面 $t=t_0$ 的交界面便称为特征面，即波阵面或简称为波。

在气体动力学中，特征流形和特征面理论已有广泛应用，对此文献[255]和[529]中已有详细讨论，供感兴趣的读者进一步参考。

9.7.3　绝热、理想磁流体力学的线性波

绝热、理想磁流体力学的方程组已由式(9.7.2)给出。按照 9.7.2 节的做法，在流形 $\sum(t)$ 上取流形正交曲线坐标系(β_1,β_2,β)，并将式(9.7.2)在这个坐标系中展开，可得到 8 个含 32 个未知函数偏导数的方程，即

$$F_i\left(\frac{\partial\rho}{\partial t},\frac{\partial\rho}{\partial\beta},\frac{\partial\rho}{\partial\beta_1},\cdots,\frac{\partial B_2}{\partial\beta},\frac{\partial B_2}{\partial\beta_1},\frac{\partial B_2}{\partial\beta_2}\right)=0,\quad i=1,2,\cdots,8 \tag{9.7.11}$$

由式(9.7.7d)，未知函数 $\boldsymbol{V}$、$\boldsymbol{B}$、ρ 和熵 S 的偏导数之间有如下关系式：

$$\mathrm{d}^n\boldsymbol{V}=\left(\frac{\partial}{\partial t}+hU\frac{\partial}{\partial\beta}\right)\boldsymbol{V}\mathrm{d}t,\quad \mathrm{d}^j\boldsymbol{V}=h_j\frac{\partial\boldsymbol{V}}{\partial\beta_j}\mathrm{d}s_j^*,\quad j=1,2 \tag{9.7.12a}$$

$$\mathrm{d}^n\boldsymbol{B}=\left(\frac{\partial}{\partial t}+hU\frac{\partial}{\partial\beta}\right)\boldsymbol{B}\mathrm{d}t,\quad \mathrm{d}^j\boldsymbol{B}=h_j\frac{\partial\boldsymbol{B}}{\partial\beta_j}\mathrm{d}s_j^*,\quad j=1,2 \tag{9.7.12b}$$

$$\mathrm{d}^n\rho=\left(\frac{\partial}{\partial t}+hU\frac{\partial}{\partial\beta}\right)\rho\mathrm{d}t,\quad \mathrm{d}^j\rho=h_j\frac{\partial\rho}{\partial\beta_j}\mathrm{d}s_j^*,\quad j=1,2 \tag{9.7.12c}$$

$$\mathrm{d}^n S=\left(\frac{\partial}{\partial t}+hU\frac{\partial}{\partial\beta}\right)S\mathrm{d}t,\quad \mathrm{d}^j S=h_j\frac{\partial S}{\partial\beta_j}\mathrm{d}s_j^*,\quad j=1,2 \tag{9.7.12d}$$

将式(9.7.12)代入式(9.7.11)，然后采取如下的代换并使用式(9.7.7c)，可得

$$\frac{\partial}{\partial\beta}=\frac{\partial n}{\partial\beta}\frac{\partial}{\partial n}=\frac{1}{h}\frac{\partial}{\partial n} \tag{9.7.13}$$

因此，可得到仅含 8 个未知函数 $\boldsymbol{Z}$ 法向偏导数$\dfrac{\partial\boldsymbol{Z}}{\partial n}$的线性代数方程组，即

$$(\boldsymbol{A}-U\boldsymbol{I})\cdot\frac{\partial\boldsymbol{Z}}{\partial n}=\boldsymbol{f}\left(h,h_j,\frac{\mathrm{d}^n\boldsymbol{Z}}{\mathrm{d}t},\frac{\mathrm{d}^\beta\boldsymbol{Z}}{\mathrm{d}t}\right) \tag{9.7.14a}$$

式中，$\boldsymbol{I}$ 为单位矩阵；矢量 $\boldsymbol{Z}$ 的定义为

$$\boldsymbol{Z}=[B_n \quad B_1 \quad B_2 \quad V_n \quad V_1 \quad V_2 \quad \rho \quad S]^{\mathrm{T}} \tag{9.7.14b}$$

而 $\boldsymbol{f}\left(h,h_j,\dfrac{\mathrm{d}^n\boldsymbol{Z}}{\mathrm{d}t},\dfrac{\mathrm{d}^\beta Z}{\mathrm{d}t}\right)$ 是仅依赖于已知函数导数以及 Lame 系数的矢量，矩阵 $\boldsymbol{A}$ 为 8×8 的矩阵，其表达式为

$$\boldsymbol{A}=\begin{bmatrix}\boldsymbol{N}_{11} & \boldsymbol{N}_{12} & \boldsymbol{N}_1\\ \boldsymbol{N}_{21} & \boldsymbol{N}_{22} & \boldsymbol{N}_2\\ \boldsymbol{N}_3 & \boldsymbol{N}_4 & \boldsymbol{N}_5\end{bmatrix} \tag{9.7.14c}$$

式中，$\boldsymbol{N}_{11}$、$\boldsymbol{N}_{12}$、$\boldsymbol{N}_{21}$、$\boldsymbol{N}_{22}$、$\boldsymbol{N}_1$、$\boldsymbol{N}_2$、$\boldsymbol{N}_3$、$\boldsymbol{N}_4$ 和 $\boldsymbol{N}_5$ 分别为子矩阵，其表达式分别为

$$\boldsymbol{N}_{11}=\begin{bmatrix}0 & 0 & 0\\ -V_1 & -V_n & 0\\ -V_2 & 0 & V_n\end{bmatrix},\quad \boldsymbol{N}_{12}=\begin{bmatrix}0 & 0 & 0\\ B_1 & -B_n & 0\\ B_2 & 0 & -B_n\end{bmatrix} \tag{9.7.14d}$$

$$\boldsymbol{N}_{21}=\begin{bmatrix}0 & \dfrac{B_1}{\mu_0\rho} & \dfrac{B_2}{\mu_0\rho}\\ 0 & -\dfrac{B_n}{\mu_0\rho} & 0\\ 0 & 0 & -\dfrac{B_n}{\mu_0\rho}\end{bmatrix},\quad \boldsymbol{N}_{22}=\begin{bmatrix}V_n & 0 & 0\\ 0 & V_n & 0\\ 0 & 0 & V_n\end{bmatrix} \tag{9.7.14e}$$

$$\boldsymbol{N}_1=\begin{bmatrix}0 & 0\\ 0 & 0\\ 0 & 0\end{bmatrix},\quad \boldsymbol{N}_2=\begin{bmatrix}\dfrac{1}{\rho}\dfrac{\partial p}{\partial \rho} & \dfrac{1}{\rho}\dfrac{\partial p}{\partial S}\\ 0 & 0\\ 0 & 0\end{bmatrix} \tag{9.7.14f}$$

$$\boldsymbol{N}_3=\begin{bmatrix}0 & 0 & 0\\ 0 & 0 & 0\end{bmatrix},\quad \boldsymbol{N}_4=\begin{bmatrix}-\rho & 0 & 0\\ 0 & 0 & 0\end{bmatrix},\quad \boldsymbol{N}_5=\begin{bmatrix}V_n & 0\\ 0 & V_n\end{bmatrix} \tag{9.7.14g}$$

由式(9.7.10)计算 Δ，可得

$$|\boldsymbol{A}-U\boldsymbol{I}|=U(U-V_n)\left[\rho(U-V_n)^2-\frac{B_n^2}{\mu_0}\right]\left\{\frac{\partial p}{\partial \rho}\left[\rho(U-V_n)^2-\frac{B_n^2}{\mu_0}\right]\right.$$
$$\left.-(U-V_n)^2\left[\rho(U-V_n)^2-\frac{B^2}{\mu_0}\right]\right\} \tag{9.7.15a}$$

式中，

$$B^2=B_n^2+B_1^2+B_2^2 \tag{9.7.15b}$$

令

$$|\boldsymbol{A}-U\boldsymbol{I}|=0 \tag{9.7.16}$$

由式(9.7.15)和式(9.7.16)可以得到

$$U-V_n=0 \tag{9.7.17}$$

$$\rho(U-V_n)^2-\frac{B_n^2}{\mu_0}=0 \tag{9.7.18}$$

$$\frac{\partial p}{\partial \rho}\left[\rho(U-V_n)^2-\frac{B_n^2}{\mu_0}\right]-(U-V_n)^2\left[\rho(U-V_n)^2-\frac{B^2}{\mu_0}\right]=0 \tag{9.7.19}$$

因此,这样得到关于 U 的三个方程[即式(9.7.17)～式(9.7.19)]的解便是线性波的波速。

9.7.4　熵波、Alfven 波以及快、慢磁声波

当选取坐标系与流体介质固联在一起时,由方程(9.7.17)～(9.7.19)可得

$$U=V_n=0 \tag{9.7.20}$$

$$U^2=V_{\mathrm{A}}^2=\frac{B^2}{\rho\mu_0}\cos^2\theta \tag{9.7.21}$$

$$2U_-^2=\frac{\partial p}{\partial \rho}+\frac{B^2}{\rho\mu_0}-\sqrt{\left(\frac{\partial p}{\partial \rho}+\frac{B^2}{\rho\mu_0}\right)^2-4\frac{B^2}{\rho\mu_0}\frac{\partial p}{\partial \rho}\cos^2\theta} \tag{9.7.22}$$

$$2U_+^2=\frac{\partial p}{\partial \rho}+\frac{B^2}{\rho\mu_0}+\sqrt{\left(\frac{\partial p}{\partial \rho}+\frac{B^2}{\rho\mu_0}\right)^2-4\frac{B^2}{\rho\mu_0}\frac{\partial p}{\partial \rho}\cos^2\theta} \tag{9.7.23}$$

式中,θ 代表磁场 $\boldsymbol{B}$ 与沿 $\sum(t)$ 的法向方向矢量 $\boldsymbol{n}$ 之间的夹角,即

$$B_n=\boldsymbol{B}\cdot\boldsymbol{n}=B\cos\theta \tag{9.7.24}$$

由式(9.7.20)～式(9.7.23)得到的线性波的波速分别对应于熵简单波($U=V_n$)、Alfven 简单波($U=V_{\mathrm{A}}$)、慢磁声简单波($U=U_-$)和快磁声简单波($U=U_+$),并且有

$$U_-\leqslant V_{\mathrm{A}}\leqslant U_+ \tag{9.7.25a}$$

$$U_-\leqslant a\leqslant U_+ \tag{9.7.25b}$$

式中,V_{A} 为 Alfven 波度;a 为流体介质的声速。

需要指出的是,磁流体力学中的快、慢磁声简单波和 Alfven 简单波在一点上的波速是各向异性的,它依赖于磁场方向,而且对于磁场方向是对称的。特别是:①当波的传播方向与磁场方向垂直,即 $\theta=\frac{\pi}{2}$ 时,这时 $V_{\mathrm{A}}=U_-=0$,它表示 Alfven 简单波和慢磁声简单波不能横穿过磁场进行传播,并且在这种情况下快磁声简单波的波速达到最大值即 $(U_+)_{\max}=\frac{\partial p}{\partial \rho}+\frac{B^2}{\rho\mu_0}$;②当波的传播方向与磁场方向平行,即 $\theta=0$ 时,U_- 和 V_{A} 达到最大,而这时 U_+ 取最小值。

9.7.5　线性波法向偏导的弱间断关系

正如文献[255]中所指出的,在连续介质假设下,特征面上物理量的切向偏导

数是连续的,但法向偏导数可能出现间断。对于这一物理现象,气体动力学中存在着,而且流体力学中也广泛存在着。首先考虑线性方程(9.7.14a)所对应的齐次方程

$$(\boldsymbol{A}-U\boldsymbol{I})\cdot\frac{\partial \boldsymbol{Z}}{\partial n}=0 \tag{9.7.26a}$$

式中,$\boldsymbol{Z}$ 的定义同式(9.7.14b)。

假设式(9.7.26a)的解为 $\boldsymbol{r}$,于是有

$$(\boldsymbol{A}-U\boldsymbol{I})\cdot\boldsymbol{r}=0 \tag{9.7.26b}$$

或者

$$\boldsymbol{A}\cdot\boldsymbol{r}=U\boldsymbol{r} \tag{9.7.26c}$$

式中,$\boldsymbol{r}$ 为矩阵 $\boldsymbol{A}$ 的特征值 U 所对应的特征矢量。

于是非齐次方程(9.7.14a)的通解为

$$\frac{\partial \boldsymbol{Z}}{\partial n}=\left(\frac{\partial \boldsymbol{Z}}{\partial n}\right)^*+\lambda\boldsymbol{r} \tag{9.7.26d}$$

式中,$\left(\frac{\partial \boldsymbol{Z}}{\partial n}\right)^*$ 为方程(9.7.14a)的一个特解,而 $\lambda\boldsymbol{r}$ 为齐次方程(9.7.26a)的通解。

令波阵面上游区为 1^* 区域,下游区为 2^* 区域,于是穿过波阵面时物理量法向偏导数的间断值 $\left[\frac{\partial \boldsymbol{Z}}{\partial n}\right]$ 为

$$\left[\frac{\partial \boldsymbol{Z}}{\partial n}\right]\equiv\left(\frac{\partial \boldsymbol{Z}}{\partial n}\right)_{2^*}-\left(\frac{\partial \boldsymbol{Z}}{\partial n}\right)_{1^*}=(\lambda_2-\lambda_1)\boldsymbol{r} \tag{9.7.27a}$$

式中,λ_1 与 λ_2 分别满足

$$\left(\frac{\partial \boldsymbol{Z}}{\partial n}\right)_{1^*}=\left(\frac{\partial \boldsymbol{Z}}{\partial n}\right)^*+\lambda_1\boldsymbol{r} \tag{9.7.27b}$$

$$\left(\frac{\partial \boldsymbol{Z}}{\partial n}\right)_{2^*}=\left(\frac{\partial \boldsymbol{Z}}{\partial n}\right)^*+\lambda_2\boldsymbol{r} \tag{9.7.27c}$$

由式(9.7.27a)可以看出,求弱间断关系式的问题可以归结为求特征矢量 $\boldsymbol{r}$。

当坐标系取流形坐标系时,由于 V_n 不为零,于是对应的非零特征值 $\tilde{g}$ 为

$$\tilde{g}_1=V_n,\quad \tilde{g}_2=V_n+V_{\mathrm{A}},\quad \tilde{g}_3=V_n-V_{\mathrm{A}} \tag{9.7.28a}$$

$$\tilde{g}_4=V_n+U_-,\quad \tilde{g}_5=V_n-U_-,\quad \tilde{g}_6=V_n+U_+ \tag{9.7.28b}$$

$$\tilde{g}_7=V_n-U_- \tag{9.7.28c}$$

令特征矢量 $\boldsymbol{r}$ 为

$$\boldsymbol{r}=[r_1\quad r_2\quad r_3\quad r_4\quad r_5\quad r_6\quad r_7\quad r_8]^{\mathrm{T}} \tag{9.7.29a}$$

则 $\boldsymbol{r}$ 应该满足式(9.7.26c)。显然 $r_1=0$ 为特征矢量 $\boldsymbol{r}$ 的第 1 个分量,而其余的 7 个分量满足的特征方程为

$$\begin{bmatrix} \widetilde{\boldsymbol{N}}_{11} & \widetilde{\boldsymbol{N}}_{12} & \widetilde{\boldsymbol{N}}_{1} \\ \widetilde{\boldsymbol{N}}_{21} & \widetilde{\boldsymbol{N}}_{22} & \widetilde{\boldsymbol{N}}_{2} \\ \widetilde{\boldsymbol{N}}_{3} & \widetilde{\boldsymbol{N}}_{4} & \widetilde{\boldsymbol{N}}_{5} \end{bmatrix} \cdot [r_2 \quad r_3 \quad r_4 \quad r_5 \quad r_6 \quad r_7 \quad r_8]^{\mathrm{T}} = 0 \tag{9.7.29b}$$

式中，

$$\widetilde{\boldsymbol{N}}_{11} = \begin{bmatrix} V_n - U & 0 \\ 0 & V_n - U \end{bmatrix}, \quad \widetilde{\boldsymbol{N}}_{12} = \begin{bmatrix} B_1 & -B_n & 0 \\ B_2 & 0 & -B_n \end{bmatrix} \tag{9.7.29c}$$

$$\widetilde{\boldsymbol{N}}_{21} = \begin{bmatrix} \dfrac{B_1}{\mu_0 \rho} & \dfrac{B_2}{\mu_0 \rho} \\ -\dfrac{B_n}{\mu_0 \rho} & 0 \\ 0 & -\dfrac{B_n}{\mu_0 \rho} \end{bmatrix}, \quad \widetilde{\boldsymbol{N}}_{22} = \begin{bmatrix} V_n - U & 0 & 0 \\ 0 & V_n - U & 0 \\ 0 & 0 & V_n - U \end{bmatrix} \tag{9.7.29d}$$

$$\widetilde{\boldsymbol{N}}_{1} = \begin{bmatrix} 0 & 0 \\ 0 & 0 \end{bmatrix}, \quad \widetilde{\boldsymbol{N}}_{2} = \begin{bmatrix} \dfrac{1}{\rho}\dfrac{\partial p}{\partial \rho} & \dfrac{1}{\rho}\dfrac{\partial p}{\partial S} \\ 0 & 0 \\ 0 & 0 \end{bmatrix}, \quad \widetilde{\boldsymbol{N}}_{3} = \begin{bmatrix} 0 & 0 \\ 0 & 0 \end{bmatrix} \tag{9.7.29e}$$

$$\widetilde{\boldsymbol{N}}_{4} = \begin{bmatrix} -\rho & 0 & 0 \\ 0 & 0 & 0 \end{bmatrix}, \quad \widetilde{\boldsymbol{N}}_{5} = \begin{bmatrix} V_n - U & 0 \\ 0 & V_n - U \end{bmatrix} \tag{9.7.29f}$$

以下根据特征方程(9.7.29b)，对熵简单波($\tilde{g}=V_n=U$)、Alfven 简单波($\tilde{g}=V_n \pm V_{\mathrm{A}}$)和磁声简单波($\tilde{g}=V_n \pm U_{\pm}$)的特征值所对应的特征矢量以及法向导数的间断关系略作说明。

1. 熵简单波

假定 $V_n \neq 0$，由于 r_8 可以任选，不妨令其为 1，于是由式(9.7.29b)可得到特征值 $\tilde{g}=V_n$ 所对应的特征矢量 $\boldsymbol{r}$ 为

$$\boldsymbol{r} = \begin{bmatrix} 0 & 0 & 0 & 0 & 0 & 0 & -\dfrac{\partial p/\partial S}{\partial p/\partial \rho} & 1 \end{bmatrix}^{\mathrm{T}} \tag{9.7.30a}$$

这表明磁场 $\boldsymbol{B}$ 和速度 $\boldsymbol{V}$ 的法向导数经过波阵面时是连续的，而密度 ρ 和熵 S 的法向导数的间断量分别正比于$\left(-\dfrac{\partial p}{\partial S}\Big/\dfrac{\partial p}{\partial \rho}\right)$和 1，即有

$$\left[\frac{\partial \rho}{\partial n}\right] \propto -\frac{\partial p/\partial S}{\partial p/\partial \rho} \tag{9.7.30b}$$

$$\left[\frac{\partial S}{\partial n}\right] \propto 1 \tag{9.7.30c}$$

2. Alfven 简单波

因为 $V_n - V_A \neq 0$，所以有 $r_8 = 0$ 且不妨假定 $r_2 = 1$，于是 $\tilde{g} = V_n + V_A$ 所对应的特征矢量为

$$\boldsymbol{r}' = \begin{bmatrix} 0 & 1 & -\dfrac{B_1}{B_2} & 0 & -\dfrac{B_n}{\rho V_A} & \dfrac{B_1}{B_2}\dfrac{B_n}{\rho V_A} & 0 & 0 \end{bmatrix}^T \tag{9.7.31a}$$

用 $\sqrt{\dfrac{\rho}{\mu_0}} B_2$ 乘以式(9.7.31a)，且 $V_A = \dfrac{B_n}{\sqrt{\mu_0 \rho}}$，于是式(9.7.31a)变为

$$\boldsymbol{r} = \begin{bmatrix} 0 & \sqrt{\dfrac{\rho}{\mu_0}} B_2 & -\sqrt{\dfrac{\rho}{\mu_0}} B_1 & 0 & -B_2 & B_1 & 0 & 0 \end{bmatrix}^T \tag{9.7.31b}$$

这一结果表明，切向磁场分量 B_1、B_2 和切向速度分量 V_1、V_2 的法向导数穿过波阵面时是不连续的，而法向磁场分量 B_n 与法向速度分量 V_n 的法向导数是连续的，并且密度 ρ 和熵 S 的法向导数也是连续的，即有

$$\left[\frac{\partial B_1}{\partial n}\right] \propto \sqrt{\frac{\rho}{\mu_0}} B_2, \quad \left[\frac{\partial B_2}{\partial n}\right] \propto -\sqrt{\frac{\rho}{\mu_0}} B_1 \tag{9.7.32a}$$

$$\left[\frac{\partial V_1}{\partial n}\right] \propto -B_2, \quad \left[\frac{\partial V_2}{\partial n}\right] \propto B_1 \tag{9.7.32b}$$

$$\left[\frac{\partial B_n}{\partial n}\right] = 0, \quad \left[\frac{\partial V_n}{\partial n}\right] = 0, \quad \left[\frac{\partial \rho}{\partial n}\right] = 0, \quad \left[\frac{\partial S}{\partial n}\right] = 0 \tag{9.7.32c}$$

由于密度 ρ 和熵 S 的法向导数穿过波阵面时是连续的，因此所有的热力学量的法向导数穿过波阵面时都是连续的。在磁流体力学线性波中，只有 Alfven 简单波才具有 $\left[\dfrac{\partial \rho}{\partial n}\right] = 0$ 这一特征，因此将其称为磁流体力学波。学术界还认为，Alfven 波的发现意味着磁流体力学体系的形成，其实这种评价并不过分。将磁场 $\boldsymbol{B}$ 和速度场 $\boldsymbol{V}$ 的法向导数间断值写为矢量形式便为

$$\left[\frac{\partial \boldsymbol{B}}{\partial n}\right] \propto -\sqrt{\frac{\rho}{\mu_0}} \boldsymbol{n} \times \boldsymbol{B}, \quad \left[\frac{\partial \boldsymbol{V}}{\partial n}\right] \propto \boldsymbol{n} \times \boldsymbol{B} \tag{9.7.33a}$$

并且有

$$\left[\frac{\partial \boldsymbol{V}}{\partial n}\right] = -\sqrt{\frac{\rho}{\mu_0}} \left[\frac{\partial \boldsymbol{B}}{\partial n}\right] \tag{9.7.33b}$$

式(9.7.33b)表明，磁场 $\boldsymbol{B}$ 和速度场 $\boldsymbol{V}$ 的法向导数的间断量正比于 $\sqrt{\dfrac{\rho}{\mu_0}}$，这个关系是非常重要的。

3. 磁声简单波

因为 $V_n-U\neq0$，所以 $r_8=0$；如果取 $r_7=1$，则与特征值 $\tilde{g}=V_n+U_+$ 相对应的特征矢量为

$$\boldsymbol{r}=\begin{bmatrix}0 & \frac{c_2}{c_1}B_1 & \frac{c_2}{c_1}B_2 & \frac{U_+}{\rho} & -\frac{c_3}{\rho c_1}B_1 & -\frac{c_3}{\rho c_1}B_2 & 1 & 0\end{bmatrix}^{\mathrm{T}} \tag{9.7.34a}$$

式中，c_1、c_2 和 c_3 分别定义为

$$c_1\equiv\rho\mu_0U_+^2-B_n^2,\quad c_2\equiv\mu_0U_+^2,\quad c_3\equiv B_nU_+ \tag{9.7.34b}$$

由式(9.7.34a)可知，$\left[\frac{\partial S}{\partial n}\right]=0$，又由于 $\left[\frac{\partial S}{\partial\beta_j}\right]=0$，于是有

$$[S]=0 \tag{9.7.35}$$

这表明磁声简单波是绝热等熵波。又由于

$$\frac{\partial p}{\partial n}=\left(\frac{\partial p}{\partial\rho}\right)\frac{\partial\rho}{\partial n}+\left(\frac{\partial p}{\partial S}\right)\frac{\partial S}{\partial n} \tag{9.7.36a}$$

故有

$$\left[\frac{\partial\rho}{\partial n}\right]\propto1,\quad\left[\frac{\partial p}{\partial n}\right]\propto\frac{\partial p}{\partial\rho} \tag{9.7.36b}$$

另外，磁场 $\boldsymbol{B}$ 和速度 $\boldsymbol{V}$ 穿过波阵面时的间断量分别为

$$\left[\frac{\partial\boldsymbol{B}}{\partial n}\right]\propto\frac{\mu_0(\boldsymbol{B}-\boldsymbol{n}B_n)}{c_1}U_+^2 \tag{9.7.37a}$$

$$\left[\frac{\partial\boldsymbol{V}}{\partial n}\right]\propto\frac{c_4\boldsymbol{n}-B_n\boldsymbol{B}}{c_1}\frac{U_+}{\rho} \tag{9.7.37b}$$

式中，c_1 同式(9.7.34b)；c_4 定义为

$$c_4\equiv\rho\mu_0U_+^2 \tag{9.7.37c}$$

9.7.6　简单波流的一些性质以及几个重要定理

简单波的概念在气体动力学和空气动力学中已有较详细的论述[8,12,530]，如平面流中的 Prandtl-Mayer 流动和一维激波管内的 Riemann 波以及 Riemann 问题的精确解[81,84,436,531]。在这些简单波中有一族直线特征线，而且在直线特征线上流动参数是常数。用数字语言可以对一维简单波给出如下定义。

在(x,t)空间中，如果所有流动参数仅依赖于 x、t 的某一个组合 ξ，即有

$$\begin{cases}\xi=\varphi(x,t)\\ \boldsymbol{Z}=\boldsymbol{Z}(\xi)\end{cases} \tag{9.7.38}$$

则称这种流动为一维简单波流。式(9.7.38)中的 $\boldsymbol{Z}$ 为由未知函数组成的矢量。

类似地，可定义二维简单波流，即在(x,y)空间中，如果所有的流动参数仅依赖

于 x、y 的组合 ξ，即有

$$\begin{cases}\xi=\varphi(x,y)\\ \boldsymbol{Z}=\boldsymbol{Z}(\xi)\end{cases} \tag{9.7.39}$$

则称这种流动为二维简单波流。

1. 定理 1 和定理 2

在绝热、理想磁流体的假定下，控制流体运动的一维方程可以写为

$$\frac{\partial \boldsymbol{Z}}{\partial t}+\mathbf{A}(\boldsymbol{Z})\cdot\frac{\partial \boldsymbol{Z}}{\partial x}=0 \tag{9.7.40a}$$

式中，$\boldsymbol{Z}$ 为 n 维矢量，它是由未知的流体参数所组成。设系数矩阵 $\mathbf{A}(\boldsymbol{Z})$ 仅是 $\boldsymbol{Z}$ 的函数，并存在着 n 个实的特征值 $\tilde{g}_i$，即

$$\tilde{g}_i=\tilde{g}(\boldsymbol{Z}),\quad i=1,2,\cdots,n \tag{9.7.40b}$$

并假定与特征值 $\tilde{g}_i$ 相对应的 $\mathbf{A}(\boldsymbol{Z})$ 的特征矢量为 $\boldsymbol{r}_i$，则有

$$\mathbf{A}(\boldsymbol{Z})\cdot\boldsymbol{r}_i(\boldsymbol{Z})=\tilde{g}_i(\boldsymbol{Z})\boldsymbol{r}_i(\boldsymbol{Z}) \tag{9.7.40c}$$

定理 1 如果方程(9.7.40a)有简单波解为 $\boldsymbol{Z}=\boldsymbol{Z}(\xi)$，$\xi=\varphi(t,x)$，则必有式(9.7.40d)成立

$$\frac{\mathrm{d}\boldsymbol{Z}}{\mathrm{d}\xi}=\boldsymbol{r}_i(\boldsymbol{Z}) \tag{9.7.40d}$$

定理表明，欲求得系数矩阵 $\mathbf{A}(\boldsymbol{Z})$ 的特征矢量 $\boldsymbol{r}_i(\boldsymbol{Z})$，则可通过求解如下一阶线性常微分方程组

$$\frac{\mathrm{d}Z_1}{r_i^1(\boldsymbol{Z})}=\frac{\mathrm{d}Z_2}{r_i^2(\boldsymbol{Z})}=\cdots=\frac{\mathrm{d}Z_n}{r_i^n(\boldsymbol{Z})}=\mathrm{d}\xi \tag{9.7.40e}$$

来实现。式(9.7.40e)中的 $Z_i(i=1,2,\cdots,n)$ 和 $r_i^j(j=1,2,\cdots,n)$ 的定义为

$$\boldsymbol{Z}\equiv[Z_1\quad Z_2\quad\cdots\quad Z_n]^{\mathrm{T}} \tag{9.7.40f}$$

$$\boldsymbol{r}_i\equiv[r_i^1(\boldsymbol{Z})\quad r_i^2(\boldsymbol{Z})\quad\cdots\quad r_i^n(\boldsymbol{Z})]^{\mathrm{T}} \tag{9.7.40g}$$

定理 2 在简单波流动中，曲线 $\xi=\varphi(t,x)=\mathrm{const}$ 是方程(9.7.40a)的特征流形。在(t,x)平面上这一特征流形是一直线，且在这一直线上 $\boldsymbol{Z}=\mathrm{const}$。

在气体动力学和空气动力学中[11,19,530]，Riemann 不变量被定义为沿简单波的第一积分常数。在磁流体力学线性波问题的分析中，Riemann 不变量的概念经常被使用。

2. 简单波区相邻区域的流动特征

定理 3 如果方程(9.7.40a)在(t,x)平面上某一区域 Q 的解为均匀流动，则方程(9.7.40a)在与 Q 相邻的各个区域上的解只能为均匀流动或简单波流动。

事实上，在一维连续介质流动中，如果与均匀流动区域 Q 相邻的区域为 R，则

区域 Q 与 R 的交线 C 必定是直线。如果这一直线 C 是特征线，那么区域 R 上是简单波流动；如果 C 不是特征线，那么区域 R 上为均匀流动，并且这时 C 可能是激波、接触面或者其他间断面。

9.8　磁流体力学的激波关系

9.8.1　磁流体力学的通用形式

令 $\boldsymbol{\pi}_{\mathrm{f}}$、$\boldsymbol{\Pi}_{\mathrm{f}}$、$\boldsymbol{S}_{\mathrm{p}}$ 和 $\boldsymbol{g}$ 分别表示介质中流体的应力张量、流体的黏性应力张量、电磁能流密度矢量(又称 Poynting 矢量)和电磁动量密度矢量，它们的表达式分别为

$$\boldsymbol{\pi}_{\mathrm{f}} \equiv \eta_{\mathrm{f}}[\nabla \boldsymbol{V} + (\nabla \boldsymbol{V})_{\mathrm{c}}] + \left(\eta' - \frac{2}{3}\eta_{\mathrm{f}}\right)\nabla \cdot \boldsymbol{V} - p\boldsymbol{I} = \boldsymbol{\Pi}_{\mathrm{f}} - p\boldsymbol{I} \tag{9.8.1a}$$

$$\boldsymbol{\Pi}_{\mathrm{f}} \equiv \eta_{\mathrm{f}}[\nabla \boldsymbol{V} + (\nabla \boldsymbol{V})_{\mathrm{c}}] + \left(\eta' - \frac{2}{3}\eta_{\mathrm{f}}\right)\nabla \cdot \boldsymbol{V} \tag{9.8.1b}$$

$$\boldsymbol{S}_p \equiv \boldsymbol{E} \times \boldsymbol{H} \tag{9.8.1c}$$

$$\boldsymbol{g} \equiv \frac{1}{c^2}\boldsymbol{S}_p = \frac{1}{c^2}\boldsymbol{E} \times \boldsymbol{H} \tag{9.8.1d}$$

另外，令 W_{em} 和 $\boldsymbol{\pi}_{\mathrm{em}}$ 分别表示电磁场的能量密度和 Maxwell 应力张量，它们的表达式分别为

$$W_{\mathrm{em}} \equiv \frac{1}{2}(\boldsymbol{E} \cdot \boldsymbol{D} + \boldsymbol{H} \cdot \boldsymbol{B}) \tag{9.8.2a}$$

$$\begin{aligned}\boldsymbol{\pi}_{\mathrm{em}} &\equiv \boldsymbol{ED} + \boldsymbol{HB} - W_{\mathrm{em}}\boldsymbol{I} = \frac{1}{2}[\boldsymbol{ED} + \boldsymbol{DE} + \boldsymbol{HB} + \boldsymbol{BH} - 2W_{\mathrm{em}}\boldsymbol{I}] \\ &= \varepsilon_0\left[\boldsymbol{EE} - \frac{1}{2}(\boldsymbol{E} \cdot \boldsymbol{E})\boldsymbol{I}\right] + \mu_0\left[\boldsymbol{HH} - \frac{1}{2}(\boldsymbol{H} \cdot \boldsymbol{H})\boldsymbol{I}\right]\end{aligned} \tag{9.8.2b}$$

令 $\boldsymbol{G}$、$\widetilde{\boldsymbol{T}}$、$\widetilde{W}$ 和 $\widetilde{\boldsymbol{S}}$ 分别表示总动量密度矢量、总动量流密度张量、总能量密度和总能量密度矢量，它们的表达式分别为

$$\boldsymbol{G} \equiv \rho\boldsymbol{V} + \boldsymbol{g} \tag{9.8.3a}$$

$$\widetilde{\boldsymbol{T}} \equiv \rho\boldsymbol{VV} - \boldsymbol{\Pi}_{\mathrm{f}} - \boldsymbol{\pi}_{\mathrm{em}} + p\boldsymbol{I} = \rho\boldsymbol{VV} - \boldsymbol{\pi}_{\mathrm{f}} - \boldsymbol{\pi}_{\mathrm{em}} \tag{9.8.3b}$$

$$\widetilde{W} \equiv \rho\left(c_v T + \frac{1}{2}\boldsymbol{V} \cdot \boldsymbol{V}\right) + W_{\mathrm{em}} \tag{9.8.3c}$$

$$\widetilde{\boldsymbol{S}} \equiv \rho\boldsymbol{V}\left(c_v T + \frac{1}{2}\boldsymbol{V} \cdot \boldsymbol{V}\right) + \boldsymbol{q} - \boldsymbol{\Pi} \cdot \boldsymbol{V} + p\boldsymbol{V} + \boldsymbol{S}_p \tag{9.8.3d}$$

式中，c_v 为等容比热；$\boldsymbol{q}$ 为

$$\boldsymbol{q} = -\lambda_T \nabla T \tag{9.8.3e}$$

式中，λ_T 为热传导系数。

利用式(9.8.3)，电磁流体力学中的连续方程、动量方程和能量方程可写为

$$\frac{\partial \rho}{\partial t}+\nabla\cdot(\rho \boldsymbol{V})=0 \tag{9.8.4a}$$

$$\frac{\partial}{\partial t}\boldsymbol{G}+\nabla\cdot\widetilde{\boldsymbol{T}}=\boldsymbol{f}_{*} \tag{9.8.4b}$$

$$\frac{\partial}{\partial t}\widetilde{W}+\nabla\cdot\widetilde{\boldsymbol{S}}=\boldsymbol{f}_{*}\cdot\boldsymbol{V}+Q_{*} \tag{9.8.4c}$$

式中，$\boldsymbol{f}_*$ 和 Q_* 分别表示除电磁力以外的体积力和非电磁热源。

下面将方程组(9.8.4)在磁流体力学的框架下进行简化。由于等离子体是良导体，因此电场强度 $\boldsymbol{E}$ 相对于磁场强度 $\boldsymbol{H}$ 而言是一个小量，于是 $\boldsymbol{E}\cdot\boldsymbol{E}$ 项相对于 $\boldsymbol{H}\cdot\boldsymbol{H}$ 项而言可以忽略。此外电磁动量密度矢量 $\boldsymbol{g}$ 中含有 $\boldsymbol{E}$，又分母中有一个 c^2，其数量级很小，也可以忽略。这样在磁流体力学的框架下，电磁动量密度矢量 $\boldsymbol{g}$ 变为 $\boldsymbol{g}'$，Maxwell 应力张量 $\boldsymbol{\pi}_{\mathrm{em}}$ 变为 $\boldsymbol{\pi}'_{\mathrm{em}}$，电磁场的能量密度 W_{em} 变为 W'_{em}，Poynting 矢量 $\boldsymbol{S}_p$ 变为 $\boldsymbol{S}_p'$，它们的表达式分别为

$$\boldsymbol{g}'=0 \tag{9.8.5a}$$

$$\boldsymbol{\pi}'_{\mathrm{em}}=\mu_0\left[\boldsymbol{HH}-\frac{1}{2}(\boldsymbol{H}\cdot\boldsymbol{H})\boldsymbol{I}\right] \tag{9.8.5b}$$

$$W'_{\mathrm{em}}=\frac{1}{2}\mu_0\boldsymbol{H}\cdot\boldsymbol{H} \tag{9.8.5c}$$

$$\boldsymbol{S}'_p=\boldsymbol{E}\times\boldsymbol{H} \tag{9.8.5d}$$

类似地，$\boldsymbol{G}$ 变为 $\boldsymbol{G}'$，$\widetilde{\boldsymbol{T}}$ 变为 $\widetilde{\boldsymbol{T}}'$，$\widetilde{W}$ 变为 $\widetilde{W}'$，$\widetilde{\boldsymbol{S}}$ 变为 $\boldsymbol{S}'$，它们的表达式分别为

$$\boldsymbol{G}'=\rho\boldsymbol{V} \tag{9.8.6a}$$

$$\widetilde{\boldsymbol{T}}'=\rho\boldsymbol{VV}-\boldsymbol{\pi}_{\mathrm{f}}-\boldsymbol{\pi}'_{\mathrm{em}} \tag{9.8.6b}$$

$$\widetilde{W}'=\rho\left(c_vT+\frac{1}{2}\boldsymbol{V}\cdot\boldsymbol{V}\right)+W'_{\mathrm{em}} \tag{9.8.6c}$$

$$\widetilde{\boldsymbol{S}}'=\rho\boldsymbol{V}\left(c_vT+\frac{1}{2}\boldsymbol{V}\cdot\boldsymbol{V}\right)+\boldsymbol{q}-\boldsymbol{\pi}_{\mathrm{f}}\cdot\boldsymbol{V}+\boldsymbol{S}'_p \tag{9.8.6d}$$

注意在式(9.8.5)和式(9.8.6)中，上角标“$'$”仅是区别其他量的记号，它不具有“求导”的含义。利用式(9.8.6)，可将式(9.8.4)在磁流体的框架下变为

$$\frac{\partial \rho}{\partial t}+\nabla\cdot(\rho \boldsymbol{V})=0 \tag{9.8.7a}$$

$$\frac{\partial}{\partial t}\boldsymbol{G}'+\nabla\cdot\widetilde{\boldsymbol{T}}'=\boldsymbol{f}_{*} \tag{9.8.7b}$$

$$\frac{\partial}{\partial t}\widetilde{W}'+\nabla\cdot\widetilde{\boldsymbol{S}}'=\boldsymbol{f}_{*}\cdot\boldsymbol{V}+Q_{*} \tag{9.8.7c}$$

直接计算可以证明如下关系：

$$\nabla\cdot\left[\boldsymbol{HH}-\frac{1}{2}(\boldsymbol{H}\cdot\boldsymbol{H})\boldsymbol{I}\right]=(\nabla\times\boldsymbol{H})\times\boldsymbol{H} \tag{9.8.8a}$$

利用式(9.8.8a)，式(9.8.7b)可以写为

$$\frac{\partial}{\partial t}(\rho \boldsymbol{V}) + \nabla\cdot(\rho \boldsymbol{V}\boldsymbol{V} - \boldsymbol{\pi}_{\mathrm{f}}) - \mu_0(\nabla\times \boldsymbol{H})\times \boldsymbol{H} = \boldsymbol{f}_* \tag{9.8.8b}$$

或者写为

$$\rho\frac{\mathrm{d}\boldsymbol{V}}{\mathrm{d}t} - \nabla\cdot\boldsymbol{\pi}_{\mathrm{f}} - \mu_0(\nabla\times \boldsymbol{H})\times \boldsymbol{H} = \boldsymbol{f}_* \tag{9.8.9}$$

利用式(9.1.2a)和式(9.1.2g)，且等离子体为良导体(即 $\sigma\gg 1$)，因此式(9.1.2a)可以写为

$$\nabla\times \boldsymbol{H} = \sigma(\boldsymbol{E} + \mu_0 \boldsymbol{V}\times \boldsymbol{H}) \tag{9.8.10a}$$

或者

$$\boldsymbol{E} = \frac{1}{\sigma}\nabla\times \boldsymbol{H} - \mu_0 \boldsymbol{V}\times \boldsymbol{H} \tag{9.8.10b}$$

利用式(9.8.10b)，$\boldsymbol{S}'_p$[即式(9.8.5d)]可改写为

$$\boldsymbol{S}'_p = \frac{1}{\sigma}(\nabla\times \boldsymbol{H})\times \boldsymbol{H} - \mu_0(\boldsymbol{V}\times \boldsymbol{H})\times \boldsymbol{H} \tag{9.8.11}$$

于是利用式(9.8.6d)和式(9.8.11)，则式(9.8.7c)可以改写为

$$\begin{aligned}&\frac{\partial}{\partial t}\left(\rho c_v T + \frac{1}{2}\rho \boldsymbol{V}\cdot\boldsymbol{V}\right) + \nabla\cdot\left[\left(\rho c_v T + \frac{1}{2}\rho \boldsymbol{V}\cdot\boldsymbol{V}\right)\boldsymbol{V} - \boldsymbol{\pi}_{\mathrm{f}}\cdot\boldsymbol{V}\right]\\ &+\nabla\cdot\left[\frac{1}{\sigma}(\nabla\times \boldsymbol{H})\times \boldsymbol{H} - \mu_0(\boldsymbol{V}\times \boldsymbol{H})\times \boldsymbol{H}\right] = \nabla\cdot(\lambda_T\nabla T) + \boldsymbol{f}_* + \boldsymbol{Q}_*\end{aligned} \tag{9.8.12a}$$

或者进一步改写为

$$\begin{aligned}&\rho\frac{\mathrm{d}}{\mathrm{d}t}(c_v T) + p\nabla\cdot\boldsymbol{V} - \eta_{\mathrm{f}}\sum_{i,j=1}^{3}\left[\left(\frac{\partial V_i}{\partial x_j} + \frac{\partial V_j}{\partial x_i}\right)\frac{\partial V_j}{\partial x_i}\right]\\ &-\left(\eta' - \frac{2}{3}\eta_{\mathrm{f}}\right)(\nabla\cdot\boldsymbol{V})^2 - \frac{1}{\sigma}|\nabla\times \boldsymbol{H}|^2 = \nabla\cdot(\lambda_T\nabla T) + \boldsymbol{f}_* + \boldsymbol{Q}_*\end{aligned} \tag{9.8.12b}$$

式中，η_{f}和 η'分别代表流体介质的动力黏性系数和体膨胀黏性系数。

由于，

$$\rho T\frac{\mathrm{d}S}{\mathrm{d}t} = \rho\frac{\mathrm{d}}{\mathrm{d}t}(c_v T) + p\nabla\cdot\boldsymbol{V} \tag{9.8.13}$$

式中，S 为熵。

因此，式(9.8.12b)最后可写为如下形式的熵方程(又称热传递方程)：

$$\begin{aligned}&\rho T\frac{\mathrm{d}S}{\mathrm{d}t} - \eta_{\mathrm{f}}\sum_{i,j=1}^{3}\left[\left(\frac{\partial V_i}{\partial x_j} + \frac{\partial V_j}{\partial x_i}\right)\frac{\partial V_j}{\partial x_i}\right] - \left(\eta' - \frac{2}{3}\eta_{\mathrm{f}}\right)(\nabla\cdot\boldsymbol{V})^2\\ &-\frac{1}{\sigma}|\nabla\times \boldsymbol{H}|^2 = \nabla\cdot(\lambda_T\nabla T) + \boldsymbol{f}_* + \boldsymbol{Q}_*\end{aligned} \tag{9.8.14}$$

另外，将式(9.8.10b)代入

$$\nabla\times \boldsymbol{E} = -\mu_0\frac{\partial \boldsymbol{H}}{\partial t} \tag{9.8.15a}$$

中，并利用矢量恒等式

$$\nabla\times(\nabla\times \boldsymbol{H})=\nabla(\nabla\cdot \boldsymbol{H})-\Delta\boldsymbol{H}=\nabla(\nabla\cdot \boldsymbol{H})-\nabla^2\boldsymbol{H} \tag{9.8.16}$$

$$\nabla\cdot \boldsymbol{H}=0 \tag{9.8.15b}$$

可得

$$\frac{\partial \boldsymbol{H}}{\partial t}-\nabla\times(\boldsymbol{V}\times\boldsymbol{H})=\frac{1}{\sigma\mu_0}\nabla^2\boldsymbol{H} \tag{9.8.15c}$$

至此，综合前面的式(9.8.7a)、式(9.8.8b)、式(9.8.12a)、式(9.8.15b)和式(9.8.15c)便得到了一般情况下的磁流体力学方程组。

9.8.2　磁流体力学中的激波间断面

如果外力 $\boldsymbol{f}_*$ 和热源 Q_* 皆为零，并将式(9.8.7a)、式(9.8.8b)、式(9.8.12a)、式(9.8.15b)和式(9.8.15c)写为积分形式，为

$$\frac{\partial}{\partial t}\iiint\rho\,\mathrm{d}\Omega+\oiint\boldsymbol{n}\cdot\rho\boldsymbol{V}\mathrm{d}\sigma=0 \tag{9.8.17a}$$

$$\frac{\partial}{\partial t}\iiint\rho\boldsymbol{V}\mathrm{d}\Omega+\oiint\boldsymbol{n}\cdot(\rho\boldsymbol{V}\boldsymbol{V}-\boldsymbol{\pi}_{\mathrm{f}}-\boldsymbol{\pi}'_{\mathrm{em}})\mathrm{d}\sigma=0 \tag{9.8.17b}$$

$$\frac{\partial}{\partial t}\iiint\left[\rho\left(c_vT+\frac{1}{2}\boldsymbol{V}\cdot\boldsymbol{V}\right)+W'_{\mathrm{em}}\right]\mathrm{d}\Omega+\oiint\boldsymbol{n}\cdot\left[\rho\boldsymbol{V}\left(c_vT+\frac{1}{2}\boldsymbol{V}\cdot\boldsymbol{V}\right)-\boldsymbol{\pi}_{\mathrm{f}}\cdot\boldsymbol{V}+\boldsymbol{q}+\boldsymbol{S}'_p\right]\mathrm{d}\sigma=0 \tag{9.8.17c}$$

令 $\boldsymbol{n}$、$\boldsymbol{\tau}$ 和 $\boldsymbol{k}$ 分别为边界面的主法向、切向和垂直于这两个方向上的单位矢量，并令边界面的法向位移运动速度为 $\boldsymbol{U}_n$（这里 $|\boldsymbol{U}_n|=U_n$）。沿边界面取控制体如图 9.5 所示。

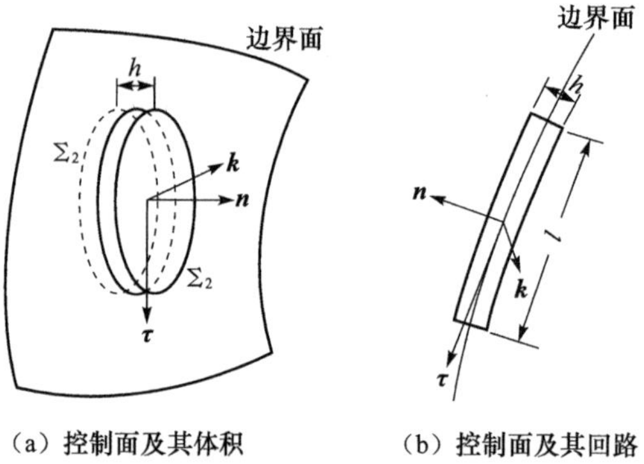

(a) 控制面及其体积　　(b) 控制面及其回路

图 9.5　激波面上选取的控制体

l. 沿边界所取的长度；h. 控制面的法向厚度

将方程组(9.8.17)在上述控制体上进行积分，并取极限 $h/l\to 0$，便得到如下激波间断面两侧的力学关系式：

$$[\rho(U_n - V_n)] = 0 \tag{9.8.18a}$$

$$[\rho \boldsymbol{V}(U_n - V_n) - \boldsymbol{\pi}_{\mathrm{f}} \cdot \boldsymbol{n} - \boldsymbol{\pi}'_{\mathrm{em}} \cdot \boldsymbol{n}] = 0 \tag{9.8.18b}$$

$$\left[\rho(U_n - V_n)\left(c_v T + \frac{1}{2}\boldsymbol{V}\cdot\boldsymbol{V}\right) + pV_n + q_n - \boldsymbol{\Pi}_{\mathrm{f}} : \boldsymbol{V}\boldsymbol{n} \right.$$

$$\left. + \frac{1}{\mu_0}((\boldsymbol{E} + \boldsymbol{n}\times\boldsymbol{B}U_n)\times\boldsymbol{B})\cdot\boldsymbol{n}\right] = 0 \tag{9.8.18c}$$

式中，V_n 和 q_n 的表达式为

$$V_n = \boldsymbol{V}\cdot\boldsymbol{n}, \quad q_n = \boldsymbol{q}\cdot\boldsymbol{n} \tag{9.8.19a}$$

在式(9.8.18)中，对于中括号里的任意量 φ，则 $[\varphi]$ 定义为

$$[\varphi] \equiv \varphi_2 - \varphi_1 \tag{9.8.19b}$$

式中，下角标“1”与“2”的区域是这样定义的：如果取固联在激波上的坐标系，观察流体介质应该是由区域 1 穿过激波到达区域 2 的。对于动量关系式(9.8.18b)，还可以写为法向分量的间断[即式(9.8.20a)]和切向分量的间断[即式(9.8.20b)]，其具体关系式为

$$[\rho V_n(U_n - V_n) + p - \boldsymbol{\Pi}_{\mathrm{f}} : \boldsymbol{n}\boldsymbol{n} - \boldsymbol{\pi}'_{\mathrm{em}} : \boldsymbol{n}\boldsymbol{n}] = 0 \tag{9.8.20a}$$

$$[\rho(U_n - V_n)\boldsymbol{V}\cdot\boldsymbol{\tau} - (\boldsymbol{\Pi}_{\mathrm{f}}\cdot\boldsymbol{n})_\tau - (\boldsymbol{\pi}'_{\mathrm{em}}\cdot\boldsymbol{n})_\tau] = 0 \tag{9.8.20b}$$

引进 $\boldsymbol{A}_{\mathrm{m}}$，其定义为

$$\boldsymbol{A}_{\mathrm{m}} = \boldsymbol{n}\left(p + \frac{1}{2\mu_0}\boldsymbol{B}\cdot\boldsymbol{B}\right) - \frac{1}{\mu_0}\boldsymbol{n}\cdot(\boldsymbol{B}\boldsymbol{B}) \tag{9.8.21a}$$

于是式(9.8.18b)又可改写为

$$[\rho \boldsymbol{V}(U_n - V_n) - \boldsymbol{\Pi}_{\mathrm{f}}\cdot\boldsymbol{n} + \boldsymbol{A}_{\mathrm{m}}] = 0 \tag{9.8.21b}$$

如果省略了能量方程中流体的黏性应力张量 $\boldsymbol{\Pi}_{\mathrm{f}}$，则式(9.8.18c)可以改写为

$$\left[(U_n - V_n)\left[\rho\left(c_v T + \frac{1}{2}\boldsymbol{V}\cdot\boldsymbol{V}\right) + \frac{1}{2\mu_0}\boldsymbol{B}\cdot\boldsymbol{B}\right] + \boldsymbol{A}_{\mathrm{m}}\cdot\boldsymbol{V}\right] = 0 \tag{9.8.22}$$

另外，将 Faraday 电磁感应定律在控制体积分并注意取极限，可以得到

$$[\boldsymbol{B}U_n] - \boldsymbol{n}\times[\boldsymbol{E}] = 0 \tag{9.8.23a}$$

而后应用 Ohm 定律 $\boldsymbol{E} = -\boldsymbol{V}\times\boldsymbol{B}$ 消去式(9.8.23a)中的 $\boldsymbol{E}$，于是式(9.8.23a)变为

$$[(V_n - U_n)\boldsymbol{B} - B_n\boldsymbol{V}] = 0 \tag{9.8.23b}$$

将式(9.8.23b)在激波的法向方向投影，可得

$$[B_n] = 0 \tag{9.8.23c}$$

式(9.8.23c)表明，当磁场 $\boldsymbol{B}$ 穿过激波时，磁场的法向分量是连续的。令速度

$\boldsymbol{V}$ 和磁感应强度 $\boldsymbol{B}$ 在激波切平面上的投影为二维矢量 $\boldsymbol{V}_\tau$ 和 $\boldsymbol{B}_\tau$，于是式(9.8.23b)在激波切平面上，有

$$[(V_n - U_n)\boldsymbol{B}_\tau] - B_n[\boldsymbol{V}_\tau] = 0 \tag{9.8.23d}$$

并且有

$$\boldsymbol{B} \cdot \boldsymbol{B} - B_n^2 = \boldsymbol{B}_\tau \cdot \boldsymbol{B}_\tau \tag{9.8.23e}$$

此外，在省略了动量方程中的 $\boldsymbol{\Pi}_\mathrm{f}$ 后，将动量方程在激波面法向与切平面上投影，分别有

$$\rho(V_n - U_n)[V_n] + \left[p + \frac{1}{2\mu_0}\boldsymbol{B}_\tau \cdot \boldsymbol{B}_\tau\right] = 0 \tag{9.8.24a}$$

$$\rho(V_n - U_n)[\boldsymbol{V}_\tau] - \frac{1}{\mu_0}B_n[\boldsymbol{B}_\tau] = 0 \tag{9.8.24b}$$

至此，式(9.8.18a)、式(9.8.24a)、式(9.8.24b)、式(9.8.22)、式(9.8.23c)和式(9.8.23d)便构成了磁流体力学中的激波关系式。

9.9 冷和热等离子体中的波及其色散关系

9.9.1 等离子体分类

等离子体分类的方法有多种，如按气体电离程度可分为三种：①完全电离气体，对于这种气体，几乎所有分子(或原子)都电离成电子和离子；②部分电离气体，对该气体来讲，部分分子(原子)电离成电子和离子，其他为中性分子(或原子)；③弱电离气体，对于该气体来讲，只有少量分子(或原子)电离。

例如，按研究等离子体的基本理论来划分时，可以将研究等离子体的理论分成：①天体物理学方面，它以自然等离子体为研究对象，如太阳物理学、银河星系中的各种星云、星际空间中受恒星的辐射而电离的气体等；②受控核聚变方面[532,533]，研究温度高达 10^8K 数量级的高温等离子体、等离子体的约束问题[使等离子体加热到核聚变所需的温度($>10^6$K)]以及等离子体的不稳定性问题；③低温等离子体(温度范围为 $2\times10^3\sim5\times10^4$K)。按物理性质，等离子体又可分为三类[534]，即热等离子体(或近局域热力平衡等离子体)、冷等离子体(即非平衡等离子体)、燃烧等离子体。

热等离子体和冷等离子体(电子温度很高，可达几十电子伏特，但重粒子温度很低，通常为室温)合称为工业等离子体[535]，工业等离子体工程将不容置疑地对现代工业中主要耗能加工过程的效率和效能的提高起着十分重要的作用(见表 9.1)[536,537]。从世界的范围来看，当前工业等离子体技术领域中处于领先的地区应该是欧洲、日本和美国。

表 9.1　工业等离子体工程的社会地位

(1) 更有效地能量利用： ① 等离子体照明器件 ② 等离子体化学 ③ 热等离子体处理材料	(3) 在生产过程中节约原料： ① 等离子体化学 ② 微电子学中的等离子体刻蚀、沉积 ③ 热等离子体处理材料 ④ 材料表面处理 ⑤ 材料离子注入
(2) 已有的特殊成就： ① 电子、离子和等离子体源 ② 电路断路器 ③ 等离子体化学产生新材料 ④ 微电子学中的等离子体刻蚀、沉积 ⑤ 热等离子体处理材料 ⑥ 利用地球物理等离子体的通信 ⑦ 空间推进系统 ⑧ 静电除尘器和静电喷漆 ⑨ 材料表面改性	(4) 在生产过程中排放有害气体少： ① 等离子体化学 ② 微电子学中的等离子体刻蚀、沉积 ③ 材料表面处理 ④ 材料离子注入

9.9.2　冷等离子体的基本方程组

冷等离子体是指忽略了流体应力张量 $\boldsymbol{\pi}_{\mathrm{f}}$ 和热流矢量 $\boldsymbol{q}_{\mathrm{f}}$ 的理想化模型，即

$$\boldsymbol{\pi}_{\mathrm{f}}=0 \tag{9.9.1a}$$

$$\boldsymbol{q}_{\mathrm{f}}=0 \tag{9.9.1b}$$

因此，描述冷等离子体的基本方程组如下：

① 连续方程：

$$\frac{\partial}{\partial t}\rho+\nabla\cdot(\rho\boldsymbol{V})=0 \tag{9.9.2a}$$

② 电荷守恒方程：

$$\frac{\partial}{\partial t}q+\nabla\cdot\boldsymbol{j}_{\mathrm{f}}=0 \tag{9.9.2b}$$

③ 动量方程：

$$\rho\frac{\mathrm{d}}{\mathrm{d}t}\boldsymbol{V}=q\boldsymbol{E}+\boldsymbol{j}_{\mathrm{f}}\times\boldsymbol{B} \tag{9.9.2c}$$

④ 广义 Ohm 定律：

$$\frac{m_{\mathrm{i}}m_{\mathrm{e}}}{\rho e^{2}}\frac{\partial}{\partial t}\boldsymbol{j}_{\mathrm{f}}=\boldsymbol{E}+\boldsymbol{V}\times\boldsymbol{B}-\frac{m_{\mathrm{i}}}{\rho e}\boldsymbol{j}_{\mathrm{f}}\times\boldsymbol{B} \tag{9.9.2d}$$

⑤ Maxwell 方程：

$$\nabla\times\boldsymbol{E}=-\frac{\partial}{\partial t}\boldsymbol{B}\quad\text{(Faraday 定律)} \tag{9.9.2e}$$

$$\nabla\times\boldsymbol{B}=\mu\boldsymbol{j}_{\mathrm{f}}+\mu\varepsilon\frac{\partial}{\partial t}\boldsymbol{E}\quad\text{(Ampere 定律)} \tag{9.9.2f}$$

式中，q 为电荷密度；$\boldsymbol{j}_{\mathrm{f}}$ 为电流密度；m_{i} 和 m_{e} 分别表示离子与电子质量，通常离子质量比电子大得多($m_{\mathrm{i}}/m_{\mathrm{e}}\geqslant 1836$)；$e$ 代表粒子的电荷。式(9.9.2f)中保留了位移电流项 $\partial\boldsymbol{E}/\partial t$，因而在动量方程中要保留 $q\boldsymbol{E}$ 项，而 q 又需要由电荷守恒方程(9.9.2b)确定。

讨论冷等离子体中波动传播问题的基础是冷等离子体基本方程组(9.9.2)。合并式(9.9.2e)和式(9.9.2f)，可得

$$\nabla^2\boldsymbol{E}-\nabla(\nabla\cdot\boldsymbol{E})=\frac{1}{c^2}\frac{\partial^2\boldsymbol{E}}{\partial t^2}+\mu_0\frac{\partial}{\partial t}\boldsymbol{j}_{\mathrm{f}}=-\nabla\times(\nabla\times\boldsymbol{E}) \tag{9.9.3a}$$

式中，c 为真空中的光速，即

$$c\equiv\frac{1}{\sqrt{\varepsilon_0\mu_0}} \tag{9.9.3b}$$

9.9.3 热等离子体以及 Vlasov-Maxwell 方程组

为了完善地描述热等离子体的行为以及热等离子体中的波，通常有两类描述方法：一类用流体力学理论；另一类用动理学理论和统计力学方法。流体力学处理比动理学简单，计算量小，但由于流体力学方程组丢掉了微观结构(粒子效应)，流体力学方程组中不包括任何速度积分项 $\widetilde{M}$，这里 $\widetilde{M}$ 的表达式为

$$\widetilde{M}\equiv\int\frac{1}{\omega-\boldsymbol{K}\cdot\boldsymbol{v}}f(\boldsymbol{r},\boldsymbol{v},t)\mathrm{d}\boldsymbol{v} \tag{9.9.4}$$

式中，$f(\boldsymbol{r},\boldsymbol{v},t)$为粒子的分布函数，$\boldsymbol{r}$ 和 $\boldsymbol{v}$ 为粒子在相空间的位置坐标和粒子速度；$\boldsymbol{K}$ 为波矢；ω 为频率。流体力学方程组中不含 $\widetilde{M}$ 项也就意味着在流体描述中没有体现出粒子对波的响应所引起的阻尼(即 Landau 阻尼)，也没有反映任何 Landau 不稳定性(即粒子与波共振引起的不稳定性)，为此文献[524]提醒读者“丢掉了阻尼可不是一件小事”。动理学中的 Vlasov 理论告诉我们[538]，当电子温度 T_{e} 与离子温度 T_{i} 相等时离子声波是强阻尼的，对于这点在流体力学理论的描述中是见不到的。换句话说，除了非常低的频率和非常长的波长问题可以用流体力学理论进行描述热等离子体之外，使用不含 $\widetilde{M}$ 项的流体力学理论是不可能解决有限温度效应问题的[467,539]。综上所述，热等离子体可有两类不同的描述方法，它们所适用的范围以及所研究的对象各不相同：单一磁流体力学方程可以用来讨论热等离子体中的低频模式，并注意引入等离子体电导率很高的假定，省略广义 Ohm 定律中的 $\boldsymbol{j}_{\mathrm{f}}/\sigma$项。另外，取压强为标量而不是各向异性的压力张量；由于进行了这种简化，剪切效应(如剪切波)被忽略。此外，两流体方程也常用于研究热等离子体中的纯纵模式，这些模式存在于无磁场的等离子体中或者各向异性等离子体内波矢量 $\boldsymbol{K}$ 平行于平衡磁场 $\boldsymbol{B}_0$ 的波(如静电波和电磁波)的特殊情形中[538,540]。对于单流体和双

流体力学基本方程组在本章 9.3 节和 9.4 节已有详细讨论，因此这里不再赘述。下面仅概述一下研究热等离子体波的 Vlasov 理论并且给出由 Vlasov 方程和 Maxwell 方程所组成的基本方程组。

下面给出 Vlasov-Maxwell 方程组：

$$\frac{\partial}{\partial t}f_\alpha+\boldsymbol{v}\cdot\nabla f_\alpha+\frac{q_\alpha}{m_\alpha}(\boldsymbol{E}+\boldsymbol{v}\times\boldsymbol{B})\cdot\nabla_v f_\alpha=0 \tag{9.9.5a}$$

$$\nabla\cdot\boldsymbol{E}=\sum_\alpha\left(\bar{n}_\alpha q_\alpha\int f_\alpha \mathrm{d}\boldsymbol{v}+\rho_{外}\right) \tag{9.9.5b}$$

$$\nabla\times\boldsymbol{B}=\frac{\partial\boldsymbol{E}}{\partial t}+\sum_\alpha\left(\bar{n}_\alpha q_\alpha\int \boldsymbol{v}f_\alpha \mathrm{d}\boldsymbol{v}\right)+\boldsymbol{j}_{外} \tag{9.9.5c}$$

$$\nabla\times\boldsymbol{E}=-\frac{\partial}{\partial t}\boldsymbol{B} \tag{9.9.5d}$$

式中，f_α 为 α 类粒子的分布函数 $f_\alpha(\boldsymbol{r},\boldsymbol{v},t)$ 的简写；$\bar{n}_\alpha$ 为 α 类粒子的平均数密度。

在等离子体的 Vlasov 理论中，等离子体粒子产生的微观场由粒子在该空间点产生的平均场所代替，并且要计算等离子体粒子的分布函数，以便与该平均场自洽。根据等离子体状态的这种模型所建立的 Vlasov 方程可以在比两体碰撞时间短得多的时间间隔内正确地描述等离子体的行为，例如，使用 Vlasov 理论可以有效地研究无外场等离子体（即 $\boldsymbol{E}_0=0,\boldsymbol{B}_0=0$）时的 Langmuir 波和离子声波，可以研究无外场等离子体平衡态（即 $\boldsymbol{E}_0=0,\boldsymbol{B}_0=0,f_0=f_0(v^2)$）时的静电波（包括高频 Langmuir 振荡和低频离子声波）以及电磁波（包括维持频率在某个有限范围内的电磁波）。使用 Vlasov 理论可以研究磁化热等离子体（即 $\boldsymbol{E}_0=0,\boldsymbol{B}_0=\hat{\boldsymbol{Z}}B_0$）中垂直于平衡磁场传播的电磁波和 Bernstein 模的传播行为，这里寻常模和非寻常模都包含了粒子的回旋运动，因而称为电磁回旋波。当 $\boldsymbol{B}_0\to0$ 时，寻常模和非寻常模都变成了电磁波。Bernstein 模差不多属于纯纵波，当等离子体密度很低时，所有 Bernstein 模都出现在非常接近回旋谐频的地方，这个特点是很重要的。另外，使用 Vlasov 理论还可以研究磁化热等离子体（即 $\boldsymbol{E}_0=0,\boldsymbol{B}_0=\hat{\boldsymbol{Z}}B_0$）中平行平衡磁场传波的静电波和电磁波（包括 Alfven 波、哨音波（whistler）和回旋波）的传播行为。以上概述的是在小振幅波的框架下等离子体的线性理论，线性理论常常可以预言等离子体的振幅是增长还是被阻尼，这也意味着波动能量发生了变化，意味着能量守恒定理是非线性的[539,541]。此外，等离子体无论是阻尼还是增长，都会导致等离子体分布函数的变化。这种变化会改变等离子体的稳定（或阻尼）性质，也可以导致等离子体的温度升高或降低，而线性理论中无法给出等离子体平均性质的变化，这恰恰反映了线性理论的局限性[542,543]。更为重要的是，等离子体波之间的相互作用（包括波-波共振相互作用、非线性波与粒子间的相互作用）等都需要非线性理论的支撑。其实，无论是流体理论还是 Vlasov 理论，从本质上讲都是对等离子体的一种流体描述[544,545]，这是由于 Vlasov 理论是用连续变化的分布函数去描述等离子体的状态，从而把等离子体作为 $\boldsymbol{x}$-$\boldsymbol{v}$ 相空间里的一种流体来处理。

Vlasov 理论无法回答以下三个问题：

(1) 在稳定的等离子体中电场(或磁场)的起伏水平有多大?

(2) 等离子体辐射的强度多大? 辐射谱如何?

(3) 等离子体辐射的散射截面有多大?

上述问题都与等离子体的不连续性有关，因此这些问题需要有比 Vlasov 理论更高级的方法与理论去回答。显然，这些内容都超出了本书的范畴，这里不再赘述，感兴趣读者可参阅相关文献[71,72,478]。

9.9.4 三种典型问题的线化处理及其波的色散关系

1. 均匀磁流体中的磁流体力学波及其相应色散关系

考虑恒定、均匀外磁场中的无界等离子体，假定等离子体是可压缩的、理想导电的和流体无黏的。这里我们研究其中的低频波并忽略电子的运动，这时可采用单流体方程。对于绝热过程，这时的磁流体力学方程为

连续方程：

$$\frac{\partial}{\partial t}\rho + \nabla \cdot (\rho \boldsymbol{V}) = 0 \tag{9.9.6a}$$

运动方程：

$$\rho \frac{\mathrm{d}}{\mathrm{d}t}\boldsymbol{V} = -\nabla p + \boldsymbol{j}_{\mathrm{f}} \times \boldsymbol{B} \tag{9.9.6b}$$

Faraday 定律：

$$\nabla \times \boldsymbol{E} = -\frac{\partial}{\partial t}\boldsymbol{B} \tag{9.9.6c}$$

Ampere 定律：

$$\nabla \times \boldsymbol{B} = \mu \boldsymbol{j}_{\mathrm{f}} \tag{9.9.6d}$$

通常，考虑了电阻率 η^* 和 Hall 效应的广义 Ohm 定律为

$$\boldsymbol{E} + \boldsymbol{V} \times \boldsymbol{B} = \boldsymbol{j}_{\mathrm{f}}\eta^* + \frac{1}{en}\boldsymbol{j}_{\mathrm{f}} \times \boldsymbol{B} - \frac{1}{en}\nabla p_{\mathrm{e}} \tag{9.9.7}$$

式中，η^* 的定义同式(9.4.7f)；这里式(9.9.7)等号右侧第二项与第三项分别代表 Hall 电动力项(简称 Hall 效应项)和电子热压力项。对于理想磁流体力学问题，常认为 $\eta^*=0$ 并且有时可以略去 Hall 效应项和电子热压力项，于是式(9.9.7)变为

$$\boldsymbol{E} = -\boldsymbol{V} \times \boldsymbol{B} \tag{9.9.6e}$$

为了使上述方程组封闭，还需要给出状态方程，即

$$p = p(\rho, T) \tag{9.9.8}$$

对于绝热过程，有

$$p\rho^{-\gamma}=\text{const} \tag{9.9.6f}$$

于是式(9.9.6a)～式(9.9.6f)便构成了绝热过程的磁流体力学方程组。

如果令 $Q(\boldsymbol{r},t)$ 代表 $\boldsymbol{B}$、$\boldsymbol{E}$、$\boldsymbol{V}$、$\boldsymbol{j}_\mathrm{f}$、$p$ 和 ρ 中的任一个物理量，用下角标"0"表示该物理量的平衡值，下角标"1"表示小振幅的扰动量。考虑偏离平衡的小扰动

$$Q(\boldsymbol{r},t)=Q_0+Q_1(\boldsymbol{r},t) \tag{9.9.9}$$

为便于讨论，这里假设平衡时没有宏观的流动，也没有宏观的电场和电流，即

$$\boldsymbol{V}_0=0,\quad \boldsymbol{E}_0=0,\quad \boldsymbol{j}_\mathrm{f}=0 \tag{9.9.10}$$

将式(9.9.9)代入式(9.9.6a)、式(9.9.6b)和式(9.9.6e)并略去二阶以上的小量，可得到如下线性化形式的方程：

$$\frac{\partial\rho_1}{\partial t}+\rho_0\,\nabla\boldsymbol{\cdot}\boldsymbol{V}_1=0 \tag{9.9.11a}$$

$$\rho_0\,\frac{\partial\boldsymbol{V}_1}{\partial t}=-v_\mathrm{S}^2\,\nabla\rho_1+\boldsymbol{j}_\mathrm{f1}\times\boldsymbol{B}_0 \tag{9.9.11b}$$

$$\boldsymbol{E}_1+\boldsymbol{V}_1\times\boldsymbol{B}_0=0 \tag{9.9.11c}$$

式中，v_S 为波传播的速度(即声速)。这里在推导式(9.9.11b)时应用了

$$\nabla p=\frac{\partial p}{\partial\rho}\,\nabla\rho_1=v_\mathrm{S}^2\nabla\rho_1 \tag{9.9.12a}$$

即

$$v_\mathrm{S}=\sqrt{\left(\frac{\partial p}{\partial\rho}\right)_\mathrm{S}} \tag{9.9.12b}$$

另外，由式(9.9.6c)和式(9.9.6d)可推出式(9.9.3a)，于是将式(9.9.9)代入式(9.9.3a)并略去二阶以上的小量后，得

$$\nabla\times(\nabla\times\boldsymbol{E}_1)=\nabla(\nabla\boldsymbol{\cdot}\boldsymbol{E}_1)-\nabla^2\boldsymbol{E}_1=-\mu_0\,\frac{\partial}{\partial t}\boldsymbol{j}_\mathrm{f1} \tag{9.9.11d}$$

考察扰动形式为 $\exp[\mathrm{i}(\boldsymbol{k}\cdot\boldsymbol{r}-\omega t)]$ 的平面波解，例如，对于任一物理量 $Q(\boldsymbol{r},t)$，它所对应的小扰动量为 $\widetilde{Q}_1(\boldsymbol{r},t)$，即

$$Q(\boldsymbol{r},t)=Q_0+\widetilde{Q}_1(\boldsymbol{r},t) \tag{9.9.13a}$$

而 $\widetilde{Q}_1(\boldsymbol{r},t)$ 这时可表达为

$$\widetilde{Q}_1(\boldsymbol{r},t)=Q_1\exp[-\mathrm{i}(\omega t-\boldsymbol{k}\cdot\boldsymbol{r})] \tag{9.9.13b}$$

式中，$\boldsymbol{k}$ 为波矢；ω 为波的圆频率(又称角频率)。注意这里 $\boldsymbol{k}$ 的方向为波的传播方向，当 $\boldsymbol{B}_0\perp\boldsymbol{k}$ 时，波为横波；当 $\boldsymbol{B}_0/\!/\boldsymbol{k}$ 时，波为纵波。对于这类扰动量，有

$$\nabla=\mathrm{i}\boldsymbol{k},\quad \nabla^2=-k^2,\quad \frac{\partial}{\partial t}=-\mathrm{i}\omega \tag{9.9.13c}$$

借助于式(9.9.13b)和式(9.9.13c)，则方程组(9.9.11)可以变为

连续方程：

$$\omega\rho_1 - \rho_0(\boldsymbol{k}\cdot\boldsymbol{V}_1)=0 \tag{9.9.14a}$$

运动方程：

$$\omega\rho_0\boldsymbol{V}_1 = v_S^2\rho_1\boldsymbol{k} + \mathrm{i}(\boldsymbol{j}_{f1}\times\boldsymbol{B}_0) \tag{9.9.14b}$$

Ohm 定律：

$$\boldsymbol{E}_1 + \boldsymbol{V}_1\times\boldsymbol{B}_0 = 0 \tag{9.9.14c}$$

Faraday-Ampere 定律：

$$k^2\boldsymbol{E}_1 - \boldsymbol{k}(\boldsymbol{k}\cdot\boldsymbol{E}_1) = \mathrm{i}\mu_0\omega\boldsymbol{j}_{f0} \tag{9.9.14d}$$

式中，k 为波矢 $\boldsymbol{k}$ 的模，k 称为角波数，其表达式为

$$k = \frac{2\pi}{\lambda} \tag{9.9.15}$$

式中，λ 为波长。

由上述方程组(9.9.14)消去 $\boldsymbol{E}_1$、ρ_1 和 $\boldsymbol{j}_{f1}$，可得

$$\omega^2\boldsymbol{V}_1 = v_S^2\boldsymbol{k}(\boldsymbol{k}\cdot\boldsymbol{V}_1) + \frac{1}{\mu_0\rho_0}\{k^2[\boldsymbol{B}_0\times(\boldsymbol{V}_1\times\boldsymbol{B}_0)] - (\boldsymbol{B}_0\times\boldsymbol{k})[\boldsymbol{k}\cdot(\boldsymbol{V}_1\times\boldsymbol{B}_0)]\} \tag{9.9.16}$$

令 $\boldsymbol{e}_k$ 为波矢 $\boldsymbol{k}$ 方向的单位矢量，并且有

$$\boldsymbol{k} = k\boldsymbol{e}_k \tag{9.9.17}$$

引入波的相速度 v_P 和 Alfven 速度 v_A 的概念，其定义分别为

$$v_P \equiv \frac{\omega}{k},\quad v_A \equiv \sqrt{\frac{B^2}{\mu_0\rho_0}} \tag{9.9.18}$$

利用式(9.9.17)和式(9.9.18)，则式(9.9.16)可写为

$$(v_P^2 - v_A^2)\boldsymbol{V}_1 = v_S^2\boldsymbol{e}_k(\boldsymbol{e}_k\cdot\boldsymbol{V}_1) - v_A^2\left\{\left[\frac{\boldsymbol{B}_0}{B_0}\left(\boldsymbol{V}_1\cdot\frac{\boldsymbol{B}_0}{B_0}\right)\right] + \left(\frac{\boldsymbol{B}_0}{B_0}\times\boldsymbol{e}_k\right)\left[\boldsymbol{V}_1\cdot\left(\frac{\boldsymbol{B}_0}{B_0}\times\boldsymbol{e}_k\right)\right]\right\} \tag{9.9.19}$$

选取图 9.6 所示的坐标系，考虑到通常取均匀恒定的外磁场 $\boldsymbol{B}_0$ 沿着 z 轴方向(即 $\boldsymbol{B}_0 = B_0\boldsymbol{e}_z$)，并且使波矢 $\boldsymbol{k}$ 落于 oyz 平面。如果 $\boldsymbol{B}_0$ 与 $\boldsymbol{k}$ 的夹角为 θ，则有

$$\begin{cases}\boldsymbol{e}_k = \boldsymbol{e}_y\sin\theta + \boldsymbol{e}_z\cos\theta \\ \boldsymbol{B}_0\times\boldsymbol{e}_k = -\boldsymbol{e}_x B_0\sin\theta\end{cases} \tag{9.9.20}$$

借助于式(9.9.20)，则式(9.9.19)写成分式便为

$$(v_P^2 - v_A^2\cos^2\theta)V_{1x} = 0 \tag{9.9.21a}$$

$$(v_P^2 - v_A^2 - v_S^2\sin^2\theta)V_{1y} - v_S^2 V_{1z}\sin\theta\cos\theta = 0 \tag{9.9.21b}$$

$$-v_S^2 V_{1y}\sin\theta\cos\theta + (v_P^2 - v_S^2\cos^2\theta)V_{1z} = 0 \tag{9.9.21c}$$

上述方程组(9.9.21)是关于 V_{1x}、V_{1y}和 V_{1z}的齐次方程，由线性代数可知，它有非零解的条件是该方程组的系数行列式为零，即

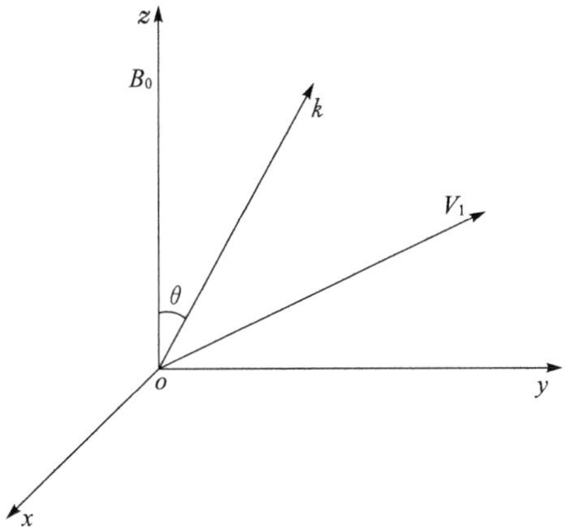

图 9.6　坐标系的选取

$$\begin{vmatrix} v_P^2 - v_A^2\cos^2\theta & 0 & 0 \\ 0 & v_P^2 - v_A^2 - v_S^2\sin^2\theta & -v_S^2\sin\theta\cos\theta \\ 0 & -v_S^2\sin\theta\cos\theta & v_P^2 - v_S^2\cos^2\theta \end{vmatrix} = 0 \tag{9.9.22}$$

式(9.9.22)是关于 v_P^2 的方程，它的三个根分别为

$$v_P^2 = v_A^2\cos^2\theta \tag{9.9.23a}$$

$$v_P^2 = \frac{1}{2}(v_S^2 + v_A^2)\left[1 \pm \sqrt{1 - \frac{4v_S^2 v_A^2\cos^2\theta}{(v_S^2+v_A^2)^2}}\right] \tag{9.9.23b}$$

式(9.9.23a)和式(9.9.23b)称为色散关系，其中高相速解(取“+”号时的解)称为快磁声波；而低相速解(取“−”号时的解)称为慢磁声波。对于等离子体中存在的波，其频率 ω 和角波数 k 之间必须满足色散关系式。另外，满足色散关系的波还必须同时满足方程组(9.9.21)。

如果满足色散关系式(9.9.23a)，这时的波为斜 Alfven 波，它为横波。当 $\theta=0$ 时，则波矢 $\boldsymbol{k}$ 与磁场方向平行，这时的波为 Alfven 波。当 $\theta=\frac{\pi}{2}$ 时，波的相速度为零，这时波在等离子体中完全不能传播。

如果满足色散关系式(9.9.23b)，这时可得到另外两个模式的波。在这两种波中，磁压强和等离子体热压强同时起作用，故称它们为磁声波(其中包括慢磁声波和快磁声波)。通常情况下，它们既不是横波也不是纵波。当

$$\frac{v_S v_A}{v_S^2 + v_A^2} \ll 1 \tag{9.9.24a}$$

时，快磁声波变为

$$v_P = \sqrt{v_S^2 + v_A^2} \tag{9.9.24b}$$

即为压缩 Alfven 波；而这时慢磁声波变为

$$v_{\mathrm{P}}=\frac{v_{\mathrm{S}}v_{\mathrm{A}}}{\sqrt{v_{\mathrm{S}}^2+v_{\mathrm{A}}^2}}\cos\theta \tag{9.9.24c}$$

如果再进一步假定 $v_{\mathrm{A}}\gg v_{\mathrm{S}}$，则式(9.9.24c)便退化为离子声波。图 9.7 给出了 $v_{\mathrm{S}}>v_{\mathrm{A}}$ 和 $v_{\mathrm{S}}<v_{\mathrm{A}}$ 两种情况时它们的相速度，这里慢磁声波(慢波)、斜 Alfven 波和快磁声波(快波)统称为磁流体力学波。

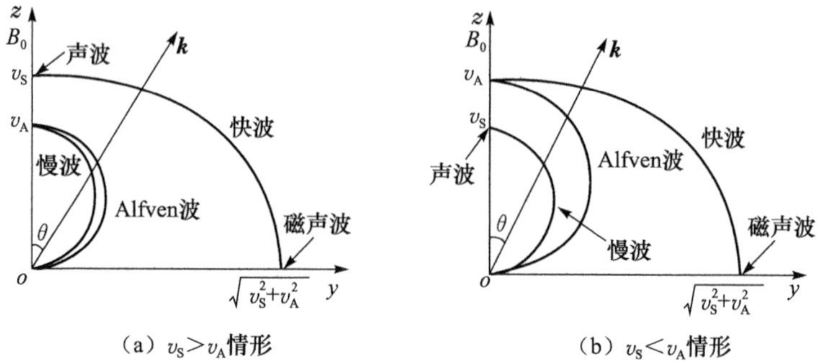

图 9.7 磁流体力学波

2. 均匀无界磁化冷等离子体中的高频静电波及其色散关系

考虑均匀无界磁化冷等离子体中垂直于磁场的高频静电振荡。由于离子质量大，对于高频振荡不能响应，离子形成一个密度为 n_0、带正电的均匀流体背景。描述该问题的方程组由连续方程、运动方程和 Poisson 方程组成，即

连续方程：

$$\frac{\partial n_{\mathrm{e}}}{\partial t}+\nabla\cdot(n_{\mathrm{e}}\boldsymbol{V}_{\mathrm{e}})=0 \tag{9.9.25a}$$

运动方程：

$$m_{\mathrm{e}}n_{\mathrm{e}}\left(\frac{\partial}{\partial t}\boldsymbol{V}_{\mathrm{e}}+\boldsymbol{V}_{\mathrm{e}}\cdot\nabla\boldsymbol{V}_{\mathrm{e}}\right)+\tilde{e}\,n_{\mathrm{e}}(\boldsymbol{E}+\boldsymbol{V}_{\mathrm{e}}\times\boldsymbol{B})=0 \tag{9.9.25b}$$

Poisson 方程：

$$\nabla\cdot\boldsymbol{E}=\frac{1}{\varepsilon_0}\tilde{e}(n_0-n_{\mathrm{e}}) \tag{9.9.25c}$$

式中，ε_0 与 n_{e} 分别为真空中的介电常数与等离子体中电子的数密度；符号 $\tilde{e}$ 的含义同式(9.3.1a)。

上述方程组仅包含了 Poisson 方程[即式(9.9.25c)]，而与 Maxwell 方程组中的其他方程无关。假设背景磁场 $\boldsymbol{B}_0$ 沿 z 轴方向，并假设波垂直于磁场并沿着 x 轴传播，于是将方程组(9.9.25)线性化，并注意取

$$n_{\mathrm{e}}=n_0+n_1 \tag{9.9.26a}$$

$$n_1 = \tilde{n}_1 \exp[\mathrm{i}(\boldsymbol{k} \cdot \boldsymbol{r} - \omega t)] \tag{9.9.26b}$$

$$\boldsymbol{V}_{e1} = \tilde{V}_{e1} \exp[\mathrm{i}(\boldsymbol{k} \cdot \boldsymbol{r} - \omega t)] \tag{9.9.26c}$$

$$\boldsymbol{E}_1 = \tilde{E}_1 \exp[\mathrm{i}(\boldsymbol{k} \cdot \boldsymbol{r} - \omega t)] \tag{9.9.26d}$$

式中，带“~”符号的量是复振幅。

利用式(9.9.26)，则方程组(9.9.25)线性化后变为如下形式的代数方程：

$$-\mathrm{i}\omega \tilde{n}_e + \mathrm{i}kn_0 \tilde{V}_{ex} = 0 \tag{9.9.27a}$$

$$-\mathrm{i}\omega m_e \tilde{V}_{ex} + e'\tilde{E}_x + e'\tilde{V}_{ey} B_0 = 0 \tag{9.9.27b}$$

$$-\mathrm{i}\omega m_e \tilde{V}_{ey} - e'\tilde{V}_{ex} B_0 = 0 \tag{9.9.27c}$$

$$\frac{1}{\varepsilon_0} e'\tilde{n}_e + \mathrm{i}k\tilde{E}_x = 0 \tag{9.9.27d}$$

这里为书写方便起见，省略了一级扰动量的下角标 1；另外，为避免混淆，这里特将式(9.9.25b)和式(9.9.25c)中的 $\tilde{e}$ 在式(9.9.27)中改写为 e'；上述方程组共有四个独立变量 $\tilde{n}_e$、$\tilde{V}_{ex}$、$\tilde{V}_{ey}$和 $\tilde{E}_x$，为了使方程(9.9.27)具有非平凡解，其系数矩阵行列式应为零，于是得到如下形式的色散方程：

$$\omega^2 = \omega_{pe}^2 + \omega_{ce}^2 = \omega_{UH}^2 \tag{9.9.28a}$$

式中，ω_{pe}、ω_{ce}和 ω_{UH}分别为等离子体电子频率、电子回旋频率和高混杂频率，它们的表达式分别为

$$\omega_{pe} = \sqrt{\frac{n_e (e')^2}{\varepsilon_0 m_e}}, \quad \omega_{ce} = -\frac{e'}{m_e} B_0 \tag{9.9.28b}$$

$$\omega_{UH} = (\omega_{pe}^2 + \omega_{ce}^2)^{\frac{1}{2}} \tag{9.9.28c}$$

如果进一步探讨电子热运动对高混淆振荡的影响，这时只要在线性化后的运动方程(9.9.27b)中增加电子热压力项，于是式(9.9.27b)被改写为

$$-\mathrm{i}\omega m_e \tilde{V}_{ex} + e'\tilde{E}_x + \frac{\mathrm{i}\gamma_e T_e}{n_0} k\tilde{N}_e + e'\tilde{V}_{ey} B_0 = 0 \tag{9.9.29}$$

而其他方程都不变。在由式(9.9.27a)、式(9.9.27c)、式(9.9.29)所组成的方程组中，令其系数矩阵行列式为零便得到高混杂波的色散关系式：

$$\omega^2 = \omega_{pe}^2 + \omega_{ce}^2 + k^2 v_{th}^2 = \omega_{UH}^2 + k^2 v_{th}^2 \tag{9.9.30a}$$

式中，v_{th}为电子的热速度，其表达式为

$$v_{th} = \left(\frac{2T_e}{m_e}\right)^{\frac{1}{2}} \tag{9.9.30b}$$

对于高混杂波，它有三种恢复力：静电力、Lorentz 力和电子热压力。由式(9.9.30a)可知，波的群速度不为零，垂直于磁场的静电振荡通过电子的热运动而传播出去。

3. 磁化等离子体中的高频电磁波及其色散关系

为简单起见,略去离子的运动,并假设等离子体是冷的(即 $T_e=0$ 并且 $T_i=0$),于是描述磁化等离子体中的高频电磁波方程组便可由运动方程、Faraday 定律、Ampere 定律和电流密度矢量方程

$$\boldsymbol{j}_f=\sum_\alpha(n_\alpha q_\alpha \boldsymbol{V}_\alpha) \tag{9.9.31}$$

组成。对这个方程组线性化,可得

$$m_e n_0 \frac{\partial}{\partial t}\boldsymbol{V}_{e1}+e' n_0(\boldsymbol{E}_1+\boldsymbol{V}_{e1}\times\boldsymbol{B}_0)=0 \tag{9.9.32a}$$

$$\nabla\times\boldsymbol{E}_1=-\frac{\partial}{\partial t}\boldsymbol{B}_1 \tag{9.9.32b}$$

$$\nabla\times\boldsymbol{B}_1=\mu_0\boldsymbol{j}_{f1}+\frac{1}{c^2}\frac{\partial\boldsymbol{E}_1}{\partial t} \tag{9.9.32c}$$

$$\boldsymbol{j}_{f1}=-e' n_0\boldsymbol{V}_{e1} \tag{9.9.32d}$$

式中,e'的定义同式(9.9.27)。

这里需要强调的是,上述方程组(9.9.32)是完备的,这套方程并不需要连续方程,也不需要 Poisson 方程。下面仅扼要讨论磁化等离子体中的两大类高频电磁波:一类是垂直于平衡磁场 $\boldsymbol{B}_0$ 传播的波,即电磁波和 Bernstein 模,包括寻常波(ordinary wave)或称寻常(O)模与非寻常波(extraordinary wave)或称非寻常(X)模;另一类是平行于平衡磁场 $\boldsymbol{B}_0$ 传播的波,即左、右旋圆偏振波(L 波与 R 波)以及哨声波等。

1) 寻常(O)波和非寻常(X)波

不失一般性,假设 z 轴沿平衡磁场 $\boldsymbol{B}_0$ 方向,设波矢 $\boldsymbol{k}$ 沿 x 轴方向,如图 9.8 所示。如果扰动电场 $\boldsymbol{E}_1$ 平行于 $\boldsymbol{B}_0$,则我们把有关 $\boldsymbol{B}_0$ 的波动称为寻常波,它属于线偏振型;如果 $\boldsymbol{E}_1$ 垂直于 $\boldsymbol{B}_0$,则这时把有关 $\boldsymbol{B}_0$ 的波动称为非寻常波,它属于椭圆偏振型。

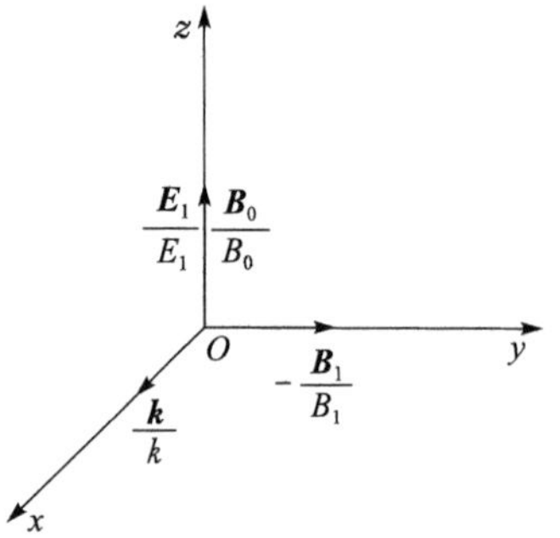

(a) 寻常波

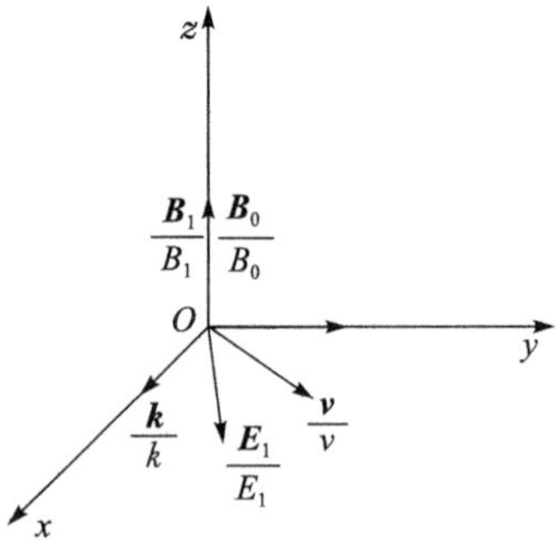

(b) 非寻常波

图 9.8 寻常波和非寻常波

对于寻常波，比较简单，这里直接给出波的色散方程，为

$$\omega^2 = k^2c^2 + \omega_{\mathrm{pe}}^2 \tag{9.9.33}$$

式中，c 为真空中的光速；ω_{pe}的定义同式(9.9.28b)。

对于非寻常波，考虑 $\boldsymbol{E}_1$ 在 xy 平面上的波。对于垂直于平衡磁场 $\boldsymbol{B}_0$ 方向上的扰动电场 $\boldsymbol{E}_1$，电子响应将会使该电场将引起运动，但 Lorentz 力(即 $e'\boldsymbol{V}_{\mathrm{e}}\times\boldsymbol{B}_1$)的作用使电子不能沿一个固定方向运动，而要产生另一方向的速度分量。因此 $\boldsymbol{E}_1$ 和 $\boldsymbol{V}_{\mathrm{e1}}$都有 x 和 y 方向上的分量，于是方程组(9.9.32)线性化后变为

$$-\mathrm{i}\omega m_{\mathrm{e}}V_{\mathrm{e}x} + e'E_x + e'V_{\mathrm{e}y}B_0 = 0 \tag{9.9.34a}$$

$$-\mathrm{i}\omega m_{\mathrm{e}}V_{\mathrm{e}y} + e'E_y - e'V_{\mathrm{e}x}B_0 = 0 \tag{9.9.34b}$$

$$-\omega B_z + kE_y = 0 \tag{9.9.34c}$$

$$\mu_0 e' n_0 V_{\mathrm{e}y} + \frac{\mathrm{i}\omega}{c^2}E_y - \mathrm{i}kB_z = 0 \tag{9.9.34d}$$

$$\mu_0 e' n_0 V_{\mathrm{e}x} + \frac{\mathrm{i}\omega}{c^2}E_x = 0 \tag{9.9.34e}$$

式中，$\boldsymbol{E}_1$ 和 $\boldsymbol{V}_{\mathrm{e1}}$等的分量均省略了下角标“1”。从方程组(9.9.34)中消去 $V_{\mathrm{e}x}$、$V_{\mathrm{e}y}$ 和 B_z，便得到关于 E_x 和 E_y 的齐次方程组，进而得到相应地色散方程为

$$\begin{vmatrix} 1-\dfrac{\omega^2}{\omega_{\mathrm{pe}}^2}, & \dfrac{\mathrm{i}\omega_{\mathrm{ce}}}{\omega\omega_{\mathrm{pe}}^2}(k^2c^2-\omega^2) \\ \dfrac{\mathrm{i}\omega_{\mathrm{ce}}\omega}{\omega_{\mathrm{pe}}^2}, & 1+\dfrac{1}{\omega_{\mathrm{pe}}^2}(k^2c^2-\omega^2) \end{vmatrix} = 0 \tag{9.9.35}$$

利用折射率 n 可以将上述色散方程写为

$$n^2 = \frac{k^2c^2}{\omega^2} = 1 - \frac{\omega_{\mathrm{pe}}^2}{\omega^2}\,\frac{\omega^2-\omega_{\mathrm{pe}}^2}{\omega^2-\omega_{\mathrm{UH}}^2} \tag{9.9.36}$$

2) 左旋圆偏振波(L 波)和右旋圆偏振波(R 波)

下面讨论平行于平衡磁场 $\boldsymbol{B}_0$ 的高频电磁波的传播以及波的色散关系。首先，选取 z 轴平行于平衡磁场 $\boldsymbol{B}_0$，这时波矢 $\boldsymbol{k}$ 也平行于 $\boldsymbol{B}_0$，并假定扰动电场 $\boldsymbol{E}_1$ 在 xy 平面上，如图 9.9 所示。在这种情况下，扰动电场 $\boldsymbol{E}_1$ 和电子扰动速度 $\boldsymbol{V}_{\mathrm{e1}}$都具有 x 和 y 的分量，即 $\boldsymbol{E}_1 = [E_x \quad E_y \quad 0]$，$\boldsymbol{V}_{\mathrm{e1}} = [V_{\mathrm{e}x} \quad V_{\mathrm{e}y} \quad 0]$。在上述情况下，方程组(9.9.32)线性化后，可得

$$-\mathrm{i}\omega m_{\mathrm{e}}V_{\mathrm{e}x} + e'E_x + e'V_{\mathrm{e}y}B_0 = 0 \tag{9.9.37a}$$

$$-\mathrm{i}\omega m_{\mathrm{e}}V_{\mathrm{e}y} + e'E_y - e'V_{\mathrm{e}x}B_0 = 0 \tag{9.9.37b}$$

$$(\omega^2 - k^2c^2)E_x = \frac{\mathrm{i}n_0\omega}{\varepsilon_0}e'V_{\mathrm{e}x} \tag{9.9.37c}$$

$$(\omega^2 - k^2c^2)E_y = \frac{\mathrm{i}n_0\omega}{\varepsilon_0}e'V_{\mathrm{e}y} \tag{9.9.37d}$$

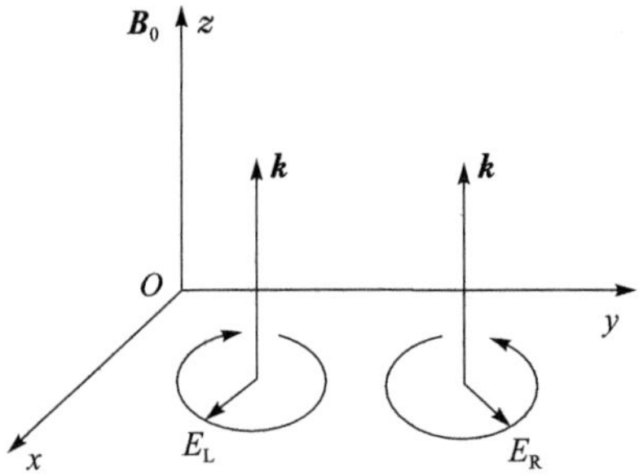

图 9.9　L 波和 R 波

同样，在式(9.9.37)中 $\boldsymbol{E}_1$ 和 $\boldsymbol{V}_{e1}$ 的分量均省略了下角标“1”。由式(9.9.37c)和式(9.9.37d)解出 V_{ex} 和 V_{ey}，而后代入式(9.9.37a)和式(9.9.37b)，经简化后，可得

$$(\omega^2-k^2c^2-\omega_{pe}^2)E_x+\mathrm{i}\frac{\omega_{ce}}{\omega}(\omega^2-k^2c^2)E_y=0 \tag{9.9.38a}$$

$$\mathrm{i}\frac{\omega_{ce}}{\omega}(\omega^2-k^2c^2)E_x-(\omega^2-k^2c^2-\omega_{pe}^2)E_y=0 \tag{9.9.38b}$$

这是关于电场分量 E_x 和 E_y 的齐次方程组，令式(9.9.38)的系数矩阵行列式为零，得到如下色散方程：

$$(\omega^2-k^2c^2-\omega_{pe}^2)^2=\frac{\omega_{ce}^2}{\omega^2}(\omega^2-k^2c^2)^2 \tag{9.9.39}$$

利用折射率 n，则式(9.9.39)又可写成

$$n^2=\frac{k^2c^2}{\omega^2}=1-\frac{\omega_{pe}^2}{\omega^2\left(1\pm\frac{\omega_{ce}}{\omega}\right)} \tag{9.9.40}$$

这就是平行于磁场传播的回旋波所应满足的色散关系，在式(9.9.40)等号右侧分母取负号时，对应右旋圆偏振波(R 波)；而取正号时，则对应左旋圆偏振波(L 波)，如图 9.9 所示。由式(9.9.40)可知，当 ω 趋近于 ω_{pe} 时，R 波的折射率趋于无穷，这时将发生 R 波共振现象(即电子回旋共振)。由式(9.9.40)，令 n 趋于零可得到 R 波与 L 波的截止频率，即 ω_R 和 ω_L，其表达式分别为

$$\omega_R=\frac{\omega_{ce}}{2}+\sqrt{\omega_{pe}^2+\frac{\omega_{ce}^2}{4}} \tag{9.9.41a}$$

$$\omega_L=-\frac{\omega_{ce}}{2}+\sqrt{\omega_{pe}^2+\frac{\omega_{ce}^2}{4}} \tag{9.9.41b}$$

图 9.10 分别给出了 $\omega_L>\omega_{ce}$ 和 $\omega_L<\omega_{ce}$ 时 R 波与 L 波的色散关系曲线。从图中可以看出，在高频极限下，两支波的色散关系曲线都渐近于光波的色散关系 $\omega=kc$，这里 ω 为圆频率，k 为角波数。

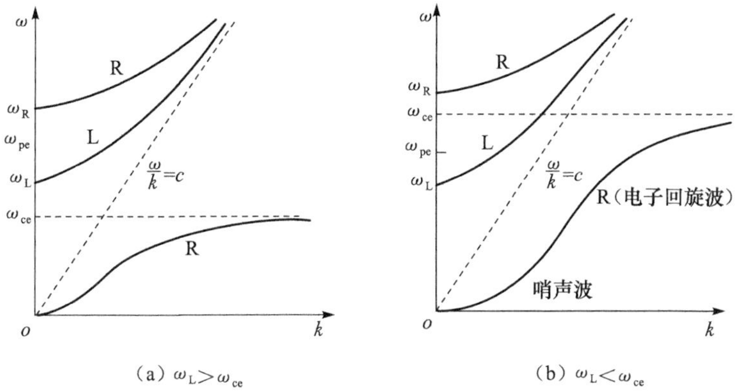

图 9.10　L 波和 R 波的色散关系

9.9.5　等离子体电子高频振荡波及其 Landau 阻尼

假设平衡态为均匀的等离子体，分布函数为 $f_0(\boldsymbol{v})$，并且令

$$\boldsymbol{B}_0=0,\quad \boldsymbol{E}_0=0 \tag{9.9.42}$$

由于是静电波，没有扰动磁场(即 $\boldsymbol{B}_1=0$)，设扰动电场为 $\boldsymbol{E}_1$，扰动分布函数为 $f_1(\boldsymbol{r},\boldsymbol{v},t)$，则电子的线性化 Vlasov 方程为

$$\frac{\partial f_1}{\partial t}+\boldsymbol{v}\cdot\nabla f_1-\frac{1}{m}e'\boldsymbol{E}_1\cdot\nabla_v f_0=0 \tag{9.9.43a}$$

式中，符号 e' 的含义同式(9.9.28b)。因为离子质量远远大于电子，对 Langmuir 波的响应可以忽略，于是离子构成均匀的正电荷背景。对式(9.9.43a)作 Fourier 变换，f_1 和 $\boldsymbol{E}_1$ 都正比于 $\exp[\mathrm{i}(kx-\omega t)]$，这里假设波沿着 x 方向传播，可得

$$-\mathrm{i}\omega f_1+\mathrm{i}kv_x f_1=\frac{1}{m}e'E_x\frac{\partial f_0}{\partial v_x} \tag{9.9.43b}$$

可得到 Fourier 变换后的扰动分布函数为

$$f_1=\frac{\mathrm{i}}{m}\frac{E_x}{\omega-kv_x}e'\frac{\partial f_0}{\partial v_x} \tag{9.9.43c}$$

另外，Poisson 方程为

$$\nabla\cdot\boldsymbol{E}_1=\mathrm{i}kE_x=-\frac{n_1}{\varepsilon_0}e'=-\frac{1}{\varepsilon_0}e'\int f_1\mathrm{d}\boldsymbol{v} \tag{9.9.44a}$$

将式(9.9.43c)代入 Poisson 方程后，可得

$$1=-\frac{1}{km\varepsilon_0}(e')^2\int\left(\frac{1}{\omega-kv_x}\frac{\partial f_0}{\partial v_x}\right)\mathrm{d}\boldsymbol{v} \tag{9.9.44b}$$

对于形如

$$\int_{-\infty}^{\infty}\frac{f(\boldsymbol{v})}{\boldsymbol{k}\cdot\boldsymbol{v}-\omega}\mathrm{d}\boldsymbol{v}$$

型的积分，当把 ω 写成 $\omega_r + i\omega_i$ 时，可以把这个积分在 $\omega_i = 0$ 的附近展成 Taylor 级数，因此有

$$\int_{-\infty}^{\infty} \frac{f(\boldsymbol{v})}{\boldsymbol{k}\cdot\boldsymbol{v}-\omega}\mathrm{d}\boldsymbol{v} = \lim_{\varepsilon\to 0^+}\int_{-\infty}^{\infty} \frac{f(\boldsymbol{v})}{\boldsymbol{k}\cdot\boldsymbol{v}-\omega_r - i\varepsilon}\mathrm{d}\boldsymbol{v} + i\omega_i \frac{\partial}{\partial\omega_r}\left[\lim_{\varepsilon\to 0^+}\int_{-\infty}^{\infty} \frac{f(\boldsymbol{v})}{\boldsymbol{k}\cdot\boldsymbol{v}-\omega_r - i\varepsilon}\mathrm{d}\boldsymbol{v}\right] + \cdots \tag{9.9.44c}$$

值得注意的是，对于 $\omega = \omega_r$，此积分可以按照 1946 年 Landau 提出的把 Vlasov 方程作为一个初值问题来求解的思想，采用 Landau 围道进行积分求得：即先把 ω 写成 $\omega_r + i\varepsilon$，然后引入函数 $F_0(u)$ 和等离子体的介电函数 $\varepsilon(\omega, k)$，其中 $F_0(u)$ 定义为[538]

$$F_0(u) \equiv \int f_0(\boldsymbol{v})\delta\left(u - \frac{\boldsymbol{k}\cdot\boldsymbol{v}}{|\boldsymbol{k}|}\right)\mathrm{d}\boldsymbol{v} \tag{9.9.44d}$$

于是利用 $F_0(u)$ 形式的函数，式(9.9.44c)中的积分便可以简化为一维的形式。在这一过程中，需要用到 Plemelj 公式，即

$$\lim_{\varepsilon\to 0^+}\int_{-\infty}^{\infty} \frac{f(x)}{x-y\pm i\varepsilon}\mathrm{d}x = P_r\int_{-\infty}^{\infty}\frac{f(x)}{x-y}\mathrm{d}x \mp i\pi\int_{-\infty}^{\infty} f(x)\delta(x-y)\mathrm{d}x \tag{9.9.44e}$$

式中，$P_r\int_{-\infty}^{\infty}$ 代表积分取 Cauchy 主值。

通常，可将静电波的色散关系写为

$$\varepsilon(\omega, k) = 1 + Y_e + Y_i = 0 \tag{9.9.45a}$$

式中，Y_e 和 Y_i 分别为电子和离子的极化率，这里可取 $Y_i = 0$，而 Y_e 为

$$Y_e = -\frac{1}{k^2}\omega_p^2\int_{-\infty}^{\infty}\frac{1}{u-\frac{\omega}{k}}\frac{\partial F_0(u)}{\partial u}\mathrm{d}u \tag{9.9.45b}$$

为了对式(9.9.45b)完成积分计算，通常有两种处理方法：一种是 Vlasov 方法，另一种是 Landau 方法。这里采用了 Landau 的办法。Landau 对空间采取 Fourier 变换，对时间采取 Laplace 变换(初值问题)，把 $|\boldsymbol{k}|$ 看成实数，把频率 $\omega = \omega_r + ir$ 看成复数，并注意到 Laplace 的反变换可以作为复数 ω 空间的路径积分。因此 Landau 已证明：当对初值问题适当处理后，速度空间的积分等价于复数空间的路径积分，速度空间的奇点为

$$u = \frac{\omega_r}{k} + i\frac{\gamma}{k} \tag{9.9.46}$$

对于电子的等离子体波，其色散关系的积分，由于这时波动相速度远远大于电子热速度，因而是弱阻尼的，有 $\gamma \ll \omega_r$，于是奇点就在实轴附近。借助于复变函数中的留数定理，电子的极化率可以写为

$$Y_{\mathrm{e}}=-\frac{\omega_{\mathrm{p}}^{2}}{k^{2}}\left[P_{\mathrm{r}}\int_{-\infty}^{\infty}\frac{1}{u-\frac{\omega_{\mathrm{r}}}{k}}\frac{\partial F_{0}(u)}{\partial u}\mathrm{d}u+\mathrm{i}\pi\frac{\partial F_{0}(u)}{\partial u}\right]_{u=\frac{\omega_{\mathrm{r}}}{k}} \tag{9.9.47}$$

式中，P_{r} 代表积分主值。式(9.9.47)等号右侧第一项为 Y_{e} 的实部，它对应着 Vlasov 的结果；等号右侧第二项为 Y_{e} 的虚部，是 Landau 路径积分的结果，它代表了被积函数奇点的贡献，并且与波的阻尼或增长密切相关。可以证明[524,538]，当阻尼率 $\gamma<0$ 时波是阻尼的，这一阻尼称为 Landau 阻尼，它是一种无碰撞阻尼。

9.10　磁流体活塞问题和拟一维流动

9.10.1　磁流体介质中活塞问题的可能解

在磁流体力学中，活塞推动磁流体的运动问题(以下简称活塞问题)是一个非常重要的一维、可压缩、非定常运动的磁气体动力学经典问题。这里所谓活塞问题是指外加磁场作用下的导电气体在预先给定运动方式的活塞作用下，确定气体介质的运动状态。由于这一问题十分复杂，本节仅讨论在无限空间中充满理想、完全导电气体时由于平面活塞突然起动并且以等速度运动所产生的周围气体介质的运动。假设初始时刻充满空间的均匀气体处于静止状态，而且假定外加磁场是均匀场，并把活塞当成气体介质中的接触面。在上述这些假设下，选取坐标系 $Oxyz$，并使 Oyz 平面与活塞平面相平行，Ox 轴垂直于活塞平面，坐标系原点取在 $t=0$ 时刻的活塞平面上，于是运动是一维非定常问题，该数学问题的提法为：控制方程组为非定常，可用式(9.7.4b)描述，在一维情况下式(9.7.4b)可简化为

$$\frac{\partial \boldsymbol{Z}}{\partial t}+\boldsymbol{A}(\boldsymbol{Z})\cdot\frac{\partial \boldsymbol{Z}}{\partial x}=0 \tag{9.10.1}$$

假定活塞运动速度为 $\boldsymbol{U}_0$，其模为 U_0，则定解条件为

$$\begin{cases}\boldsymbol{V}=\boldsymbol{U}_0, & \text{在活塞 } \boldsymbol{x}=\boldsymbol{U}_0 t\\ \boldsymbol{V}=0, \quad \rho=\rho_0, \quad \boldsymbol{B}=\boldsymbol{B}_0, \quad S=S_0, & t=0\end{cases} \tag{9.10.2}$$

式中，下角标“0”所代表的量为给定的常量。

应用微分方程的特征理论可以证明式(9.10.1)和式(9.10.2)所构成的定解问题存在唯一解，以下仅概要说明该问题的可能解。在这个问题中，自变量的无量纲组合仅可能有一个即$\frac{1}{U_0}\frac{x}{t}$或者$\frac{\sqrt{\mu\rho_0}}{B_0}\frac{x}{t}$(这里 μ 为磁导率)。换句话说，这个定解问题可能有一维简单波解。如果是简单波，必定是中心简单波，即由原点 O 发生的简单波。由一维简单波定理可知，这一定解问题的所有可能解只能是一维简单波、Alfven 激波、激波以及接触面，并且根据简单波、Alfven 波以及激波速度关系定理

得出,出现在解中只可能有三种波,它们的顺序依次是快波(激波或膨胀波)、Alfven 波(激波或简单波)和慢波(激波或膨胀波)。如果最后出现的波是慢膨胀波,那么与气体动力学中的活塞问题一样[8,9,12],在波的尾阵面上的气体介质的密度可能下降到零。在活塞与膨胀波之间可能出现一个空腔,这个空腔中气体介质的密度 $\rho=0$,压强 $p=0$。

将活塞运动所引起的气体介质内的流动状态绘制在 (x,t) 平面上,如图 9.11 所示。假设活塞沿着 x 轴的正方向运动,图 9.11(a)和图 9.11(b)分别给出了活塞问题无空腔情形时与有空腔情形时可能出现解的流动状态。因为活塞向 x 轴正方向突然启动后以匀速运动,在活塞轨迹右方突然形成的压缩波追逐相继形成快激波、Alfven 激波和慢激波并形成了 D_1、D_2、D_3 和 D_4 区域,这些区域都是均匀流动区域。尤其是 D_1 区域,它是快激波未到达的区域,因此仍保持着初始时刻静止的状态。在活塞轨迹的左方,由于活塞突然后撤,形成中心膨胀波沿着 x 轴的负方向传播并且依次形成了快膨胀波、Alfven 简单波和慢膨胀波。另外,在膨胀波之间以及快膨胀波与 Ox 负轴之间形成了区域 D_5、D_6 和 D_7,它们也都是均匀流动区域。特别是 D_7 区域,它是快膨胀波未到达的区域,因此保持了初始时刻的静止状态。

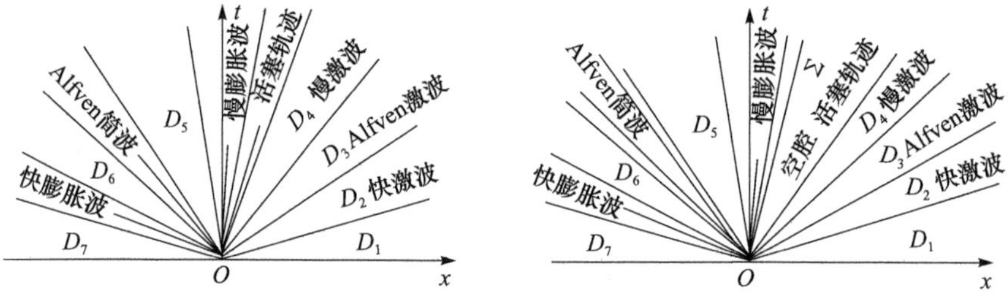

(a) 无空腔情形　　(b) 有空腔情形

图 9.11　活塞问题可能出现解的示意图

9.10.2　磁流体中两种典型的拟一维直线流动

拟一维流动是指在垂直于流动方向的平面上所有特征物理量的变化可以忽略不计的流动。在气体动力学中[12,81],拟一维流动可以是广义一维流动,并没有限制是一维直线,而且在磁流体力学中也没有对拟一维流动提出是直线的限制,在本节中仅仅是出于对研究问题的方便才引入拟一维直线流动的假定。

在拟一维直线流动的假定下,并假定流动沿着 x 方向,于是恒有

$$B_x=\text{const} \tag{9.10.3a}$$

$$E_x=0 \tag{9.10.3b}$$

$$j_x=0 \tag{9.10.3c}$$

式(9.10.3c)中,j_x 代表电流密度矢量 $\boldsymbol{j}_\text{f}$ 在 x 方向的分量。在无外加电流,并取体

膨胀系数为零时，连续方程、运动方程、能量方程、状态方程、磁扩散方程和磁场 Gauss 定律的矢量表达式分别为

$$\frac{\mathrm{d}\rho}{\mathrm{d}t}+\rho\,\nabla\cdot\boldsymbol{V}=0 \tag{9.10.4a}$$

$$\rho\frac{\mathrm{d}\boldsymbol{V}}{\mathrm{d}t}=-\nabla p+\nabla\cdot\{\mu_{\mathrm{f}}[\nabla\boldsymbol{V}+(\nabla\boldsymbol{V})_{\mathrm{c}}]\}-\frac{2}{3}\nabla(\mu_{\mathrm{f}}\nabla\cdot\boldsymbol{V})+\frac{1}{\mu}(\nabla\times\boldsymbol{B})\times\boldsymbol{B} \tag{9.10.4b}$$

$$\rho\frac{\mathrm{d}\varepsilon_{\mathrm{f}}}{\mathrm{d}t}=-p\,\nabla\cdot\boldsymbol{V}+\Phi+\lambda_T\,\nabla^2 T+\frac{1}{\sigma}\boldsymbol{j}_{\mathrm{f}}\cdot\boldsymbol{j}_{\mathrm{f}} \tag{9.10.4c}$$

$$p=\rho RT \tag{9.10.4d}$$

$$\frac{\partial\boldsymbol{B}}{\partial t}=\eta^*\ \nabla^2\boldsymbol{B}+\nabla\times(\boldsymbol{V}\times\boldsymbol{B}) \tag{9.10.4e}$$

$$\nabla\cdot\boldsymbol{B}=0 \tag{9.10.4f}$$

式(9.10.4c)中，ε_{f}代表单位质量的流体所具有的内能；Φ 代表耗散函数；σ 代表电导率；式(9.10.4e)中，η^* 的含义同式(9.5.2d)；另外，也可以用熵 S 方程代表能量方程式(9.10.4c)，即

$$\rho T\frac{\mathrm{d}S}{\mathrm{d}t}=\Phi+\mu_{\mathrm{f}}(\nabla\cdot\boldsymbol{V})^2+\lambda_T\,\nabla^2 T+\frac{1}{\sigma\mu^2}(\nabla\times\boldsymbol{B})^2 \tag{9.10.4c*}$$

在一维流动下，由式(9.10.4f)可得

$$\frac{\partial B_x}{\partial x}=0 \tag{9.10.5a}$$

又由 Faraday 电磁感应定律可得

$$\frac{\partial B_x}{\partial t}=0 \tag{9.10.5b}$$

借助于式(9.10.3)和式(9.10.5)并引入 Stokes 假设后，一维直线流动的磁流体力学控制方程组可由式(9.10.4)得到，其表达式为

$$\frac{\partial\rho}{\partial t}+\frac{\partial}{\partial x}(\rho u)=0 \tag{9.10.6a}$$

$$\rho\left(\frac{\partial u}{\partial t}+u\frac{\partial u}{\partial x}\right)=\frac{\partial}{\partial x}\left[-p+(\lambda_{\mathrm{f}}+2\mu_{\mathrm{f}})\frac{\partial u}{\partial x}\right]-\frac{\partial}{\partial x}\left[\frac{1}{2\mu}(B_y^2+B_z^2)\right] \tag{9.10.6b}$$

$$\begin{aligned}\frac{\partial}{\partial t}\left[\rho\left(\varepsilon_{\mathrm{f}}+\frac{u^2}{2}\right)\right]+\frac{\partial}{\partial x}\left[\rho u\left(\varepsilon_{\mathrm{f}}+\frac{u^2}{2}\right)\right]&=\frac{\partial}{\partial x}\left\{\left[-p+(\lambda_{\mathrm{f}}+2\mu_{\mathrm{f}})\frac{\partial u}{\partial x}\right]u\right\}\\&\quad+\frac{\partial}{\partial x}\left(\lambda_T\frac{\partial T}{\partial x}\right)+\frac{1}{\mu}\left(E_z\frac{\partial B_y}{\partial x}-E_y\frac{\partial B_z}{\partial x}\right)\end{aligned} \tag{9.10.6c}$$

$$\frac{\partial B_y}{\partial t}=\frac{\partial E_z}{\partial x} \tag{9.10.6d}$$

$$\frac{\partial B_z}{\partial t}=-\frac{\partial E_y}{\partial x} \tag{9.10.6e}$$

$$\eta^* \frac{\partial B_y}{\partial x}=E_z+uB_y \tag{9.10.6f}$$

$$\eta^* \frac{\partial B_z}{\partial x}=-E_y+uB_z \tag{9.10.6g}$$

式中，u 代表速度 $\boldsymbol{V}$ 沿 x 方向的分速度。

另外，由于引入了 Stokes 假设，因此这时式(9.10.6b)和式(9.10.6c)中的 λ_f 与 μ_f有如下关系：

$$\lambda_f=-\frac{2}{3}\mu_f \tag{9.10.6h}$$

在拟一维的假定下，设渠道的横截面面积随 x 变化的函数为 $Q'(x)$，由质量守恒，即

$$\frac{\mathrm{d}}{\mathrm{d}t}[\rho Q'(x)]=0 \tag{9.10.7a}$$

或者

$$\frac{\partial}{\partial t}(\rho Q')+\frac{\partial}{\partial x}(\rho u Q')=0 \tag{9.10.7b}$$

另外，在拟一维流动下，因式(9.10.3)成立并且流动平行于磁场 B_x，B_x 对流场 $u=u(x)$不会发生作用，并且流场也不会感应与自身平行的电场和磁场，因此不妨假定 $B_x=0$。以下讨论两种典型的拟一维直线流动。

1. 垂直于磁场的二维喷管

如图 9.12 所示，宽度为 $Q'(x)$的二维喷管的轴线与磁场 $\boldsymbol{B}$ 相垂直，并且 $\boldsymbol{B}$ 的方向指向纸内[见图 9.12(a)]，电场 $\boldsymbol{E}$ 由下壁面指向上壁面的方向。取长度为 $\mathrm{d}x$、厚度为 1 的控制体，其周线为 $MNOP$，如图 9.12(a)所示，对控制体应用积分型的 Faraday 定律和 Ampere 定律，并最后整理为微分形式得

$$\frac{\partial B}{\partial t}-\frac{1}{Q'}\frac{\partial}{\partial x}(EQ')=0 \tag{9.10.8a}$$

$$\frac{\partial B}{\partial t}=\mu j_f \tag{9.10.8b}$$

式中，B、E 和 j_f分别为

$$E=|\boldsymbol{E}| \tag{9.10.8c}$$

$$j_f=|\boldsymbol{j}_f| \tag{9.10.8d}$$

$$B=|\boldsymbol{B}| \tag{9.10.8e}$$

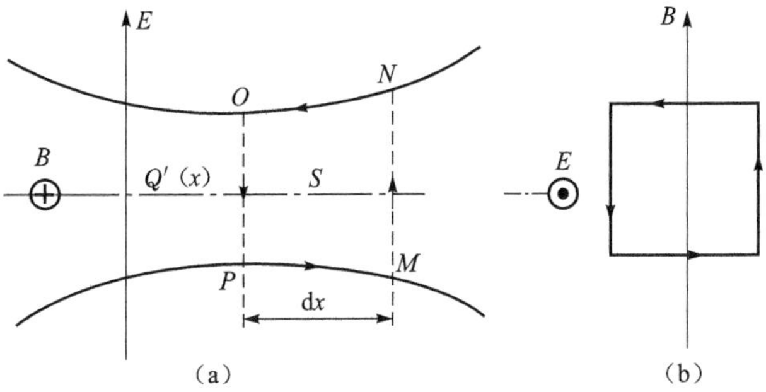

图 9.12　垂直于磁场的二维喷管

2. 垂直于电场的二维喷管

如图 9.13 所示，宽度为 $Q'(x)$的二维喷管的轴线与电场 $\boldsymbol{E}$ 相垂直，并且 $\boldsymbol{E}$ 的方向指向纸外，磁场 $\boldsymbol{B}$ 的方向由下壁指向上壁方向。同样地选取控制体 $MNOP$ 并且应用积分型的 Faraday 定律和 Ampere 定律，最后也整理为微分形式，得

$$\frac{\partial B}{\partial t}-\frac{\partial E}{\partial x}=0 \tag{9.10.9a}$$

$$\frac{1}{Q'}\frac{\partial}{\partial x}(Q'B)=\mu j_{\mathrm{f}} \tag{9.10.9b}$$

式中，B、E 和 j_{f}的含义分别同式(9.10.8e)、式(9.10.8c)和式(9.10.8d)。

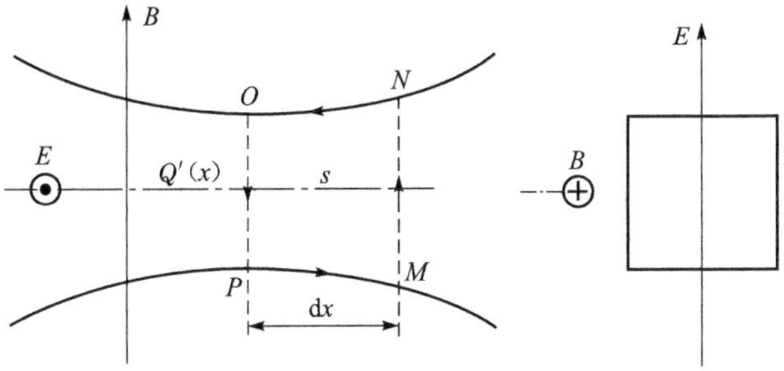

图 9.13　垂直于电场的二维喷管

至此，可以将上述讨论的两种情况下的电磁学方程统一写为

$$\frac{\partial B}{\partial t}-\frac{1}{(Q')^{\alpha}}\frac{\partial}{\partial x}[E(Q')^{\alpha}]=0 \tag{9.10.10a}$$

$$\frac{1}{(Q')^{\beta}}\frac{\partial}{\partial x}[B(Q')^{\beta}]=\mu j_{\mathrm{f}} \tag{9.10.10b}$$

$$\alpha+\beta=1$$

式中，

$$\alpha=\begin{cases}1, & \text{垂直于磁场的二维喷管}\\0, & \text{垂直于电场的二维喷管}\end{cases} \tag{9.10.10c}$$

9.11 超声速定常磁流体绕楔流动

9.11.1 无损耗流动、绝热、可压缩磁流体力学基本方程组

无损耗流动、绝热、可压缩磁流体力学的基本方程组可以通过对式(9.10.4)中的运动方程、连续方程和磁扩散方程进行简化得到，即

$$\rho\left[\frac{\partial \boldsymbol{V}}{\partial t}+(\nabla\times\boldsymbol{V})\times\boldsymbol{V}+\nabla\left(\frac{1}{2}\boldsymbol{V}\cdot\boldsymbol{V}\right)\right]+\nabla p=\frac{1}{\mu}(\nabla\times\boldsymbol{B})\times\boldsymbol{B} \tag{9.11.1a}$$

$$\frac{\partial\rho}{\partial t}+\nabla\cdot(\rho\boldsymbol{V})=0 \tag{9.11.1b}$$

$$\frac{\partial\boldsymbol{B}}{\partial t}=\nabla\times(\boldsymbol{V}\times\boldsymbol{B}) \tag{9.11.1c}$$

另外，认为流体介质为完全气体，满足状态方程

$$p=\rho RT \tag{9.11.1d}$$

熵 S 的表达式为

$$S=C_v\ln\frac{p}{\rho^{K_f}}+S_0 \tag{9.11.2}$$

在无损耗绝热流动的假设下，流动总是等熵的，因此有

$$\frac{\mathrm{d}S}{\mathrm{d}t}=\frac{\partial S}{\partial t}+\boldsymbol{V}\cdot\nabla S=0 \tag{9.11.3a}$$

如果初始时刻熵均匀分布，则有

$$S=S_0=\text{const} \tag{9.11.3b}$$

因此可用式(9.11.3b)替代磁流体力学方程组[即式(9.10.4)]中的能量方程[即式(9.10.4c)]。

在定常情况下，方程(9.11.1)变为

$$\rho\left[(\nabla\times\boldsymbol{V})\times\boldsymbol{V}+\nabla\left(\frac{1}{2}\boldsymbol{V}\cdot\boldsymbol{V}\right)\right]+\nabla p=\frac{1}{\mu}(\nabla\times\boldsymbol{B})\times\boldsymbol{B} \tag{9.11.4a}$$

$$\nabla\cdot(\rho\boldsymbol{V})=0 \tag{9.11.4b}$$

$$\nabla\times(\boldsymbol{V}\times\boldsymbol{B})=0 \tag{9.11.4c}$$

$$p=\rho RT \tag{9.11.4d}$$

由于在式(9.11.4a)等号右侧出现了磁力项$\frac{1}{\mu}(\nabla\times\boldsymbol{B})\times\boldsymbol{B}$，为使方程组封闭添加了磁扩散方程，因此就使得电磁场与速度场之间发生了相互的干涉作用，例如，当来流是无旋时，初始时刻流场也是无旋的，可是上述磁流体的流动仍不能轻易当

成无旋的问题处理。

9.11.2　磁流体力学中定常流动性质的判别

在通常气体动力学中，判别定常流动中某一点的流动性质是非常简单的事，只要用当地 Mach 数的大小便可决定：若 Mach 数>1，则流动为超声速，控制运动的方程为双曲型；若 Mach 数<1，则流动为亚声速，控制运动的方程为椭圆型。但磁流体力学定常流动问题要比气体动力学问题复杂得多，其主要原因是在磁流体力学中存在着各向异性的群速度和相速度，存在着快磁声波、慢磁声波、快激波、慢激波、快膨胀波、慢膨胀波、Alfven 激波和 Alfven 简单波等复杂波系。

在超声速流动时，由点源（或线源）引起的扰动波波阵面存在包络面（或线），这一包络面以波的形式传播，称为 Mach 波。Mach 波的传播速度是指其法向方向上的位移速度，即

$$U=\frac{\mathrm{d}n}{\mathrm{d}t} \tag{9.11.5}$$

这一速度称为相速度。扰动波传播的速度为群速度（记为 g）。在气体动力学中，相速度和群速度相等，都等于气体介质的声速。在磁流体力学中，由于快磁声波和慢磁声波在流场上其波速是各向异性，并且还依赖于磁场方向，且关于磁场方向对称，因此小扰动波传播的速度也是各向异性的，在磁流体力学中，Mach 波的群速度和相速度是不相等的。为了说明 Mach 波相速度 U 和群速度 g 间的关系，图 9.14 给出了线源 MM 引起的扰动产生的平面 Mach 波传播的情形。

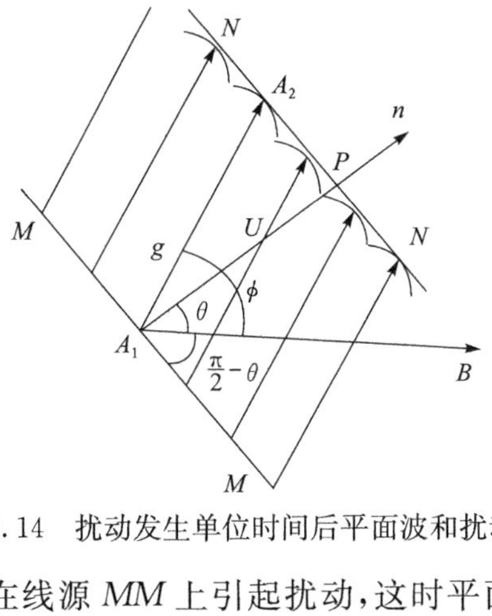

图 9.14　扰动发生单位时间后平面波和扰动波

假设在 $t=0$ 时刻，在线源 MM 上引起扰动，这时平面波波阵面位于 MM 线上。经过一个单位时间，即 $t=1$ 时平面波将沿其法向方向传播到 NN，于是其传播速度 U（即相速度）等于线 MM 和线 NN 间的距离。考察线源 MM 上的任意点 A_1 产生的扰动波，经过单位时间后它的波阵面与线 NN 相切于点 A_2，于是线段

A_1A_2 的长度应等于扰动波速度 g;如果假定直线 A_1A_2 与磁场 B 的夹角为 ϕ(见图 9.15),则有

$$g = U\sec(\phi - \theta) \tag{9.11.6}$$

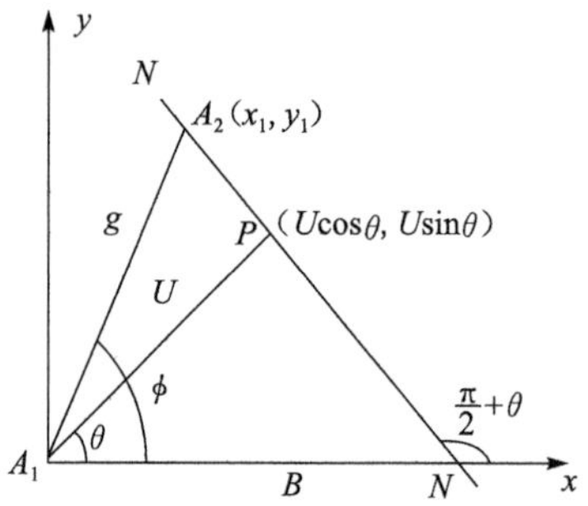

图 9.15 推导群速度 g 和相速度 U 间的关系

为便于书写,令 a 和 b 分别代表气体介质的声速和 Alfven 速度,即

$$a^2 \equiv \left(\frac{\partial p}{\partial \rho}\right)_{\mathrm{S}} = K_{\mathrm{f}}\frac{p}{\rho} \tag{9.11.7a}$$

$$b^2 \equiv \frac{B^2}{\mu\rho} \tag{9.11.7b}$$

容易证明[471,473,474],相速度 U 的表达式为

$$U^2 = \frac{1}{2}(a^2 + b^2) \pm \frac{1}{2}\sqrt{(a^2 + b^2)^2 - 4a^2b^2\cos^2\theta} \tag{9.11.8}$$

式中,"+"对应于快磁声波;"−"对应于慢磁声波。

将式(9.11.8)对 θ 微分,可得

$$\frac{\mathrm{d}U}{\mathrm{d}\theta} = \pm\frac{a^2b^2\sin\theta\cos\theta}{U\sqrt{(a^2 + b^2)^2 - 4a^2b^2\cos^2\theta}} \tag{9.11.9}$$

另外,由于 ϕ 与 θ 之间还有如下关系:

$$\tan\phi = \frac{U^4\tan\theta}{U^4 - a^2b^2} \tag{9.11.10}$$

由式(9.11.10)中解出 θ 并代入式(9.11.6),可得

$$g = U\sec\left[\phi - \arctan\left(\frac{U^4 - a^2b^2}{U^4}\tan\phi\right)\right] \tag{9.11.11a}$$

由于,

$$g^2 = U^2[1 + \tan^2(\phi - \theta)] \tag{9.11.12a}$$

$$\tan(\phi - \theta) = \frac{\tan\phi - \tan\theta}{1 + \tan\theta\tan\phi} = \frac{a^2b^2\sin(2\theta)}{4U^2 - 2U^2(a^2 + b^2)} \tag{9.11.12b}$$

又可得到用 θ 表示的群速度 g 的关系式,即

$$g^2 = U^2 + \frac{1}{4U^2}\left[\frac{a^2b^2\sin(2\theta)}{2U^2 - (a^2 + b^2)}\right]^2 \tag{9.11.11b}$$

在磁流体力学中，存在着两类扰动波，即快波和慢波。它们的传播速度不仅与当地气体介质的声速有关，而且还与当地磁场强度以及方向有关。在判别磁流体力学定常流动性质的 Friedrichs 群速度图方法中，区分磁场 $\boldsymbol{B}$ 与速度 $\boldsymbol{V}$ 是否共线尤其重要。以下分两种情况讨论。

1. *磁场 $\boldsymbol{B}$ 和速度 $\boldsymbol{V}$ 非共线情形*

根据逆速度矢端点 S' 所在的区域，有如下四种不同的流动性质：

(1) 点 S' 在 g_+ 速度图之外，这时有

$$V^2 > g_+^2 \tag{9.11.13a}$$

由点 S' 向快波波阵面和慢波波阵面各引两条特征线。令点 A 为扰动点，在 $t=0$ 时刻发生了扰动。由于上述点 S' 的位置与作用，因此在这种情况时 A 点附近磁流体力学方程具有四族特征流形，方程属于双曲型。

(2) 点 S' 在 g_- 波阵面之间，这时有

$$V^2 < g_+^2,\quad S' \subset g_- \text{ 波阵面内} \tag{9.11.13b}$$

由点 S' 可向该点所在的慢波群速度图引出三条特征线，向另一慢波群速度图分支引出一条特征线。在这种流动状态下，磁流体力学方程仍具有慢波的四族特征流形，并且 A 点的方程属于双曲型，A 点附近流场中没有快 Mach 波。

(3) 点 S' 在 g_+ 波阵面之内、g_- 波阵面之外，这时速度满足

$$V^2 < g_+^2,\quad S' \not\subset g_- \text{ 波阵面内或波阵面上} \tag{9.11.13c}$$

这时由点 S' 可向 g_- 波阵面两分支各引出一条特征线；两条特征线有可能两条都朝向下游或者一条朝向下游、另一条朝向上游，也可能两条都朝向上游，需由 S' 点所在的位置决定。A 点处控制方程为双曲椭圆型，A 点附近流场中没有快磁声波出现。

(4) 点 S' 在群速度图上，这里又可分为两种情况：一种是点 S' 在快波波阵面上，点 A 上的流动是声速点，由点 S' 出发可向 g_- 速度图的两分支各引出一条特征线，而向 g_+ 速度图引出的两条特征线合成一条直线，点 S' 的影响区是下游半平面；另一种是点 S' 在慢波波阵面上，由点 S' 出发可向慢波波阵面引出四条特征线，其中三条特征线位于点 S' 所在波阵面，而另一条是向另一群速度图分支引出的，点 A 附近没有快磁声波出现，A 点流动状态对应的控制方程属于双曲抛物型。

综上所述，在磁流体力学中，只要磁场 $\boldsymbol{B}$ 和速度 $\boldsymbol{V}$ 不是共线的，控制方程就不会是纯粹椭圆型的，显然磁流体力学的这个特点与通常气体动力学有着重大的区别。

2. *磁场 $\boldsymbol{B}$ 与速度场 $\boldsymbol{V}$ 共线情形*

当磁流体作无损耗流动时，如果某一时刻磁场 $\boldsymbol{B}$ 与速度场 $\boldsymbol{V}$ 共线，则磁流体力

学流动将始终保持这种流动状态，这种流动也就是学术界常讲的磁场 **B** 与速度场 **V** 的冻结流动。对于这种流动，有

$$\boldsymbol{B}=\alpha \boldsymbol{V} \tag{9.11.14}$$

式中，α 为比例常数，其值可由初始条件确定。

如图 9.16 所示，假定磁场 **B** 与直角坐标系 Oxy 的 x 轴一致，原点 O 取在 g_+ 群速度图的中心，并且与所考察的点 A 重合。因此，将 Ox 负轴分为四个区域，分别记作区域①、②、③和④，它们的区分点分别为 O、X、Y、Z 和 $-\infty$，其中 X、Y、Z 分别为慢波波阵面和快波波阵面与 Ox 负轴的交点。它们与原点 O 的距离分别为

$$|OX|=\min(g_-)=\frac{ab}{\sqrt{a^2+b^2}} \tag{9.11.15a}$$

$$|OY|=(g_-)|_{\theta=0}=\min(a,b) \tag{9.11.15b}$$

$$|OZ|=\min(g_+)=\max(a,b) \tag{9.11.15c}$$

如图 9.16 可知，当逆速度矢端点 S' 落在区域②和④时，它可向慢波波阵面或快波波阵面引出两条特征线，因此控制方程为双曲型；当点 S' 落在区域④时是超声速流动，不出现慢磁声波，因此两族特征线都指向下游，其流动状态与气体动力学情形一致；当点 S' 落在区域②时，不出现快磁声波，流动相对于慢扰动波而言是超声速的，这时两族特征线指向上游方向；而当逆速度矢端点 S' 落在区域①和③时，不能从点 S' 对群速度图引出特征线，此时控制流动的方程为纯粹椭圆型。

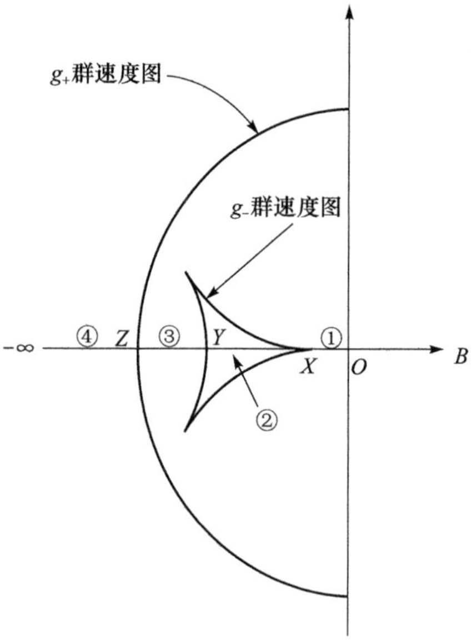

图 9.16　磁场 **B** 与速度场 **V** 共线时流动性质的判别

9.11.3　磁流体力学平面流动的实现

楔是由两个夹角成 2β 的半无限平板构成的物形。两个半无限平板为其边界，而两平板的交线是半平板的出发线。它的横截面是由顶点出发的两条伸向无限远的射线。选取直角坐标系 $Oxyz$，使楔的横截面取为 xy 平面，楔的顶点为坐标系原点，并假定流动仅发生在 xy 平面上，这就构成了气体绕楔的流动问题。

在磁流体力学中，为了实现流动是平面的，就必须要保证磁力总是落在流动平面上。磁力表达式 $\boldsymbol{F}_{\mathrm{e}}$ 为

$$\boldsymbol{F}_{\mathrm{e}}=\frac{1}{\mu}(\nabla\times\boldsymbol{B})\times\boldsymbol{B} \tag{9.11.16}$$

只要磁场 $\boldsymbol{B}$ 与速度场 $\boldsymbol{V}$ 相互垂直或者共面，流动就总在 xy 平面上。现在考虑后一种情形，即

$$\boldsymbol{B}=[B_x\quad B_y\quad 0] \tag{9.11.17a}$$

$$\boldsymbol{V}=[V_x\quad V_y\quad 0] \tag{9.11.17b}$$

如果有外加电场 $\boldsymbol{E}$，电场 $\boldsymbol{E}$ 必须与 xy 平面垂直，于是电流密度矢量 $\boldsymbol{j}_{\mathrm{f}}$ 也必须与 xy 平面垂直，即有

$$\boldsymbol{E}=[0\quad 0\quad E_z] \tag{9.11.18a}$$

$$\boldsymbol{j}_{\mathrm{f}}=[0\quad 0\quad j_z] \tag{9.11.18b}$$

并且式(9.11.17)和式(9.11.18)在运动过程中恒成立。另外，即使在流场中出现激波或线性波流动，由于波的法向矢量 $\boldsymbol{n}$ 和磁场 $\boldsymbol{B}$ 构成的平面是守恒的，因此通过激波或线性波时，磁场 $\boldsymbol{B}$ 和速度 $\boldsymbol{V}$ 仍是共面的。这也就是说，在外加磁场和电场满足式(9.11.17)和式(9.11.18)时，可以实现磁流体力学的平面流动。

9.11.4　有附体激波的可压缩、定常、超声速磁流体绕楔的流动

磁流体作超声速定常平面流动时，流场中将出现指向下游的四族 Mach 波，其中两条是快波、两条是慢波，控制流动的方程组属于双曲型。在平面、定常流动的假设下，式(9.11.4a)～式(9.11.4c)和式(9.11.3a)可以写成如下紧凑形式：

$$\mathbf{A}_1(\boldsymbol{Z})\cdot\frac{\partial\boldsymbol{Z}}{\partial x}+\mathbf{A}_2(\boldsymbol{Z})\cdot\frac{\partial\boldsymbol{Z}}{\partial y}=0 \tag{9.11.19a}$$

式中，矢量 $\boldsymbol{Z}$ 由未知函数 $\boldsymbol{B}$、$\boldsymbol{V}$、ρ 和熵 S 组成，其表达式为

$$\boldsymbol{Z}=[B_x\quad B_y\quad V_x\quad V_y\quad \rho\quad S] \tag{9.11.19b}$$

因为式(9.11.19a)具有完备性，系数矩阵 $\mathbf{A}_1(\boldsymbol{Z})$ 和 $\mathbf{A}_2(\boldsymbol{Z})$ 是满秩的，具有逆矩阵 $\mathbf{A}_1^{-1}(\boldsymbol{Z})$ 和 $\mathbf{A}_2^{-1}(\boldsymbol{Z})$。令

$$\mathbf{A}(\boldsymbol{Z})\equiv\mathbf{A}_1^{-1}(\boldsymbol{Z})\cdot\mathbf{A}_2(\boldsymbol{Z}) \tag{9.11.20a}$$

于是式(9.11.19a)可改写为

$$\frac{\partial \mathbf{Z}}{\partial x}+\mathbf{A}(\mathbf{Z})\cdot\frac{\partial \mathbf{Z}}{\partial y}=0 \tag{9.11.20b}$$

对于超声速流动，式(9.11.20b)为双曲型，其系数矩阵 $\mathbf{A}(\mathbf{Z})$ 有 6 个实的特征值 $g_i(i=1,2,\cdots,6)$，相应地将有 6 个特征矢量 $\boldsymbol{r}_i(\mathbf{Z})(i=1,2,\cdots,6)$。可以证明：具有附体激波的绕楔流动是一维简单波流动[471,473,474]，并且存在唯一的无量纲组合，即

$$\xi=\frac{x}{y} \tag{9.11.21a}$$

于是根据量纲理论，还有

$$\mathbf{Z}=\mathbf{Z}(\xi) \tag{9.11.21b}$$

另外，还可以进一步证明，上述绕楔流动当存在简单波时，它一定是 Prandtl-Mayer 流动[5,9,10]。此外，还可以证明定理 4 成立[471,473,474]。

定理 4　如果式(9.11.20b)在 xy 平面上某一区域 σ 的解是均匀流动，则式(9.11.20b)在与均匀流动 σ 相邻的各个区域上的解也只能是均匀流、Prandtl-Mayer 流或者激波；如果解是 Prandtl-Mayer 流或者激波，那么它们的波阵面必定是通过楔顶点的射线。换句话说，Prandtl-Mayer 流是中心膨胀波[5,9,10]，而激波是由中心压缩波追逐而成的[84,85]。假定绕楔流动中激波和膨胀波的总数目为 n，借助于定理 4，则这些激波和膨胀波以及楔表面将整个流动区域划分成了 $n+1$ 个均匀流动的区域，即波前未扰动区域以及波与波、波与楔面之间所形成的 n 个区域，因此要确定这 n 个区域的解，即要求出各个区域中的 $\mathbf{Z}$ 值，这样便有 $6\times n=6n$ 个未知的物理量，也就是说要有 $6n$ 个关系式以及边界条件才能确定。在激波面上，有 6 个激波关系式。由于关系式中包括未知的激波角 θ，因此只有 5 个独立无关的关系式用来确定未知物理量；在每一个膨胀波上也存在 5 个独立无关的关系式用来确定未知物理量。另外，在楔的表面上，有 2 个速度边界条件(即 $V_n=0$)；在不存在电流层的假定下，电磁学方面有法向磁场分量 B_n 和切向磁场分量 B_τ 的连续性条件共 4 个。此外，由于上、下楔面间的磁场 $\boldsymbol{B}$ 又由楔内电磁方程的解联系着，因此独立无关的磁场条件为 2 个。综上所述，如果绕楔流动的解存在且唯一，那么由这些独立无关的关系式和边界条件将组成定解问题去确定 $6n$ 个未知物理量，于是有

$$5n+4=6n \tag{9.11.22a}$$

解得

$$n=4 \tag{9.11.22b}$$

由于激波和膨胀波不能位于楔表面的同一侧，而且在同一侧流动中只能出现两个波，即快激波和慢激波，或者是快 Prandtl-Mayer 流动或慢 Prandtl-Mayer 流动。

综上所述，图 9.17 给出了具有附体激波绕楔流动的两种可能流态，图中标有①、②、③和④的区域是均匀流，在这些区域中的物理量可以借助于激波关系式、Prandtl-Mayer 流动的解以及边界条件来确定，这里因篇幅所限，省略了上述各区域计算的具体细节。

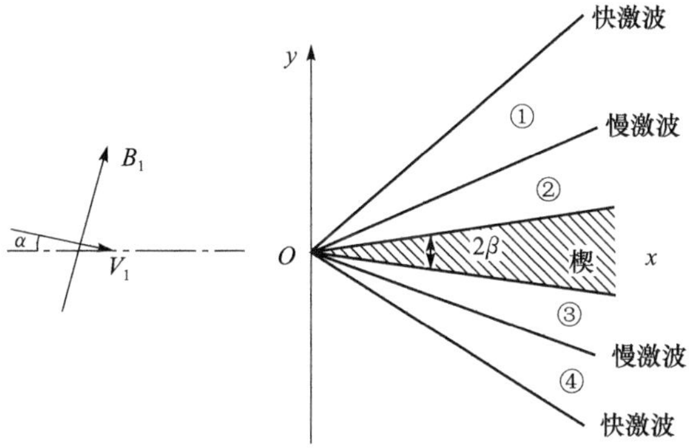

（a）$\alpha<\beta$

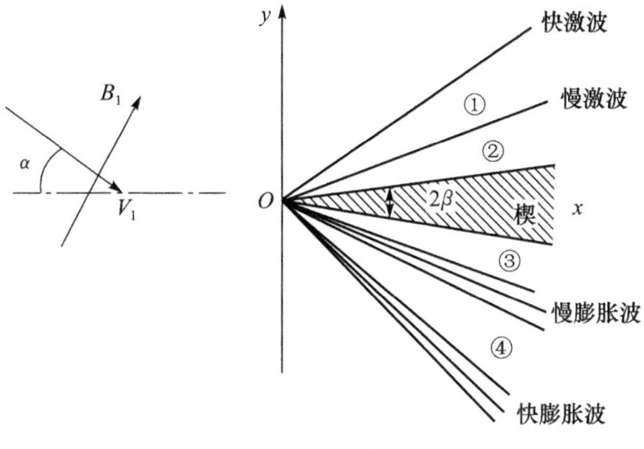

（b）$\alpha>\beta$

图 9.17　有附体激波的超声速定常磁流体绕楔流动

9.11.5　附体激波临界角的确定

气体动力学绕楔流动时，当半楔角 β 大于某一角度 β_c 时[9,11,12]，附体激波将脱离楔的顶点而成为脱体激波[439,453]，而当半楔角 β 小于这个角度 β_c 时，绕楔流动产生附体激波，因此 β_c 便称为附体激波的临界角。

对于磁流体力学，临界角 β_c 应该是来流速度 $\boldsymbol{V}_1$、磁场强度 $\boldsymbol{B}$ 以及矢量 $\boldsymbol{V}_1$ 与 $\boldsymbol{B}$ 之间夹角 θ 的函数，借助于磁流体力学中的激波极线图可以用几何作切线的办法确定 β_c 的大小，详细确定过程此处省略，感兴趣的读者可参阅文献[474]、[475]。

9.12 可压缩、有电导率、理想完全气体的小扰动流动

9.12.1 可压缩、有电导率、磁流体的小扰动线化方程

本节讨论在磁感应强度 $\boldsymbol{B}$ 作用下、具有电导率 σ 的理想完全气体的小扰动流动，其控制方程由运动方程、连续方程、能量方程、磁扩散方程以及状态方程所组成，即

$$\frac{\partial \boldsymbol{V}}{\partial t}+(\boldsymbol{V}\cdot\nabla)\boldsymbol{V}+\frac{1}{\rho}\nabla p=\frac{1}{\mu\rho}(\nabla\times\boldsymbol{B})\times\boldsymbol{B}=\frac{1}{\rho}\boldsymbol{j}_{\mathrm{f}}\times\boldsymbol{B} \tag{9.12.1a}$$

$$\frac{\partial \rho}{\partial t}+\nabla\cdot(\rho\boldsymbol{V})=0 \tag{9.12.1b}$$

$$C_v\left[\frac{\partial T}{\partial t}+(\boldsymbol{V}\cdot\nabla)T\right]+\frac{p}{\rho}\nabla\cdot\boldsymbol{V}=\frac{1}{\sigma\rho}\boldsymbol{j}_{\mathrm{f}}\cdot\boldsymbol{j}_{\mathrm{f}} \tag{9.12.1c}$$

$$\frac{\partial \boldsymbol{B}}{\partial t}=\eta^{*}\nabla^2\boldsymbol{B}+\nabla\times(\boldsymbol{V}\times\boldsymbol{B}) \tag{9.12.1d}$$

$$p=\rho RT \tag{9.12.1e}$$

式中，η^{*} 的含义同式(9.5.2d)；σ 代表电导率，μ 代表磁导率。

假设未受扰动的流场是均匀的、无外加电场，并且用 $\boldsymbol{V}_0$ 与 $\boldsymbol{B}_0$ 代表未扰动的速度场与磁场，用 p_∞ 与 ρ_∞ 代表未受扰动的压强与密度。选取坐标系的横轴沿着 $\boldsymbol{V}_0$ 方向，令 $\boldsymbol{V}$ 与 $\boldsymbol{B}$ 分别代表扰动后的速度与磁场感应强度，于是有

$$\boldsymbol{V}=\boldsymbol{V}_0+\boldsymbol{V}' \tag{9.12.2a}$$

$$\boldsymbol{B}=\boldsymbol{B}_0+\boldsymbol{B}' \tag{9.12.2b}$$

将式(9.12.2)代入式(9.12.1)后保留扰动量的一阶量、略去高阶小量，可得

$$\frac{\partial \boldsymbol{V}'}{\partial t}+V_0\frac{\partial \boldsymbol{V}'}{\partial x}+\frac{1}{\rho_\infty}\nabla p=\frac{1}{\rho_\infty}(\boldsymbol{j}_{\mathrm{f}}^{*}\times\boldsymbol{B}_0) \tag{9.12.3a}$$

$$\frac{\partial \rho}{\partial t}+V_0\frac{\partial \rho}{\partial x}+\rho_\infty\nabla\cdot\boldsymbol{V}'=0 \tag{9.12.3b}$$

$$C_V\left(\frac{\partial T}{\partial t}+V_0\frac{\partial T}{\partial x}\right)+\frac{p_\infty}{\rho_\infty}\nabla\cdot\boldsymbol{V}'=0 \tag{9.12.3c}$$

$$\frac{\partial \boldsymbol{B}'}{\partial t}+V_0\frac{\partial \boldsymbol{B}}{\partial x}=\boldsymbol{B}_0\cdot\nabla\boldsymbol{V}'-\boldsymbol{B}_0\nabla\cdot\boldsymbol{V}'+\eta^{*}\nabla^2\boldsymbol{B}' \tag{9.12.3d}$$

在式(9.12.3a)中，$\boldsymbol{j}_{\mathrm{f}}^{*}$ 为扰动引起的电流密度矢量，其表达式为

$$\boldsymbol{j}_{\mathrm{f}}^{*}\equiv\frac{1}{\mu}\nabla\times\boldsymbol{B}' \tag{9.12.4}$$

9.12.2 小扰动电流密度矢量方程

以下推导小扰动电流密度矢量 $\boldsymbol{j}_{\mathrm{f}}^{*}$ 所满足的方程，为此首先对式(9.12.3a)取

散度，并注意应用如下形式的矢量恒等式：

$$\nabla\cdot(\boldsymbol{a}\times\boldsymbol{b})=\boldsymbol{b}\cdot(\nabla\times\boldsymbol{a})-\boldsymbol{a}\cdot(\nabla\times\boldsymbol{b}) \tag{9.12.5}$$

可以得到

$$\frac{\partial}{\partial t}(\nabla\cdot\boldsymbol{V}')+V_0\frac{\partial}{\partial x}(\nabla\cdot\boldsymbol{V}')+\frac{1}{\rho_\infty}\nabla^2 p=\frac{1}{\rho_\infty}\boldsymbol{B}_0\cdot(\nabla\times\boldsymbol{j}_{\mathrm{f}}^*) \tag{9.12.6}$$

将式(9.12.3b)改写为

$$\nabla\cdot\boldsymbol{V}'=-\frac{1}{\rho_\infty}\left(\frac{\partial\rho}{\partial t}+V_0\frac{\partial\rho}{\partial x}\right) \tag{9.12.7}$$

并代入式(9.12.6)，整理后可得

$$\nabla^2 p-\frac{\mathrm{D}^2\rho}{\mathrm{D}t^2}=\boldsymbol{B}_0\cdot(\nabla\times\boldsymbol{j}_{\mathrm{f}}^*) \tag{9.12.8a}$$

式中，符号$\frac{\mathrm{D}}{\mathrm{D}t}$的含义为

$$\frac{\mathrm{D}}{\mathrm{D}t}\equiv\frac{\partial}{\partial t}+V_0\frac{\partial}{\partial x} \tag{9.12.8b}$$

由于，

$$\frac{\mathrm{D}\rho}{\mathrm{D}t}=\frac{\partial\rho}{\partial p}\frac{\mathrm{D}p}{\mathrm{D}t} \tag{9.12.9a}$$

并且记

$$Q_\infty^2\equiv\frac{\partial p}{\partial\rho} \tag{9.12.9b}$$

于是式(9.12.8a)可改写为

$$\nabla^2 p-\frac{1}{Q_\infty^2}\frac{\mathrm{D}^2 p}{\mathrm{D}t^2}=\boldsymbol{B}_0\cdot(\nabla\times\boldsymbol{j}_{\mathrm{f}}^*) \tag{9.12.10}$$

对式(9.12.3a)取旋度，并应用如下两个矢量恒等式：

$$\nabla\times(\boldsymbol{a}\times\boldsymbol{b})=(\boldsymbol{b}\cdot\nabla)\boldsymbol{a}-(\boldsymbol{a}\cdot\nabla)\boldsymbol{b}+\boldsymbol{a}(\nabla\cdot\boldsymbol{b})-\boldsymbol{b}(\nabla\cdot\boldsymbol{a}) \tag{9.12.11a}$$

$$\nabla\times(\nabla\varphi)=0 \tag{9.12.11b}$$

由于磁场 $\boldsymbol{B}$ 和 $\boldsymbol{j}_{\mathrm{f}}$ 都是无源场，可以得到

$$\frac{\mathrm{D}\boldsymbol{\Omega}}{\mathrm{D}t}=\frac{1}{\rho_\infty}(\boldsymbol{B}_0\cdot\nabla\boldsymbol{j}_{\mathrm{f}}^*) \tag{9.12.12a}$$

式中，$\boldsymbol{\Omega}$ 的定义为

$$\boldsymbol{\Omega}\equiv\nabla\times\boldsymbol{V}' \tag{9.12.12b}$$

另外，有

$$\nabla\cdot\boldsymbol{V}'=-\frac{1}{\rho_\infty Q_\infty^2}\frac{\mathrm{D}p}{\mathrm{D}t} \tag{9.12.13a}$$

将式(9.12.13a)代入式(9.12.3d)，取旋度并使用式(9.12.4)，可得

$$\frac{\mathrm{D}\boldsymbol{j}_{\mathrm{f}}^{*}}{\mathrm{D}t}=\boldsymbol{B}_{0}\cdot\nabla\boldsymbol{\Omega}-\frac{\boldsymbol{B}_{0}}{\rho Q_{\infty}^{2}}\times\nabla\left(\frac{\mathrm{D}p}{\mathrm{D}t}\right)+\eta^{*}\ \nabla^{2}\boldsymbol{j}_{\mathrm{f}}^{*}\tag{9.12.13b}$$

将式(9.12.13b)的两边取导数$\frac{\mathrm{D}}{\mathrm{D}t}$,并消去旋度 $\boldsymbol{\Omega}$,可得

$$\frac{\mathrm{D}^{2}}{\mathrm{D}t^{2}}\boldsymbol{j}_{\mathrm{f}}^{*}=\boldsymbol{B}_{0}\cdot\nabla\left[\frac{1}{\rho_{\infty}}(\boldsymbol{B}_{0}\cdot\nabla\boldsymbol{j}_{\mathrm{f}}^{*})\right]-\frac{\boldsymbol{B}_{0}}{\rho_{\infty}Q_{\infty}^{2}}\times\nabla\left(\frac{\mathrm{D}^{2}p}{\mathrm{D}t^{2}}\right)+\eta^{*}\ \nabla^{2}\left(\frac{\mathrm{D}}{\mathrm{D}t}\boldsymbol{j}_{\mathrm{f}}^{*}\right)\tag{9.12.13c}$$

式(9.12.13c)中还含有未知量 p 的导数,为此将式(9.12.10)改写为

$$\left(\nabla^{2}-\frac{1}{Q_{\infty}^{2}}\frac{\mathrm{D}^{2}}{\mathrm{D}t^{2}}\right)p=\boldsymbol{B}_{0}\cdot(\nabla\times\boldsymbol{j}_{\mathrm{f}}^{*})\tag{9.12.14}$$

对式(9.12.3c)两边用算子$\left(\nabla^{2}-\frac{1}{Q_{\infty}^{2}}\frac{\mathrm{D}^{2}}{\mathrm{D}t^{2}}\right)$进行运算,并注意使用式(9.12.14)消去压强 p 便可得到 $\boldsymbol{j}_{\mathrm{f}}^{*}$ 满足的方程,即

$$\left(\nabla^{2}-\frac{1}{Q_{\infty}^{2}}\frac{\mathrm{D}^{2}}{\mathrm{D}t^{2}}\right)\left[\eta^{*}\ \nabla^{2}\left(\frac{\mathrm{D}}{\mathrm{D}t}\boldsymbol{j}_{\mathrm{f}}^{*}\right)+\frac{1}{\rho_{\infty}}(\boldsymbol{B}_{0}\cdot\nabla)^{2}\boldsymbol{j}_{\mathrm{f}}^{*}-\frac{\mathrm{D}^{2}}{\mathrm{D}t^{2}}\boldsymbol{j}_{\mathrm{f}}^{*}\right]$$
$$=\frac{1}{\rho_{\infty}Q_{\infty}^{2}}\frac{\mathrm{D}^{2}}{\mathrm{D}t^{2}}[\boldsymbol{B}_{0}\times\nabla(\boldsymbol{B}_{0}\cdot\nabla\times\boldsymbol{j}_{\mathrm{f}}^{*})]\tag{9.12.15}$$

式(9.12.15)是一个关于 $\boldsymbol{j}_{\mathrm{f}}^{*}$ 的齐次线性偏微分方程。通常,采用解析方法去求解式(9.12.15)并不是一件容易的事,只有在某些特殊情况下才有可能,对此这里不再进行深入探讨。

9.13 不可压缩与可压缩磁流体定常流动边界层问题的方程组

9.13.1 三种边界层的物理机制分析

在流体力学中,Prandtl 的边界层理论[546~551]是近代流体力学发展的重要基石之一。在流体力学中,Reynolds 数是惯性力与黏性力之比。当流体以大 Reynolds 数 $Re\gg1$ 绕物体流动时,可近似地认为流体介质的黏性仅仅局限在贴近物面厚度为 $\delta_x\sim Re_x^{1/2}$ 的薄层内起着可与流体惯性相比拟的作用。换句话说,仅在这一薄层内流体的黏性力与惯性力属于同一个量级,而在这个薄层之外流体的黏性作用与惯性作用相比可忽略不计。按照边界层理论,在边界层内涡量不为零,涡量在物体表面产生并通过边界层向外部扩散,同时涡量也被边界层内的流体携带到下游[12,81,552,553]。当考察可压缩流动时,除了由黏性效应引起的黏性边界层之外,还存在着由热传导引起的温度边界层[8,156,554,555]。从边界层形成的物理机制上看,黏性边界层和温度边界层的扩散机制是有所不同的。

在磁流体力学中，描述磁扩散效应的方程是磁扩散方程，磁 Reynolds 数 Re_{m} 表征了磁扩散方程中磁对流项和磁扩散项的比值，其表达式为

$$Re_{\mathrm{m}}=\frac{V_0 L}{\eta^*}=V_0 L\sigma\mu \sim \left|\frac{\nabla\times(\boldsymbol{V}\times\boldsymbol{B})}{\eta^*\nabla^2\boldsymbol{B}}\right| \tag{9.13.1}$$

如果 $Re_{\mathrm{m}}\approx 1$ 或者 $Re_{\mathrm{m}}\ll 1$，由于这时磁扩散项与磁对流项相比是不可忽略的，因此必须在全场上考虑磁扩散效应，换句话说，这时不可能出现磁边界层的现象；如果 $Re_{\mathrm{m}}\gg 1$，这时磁对流项远大于磁扩散项，也就是说磁扩散效应仅在紧贴壁面的一个薄层内可与对流项相对抗，这时将出现磁边界层。

综上所述，磁边界层是电磁学现象的表现，而黏性边界层和温度边界层则是流体力学动力学现象的表现。正是由于磁边界层与黏性边界层、温度边界层的物理机制不同，因此磁边界层与黏性边界层、温度边界层之间不存在相互依存的关系。

9.13.2　不可压缩磁流体 Rayleigh 问题的分析解

磁流体的 Rayleigh 问题为：在一无限大平板的上方充填着黏性系数为 μ_{f} 的导电流体，在垂直于平板的方位上作用着外加的均匀磁场 $\boldsymbol{B}$，如图 9.18 所示。

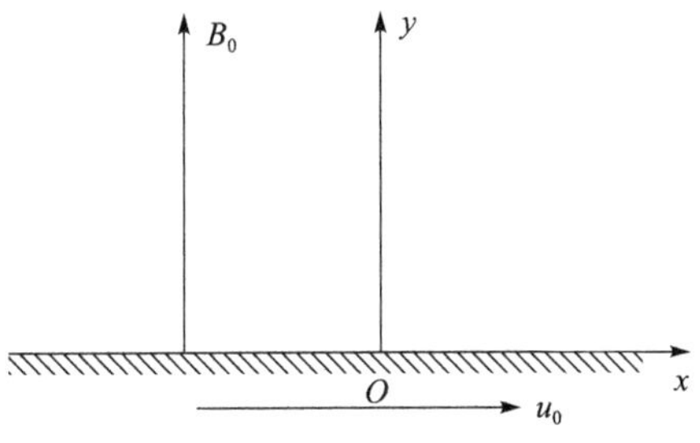

图 9.18　磁流体力学的 Rayleigh 问题

由于在初始时刻 $t=0$ 时，平板突然沿着自身平面以速度 $\boldsymbol{u}_0$ 做匀速运动，引起了黏性流体的引射运动，下面分析所引起的流体运动规律。

取直角坐标系 Oxy，取 Ox 轴沿着平板运动的方向，取原点 O 位于平板的上侧面，Oy 轴垂直于平板并与 Ox 轴构成右手系。假设平板为非导体材料制作，且流体介质为不可压缩流，介质密度为 ρ，外加磁场 $\boldsymbol{B}_0$ 沿着 Oy 轴的正方向。假设平板沿 Ox 轴运动引起的流体运动速度仅有 x 向有非零分量并记为 $\tilde{u}$；另外，诱导磁场也仅在 x 方向上有非零分量，记为 $\tilde{b}$；因此，磁流体 Rayleigh 问题的数学提法为

$$\rho\frac{\partial}{\partial t}\tilde{u}=\frac{B_0}{\mu}\frac{\partial}{\partial y}\tilde{b}+\mu_{\mathrm{f}}\frac{\partial^2}{\partial y^2}\tilde{u} \tag{9.13.2a}$$

$$\frac{\partial}{\partial t}\tilde{b}=B_0\frac{\partial}{\partial y}\tilde{u}+\frac{1}{\sigma\mu}\frac{\partial^2}{\partial y^2}\tilde{b} \tag{9.13.2b}$$

$$\tilde{u}(0,y)=0,\quad \tilde{b}(0,y)=0,\quad t=0 \tag{9.13.2c}$$

$$\tilde{u}(t,0)=u_0,\quad \tilde{b}(t,0)=0,\quad t>0,y=0 \tag{9.13.2d}$$

$$\tilde{u}\ \text{和}\ \tilde{b}\ \text{为有界量},\quad y\to\infty \tag{9.13.2e}$$

式中，B_0 和 u_0 为已知常量，并且有

$$B_0\equiv|\boldsymbol{B}_0|,\quad u_0\equiv|\boldsymbol{u}_0| \tag{9.13.3}$$

为了求解定解问题(9.13.2)，对 b 和 u 作 Laplace 变换并将变换后的量分别记作 b' 和 u'；此外，注意假定解的类型为

$$u'=A_1\exp(-my)+B_1\exp(-ny) \tag{9.13.4a}$$

$$b'=A_2\exp(-my)+B_2\exp(-ny) \tag{9.13.4b}$$

数学上可以证明，在上述条件下式(9.13.4)中的 m 和 n 是唯一确定的并且 A_1 和 B_1 也能相应定出。为了进一步研究磁场 $\boldsymbol{B}_0$ 的作用，考察 $Re_{\mathrm{m}}\ll1$ 的特殊情况，在这时有

$$Re_{\mathrm{m}}\ll1,\quad Re_{\mathrm{m}}\ll Re,\quad \frac{1}{\sigma\mu}\equiv\eta^*\gg\nu_{\mathrm{f}} \tag{9.13.5}$$

通过式(9.13.5)，可以得到 u' 和 b' 近似为

$$\frac{u'}{u_0}=\frac{1}{S}\exp\left[-\left(\frac{\sigma\rho B_0^2}{\nu_{\mathrm{f}}}+\frac{S}{\nu_{\mathrm{f}}}y\right)^{\frac{1}{2}}\right] \tag{9.13.6a}$$

$$b'=0 \tag{9.13.6b}$$

在式(9.13.6a)中，S 为 Laplace 变换后的参变量。当运动壁面上 $\tilde{b}=0$ 时，则全流场上有 $\tilde{b}=0$；Re_{m} 还可以理解为诱导磁场和外加磁场的比值，因此在 $Re_{\mathrm{m}}\to0$ 时，$\tilde{b}\to0$，也就是说诱导磁场与外加磁场相比可略去，即这时对运动的影响完全取决于外加磁场 $\boldsymbol{B}_0$；对式(9.13.6)中的 u' 进行 Laplace 逆变换，得到

$$\frac{\tilde{u}}{u_0}=\exp(-c_1y)\operatorname{erfc}\left(\frac{y}{2\sqrt{\nu_{\mathrm{f}}t}}-c_2t\right)+\exp(-c_1y)\operatorname{erfc}\left(\frac{y}{2\sqrt{\nu_{\mathrm{f}}t}}+c_2t\right) \tag{9.13.7a}$$

式中，c_1 与 c_2 定义为

$$c_1\equiv\sqrt{\frac{\sigma B_0^2}{\mu_{\mathrm{f}}}},\quad c_2\equiv\sqrt{\frac{\sigma B_0^2}{\rho}} \tag{9.13.7b}$$

如果 $B_0=0$，则式(9.13.7a)退化为

$$\frac{\tilde{u}}{u_0}=1-\operatorname{erf}\left(\frac{y}{2\sqrt{\nu_{\mathrm{f}}t}}\right) \tag{9.13.8}$$

这是流体力学中的典型 Rayleigh 问题的解[19,81]。在式(9.13.7a)和式(9.3.18)中，$\operatorname{erfc}(x)$ 和 $\operatorname{erf}(x)$ 分别代表变量 x 的补偿误差函数和 Gauss 误差函数。分析解

式(9.13.8)和式(9.13.7a)可以发现:在流体力学中,半无限平板边界层速度剖面仅依赖于一个组合参数,而在磁流体力学中还要依赖于磁场 $\boldsymbol{B}_0$ 的组合参数,换句话说这时出现了两个组合参数,因此在一般情形下磁流体力学中不再存在相似性的解;但是,当这两个组合参数能够相互表示时,磁流体力学黏性边界层问题也将存在相似性解。

9.13.3　定常、不可压缩磁流体黏性边界层方程组

假定流动是定常的、来流 Reynolds 数 $Re \gg 1$、外加磁场 $\boldsymbol{B}$ 与流体速度 $\boldsymbol{V}$ 共面,假定无外加电场并认为磁 Reynolds 数 $Re_{\mathrm{m}} \ll 1$,意味着这时诱导磁场远小于外加磁场,因此可以认为作用在流体介质上的磁场就是外加磁场 $\boldsymbol{B}$;选取 Oxy 坐标系,取 Ox 轴与来流速度平行且同向,Ox 轴与 Oy 轴构成正交右手系,u 与 v 分别为沿 Ox 轴与 Oy 轴的速度分量。在上述坐标系下,磁场 $\boldsymbol{B}$ 可表示为 $\boldsymbol{B}=[B_x \quad B_y]$;在无外加电场的假定下,电流密度矢量 $\boldsymbol{j}_{\mathrm{f}}=\sigma(\boldsymbol{V}\times\boldsymbol{B})$,于是作用在导电流体介质上的磁力 $\boldsymbol{F}_{\mathrm{e}}$ 为

$$\boldsymbol{F}_{\mathrm{e}}=\boldsymbol{j}_{\mathrm{f}}\times\boldsymbol{B}=\sigma(\boldsymbol{V}\times\boldsymbol{B})\times\boldsymbol{B}=\sigma(-uB_y^2+vB_xB_y)\boldsymbol{i}+\sigma(uB_xB_y-vB_x^2)\boldsymbol{j} \tag{9.13.9}$$

式中,$\boldsymbol{i}$ 和 $\boldsymbol{j}$ 分别为沿 Ox 轴和 Oy 轴的单位矢量。另外,当磁场 $\boldsymbol{B}$ 是无源场时,可以证明在边界层中 B_x 与 B_y 是同阶量;在边界层中有

$$v \ll u \tag{9.13.10a}$$

于是式(9.13.9)可近似为

$$\boldsymbol{F}_{\mathrm{e}}=-\sigma uB_y^2\boldsymbol{i}+\sigma uB_xB_y\boldsymbol{j} \tag{9.13.10b}$$

因此定常流动、不可压缩磁流体黏性边界层控制方程组为

$$\frac{\partial u}{\partial x}+\frac{\partial v}{\partial y}=0 \tag{9.13.11a}$$

$$u\frac{\partial u}{\partial x}+v\frac{\partial u}{\partial y}+\frac{1}{\rho}\frac{\partial p}{\partial x}=-\frac{1}{\rho}\sigma uB_y^2+\nu_{\mathrm{f}}\frac{\partial^2 u}{\partial y^2} \tag{9.13.11b}$$

$$\frac{\partial p}{\partial y}=\sigma uB_xB_y \tag{9.13.11c}$$

另外,还可以证明,穿过边界层时压强沿 y 方向保持常数,即有

$$p=p(x) \tag{9.13.12}$$

而且在磁流体力学中,Bernoulli 积分,即

$$\frac{V^2}{2}+\frac{p}{\rho}-\chi=C(\psi) \tag{9.13.13a}$$

仍然成立。符号 χ 代表标量函数,它满足

$$\frac{1}{\rho}\boldsymbol{j}_{\mathrm{f}}\times\boldsymbol{B}=\nabla\chi \tag{9.13.13b}$$

此外,在式(9.13.13a)中,积分常数 $C(\psi)$是关于 ψ 的函数,即由于积分沿流线进行,因此对于同一流线,C 取固定值;对于不同流线,C 取不同值。借助于式(9.13.13b),可用边界层外缘即 $y=\delta(x)$上的速度 U_0 去表达边界层内压强梯度 $\frac{\partial p}{\partial x}$的变化,于是有

$$\frac{\partial p}{\partial x}=-\rho U_0\frac{\mathrm{d}U_0}{\mathrm{d}x}-\sigma B_y^2 U_0 \tag{9.13.13c}$$

将式(9.13.13c)代入边界层方程(9.13.11b),可得

$$\rho\left(u\frac{\partial u}{\partial x}+v\frac{\partial u}{\partial y}\right)=\sigma B_y^2(U_0-u)+U_0\frac{\mathrm{d}U_0}{\mathrm{d}x}+\mu_{\mathrm{f}}\frac{\partial u}{\partial y^2} \tag{9.13.14}$$

于是式(9.13.14)以及式(9.13.11a)与式(9.3.11c)便构成了描述定常流动、不可压缩磁流体黏性边界层问题的控制方程组,它的定解条件为

$$u=0,\quad v=0,\quad y=0 \tag{9.13.15a}$$

$$u=U_0(x),\quad y=\delta(x)\ 或\ y\rightarrow\infty \tag{9.13.15b}$$

仿照流体力学中的通常做法[556~559],引入流函数 $\psi=\psi(x,y)$,在该问题存在相似解的条件下,可以将动量方程(9.12.14)改写为

$$b_1(f')^2+b_2ff''+b_3\left(1-\frac{1}{2}f'\right)=b_4+\frac{U_0}{x}f''' \tag{9.13.16a}$$

式中,“$'$”表示对参数 η 求导数;系数 b_1、b_2、b_3 和 b_4 分别定义为

$$b_1=2\frac{\mathrm{d}U_0}{\mathrm{d}x},\quad b_2=\frac{U_0}{x}+\frac{\mathrm{d}U_0}{\mathrm{d}x} \tag{9.13.16b}$$

$$b_3=-\frac{8}{\rho}\sigma B_y^2,\quad b_4=8\frac{\mathrm{d}U_0}{\mathrm{d}x} \tag{9.13.16c}$$

分析式(9.13.16a)可以发现,要使式(9.13.16a)中所有系数不出现变量 x 从而得到以参数 η 为变量,以 $f(\eta)$为函数的相似性解的必要充分条件是有如下两个关系式:

$$\frac{\mathrm{d}U_0}{\mathrm{d}x}\propto\frac{U_0}{x},\quad B_y\propto\sqrt{\frac{U_0}{x}} \tag{9.13.17a}$$

同时成立。例如,有如下关系:

$$U_0=C_1x^m,\quad B_y=C_2x^{\frac{1}{2}(m-1)} \tag{9.13.17b}$$

成立。这里式(9.13.17b)中,C_1 和 C_2 为任意的常数。通过式(9.13.17b),则式(9.13.16a)变为

$$f'''-2(m+1)ff''-2m(f')^2+b_5\left(1-\frac{1}{2}f'\right)-8m=0 \tag{9.13.18a}$$

式中,b_5 定义为

$$b_5=\frac{8}{\rho C_1}\sigma C_2^2 \tag{9.13.18b}$$

在式(9.13.16a)和式(9.13.18a)中,$f(\eta)$(式中简写为 f)和变量 η 满足

$$\eta=\eta(x,y)=\frac{1}{2}y\left(\frac{U_0}{x\nu_{\mathrm{f}}}\right)^{\frac{1}{2}} \tag{9.13.19a}$$

$$\psi=\psi(x,y)=f(\eta)(x\nu_{\mathrm{f}}U_0)^{\frac{1}{2}} \tag{9.13.19b}$$

在式(9.13.19b)中，$\psi=\psi(x,y)$代表流函数，它满足如下微分关系：

$$u=\frac{\partial\psi}{\partial y},\quad v=-\frac{\partial\psi}{\partial x} \tag{9.13.19c}$$

利用式(9.13.19c)，动量方程(9.13.14)可以写为

$$\psi_y\psi_{yx}-\psi_x\psi_{yy}-\frac{b_3}{8}(\psi_y-U_0)=U_0\frac{\mathrm{d}U_0}{\mathrm{d}x}+\nu_{\mathrm{f}}\psi_{yyy} \tag{9.13.20}$$

式中，ψ的下角标“x”和“y”分别表示ψ对x和y求一次导数；ψ的下角标“yx”表示ψ对x和对y求混合导数；ψ的下角标“yy”表示ψ对y求二次导数；ψ的下角标“yyy”表示ψ对y求三次导数。

9.13.4　定常、可压缩磁流体黏性边界层方程组

定常、可压缩磁流体黏性边界层的连续方程和动量方程的表达式分别为

$$\frac{\partial}{\partial x}(\rho u)+\frac{\partial}{\partial y}(\rho v)=0 \tag{9.13.21a}$$

$$u\frac{\partial u}{\partial x}+v\frac{\partial u}{\partial y}+\frac{1}{\rho}\frac{\partial p}{\partial x}=\frac{\sigma}{\rho}uB_y^2+\nu_{\mathrm{f}}\frac{\partial^2 u}{\partial y^2} \tag{9.13.21b}$$

通常，流体力学的能量方程为[5,10,12,81]

$$\frac{\partial\varepsilon}{\partial t}+\nabla\cdot[(\varepsilon+p)\mathbf{V}-\boldsymbol{\Pi}\cdot\mathbf{V}-\lambda_T\nabla T]=0 \tag{9.13.22a}$$

对于流体力学的边界层问题，定常流动的能量方程变为[549,550,556~559]

$$\rho\left(u\frac{\partial h}{\partial x}+v\frac{\partial h}{\partial y}\right)=u\frac{\mathrm{d}p}{\mathrm{d}x}+\frac{\partial}{\partial y}\left(\frac{\lambda_T}{C_P}\frac{\partial h}{\partial y}\right)+\mu_{\mathrm{f}}\left(\frac{\partial u}{\partial y}\right)^2 \tag{9.13.23a}$$

式中，$\boldsymbol{\Pi}$代表流体的黏性应力张量；ε代表单位体积流体的广义能量，即

$$\varepsilon\equiv\rho C_vT+\frac{1}{2}\rho\mathbf{V}\cdot\mathbf{V} \tag{9.13.22b}$$

h代表流体的静焓，即

$$h=C_vT+\frac{p}{\rho}=C_pT \tag{9.13.23b}$$

与流体力学边界层问题的能量方程(9.13.23a)相比，磁流体力学边界层问题的能量方程中会出现 Ohm 损耗项，其表达式为

$$\frac{1}{\sigma}\boldsymbol{j}_{\mathrm{f}}\cdot\boldsymbol{j}_{\mathrm{f}}=\sigma(\mathbf{V}\times\boldsymbol{B})\cdot(\mathbf{V}\times\boldsymbol{B})=\sigma(u^2B_y^2+v^2B_y^2-2uvB_xB_y)\approx\sigma u^2B_y^2 \tag{9.13.24}$$

借助于式(9.13.24)，则磁流体力学边界层问题定常流体的能量方程为

$$\rho\left(u\frac{\partial h}{\partial x}+v\frac{\partial h}{\partial y}\right)=u\frac{\mathrm{d}p}{\mathrm{d}x}+\frac{\partial}{\partial y}\left(\frac{\lambda_T}{C_p}\frac{\partial h}{\partial y}\right)+\sigma u^2B_y^2+\mu_{\mathrm{f}}\left(\frac{\partial u}{\partial y}\right)^2 \tag{9.13.21c}$$

至此，式(9.13.21a)、式(9.13.21b)和式(9.13.21c)便构成了磁流体力学边界层问题定常、可压缩流动的基本方程组。

9.13.5　$Re_{\mathrm{m}}\gg1$ 时定常流动、磁边界层的控制方程组

磁 Reynolds 数 $Re_{\mathrm{m}}\gg1$ 的定义式为

$$Re_{\mathrm{m}}=\frac{U_0L}{\eta^*}=O\left|\frac{\nabla\times(\boldsymbol{V}\times\boldsymbol{B})}{\eta^*\ \nabla^2\boldsymbol{B}}\right| \tag{9.13.25}$$

由式(9.13.25)可知，当 $Re_{\mathrm{m}}\gg1$ 时流场的绝大部分区域上对流项远大于磁扩散项，流动可以看成完全导体流动。但是贴近物面附近的区域上，由于磁场梯度很大，这时磁扩散项可与对流项相比较，也就是说这时必须考虑磁扩散项的作用。所谓磁边界层就是必须考虑磁扩散项作用的那一个薄层。令黏性边界层和磁边界层的厚度分别为 $\delta(x)$ 和 $\delta_{\mathrm{m}}(x)$，可以证明有如下关系[474,475]：

$$\frac{\delta(x)}{L}\sim O(Re_{\mathrm{L}}^{-\frac{1}{2}}) \tag{9.13.26a}$$

$$\frac{\delta_{\mathrm{m}}(x)}{L}\sim O(Re_{\mathrm{m,L}}^{-\frac{1}{2}}) \tag{9.13.26b}$$

引进磁 Prandtl 数 Pr_{m}，其定义式为

$$Pr_{\mathrm{m}}=\frac{Re_{\mathrm{m}}}{Re}=\frac{\nu_{\mathrm{f}}}{\eta^*}=\sigma\mu\nu_{\mathrm{f}} \tag{9.13.27}$$

根据磁 Prandtl 数的大小，黏性边界层和磁边界层厚度分布会出现图 9.19 所示的三种情况，以下对此略作叙述。

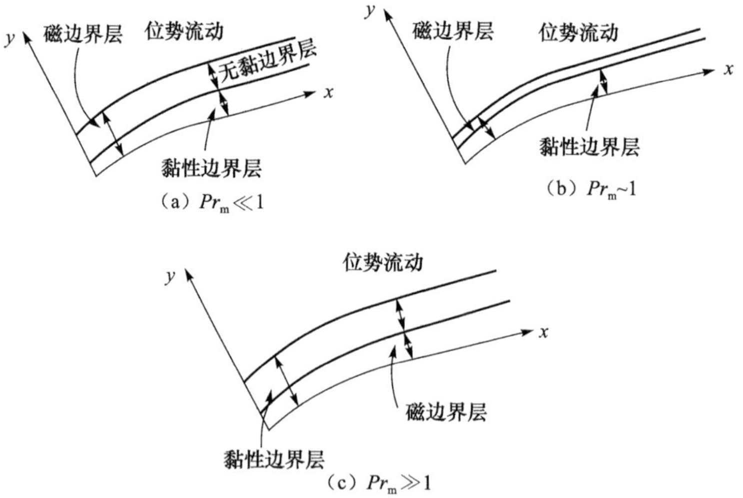

图 9.19　不同 Pr_{m} 下磁边界层和黏性边界层厚度分布的示意图

(1) 当 $Pr_{\mathrm{m}} \ll 1$ 时。

在这种情况下，虽然有 $Re_{\mathrm{m}} \gg 1$ 并且 $Re \gg 1$，但有 $Re_{\mathrm{m}} \ll Re$，特别是处于地球的导电介质时，其磁扩散系数 η^* 总是比介质的运动黏性系数 ν_{f} 大得多，于是有

$$\eta^* \gg \nu_{\mathrm{f}} \tag{9.13.28}$$

这就是说 $Pr_{\mathrm{m}} \ll 1$ 是成立的。在这种情况下，磁边界层厚度 $\delta_{\mathrm{m}}(x)$ 大于黏性边界层厚度 $\delta(x)$，换句话说在磁边界层内存在黏性边界层底层，在黏性底层之外的磁边界层是理想磁流体的无黏流动，磁边界层与黏性边界层厚度分布的关系如图 9.19(a)所示。

(2) 当 $Pr_{\mathrm{m}} = O(1)$ 时。

在这种情况下，虽然有 $Re_{\mathrm{m}} \gg 1$，$Re \gg 1$，但这时有 $Re_{\mathrm{m}} \sim Re$，因此磁边界层内不再有黏性边界底层，换句话说，这时黏性边界层与磁边界层基本上是相互重叠的，如图 9.19(b)所示。

(3) 当 $Pr_{\mathrm{m}} \gg 1$ 时。

在这种情况下，黏性边界层内存在着磁边界层底层，这种边界层厚度分布恰与 $Pr_{\mathrm{m}} \ll 1$ 时相反，它们之间的关系如图 9.19(c)所示。

综上所述，求解磁流体力学边界层问题时需要根据磁 Prandtl 数的大小采用不同的求解方式，因篇幅所限这里不准备给出不同 Pr_{m} 下磁流体力学边界层问题的具体解法，以下仅针对 $Pr_{\mathrm{m}} \ll 1$ 的情况给出磁边界层内流动的基本方程组，其中包括不可压缩与可压缩两种流动。

对于定常、无黏、不可压缩磁流体的平面流动问题，假定磁场 $\boldsymbol{B}$ 和速度场 $\boldsymbol{V}$ 共面且无外加电场，流动平面取为 xy 平面，于是在直角坐标系 Oxy 中连续方程、动量方程、无外加电场时的 Ampere-Ohm 定律和磁场的 Gauss 定律构成基本方程组，即

$$\nabla \cdot \boldsymbol{V} = 0 \tag{9.13.29a}$$

$$\rho \boldsymbol{V} \cdot \nabla \boldsymbol{V} = -\nabla \tilde{p} + \frac{1}{\mu}(\boldsymbol{B} \cdot \nabla)\boldsymbol{B} \tag{9.13.29b}$$

$$\nabla \times \boldsymbol{B} = \frac{1}{\eta^*}(\boldsymbol{V} \times \boldsymbol{B}) \tag{9.13.29c}$$

$$\nabla \cdot \boldsymbol{B} = 0 \tag{9.13.29d}$$

在式(9.13.29b)中，$\tilde{p}$ 定义为

$$\tilde{p} \equiv p + \frac{1}{2\mu}\boldsymbol{B} \cdot \boldsymbol{B} \tag{9.13.30}$$

对于定常、无黏、不可压缩磁流体的平面边界层流动问题，在磁场 $\boldsymbol{B}$ 和速度场 $\boldsymbol{V}$ 共面且无外加电场时，其磁边界层的基本方程组(由连续方程、动量方程、Ampere-Ohm 定律和磁场的 Gauss 定律组成)为

$$\frac{\partial u}{\partial x}+\frac{\partial v}{\partial y}=0 \tag{9.13.31a}$$

$$\rho u\frac{\partial u}{\partial x}+\rho v\frac{\partial u}{\partial y}+\frac{\partial}{\partial x}\tilde{p}=-\frac{1}{\mu}\left(B_x\frac{\partial B_x}{\partial x}+B_y\frac{\partial B_x}{\partial y}\right) \tag{9.13.31b}$$

$$\frac{\partial}{\partial y}\tilde{p}=0 \tag{9.13.31c}$$

$$\frac{\partial B_x}{\partial y}=-\frac{1}{\eta^*}(uB_y-vB_x) \tag{9.13.31d}$$

$$\frac{\partial}{\partial x}B_x+\frac{\partial}{\partial y}B_y=0 \tag{9.13.31e}$$

对于可压缩性问题，因含有密度 ρ 为未知变量，因此要增加一个方程，如增加用熵表达的能量方程，即

$$\rho T\frac{\mathrm{d}S}{\mathrm{d}t}=\Phi+\nabla\cdot(\lambda_T\nabla T)+\mu_{\mathrm{f}}'(\nabla\cdot\boldsymbol{V})^2+\frac{1}{\sigma}\boldsymbol{j}_{\mathrm{f}}\cdot\boldsymbol{j}_{\mathrm{f}} \tag{9.13.32a}$$

式中，Φ 和 λ_T 分别为耗散函数和热传导系数；μ_{f}' 和 σ 分别为膨胀黏性系数和电导率。

对于无黏流且略去因温度梯度引起的热传导的情况下，式(9.13.32a)可简化为

$$\frac{\mathrm{d}S}{\mathrm{d}t}=\frac{1}{\rho T\sigma}\boldsymbol{j}_{\mathrm{f}}\cdot\boldsymbol{j}_{\mathrm{f}} \tag{9.13.32b}$$

对于定常、无黏流且略去因温度梯度引起的热传导的情况下，由定常时的 Ampere 定律可以推出磁流体力学用熵表达的能量方程，为

$$\boldsymbol{V}\cdot\nabla S=\frac{1}{\rho T\sigma}\boldsymbol{j}_{\mathrm{f}}\cdot\boldsymbol{j}_{\mathrm{f}}=\frac{1}{\rho T\sigma\mu^2}(\nabla\times\boldsymbol{B})^2 \tag{9.13.32c}$$

式(9.13.32c)是一个非常重要的关系式，但使用时要注意它的适用条件。

综上所述，定常、无黏、可压缩磁流体平面流动的边界层方程组(它由连续方程、动量方程、Ampere-Ohm 定律、磁场的 Gauss 定律以及用熵表达的能量方程组成)为

$$\frac{\partial}{\partial x}(\rho u)+\frac{\partial}{\partial y}(\rho v)=0 \tag{9.13.33a}$$

$$\rho u\frac{\partial u}{\partial x}+\rho v\frac{\partial u}{\partial y}+\frac{\mathrm{d}}{\mathrm{d}x}\tilde{p}=\frac{1}{\mu}\left(B_x\frac{\partial B_x}{\partial x}+B_y\frac{\partial B_x}{\partial y}\right) \tag{9.13.33b}$$

$$\frac{\partial B_x}{\partial y}=-\mu\sigma(uB_y-vB_x) \tag{9.13.33c}$$

$$\frac{\partial B_x}{\partial x}+\frac{\partial B_y}{\partial y}=0 \tag{9.13.33d}$$

$$u\frac{\partial S}{\partial x}+v\frac{\partial S}{\partial y}=\frac{1}{\rho T\sigma}\boldsymbol{j}_{\mathrm{f}}\cdot\boldsymbol{j}_{\mathrm{f}} \tag{9.13.33e}$$

9.14　高超声速磁流体绕平板的边界层流动及其 Crocco 变换

9.14.1　以 x、y 为自变量时高超声速磁流体绕平板的边界层方程组

在流体力学的可压缩黏性边界层流动中，对于等温壁边界条件，在 Prandtl 数 $Pr=3/4$ 时，存在着速度剖面和温度剖面的 Reynolds 相似。对于不可压缩磁流体的边界层问题，具有相似性解的条件是

$$U_\infty = C_1 x^m,\quad B_y = C_2 x^{\frac{1}{2}(m-1)} \tag{9.14.1}$$

同时满足。对于以速度 $U_\infty=\text{const}$ 均匀来流、无攻角绕平板的磁流体流动问题，可以证明：这时边界层存在相似解时，磁场 B_y 的分布为

$$B_y = \frac{\sqrt{L_0}}{\sqrt{x}} B_0 \tag{9.14.2}$$

式中，B_0 和 L_0 分别代表特征磁场和特征长度。当高超声速气流流过平板时，由于黏性的作用，边界层内气体介质温度很高足以使气体发生电离，在这种情况下 $Re\gg 1$，但由于电离度不是太高，导电率 σ 很小，因此 $Re_{\mathrm{m}}\ll 1$，这一特点很重要。

令 τ 代表摩擦应力，在边界层问题中常将 τ 定义为[5,458,550]

$$\tau \equiv \mu_{\mathrm{f}} \frac{\partial u}{\partial y} \tag{9.14.3}$$

在超高声速绕平板的边界层问题中，用摩擦应力 τ 和静焓 h 作为两个未知量，它们均是变量 x 和 y 的函数。另外，它们也是变量 x 和 u（即沿 x 方向的分速度）的函数，即

$$\tau(x,y) = \frac{1}{\sqrt{x}} G(u) \tag{9.14.4a}$$

$$h(x,y) = C_p T(x,y) = h(u) \tag{9.14.4b}$$

对于高超声速绕平板的黏性磁流体边界层流动问题，如果忽略了由于组分扩散引起的热能，并且在 $Re_{\mathrm{m}}\ll 1$ 的情况下不计诱导的磁场效应，借助于式(9.14.2)给出的外加磁场的分布和式(9.14.3)给出的 τ 的定义，于是高超声速绕平板边界层内二维定常流动的控制方程组为

$$\frac{\partial}{\partial x}(\rho u) + \frac{\partial}{\partial y}(\rho v) = 0 \tag{9.14.5a}$$

$$\rho u \frac{\partial u}{\partial x} + \rho v \frac{\partial u}{\partial y} = -\frac{\sigma L_0 B_0^2}{x} u - \frac{\mathrm{d}p}{\mathrm{d}x} + \frac{\partial \tau}{\partial y} \tag{9.14.5b}$$

$$\rho u \frac{\partial h}{\partial x} + \rho v \frac{\partial h}{\partial y} - u \frac{\partial p}{\partial x} = \frac{\partial}{\partial y}\left(\frac{\mu_{\mathrm{f}}}{Pr} \frac{\partial h}{\partial y}\right) + \frac{\sigma B_0^2 L_0}{x} u^2 + \frac{1}{\mu_{\mathrm{f}}} \tau^2 \tag{9.14.5c}$$

上述方程组是由连续方程、动量方程和能量方程组成的。这里要强调的是，在

高温等离子体问题中，电子扩散对热流量的贡献是必须要考虑的，这是由于这时电子热运动的速度远远比重粒子热运动来的大。由于在黏性边界层内具有大的温度梯度，这时也就有大的电子数密度梯度，因此在能量方程中就必须要反映出电子扩散对热流量的贡献。考虑了电子扩散对热流量的贡献之后，能量方程(9.14.5c)变为

$$\rho u \frac{\partial h}{\partial x}+\rho v \frac{\partial h}{\partial y}-u \frac{\partial p}{\partial x}=\frac{\partial}{\partial y}\left(\frac{\mu_{\mathrm{f}}}{Pr} \frac{\partial h}{\partial y}\right)+\frac{\partial}{\partial y}\left(\frac{5 k_{\mathrm{B}} h}{2 e C_{p}} j_{\mathrm{f}}\right)+\frac{1}{\sigma} \boldsymbol{j}_{\mathrm{f}} \cdot \boldsymbol{j}_{\mathrm{f}}+\mu_{\mathrm{f}}\left(\frac{\partial u}{\partial y}\right)^{2} \tag{9.14.6}$$

式中，$j_{\mathrm{f}}=|\boldsymbol{j}_{\mathrm{f}}|$；符号 k_{B} 和 e 分别代表 Boltzmann 常数和电子的电荷量；等号右侧第 2 项为电子扩散对热流量的贡献，第 3 项为 Ohm 损耗项。

9.14.2 Crocco 变换

Crocco 变换是由(x,y)平面变换到(x,u)平面时的变换。令

$$\begin{cases}x=x\\ y=y(x,u)\end{cases} \tag{9.14.7}$$

对于任意函数 f(它是 x、y 的函数，也是 x、u 的函数)，恒有如下微分关系：

$$\begin{aligned}\mathrm{d}f&=\left(\frac{\partial f}{\partial x}\right)_{u}\mathrm{d}x+\left(\frac{\partial f}{\partial u}\right)_{x}\mathrm{d}u=\left[\left(\frac{\partial f}{\partial x}\right)_{u}+\left(\frac{\partial u}{\partial x}\right)_{y}\left(\frac{\partial f}{\partial u}\right)_{x}\right]\mathrm{d}x+\left(\frac{\partial u}{\partial y}\right)_{x}\left(\frac{\partial f}{\partial u}\right)_{x}\mathrm{d}y\\&=\left(\frac{\partial f}{\partial x}\right)_{y}\mathrm{d}x+\left(\frac{\partial f}{\partial y}\right)_{x}\mathrm{d}y\end{aligned} \tag{9.14.8a}$$

由于函数 f 的任意性，于是有

$$\begin{cases}\left(\dfrac{\partial}{\partial x}\right)_{y}=\left(\dfrac{\partial}{\partial x}\right)_{u}+\left(\dfrac{\partial u}{\partial x}\right)_{y}\left(\dfrac{\partial}{\partial u}\right)_{x}\\ \left(\dfrac{\partial}{\partial y}\right)_{x}=\left(\dfrac{\partial u}{\partial y}\right)_{x}\left(\dfrac{\partial}{\partial u}\right)_{x}\end{cases} \tag{9.14.8b}$$

由式(9.14.8b)中的第一式可得

$$\left(\frac{\partial y}{\partial x}\right)_{y}=0=\left(\frac{\partial y}{\partial x}\right)_{u}+\left(\frac{\partial u}{\partial x}\right)_{y}\left(\frac{\partial y}{\partial u}\right)_{x} \tag{9.14.8c}$$

由式(9.14.8c)并引入函数行列式，可得

$$\left(\frac{\partial u}{\partial x}\right)_{y}=-\frac{\left(\dfrac{\partial y}{\partial x}\right)_{u}}{\left(\dfrac{\partial y}{\partial u}\right)_{x}}=-\frac{\partial(y,u)/\partial(x,u)}{\partial(y,x)/\partial(u,x)} \tag{9.14.8d}$$

又利用式(9.14.8b)中的第二式和式(9.14.3)，可得

$$\left(\frac{\partial y}{\partial y}\right)_{x}=1=\frac{\tau}{\mu_{\mathrm{f}}}\left(\frac{\partial y}{\partial u}\right)_{x}, \quad \left(\frac{\partial y}{\partial u}\right)_{x}=\frac{\mu_{\mathrm{f}}}{\tau} \tag{9.14.8e}$$

利用式(9.14.8e)，则式(9.14.8d)可写为

$$\left(\frac{\partial u}{\partial x}\right)_y=-\frac{\tau}{\mu_{\mathrm{f}}}\left(\frac{\partial y}{\partial x}\right)_u \tag{9.14.8f}$$

将式(9.14.8f)代入式(9.14.8b)中的第一式,可得

$$\left(\frac{\partial}{\partial x}\right)_y=\left(\frac{\partial}{\partial x}\right)_u-\frac{\tau}{\mu_{\mathrm{f}}}\left(\frac{\partial y}{\partial x}\right)_u\left(\frac{\partial}{\partial u}\right)_x \tag{9.14.9a}$$

利用式(9.14.3),则式(9.14.8b)中的第二式可写为

$$\left(\frac{\partial}{\partial y}\right)_x=\frac{\tau}{\mu_{\mathrm{f}}}\left(\frac{\partial}{\partial u}\right)_x \tag{9.14.9b}$$

综上所述,式(9.14.9a)和式(9.14.9b)便构成了由平面(x,y)变换到平面(x,u)时的 Crocco 变换,它是一个非常著名的变换式,借助于它可以将(x,y)平面上的磁流体边界层偏微分方程组变为(x,u)平面上的常微分方程组,进而为寻找相似性解奠定了基础。事实上,在流体力学和高速气动热力学的发展进程中,将边界层方程化为常微分方程曾出现过多种变换,如 Blasius 变换、Mangler 变换、Illingworth-Levy 变换、Lees-Dorodnitsyn 变换以及本节讨论的 Crocco 变换等。这些著名的变换巧妙地将不同流动状态和边界条件下的偏微分方程变成了常微分方程、把非线性问题变为线性,进而为获取相似性解与得到解析解创造了条件。这些分析与变换方法抓住了所研究问题的物理本质、抓住了问题的主要方面,这种剖析与研究科学问题的方法是值得后人发扬光大的。在计算技术和计算机高度发达的今天,上述研究问题的基本思想依旧有效、值得进一步拓展,把数值计算与局部解析分析相结合始终是一个重要的科学研究方法。

9.14.3　高超声速磁流体边界层的常微分方程组

为了便于书写,记 $y_x\equiv\left(\frac{\partial y}{\partial x}\right)_u$;考虑到真实流动时壁面上的速度 $\mathbf{V}_{\mathrm{W}}=0$,因此在平板绕流时可令

$$\frac{\mathrm{d}p}{\mathrm{d}x}=0 \tag{9.14.10}$$

利用式(9.14.9),将方程组(9.14.5)由(x,y)平面变换到(x,u)平面,可得

$$\frac{\partial}{\partial u}(\rho v)=y_x\frac{\partial}{\partial u}(\rho u)-\frac{\mu_{\mathrm{f}}}{\tau}\frac{\partial}{\partial x}(\rho u) \tag{9.14.11a}$$

$$\rho v=\rho u y_x+\frac{\partial\tau}{\partial u}-\frac{u}{\tau}\frac{\sigma B_0^2L_0}{x}\mu_{\mathrm{f}} \tag{9.14.11b}$$

$$\rho u\frac{\partial h}{\partial x}+\left(\frac{\tau}{\mu_{\mathrm{f}}}\frac{\partial\tau}{\partial u}-\sigma B_0^2L_0\frac{u}{x}\right)\frac{\partial h}{\partial u}=\frac{\tau}{\mu_{\mathrm{f}}}\frac{\partial}{\partial u}\left(\frac{\tau}{Pr}\frac{\partial h}{\partial u}\right)+\frac{\sigma B_0^2L_0u^2}{x}+\frac{\tau^2}{\mu_{\mathrm{f}}} \tag{9.14.11c}$$

应用式(9.14.11a)消去式(9.14.11b)中的 ρv 项,可得

$$\frac{\partial}{\partial x}\left(\rho u \frac{\mu_{\mathrm{f}}}{\tau}\right)+\frac{\partial^2 \tau}{\partial u^2}-B_0^2 L_0 \frac{\partial}{\partial u}\left(\frac{\mu_{\mathrm{f}}\sigma}{\tau}u\right)=0 \tag{9.14.12}$$

利用式(9.14.4a),将式(9.14.12)改写为

$$G\frac{\mathrm{d}^2 G}{\mathrm{d}u^2}=B_0^2 L_0 G\frac{\mathrm{d}}{\mathrm{d}u}\left(\frac{u}{G}\sigma\mu_{\mathrm{f}}\right)-\frac{\rho\mu_{\mathrm{f}}}{2}u \tag{9.14.13a}$$

利用式(9.14.4),将式(9.14.11c)改写为

$$\frac{\mathrm{d}G}{\mathrm{d}u}\frac{\mathrm{d}h}{\mathrm{d}u}=\frac{\mathrm{d}}{\mathrm{d}u}\left(\frac{G}{Pr}\frac{\mathrm{d}h}{\mathrm{d}u}\right)+\frac{\sigma B_0^2 L_0}{G}u\mu_{\mathrm{f}}\left(\frac{\mathrm{d}h}{\mathrm{d}u}+u\right)+G \tag{9.14.13b}$$

式(9.14.13a)和式(9.14.13b)组成了以 $G(u)$ 和 $h(u)$ 为未知函数的两个常微分方程。出现在方程中的其他量如 ρ、μ_{f}、σ、Pr 都可以通过热力学状态方程或者本构关系式被表示成因变量 h 的函数,当成已知量。求解上述方程(9.14.13)的定解条件为

$$\begin{cases} h=h_{\mathrm{W}}=\text{const}, \quad \dfrac{\partial G}{\partial u}=0, \quad u=0 \\ G=0, \quad h=h_\infty, \quad u=U_\infty \end{cases} \tag{9.14.13c}$$

9.15 理想磁流体力学稳定性问题的一般方程及其应用

9.15.1 磁流体力学不稳定性的三种分类方法

磁流体和等离子体的稳定性问题,在研究宇宙星系的形式,尤其是研究星系盘中的气体如何凝集而形成恒星的机理过程中发挥了很大的作用,它是星际气体动力学研究中的一个重要前沿课题。另外,在核聚变反应堆工程中,磁流体力学的稳定性,特别是理想磁流体力学稳定性,是至关重要的。应该讲,磁流体静力学、动力学以及稳定性问题是从事受控热核反应的人员最感兴趣的领域。

对于各种类型的磁流体力学不稳定性,这里给出三种主要的分类方法。

1) 按内模与外模的划分

第一种分类是按内模和外模来区分,其区分的基础是看不稳定性增长时等离子体表面是否移动。对于内模不稳定,等离子体表面固定不变。在这种情况下,这些不稳定性仅发生在等离子体内部,它是由特定的压强分布和电流分布引起的。通常它不会导致等离子体灾难性的损失。外模则与等离子体表面有关,从而与等离子体整体的运动有关。正是这类运动导致了等离子体撞击第一壁[472,493],因此外模在聚变等离子体中非常危险,应该避免。

2) 按驱动源划分

第二种分类是按不稳定性的驱动源划分,可分为压强驱动模和电流驱动模两种。一般来讲,相对于主磁场方向(如取为 z 方向)等离子体有垂直和平行两个方

向的电流，其中每一个都能驱动不稳定性。由垂直方向电流驱动的不稳定性称为压强驱动模，这种不稳定是由压强梯度和磁场线曲率共同驱动的。由平行电流驱动的不稳定性称为电流驱动模，它是一种扭曲模，这类模可以是内模，也可以是外模。特别是，在一定情况下平行电流和垂直电流一起驱动不稳定性，即所谓气球-扭曲模，这是聚变等离子体中最危险的模。

3) 按有导体壁与无壁位形划分

第三种分类是基于是否存在理想导体壁来进行划分。实际的试验装置或者反应堆不可能在等离子周围维持一个超导壁，因此壁肯定是电阻性的，这使得等离子体中还会出现电阻性壁模。事实上电阻性导体壁的存在对无壁等离子体的稳定边界没有影响。换句话说，尽管理想的导体壁能够提高稳定极限，但电阻性导体壁却不改变稳定边界，它仅减小不稳定性的增长率。引入归一化等离子体压强，其定义式为

$$\beta \equiv \frac{p}{\dfrac{B^2}{2\mu_0}} \tag{9.15.1}$$

β 是等离子体压强与磁压强之比，是衡量磁场约束等离子体的效率。在某些位形下，由于等离子体载有很大的电流，因此即使是 $\beta=0$ 的情形下仍需要导体壁。

9.15.2 理想磁流体力学的线性稳定性方程

将因变量分解为平衡量与扰动量之和，于是有

$$\boldsymbol{B}=\boldsymbol{B}_0+\boldsymbol{B}_1, \quad \boldsymbol{j}_{\rm f}=\boldsymbol{j}_{\rm f0}+\boldsymbol{j}_{\rm f1} \tag{9.15.2a}$$

$$p=p_0+p_1, \quad \rho=\rho_0+\rho_1 \tag{9.15.2b}$$

令平衡态是静态，因此平衡态宏观速度 $\mathbf{V}_0=0$，并有

$$\mathbf{V}=\mathbf{V}_1 \tag{9.15.2c}$$

式中，下角标“0”与“1”分别代表平衡态与扰动量。

下面给出磁流体力学宏观平衡态与线性稳定性的基本方程组。

(1) 平衡态。

$$\boldsymbol{j}_{\rm f0}\times\boldsymbol{B}_0=\nabla p_0 \tag{9.15.3a}$$

$$\nabla\times\boldsymbol{B}_0=\mu_0\boldsymbol{j}_{\rm f0} \tag{9.15.3b}$$

$$\nabla\cdot\boldsymbol{B}_0=0 \tag{9.15.3c}$$

(2) 线性稳定性。

连续方程：

$$\frac{\partial\rho_1}{\partial t}+\nabla\cdot(\rho_0\mathbf{V}_1)=0 \tag{9.15.4a}$$

动量方程：

$$\rho_0 \frac{\partial \boldsymbol{V}_1}{\partial t} = \boldsymbol{j}_{f0} \times \boldsymbol{B}_1 + \boldsymbol{j}_{f1} \times \boldsymbol{B}_0 - \nabla p_1 \tag{9.15.4b}$$

能量方程：

$$\frac{\partial p_1}{\partial t} + \boldsymbol{V}_1 \cdot \nabla p_0 + \gamma \frac{p_0}{\rho_0}\left[\frac{\partial \rho_1}{\partial t} + \boldsymbol{V} \cdot \nabla \rho_0\right] = 0 \tag{9.15.4c}$$

Faraday/Ohm 定律：

$$\frac{\partial \boldsymbol{B}_1}{\partial t} = \nabla \times (\boldsymbol{V}_1 \times \boldsymbol{B}_0) \tag{9.15.4d}$$

Ampere 定律：

$$\nabla \times \boldsymbol{B}_1 = \mu_0 \boldsymbol{j}_{f1} \tag{9.15.4e}$$

磁场 Gauss 定律：

$$\nabla \cdot \boldsymbol{B}_1 = 0 \tag{9.15.4f}$$

方程组(9.15.4)是线性偏微分方程组。值得注意的是，在理想磁流体力学中，Ohm 定律常可写为

$$\boldsymbol{E} + \boldsymbol{V} \times \boldsymbol{B} = 0 \tag{9.15.5}$$

对于电阻性磁流体力学，Ohm 定律也可写为

$$E + V \times B = \eta_{\parallel}^{*} \boldsymbol{j}_{f\parallel} + \eta_{\perp}^{*} \boldsymbol{j}_{f\perp} \approx \eta_{\parallel}^{*} \boldsymbol{j}_{f} \tag{9.15.6}$$

式中，电阻率 η^* 被看做各向异性，$\eta_{\parallel}^*$ 与 $\eta_{\perp}^*$ 分别表示平行方向与垂直方向上的电阻率。

令 $Q_1(\boldsymbol{r},t)$代表任意一个三维且随时间变化的扰动量，并且可写为

$$Q_1(\boldsymbol{r},t) = Q_1(\boldsymbol{r})\exp(-\mathrm{i}\omega t) \tag{9.15.7a}$$

式中，频率 ω 为复数，其实部为 ω_r、虚部为 ω_i，则复数 ω 的表达式为

$$\omega = \omega_r + \mathrm{i}\omega_i \tag{9.15.7b}$$

引入扰动位移矢量 $\boldsymbol{\xi}$，其定义为

$$\boldsymbol{V}_1 = \frac{\partial}{\partial t}\boldsymbol{\xi} \tag{9.15.8}$$

利用式(9.15.8)，将式(9.15.4a)、式(9.15.4c)、式(9.15.4d)和式(9.15.4e)改写为

$$\rho_1 = -\nabla \cdot (\rho_0 \boldsymbol{\xi}) \tag{9.15.9a}$$

$$p_1 = -\boldsymbol{\xi} \cdot \nabla p_0 - \gamma p_0 \nabla \cdot \boldsymbol{\xi} \tag{9.15.9b}$$

$$\boldsymbol{B}_1 = \nabla \times (\boldsymbol{\xi} \times \boldsymbol{B}_0) \tag{9.15.9c}$$

$$\boldsymbol{j}_{f1} = \frac{1}{\mu_0} \nabla \times [\nabla \times (\boldsymbol{\xi} \times \boldsymbol{B}_0)] \tag{9.15.9d}$$

利用式(9.15.9)，则式(9.15.4b)可以改写为

$$\rho_0 \frac{\partial^2}{\partial t^2}\boldsymbol{\xi} = \boldsymbol{F}(\boldsymbol{\xi}) \tag{9.15.10a}$$

式中，$\boldsymbol{F}(\xi)$的定义为

$$\boldsymbol{F}(\xi)=\frac{1}{\mu_0}(\nabla\times\boldsymbol{B}_0)\times[\nabla\times(\boldsymbol{\xi}\times\boldsymbol{B}_0)]+\frac{1}{\mu_0}\{\nabla\times[\nabla\times(\boldsymbol{\xi}\times\boldsymbol{B}_0)]\}\times\boldsymbol{B}_0+\nabla[\boldsymbol{\xi}\cdot\nabla p_0+\gamma p_0\nabla\cdot\boldsymbol{\xi}] \tag{9.15.10b}$$

为了完备线性磁流体力学稳定性问题的形式体系，还需给定边界条件。通常，边界条件有内模和外模两种情况。内模边界条件为

$$(\boldsymbol{n}\cdot\boldsymbol{\xi})\,|_{S_p}=0 \tag{9.15.10c}$$

式中，S_p 代表未扰动的磁流体曲面；$\boldsymbol{n}$ 为外法向单位矢量。

理论上可以证明[469,472,560,561]算子 $\boldsymbol{F}(\boldsymbol{\xi})$具有自伴性。另外，将式(9.15.9)代入线性动量方程后得到含 ξ 的矢量方程：

$$-\omega^2\rho_0\boldsymbol{\xi}=\boldsymbol{F}(\boldsymbol{\xi}) \tag{9.15.11}$$

利用算子 $\boldsymbol{F}(\boldsymbol{\xi})$的自伴性，由式(9.15.11)便可以证明 ω^2 为纯实数[472]。因此，如果本征方程有 $\omega^2>0$，则表明系统是稳定的，因为这时 $\omega_i=0$ 且 $\omega_r=\pm\sqrt{\omega^2}$，模式是振荡的；反之，当 $\omega^2<0$ 时，系统是不稳定的，因为这时 $\omega_r=0$ 且 $\omega_i=\pm\sqrt{-\omega^2}$，总存在一个模具有正的增长率。所以，对于理想磁流体，临界稳定发生在 $\omega^2=0$ 处。

9.15.3　理想磁流体力学稳定性理论的应用

这里将理想磁流体力学的稳定性理论应用于无限大均匀等离子体的稳定性分析。首先给出这种情况下的平衡方程：令磁场 $\boldsymbol{B}$ 沿坐标系 z 轴方向，$\boldsymbol{e}_z$ 为 z 轴的单位矢量，于是平衡方程为

$$\boldsymbol{B}=B_0\boldsymbol{e}_z,\quad \boldsymbol{j}_f=0,\quad p=p_0 \tag{9.15.12a}$$

$$\rho=\rho_0,\quad \boldsymbol{V}_0=0 \tag{9.15.12b}$$

式中，B_0、p_0 和 ρ_0 均为常数。而后再定义扰动的一般形式，为

$$\boldsymbol{\xi}(\boldsymbol{r})=\hat{\boldsymbol{\xi}}\exp(\mathrm{i}\boldsymbol{k}\cdot\boldsymbol{r}) \tag{9.15.13a}$$

式中，$\hat{\boldsymbol{\xi}}$ 为复振幅，它是个复常数，非空间的函数；$\boldsymbol{k}$ 为波矢量，它的每一个分量均为实数；为不失一般性，可旋转坐标系，使 $\boldsymbol{k}$ 的一个分量沿 $\boldsymbol{e}_z$ 方向(即平行于磁场方向，这里将 $\boldsymbol{k}$ 的这个分量记作 $k_\parallel$)，另一个分量沿 $\boldsymbol{e}_y$ 方向(即垂直于磁场方向，这里将 $\boldsymbol{k}$ 的这个分量记作 $k_\perp$)，于是 $\boldsymbol{k}$ 可表示为

$$\boldsymbol{k}=k_\parallel\boldsymbol{e}_z+k_\perp\boldsymbol{e}_y \tag{9.15.13b}$$

相应地，式(9.15.13a)改写为

$$\boldsymbol{\xi}(\boldsymbol{r})=\hat{\boldsymbol{\xi}}\exp(\mathrm{i}k_\perp y+\mathrm{i}k_\parallel Z) \tag{9.15.13c}$$

由于，

$$\nabla \rightarrow \mathrm{i}\boldsymbol{k} = \mathrm{i}k_{\perp}\boldsymbol{e}_y + \mathrm{i}k_{\parallel}\boldsymbol{e}_z \tag{9.15.14}$$

于是式(9.15.11)可简化为如下形式的简单代数形式(即本征方程):

$$\omega^2\rho_0\boldsymbol{\xi} = \frac{B_0^2}{\mu_0}\{\boldsymbol{k}\times[\boldsymbol{k}\times(\boldsymbol{\xi}\times\boldsymbol{e}_z)]\}\times\boldsymbol{e}_z + \gamma p_0\boldsymbol{k}(\boldsymbol{k}\cdot\boldsymbol{\xi}) \tag{9.15.15a}$$

求解本征方程就得到微分方程的本征值。这些解都是等离子体的简正模;而哪种模是振荡的、阻尼的或不稳定的(即随时间增长),取决于简正模本征频率虚部的符号。式(9.15.15a)可以写为如下矩阵形式:

$$\begin{bmatrix} C_1 & 0 & 0 \\ 0 & C_2 & C_3 \\ 0 & C_3 & C_4 \end{bmatrix}\begin{bmatrix} \xi_x \\ \xi_y \\ \xi_z \end{bmatrix} = 0 \tag{9.15.15b}$$

式中,ξ_x、ξ_y 和 ξ_z 为矢量 $\boldsymbol{\xi}$ 沿坐标轴的分量;符号 C_1、C_2、C_3 和 C_4 分别为

$$C_1 = \omega^2 - k_{\parallel}^2 v_{\mathrm{A}}^2, \quad C_2 = \omega^2 - k^2 v_{\mathrm{a}}^2 - k_{\perp}^2 v_{\mathrm{S}}^2 \tag{9.15.16a}$$

$$C_3 = -k_{\perp}k_{\parallel}v_{\mathrm{S}}^2, \quad C_4 = \omega^2 - k_{\parallel}^2 v_{\mathrm{S}}^2 \tag{9.15.16b}$$

式中,v_{A}为 Alfven 速度;v_{S}为绝热声速,它们的表达式分别为

$$v_{\mathrm{A}} = \sqrt{\frac{B_0^2}{\mu_0\rho_0}} \tag{9.15.17a}$$

$$v_{\mathrm{S}} = \sqrt{\gamma\frac{p_0}{\rho_0}} \tag{9.15.17b}$$

式(9.15.15b)是关于 3 个未知量 ξ_x、ξ_y 和 ξ_z 的三个线性齐次代数方程,而式(9.15.15b)的系数矩阵行列式为零是方程组存在非零解的充要条件。而式(9.15.15b)的系数矩阵行列式为零可得到关于 ω^2 的三次多项式,通常 ω^2 应该存在三个根,它们对应着磁流体力学的三支波,即剪切 Alfven 波、压缩 Alfven 波以及磁声波,下面对此略作说明。

1. 剪切 Alfven 波

令式(9.15.15b)的 x 分量为零,则直接得到第一支磁流体力学的剪切 Alfven 波。该波的本征值为

$$\omega^2 = k_{\parallel}^2 v_{\mathrm{A}}^2 \tag{9.15.18}$$

它对应于一支稳定的振荡波。由于扰动磁场和位移均垂直于磁场 $\boldsymbol{B}$ 和波矢量 $\boldsymbol{k}$,因此这种波是纯横波。从物理上讲,剪切 Alfven 波是一类非常重要的磁流体力学波,它描述了等离子体垂直动能(即内能)与场线弯曲能(即场线张力)之间的一种基本振荡。

2. 压缩 Alfven 波

借助于矩阵方程的 y 分量和 z 分量耦合,即令

$$C_2C_4-(C_3)^2=0 \tag{9.15.19a}$$

可得到剩下两支磁流体力学波。式(9.15.19a)中，符号 C_2、C_3 和 C_4 的定义同式(9.15.16)；由式(9.15.19a)得 ω^2 的两个根，即

$$\omega^2=\frac{1}{2}k^2(v_A^2+v_S^2)[1\pm(1-\alpha^2)^{\frac{1}{2}}] \tag{9.15.19b}$$

式中，k^2 和 α^2 分别定义为

$$k^2\equiv k_\perp^2+k_\parallel^2 \tag{9.15.19c}$$

$$\alpha^2=4\frac{k_\parallel^2}{k^2}\frac{(v_Sv_A)^2}{(v_S^2+v_A^2)^2}\leqslant 1 \tag{9.15.19d}$$

压缩 Alfven 波(即快磁声波)对应于式(9.15.19b)中的"＋"号。令参数 β 仍由式(9.15.1)定义，代表等离子体压强与磁压强之比，并且

$$\frac{v_S^2}{v_A^2}=\frac{\gamma\mu_0}{B_0^2}p_0\sim\beta \tag{9.15.20a}$$

$$\beta\ll 1 \tag{9.15.20b}$$

因此，从物理上确定 v_S^2/v_A^2 值较为方便。另外，压缩 Alfven 波的本征频率可简化为

$$\omega^2\approx(k_\perp^2+k_\parallel^2)v_A^2 \tag{9.15.21}$$

这表示压缩 Alfven 波是一支稳定的振荡波，它描述了等离子体动能(即惯性)与磁压缩能(即磁压强)之间的基本振荡。当 $k_\perp\gg k_\parallel$ 时，它很稳定。

3. *磁声波*

磁声波(即慢磁声波)是式(9.15.19a)中负根。在低比压极限时，本征频率可简化为

$$\omega^2\approx k_\parallel^2v_S^2 \tag{9.15.22}$$

对于磁声波，本征函数的位移分量满足

$$\frac{\xi_y}{\xi_z}\approx\frac{k_\perp k_\parallel v_S^2}{k^2v_A^2}\sim\beta\ll 1 \tag{9.15.23}$$

运动基本平行于磁场。磁声波是描述等离子体动能(即惯性)与等离子体热能(即等离子体压缩)之间的一种基本振荡。在等离子体不稳定性中，磁声波较难激发。

综上所述，分析无限大均匀等离子体中的磁流体力学波时可以发现，这里存在3支稳定的振荡波：剪切 Alfven 波、压缩 Alfven 波和磁声波。在通常磁流体力学不稳定性出现时，剪切 Alfven 波最易激发。从稳定性观点来看，剪切 Alfven 波可能是最重要的磁流体力学波，通常有限电流和几何效应驱动起不稳定性的正是这种波。

另外，在上面的讨论中已经为理想磁流体力学稳定性的一般性问题搭建了一

套完善的形式体系，它由 3 个耦合的、关于等离子体位移 ξ 和本征值 ω^2 的偏微分方程组成[471,472,562]。但由于位形几何的多维性，这一模型在多数情况下很难求解。尽管如此，目前理论分析已能够证明，一般来讲只有当本征值过零时，系统才会越过临界稳定边界。这就是说，临界稳定相当于要求 $\omega^2=0$。

9.16　磁流体的不稳定性分类和等离子体中的非线性效应

磁流体的不稳定性分类以及等离子体中的非线性效应，这是从不同侧面评价与分析系统特性的两个问题。事实上在等离子体物理学中，尤其是对受控热核反应开展磁约束（如磁镜装置、环形磁场装置、Tokamak 装置）和惯性约束（如美国 NOVA 的铷玻璃激光器、法国的 LMJ 高能激光器、日本 GEKKO-XⅡ铷玻璃激光器、欧盟等七方共同实施的 ITER（International Thermonuclear Experimental Reactor）计划以及我国的神光-Ⅳ激光装置等）的研究中，系统的不稳定性问题十分重要，而详细讨论上述系统的不稳定性问题已超出了本节的范围，因此，本节仅针对不稳定性的分类和宏观不稳定性的研究方法作扼要介绍。另外，等离子体是一个非常复杂的系统，它由大量的电子和离子组成，而且电子与离子的质量大小相差非常大；带电粒子之间存在着 Coulomb 长程作用力；再加上等离子体参量如密度、温度等通常为非均匀分布。因此在这样的复杂系统中所发生的物理现象不可能都用线性理论来描述[563～566]。正是存在着等离子体各种参量的不均匀性，使得等离子体一般处于非平衡态[72,478]，这也为等离子体中所激发的扰动演化与发展提供了动力源泉。随着扰动振幅的不断增大，各种模之间发生非线性耦合，进而导致了等离子体中各种非线性现象的发生。对于等离子体中的非线性现象大体可以划分为两大类：一类是有规过程（相干结构），如等离子体中的孤立子（soliton）、旋涡、激波、电双层以及参量激发等现象；另一类是非相干过程，如等离子体混沌和湍流[567～569]。系统地介绍这些非线性现象也已超出了本书的范围，为此本节仅挑选等离子体中发生的离子声孤立子问题（它属于等离子体非线性现象的有规过程）进行扼要的讨论。国外大量的研究表明：对空间等离子体中的孤波进行研究，对深入理解日地空间、磁层各部分之间的波和粒子的能量传输过程，了解各种不稳定现象以及认识非线性过程等，具有十分重要的学术意义。

9.16.1　等离子体不稳定性的分类及其宏观不稳定性的研究方法

平衡是在一定的时间期限内，特征参量不发生显著改变的系统状态，如理想磁流体力学平衡（MHD equilibrium）在流体时间尺度上（微秒到毫秒）不变，但在更慢的电阻或者黏滞时间尺度上（毫秒到秒）变化。再如，在本书 8.9 节给出了 Vlasov-Maxwell 方程组［即由式(8.9.8)和式(8.9.9a)～式(8.9.9f)所组成］。令 $\tau_{碰撞}$ 为两体(或称粒子)碰撞的间隔时间,利用分布函数 $f(t,\boldsymbol{x},\boldsymbol{v})$ 来描述稳定的等离子体状态、等离子体波、不稳定性以及其他短时间标度($\tau_{集体} \ll \tau_{碰撞}$)的等离子体动力学问题[479,480]。利用线性化的 Vlasov 方程去考察小振幅等离子体波的性质,并将这些波当成等离子体平衡态附近的扰动进行传播。借助于等离子体小振幅波 Vlasov 理论(其中包括磁化冷等离子体和磁化热等离子体问题中波的 Vlasov 理论),成功地获得了磁化热等离子体中垂直于平衡磁场传播的电磁波和 Bernstein 模、非均匀磁化等离子体中的低频静电波以及非线性静电波(BGK 波)等的色散关系,进行了简正模分析(normal mode analysis),完成了对等离子体体系的宏观稳定性分析[540,544]。大量的实例表明:根据等离子体的状态所建立起来的 Vlasov 方程可以在比两体碰撞时间短得多的时间间隔内正确地描述等离子体的行为。

当特征参量的小的变化导致系统的状态偏离平衡时,平衡是不稳定的。所谓等离子体处于平衡,通常是指其处于力学平衡。如果等离子体不处于热力学平衡态,如其宏观参量以及外加磁场不是空间均匀的,或其带电粒子的速度分布函数不是 Maxwell 分布,则其力学平衡就是一种不稳定或亚稳态的平衡。正是由于等离子体具有过剩的自由能,具有驱动不稳定性的源,因此偏离力学平衡的小扰动就有可能导致不稳定性,通过释放体系的自由能使得等离子体更接近真实的热力学平衡。

在等离子体中,不稳定性有时会导致破裂,但绝大多数不稳定性伴随着波和其他等离子体振荡的自然模。其实,等离子体不稳定性的类型多种多样,如根据不稳定性的性质可分为宏观的与微观的、静电的与电磁的、绝对的与对流的、高频的与低频的以及线性的与非线性的不稳定性。根据等离子体的性质可分为理想的与非理想的、碰撞的与无碰撞的、均匀的与非均匀的、低比压(low-β)与高比压(high-β)。根据不稳定性的驱动机制可分为电流驱动、压力驱动、束流驱动以及各向异性不稳定性等。另外,根据不稳定性的表观特征可分为腊肠膜(sausage mode)、扭曲膜(kink mode)、撕裂膜(tearing mode)、交换膜(interchange mode)、气球膜(ballooning mode)和破裂(disruption)不稳定性等。此外,还有 Rayleigh-Taylor 不稳定性、Kelvin-Helmholtz 不稳性以及磁镜(mirror)不稳定性等。

由于等离子体不稳定性的类型多种多样,描述它们的方法也有所不同,例如,研究由于等离子体宏观参量的非均匀性驱动问题时,可用磁流体力学的方法;而研究由于速度空间的各向异性作驱动源所导致的微观不稳性时,可采用等离子体动理学方法来描述[479]。等离子体稳定性的 Vlasov 理论是解决双流不稳定性(two-stream instability)、各向异性等离子体中的不稳定性、电磁收缩不稳定性、双 Maxwell 等离子体的电磁不稳定性等问题的有效方法,对此感兴趣的读者可参阅文献[544]和[570]。

研究等离子体中的宏观不稳定性问题通常有三种分析方法,即直观分析、简正模分析和能量原理。直观分析方法是给平衡位形以某种扰动后分析作用于等离子体上的力的变化,若扰动引起的作用力使起始扰动向增大的方向发展,则等离子体是不稳定的；反之若扰动引起的作用力指向使起始扰动减小的方向，则等离子体是稳定的。直观分析方法直观，但很难给出不稳定性的增长率。

简正模分析是一种将不稳定性的增长或者波的振荡当成本征值问题来处理的方法。它是将随时间变化的扰动量表示成 Fourier 分量的形式，并代入线性化磁流体方程之中，对扰动变量的增长率或时间的演化进行分析。对于不考虑空间变化的局域模，可以得到色散关系。如果从色散关系中解出的所有简正模式的频率均为实数，这表明所有扰动量将做简谐振荡，同时也表明这时的等离子体系统是稳定的；如果至少有一个简正模式的频率具有正虚部，表明该扰动模式将随时间增长，这时便表明该等离子体系统是不稳定的。对于考虑了空间变化的非局域模，可以得到描述扰动量空间变化的微分方程，借助于边界条件，通过求解微分方程便可导出扰动变量的增长率。

能量原理是借助于力学原理，考察系统势能是否处于极小来判断稳定性的一种方法。其基本思想就是通过研究偏离平衡位形的小扰动所导致的系统势能发生的变化来确定等离子体体系的稳定性。如果对于所有可能的偏离平衡的位移扰动，系统的势能增加，则该等离子体系统是稳定的；如果对于某一种位移扰动，系统的势能减少，则该等离子体系统是不稳定的。这种方法与简正模分析法相比，其缺点是不能给出不稳定性的增长率。

9.16.2 发展等离子体非线性理论的必要性

尽管前面所讨论的有关等离子体波和稳定性的线性理论，可以解释许多等离子体的现象，然而即使对于稍微偏离等离子体平衡态的发展状态，线性理论有时也不是完整的理论，努力发展等离子体的非线性理论还是十分必要的。

线性理论可以预言等离子体波振幅的增长或者发生了波阻尼的运动状况，事实上振幅的增长与被阻尼，意味着波的能量发生变化(即电磁能量密度有了 $\delta\left[\frac{1}{2}\left(\varepsilon_0 E^2+\frac{1}{\mu_0}B^2\right)\right]$的变化)，也就是说能量守恒定理是非线性的。

另一方面，等离子体波无论是阻尼的还是增长的，都会导致等离子体分布函数的变化。而分布函数的变化会改变等离子体的平均性质的变化以及等离子体温度的增高或降低。在线性理论中，α 类粒子的分布函数为 f_α，其变化的规律可由下式给出：

$$f_\alpha=f_{\alpha0}+\frac{1}{(2\pi)^3}\int\exp(\mathrm{i}\boldsymbol{k}\cdot\boldsymbol{r})f_{\alpha\boldsymbol{K}}\mathrm{d}\boldsymbol{k} \tag{9.16.1a}$$

式中，下角标 α 代表等离子体场粒子的种类(如离子或电子等)；符号 $f_{\alpha\boldsymbol{K}}$ 的定义式为

$$f_{\alpha\boldsymbol{K}}\equiv f_{\alpha\boldsymbol{K}}(\boldsymbol{v},t)=\frac{1}{(2\pi)^3}\int f_{\alpha1}(\boldsymbol{r},\boldsymbol{v},t)\exp(-\mathrm{i}\boldsymbol{k}\cdot\boldsymbol{r})\mathrm{d}\boldsymbol{r} \tag{9.16.1b}$$

式中，$f_{\alpha1}(\boldsymbol{r},\boldsymbol{v},t)$ 为一阶扰动量；在线性化的 Vlasov 理论中，分布函数 f_α 和场 $\boldsymbol{E}$ 与

$\boldsymbol{B}$ 都可以用一个平衡值再加上一个扰动来表示，即

$$f_\alpha(\boldsymbol{r},\boldsymbol{v},t) = f_{\alpha 0}(\boldsymbol{r},\boldsymbol{v},t) + \varepsilon f_{\alpha 1}(\boldsymbol{r},\boldsymbol{v},t) \tag{9.16.1c}$$

$$\boldsymbol{E}(\boldsymbol{r},t) = \boldsymbol{E}_0(\boldsymbol{r},t) + \varepsilon \boldsymbol{E}_1(\boldsymbol{r},t) \tag{9.16.1d}$$

$$\boldsymbol{B}(\boldsymbol{r},\boldsymbol{t}) = \boldsymbol{B}_0(\boldsymbol{r},t) + \varepsilon \boldsymbol{B}_1(\boldsymbol{r},t) \tag{9.16.1e}$$

在等离子体的 Vlasov 理论中，所使用的 Vlasov 方程和 Maxwell 方程所组成的 Vlasov-Maxwell 方程组已由式(9.9.5)给出。因为场 $\boldsymbol{E}$ 和 $\boldsymbol{B}$ 都依赖于分布函数，所以式(9.9.5a)是关于 f_α 的非线性方程，因而求解困难，常借助于式(9.16.1c)～式(9.16.1e)进行线性化处理。略去 ε^2 级的非线性项并且假定等离子体的状态 $f_{\alpha 0}$ 已知并满足 Vlasov-Maxwell 方程组，因此从线性化的扰动方程减去平衡方程，便得到关于扰动分布函数 $f_{\alpha 1}$ 和扰动场 $\boldsymbol{E}_1$ 与 $\boldsymbol{B}_1$ 的线性化 Vlasov-Maxwell 方程组

$$\frac{\partial}{\partial t} f_{\alpha 1} + \boldsymbol{v}\cdot\nabla f_{\alpha 1} + \frac{q_\alpha}{m_\alpha}(\boldsymbol{E}_0 + \boldsymbol{v}\times\boldsymbol{B}_0)\cdot\nabla_v f_{\alpha 1} = -\frac{q_\alpha}{m_\alpha}(\boldsymbol{E}_1 + \boldsymbol{v}\times\boldsymbol{B}_1)\cdot\nabla_v f_{\alpha 0} \tag{9.16.2a}$$

$$\nabla\cdot\boldsymbol{E}_1 = \sum_\alpha \left(\bar{n}_\alpha q_\alpha \int f_{\alpha 1}\,\mathrm{d}\boldsymbol{v}\right) \tag{9.16.2b}$$

$$\nabla\times\boldsymbol{B}_1 = \frac{\partial \boldsymbol{E}_1}{\partial t} + \sum_\alpha \left(\bar{n}_\alpha q_\alpha \int \boldsymbol{v} f_{\alpha 1}\,\mathrm{d}\boldsymbol{v}\right) \tag{9.16.2c}$$

$$\nabla\times\boldsymbol{E}_1 = -\frac{\partial}{\partial t}\boldsymbol{B}_1 \tag{9.16.2d}$$

求解上述线性化 Vlasov-Maxwell 方程组的一个常用方法是使用积分变换，对空间变量采用 Fourier 变换，例如

$$A(\boldsymbol{r}) \Longleftrightarrow A(\boldsymbol{k}),\quad -\infty \leqslant \boldsymbol{r},\boldsymbol{k} \leqslant \infty \tag{9.16.3a}$$

正变换：

$$A(\boldsymbol{k}) = \frac{1}{(2\pi)^\beta}\int_{-\infty}^{\infty} A(\boldsymbol{r})\exp(-\mathrm{i}\boldsymbol{k}\cdot\boldsymbol{r})\,\mathrm{d}\boldsymbol{r} \tag{9.16.3b}$$

式中，β 代表空间的维数。

逆变换：

$$A(\boldsymbol{r}) = \int_{-\infty}^{\infty} A(\boldsymbol{k})\exp(\mathrm{i}\boldsymbol{k}\cdot\boldsymbol{r})\,\mathrm{d}\boldsymbol{k} \tag{9.16.3c}$$

对初值问题采用 Laplace 变换(对时间变量)，例如

$$A(t) \Longleftrightarrow A(p),\quad 0 \leqslant t \leqslant \infty \tag{9.16.4a}$$

正变换：

$$A(p) = \int_0^{\infty} A(t)\exp(-pt)\,\mathrm{d}t,\quad p \geqslant p_0 \geqslant 0 \tag{9.16.4b}$$

逆变换：

$$A(t) = \frac{1}{2\pi\mathrm{i}}\int_{c-\mathrm{i}\infty}^{c+\mathrm{i}\infty} A(p)\exp(pt)\,\mathrm{d}p,\quad c \geqslant p_0 \tag{9.16.4c}$$

在 Vlasov 波动理论中，常取如下变量代换：

$$p=-\mathrm{i}\omega=-\mathrm{i}\omega_\mathrm{r}+\gamma,\quad \omega=\omega_\mathrm{r}+\mathrm{i}\gamma \tag{9.16.5a}$$

而波数 k 取为

$$k=|\boldsymbol{k}|,\quad k=k_\mathrm{r}+\mathrm{i}\Gamma \tag{9.16.5b}$$

对线性化的 Vlasov-Maxwell 方程组，利用对空间进行 Fourier 变换、对时间进行 Laplace 变换之后，便将这些微分方程化成一些代数方程，由此便可解出所需求的变换变量。然后问题便转化为求有关变量的 Fourier 变换和 Laplace 变换的逆变换。采用上述线性化理论以及积分变换的数学方法得到了许多重要成果[540,544,545]，使人们对于等离子体中所发生的过程有了一些初步的了解与认识。然而，试验观测表明，等离子体中所发生的许多现象有时是很难用线性理论来描述的。事实上，在等离子体集体现象的研究中，如果省略了方程组中的非线性项，就有可能失去了反映物理过程本质的东西，因此在这种情况下线性理论的结果也就不能反映现象的本来面目。另外，在线性理论中，分布函数的变化可以遵循如下的变化规律：

$$f=f_0+\frac{1}{(2\pi)^3}\int\exp(\mathrm{i}\boldsymbol{k}\cdot\boldsymbol{r})f_{\boldsymbol{K}}\mathrm{d}\boldsymbol{k} \tag{9.16.6}$$

然而在进行平均时，由于每个 Fourier 分量为零，因此平均等离子体性质的变化只有在非线性处理时才能得到反映。

事实上，在等离子体波之间的相互作用，如波-波共振相互作用、激光辐射与等离子体的相互作用、强湍动等离子体问题、Langmuir 孤子和孤子湍流以及在强 Langmuir 湍流状态下等离子体的湍流加热问题等，都需要非线性理论才能解决[544,571~582]。

9.16.3　非线性离子声波的 KdV 方程及其孤立子解

这里讨论低频波，这时离子的运动要起主要作用。为了保持等离子体的电中性，离子运动时电子也要运动，因此这时要完全描述这些波需要涉及电子和离子的运动行为。对于上述的双流体等离子体，可以给出如下形式的基本方程组。

① 电子的连续方程：

$$\frac{\partial}{\partial t}n_\mathrm{e}+\nabla\cdot(n_\mathrm{e}\boldsymbol{V}_\mathrm{e})=0 \tag{9.16.7a}$$

② 电子的动量方程：

$$m_\mathrm{e}n_\mathrm{e}\left(\frac{\partial}{\partial t}\boldsymbol{V}_\mathrm{e}+\boldsymbol{V}_\mathrm{e}\cdot\nabla\boldsymbol{V}_\mathrm{e}\right)=-\gamma_\mathrm{e}T_\mathrm{e}\nabla n_\mathrm{e}-en_\mathrm{e}\boldsymbol{E} \tag{9.16.7b}$$

③ 离子的连续方程：

$$\frac{\partial}{\partial t}n_\mathrm{i}+\nabla\cdot(n_\mathrm{i}\boldsymbol{V}_\mathrm{i})=0 \tag{9.16.7c}$$

④ 离子的动量方程：

$$m_i n_i\left(\frac{\partial}{\partial t}\boldsymbol{V}_i+\boldsymbol{V}_i\cdot\nabla\boldsymbol{V}_i\right)=-\gamma_i T_i\nabla n_i+en_i\boldsymbol{E} \tag{9.16.7d}$$

⑤ Poisson 方程：

$$\nabla\cdot\boldsymbol{E}=\frac{e}{\varepsilon_0}(n_i-n_e) \tag{9.16.7e}$$

式中，下角标 i 和 e 分别代表离子和电子的物理量；γ_e 与 γ_i 分别为电子与离子的比热比。

假设等离子体中的电子温度远大于离子温度(即 $T_e\gg T_i$)；离子声速 $C_S=(T_e/m_i)^{1/2}$ 总是远小于电子的热速度 $v_T=(T_e/m_e)^{1/2}$，电子有足够时间达到 Boltzmann 分布。为简单起见，取离子温度近似等于零，$T_i\approx 0$。又由于离子声波为低频静电波，因此可略去电子的惯性。考虑波的一维传播(沿 x 方向)，于是描述离子声波的非线性方程组(9.16.7)这时可变为

$$\frac{\partial}{\partial t}n_e+\frac{\partial}{\partial x}(n_e v_e)=0 \tag{9.16.8a}$$

$$-T_e\frac{\partial}{\partial x}n_e-en_eE=0 \tag{9.16.8b}$$

$$\frac{\partial}{\partial t}n_i+\frac{\partial}{\partial x}(n_i v_i)=0 \tag{9.16.8c}$$

$$m_i\frac{\partial}{\partial t}v_i+m_i v_i\frac{\partial}{\partial x}v_i=eE \tag{9.16.8d}$$

$$\frac{\partial}{\partial x}E=\frac{e}{\varepsilon_0}(n_i-n_e) \tag{9.16.8e}$$

将各物理量写成平衡量与扰动量之和，并分别用下角标“0”与“1”表示；将非线性方程组(9.16.7)线性化，只保留式(9.16.8d)等号左侧第二项的非线性项，可得

$$\frac{\partial}{\partial t}n_{e1}+n_0\frac{\partial}{\partial x}v_{e1}=0 \tag{9.16.9a}$$

$$-T_e\frac{\partial}{\partial x}n_{e1}-en_0E_1=0 \tag{9.16.9b}$$

$$\frac{\partial}{\partial t}n_{i1}+n_0\frac{\partial}{\partial x}v_{i1}=0 \tag{9.16.9c}$$

$$m_i\frac{\partial}{\partial t}v_{i1}+m_i v_{i1}\frac{\partial}{\partial x}v_{i1}=eE_1 \tag{9.16.9d}$$

$$\frac{\partial}{\partial x}E_1=\frac{e}{\varepsilon_0}(n_{i1}-n_{e1}) \tag{9.16.9e}$$

除式(9.16.9d)外，如果方程组(9.16.9)其余各方程中的扰动量均用指数形式 $\exp[i(Kx-\omega t)]$ 代入，利用式(9.16.9b)和式(9.16.9c)，令 $v_{e1}\approx v_{i1}=v$，可得

$$n_{e1}=-\frac{en_0}{ikT_i}E_1,\quad n_{i1}=\frac{kn_0}{\omega}v \tag{9.16.10}$$

利用式(9.16.10)和式(9.16.9d)并引入离子声速 C_S 与 Debye 半径 λ_D 后,可得

$$\frac{\partial v}{\partial t}+v\frac{\partial v}{\partial x}=-\mathrm{i}\frac{k^2C_S^2}{\omega}(1+k^2\lambda_D^2)^{-1}v \tag{9.16.11}$$

利用式(9.16.9c)、式(9.16.9d)和式(9.16.9e),并用 $\exp[\mathrm{i}(Kx-\omega t)]$展开,可以得到离子声波的线性色散关系:

$$\frac{\omega}{k}=C_S\left(\frac{1}{1+k^2\lambda_D^2}\right)^{\frac{1}{2}} \tag{9.16.12a}$$

式中,Debye 半径 λ_D 和离子速度 C_S 的表达式分别为

$$\lambda_D=\frac{\varepsilon_0 T_e}{n_e e^2},\quad C_S=\sqrt{\frac{T_e}{m_i}} \tag{9.16.12b}$$

在长波近似下,$k\lambda_D\ll 1$,将式(9.16.12a)进行 Taylor 展开并代入式(9.16.11),可得

$$\frac{\partial v}{\partial t}+v\frac{\partial v}{\partial x}=-\mathrm{i}kC_S\left(1-\frac{1}{2}k^2\lambda_D^2\right)v \tag{9.16.13}$$

将式(9.16.13)作代换:$\mathrm{i}k\rightarrow\frac{\partial}{\partial x}$,并将得到的公式变换到随声速一起运动的坐标系后,可得

$$\frac{\partial v}{\partial t}+v\frac{\partial v}{\partial x}+\alpha\frac{\partial^3 v}{\partial x^3}=0 \tag{9.16.14}$$

式中,α 定义为

$$\alpha\equiv\frac{C_S\lambda_D^2}{2} \tag{9.16.15a}$$

在式(9.16.14)中,α 称为色散系数,$\alpha\frac{\partial^3 v}{\partial x^3}$项称为色散项。方程(9.16.14)称为 KdV 方程,它是弥散现象的典型代表,是由荷兰 Korteweg 和 de Vries 在研究浅水波的非线性行为时首先采用,并以他们的名字命名的[583,584]。将 KdV 方程(9.16.14)在 v_0 附近线性化,便可得到此方程的线性色散关系:

$$\omega=v_0k-\alpha k^3 \tag{9.16.15b}$$

引入 Burgers 方程

$$\frac{\partial v}{\partial t}+v\frac{\partial v}{\partial x}=\beta_0\frac{\partial^2 v}{\partial x^2} \tag{9.16.16a}$$

式中,$\beta_0\frac{\partial^2 v}{\partial x^2}$项称为耗散项。将 Burgers 方程(9.16.16a)在 v_0 附近线性化,可以得到它的线性色散关系式,为

$$\omega=v_0k-\mathrm{i}\beta_0k^2 \tag{9.16.16b}$$

将式(9.16.15b)与式(9.16.16b)进行比较可以看出,式(9.16.15b)中的 ω 总

是实数，这说明波在传播中没有耗散。由式(9.16.15b)得波的相速度$\frac{\omega}{k}$和群速度$\frac{\mathrm{d}\omega}{\mathrm{d}k}$分别为

$$\frac{\omega}{k}=v_0-\alpha k^2 \tag{9.16.15c}$$

$$\frac{\mathrm{d}\omega}{\mathrm{d}k}=v_0-3\alpha k^2 \tag{9.16.15d}$$

由式(9.16.15c)和式(9.16.15d)可以看出，相速度和群速度都不是常数，这表明不同波数 k 的波有不同的传播速度，这种变化是由色散项导致的。

数学上已经证明[585]：非线性方程中存在色散项，是该非线性方程有孤波解的必要条件。引入一行波坐标系 $y=x-v_0t$，于是 KdV 方程(9.1.14)可改写为

$$(v-v_0)\frac{\mathrm{d}v}{\mathrm{d}y}+\alpha\frac{\mathrm{d}^3v}{\mathrm{d}y^3}=0 \tag{9.16.17a}$$

对式(9.16.17a)进行积分，可得

$$-v_0v+\frac{1}{2}v^2+\alpha\frac{\mathrm{d}^2v}{\mathrm{d}y^2}=A \tag{9.16.17b}$$

以$\frac{\mathrm{d}v}{\mathrm{d}y}$为变量，对式(9.16.17b)再进行积分，并且解在 $y=\pm\infty$处的边界条件：

$$v\rightarrow 0,\quad v'\rightarrow 0,\quad v''\rightarrow 0 \tag{9.16.17c}$$

于是积分常数 A 应选为 0；式(9.16.17b)的积分为

$$\frac{\alpha}{2}\left(\frac{\mathrm{d}v}{\mathrm{d}y}\right)^2=\frac{v^2}{2}\left(v_0-\frac{v}{3}\right) \tag{9.16.17d}$$

不难发现，上述方程的解为

$$v(x-v_0t)=3v_0\,\mathrm{sech}^2\left[\frac{1}{2}\left(\frac{v_0}{\alpha}\right)^{\frac{1}{2}}(x-v_0t)\right] \tag{9.16.17e}$$

式(9.16.17e)即为 KdV 方程的孤立子解。1965 年借助于数值计算发现：两个孤波在相碰撞以后又恢复其原来的形状和速度，这个性质类似于两个粒子之间的弹性碰撞过程，由此人们又将孤波称为孤立子。

在结束本节讨论之前，这里有必要说明一下等离子体中非线性现象的普遍性和国际间协同观测的重要性。有研究者发现：两个孤波在相碰撞之后，各孤波均能保持其波形不变，这就凸显出了粒子的一种特性。从此之后，孤波作为非线性现象的一个重要研究领域在流体物理、等离子体、光学、凝聚态物理以及其他科学研究领域迅速展开。另外，20 世纪 80 年代以来，随着探空火箭、空间卫星以及国际空间站和高超声速飞行器技术的迅猛发展，为空间等离子体的孤波以及空间等离子体中各种非线性现象的观测提供了越来越丰富的资料与数据库。此外，我们也应看到：空间等离子体本身涵盖了从地球电离层到星系间的广袤宇宙空间，而且空间

等离子体中的一些非线性现象又十分复杂，它总是随着时间和空间而变化，因此要捕捉到这些十分复杂的非线性现象及其这些现象随空间与时间的演化过程，往往需要多个空间卫星的联合观测，需要同时测量出所发生现象的多个物理量及其这些物理量随时间的变化。因此，空间等离子体中非线性现象的观测需要各主要航天大国的国际合作，需要多个空间卫星以及多个高超声速飞行器的联合观测，需要国际之间的协同观测与共同的努力才能实现，这不大可能是某一个航天大国自己独家完成的事情。正因如此，近 20 多年来国际上在航天观测和国际空间站的搭建过程，都采用了多国参与、协同共建的国际合作模式。另外，在地面上，备受世人瞩目的受控热核聚变研究项目，尤其是 ITER 计划也采取了多国共建实施的合作方案。

目前，人类已经进入太空时代，创建太空活动基地、开发空间资源使人类活动的空间拓展到漫无边际的星际空间中，这就要求空间和天体等离子体物理为人类的空间活动安全提供环境保障，并且能够及时监测和预报环境参数。1973 年 5 月 14 日被“土星 5 号”运载火箭发射升空的美国天空实验室是美国第一个宇宙空间站，该天空实验室由于没有充分估计临近太阳活动峰年时可能带来的后果以至于 1976 年 6 月 11 日在重新进入地球大气层时坠毁。而 1984 年 4 月 10 日由于太阳耀斑得到正确预报，使得 Columbia 号航天飞机及时采取了措施，从而避免了发生天空实验室坠毁的悲剧。另外，像资源卫星这类长寿命的飞行器上的电器部件、绝缘材料的瞬时失常和辐射损伤、同步卫星带电等，这些都与飞行器周围的等离子体的相互作用有关，尤其与等离子体中的一些非线性效应有关。因此及时监测和预报空间等离子体环境，研究等离子体和飞行器之间的相互作用是目前人类进行航天科学研究时不可忽视的任务；此外，研究电离层等离子体环境及其对电波传输的影响，对于保障和改善飞行器的导航精度、改善通信品质也都是不可缺少的。

由于空间等离子体通常都十分稀薄，粒子碰撞的影响常可以略去不计。即使这样，有时在计算宇航工程中的磁流体发动机、再入飞行器磁流体力学边界层控制以及电离气体中电波传播的某些工况采用 Vlasov 方程去处理非线性问题时仍然会感到十分困难。总之，人们已逐渐从实践中认识到开展等离子体非线性问题研究的重要性，同时认识到：目前，线性(或准线性)波与波的相互作用(涉及波不稳定性、阻尼等问题)、非线性波与波的相互作用(涉及波扩散、共振三波不稳定性等问题)、非线性波与粒子的相互作用(涉及非线性 Landau 阻尼或增长以及粒子分布对波的散射等问题)、等离子体中束的集体相互作用、激光辐射与等离子体的相互作用(涉及强湍流问题)以及强流脉冲系统与电子磁流体动力学效应等方向是当代学术界研究的前沿课题。另外，强 Langmuir 湍流状态下等离子体湍流加热问题的研究，也将为指导可控热核聚变激光器的设计提供理论上的支撑。

第 10 章　狭义相对论下磁流体力学方程组的构成

10.1　Minkowski 四维时空与 Lorentz 协变性原理

相对性原理是指物理定律在一切相应的参考系中应该具有相同的形式。例如，Newton 力学满足如下相对性原理：所有的物理定律在惯性系中都具有相同的形式。这个原理用数学语言描述就是：在将一个惯性系转换到另一个惯性系的时空变换下，物理定律的形式保持不变。这里惯性系之间的时空变换称为 Galileo 变换。

设 K 与 $\overline{K}$ 为两个惯性系，其中的时空坐标系分别为 (t,x_1,x_2,x_3) 与 $(\overline{t},\overline{x}_1,\overline{x}_2,\overline{x}_3)$，并假设 $\overline{K}$ 以常速 $\mathbf{V}$ 相对于 K 做直线运动。为便于讨论，假定两个参考系的坐标轴方向都是一致的，这样只要适当地选取时间与空间的原点，则 Galileo 变换可写为

$$\begin{cases}\overline{t}=t\\ \overline{\boldsymbol{x}}=\boldsymbol{x}-t\mathbf{V}\end{cases}\tag{10.1.1a}$$

式中，

$$\boldsymbol{x}=[x_1\quad x_2\quad x_3]\tag{10.1.1b}$$

$$\overline{\boldsymbol{x}}=[\overline{x}_1\quad \overline{x}_2\quad \overline{x}_3]\tag{10.1.1c}$$

在经典 Newton 力学的范围内，两个惯性系之间的时空变换满足 Galileo 变换；在狭义相对论的范围内，时空的维度为 4；考虑平直的 Descartes 时空坐标系 (t,x,y,z)，相对论的基本假设是时空四维间隔不变性，即

$$(\mathrm{d}s)^2=c^2(\mathrm{d}t)^2-(\mathrm{d}x)^2-(\mathrm{d}y)^2-(\mathrm{d}z)^2\tag{10.1.2}$$

不依赖于惯性坐标系的选择，在 Lorentz 变换下不变。这表明时空坐标构成四维空间，Lorentz 变换是在这个四维空间的坐标轴转动，保持四维矢量长度不变。对于四维空间常有两种选择[586~589]：一种是取时间轴为虚数的 Euclid 空间（简称欧氏空间），即

$$(x^\mu)=[x^1\quad x^2\quad x^3\quad x^4]=[x\quad y\quad z\quad \mathrm{i}ct]\tag{10.1.3a}$$

Euclid 空间的上角标常用 1,2,3,4；另一种是取时间轴为实数的 Minkowski 空间（简称闵氏空间），即

$$(x^\mu)=[x^0\quad x^1\quad x^2\quad x^3]=[ct\quad x\quad y\quad z]\tag{10.1.3b}$$

Minkowski 空间的上角标常用 0,1,2,3；本章取后者，即文献[589]的写法。

考虑一般四维空间的坐标系，四维间隔为

$$(\mathrm{d}s)^2 = \sum_{\mu,\nu} g_{\mu\nu} \mathrm{d}x^\mu \mathrm{d}x^\nu \equiv g_{\mu\nu} \mathrm{d}x^\mu \mathrm{d}x^\nu \tag{10.1.4a}$$

式中采用了 Einstein 约定：除非特别说明，相同的一对上下角标意味着对它求和。此外还约定：希腊字母 $\mu, \nu, \lambda \cdots = 0, 1, 2, 3$；英文字母 $i, j, k \cdots = 1, 2, 3$；在式(10.1.4a)中，$g_{\mu\nu}$ 为四维空间的度规，并有

$$g_{\mu\nu} = g_{\nu\mu} \tag{10.1.4b}$$

考虑坐标系$\{x^\mu, \mu=0,1,2,3\}$与坐标系$\{x^{\mu'}, \mu'=0,1,2,3\}$间的变换

$$\mathrm{d}x^\mu \to \mathrm{d}x^{\mu'} = a^\mu_\nu \mathrm{d}x^\nu \tag{10.1.5a}$$

及其逆变换

$$\mathrm{d}x^{\mu'} \to \mathrm{d}x^\mu = \bar{a}^{\mu}_{\nu} \mathrm{d}x^{\nu'} \tag{10.1.5b}$$

式中，a^μ_ν 与 $\bar{a}^{\mu}_{\nu}$ 分别为坐标系变换系数，a^μ_ν 与 $\bar{a}^{\mu}_{\nu}$ 间满足正交关系，即

$$\bar{a}^\mu_\lambda a^\lambda_\nu = a^\mu_\lambda \bar{a}^\lambda_\nu = \delta^\mu_\nu \tag{10.1.5c}$$

式中，δ^μ_ν 为 Kronecker 符号。

令$(g_{\mu\nu})$代表由元素 $g_{\mu\nu}$ 组成的矩阵，于是$(g_{\mu\nu})$的逆可记作$(g^{\mu\nu})$，并且有

$$g^{\mu\lambda} g_{\lambda\nu} = \delta^\mu_\nu \tag{10.1.6}$$

因为 Minkowski 空间是平直的，对于 Descartes 平直坐标，则有

$$(g_{\mu\nu}) = (g^{\mu\nu}) = \begin{bmatrix} 1 & 0 & 0 & 0 \\ 0 & -1 & 0 & 0 \\ 0 & 0 & -1 & 0 \\ 0 & 0 & 0 & -1 \end{bmatrix} \tag{10.1.7a}$$

在这种情况下$[x_0 \quad x_1 \quad x_2 \quad x_3]$为

$$(x_\mu) = [x_0 \quad x_1 \quad x_2 \quad x_3] = [ct \quad -x \quad -y \quad -z] \tag{10.1.7b}$$

所谓 Lorentz 变换，是保持四维间隔不变的线性齐次坐标变换

$$x^\mu \to x^{\mu'} = a^\mu_\nu x^\nu \tag{10.1.8a}$$

对于正规 Lorentz 变换，还应要求变换矩阵的行列式等于 1，即

$$\| a^\mu_\nu \| = 1 \tag{10.1.8b}$$

相对性原理要求物理规律在 Lorentz 变换下不变，因此物理量应是张量，物理量的方程是张量方程，在 Lorentz 变换下按照张量的方式变换，这就是 Lorentz 协变性的核心内涵。Lorentz 协变性，又称 Lorentz 相对论协变性原理，它也是狭义相对论的核心内容。1905 年 Einstein 提出的狭义相对论基本原理共有两条：一条是相对性原理，即在相互做匀速直线运动的惯性系中，一切物理定律是相同的；另一条是光速不变原理，即在相互做匀速直线运动的惯性系中，真空中的光速都是各向同性的，而且都等于 c；另外，狭义相对论认为：一切惯性坐标系都是平权的；从惯性系看来，空间的大小和时间的快慢与物体的运动状态有关，但时空的几何性质却不受

运动物质的影响。狭义相对论还认为，我们生活在平直的 Euclid 空间[590~593]。广义相对论则不然，它首先认为，一切坐标系都是平权的，不仅空间的大小和时间的快慢与物体的运动状态有关，而且物质世界的时空性质完全取决于运动着的物质，完全取决于运动物质所产生的引力场。按照广义相对论的观点，我们还生活在一个弯曲的 Riemann 空间[594~602]。

10.2　Minkowski 四维时空中的速度、加速度与四维动量

Minkowski 是 Einstein 在苏黎世瑞士联邦工业大学时的老师，是一位著名的数学家，他创建的 Minkowski 四维时空（记为 M）是研究 Einstein 狭义相对论的重要数学工具。令

$$x^0 = xt, x^i = x_i \quad (i = 1,2,3) \tag{10.2.1a}$$

对 $x = (x^0, x^1, x^2, x^3)$，$y = (y^0, y^1, y^2, y^3) \in M$，其内积定义为

$$\langle x, y \rangle = x^0 y^0 - x^1 y^1 - x^2 y^2 - x^3 y^3 \tag{10.2.1b}$$

或

$$\langle x, y \rangle = g_{\alpha\beta} x^\alpha y^\beta \tag{10.2.1c}$$

式中，$g_{\alpha\beta}$ 组成的矩阵表达式为

$$(g_{\alpha\beta}) = \begin{bmatrix} 1 & 0 & 0 & 0 \\ 0 & -1 & 0 & 0 \\ 0 & 0 & -1 & 0 \\ 0 & 0 & 0 & -1 \end{bmatrix} \tag{10.2.1d}$$

设 $x, y \in M$，且 $\langle x, y \rangle = 0$，则称 x 与 y 是正交的。如果 $x \in M$，且 $\langle x, x \rangle = \pm 1$，则称 x 为 M 中的单位矢量。设 L 是一个从 M 到 M 的线性变换，如果有

$$\langle Lx, Ly \rangle = \langle x, y \rangle, \quad \forall x, y \in M \tag{10.2.2}$$

则称线性变换 L 为 M 中的正交变换。由 Lorentz 变换的定义可以看出，M 中的正交变换一定是 Lorentz 变换。反之，Lorentz 变换必为 M 中的正交变换。

设粒子相对于两个惯性参考系 K 与 $\overline{K}$ 的运动速度大小分别为 v 与 $\bar{v}$，由于 $\sum_{i=1}^{3} (\mathrm{d}x^i)^2$ 与 $\sum_{i=1}^{3} (\mathrm{d}\bar{x}^i)^2$ 分别为在 K 与 $\overline{K}$ 中观测到的粒子在时间间隔 $\mathrm{d}t$ 与 $\mathrm{d}\bar{t}$ 内运动距离的平方，于是有

$$\sum_{i=1}^{3} \left(\frac{\mathrm{d}x^i}{\mathrm{d}t}\right)^2 = v^2, \quad \sum_{i=1}^{3} \left(\frac{\mathrm{d}\bar{x}^i}{\mathrm{d}\bar{t}}\right)^2 = \bar{v}^2 \tag{10.2.3a}$$

因此

$$(\mathrm{d}x^0)^2 - \sum_{i=1}^{3} (\mathrm{d}x^i)^2 = (\mathrm{d}\bar{x}^0)^2 - \sum_{i=1}^{3} (\mathrm{d}\bar{x}^i)^2 \tag{10.2.3b}$$

可以改写为

$$(\mathrm{d}x^0)^2-(v\mathrm{d}t)=(\mathrm{d}\bar{x}^0)^2-(\bar{v}\mathrm{d}\bar{t})^2 \tag{10.2.3c}$$

由于 $x^0=ct$ 以及 $\bar{x}^0=c\,\bar{t}$，于是式(10.2.3c)变为

$$\sqrt{1-\left(\frac{v}{c}\right)^2}\,\mathrm{d}t=\sqrt{1-\left(\frac{\bar{v}}{c}\right)^2}\,\mathrm{d}\bar{t} \tag{10.2.3d}$$

引入固有时间间隔 $\mathrm{d}\tau$ 这一概念，它是 M 中的四维标量，其定义为

$$\mathrm{d}\tau\equiv\sqrt{1-\left(\frac{v}{c}\right)^2}\,\mathrm{d}t \tag{10.2.4a}$$

因此由 $\mathrm{d}\tau$ 和 $\mathrm{d}x$ 可以得到 M 中的四维速度，并记为

$$[u^0\quad u^1\quad u^2\quad u^3]=\frac{\mathrm{d}x}{\mathrm{d}\tau}=\left[\frac{\mathrm{d}x^0}{\mathrm{d}\tau}\quad\frac{\mathrm{d}x^1}{\mathrm{d}\tau}\quad\frac{\mathrm{d}x^2}{\mathrm{d}\tau}\quad\frac{\mathrm{d}x^3}{\mathrm{d}\tau}\right] \tag{10.2.4b}$$

借助于式(10.2.4a)，则式(10.2.4b)又可改写为

$$[u^0\quad u^1\quad u^2\quad u^3]=\tilde{\gamma}[c\quad v^1\quad v^2\quad v^3] \tag{10.2.5a}$$

式中，

$$\tilde{\gamma}=\frac{1}{\sqrt{1-\left(\frac{v}{c}\right)^2}},\quad v=|\boldsymbol{v}| \tag{10.2.5b}$$

$$\boldsymbol{v}=[v^1\quad v^2\quad v^3]=\left[\frac{\mathrm{d}x^1}{\mathrm{d}t}\quad\frac{\mathrm{d}x^2}{\mathrm{d}t}\quad\frac{\mathrm{d}x^3}{\mathrm{d}t}\right] \tag{10.2.5c}$$

式中，$\boldsymbol{v}$ 为普通意义下的速度。需要说明的是，这里 $\boldsymbol{v}$ 是粒子运动速度，而不是惯性系 $\overline{K}$ 相对于惯性系 K 的运动速度。

类似地，可定义四维加速度为

$$\left[\frac{\mathrm{d}u^0}{\mathrm{d}\tau}\quad\frac{\mathrm{d}u^1}{\mathrm{d}\tau}\quad\frac{\mathrm{d}u^2}{\mathrm{d}\tau}\quad\frac{\mathrm{d}u^3}{\mathrm{d}\tau}\right] \tag{10.2.6}$$

如果以 m_0 表示粒子在静止时的质量，称为静止质量，于是 m_0 为一个四维标量，它与四维速度的乘积也应是一个四维（逆变）矢量，称其为四维动量，并记为 $[p^0\quad p^1\quad p^2\quad p^3]$，即

$$[p^0\quad p^1\quad p^2\quad p^3]=m_0[u^0\quad u^1\quad u^2\quad u^3] \tag{10.2.7a}$$

以 $\boldsymbol{p}=[p^1\quad p^2\quad p^3]$ 表示 M 中四维动量的空间分量，即

$$\boldsymbol{p}=m\boldsymbol{v} \tag{10.2.7b}$$

式中，m 为粒子的惯性质量，其表达式为

$$m=\tilde{\gamma}m_0 \tag{10.2.7c}$$

值得注意的是，这里 m 并不是 Lorentz 变换下的不变量，即它不是一个四维标量。另外，以 p^0 表示 M 中四维动量的时间分量，其表达式为

$$p^0=\frac{1}{c}\tilde{E} \tag{10.2.7d}$$

式中，$\widetilde{E}$ 称为粒子的总能量，其表达式为

$$\widetilde{E}=mc^2 \tag{10.2.7e}$$

因此，四维动量可写为

$$\begin{bmatrix} p^0 & p^1 & p^2 & p^3 \end{bmatrix}=\begin{bmatrix} \dfrac{1}{c}\widetilde{E} & \boldsymbol{p} \end{bmatrix} \tag{10.2.7f}$$

显然，这里四维动量即给出了粒子的动量 $\boldsymbol{p}$，又给出了粒子的总能量 $\widetilde{E}$。

在 M 中，任意一个四维（逆变）矢量，其时间分量的平方减去空间分量的平方是一个四维标量。特别地，对于四维速度，借助于式(10.2.5a)，有

$$(u^0)^2-(u^1)^2-(u^2)^2-(u^3)^2=c^2 \tag{10.2.8}$$

对于四维动量，有

$$(p^0)^2-(p^1)^2-(p^2)^2-(p^3)^2=\frac{1}{c^2}\widetilde{E}_0^2 \tag{10.2.9}$$

式中，$\widetilde{E}_0$ 为粒子的静止能量，在 M 中，它是一个标量。另外，借助于式(10.2.7d)和式(10.2.9)又可得到

$$\widetilde{E}^2-c^2|\boldsymbol{p}|^2=\widetilde{E}_0^2 \tag{10.2.10}$$

式(10.2.10)表明：粒子总能量的平方与动量平方之差是 M 中的标量，并且等于静止能量的平方。这里 $\widetilde{E}^2-c^2|\boldsymbol{p}|^2$ 称为能量—动量不变量，而式(10.2.10)则称为能量-动量公式。

10.3　Minkowski 时空中的四维力及其四维动量守恒

在 Minkowski 四维时空中，将粒子的四维动量$[p^0\quad p^1\quad p^2\quad p^3]$对固有时间 τ 取导数，便得到一个四维（逆变）矢量，称其为 Minkowski 力或称作四维力，并记为$[\widetilde{g}^0\quad \widetilde{g}^1\quad \widetilde{g}^2\quad \widetilde{g}^3]$，即

$$\begin{bmatrix} \widetilde{g}^0 & \widetilde{g}^1 & \widetilde{g}^2 & \widetilde{g}^3 \end{bmatrix}=\begin{bmatrix} \dfrac{\mathrm{d}p^0}{\mathrm{d}\tau} & \dfrac{\mathrm{d}p^1}{\mathrm{d}\tau} & \dfrac{\mathrm{d}p^2}{\mathrm{d}\tau} & \dfrac{\mathrm{d}p^3}{\mathrm{d}\tau} \end{bmatrix} \tag{10.3.1a}$$

四维力的空间分量为

$$\widetilde{g}^i\equiv\frac{\mathrm{d}p^i}{\mathrm{d}\tau}=\widetilde{\gamma}\,\frac{\mathrm{d}p^i}{\mathrm{d}t},\quad i=1,2,3 \tag{10.3.1b}$$

式中，$\dfrac{\mathrm{d}p^i}{\mathrm{d}t}(i=1,2,3)$为普通意义下力的分量，记作 $f^i(i=1,2,3)$；而普通力矢量为

$$\boldsymbol{f}=[f^1\quad f^2\quad f^3]=\frac{\mathrm{d}\boldsymbol{p}}{\mathrm{d}t} \tag{10.3.1c}$$

这里应指出，普通力 $\boldsymbol{f}$ 并不是 M 中四维力的空间分量。借助于式(10.2.7f)，四维力的时间分量为 $\widetilde{g}^0$ 为

$$\widetilde{g}^0=\frac{\mathrm{d}p^0}{\mathrm{d}\tau}=\frac{\widetilde{\gamma}}{c}\frac{\mathrm{d}E}{\mathrm{d}t} \tag{10.3.1d}$$

将式(10.2.10)的两端对 t 求导,且

$$\frac{\mathrm{d}\widetilde{E}_0}{\mathrm{d}t}=0 \tag{10.3.2a}$$

得到

$$\widetilde{E}\frac{\mathrm{d}\widetilde{E}}{\mathrm{d}t}=c^2\boldsymbol{p}\cdot\frac{\mathrm{d}\boldsymbol{p}}{\mathrm{d}t} \tag{10.3.2b}$$

利用式(10.2.7b)、式(10.2.7e)和式(10.3.1b),则式(10.3.2b)可写为

$$\frac{\mathrm{d}\widetilde{E}}{\mathrm{d}t}=\boldsymbol{v}\cdot\boldsymbol{f} \tag{10.3.3}$$

式(10.3.3)表明,粒子总能量的变化率 $\frac{\mathrm{d}\widetilde{E}}{\mathrm{d}t}$ 等于作用在粒子上的普通力的做功率;由此就不难理解称 $\widetilde{E}=mc^2$ 为粒子总能量的理由。利用式(10.3.3),四维力的时间分量表达式(10.3.1d)又可写为

$$\widetilde{g}^0=\frac{\widetilde{\gamma}}{c}\boldsymbol{v}\cdot\boldsymbol{f} \tag{10.3.1e}$$

综合前面给出的式(10.3.1b)、式(10.3.1c)以及式(10.3.1e),则四维力的表达式为

$$[\widetilde{g}^0\quad \widetilde{g}^1\quad \widetilde{g}^2\quad \widetilde{g}^3]=\widetilde{\gamma}\left[\frac{1}{c}\boldsymbol{v}\cdot\boldsymbol{f}\quad \boldsymbol{f}\right] \tag{10.3.4}$$

当四维力 $[\widetilde{g}^0\quad \widetilde{g}^1\quad \widetilde{g}^2\quad \widetilde{g}^3]=0$ 时,借助于式(10.3.1a),表明四维动量 $[p^0\quad p^1\quad p^2\quad p^3]$ 守恒。另外,由式(10.2.7f)可知,四维动量包括动量 $\boldsymbol{p}$ 以及总能量 $\widetilde{E}$,因此当四维动量守恒时,不仅动量守恒,而且能量也守恒,换句话说,四维动量守恒包含了通常意义下的动量守恒定律与能量守恒定律。

10.4 狭义相对论流体力学中的能动张量和守恒律方程组

令 $\overline{K}$ 为固有参考系(简称固有系),它是随动参考系,使流体微元在这个参考系中是静止的。K 为一般惯性参考系,在该参考系中流体微元的宏观速度为 $\boldsymbol{v}=[v_1\quad v_2\quad v_3]$。由于 $\overline{K}$ 为随动系,它相对于 K 的运动速度就是 $\boldsymbol{v}$;相应地,参考系 K 相对于 $\overline{K}$ 的运动速度为 $\boldsymbol{V}=-\boldsymbol{v}$;假设在 K 与 $\overline{K}$ 中的时空坐标分别为(x^0,x^1,x^2,x^3)与$(\overline{x}^0,\overline{x}^1,\overline{x}^2,\overline{x}^3)$,它们之间的 Lorentz 变换关系为

$$x^\alpha=a^\alpha_\beta\overline{x}^\beta,\quad \alpha=0,1,2,3 \tag{10.4.1a}$$

式中,

$$a_0^0=\widetilde{\gamma},\quad a_i^0=\widetilde{\gamma}\,\frac{v_i}{c},\quad i=1,2,3 \tag{10.4.1b}$$

$$a_0^i=\widetilde{\gamma}\,\frac{v_i}{c},\quad a_j^i=\frac{\widetilde{\gamma}-1}{v}v_iv_j+\delta_{ij},\quad i,j=1,2,3 \tag{10.4.1c}$$

式中，$\widetilde{\gamma}$ 与 v 的定义同式(10.2.5b)。

今考虑外力为零，由理想流体的连续方程、动量方程和能量方程组成的流体力学方程，容易证明在这种情况下一般惯性参考系 K 中的能量-动量张量分量（简称能动张量）$\hat{\tau}_{\mathrm{f}}^{\alpha\beta}$ 的表达式为[603~615]

$$\hat{\tau}_{\mathrm{f}}^{\alpha\beta}=\frac{1}{c^2}(\hat{\mu}+p)u^\alpha u^\beta-pg^{\alpha\beta},\quad \alpha,\beta=0,1,2,3 \tag{10.4.2a}$$

式中，$\hat{\mu}$ 与 p 分别为固有内能密度与压强；$\hat{\mu}$ 的表达式为

$$\hat{\mu}=\rho c^2+\rho e \tag{10.4.2b}$$

式中，e 为单位静止质量的热力学内能；ρ 为固有质量密度。

另外，式(10.4.2a)中，由 $g^{\alpha\beta}$ 组成的矩阵为

$$(g^{\alpha\beta})=\begin{bmatrix}1 & 0 & 0 & 0\\ 0 & -1 & 0 & 0\\ 0 & 0 & -1 & 0\\ 0 & 0 & 0 & -1\end{bmatrix} \tag{10.4.2c}$$

有了能量-动量张量$(\hat{\tau}_{\mathrm{f}}^{\alpha\beta})$，于是便得到了相对论流体力学中所描述的能量与动量守恒的方程组：

$$\frac{\partial}{\partial x^\beta}\hat{\tau}_{\mathrm{f}}^{\alpha\beta}=0,\quad \alpha=0,1,2,3 \tag{10.4.3}$$

或者写为如下四个方程：

$$\frac{\partial}{\partial t}\left(\frac{\hat{\mu}+p}{c^2-v^2}-\frac{p}{c^2}\right)+\sum_{k=1}^{3}\frac{\partial}{\partial x_k}\left(\frac{\hat{\mu}+p}{c^2-v^2}v_k\right)=0 \tag{10.4.4a}$$

$$\frac{\partial}{\partial t}\left(\frac{\hat{\mu}+p}{c^2-v^2}v_i\right)+\sum_{k=1}^{3}\frac{\partial}{\partial x_k}\left(\frac{\hat{\mu}+p}{c^2-v^2}v_iv_k+p\delta_{ik}\right)=0,\quad i=1,2,3 \tag{10.4.4b}$$

在式(10.4.4a)与式(10.4.4b)中，v^2 代表$|\boldsymbol{v}|$的平方，即

$$v^2=\boldsymbol{v}\cdot\boldsymbol{v} \tag{10.4.4c}$$

另外，在式(10.4.2b)和式(10.4.4)中，ρ、p 和 e 等热力学量中，仅有两个是独立的，并且由状态方程进行相互联系。因此，式(10.4.4a)和式(10.4.4b)中仅有 4 个方程，却有 5 个未知函数，这就需要补充一个守恒律方程。

在相对论流体力学中，质量不再是守恒量，但流体的粒子数却是守恒的。设 n 表示固有粒子密度，即在随动的固有系中单位体积流体内粒子的个数，于是粒子数守恒方程为

$$\frac{\partial}{\partial x^{\alpha}}(nu^{\alpha})=0 \tag{10.4.5a}$$

而$[u^0 \quad u^1 \quad u^2 \quad u^3]$为 M 中的四维速度。

利用式(10.4.5b)，则式(10.4.5a)又可改写为

$$\frac{\partial}{\partial t}(\tilde{\gamma}\rho)+\sum_{k=1}^{3}\frac{\partial}{\partial x_k}(\tilde{\gamma}\rho v_k)=0 \tag{10.4.5b}$$

式中，$\tilde{\gamma}$ 由式(10.2.5b)定义；m_0 为单个粒子的平均静止质量。

$$\rho=nm_0 \tag{10.4.5c}$$

综上所述，式(10.4.4a)、式(10.4.4b)以及式(10.4.5c)并且连同相应的热力学状态方程，便构成了以 ρ、p、v_1、v_2、v_3 为未知函数的狭义相对论下理想流体力学的基本方程组。数学上可以证明[604,605]，上述相对论流体力学方程组是一个一阶拟线性双曲型方程组，这就给数值求解这个方程组带来了方便。

10.5　Minkowski 四维时空中电磁场的场强张量和能动张量

电场与磁场不是独立的，而是相互关联的两个向量。当从一个惯性系通过 Lorentz 变换转变到另一个惯性系时，在新系中的电场向量不仅依赖于原系中的电场向量，还依赖于原系中的磁场向量。对于磁场也同样如此。因此，电场向量与磁场向量不能分别看成两个独立的四维向量的空间分量，必须将它们放在一起进行考虑。

引入电磁场的标势 φ 与矢势 $\boldsymbol{A}$，在 Lorentz 规范下，φ 与 $\boldsymbol{A}$ 分别满足如下方程：

$$\frac{1}{c^2}\frac{\partial^2}{\partial t^2}\varphi-\Delta\varphi=\frac{\rho}{\varepsilon_0} \tag{10.5.1a}$$

$$\frac{1}{c^2}\frac{\partial^2}{\partial t^2}\boldsymbol{A}-\Delta\boldsymbol{A}=\mu_0\boldsymbol{j} \tag{10.5.1b}$$

式中，ε_0 与 μ_0 分别为真空中的介电常数和磁导率，并且还有

$$\varepsilon_0\mu_0=c^{-2} \tag{10.5.1c}$$

Lorentz 规范条件为

$$\frac{1}{c^2}\frac{\partial\varphi}{\partial t}+\nabla\cdot\boldsymbol{A}=0 \tag{10.5.2}$$

令

$$\mu_0[j^0 \quad j^1 \quad j^2 \quad j^3]\equiv\left[\frac{\rho}{\varepsilon_0 c} \quad \mu_0\boldsymbol{j}\right] \tag{10.5.3a}$$

式中，$[j^0 \quad j^1 \quad j^2 \quad j^3]$是一个四维(逆变)矢量。

令

$$[A^0 \quad A^1 \quad A^2 \quad A^3]\equiv\left[\frac{1}{c}\varphi \quad \boldsymbol{A}\right] \tag{10.5.3b}$$

它也是一个四维(逆变)矢量。引进波动算子$\Box$,其定义为

$$\Box = g^{\alpha\beta}\frac{\partial}{\partial x^{\alpha}}\frac{\partial}{\partial x^{\beta}} \tag{10.5.3c}$$

式中,$g^{\alpha\beta}$组成的矩阵为

$$(g^{\alpha\beta}) = \begin{bmatrix} 1 & 0 & 0 & 0 \\ 0 & -1 & 0 & 0 \\ 0 & 0 & -1 & 0 \\ 0 & 0 & 0 & -1 \end{bmatrix} \tag{10.5.3d}$$

利用式(10.5.3),则式(10.5.1a)、式(10.5.1b)和式(10.5.2)分别改写为

$$\Box A^{\alpha} = \mu_0 j^{\alpha}, \quad \alpha = 0,1,2,3 \tag{10.5.4a}$$

$$\frac{\partial A^{\beta}}{\partial x^{\beta}} = 0, \quad \beta = 0,1,2,3 \tag{10.5.4b}$$

通过四维(逆变)矢量(A^{α})可定义一个四维二阶(逆变)张量($F^{\alpha\beta}$),其中 $F^{\alpha\beta}$ 的表达式为

$$F^{\alpha\beta} = g^{\beta\delta}\frac{\partial A^{\alpha}}{\partial x^{\delta}} - g^{\alpha\gamma}\frac{\partial A^{\beta}}{\partial x^{\gamma}}, \quad \alpha,\beta = 0,1,2,3 \tag{10.5.5a}$$

张量($F^{\alpha\beta}$)称为电磁场的(逆变)场强张量,它是闵氏空间中的一个二阶反对称张量,其具体表达式为

$$(F^{\alpha\beta}) = \begin{bmatrix} 0 & \frac{1}{c}E_1 & \frac{1}{c}E_2 & \frac{1}{c}E_3 \\ -\frac{1}{c}E_1 & 0 & B_3 & -B_2 \\ -\frac{1}{c}E_2 & -B_3 & 0 & B_1 \\ -\frac{1}{c}E_3 & B_2 & -B_1 & 0 \end{bmatrix} \tag{10.5.5b}$$

引入张量($F^{\alpha\beta}$)的对偶张量($^{*}F^{\alpha\beta}$),其具体表达式为

$$(^{*}F^{\alpha\beta}) = \begin{bmatrix} 0 & B_1 & B_2 & B_3 \\ -B_1 & 0 & -\frac{1}{c}E_3 & \frac{1}{c}E_2 \\ -B_2 & \frac{1}{c}E_3 & 0 & -\frac{1}{c}E_1 \\ -B_3 & -\frac{1}{c}E_2 & \frac{1}{c}E_1 & 0 \end{bmatrix} \tag{10.5.5c}$$

真空中的 Maxwell 方程组

$$\nabla\cdot\boldsymbol{E} = \frac{\rho}{\varepsilon_0} \tag{10.5.6a}$$

$$\nabla\times \boldsymbol{E}=-\frac{\partial \boldsymbol{B}}{\partial t} \tag{10.5.6b}$$

$$\nabla\cdot \boldsymbol{B}=0 \tag{10.5.6c}$$

$$\nabla\times \boldsymbol{B}=\mu_0\left(\varepsilon_0\frac{\partial \boldsymbol{E}}{\partial t}+\boldsymbol{j}\right) \tag{10.5.6d}$$

借助于式(10.5.6a)和式(10.5.6d),有

$$\frac{\partial F^{\alpha\beta}}{\partial x^\beta}=\mu_0 j^\alpha,\quad \alpha=0,1,2,3 \tag{10.5.7a}$$

借助于式(10.5.6b)和式(10.5.6c),有

$$\frac{\partial\, {}^*F^{\alpha\beta}}{\partial x^\beta}=0,\quad \alpha=0,1,2,3 \tag{10.5.7b}$$

对于考虑介质时的电磁场问题,其 Maxwell 方程组为

$$\nabla\cdot \boldsymbol{D}=\rho \tag{10.5.8a}$$

$$\nabla\times \boldsymbol{E}=-\frac{\partial \boldsymbol{B}}{\partial t} \tag{10.5.8b}$$

$$\nabla\cdot \boldsymbol{B}=0 \tag{10.5.8c}$$

$$\nabla\times \boldsymbol{H}=\frac{\partial \boldsymbol{D}}{\partial t}+\boldsymbol{j} \tag{10.5.8d}$$

式中,$\boldsymbol{D}$ 与 $\boldsymbol{H}$ 分别为电位移矢量与电磁场强度。

引入考虑介质时电磁场的场强张量($G^{\alpha\beta}$)及其对偶张量(${}^*G^{\alpha\beta}$),其矩阵表达式分别为

$$(G^{\alpha\beta})=\begin{bmatrix} 0 & D_1 & D_2 & D_3 \\ -D_1 & 0 & \frac{1}{c}H_3 & -\frac{1}{c}H_2 \\ -D_2 & -\frac{1}{c}H_3 & 0 & \frac{1}{c}H_1 \\ -D_3 & \frac{1}{c}H_2 & -\frac{1}{c}H_1 & 0 \end{bmatrix} \tag{10.5.9a}$$

$$({}^*G^{\alpha\beta})=\begin{bmatrix} 0 & \frac{1}{c}H_1 & \frac{1}{c}H_2 & \frac{1}{c}H_3 \\ -\frac{1}{c}H_1 & 0 & -D_3 & D_2 \\ -\frac{1}{c}H_2 & D_3 & 0 & -D_1 \\ -\frac{1}{c}H_3 & -D_2 & D_1 & 0 \end{bmatrix} \tag{10.5.9b}$$

同样,借助于式(10.5.8a)和式(10.5.8d),有

$$\frac{\partial}{\partial x^{\beta}}G^{\alpha\beta}=\frac{1}{c}j^{\alpha},\quad \alpha=0,1,2,3 \tag{10.5.10a}$$

借助于式(10.5.8b)和式(10.5.8c),有

$$\frac{\partial G^{\alpha\beta *}}{\partial x^{\beta}}=0,\quad \alpha=0,1,2,3 \tag{10.5.10b}$$

式中,$G^{\alpha\beta}$与$^*G^{\alpha\beta}$为M中的二阶反对称张量的逆变分量。

令$\hat{\tau}^{\alpha\beta}$代表电磁场的能量-动量张量的逆变分量,简称为电磁场的能动张量的逆变分量。由8.2节可知,$\hat{\tau}^{\alpha\beta}$可定义为

$$\hat{\tau}^{\alpha\beta}=\frac{1}{2}(\varepsilon\boldsymbol{E}\cdot\boldsymbol{E}+\mu\boldsymbol{H}\cdot\boldsymbol{H})\delta^{\alpha\beta}-(\varepsilon E_{\alpha}E_{\beta}+\mu H_{\alpha}H_{\beta}),\quad \alpha,\beta=1,2,3 \tag{10.5.11a}$$

$$\hat{\tau}^{0\beta}=\hat{\tau}^{\beta0}=\frac{1}{c}(\boldsymbol{E}\times\boldsymbol{H})_{\beta},\quad \beta=1,2,3 \tag{10.5.11b}$$

$$\hat{\tau}^{00}=\frac{1}{2}(\varepsilon\boldsymbol{E}\cdot\boldsymbol{E}+\mu\boldsymbol{H}\cdot\boldsymbol{H}) \tag{10.5.11c}$$

式中,$\delta^{\alpha\beta}$为Kronecker符号。

式(10.5.11a)~式(10.5.11c)可以统一写为如下形式:

$$\hat{\tau}^{\alpha\beta}=\frac{1}{2}g^{\alpha\beta}(\mu\boldsymbol{H}\cdot\boldsymbol{H}+\varepsilon\boldsymbol{E}\cdot\boldsymbol{E})-cg_{\delta\gamma}F^{\alpha\delta}G^{\beta\gamma},\quad \alpha,\beta=0,1,2,3 \tag{10.5.12a}$$

式中,$g_{\alpha\beta}=g^{\alpha\beta}$;$F^{\alpha\delta}$和$G^{\beta\gamma}$可分别由式(10.5.5b)和式(10.5.9a)定义。

容易证明$\hat{\tau}^{\alpha\beta}$为M中的二阶张量的逆变分量;另外,还容易证明$\mu\boldsymbol{H}\cdot\boldsymbol{H}+\varepsilon\boldsymbol{E}\cdot\boldsymbol{E}$在Lorentz变换下保持不变,它是$M$中的一个标量。将电磁场的能量-动量张量写为矩阵形式,为

$$(\hat{\tau}_{\alpha\beta})=\left[\begin{array}{c|c} W & \dfrac{S_k}{c} \\ \hline c\hat{g}_i & T_{ik} \end{array}\right] \tag{10.5.12b}$$

式(10.5.12b)写成矩阵形式后的左上角为电磁场的能量密度W,其表达式为

$$W=\frac{1}{2}(\varepsilon_0\boldsymbol{E}\cdot\boldsymbol{E}+\mu_0\boldsymbol{H}\cdot\boldsymbol{H}) \tag{10.5.12c}$$

式(10.5.12)等号右侧矩阵的右上角为$\frac{S_k}{c}$,S_k为电磁场的能流密度矢量(即Poynting矢量)$\boldsymbol{S}$的分量,$\boldsymbol{S}$的表达式为

$$\boldsymbol{S}=\boldsymbol{E}\times\boldsymbol{H}=\frac{1}{\mu_0}(\boldsymbol{E}\times\boldsymbol{B}) \tag{10.5.12d}$$

式(10.5.12)等号右侧矩阵的左下角为$c\hat{g}_i$,$\hat{g}_i$为电磁场动量密度矢量$\hat{\boldsymbol{g}}$的分量,$\hat{\boldsymbol{g}}$的表达式为

$$\hat{\boldsymbol{g}}=\frac{\boldsymbol{S}}{c^2}=\varepsilon_0(\boldsymbol{E}\times\boldsymbol{B}) \tag{10.5.12e}$$

式(10.5.12)等号右侧矩阵的右下角为 T_{ik}，它是三维空间应力张量(即 Maxwell 应力张量)$\boldsymbol{T}_{\text{em}}$的分量，$\boldsymbol{T}$ 的表达式为[5,19,596,597]

$$\boldsymbol{T}_{\text{em}}=\varepsilon_0\left[\frac{1}{2}(\boldsymbol{E}\cdot\boldsymbol{E})\boldsymbol{I}-\boldsymbol{EE}\right]+\mu_0\left[\frac{1}{2}(\boldsymbol{H}\cdot\boldsymbol{H})\boldsymbol{I}-\boldsymbol{HH}\right] \tag{10.5.12f}$$

式中，$\boldsymbol{I}$ 为单位并矢张量，即

$$\boldsymbol{I}=\boldsymbol{ii}+\boldsymbol{jj}+\boldsymbol{kk} \tag{10.5.12g}$$

因此，封闭物质系统(如质点系、弹性介质场、流场、电磁场、介子场等)的运动方程以及能量-动量守恒定律可以表达为 $\hat{\tau}_{\alpha\beta}$ 的普通微分守恒律的形式，即

$$\frac{\partial\hat{\tau}_{\alpha\beta}}{\partial x^{\beta}}=0 \tag{10.5.13}$$

对于电磁场，当 $\alpha=0$ 时，由式(10.5.13)和式(10.5.12b)可得能量-动量守恒律，其表达式为

$$\frac{\partial\hat{\tau}_{0\beta}}{\partial x^{\beta}}=\frac{1}{c}\frac{\partial S_k}{\partial x^k}+\frac{1}{c}\frac{\partial W}{\partial t}=0 \tag{10.5.14a}$$

或者

$$\nabla\cdot\boldsymbol{S}=-\frac{\partial W}{\partial t} \tag{10.5.14b}$$

当 $\alpha=1,2,3$ 时，根据式(10.5.13)和式(10.5.12b)的运动方程，其表达式可写为

$$\nabla\cdot\boldsymbol{T}_{\text{em}}=-\frac{\partial}{\partial t}\hat{\boldsymbol{g}} \tag{10.5.15}$$

下面给出一些特殊物质场(这里仅给出两种：一种是电磁场，一种是理想流体)的 $\hat{\tau}^{\alpha\beta}$ 的具体表达式(这里为便于区分，特用 $\hat{\tau}^{\alpha\beta}_{\text{em}}$ 表示电磁场的能量-动量张量分量，用 $\hat{\tau}^{\alpha\beta}_{\text{f}}$ 表示理想流体的能量-动量张量分量)。

(1) 电磁场。

$$\hat{\tau}^{\alpha\beta}_{\text{em}}=F^{\alpha}_{\gamma}F^{\gamma\beta}+\frac{1}{4}g^{\alpha\beta}F_{\mu\nu}F^{\mu\nu} \tag{10.5.16a}$$

式中，$F^{\gamma\beta}$为电磁场张量 $\boldsymbol{F}$ 的逆变分量。

$\boldsymbol{F}$ 的协变分量为 $F_{\gamma\beta}$，由 $F_{\gamma\beta}$所构成的矩阵为

$$(F_{\gamma\beta})=\begin{bmatrix}0 & E_1 & E_2 & E_3\\ -E_1 & 0 & -B_3 & B_2\\ -E_2 & B_3 & 0 & -B_1\\ -E_3 & -B_2 & B_1 & 0\end{bmatrix} \tag{10.5.16b}$$

并且有

$$F_{\gamma\beta}=-F_{\beta\gamma} \tag{10.5.16c}$$

(2) 理想流体。

$$\hat{\tau}^{\alpha\beta}_{\text{f}}=\frac{1}{c^2}(\hat{\mu}+p)u^{\alpha}u^{\beta}-pg^{\alpha\beta} \tag{10.5.17}$$

式中，$\hat{\mu}$ 与 p 分别代表固有内能密度，它不随参考系的变化而变化；p 为压强，它是 Lorentz 变换下的不变量。对于 $\hat{\mu}$ 与热力学内能以及与固有质量密度之间的关系已在式(10.4.2b)中给出。

10.6　狭义相对论下理想磁流体力学基本方程组

狭义相对论下电磁理想流体的能量-动量张量分量为

$$\hat{\tau}^{\alpha\beta}=\hat{\tau}_{\mathrm{f}}^{\alpha\beta}+\hat{\tau}_{\mathrm{em}}^{\alpha\beta} \tag{10.6.1}$$

式中，$\hat{\tau}_{\mathrm{f}}^{\alpha\beta}$ 与 $\hat{\tau}_{\mathrm{em}}^{\alpha\beta}$分别由式(10.5.17)与式(10.5.12a)定义。

在相对论框架下，传导电流密度矢量 $\boldsymbol{j}$ 应为

$$\boldsymbol{j}=\sigma\widetilde{\gamma}(\boldsymbol{E}+\mu\boldsymbol{v}\times\boldsymbol{H}) \tag{10.6.2}$$

式中，σ 为电导率；$\widetilde{\gamma}$ 由式(10.2.5b)定义；μ 为磁导率；$\boldsymbol{v}$ 为流体的速度；$\boldsymbol{H}$ 为磁场强度；$\boldsymbol{E}$ 为电场强度。$\widetilde{\gamma}(\boldsymbol{E}+\mu\boldsymbol{v}\times\boldsymbol{H})$为一个四维(逆变)矢量的空间分量，因此定义四维(逆变)矢量

$$\widetilde{e}^{\alpha}=u_{\beta}F^{\alpha\beta},\quad \alpha=0,1,2,3 \tag{10.6.3a}$$

为四维电场矢量，这里 $F^{\alpha\beta}$ 由式(10.5.5b)定义。类似地，因为 $\widetilde{\gamma}(\boldsymbol{H}-\varepsilon\boldsymbol{v}\times\boldsymbol{E})$为一个四维(逆变)矢量的空间分量，因此定义

$$\widetilde{h}^{\alpha}={}^{*}G^{\alpha\beta}u_{\beta},\quad \alpha=0,1,2,3 \tag{10.6.3b}$$

为四维磁场矢量分量，式中 ${}^{*}G^{\alpha\beta}$ 由式(10.5.9b)定义。

由于，

$$\boldsymbol{D}=\varepsilon\boldsymbol{E},\quad \boldsymbol{B}=\mu\boldsymbol{H} \tag{10.6.4}$$

于是式(10.6.3a)和式(10.6.3b)又可改写为

$$\widetilde{e}^{0}=\frac{1}{c}(u^1E_1+u^2E_2+u^3E_3) \tag{10.6.5a}$$

$$\widetilde{e}^{1}=\widetilde{\gamma}E_1+u^2B_3-u^3B_2 \tag{10.6.5b}$$

$$\widetilde{e}^{2}=\widetilde{\gamma}E_2+u^3B_1-u^1B_3 \tag{10.6.5c}$$

$$\widetilde{e}^{3}=\widetilde{\gamma}E_3+u^1B_2-u^2B_1 \tag{10.6.5d}$$

以及

$$\widetilde{h}^{0}=\frac{1}{c}(u^1H_1+u^2H_2+u^3H_3) \tag{10.6.6a}$$

$$\widetilde{h}^{1}=\widetilde{\gamma}H_1-u^2D_3+u^3D_2 \tag{10.6.6b}$$

$$\widetilde{h}^{2}=\widetilde{\gamma}H_2-u^3D_1+u^1D_3 \tag{10.6.6c}$$

$$\widetilde{h}^{3}=\widetilde{\gamma}H_3-u^1D_2+u^2D_1 \tag{10.6.6d}$$

在固有坐标系中，如果 $\boldsymbol{E}=0$ 和 $\boldsymbol{D}=0$，因此有

$$\widetilde{e}^{0}=0,\quad \widetilde{e}^{i}=E_i,\quad i=1,2,3 \tag{10.6.7a}$$

以及

$$\tilde{h}^0=0, \quad \tilde{h}^i=H_i, \quad i=1,2,3 \tag{10.6.7b}$$

下面讨论磁流体，尤其是电导率 σ 非常大的高温等离子体便属于此类。此时，可以近似地取磁导率等于 μ(即真空中的磁导率)；再进一步假定磁流体是理想的，即无黏性、不考虑热传导效应并且认为电导率 $\sigma=+\infty$；由于电流 $\boldsymbol{j}$ 总取有限值，由式(10.6.2)推出，理想磁流体时有如下关系式：

$$\boldsymbol{E}=-\mu_0\boldsymbol{v}\times\boldsymbol{H} \tag{10.6.8}$$

成立。另外，利用式(10.6.7a)容易推知在固有系中$(\tilde{e}^\alpha)=0$；因为$(\tilde{e}^\alpha)$为四维矢量，所以在一切惯性系中均有

$$(\tilde{e}^\alpha)=0 \tag{10.6.9}$$

成立。因此对磁流体来讲，仅用四维磁场矢量$(\tilde{h}^\alpha)$便可以表达出电磁场的能量-动量张量$(\hat{\tau}^{\alpha\beta})$；可以证明，在上述情况下的电磁能量-动量张量分量的表达式为[603,604,606]

$$\hat{\tau}^{\alpha\beta}_{\mathrm{em}}=-\mu_0\tilde{h}^\alpha\tilde{h}^\beta+\mu_0\left(\frac{1}{2}g^{\alpha\beta}-\frac{1}{c^2}u^\alpha u^\beta\right)|\tilde{h}|^2 \tag{10.6.10a}$$

它对一切惯性参考系均成立。在式(10.6.10a)中，$|\tilde{h}|^2$ 的表达式为

$$|\tilde{h}|^2=(\tilde{h}^0)^2-(\tilde{h}^1)^2-(\tilde{h}^2)^2-(\tilde{h}^3)^2 \tag{10.6.10b}$$

式中，$|\tilde{h}|^2$ 为一个四维标量，并且式(10.6.10a)等号右侧为四维(逆变)张量分量。

另外，由于在固有系中有

$$[u^0 \quad u^1 \quad u^2 \quad u^3]=[c \quad 0 \quad 0 \quad 0] \tag{10.6.11}$$

根据式(10.6.1)和式(10.6.10a)可以得到理想磁流体的 $\hat{\tau}^{\alpha\beta}$ 为

$$\begin{aligned}\hat{\tau}^{\alpha\beta}=\hat{\tau}^{\alpha\beta}_{\mathrm{f}}+\hat{\tau}^{\alpha\beta}_{\mathrm{em}}&=\frac{1}{c^2}(\hat{\mu}+p-\mu_0|\tilde{h}|^2)u^\alpha u^\beta\\&\quad-\left(p-\frac{1}{2}\mu_0|\tilde{h}|^2\right)g^{\alpha\beta}-\mu_0\tilde{h}^\alpha\tilde{h}^\beta, \quad \alpha,\beta=0,1,2,3\end{aligned} \tag{10.6.12}$$

式中，$\hat{\mu}$ 为流体的(不包括磁场能量的)固有内能密度；μ_0 为真空中的磁导率。

因此，理想磁流体的能量和动量守恒组(这里共有 4 个方程)可由式(10.6.13)给出

$$\frac{\partial}{\partial x^\beta}\hat{\tau}^{\alpha\beta}=0, \quad \alpha=0,1,2,3 \tag{10.6.13}$$

或者

$$\frac{\partial}{\partial x^\beta}\left[\frac{1}{c^2}(\hat{\mu}+p-\mu_0|\tilde{h}|^2)u^\alpha u^\beta-\left(p-\frac{1}{2}\mu_0|\tilde{h}|^2\right)g^{\alpha\beta}-\mu_0\tilde{h}^\alpha\tilde{h}^\beta\right]=0, \quad \alpha=0,1,2,3 \tag{10.6.14}$$

对于理想磁流体，由于四维电场矢量$(\tilde{e}^\alpha)$的关系式(10.6.9)对一切惯性系均成立，并注意到由式(10.5.5c)定义的张量$({}^*F^{\alpha\beta})$在这时仅依赖于四维磁场矢量$(\tilde{h}^\alpha)$，因此由式(10.5.7a)和式(10.5.7b)所组成的 Maxwell 方程组这时便可以简

化为式(10.5.7b),而这时式(10.5.7a)仅用于决定电流密度矢量(j^α)。需要说明的是,式(10.5.7b)是关于张量($^*F^{\alpha\beta}$)的散度方程,可以证明在这种情况下$^*F^{\alpha\beta}$的表达式为[603,604,606]

$$^*F^{\alpha\beta}=\frac{\mu_0}{c}(u^\alpha\widetilde{h}^\beta-u^\beta\widetilde{h}^\alpha) \tag{10.6.15}$$

式(10.6.15)适用于一切惯性参考系。因此,对于理想磁流体,借助于式(10.6.15),这时的 Maxwell 方程组可以由式(10.6.16)给出,即

$$\frac{\partial}{\partial x^\beta}(u^\alpha\widetilde{h}^\beta-u^\beta\widetilde{h}^\alpha)=0,\quad \alpha=0,1,2,3 \tag{10.6.16}$$

这里式(10.6.16)共有 4 个方程。

对于狭义相对论磁流体力学,除了应给出描述动量与能量守恒的方程组(10.6.14)以及 Maxwell 方程组(10.6.16)之外,还需要补充描述粒子数守恒的连续性方程。该方程由式(10.6.17)给出[605,616]

$$\frac{\partial}{\partial x^\alpha}(\hat{\rho}u^\alpha)=0 \tag{10.6.17}$$

在流体力学中,常用 ρ 代表流体的密度;在电磁场中,常用 ρ 代表电荷密度。在磁流体力学问题中,为避免符号混淆,在式(10.6.17)中用 $\hat{\rho}$ 表示流体的固有质量密度。于是式(10.6.14)、式(10.6.16)和式(10.6.17)共有 9 个方程构成了狭义相对论框架下理想磁流体力学的方程组,在未讨论这个方程组的数学性质前,先讨论一下 Maxwell 方程组(10.6.16)中当 $\alpha=0$ 时方程的特点。当 $\alpha=0$ 时,由式(10.6.16)得

$$\frac{\partial}{\partial x^i}(u^0\widetilde{h}^i-u^i\widetilde{h}^0)=0,\quad i=1,2,3 \tag{10.6.18}$$

由于式(10.6.18)中不含有关于 x^0(即关于 t)的偏导数,因此式(10.6.18)不是一个发展型方程。数学上可以证明,如果式(10.6.18)作为初始条件的要求,即若式(10.6.18)在 $x^0=0$ 时成立,则对一切 $x^0\in R$ 均成立。

综上所述,将动量与能量守恒方程组(10.6.14)中对应于 $\alpha=0,1,2,3$ 时的 4 个方程、Maxwell 方程组(10.6.16)中对应于 $\alpha=1,2,3$ 时的 3 个方程以及粒子数守恒方程(10.6.17)总共 8 个方程构成狭义相对论下理想磁流体力学方程组。这个方程组中包含独立的未知函数有 v_1、v_2、v_3、$\widetilde{h}^1$、$\widetilde{h}^2$、$\widetilde{h}^3$ 以及反映热力学状态的两个独立变量(如选取 p 和 $\hat{\mu}$),这样导致 8 个方程便构成了一个封闭的方程组。对于这个方程组数学性质的证明,可以仿照文献[616]的思路进行。尽管我们可以有较多的理由断定上述这个方程组为双曲型,但要给出一个严格的数学结论还有待进一步推导证明。

第 11 章　考虑辐射偏振特性的矢量辐射输运方程

电磁波在随机介质中的传播和散射，已成为现代目标隐身（低散射）、现代飞行器控制与精确打击、现代电波传播、通信、微波遥感、目标分类与识别、环境系统监测、生物医学诊断以及工程材料测试等诸多不同学科共同感兴趣的课题。所谓随机介质一般可分为离散的散射粒子（如雨、雾、烟雾、雹、气溶胶、海洋中的粒子、动物或人体中的血球、聚合物以及分子等，它们属于随机散射元）、连续的随机介质（如湍流、植被层等，它们可看成介电常数具有随机起伏量的介质）以及随机粗糙表面这三大类。随机介质中电磁波理论的基本描述方法大致上可以分为矢量辐射输运理论、波的解析理论以及随机粗糙面的散射理论，本章仅讨论矢量辐射输运理论，它是目前“目标与环境电磁散射、辐射特性建模”领域中关注的前沿方向之一。

矢量辐射输运理论是研究极化电磁散射强度在随机介质中散射、吸收和输运的一类方法。它从能量守恒在散射介质中的输运方程出发，其中包括吸收和多次散射以及辐射源的贡献，其物理意义十分明确，更重要的是它能够考虑辐射的偏振特性，另外还可以借助数值方法去计算多次散射问题。20 世纪 80 年代以来，随着航天遥感和对地监测技术的发展，研究地球自然环境的主动和被动遥感中极化电磁辐射的矢量辐射输运理论获得了长足的发展，取得了十分重要的理论与应用成果[240,241,235,245]，这些成果也极大地促进了目标识别技术的发展。本章仅围绕 VRT 理论和 VRT 方程中的最基础、最重要的内容进行讨论，并分别给出 Stokes 矩阵和 VRT 方程中相矩阵的表达式。应该讲，这些内容在高超声速飞行中辐射输运问题的书刊里很难见到。

11.1　入射电磁波的椭圆偏振分析及其 Stokes 参数的几种表达

电场强度矢量 $\boldsymbol{E}$、磁感应强度矢量 $\boldsymbol{B}$ 分别在垂直于传播方向的横截面内振动，并且在振动方向上有所偏离，在微波、天线工程以及现代电磁理论中[506,617～621]，将这种状态的波称为偏振波，在光学中称为偏振光；这两个概念在英文中用同一单词“polarization”，这里首先考虑沿 z 轴方向传播的平面波，如图 11.1 所示。以下仅讨论入射波为纯单色波（单一频率）时的情况。令电场强度矢量处于 xy 平面内，$\boldsymbol{E}$ 在 x 与 y 方向的瞬时值为

$$E_x = E_x^0 \cos(\omega t - k_z Z + \varphi_x) \tag{11.1.1a}$$

$$E_y = E_y^0 \cos(\omega t - k_z Z + \varphi_y) \tag{11.1.1b}$$

式中，E_x^0、E_y^0 以及 φ_x、φ_y 分别表示 x、y 方向电场矢量的幅值以及初始相位。

另外，用 $\boldsymbol{k}$ 代表波矢，k_z 代表 $\boldsymbol{k}$ 在 z 方向的分量；这里因波沿 z 方向传播，于是有

$$k_z = |\boldsymbol{k}| \tag{11.1.2}$$

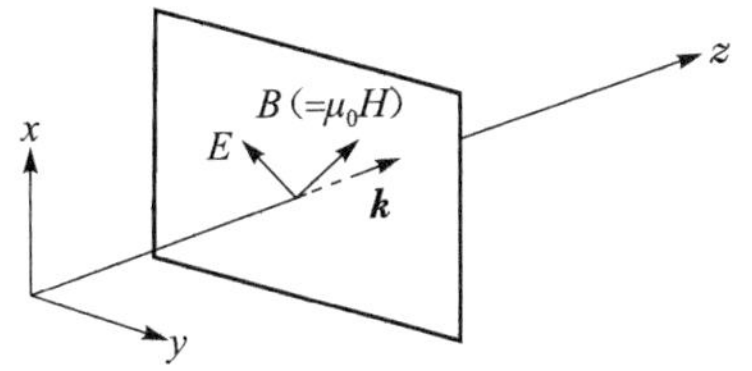

图 11.1　沿 z 轴传播的平面波（电场、磁场处于垂直于传播方向的横截面 xy 内，电磁场具有 x、y 两个分量）

此外，消去式(11.1.1a)和式(11.1.1b)中的时间参数 t，可得

$$\left(\frac{E_x}{E_x^0}\right)^2 - 2\frac{E_x}{E_x^0}\frac{E_y}{E_y^0}\cos\theta + \left(\frac{E_y}{E_y^0}\right)^2 = \sin^2\theta \tag{11.1.3a}$$

式中，θ 表示沿 y 与 x 方向的初始相位差，其表达式为

$$\theta = \varphi_y - \varphi_x \tag{11.1.3b}$$

由式(11.1.3a)的判别式可知，合成电场的轨迹一般为椭圆。由图 11.2 可知，椭圆的长轴与 x 轴的倾角 $\tilde{\varphi}$ 为

$$\tilde{\varphi} = \frac{1}{2}\arctan\left[\frac{2E_x^0E_y^0}{(E_x^0)^2 - (E_y^0)^2}\cos\theta\right] \tag{11.1.4}$$

通常，$\theta>0$ 时称为逆时针的椭圆偏振波（又称左旋偏振波）；$\theta<0$ 时称为顺时针的椭圆偏振波（又称右旋转偏振波）。

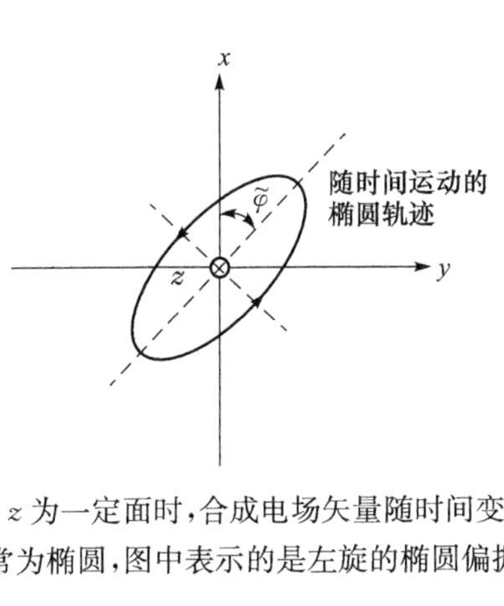

图 11.2　z 为一定面时，合成电场矢量随时间变化的轨迹（通常为椭圆，图中表示的是左旋的椭圆偏振波）

当电场矢量在 x 与 y 方向的振幅相等、且初始相位差 θ 为 $\pi/2$ 的奇次整数倍时，合成电场矢量的轨迹为圆，此时波称为圆偏振波。

如图 11.3 所示，通常将电场矢量和传播矢量构成的平面称为偏振波面，与之垂直正交的面称为偏振光面。如果以地球大地为参照物，电场在与之垂直的平面内的振动称为垂直偏振波；在水平面内的振动称为水平偏振波。例如，电视转播的电波大多是水平偏振波，广播传输的电波大多是垂直偏振波。

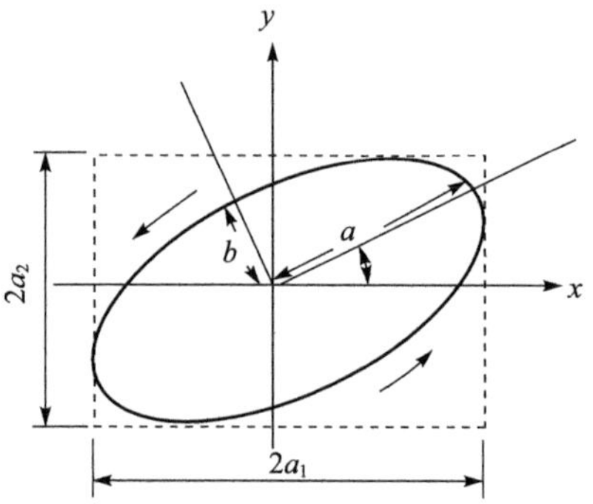

图 11.3　右旋椭圆偏振波

1852 年，Stokes 引进了 I、Q、U 和 V 这四个参数，其定义为

$$I \equiv |E_1|^2 + |E_2|^2 = a_1^2 + a_2^2 \tag{11.1.5a}$$

$$Q \equiv |E_1|^2 - |E_2|^2 = a_1^2 - a_2^2 \tag{11.1.5b}$$

$$U \equiv 2\mathrm{Re}(E_1 E_2^*) = 2a_1 a_2 \cos\delta \tag{11.1.5c}$$

$$V \equiv 2\mathrm{Im}(E_1 E_2^*) = 2a_1 a_2 \sin\delta \tag{11.1.5d}$$

式中，上角标“ * ”代表取共轭复数。

上述四式含有的 I、Q、U 和 V 四个参数之间存在如下关系：

$$I^2 = Q^2 + U^2 + V^2 \tag{11.1.5e}$$

可以看出，用来描述椭圆偏振波的四个参数仅有三个相互独立。

另外，E_1、E_2 和 E_x、E_y、E_z 的表达式为

$$E_1 = a_1 \exp(-\mathrm{i}\delta_1 + \mathrm{i}kz) \tag{11.1.6a}$$

$$E_2 = a_2 \exp(-\mathrm{i}\delta_2 + \mathrm{i}kz) \tag{11.1.6b}$$

$$E_x = \mathrm{Re}[E_1 \exp(-\mathrm{i}\omega t)] = \mathrm{Re}[a_1 \exp(-\mathrm{i}\delta_1 + \mathrm{i}kz - \mathrm{i}\omega t)] = a_1 \cos(\tau + \delta_1) \tag{11.1.6c}$$

$$E_y = \mathrm{Re}[E_2 \exp(-\mathrm{i}\omega t)] = \mathrm{Re}[a_2 \exp(-\mathrm{i}\delta_2 + \mathrm{i}kz - \mathrm{i}\omega t)] = a_2 \cos(\tau + \delta_2) \tag{11.1.6d}$$

$$E_z = 0 \tag{11.1.6e}$$

式中，

$$\tau = \omega t - kz \tag{11.1.6f}$$

令$\hat{\boldsymbol{e}}_x$ 和$\hat{\boldsymbol{e}}_y$ 表示 x 和 y 方向上的单位矢量，对于一个一般的椭圆偏振波，电场强度矢量 $\boldsymbol{E}$ 为

$$\boldsymbol{E}=E_x\hat{\boldsymbol{e}}_x+E_y\hat{\boldsymbol{e}}_y \tag{11.1.7}$$

它的末端轨迹是一个椭圆。

同样，从式(11.1.6c)～式(11.1.6e)中消去 τ 便得到如下形式的椭圆方程：

$$\left(\frac{E_x}{a_1}\right)^2-2\frac{E_xE_y}{a_1a_2}\cos\delta+\left(\frac{E_y}{a_2}\right)^2=\sin^2\delta \tag{11.1.8a}$$

式中，δ 为相位差，即

$$\delta=\delta_2-\delta_1 \tag{11.1.8b}$$

令角 Ψ_0 代表电磁波与 x 轴的夹角，这里考虑线偏振波，这时有

$$a_1=E_0\cos\Psi_0,\quad a_2=E_0\sin\Psi_0 \tag{11.1.9a}$$

$$\delta=0 \tag{11.1.9b}$$

$$I=E_0^2,\quad Q=E_0^2\cos(2\Psi_0) \tag{11.1.9c}$$

$$U=E_0^2\sin(2\Psi_0),\quad V=0 \tag{11.1.9d}$$

在辐射输运理论中，讨论入射波是线偏振或椭圆偏振问题时，更多采用“修正的 Stokes 参数”，其表达式为

$$I_1=|E_1|^2,\quad I_2=|E_2|^2 \tag{11.1.10a}$$

$$U=2\mathrm{Re}(E_1E_2^*),\quad V=2\mathrm{Im}(E_1E_2^*) \tag{11.1.10b}$$

还有一种可供选择表达 Stokes 参数的方法，即选用椭圆的长半轴(a)和短半轴(b)以及取向角 Ψ 去描述图 11.3 中的椭圆。如果用 I、$\frac{b}{a}$ 和 Ψ 表示 Stokes 参数，便有

$$Q=I\cos(2\chi)\cos(2\Psi),\quad U=I\cos(2\chi)\sin(2\Psi) \tag{11.1.11a}$$

$$V=I\sin(2\chi) \tag{11.1.11b}$$

式中，

$$\tan\chi=\pm\frac{b}{a} \tag{11.1.11c}$$

式中，正号对应于左旋椭圆偏振；负号对应于右旋椭圆偏振。

11.2　入射波具有带宽时 Stokes 参数的表达

通常情况下，入射波不是纯单色波(单一频率)而是具有一定带宽 $\Delta\omega$ 的复色波，这时波的振幅和相位差都在 $\Delta\omega$ 范围内以某一速率连续变化，因此 a_1、a_2 和 δ 是时间的缓变函数。正是由于上述原因，这时的 Stokes 参数应该用对时间的平均值来表示，用尖括号〈〉来表示时间平均，可以得到

$$I=\langle |E_1|^2\rangle+\langle |E_2|^2\rangle=\langle a_1^2\rangle+\langle a_2^2\rangle \tag{11.2.1a}$$

$$Q=\langle |E_1|^2\rangle-\langle |E_2|^2\rangle=\langle a_1^2\rangle-\langle a_2^2\rangle \tag{11.2.1b}$$

$$U=2\mathrm{Re}\langle E_1E_2^*\rangle=2\langle a_1a_2\cos\delta\rangle \tag{11.2.1c}$$

$$V=2\mathrm{Im}\langle E_1E_2^*\rangle=2\langle a_1a_2\sin\delta\rangle \tag{11.2.1d}$$

式中，E_1 与 E_2 的定义同式(11.1.6a)与式(11.1.6b)。

引进偏振度 m 的概念，其定义式为

$$m=\frac{(Q^2+U^2+V^2)^{1/2}}{I} \tag{11.2.2}$$

对于椭圆偏振波，则有 $m=1$；对于部分偏振波，则有 $0<m<1$；对于自然光(即非偏振波)，则有 $m=0$。

11.3 标量的 RT 方程和矢量的 RT 方程

如图 11.4 所示，取(r,θ,φ)球面坐标系和笛卡儿坐标系(x,y,z)，并令 z 轴的方向垂直向上。另外、令 x、y、z 方向上的单位矢量为$\hat{\boldsymbol{i}}_x$，$\hat{\boldsymbol{i}}_y$，$\hat{\boldsymbol{i}}_z$；令传播波矢 $\boldsymbol{k}$ 可写为

$$\boldsymbol{k}=k(\hat{\boldsymbol{i}}_x\sin\theta\cos\varphi+\hat{\boldsymbol{i}}_y\sin\theta\sin\varphi+\hat{\boldsymbol{i}}_z\cos\theta)=k\,\hat{\boldsymbol{e}}_k \tag{11.3.1}$$

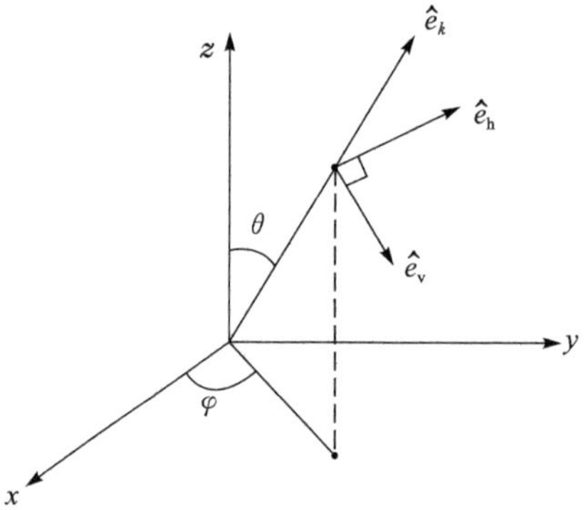

图 11.4 入射波和极化矢量

令水平和垂直极化矢量的单位矢量分别为$\hat{\boldsymbol{e}}_h$ 和$\hat{\boldsymbol{e}}_v$，$\boldsymbol{k}$ 的单位矢量为$\hat{\boldsymbol{e}}_k$，于是有

$$\hat{\boldsymbol{e}}_h=\frac{\hat{\boldsymbol{i}}_z\times\hat{\boldsymbol{e}}_k}{|\hat{\boldsymbol{i}}_z\times\hat{\boldsymbol{e}}_k|}=-\hat{\boldsymbol{i}}_x\sin\varphi+\hat{\boldsymbol{i}}_y\cos\varphi \tag{11.3.2a}$$

$$\hat{\boldsymbol{e}}_v=\frac{\hat{\boldsymbol{e}}_h\times\hat{\boldsymbol{e}}_k}{|\hat{\boldsymbol{e}}_h\times\hat{\boldsymbol{e}}_k|}=\hat{\boldsymbol{i}}_x\cos\theta\cos\varphi+\hat{\boldsymbol{i}}_y\cos\theta\sin\varphi-\hat{\boldsymbol{i}}_z\sin\theta \tag{11.3.2b}$$

对于任一椭圆极化波，总可以分解为两个线性极化波的叠加，即

$$\boldsymbol{E}=E_v\,\hat{\boldsymbol{e}}_v+E_h\,\hat{\boldsymbol{e}}_h \tag{11.3.3}$$

这两个线性极化分量不仅有不同的振幅$|E_v|$与$|E_h|$，而且有不同的相位(即有相位

差 δ，这里 $\delta=\delta_v-\delta_h$，因此需要三个独立的量去描述一般的椭圆极化波。

今考察入射到一个具有单位截面、长度为 $d\tilde{S}$ 的柱形体元上的辐射强度 $I(\boldsymbol{r},\boldsymbol{\Omega})$；体积 $d\tilde{S}$ 中包含 $\rho d\tilde{S}$ 个粒子，这里 ρ 为单位体积内的粒子数(即数密度)。令 σ_a 和 σ_s 分别为吸收截面和散射截面，于是被每个粒子吸收的功率为 $\sigma_a I$，散射的功率为 $\sigma_s I$，因而通过体积 $d\tilde{S}$ 后辐射强度的减少量为

$$dI(\boldsymbol{r},\boldsymbol{\Omega})=-\rho(\sigma_a+\sigma_s)Id\tilde{S}=-\rho\sigma_t Id\tilde{S} \tag{11.3.4a}$$

另外，从其他方向 $\boldsymbol{\Omega}'$ 入射到这个体积上的一部分辐射强度被散射到 $\boldsymbol{\Omega}$ 方向，从而附加到辐射强度 $I(\boldsymbol{r},\boldsymbol{\Omega})$ 上，使辐射强度增加。为了确定这部分散射的贡献，今考虑从 $\boldsymbol{\Omega}'$ 方向入射到单个粒子上的波。通过小立体角 $d\omega'$ 的入射通量密度 S_i 为

$$S_i=I(\boldsymbol{r},\boldsymbol{\Omega}')d\omega' \tag{11.3.4b}$$

这一通量入射到体积 $d\tilde{S}$ 内的粒子上，在与粒子相距 R 的地方，被单个粒子散射到 $\boldsymbol{\Omega}$ 方向上的波动功率通量密度为 S_r，其表达式为

$$S_r=\frac{S_i}{R^2}\ |f(\boldsymbol{\Omega},\boldsymbol{\Omega}')|^2 \tag{11.3.4c}$$

式中，$f(\boldsymbol{\Omega},\boldsymbol{\Omega}')$ 为散射振幅。

式(11.3.4c)又可写为

$$S_rR^2=|f(\boldsymbol{\Omega},\boldsymbol{\Omega}')|^2 I(\boldsymbol{r},\boldsymbol{\Omega}')d\omega' \tag{11.3.4d}$$

将所有 $\boldsymbol{\Omega}'$ 方向来的入射通量加起来便得到体积 $d\tilde{S}$ 内的 $\rho d\tilde{S}$ 个粒子散射到 $\boldsymbol{\Omega}$ 方向的辐射强度，即

$$\int_{4\pi}(\rho d\tilde{S})\ |f(\boldsymbol{\Omega},\boldsymbol{\Omega}')|^2 I(\boldsymbol{r},\boldsymbol{\Omega}')d\omega' \tag{11.3.4e}$$

引入相函数 $p(\boldsymbol{\Omega},\boldsymbol{\Omega}')$，通常有两种定义，一种为

$$p(\boldsymbol{\Omega},\boldsymbol{\Omega}')=\rho\,|f(\boldsymbol{\Omega},\boldsymbol{\Omega}')|^2 \tag{11.3.4f}$$

另一种为

$$p(\boldsymbol{\Omega},\boldsymbol{\Omega}')=\frac{4\pi}{\sigma_t}\ |f(\boldsymbol{\Omega},\boldsymbol{\Omega}')|^2 \tag{11.3.4g}$$

此外，辐射强度也会由于体积 $d\tilde{S}$ 的发射而增加。将在 $\boldsymbol{\Omega}$ 方向上单位体积单位立体角内辐射的功率记为 $\tilde{\varepsilon}(\boldsymbol{r},\boldsymbol{\Omega})$，于是辐射强度的增加量为

$$\tilde{\varepsilon}(\boldsymbol{r},\boldsymbol{\Omega})d\tilde{S} \tag{11.3.4h}$$

将式(11.3.4a)、式(11.3.4e)和式(11.3.4h)各项的贡献相加，并利用式(11.3.4f)将辐射输运方程变为

$$\frac{d}{d\tilde{S}}I(\boldsymbol{r},\boldsymbol{\Omega})=-\rho\sigma_t I(\boldsymbol{r},\boldsymbol{\Omega})+\int_{4\pi}p(\boldsymbol{\Omega},\boldsymbol{\Omega}')I(\boldsymbol{r},\boldsymbol{\Omega}')d\omega'+\tilde{\varepsilon}(\boldsymbol{r},\boldsymbol{\Omega}) \tag{11.3.5a}$$

令 K_e、K_s 和 K_a 分别代表消光系数、散射系数和吸收系数，它们与数密度和微观截面间的关系为

$$K_e = \rho\sigma_t, \quad K_a = \rho\sigma_a \tag{11.3.5b}$$

$$\sigma_t = \sigma_a + \sigma_s \tag{11.3.5c}$$

$$K_s = \int_{4\pi} p(\boldsymbol{\Omega}, \boldsymbol{\Omega}')\mathrm{d}\omega \tag{11.3.5d}$$

$$\mathrm{d}\omega \equiv \sin\theta\mathrm{d}\theta\mathrm{d}\varphi, \quad K_a = K_e - K_s \tag{11.3.5e}$$

另外，在式(11.3.5c)中，σ_t 称为总截面或称消光截面；σ_s 和 σ_a 分别称为散射截面和吸收截面。当介质处于局部热力学平衡状态且温度采用 $T(K)$时，介质的辐射能量便可以用黑体辐射的 Kirchhoff 定律去近似描述，于是有

$$\tilde{\varepsilon}(\boldsymbol{r}) = \rho\sigma_a I_B(T) = K_a I_B(T) \tag{11.3.5f}$$

$$I_B(T) = \frac{2h\nu^3}{c^2}\left[\exp\left(\frac{h\nu}{k_B T}\right) - 1\right]^{-1} \tag{11.3.5g}$$

式中，k_B 和 h 分别为 Boltzmann 常数和 Planck 常数。

利用式(11.3.5b)和式(11.3.5f)，式(11.3.5a)又可写为

$$\begin{aligned}\frac{\mathrm{d}}{\mathrm{d}\tilde{S}}I(\boldsymbol{r}, \boldsymbol{\Omega}) &= \boldsymbol{\Omega}\cdot\nabla I(\boldsymbol{r}, \boldsymbol{\Omega}) = \nabla\cdot[I(\boldsymbol{r}, \boldsymbol{\Omega})\boldsymbol{\Omega}] \\ &= -K_e I(\boldsymbol{r}, \boldsymbol{\Omega}) + \int_{4\pi} p(\boldsymbol{\Omega}, \boldsymbol{\Omega}')I(\boldsymbol{r}, \boldsymbol{\Omega}')\mathrm{d}\omega' + \tilde{\varepsilon}(\boldsymbol{r}, \boldsymbol{\Omega})\end{aligned} \tag{11.3.6a}$$

在式(11.3.6a)的推导中，使用了 $\boldsymbol{\Omega}$ 为单位矢量且为常矢量这个事实。如果采用式(11.3.4g)，辐射输运方程为

$$\frac{\mathrm{d}}{\mathrm{d}\tilde{S}}I(\boldsymbol{r}, \boldsymbol{\Omega}) = -\rho\sigma_t I(\boldsymbol{r}, \boldsymbol{\Omega}) + \frac{\rho\sigma_t}{4\pi}\int p(\boldsymbol{\Omega}, \boldsymbol{\Omega}')I(\boldsymbol{r}, \boldsymbol{\Omega}')\mathrm{d}\omega' + \tilde{\varepsilon}(\boldsymbol{r}, \boldsymbol{\Omega}) \tag{11.3.6b}$$

引入光学厚度 τ 的概念，其定义为

$$\tau = \int \rho\sigma_t \mathrm{d}\tilde{S} \tag{11.3.6c}$$

借助于式(11.3.6c)和式(11.3.4g)的定义，式(11.3.6b)可变为

$$\frac{\mathrm{d}}{\mathrm{d}\tau}I(\tau, \boldsymbol{\Omega}) = -I(\tau, \boldsymbol{\Omega}) + \frac{1}{4\pi}\int p(\boldsymbol{\Omega}, \boldsymbol{\Omega}')I(\tau, \boldsymbol{\Omega}')\mathrm{d}\omega' + \tilde{J}(\tau, \boldsymbol{\Omega}) \tag{11.3.6d}$$

式中，$\tilde{J}(\tau, \boldsymbol{\Omega})$为源函数，其定义为

$$\tilde{J}(\tau, \boldsymbol{\Omega}) = \frac{1}{\rho\sigma_t}\tilde{\varepsilon}(\boldsymbol{r}, \boldsymbol{\Omega}) \tag{11.3.6e}$$

如果介质处于局部热力平衡状态，温度为 $T(K)$，则介质辐射的能量可由黑体辐射的 Kirchhoff 定律近似，于是有

$$\tilde{\varepsilon}(\boldsymbol{r}) = \rho\sigma_a I_B(T) \tag{11.3.6f}$$

$$I_B(T) = \frac{2h\nu^3}{c^2}\left[\exp\left(\frac{h\nu}{k_B T}\right) - 1\right]^{-1} \tag{11.3.6g}$$

式中，k_B 和 h 分别为 Boltzmann 常数和 Planck 常数。

式(11.3.6a)和式(11.3.6b)就是本节要推导的两个标量 RT(radiative transfer)方程，这是两个非常重要的方程。另外，文献[234]、[235]、[240]、[241]还对它的求解过程进行了较为详细的讨论。

在目标隐身(低散射)、目标分类与识别以及微波遥感等高新技术领域中，VRT 理论有着非常重要的应用。事实上，VRT 理论是研究极化电磁散射强度在随机介质中散射、吸收和输运的一种方法。而该理论所讨论的主要方程就是 VRT 方程，它所使用的矢量形式的 Stokes 参数为

$$\boldsymbol{I} \equiv \begin{bmatrix} I_v \\ I_h \\ U \\ V \end{bmatrix} \tag{11.3.7a}$$

或者采用如下 $\boldsymbol{I}$ 的定义式：

$$\boldsymbol{I} \equiv \begin{bmatrix} I_1 \\ I_2 \\ U \\ V \end{bmatrix} \tag{11.3.7b}$$

式中，I_1、I_2、U 和 V 的定义分别同式(11.1.10a)和式(11.1.10b)。

采用式(11.3.7b)这种形式的 Stokes 参数(I_1、I_2、U、V)时，它的值是由一个特定的直角坐标系来确定的，而且这个坐标系的 z 轴就应该是波的传播方向。而采用式(11.3.7a)这种形式的 Stokes 参数(I_v、I_h、U、V)时，它的值是由另一个特定的直角坐标系来确定的，这里波矢为这个坐标系的一个轴(这里令$\hat{\boldsymbol{e}}_k$ 为波矢的单位矢量)，而水平和垂直两个方向(即$\hat{\boldsymbol{e}}_h$ 和$\hat{\boldsymbol{e}}_v$ 为它们的相应单位矢量)张在与$\hat{\boldsymbol{e}}_k$ 垂直的平面上。借助于式(11.3.7a)所定义的 Stokes 矢量参数和式(11.3.4f)的定义，则 VRT 方程为

$$\frac{\mathrm{d}}{\mathrm{d}\widetilde{S}}\boldsymbol{I}(\boldsymbol{r},\boldsymbol{\Omega}) = -\boldsymbol{K}_e(\boldsymbol{r},\boldsymbol{\Omega}) \cdot \boldsymbol{I}(\boldsymbol{r},\boldsymbol{\Omega}) - K_{ab}(\boldsymbol{r},\boldsymbol{\Omega})\boldsymbol{I}(\boldsymbol{r},\boldsymbol{\Omega}) + \boldsymbol{J}_e + \int_{4\pi} \boldsymbol{P}(\boldsymbol{r},\boldsymbol{\Omega},\boldsymbol{\Omega}') \cdot \boldsymbol{I}(\boldsymbol{r},\boldsymbol{\Omega}')\mathrm{d}\omega' \tag{11.3.8a}$$

式中，$\boldsymbol{P}(\boldsymbol{r},\boldsymbol{\Omega},\boldsymbol{\Omega}')$为 4×4 的相矩阵；$\boldsymbol{K}_e$ 为 4×4 的消光矩阵，这里$\boldsymbol{K}_e$ 是 θ 和 φ 的函数，可以证明$\boldsymbol{K}_e$ 的各元素可用前向散射振幅函数 $f_{pq}(\theta,\varphi;\theta,\varphi)$来表达；$\boldsymbol{J}_e$ 为随机介质中的热发射源；K_{ab}为背景介质的吸收系数；$\boldsymbol{I}$ 为 Stokes 矢量。

类似地，借助于式(11.3.7b)和式(11.3.4g)的定义，VRT 方程为

$$\frac{\mathrm{d}}{\mathrm{d}\widetilde{S}}\boldsymbol{I}(\boldsymbol{r},\boldsymbol{\Omega},\hat{\boldsymbol{t}}) = -\rho\sigma_t\boldsymbol{I}(\boldsymbol{r},\boldsymbol{\Omega},\hat{\boldsymbol{t}}) + \frac{\rho\sigma_t}{4\pi}\int \boldsymbol{P}(\boldsymbol{\Omega},\hat{\boldsymbol{t}};\boldsymbol{\Omega}',\hat{\boldsymbol{t}}') \cdot \boldsymbol{I}(\boldsymbol{r},\boldsymbol{\Omega}',\hat{\boldsymbol{t}}')\mathrm{d}\omega' + \widetilde{\varepsilon}(\boldsymbol{r},\boldsymbol{\Omega},\hat{\boldsymbol{t}}) \tag{11.3.8b}$$

为了适应于式(11. 3. 7b)的坐标系符号规定，在式(11. 3. 8b)中用 $\hat{\boldsymbol{t}}$ 和 $\boldsymbol{\Omega}$ 分别表示与入射波相关的 x 和 z 方向上的单位矢量，用$\hat{\boldsymbol{t}}'$和$\boldsymbol{\Omega}'$分别表示与散射相关的 x'和 z'方向上的单位矢量，这里矢量 $\boldsymbol{\Omega}$ 与$\boldsymbol{\Omega}'$构成了散射平面，而且 x 轴与该平面相垂直。至此，两种重要形式的 VRT 方程[即式(11. 3. 8a)和式(11. 3. 8b)]全部推出，它们是目前国际学术界两种常用的形式。

11. 4 Stokes 矩阵和 VRT 方程中相矩阵的表达

11. 4. 1 Stokes 矩阵

本节首先讨论按照式(11. 3. 7a)定义出的 Stokes 参数的问题。先考虑电磁波是完全的单色波，在由 $\hat{\boldsymbol{e}}_{\mathrm{v}}$、$\hat{\boldsymbol{e}}_{\mathrm{h}}$ 和 $\hat{\boldsymbol{e}}_{k}$ 构成右手直角坐标系[其定义可参见式(11. 3. 1)、式(11. 3. 2a)和式(11. 3. 2b)]中，令 E_{v} 和 E_{h} 与时间无关，这时可定义 Stokes 参数为

$$I_{\mathrm{v}}=\frac{1}{\eta}\ |E_{\mathrm{v}}|^{2},\quad I_{\mathrm{h}}=\frac{1}{\eta}\ |E_{\mathrm{h}}|^{2} \tag{11. 4. 1a}$$

$$U=\frac{2}{\eta}\mathrm{Re}(E_{\mathrm{v}}E_{\mathrm{h}}^{*}),\quad V=\frac{2}{\eta}\mathrm{Im}(E_{\mathrm{v}}E_{\mathrm{h}}^{*}) \tag{11. 4. 1b}$$

式中，η 为介质波的阻抗，其表达式为

$$\eta=\sqrt{\frac{\mu}{\varepsilon}} \tag{11. 4. 1c}$$

式中，μ 与 ε 分别为磁导率与介电常数。

E_{v} 和 E_{h} 又可表示为

$$E_{\mathrm{v}}=|E_{\mathrm{v}}|\exp(\mathrm{i}\varphi_{\mathrm{v}}),\quad E_{\mathrm{h}}=|E_{\mathrm{h}}|\exp(\mathrm{i}\varphi_{\mathrm{h}}) \tag{11. 4. 2a}$$

将式(11. 4. 2a)代入式(11. 4. 1a)和式(11. 4. 1b)，可得

$$4I_{\mathrm{v}}I_{\mathrm{h}}=U^{2}+V^{2} \tag{11. 4. 2b}$$

可以看出，在 Stokes 4 个参数中仅有 3 个是相互独立的。

事实上，电磁波往往是准单色波，E_{v} 和 E_{h} 都会随时间而随机起伏，因此辐射强度应对时间求平均，引入系综平均的概念并用尖括号“⟨⟩”表示，因此有

$$I_{\mathrm{v}}=\frac{1}{\eta}\langle|E_{\mathrm{v}}|^{2}\rangle,\quad I_{\mathrm{h}}=\frac{1}{\eta}\langle|E_{\mathrm{h}}|^{2}\rangle \tag{11. 4. 3a}$$

$$U=\frac{2}{\eta}\mathrm{Re}\langle E_{\mathrm{v}}E_{\mathrm{h}}^{*}\rangle,\quad V=\frac{2}{\eta}\mathrm{Im}\langle E_{\mathrm{v}}E_{\mathrm{h}}^{*}\rangle \tag{11. 4. 3b}$$

由式(11. 4. 3a)和式(11. 4. 3b)可以得到式(11. 3. 7a)中所需要的 Stokes 参数。

下面讨论按照式(11. 3. 7b)定义出的 Stokes 参数的问题，这里需取入射波方向作为 z 轴，将 yz 平面称作“散射平面”。这里所谓“散射平面”是指由入射波单位

矢量$\hat{\boldsymbol{e}}_i$ 和观测方向的单位矢量$\hat{\boldsymbol{e}}_s$ 所张成的平面。入射波有两个分量

$$E_{ix}=E_{i\perp},\quad E_{iy}=E_{i\parallel} \tag{11.4.4a}$$

它们分别处于垂直和平行于散射平面的方向上。在$\hat{\boldsymbol{e}}_s$ 方向上的散射波有两个分量

$$E_{sx}=E_{s\perp},\quad E_{sy}=E_{s\parallel} \tag{11.4.4b}$$

它们也分别垂直和平行于散射平面。$E_{s\perp}$ 和 $E_{s\parallel}$ 与 $E_{i\perp}$ 和 $E_{i\parallel}$ 之间的线性相关关系为[622,234,240]

$$\begin{bmatrix}E_{s\perp}\\E_{s\parallel}\end{bmatrix}=\frac{1}{R}\exp(\mathrm{i}\boldsymbol{k}\cdot\boldsymbol{r})\begin{bmatrix}f_{11} & f_{12}\\f_{21} & f_{22}\end{bmatrix}\begin{bmatrix}E_{i\perp}\\E_{i\parallel}\end{bmatrix} \tag{11.4.5}$$

式中，$E_{i\perp}$ 和 $E_{i\parallel}$ 是在原点 $x=y=z=0$ 处的值；而 $E_{s\perp}$ 和 $E_{s\parallel}$ 是在距原点 R 处的值；f_{11}、f_{12}、f_{21} 和 f_{22} 为粒子的散射振幅函数。

令$\boldsymbol{I}_i$ 与$\boldsymbol{I}_s$ 都是 4×1 的列阵，其表达式分别为

$$\boldsymbol{I}_i=\begin{bmatrix}I_{1i}\\I_{2i}\\U_i\\V_i\end{bmatrix},\quad \boldsymbol{I}_s=\begin{bmatrix}I_{1s}\\I_{2s}\\U_s\\V_s\end{bmatrix} \tag{11.4.6}$$

式中，下角标“i”代表入射波的参数；I_{1i}和 I_{2i}分别代表入射波的 I_1 和 I_2，这里 I_1 和 I_2 的定义同式(11.1.10a)。

引入 Stokes 矩阵 $\tilde{\boldsymbol{\sigma}}$，它为 4×4 矩阵，其表达式为

$$\tilde{\boldsymbol{\sigma}}=\begin{bmatrix}|f_{11}|^2 & |f_{12}|^2 & \mathrm{Re}(f_{11}f_{12}^*) & -\mathrm{Im}(f_{11}f_{12}^*)\\|f_{21}|^2 & |f_{22}|^2 & \mathrm{Re}(f_{21}f_{22}^*) & -\mathrm{Im}(f_{21}f_{22}^*)\\2\mathrm{Re}(f_{11}f_{21}) & 2\mathrm{Re}(f_{12}f_{22}^*) & \mathrm{Re}(f_{11}f_{22}^*+f_{12}f_{21}^*) & -\mathrm{Im}(f_{11}f_{22}^*-f_{12}f_{21}^*)\\2\mathrm{Im}(f_{11}f_{21}) & 2\mathrm{Im}(f_{12}f_{22}^*) & \mathrm{Im}(f_{11}f_{22}^*+f_{12}f_{21}^*) & \mathrm{Re}(f_{11}f_{22}^*-f_{12}f_{21}^*)\end{bmatrix} \tag{11.4.7}$$

通过 Stokes 矩阵 $\tilde{\boldsymbol{\sigma}}$ 将$\boldsymbol{I}_i$ 与$\boldsymbol{I}_s$ 建立起联系，即[623]

$$\boldsymbol{I}_s=\frac{1}{R^2}\tilde{\boldsymbol{\sigma}}\cdot\boldsymbol{I}_i \tag{11.4.8}$$

11.4.2　坐标系转动 φ 角时 Stokes 参数的变换

令 I_1、I_2、U 和 V 为坐标系 xyz 中的 Stokes 参数，I_1'、I_2'、U'和 V'是坐标系 $x'y'z'$中的 Stokes 参数，如图 11.5 给出了坐标系由 xyz 转过角 φ 后变成了坐标系 $x'y'z'$的示意图。电场在 x 和 y 轴上的分量是 $E_x=E_1$ 和 $E_y=E_2$，而电场在 x'和 y'轴上的分量为 $E_x'=E_1'$和 $E_y'=E_2'$，它们之间有下列线性变换关系：

$$E'_1=E_1\cos\varphi+E_2\sin\varphi \tag{11.4.9a}$$

$$E_2' = -E_1\sin\varphi + E_2\cos\varphi \tag{11.4.9b}$$

$$\begin{aligned} I_1' &= \langle |E_1'|^2 \rangle = \langle |E_1|^2 \rangle \cos^2\varphi + \langle |E_2|^2 \rangle \sin^2\varphi + 2\mathrm{Re}\langle E_1 E_2^* \rangle \sin\varphi\cos\varphi \\ &= I_1\cos^2\varphi + I_2\sin^2\varphi + \frac{1}{2}(\sin 2\varphi)U \end{aligned} \tag{11.4.9c}$$

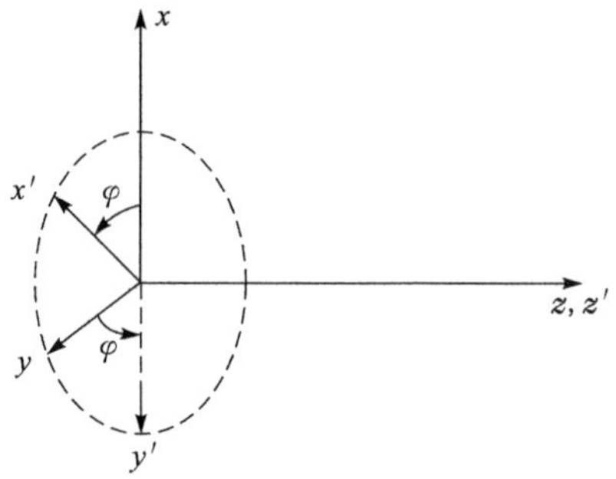

图 11.5 坐标系绕 z 轴的转动

相类似地，可以对 I_1、I_2、U 和 V 作如下形式的线性变换去表示 I_2'、U'和 V'，这里线性变换式为

$$\boldsymbol{I}(\hat{\boldsymbol{e}}_z, \hat{\boldsymbol{e}}_{x'}) = \boldsymbol{L}(\varphi) \cdot \boldsymbol{I}(\hat{\boldsymbol{e}}_z, \hat{\boldsymbol{e}}_x) \tag{11.4.10a}$$

式中，$\boldsymbol{I}(\hat{\boldsymbol{e}}_z, \hat{\boldsymbol{e}}_{x'})$是列矩阵$(I'_1, I'_2, U', V')$，第一个单位矢量$\hat{\boldsymbol{e}}_z$ 表示波传播的方向，第二个单位矢量$\hat{\boldsymbol{e}}_{x'}$表示 $\boldsymbol{E}_1$ 的偏振方向；$\boldsymbol{I}(\hat{\boldsymbol{e}}_z, \hat{\boldsymbol{e}}_x)$是列矩阵$(I_1, I_2, U, V)$；$\boldsymbol{L}(\varphi)$是一个 4×4 矩阵，其表达式为

$$\boldsymbol{L}(\varphi) = \begin{bmatrix} \cos^2\varphi & \sin^2\varphi & \frac{1}{2}\sin(2\varphi) & 0 \\ \sin^2\varphi & \cos^2\varphi & -\frac{1}{2}\sin(2\varphi) & 0 \\ -\sin(2\varphi) & \sin(2\varphi) & \cos(2\varphi) & 0 \\ 0 & 0 & 0 & 1 \end{bmatrix} \tag{11.4.10b}$$

11.4.3 VRT 方程中相矩阵的表达式

在矢量辐射输运方程(11.3.8b)中，本节给出相矩阵 $\boldsymbol{P}(\boldsymbol{\Omega}, \hat{\boldsymbol{t}}; \boldsymbol{\Omega}', \hat{\boldsymbol{t}}')$的进一步表达。在 11.4.1 节中，散射 Stokes 参数$\boldsymbol{I}_\mathrm{s}(\boldsymbol{\Omega}, \hat{\boldsymbol{e}}_x)$和入射 Stokes 参数$\boldsymbol{I}_\mathrm{i}(\boldsymbol{\Omega}', \hat{\boldsymbol{e}}_{x'})$之间已通过式(11.4.8)由 Stokes 矩阵 $\tilde{\boldsymbol{\sigma}}(\boldsymbol{\Omega}, \hat{\boldsymbol{e}}_x; \boldsymbol{\Omega}', \hat{\boldsymbol{e}}_{x'})$联系起来，这里由 $\boldsymbol{\Omega}$ 和$\boldsymbol{\Omega}'$所定义的平面叫散射平面，而且 x 轴与该平面相垂直。对于具有单位截面、长为 $\mathrm{d}\tilde{S}$、包含 $\rho\mathrm{d}\tilde{S}$ 个粒子的圆柱段，这时的散射和入射的 Stokes 参数间，有

$$\boldsymbol{I}_\mathrm{s}(\boldsymbol{\Omega}, \hat{\boldsymbol{e}}_x) = (\rho\mathrm{d}\tilde{S})\tilde{\boldsymbol{\sigma}}(\boldsymbol{\Omega}, \hat{\boldsymbol{e}}_x; \boldsymbol{\Omega}', \hat{\boldsymbol{e}}_{x'}) \cdot I_\mathrm{i}(\boldsymbol{\Omega}', \hat{\boldsymbol{e}}_{x'}) \tag{11.4.11a}$$

式中，$\boldsymbol{I}_s$ 和 $\boldsymbol{I}_i$ 为辐射强度的 Stokes 参数。

$$\boldsymbol{I}_i(\boldsymbol{\Omega}',\hat{\boldsymbol{e}}_{x'}) = \boldsymbol{L}(\varphi_1)\cdot\boldsymbol{I}(\boldsymbol{\Omega}',\hat{\boldsymbol{t}}') \tag{11.4.11b}$$

式中，φ_1 为绕 $\boldsymbol{\Omega}'$ 轴转动的角度。

类似地，有

$$\boldsymbol{I}(\boldsymbol{\Omega},\hat{\boldsymbol{t}}) = \boldsymbol{L}(-\varphi_2)\cdot\boldsymbol{I}_s(\boldsymbol{\Omega},\hat{\boldsymbol{e}}_x) \tag{11.4.11c}$$

式中，φ_2 为绕 $\boldsymbol{\Omega}$ 轴转动的角度。

因此相矩阵 $\boldsymbol{P}(\boldsymbol{\Omega},\hat{\boldsymbol{t}};\boldsymbol{\Omega}',\hat{\boldsymbol{t}}')$ 的表达式为

$$\boldsymbol{P}(\boldsymbol{\Omega},\hat{\boldsymbol{t}};\boldsymbol{\Omega}',\hat{\boldsymbol{t}}') = \boldsymbol{L}(-\varphi_2)\cdot\tilde{\boldsymbol{\sigma}}(\boldsymbol{\Omega},\hat{\boldsymbol{e}}_x;\boldsymbol{\Omega}',\hat{\boldsymbol{e}}_{x'})\cdot\boldsymbol{L}(\varphi_1) \tag{11.4.12}$$

式(11.4.12)包括了从 $\hat{\boldsymbol{t}}'$ 到 $\hat{\boldsymbol{e}}_{x'}$ 的旋转、从 $\boldsymbol{\Omega}'$ 到 $\boldsymbol{\Omega}$ 的散射以及从 $\hat{\boldsymbol{e}}_x$ 到 $\hat{\boldsymbol{t}}$ 的旋转。

第四篇　磁流体力学基本方程组的数值求解方法

第 12 章　磁流体力学基本方程组的高精度、高分辨率解法

12.1　磁流体力学数值方法研究的某些进展和应用背景

磁流体力学数值方法的研究是与电磁理论的不断完善[234,265,506,507,619]、计算电磁学的不断发展[624~627]和计算流体力学发展的逐渐成熟[177,628~631]密切相关的，其整体的态势是向着低频散、低耗散和高分辨率、高效率的算法以及非结构化网格的方向发展[57,58]。另外，计算流体力学中常用的五类方法：有限差分法、有限元法、有限体积法、有限分析法[632]和边界元法[633,634]，也在不同的磁流体力学问题中得到了不同程度的发展，对此，本节不准备细述这方面的进展，感兴趣的读者可参考这方面的文献，如文献[626]和[627]等。

磁流体力学(MHD)的数值模拟可分为全 MHD 方程模拟和低磁 Reynolds 数近似模拟两大类形式，它们的数值方法都来源于计算流体力学。例如，文献[635]针对理想气体中非平衡电离空气喷流问题采用三温模型进行了数值模拟，研究了在电磁场作用下不同壁面导电性的影响。研究结果发现：绝缘性的微小变化都会对流动以及 MHD 流动控制的效果产生较大的影响。再如，文献[636]将描述空气电离的等离子体力学模型和三维的磁流体力学方程组相耦合，研究了高超声速流动时的 MHD 效应以及真实气体效应的影响。再如，文献[637]在热平衡/化学非平衡的条件下，利用计算流体力学技术研究了磁场作用于火星再入空间制动流场的效应，并且同时考虑了外加磁场共同作用下的流动结果。数值计算表明：磁场会导致传热量的降低。

20 世纪 80 年代，在计算流体力学领域提出了高阶 Godunov 格式[638]，很快这种格式被用于 MHD 方程组的一维问题[639]、激波管问题[640]以及多维 MHD 流动问题[641]，而且还提出了针对双曲守恒律方程组的高阶 Godunov 格式的近似 Riemann 解[642]。另外，在计算流体力学领域，以 Harten、Yee 和 Roe 为代表的总变差递减(TVD)格式获得了巨大的成功[643~645]，文献[646]的研究已经表明：虽然 TVD 格式由于需要计算 Jacobi 矩阵的左、右特征矢量以及特征值，会带来附加的计算量，但 TVD 格式比耗散型格式能够更准确地捕捉到间断和激波，这是 TVD 格式的一个重要特色。在 20 世纪 90 年代末到 21 世纪初的这段时间里，ENO 格式[647,648]、WENO 格式[649,650]、高阶紧致格式[118,651,652]、多步 Runge-Kutta 格式以及 Runge-Kutta 间断有限

元法[653,654]不断涌现。这里应该强调的是,在流固耦合的大背景下,间断有限元的出现的确是件十分幸运的大事,它为流体力学与固体力学能在一套相同的网格下完成数值计算奠定了基础。另外,间断有限元法又称 Runger-Kutta discontinuous Galerkin method(简称 RKDG 方法),它不要求整场解的连续性,允许单元交界处解的间断存在,因此流体力学差分方法中,发展的许多高精度算法便可以引入 DG 方法中,这就是我们在第 12 章中要专门研究 DG 方法的重要原因。

20 世纪末以来,许多学者对 MHD 数值方法进行了研究与发展。例如,1997 年,Harada 等[655]结合 TVD 格式,修改与改进了四步 Runge-Kutta 方法并用于一维 MHD 方程组的计算。1999 年,Gaitonde[656]采用高阶紧致差分格式并结合改进的高阶低通滤波技术求解了三维 MHD 方程组。另外,同年 MacCormack 提出了一种基于 MHD 方程组守恒形式的矢通量分裂格式。计算表明:它与非守恒形式的数值结果相比,显示出较高的激波捕捉能力[657]。2000 年,Canupp[658]进一步完善了上述格式并计算了 MHD 激波管等算例。随着计算机硬件能力的不断提高和计算流体力学技术的逐渐改进,2000 年之后 MHD 数值模拟方法正朝着多种效应综合考虑、计算模型更加精细的方向发展,如美国华盛顿大学宇航系的 Shumlak 团队以及美国 HyperComp 公司的 Munipalli、Aithal 和 Shanka 团队[659~661]等。这些团队成功地发展了多维、非结构、高超声速 MHD 源程序库,其中包括考虑热力学非平衡、化学非平衡效应的问题,考虑有限速率化学反应、粒子分布模型和输运性质的流动问题以及带电磁场与不带电磁场时对上述流场所导致的效应问题等;这些程序库中还包括双温模型、三温模型、Jameson 型格式、矢通量分裂格式、ENO 格式、WENO 格式、Roe 格式、紧致格式以及各种限制器等,特别是近 10 年迅速发展的 Jameson 提出的伴随算法。

MHD 数值方法的研究在国际学术界之所以如此火热是因为它有着重要的工程应用背景,下面从三点进行概述:

(1) 磁流体力学是研究导电流体在磁场作用下运动规律的学科。宇宙中导电流体普遍存在着。在广袤的宇宙间,99%的可见物质都处于等离子体状态。从炽热的恒星、灿烂的气态星云,浩瀚的星际间物质到多变的电离层和高速运动的太阳风,都是等离子体的天下。等离子体是自然界中的导电流体,在浩瀚的宇宙里等离子体普遍存在着。太阳是一个等离子体球并且是一个最接近地球的炽热星球。太阳风是一种超声速运动的物质流,它以 400km/s 的速度抵达地球的范围。太阳风与地球的磁层相互作用,在极区可以导致极光的呈现。另外,随着现代航天技术的发展和太空观察仪器的创建,人类对太空和宇宙的了解不再仅是天文学家的事。现代天文学家可以通过天空望远镜(如 Hubble 望远镜、LSST 大型巡天望远镜)、WMAP 微波背景各向异性探测器以及引力透镜等仪器和装置去观察宇宙中大尺度结构的星云形成、去发现与观测遥远的超新星、去了解与观测暗物质和暗能量。

1998 年 Perlmutter 等 3 位科学家通过对遥远超新星的观测，发现宇宙在加速膨胀，他们 3 人也因此荣获 2011 年诺贝尔物理学奖。根据 2003 年国际公布的 WMAP 探测结果，在现今宇宙的大模型中，普通重子物质只占 4%，而非重子的暗物质占 23%，暗能量占 73%，那么宇宙加速膨胀的物理起因是什么？对于这样一个宇宙之谜，科学界一直未能破解。在宇宙中，显物质(即可见物质)只占 4%，而在宇宙里的显物质中，99%的可见物又处于等离子体状态。因此，人类要深入研究暗物质能量，就必须首先对显物质，尤其是等离子体和磁流体力学有一个深入的了解，这也是人类早在 20 世纪 30 年代到 50 年代初就去建立等离子体物理学的基本理论框架和流体力学基本描述方法的根本原因。

(2) 磁流体力学数值方法的研究是与电磁理论的完善、微波遥感技术的出现、激光技术以及聚变能利用技术的发展密切相关的，以下从三个方面去说明它们之间的关联。

第一，电磁波的预言和证实与电磁场理论以及计算直接相关。1866 年 Maxwell 在研究电磁场微分方程求解的过程中，预言了电磁场辐射波的存在。其后 20 年，Hertz 在他的实验室中证实了 Maxwell 的科学推理并首次产生与接收到了无线电电磁波。因此在无线电科学与技术发展的过程中，电磁场理论与计算一直起着重要的推动作用。

第二，雷达和微波遥感技术的出现，促进了电磁散射理论与计算的发展。20 世纪 30 年代，雷达问世。接着，微波遥感、目标隐身(低散射)、目标分类和标识等科学技术相继得到发展。也正是由于上述科技的发展才促使人们对目标与环境的电磁散射特性提出了更高的要求，从而极大地促进了电磁散射理论和计算的发展。半个多世纪以来，求解电磁散射场和逆散射问题的数学方法大致可分为三类：一是精确解析解，它适用于所求解的微分方程可以用分离变量法求解；二是数值计算，它是对 Maxwell 方程以及与之等效的积分方程采用矩量法、有限元法、时域有限差分法、快速多极子算法以及有限体积法等数值计算算法；三是高频近似算法。由于多数受微波照射的雷达目标都处于光学区(目标尺度大于照射波的波长)，因此可借助于场局限性原理去处理目标结构的有限性。应该讲，上述三类算法基本上涵盖了当今电磁散射计算的主要方面。

第三，激光技术以及聚变能利用技术的涌现，促进了等离子体流体力学稳定性研究的发展。

20 世纪 60 年代，由于激光器的出现，为在惯性约束下可控加热方式提供了可能。研究者提出了激光核聚变方案，利用强激光打在氘氚燃料制成的小靶丸上，使靶丸燃料形成等离子体。由于自身惯性，在未来得及四散开来之前被加热到极高温度而发生聚变反应。目前，在受控热核反应的领域，磁约束和惯性约束是两大平行发展的途径。如何实现高温等离子体较长时间稳定约束问题是磁约束聚变研究的关键与核心，而这一问题的研究促进了等离子体和磁流体力学稳定性理论的发展。

(3) 航天技术的进步，尤其是高超声速飞行器的磁流体控制技术，极大地推动了 MHD 数值方法的发展。20 世纪 70 年代以来，由于导弹和宇宙飞船再入大气层时形成等离子体鞘致使通信中断、对飞行器的安全飞行造成危险，这使得航天器设计人员对等离子体物理学和磁流体力学引发了高度重视。另外，20 世纪 90 年代，尤其是 1992 年俄罗斯公布 AJAX 概念以来[662~667]，世界各航天大国对高超声速飞行器的新型设计引发了研制的热潮。AJAX 的基本理念是设计一类长距离飞行、高超声速巡航的飞行器，其发动机有两级，由低速段的涡轮喷气发动机和高速段的超燃冲压发动机组成。AJAX 的基本原理是在进气道添加旁路装置，充分利用围绕机体气流中可以获得的能量，并通过对局部区域进行电离、加热或配合磁场对目标流场进行干扰，实现有利于飞行器的流动控制。AJAX 设计理念的最大优点是，它基于等离子体的 MHD 效应，利用机载发生器产生外磁场对电离流动的动量和能量进行可控制的调整，对流动参数产生远距离的影响，而不像常规空气动力学中采用的飞行器表面接触式干扰。正是由于超高声速飞行器采用了磁流体力学的流动控制，这使得飞行器的高超飞行与磁流体力学之间建立起密切的联系，这正是近年来磁流体力学计算方法在学术界迅猛发展的重要原因。

12.2 磁流体力学的基本方程及其基本假设

磁流体力学的基本方程由 Maxwell 方程组、Ohm 定律和 Navier-Stokes 方程组组成，其中流场由 Navier-Stokes 方程组描述，电磁场由 Maxwell 方程组和 Ohm 定律描述。

1. 电磁感应的 Faraday 定律

微分形式的 Faraday 电磁感应定律为

$$\nabla\times \boldsymbol{E}=-\frac{\partial \boldsymbol{B}}{\partial t} \tag{12.2.1a}$$

由于感应电场是有旋的、不守恒的，而静电场是无旋的，因此感应电场和静电场并不是同一类矢量场。Faraday 定律恰恰是建立起电磁场强度 $\boldsymbol{E}$ 的旋度与随时间变化的磁感应强度 $\boldsymbol{B}$ 之间的关系。

2. Ampere 定律

微分形式的 Ampere 定律为

$$\nabla\times \boldsymbol{H}=\frac{\partial}{\partial t}\boldsymbol{D}+\boldsymbol{J} \tag{12.2.1b}$$

类似地，Ampere 定律恰恰是建立起磁场强度 $\boldsymbol{H}$ 的旋度与电流密度矢量 $\boldsymbol{J}$ 以及随时间变化的电感应强度 $\boldsymbol{D}$ 之间的关系。

3. 电场的 Gauss 定律

微分形式的电场 Gauss 定律为

$$\nabla\cdot\boldsymbol{D}=\rho_{\mathrm{e}} \tag{12.2.1c}$$

式中，ρ_{e} 为电荷密度。

Gauss 定律反映了通过任何闭合表面的电通量正比于该面封闭的总电荷量。类似地，电场的 Gauss 定律恰恰是建立了电感应强度矢量 $\boldsymbol{D}$ 的散度与电荷密度 ρ_{e} 之间的关系。

4. 磁场的 Gauss 定律

微分形式的磁场 Gauss 定律为

$$\nabla\cdot\boldsymbol{B}=0 \tag{12.2.1d}$$

它反映了穿越任何封闭面的磁通量为零。类似地，磁场的 Gauss 定律恰恰是建立了磁感应强度矢量 $\boldsymbol{B}$ 的散度场属性。

至此，上述四大定律已分别由式(12.2.1a)、式(12.2.1b)、式(12.2.1c)和式(12.2.1d)给出，将这四个式子组合在一起便得到了 Maxwell 方程组。

5. 广义 Ohm 定律

广义 Ohm 定律要考虑 Hall 效应和离子滑移参数的影响，其表达式为

$$\boldsymbol{J}=\rho_{\mathrm{e}}\boldsymbol{V}+\sigma_{\mathrm{e}}[\boldsymbol{E}+\boldsymbol{V}\times\boldsymbol{B}-\beta\boldsymbol{J}\times\boldsymbol{B}+\alpha(\boldsymbol{J}\times\boldsymbol{B})\times\boldsymbol{B}] \tag{12.2.2}$$

式中，σ_{e} 代表电导率；β 和 α 分别代表 Hall 效应和离子滑移参数。在强磁场和低密度气体时，这两项的影响都需要考虑。另外，在本书的第 13 章中，还专门讨论在广义 Ohm 定律的框架下，MHD 基本方程组的表达形式。

6. 电磁力以及体积力密度矢量

一个电荷在其周围附近空间要产生电场，不管电荷是否运动，静电场始终围绕着这个电荷。当电荷移动时，电荷由于在空间移动产生磁场，不管电荷是在导线中还是在等离子体中运动，都会产生这样一个磁场。一个电荷在另一电荷所产生的电磁场中运动，它所受的力是静电力、磁力和重力的总和。通常，作用在运动电荷上的静电力比磁力要小，重力一般也比磁力小很多。在磁场 $\boldsymbol{B}$ 中，以速度 $\boldsymbol{V}_q$ 运动的电荷 q 所受的 Lorentz 力为 $q\boldsymbol{V}_q\times\boldsymbol{B}$；另外，再加上电荷受的电场 $\boldsymbol{E}$ 作用的 Coulomb 力为 $q\boldsymbol{E}$，于是合力 $\boldsymbol{F}$ 为

$$\boldsymbol{F}=q(\boldsymbol{E}+\boldsymbol{V}_q\times\boldsymbol{B}) \tag{12.2.3a}$$

连续介质所受的体积力密度 $\boldsymbol{f}$(这里应包括电荷与电流之间的作用、磁场和电磁属性的非均匀性以及电致伸缩和磁致伸缩效应等)为

$$\boldsymbol{f}=\rho_e\boldsymbol{E}+\boldsymbol{J}\times\boldsymbol{B}-\left(\frac{\varepsilon_0}{2}\boldsymbol{E}\cdot\boldsymbol{E}\,\nabla K_\varepsilon+\frac{1}{2\mu_0}\boldsymbol{B}\cdot\boldsymbol{B}\,\nabla K_\mu\right)+\left[\frac{\varepsilon_0}{2}\nabla\left(\boldsymbol{E}\cdot\boldsymbol{E}\frac{\partial K_\varepsilon}{\partial\rho}\rho\right)\right]+\frac{1}{2\mu_0}\nabla\left(\boldsymbol{B}\cdot\boldsymbol{B}\frac{\partial K_\mu}{\partial\rho}\rho\right) \tag{12.2.3b}$$

式中,K_ε 和 K_μ 定义为

$$K_\varepsilon=\frac{\varepsilon}{\varepsilon_0},\quad K_\mu=\frac{\mu}{\mu_0} \tag{12.2.3c}$$

式中,ε_0 和 μ_0 分别为真空的介电常数和真空的磁导率。

另外,式(12.2.3b)等号右侧第三项表示由于介电常数和磁导率的非均匀性所产生的力,第四项表示电致伸缩效应和磁致伸缩效应。对于磁流体力学问题,通常只考虑式(12.2.3b)的前两项,其他的项被省略。在这种情况下,体积力密度 $\boldsymbol{f}$ 可表示为

$$\boldsymbol{f}=\rho_e\boldsymbol{E}+\boldsymbol{J}\times\boldsymbol{B} \tag{12.2.3d}$$

7. 介质中电磁场的能量守恒与动量守恒定律

引入静电能 W_e 和静磁能 W_m 的概念,其表达式为

$$W_e=\frac{1}{2}\boldsymbol{E}\cdot\boldsymbol{D},\quad W_m=\frac{1}{2}\boldsymbol{H}\cdot\boldsymbol{B} \tag{12.2.4a}$$

于是电磁场的能量密度 W 为

$$W=W_e+W_m=\frac{1}{2}(\boldsymbol{E}\cdot\boldsymbol{D}+\boldsymbol{H}\cdot\boldsymbol{B}) \tag{12.2.4b}$$

而电磁能量流密度矢量 $\widetilde{\boldsymbol{S}}$ 为

$$\widetilde{\boldsymbol{S}}=\boldsymbol{E}\times\boldsymbol{H} \tag{12.2.4c}$$

它称为 Poynting 矢量。介质中能量守恒与转化定律的微分形式为

$$-\boldsymbol{J}\cdot\boldsymbol{E}=\frac{\partial}{\partial t}W+\nabla\cdot\widetilde{\boldsymbol{S}} \tag{12.2.4d}$$

式中,$\boldsymbol{J}$、W 和 $\widetilde{\boldsymbol{S}}$ 的定义分别同式(12.2.1b)、式(12.2.4b)和式(12.2.4c)。

引入电磁场的电磁动量密度向量$\dfrac{\widetilde{\boldsymbol{S}}}{c^2}$、带电体的总机械动量$\boldsymbol{G}_m$ 以及电磁动量流密度张量 $\widetilde{\boldsymbol{\Phi}}$ 这三个重要概念,其中 $\widetilde{\boldsymbol{\Phi}}$ 定义式为

$$\widetilde{\boldsymbol{\Phi}}=\frac{1}{2}(\varepsilon\boldsymbol{E}\cdot\boldsymbol{E}+\mu\boldsymbol{H}\cdot\boldsymbol{H})\boldsymbol{I}-\varepsilon\boldsymbol{E}\boldsymbol{E}-\mu\boldsymbol{H}\boldsymbol{H} \tag{12.2.4e}$$

式中,$\boldsymbol{EE}$ 与 $\boldsymbol{HH}$ 均为并矢张量。

另外,可以证明在介质中 $\boldsymbol{G}_m$、$\widetilde{\boldsymbol{S}}$ 和 $\widetilde{\boldsymbol{\Phi}}$ 之间有如下关系:

$$\frac{\mathrm{d}}{\mathrm{d}t}\boldsymbol{G}_{\mathrm{m}}(\Omega)+\frac{\mathrm{d}}{\mathrm{d}t}\left(\int_{\Omega}\frac{1}{c^2}\widetilde{\boldsymbol{S}}\mathrm{d}\Omega\right)=-\int_{\partial\Omega}\widetilde{\boldsymbol{\Phi}}\cdot\boldsymbol{n}\mathrm{d}\sigma \tag{12.2.4f}$$

式中，$\boldsymbol{G}_{\mathrm{m}}(\Omega)$表示 Ω 域中带电体的总机械动量。

式(12.2.4f)表明：单位时间内在域 Ω 中总动量(其中包括带电体的总机械动量与电磁动量之和)的增量应等于 $\widetilde{\boldsymbol{\Phi}}$ 通过域的表面积 $\partial\Omega$ 向内流入的通量。此外，在电磁场中引入力密度(即单位体积所受的力)$\boldsymbol{f}$ 的概念，借助于 Lorentz 公式：

$$\boldsymbol{f}=\rho\boldsymbol{E}+\rho\boldsymbol{V}\times\boldsymbol{B} \tag{12.2.4g}$$

于是式(12.2.4f)又可改写为

$$\int_{\Omega}\boldsymbol{f}\mathrm{d}\Omega+\frac{\mathrm{d}}{\mathrm{d}t}\left(\int_{\Omega}\frac{1}{c^2}\widetilde{\boldsymbol{S}}\mathrm{d}\Omega\right)=-\int_{\partial\Omega}\widetilde{\boldsymbol{\Phi}}\cdot\boldsymbol{n}\mathrm{d}\sigma \tag{12.2.5a}$$

或者

$$\boldsymbol{f}=-\nabla\cdot\widetilde{\boldsymbol{\Phi}}-\frac{1}{c^2}\frac{\partial}{\partial t}\widetilde{\boldsymbol{S}} \tag{12.2.5b}$$

式(12.2.4f)是在任一给定的有限区域 Ω 上的动量守恒与转化定律，而式(12.2.5b)为其微分形式。

8. 电磁学中的本构方程

对于各向同性的电磁场，引入介电常数 ε 和磁导率 μ，于是有

$$\boldsymbol{D}=\varepsilon\boldsymbol{E},\quad \boldsymbol{H}=\frac{\boldsymbol{B}}{\mu} \tag{12.2.6}$$

式中，$\boldsymbol{D}$、$\boldsymbol{E}$、$\boldsymbol{H}$ 和 $\boldsymbol{B}$ 分别为电位移矢量(或称电感应强度、电通密度)、电场强度、磁场强度和磁感应强度。

9. 考虑电磁场存在时流体力学动量方程的修正

这时主要体现在电磁动量流密度张量 $\mu_0\left[\frac{1}{2}(\boldsymbol{H}\cdot\boldsymbol{H})\boldsymbol{I}-\boldsymbol{H}\boldsymbol{H}\right]$项上，于是动量方程可写为

$$\frac{\partial}{\partial t}(\rho\boldsymbol{V})+\nabla\cdot(\rho\boldsymbol{V}\boldsymbol{V})=\nabla\cdot(\boldsymbol{\Pi}-p\boldsymbol{I})+\mu_0\nabla\cdot\left[\boldsymbol{H}\boldsymbol{H}-\frac{1}{2}(\boldsymbol{H}\cdot\boldsymbol{H})\boldsymbol{I}\right]+\rho\widetilde{f} \tag{12.2.7a}$$

另外，

$$\mu_0\nabla\cdot\left[\boldsymbol{H}\boldsymbol{H}-\frac{1}{2}(\boldsymbol{H}\cdot\boldsymbol{H})\boldsymbol{I}\right]=\mu_0(\nabla\times\boldsymbol{H})\times\boldsymbol{H}=(\nabla\times\boldsymbol{H})\times\boldsymbol{B} \tag{12.2.7b}$$

此外，借助于 Lorentz 公式，流体力学动量方程还可改写为

$$\frac{\partial}{\partial t}(\rho\boldsymbol{V})+\nabla\cdot(\rho\boldsymbol{V}\boldsymbol{V})=\nabla\cdot(\boldsymbol{\Pi}-p\boldsymbol{I})+\rho_{\mathrm{e}}\boldsymbol{E}+\boldsymbol{J}\times\boldsymbol{B}+\rho\widetilde{f} \tag{12.2.7c}$$

式中，$\tilde{\boldsymbol{f}}$ 代表除电磁力之外的体积力。考虑式(12.2.7c)等号右侧的第二项与第三项，注意到电中性的假设，这时可略去第二项、仅留第三项；如果再借助于式(12.2.1b)并略去$\frac{\partial}{\partial t}\boldsymbol{D}$ 项，于是便有

$$\boldsymbol{J}\times\boldsymbol{B}=(\nabla\times\boldsymbol{H})\times\boldsymbol{B} \tag{12.2.7d}$$

这就是说，式(12.2.7a)与式(12.2.7c)在引入电中性的假设以及略去$\frac{\partial}{\partial t}\boldsymbol{D}$ 项的情况下，两式等价。

10. *考虑电磁场存在时，对流体力学能量方程的修正*

考虑到电磁场的存在，只需在原有流体力学能量方程的基础上加入电磁能量密度以及电磁能量流密度矢量的贡献。容易证明这时的能量方程可写为

$$\frac{\partial}{\partial t}(\rho e_{\mathrm{t}})+\nabla\cdot(\rho e_{\mathrm{t}}\boldsymbol{V})=\nabla\cdot(\boldsymbol{\Pi}\cdot\boldsymbol{V})-\nabla\cdot(p\boldsymbol{V})+(\rho_{\mathrm{e}}\boldsymbol{E}+\boldsymbol{J}\times\boldsymbol{B})\cdot\boldsymbol{V}$$
$$+\nabla\cdot\boldsymbol{q}+\frac{1}{\sigma_{\mathrm{e}}}\boldsymbol{J}\cdot\boldsymbol{J}+\rho\tilde{\boldsymbol{f}}\cdot\boldsymbol{V} \tag{12.2.8a}$$

式中，σ_{e} 代表电导率；ρe_{t} 代表单位体积流体介质具有的总能量，其表达式为

$$\rho e_{\mathrm{t}}=\rho e+\frac{\rho}{2}\boldsymbol{V}\cdot\boldsymbol{V}+\frac{1}{2}\left(\varepsilon_0\boldsymbol{E}\cdot\boldsymbol{E}+\frac{1}{\mu_0}\boldsymbol{B}\cdot\boldsymbol{B}\right) \tag{12.2.8b}$$

11. *磁流体力学方程组的基本简化与假设*

对于高超声速流动控制的磁流体力学问题，以下给出七点假设：

(1) 电磁介质各向同性的假设。

(2) 介质中性且无余电荷的假设。在这个假设下，电流密度方程变为

$$\nabla\cdot\boldsymbol{J}=0 \tag{12.2.9a}$$

Ampere 定律简化为

$$\frac{1}{\mu_0}(\nabla\times\boldsymbol{B})=\boldsymbol{J} \tag{12.2.9b}$$

(3) 非相对论流动的假设。在这个假设下，电能 $\varepsilon_0\boldsymbol{E}\cdot\boldsymbol{E}$ 相对于磁场能$\frac{1}{\mu_0}\boldsymbol{B}\cdot\boldsymbol{B}$ 来讲可忽略。因此，对于非相对论性等离子体流动问题，电能相关项与磁场相比一般可忽略。

(4) 无电极化假设。在这个假设下，Gauss 定理为

$$\nabla\cdot\boldsymbol{D}=\rho_{\mathrm{e}} \tag{12.2.9c}$$

式中，ρ_{e} 为体电荷密度。若再考虑电中性假设，则有

$$\nabla\cdot\boldsymbol{D}=0 \tag{12.2.9d}$$

(5) 无磁极化假设。在这一假设下，有

$$\nabla\cdot \boldsymbol{H}=0 \tag{12.2.9e}$$

在无电极化和无磁极化的条件下，体积力密度矢量 $\boldsymbol{f}$ 可简化为

$$\boldsymbol{f}=\rho_e\boldsymbol{E}+\boldsymbol{J}\times\boldsymbol{B} \tag{12.2.9f}$$

若要考虑电中性假设，则磁流体力学中的体积力密度矢量 $\boldsymbol{f}$ 还可以进一步简化为

$$\boldsymbol{f}=\boldsymbol{J}\times\boldsymbol{B} \tag{12.2.9g}$$

(6) 忽略 Hall 效应与离子滑移效应的假设。在这种假设下，Ohm 定律可简化为

$$\boldsymbol{J}=\sigma_e(\boldsymbol{E}+\boldsymbol{V}\times\boldsymbol{B}) \tag{12.2.9h}$$

(7) 忽略能量方程中某些内部生成热(如由热源、辐射所产生的生成热等)，但对于 Joule 热和黏性耗散生成热不应略去。另外，在许多工况下，辐射生成热也是不可省略的。

12.3　两类守恒型磁流体力学基本方程组

1. MHD 守恒型基本方程组的通用形式

在磁流体力学的基本假设下，MHD 守恒型基本方程组的通用形式为

$$\frac{\partial}{\partial t}\boldsymbol{U}+\nabla\cdot \boldsymbol{f}(\boldsymbol{U})=\boldsymbol{Q} \tag{12.3.1a}$$

式中，$\boldsymbol{U}$、$\boldsymbol{f}(\boldsymbol{U})$ 和 $\boldsymbol{Q}$ 的定义式分别为

$$\boldsymbol{U}=\begin{bmatrix}\rho\\ \rho\boldsymbol{V}\\ \boldsymbol{B}\\ \rho e_t\end{bmatrix} \tag{12.3.1b}$$

$$\boldsymbol{f}(\boldsymbol{U})=\begin{bmatrix}\rho\boldsymbol{V}\\ \rho\boldsymbol{V}\boldsymbol{V}+\left(p+\dfrac{1}{2\mu_0}\boldsymbol{B}\cdot\boldsymbol{B}\right)\boldsymbol{I}-\dfrac{1}{\mu_0}\boldsymbol{B}\boldsymbol{B}\\ \boldsymbol{V}\boldsymbol{B}-\boldsymbol{B}\boldsymbol{V}\\ \left(\rho e_t+p+\dfrac{1}{2\mu_0}\boldsymbol{B}\cdot\boldsymbol{B}\right)\boldsymbol{V}-\dfrac{\boldsymbol{B}}{\mu_0}(\boldsymbol{V}\cdot\boldsymbol{B})\end{bmatrix} \tag{12.3.1c}$$

$$\boldsymbol{Q}=\begin{bmatrix}0\\ \nabla\cdot\boldsymbol{\Pi}\\ -\nabla\times\left(\dfrac{1}{\sigma_e\mu_0}\nabla\times\boldsymbol{B}\right)\\ \nabla\cdot(\boldsymbol{\Pi}\cdot\boldsymbol{V})+\nabla\cdot\boldsymbol{q}+\dfrac{1}{\sigma_e\mu_0^2}(\nabla\times\boldsymbol{B})^2\end{bmatrix} \tag{12.3.1d}$$

式中，ρ、$\boldsymbol{V}$、$\boldsymbol{B}$ 和 ρe_{t} 分别代表密度、速度、磁感应强度和单体积流体介质具有的总能量；μ_0 和 σ_{e} 分别代表真空中的磁导率和电导率。另外在式(12.3.1c)中，ρe_{t} 定义为

$$\rho e_{\mathrm{t}}=\frac{\rho}{2}\boldsymbol{V}\cdot\boldsymbol{V}+\frac{p}{\gamma-1}+\frac{B^2}{2\mu_0} \tag{12.3.1e}$$

式中，γ 为比热比。

在磁流体力学中，如果不考虑流动黏性、热传导以及磁场扩散，则式(12.3.1d)变为

$$\boldsymbol{Q}=0 \tag{12.3.2}$$

2. 低磁 Reynolds 数时 MHD 方程组

在磁流体力学中，常要引入磁黏滞系数(又称磁扩散系数)η_{m}，其定义为

$$\eta_{\mathrm{m}}=\frac{1}{\mu_0\sigma_{\mathrm{e}}} \tag{12.3.3a}$$

式中，σ_{e} 和 μ_0 分别为电导率和真空中磁导率。

如果令 V 与 L 分别为流体运动的特征速度与特征长度，于是磁 Reynolds 数 Re_{m} 的定义式为

$$Re_{\mathrm{m}}=\frac{VL}{\eta_{\mathrm{m}}} \tag{12.3.3b}$$

显然，当 $\sigma_{\mathrm{e}}\to 0$ 即 Re_{m} 很低时 MHD 基本方程组会存在着巨大的刚性，给求解造成困难。为此，在低磁 Reynolds 数的情况下，常采用如下的处理手段，即从式(12.3.1a)中去掉关于 $\boldsymbol{B}$ 的方程，对其他方程也舍掉了某些磁感强度项后，可得

$$\frac{\partial}{\partial t}\begin{bmatrix}\rho\\ \rho\boldsymbol{V}\\ \rho e_{\mathrm{t}}\end{bmatrix}+\nabla\cdot\begin{bmatrix}\rho\boldsymbol{V}\\ \rho\boldsymbol{V}\boldsymbol{V}+p\boldsymbol{I}\\ (\rho e_{\mathrm{t}}+p)\boldsymbol{V}\end{bmatrix}=\begin{bmatrix}0\\ \boldsymbol{J}\times\boldsymbol{B}\\ \boldsymbol{J}\cdot\boldsymbol{E}\end{bmatrix}+\begin{bmatrix}0\\ \nabla\cdot\boldsymbol{\Pi}\\ \nabla\cdot(\boldsymbol{\Pi}\cdot\boldsymbol{V})+\nabla\cdot\boldsymbol{q}\end{bmatrix} \tag{12.3.4a}$$

式中，ρe_{t} 定义为

$$\rho e_{\mathrm{t}}=\frac{\rho}{2}\boldsymbol{V}\cdot\boldsymbol{V}+\frac{1}{\gamma-1}p \tag{12.3.4b}$$

当 $\sigma_{\mathrm{e}}=0$ 时，不管这时是否有外磁场加入，一律采取将电磁源项从方程组(12.3.4a)舍去的措施，于是这时求解的方程组退化为 Navier-Stokes 方程，即

$$\frac{\partial}{\partial t}\begin{bmatrix}\rho\\ \rho\boldsymbol{V}\\ \rho e_{\mathrm{t}}\end{bmatrix}+\nabla\cdot\begin{bmatrix}\rho\boldsymbol{V}\\ \rho\boldsymbol{V}\boldsymbol{V}+p\boldsymbol{I}\\ (\rho e_{\mathrm{t}}+p)\boldsymbol{V}\end{bmatrix}=\begin{bmatrix}0\\ \nabla\cdot\boldsymbol{\Pi}\\ \nabla\cdot(\boldsymbol{\Pi}\cdot\boldsymbol{V})+\nabla\cdot\boldsymbol{q}\end{bmatrix} \tag{12.3.5}$$

12.4 求解磁流体力学的数值方法及其存在的问题

求解磁流体力学基本方程组无黏通量部分的数值格式，与通常计算流体力学

中处理流体力学问题时所使用的格式较相近。流体力学常采用矢通量分解法、TVD、ENO、加权 ENO、伴随方法以及紧致差分格式等方法[53,55,58,631]，在求解 MHD 基本方程组进行空间离散时均可使用。对黏性项、传热项的处理也可套用流体力学中常用的方法，如黏性项采用中心差分以及紧致格式等。在时间推进算法上，对于定常流动问题，可采用 LU-SGS 方法等；对于非定常流动问题，可采用 TVD 类型的多步 Runge-Kutta 方法或者双时间步长迭代格式等[53,120]。

与通常流体力学问题相比，磁流体力学至少在以下六个方面存在着更大的难度：

(1) 磁场的伪散度问题。实际磁场是无散度的，但由于数值计算中产生的误差积累导致了伪磁场散度的产生，严重时造成计算失败。通常，磁场计算的误差往往在间断处或者磁场的大梯度处得以表现出来。因此，伪磁场散度的清除是 MHD 计算的重要问题之一。

(2) MHD 方程组的奇异性问题。MHD 基本方程组无黏部分的 Jacobian 矩阵存在零特征值，因此零特征值无法写出特征向量，这样在某些数值格式中便无法使用。为此求解 MHD 方程组时便需要对方程组的形式做修正以避免零特征值产生。文献[668]给出了如下的方法，即引入 $\boldsymbol{Q}_1$ 矩阵，其定义为

$$\boldsymbol{Q}_1 = \begin{bmatrix} 0 \\ \dfrac{\boldsymbol{B}}{\mu_0} \\ \boldsymbol{V} \\ \boldsymbol{V} \cdot \dfrac{\boldsymbol{B}}{2\mu_0} \end{bmatrix} \nabla \cdot \boldsymbol{B} \tag{12.4.1}$$

利用式(12.4.1)方程组(12.3.1a)修改为

$$\frac{\partial}{\partial t}\boldsymbol{U} + \nabla \cdot \boldsymbol{f}(\boldsymbol{U}) + \boldsymbol{Q}_1 = \boldsymbol{Q} + \boldsymbol{Q}_1 \tag{12.4.2}$$

式(12.4.2)中的附加项[即式(12.4.2)等号左侧的 $\boldsymbol{Q}_1$ 项]与原无黏通量项合并为新项，新的 Jacobi 矩阵没有零特征值。另外，式(12.4.2)中等号右侧的 $\boldsymbol{Q}_1$ 项称为添加的新源项。文献[669]～[672]等推荐使用上述方法，并认为恰当地使用上述方法可以得到 MHD 问题满意的数值解。

(3) 电导率较低时，磁场方程中出现刚性的问题。当流场局部的电导率较低时，磁场方程中磁扩散的刚性相当大，这给 MHD 数值计算带来了困难。目前处理的方法是减小时间积分的步长、导致 MHD 的计算时间大大延长。

(4) 边界条件提法的问题。通常，磁流体力学问题涉及“8 波”，即两个 Alfven 波、两个快磁声波、两个慢磁声波、一个熵波、一个磁通波，存在着 8 个特征值，因此 MHD 问题边界条件的提法要比流体力学问题复杂。

(5) 工程实际中电导率如何给出，仍是一个有待研究的课题。在实际工程中，已经发现电导率与等离子体化学反应有关，如何将化学反应效应与对 MHD 的流

动所产生的影响一起考虑仍是一项很难的待研课题。

(6) MHD的高精度格式问题以及磁流体力学中湍流效应及湍流模型等问题。在磁流体力学中,这些问题相当复杂,对它们的研究恰是国际上正在开展的前沿课题。

12.5 磁场伪散度问题处理的投影方法

令$\boldsymbol{B}^{(n)}$为矢量场$\boldsymbol{B}$的第n步迭代值。因任何一个矢量场$\boldsymbol{B}^{(n)}$可以分解为旋度与梯度之和,即

$$\boldsymbol{B}^{(n)}=\nabla\times\boldsymbol{G}+\nabla\varphi \tag{12.5.1}$$

式中,$\boldsymbol{G}$和φ分别为矢量势函数和标量函数。注意这里$\nabla\times\boldsymbol{G}$包含了$\boldsymbol{B}$场的物理意义部分。

对式(12.5.1)两边取散度,得到如下形式的 Poisson 方程:

$$\nabla^2\varphi=\nabla\cdot\boldsymbol{B}^{(n)} \tag{12.5.2}$$

数值求解式(12.5.2),得φ场。然后由式(12.5.3)得到新一轮迭代时的$\boldsymbol{B}$值,并记作$\boldsymbol{B}^{(n+1)}$,即

$$\boldsymbol{B}^{(n+1)}=\boldsymbol{B}^{(n)}-\nabla\varphi \tag{12.5.3}$$

显然,式(12.5.2)和式(12.5.3)确保了新的磁场散度为零。这里应指出的是,数值求解 Poisson 方程(12.5.2)的过程为内循环迭代,而借助于式(12.5.3)去更新磁场并检验$\nabla\cdot\boldsymbol{B}^{(n+1)}$的清除效果。通常将更新磁场与检验$\nabla\cdot\boldsymbol{B}$清除效果的过程称为外循环迭代。文献[669]~[674]的计算实践表明,在计算后期,由于磁场散度较小,外循环迭代几步便可达到散度收敛的要求。

12.6 有限体积法中黏性项、传热项和磁场项的处理

在任意曲线坐标系中,对 Navier-Stokes(以下简写为 N-S)方程组或磁流体力学(MHD)中的动量方程选取什么样的三个方向去写动量方程时会直接影响着 N-S 方程或 MHD 方程中项数的多少以及计算量的大小,文献[82]、[92]和[94]、[100]曾对不同的展开方式以及展开后方程的具体形式进行过细致的分析。文献[82]明确指出,当令 Cartesian 坐标系(y^1,y^2,y^3)的单位矢量为$\boldsymbol{i}$、$\boldsymbol{j}$、$\boldsymbol{k}$,令贴体曲线坐标系(x^1,x^2,x^3)的基矢量为$\boldsymbol{e}_1$、$\boldsymbol{e}_2$、$\boldsymbol{e}_3$时,将 N-S 方程组中的动量方程沿着$\boldsymbol{i}$、$\boldsymbol{j}$、$\boldsymbol{k}$方向展开,并且都采用有限体积法的离散技巧,通过对单元体的积分使微分方程组的阶数降低,使得原来为二阶导数的黏性项降为一阶,这就有效地减轻了计算量;再加上引入了两个辅助对称矩阵$\hat{\boldsymbol{A}}$与$\hat{\boldsymbol{B}}$,使得黏性项的计算十分简捷,20 多年来数值计算的大量结果表明文献[82]给出的处理方法十分有效。

为了清楚地说明在有限体积法中如何处理黏性项和传热项的问题,这里首先

给出两种流动下的 N-S 方程组：一种是外流计算中常用的绝对坐标系中的方程组[53]，这里绝对速度用 $\boldsymbol{V}$ 表示；另一种是内流中，尤其是叶轮机械中常取固连于叶轮上的转动坐标系（又称相对坐标系）中的方程组[94]，这里用 $\boldsymbol{V}$ 与 $\boldsymbol{W}$ 分别代表绝对速度与相对速度，用 $\tilde{\boldsymbol{\omega}}$ 代表坐标系的转动角速度矢量，这两组 N-S 方程的表达式如下[12]。

外流中的绝对坐标系：

$$\frac{\partial}{\partial t}\iiint_{\Omega}\begin{bmatrix}\rho\\ \rho\boldsymbol{V}\\ e\end{bmatrix}\mathrm{d}\Omega+\oiint_{\partial\Omega}\boldsymbol{n}\cdot\begin{bmatrix}\rho\boldsymbol{V}\\ \rho\boldsymbol{V}\boldsymbol{V}-\boldsymbol{\pi}\\ e\boldsymbol{V}-\boldsymbol{\pi}\cdot\boldsymbol{V}-\lambda\,\nabla T\end{bmatrix}\mathrm{d}s=0 \tag{12.6.1}$$

叶轮机械中的相对坐标系：

$$\frac{\partial_{\mathrm{R}}\rho}{\partial t}+\nabla_{\mathrm{R}}\cdot(\rho\boldsymbol{W})=0 \tag{12.6.2a}$$

$$\frac{\partial_{\mathrm{R}}(\rho\boldsymbol{V})}{\partial t}+\nabla_{\mathrm{R}}\cdot(\rho\boldsymbol{W}\boldsymbol{V})=\nabla_{\mathrm{R}}\cdot\boldsymbol{\pi}-\rho\tilde{\boldsymbol{\omega}}\times\boldsymbol{V} \tag{12.6.2b}$$

$$\frac{\partial_{\mathrm{R}}e}{\partial t}+\nabla_{\mathrm{R}}\cdot(e\boldsymbol{W})=\nabla_{\mathrm{R}}\cdot(\boldsymbol{\pi}\cdot\boldsymbol{V})+\nabla_{\mathrm{R}}\cdot(\lambda\,\nabla_{\mathrm{R}}T) \tag{12.6.2c}$$

或

$$\frac{\partial_{\mathrm{R}}}{\partial t}\iiint_{\Omega}\begin{bmatrix}\rho\\ \rho\boldsymbol{V}\\ e\end{bmatrix}\mathrm{d}\Omega+\oiint_{\partial\Omega}\boldsymbol{n}\cdot\begin{bmatrix}\rho\boldsymbol{W}\\ \rho\boldsymbol{W}\boldsymbol{V}-\boldsymbol{\pi}\\ e\boldsymbol{W}-\boldsymbol{\pi}\cdot\boldsymbol{V}-\lambda\,\nabla T\end{bmatrix}\mathrm{d}s=-\iiint_{\Omega}\begin{bmatrix}0\\ \rho\tilde{\boldsymbol{\omega}}\times\boldsymbol{V}\\ 0\end{bmatrix}\mathrm{d}\Omega \tag{12.6.3}$$

式中，$\frac{\partial_{\mathrm{R}}}{\partial t}$代表相对坐标系中对时间求偏导；$\nabla_{\mathrm{R}}$代表在相对坐标系中完成算子$\nabla$的计算；$\boldsymbol{\pi}$ 代表应力张量；e 代表单位体积气体所具有的广义内能；$\boldsymbol{V}$ 与 $\boldsymbol{W}$ 分别为绝对速度与相对速度；T 与 λ 分别为温度与热传导系数。$\boldsymbol{\pi}$ 与 e 的表达式分别为

$$\boldsymbol{\pi}\equiv\mu[\nabla\boldsymbol{V}+(\nabla\boldsymbol{V})_{\mathrm{c}}]-\left(p+\frac{2}{3}\mu\,\nabla\cdot\boldsymbol{V}\right)\boldsymbol{I} \tag{12.6.4a}$$

$$e\equiv\rho\left(C_vT+\frac{1}{2}\boldsymbol{V}\cdot\boldsymbol{V}\right) \tag{12.6.4b}$$

$$\boldsymbol{V}\equiv u\boldsymbol{i}+v\boldsymbol{j}+w\boldsymbol{k}=u_1\boldsymbol{i}+u_2\boldsymbol{j}+u_3\boldsymbol{k} \tag{12.6.4c}$$

式中，$\boldsymbol{I}$ 为单位张量；p 为压强；u、v 与 w 为在直角 Cartesian 坐标系下的分速度。$\boldsymbol{V}$ 与 $\boldsymbol{W}$间的关系为

$$\boldsymbol{V}\equiv\boldsymbol{W}+\tilde{\boldsymbol{\omega}}\times\boldsymbol{r}_{\mathrm{R}} \tag{12.6.4d}$$

式中，$\boldsymbol{r}_{\mathrm{R}}$ 为矢径。

显然式(12.6.2)与式(12.6.3)所给出的形式十分有利于相对坐标系与绝对坐标系间的相互转换，有利于源程序的编制使之既可计算叶轮机械中的静叶排绕流，

又可计算动叶排的绕流问题。为此，本节下面的讨论中仅以式(12.6.1)为主。取体心为(α,δ,γ)的单元体，这里不妨假定为六面体，并且约定：如果体心坐标的标号为(α,δ,γ)，则包含该体心的单元体也记为(α,δ,γ)，相应地这个单元体的体积记作$\Omega_{\alpha\delta\gamma}$；将式(12.6.1)用于单元体(α,δ,γ)时，有

$$\frac{\partial}{\partial t}\iiint_{\Omega}\begin{bmatrix}\rho\\ \rho\boldsymbol{V}\\ e\end{bmatrix}\mathrm{d}\Omega+\sum_{\beta=1}^{6}\begin{bmatrix}\rho\boldsymbol{S}\cdot\boldsymbol{V}\\ \rho\boldsymbol{S}\cdot\boldsymbol{V}\boldsymbol{V}+p\boldsymbol{S}\\ (e+p)\boldsymbol{S}\cdot\boldsymbol{V}\end{bmatrix}_{\beta}-\sum_{\beta=1}^{6}\begin{bmatrix}0\\ \boldsymbol{S}\cdot\boldsymbol{\Pi}\\ \boldsymbol{S}\cdot\boldsymbol{\Pi}\cdot\boldsymbol{V}+\lambda\boldsymbol{S}\cdot\nabla T\end{bmatrix}_{\beta}=0 \tag{12.6.5}$$

式中，$\boldsymbol{\Pi}$为黏性应力张量；$\boldsymbol{S}$为单元体表面的外法矢，即

$$\boldsymbol{S}\equiv S\boldsymbol{n}=S_1\boldsymbol{i}+S_2\boldsymbol{j}+S_3\boldsymbol{k} \tag{12.6.6}$$

式中，S为单元体的表面面积。

下面分三个方面说明式(12.6.5)中黏性项计算的技巧。先讨论$\sum\limits_{\beta=1}^{6}(\boldsymbol{S}\cdot\boldsymbol{\Pi})_{\beta}$项的计算[82]：

$$\sum_{\beta=1}^{6}(\boldsymbol{S}\cdot\boldsymbol{\Pi})_{\beta}=\sum_{\beta=1}^{6}\left\{\mu\boldsymbol{S}\cdot\left[\nabla\boldsymbol{V}+(\nabla\boldsymbol{V})_{\mathrm{c}}\right]-\frac{2}{3}\mu\boldsymbol{S}(\nabla\cdot\boldsymbol{V})\right\}_{\beta} \tag{12.6.7}$$

由于，

$$\begin{cases}\nabla\boldsymbol{V}=(\nabla u)\boldsymbol{i}+(\nabla v)\boldsymbol{j}+(\nabla w)\boldsymbol{k}\\ (\nabla\boldsymbol{V})_{\mathrm{c}}=\boldsymbol{i}(\nabla u)+\boldsymbol{j}(\nabla v)+\boldsymbol{k}(\nabla w)\end{cases} \tag{12.6.8}$$

在单元体体心处的$\boldsymbol{V}$知道后，如何计算单元体表面β上的$\boldsymbol{V}$属于数据重构问题。假设单元体表面β处的$\boldsymbol{V}$得到了，则单元体体心处的$\nabla u|_{体心}$便可由梯度的基本定义得到，即

$$\nabla u|_{体心}=\lim_{\Omega\to 0}\frac{\oiint_{\partial\Omega}u\boldsymbol{n}\,\mathrm{d}s}{\Omega}=\left[\frac{1}{\Omega}\sum_{\beta=1}^{6}(uS_1)_{\beta}\right]\boldsymbol{i}+\left[\frac{1}{\Omega}\sum_{\beta=1}^{6}(uS_2)_{\beta}\right]\boldsymbol{j}+\left[\frac{1}{\Omega}\sum_{\beta=1}^{6}(uS_3)_{\beta}\right]\boldsymbol{k} \tag{12.6.9}$$

同样对于$\nabla v|_{体心}$与$\nabla w|_{体心}$，也会有类似的关系式。引进定义在体心上的符号$\bar{b}_{ij}$，即

$$\bar{b}_{ij}|_{体心}=\frac{1}{\Omega}\sum_{\beta=1}^{6}(u_iS_j+u_jS_i)_{\beta} \tag{12.6.10}$$

于是以式(12.6.10)为矩阵元素所构成的矩阵$\bar{\boldsymbol{B}}$是一个对称阵。类似地，得到各个单元体体心上的$\bar{\boldsymbol{B}}$矩阵后，利用某种方式的数据重构又可得到单元体表面上的$\hat{\boldsymbol{B}}$矩阵，即

$$\hat{\boldsymbol{B}}=\begin{bmatrix}\hat{b}_{11}&\hat{b}_{12}&\hat{b}_{13}\\ \hat{b}_{21}&\hat{b}_{22}&\hat{b}_{23}\\ \hat{b}_{31}&\hat{b}_{32}&\hat{b}_{33}\end{bmatrix} \tag{12.6.11}$$

它也是一个对称阵，称为辅助矩阵。注意这里 $\hat{\boldsymbol{B}}$ 的任一元素 $\hat{b}_{ij}$ 都定义在单元体的表面。借助于对称的辅助矩阵 $\hat{\boldsymbol{B}}$，则式(12.6.7)可写为

$$\sum_{\beta=1}^{6}(\boldsymbol{S}\cdot\boldsymbol{\Pi})_{\beta}=\sum_{\beta=1}^{6}\left[\mu[S_1\quad S_2\quad S_3]\cdot\hat{\boldsymbol{B}}\cdot[\boldsymbol{i}\quad\boldsymbol{j}\quad\boldsymbol{k}]^{\mathrm{T}}-\frac{2}{3}\mu(\nabla\cdot\boldsymbol{V})\boldsymbol{S}\right]_{\beta}\tag{12.6.12}$$

式中，

$$(\nabla\cdot\boldsymbol{V})_{\beta}=\frac{1}{2}(\hat{b}_{11}+\hat{b}_{22}+\hat{b}_{33})_{\beta}\tag{12.6.13}$$

相应地，还有

$$\nabla\cdot\boldsymbol{V}\big|_{体心}=\frac{1}{\Omega}\sum_{\beta=1}^{6}(uS_1+vS_2+wS_3)_{\beta}=\frac{1}{2}(\hat{b}_{11}+\hat{b}_{22}+\hat{b}_{33})_{体心}\tag{12.6.14}$$

再讨论 $\sum\limits_{\beta=1}^{6}(\boldsymbol{S}\cdot\boldsymbol{\Pi}\cdot\boldsymbol{V})_{\beta}$ 项的计算，由式(12.6.12)可得

$$\sum_{\beta=1}^{6}(\boldsymbol{S}\cdot\boldsymbol{\Pi}\cdot\boldsymbol{V})_{\beta}=\sum_{\beta=1}^{6}\left[(\mu[S_1\quad S_2\quad S_3]\cdot\hat{\boldsymbol{B}}\cdot[\boldsymbol{i}\quad\boldsymbol{j}\quad\boldsymbol{k}]^{\mathrm{T}})\cdot\boldsymbol{V}-\frac{2}{3}\mu(\nabla\cdot\boldsymbol{V})\boldsymbol{S}\cdot\boldsymbol{V}\right]\tag{12.6.15}$$

引进定义在单元体 β 面上的符号 $\hat{a}_{ij}$，其表达式为

$$\hat{a}_{ij}\big|_{\beta面}\equiv(u_iS_j+u_jS_i)\tag{12.6.16}$$

显然由 $\hat{a}_{ij}$ 所构成的矩阵 $\hat{\boldsymbol{A}}$ 也是对称阵，也称为辅助矩阵，于是式(12.6.15)可写为

$$\sum_{\beta=1}^{6}(\boldsymbol{S}\cdot\boldsymbol{\Pi}\cdot\boldsymbol{V})_{\beta}=\sum_{\beta=1}^{6}\left[\frac{\mu}{6}[\hat{a}_{11}\quad\hat{a}_{22}\quad\hat{a}_{33}]\tilde{\boldsymbol{\Pi}}\begin{bmatrix}\hat{b}_{11}\\ \hat{b}_{22}\\ \hat{b}_{33}\end{bmatrix}+\mu(\hat{a}_{12}\hat{b}_{12}+\hat{a}_{13}\hat{b}_{13}+\hat{a}_{23}\hat{b}_{23})\right]\tag{12.6.17}$$

式中，矩阵 $\tilde{\boldsymbol{\Pi}}$ 定义为

$$\tilde{\boldsymbol{\Pi}}=\begin{bmatrix}2&-1&-1\\-1&2&-1\\-1&-1&2\end{bmatrix}\tag{12.6.18}$$

最后，计算 $\sum\limits_{\beta=1}^{6}(\boldsymbol{S}\cdot\lambda\nabla T)_{\beta}$ 项，它属于传热项。由式(12.6.4)可得

$$p=(\gamma-1)\left(e-\frac{1}{2}\rho\boldsymbol{V}\cdot\boldsymbol{V}\right)\tag{12.6.19}$$

式中，γ 为比热比。

因此在迭代计算中，一旦得到了 ρ 与 e 值便可直接获得 p 值；有了 ρ 与 p，则由

$T=p/(\rho R)$ 便可得到温度 T 值。另外，在体心上定义 $\overline{C}_i$，其表达式为

$$\overline{C}_i\big|_{\text{体心}}=\frac{1}{\Omega}\sum_{\beta=1}^{6}\left(\frac{p}{\rho}S_i\right)_\beta \tag{12.6.20}$$

于是在单元体体心上 $\nabla\left(\frac{p}{\rho}\right)$ 为

$$\nabla\left(\frac{p}{\rho}\right)\bigg|_{\text{体心}}=\overline{C}_1\boldsymbol{i}+\overline{C}_2\boldsymbol{j}+\overline{C}_3\boldsymbol{k} \tag{12.6.21}$$

相应地，在 β 面上的 $\overline{C}_i$ 值也可借助于某种方式的数值重构得到，于是便有

$$\sum_{\beta=1}^{6}(\boldsymbol{S}\cdot\lambda\,\nabla T)_\beta=\sum_{\beta=1}^{6}\left(\frac{\lambda}{R}S_1\hat{C}_1+S_2\hat{C}_2+S_3\hat{C}_3\right)_\beta \tag{12.6.22}$$

式中，R 为气体常数。

对于 MHD 方程组如何具体实施有限体积法的问题，首先从方程组(12.3.1a)出发，做体积分并应用 Gauss 积分公式，可得

$$\frac{\partial}{\partial t}\iiint_\Omega U\mathrm{d}\Omega+\oint_{\partial\Omega}\boldsymbol{n}\cdot\boldsymbol{f}\mathrm{d}S=\iiint_\Omega\boldsymbol{Q}\mathrm{d}\Omega \tag{12.6.23}$$

分析式(12.6.23)等号右侧的体积分，可以分成如下两项：

$$\iiint_\Omega\boldsymbol{Q}\mathrm{d}\Omega=\oint_{\partial\Omega}\begin{bmatrix}0\\ \boldsymbol{n}\cdot\boldsymbol{\Pi}\\ -\boldsymbol{n}\times\left(\frac{1}{\sigma_e\mu_0}\nabla\times\boldsymbol{B}\right)\\ \boldsymbol{n}\cdot(\boldsymbol{\Pi}\cdot\boldsymbol{V})+\boldsymbol{n}\cdot\boldsymbol{q}\end{bmatrix}\mathrm{d}S+\iiint_\Omega\begin{bmatrix}0\\ 0\\ 0\\ \frac{1}{\sigma_e\mu_0^2}(\nabla\times\boldsymbol{B})^2\end{bmatrix}\mathrm{d}\Omega \tag{12.6.24}$$

对于式(12.6.24)等号右侧第一项面积分的数值计算不会遇到任何困难；对第二项体积分的计算，根据计算格式精度的不同，可以有许多处理的方式，此处不展开讨论。综上所述，利用式(12.6.12)、式(12.6.17)、式(12.6.22)和式(12.6.24)中的黏性项、热传导项以及磁流体力学中的源项进行计算十分方便，它极大地减少了计算工作量，而且便于编程和完成三维流体力学和磁流体力学问题的数值计算。

12.7 有限体积法中的高效率 LU 及其 Gauss-Seidel 算法

为了突出有限体积法中高效率 LU 算法的具体实施，这里先讨论 Navier-Stokes 方程组，对于湍流流动，引进 Favre 平均，则在直角 Cartesian 坐标系下连续方程、动量方程和能量方程分别为[12,58]

$$\frac{\partial\bar{\rho}}{\partial t}+\frac{\partial(\bar{\rho}\tilde{u}_i)}{\partial x_i}=0 \tag{12.7.1a}$$

$$\frac{\partial(\bar{\rho}\tilde{u}_j)}{\partial t}+\frac{\partial(\bar{\rho}\tilde{u}_i\tilde{u}_j)}{\partial x_i}+\frac{\partial\bar{p}}{\partial x_j}-\frac{\partial}{\partial x_i}[\tau_{ij}^{(l)}+\bar{\rho}\tau_{ij}^{(t)}] \tag{12.7.1b}$$

$$\frac{\partial}{\partial t}\left[\bar{\rho}\left(C_v\tilde{T}+\frac{1}{2}\tilde{u}_i\tilde{u}_i+K\right)\right]+\frac{\partial}{\partial x_j}\left[\bar{\rho}\tilde{u}_j\left(\tilde{h}+\frac{1}{2}\tilde{u}_i\tilde{u}_i+K\right)\right]$$
$$=\frac{\partial}{\partial x_j}\left\{[-(q_L)_j-(q_t)_j]+\left(\overline{\tau_{ij}^{(l)}u''_i-\rho u''_j\frac{1}{2}u''_iu''_i}\right)\right\}+\frac{\partial}{\partial x_j}[\tilde{u}_i(\tau_{ij}^{(l)}+\bar{\rho}\tau_{ij}^{(t)})] \tag{12.7.1c}$$

或者将式(12.7.1)用矢量与张量表达为

$$\frac{\partial\bar{\rho}}{\partial t}+\nabla\cdot(\bar{\rho}\tilde{\boldsymbol{V}})=0 \tag{12.7.2a}$$

$$\frac{\partial(\bar{\rho}\tilde{\boldsymbol{V}})}{\partial t}+\nabla\cdot\left[\bar{\rho}\tilde{\boldsymbol{V}}\tilde{\boldsymbol{V}}+\left(\bar{p}+\frac{2}{3}\bar{\rho}K\right)\boldsymbol{I}\right]-\nabla\cdot(\boldsymbol{\tau}^{(l)}+\bar{\rho}\boldsymbol{\tau}_1^{(t)})=0 \tag{12.7.2b}$$

$$\frac{\partial}{\partial t}\left(\bar{\rho}C_v\tilde{T}+\frac{1}{2}\bar{\rho}\tilde{\boldsymbol{V}}\cdot\tilde{\boldsymbol{V}}+\bar{\rho}K\right)+\nabla\cdot\left\{\left[\left(\bar{\rho}C_v\tilde{T}+\frac{1}{2}\bar{\rho}\tilde{\boldsymbol{V}}\cdot\tilde{\boldsymbol{V}}+\bar{\rho}K\right)+\bar{p}+\frac{2}{3}\bar{\rho}K\right]\tilde{\boldsymbol{V}}\right\}$$
$$-\nabla\cdot[(\boldsymbol{\tau}^{(l)}+\bar{\rho}\boldsymbol{\tau}_1^{(t)})\cdot\tilde{\boldsymbol{V}}]-\nabla\cdot[(\lambda_l+\lambda_t)\nabla\tilde{T}]-\nabla\cdot\left[\left(\mu_l+\frac{\mu_t}{\sigma_t}\right)\nabla K\right]=0 \tag{12.7.2c}$$

在式(12.7.1)与式(12.7.2)中，有

$$\tilde{\boldsymbol{V}}\equiv\boldsymbol{i}\tilde{u}_1+\boldsymbol{j}\tilde{u}_2+\boldsymbol{k}\tilde{u}_3 \tag{12.7.3a}$$

$$\tau_{ij}^{(l)}\equiv\mu_l\left(\frac{\partial\tilde{u}_i}{\partial x_j}+\frac{\partial\tilde{u}_j}{\partial x_i}\right)+\left(\mu_l{}'-\frac{2}{3}\mu_l\right)\frac{\partial\tilde{u}_\alpha}{\partial x_\alpha}\delta_{ij} \tag{12.7.3b}$$

$$\bar{\rho}\tau_{ij}^{(t)}\equiv-\overline{\rho u''_iu''_j}=\mu_t\left(\frac{\partial\tilde{u}_i}{\partial x_j}+\frac{\partial\tilde{u}_j}{\partial x_i}\right)+\left(\mu'_t-\frac{2}{3}\mu_t\right)\frac{\partial\tilde{u}_\alpha}{\partial x_\alpha}\delta_{ij}-\frac{2}{3}\bar{\rho}K\delta_{ij} \tag{12.7.3c}$$

或

$$\tau_{ij}^{(l)}+\bar{\rho}\tau_{ij}^{(t)}=(\mu_l+\mu_t)\left(\frac{\partial\tilde{u}_i}{\partial x_j}+\frac{\partial\tilde{u}_j}{\partial x_i}\right)+\left[\left(\mu_l{}'-\frac{2}{3}\mu_l\right)+\left(\mu_t{}'-\frac{2}{3}\mu_t\right)\right]\frac{\partial\tilde{u}_\alpha}{\partial x_\alpha}\delta_{ij}-\frac{2}{3}\bar{\rho}K\delta_{ij} \tag{12.7.3d}$$

$$\bar{\rho}K\equiv\frac{1}{2}\overline{\rho u''_iu''_j} \tag{12.7.3e}$$

$$\bar{p}=\bar{\rho}R\tilde{T} \tag{12.7.3f}$$

$$(q_L)_j\equiv-\lambda_l\frac{\partial\tilde{T}}{\partial x_j},\quad (q_t)_j\equiv\overline{\rho u''_jh''}=-\lambda_t\frac{\partial\tilde{T}}{\partial x_j} \tag{12.7.3g}$$

$$\overline{-\rho u''_iu''_iu''_j}=\frac{\mu_t}{\sigma_k}\frac{\partial K}{\partial x_j},\quad \overline{\tau_{ij}^{(l)}u''_i}=\mu_l\frac{\partial K}{\partial x_j} \tag{12.7.3h}$$

$$\bar{\rho}\boldsymbol{\tau}^{(t)}\equiv\mu_t[\nabla\tilde{\boldsymbol{V}}+(\nabla\tilde{\boldsymbol{V}})_c]+\left(\mu'_t-\frac{2}{3}\mu_t\right)(\nabla\cdot\tilde{\boldsymbol{V}})\boldsymbol{I}-\frac{2}{3}\bar{\rho}K\boldsymbol{I}=\bar{\rho}\boldsymbol{\tau}_1^{(t)}-\frac{2}{3}\bar{\rho}K\boldsymbol{I} \tag{12.7.3i}$$

$$\boldsymbol{\tau}^{(l)} \equiv \mu_l [\nabla\widetilde{\boldsymbol{V}} + (\nabla\widetilde{\boldsymbol{V}})_c] + \left(\mu_l' - \frac{2}{3}\mu_l\right)(\nabla\cdot\widetilde{\boldsymbol{V}})\boldsymbol{I} \tag{12.7.3j}$$

$$\boldsymbol{V} \equiv \widetilde{\boldsymbol{V}} + \boldsymbol{V}'', \quad T \equiv \widetilde{T} + T'' \tag{12.7.3k}$$

式中,K 为湍流脉动动能。通常,需要考虑湍流脉动动能 K 与湍流能量耗散率 ε 的影响,K 与 ε 满足各自的输运方程。这里 ε 的定义为

$$\varepsilon = \nu\overline{\left(\frac{\partial u_i''}{\partial x_j} + \frac{\partial u_j''}{\partial x_i}\right)\left(\frac{\partial u_i''}{\partial x_j} + \frac{\partial u_j''}{\partial x_i}\right)} \tag{12.7.4}$$

式中,ν 为气体的运动黏性系数。

在高超声速再入飞行的许多情况下,气流大都处于湍流流动,因此那里的流动在不考虑化学反应与热力学非平衡问题时应服从式(12.7.1)或者式(12.7.2)。以下为突出算法与方便叙述,暂不引入湍流模式问题,而是仍以讨论方程(12.6.1)为主。下面主要讨论结构网格下有限体积的高效率 LU 算法。

为便于下面讨论,这里省略黏性项,于是式(12.6.1)退化为欧拉方程并整理为如下形式:

$$\frac{\partial}{\partial t}\iiint_{\Omega}\boldsymbol{U}\mathrm{d}\Omega + \oint\!\!\oint_{\partial\Omega}\boldsymbol{n}\cdot(\boldsymbol{i}\boldsymbol{E} + \boldsymbol{j}\boldsymbol{G} + \boldsymbol{k}\boldsymbol{H})\mathrm{d}S = 0 \tag{12.7.5}$$

令

$$\boldsymbol{F} \equiv \boldsymbol{S}\cdot(\boldsymbol{i}\boldsymbol{E} + \boldsymbol{j}\boldsymbol{G} + \boldsymbol{k}\boldsymbol{H}) = \boldsymbol{F}(\boldsymbol{U}) \tag{12.7.6}$$

$$\boldsymbol{A} \equiv \frac{\partial\boldsymbol{F}}{\partial\boldsymbol{U}} = \boldsymbol{S}\cdot(\boldsymbol{i}\boldsymbol{B}_1 + \boldsymbol{j}\boldsymbol{B}_2 + \boldsymbol{k}\boldsymbol{B}_3) = S_1\boldsymbol{B}_1 + S_2\boldsymbol{B}_2 + S_3\boldsymbol{B}_3 = \boldsymbol{A}(\boldsymbol{U}) \tag{12.7.7}$$

式中,$\boldsymbol{B}_1$、$\boldsymbol{B}_2$ 与 $\boldsymbol{B}_3$ 分别代表 $\boldsymbol{E}$、$\boldsymbol{G}$ 与 $\boldsymbol{H}$ 的 Jacobian 矩阵,其定义为

$$\boldsymbol{B}_1 \equiv \frac{\partial\boldsymbol{E}}{\partial\boldsymbol{U}}, \quad \boldsymbol{B}_2 \equiv \frac{\partial\boldsymbol{G}}{\partial\boldsymbol{U}}, \quad \boldsymbol{B}_3 \equiv \frac{\partial\boldsymbol{H}}{\partial\boldsymbol{U}} \tag{12.7.8}$$

引进符号 $\boldsymbol{F}(\boldsymbol{U}_P)|_{S_{i+\frac{1}{2}}}$ 与 $\boldsymbol{A}(\boldsymbol{U}_P)|_{S_{i+\frac{1}{2}}}$,其定义为

$$\boldsymbol{F}(\boldsymbol{U}_P)|_{S_{i+\frac{1}{2}}} \equiv \boldsymbol{S}_{i+\frac{1}{2}}\cdot[\boldsymbol{i}\boldsymbol{E}(\boldsymbol{U}_p) + \boldsymbol{j}\boldsymbol{G}(\boldsymbol{U}_p) + \boldsymbol{k}\boldsymbol{H}(\boldsymbol{U}_p)] \tag{12.7.9}$$

$$\boldsymbol{A}(\boldsymbol{U}_P)|_{S_{i+\frac{1}{2}}} \equiv \boldsymbol{S}_{i+\frac{1}{2}}\cdot[\boldsymbol{i}\boldsymbol{B}_1(\boldsymbol{U}_p) + \boldsymbol{j}\boldsymbol{B}_2(\boldsymbol{U}_p) + \boldsymbol{k}\boldsymbol{B}_3(\boldsymbol{U}_p)] \tag{12.7.10}$$

式中,$\boldsymbol{S}_{i+\frac{1}{2}}$ 为单元体(i,j,k)与单元体$(i+1,j,k)$间所夹那个面的面矢量。在本节下面讨论中还约定,当点 P 取在面 $\boldsymbol{S}_{i+\frac{1}{2}}$ 的面心处时则省略面的标号直接用 $\boldsymbol{F}_{i+\frac{1}{2}}$ 与 $\boldsymbol{A}_{i+\frac{1}{2}}$ 去代替 $\boldsymbol{F}(\boldsymbol{U}_{i+\frac{1}{2}})|_{S_{i+\frac{1}{2}}}$ 与 $\boldsymbol{A}(\boldsymbol{U}_{i+\frac{1}{2}})|_{S_{i+\frac{1}{2}}}$;另外下面还约定用 $\widetilde{\boldsymbol{F}}$ 表示 $\boldsymbol{F}$ 的数值通量。借助 Harten 的 TVD 格式中构造数值同量的类似办法,这里可构造出 $\widetilde{\boldsymbol{F}}$ 表达式,即

$$\widetilde{\boldsymbol{F}}_{i+\frac{1}{2}}=\boldsymbol{F}^{+}(\boldsymbol{U}_i)\big|_{S_{i+\frac{1}{2}}}+\boldsymbol{F}^{-}(\boldsymbol{U}_{i+1})\big|_{S_{i+\frac{1}{2}}}+\frac{1}{2}\boldsymbol{R}_{i+\frac{1}{2}}\cdot(\boldsymbol{\Phi}^{+}+\boldsymbol{\Phi}^{-})_{i+\frac{1}{2}} \tag{12.7.11}$$

式中，$\boldsymbol{\Phi}^{+}$与$\boldsymbol{\Phi}^{-}$为列阵；$\boldsymbol{R}$为矩阵$\boldsymbol{A}$的右特征向量矩阵，即

$$\boldsymbol{A}=\boldsymbol{R}\cdot\boldsymbol{\Lambda}\cdot\boldsymbol{R}^{-1} \tag{12.7.12}$$

式中，$\boldsymbol{\Lambda}$为$\boldsymbol{A}$的特征值所构成的对角阵。

式(12.7.11)中$\boldsymbol{F}^{+}$、$\boldsymbol{F}^{-}$、$\boldsymbol{\Phi}^{+}$与$\boldsymbol{\Phi}^{-}$的定义分别为

$$\boldsymbol{F}^{+}(\boldsymbol{U}_i)\big|_{S_{i+\frac{1}{2}}}\equiv m_{i+\frac{1}{2}}\left[\boldsymbol{F}(\boldsymbol{U}_i)\big|_{S_{i+\frac{1}{2}}}+\gamma_{i+\frac{1}{2}}\boldsymbol{U}_i\right] \tag{12.7.13a}$$

$$\boldsymbol{F}^{-}(\boldsymbol{U}_{i+1})\big|_{S_{i+\frac{1}{2}}}\equiv(1-m_{i+\frac{1}{2}})\left[\boldsymbol{F}(\boldsymbol{U}_{i+1})\big|_{S_{i+\frac{1}{2}}}-l_{i+\frac{1}{2}}\boldsymbol{U}_{i+1}\right] \tag{12.7.13b}$$

$$\boldsymbol{\Phi}^{+}_{i+\frac{1}{2}}\equiv\boldsymbol{\Lambda}^{+}_{i+\frac{1}{2}}\cdot\left[\min\bmod(\boldsymbol{R}^{-1}_{i+\frac{1}{2}}\cdot\Delta_{i-\frac{1}{2}}\boldsymbol{U},\boldsymbol{R}^{-1}_{i+\frac{1}{2}}\cdot\Delta_{i+\frac{1}{2}}\boldsymbol{U})\right] \tag{12.7.13c}$$

$$\boldsymbol{\Phi}^{-}_{i+\frac{1}{2}}\equiv-\boldsymbol{\Lambda}^{-}_{i+\frac{1}{2}}\cdot\left[\min\bmod(\boldsymbol{R}^{-1}_{i+\frac{1}{2}}\cdot\Delta_{i+\frac{1}{2}}\boldsymbol{U},\boldsymbol{R}^{-1}_{i+\frac{1}{2}}\cdot\Delta_{i+\frac{3}{2}}\boldsymbol{U})\right] \tag{12.7.13d}$$

$$\boldsymbol{\Lambda}^{+}_{i+\frac{1}{2}}\equiv m_{i+\frac{1}{2}}(\boldsymbol{\Lambda}_{i+\frac{1}{2}}+\gamma_{i+\frac{1}{2}}\boldsymbol{I}),\boldsymbol{\Lambda}^{-}_{i+\frac{1}{2}}\equiv(1-m_{i+\frac{1}{2}})(\boldsymbol{\Lambda}_{i+\frac{1}{2}}-l_{i+\frac{1}{2}}\boldsymbol{I}) \tag{12.7.13e}$$

$$\boldsymbol{\Lambda}=\boldsymbol{\Lambda}^{+}+\boldsymbol{\Lambda}^{-},\quad \boldsymbol{R}^{-1}\cdot\boldsymbol{A}\cdot\boldsymbol{R}=\boldsymbol{\Lambda} \tag{12.7.13f}$$

$$\Delta_{i+\frac{1}{2}}\boldsymbol{U}\equiv\boldsymbol{U}_{i+1}+\boldsymbol{U}_i \tag{12.7.13g}$$

式中，$\boldsymbol{I}$为单位矩阵。

另外，m、l与γ间满足

$$m_{i+\frac{1}{2}}=\left(\frac{l}{\gamma+l}\right)_{i+\frac{1}{2}} \tag{12.7.13h}$$

对于式(12.7.5)，采用有限体积离散的隐格式时，其表达式为[53]

$$\frac{\Omega_{ijk}}{\Delta t}\delta\boldsymbol{U}^{(n)}_{ijk}+(\boldsymbol{F}_{i+\frac{1}{2}}+\boldsymbol{F}_{i-\frac{1}{2}}+\boldsymbol{F}_{j+\frac{1}{2}}+\boldsymbol{F}_{j-\frac{1}{2}}+\boldsymbol{F}_{k+\frac{1}{2}}+\boldsymbol{F}_{k-\frac{1}{2}})^{(n+1)}=0 \tag{12.7.14}$$

式中，Ω_{ijk}为单元体$(\boldsymbol{i},\boldsymbol{j},\boldsymbol{k})$的体积；$\delta\boldsymbol{U}^{(n)}_{ijk}$的定义为

$$\delta\boldsymbol{U}^{(n)}_{ijk}\equiv\boldsymbol{U}^{(n+1)}_{ijk}-\boldsymbol{U}^{(n)}_{ijk} \tag{12.7.15}$$

式中，上角标(n)与$(n+1)$代表第(n)次与第$(n+1)$次的迭代，又称作第(n)与第$(n+1)$时间层。

为了求解式(12.7.14)，需要对$\boldsymbol{F}^{(n+1)}$进行线化处理，采用

$$\boldsymbol{F}^{(n+1)}_{i+\frac{1}{2}}\approx\boldsymbol{F}^{(n)}_{i+\frac{1}{2}}+\boldsymbol{A}^{+,(n)}_{i+\frac{1}{2}}\cdot\delta\boldsymbol{U}^{(n)}_{ijk}+\boldsymbol{A}^{-,(n)}_{i+\frac{1}{2}}\cdot\delta\boldsymbol{U}^{(n)}_{i+1,j,k} \tag{12.7.16}$$

式中，

$$\boldsymbol{A}^{+}_{i+\frac{1}{2}}=m_{i+\frac{1}{2}}(\boldsymbol{A}_{i+\frac{1}{2}}+\gamma_{i+\frac{1}{2}}\boldsymbol{I}) \tag{12.7.17a}$$

$$\boldsymbol{A}^{-}_{i+\frac{1}{2}}=(1-m_{i+\frac{1}{2}})(\boldsymbol{A}_{i+\frac{1}{2}}-l_{i+\frac{1}{2}}\boldsymbol{I}) \tag{12.7.17b}$$

于是主方程(12.7.14)经线化处理后变为

$$\begin{aligned}&\delta\boldsymbol{U}^{(n)}_{ijk}+\Delta\tau(\boldsymbol{A}^{+}_{i+\frac{1}{2}}\cdot\delta\boldsymbol{U}^{(n)}_{ijk}+\boldsymbol{A}^{-}_{i+\frac{1}{2}}\cdot\delta\boldsymbol{U}^{(n)}_{i+1}+\boldsymbol{A}^{+}_{j+\frac{1}{2}}\cdot\delta\boldsymbol{U}^{(n)}_{ijk}+\boldsymbol{A}^{-}_{j+\frac{1}{2}}\cdot\delta\boldsymbol{U}^{(n)}_{j+1}\\&+\boldsymbol{A}^{+}_{k+\frac{1}{2}}\cdot\delta\boldsymbol{U}^{(n)}_{ijk}+\boldsymbol{A}^{-}_{k+\frac{1}{2}}\cdot\delta\boldsymbol{U}^{(n)}_{k+1}+\boldsymbol{A}^{+}_{i-\frac{1}{2}}\cdot\delta\boldsymbol{U}^{(n)}_{i-1}+\boldsymbol{A}^{-}_{i-\frac{1}{2}}\cdot\delta\boldsymbol{U}^{(n)}_{ijk}+\boldsymbol{A}^{+}_{j-\frac{1}{2}}\cdot\delta\boldsymbol{U}^{(n)}_{j-1}\\&+\boldsymbol{A}^{-}_{j-\frac{1}{2}}\cdot\delta\boldsymbol{U}^{(n)}_{ijk}+\boldsymbol{A}^{+}_{k-\frac{1}{2}}\cdot\delta\boldsymbol{U}^{(n)}_{k-1}+\boldsymbol{A}^{-}_{k-\frac{1}{2}}\cdot\delta\boldsymbol{U}^{(n)}_{ijk})=-(\Delta\tau)\boldsymbol{R}^{*,(n)}_{ijk}\end{aligned} \tag{12.7.18}$$

式中，$\delta\boldsymbol{U}^{(n)}_{i+1}$与$\delta\boldsymbol{U}^{(n)}_{k-1}$分别省略了下角标$j$、$k$与$i$、$j$；对于$\delta\boldsymbol{U}^{(n)}_{i-1}$、$\delta\boldsymbol{U}^{(n)}_{k+1}$、…也相应省

略了相应的下角标;符号 $\Delta\tau$ 与 $\boldsymbol{R}^{*,(n)}$ 残差的定义为

$$\Delta\tau=\frac{\Delta t}{\Omega_{ijk}} \tag{12.7.19a}$$

$$\boldsymbol{R}^{*,(n)}=(\boldsymbol{F}_{i+\frac{1}{2}}+\boldsymbol{F}_{i-\frac{1}{2}}+\boldsymbol{F}_{j+\frac{1}{2}}+\boldsymbol{F}_{j-\frac{1}{2}}+\boldsymbol{F}_{k+\frac{1}{2}}+\boldsymbol{F}_{k-\frac{1}{2}})^{(n)} \tag{12.7.19b}$$

将式(12.7.18)等号左侧进行 LU 分解,便得到了下面两个方程组[53,101,142]。

L 算子:

$$\begin{aligned}&[\boldsymbol{I}+\Delta\tau(\boldsymbol{A}^{+}_{i+\frac{1}{2}}+\boldsymbol{A}^{+}_{j+\frac{1}{2}}+\boldsymbol{A}^{+}_{k+\frac{1}{2}})]\cdot\delta\widetilde{\boldsymbol{U}}^{(n)}_{ijk}\\&=-\Delta\tau\boldsymbol{R}^{*,(n)}_{ijk}-\Delta\tau(\boldsymbol{A}^{+}_{i-\frac{1}{2}}\cdot\delta\widetilde{\boldsymbol{U}}^{(n)}_{i-1}+\boldsymbol{A}^{+}_{j-\frac{1}{2}}\cdot\delta\widetilde{\boldsymbol{U}}^{(n)}_{j-1}+\boldsymbol{A}^{+}_{k-\frac{1}{2}}\cdot\delta\widetilde{\boldsymbol{U}}^{(n)}_{k-1})\end{aligned} \tag{12.7.20a}$$

U 算子:

$$\begin{aligned}&[\boldsymbol{I}+\Delta\tau(\boldsymbol{A}^{-}_{i-\frac{1}{2}}+\boldsymbol{A}^{-}_{j-\frac{1}{2}}+\boldsymbol{A}^{-}_{k-\frac{1}{2}})]\cdot\delta\boldsymbol{U}^{(n)}_{ijk}\\&=\delta\widetilde{\boldsymbol{U}}^{(n)}_{ijk}-\Delta\tau(\boldsymbol{A}^{-}_{i+\frac{1}{2}}\cdot\delta\boldsymbol{U}^{(n)}_{i+1}+\boldsymbol{A}^{-}_{j+\frac{1}{2}}\cdot\delta\boldsymbol{U}^{(n)}_{j+1}+\boldsymbol{A}^{-}_{k+\frac{1}{2}}\cdot\delta\boldsymbol{U}^{(n)}_{k+1})\end{aligned} \tag{12.7.20b}$$

显然,它们均可逐点推进,计算起来十分方便。在欧拉方程的数值求解中,为了避开引入人工黏性,文献[93]引进了杂交格式的思想,将式(12.7.20)等号右侧第一项修改为$-\Delta\tau\widetilde{\boldsymbol{R}}^{(n)}_{ijk}$,其中$\widetilde{\boldsymbol{R}}^{(n)}_{ijk}$定义为

$$\widetilde{\boldsymbol{R}}^{(n)}_{ijk}=(\widetilde{\boldsymbol{F}}_{i+\frac{1}{2}}+\widetilde{\boldsymbol{F}}_{i-\frac{1}{2}}+\widetilde{\boldsymbol{F}}_{j+\frac{1}{2}}+\widetilde{\boldsymbol{F}}_{j-\frac{1}{2}}+\widetilde{\boldsymbol{F}}_{k+\frac{1}{2}}+\widetilde{\boldsymbol{F}}_{k-\frac{1}{2}})^{(n)} \tag{12.7.21}$$

式中,$\widetilde{\boldsymbol{F}}_{i+\frac{1}{2}}$的定义已由式(12.7.11)给出;其他如$\widetilde{\boldsymbol{F}}_{j+\frac{1}{2}}$等也可相应地给出。

应用式(12.7.21),式(12.7.20a)可写为

$$\begin{aligned}&[\boldsymbol{I}+\Delta\tau(\boldsymbol{A}^{+}_{i+\frac{1}{2}}+\boldsymbol{A}^{+}_{j+\frac{1}{2}}+\boldsymbol{A}^{+}_{k+\frac{1}{2}})]\cdot\delta\widetilde{\boldsymbol{U}}^{(n)}_{ijk}\\&=-\Delta\tau\widetilde{\boldsymbol{R}}^{(n)}_{ijk}-\Delta\tau(\boldsymbol{A}^{+}_{i-\frac{1}{2}}\cdot\delta\widetilde{\boldsymbol{U}}^{(n)}_{i-1}+\boldsymbol{A}^{+}_{j-\frac{1}{2}}\cdot\delta\widetilde{\boldsymbol{U}}^{(n)}_{j-1}+\boldsymbol{A}^{+}_{k-\frac{1}{2}}\cdot\delta\widetilde{\boldsymbol{U}}^{(n)}_{k-1})\end{aligned} \tag{12.7.22}$$

式(12.7.22)与式(12.7.20)构成了三维欧拉方程组 LU-TVD 杂交格式,它具有高效率、高分辨率的特征,是 Jameson 等[675]提出的 LU-SGS 格式的进一步发展。这里还应指出的是,在高超声速气动热力学计算中,有限体积法在采用结构网格时易于纳入高精度格式,更重要的是它在壁面热流计算中具有优势,因此我们课题组所编制的源程序[94,101,126]就是以式(12.7.22)为出发点。另外,国外的许多优秀的计算流体力学软件也都广泛采用有限体积法。对于磁流体力学的有限体积法源程序,也很容易在流体力学源程序的基础上加以修改完成。但这里需要强调的是,对于 MHD 基本方程组来讲,为避免 MHD 方程组的奇异性(即其无黏 Jacobian 矩阵存在零特征值致使相应特征矢量无法写出)的问题,采用了式(12.4.2)给出的新形式。另外,也注意了文献[676]推荐的对称化处理。经过上述措施处理后,可以得到相应无黏部分的 Jacobian 矩阵以及非奇异的特征值、特

征向量矩阵、去构造 TVD 格式中所要求的数值通量。对于上述过程的详细细节，感兴趣的读者可参阅文献[674]等。

12.8　非结构网格下有限体积的 Gauss-Seidel 迭代法

为了便于说明非结构网格下有限体积法的 Gauss-Seidel 算法的具体实施过程，这里仍先以流体力学方程组为例加以说明。在非结构网格下，考虑积分型 N-S 方程组[12,53]：

$$\frac{\partial}{\partial t}\iiint_{\Omega}\boldsymbol{U}\mathrm{d}\Omega+\oint\!\!\oint_{\partial\Omega}\boldsymbol{n}\cdot[\boldsymbol{i}(\boldsymbol{E}_{\mathrm{I}}+\boldsymbol{E}_{\mathrm{V}})+\boldsymbol{j}(\boldsymbol{G}_{\mathrm{I}}+\boldsymbol{G}_{\mathrm{V}})+\boldsymbol{k}(\boldsymbol{H}_{\mathrm{I}}+\boldsymbol{H}_{\mathrm{V}})]\mathrm{d}S=0 \tag{12.8.1}$$

式中，$\boldsymbol{E}_{\mathrm{I}}$、$\boldsymbol{G}_{\mathrm{I}}$ 与 $\boldsymbol{H}_{\mathrm{I}}$ 分别代表沿 x、y 与 z 方向上的无黏矢通量；$\boldsymbol{E}_{\mathrm{V}}$、$\boldsymbol{G}_{\mathrm{V}}$ 与 $\boldsymbol{H}_{\mathrm{V}}$ 分别代表沿 x、y 与 z 方向上的黏性及热传导所引起的矢通量；$\boldsymbol{i}$、$\boldsymbol{j}$ 与 $\boldsymbol{k}$ 分别为沿 x、y 与 z 方向上的单位矢量。引入广义并矢张量 $\boldsymbol{f}$，其定义为

$$\boldsymbol{f}\equiv\boldsymbol{i}(\boldsymbol{E}_{\mathrm{I}}+\boldsymbol{E}_{\mathrm{V}})+\boldsymbol{j}(\boldsymbol{G}_{\mathrm{I}}+\boldsymbol{G}_{\mathrm{V}})+\boldsymbol{k}(\boldsymbol{H}_{\mathrm{I}}+\boldsymbol{H}_{\mathrm{V}}) \tag{12.8.2}$$

考察选定的网格单元体 i，并将物理量置于网格单元体中心，于是将式(12.8.1)用于网格单元体 i 便得到主方程的半离散形式，即

$$\Omega_i\frac{\partial\boldsymbol{U}_i}{\partial t}+\sum_{j=nb(i)}[(\boldsymbol{n}_{i,j}\cdot\boldsymbol{f}_{i,j})S_{i,j}]=0 \tag{12.8.3}$$

式中，$nb(i)$代表单元 i 的相邻单元；下角标(i,j)代表单元体 i 与单元体 j 的交界面；$\boldsymbol{f}_{i,j}$表示界面(i,j)处的广义并矢张量；$\boldsymbol{n}_{i,j}$代表界面(i,j)的外法向单位矢量；$S_{i,j}$为界面(i,j)的面积；Ω_i 为单元体 i 的体积。

引入 $\boldsymbol{F}^{\mathrm{I}}_{i,j}$与 $\boldsymbol{F}^{\mathrm{V}}_{i,j}$，其定义为

$$\boldsymbol{F}^{\mathrm{I}}_{i,j}\equiv\boldsymbol{n}_{i,j}\cdot(\boldsymbol{iE}_{\mathrm{I}}+\boldsymbol{jG}_{\mathrm{I}}+\boldsymbol{kH}_{\mathrm{I}})_{i,j} \tag{12.8.4a}$$

$$\boldsymbol{F}^{\mathrm{V}}_{i,j}\equiv\boldsymbol{n}_{i,j}\cdot(\boldsymbol{iE}_{\mathrm{V}}+\boldsymbol{jG}_{\mathrm{V}}+\boldsymbol{kH}_{\mathrm{V}})_{i,j} \tag{12.8.4b}$$

显然，有

$$\boldsymbol{F}^{\mathrm{I}}_{i,j}+\boldsymbol{F}^{\mathrm{V}}_{i,j}=\boldsymbol{n}_{i,j}\cdot\boldsymbol{f}_{i,j} \tag{12.8.5}$$

式中，$\boldsymbol{F}^{\mathrm{I}}_{i,j}$由对流项构成，称为无黏通量；$\boldsymbol{F}^{\mathrm{V}}_{i,j}$由黏性项与热传导项构成，常简称为黏性通量；对于$(i,j)$面上无黏通量 $\boldsymbol{F}^{\mathrm{I}}_{i,j}$的计算采用 Roe 的矢通量差分分裂，即

$$\begin{aligned}\widetilde{\boldsymbol{F}}^{\mathrm{I}}_{i,j}&=\frac{1}{2}[\boldsymbol{F}^{\mathrm{I}}_{\mathrm{L}}+\boldsymbol{F}^{\mathrm{I}}_{\mathrm{R}}-|\boldsymbol{A}_{\mathrm{Roe}}|\cdot(\boldsymbol{U}_{\mathrm{R}}-\boldsymbol{U}_{\mathrm{L}})]_{i,j}\\&=\frac{1}{2}[\boldsymbol{F}^{\mathrm{I}}(\boldsymbol{U}^{\mathrm{L}}_{i,j})+\boldsymbol{F}^{\mathrm{I}}(\boldsymbol{U}^{\mathrm{R}}_{i,j})-|\boldsymbol{A}_{\mathrm{Roe}}|\cdot(\boldsymbol{U}^{\mathrm{R}}_{i,j}-\boldsymbol{U}^{\mathrm{L}}_{i,j})]\end{aligned} \tag{12.8.6}$$

式中，下角标 L 与 R 为边界左右的物理状态；$\boldsymbol{A}_{\mathrm{Roe}}$为在 Roe 格式下无黏通量雅可比阵 $\partial\widetilde{\boldsymbol{F}}^{\mathrm{I}}_{i,j}/\partial\boldsymbol{U}$。

$$|\boldsymbol{A}_{\text{Roe}}| = \boldsymbol{R}_{\text{A}} \cdot |\boldsymbol{\Lambda}_{\text{A}}| \cdot \boldsymbol{R}_{\text{A}}^{-1} \tag{12.8.7}$$

对于半离散方程(12.8.3),如果在时间方向上取 Euler 后向差分,则有

$$\frac{\Omega_i}{\Delta t}(\boldsymbol{U}_i^{(n+1)} - \boldsymbol{U}_i^{(n)}) + (\boldsymbol{R}_i^*)^{(n+1)} = 0 \tag{12.8.8}$$

式中,残差 $\boldsymbol{R}_i^*$ 定义为

$$\boldsymbol{R}_i^* \equiv \sum_{j=nb(i)} [(\boldsymbol{F}_{i,j}^{\text{I}} + \boldsymbol{F}_{i,j}^{\text{V}}) S_{i,j}] \tag{12.8.9}$$

将 $(\boldsymbol{R}_i^*)^{(n+1)}$ 进行局部线化,有

$$(\boldsymbol{R}_i^*)^{(n+1)} = (\boldsymbol{R}_i^*)^{(n)} + \sum_{j=nb(i)} \left\{ \left[\left(\frac{\partial}{\partial \boldsymbol{U}} \boldsymbol{F}_{i,j}^{\text{I}} \right)^{(n)} + \left(\frac{\partial}{\partial \boldsymbol{U}} \boldsymbol{F}_{i,j}^{\text{V}} \right)^{(n)} \right] S_{i,j} \cdot \delta \boldsymbol{U}_{i,j}^{(n)} \right\} \tag{12.8.10}$$

如果用 $\widetilde{\boldsymbol{F}}_{i,j}^{\text{I}}$ 代替式(12.8.10)中的 $\boldsymbol{F}_{i,j}^{\text{I}}$,于是 $\boldsymbol{R}_i^*$ 变为 $\widetilde{\boldsymbol{R}}_i$,则有

$$(\widetilde{\boldsymbol{R}}_i)^{(n+1)} = (\widetilde{\boldsymbol{R}}_i)^{(n)} + \sum_{j=nb(i)} [(\boldsymbol{A}_{ij,\text{L}}^{\text{I}} + \boldsymbol{A}_{ij,\text{R}}^{\text{I}} + \boldsymbol{A}_{ij}^{\text{V}})^{(n)} S_{ij} \cdot \delta \boldsymbol{U}_{i,j}^{(n)}] \tag{12.8.11}$$

式中,矩阵 $\boldsymbol{A}_{ij,\text{L}}^{\text{I}}$、$\boldsymbol{A}_{ij,\text{R}}^{\text{I}}$ 与 $\boldsymbol{A}_{ij}^{\text{V}}$ 均为 Jacobian 阵,其定义为

$$\boldsymbol{A}_{ij,L}^{\text{I}} \equiv \frac{\partial}{\partial \boldsymbol{U}} \boldsymbol{F}_{ij,\text{L}}^{\text{I}}, \quad \boldsymbol{A}_{ij,\text{R}}^{\text{I}} \equiv \frac{\partial}{\partial \boldsymbol{U}} \boldsymbol{F}_{ij,\text{R}}^{\text{I}} \tag{12.8.12a}$$

$$\boldsymbol{A}_{ij}^{\text{V}} \equiv \frac{\partial}{\partial \boldsymbol{U}} \boldsymbol{F}_{ij}^{\text{V}} \tag{12.8.12b}$$

为了便于求解,这里将式(12.8.11)近似为

$$\begin{aligned}(\widetilde{\boldsymbol{R}}_i)^{(n+1)} = (\widetilde{\boldsymbol{R}}_i)^{(n)} &+ \sum_{j=nb(i)} [(\boldsymbol{A}_{i,ij}^{\text{I}} + \boldsymbol{A}_{i,ij}^{\text{V}})^{(n)} S_{ij} \cdot \delta \boldsymbol{U}_i^{(n)}] \\ &+ \sum_{j=nb(i)} [(\boldsymbol{A}_{j,ij}^{\text{I}} + \boldsymbol{A}_{j,ij}^{\text{V}})^{(n)} S_{ij} \cdot \delta \boldsymbol{U}_j^{(n)}]\end{aligned} \tag{12.8.13}$$

式中,

$$\boldsymbol{A}_{i,ij}^{\text{I}} \equiv \frac{\partial}{\partial \boldsymbol{U}} \boldsymbol{F}_{i,ij}^{\text{I}} = \frac{\partial}{\partial \boldsymbol{U}} [\boldsymbol{n}_{i,j} \cdot (\boldsymbol{i}\boldsymbol{E}_{\text{I}} + \boldsymbol{j}\boldsymbol{G}_{\text{I}} + \boldsymbol{k}\boldsymbol{H}_{\text{I}})_i] \tag{12.8.14a}$$

$$\boldsymbol{A}_{j,ij}^{\text{I}} \equiv \frac{\partial}{\partial \boldsymbol{U}} \boldsymbol{F}_{j,ij}^{\text{I}} = \frac{\partial}{\partial \boldsymbol{U}} [\boldsymbol{n}_{i,j} \cdot (\boldsymbol{i}\boldsymbol{E}_{\text{I}} + \boldsymbol{j}\boldsymbol{G}_{\text{I}} + \boldsymbol{k}\boldsymbol{H}_{\text{I}})_j] \tag{12.8.14b}$$

$$\boldsymbol{A}_{i,ij}^{\text{V}} \equiv \frac{\partial \boldsymbol{f}_2(\boldsymbol{U}_i, \boldsymbol{U}_j)}{\partial \boldsymbol{U}_i} \tag{12.8.14c}$$

$$\boldsymbol{A}_{j,ij}^{\text{V}} \equiv \frac{\partial \boldsymbol{f}_2(\boldsymbol{U}_i, \boldsymbol{U}_j)}{\partial \boldsymbol{U}_j} \tag{12.8.14d}$$

$$\boldsymbol{f}_2(\boldsymbol{U}_i, \boldsymbol{U}_j) \approx \mu \boldsymbol{I}_{\text{V}} \cdot (\boldsymbol{q}_i^{\text{V}} - \boldsymbol{q}_j^{\text{V}}) \frac{\boldsymbol{r}_{i,j} \cdot \boldsymbol{n}}{\boldsymbol{r}_{i,j} \cdot \boldsymbol{r}_{i,j}} \tag{12.8.14e}$$

$$\boldsymbol{I}_{\text{V}} \equiv \text{diag}\left(0, 1, 1, 1, \frac{1}{(\gamma - 1) Pr}\right) \tag{12.8.14f}$$

$$\boldsymbol{q}^{\text{V}} \equiv \begin{bmatrix} 0 & u & v & w & \gamma \dfrac{p}{\rho} \end{bmatrix} \tag{12.8.14g}$$

式中，γ 与 Pr 分别为气体的比热比与 Prandtl 数；p 与 ρ 分别为气体的压强与密度；$\boldsymbol{r}_{i,j}$ 代表由单元体 i 的中心点到单元体 j 的中心点的矢量。显然这里在计算 $\boldsymbol{A}^{\mathrm{V}}_{i,ij}$ 与 $\boldsymbol{A}^{\mathrm{V}}_{j,ij}$ 时，没去直接计算 $\boldsymbol{F}^{\mathrm{V}}_{i,j}$ 而是采用了上述近似的办法，大量的计算证实：上述这种处理是有效的、可行的[53]。利用式(12.8.13)和式(12.8.8)，半离散方程最后可整理为如下形式：

$$
\begin{aligned}
&\left\{\frac{\boldsymbol{I}}{(\Delta t)_i}\Omega_i+\beta\sum_{j=nb(i)}\left[S_{ij}(\boldsymbol{A}^{\mathrm{I}}_{i,ij}+\boldsymbol{A}^{\mathrm{V}}_{i,ij})\right]\right\}\cdot\delta\boldsymbol{U}_i^{(n)}\\
&=-(\widetilde{\boldsymbol{R}}_i)^{(n)}-\beta\sum_{j=nb(i)}\left[S_{ij}(\boldsymbol{A}^{\mathrm{I}}_{j,ij}+\boldsymbol{A}^{\mathrm{V}}_{j,ij})\cdot\delta\boldsymbol{U}_j^{(n)}\right]
\end{aligned}
\tag{12.8.15}
$$

式中，$\boldsymbol{I}$ 为单位矩阵；β 为格式开关函数，当 $\beta=1$ 时为隐格式，当 $\beta=0$ 时为显格式。对于隐格式，式(12.8.15)可用 Gauss-Seidel 点迭代进行求解。

12.9　非结构网格下有限体积法的双时间步长迭代格式

对于非定常流动问题，常采用 Jameson 提出的双时间步的求解方法[677]。当时 Jameson 是针对结构网格的流体力学和磁流体力学问题提出的，这里将它用到非结构网格并且采用有限体积法去求解流体力学问题中的 Navier-Stokes 方程组。考虑非结构网格下半离散形式的 N-S 方程

$$
\frac{\partial \boldsymbol{U}_i}{\partial t}+\frac{\boldsymbol{R}_i}{\Omega_i}=0 \tag{12.9.1}
$$

引进伪时间项，则式(12.9.1)变为

$$
\frac{\partial \boldsymbol{U}_i}{\partial \tau}+\frac{\partial \boldsymbol{U}_i}{\partial t}+\frac{\boldsymbol{R}_i}{\Omega_i}=0 \tag{12.9.2}
$$

式中，τ 代表伪时间；t 为物理时间；对物理时间项采用二阶逼近，而伪时间项用一阶逼近，则式(12.9.2) 变为[12,119,120]

$$
\begin{aligned}
&\frac{\boldsymbol{U}_i^{(n),(k+1)}-\boldsymbol{U}_i^{(n),(k)}}{\Delta\tau}+\left\{\frac{3\boldsymbol{U}_i^{(n),(k+1)}-4\boldsymbol{U}_i^{(n)}+\boldsymbol{U}_i^{(n-1)}}{2\Delta t}+\frac{\boldsymbol{R}_i^{(n),(k)}}{\Omega_i}\right.\\
&\quad+\frac{1}{\Omega_i}\sum_{j=nb(i)}\left[(\boldsymbol{A}^{\mathrm{I}}_{i,ij}+\boldsymbol{A}^{\mathrm{V}}_{i,ij})^{(n),(k)}\cdot S_{ij}\,\delta\boldsymbol{U}_i^{(n),(k)}\right]\\
&\quad\left.+\frac{1}{\Omega_i}\sum_{j=nb(i)}\left[(\boldsymbol{A}^{\mathrm{I}}_{j,ij}+\boldsymbol{A}^{\mathrm{V}}_{j,ij})^{(n),(k)}\cdot S_{ij}\,\delta\boldsymbol{U}_j^{(n),(k)}\right]\right\}=0
\end{aligned}
\tag{12.9.3}
$$

式中，S_{ij} 代表单元体 i 与单元体 j 交界面的面积。

符号 $\delta\boldsymbol{U}_i^{(n),(k)}$ 的定义为

$$
\delta\boldsymbol{U}_i^{(n),(k)}\equiv\boldsymbol{U}_i^{(n),(k+1)}-\boldsymbol{U}_i^{(n),(k)} \tag{12.9.4}
$$

对上角标(k)进行迭代，当迭代收敛时，$\boldsymbol{U}^{(n),(k)}\to\boldsymbol{U}^{(n),(k+1)}$，有

$$
\boldsymbol{U}^{(n+1)}:=\boldsymbol{U}^{(n),(k+1)} \tag{12.9.5}
$$

这就是说通过内迭代获得了$(n+1)$物理时间层上的$\boldsymbol{U}$值。这里内迭代的收敛标准可取为

$$\frac{\| \boldsymbol{U}^{(n),(k+1)} - \boldsymbol{U}^{(n),(k)} \|_2}{\| \boldsymbol{U}^{(n),(k+1)} - \boldsymbol{U}^{(n)} \|_2} \leqslant \varepsilon_1 \tag{12.9.6}$$

式中，ε_1 可在$10^{-3}\sim10^{-2}$内取值。

整理式(12.9.3)可得

$$\left\{\Omega_i\left(\frac{1}{\Delta\tau}+\frac{3}{2\Delta t}\right)\boldsymbol{I}+\sum_{j=nb(i)}\left[(\boldsymbol{A}_{i,ij}^{\mathrm{I}}+\boldsymbol{A}_{i,ij}^{\mathrm{V}})^{(n),(k)}S_{ij}\right]\right\}\cdot\delta\boldsymbol{U}_i^{(n),(k)}$$
$$=-\boldsymbol{R}_i^{(n),(k)}+\frac{\boldsymbol{U}_i^{(n)}-\boldsymbol{U}_i^{(n-1)}}{2\Delta t}\Omega_i-\sum_{j=nb(i)}\left[(\boldsymbol{A}_{j,ij}^{\mathrm{I}}+\boldsymbol{A}_{j,ij}^{\mathrm{V}})^{(n),(k)}S_{ij}\cdot\delta\boldsymbol{U}_j^{(n),(k)}\right] \tag{12.9.7}$$

由式(12.9.7)，借助于 Gauss-Seidel 点迭代便可解出 $\delta\boldsymbol{U}_i^{(n),(k)}$ 值。类似地，可将上述算法用于磁流体力学方程组，并完成相应源程序的编制工作。

12.10 高精度、高分辨率 RKDG 有限元方法

20 世纪 90 年代以来，RKDG 有限元方法[654]在许多方面显示出很好的效能。RKDG 方法是指在空间采用 DG 离散，结合显示 Runge-Kutta 时间积分进行求解的一类方法，它完全继承了间断 Galerkin 有限元方法的诸多优点，既保持了有限元法(FEM)与有限体积法(FVM)的优点，又克服了它们各自的不足；DG 方法与连续的 Galerkin 有限元方法(又称传统 Galerkin 有限元)相比，它不要求全局定义的基函数(即试探函数)，也不要求残差与全局定义的近似空间垂直，而是利用完全间断的局部分片多项式空间作为近似解和试探函数空间，具有显式离散特性；与一般有限体积法相比，它也允许单元体界面处的解存在间断，但在实现高阶精度离散时它并不需要通过扩大网格点模板上的数据重构来实现，具有更强的局部性与灵活性。正由于该方法是通过提高单元插值多项式的次数来构造高阶格式的，因此理论上可以构造任意高阶精度的计算格式而不需要增加节点模板，这就克服了有限体积法构造高阶格式时需要扩大节点模板(stencil)的缺点，DG 方法所具有的这一特点是非常重要的。另外，DG 方法对网格的正交性和光滑性的要求也不高，它既可用于结构网格也可用于非结构网格，而且不需要像一般有限元方法那样去考虑连续性的限制，因此可以对网格进行灵活的加密或者网格变稀处理，有利于自适应网格的形成。此外，该方法建立在单元体内方程余量加权积分式为零的基础上，这就避免了求解大型稀疏矩阵的问题，有利于提高计算效率；再者，DG 方法的数学表达式简洁，与显式龙格-库塔方法相结合时程序执行简单、稳定性好，而且有利于并行算法的实现，因此该方法近年来在流体力学与磁流体力学的计算领域中深受重视、发展很快。

下面以流体力学为例说明间断有限元的具体实施。三维 Navier-Stokes 方程用式(12.10.1)表达，即

$$\frac{\partial U}{\partial t}+\nabla\cdot\boldsymbol{F}^{\mathrm{I}}(U)=\nabla\cdot\boldsymbol{F}^{\mathrm{V}}(U,\nabla U) \tag{12.10.1}$$

式中，$\boldsymbol{F}^{\mathrm{I}}(U)$ 与 $\boldsymbol{F}^{\mathrm{V}}(U,\nabla U)$ 分别简记为 $\boldsymbol{F}^{\mathrm{I}}$ 与 $\boldsymbol{F}^{\mathrm{V}}$，注意这里 $\boldsymbol{F}^{\mathrm{I}}$ 与 $\boldsymbol{F}^{\mathrm{V}}$ 的定义与式(12.8.4)不同，它们的定义为

$$\boldsymbol{F}^{\mathrm{I}}=\boldsymbol{F}^{\mathrm{I}}(U)\equiv\boldsymbol{i}F_1^{\mathrm{I}}+\boldsymbol{j}F_2^{\mathrm{I}}+\boldsymbol{k}F_3^{\mathrm{I}} \tag{12.10.2a}$$

$$\boldsymbol{F}^{\mathrm{V}}=\boldsymbol{F}^{\mathrm{V}}(U,\nabla U)\equiv\boldsymbol{i}F_1^{\mathrm{V}}+\boldsymbol{j}F_2^{\mathrm{V}}+\boldsymbol{k}F_3^{\mathrm{V}} \tag{12.10.2b}$$

式中，U、F_1^{I}、F_2^{I}、F_3^{I}、F_1^{V}、F_2^{V} 与 F_3^{V} 均为 5×1 的列矩阵，因下面不想引入复杂的广义并矢张量的概念，为了避免概念上的混淆，对上述 7 个列矩阵采用了不用黑体的做法。显然 $\boldsymbol{F}^{\mathrm{I}}$ 的分量与无黏通量相关，$\boldsymbol{F}^{\mathrm{V}}$ 的分量还与黏性项以及热传导项相关。引进张量 $\boldsymbol{D}$，其表达式为

$$\boldsymbol{D}=\boldsymbol{e}^{\alpha}\,\boldsymbol{e}^{\beta}D_{\alpha\beta} \tag{12.10.3}$$

式中，$D_{\alpha\beta}$ 为 5×5 的矩阵，同样，为避免概念的混淆，$D_{\alpha\beta}$ 也不用黑体。

$\boldsymbol{D}$ 与 $\boldsymbol{F}^{\mathrm{V}}$ 有如下关系：

$$\boldsymbol{F}^{\mathrm{V}}=\boldsymbol{D}\cdot\nabla U=\boldsymbol{e}^{i}D_{ij}\,\frac{\partial U}{\partial x^{j}} \tag{12.10.4}$$

式中，$\boldsymbol{e}^{i}$ 为曲线坐标系 (x^1,x^2,x^3) 中逆变基矢量[83,92]。

下面分五个小问题扼要讨论 RKDG 方法中的几项关键技术。

12.10.1　间断 Galerkin 有限元空间离散

为便于表述、突出算法的本身特点，故以三维欧拉方程为出发点，其表达式为

$$\frac{\partial U}{\partial t}+\nabla\cdot\boldsymbol{F}=0 \tag{12.10.5}$$

为了书写简洁，式(12.10.1)中的 $\boldsymbol{F}^{\mathrm{I}}$ 省略了上角标 I 后直接记作 $\boldsymbol{F}$，并且有

$$\frac{\partial\boldsymbol{F}}{\partial U}=\boldsymbol{i}\,\frac{\partial F_1}{\partial U}+\boldsymbol{j}\,\frac{\partial F_2}{\partial U}+\boldsymbol{k}\,\frac{\partial F_3}{\partial U}=\boldsymbol{i}A+\boldsymbol{j}B+\boldsymbol{k}C \tag{12.10.6}$$

同样，这里矩阵 A、B 与 C 也采用了不用黑体的做法。在式(12.10.5)中 U 是随时间以及空间位置变化的未知量，即 $U=U(\boldsymbol{x},t)$；DG 离散首先将原来连续的计算域 Ω 剖分成许多小的、互不重叠的单元体 Ω_k，即 $\Omega=\bigcup\limits_{k=1}^{Ne}\Omega_k$；在单元体 Ω_k 上选取合适的基函数序列 $\{\varphi_k^l\}_{l=1,\cdots,N}$；在 DG 空间离散中这些基函数仅仅与空间坐标有关，而与时间无关。令 N 为 Ω_k 上近似解的自由度，它与方程的空间维度 d 以及空间离散的精度有关。在单元 Ω_k 上的近似解函数 U_h 可以表示成基函数序列的展开，即

$$U_h(\boldsymbol{x},t)\big|_{\Omega_k}=\sum_{l=1}^{N}C_k^{(l)}(t)\varphi_l^{(k)}(\boldsymbol{x}) \tag{12.10.7}$$

式中，$C_k^{(l)}(t)=[C_1^{(l)} \quad C_2^{(l)} \quad \cdots \quad C_m^{(l)}]_k^{\mathrm{T}}$ 为展开系数，它只与时间有关；m 为方程(12.10.5)的分量个数。通常人们将采用 p 阶多项式基函数的 DG 离散称为具有 $p+1$ 阶精度的 DG 方法，在下面的讨论中也沿用了这种说法，将 U_h 代入式(12.10.5)便得到在单元体 Ω_k 上的残差 $R_h(\boldsymbol{x},t)$，即

$$R_h(\boldsymbol{x},t)=\frac{\partial U_h^k}{\partial t}+\nabla\cdot\boldsymbol{F}(U_h^k) \tag{12.10.8}$$

在 Galerkin 加权余量法中，方程残差(又称余量)要求分别与权函数正交，换句话说它们的内积为 0；在 Galerkin 方法中权函数取做基函数，于是要求内积为零，即

$$\int_{\Omega_k} R_h(\boldsymbol{x},t)\varphi_{l'}^{(k)}\mathrm{d}\boldsymbol{x}=0,\quad 1\leqslant l'\leqslant N \tag{12.10.9}$$

即得到单元体 Ω_k 上的积分方程为

$$\int_{\Omega_k}\varphi_{l'}^{(k)}\left[\frac{\partial U_h^k}{\partial t}+\nabla\cdot\boldsymbol{F}(U_h^k)\right]\mathrm{d}\boldsymbol{x}=0,\quad 1\leqslant l'\leqslant N \tag{12.10.10}$$

将式(12.10.10)进行分部积分变换并注意使用格林公式，可以得到

$$\int_{\Omega_k}\varphi_{l'}^{(k)}\frac{\partial U_h^k}{\partial t}\mathrm{d}\boldsymbol{x}+\oint_{\partial\Omega_k}\varphi_{l'}^{(k)}\boldsymbol{F}^{\mathrm{R}}\cdot\boldsymbol{n}\mathrm{d}s-\int_{\Omega_k}\boldsymbol{F}\cdot\nabla\varphi_{l'}^{(k)}\mathrm{d}\boldsymbol{x}=0,\quad 1\leqslant l'\leqslant N \tag{12.10.11}$$

式中，$\partial\Omega_k$ 表示单元体 Ω_k 的边界；$\boldsymbol{F}^{\mathrm{R}}$ 表示 $\boldsymbol{F}$ 的某种近似。

在 DG 方法中单元交界处允许间断的存在，因此在计算域内部单元交界处往往会存在两个近似解：一个是本单元的近似函数在边界处的值，这里用 U_{L} 表示；另一个是相邻单元上的近似函数在该边界处的值，用 U_{R} 表示，这样便构成了典型的 Riemann 问题。为了正确描述该边界处相邻单元的数值行为，式(12.10.11)中的 $\boldsymbol{F}^{\mathrm{R}}\cdot\boldsymbol{n}$ 需要采用某种近似计算得到，这些近似方法可用式(12.10.12)概括：

$$\boldsymbol{F}^{\mathrm{R}}\cdot\boldsymbol{n}=H(U_{\mathrm{L}},U_{\mathrm{R}},\boldsymbol{n}) \tag{12.10.12}$$

式中，$\boldsymbol{n}$ 表示本单元体边界的外法单位矢量。

如果将式(12.10.7)代入式(12.10.11)，且展开系数 $C_k^{(l)}$ 与空间位置无关，因此可以移到积分号之外，可得

$$\sum_{l=1}^{N}\left[\left(\frac{\partial C_k^{(l)}}{\partial t}\right)\int_{\Omega_k}\varphi_{l'}^{(k)}\varphi_l^{(k)}\mathrm{d}\boldsymbol{x}\right]+\oint_{\partial\Omega_k}\varphi_{l'}^{(k)}\boldsymbol{F}^{\mathrm{R}}\cdot\boldsymbol{n}\mathrm{d}s-\int_{\Omega_k}\boldsymbol{F}\cdot\nabla\varphi_{l'}^{(k)}\mathrm{d}\boldsymbol{x}=0,\quad 1\leqslant l'\leqslant N \tag{12.10.13}$$

引进质量矩阵$\boldsymbol{M}_k$ 以及与展开系数相关的列阵 $\boldsymbol{C}_k$，其表达式为

$$\boldsymbol{M}_k\equiv\begin{bmatrix} m_{11} & m_{12} & \cdots & m_{1N}\\ m_{21} & m_{22} & \cdots & m_{2N}\\ \vdots & \vdots & & \vdots\\ m_{N1} & m_{N2} & \cdots & m_{NN}\end{bmatrix},\quad \boldsymbol{C}_k\equiv\begin{bmatrix} C_k^{(1)}\\ C_k^{(2)}\\ \vdots\\ C_k^{(N)}\end{bmatrix},\quad \boldsymbol{m}_{l'}^{(k)}\equiv\begin{bmatrix} m_{l'1}^{(k)}\\ m_{l'2}^{(k)}\\ \vdots\\ m_{l'N}^{(k)}\end{bmatrix}^{\mathrm{T}} \tag{12.10.14a}$$

式中，

$$m_{l'l}^{(k)}=\int_{\Omega_k}\varphi_{l'}^{(k)}\varphi_l^{(k)}\mathrm{d}\boldsymbol{x} \tag{12.10.14b}$$

利用式(12.10.14)，式(12.10.13)又可写为如下形式的半离散格式：

$$\boldsymbol{m}_{l'}^{(k)}\cdot\frac{\mathrm{d}\boldsymbol{C}_k}{\mathrm{d}t}+\oint_{\partial\Omega_k}\varphi_{l'}^{(k)}\boldsymbol{F}^{\mathrm{R}}\cdot\boldsymbol{n}\mathrm{d}s-\int_{\Omega_k}\boldsymbol{F}\cdot\nabla\varphi_{l'}^{(k)}\mathrm{d}\boldsymbol{x}=0,\quad 1\leqslant l'\leqslant N \tag{12.10.15}$$

显然一旦求出全场各单元体的 $C_k^{(l)}$，则由式(12.10.7)便可得到全场各单元的 U 值。

12.10.2　基函数的选取以及局部空间坐标系

基函数的选取与单元体的形状有一定的关系，如对于四面体单元，其基函数可以由体积坐标来构造，因此也就不需要进行坐标变换[也就是说没有必要由(x,y,z)整体坐标系(又称全局坐标系)转变为(ξ,η,ζ)局部坐标系]。对于三棱柱单元或者任意形状的六面体单元，则应进行由(x,y,z)变为(ξ,η,ζ)的变换，以便得到基函数序列。对于单元 Ω_k，引进局部坐标系与全局坐标间的变换矩阵

$$\boldsymbol{J}_k\equiv\left[\frac{\partial(x,y,z)}{\partial(\xi,\eta,\zeta)}\right],\quad J_k=|\boldsymbol{J}_k| \tag{12.10.16}$$

于是式(12.10.11)可变为

$$J_k\int_{\Omega_k}\varphi_{l'}^{(k)}\frac{\partial U_h^k}{\partial t}\mathrm{d}\xi+\oint_{\partial\Omega_k}\varphi_{l'}^{(k)}H(U_h^k,U_h^{k'},\boldsymbol{n})\mathrm{d}s-J_k\int_{\Omega_k}\boldsymbol{F}^{\mathrm{T}}\cdot[\boldsymbol{J}_k^{-1}\cdot(\nabla_\xi\varphi_{l'}^{(k)})]\mathrm{d}\boldsymbol{\xi}=0 \tag{12.10.17}$$

式中，

$$\mathrm{d}\boldsymbol{\xi}\equiv\mathrm{d}\xi\mathrm{d}\eta\mathrm{d}\zeta \tag{12.10.18a}$$

由于，

$$\mathrm{d}\boldsymbol{x}=\mathrm{d}x\mathrm{d}y\mathrm{d}z \tag{12.10.18b}$$

$$\mathrm{d}x\mathrm{d}y\mathrm{d}z=\left|\frac{\partial(x,y,z)}{\partial(\xi,\eta,\zeta)}\right|\mathrm{d}\xi\mathrm{d}\eta\mathrm{d}\zeta \tag{12.10.18c}$$

关于坐标变换后面元的相应表达式，这里不再给出，感兴趣的读者可以参阅文献[430]。在有限元方法中，通常选取离散单元上的局部坐标系为(ξ,η,ζ)，并构造多项式序列作为基函数[632]。多项式序列所包含的元素个数 N 与解的近似精度$(p+1)$以及所研究问题的空间维度 d 有关，即 $N=N(p,d)$，例如，对于三维问题，有

$$N=\frac{(p+1)(p+2)(p+3)}{3!} \tag{12.10.19}$$

式中，p 为多项式的精度；$p+1$ 为计算求解的精度；N 也代表三维空间中 p 次多项式函数空间中的基函数个数。DG 离散中常用的基函数形式有指数幂单项式(monomial polynomials)、拉格朗日插值多项式、Legendre 正交多项式、切比雪夫正交多项式等[678]，具体基函数的表达式这里因篇幅所限不再给出。

最后，还有必要概述一下式(12.10.17)的数值求解方法。在式(12.10.17)中第一项与第三项体积分的计算采用了高斯积分，根据不同的精度，借助于各类单元体相应的高斯积分点位置与权函数去完成体积分的计算，有关计算细节可参阅文献[679]，这里不再赘述。

12.10.3 数值通量的近似计算

在式(12.10.12)中，$\boldsymbol{F}^{\mathrm{R}}\cdot\boldsymbol{n}$ 的计算非常重要。另外，在 DG 方法中常使用的计算数值通量近似方法有许多，如 Roe 的近似 Riemann 数值通量、Godunov 数值通量近似、Harten-Lax-van Leer 的数值通量近似(HLL flux)、基于特征值的通量近似、Engquist-Osher 数值通量近似、保熵的 Roe 数值通量近似、Lax-Friedrichs 数值通量近似等，这里仅讨论 Lax-Friedrichs 近似，这种方法计算量较小、构造十分简单，但精度不是太高。为了便于叙述与简洁，考虑一维欧拉方程：

$$\frac{\partial\boldsymbol{U}}{\partial t}+\frac{\partial\boldsymbol{F}(\boldsymbol{U})}{\partial x}=0 \tag{12.10.20}$$

由于，

$$\boldsymbol{F}=\boldsymbol{A}(\boldsymbol{x})\cdot\boldsymbol{U},\quad \boldsymbol{A}=\frac{\partial\boldsymbol{F}}{\partial\boldsymbol{U}} \tag{12.10.21a}$$

$$\boldsymbol{F}^{\mathrm{R}}=\boldsymbol{A}_{\mathrm{L}}\cdot\boldsymbol{U}_{\mathrm{L}}+\boldsymbol{A}_{\mathrm{R}}\cdot\boldsymbol{U}_{\mathrm{R}} \tag{12.10.21b}$$

基于特征值的数值通量近似为

$$\boldsymbol{A}_{\mathrm{L}}=\frac{\boldsymbol{A}+\theta\,|\boldsymbol{A}|}{2},\quad \boldsymbol{A}_{\mathrm{R}}=\frac{\boldsymbol{A}-\theta\,|\boldsymbol{A}|}{2} \tag{12.10.21c}$$

而 $|\boldsymbol{A}|$ 可通过下列关系确定：

$$|\boldsymbol{A}|=\boldsymbol{R}_{\mathrm{A}}\cdot|\boldsymbol{\Lambda}_{\mathrm{A}}|\cdot\boldsymbol{R}_{\mathrm{A}}^{-1} \tag{12.10.21d}$$

式中，$|\boldsymbol{\Lambda}_{\mathrm{A}}|$ 为

$$|\boldsymbol{\Lambda}_{A}|=\begin{bmatrix}|\lambda_1| & 0 & 0\\ 0 & |\lambda_2| & 0\\ 0 & 0 & |\lambda_3|\end{bmatrix} \tag{12.10.21e}$$

如果取

$$\boldsymbol{\Lambda}^{+}=\mathrm{diag}(\lambda_i^{+}),\quad \lambda_i^{+}=\frac{1}{2}(\lambda_i+\theta\,|\lambda_i|) \tag{12.10.21f}$$

$$\boldsymbol{\Lambda}^{-}=\mathrm{diag}(\lambda_i^{-}),\quad \lambda_i^{-}=\frac{1}{2}(\lambda_i-\theta\,|\lambda_i|) \tag{12.10.21g}$$

式中，θ 为迎风参数。

Lax-Friedrichs 数值近似为

$$\boldsymbol{A}_{\mathrm{L}}=\frac{\boldsymbol{A}+\theta\lambda_{\max}\boldsymbol{I}}{2},\quad \boldsymbol{A}_{\mathrm{R}}=\frac{\boldsymbol{A}-\theta\lambda_{\max}\boldsymbol{I}}{2} \tag{12.10.21h}$$

式中，$\boldsymbol{I}$ 为单位矩阵；λ_i 为 $\boldsymbol{A}$ 的特征值；$\lambda_{\max}$为 $\boldsymbol{A}$ 的特征值中绝对值最大的。

对于磁流体力学来讲，无黏部分的 Jacobian 矩阵，需要对零特征值问题进行专门处理，并注意实施文献[676]给出的对称化方法。相关的详细处理细节可参阅文献[674]、[676]、[680]～[685]，这里不再赘述。

12.10.4 间断探测器与限制器

DG 方法通过提高单元体内的插值精度很容易实现高阶精度的数值格式而且不需要扩展节点模板，但这样做在间断附近会产生非物理的虚假振荡，容易导致数值解的不稳定(尤其是采用高阶精度时)，因此采用限制器去抑制振荡是非常必要的。然而，目前很多方法采用限制器后就要降低求解的精度，这就失去了采取高阶格式的意义，如何构建一个高效的、高精度的限制器现在仍是一项有待解决的课题。目前，常使用的限制器有许多种，如 min mod 斜率限制器、van Leer 限制器、superbee 限制器、van Albada 限制器、Barth-Jesperson 限制器、Moment 限制器以及 Hermite WENO 限制器等。采用 Hermite 插值代替拉格朗日插值，这就使得每个重构多项式所需要的单元个数大大减少，而且这种插值是基于单元的平均值和单元的导数值。在我们课题组所采用的 DG 方法计算中，多采用 Barth-Jesperson 限制器与 Hermite WENO 限制器。

如何构建间断探测器，是完成程序编制和实现高精度计算的关键环节之一，在这方面文献[121]做了非常细致的工作，大量的数值实践表明[686]：基于小波奇异分析的探测技术是非常有效的，文献[121]中提出的 Hölder 指数 α 深刻地度量了奇异点区的特征，这里因篇幅所限对此不再赘述。

12.10.5 Runge-Kutta 时间积分问题

式(12.10.15)给出了单元体为 Ω_k、指标为 l'、关于展开系数为$\boldsymbol{C}_k$ 时的半离散方程，对于这个半离散方程的求解有两类方法：一类是仅在单元体 Ω_k 中对式(12.10.15)进行时间积分；另一类是集合所有单元体(即 $\bigcup_{k=1}^{Ne}\Omega_k=\Omega$)对式(12.10.22)进行时间积分，这里仅讨论第二类方法。集合所有的单元体，便可构成一个关于时间微分的常微分方程组，它可以写为

$$\boldsymbol{M}\cdot\frac{\mathrm{d}}{\mathrm{d}t}\begin{bmatrix}C_1\\C_2\\\vdots\\C_{Ne}\end{bmatrix}=\boldsymbol{R}^*(\boldsymbol{U})=\widetilde{\boldsymbol{R}}(\boldsymbol{C}) \tag{12.10.22}$$

或者

$$\frac{\mathrm{d}\boldsymbol{C}}{\mathrm{d}t}=\boldsymbol{G}(\boldsymbol{C}) \tag{12.10.23}$$

式中,$\boldsymbol{M}$ 为计算域所有单元体组成的质量矩阵;$\boldsymbol{C}$ 为列向量 ,它的元素由$\boldsymbol{C}_k$ 组成,这里 $k=1,2,\cdots,Ne$,符号 Ne 代表计算域单元体的总数;$\boldsymbol{G}(\boldsymbol{C})$的表达式为

$$\boldsymbol{G}(\boldsymbol{C}) \equiv \boldsymbol{M}^{-1} \cdot \widetilde{\boldsymbol{R}}(\boldsymbol{C}) \tag{12.10.24}$$

对于式(12.10.23),显式 p 阶 Runge-Kutta 时间积分格式可表示为

$$\begin{cases}\widetilde{\boldsymbol{G}}_1=\boldsymbol{G}(\boldsymbol{C}^{(n)}) \\ \widetilde{\boldsymbol{G}}_2=\boldsymbol{G}(\boldsymbol{C}^{(n)}+\Delta t a_{21}\widetilde{\boldsymbol{G}}_1) \\ \vdots \\ \widetilde{\boldsymbol{G}}_p=\boldsymbol{G}[\boldsymbol{C}^{(n)}+\Delta t(a_{p1}\widetilde{\boldsymbol{G}}_1+a_{p2}\widetilde{\boldsymbol{G}}_2+\cdots+a_{pp-1}\widetilde{\boldsymbol{G}}_{p-1})] \\ \boldsymbol{C}^{(n+1)}=\boldsymbol{C}^{(n)}+\Delta t\sum\limits_{i=1}^{p}(b_i\widetilde{\boldsymbol{G}}_i)\end{cases} \tag{12.10.25}$$

式中,$\boldsymbol{C}^{(n)}$与$\boldsymbol{C}^{(n+1)}$分别表示时间层 $t_n=n\Delta t$ 与 $t_{n+1}=(n+1)\Delta t$ 上的$\boldsymbol{C}$ 值;$\widetilde{\boldsymbol{G}}_i$ 则表示第 i 阶 Runge-Kutta 格式计算所需要的中间变量;Δt 代表时间步长。

文献[12]和[81]分别给了三阶与四阶时间精度下 Runge-Kutta 格式的具体表达式。显然,为了保证显式积分的稳定性,Δt 必须满足相应积分格式的 CFL 条件。通常,为了保证整流场的时间同步性,整场网格的各步积分经常是采用一致的时间步长,因此按稳定性条件,时间步长由整场的最小网格尺寸决定。如果时间步长这样选取,有时还可能会导致计算时间过长的现象,如何进一步提高显式龙格-库塔方法中时间积分的计算效率,仍是一个有待进一步深入研究的课题。类似地,上述间断有限元算法也可用于磁流体力学问题,并在流体力学源程序的基础上加以扩展与修改,注意加入磁场伪散度处理的投影算法去消除磁场的伪散度问题并注意引入避免特征值为零的处理技巧,以得到合适的特征值、特征向量矩阵,得到合理的数值通量。另外,对低磁 Reynolds 数下的 MHD 问题,感兴趣的读者可参阅文献[687]。

第五篇　两类基本方程组的典型应用

现代物理学领域的研究十分广泛，它涵盖了各种各样的条件：温度从绝对零度附近变化到星体内部的温度，而密度从气体密度变化到超过固体几十倍的密度。因此，要解决相关的许多物理问题时，需要知道不同的乃至极端条件下物质性能的大量信息，而利用试验方法去获取极端条件下物质性能的数据，通常会遇到很大的技术困难，所花费的经济代价常常是巨大的。在航天科学、高温稠密等离子体以及核物理学领域，常使用量子统计模型和两类基本方程组去获取相关的信息。这里所谓两类基本方程组，是指辐射流体力学基本方程组和磁流体力学基本方程组。在航天科学、高温稠密等离子体以及核物理领域中，这两类基本方程组的应用很广。在如此宽广的领域，去研究这两类基本方程组的典型应用，显然已超出了本书的范围。因此，本篇着重从辐射输运方程和磁流体力学方程组的数值求解两个方面，选取了 AMME Lab 团队所完成的部分典型数值计算工作，并作为本书的第 13 章，更多的算例与应用可参阅文献[674]。

第 13 章 辐射与磁流体的典型算例和红外隐身与磁流体控制技术

本章主要给出了辐射输运与磁流体力学数值计算方面的数十个典型算例，其中包括典型飞行器表面 8～14μm 波段红外辐射特性的计算，发动机尾喷管 3～5μm 波段的 K 分布辐射输运的计算，飞行 Mach 数为 23.9 和 25.9 时绕 RAM-C Ⅱ飞行器热化学非平衡态流动的光辐射计算(其中包括 0.2～0.4μm 的紫外光谱辐射和 2～5μm 的红外光谱辐射)，一维磁流体力学激波管典型问题，MHD 非定常 Rayleigh 问题，磁流体力学二维 Riemann 问题，二维 MHD 强扭转的 Rotor 问题以及飞行 Mach 数分别为 28.3、25.9、15.0、10.6、5.0 时高超声速钝体磁流体力学绕流计算问题等。另外，本章还讨论了飞行器和发动机尾喷管的红外隐身以及飞行器的磁流体力学流动控制问题。上述这些研究反映了我们团队近 20 年在基础研究上的一些进展，这些内容正是读者迫切希望了解的学术前沿工作。

13.1 飞行器表面红外辐射特性的计算及其红外隐身的分析

自 1800 年 Herschel 发现红外线之后，红外技术的发展已有 200 年的历史。红外探测技术是一种无源的或被动探测跟踪技术，由于任何高于绝对零度的物体都会产生热辐射，因此红外探测技术正是利用目标辐射的热辐射能量去搜索、探测和追踪目标，并由此制造出三代红外搜索与跟踪(infrared search and track，IRST)系统以及前视红外瞄准吊舱(forward looking infrared pod，FLIR pod)。其中，第一代 IRST 系统为 20 世纪 50 年代，工作波长为 1.8～3.8μm，作用距离为 7～8km，跟踪目标为飞行器的尾喷管；第二代 IRST 系统为 20 世纪 80 年代，工作波长为 3.6～4.8μm，工作距离为 7～30km，跟踪目标为飞行器的热喷流与飞行器蒙皮；第三代 IRST 系统为 20 世纪 90 年代，工作波长为 8～14μm，作用距离大于 15km，跟踪目标为飞行器的蒙皮。应该讲，红外探测技术的发展为大风遇险、黑夜迷途或海中遇难时的营救工作创造了生还的条件。另外，这些装置也可作为近程防御系统搜索与跟踪目标信息时的工具，如 Lockheed Martin 公司研制的 AN/AAS-42，波段在 8～12μm、探测距离可达 185km，该装置已装备在 F-14D 和 F-16 飞机上；再如美国海军研制的 DAIRS/DAS，工作波段在 3.4～4.8μm 和 8.2～9.2μm 两个波段，长波探测距离最远可达 278km，该装置已装备在 E-2c 预警机上；再如 Lockheed Martin 公司研制的 SBIRS，已装备在卫星上，其探测距离可达 10

万公里。目前,第四代军用飞行器普遍提出应具备"3S"能力即隐身(stealth)、超声速巡航(supersonic cruise)和超机动性(super-maneuverability)的要求。此外,当前空中目标的探测器所探测的波段主要集中在 3~5μm 和 8~14μm,其中 3~5μm 波段主要针对飞行器排气系统(如涡轮后热部件、喷管空腔以及热喷流)的红外热辐射;8~14μm 波段主要针对飞行器蒙皮的红外辐射。显然,这两个波段对尽早发现、探测与跟踪对方的飞行器是至关重要的。

20 世纪 60 年代以来,飞行器红外辐射特性的数值计算与建模得到了世界各航空航天强国的普遍重视,到了 20 世纪 90 年代,国外已有许多成熟的软件去完成空中目标红外模型的数值计算,如 Lockheed Martin 公司研制的 SMIR 软件、俄罗斯的 IRSAM 模型软件、英国航空宇航先进技术中心研制的 SIRUS 软件以及美国陆、海、空三军和 NASA 联合建立的标准红外辐射模型(standard infrared radiation model,SIRM)等。这些软件的研制与模型的创建有力地促进了飞行器红外辐射特性的研究以及红外隐身工作的开展。

但是,公开发表在刊物上有关飞行器红外隐身的文章并不多见,各国对飞行器隐身技术都处于保密状态,这就使得初学者无法尽快深入。为了使读者对飞行器表面红外辐射特征有一个宏观和概括的了解与认识,本节选用了文献[674]中 AMME Lab 团队自行生成的飞行器几何模型去完成整架飞行器表面红外辐射特征的计算。考虑到整架飞行器几何形状复杂,采用常用的红外辐射计算方法如离散坐标法、有限元法等耗时太多,因此本节选用了 BMC(backward Monte Carlo)或者 RMC(reverse Monte Carlo)方法[68,69,688~691]。对于 Monte Carlo 方法(Monte Carlo method,MCM),AMME Lab 团队在研究国外 18 种著名航天器与探测器进入火星大气层、土卫六大气层以及地球大气层的稀薄气体空间飞行问题时已有较长时间的接触与研究,并编制了 DSMC 源程序,完成了几百个成功的算例[5]。另外,Monte Carlo 方法在核反应堆工程以及中子输运计算等领域中也有大量可供借鉴的宝贵经验;在辐射换热方面,国内外也有许多研究单位开展了 Monte Carlo 方法的研究工作,并已发表了许多很有价值的文章。因此在我们原工作的基础上将源程序经过适当修改使之变成 BMC 算法的程序并不存在太大的困难。

13.1.1 BMC 方法的反向跟踪和计算框图

MCM 是一种概率模拟方法[692~694],它可以处理各种复杂问题,如多维问题、复杂的几何形状、各向异性散性、各向异性发射等问题。事实上 MCM 的名称及其该方法的系统性发展可以追溯到 1944 年。对于传热问题一直到 1964 年文献[695]和[696]才将这一方法引入到辐射换热的计算领域[697,698]。MCM 求解热辐射输运问题的基本思想是:将输运过程分解为发射、透射、反射、吸收和散射等一系列独立的子过程,并把它们化成随机问题,即建立每个子过程的概率模型。而后令每个单元(如面元或体元)发射一定量的光束(能束或光子),跟踪、统计每束光束的归宿(如被介质和界面吸收,或者从系统中透射出或逸出),从而得到该单元辐射能量分配的统计结果。图 13.1 给出了 MCM 的计算流程总框图,图 13.2 给出了单个光束在介质系内辐射传递的 Monte Carlo 模拟框图。概括地讲,MCM 可归纳为四个部分的模拟计算工作:介质吸收的模拟、介质发射的模拟、固体壁面发射的模拟以及固体壁面反射与吸收的模拟。考虑到 MCM 已十分成熟而且国内外这方面发表的文章和出版书籍较多[68,698~711],因此本节对 MCM 的详细原理和过程仅作简单概述,感兴趣的读者可参阅文献[68]、[707]、[708]。

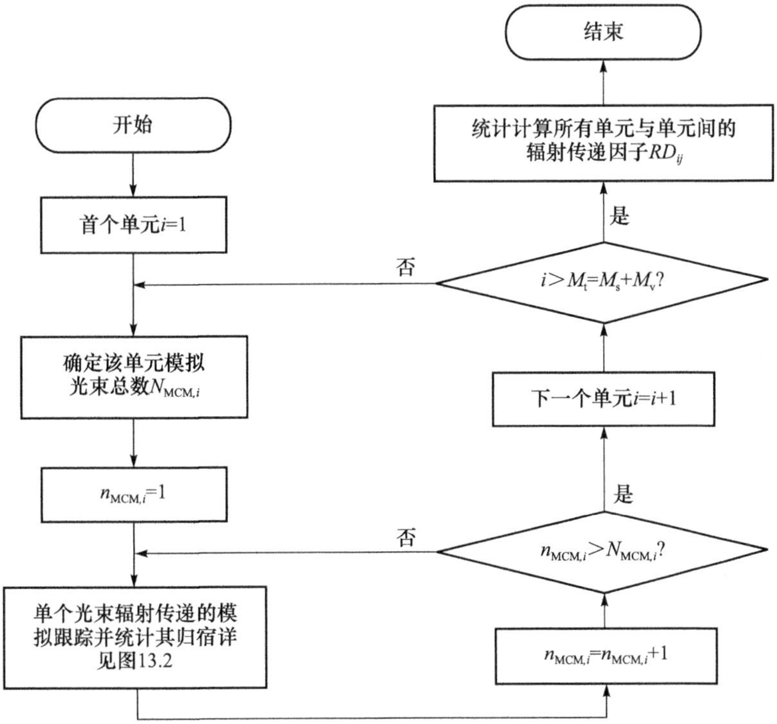

图 13.1　MCM 计算流程总框图

$N_{MCM,i}$. 单元 i 进行 MCM 模拟的光束总数;$n_{MCM,i}$. 单元 i 模拟的光束数;
M_s. 系统内总的面元数;M_v. 系统内总的体元数;M_t. 系统内总的单元数(包括面元和体元)

这里还想说明一下日本北海道大学 Kazuhiko Kudo(工藤一彦)教授所带领的团队在 MCM 方面所做的工作[708,711]。他们提出的辐射能量吸收分布(radiation energy absorption distributions,READ)方法有效地简化了 MCM 计算辐射传热问题计算的工作量,而且 Kudo 教授还在其网页(http://mech-me. eng. hokudai. ac. jp/-cool/)上公布了用 Java 编写的二维矩形系统采用 MCM

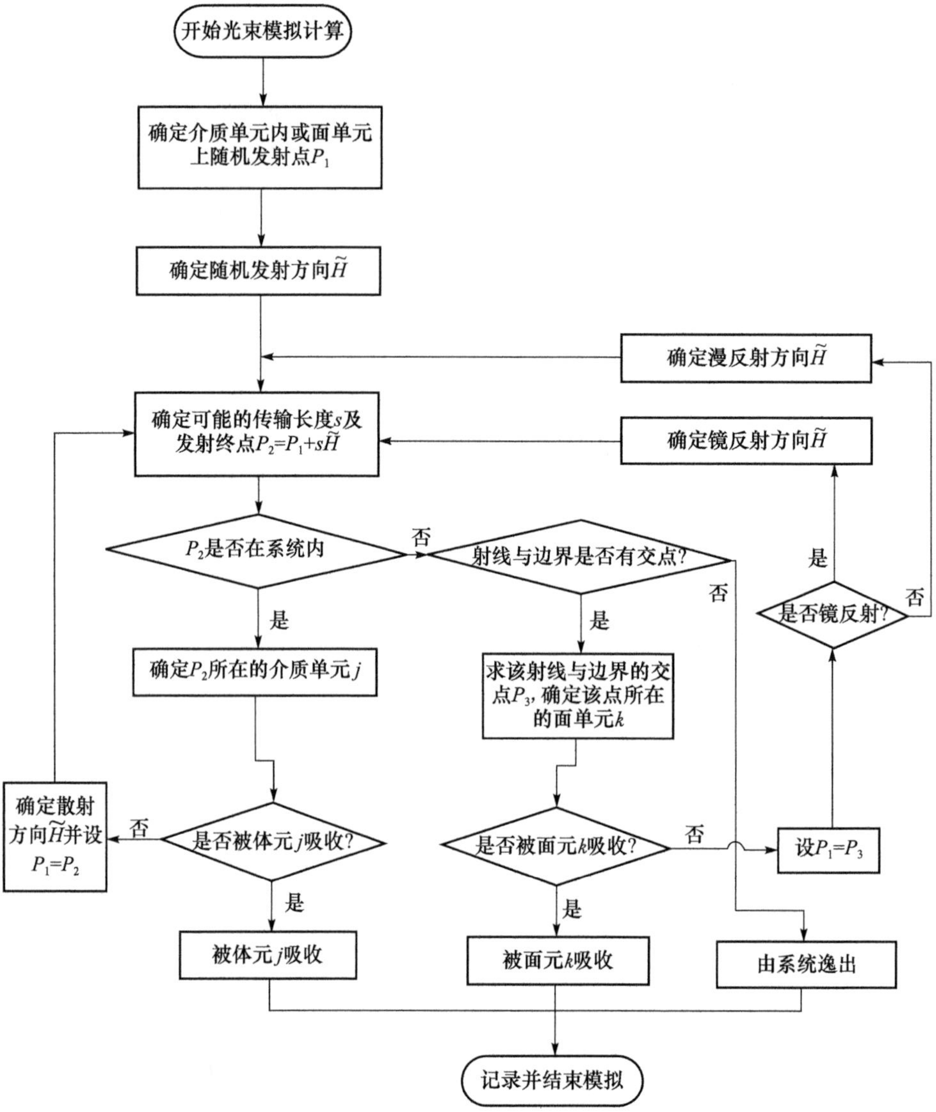

图 13.2 单个光束在介质系内辐射传递的 Monte Carlo 模拟框图

计算辐射换热的源程序及其计算演示的相关界面，这就为感兴趣的读者提供了一个学习与交流的平台。BMC 方法的基本思想是：从目标发射若干条射线，经过一系列传递过程，统计到达能够对目标产生影响的所有体元和面元[712]。利用相对性原理计算到达特定方向上的红外辐射能量。该方法充分利用散射、发射、吸收等传递输运过程的概率模型，进行数学抽样统计并运用传热学的理论进行分析与计算，注意考虑每个壁面单元与所有壁面单元之间的相互作用，避免了每个壁面单元之间角系数的烦琐计算[713,714]，而且文献[715]已用于稀薄羽流的复杂计算。这里必须强调的是，用 MCM 模拟辐射传输的关键问题有两个：一个是要建立正确的概率模型，另一个是要有好的随机数产生方法以保证抽样的随机性。需要注意的是，对于 BMC 方法，采样是从观测方向而不是从入射方向开始的。正是由于采样的顺序是从观测者到源，因此这种方法才被称为反向 Monte Carlo 方法，图 13.3 给出了 BMC 方法计算的总框图。

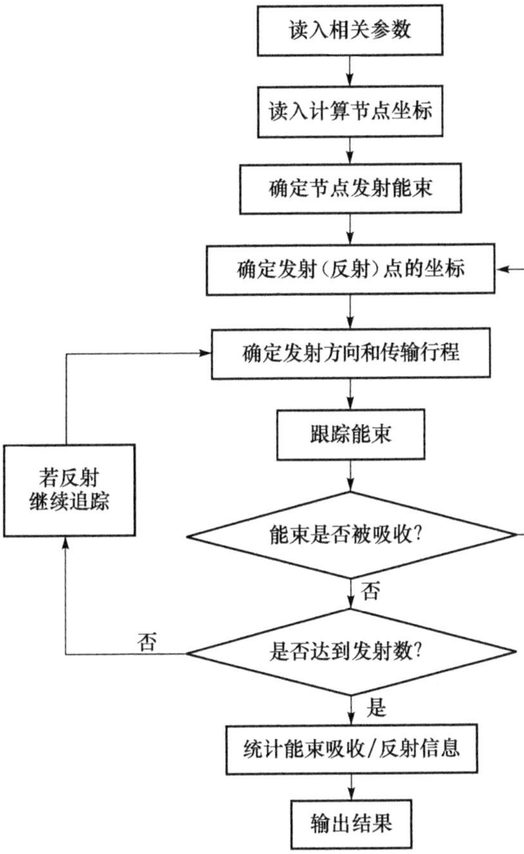

图 13.3　BMC 方法计算的总框图

13.1.2　典型飞行器表面红外辐射特征的计算与分析

典型飞行器的算例选自文献[674]中给出的几何外形与数据。其气动设计的基本出发点是以文献[716]～[723]为工具，建议采取常规气动布局，突出低翼载、中等升力线斜率和大迎角高升力系数的特点，突出具备整体红外隐身的功能。在气动设计时，希望采用大迎角气动设计与非定常脱体涡升力控制技术相结合、注意翼身融合、体现现代升力体的设计理念，充分降低零升阻力系数。另外，气动设计时，注意体现出中等后掠角梯形机翼和加边条翼的设计思想，建议主翼和水平安定面具有相同的后掠角和后缘前掠角，并建议采取垂尾向外倾斜的设计。此外，希望采用水平安定面直接靠近机翼的结构设计方案；采用矢量推力喷管推进技术去进一步增强飞行器的超机动性能。文献[674]给出了基本满足上述要求的飞行器外形与数据。图 13.4 给出了典型飞行器算例的示意图。由于该飞行器几何外形复杂，为完成 Navier-Stokes 方程计算，整个飞行器外流场需要的网格较多，因此流场计算时只对其一半的流场进行数值计算。

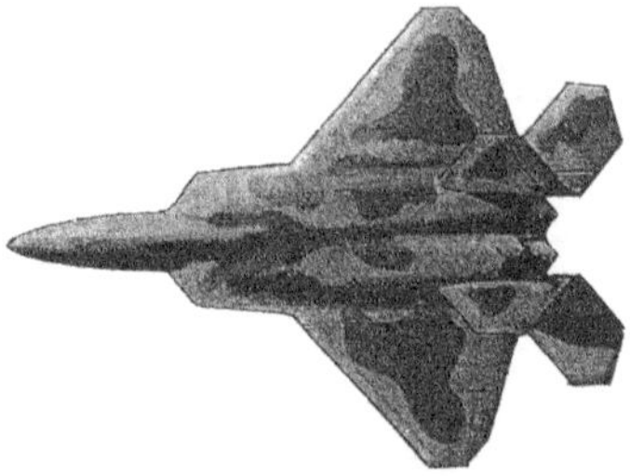

(a) 俯视图

(b) 正视图

(c) 下侧面

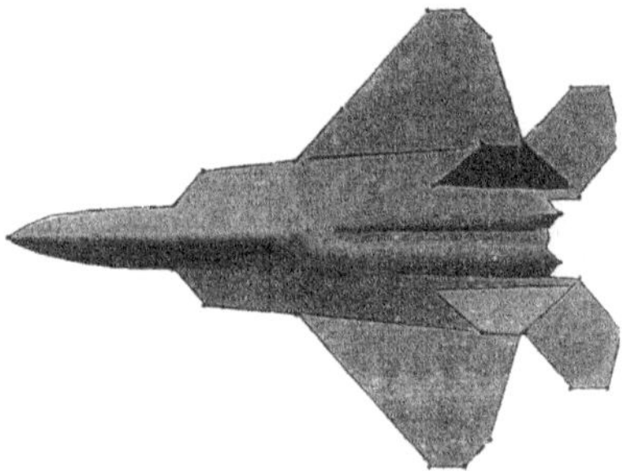

(d) 上侧面

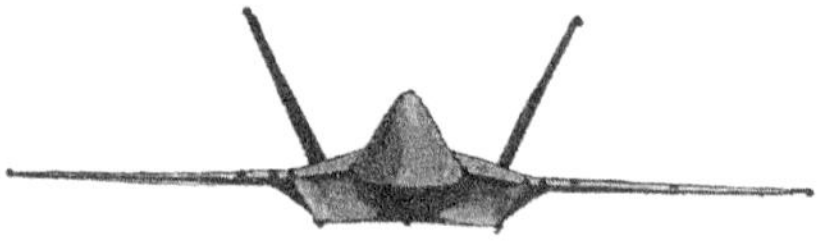

(e) 前侧面

图 13.4　典型飞行器算例的示意图

网格划分大部分采取三维六面体结构网格，对飞行器表面边界层采用 O 型网格进行加密处理。数值求解 Navier-Stokes 方程时需要给定边界条件，其中包括远场压强分布、出口压强分布、对称边界条件和壁面边界条件。远场边界条件为无穷远处自由来流条件，给定 Mach 数 Ma、静压 p、静温 T 以及气流方向；出口边界条件，给定流动出口处的静压，因流动为超声速，其他参数可由上游条件外推；对于对称边界条件，由于流动的轴对称性，在对称边界上，垂直于边界的速度取为零，而其他物理量的值在该边界内外是相等的;对于壁面边界条件,给出壁面无滑移条件。

借助于上述 Navier-Stokes 方程的计算,可以获得飞行器表面的温度分布,而后便可以进行飞行器表面的红外辐射特征计算。为了突出对主要结果的展现与分析、不使本节内容过长,这里省略了对 BMC 方法中对概率模型(其中包括介质吸收过程模型、介质发射过程模型、固体壁面发射过程模型以及固体壁面反射和吸收模型)的校验;省略了对产生随机数序列方法的校验;省略了对随机变量抽样方法(这里采用了近似抽样方法)的校验等重要内容。这里直接给出该飞行器表面红外辐射特性的数值计算结果:图 13.5 给出了在不同飞行高度(即 8km 和 11km)以及 Mach 数 $Ma=1.6$ 作超声速飞行时,飞行器在水平、侧向和俯仰三个方向上、在 8～14μm 波段红外辐射强度的分布曲线。在图 13.5(a)中,周向表示的是飞行器水平方向的方位角(即圆周角,单位是°);90°表示飞行器的左侧,180°表示飞行器的正前方,270°表示飞行器的右侧。在图 13.5(b)中,周向表示飞行器侧向的方位角(单位是°);90°表示飞行器的正上方,180°表示飞行器的正右侧,270°表示飞行器的正下方。在图 13.5(c)中,周向表示飞行器俯仰方向的方位角(单位是°);90°表示飞行器的正上方,180°表示飞行器的正前方,270°表示飞行器的正下方。以上各图的半径表示红外辐射强度,单位是 W/sr。

由图 13.5 可以看出,当飞行器由 11km 的飞行高度降到 8km 时,由于大气层温度与密度的影响,空气对飞行器所产生的气动热变大,使得红外辐射强度增大。图 13.6给出了在不同飞行器高度(即 11km、8km 和 1km)以 Mach 数 $Ma=0.9$ 作亚声速飞行时,飞行器在水平、侧向和俯仰三个方向上,在 8～14μm 波段红外辐射强度的分布曲线。由图 13.6 可以看出,飞行高度为 1km 时飞行器表面红外辐射强度要比 8km 和 11km 的大,而 8km 和 11km 时的表面红外辐射强度依次呈现减小的趋势。

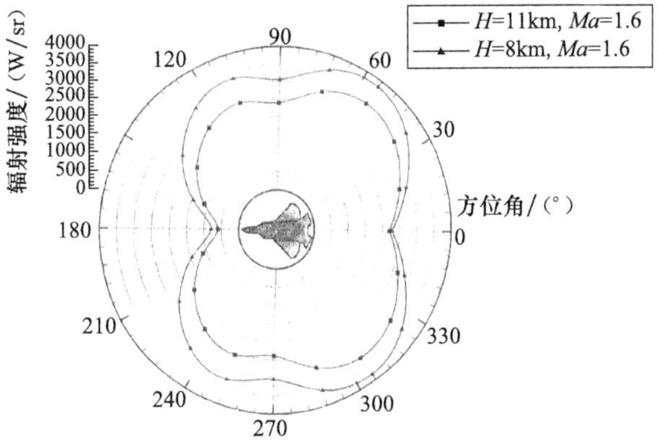

(a) 水平

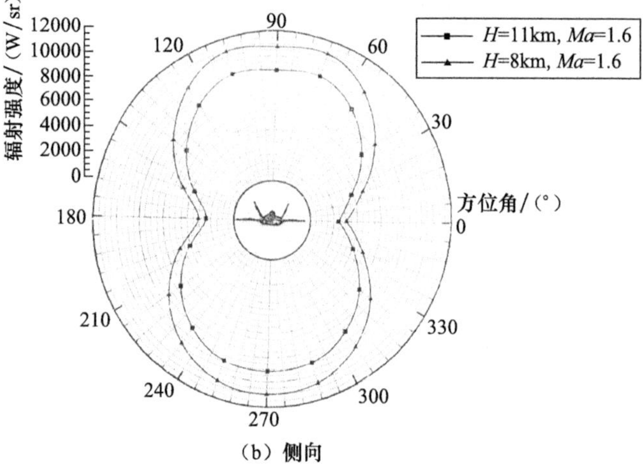

(b) 侧向

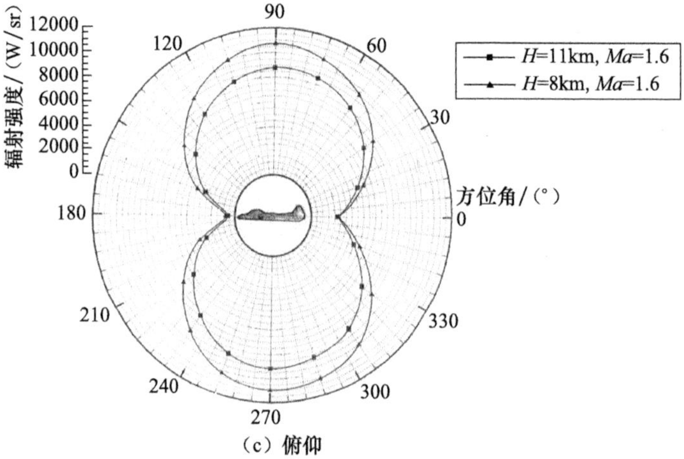

(c) 俯仰

图 13.5　超声速飞行时飞行器在水平、侧向和俯仰方向上红外辐射强度的分布曲线(8～14μm)

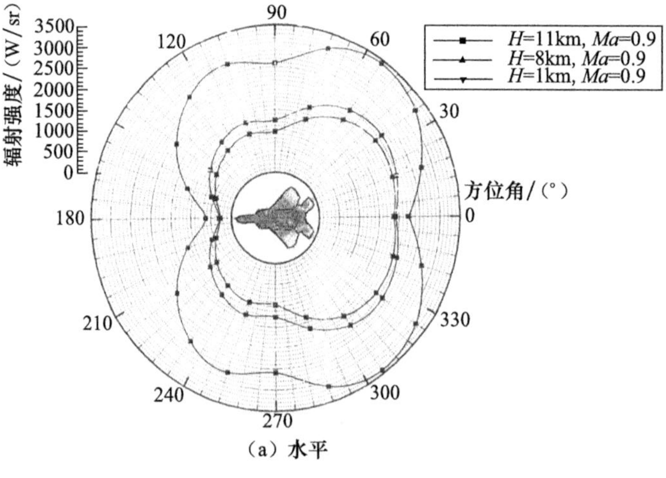

(a) 水平

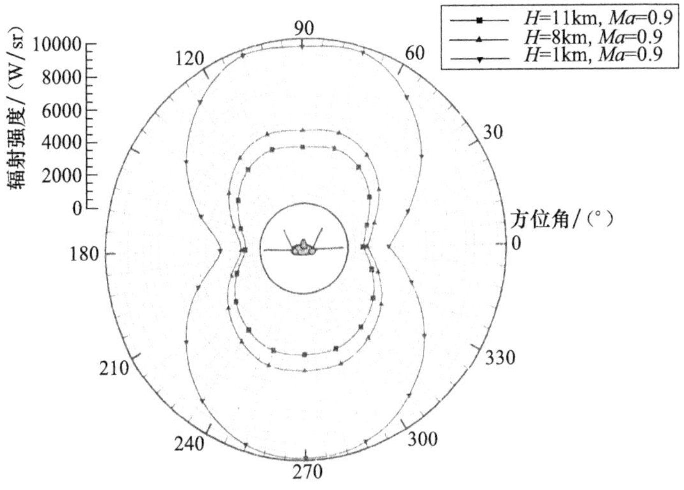

(b) 侧向

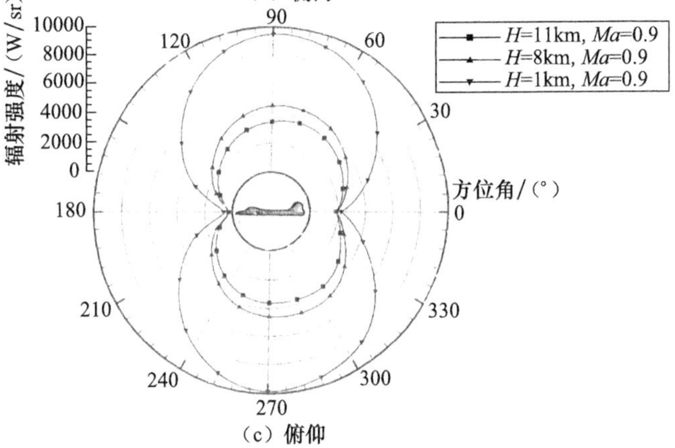

(c) 俯仰

图 13.6　亚声速飞行时飞行器在水平、侧向和俯仰方向上红外辐射强度的分布曲线(8～14μm)

与图 13.5 的超声速飞行相比,在同一个飞行高度下飞行器表面的红外辐射强度明显减低,这种现象恰能反映出空气对飞行器所产生的气动热的变化。图 13.7 给出了同一飞行高度(即 11km)、不同飞行 Mach 数(即分别取 1.6、1.3、1.1 和 0.9)时飞行器在水平、侧向和俯仰三个方向上,在 8～14μm 波段飞行器表面红外辐射强度的分布曲线。由该图可以看出,随着飞行 Mach 数的逐渐变大,飞行器表面的红外辐射强度也在由小逐渐变大。虽然气动加热相比飞行器的高温部件(如涡喷发动机或涡扇发动机的高温涡轮部件)以及发动机尾喷管喷流温度低很多,但飞行器表面温度在 8～14μm 波段是红外辐射能量的峰值区间,因此随着飞行 Mach 数的增大,飞行器表面气动加热所带来的影响越来越显著。另外,从图 13.7

上还可以看出：当飞行 Mach 数从 0.9 变到 1.1 时红外辐射强度的增大幅度较小，而飞行 Mach 数从 1.1 变到 1.3 和由 1.3 变到 1.6 时红外辐射强度的增大幅度在逐渐变大，这反映出在超声速飞行时空气对飞行器表面所产生的气动热呈现出的非线性现象。

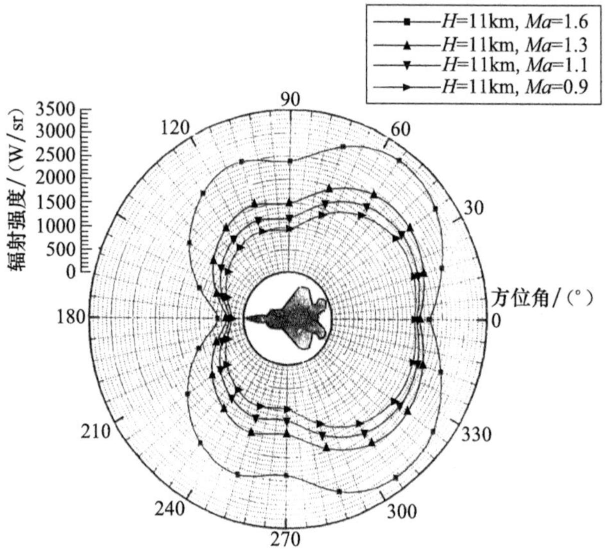

(a) 水平

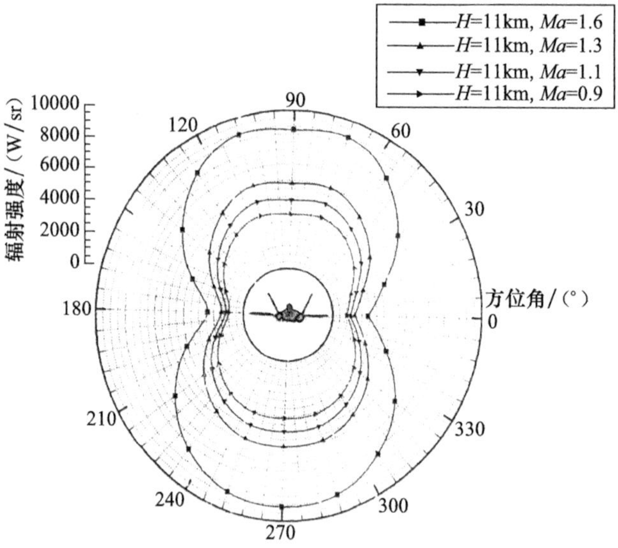

(b) 侧向

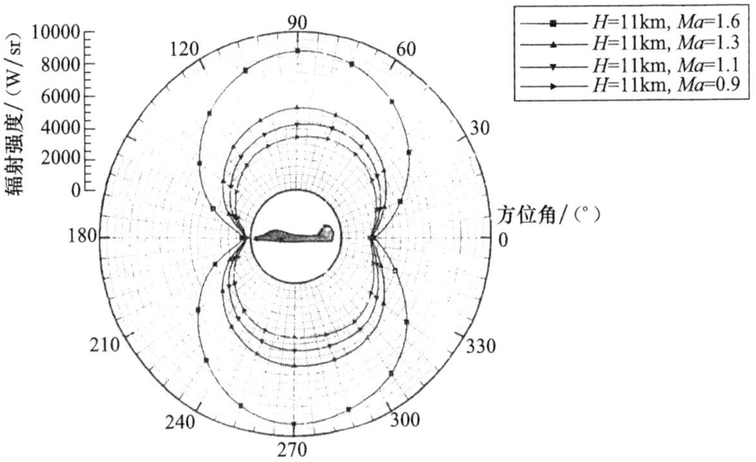

(c) 俯仰

图 13.7 同一飞行高度(即 11km)、不同飞行 Mach 数(即 1.6、1.3、1.1 和 0.9)时飞行器在水平、侧向和俯仰方向上红外辐射强度的分布曲线(8～14μm)

对于飞行器的红外隐身和飞行器性能多目标的优化问题,文献[19]的第 472～488 页中已给出了较详细的分析并且给出了具体的措施和实施的方法。本节因篇幅所限,对此不做赘述,感兴趣的读者可参阅文献[19]的相关章节。这里仅想从如下三个侧面(即①飞行器表面发射率的控制对红外辐射所产生的影响;②飞行器表面温度的控制对红外辐射所产生的影响;③对飞行器表面的发射率和温度联合进行控制时对红外辐射所产生的影响)略作说明。图 13.8 给出了 5 种发射率 ε(即分别为 0.2、0.4、0.7、0.95 和 1.0)时,飞行器在 11km 高空以 $Ma=1.6$ 作超声速飞行,飞行器在水平方向上整机表面红外辐射强度的分布曲线(8～14μm 波段)。

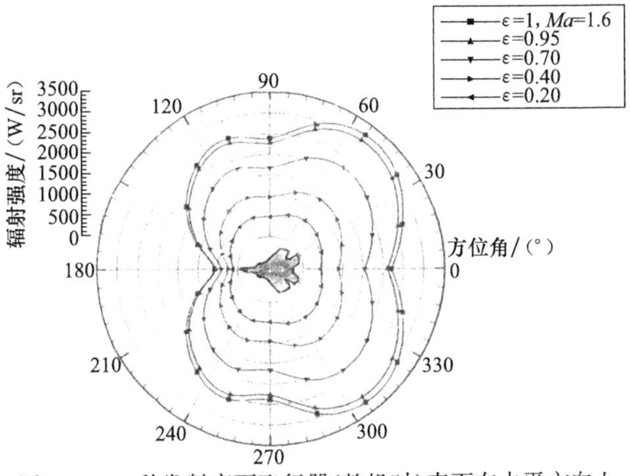

图 13.8 5 种发射率下飞行器(整机时)表面在水平方向上红外辐射强度的分布曲线

图 13.9 给出了组成该飞行器的几大部件，它们分别是飞机头部、机翼、垂尾、进气道、中部机身、后部机身、平尾以及发动机机舱等，其中前六大部件的前向投影面积所占百分比例如表 13.1 所示。

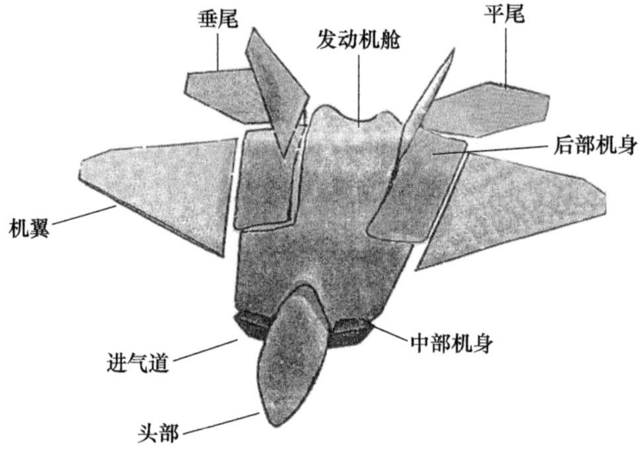

图 13.9 组成该飞行器的几大部件

表 13.1 该飞行器 6 大部件前向投影面积的百分比

正对飞行器头部方向	前向总面积占比	机头	机翼	进气道	垂尾	平尾	机身
投影面积占比/%	100	31	16	15	12	4	22

从表 13.1 可以看出，在前向投影面积中，机头所占比重最大。图 13.10 给出了与图 13.8 相同飞行工况时飞行器表面 5 种发射率时飞行器在水平方向上各部件表面红外辐射强度的分布曲线(8～14μm 波段)。

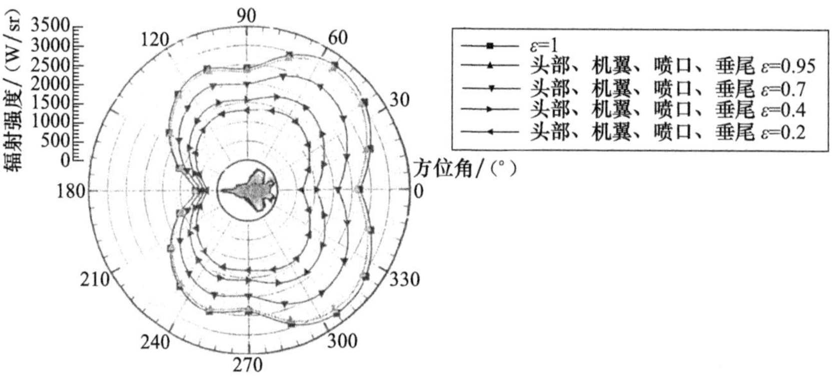

图 13.10 与图 13.8 相同飞行工况时飞行器表面 5 种发射率时飞行器在水平方向上各部件表面红外辐射强度的分布曲线(8～14μm 波段)

由图 13.8 和图 13.10 可以看出，正前方红外辐射强度最小，从正前方 180°视角向水平两侧，其红外辐射强度在逐渐增大，且增加幅值呈现先快后缓的态势；值得注意的是，前向正负 50°方向上红外辐射为最大，而在 90°和 270°方向上略有减小。之所以如此，其中原因之一可能与机翼的后掠角度有一定的关联；另外；分析可以发现机翼前缘的法线方向恰恰对应于辐射的最大方向。原因之二可能是在 50°视角位置与垂尾的面积大部分外露有关系，而在 90°与 270°方向上垂尾部分相互遮挡。数值计算时发现：对于该飞行器整机，表面发射率每降低 10%，红外辐射强度便减小 10%；另外，对于飞行器的头部、机翼、垂尾以及发动机机舱，发射率每降 10%，则红外辐射强度将减小 6%左右。

前面我们研究了飞行器表面材料或涂层的发射率控制对红外辐射强度影响的问题，其实在抑制红外辐射特征的措施中，飞行器表面温度的控制也是很重要的措施之一[724~728]。图 13.11 给出了飞行器在 11km 高空以 $Ma=1.6$ 作超声速飞行，当飞行器整机表面温度分别降低 10K、20K、30K 和 40K 时飞行器在水平方向上红外辐射强度的分布曲线图。从该图可以看出，当飞行器整机表面的温度分别降低 10K、20K、30K 和 40K 时，飞行器在水平方向上、在 8～14μm 波段内的红外辐射强度分别降低 13%、25%、36%和 46%，而且飞行器在水平 180°方向上、在 8～14μm 波段内的红外辐射强度最低。表 13.2 给出了该飞行器在水平方向上前向探测距离随飞行器整机表面温度降低的变化。从表 13.2 中可以看到，飞行器整机表面温度的降低可以降低飞行器在水平方向上的探测距离。从计算结果上看，飞行器整机表面温度每降低 10K，可以使红外探测系统探测飞行器的前向探测距离降低 7%左右；当飞行器整机表面温度下降 40K 时，前向探测距离降低 27%，可见飞行器整机表面温度降低在 8～14μm 波段对飞行器的红外隐身是十分有益的。

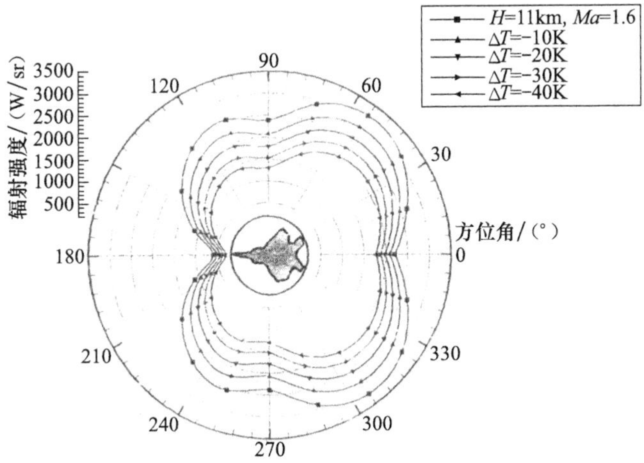

图 13.11　飞行器整机表面降温在水平方向上对红外辐射强度的影响

表 13.2　前向探测距离随飞行器整机表面温度的变化

ΔT/K	−10	−20	−30	−40
前向探测距离减小占比/%	7	14	20	27

为了考查飞行器表面发射率与温度联合控制时对红外辐射效能的影响,我们进行了这方面的辐射计算。图 13.12 给出了飞行器在 11km 高空,以 $Ma=1.6$ 作超声速飞行,当飞行器表面的射率分别为 0.95、0.7、0.4 和 0.2,温度分别相应降低 −10K、−20K、−30K 和 −40K 时在水平方向上、在 8～14μm 波段内飞行器表面红外辐射强度的分布曲线图。由该图可以清楚地看到,飞行器表面的发射率越小,温度降得越低,则飞行器表面的红外辐射强度也越小。

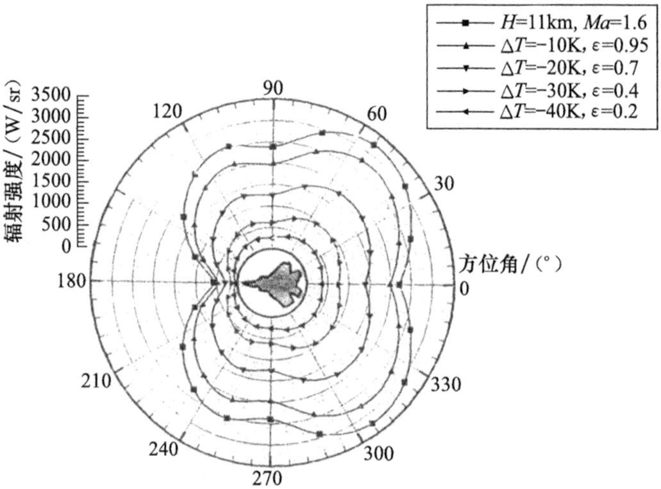

图 13.12　飞行器表面发射率与温降控制在水平方向上、8～14μm 波段内对飞行器表面红外辐射强度的影响

13.2　全光谱 K 分布方法的校核和降低喷管红外辐射的途径

在辐射输运的计算中,最简单的计算模型为灰气体模型,它假设气体的吸收系数在整个波长范围是常数,这种方法对高温燃烧气体的辐射计算来讲便显得计算精度太低了。目前,高温燃烧气体辐射特性的计算模型大致分四种:①逐线计算模型。它的分辨率非常高,光谱间隔一般在 0.0002～0.02cm^{-1}。逐线计算需要知道每条气体谱线的详细光谱特性参数,其中包括谱线位置、谱线强度、谱线半宽以及谱线跃迁能级能量等。②窄谱带模型。它是假定谱线形状,用数学函数形式给出,公式中的谱带参数(如平均吸收系数、谱线平均半宽和谱线平均间隔)由试验数据拟合确定。窄带模型一般指波段宽度为 5～50cm^{-1},用这种简化模型可以表示出

某个小光谱间隔内的平均透射率与光谱参数的关系。目前，窄带模型有许多种，窄带 K 分布(NBK)方法是其中的一种。窄带 K 分布一般波段宽度在 $25\sim100\text{cm}^{-1}$ 便可达到较高的精度。对于低温状态(200～300K)、压强梯度比较大的大气辐射问题，窄带关联 K 分布已经得到广泛的应用。③宽谱带模型。它是对窄带模型的简化，这种方法把整个振动-转动谱带分成很多窄谱带，然后按每个间隔内平均吸收系数大小重新排列，这样整个谱带形成一个光滑有规律的曲线，并通过积分得到宽带的总吸收率。如果将 K 分布的思想用到宽带模型中便得到宽带 K 模型，这将会使计算精度大大提高。④总体模型。它是指直接用气体的光谱积分辐射特性计算全波段的热流。近些年来，以 Modest 教授为代表的团队提出了 FSK 模型、MG-FSK(multi-group FSK)模型、MSFSK(multi-scale FSK)模型等，它们都属于总体模型这一类。这三类新型模型是针对温度和组分急剧变化的辐射计算问题而提出的，其目的是提高这种工作环境下红外辐射计算的精度。另外，文献[729]还提出了 MSMGFSK(multi-scale multi-group FSK)模型，它融合了 MGFSK 和 MSFSK 二者的优点，更适用于目前航空发动机排气系统的红外辐射计算。对于现代喷气发动机的排气系统(红外波段为 $3\sim5\mu\text{m}$)，急剧变化的不仅仅是法向的温度和组分，还有流向的压强变化。而且对压强来讲，其变化范围从涡轮导向叶片的几十个大气压到发动机尾喷管收缩段的几个大气压、一直到外部高空环境的不足 0.1 个大气压，因此流向压强的变化非常大，如此大的压强梯度对吸收系数当然会产生不可忽视的影响。换句话说，应该大力发展组分浓度梯度大、温度梯度和压强梯度高的混合气体辐射输运问题的计算方法。对这类方法的研究已成为当今航空航天工程界，尤其是发动机排气系统急待解决的课题。考虑到本书 6.9 节已对上述提到的一些新型方法做过详细讨论，因此本节对算法本身不再赘述，而是直接给出一些数值结果。

13.2.1　典型喷管计算和流热耦合程序的校验

为了校验流热耦合(即辐射输运以及与流场、固体温度场、组分浓度场及能量场间的耦合)程序以及全光谱 K 分布计算方法的正确性，我们计算了文献[730]给出的火箭发动机水冷喷管的典型算例以及文献[731]中给出的有关不同波段 CO_2 透过率计算的两个算例。该喷管为轴对称收扩喷管，喉道直径为 0.0458m，收缩比为 7.75 ∶ 1，扩张比为 2.68 ∶ 1，收缩角为 30°，扩张角为 15°，详细尺寸见文献[730]。计算工况为喷管的落压比 5 ∶ 1，进口总温为 843.33K，喷管外壁受流水冷却，温度分布由试验测量给出，参见图 13.13。喷管固壁材料为不锈钢，导热系数为 17.3W/(m · K)。

图 13.14 为计算出的喷管流场等马赫线的分布，图 13.15 为喷管内壁面的温度分布以及与试验数据的比较，计算与试验趋势是一致的、吻合较好。

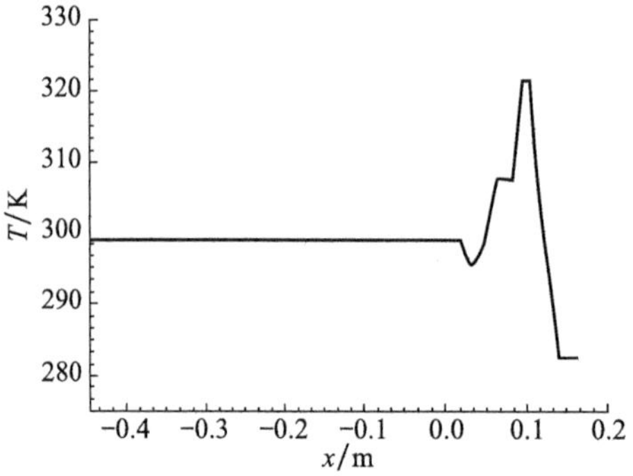

图 13.13　火箭发动机水冷喷管外壁面温度的分布

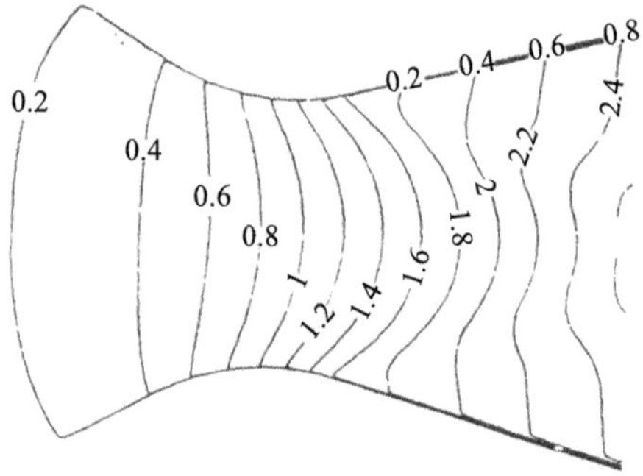

图 13.14　喷管流场的等马赫线分布图

13.2.2　不同波段 CO_2 透过率的计算和 K 分布算法的检验

为了校验全光谱 K 分布计算方法的正确性，我们进行了不同波段 CO_2 透过率 τ 的数值计算，并与文献[731]在该状态下的试验结果进行了比较。两个算例的计算条件分别为：①温度 $T=1000\text{K}$，路径长度 $L=50\text{cm}$，CO_2 的摩尔浓度 X_{CO_2} 为 1.0，所计算的波段为 3400～3800cm^{-1}（即 2.7μm 附近）；②温度 $T=1300\text{K}$，路径长度 $L=50\text{cm}$，CO_2 的摩尔浓度 X_{CO_2} 为 1.0，所计算的波段为 500～1200cm^{-1}（即 16μm 附近）。两个算例的计算间隔均为 4cm^{-1}。图 13.16 和图 13.17 分别给出了算例 1 和算例 2 的计算结果以及它们与试验数据的比较，所得到的两个结果与试验数据吻合较好，表明了所编制的 K 分布的计算方法是正确的、程序是可行的。

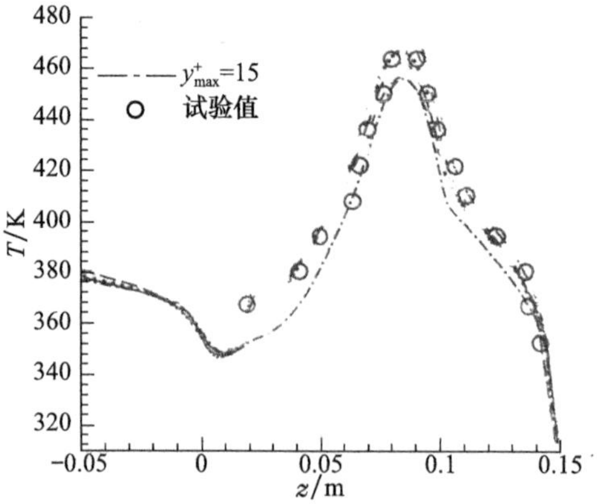

图 13.15　喷管内壁面的温度分布以及与试验值的比较

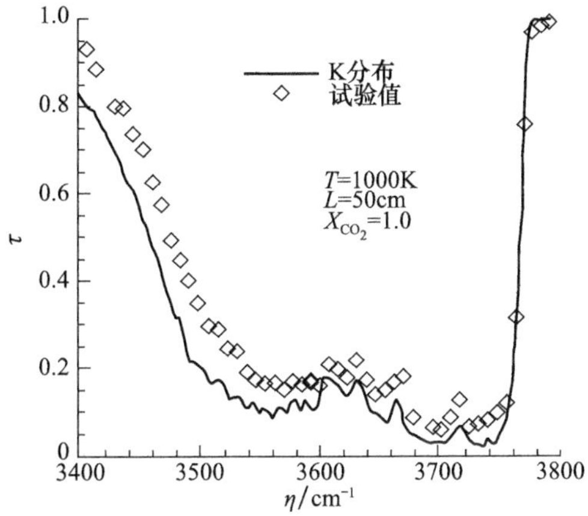

图 13.16　CO_2 透过率的计算以及与试验的比较(算例 1)

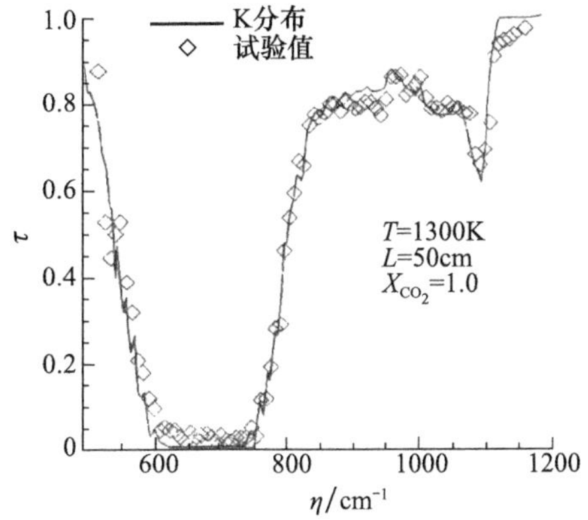

图 13.17　CO_2 透过率的计算及其与试验的比较(算例 2)

13.2.3　排气系统红外辐射的典型算例和有限体积辐射程序的校验

正如本书第 6 章所述的，利用有限体积法求解辐射输运方程，需要对求解域进行空间离散和角度离散，这里角度包括天顶角 θ(其定义范围为 $0\leqslant\theta\leqslant\pi$)和圆周角 φ(又称方位角，其定义范围为 $0\leqslant\varphi\leqslant 2\pi$)。在三维排气系统红外辐射计算中，空间网格数量通常很多，对有限体积方法来讲，在这个基础上还要进行角度的离散，因此如果一次求解所有离散立体角方向上的值，受内存的限制往往不可能角度离散的数目过大，只能在较少数目的角度离散下进行。排气系统红外辐射计算程序通常都由两大模块组成：一个是喷流红外辐射模块，它主要是求解某一角度的辐射输运方程，换句话说，对于热喷流红外辐射，每个角度辐射都是互相独立的；另一个是空腔-喷流组合红外辐射模块，这个模块在求解辐射输运方程的过程中要计算耦合壁面边界上的辐射亮度。对于空腔-喷流组合红外辐射特性，壁面边界的辐射亮度的反射部分主要受临近高温喷流辐射的影响，而且也需要整个半球不同方向上的辐射亮度，这样就使得空腔-喷流组合红外辐射的计算不能像喷流红外辐射的计算那样进行每个角度上的独立求解，而是需要对所有离散角度一起进行求解，因此这样就导致了离散角度的数目不能太多，从而造成计算的红外辐射强度的探测方向数量太少，不能满足实际工程上的要求，应该讲这是使用有限体积法求解辐射输运问题时存在的一个难题。为了克服这一难题与弱点，朱希娟等提出了一种“空间多重角度离散法”，数值计算的实践表明它十分有效[352,732]。这种方法从本质上讲是采取了将立体角先粗离散、获取壁面辐射亮度的近似值，而后再对立体角进行加密、细化，并注意利用粗离散角度下获得的壁面条件(即辐射亮度值)，这样便巧妙地避免了将所有角度一块进行耦合求解所带来的困难，这就是上述方法的核心思想。上述方法包括两个步骤：①先用粗角度离散计算出每个微元体的壁面辐射亮度，因为假设固壁为漫射体，辐射亮度与方向无关，各个方向的辐射亮度是相等的；②再用细角度离散对空腔-喷流组合辐射的每个角度进行独立计算，并注意将第一步迭代求出的最终壁面边界上的辐射亮度直接作为第二步的固壁边界条件，由于此时壁面的辐射亮度是经过喷流修正的结果，所以就不需要再进行迭代耦合求解。这样做便可以使探测方向的数量获得极大的提高(原则上可以划分为任意数量)。需要说明的是，上述做法的前提是认为由粗角度离散计算的固壁辐射亮度的精度可以满足细角度离散的计算精度要求。另外，我们在有限体积辐射源程序的编制中，也采纳了上述两个步骤。为了校验程序，典型算例选取了文献[733]给出的轴对称收扩喷管的 3 个工况：①欠膨胀状态(落压比 π_T 为 4.0)；②设计状态(落压比 π_T 为 5.0)；③过膨胀状态(落压比 π_T 为 6.0)。图 13.18 给出了在 3～5μm 波段轴对称收扩喷管的示意图，喷管 3 个工况的入口总压都为 5.0×10^5Pa，入口总温是 1100K，来流 Mach 数 $M_\infty=1.5$，远场压强为 1.01325×10^5Pa，喷流红外辐射的计算波段为 3～5μm；喷管入口直径为 0.12863m，喉道直径为 0.083515m；当落压比 π_T 分别为 4.0 和 6.0 时，出口面积与喉道面积比分别为 1.22 和 1.47，而 π_T 为 5.0 时出口面积与喉道面积比为 1.35；计算时流场计算网格为 60 万，为保证计算精度，贴近喷管内壁的网格单元中心点的 $y^+<5$；辐射场网格可以较粗，其中立体角的划分方式($N_\theta\times N_\varphi$)为 6×12。图 13.19 给出了测量用探测器所处的位置和角度 θ (即天顶角)的示意图。当探测角等于 0°时，探测器探测到的是涡轮后的热部件以及高温壁面(中心锥和空腔)所发出的辐射。随着探测角度的增加，除了喷管的辐射还出现了热喷流的辐射；并且随着角度的进一步变大，热喷流所占的比重增加，当 $\theta=90°$时只有热喷流的红外辐射。

对于落压比 $\pi_T=4.0$ 工况，由于喷管出口压强高于外界环境气压，喷管出口气流的流动呈现欠膨胀状态。在这种状态下，气流在喷管的扩张段达到超声速，超声速气

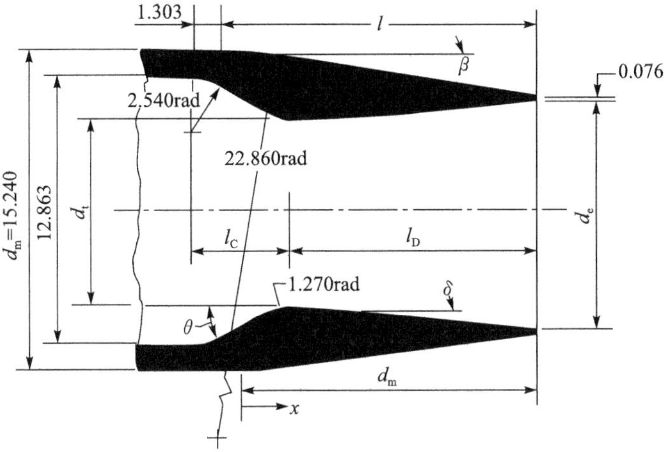

图 13.18　轴对称收扩喷管的示意图

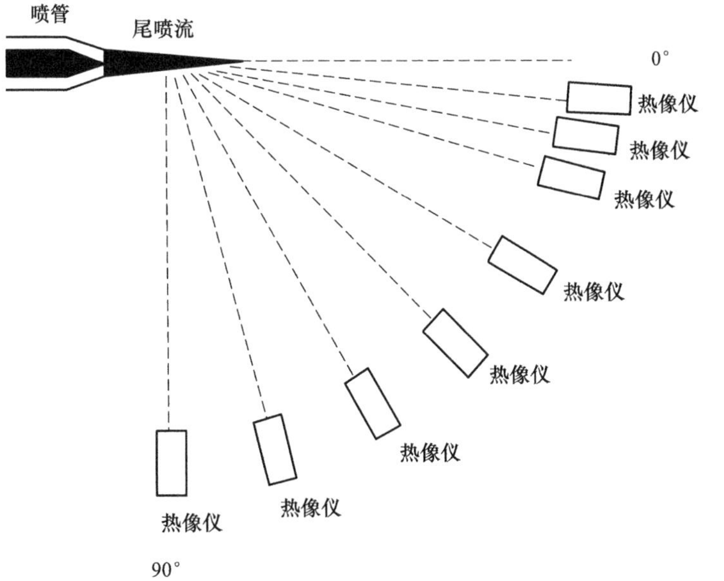

图 13.19　探测器位置的示意图

流在喷管中膨胀加速，在喷管出口下游会形成一系列的膨胀波系和压缩波，正如文献[12]、[439]、[734]～[736]所分析的那样，当压强膨胀过低后便经过斜激波使压强升高，然后再继续膨胀，膨胀过低后再经斜激波使压强升高，如此这样往复直到与外部环境压强相平衡，其流动形成了多个高温区。图 13.20 给出了落压比 $\pi_T=4.0$ 时通过空腔-喷流组合红外辐射模块计算得到的天顶角 $\theta=0°$方向上喷管中心线上红外定向辐射亮度的分布曲线。由图 13.20 可以看出，在 $z=0.1\text{m}$ 之前衰减缓慢，在z=0.1～0.2m 衰减剧烈，这时由于气体温度降低，气体自身辐射减弱、吸收占主要份额；在 z=0.2～0.8m，随着气体温度的波动，红外辐射的亮度也有波动；对于温度升高的区域，气体自身辐射比气体吸收所占的份额大，所以使红外辐射亮度升高。

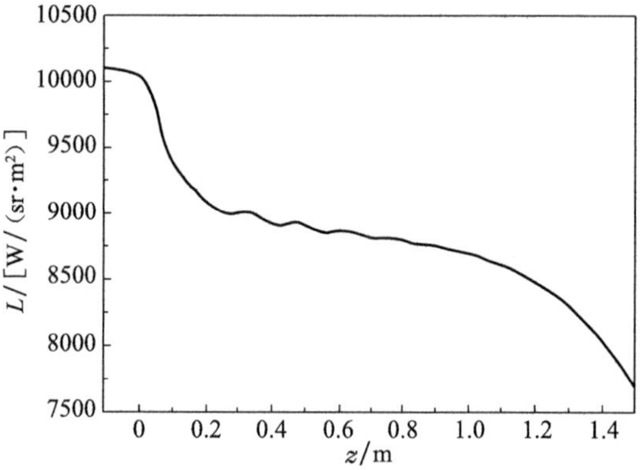

图 13.20　落压比为 4.0 时喷管中心线上红外定向辐射亮度的分布曲线

图 13.21 给出了落压比 π_T=5.0 时通过空腔-喷流组合红外辐射模块计算得到的天顶角 θ=0°方向上喷管中心线上红外辐射亮度的分布曲线。由图 13.21 可以看出，红外定向辐射亮度在 z=0.1m 之前也是衰减缓慢，在 z=0.1～0.2m 衰减剧烈，在 z=0.2～1.2m 衰减较为平缓，但 z=1.2m 后又有较强的衰减。该工况与 π_T=4.0 相比，在 z=0.2～1.2m 没有剧烈波动，这主要是因为这时喷流接近设计状态，流场中的复杂波系较少。

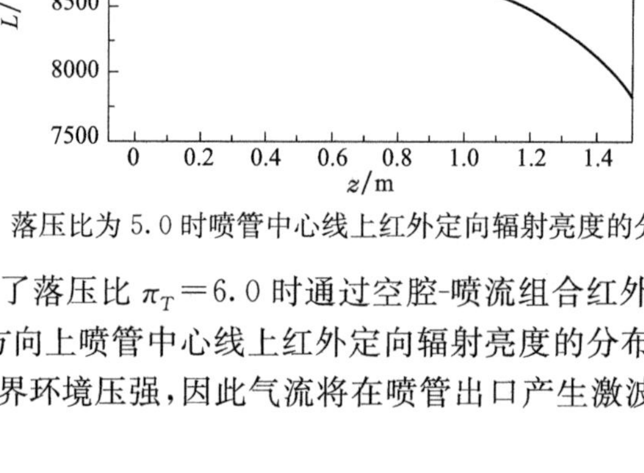

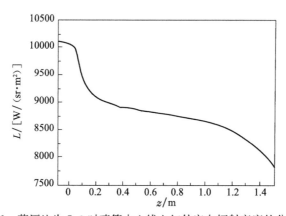

图 13.21　落压比为 5.0 时喷管中心线上红外定向辐射亮度的分布曲线

图 13.22 给出了落压比 π_T=6.0 时通过空腔-喷流组合红外辐射模块计算得到的天顶角 θ=0°方向上喷管中心线上红外定向辐射亮度的分布曲线。由于该工况出口压强低于外界环境压强，因此气流将在喷管出口产生激波[12,737]，并出现一

系列压缩-膨胀的波系。

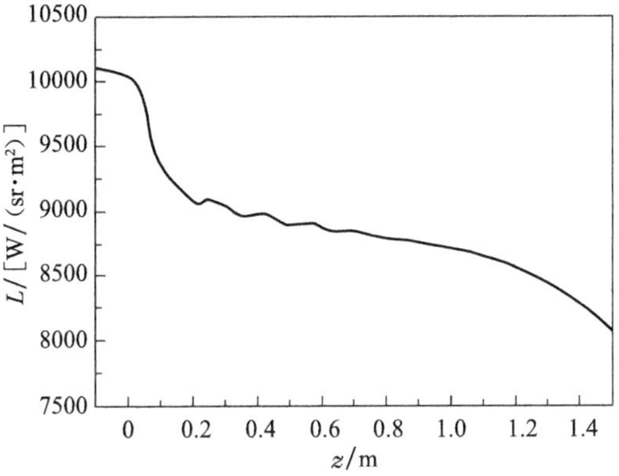

图 13.22　落压比为 6.0 时喷管中心线上红外定向辐射亮度的分布曲线

图 13.23 给出了使用空腔-喷流组合红外辐射模块计算得出的该喷管在上述 3 个工况下喷管辐射强度随天顶角 θ 的变化曲线。由图 13.23 可以看到，3 个工况下空腔-喷流组合红外辐射强度随天顶角 θ 的增大，相互间的差距越来越小。另外，图 13.24 给出了上述 3 个工况下喷流的红外辐射强度随天顶角 θ 的变化分布图。由图 13.24 可以看出，3 个工况下喷流的辐射强度随天顶角 θ 的增大，相互间的差距越来越大，而且当 $\theta=90°$ 时达到最大。上述这种变化规律同样也反映在文献[738]的计算结果中。

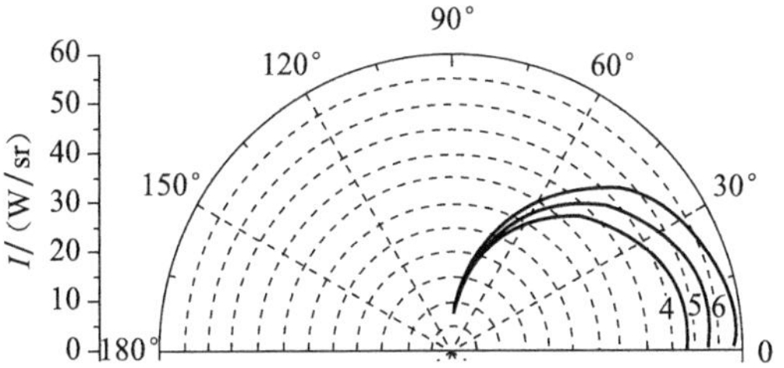

图 13.23　3 个工况下空腔-喷流组合红外辐射强度随天顶角 θ 的变化曲线

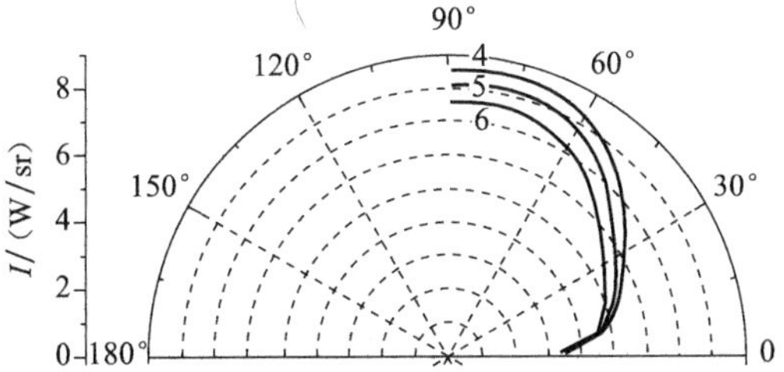

图 13.24　3 个工况下喷流的红外辐射强度随天顶角 θ 的变化曲线

此外，图 13.25 和图 13.26 分别给出上述 3 个工况下天顶角 $\theta=0°$ 和 45°时空腔-喷流组合红外单色辐射强度沿喷管中心线的分布。图 13.25 的 2200～2400cm^{-1}波段有明显的吸收带，这表明这时喷流主要起衰减作用。另外，图 13.26 的 2200～2400cm^{-1}辐射强度呈现复杂的波动，这表明此时喷流自身的发射和吸收并存。

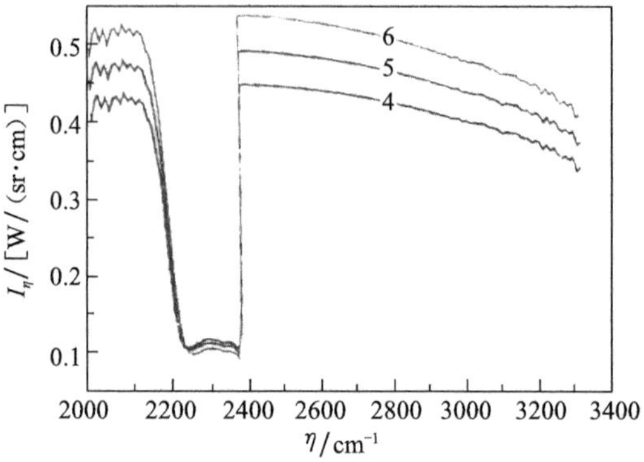

图 13.25 $\theta=0°$时沿喷管中心线上红外单色辐射强度随波数的变化曲线

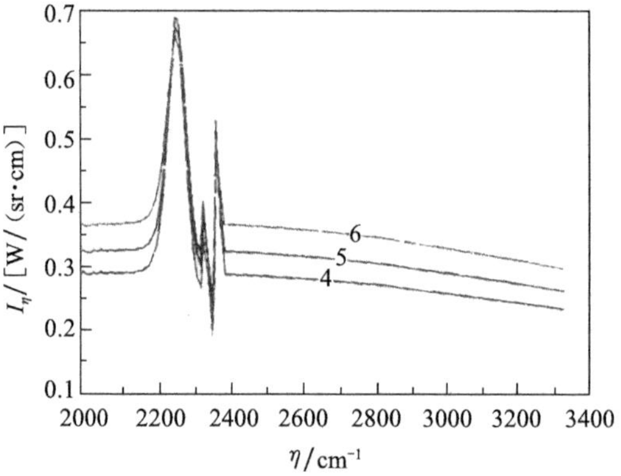

图 13.26 $\theta=45°$时沿喷管中心线上红外单色辐射强度随波数的变化曲线

综上所述，上述 3 个典型工况的红外辐射计算已经初步可以表明：AMME Lab 团队编制的有限体积辐射源程序能够计算发动机排气系统的红外辐射特性，可以捕捉到在 3～5μm 波段所发生的一些红外辐射现象，它能够为排气喷管的气动与红外隐身设计提供理论支撑数据。

13.2.4 降低飞行器光辐射的几种重要途径

这里讲的光辐射具有如下含义：光辐射是一种电磁辐射，它通常包括红外光、紫外光和 X 射线辐射等。按波谱，波长在 0.01～0.390μm 的光辐射称为紫外光，通常，紫外光又可分为近紫外、远紫外和极紫外；在 0.39～0.77μm 的光辐射称为可见光，通常，可见光又可分为紫、兰、绿、黄、橙和红色光；在 0.77～1000μm 的光辐射称为红外光，它可细分为近红外(0.77～1.5μm)、中红外(1.5～6.0μm)、远红外(6.0～40μm)以及极红外光(40～1000μm)。在现代飞行探测中，常用红外探测、红外寻的以及红外-紫外双谱段光学寻的等。

对于现代航空，飞行器的气动布局直接影响到飞行器的升力与所受阻力[739]，因此非常重要。对战斗机来讲，红外隐身则直接涉及飞机的生命力，所以不可忽视。飞机蒙皮是 8～14μm 波段的红外辐射源而发动机排气系统是现代飞机在 3～5μm 波段的主要红外辐射源。对于排气系统的辐射源，通常包括喷管热壁面、涡轮后热部件以及热喷流的辐射。喷管热壁面和涡轮后热部件的辐射为灰漫射体辐射，属于连续性辐射，而热喷流辐射属于选择性的气体辐射，它相对于喷管热壁面和涡轮后热部件的辐射占的比重较小。然而，尾喷流的长度一般都非常长[740]，甚至是机身长的数倍，这使得先进的红外制导导弹在飞行目标的前侧甚至正前方也可以探测到热喷流的辐射，因此降低尾喷流的红外辐射是一项至关重要的工作。

对高超声速飞行器来讲，升力体是近 20 年来气动布局较理想的模式，而一体化的超燃冲压发动机[741]或爆震发动机[742]便可能成为高超声速飞行的最佳吸气式动力装置之一。对飞往外太空的高超声速飞行器来讲，气动热与热防护要比飞行器的光辐射问题更重要；而对远程导弹与战斗机来说，红外辐射则往往与飞行器的隐身技术联系在一起。通常，飞行器在作高超声速飞行时，向周围环境发出的光辐射来自两部分的贡献：一是飞行器表面材料的热辐射；二是飞行器周围高超声速流场的辐射，其中包括高超声速气流穿越飞行器前缘弓形激波的流动、绕飞行器的流动与飞行器尾流的流动以及这些高温高速流动气体所产生的强烈光辐射。为了较准确地获取脱体弓形激波后高温高速气体光辐射特性的数据，美国在 20 世纪 90 年代初便实施了弓形激波紫外飞行试验(BSUV)计划[743]。其中，BSUV-1 飞行试验在 1990 年 4 月进行，飞行高度为 40～60km，飞行速度为 3.5km/s；BUSV-2 飞行试验在 1991 年 2 月进行，再入飞行高度为 120～65km，飞行速度为 5.1km/s。进行这两次试验的主要目的是探测脱体激波后的高温气体以及火箭喷流的紫外辐射。借助于上面两次飞行试验，文献[744]建立了非平衡紫外辐射模型，该模型所用的化学动力学模型含 11 种组分和相应辐射组分的电子-振动-转动激发态。11 种组分是：N_2、O_2、NO、N、O、NO^+、$N_2{}^+$、$O_2{}^+$、O^+、N^+、e(电子)，每种分子的振动温度采用多温模型。文献[744]利用上述非平衡紫外辐射模型得到了与飞行测量数据相吻合的计算结果。另外，为配合 BSUV 弓形激波紫外飞行计划，文献[745]还对高超声速细长体激波层中波红外辐射问题进行了数值计算。其中，飞行高度范围为 30～60km，飞行速度分别为 2.5km/s、3.5km/s 和 5.0km/s。以飞行高度为 40km、飞行速度为 3.5km/s 为例，文献[745]计算了 1.5～5.0μm 波段的辐射光谱。计算结果表明,主要辐射是 CO_2,其次是 H_2O 和 NO_2 的辐射。

在高超声速飞行中,由于飞行器头部弓形脱体激波的气动加热以及高温气流与飞行器表面的强烈摩擦,致使高超声速飞行器周围的气体变成高温高速气体。高温导致了部分气体发生电离,成为部分电离气体或等离子体。这些电离的气体流向飞行器的尾部便形成了等离子体尾迹。通常,还把围绕飞行器周围的等离子体称为等离子鞘。从电磁理论的观点上看,等离子鞘、等离子体尾迹以及发动机喷流等离子体流场都是一种特殊的电磁介质场,研究电磁波与这些电磁介质场间的相互作用与变化规律对消除航天器再入过程中通信中断问题、发展等离子体隐身技术都是十分有益的。近十几年来,飞行器的一些新型控制技术不断涌现。例如,在机翼局部施加脉冲交变电场,使气体局部电离,进而在电磁场的作用下,引起局部电离的气体的流动特性发生了变化,能够使飞行器增加升力、减少阻力;再如,对发动机喷流施加脉冲交变电场、改变喷流方向,以实现矢量控制。再如,在高超声速飞行器的钝锥体前施加一高能束(如强激光束)以改变脱体激波的形状,从而减小钝锥体弓形激波的波阻;另外,也可以在高超声速飞行器的某一合适部位施加高能束,以改变飞行器所受的气动载荷,控制与改变飞行器的飞行轨道等。

降低尾喷流红外辐射的途径也很多,如增大涵道比、采用涡扇发动机增加次流的流量、强化尾喷流与外流间的掺混,缩短尾喷流高温核心区的长度,迅速降低尾喷流的流场温度、减少参与性介质的浓度,从而降低尾喷流的红外辐射。这里需要说明的是,强化混合措施是最近几年国内外解决喷流红外辐射的最主要途径。通常强化混合,包括被动流动控制技术和主动流动控制技术。其中,被动流动控制技术主要采用二元喷管、波瓣喷管、小突片、喷管尾缘修形等技术去强化混合过程[737]。主动流动控制技术是利用很小的激励信号,控制喷流的流动使喷流与外流的混合强化。例如,微射流技术,它是在喷管出口附近安装微射流注气缝,在微射流的作用下,在高速喷流的流场中产生流向涡系、卷吸环境空气、强化尾喷流与环境气流的混合[352]。由于微射流强化混合可以使喷流的温度核心区有明显衰减,并且还可以使 CO_2 和 H_2O 等吸收-发射性气体的浓度有所降低。文献[746]做了如下一个喷管试验,该喷管为轴对称的并且出口直径为 60mm,进口总温为 600K,远场压强为 1.01325×10^5 Pa,远场温度为 293K,主流流量为 1.4138kg/s。在喷管出口两侧布置有矩形注气缝,注气缝有微射流加入,试验表明[746]:加入 0.66%的射流流量(即射流流量占主流流量的百分比),喷管中心线上的温度变化便十分明显了,参见图 13.27 给出的试验结果。

另外,文献[352]还计算了一个轴对称收敛喷管在 3~5μm 波段的喷流红外辐射特性。该喷管出口直径为 65mm,在喷口出口截面均匀分布着 6 个射流缝(其缝的尺寸为 3mm×0.5mm)。该算例的进口总温为 725K,远场压强和微射流出口压强为 1.01325×10^5 Pa,$Ma=0.6$,远场温度和微射流温度为 300K,主流流量为

0.5416kg/s。文献[352]的计算结果指出:当射流流量占主流流量 1%、天顶角为 90°时各个圆周角方向上喷流的红外辐射强度与基准状态相比降低了 15%左右;当射流流量占主流流量的 3%时,喷流的红外辐射强度降低 27%左右。可见采取微射流强化混合措施,对降低喷流红外辐射强度的效果还是十分显著的。

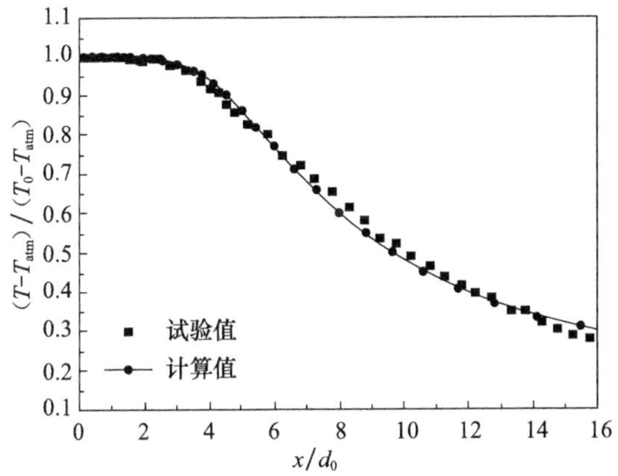

图 13.27　加入 0.66%射流时,喷管中心线上无量纲温度的分布

脉冲射流强化喷流混合技术是又一种有效降低喷管红外辐射强度的措施。该技术是使用高振幅低流量脉冲射流去激励喷管出口平面附近的剪切层,这些带有脉冲频率的横向喷流有效地激发了剪切层的不稳定模式,极大地改变了喷流流动的状态。为了讨论这种强化混合技术,文献[747]和[748]对出口直径为 65mm 的轴对称收敛喷管进行了计算与试验。射流缝宽 3mm,主流流量为 0.24kg/s,脉冲射流流量占主流的 1%,进口总温为 373K,环境压强 1.01325×10^5Pa,环境温度为 300K,$Ma=0.2$,为了说明流场的非定常性质,引进描述振荡流机制的 Strouhal 数 Sr,其定义为[81]

$$Sr=\frac{f}{u_{\text{out}}}D_{\text{out}} \tag{13.2.1}$$

式中,f 为脉冲射流的频率;D_{out} 为喷管出口直径;u_{out} 为喷管出口速度。在上述试验中,$Sr=0.2$;另外,在脉冲流进口流量变化为

$$\dot{m}(t)=\dot{m}_0+(\Delta\dot{m})\sin(\omega t+\tilde{\varphi}) \tag{13.2.2}$$

式中,$\dot{m}_0$ 为质量流量的平均值;$\Delta\dot{m}$为扰动的振幅;ω 为角频率,$\tilde{\varphi}$ 为相位角。

图 13.28 给出了 $Sr=0.2$ 时喷流沿喷管中心线时均无量纲温度的分布曲线。

文献[353]对如下的脉冲强化喷流问题(对 3~5μm 波段的红外辐射特性)进行了计算与初步分析。该工况的 $Ma=0.6$,喷管为收敛型,喷管出口直径为 210mm,主流流量为 5.4kg/s,脉冲量占主流的 3%,进口总温为 800K,远场压强为

1.01325×10^5 Pa，远场温度为 300K。图 13.29 给出了天顶角 $\theta=30°$时基准喷流和脉冲射流强化混合喷流在各个圆周角 φ 方向上红外辐射强度（单位为 W/sr）的分布。由图 13.29 可以看出，φ 为 0°或 180°附近时红外辐射强度与基准喷流相比略有增加，其他圆周角方向都有衰减；当 $\varphi=90°$与$\varphi=270°$时衰减的幅度最大，可达到 23%，可见这种降低红外辐射强度的措施还是十分有效的。

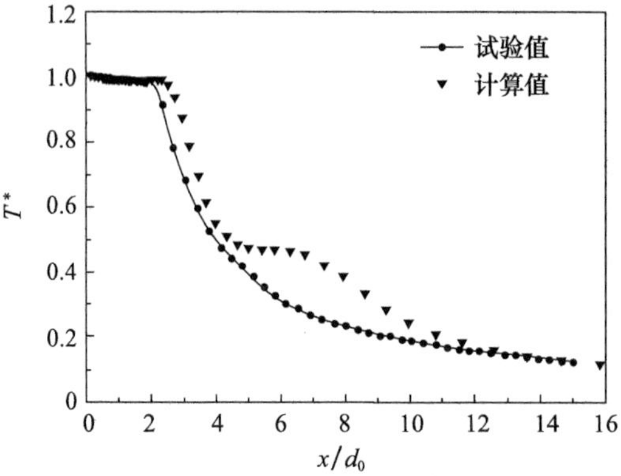

图 13.28 $Sr=0.2$ 时喷流沿喷管中心线时均无量纲温度 T^* 的分布曲线

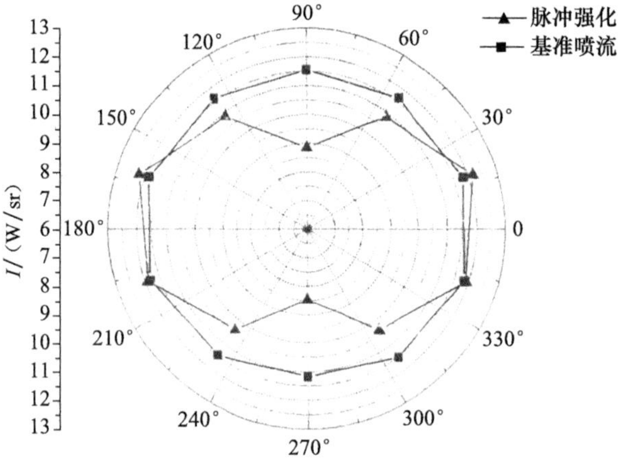

图 13.29 $\theta=30°$时各圆周角 φ 方向上红外辐射强度的分布

13.3 飞行 Mach 数为 23.9 和 25.9 时钝体绕流的光辐射特性计算

RAM-CⅡ的飞行试验早在 20 世纪 60 年代进行过，文献[5]曾对上述飞行的 3 个工况（即飞行高度分别是 81km、71km 和 61km）进行过计算，其主要飞行参数如

表 13.3 所示。

表 13.3　RAM-CⅡ高超声速飞行的典型工况

H/km	V_∞/(m/s)	P_∞/P_a	T_∞/K	T_W/K
61	7636	19.85	254	1500
71	7658	4.764	216	1500
81	7650	1.50	181	1500

该飞行器头部半径为 0.1524m，半锥角为 9°，总长度为 1.295m，飞行高度分别为 81km、71km 和 61km，来流条件如表 13.3 所示。壁面假定为等温壁，壁温 T_W 在三个飞行高度时均为 1500K，并且认为是非催化壁。来流空气各组分的质量分数：O_2 为 0.23149、N_2 为 0.768、CO_2 为 0.005、NO_2 为 2.85×10^{-10}、H_2O 为 2.6×10^{-6}，其他参数见文献[5]。计算中考虑的组分为 O_2、N_2、NO、O、N、NO^+、e、CO_2、NO_2、H_2O 和 CO 共计 11 种，涉及三大类化学反应（即 H_2O 参与的化学反应、CO_2 参与的化学反应和 NO_2 参与的化学反应），其反应模型为

$$\left.\begin{array}{ll}(1) & O_2+H = O+OH\\(2) & H_2O+N_2 = OH+H+N_2\\(3) & OH+N_2 = O+H+N_2\\(4) & H_2O+O = 2OH\end{array}\right\}\tag{13.3.1a}$$

$$\left.\begin{array}{ll}(5) & H+O+M = OH(A)+M\\(6) & H+2OH = OH(A)+H_2O\\(7) & OH(A)+M = OH+M\\(8) & OH(A) = OH(X)+h\nu\end{array}\right\}\tag{13.3.1b}$$

$$\left.\begin{array}{ll}(9) & CO_2+M = CO+O+M\\(10) & CO_2+O = O_2+CO\end{array}\right\}\tag{13.3.1c}$$

$$\left.\begin{array}{ll}(11) & NO_2+N = NO+NO\\(12) & NO_2+O = NO+O_2\\(13) & NO+O+O_2 = NO_2+O_2\end{array}\right\}\tag{13.3.1d}$$

$$\left.\begin{array}{ll}(14) & NO+O+N_2 = NO_2+N_2\\(15) & NO+NO+O_2 = NO_2+NO_2\end{array}\right\}\tag{13.3.1e}$$

上述式中，M 为中性碰撞体。另外，式(13.3.1a)和式(13.3.1b)为 H_2O 参与的化学反应，式(13.3.1c)为 CO_2 参与的化学反应，式(13.3.1d)和式(13.3.1e)为 NO_2 参与的化学反应。

由于飞行高度、速度、姿态以及相应大气物理环境的不同，RAM-CⅡ钝锥体飞行器作高超声速飞行（飞行高度为 61km 和 71km 时，相应的飞行 Mach 数为 23.9

和 25.9)时，其绕流场气体辐射的机制非常复杂，由于高温高速绕流流场内多组元气体发生能级激发、离解、电离、复合和光化学反应等复杂的物理化学过程，并伴随着各种不同的辐射跃迁过程，因此这些复杂的流动现象及物理化学过程便导致了飞行器周围和尾迹的气体热力学性质发生了变化，产生强烈的气体光辐射效应。在上述高超声速飞行条件下，由于多种组分参与发射与吸收过程，既包括氮、氧两种组分，也包括空气中痕量组分 CO_2 和 H_2O 等。在中紫外到中红外(0.2～0.5μm)范围内，绕流流场气体可能的辐射机制包括双原子分子电子跃迁带系(N_2 第一正系、第二正系，O_2 舒曼-龙格系，NO 的 β、γ、ε 带系以及 1100nm 带系)和多原子分子振转跃迁谱带(NO、NO_2、OH、CO、CO_2 和 H_2O 等)。对于在非平衡条件下上述相关吸收系数的详细计算过程，在文献[674]中已有较详细的描述。另外，在本书第 6 章 6.3 节中，也给出过有关的表达式。

文献[674]详细给出了三种飞行高度下飞行器作高超声飞行时全流场的温度和速度分布的等值线、给出了全流场各种组分的质量分布图。另外，在上述流场计算的基础上，先完成了吸收与发射系数的计算，然后再完成飞行器全流场光辐射特性的数值计算。以 71km 飞行高度时全流场温度分布为例，高温区集中在飞行器头部的激波层，随着流动的进行，在尾迹区域温度逐渐下降，尾迹的主流区平均温度大约为 6000K，然而这个温度仅为头部峰值温度的 1/3。文献[674]给出了全流场中 NO_2、NO、CO_2 等各种组分质量分数等值线的分布图，借助于这些结果已经清楚地显示出：NO_2 和 NO 在头部的激波层中含量很少，它们主要集中在尾迹区，而 CO_2 质量分数在全场中变化不大。对于 RAM-CⅡ 飞行器绕流场的光辐射计算，主要选取了 0.2～0.4μm 和 2～5μm 波段，文献[674]给出了辐射计算的数值结果，这里仅以飞行高度为 61km 和 71km 为例分析 2 个飞行工况下全流场光辐射特性的主要特点：

(1)飞行器头部激波层紫外(0.2～0.4μm)辐射最强，它要比尾迹区高 3 个数量级以上。另外，正侧向观测辐射强度要比迎头观测时大 1 个数量级。

(2)在不同飞行高度上的光谱辐射亮度均体现了 0.2～0.25μm 区间 NO 带系以及 0.25～0.4μm 区间 N_2 带系的强发射特征谱。另外，在同一方向上不同飞行高度总的光谱辐射亮度差别不大，但正侧向观测到的光谱辐射亮度要比迎头方向观测的稍大些。

(3)RAM-CII 飞行器绕流场的红外辐射(2～5μm)，以 CO_2 分子 4.3μm 和 2.7μm 谱带发射为主，其中 4.3μm 谱带最强。但在总体上，红外光谱辐射亮度要小紫外 3 个数量级。

国际上近些年来也十分关注相干热辐射和新型隐身方式问题的研究。感兴趣的读者请参考相关文献。

13.4　磁流体间断有限元程序的校验和飞行器的磁流体控制

在文献[5]和[58]中，对高精度、高分辨率 RKDG 有限元方法及其源程序已进行了全面的校验，并完成了大量十分复杂的高超声速流动问题的算例，这里将上述程序加以修改与扩充，使之能计算磁流体力学问题。因篇幅所限，在本章 13.4 节和 13.5 节仅给出了 16 个典型算例，更多的典型算例放到文献[674]中介绍。在本节中，着重介绍 4 个典型算例，其主要目的是考核数值格式各个方面所具备的能力，如一维 MHD 的 Riemann 问题，主要考核数值格式捕捉激波与接触间断面的能力以及分辨能力；再如 MHD 非定常 Rayleigh 问题，主要考核数值格式在模拟层流边界层方面的能力；再如 MHD 二维 Riemann 问题，主要考核数值格式捕捉非定常复杂波系结构以及清除磁场伪散度方面的能力；再如 MHD 二维 Rotor 问题，主要考核数值格式在模拟强扭转 Alfven 波的结构及其传播方面的能力。13.5 节给出 12 个典型算例，它们主要是考核流体导电介质具有电阻、流动处于热力学非平衡状态、有电离、有化学反应并且具有耗散效应(dissipative effect)时的高超声速绕钝体流动问题。这些算例的来流 Mach 数从 5 变到 28.3 而且许多算例考虑了实际电导率，具有很好的工程应用背景。例如在 13.5.5 节给出飞行 Mach 数为 10.6 的实际电导率的算例，在 13.5.6 节给出在广义 Ohm 定律的框架下 MHD 基本方程组以及考虑 Hall 效应和离子滑移时 Hartmann 流算例。显然这些算例十分有趣，它们反映了磁流体力学研究的新方向。

13.4.1　一维磁流体力学 Riemann 问题以及一维 MHD 激波管

一维激波管问题是计算流体力学中考验格式精度与捕捉激波间断面以及滑移面能力的经典算例。考虑一维气体动力学方程组

$$\frac{\partial}{\partial t}\boldsymbol{U}+\frac{\partial}{\partial x}\boldsymbol{F}(\boldsymbol{U})=0 \tag{13.4.1}$$

式中，

$$\boldsymbol{U}=[\rho \quad \rho u \quad e]^{\mathrm{T}} \tag{13.4.2a}$$

$$\boldsymbol{F}=[\rho u \quad \rho u^2+p \quad u(e+p)]^{\mathrm{T}} \tag{13.4.2b}$$

$$e=\frac{p}{\gamma-1}+\frac{1}{2}\rho u^2 \tag{13.4.2c}$$

式中，ρ、u、p、e 和 γ 分别代表流体的密度、流体的速度、压强、单位体积的广义内能和气体等熵指数。

下面给出两种著名激波管问题的初始条件：

(1) 一维 Sod 激波管问题，其初始条件 $\boldsymbol{U}_0(x)$ 为[749]

$$[\rho_l \quad u_l \quad p_l]=[1 \quad 0 \quad 1] \tag{13.4.3a}$$

$$[\rho_r \quad u_r \quad p_r]=[0.125 \quad 0 \quad 0.1] \tag{13.4.3b}$$

该算例的计算域取为[−5,5]，初始间断取在 $x=0$ 处，计算时采用了 1000 个网格单元，取 CFL 数为 0.8，计算最终时间为 $t=2.0$；计算时采用 WENO 格式，计算很好地捕捉到稀疏波区域的波头、波尾以及激波间断和滑移间断面。详细的数值结果可参阅文献[55]。

(2) 一维 Lax 激波管问题，其初始条件 $\boldsymbol{U}_0(x)$ 为[650]

$$[\rho_l \quad u_l \quad p_l]=[0.445 \quad 0.698 \quad 3.528] \tag{13.4.4a}$$

$$[\rho_r \quad u_r \quad p_r]=[0.5 \quad 0 \quad 0.571] \tag{13.4.4b}$$

该算例的计算域取为[−5,5]，初始间断取在 $x=0$ 处，计算时采用了 1000 个网格单元，取 CFL 数为 0.8，计算最终时间为 $t=1.0$；计算时采用 WENO 格式，计算很好地捕捉到稀疏波区域的波头、波尾以及激波间断和滑移间断面。详细的数值结果可参阅文献[55]。

对于一维气体动力学方程组，还有两种著名的初始条件问题：一个是 Shu-Osher 问题[650]，另一个是 Woodward-Colella 的激波相互作用问题[750]。对于 Shu-Osher 问题，其初始条件 $\boldsymbol{U}_0(x)$ 为

$$[\rho_l \quad u_l \quad p_l]=[3.857143 \quad 2.629369 \quad 10.3333] \tag{13.4.5a}$$

$$[\rho_r \quad u_r \quad p_r]=[1+0.2\sin(5x) \quad 0 \quad 1] \tag{13.4.5b}$$

该算例的计算域取为[−5,5]，初始间断取在 $x=-4$ 处，计算时采用了 1000 个网格单元，取 CFL 数为 0.8，计算最终时间为 $t=1.8$；计算时采用 WENO 格式，由计算结果可以发现：WENO 格式对高频和低频波动的模拟效果很好，而且计算结果没出现非物理的振荡。

对于激波相互作用问题，其初始条件 $\boldsymbol{U}_0(x)$ 为

$$[\rho_l \quad u_l \quad p_l]=[1 \quad 0 \quad 1000] \tag{13.4.6a}$$

$$[\rho_M \quad u_M \quad p_M]=[1 \quad 0 \quad 0.01] \tag{13.4.6b}$$

$$[\rho_r \quad u_r \quad p_r]=[1 \quad 0 \quad 100] \tag{13.4.6c}$$

该算例的计算域取为[0,1]，初始间断取在 $x=0.1$ 和 $x=0.9$ 处。计算时采用了 1000 个网格，取 CFL 数为 0.8，计算最终时间为 $t=0.038$；计算时采用 WENO 格式，由计算结果可以发现：WENO 格式对激波间断和滑移间断面的捕捉十分有效；另外，在激波碰撞前后对间断的捕捉效果也非常好。

对于一维 MHD 激波管问题，通常它所服从的方程组是一维理想磁流体力学方程组，而理想磁流体力学方程组为

$$\frac{\partial}{\partial t}\rho+\nabla\cdot(\rho\boldsymbol{V})=0 \tag{13.4.7a}$$

$$\frac{\partial}{\partial t}(\rho\boldsymbol{V})+\nabla\cdot\left[\rho\boldsymbol{V}\boldsymbol{V}+\left(p+\frac{1}{2\mu_0}\boldsymbol{B}\cdot\boldsymbol{B}\right)\boldsymbol{I}-\frac{1}{\mu_0}\boldsymbol{B}\boldsymbol{B}\right]=0 \tag{13.4.7b}$$

$$\frac{\partial}{\partial t}\boldsymbol{B}+\nabla\cdot(\boldsymbol{VB}-\boldsymbol{BV})=0 \tag{13.4.7c}$$

$$\frac{\partial}{\partial t}e+\nabla\cdot\left[\left(e+p+\frac{1}{2\mu_0}\boldsymbol{B}\cdot\boldsymbol{B}\right)\boldsymbol{V}-\frac{1}{\mu_0}\boldsymbol{B}(\boldsymbol{V}\cdot\boldsymbol{B})\right]=0 \tag{13.4.7d}$$

另外，还要附加两个方程：一个是磁感强度场 $\boldsymbol{B}$ 的散度应该强迫为零，即

$$\nabla\cdot\boldsymbol{B}=0 \tag{13.4.8a}$$

另一个 p 由理想气体的状态方程决定，即

$$p=(\gamma-1)\left(e-\frac{1}{2}\rho\boldsymbol{V}\cdot\boldsymbol{V}-\frac{1}{2}\boldsymbol{B}\cdot\boldsymbol{B}\right) \tag{13.4.8b}$$

式(13.4.7)又可写为

$$\frac{\partial}{\partial t}\begin{bmatrix}\rho\\ \rho\boldsymbol{V}\\ \boldsymbol{B}\\ e\end{bmatrix}+\nabla\cdot\begin{bmatrix}\rho\boldsymbol{V}\\ \rho\boldsymbol{VV}+\left(p+\frac{1}{2\mu_0}\boldsymbol{B}\cdot\boldsymbol{B}\right)\boldsymbol{I}-\frac{1}{\mu_0}\boldsymbol{BB}\\ \boldsymbol{VB}-\boldsymbol{BV}\\ \left(e+p+\frac{1}{2\mu_0}\boldsymbol{B}\cdot\boldsymbol{B}\right)\boldsymbol{V}-\frac{1}{\mu_0}(\boldsymbol{V}\cdot\boldsymbol{B})\boldsymbol{B}\end{bmatrix}=0 \tag{13.4.9}$$

在一维情况下，式(13.4.9)可简化为

$$\frac{\partial}{\partial t}\boldsymbol{U}+\frac{\partial}{\partial x}\boldsymbol{F}=0 \tag{13.4.10a}$$

式中，$\boldsymbol{U}$ 和 $\boldsymbol{F}$ 定义为

$$\boldsymbol{U}=\begin{bmatrix}\rho\\ \rho V_x\\ \rho V_y\\ \rho V_z\\ e\\ B_x\\ B_y\\ B_z\end{bmatrix} \tag{13.4.10b}$$

$$\boldsymbol{F}(\boldsymbol{U})=\begin{bmatrix}\rho V_x\\ \rho V_x^2+\tilde{\tau}_{xx}\\ \rho V_xV_y+\tilde{\tau}_{xy}\\ \rho V_xV_z+\tilde{\tau}_{xz}\\ eV_x+V_x\tilde{\tau}_{xx}+V_y\tilde{\tau}_{xy}+V_z\tilde{\tau}_{xz}\\ 0\\ \Lambda_z\\ -\Lambda_y\end{bmatrix} \tag{13.4.10c}$$

式中，

$$\boldsymbol{\Lambda} \equiv \boldsymbol{V} \times \boldsymbol{B} = \boldsymbol{i}\Lambda_x + \boldsymbol{j}\Lambda_y + \boldsymbol{k}\Lambda_z \tag{13.4.10d}$$

$$\widetilde{\tau}_{ii} = p + \frac{1}{2}(B_j^2 + B_k^2 - B_i^2) \tag{13.4.10e}$$

$$\widetilde{\tau}_{ij} = -B_i B_j, \quad i,j,k = x,y,z \tag{13.4.10f}$$

$$e = \rho\widetilde{\varepsilon} + \frac{1}{2}\rho\boldsymbol{V}\cdot\boldsymbol{V} + \frac{1}{2\mu_0}\boldsymbol{B}\cdot\boldsymbol{B} \tag{13.4.10g}$$

式(13.4.10g)中，$\widetilde{\varepsilon}$ 代表单位质量流体具有的狭义热力学内能。

对于一维磁流体力学 Riemann 问题，这里首先考察平面 MHD Riemann 问题。图 13.30 给出了 MHD 激波管示意图。

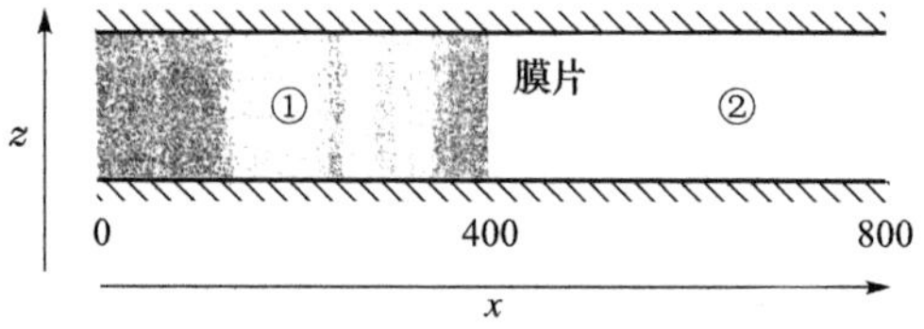

图 13.30 MHD 激波管示意图

激波管以薄膜片隔开，分成高压区①和低压区②，管内有导电流体。初始条件 $\boldsymbol{U}_0(x)$ 为

$$[\rho \quad V_x \quad V_y \quad B_x \quad B_y \quad p]_l = [1 \quad 0 \quad 0 \quad 0.75 \quad 1 \quad 1]_l \tag{13.4.11a}$$

$$[\rho \quad V_x \quad V_y \quad B_x \quad B_y \quad p]_r = [0.125 \quad 0 \quad 0 \quad 0.75 \quad -1 \quad 0.1]_l \tag{13.4.11b}$$

比热比 γ、磁导率 μ_e 和电导率 σ_e 分别为 2、1 和 $+\infty$；计算时取 CFL 数为 0.8，$\Delta t = 0.2$。

计算采用 WENO 格式，计算推进 400 个时间步，图 13.31(a)和(b)分别给出了有磁场和无磁场两种情况下沿管道密度的分布，图中 x 和 ρ 均为无量纲值。在没有磁场时，由图 13.31(a)可以看出，激波管中从左到右依次形成左传膨胀波、接触间断面和右传激波。在有磁场时，由于方程组中关于 B_x 的方程退化为 $B_x = \text{const}$，并且空间一维化后 V_z 与 B_x 的方程也略去，因此这时的 MHD 方程组由 5 个方程组成，它有 5 个特征值，将产生 5 个波。由图 13.31(b)可以看出，激波管中从左到右依次形成左行快稀疏波（左行 FR）、慢复合波（SC）、接触间断面（CD）、慢激波（SS）和右行快稀疏波（右行 FR）。

图 13.32 给出了磁感强度 B_y 沿管道 x 的分布，其变化趋势与文献[640]中的图 2 相似，图中 x 和 B_y 均为无量纲值。值得注意的是，文献[640]还计算了在初始条件为 $\rho_l = 1000$ 和 $B_x \equiv 0$ 时的 MHD 激波管问题。在这种情况下[640]，右行激波的 Mach 数为 15.5。能够捕捉到这样高 Mach 数下的激波运动，需要数值格式有高的分辨率和高的数值精度。

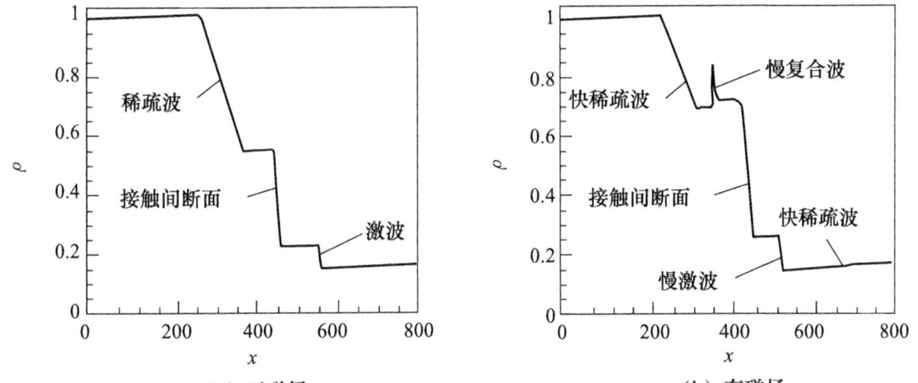

图 13.31　激波管中密度沿管道的分布

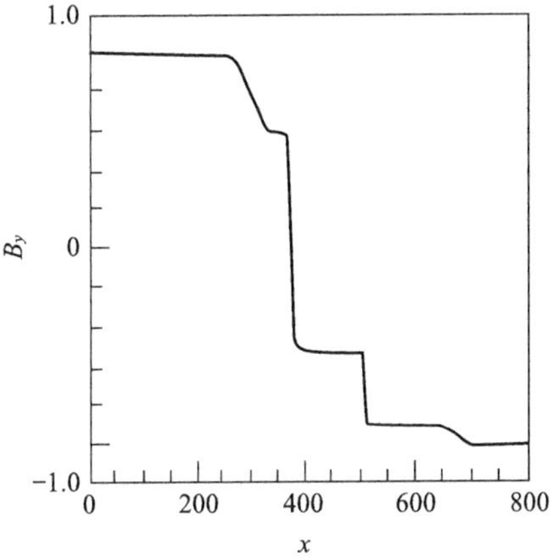

图 13.32　B_y 沿 x 的分布曲线

对于一般一维磁流体力学 Riemann 问题，这里计算了两种初始条件下的流动：一种初始条件为[751]

$$[\rho \quad V_x \quad V_y \quad V_z \quad B_y \quad B_z \quad p]_l$$
$$=[1.08 \quad 1.2 \quad 0.01 \quad 0.5 \quad 3.6 \quad 2.0 \quad 0.95]_l, \quad x<0 \tag{13.4.12a}$$
$$[\rho \quad V_x \quad V_y \quad V_y \quad B_y \quad B_z \quad p]_r=[1.0 \quad 0 \quad 0 \quad 0 \quad 4.0 \quad 2.0 \quad 1.0]_r, \quad x>0 \tag{13.4.12b}$$

另外，沿 x 方向有 $B_x=2$；计算域为[−0.5,0.5]，图 13.33～图 13.35 分别给出了 $t=0.2$ 时刻下密度 ρ、B_y 和 B_z 沿 x 方向的分布曲线，其变化趋势与文献[751]相似。在图 13.33～图 13.35 中，x、ρ、B_y 和 B_z 均为无量纲值。

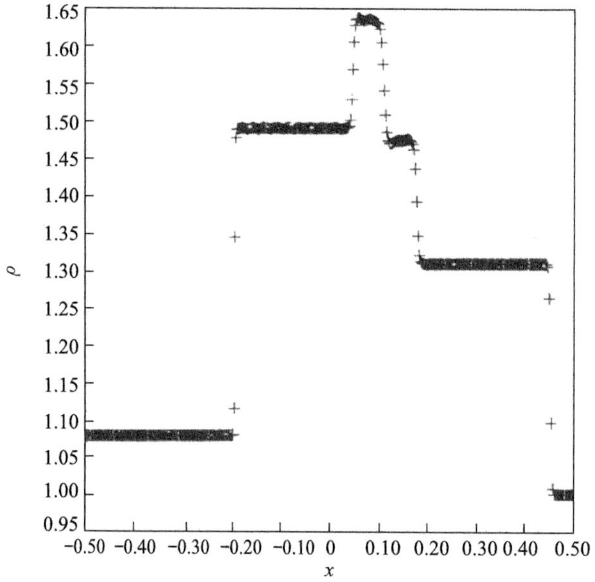

图 13.33　密度沿 x 的分布

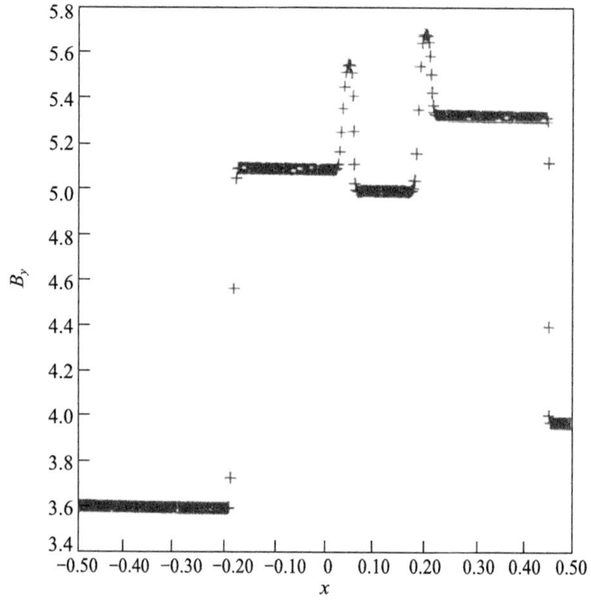

图 13.34　B_y 沿 x 的分布

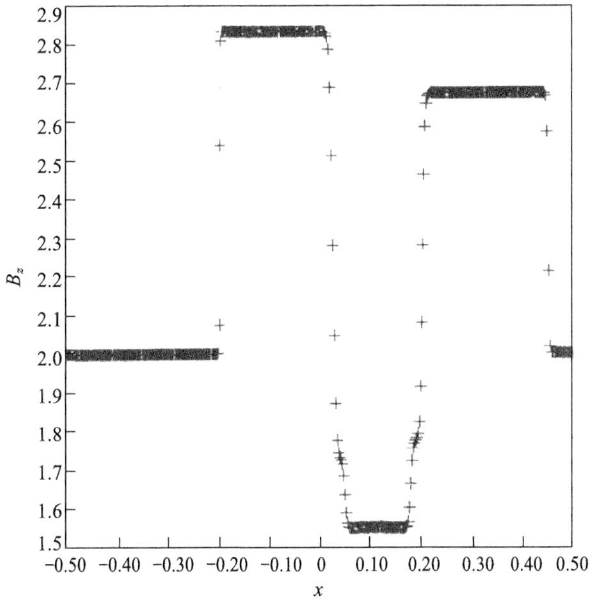

图 13.35　B_z 沿 x 的分布

另一种初始条件为[752]

$$[\rho\quad V_x\quad V_y\quad V_z\quad B_y\quad B_z\quad p]_l$$
$$=[1.0\quad 36.87\quad -0.155\quad -0.0386\quad 4.0\quad 1.0\quad 1.0]_l,\quad x<0 \tag{13.4.13a}$$
$$[\rho\quad V_x\quad V_y\quad V_z\quad B_y\quad B_z\quad p]_r=[1.0\quad -36.87\quad 0\quad 0\quad 4.0\quad 1.0\quad 1.0],\quad x>0 \tag{13.4.13b}$$

另外，沿 x 方向，有 $B_x=4$；计算域为[−0.5，0.5]，计算时 CFL 数取为 0.8，计算采用四阶 WENO 格式，图 13.36～图 13.38 分别给出了 $t=0.03$ 时刻时密度 ρ、B_y 和 B_z 沿 x 方向的分布曲线，其变化趋势与文献[752]相似。在图 13.36～图 13.38 中，x、ρ、B_y 和 B_z 均为无量纲值。计算中发现：这种情况下得到的快激波的 Mach 数高达 25.35，图 13.39～图 13.41 分别给出了 $t=0.03$ 时刻 V_x、V_y 和 V_z 沿 x 的分布曲线。在图 13.39～图 13.41 中，V_x、V_y、V_z 和 x 均为无量纲值。

13.4.2　MHD 非定常 Rayleigh 问题

磁流体力学中的 Rayleigh 问题，是指在一无限大平板的上方充满着黏性系数为 μ_f 的导电流体，在垂直于平板的方向上外加均匀磁场 $\boldsymbol{B}_0$ 的作用。假定流体介质是不可压缩的，密度为 ρ，电导率为 σ_e；初始时刻 $t=0$ 时平板突然沿自身平面以速度 $\mathbf{V}_0$ 做匀速运动，并引起附近流体的运动，Rayleigh 问题正是研究上述运动随时间的变化规律。

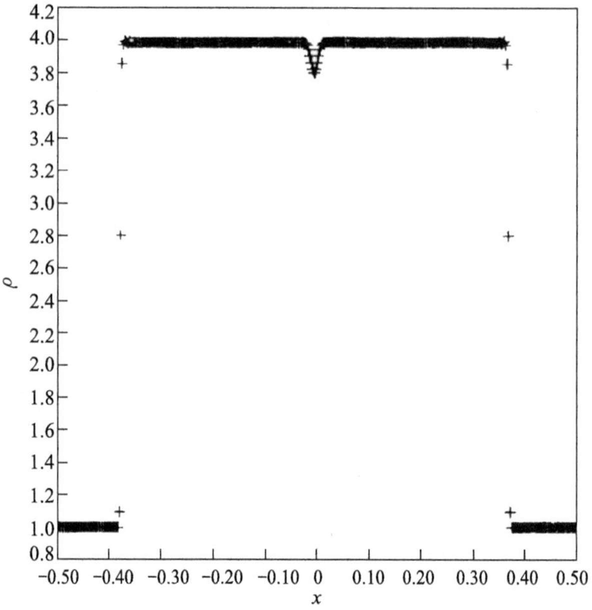

图 13.36 密度 ρ 沿 x 的分布

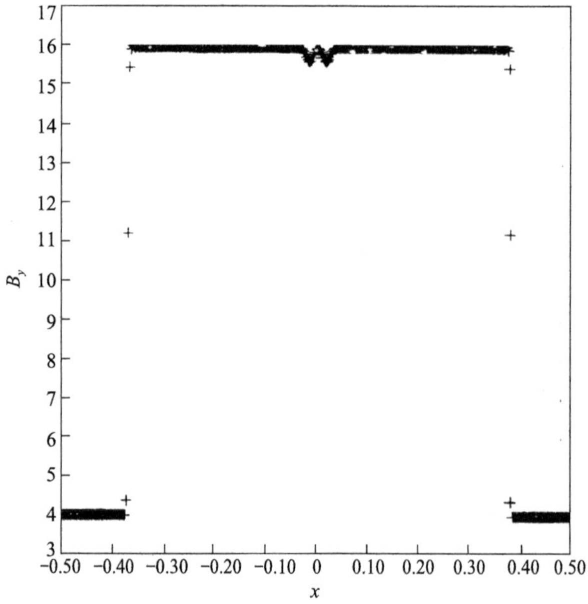

图 13.37 B_y 沿 x 的分布

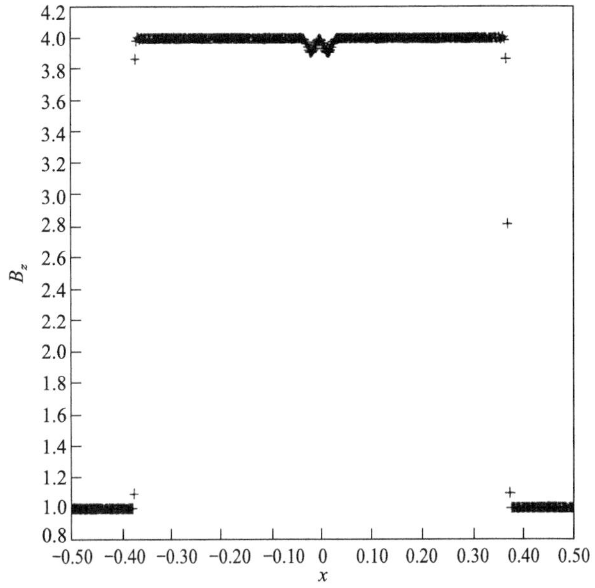

图 13.38　B_z 沿 x 的分布

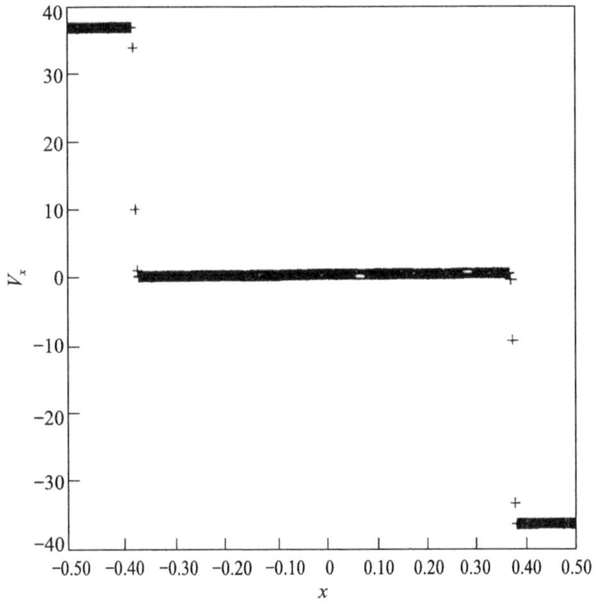

图 13.39　V_x 沿 x 的分布

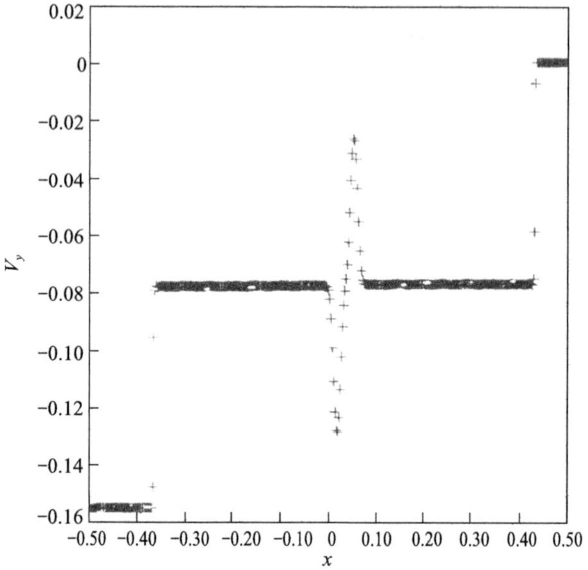

图 13.40　V_y 沿 x 的分布

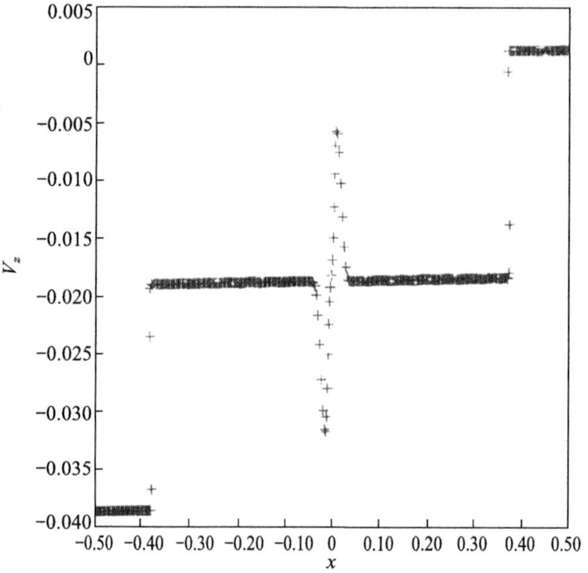

图 13.41　V_z 沿 x 的分布

对于 Rayleigh 问题的精确理论解，在许多文献都有介绍[753,754]，考虑到这里的篇幅所限就不再给出。如图 13.42 给出了外加均匀磁场 $\boldsymbol{B}_0$ 以及平板初始速度 $\boldsymbol{V}_0$ 时的 Rayleigh 问题，这里对平板分两种情况进行讨论：一种为电绝缘平板，另一种为理想导电平板。

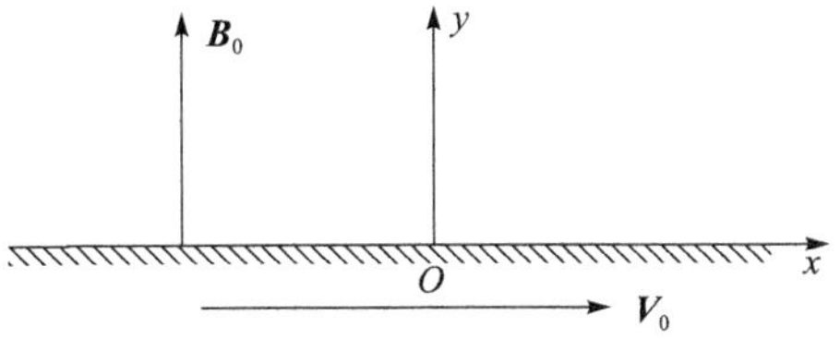

图 13.42　外加磁场 $\boldsymbol{B}_0$ 以及平板初始速度 $\boldsymbol{V}_0$ 时的 Rayleigh 问题

表 13.4 给出了 Rayleigh 问题计算时的初始参数。y 方向的计算域为[0,3]，计算结果如下。

表 13.4　Rayleigh 问题计算时的初始参数（$t=0$ 时）

参数	初值	参数	初值
温度 T/K	500	气体初速 V_0/(m/s)	$[0\quad 0\quad 0]^{\mathrm{T}}$
压强 p/Pa	10.0	磁场 B/T	$[0\quad 1.0\times10^{-4}\quad 0]^{\mathrm{T}}$
电导率 σ_e/(mho/m)	2.05×10^6	平板初速 U_0	$[U_{\mathrm{ref}}\quad 0\quad 0]^{\mathrm{T}}, M_{\mathrm{ref}}=0.1$

(1) 电绝缘平板。

图 13.43 和图 13.44 分别给出了 $t=0.0223$s、0.0446s、0.0669s、0.0892s 和 0.1115s 时流场的水平方向速度 V_x 和水平方向磁场分量 B_x 的分布曲线，而且与精确理论解作了对比，两者吻合较好，图中 y 为无量纲数。由该图可以看到平板带

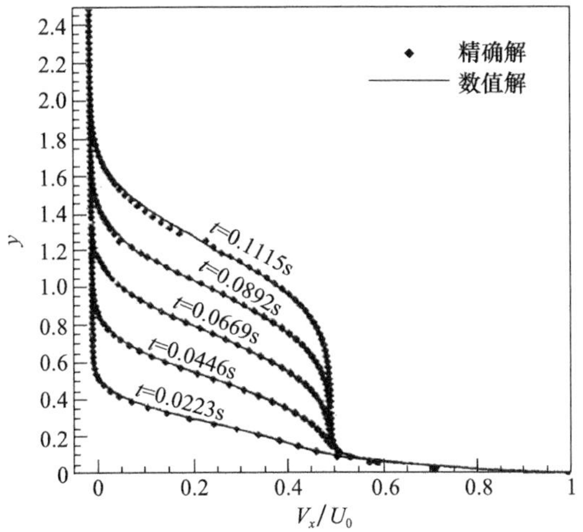

图 13.43　电绝缘平板时水平速度 V_x 沿 y 向的分布以及与精确解的比较

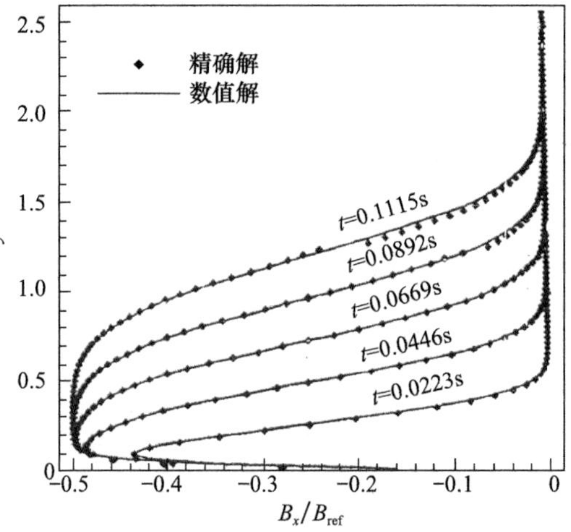

图 13.44　电绝缘平板时磁场分量度 B_x 沿 y 向的分布以及与精确解的比较

动附近流体的流动，它随着时间的发展运动在逐渐传播。另外，近壁流动的 Hartmann 层也反映得很清晰。此外，由速度产生的磁场以面波形式（即 Alfven 波）向 y 的正方向传播。

(2) 理想导电平板。

图 13.45 和图 13.46 分别给出了 $t=0.0223$s、0.0446s、0.0669s、0.0892s 和 0.1115s 时流场的水平方向速度 V_x 和水平方向磁场分量 B_x 的分布曲线，并且与精确的理论解作了对比，两者吻合也较好。该情况下的 MHD Reyleigh 问题解与电绝缘平板不同的是，由于这时平板附近不存在大的磁场梯度，因此流场中的 Hartmann 层也就不存在。MHD Reyleigh 问题是考核数值格式模拟 MHD 层流

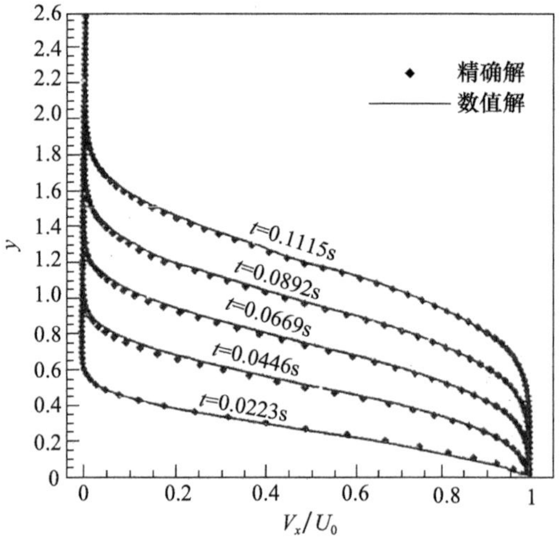

图 13.45　理想导电平板时水平速度 V_x 沿 y 向的分布以及与精确解的比较

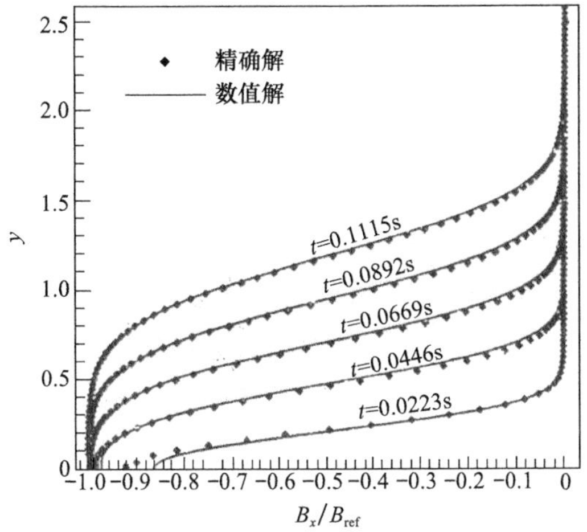

图 13.46　理想导电平板时磁场分量 B_x 沿 y 向的分布及其与精确解的比较

边界层流动能力的典型算例，国外同行学者已做过大量计算与实践，本节因篇幅所限不再赘述。

13.4.3　磁流体力学二维 Riemann 问题

理想 MHD 二维流动方程组，通常可写为

$$\frac{\partial}{\partial t}\boldsymbol{Q}+\frac{\partial}{\partial x}\boldsymbol{E}+\frac{\partial}{\partial y}\boldsymbol{F}=0 \tag{13.4.14a}$$

或者

$$\frac{\partial}{\partial t}\boldsymbol{Q}+\boldsymbol{A}\cdot\frac{\partial}{\partial x}\boldsymbol{Q}+\boldsymbol{B}\cdot\frac{\partial}{\partial y}\boldsymbol{Q}=0 \tag{13.4.14b}$$

式中，Jacobian 矩阵 $\boldsymbol{A}$ 和 $\boldsymbol{B}$ 的定义为

$$\boldsymbol{A}=\frac{\partial \boldsymbol{E}}{\partial \boldsymbol{Q}},\quad \boldsymbol{B}=\frac{\partial \boldsymbol{F}}{\partial \boldsymbol{Q}} \tag{13.4.14c}$$

1995 年 Powell 和 Roe 等在著名的 AIAA Paper 95-1704 数值中提出了 MHD 方程组的 8 波形式从而有效地抑制了 $\nabla\cdot\boldsymbol{B}$ 的数值积累，这一措施十分重要。本节数值计算时，所使用的矢量形式基本方程组为

$$\frac{\partial}{\partial t}\begin{bmatrix}\rho\\ \rho\boldsymbol{V}\\ \boldsymbol{B}\\ e\end{bmatrix}+\nabla\cdot\begin{bmatrix}\rho\boldsymbol{V}\\ \rho\boldsymbol{V}\boldsymbol{V}+\left(p+\frac{1}{2\mu_{\mathrm{e}}}\boldsymbol{B}\cdot\boldsymbol{B}\right)\boldsymbol{I}-\frac{1}{\mu_{\mathrm{e}}}\boldsymbol{B}\boldsymbol{B}\\ \boldsymbol{V}\boldsymbol{B}-\boldsymbol{B}\boldsymbol{V}\\ \left(e+p+\frac{1}{2\mu_{\mathrm{e}}}\boldsymbol{B}\cdot\boldsymbol{B}\right)\boldsymbol{V}-\frac{1}{\mu_{\mathrm{e}}}\boldsymbol{B}(\boldsymbol{V}\cdot\boldsymbol{B})\end{bmatrix}+\underbrace{\begin{bmatrix}0\\ \frac{1}{\mu_{\mathrm{e}}}\boldsymbol{B}\\ \boldsymbol{V}\\ \boldsymbol{V}\cdot\boldsymbol{B}\end{bmatrix}}_{\text{附加项}}\nabla\cdot\boldsymbol{B}=0 \tag{13.4.15}$$

对于流体力学的二维 Riemann 问题，是 Lax 首先提出的，他把二维 Riemann 初值问题划分为 6 大类 19 种情况，AMME Lab 团队曾用小波多分辨奇异分析法计算过其中的 12 种情况，并得到了满意的数值解[58]，这里我们计算 MHD 的二维 Riemann 问题。图 13.47 给出了 MHD 二维 Riemann 初值问题的示意图，初始时刻 4 个区域 1、2、3、4 内气体的状态各不相同，根据初始状态的差异可以出现很多复杂的现象（如运动激波、稀疏波、接触间断等）。

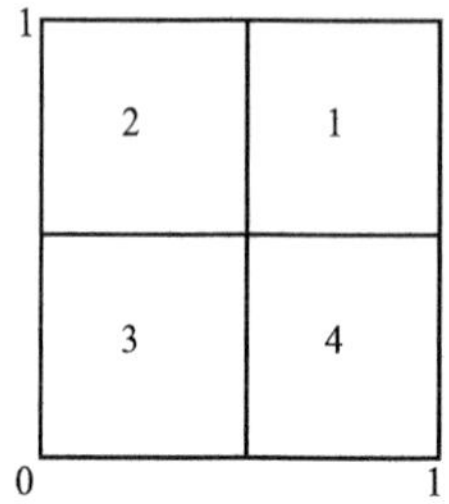

图 13.47　MHD 二维 Riemann 初值问题示意图

图 13.48～图 13.50 分别给出了 $t=0.05$s、$t=0.15$s 和 $t=0.25$s 时全场密度 ρ 以及磁场 B_x 和 B_y 的等值线分布图。尽管这里给出的数值结果还是初步的，还需要再进一步提高精度与分辨率，但这些初步的结果已经基本反映出 MHD 二维 Riemann 问题复杂波系结构的基本框架。

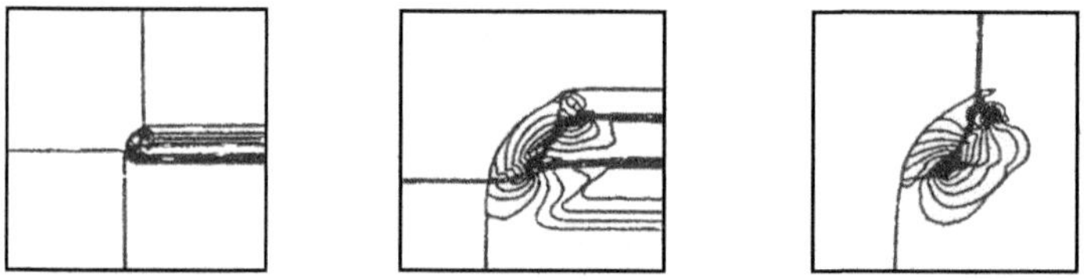

（a）ρ　　（b）B_x　　（c）B_y

图 13.48　$t=0.05$s 时全场密度 ρ、磁场 B_x 和 B_y 的等值线分布

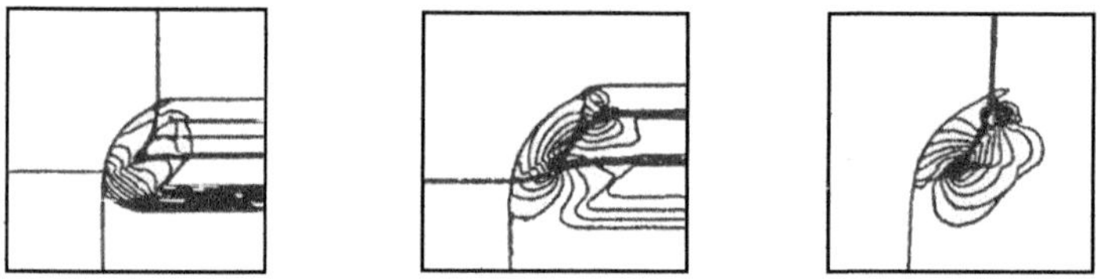

（a）ρ　　（b）B_x　　（c）B_y

图 13.49　$t=0.15$s 时全场密度 ρ、磁场 B_x 和 B_y 的等值线分布

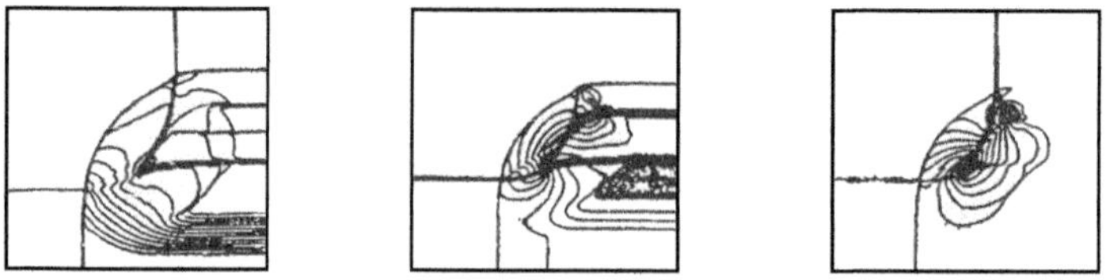

（a）ρ　　（b）B_x　　（c）B_y

图 13.50　$t=0.25$s 时全场密度 ρ、磁场 B_x 和 B_y 的等值线分布

13.4.4　MHD 二维 Rotor 问题

1986 年 Brackbill 在 LANL Workshop on Numerical MHD 上提出了用于研究强扭转 Alfven 波结构与传播而提出的 Rotor 问题，文献[755]、[671]、[756]分别于 1999 年和 2000 年成功地计算过 Rotor 算例。这里首先给出带电阻的 MHD 方程组

$$\frac{\partial}{\partial t}\rho + \nabla\cdot(\rho \boldsymbol{V}) = 0 \tag{13.4.16a}$$

$$\frac{\partial}{\partial t}(\rho \boldsymbol{V}) + \nabla\cdot\left(\rho \boldsymbol{V}\boldsymbol{V} - \frac{1}{\mu_e}\boldsymbol{B}\boldsymbol{B}\right) + \nabla p^* = 0 \tag{13.4.16b}$$

$$\frac{\partial e}{\partial t} + \nabla\cdot\left(e\boldsymbol{V} + \boldsymbol{V}p^* - \frac{1}{\mu_e}\boldsymbol{V}\cdot\boldsymbol{B}\boldsymbol{B} - \frac{\eta^*}{\mu_e}\boldsymbol{B}\times\boldsymbol{J}\right) = 0 \tag{13.4.16c}$$

$$\frac{\partial \boldsymbol{B}}{\partial t} + \nabla\cdot(\boldsymbol{V}\boldsymbol{B} - \boldsymbol{B}\boldsymbol{V}) + \nabla\times(\eta^* \boldsymbol{J}) = 0 \tag{13.4.16d}$$

式中，η^* 为电阻率；p^* 和 $\boldsymbol{J}$ 定义为

$$p^* = p + \frac{1}{2\mu_e}\boldsymbol{B}\cdot\boldsymbol{B} \tag{13.4.17a}$$

$$p = (\gamma - 1)\left(e - \frac{1}{2}\rho \boldsymbol{V}\cdot\boldsymbol{V} - \frac{1}{2\mu_e}\boldsymbol{B}\cdot\boldsymbol{B}\right) \tag{13.4.17b}$$

$$\boldsymbol{J} = \frac{1}{\mu_e}\nabla\times\boldsymbol{B} \tag{13.4.17c}$$

或者

$$\eta^* \boldsymbol{J} = \boldsymbol{E} + \boldsymbol{V}\times\boldsymbol{B} \tag{13.4.17d}$$

考虑到 Powell 的 8 波形式修正后，带电阻的 MHD 方程组改为

$$\frac{\partial}{\partial t}\rho + \nabla\cdot(\rho \boldsymbol{V}) = 0 \tag{13.4.18a}$$

$$\frac{\partial}{\partial t}(\rho \boldsymbol{V}) + \nabla\cdot\left(\rho \boldsymbol{V}\boldsymbol{V} - \frac{1}{\mu_e}\boldsymbol{B}\boldsymbol{B} + \boldsymbol{I}p^*\right) = -\frac{1}{\mu_e}\boldsymbol{B}(\nabla\cdot\boldsymbol{B}) \tag{13.4.18b}$$

$$\frac{\partial e}{\partial t} + \nabla\cdot\left(e\boldsymbol{V} + \boldsymbol{V}p^* - \frac{1}{\mu_e}\boldsymbol{B}\boldsymbol{B}\cdot\boldsymbol{V} - \frac{\eta^*}{\mu_e}\boldsymbol{B}\times\boldsymbol{J}\right) = -\frac{1}{\mu_e}(\boldsymbol{B}\cdot\boldsymbol{V})\,\nabla\cdot\boldsymbol{B} \tag{13.4.18c}$$

$$\frac{\partial \boldsymbol{B}}{\partial t} + \nabla\cdot(\boldsymbol{V}\boldsymbol{B} - \boldsymbol{B}\boldsymbol{V}) + \nabla\times(\eta^* \boldsymbol{J}) = -(\nabla\cdot\boldsymbol{B})\boldsymbol{V} \tag{13.4.18d}$$

这里方程组(13.4.18)就是进行 Rotor 问题求解的基本方程组。计算域为 $x\in[0,1]$，$y\in[0,1]$，初始条件为

$$\rho(x,y) = \begin{cases} 10, & r \leqslant r_0 \\ 1 + 9f(r), & r_0 \leqslant r \leqslant r_1 \\ 1, & r \geqslant r_0 \end{cases} \tag{13.4.19a}$$

$$V_x(x,y)=\begin{cases}-V_0\left(y-\dfrac{1}{2}\right)/r_0, & r\leqslant r_0\\ -f(r)V_0\left(y-\dfrac{1}{2}\right)/r, & r_0\leqslant r\leqslant r_1\\ 0, & r\geqslant r_0\end{cases} \tag{13.4.19b}$$

$$V_y(x,y)=\begin{cases}V_0\left(x-\dfrac{1}{2}\right)/r_0, & r\leqslant r_0\\ f(r)V_0\left(x-\dfrac{1}{2}\right)/r, & r_0\leqslant r\leqslant r_1\\ 0, & r\geqslant r_0\end{cases} \tag{13.4.19c}$$

$$p(x,y)=1,\quad B_x(x,y)=\frac{5}{\sqrt{4\pi}},\quad B_y(x,y)=0 \tag{13.4.19d}$$

式中，

$$r_0=0.1,\quad r_1=0.115,\quad V_0=2,\quad V_z=0,\quad B_z=0 \tag{13.4.19e}$$

$$\gamma=1.4,\quad \eta^*=0 \tag{13.4.19f}$$

$$f(r)=\frac{r_1-r}{r_1-r_0} \tag{13.4.19g}$$

计算采用三阶 TVD 型 Runge-Kutta 方法，计算网格为 200×200，时间步长为 $\Delta t=0.0003$s，最后计算时间为 $t_{\max}=0.15$s；图 13.51 和图 13.52 分别给出 $t=0.15$s 时全场压强与 $\frac{1}{2}\boldsymbol{B}\cdot\boldsymbol{B}$ 的等值线。图中 x、y、p 和 $\frac{1}{2}B\cdot B$ 均为无量纲量。对磁流体力学的 Rotor 问题，在初始时刻呈盘状流体绕中心旋转，盘状旋转体的外围流体

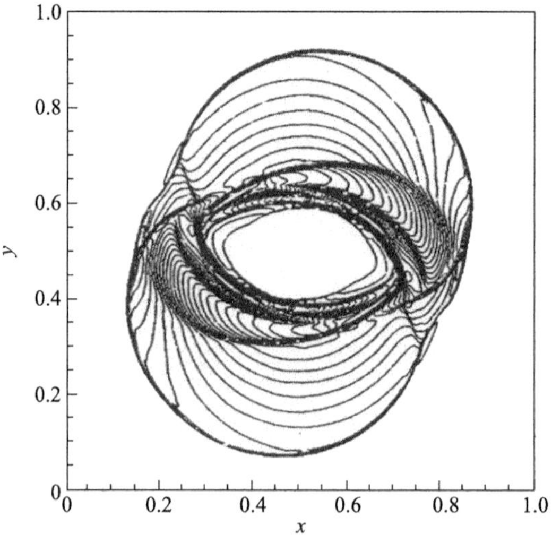

图 13.51　$t=0.15$s 时全场等压线的分布图

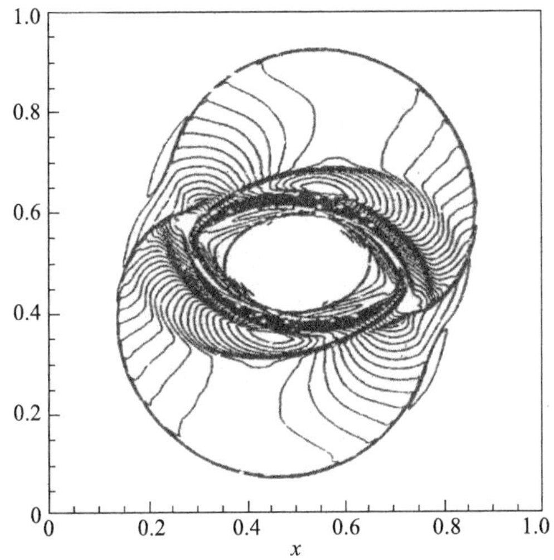

图 13.52 $t=0.15\text{s}$ 时全场$\frac{1}{2}\boldsymbol{B}\cdot\boldsymbol{B}$的等值线分布图

的密度和压强均匀。初始 x 方向单一的磁场将会卷住旋转体，扭转 Alfven 波扩散到周围流体中，旋转体角动量随着时间的发展逐渐减小。另外，通过转轴周围磁压的增大，旋转体逐渐被压缩成椭圆形。$t=0.15\text{s}$ 时，压强的相对值变化范围为 0.02～2.01，而$\frac{1}{2}\boldsymbol{B}\cdot\boldsymbol{B}$ 的相对值变化范围为 0.018～2.64。应该讲，这个典型算例初步证实了这里选择的数值格式具有模拟扭转 Alfven 波的结构以及其传播的能力。

13.4.5 飞行器和发动机的磁流体控制技术

自 1992 年俄罗斯公开 AJAX 概念以来[664,665,757]，引起了世界各航天航空大国学者的高度关注[758~779]，尤其是美国提出 HVEPS(高超声速飞行器电能产生系统)计划(2001 年开始，为期 5 年)和欧盟实施的 PLASMAERO(Plasmas for Aerodynamic Control)计划(2009～2012 年)，分别对超燃冲压发动机与 MHD 发电机组合机载型发电系统进行了细致的研究；对下一代民用客机的发展，希望引入先进的等离子体控制技术。更为重要的是，2004 年美国国防部已将等离子体流动控制列为面向空军未来发展的重点资助领域之一；2005 年美国空军也将等离子体动力学的基础研究列为未来几十年内保持技术领先地位的六大基础研究课题之一。另外，2009～2013 年北约也实施了利用等离子体提升军用飞行器性能的研究计划。在俄罗斯，虽因苏联解体后造成资金不足，但俄罗斯科学院仍然坚持每两年召开一次磁流体与等离子体空气动力学的研究会议。正因如此，俄罗斯在表面电弧等离子体气动激励技术方面一直处于世界领先水平，而美国在等离子体合成射流激励技术方面处于世界领先地位。所有上述这些研究都有力地促进了飞行器与发动机磁流体控制技术的飞速发展。

磁流体和等离子体流动控制属于一种新型的主动控制技术，以等离子体气动激励为例，它是电磁激励，具有响应时间短、激励频带宽(激励频率从 10Hz 到 100kHz 的量级)的显著优势，已成为国际上等离子体动力学与空气动力学交叉领域的前沿学术研究热点，它在改善飞行器和发动机的气动性能方面具有广阔的应用前景。所谓等离子体气动激励，是指等离子体在电磁场力的作用下运动或气体放电产生的温度、压强的变化，是对流场施加的一种可控扰动。它是将等离子体用于改善飞行器和发动机气动性能的一种有效的技术途径。事实上，自 20 世纪 60 年代以来，国外学者在磁流体力学和等离子体流动控制的基础理论与试验两个方面一直处于探讨中，其中已有一些优秀的著作出版[780~786]。以放电物理方面的研究为例，按照放电原理以及等离子体特性的不同，等离子体气动激励大致可以分为介质阻挡放电(dielectric barrier discharge，DBD)等离子体气动激励、电弧放电等离子体气动激励、电晕放电等离子体气动激励、微波放电等离子体气动激励、激光电离等离子体气动激励、组合放电以及其他新型等离子体气动激励。其中，国际上对 DBD 等离子体气动激励和电弧等离子体气动激励的研究最为深入。对于电晕放电，在文献[787]中有较全面的梳理；微波放电等离子体气动激励，主要是苏联与俄罗斯在进行研究，在文献[788]中已有比较全面的归纳；在激光电离等离子体气动激励方面，文献[777]作了归纳与整理可供感兴趣的读者参考。

早在 20 世纪 60 年代，苏联就开展了用 DBD 等离子体气动激励技术去抑制翼型流动分离方面的试验研究[789]，1998 年 Roth 等[790]利用大气压均匀辉光放电等离子体(one atmospheric uniform glow discharge plasma，OAUGDP)进行了等离子体气动激励控制边界层方面的试验。OAUGDP 具有功耗小、适于大面积产生等优点，这预示了等离子体流动控制会有可喜的应用前景。早期，学术界还曾认为 OAUGDP 是一种特殊的等离子体，随着研究的不断深入，逐渐认识到所谓的均匀辉光放电等离子体其实是 DBD 等离子体在特定参数下出现的现象，本质上仍然是丝状放电，它只是宏观上呈现弥散特征。

正弦波 DBD 等离子体气动激励是国际上研究最为广泛的一种，其基本激励原理是诱导壁面射流，即等离子体气动激励器表面电极附近的空气在外加高电压的作用下击穿电离形成离子和电子，离子在电场的驱动下运动，通过与中性气体分子的碰撞传递动量，进而诱导近壁面气流加速运动[791]。另外，近年来纳秒脉冲高压作用下产生的 DBD 等离子体气动激励[792]和射频放电 DBD 等离子体气动激励[793,794]方面的研究也引起了国际学术界的重视。纳秒脉冲 DBD 激励是通过激发态的粒子、离子与中性分子间的碰撞产生快速加热。由于纳秒脉冲激励十分复杂，要进行时间高分辨率和空间高分辨率的测试试验十分困难，因此数值仿真研究便成了揭示纳秒脉冲激励机理的关键，文献[795]～[801]给出了这方面常用的数学模型以及数值计算的一些结果分析，供感兴趣的读者参考。射频放电等离子体气动激励是一种加热效率很高的激励技术，它也可以产生类似于纳秒脉冲放电等离子体的快速加热。对于射频放电这类气动激励的机理研究，目前国际上正处于探索中。

综上所述，磁流体和等离子体气动激励技术的研究内容十分丰富，所涉及的领域十分宽广，因此本节仅能从中抽取与本书核心内容相关的四个典型方面(即①MHD和等离子体流动控制对高超声速进气道前体激波系气动设计产生的影响；②磁流体和等离子体流动控制对减轻高超声速飞行器钝头体壁面高温热流的分析；③等离子体气动激励在飞行器高速与低速飞行控制中的实施；④等离子体气动激励技术用于压气机和涡轮的扩稳工作)作扼要概述。

1. 电弧放电与合成射流激励技术以及进气道激波系的调控

表面电弧放电与合成射流等离子体气动激励技术分别是俄罗斯与美国在世界学术界处于领先地位的两种较成熟的流动控制技术，已经成功地用于进气道激波系的调控并且能够较好地抑制激波与边界层的干扰。以文献[802]为例，对于 $M_\infty=2.85$ 时绕 30°尖劈产生斜激波，施加电弧等离子体气动激励，当放电电极的阴极位于气流上游时，在 150W 的放电功率下，激波发生显著变化，发现激波起始点前移，激波角度减少。另外，文献[803]讨论了 $M_\infty=2.2$ 的楔形体的斜激波在施加电弧等离子体气动激励时激波的位置与激波角的变化规律。当施加功率为 1kW 的电弧等离子体气动激励时，发现激波起始点向上游移动了 4mm，激波角减少 8.6%，激波强度减弱 8.8%。

在超声速激波与边界层干扰的控制方面，曾用多种等离子体气动激励方式做过试验均取得了明显的效果。电弧等离子体气动激励激波与边界层相互干扰的试验表明：当 $M_\infty=2.3$ 时，可以使反射激波和干扰区域向上游移动一个附面层厚度，而等离子体合成射流激励控制激波与边界层干扰的试验表明[804]：当激励频率为 2kHz 时可以有效地控制分离激波的不稳定性，并可以减小压强脉动约 30%；另外，通过在近壁面产生等离子体，并施加磁场加速，可以有效地抑制激波与边界层相互干扰导致的流动分离；通过稳态激励可以将分离长度减小 75%，并且能够有效地降低分离区的低频湍动能分量和下游的总湍动能[805]。

对于跨声速激波与边界层相互干扰的控制研究表明[806]：虽然纳秒脉冲 DBD 激励可以在翼型吸力面产生压缩波，但对于激波位置和强度的影响是十分微弱的。

为便于下面的计算与分析，这里给出如下形式的无量纲化 MHD 方程组[783]：

$$\frac{\partial}{\partial t}\rho+\nabla\cdot(\rho \boldsymbol{V})=0 \tag{13.4.20a}$$

$$\frac{\partial}{\partial t}(\rho \boldsymbol{V}) + \nabla \cdot (\rho \boldsymbol{V}\boldsymbol{V}) = -\nabla p + \frac{1}{Re}\nabla \cdot \boldsymbol{\Pi} + \tilde{S}\boldsymbol{J}\times\boldsymbol{B} \tag{13.4.20b}$$

$$\frac{\partial}{\partial t}e_i + \nabla \cdot (\rho e_i \boldsymbol{V}) = \frac{1}{R_k}\nabla \cdot (k\nabla T) - M^2 p \nabla \cdot \boldsymbol{V} + \frac{M^2}{Re}\boldsymbol{\Pi} : \nabla \boldsymbol{V} + \tilde{Q} \tag{13.4.20c}$$

$$\sigma^{-1}\boldsymbol{J} = \boldsymbol{E} + \boldsymbol{V}\times\boldsymbol{B} - \beta S_\beta(\boldsymbol{J}\times\boldsymbol{B}) + \alpha S_\alpha(\boldsymbol{J}\times\boldsymbol{B})\times\boldsymbol{B} \tag{13.4.20d}$$

$$\boldsymbol{E}' = \boldsymbol{E} + \boldsymbol{V}\times\boldsymbol{B} \tag{13.4.20e}$$

$$\nabla\times\boldsymbol{B} = Re_{\mathrm{m}}\boldsymbol{J} \tag{13.4.20f}$$

$$\nabla\times\boldsymbol{E} = -\frac{\partial \boldsymbol{B}}{\partial t} \tag{13.4.20g}$$

$$\tilde{Q} = M^2 \tilde{S}\boldsymbol{J}\cdot\boldsymbol{E}' \tag{13.4.20h}$$

由上述 7 个方程所组成的方程组，是借助于特征参数（即特征长度 l_∞、特征速度 V_∞、特征密度 ρ_∞、特征温度 T_∞、特征动力分子黏性系数 μ_∞、特征导热系数 k_∞、特征磁感强度 $\boldsymbol{B}_\infty$、特征电导率 σ_∞、特征离子滑移因子 α_∞、Hall 因子 β_∞）进行无量纲化。另外，单位质量具有的内能和气体静压分别由 a_∞^2 和 $\rho_\infty V_\infty^2$ 进行无量纲化；$a_\infty = \sqrt{\gamma R T_\infty}$ 为特征声速；μ 和 k 分别由 μ_∞ 与 k_∞ 进行无量纲化；黏性应力张量 $\boldsymbol{\Pi}$ 由 $\mu_\infty V_\infty / l_\infty$ 进行无量纲化；磁感强度 $\boldsymbol{B}$ 和电场强度 $\boldsymbol{E}$ 分别由 B_∞ 和 $B_\infty V_\infty$ 进行无量纲化；电流密度矢量 $\boldsymbol{J}$ 由 $\sigma_\infty B_\infty V_\infty$ 进行无量纲化。此外，在上述 MHD 方程中遇到其他一些无量纲化参数则由表 13.5 给出。

表 13.5　MHD 中相关参数定义

名称	符号	定义式
Hall 参数	S_β	$\beta_\infty \sigma_\infty B_\infty$
传热参数	R_k	$(\gamma-1)RePr$
离子滑移参数	S_α	$\alpha_\infty \sigma_\infty B_\infty^2$
Mach 数	M	V_∞ / a_∞
Stuart 参数	$\tilde{S}$	$\sigma_\infty B_\infty^2 l_\infty / (\rho_\infty V_\infty)$
磁 Reynolds 数	Re_{m}	$\sigma_\infty l_\infty V_\infty \mu_0$
Prandtl 数	Pr	$\mu_\infty C_{\mathrm{p}} / k_\infty$
黏性 Reynolds 数	Re	$\rho_\infty V_\infty l_\infty / \mu_\infty$
Hartmann 数	Ha	$\sqrt{ReS}$

在磁流体力学和进气道激波分析中，常要用高磁 Reynolds 数 Re_{m} 的概念，这里高 Re_{m} 主要是指电导率 σ 高的情况。在高 Re_{m} 时，需要考虑对感应磁场的影响，也正是由于这时感应磁场不可忽略，因此导致了复杂的电磁现象，在等离子体斜激波的流场中，有时会出现激波分裂，产生快、慢波。例如，在二维理想导电流体绕拐

角流动(流动参数见表 13.6,二维拐角流动的示意图可参见图 13.53)时将出现斜激波,计算与分析分两种情况:①无磁场情况;②外加均匀磁场。

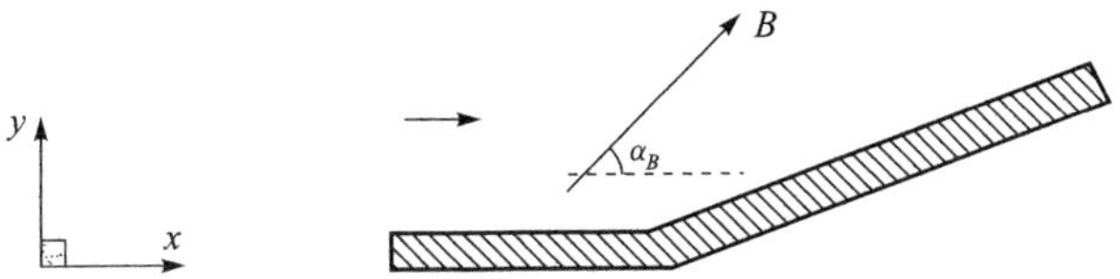

图 13.53　高超声速二维理想导电流体绕拐角流动问题

表 13.6　高超声速斜激波算例的相关参数

参数	值	参数	值
水平来流高度/km	40	初始磁场 $\boldsymbol{B}$	$[B_0\cos\alpha_B \quad B_0\sin\alpha_B \quad 0]^{\mathrm{T}}$, $B_0\in[0,0.1]$
来流 Mach 数 M_∞	10	拐角压缩角 $\theta/(°)$	10
电导率 σ_e	$+\infty$		

对于无磁场的流动情况,这时流动退化为理想气体的流体力学问题,在流场中出现一道典型的斜激波,测得激波角为 14.448°,按气体动力学中的斜激波关系得理论值为 14.427°,二者数据较接近。对于有外加均匀磁场且 $\alpha_B=45°$,磁场 $B_0=0.05\mathrm{T}$ 时,流场结构相对于无磁情况出现了明显的变化,激波角增大到 23.339°;壁面附近出现了第二道波,激波角为 12.917°;这里外侧的激波为快波,壁面附近的为慢波,这是由于加入磁场后声速分裂为快磁声速和慢磁声速,影响流场形成了两道激波(见图 13.54),这也是磁场作用于斜激波等离子体后产生的特殊流动形式与特点。

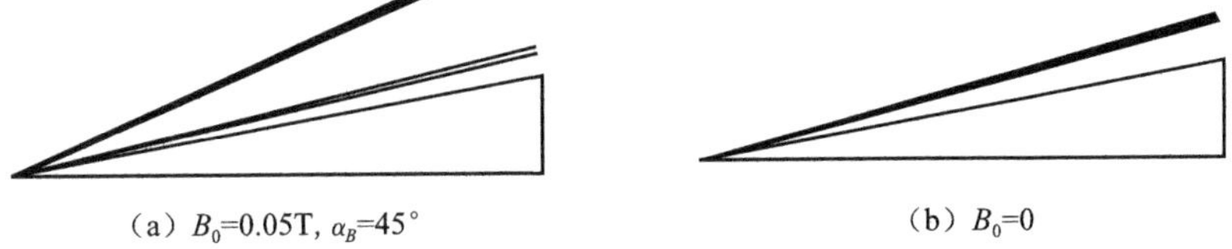

(a) B_0=0.05T, α_B=45°　　(b) B_0=0

图 13.54　有磁与无磁情况下流场的等压线图

图 13.55 给出在同一个 $\alpha_B=45°$的情况下,当磁场 B_0 由 0 变到 0.1T 时 6 种情况下流场压强等值线的变化情况。从这些图中可以看到如下规律与特点:无论是快波还是慢波,激波角都是随着磁场 B_0 的增大而增大。在磁场 B_0 较小时慢波并不存在;当 $B_0=0.03\mathrm{T}$ 时壁面附近出现慢激波,而且随着磁场的不断增强,快激波角增大得更快,而慢激波角变化较小。

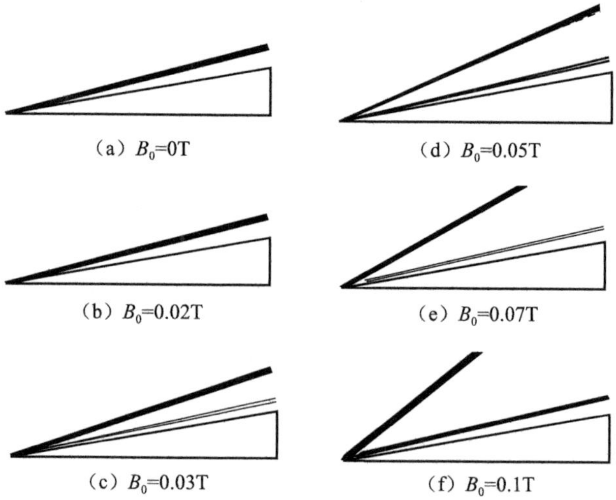

图 13.55　当磁场方向角 $\alpha_B=45°$时不同磁场 B_0 下的等压线

如果令 β_f 与 β_s 分别代表快激波角与慢激波角，则图 13.56 给出了不同 α_B 和 B_0 时激波角随磁场的变化曲线。由该图可以看出：当 $\alpha_B=90°$时快激波角 β_f 最小，但 β_s 比其余情况大；而 $\alpha_B=0°$时慢激波始终没有出现。

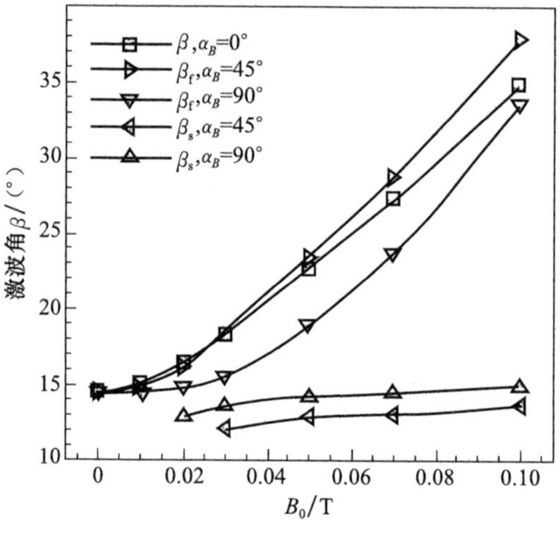

图 13.56　不同 α_B 与 B_0 时激波角随磁场的变化曲线

以上是针对高 Re_m 时探讨磁场变化对斜激波流场的影响规律与特点，对于低 Re_m 的斜激波 MHD 流动问题，由于忽略了感应磁场，流场相比高 Re_m 情况要简单得多，不再有快激波与慢激波等现象。另外，国外许多文献的研究都指出：当 $M_\infty<12$ 时，飞行器流场中的温度不高，在这种情况下通过气动加热不能使气体主

动电离，导致这时不能达到使用MHD控制所需的足够电导率。因此，需要在飞行器上安装磁铁与电子枪装置(如在高超声速进气道前体安装MHD发生器、在壁面上布置多个电子枪，产生电子束，电子束沿磁场方向传播，沿途激发气体电离)，这里因篇幅所限，对此不作赘述。

2. 纳秒脉冲DBD技术以及激励与弓形激波的相互作用

20世纪80年代至90年代间，有两个有关激波控制方面的著名试验：一个是高超声速球体在等离子体中飞行时，脱体激波的脱体距离增大[807]；另一个是激波在等离子体中的传播速度增大[808]。这两个试验结果引起了国际上对激波控制研究的广泛兴趣，如采用等离子体射流去实施激波减阻；再如在钝体(圆柱和圆球等)头部施加微波放电等离子体气动激励技术去改变激波的形状；再如，近年来用纳秒脉冲DBD激励技术去控制头部脱体弓形激波离头部间的距离。文献[809]和[810]曾对来流Mach数为5的头部绕流问题采用纳秒脉冲激励，发现圆柱头部的弓形激波的脱体距离增大25%，而且纳秒脉冲DBD激励的单脉冲能耗仅有7mJ，这与传统的直流电弧、微波等方式低得多，这是一个很大的进步。如何降低头部激波控制的功耗问题，一直是钝体头部激波控制问题中的关键技术。

为了实现持续地高超声速飞行，如何减轻飞行器壁面的热流是一项极具挑战性的课题。从理论上讲，将磁场用于电离导电的激波层中，通过磁场的流体所受的磁场力(即Lorentz力)将对流体起部分阻碍作用，可使流动减慢，因此就减轻了飞行器壁面的热流[770,811]。对于壁面热流，常用Stanton数St度量，其定义式为

$$St=\frac{\mu T_{\infty}}{(T_{0\infty}-T_{\mathrm{W}})PrRe_{\infty}}\frac{\partial T}{\partial n}\tag{13.4.21}$$

式中，μ为黏性系数；Pr为Prandtl数，T_{∞}、Re_{∞}和$T_{0\infty}$分别为远前方来流的温度、Reynolds数和总温；T_{W}为壁面温度；$\partial T/\partial n$为壁面沿法向的温度梯度。

另外，引入驻点的Stuart参数(又称interaction parameter)，即

$$\widetilde{S}=\frac{\sigma_{\mathrm{e}}B_{\mathrm{S}}^{2}r_{\mathrm{b}}}{\rho_{\infty}V_{\infty}}\tag{13.4.22}$$

式中，σ_{e}、B_{S}、ρ_{∞}、V_{∞}和r_{b}分别为激波后的电导率、驻点处的磁感强度、来流密度、来流速度和钝头半径。因此$\widetilde{S}$代表了驻点处外磁场和电导率的综合效应。表13.7给出了40km高空以$M_{\infty}=15$飞行的球头的绕流参数。在该情况下，钝头驻点附近温度很高，数值计算需要采用化学平衡模型[5,17,812]以及高温空气中的电导率模型[813]，图13.57给出了一个大气压时电导率的试验值与拟合的曲线。

表 13.7 40km 高空实际飞行时球头的 MHD 绕流参数

参数	值	参数	值
来流 Mach 数 M_∞	15	来流密度 ρ_∞	0.003996kg/m^3
来流温度 T_∞	250.35K	钝头半径 r_b	0.01m

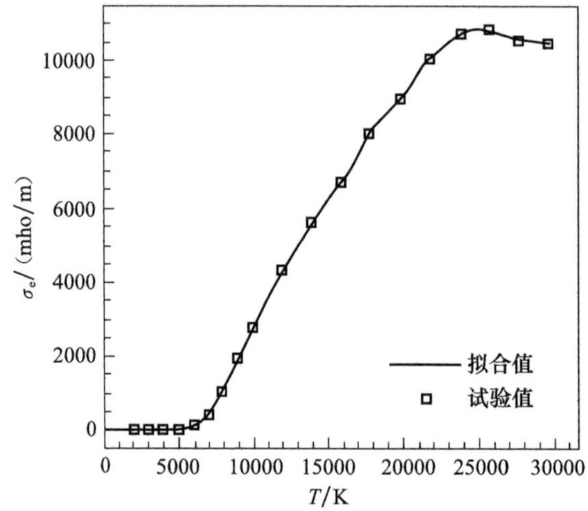

图 13.57 一个大气压时电导率的试验值与拟合的曲线

图 13.58 给出了考虑化学平衡效应时不同磁场(即 $\tilde{S}$ 取 0、2、4 和 6)时壁面热流的分布。由该图可以看出:随着磁场的不断增强,壁面热流会不断减小;相对于 $\tilde{S}=0$ 的情况,则 $\tilde{S}=6$ 时壁面热流下降了 24%;另外,在表 13.7 给出的工况下,考

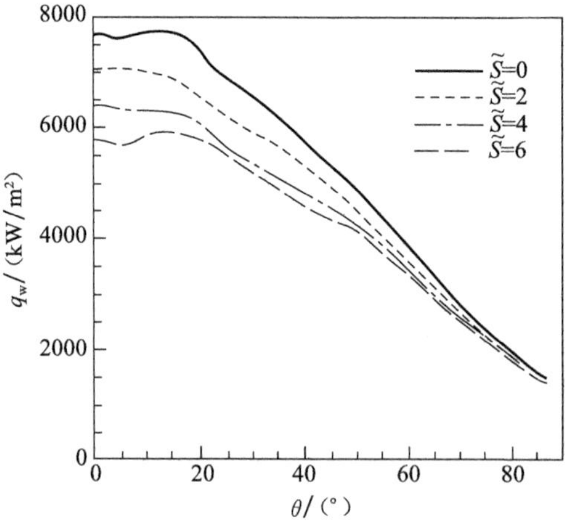

图 13.58 考虑化学平衡效应时不同磁场下的壁面热流分布

虑了化学平衡效应之后得到激波层中的温度为 6600K,由图 13.57 可得到这个温度时的电导率。这个算例已初步表明:随着 $\widetilde{S}$ 不断增大,虽然弓形激波脱体距离的增大量不是很大,但飞行器壁面热流的降低是比较显著的,这就预示着高超声速钝头绕流的磁流体控制技术对 Mach 数为 15 或更高的飞行工况具有一定的可行性。

3. 微波放电激励技术以及飞行控制的实施

通过磁流体和等离子体的流动控制技术实现飞行控制是近 10 年来国际学术界研究的热点之一,这种响应快、激励频带宽、工作可靠的主动流动控制技术有望取代传统的飞行器襟翼、副翼等机械操纵面,作为未来高超声速飞行器飞行控制的重要手段。文献[814]对无人飞行器的等离子体流动控制进行了风洞试验,试验已证实:在常规控制面失效的情况下,通过在飞行器的前缘和尾缘施加等离子体气动激励仍能有效地产生升力和操纵力。另外,文献[815]的风洞试验也证实等离子体气动激励可以具有前缘缝翼和尾缘襟翼的流动控制效果。

与低速飞行控制相比,高速飞行控制对磁流体和等离子体气动激励的需求就更加迫切。常规的机械操纵装置在高空环境下效能很低,十分迫切发展新的飞行控制技术。文献[816]和[817]成功完成了借助于等离子体激励技术对来流 Mach 数为 3 和 5 条件下产生飞行控制力的原理试验。另外,2006 年美国大气辉光技术公司宣布,在高效、高鲁棒性的等离子体气动激光器的研制技术方面该公司取得了重大突破,并准备将其用于无人机的飞行控制。此外,美国的斯坦福大学、德国的达姆斯塔特大学等也进行了小型飞机等离子体流动控制的试飞;NASA 兰利研究中心也将研制等离子体激励与发生设备列为一项重要的研究任务。总之,磁流体和等离子体流动控制在飞行控制中的应用已成为一个重要方向,其发展态势令人鼓舞。

4. 脉冲等离子体气动激励以及压气机与涡轮的扩稳试验

发动机是飞行器的心脏,涡轮与压气机的稳定工作关系到整个飞行器的安全。美国圣母大学 Corke 团队在翼型等离子体流动控制以及在抑制涡轮叶栅叶尖泄漏损失方面做了大量研究工作[818~820],他们发现:稳态等离子体气动激励抑制流动分离的机制是触发湍流,而非定常等离子体气动激励抑制流动分离的机制则是诱导产生展向的相干结构,促进流动掺混,增强抑制流动分离的能力。另外,等离子体气动激励还可以有效地抑制涡轮叶栅叶尖泄漏流动、降低总压损失,这里以 Pak-B 涡轮叶栅为例,在高空巡航的工况下,在叶片顶部安装 DBD 等离子体气动激励器之后的确使总压损失降低,最大可达 12%并且气流转折角也有增加[820],可见控制效果是显著的。

谈到对于压气机的流动控制问题时，有必要介绍世界著名气动热力学家吴仲华创办的中国科学院工程热物理研究所以及由吴仲华、陈乃兴和黄伟光（本书的第二作者）先后担任该所所长并领导了一支富有开创精神的发动机气动设计团队。吴仲华先生于 1952 年在文献[180]中正式系统地提出与发表了他的著名三元流理论，建议采用 S_1 与 S_2 两类流面的交叉迭代获取叶轮机械中的复杂三维流场。时至今日，60 多年过去了，他提出的两类流面的重要思想、S_1 与 S_2 流面交叉迭代的技巧以及沿两类流面分析的方法仍被世界上主要的发动机研发集团和工业设计部门广泛采用。吴先生的 S_1 与 S_2 流面理论已经用于世界著名航空发动机如 Spey、RB211、JT3D、JT9D、F404 等的研制与气动设计中。1994 年陈乃兴先生与黄伟光代表中国科学院参加了国际燃气轮机会议，这是国际上非常重要的一类会议，会议的规模很大。会议组织了“NASA Rotor 37 单转子压气机三维黏性流场的盲题计算验证”，当时全世界仅有 11 人向大会提交了计算结果，陈乃兴与黄伟光的计算结果被大会评为优秀，这表明：我国在叶轮机械三维黏性流动计算方法与技术方面已达到了国际先进水平[157]。

另外，陈乃兴和黄伟光团队是国内最早开展压气机失速机理研究的团队，早在 20 世纪 70 年代吴仲华先生就在中国科学院工程热物理研究所搭建了跨声速压气机试验台，开展压气机的性能与喘振边界研究。为了弄清压气机失速先兆的机理，有必要对压气机进行三维非定常、整圈流场的计算。为此，2002 年黄伟光等[124]将 30 多台双 CPU 计算机并行搭建了大型计算系统并率先完成了跨声速转子三维、非定常、整圈流场的计算[124]。另外，他还安排博士生对失速先兆的机理进行系统的研究与分析，并在国内首次开展了对压气机转子叶顶实施微喷扩稳技术的试验研究[821~841]。黄伟光等撰写了《航空涡扇发动机多目标多学科设计优化方法》[842]，这对指导与促进我国航空发动机的设计有着重要的学术意义。此外，遵照吴仲华先生提出的“能的梯级利用”和系统优化整合的基本原则[152]，黄伟光率领团队在成功完成了“热功转换过程中非定常流动机制的研究”（中国科学院知识创新工程重大项目）和“非定常流动机理的实验和理论研究”（国家自然科学重点基金项目）之后，转向对动力能源大系统的优化整合研究。

谈到等离子体流动控制还要提到空军工程大学李应红团队的有关工作，他们团队在 DBD 等离子体气动激励方面做了大量研究。另外，李应红教授还曾提出过“等离子体冲击流动控制”的想法，它具有一定的可行性。此外，他们还与黄伟光率领的发动机气动设计团队相互合作，在低速压气机上开展了用等离子体气动激励技术去扩大轴流压气机稳定性的试验，获得了在压气机转速为 750r/min 和 1080r/min 的情况下，压气机扩稳的可喜成果[843~848]。

13.5 N-S 方程与 Maxwell 方程的耦合求解和高超声速算例

在高超声速再入飞行中，真实气体往往与理想气体偏离太远，而且气体多处于热力学非平衡和化学非平衡状态中。由于高温、气体发生电离，组元之间发生化学反应，而且高温气体的实际电导率也不是均匀分布。因此在上述实际气体的状况下，便需要求解 Navier-Stokes 方程与 Maxwell 方程相耦合的方程组。另外，以地球大气层为例，当飞行器在 70km 以上高空飞行时，由于飞行器以高超声速飞行，速度高、气流密度低，飞行器周围流场不仅存在化学非平衡，同时也存在热力学非平衡。采用多温或者双温物理模型可以计算出飞行器头部弓形激波后高温区域中空气的离解和热化学非平衡效应。正是由于高超声速飞行器周围高温气体导致了部分气体电离，成为等离子体，这些电离的气体流向飞行器尾部，形成等离子体尾迹，这种等离子鞘使高超声速飞行器再入飞行时通信中断、使再入飞行试验遥测中断；等离子鞘影响导弹微波末制导、影响 GPS 导航的精度；发动机喷流的等离子体使雷达制导导弹的电磁波信号衰减、甚至中断。尤其是 20 世纪 90 年代以来，AJAX 概念的引入使得机载磁场发生系统得到迅速发展。因此所有上述发生的这些现象和航天工程应用的急需使人们逐渐地认识到发展磁流体力学数值计算以及发展 Maxwell 方程组与 Navier-Stokes 方程组耦合的必要性。此外，以再入火星大气层的火星探测器[5]为例，当探测器以速度为 14km/s 飞行时，辐射热流的峰值约为气动热流峰值的 10 倍，是以 8km/s 飞行的洲际导弹头部气动加热峰值的 100 倍，这就是本书强调在航天星际飞行中必须考虑辐射加热问题的重要依据，也是本书定名为《高超声速飞行中的辐射输运和磁流体力学》的主要缘由。从这个意义上讲，发展辐射流体力学与磁流体力学之间的耦合计算也是非常必要的。在本节中，我们采用 Park 提出的双温模型去刻化热力学非平衡状态[292]。相应地，这时能量方程便有两个：一个是总的能量方程，另一个是振动能量方程。另外，用组元的连续性方程去刻化与描述化学反应方面的非平衡过程。此外，用 Maxwell 方程组去刻化电磁流体和磁流体的基本规律。

应当讲，上述这些模型的建立，对有效解决高超声速飞行中的辐射输运和磁流体力学问题是必要的。下面首先从六个方面给出解决上述问题常用的主要方程，而后在 13.5.2 节～13.5.5 节中给出多个高超声速飞行的典型算例。另外，在 13.5.3 节～13.5.5 节中详细讨论人工磁场的设置以及实际导电率计算的一些关键技术问题。最后，在 13.5.6 节中还给出强磁场下广义 Ohm 定律以及 Hall 与离子滑移问题。需要说明的是，Navier-Stokes 方程与 Maxwell 方程耦合求解本身所涉及的内容十分广泛，不可能在一个章节中全面去反映它。上述 13.5.1 节～13.5.6 节所给出的内容与算例仅仅是很少的一部分，感兴趣的读者可进一步参考文献[674]。

13.5.1 双温模型下 Maxwell 与 Navier-Stokes 耦合方程组

(1) 组元 s 的连续方程为[5]

$$\frac{\partial \rho_s}{\partial t}+\nabla\cdot(\rho_s \boldsymbol{V})-\nabla\cdot(\rho D_s\nabla Y_s)=\dot{\omega}_s \tag{13.5.1a}$$

式中，D_s 和 $\dot{\omega}_s$ 分别为组元 s 的二元扩散系数和组元 s 单位体积化学生成率。

另外，总的连续方程为

$$\frac{\partial}{\partial t}\rho+\nabla\cdot(\rho \boldsymbol{V})=0 \tag{13.5.2a}$$

(2) 动量方程为[5]

$$\frac{\partial}{\partial t}(\rho \boldsymbol{V})+\nabla\cdot(\rho \boldsymbol{V}\boldsymbol{V})=-\nabla p+\nabla\cdot\boldsymbol{\Pi}+\rho_e\boldsymbol{E}+\boldsymbol{J}\times\boldsymbol{B}+\rho\boldsymbol{f} \tag{13.5.2b}$$

式中，$\boldsymbol{f}$ 代表除电磁力外的体积力；$\rho_e\boldsymbol{E}$ 项是由电荷的存在而引起；电流与磁场作用在流体上产生 $\boldsymbol{J}\times\boldsymbol{B}$ 项。利用 Ampere 定律并省略 $\partial\boldsymbol{D}/\partial t$ 项后，则 $\boldsymbol{J}\times\boldsymbol{B}$ 变为

$$\boldsymbol{J}\times\boldsymbol{B}=\frac{1}{\mu_0}(\nabla\times\boldsymbol{B})\times\boldsymbol{B}=\frac{1}{\mu_0}\nabla\cdot\left[\boldsymbol{B}\boldsymbol{B}-\frac{1}{2}(\boldsymbol{B}\cdot\boldsymbol{B})\boldsymbol{I}\right] \tag{13.5.3a}$$

式(13.5.3a)中用了矢量恒等式，即

$$(\nabla\times\boldsymbol{B})\times\boldsymbol{B}=\nabla\cdot\left[\boldsymbol{B}\boldsymbol{B}-\frac{1}{2}(\boldsymbol{B}\cdot\boldsymbol{B})\boldsymbol{I}\right] \tag{13.5.3b}$$

利用式(13.5.3a)，则式(13.4.3b)又可改写为

$$\frac{\partial}{\partial t}(\rho \boldsymbol{V})+\nabla\cdot\left[\rho\boldsymbol{V}\boldsymbol{V}+\left(p+\frac{1}{2\mu_0}\boldsymbol{B}\cdot\boldsymbol{B}\right)\boldsymbol{I}-\frac{1}{\mu_0}\boldsymbol{B}\boldsymbol{B}\right]=\nabla\cdot\boldsymbol{\Pi}+\rho_e\boldsymbol{E}+\rho\boldsymbol{f} \tag{13.5.4a}$$

式中，μ_0 为真空的磁导率。

利用如下形式的矢量恒等式：

$$\nabla\cdot(\boldsymbol{B}\boldsymbol{B})=(\boldsymbol{B}\cdot\nabla)\boldsymbol{B}+\boldsymbol{B}(\nabla\cdot\boldsymbol{B}) \tag{13.5.5}$$

如果省略式(13.5.4a)等号右侧第 2 项并使用式(13.5.5)，可得

$$\frac{\partial}{\partial t}(\rho \boldsymbol{V})+\nabla\cdot\left[\rho\boldsymbol{V}\boldsymbol{V}+\left(p+\frac{1}{2\mu_0}\boldsymbol{B}\cdot\boldsymbol{B}\right)\boldsymbol{I}-\boldsymbol{\Pi}\right]=\frac{1}{\mu_0}(\boldsymbol{B}\cdot\nabla)\boldsymbol{B}+\frac{1}{\mu_0}\boldsymbol{B}(\nabla\cdot\boldsymbol{B})+\rho\boldsymbol{f} \tag{13.5.4b}$$

或者

$$\frac{\partial}{\partial t}(\rho \boldsymbol{V})+\nabla\cdot\left[\rho\boldsymbol{V}\boldsymbol{V}-\frac{1}{\mu_0}\boldsymbol{B}\boldsymbol{B}+\left(p+\frac{1}{2\mu_0}\boldsymbol{B}\cdot\boldsymbol{B}\right)\boldsymbol{I}-\boldsymbol{\Pi}\right]=\rho\boldsymbol{f} \tag{13.5.4c}$$

令

$$p_{\mathrm{t}} \equiv p + \frac{1}{2\mu_0}\boldsymbol{B} \cdot \boldsymbol{B} \tag{13.5.6a}$$

于是式(13.5.4c)又可改写为

$$\frac{\partial}{\partial t}(\rho \boldsymbol{V}) + \nabla \cdot \boldsymbol{U}_1 = \rho \boldsymbol{f} \tag{13.5.1b}$$

或者

$$\frac{\partial}{\partial t}(\rho \boldsymbol{V}) + \nabla \cdot [\rho \boldsymbol{V}\boldsymbol{V} - (\boldsymbol{\Pi} - p\boldsymbol{I})] - \frac{1}{\mu_0}(\nabla \times \boldsymbol{B}) \times \boldsymbol{B} = \rho \boldsymbol{f} \tag{13.5.1c}$$

并且有如下等式:

$$\nabla \cdot \left[\frac{1}{\mu_0}\boldsymbol{B}\boldsymbol{B} - \frac{1}{2\mu_0}(\boldsymbol{B} \cdot \boldsymbol{B})\boldsymbol{I}\right] = \left[\nabla \times \left(\frac{1}{\mu_0}\boldsymbol{B}\right)\right] \times \boldsymbol{B} \tag{13.5.7}$$

在式(13.5.1b)中,$\boldsymbol{U}_1$ 的定义式为

$$\boldsymbol{U}_1 = \rho \boldsymbol{V}\boldsymbol{V} - \frac{1}{\mu_0}\boldsymbol{B}\boldsymbol{B} + p_{\mathrm{t}}\boldsymbol{I} - \boldsymbol{\Pi} \tag{13.5.6b}$$

(3) 总的能量方程[5,849~851]。

令 $\tilde{e}_{\mathrm{t}}$ 代表单位体积磁流体所具有的总的能量,其定义为

$$\tilde{e}_{\mathrm{t}} = \rho \tilde{e} + \frac{1}{2}\rho \boldsymbol{V} \cdot \boldsymbol{V} + \frac{1}{2\mu_0}\boldsymbol{B} \cdot \boldsymbol{B} \tag{13.5.8a}$$

式中,$\tilde{e}$ 为单位质量流体所具有的狭义热力学内能,即

$$\tilde{e} = C_v T \tag{13.5.8b}$$

总的能量方程为

$$\frac{\partial}{\partial t}(\tilde{e}_{\mathrm{t}}) + \nabla \cdot \left[\left(\tilde{e}_{\mathrm{t}} + p + \frac{1}{2\mu_0}\boldsymbol{B} \cdot \boldsymbol{B}\right)\boldsymbol{V} - \frac{1}{\mu_0}\boldsymbol{V} \cdot \boldsymbol{B}\boldsymbol{B} - \boldsymbol{\Pi} \cdot \boldsymbol{V}\right]$$
$$= \nabla \cdot (K \nabla T) + \rho \boldsymbol{f} \cdot \boldsymbol{V} + \dot{q} \tag{13.5.8c}$$

或者

$$\frac{\partial}{\partial t}(\tilde{e}_{\mathrm{t}}) + \nabla \cdot \boldsymbol{U}_2 - \nabla \cdot (K \nabla T) = \dot{q} + \rho \boldsymbol{f} \cdot \boldsymbol{V} + b_1 \tag{13.5.1d}$$

式中,b_1 与 $\boldsymbol{U}_2$ 分别定义为

$$b_1 = \frac{1}{\sigma \mu_0^2}(\nabla \times \boldsymbol{B}) \cdot (\nabla \times \boldsymbol{B}) \tag{13.5.6c}$$

$$\begin{aligned}\boldsymbol{U}_2 &= \left(\frac{1}{2}\rho \boldsymbol{V} \cdot \boldsymbol{V} + \frac{\gamma}{\gamma - 1}p\right)\boldsymbol{V} + \frac{1}{\mu_0}(\boldsymbol{B} \cdot \boldsymbol{B})\boldsymbol{V} - \left(\frac{1}{\mu_0}\boldsymbol{B}\boldsymbol{B} + \boldsymbol{\Pi}\right) \cdot \boldsymbol{V} \\ &= \left(\tilde{e}_{\mathrm{t}} + p + \frac{1}{2\mu_0}\boldsymbol{B} \cdot \boldsymbol{B}\right)\boldsymbol{V} - \left(\frac{1}{\mu_0}\boldsymbol{B}\boldsymbol{B} + \boldsymbol{\Pi}\right) \cdot \boldsymbol{V}\end{aligned} \tag{13.5.6d}$$

在式(13.5.8c)和式(13.5.1d)中,K 为热传导系数;$\boldsymbol{\Pi}$ 为黏性应力张量;γ 为比热比;$\dot{q}$ 为除黏性耗散外的任意热附加(如热源、辐射等);$\boldsymbol{f}$ 为除电磁力之外单位质量的流体的体积力。式(13.5.6c)中,σ 为电导率;μ_0 为真空中的磁导率。这里应指

出的是，在假设电介质式静止时，这时电流密度 $\boldsymbol{J}$ 和电场强度 $\boldsymbol{E}$ 之间，有

$$\boldsymbol{J}=\sigma\boldsymbol{E} \tag{13.5.9a}$$

由焦耳(Joule)-楞次(Lenz)定律，在单位体积中、单位时间内电流放出的热流为

$$\boldsymbol{J}\cdot\boldsymbol{E}=\frac{1}{\sigma}\boldsymbol{J}\cdot\boldsymbol{J} \tag{13.5.9b}$$

在导电介质运动的情况下，导体内由于通过电流而产生的能量耗散(如发热)应与导体的运动无关，只由电流 $\boldsymbol{J}$ 来决定。在忽略了位移电源项之后，这时有 Ampere 定律，得

$$\boldsymbol{J}=\nabla\times\boldsymbol{H}=\frac{1}{\mu_0}\nabla\times\boldsymbol{B} \tag{13.5.9c}$$

因此，运动导体在单位时间内所放出的焦耳热密度用电流密度来表示的式子仍与式(13.5.9b)相同，即

$$\boldsymbol{J}\cdot\boldsymbol{E}=\frac{1}{\sigma}\boldsymbol{J}\cdot\boldsymbol{J}\approx\frac{1}{\sigma\mu_0^2}(\nabla\times\boldsymbol{B})\cdot(\nabla\times\boldsymbol{B})=b_1 \tag{13.5.9d}$$

(4) 磁通量守恒方程。

磁通量守恒方程又称磁感应方程，其表达式为

$$\frac{\partial\boldsymbol{B}}{\partial t}+\nabla\cdot(\boldsymbol{VB}-\boldsymbol{BV})=\eta_{\mathrm{m}}\nabla^2\boldsymbol{B} \tag{13.5.1e}$$

利用如下矢量恒等式：

$$\nabla\cdot(\boldsymbol{ba}-\boldsymbol{ab})=\nabla\times(\boldsymbol{a}\times\boldsymbol{b}) \tag{13.5.10a}$$

式(13.5.1e)又可变为

$$\frac{\partial\boldsymbol{B}}{\partial t}=\nabla\times(\boldsymbol{V}\times\boldsymbol{B})+\eta_{\mathrm{m}}\nabla^2\boldsymbol{B} \tag{13.5.10b}$$

式中，η_{m} 为磁扩散系数。

$$\eta_{\mathrm{m}}=\frac{1}{\mu_0\sigma} \tag{13.5.10c}$$

至此，由连续方程(13.5.2a)、动量方程(13.5.1b)、磁通量守恒方程(13.5.1e)以及能量方程(13.5.1d)便构成了仅考虑一个温度 T 时 Navier-Stokes 方程与 Maxwell 方程相耦合的方程组，即

$$\frac{\partial\boldsymbol{Q}}{\partial t}+\nabla\cdot\boldsymbol{F}_1+\boldsymbol{F}_2(\nabla\cdot\boldsymbol{B})=\boldsymbol{F}_3 \tag{13.5.11a}$$

式中，$\boldsymbol{Q}$、$\boldsymbol{F}_1$、$\boldsymbol{F}_2$ 和 $\boldsymbol{F}_3$ 的分别定义为

$$\boldsymbol{Q}=\begin{bmatrix}\rho\\ \rho\boldsymbol{V}\\ \boldsymbol{B}\\ \widetilde{e}_{\mathrm{t}}\end{bmatrix} \tag{13.5.11b}$$

$$\boldsymbol{F}_1=\begin{bmatrix}\rho\boldsymbol{V}\\ \boldsymbol{U}_1\\ \boldsymbol{VB}-\boldsymbol{BV}\\ \boldsymbol{U}_2-K\nabla T\end{bmatrix},\quad \boldsymbol{F}_2=\begin{bmatrix}0\\ \dfrac{\boldsymbol{B}}{\mu_0}\\ \boldsymbol{V}\\ \boldsymbol{V}\cdot\dfrac{\boldsymbol{B}}{\mu_0}\end{bmatrix},\quad \boldsymbol{F}_3=\begin{bmatrix}0\\ \rho\boldsymbol{f}\\ \eta_{\mathrm{m}}\nabla^2\boldsymbol{B}\\ b_1+\dot{q}+\rho\boldsymbol{f}\cdot\boldsymbol{V}\end{bmatrix}\tag{13.5.11c}$$

为了避免方程组无黏通量项的 Jacobian 矩阵出现零特征值的困难，采用了 1994 年 Powell 提出的 8 波模型进行了处理，即在方程组(13.5.11a)中增加了 $\boldsymbol{F}_2(\nabla\cdot\boldsymbol{B})$项。另外，在进行数值计算时对于磁场散度(即$\nabla\cdot\boldsymbol{B}$)的清除仍采用文献[670]和[671]中提出的投影方法去清除磁场散度。

(5) 多组元时总的能量方程[5,17]。

令 $\widetilde{E}_{\mathrm{t},s}$为组元 s 的广义内能，$\boldsymbol{q}_s$ 为组元 s 的热流矢量，并令 $\boldsymbol{V}_s$ 和 $\widetilde{\boldsymbol{U}}_s$ 分别为组元 s 的运动速度和扩散速度，$\boldsymbol{V}$ 为气体混合物的速度，于是有

$$\rho\widetilde{E}_{\mathrm{t}}=\sum_s(\rho_s\widetilde{E}_{\mathrm{t},s})\tag{13.5.12a}$$

$$\boldsymbol{q}_s=-\eta_s\nabla T_s-\eta_{V,s}\nabla T_{V,s}\tag{13.5.12b}$$

$$\boldsymbol{V}_s=\boldsymbol{V}+\widetilde{\boldsymbol{U}}_s\tag{13.5.12c}$$

组元 s 的能量方程为[5,17]

$$\frac{\partial}{\partial t}(\rho_s\widetilde{E}_{\mathrm{t},s})+\nabla\cdot\left[\rho_s\boldsymbol{V}_s\widetilde{E}_{\mathrm{t},s}-(\boldsymbol{\Pi}_s-p_s\boldsymbol{I})\cdot\boldsymbol{V}_s+\boldsymbol{q}_s\right]=\dot{Q}_{s,\mathrm{f}}-Q_{R,s}\tag{13.5.12d}$$

式中，$\dot{Q}_s$ 为由于碰撞等原因而导致的能量生成；$Q_{\mathrm{R},s}$为辐射能量的损失。

由于，

$$\sum_s(\rho_s\boldsymbol{V}_s\widetilde{E}_{\mathrm{t},s})=\rho\boldsymbol{V}\widetilde{E}_{\mathrm{t}}+\sum_s(\rho_s\widetilde{\boldsymbol{U}}_s\widetilde{\boldsymbol{E}}_{\mathrm{t},s})\tag{13.5.12e}$$

$$\sum_s\left[(\boldsymbol{\Pi}-p\boldsymbol{I})\cdot\boldsymbol{V}_s\right]=(\boldsymbol{\Pi}-p\boldsymbol{I})\cdot\boldsymbol{V}-\sum_s(p_s\widetilde{\boldsymbol{U}}_s)\tag{13.5.12f}$$

$$Q_{\mathrm{R}}=\sum_s Q_{\mathrm{R},s},\quad \dot{Q}_{\mathrm{f}}=\sum_s\dot{Q}_{s,\mathrm{f}}\tag{13.5.12g}$$

于是总的能量方程为

$$\begin{aligned}&\frac{\partial}{\partial t}(\rho\widetilde{\boldsymbol{E}}_{\mathrm{t}})+\nabla\cdot\left[(\rho\widetilde{\boldsymbol{E}}_{\mathrm{t}}+p)\boldsymbol{V}+\boldsymbol{q}-\boldsymbol{\Pi}\cdot\boldsymbol{V}\right]\\&=\nabla\cdot\left[\rho\sum_s(h_sD_s\nabla Y_s)\right]+\dot{Q}_{\mathrm{f}}-Q_{\mathrm{R}}+\boldsymbol{J}\cdot\boldsymbol{E}\end{aligned}\tag{13.5.13a}$$

式中，Y_s 为质量比数，即

$$Y_s=\frac{\rho_s}{\rho}\tag{13.5.13b}$$

另外，$\boldsymbol{q}$ 的定义为

$$\boldsymbol{q}=\sum_s \boldsymbol{q}_s \tag{13.5.13c}$$

(6) 两温物理模型时振动-电子能量守恒方程[5,17,852,853]。

令 $e_{V,s}$ 为组元 s 每单元质量所具有的振动能，它是温度 T_V 的函数；因此总的振动-电子能量守恒方程为

$$\begin{aligned}&\frac{\partial}{\partial t}(\rho e_V)+\nabla\cdot\left[e_V\rho\boldsymbol{V}-\eta_V\nabla T_V-\rho\sum_s(h_{V,s}D_s\nabla Y_s)\right]\\&=\sum_s\left\{\frac{\rho_s}{\tau_s}\left[e_{V,s}^{*}(T)-e_{V,s}\right]\right\}+\sum_s\left\{\frac{\rho_s}{\tau_{e,s}}\left[e_{V,s}^{**}(T_e)-e_{V,s}\right]\right\}+\sum_s(\dot{\omega}_S\hat{D}_s)+\boldsymbol{J}_e\cdot\boldsymbol{E}'\end{aligned} \tag{13.5.14}$$

式中，符号 $e_{V,s}^{*}(T)$、$e_{V,s}^{**}(T_e)$、τ_s 和 $\tau_{e,s}$ 的具体含义同文献[5]中式(9.1.42)，这里不再赘述。

综上所述，高超声速飞行时脱体弓形激波后，高温、有气体分子离解电离、有感应磁场耗散效应、考虑热力学非平衡、化学非平衡、考虑导电介质实际电导率的真实气体，它应该服从 Maxwell-Navier-Stokes 耦合的基本方程组，这个方程组已全部给出。在双温模型的大框架下，这个基本方程组可由组分 s 的连续方程(13.5.1a)、动量方程(13.5.1b)、双温模型下总的能量方程(13.5.13a)、双温模型下振动能量方程(13.5.14)以及磁通量守恒方程(13.5.1e)组成，即

$$\frac{\partial}{\partial t}\boldsymbol{Q}+\nabla\cdot\boldsymbol{F}_1+\boldsymbol{F}_2(\nabla\cdot\boldsymbol{B})=\boldsymbol{F}_3 \tag{13.5.15a}$$

式中，

$$\boldsymbol{Q}=\begin{bmatrix}\rho_s\\ \rho\boldsymbol{V}\\ \rho\widetilde{E}_t\\ \rho e_V\\ \boldsymbol{B}\end{bmatrix},\quad \boldsymbol{F}_1=\begin{bmatrix}\rho_s\boldsymbol{V}-\boldsymbol{U}_3\\ \boldsymbol{U}_1\\ \boldsymbol{U}_4\\ \boldsymbol{U}_5\\ \boldsymbol{VB}-\boldsymbol{BV}\end{bmatrix} \tag{13.5.15b}$$

$$\boldsymbol{F}_2=\begin{bmatrix}0\\ \dfrac{\boldsymbol{B}}{\mu_0}\\ \boldsymbol{V}\cdot\dfrac{\boldsymbol{B}}{\mu_0}\\ 0\\ \boldsymbol{V}\end{bmatrix},\quad \boldsymbol{F}_3=\begin{bmatrix}\dot{\omega}_s\\ \rho\boldsymbol{f}\\ b_2\\ b_3\\ \eta_m\nabla^2\boldsymbol{B}\end{bmatrix} \tag{13.5.15c}$$

$$\boldsymbol{U}_3=\rho D_s\nabla Y_s \tag{13.5.15d}$$

$$\boldsymbol{U}_4=(\rho\widetilde{E}_{\mathrm{t}}+p)\boldsymbol{V}+\boldsymbol{q}-\boldsymbol{\Pi}\cdot\boldsymbol{V}-\rho\sum_s(h_sD_s\,\nabla Y_s) \tag{13.5.15e}$$

$$\boldsymbol{U}_5=e_V\rho\boldsymbol{V}-\eta_V\nabla T_V-\rho\sum_s(h_{V,s}D_s\,\nabla Y_s) \tag{13.5.15f}$$

$$b_2=\boldsymbol{J}\cdot\boldsymbol{E}+\dot{Q}_{\mathrm{f}}-Q_{\mathrm{R}} \tag{13.5.15g}$$

$$b_3=\sum_s\left\{\frac{\rho_s}{\tau_s}\left[e_{V,s}^{*}(T)-e_{V,s}\right]\right\}+\sum_s\left\{\frac{\rho_s}{\tau_{\mathrm{e},s}}\left[e_{V,s}^{**}(T_{\mathrm{e}})-e_{V,s}\right]\right\}+\sum_s(\dot{\omega}_s\hat{D}_s)+J_{\mathrm{e}}\cdot\boldsymbol{E}' \tag{13.5.15h}$$

为避免方程组无黏通量项的 Jacobian 矩阵出现零特征值的困难，这里也采用 1994 年 Powell 提出的 8 波模型进行处理，即在方程(13.5.15a)中增加了 $\boldsymbol{F}_2(\nabla\cdot\boldsymbol{B})$项。另外，在磁流体计算中，伪散度的清除处理问题是一项非常关键的计算技术，这里仍采用了文献[670]和[671]提出的投影方法。

13.5.2　飞行 Mach 数为 25.9 和 28.3 时钝体绕流算例的计算

飞行试验验证是国外发展航天科学的宝贵经验[854]。为了校验高温真实气体效应，美国 NASA 专门进行了 AFE 和 RAMC 专项飞行试验，本节选取了 RAM-CⅡ的典型算例。飞行器是一个头部半径 R_n 为 0.1524m，半锥角为 9°，长度为 1.295m 的球锥体。s 和 x 分别为从飞行器头部驻点算起沿物面的流向距离和沿轴向距离。飞行器的端头帽是热沉式的材料铍，不发生烧蚀，锥体为泰氟隆。在轴向有四处可以测量电子数密度。本节计算了两个飞行高度(即 71km 和 81km)，相应的飞行 Mach 数分别为 25.9 和 28.3。在这两个飞行高度上，热化学非平衡效应都非常强烈。计算时自由来流速度为 7.65km/s，自由来流空气组成为 79%的 N_2 和 21%的 O_2；物面温度在两个工况时都固定为 1500K(这个值近似于试验壁温)。计算考虑了 13 个气体组元(即 O_2、N_2、O、N、NO、NO^+、CO、CO_2、C_1、C_2、C_3、CN 和 e^-)，其中 7 个组元是通常的离解电离空气组元，其余 6 个是含碳的组元，是由碳原子与空气组元之间的化学反应所产生的新组元。电子主要由于空气的电离，碳原子电离的贡献极小，这里不予考虑。这些组元有如下 26 个气相化学反应：

$$\begin{cases}(\mathrm{CR1})\quad \mathrm{O_2+M_1\rightleftharpoons 2O+M_1}\\(\mathrm{CR2})\quad \mathrm{N_2+M_2\rightleftharpoons 2N+M_2}\\(\mathrm{CR3})\quad \mathrm{N_2+N\rightleftharpoons 2N+N}\\(\mathrm{CR4})\quad \mathrm{NO+M_3\rightleftharpoons N+O+M_3}\end{cases} \tag{13.5.16a}$$

$$\begin{cases}(\mathrm{CR5})\quad \mathrm{CO_2+M_4\rightleftharpoons CO+O+M_4}\\(\mathrm{CR6})\quad \mathrm{CO+M_5\rightleftharpoons C+O+M_5}\\(\mathrm{CR7})\quad \mathrm{C_2+M_6\rightleftharpoons 2C+M_6}\\(\mathrm{CR8})\quad \mathrm{C_3+M_7\rightleftharpoons C+C_2+M_7}\end{cases} \tag{13.5.16b}$$

$$\begin{cases}(\mathrm{CR9}) & CN+M_8 \rightleftharpoons C+N+M_8 \\ (\mathrm{CR10}) & NO+O \rightleftharpoons O_2+N \\ (\mathrm{CR11}) & N_2+O \rightleftharpoons NO+N \\ (\mathrm{CR12}) & N_2+C \rightleftharpoons CN+N\end{cases} \tag{13.5.16c}$$

$$\begin{cases}(\mathrm{CR13}) & CO+N \rightleftharpoons CN+O \\ (\mathrm{CR14}) & CO_2+N \rightleftharpoons CN+O_2 \\ (\mathrm{CR15}) & N_2+CO \rightleftharpoons CN+NO \\ (\mathrm{CR16}) & CO+NO \rightleftharpoons CO_2+N\end{cases} \tag{13.5.16d}$$

$$\begin{cases}(\mathrm{CR17}) & CO_2+O \rightleftharpoons CO+O_2 \\ (\mathrm{CR18}) & 2CO \rightleftharpoons CO_2+C \\ (\mathrm{CR19}) & CO+O \rightleftharpoons O_2+C \\ (\mathrm{CR20}) & CO+N \rightleftharpoons C+NO\end{cases} \tag{13.5.16e}$$

$$\begin{cases}(\mathrm{CR21}) & CN+O \rightleftharpoons C+NO \\ (\mathrm{CR22}) & 2CO \rightleftharpoons C_2+O_2 \\ (\mathrm{CR23}) & CO+C \rightleftharpoons C_2+O \\ (\mathrm{CR24}) & C_2+CO \rightleftharpoons C_3+O\end{cases} \tag{13.5.16f}$$

$$\begin{cases}(\mathrm{CR25}) & C_3+C \rightleftharpoons 2C_2 \\ (\mathrm{CR26}) & N+O \rightleftharpoons NO^{+}+e^{-}\end{cases} \tag{13.5.16g}$$

计算采用 AMME Lab 团队自行编制的有限体积法源程序，这个程序自 1989 年被证实基本可行[93,94,102,103]至今已经受了 28 年的不断改进与完善。用这个程序，我们已成功完成了文献[5]中数百个超声速和高超声速流动的典型算例。图 13.59以及图 13.60 分别给出了来流 $M_\infty=25.9$、飞行高度为 71km 时的等密度线和温度等值线以及等压线和电子数密度等值线。

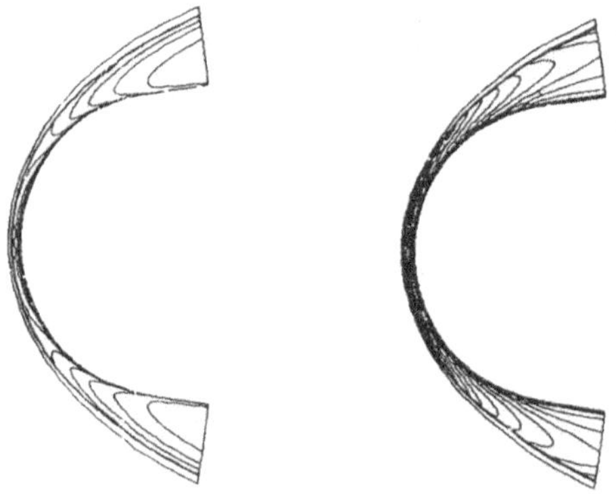

(a) 等密度线　　(b) 等温度线

图 13.59　飞行高度 71km、飞行 Mach 数 25.9 时的密度等值线与温度等值线分布

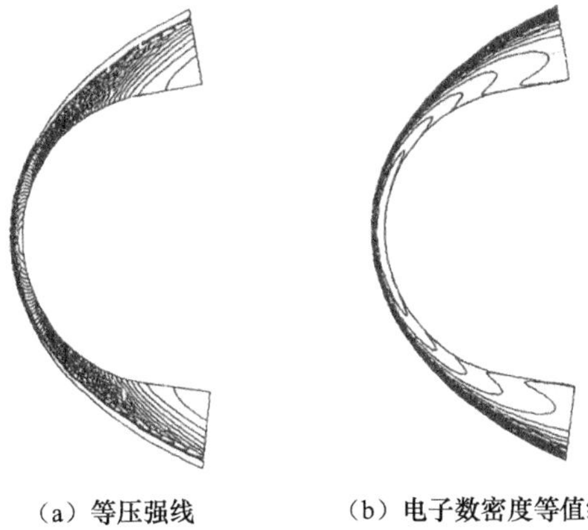

图 13.60　飞行高度 71km、飞行 Mach 数 25.9 时的压强等值线与电子数密度等值线分布

图 13.61 以及图 13.62 分别给出了上述飞行工况下沿物面 Stanton 数分布以及沿物面摩擦系数的分布图。

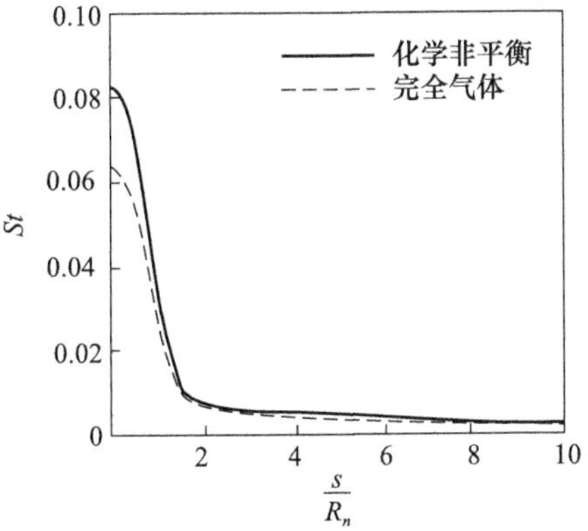

图 13.61　飞行高度 71km、飞行 Mach 数 25.9 时沿物面 Stanton 数的分布

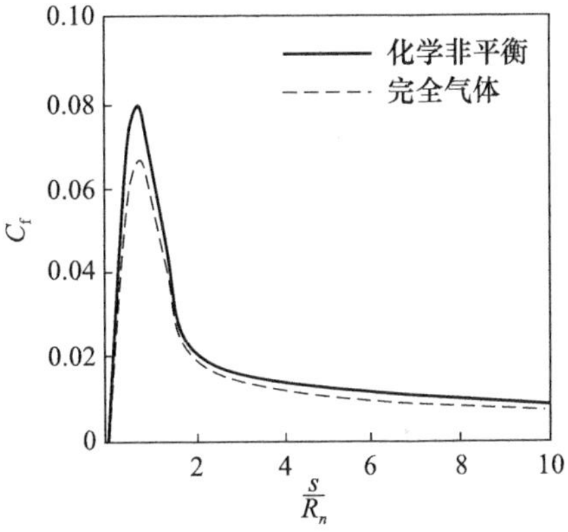

图 13.62　飞行高度 71km、飞行 Mach 数 25.9 沿物面摩擦系数的分布

图 13.63 给出了上述飞行工况下流场峰值电子数密度与试验[855]值的比较，所得结果令人满意。飞行器周围流场处于化学非平衡状态。以碳基材料为热防护材料的再入飞行器，在烧蚀过程中产生氧化和气化，烧蚀气体产物进入流场，并与离解电离的空气组元产生化学反应，这里化学反应是以有限速率进行的。图 13.64 给出了离解电离纯空气时流场化学组元浓度 Y_i 的分布曲线。图 13.65 给出了由于烧蚀导致表面碳氧化条件下，烧蚀碳-空气化学反应流场中化学组元浓度 Y_i 的分布。图 13.66 给出了表面碳气化条件下，烧蚀碳-空气化学反应流场中化学组元浓度 Y_i 的分布曲线图。由数值计算结果可以看出，烧蚀气体产物进入流场并发生

相关的化学反应，这就明显地改变了流场中化学组元浓度 Y_i 的分布。图 13.67 给出了纯空气、氧化烧蚀和气化烧蚀三种情况下物面摩擦系数的分布；图 13.68 给出了纯空气、氧化烧蚀和气化烧蚀三种情况下，沿物面压强的分布曲线。需要说明的是，当物面存在碳氧化、气化烧蚀的情况下，与纯空气流场的结果相比，明显地降低了物面摩擦系数的分布；但对于物面的压强分布来讲，三种情况计算出的结果并无明显差别。

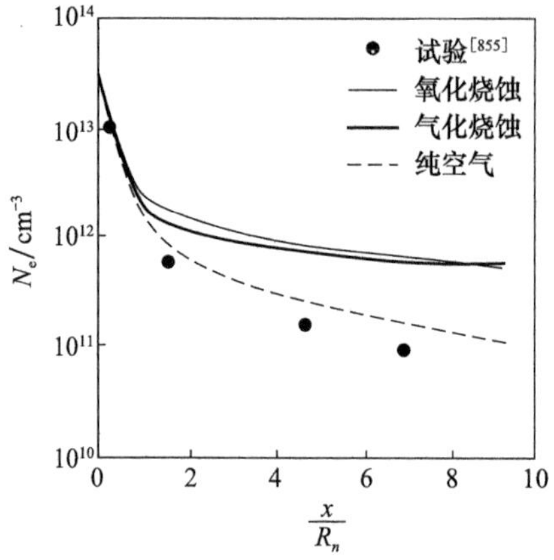

图 13.63 飞行高度 71km、飞行 Mach 数为 25.9 时，电子数密度与试验值的比较

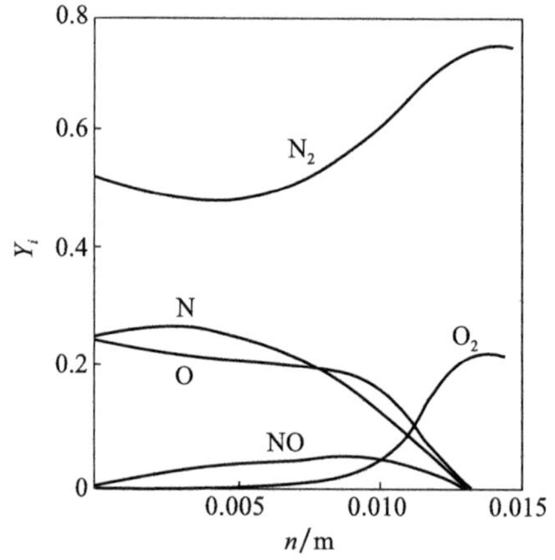

图 13.64 飞行高度 71km、飞行 Mach 数为 25.9 时，离解电离时组元浓度的分布

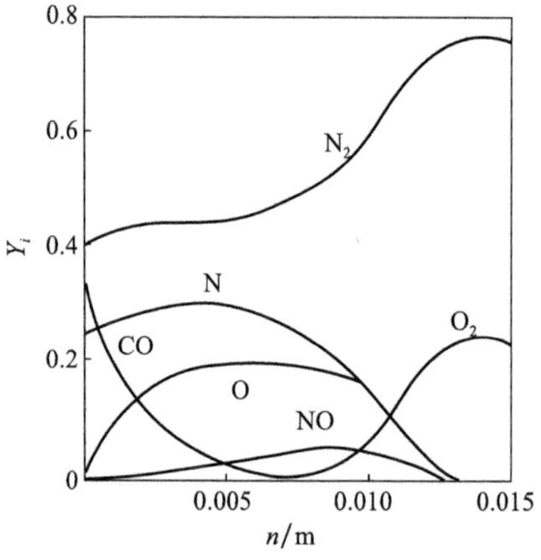

图 13.65 飞行高度 71km、飞行 Mach 数为 25.9 时，物体表面碳氧化时组元浓度的分布

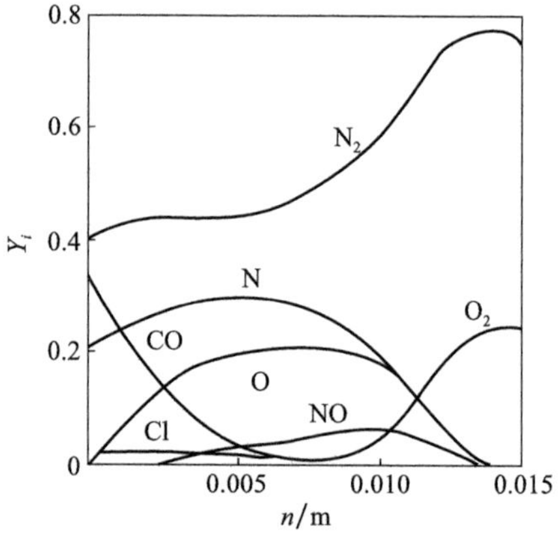

图 13.66 飞行高度 71km、飞行 Mach 数为 25.9 时，物体表面碳气化时流场化学组元浓度的分布

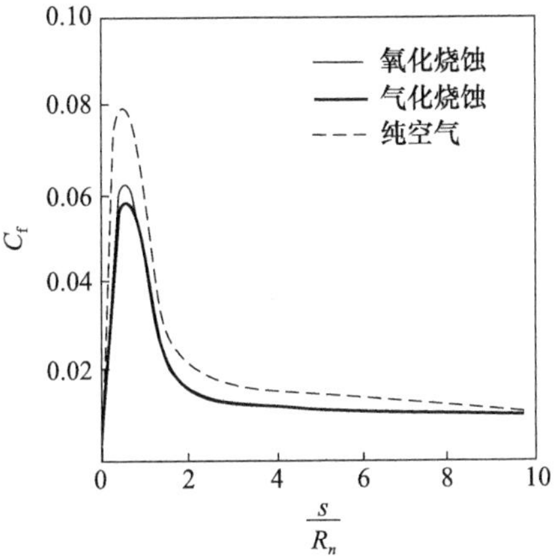

图 13.67　飞行高度 71km、飞行 Mach 数为 25.9 时，纯空气、氧化烧蚀和气化烧蚀三种情况下，沿物面摩擦系数分布的比较

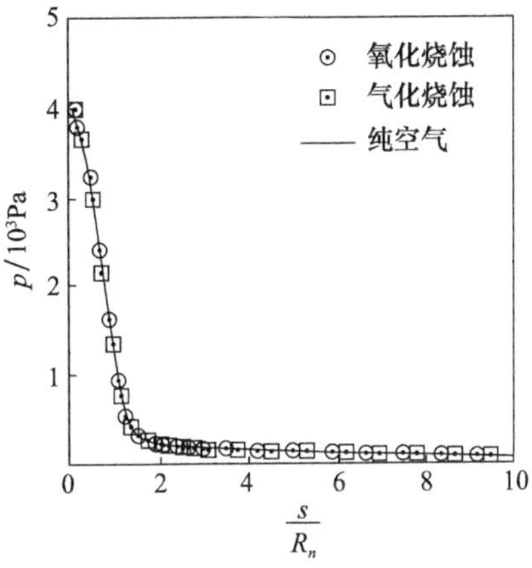

图 13.68　飞行高度 71km、飞行 Mach 数为 25.9 时，纯空气、氧化烧蚀和气化烧蚀三种情况下，沿物面压强分布的比较

对于物面存在烧蚀（如碳氧化烧蚀或者碳气化烧蚀）的非平衡化学反应流的 Navier-Stokes 方程的数值计算问题，是高超声速飞行器再入地球大气层、土卫六大气层和火星大气层时必然会遇到的问题[5,14,18]，尽管它们难度很大，但它是航天工程中急需解决的前沿课题[856]。

对于飞行高度为 81km、飞行 Mach 数为 28.3 的 RAM-CⅡ飞行工况，其数值计算的结果本节仅给出计算出的流场峰值电子数密度沿轴向的分布与试验值[855]的比较，如图 13.69 所示。由图 13.69 可以看出，计算与试验值吻合较好。对于这一飞行工况下更多的数值结果，感兴趣的读者可参阅文献[674]，这里不再赘述。

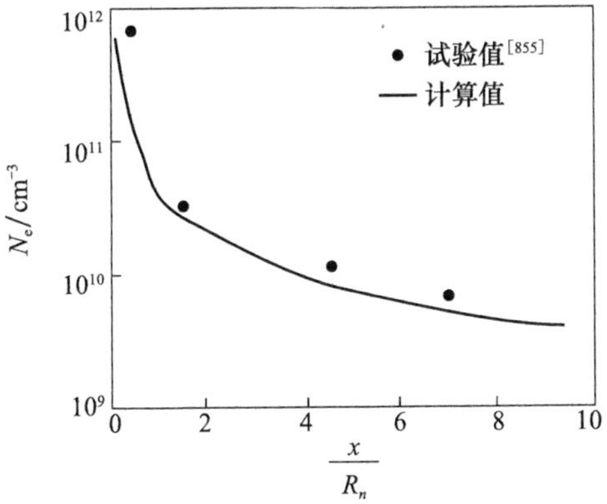

图 13.69　飞行高度 81km、飞行 Mach 数 28.3 时流场峰值电子数密度沿轴向分布与试验值的比较

13.5.3 人工磁场的设置以及钝体以 $M_\infty=5$ 飞行时 MHD 流场的计算

高超声速飞行器气动加热严重的几个典型部位，如飞行器前部钝头、飞行器翼面或者舵面的钝缘、飞行器进气道的唇缘，存在着脱体弓形激波加热或者激波-激波干扰加热，它成为实现持续高超声速飞行中最为关注的部位。对于飞行器头部钝头气动热的 MHD 控制，较多的是采取在钝体内置磁铁或电磁线图产生磁场的控制形式(见图 13.70)，磁场表现为偶极子形式(见图 13.71)。

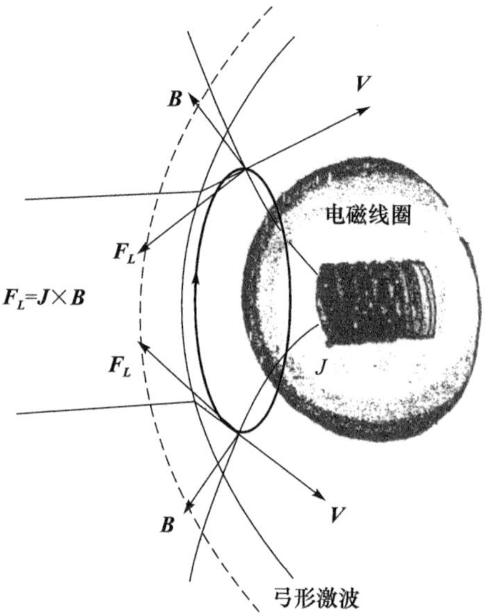

图 13.70 钝头 MHD 控制形式的示意图

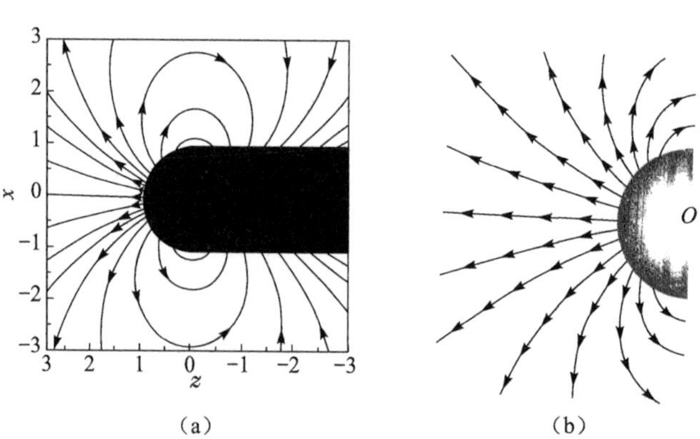

(a) (b)

图 13.71 外加在钝头体磁场的示意图

取球坐标系(r,θ,φ)构成右手系，有

$$\begin{cases} x = r\sin\theta\cos\varphi \\ y = r\sin\theta\sin\varphi \\ z = r\cos\theta \end{cases} \tag{13.5.17a}$$

式中，z 轴取为来流的反方向。外加在钝体内的无量纲磁场 $\boldsymbol{B}$ 的表达式为

$$\boldsymbol{B} = \left[\frac{B_{g0}}{B_{S0}}\left(\frac{r_b}{r}\right)^3 + C\right]\boldsymbol{e}_r\cos\theta + \left[\frac{B_{g0}}{2B_{S0}}\left(\frac{r_b}{r}\right)^3 - C\right]\boldsymbol{e}_\theta\sin\theta \tag{13.5.17b}$$

式中，$\boldsymbol{e}_r$ 和 $\boldsymbol{e}_\theta$ 为球坐标系(r,θ,φ)中沿 γ 和 θ 方向上的单位矢量(注意这里它们不代表基矢量)；r_b 为钝体头部半径；符号 B_{g0} 和 B_{S0} 为特指的磁场感应强度[857]；C 为流动对偶极子磁场产生的扰动。

引入低磁 Reynolds 数近似[687,771,857~861]，MHD 流动的基本方程组这时可简化为

$$\frac{\partial}{\partial t}\begin{bmatrix}\rho \\ \rho\boldsymbol{V} \\ e_t\end{bmatrix} + \nabla\cdot\begin{bmatrix}\rho\boldsymbol{V} \\ \rho\boldsymbol{V}\boldsymbol{V} + p\boldsymbol{I} \\ (e_t + p)\boldsymbol{V}\end{bmatrix} = \begin{bmatrix}0 \\ \nabla\cdot\boldsymbol{\Pi} \\ \nabla\cdot(\boldsymbol{\Pi}\cdot\boldsymbol{V}) + \nabla\cdot\boldsymbol{q}\end{bmatrix} + \begin{bmatrix}0 \\ \boldsymbol{J}\times\boldsymbol{B} \\ \boldsymbol{J}\cdot\boldsymbol{E}\end{bmatrix} \tag{13.5.18a}$$

式中，$\boldsymbol{\Pi}$ 和 $\boldsymbol{q}$ 分别为黏性应力张量和热流矢；e_t 和 $\boldsymbol{J}$ 的定义式分别为

$$e_t = \rho\frac{\boldsymbol{V}\cdot\boldsymbol{V}}{2} + \frac{p}{\gamma - 1} \tag{13.5.18b}$$

$$\boldsymbol{J} = \sigma(\boldsymbol{E} + \boldsymbol{V}\times\boldsymbol{B}) \tag{13.5.18c}$$

式中，σ 为电导率。

引入钝头体头部驻点处的 Stuart 参数 $\tilde{S}$(其定义见式(13.4.22))去表示外加磁场和电导率的综合效应。本节选取的典型算例是在外加磁场的作用下，Mach 数为 5 的球体绕流计算问题。计算中，针对 40km 高空飞行采用了两种化学模型去完成低磁 Reynolds 数 MHD 流场的数值计算：一种是化学冻结流，另一种是化学平衡流。计算时着重考察在外加磁场的作用下，流场等压线的分布、沿壁面 Stanton 数的分布以及不同 Stuart 参数 $\tilde{S}$ 下球头脱体弓形激波离球面距离的变化。

1. $M_\infty = 5$，不同 $\tilde{S}$ 值时绕球的 MHD 流动计算

工况 1 选取了文献[857]中 $M_\infty = 5$ 的球体 MHD 绕流问题。取来流 Mach 数 $M_\infty = 5$，磁 Reynolds 数为 $Re_m = 0.01$，$\gamma = 1.4$，$p_\infty = 1.587\times10^3\,\text{Pa}$，$\sigma = 794\,\text{mho/m}$，其他来流参数可见表 13.8。在钝头中放置了图 13.70 所示的电磁线圈，其磁场可以简化为如下极坐标下的偶极子分布：

$$\boldsymbol{B} = B_0\left[\left(\frac{r_b}{r}\right)^3\boldsymbol{e}_r\cos\theta + \frac{1}{2}\left(\frac{r_b}{r}\right)^3\boldsymbol{e}_\theta\sin\theta\right] \tag{13.5.18d}$$

表 13.8 低磁 Reynolds 数钝体 MHD 绕流算例的参数

参数	值	参数	值
来流 Mach 数 M_∞	5	钝头半径 r_b	0.01m
来流温度 T_∞	100K	Reynolds 数 $Re(r_b)$	80 000
壁温 T_w	300K	拐角压缩角 θ	10°

激波后区域 $\tilde{S}$ 值分别取 0～6，共有 7 种状态，相应的 B_0 分别在表 13.9 中给出。

表 13.9 七种 $\tilde{S}$ 取值时相应 B_0 的值

$\tilde{S}$	0	1	2	3	4	5	6
B_0/T	0.000	2.642	3.737	4.577	5.285	5.909	6.472

图 13.72 给出了所施加的偶极子磁场示意图。图 13.73(a)和(b)分别给出了 $\tilde{S}=0$ 和 $\tilde{S}=6$，并且这两种情况下的来流 Mach 数和磁 Reynolds 数均为 $M_\infty=5$，$Re_m=0.01$ 时绕球 MHD 流动的等压线分布图。

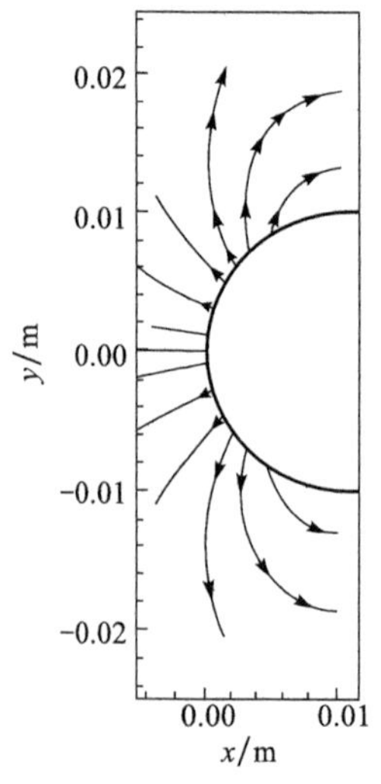

图 13.72 所施加的偶极子磁场示意图

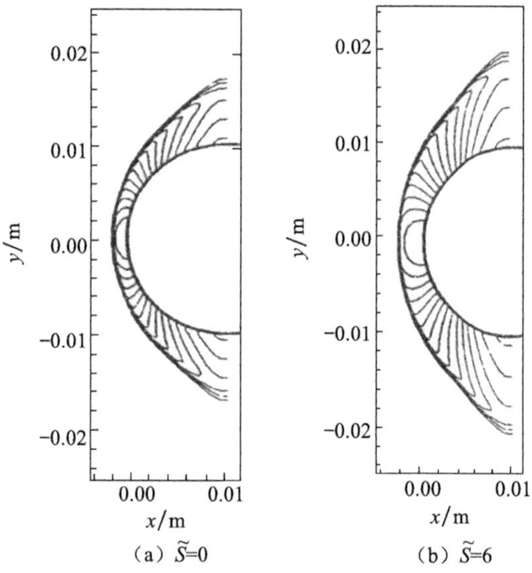

图 13.73 $M_\infty=5$，$R_{em}=0.01$，不同 $\tilde{S}$ 值时绕球 MHD 流动的等压线分布

图 13.74(a)和(b)分别给出了 $\tilde{S}=0$ 和 $\tilde{S}=6$，并且这两种情况下的来流 Mach 数和磁 Reynolds 数均为 $M_\infty=5$，$Re_m=0.01$ 时绕球 MHD 流动的弓形脱体激波以及声速线。图 13.75 给出了不同 $\tilde{S}$ 值时沿壁面热流的 Stanton 数 St 的分布，这里 St 定义为

$$St = \frac{q_W}{\rho_\infty V_\infty C_p (T_W - T_\infty)} \tag{13.5.19}$$

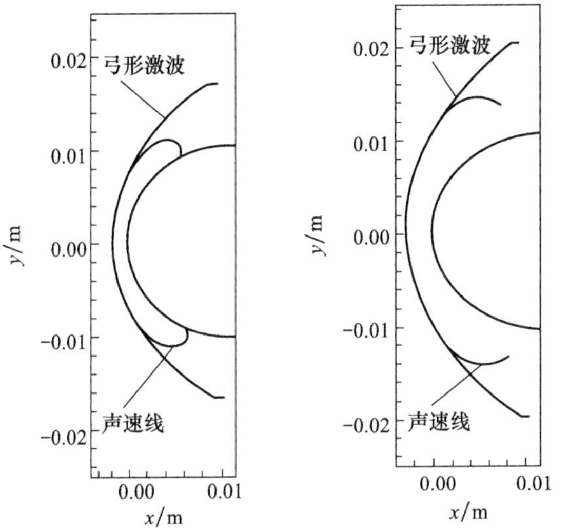

(a) $\tilde{S}=0$　　(b) $\tilde{S}=6$

图 13.74　$M_\infty=5$，$Re_m=0.01$，不同 $\tilde{S}$ 值时绕球 MHD 流动的弓形脱体激波以及声速线

由图 13.75 可以看出，相对于 $\tilde{S}=0$ 的情况，$\tilde{S}=3$ 时 Stanton 数下降了 13%，而 $\tilde{S}=6$ 时 Stanton 数下降了 25%。造成热流下降的主要原因是外加磁场使得脱体弓形激波发

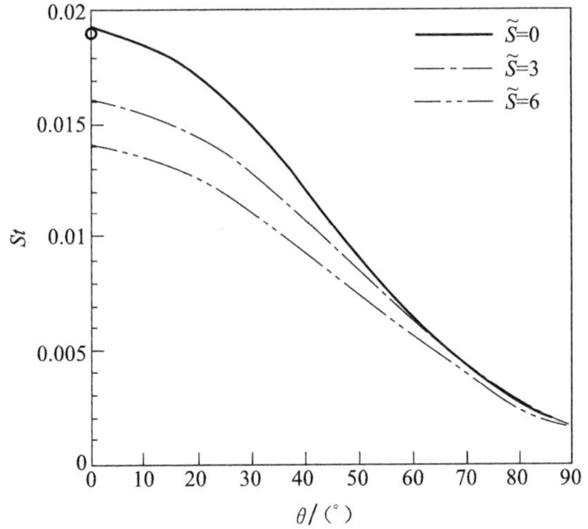

图 13.75　$M_\infty=5$，$Re_m=0.01$，不同 $\tilde{S}$ 值时绕球 MHD 流动时沿壁面 Stanton 数的分布

生变化，导致壁面边界层外缘速度和温度的下降以及壁面温度的法向梯度减小。另外，在上述计算中，由于来流温度($T_\infty=100\text{K}$)较低，通过激波的温度不超过650K，因此采用化学冻结流模型是允许的。在下面的算例中，飞行器在40km高空(这是通常AJAX类飞行器巡航飞行的高度)，驻点温度已超过1500K，因此在这个温度下化学反应不能忽略。

2. $M_\infty=5$，飞行高度为40km，不同 $\tilde{S}$ 值时绕球的MHD流动计算

这里讨论工况2，是指在40km高空以 $M_\infty=5$ 飞行的圆球体，外加7种 $\tilde{S}$ 值(其取值如表13.10所示)，磁Reynolds数 $Re_m=0.01$ 时绕球的MHD流动。

表 13.10 7种 $\tilde{S}$ 取值时相应 B_0 的值

$\tilde{S}$	0	1	2	3	4	5	6
B_0/T	0.000	1.105	1.562	1.913	2.209	4.470	4.706

图13.76给出了在40km高空以 $M_\infty=5$ 飞行的圆球，在不同外加磁场 $\tilde{S}$ 值时采用两种不同化学模型(即化学冻结流模型(即气体组元不随空间和时间变化)和化学平衡流(即具有无限大的反应速率和松弛时间为零)两种模型)的情况下计算得到的激波脱体距离相对量 Δ/r_b 的比较。

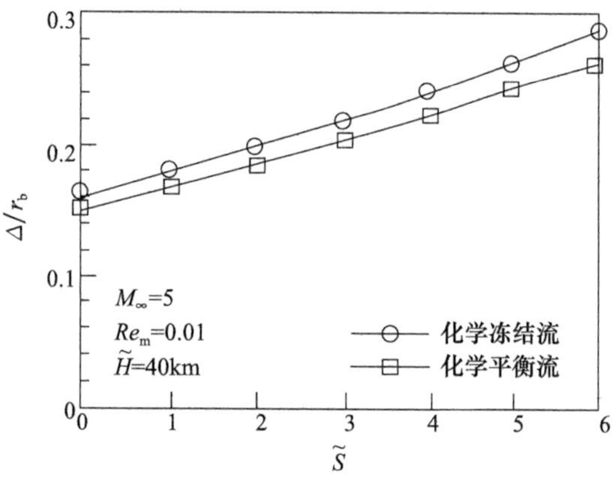

图13.76 工况2条件下，采用两种化学模型时激波脱体距离相对量 Δ/r_b 随 $\tilde{S}$ 的变化

图13.77～图13.79分别给出了沿球面滞止流线相对密度 ρ/ρ_∞、相对压强 p/p_∞ 以及相对温度 T/T_∞ 的变化曲线。可以看出：由于采用不同的化学模型导致相对密度增加6.8%、相对温度降低10%而相对压强变化不显著。

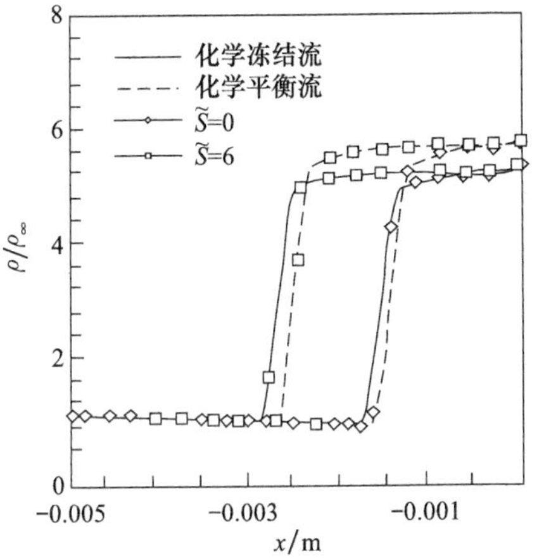

图 13.77　工况 2 条件下，采用两种化学模型时沿球面滞止流线相对密度 ρ/ρ_∞ 的变化曲线

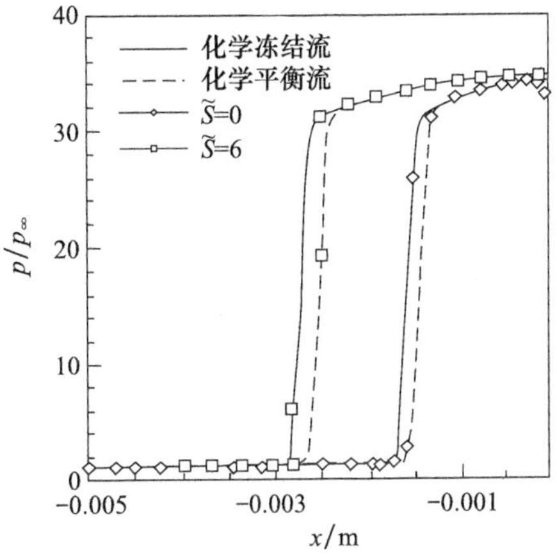

图 13.78　工况 2 条件下，采用两种化学模型时沿球面滞止流线相对压强 p/p_∞ 的变化曲线

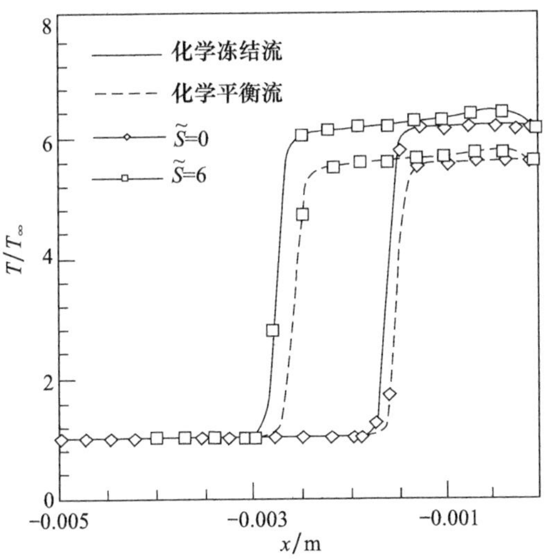

图 13.79　工况 2 条件下，采用两种化学模型时沿球面滞止流线相对温度 T/T_∞ 的变化曲线

13.5.4　$M_\infty=15$ 时两种 MHD 方程组计算结果的比较

在高超声速飞行与再入中，常用完全的 MHD 方程组，但有些飞行工况也可以采用低磁 Reynolds 数的 MHD 方程组。这两个方程组在计算结果中到底会出现多大差别，本节以 $M_\infty=15$ 的球锥体绕流问题加以探讨。为使读者清晰地明确本节所使用具体方程，这里首先给出所用的两种 MHD 方程组，而后针对典型算例比

较采用两种 MHD 方程组得到的计算结果。下面分三个问题进行探讨。

1. 完全的 MHD 方程组

本节使用的守恒型完全 MHD 方程为

$$\frac{\partial}{\partial t}\begin{bmatrix}\rho\\ \rho\boldsymbol{V}\\ e_{\mathrm{t}}\\ \boldsymbol{B}\end{bmatrix}+\nabla\cdot\begin{bmatrix}\rho\boldsymbol{V}\\ \rho\boldsymbol{V}\boldsymbol{V}+p^{*}\boldsymbol{I}-\dfrac{1}{\mu_0}\boldsymbol{B}\boldsymbol{B}\\ (e_{\mathrm{t}}+p^{*})\boldsymbol{V}-\dfrac{1}{\mu_0}\boldsymbol{B}(\boldsymbol{V}\cdot\boldsymbol{B})\\ \boldsymbol{V}\boldsymbol{B}-\boldsymbol{B}\boldsymbol{V}\end{bmatrix}=\begin{bmatrix}0\\ \nabla\cdot\boldsymbol{\Pi}\\ \nabla\cdot(\boldsymbol{\Pi}\cdot\boldsymbol{V})+\nabla\cdot\boldsymbol{q}+\dfrac{\eta_{\mathrm{m}}}{\mu_0}(\nabla\times\boldsymbol{B})^2\\ -\nabla\times(\eta_{\mathrm{m}}\nabla\times\boldsymbol{B})\end{bmatrix} \tag{13.5.20a}$$

$$p^{*}=p+\frac{1}{2\mu_0}\boldsymbol{B}\cdot\boldsymbol{B} \tag{13.5.20b}$$

$$e_{\mathrm{t}}=\frac{1}{2}\rho\boldsymbol{V}\cdot\boldsymbol{V}+\frac{p}{\gamma-1}+\frac{1}{2\mu_0}\boldsymbol{B}\cdot\boldsymbol{B} \tag{13.5.20c}$$

式中，$\boldsymbol{\Pi}$ 为黏性应力张量；η_{m} 为磁扩散系数；μ_0 为真空中的磁导率。

2. 低磁 Reynolds 数近似的 MHD 方程组

$$\frac{\partial}{\partial t}\begin{bmatrix}\rho\\ \rho\boldsymbol{V}\\ e_{\mathrm{t}}\end{bmatrix}+\nabla\cdot\begin{bmatrix}\rho\boldsymbol{V}\\ \rho\boldsymbol{V}\boldsymbol{V}+p\boldsymbol{I}-\boldsymbol{\Pi}\\ (e_{\mathrm{t}}+p)\boldsymbol{V}-\boldsymbol{\Pi}\cdot\boldsymbol{V}-\boldsymbol{q}\end{bmatrix}=\begin{bmatrix}0\\ \boldsymbol{J}\times\boldsymbol{B}\\ (\boldsymbol{J}\times\boldsymbol{B})\cdot\boldsymbol{V}+\dfrac{1}{\sigma}\boldsymbol{J}\cdot\boldsymbol{J}\end{bmatrix} \tag{13.5.21}$$

式中，σ 为电导率。

3. 典型算例以及两种 MHD 方程组计算结果的比较

图 13.80 给出了本节选用的典型球锥体的外形几何图，半锥角为 15°，来流 $M_\infty=15$。在球锥体头部施加的外磁场为偶极子型(见图 13.81)，其表达式为

$$\boldsymbol{B}=2B_0\boldsymbol{e}_r\left(\frac{r_{\mathrm{b}}}{r}\right)^3\cos\theta+B_0\boldsymbol{e}_\theta\left(\frac{r_{\mathrm{b}}}{r}\right)^3\sin\theta \tag{13.5.22a}$$

式中，θ 为与 x 轴间的夹角。

在三维笛卡儿(x,y,z)坐标系中有

$$B_x=-B_0(2\cos^2\theta-\sin\theta)\left(\frac{r_{\mathrm{b}}}{r}\right)^3 \tag{13.5.22b}$$

$$B_y=3B_0\left(\frac{r_{\mathrm{b}}}{r}\right)^3\sin\varphi\sin\theta\cos\theta \tag{13.5.22c}$$

$$B_z = 3B_0\left(\frac{r_b}{r}\right)^3 \cos\varphi\sin\theta\cos\theta \tag{13.5.22d}$$

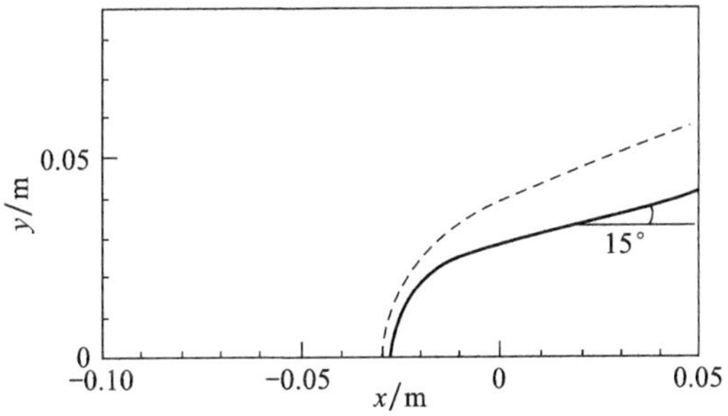

图 13.80　典型球锥体外形图($M_\infty=15$)

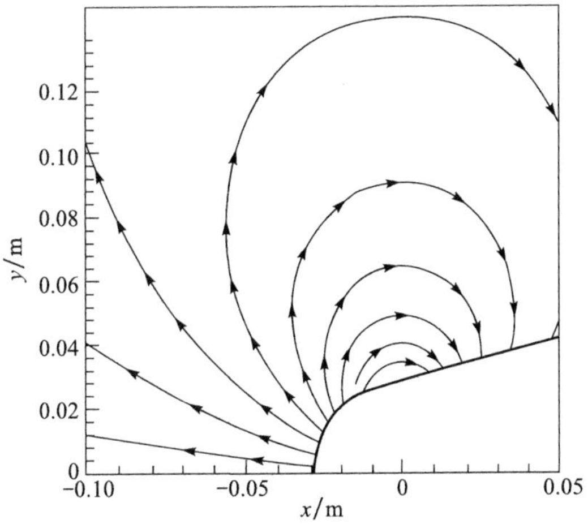

图 13.81　外加磁偶极子示意图

另外,γ、$\sin\theta$、$\cos\theta$ 以及 $\sin\varphi$、$\cos\varphi$ 与坐标系 xyz 之间的关系式为

$$r=(x^2+y^2+z^2)^{\frac{1}{2}}, \quad \sin\theta=\frac{1}{r}\sqrt{y^2+z^2} \tag{13.5.22e}$$

$$\cos\theta=-\frac{x}{r}, \quad \sin\varphi=\frac{y}{(y^2+z^2)^{\frac{1}{2}}} \tag{13.5.22f}$$

$$\cos\varphi=\frac{z}{(y^2+z^2)^{\frac{1}{2}}} \tag{13.5.22g}$$

此外,Stuart 参数 $\widetilde{S}$ 的定义为

$$\widetilde{S}=\frac{\sigma B_0^2 r_b}{\rho_\infty V_\infty} \tag{13.5.23}$$

图 13.82 和图 13.83 分别给出了 $B_0=1\mathrm{T}$（即 $\widetilde{S}=6$）和 $B_0=4\mathrm{T}$（即 $\widetilde{S}=96$）、$M_\infty=15$，采用两种 MHD 方程组[即式(13.5.20a)和式(13.5.21)]进行计算得到的脱体弓形激波的位置。可以看出：随着外加磁场 B_0 的增大，弓形激波离球锥体头部的距离变大。图 13.84 和图 13.85 分别给出了 $B_0=4\mathrm{T}$ 时采用两种 MHD 方程组进行计算得到的全场等压线分布和全场等温度线分布，图 13.86 和图 13.87 分别给出了球锥体表面上相对压强分布和壁面传热量 $\dot{\tilde{q}}$ 的分布，这里 $\dot{\tilde{q}}$ 定义为

$$\dot{\tilde{q}}=K\frac{\partial T}{\partial n} \tag{13.5.24}$$

式中，$\partial T/\partial n$ 为沿壁面的法向温度梯度。由图 13.87 可以看出，采用不同的两种 MHD 方程组（即式(13.5.20a)和式(13.5.21)模型）时，计算出的壁面传热量 $\dot{\tilde{q}}$ 相差十分显著。因此，选用什么样的方程组进行 MHD 流场计算绝对不是一件轻率的事，它需要经过飞行器的空中飞行试验或地面风洞吹风（如果地面上有这样高 Mach 数风洞设备的话）进行最后的判定与校核。

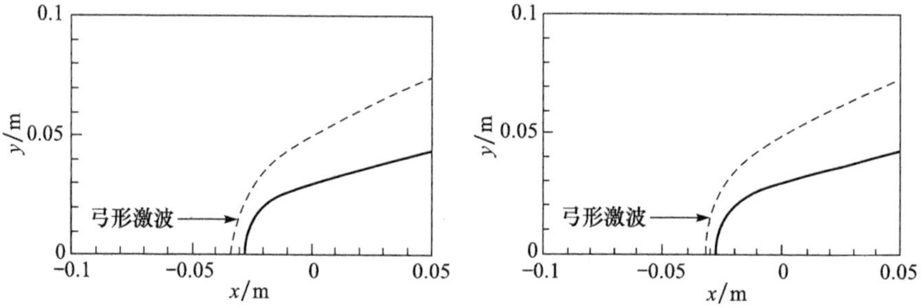

(a) 完全的MHD　　　　(b) 低Re_m近似的MHD

图 13.82　$B_0=1\mathrm{T}$ 与 $M_\infty=15$ 时采用两种 MHD 模型得到的弓形激波的位置

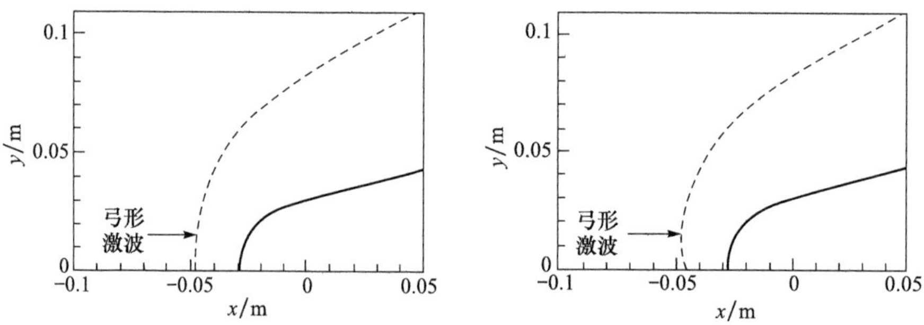

(a) 完全的MHD　　　　(b) 低Re_m近似的MHD

图 13.83　$B_0=4\mathrm{T}$ 与 $M_\infty=15$ 时采用两种 MHD 模型得到的弓形激波的位置

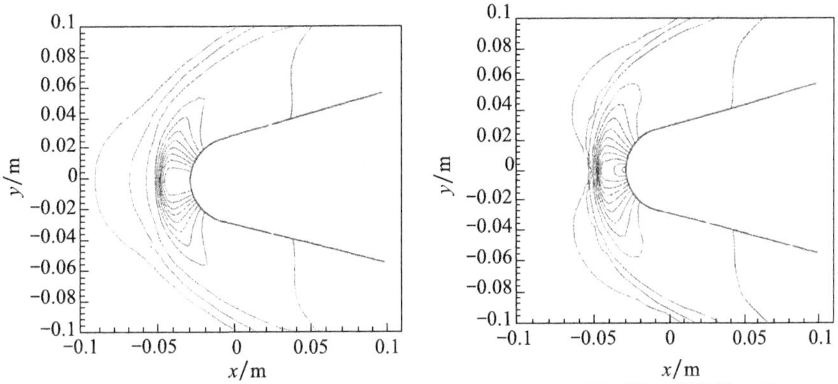

（a）完全的MHD　　（b）低Re_m近似的MHD

图 13.84　$B_0=4T$ 与 $M_\infty=15$ 时采用两种 MHD 模型得到的全场等压线分布

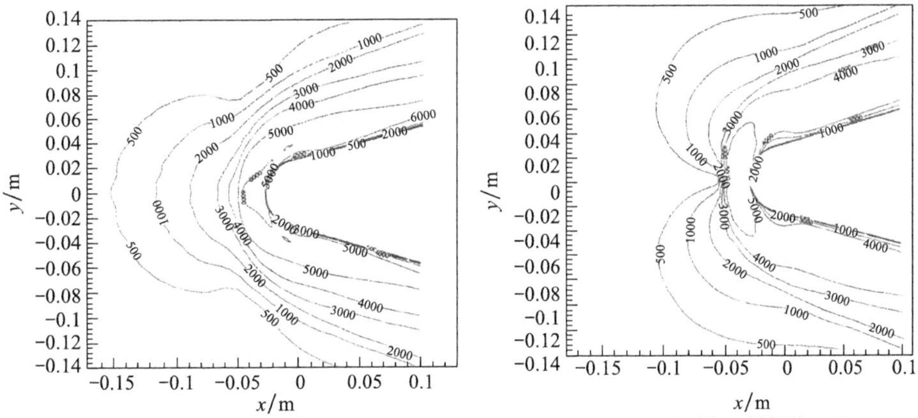

（a）完全的MHD　　（b）低Re_m近似的MHD

图 13.85　$B_0=4T$ 与 $M_\infty=15$ 时采用两种 MHD 模型得到的全场等温线分布

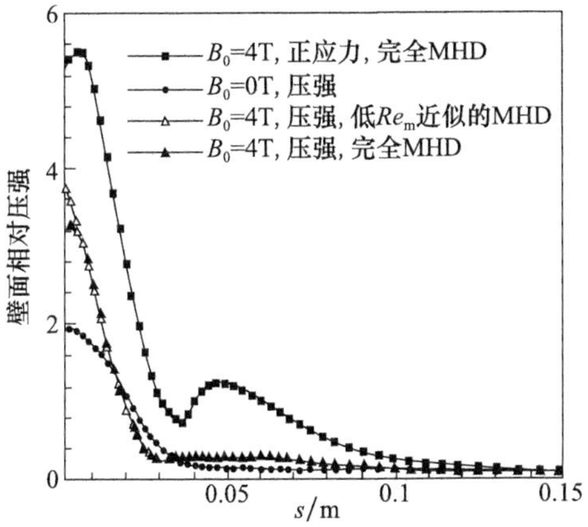

图 13.86　$M_\infty=15$ 时两种 MHD 模型得到的沿壁面相对压强的分布（当 $B_0=0$ 与 $B_0=4T$）

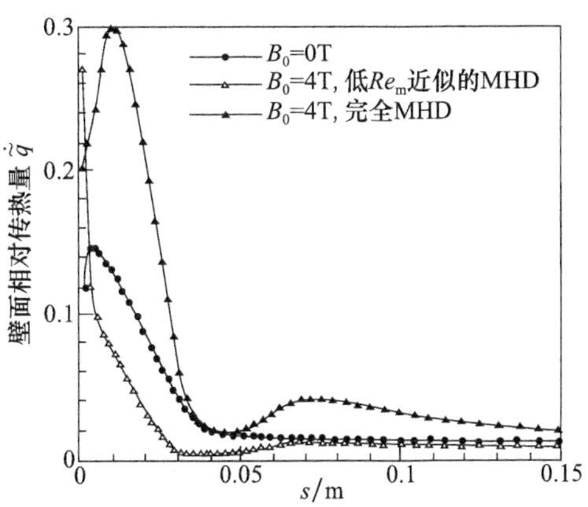

图 13.87　$M_\infty=15$ 时两种 MHD 模型得到的沿壁面相对 $\tilde{q}$ 的分布（当 $B_0=0$ 与 $B_0=4T$）

13.5.5　实际电导率模型的建立以及来流 $M_\infty=10.6$ 时的典型算例

1. 电导率模型的建立以及球体飞行器再入飞行时热化学状态的分区

在等离子体和 MHD 的理论分析与计算中[862~871]，实际电导率模型的建立十分重要[780,783,813,872]。任意电离度气体的电导率可由 Kantrowitz 公式给出，其表达式为

$$\frac{1}{\sigma}=\frac{1}{\sigma_H}+\frac{1}{\sigma_C} \tag{13.5.25a}$$

式中，σ_H 由 Spitzer-Härn 方程决定，mho/cm；σ_C 由 Chapman-Cowling 方程决定，mho/cm。

而相应地具体显式表达式为

$$\sigma_H=\frac{1.56\times10^4\times T^{3/2}}{\ln\dfrac{1.23\times10^4\times T^{3/2}}{n_e^{1/2}}} \tag{13.5.25b}$$

$$\sigma_C=3.34\times10^{-12}\frac{\alpha}{QT^{1/2}} \tag{13.5.25c}$$

式中，n_e 为电子密度；T 为温度；α 为电离度；Q 为碰撞截面。

图 13.88 给出了在标准大气条件下依据试验数据拟合出的曲线。由式(13.5.25a)可以看出，流场的温度是决定实际电导率的关键参数。当高超声速飞行器在 70km 以上高空飞行时，由于空气密度较低，使空气分子间碰撞频率下降，而且由于飞行器作高超声速飞行、速度快，导致气体分子的平动、转动、振动和电子激发等热力学变化过程滞后于它们各自的平衡状态，因此要经历一个热力学非平衡的过程。

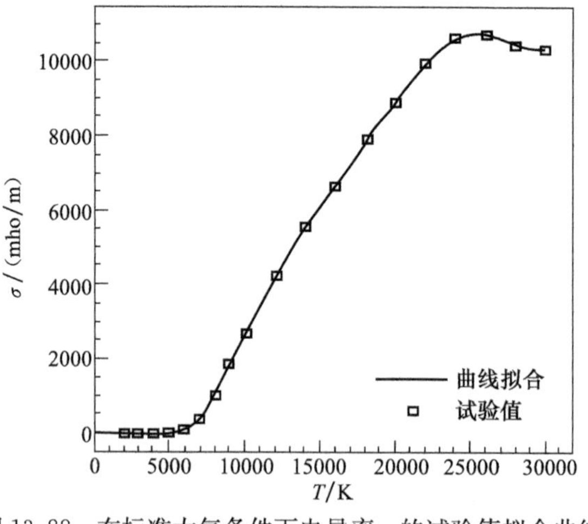

图 13.88　在标准大气条件下电导率 σ 的试验值拟合曲线

另外，为了刻化化学非平衡流，常引入流动特征时间 τ_f 与化学反应特征时间 τ_c 之比 Da，即 Damköhler 数，其表达式为

$$Da=\frac{\tau_f}{\tau_c} \tag{13.5.26}$$

当 $Da \ll 1$ 时为化学冻结流；当 $Da \gg 1$ 时为化学平衡流；当 Da 为 1 左右的有限值时，为化学非平衡流。文献[873]和[874]比较系统地研究了头部半径为 0.305m 的球形体飞行器驻点区域空气热化学状态的分区图(见图 13.89)。按照飞行的速度把驻点区空气的化学反应状态分成Ⅰ、Ⅱ、Ⅲ和Ⅳ区。其中Ⅰ区为理想气体和振动能量激发区。Ⅰ区驻点区的空气不发生化学反应，该区气体可作理想气体。Ⅱ区空气中的 O_2 发生离解，$O_2 \rightarrow 2O$，该区为 5 组元(N_2、O_2、O、N、NO)化学反应模型。Ⅲ区空气中的 N_2 和 O_2 发生离解，$N_2 \rightarrow 2N$，该区为 7 组元(N_2、O_2、O、N、NO、NO^+、e)化学反应模型。Ⅳ区空气中的原子和分子都发生电离，即

$$O \longrightarrow O^+ + e^-, N \longrightarrow N^+ + e^- \tag{13.5.27a}$$

并发生如下反应：

$$O+O \longrightarrow O_2^+ + e^- \tag{13.5.27b}$$

$$N+N \longrightarrow N_2^+ + e^- \tag{13.5.27c}$$

$$N+O \longrightarrow NO^+ + e^- \tag{13.5.27d}$$

该区需用 11 组元(N_2、O_2、O、N、NO、N_2^+、O_2^+、N^+、O^+、NO^+、e)化学反应模型。

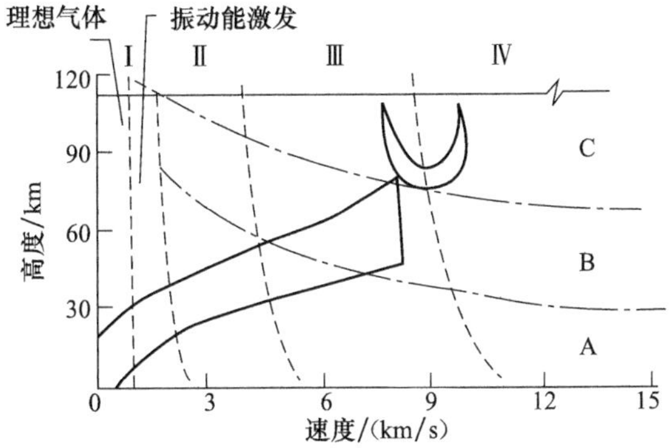

图 13.89 球体飞行器驻点区域空气热化学状态的分区

另外，在图 13.89 还用点划线分成 A、B 和 C 区；另外，在图 13.90 中，A 区空气处于化学和热力学平衡状态；B 区空气处于化学非平衡和热力学平衡状态；C 区空气处于化学非平衡和热力学非平衡状态。此外，图 13.89 中还用实线围成了两个区域：一个是航天飞机再入时的飞行走廊，另一个是轨道转移飞行器的飞行走廊。

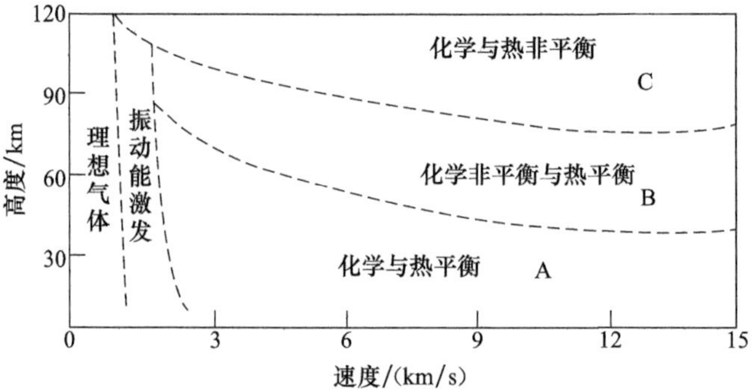

图 13.90　球体飞行器的 A、B、C 区(对于半径为 0.305m 的球体)

2. 外加磁场的三种形式以及数值求解 MHD 时的基本方程组

图 13.91 给出本节要计算的球锥体飞行器,其中半锥角 $\delta=15°$,球头半径 $r_b=0.1395$m;另外,图中 $a_0=0.8$m,$b_0=1.1$m。

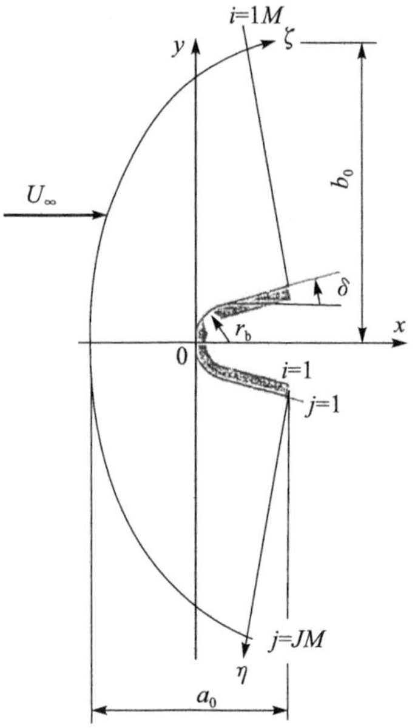

图 13.91　球锥体的外形尺寸

在本节典型算例的计算时,要涉及 3 种形式的外加磁场。

(1) 均匀磁场:

$$\boldsymbol{B}=B_0\boldsymbol{e}_y \tag{13.5.28a}$$

(2) 偶极子磁场

$$\boldsymbol{B}=B_0\left(\frac{r_b}{r}\right)^2\left[(\cos^2\theta-\sin^2\theta)\boldsymbol{e}_x+\boldsymbol{e}_y\sin(2\theta)\right] \tag{13.5.28b}$$

(3) 径向辐射状磁场

$$\boldsymbol{B}=B_0\,\frac{r_b}{r^2}(x\boldsymbol{e}_x+y\boldsymbol{e}_y) \tag{13.5.28c}$$

数值求解 MHD 流场的基本方程采用了引入 Powell 的 8 波修正后的方程组,即

$$\frac{\partial \boldsymbol{Q}}{\partial t}+\nabla\cdot\boldsymbol{F}_1+(\nabla\cdot\boldsymbol{B})\boldsymbol{F}_2=\boldsymbol{F}_3 \tag{13.5.29a}$$

式中,符号 $\boldsymbol{Q}$、$\boldsymbol{F}_1$、$\boldsymbol{F}_2$ 和 $\boldsymbol{F}_3$ 的定义分别为

$$\boldsymbol{Q}=\begin{bmatrix}\rho\\ \rho\boldsymbol{V}\\ \widetilde{e}_t\\ \boldsymbol{B}\end{bmatrix} \tag{13.5.29b}$$

$$\boldsymbol{F}_1=\begin{bmatrix}\rho\boldsymbol{V}\\ \boldsymbol{U}_1\\ \boldsymbol{U}_2-K\,\nabla T\\ \boldsymbol{VB}-\boldsymbol{BV}\end{bmatrix},\quad \boldsymbol{F}_2=\begin{bmatrix}0\\ \dfrac{\boldsymbol{B}}{\mu_0}\\ \boldsymbol{V}\cdot\dfrac{\boldsymbol{B}}{\mu_0}\\ \boldsymbol{V}\end{bmatrix},\quad \boldsymbol{F}_3=\begin{bmatrix}0\\ 0\\ b_1+\dot{q}\\ \eta_{\mathrm{m}}\nabla^2\boldsymbol{B}\end{bmatrix}\tag{13.5.29c}$$

式中，

$$\boldsymbol{U}_1=\rho\boldsymbol{VV}-\frac{1}{\mu_0}\boldsymbol{BB}+\boldsymbol{P}_{\mathrm{t}}\boldsymbol{I}-\boldsymbol{\Pi}\tag{13.5.29d}$$

$$\boldsymbol{U}_2=\left(\tilde{e}_{\mathrm{t}}+p+\frac{1}{2\mu_0}\boldsymbol{B}\cdot\boldsymbol{B}\right)\boldsymbol{V}-\left(\frac{1}{\mu_0}\boldsymbol{BB}+\boldsymbol{\Pi}\right)\cdot\boldsymbol{V}\tag{13.5.29e}$$

$$b_1=\frac{1}{\sigma\mu_0^2}(\nabla\times\boldsymbol{B})\cdot(\nabla\times\boldsymbol{B})\tag{13.5.29f}$$

将式(13.5.29c)与式(13.5.11c)进行比较，式(13.5.29c)较式(13.5.11c)省略了含体积力 $\boldsymbol{f}$ 的项。方程组(13.5.29a)就是本节求解的 MHD 基本方程。

3. 典型算例与分析

典型算例选取了图 13.91 的球锥体，来流 Mach 数 $M_\infty=10.6$，来流压强 $p_\infty=36.6\text{Pa}$，来流温度 $T_\infty=294.0\text{K}$。如果外加磁场取 $B_0=0.15\text{T}$ 并且采用式(13.5.28a)，于是图 13.92(a)给出了初始的外加磁场，图 13.92(b)给出了 MHD 计算收敛后全场等压线的分布，图 13.93 给出了 Navier-Stokes 解的全场等压线分布，比较图 13.92(b)和图 13.93 可以发现：在图 13.92(b)的弓形激波与头部壁面

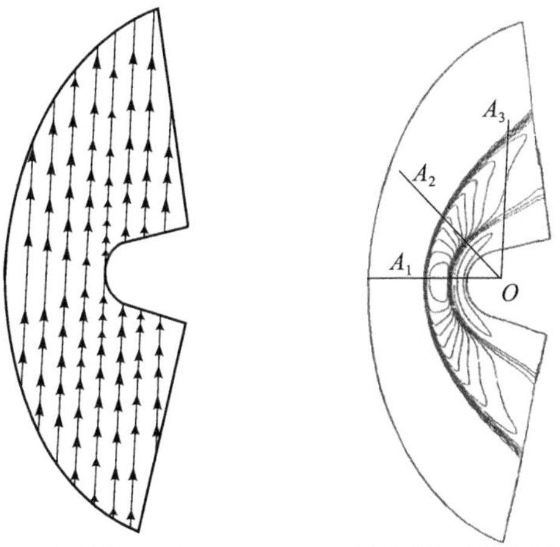

(a) 初始外加磁场　(b) MHD计算收敛后的全场等压线分布

图 13.92　初始外加磁场和 MHD 计算收敛后的全场等压线分布

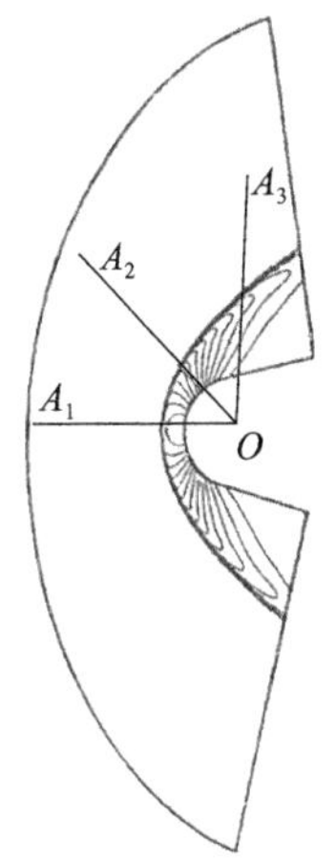

图 13.93　采用 Navier-Stokes 方程求解的全场等压线分布

之间出现了第 2 道波。另外，如果取 $B_0=0.15\text{T}$，外加磁场采用式(13.5.28b)，于是图 13.94(a)给出了初始的外加磁场，图 13.94(b)给出了 MHD 计算收敛后全场等压线的分布图。此外，如果取 $B_0=0.15\text{T}$，外加磁场采用式(13.5.28c)，于是图 13.95(a)给出了初始的外加磁场，图 13.95(b)给出了 MHD 计算收敛后全场等压线的分布。

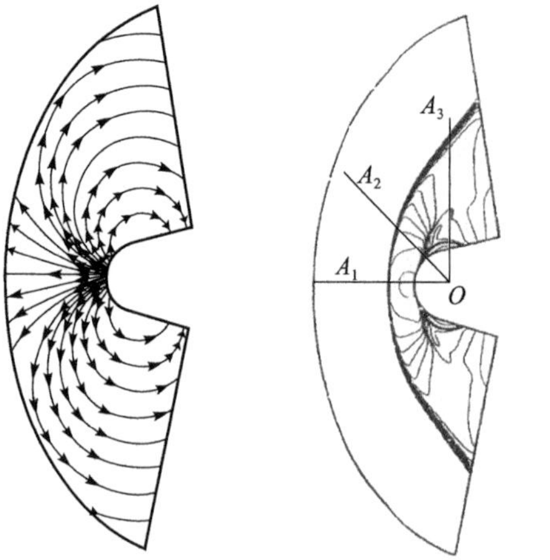

(a) 初始外加磁场　　(b) MHD计算收敛后的全场等压线分布

图 13.94　初始外加磁场和 MHD 计算收敛后的全场等压线分布

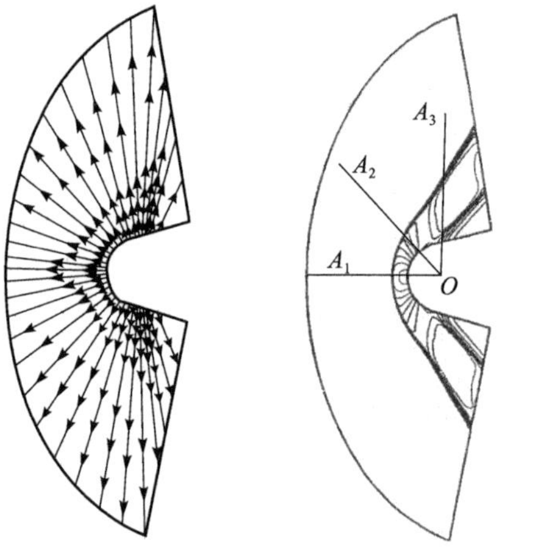

(a) 初始外加磁场　　(b) MHD计算收敛后的全场等压线分布

图 13.95　初始外加磁场 MHD 计算收敛后的全场等压线分布

图 13.96 给出了分别采用三种外加磁场(即式(13.5.28a)～式(13.5.28c))时，进行 MHD 计算得到的沿 A_3O 线压强的分布剖面。沿 A_1O 线和沿 A_2O 线上的压强剖面，因篇幅所限，这里不再给出。图 13.97(a)和(b)分别给出了 $B_0=0.15\text{T}$，外加磁场采取式(13.5.28a)时进行 MHD 计算得到的全场温度等值线分布和全场电导率等值线的分布。另外，图 13.98(a)和(b)分别给出了 $B_0=0.15\text{T}$，外加磁场采取式(13.5.28a)求解 MHD 时采用化学冻结流和化学平衡流模型得到的全场等压线分布图。图 13.99 分别给出了三种外加磁场(这里 $B_0=0.15\text{T}$)时采用 MHD 方程组(即式(13.5.29a))计算得到的沿壁面压力系数 C_p 的分布，以及与 Navier-Stokes 方程组解的比较。可以发现：外加磁场采用式(13.5.28a)设置时，得到的压力系数 C_p 最低。

此外，图 13.100 分别给出了沿轴线温度与电导率的分布剖面(当 $B_0=0.15\text{T}$ 时)。从图 13.100 中可以发现：电导率 σ 的分布非常不均匀，尤其是通过第 2 道波时变化十分剧烈，它与温度的分布密切关联，而且这里温度分布的变化也非常剧烈。因此，准确地求出 MHD 流场中的温度场与电导率场是成功完成磁流体力学数值计算的关键，对此需要高度关注。

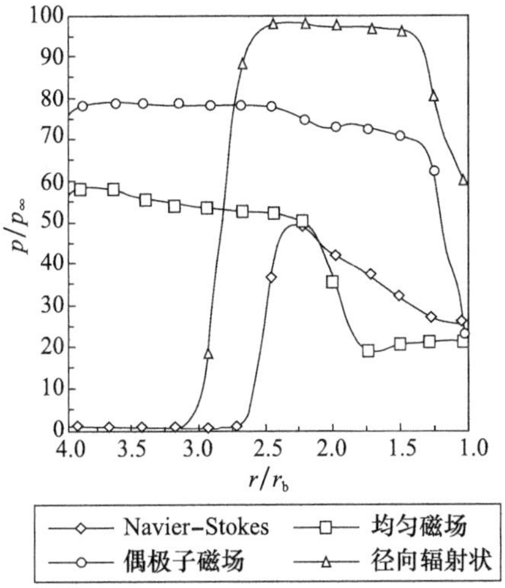

图 13.96　沿 A_3O 线的压强分布剖面（B_0＝0.15T 时）

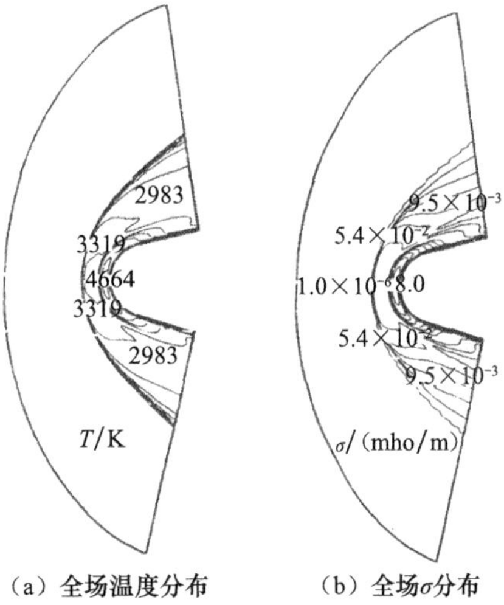

（a）全场温度分布　（b）全场σ分布

图 13.97　全场温度和电导率等值线分布

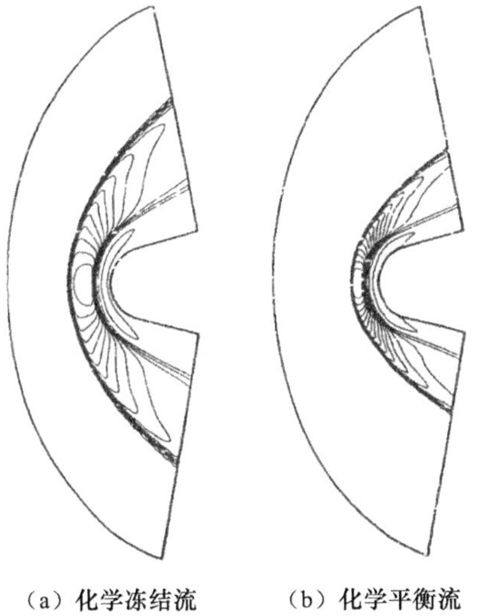

（a）化学冻结流　（b）化学平衡流

图 13.98　采用化学冻结流模型和化学平衡流模型得到的全场等压线分布

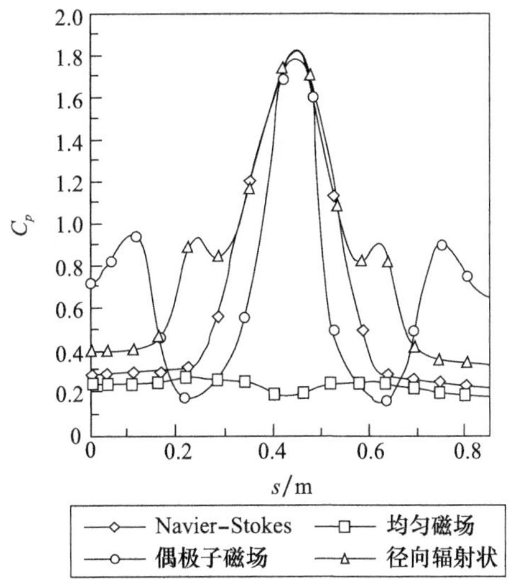

图 13.99　三种外加磁场时求解 MHD 方程组得到的沿壁面压力系数 C_p 的分布

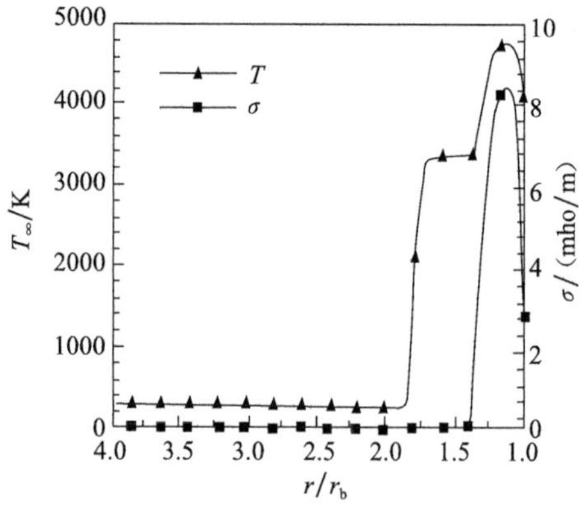

图 13.100　沿轴线温度与电导率的分布剖面($B_0=0.15$T)

13.5.6　广义 Ohm 定律、Hall 效应和离子滑移问题

随着近代航天工程的深入发展，Hall 效应和离子滑移问题已引起学术界的重视。人们已经发现：Hall 效应和离子滑移可以抑制 Lorentz 力和 Joule 热，它可以导致电导率的降低，降低了磁场的效能。因此，在广义 Ohm 定律的框架下，将 Hall 效应和离子滑动参数纳入 MHD 的考虑范围已成为最近 10 年来国外磁流体力学计算与 MHD 流动控制领域研究的重要新方向，对此 AMME Lab 团队也注意了这方面的探讨。本节仅扼要讨论以下五个方面。

1. 广义 Ohm 定律

通常，广义 Ohm 定律可写为[783,862]

$$\boldsymbol{J}=\sigma[\boldsymbol{E}+\boldsymbol{V}\times\boldsymbol{B}-\beta(\boldsymbol{J}\times\boldsymbol{B})+\alpha(\boldsymbol{J}\times\boldsymbol{B}\times\boldsymbol{B})] \tag{13.5.30}$$

式中，σ 为电导率；β 与 α 分别代表 Hall 效应参数和离子滑移参数。在强电磁场和高空低密度气体时，Hall 效应和离子滑移都需要考虑。尤其是在磁流体控制问题中，它将导致电导率的降低。

2. 广义 Ohm 定律框架下 Lorentz 力的表达式

在广义 Ohm 定律的框架下，Lorentz 力(即 $\boldsymbol{J}\times\boldsymbol{B}$)可整理为如下形式：

$$\boldsymbol{J}\times\boldsymbol{B}=\frac{1}{\tilde{D}}[(\boldsymbol{J}\times\boldsymbol{B})_0+\alpha(\boldsymbol{J}\times\boldsymbol{B})_\alpha+\beta(\boldsymbol{J}\times\boldsymbol{B})_\beta] \tag{13.5.31a}$$

式中，

$$(\boldsymbol{J}\times\boldsymbol{B})_0=\sigma[-(\boldsymbol{B}\cdot\boldsymbol{B})\boldsymbol{V}+(\boldsymbol{B}\cdot\boldsymbol{V})\boldsymbol{B}+\boldsymbol{E}\times\boldsymbol{B}] \tag{13.5.31b}$$

$$(\boldsymbol{J}\times\boldsymbol{B})_\alpha=\sigma^2(\boldsymbol{B}\cdot\boldsymbol{B})[\boldsymbol{E}\times\boldsymbol{B}-(\boldsymbol{B}\cdot\boldsymbol{B})\boldsymbol{V}+(\boldsymbol{B}\cdot\boldsymbol{V})\boldsymbol{B}]=\sigma(\boldsymbol{B}\cdot\boldsymbol{B})(\boldsymbol{J}\times\boldsymbol{B})_0 \tag{13.5.31c}$$

$$(\boldsymbol{J}\times\boldsymbol{B})_{\beta}=\sigma^{2}[(\boldsymbol{B}\cdot\boldsymbol{B})\boldsymbol{E}-(\boldsymbol{B}\cdot\boldsymbol{E})\boldsymbol{B}+(\boldsymbol{B}\cdot\boldsymbol{B})(\boldsymbol{V}\times\boldsymbol{B})] \tag{13.5.31d}$$

$$\widetilde{D}=(1+\alpha\sigma\boldsymbol{B}\cdot\boldsymbol{B})^{2}+(\beta\sigma\boldsymbol{B})^{2} \tag{13.5.31e}$$

式中，$(\boldsymbol{J}\times\boldsymbol{B})_0$ 项代表原来的 Ohm 定律；$(\boldsymbol{J}\times\boldsymbol{B})_\beta$ 和 $(\boldsymbol{J}\times\boldsymbol{B})_\alpha$ 项代表 Hall 效应和离子滑移做出的贡献。

3. 广义 Ohm 定律框架下 Joule 热的表达式

在能量方程中，$\boldsymbol{E}\cdot\boldsymbol{J}$ 常称为 Joule 耗散或者 Joule 热。在广义 Ohm 定律的框架下，Joule 热可以整理为如下形式：

$$\boldsymbol{E}\cdot\boldsymbol{J}=\frac{1}{\widetilde{D}}[(\boldsymbol{E}\cdot\boldsymbol{J})_{0}+\alpha(\boldsymbol{E}\cdot\boldsymbol{J})_{\alpha}+\alpha^{2}(\boldsymbol{E}\cdot\boldsymbol{J})_{\alpha^{2}}+\beta(\boldsymbol{E}\cdot\boldsymbol{J})_{\beta}+\beta^{2}(\boldsymbol{E}\cdot\boldsymbol{J})_{\beta^{2}}] \tag{13.5.32a}$$

式中，

$$(\boldsymbol{E}\cdot\boldsymbol{J})_{0}=\sigma[\boldsymbol{E}\cdot(\boldsymbol{E}+\boldsymbol{V}\times\boldsymbol{B})] \tag{13.5.32b}$$

$$(\boldsymbol{E}\cdot\boldsymbol{J})_{\alpha}=\sigma^{2}\{(\boldsymbol{E}\cdot\boldsymbol{E})(\boldsymbol{B}\cdot\boldsymbol{B})+(\boldsymbol{E}\cdot\boldsymbol{B})^{2}+(\boldsymbol{B}\cdot\boldsymbol{B})[\boldsymbol{B}\cdot(\boldsymbol{E}\times\boldsymbol{V})]\} \tag{13.5.32c}$$

$$(\boldsymbol{E}\cdot\boldsymbol{J})_{\alpha^{2}}=\sigma^{3}(\boldsymbol{B}\cdot\boldsymbol{B})(\boldsymbol{B}\cdot\boldsymbol{E})^{2}=(\boldsymbol{B}\cdot\boldsymbol{B})(\boldsymbol{E}\cdot\boldsymbol{J})_{\beta^{2}} \tag{13.5.32d}$$

$$(\boldsymbol{E}\cdot\boldsymbol{J})_{\beta}=\sigma^{2}[(\boldsymbol{B}\cdot\boldsymbol{B})(\boldsymbol{E}\cdot\boldsymbol{V})-(\boldsymbol{E}\cdot\boldsymbol{B})(\boldsymbol{B}\cdot\boldsymbol{V})] \tag{13.5.32e}$$

$$(\boldsymbol{E}\cdot\boldsymbol{J})_{\beta^{2}}=\sigma^{3}(\boldsymbol{B}\cdot\boldsymbol{E})^{2} \tag{13.5.32f}$$

4. 广义 Ohm 定律框架下的 MHD 基本方程组

通常意义上，MHD 基本方程组为

(1) 连续方程：

$$\frac{\partial}{\partial t}\rho+\nabla\cdot(\rho\boldsymbol{V})=0 \tag{13.5.33a}$$

(2) 动量方程：

$$\frac{\partial}{\partial t}(\rho\boldsymbol{V})+\nabla\cdot(\rho\boldsymbol{V}\boldsymbol{V}+p\boldsymbol{I}-\boldsymbol{\Pi})=\boldsymbol{J}\times\boldsymbol{B} \tag{13.5.33b}$$

(3) 能量方程：

$$\frac{\partial}{\partial t}e_{\mathrm{t}}+\nabla\cdot[(e_{\mathrm{t}}+p)\boldsymbol{V}-\boldsymbol{\Pi}\cdot\boldsymbol{V}]=\boldsymbol{J}\cdot\boldsymbol{E}+\nabla\cdot(K\nabla T) \tag{13.5.33c}$$

式中，K 为热传导系数；e_{t} 的定义式为

$$e_{\mathrm{t}}=\frac{1}{2}\rho\boldsymbol{V}\cdot\boldsymbol{V}+\frac{p}{\gamma-1} \tag{13.5.33d}$$

因此将式(13.5.31a)与式(13.5.32a)分别代入式(13.5.33b)与式(13.5.33c)后，便得到广义 Ohm 定律框架下的动量方程与能量方程，即

$$\frac{\partial}{\partial t}(\rho \boldsymbol{V}) + \nabla\cdot(\rho \boldsymbol{V}\boldsymbol{V} + p\boldsymbol{I} - \boldsymbol{\Pi}) = \frac{1}{\widetilde{D}}[(\boldsymbol{J}\times\boldsymbol{B})_0 + \alpha(\boldsymbol{J}\times\boldsymbol{B})_\alpha + \beta(\boldsymbol{J}\times\boldsymbol{B})_\beta] \tag{13.5.34a}$$

$$\begin{aligned}&\frac{\partial}{\partial t}e_t + \nabla\cdot[(e_t + p)\boldsymbol{V} - \boldsymbol{\Pi}\cdot\boldsymbol{V}]\\ &= \nabla\cdot(K\nabla T) + \frac{1}{\widetilde{D}}[(\boldsymbol{E}\cdot\boldsymbol{J})_0 + \alpha(\boldsymbol{E}\cdot\boldsymbol{J})_\alpha + \alpha^2(\boldsymbol{E}\cdot\boldsymbol{J})_{\alpha^2} + \beta(\boldsymbol{E}\cdot\boldsymbol{J})_\beta + \beta^2(\boldsymbol{E}\cdot\boldsymbol{J})_{\beta^2}]\end{aligned} \tag{13.5.34b}$$

式中，$\widetilde{D}$ 的定义同式(13.5.31e)；e_t 的定义同式(13.5.33d)；K 为热传导系数；另外，符号$(\boldsymbol{J}\times\boldsymbol{B})_0$、$(\boldsymbol{J}\times\boldsymbol{B})_\alpha$ 和$(\boldsymbol{J}\times\boldsymbol{B})_\beta$ 的定义同式(13.5.31a)；符号$(\boldsymbol{E}\cdot\boldsymbol{J})_0$、$(\boldsymbol{E}\cdot\boldsymbol{J})_\alpha$、$(\boldsymbol{E}\cdot\boldsymbol{J})_{\alpha^2}$、$(\boldsymbol{E}\cdot\boldsymbol{J})_\beta$ 和$(\boldsymbol{E}\cdot\boldsymbol{J})_{\beta^2}$ 的定义同式(13.5.32a)。此外，在广义 Ohm 定律的框架下，连续方程仍不变，即

$$\frac{\partial}{\partial t}\rho + \nabla\cdot(\rho\boldsymbol{V}) = 0 \tag{13.5.34c}$$

(4) 磁感应方程。由 Faraday 定律出发，利用 Ampere 定律和广义 Ohm 定律便可得到如下形式的磁感应方程：

$$\begin{aligned}&\frac{\partial \boldsymbol{B}}{\partial t} - \nabla\times(\boldsymbol{V}\times\boldsymbol{B}) = \frac{\partial \boldsymbol{B}}{\partial t} + \nabla\cdot(\boldsymbol{V}\boldsymbol{B} - \boldsymbol{B}\boldsymbol{V})\\ &= \eta_m\nabla^2\boldsymbol{B} - \nabla\times\left[\left(\frac{\beta}{\mu_0}\nabla\times\boldsymbol{B}\right)\times\boldsymbol{B} - \left(\frac{\alpha}{\mu_0}\nabla\times\boldsymbol{B}\right)\times\boldsymbol{B}\times\boldsymbol{B}\right]\end{aligned} \tag{13.5.34d}$$

式(13.5.34d)就是广义 Ohm 定律框架下的磁感应方程，式中 η_m 为磁扩散系数，其表达式为

$$\eta_m = \frac{1}{\sigma\mu_0} \tag{13.5.34e}$$

至此，在广义 Ohm 定律的框架下，完整的 MHD 方程组已由式(13.5.34a)～式(13.5.34d)给出。

(5) 考虑 Hall 效应与离子滑移参数时的 Hartmann 流动。

在通常 Ohm 定律的情况下，本书 9.5 节曾讨论过 Hartmann 流动的理论解。本节则在广义 Ohm 定律的框架下，用数值方法得到 Hartmann 流动的数值解。令流体的动力黏性系数 $\mu_f = \text{const}$，并且电导率 $\sigma = \text{const}$，考虑两块无限长平行板间的 Hartmann 流动，两板间距为 $2h$，如图 13.101 所示。沿 y 方向加入磁场 $B_0 = \text{const}$，z 方向加入定常电磁($E_z = \text{const}$)，其载荷因子 $\widetilde{K} = -E_z/VB_{\text{ref}} = 1$。这里定义 Hartmann 数是一个无量纲参数，其定义为

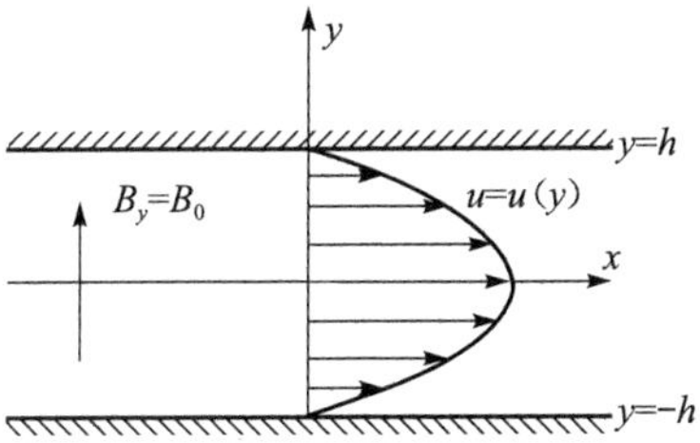

图 13.101　典型 Hartmann 流动示意图

$$Ha=B_0h\sqrt{\frac{\sigma}{\mu_f}} \tag{13.5.35}$$

式中，σ 与 μ_f 分别为电导率与流体动力黏性系数。

另外，还应定义 Hall 参数 R_H 和离子滑移参数 I_S，其定义式分别为

$$R_H=(\sigma\beta B)_{ref} \tag{13.5.36}$$

$$I_S=(\sigma\alpha B^2)_{ref} \tag{13.5.37}$$

数值计算采用本节推导的广义 Ohm 定律框架下的 MHD 基本方程组(13.5.34)。

图 13.102 分别给出了当 $Ha=0$ 和 $Ha=10$ 时 u/u_0 沿 y 向的分布；图 13.103 和图 13.104 分别给出 R_H 与 I_S 取 4 组值(参见表 13.11)时 u/u_0 和 w/u_0 沿 y 向的分布曲线。图 13.105 给出了合成速度沿 y 向变化的示意图。显然这里的结果不同于第 9.5 节中的经典解。

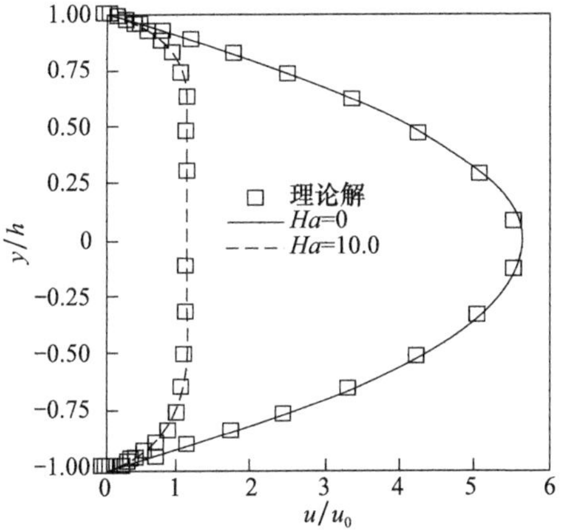

图 13.102　两种 Hall 参数下 u/u_0 沿 y 的分布剖面

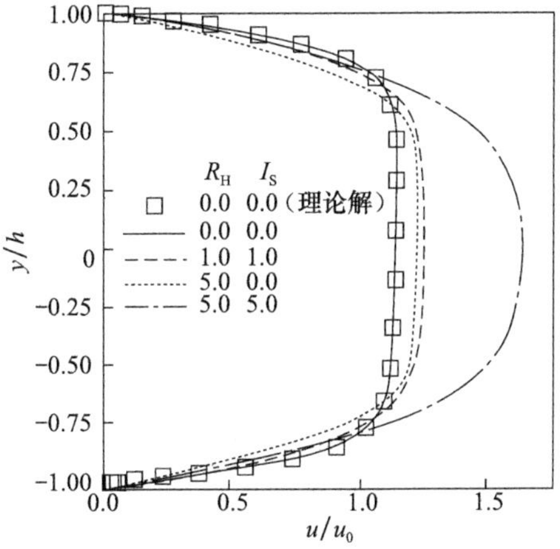

图 13.103　四种 R_H 与 I_S 取值下 u/u_0 沿 y 的分布剖面

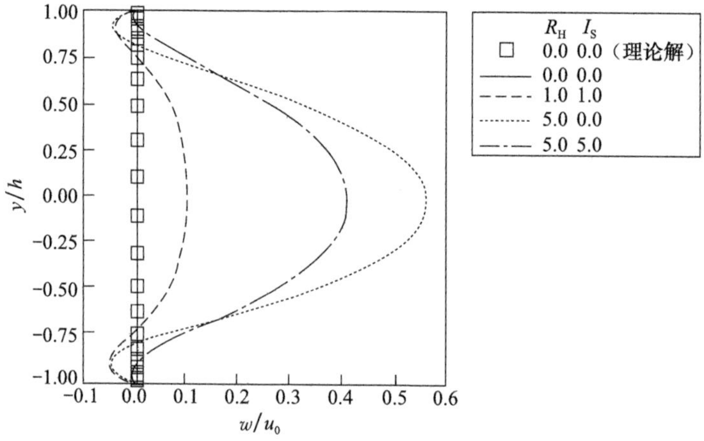

图 13.104　四种 R_H 与 I_S 取值下 w/u_0 沿 y 的分布剖面

表 13.11　R_H 与 I_S 的 4 组取值

R_H	I_S	R_H	I_S
0.0	0.0	5.0	0.0
1.0	1.0	5.0	5.0

由图 13.103 可以看出，随着 R_H 或 I_S 的增大，速度剖面的峰值也在增大。另外，由图 13.104 可以看到，对于 R_H 或 I_S 取非零值的某个范围内，w/u_0 沿 y 向在壁面附近出现了负的分布速度，这是一个很重要的现象，它体现了 Hall 效应与离子滑移的物理现象。此外，图 13.105 给出了在 xz 平面内合成速度的示意图。需要说明的是，类似的现象在文献[875]中也讨论与描述过。

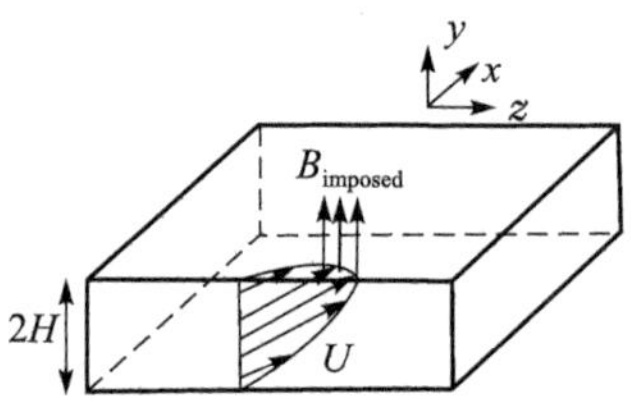

图 13.105　在 xz 平面内合成速度的示意图

在即将结束本节讨论时还有一点应该要说明，即湍流模型与磁流体力学之间耦合方面的问题，在本章中占用的篇幅较少。其实，在流体力学的研究领域中，湍流本身的机理至今还未彻底弄清，因此数值计算时必须要根据算例的流动工况去选择合适的湍流模型。如今，虽已发展了许多优秀的湍流模式（如一方程模式[876]、k-ε 模式以及各种 Reynolds 应力模式[630,877]等），但它们都有各自的适用范围。另外，20 世纪 80 年代以来，除了以上讨论的与 AJAX 相关的磁流体力学控制技术发展很快之外，各种机载高能激光器以及激光雷达、激光通信、红外寻的装置、激光武器等也获得了飞速的发展。但这些装置在使用中普遍存在着激光通过湍流边界层后，光束扩散、波面变形、远场光斑能量衰减现象。尤其是目前高速导弹头部的自动寻的器上都安装有光学头罩，弹体在大气层中作高速飞行时头罩与周围气体会发生剧烈的相互作用，这就使得机载光学寻的器的光学成像系统中目标像的像差急剧增加，发生了畸变、偏移、模糊和跳动等一系列不希望发生的现象，并直接影响了对目标的精确打击。气动光学的研究已证实：比较准确地计算湍流的密度已成为定量研究光学传输效应的关键。另外，通常光学成像探测系统帧积分时间一般在微妙、毫秒的量级，所以在研究湍流流场对光学成像的影响时，应该将亚微秒内的时间尺度作为建立瞬态状态时相位脉动功率谱滤波的截止频率。此外，气动光学的研究还证实：要分析上述由于高速流场产生的图像抖动以及这种脉动与抖动误差对成像探测系统跟踪性能的影响和对末制导系统制导控制精度的影响，需要应用成像探测系统的数学模型、制导律和高速飞行器末制导控制系统的数学模型进行一套完整的分析才可最终确定。因此，现代航天、航空工程的需要以及国防上的急需，使气动光学、磁流体力学以及湍流理论研究与应用融合在一起，使得磁流体力学、气动光学技术[878~881]以及激光气体动力学[882]等交叉学科获得了新的发展。

参考文献

[1] Tsien H S. Similarity Laws of hypersonic flows. Journal of Mathematics and Physics,1946, 25:247－251.

[2] 钱学森. 星际航行概论. 北京:科学出版社,1963.

[3] 钱学森. 创建系统学. 太原:山西科学技术出版社,2001.

[4] 王保国,王伟,徐燕骥. 人机系统方法学. 北京:清华大学出版社,2015.

[5] 王保国,黄伟光. 高超声速气动热力学. 北京:科学出版社,2014.

[6] 石光漪,戴世强,李家春,等. 郭永怀文集. 北京:科学出版社,1982.

[7] 钱学森. 物理力学讲义. 北京:科学出版社,1962.

[8] Shapiro A H. The Dynamics and Thermodynamics of Compressible Fluid Flow. New York: The Ronald Press,1953.

[9] 童秉纲,孔祥言,邓国华. 气体动力学. 北京:高等教育出版社,1990.

[10] Emmons H W. Fundamentals of Gas Dynamics(Section B). Princeton:Princeton University Press,1958.

[11] Thompson P A. Compressible Fluid Dynamics. New York:McGraw-Hill,1972.

[12] 王保国,刘淑艳,黄伟光. 气体动力学. 北京:北京理工大学出版社,北京航空航天大学出版社,西北工业大学出版社,哈尔滨工业大学出版社,哈尔滨工程大学出版社,2005.

[13] von Karman T. Frow Low Speed Aerodynamics to Astronautics. Oxford:Pergamon Press, 1963.

[14] Anderson J D . Hypersonic and High Temperature Gas Dynamics. New York: McGraw-Hill,1989.

[15] Vincenti W G,Kruger C H. Introduction to Physical Gas Dynamics. New York:John Wiley & Sons,1965.

[16] 卞荫贵,徐立功. 气动热力学. 合肥:中国科学技术大学出版社,1997.

[17] Park C. Nonequilibrium Hypersonic Aerothermodynamics. New York: John Wiley & Sons,1990.

[18] Bertin J J. Hypersonic Aerothermodynamics. Washington D. C. : American Institute of Aeronautics and Astronautics,1994.

[19] 王保国,高歌,黄伟光,等. 非定常气体动力学. 北京:北京理工大学出版社,2014.

[20] Hirschel E H. Basics of Aerothermodynamics. New York:Springer-Verlag,2005.

[21] Pippert G F. On the Structure of Wake Turbulence Deduced from Field Radar Measurments. AIAA Paper 63-446,1963.

[22] Ball A J,Garry J R,Lorenz R D,et al. Planetary Landers and Entry Probes. Cambridge: Cambridge University Press,2007.

[23] 黄志澄. 航天空气动力学. 北京:宇航出版社,1994.

[24] 黄志澄. 高超声速飞行器空气动力学. 北京:国防工业出版社,1995.

[25] 趙梦熊. 载人飞船空气动力学. 北京:国防工业出版社,2000.

[26] 张鲁民,叶友达,纪楚群,等. 航天飞机空气动力学分析. 北京:国防工业出版社,2009.

[27] Abgrall R,Desideri J A,Glowinski R,et al. Hypersonic Flows for Reentry Problems. Vol 3. New York:Springer-Verlag,1991.

[28] 乐嘉陵,高铁锁,曾学军. 再入物理. 北京:国防工业出版社,2005.

[29] 张志成,潘梅林,刘初平. 高超声速气动热和热防护. 北京:国防工业出版社,2003.

[30] 卞荫贵,钟家康. 高温边界层传热. 北京:科学出版社,1986.

[31] 张志成. 气动物理学. 北京:国防工业出版社,2013.

[32] 尹协远,夏南. 高超音速空气动力学. 合肥:中国科学技术大学出版社,1982.

[33] 欧阳水吾,谢中强. 高温非平衡空气绕流. 北京:国防工业出版社,2001.

[34] 瞿章华,刘伟,曾明,等. 高超声速空气动力学. 长沙:国防科技大学出版社,2001.

[35] Lifshitz E M,Pitaevskii L P. Physical Kinetics. Oxford:Pergamon Press,1981.

[36] Brittin W E. Kinetic Theory. New York:Gordon and Breach Science Publishers,1967.

[37] Kogan M N. Rarefied Gas Dynamics. New York:Plenum Press,1969.

[38] Cercignani C, Illner R, Pulvirenti M. The Mathematical Theory of Dilute Gases. New York:Springer-Verlag,1982.

[39] Chapman S,Cowling T G. The Mathematical Theory of Non-Uniform Gases. 3rd ed. Cambridge:Cambridge University Press,1970.

[40] Shen C. Rarefied Gas Dynamics: Fundamentals, Simulation and Micro Flows. Berlin: Springer-Verlag,2005.

[41] 王保国,刘淑艳. 稀薄气体动力学计算. 北京:北京航空航天大学出版社,2013.

[42] Cheremisin F G. Solution of the Wang Chang-Uhlenbeck master equation. Doklady Physics,2002,47(12):872—875.

[43] 王保国,黄伟光,钱耕,等. 再入飞行中 DSMC 与 Navier-Stokes 两种模型的计算与分析. 航空动力学报,2011,26(5):961—976.

[44] 孙成海,王保国,沈孟育. 格子 Boltzmann 方法的质量扩散模型. 计算物理,1997,14(4):671—673.

[45] Wang B G,Qian G,Agarwal R K,et al. Generalized Boltzmann solution for non-equilibrium flows and the computation of flowfields of binary gas mixtures. Propulsion and Power Research,2012(1):48—57.

[46] Sun C H,Wang B G,Shen M Y. Lattice Boltzmann models for heat transfer. Communications in Nonlinear Science and Numerical Simulation,1997,2(4):212—216.

[47] 王保国,李学东,刘淑艳. 高温高速稀薄流的 DSMC 算法与流场传热分析. 航空动力学报,2010,25(6):1203—1220.

[48] 孙成海,王保国,沈孟育. 完全气体格子 Boltzmann 热模型. 清华大学学报,2000,40(4):51—54.

[49] Sun C H, Wang B G, Shen M Y. Adaptive lattice Boltzmann models for compressible flow. Tsinghua Science and Technology, 2000, 5(1): 43-46.
[50] 王保国,李耀华,钱耕. 四种飞行器绕流的三维 DSMC 计算与传热分析. 航空动力学报, 2011, 26(1): 1-20.
[51] Bird G A. Molecular Gas Dynamics and the Direct Simulation of Gas Flows. Oxford: Clarendon Press, 1994.
[52] 王保国,郭洪福,孙拓,等. 六种典型飞行器的 RANS 计算以及大分离区域的 DES 分析. 航空动力学报, 2012, 27(3): 481-495.
[53] 王保国,黄虹宾. 叶轮机械跨声速及亚声速流场的计算方法. 北京:国防工业出版社, 2000.
[54] Hirsch C. Numerical Computation of Internal and External Flows. New York: John Wiley & Sons, 1988.
[55] 高歌,闫文辉,王保国,等. 计算流体力学:典型算法与算例. 北京:机械工业出版社, 2015.
[56] 张涵信,沈孟育. 计算流体力学:差分方法的原理和应用. 北京:国防工业出版社, 2003.
[57] 刘儒勋,舒其望. 计算流体力学的若干新方法. 北京:科学出版社, 2003.
[58] 王保国,朱俊强. 高精度算法与小波多分辨分析. 北京:国防工业出版社, 2013.
[59] Blazek J. Computational Fluid Dynamics: Principles and Applications. 2nd ed. Amsterdam: Elsevier, 2007.
[60] Bonfiglio E P, Longuski J M, Vinh N X. Automated design of aerogravity-assist trajectories. Journal of Spacecraft and Rockets, 2000, 37(6): 768-775.
[61] Sims J A, Longuski J M, Patel M R. Aerogravity-assist trajectories to the outer planets and the effect of drag. Journal of Spacecraft and Rockets, 2000, 37(1): 49-55.
[62] Bird G A. Molecular Gas Dynamics and the Direct Simulation of Gas Flows. Oxford: Clarendon Press, 1994.
[63] 王保国,李翔,黄伟光. 激波后高温高速流场中的传热特性研究. 航空动力学报, 2010, 25(5): 963-980.
[64] 王保国,李翔. 多工况下高超声速飞行器再入时流场的计算. 西安交通大学学报, 2010, 44(1): 71-76.
[65] Zeldovich Y B, Raizer Y P. Physics of Shock Waves and High-Temperature Hydrodynamic Phenomena. Translated Hayes W D, Probstein R F. New York: Dover Publications, 2002.
[66] Pai S I. Radiation Gas Dynamics. New York: Springer-Verlag, 1966.
[67] Pomraning G C. The Equations of Radiation Hydrodynamics. Oxford: Pergamon Press, 1973.
[68] Modest M F. Radiative Heat Transfer. 2nd ed. New York: Academic Press, 2003.
[69] Siegel R, Howell J R. Thermal Radiation Heat Transfer. 4th ed. New York: Taylor & Francis, 2002.
[70] Mihalas D, Minhalas B W. Foundations of Radiation Hydrodynamics. Oxford: Oxford University Press, 1984.

[71] Balescu R. Transport Processes in Plasmas. Vol 1:Classical Transport Theory; Vol 2:Neoclassial Transport. Amsterdam:North-Holland Publishing Company,1988.

[72] Balescu R. Aspects of Anomalous Transport in Plasmas. London:Taylor & Francis,2005.

[73] 黄祖洽,丁鄂江. 输运理论. 2版. 北京:科学出版社,2008.

[74] 王保国,刘淑艳,王新泉,等. 传热学. 北京:机械工业出版社,2009.

[75] Lewis E E,Miller W F. Computational Methods of Neutron Transport. Illinois:American Nuclear Society,1993.

[76] 贝尔 G I,格拉基登 S. 核反应堆理论. 千里译. 黄祖洽校. 北京:原子能出版社,1979.

[77] Beyer H F,Shevelko V P. Introduction to the Physics of Highly Charged Ions. London:Institute of Physics Publishing,2003.

[78] 彭桓武,徐锡申. 理论物理基础. 北京:北京大学出版社,1998.

[79] Pomraning G C. Theoretical and Computational Radiation Hydrodynamics. Michigan: Management Information Services,1969.

[80] Landau L D,Lifshitz E M. Fluid Mechanics. Oxford:Butterworth-Heinemann,1987.

[81] 王保国,蒋洪德,马晖扬,等. 工程流体力学(上、下册). 北京:科学出版社,2011.

[82] 王保国,卞荫贵. 关于三维 Navier-Stokes 方程的粘性项计算. 空气动力学学报,1994,12(4):375－382.

[83] 王保国. Navier-Stokes 方程组的通用形式及近似因式分解. 应用数学和力学,1988,9(2):165－172.

[84] von Mises R. Mathematical Theory of Compressible Fluid Flow. New York: Academic Press,1958.

[85] Sears W R. General Theory of High Speed Aerodynamics. Princeton:Princeton University Press,1954.

[86] Teman R. Navier-Stokes Equations,Theory and Numerical Analysis. Amsterdam: North-Holland Publishing Company,1984.

[87] Wu C H,Wang B G. Matrix Solution of Compressible Flow on S_1 Surface Through a Turbomachine Blade Row with Splitter Vanes or Tandem Blades. ASME Journal of Engineering for Gas Turbines and Power,1984,106:449－454.

[88] Wang B G. An Iterative algorithm between stream function and density for transonic cascade flow. Journal of Propulsion and Power,1986,2(3):259－265.

[89] Wang B G,Chen N X. An improved SIP scheme for numerical solutions of transonic stream function equation. International Journal for Numerical Methods in Fluid, 1990, 10(5):591－602.

[90] 王保国,吴仲华. 含分流叶栅或串列叶栅的 S_1 流面上可压缩流动矩阵解. 工程热物理学报,1984,5(1):18－26.

[91] 黄伟光,陈乃兴,山崎伸彦,等. 叶轮机械动静叶片排非定常气动干涉的数值模拟. 工程热物理学报,1999,20(3):294－298.

[92] 王保国. 叶栅流基本方程组特征分析及矢通量分裂. 中国科学院研究生院学报,1987,

4(2):54－65.

[93] 王保国. 新的解跨声速 Euler 方程的隐式杂交方法. 航空学报,1989,10(7):309－315.

[94] 王保国,卞荫贵. 转动坐标系中三维跨声欧拉流的有限体积-TVD 格式. 空气动力学学报,1992,10(4):472－481.

[95] 王保国,沈孟育. 高速粘性内流的高分辨率高精度迎风型杂交格式. 空气动力学学报,1995,13(4):365－373.

[96] 陈乃兴,徐燕骥,黄伟光,等. 单转子风扇的三维反问题气动设计. 航空动力学报,2002,17(1):23－28.

[97] 王保国. 跨声速主流与边界层迭代的稳定性分析与数值实验. 工程热物理学报,1989,10(4):379－382.

[98] 王保国,卞荫贵. 超声速和高超声速进气道的数值模拟. 力学进展,1992,22(3):318－323.

[99] Li X,Wang B G. CFD prediction of hypersonic blunt-cone configurations of multiple cases. AIAA Paper 2009-7385,2009.

[100] Wang B G. On general form of Navier-Stokes equations and implicit factored scheme. Applied Mathematics and Mechanics,1988,19(2):179－188.

[101] 王保国,卞荫贵. 求解三维欧拉流的隐-显式格式及改进的三维 LU 算法. 计算物理,1992,9(4):423－425.

[102] Wang B G. Stability analysis and numerical experiments for viscous-inviscid interation in transonic flow. Chinese Journal of Engineering Thermophysics,1990,2(2):157－163.

[103] Wang B G,Chen N X. A new high-resolution shock-capturing hydrid scheme of flux-vector splitting-Harten's TVD. Acta Mechanica Sinica,1990,6(3):204－213.

[104] Wang B G. New iterative algorithm between stream function and density for transonic flow. AIAA Paper 85-1594,1985.

[105] Wang B G,Hua Y N,Wu C H. Transonic flow along arbitrary stream filament of revolution solved by separate computations with shock fitting. ASME Paper 86-GT-30,1986.

[106] 王保国. 跨声流函数方程的多层网格-强隐式解法. 计算物理,1987,4(1):71－78.

[107] 王保国,郭延虎,沈孟育. 恢复函数的三点迎风紧致格式构造方法及应用. 计算物理,1997,14(4):666－668.

[108] 王保国,陈乃兴. 计算流体中一个改进的强隐式格式及迭代的收敛性. 计算物理,1989,6(4):431－440.

[109] 陈乃兴,黄伟光,周倩. 跨音速单转子压气机三维湍流流场的数值计算. 航空动力学报,1995,10(2):109－112.

[110] Wang B G,Guo Y H,Shen M Y. High-order accurate and high-rosolution implicit upwind finite volume scheme for solving Euler/Reynolds-averaged Navier-Stokes equations. Tsinghua Science and Technology,2000,5(1):47－53.

[111] 居鸿宾,沈孟育,王保国. 原函数导数逼近数据重构的通量差分分裂方法. 清华大学学报,1997,37(11):65－68.

[112] 王保国,孙成海,李荣先,等. 快速生成三维非结构网格的一种方法. 清华大学学报,

1999,39(8):91—95.

[113] 王保国,李荣先,孙成海.粘弹流体中Giesekus模式和Oldroyd模式的改进.清华大学学报,1999,39(8):96—99.

[114] 居鸿宾,沈孟育,王保国.大攻角叶栅绕流的高效算法.数值计算与计算机应用,1998,19(3):203—211.

[115] 曾扬兵,沈孟育,王保国,等.非结构网格生成Bowyer-Watson方法的改进.计算物理,1997,14(2):179—184.

[116] 朱刚,沈孟育,王保国.透平叶栅跨声速流动计算中的新型有限元方法.应用力学学报,1997,14(2):37—40.

[117] 王保国,刘淑艳,潘美霞.强紧致六阶格式的构造及应用.工程热物理学报,2003,24(3):761—763.

[118] 王保国,刘淑艳,闫为革.高精度强紧致三点格式的构造及边界条件的处理.北京理工大学学报,2003,23(1):13—18.

[119] 王保国,刘淑艳,杨英俊,等.非结构网格下涡轮级三维非定常N-S方程的数值解.工程热物理学报,2004,25(6):940—942.

[120] 王保国,刘淑艳,张雅.双时间步长加权ENO-强紧致高分辨率格式及在叶轮机械非定常流动中的应用.航空动力学报,2005,20(4):534—539.

[121] 王保国,吴俊宏,朱俊强.基于小波奇异分析的流场计算方法及应用.航空动力学报,2010,25(12):2728—2747.

[122] 黄伟光,陈乃兴.透平叶栅气膜冷却效果的数值研究.工程热物理学报,1997,18(6):677—682.

[123] 黄伟光,刘建军.两种TVD格式在跨音速叶栅流场计算中的应用.工程热物理学报,1995,16(3):309—312.

[124] 蒋康涛,徐纲,黄伟光,等.单级跨音压气机整圈三维动静叶干涉的数值模拟.航空动力学报,2002,17(5):549—555.

[125] 陈乃兴,徐燕骥,黄伟光,等.多级轴流压气机三维气动设计的一种快速方法.工程热物理学报,2003,24(4):583—585.

[126] 王保国,刘秋生,卞荫贵.三维湍流高速进气道内外流场的高效高分辨率解.空气动力学学报,1996,14(2):168—178.

[127] 王保国,李荣先,马智明,等.非结构网格下含冷却孔的涡轮转子三维流场计算.航空动力学报,2001,16(3):224—231.

[128] 王保国,李荣先,马智明,等.非结构网格生成方法的改进及气膜冷却三维静子流场的求解.航空动力学报,2001,16(3):232—237.

[129] Zhang H W,Deng X Y,Huang W G,et al. A study on the mechanism of tip leakage flow unsteadiness in an isolated compressor rotor. ASME Paper 2006-GT-91123,2006.

[130] 王保国,刘淑艳,钱耕,等.一种小波神经网格与遗传算法结合的优化方法.航空动力学报,2008,23(11):1953—1960.

[131] 王保国,刘淑艳,李翔.基于Nash-Pareto策略的两种改进算法及应用.航空动力学报,

2008,23(2):374－382.

[132] 李学东,王保国. 稀薄气体高超声速流动的非结构 DSMC 并行化算法. 科技导报,2010,28(4):64－67.

[133] 李学东,王保国. 非结构化网格下二维钝头体绕流 DSMC 数值模拟. 兵工学报,2010,31(Suppl. 1):47－50.

[134] 李翔,王保国. 轨道再入飞行器气动热力学环境研究. 科技导报,2010,28(9):73－75.

[135] 王保国,刘秋生,卞荫贵. 三维 Euler 方程的两种高效高分辨率算法及其在高速进气道中的应用. 应用基础与工程科学学报,1994,2(4):360－370.

[136] 钱耕,王保国. 高超声速双锥体绕流的数值计算与流场分析. 科技导报,2010,28(14):49－55.

[137] Qian G,Wang B G. A comparative study of Navier-Stokes and DSMC simulation of hypersonic flow fields. AIAA Paper 2011-765,2011.

[138] 王保国,刘淑艳,姜国义. 高超声速化学非平衡流动的数值计算. 气体物理:理论与应用,2007,2(2):150－153.

[139] 卞荫贵,徐立功. 气动热力学. 2 版. 合肥:中国科学技术大学出版社,2011.

[140] 王保国,王新泉,刘淑艳,等. 安全人机工程学. 北京:机械工业出版社,2007.

[141] 王保国,王新泉,刘淑艳,等. 安全人机工程学. 2 版. 北京:机械工业出版社,2016.

[142] Wang B G,Bian Y G. A LU-TVD finite volume scheme for solving 3D Reynolds averaged Navier-Stokes equations of high speed inlet flows//The First Asian Computational Fluid Dynamics Conference. Hong Kong:Hong Kong University Press,1995:1055－1060.

[143] 王保国,刘淑艳,张雅. 非结构网格下非定常流场的双时间步长的加权 ENO-强紧致杂交高分辨率格式. 工程热物理学报,2005,26(6):941－943.

[144] Berselli L C,Iliescu T,Layton W J. Mathematics of Large Eddy Simulation of Turbulent Flows. New York:Springer-Verlag,2006.

[145] Spearman M L,Collins I K. Aerodynamic characteristics of a swept wing cruise missile at Mach number from 0. 50 to 2. 86. NASA TN D-7069,1972.

[146] Stephens E. Afterbody heating data obtained from an Atlas boosted Mercury configuration in a free body reentry. NASA TM X-493,1961.

[147] Kruse R L,Malcolm G N,short B J. Comparison of free flight measurements of stability of the Gemini and Mercury capsules at Mach numbers 3 and 9. 5. NASA TM X-957,1964.

[148] 王保国,孙业萍,钱耕. 两类典型高速飞行器壁面热流的工程算法//龙升照,Dhillon B S. 第 10 届人-机-环境系统工程大会论文集. 纽约:美国科研出版社,2010:299－305.

[149] Slucomb T H. Project Fire-Ⅱ afterbody temperatures and pressures at 11. 35 kilometers per second. NASA TM X-1319,1966.

[150] Papp J L,Dash S M. A rapid engineering approach to modeling hypersonic laminar to turbulent transitional flows for 2D and 3D geometries. AIAA Paper 2008-2600,2008.

[151] 王伟. 钱学森系统学的哲学基础//龙升照,Dhillon B S. 第 12 届人-机-环境系统工程大会

论文集. 纽约:美国科研出版社,2012:315－320.

[152] 吴仲华. 能的梯级利用与燃气轮机总能系统. 北京:机械工业出版社,1988.

[153] 王保国,黄伟光,王凯全,等. 人机环境安全工程原理. 北京:中国石化出版社,2014.

[154] 王伟. 大气环境与宇宙空间科学中的几个法律问题//龙升照,Dhillon B S. 第12届人-机-环境系统工程大会论文集. 纽约:美国科研出版社,2012:308－314.

[155] 龙升照,黄端生,陈道木,等. 人-机-环境系统工程理论及应用基础. 北京:科学出版社,2004.

[156] 陈懋章. 粘性流体动力学基础. 北京:高等教育出版社,2002.

[157] Chen N X. Aerothermodynamics of Turbomachinery: Analysis and Design. New York: John Wiley & Sons,2010.

[158] 王保国,刘淑艳,王新泉,等. 流体力学. 北京:机械工业出版社,2012.

[159] 陶文铨. 传热与流动问题的多尺度数值模拟:方法与应用. 北京:科学出版社,2009.

[160] 王保国,刘淑艳,刘艳明,等. 空气动力学基础. 北京:国防工业出版社,2009.

[161] Hirt C W,Amsden A A,Cook J L. An arbitrary Lagrangian-Eulerian computing method for all flow speed. Journal of Computational Physics,1974,14:227－253.

[162] 李德元,徐国荣,水鸿寿,等. 二维非定常流体力学数值方法. 北京:科学出版社,1987.

[163] Geuzaine P,Farhat C. Design and time-accuracy analysis of ALE schemes for inviscid and viscous flow computations on moving meshes. AIAA Paper 2003-3694,2003.

[164] 傅德薰,马延文. 计算流体力学. 北京:高等教育出版社,2002.

[165] Pirozzoli S. Numerical methods for high-speed flows. Annual Review of Fluid Mechanics, 2011,43:163－194.

[166] Ponziani D,Pirozzoli S,Grasso F. Development of optimized weighted-ENO schemes for multiscale compressible flows. International Journal for Numerical Methods in fluids, 2003,42(9):953－977.

[167] Martin M P,Taylor E M,Wu M,et al. A bandwidth-optimized WENO scheme for the effective direct numberical simulation of compressible turbulence. Journal of Computational Physics,2006,220:270－289.

[168] Li X L,Fu D X,Ma Y W. Direct numerical simulation of hypersonic boundary layer transition over a blunt cone with a small angle of attack. Physics of Fluids,2010,22:025105.

[169] Liu L,Li X D,Hu F Q. Nonuniform time-step Runge-Kutta discontinuous Galerkin method for computational aeroacoustics. Journal of Computational Physics,2010,229:6874－6897.

[170] Fang J,Lu L P,Li Z R,et al. Assessment of monotonicity preserving scheme for large-scale simulation of compressible turbulence//The 4th International Symposium on Physics of Fluid. Lijiang,China,2011.

[171] Zhou Q,Yao Z H,Shen M Y,et al. A new family of high order compact upwind difference scheme with good spectral resolution. Journal of Computational Physics,2007,227(2):1306－1339.

[172] 邓小刚,刘昕,毛枚良,等. 高精度加权紧致非线性格式的研究进展. 力学进展,2007,

37(3):417－427.

[173] Balsara D, Shu C W. Monotonicity preserving weighted essentially non-oscillatory schemes with increasingly high order of accuracy. Journal of Computational Physics, 2000,160:405－452.

[174] Marusic I,Mathis R,Hutchins N. Predictive model for wall-bounded turbulent flow. Science,2010,329(5988):193－196.

[175] Ducros F,Ferrand V,Nicoud F,et al. Large-eddy simulation of the shock /turbulence interaction. Journal of Computational Physics,1999,152:517－549.

[176] Suresh A, Huynh H T. Accurate monotonicity preserving schemes with Runge-Kutta time stepping. Journal of Computational Physics,1997,136:83－99.

[177] Tannehill J C, Anderson D A, Pletcher R H. Computational Fluid Mechanics and Heat Transfer. 2nd ed. New York:Taylor & Francis,1997.

[178] 伏欣 H W. 气动弹性力学原理. 沈克杨译. 上海:上海科学技术文献出版社,1982.

[179] 周盛. 叶轮机气动弹性力学引论. 北京:国防工业出版社,1989.

[180] Wu C H. A general theory of three-dimensional flow in subsonic and supersonic turbomachines of axial,radial and mixed flow types. NACA TN2604,1952.

[181] Vavra M H. Aero-thermodynamics and Flow in Turbomachines. New York: Robert E Krieger Publishing Company,1960.

[182] 吴仲华. 使用非正交曲线坐标和非正交速度分量的叶轮机械三元流动基本方程及其解法. 机械工程学报,1979,15(1):1－23.

[183] 吴文权. 叶轮机械三元流动流函数方程组——S_1 和 S_2 流面的统一数学方程组. 机械工程学报,1979,15(1):86－99.

[184] 吴文权,刘翠娥. 使用非正交曲线坐标与速度分量 S_1 流面正问题流场矩阵解. 工程热物理学报,1980,1(1):17－27.

[185] 朱荣国. 使用非正交曲线坐标与速度分量 S_2 流面反问题流场线松弛解. 工程热物理学报,1980,1(1):28－35.

[186] 刘高联,王甲升. 叶轮机械气体动力学基础. 北京:机械工业出版社,1980.

[187] 王仲奇. 透平机械三元流动计算及其数学和气动力学基础. 北京:机械工业出版社,1983.

[188] 李根深,陈乃兴,强国芳. 船用燃气轮机轴流式叶轮机械气动热力学(上、下册). 北京:国防工业出版社,1980.

[189] Denton J D. Extension of the finite volume time marching method to three dimensions. VKI Lecture Series 7,1979.

[190] Fritsch G,Giles M B. An asymptotic analysis of mixing loss. ASME93-GT-345,1993.

[191] Adamczyk J J. Model equation for simulation flows in multistage turbomachinery. ASME 85-GT-226,1985.

[192] Rhie C M. Development and application of a multistage Navier-Stokes solver,part 1:multistage modeling using body-forces and deterministic stresses. ASME 95-GT-342,1995.

[193] Rhie C M. Development and application of a multistage Navier-Stokes solver,part 2:Ap-

plication to a high pressure compressor design. ASME 95-GT-343,1995.

[194] 邢景棠,周盛,崔尔杰.流固耦合力学概述.力学进展,1997,27(1):19—38.

[195] Gnesin V I,Kolodyazhnaya L V,Rzadkowski R. A numerical modeling of stator-rotor interaction in a turbine stage with oscillating blades. Journal of Fluids and Structures, 2004,19:1141—1153.

[196] Liang A,Jing X D,Sun X F. Constructing spectral schemes of the immersed interface method via a global description of discontinuous functions. Journal of Computational Physics,2008,227(18):8341—8366.

[197] 钟国华,梁岸,孙晓峰.基于浸入式边界的流固耦合的非定常数值模拟研究.工程热物理学报,2007,28(3):399—402.

[198] Sun X,Jing Y,Liang A,et al. An immersed boundary computational model for acoustic scattering problems with complex geometries. The Journal of the Acoustical Society of America,2012,132(5):3190—3199.

[199] Jing Y,Jing X D,Sun X F,et al. A study of three-dimensional acoustic scattering by arbitrary distribution multibodies using extended immersed boundary method. Journal of Vibration and Acoustics,2014,136(3):034505.

[200] Du L,Jing X D,Sun X F. Modes of vortex formation and transition to three-dimensionality in the wake of a freely vibrating cylinder. Journal of Fluids and Structures,2014,49:554—573.

[201] Du L,Sun X F. Suppression of vortex-induced vibration using the rotary oscillation of a cylinder. Physics of Fluids,2015,27(2):023603.

[202] Du L,Jing X,Sun X F,et al. Aeroacoustic model of a modulation fan with pitching blades as a sound generator. The Journal of the Acoustical of America,2014,136(4):1542—1551.

[203] Hu G T,Du L,Sun X F. A numerical modeling of the vortex-induced vibration of cascade in turbomachinery using immersed boundary method. Journal of Thermal Science,2011,20(3):229—237.

[204] 胡国暾,杜林,孙晓峰.基于浸入式边界法的振荡转子叶片数值摸拟.航空学报,2014,35(8):2112—2125.

[205] Hu G T,Du L,Sun X F. An immersed boundary method for simulating an oscillating airfoil//The 13th International Symposium on Unsteady Aerodynamics,Aeroacoustics and Aeroelasticity of Turbomachines. Tokyo,2012.

[206] Hirt C W,Nichols B D. Volume of fluid(VOF)method for the dynamics of free boundaries. Journal of Computational Physics,1981,39:210—225.

[207] Fedkiw R F,Marquina A,Merriman B. An isobaric fix for the overheating problem in multimaterial compressible flows. Journal of Computational Physics,1999,148:545—578.

[208] Osher S,Sethian J A. Fronts propagating with curvature dependent speed:Algorithms based on Hamilton-Jacobi formulations. Journal of Computational Physics,1988,79:12.

[209] Merriman B, Bence J K, Osher S. Motion of multiple junctions: A level set approach. Journal of Computational Physics, 1994, 112: 334.

[210] Peskin C S. Numerical analysis of blood flow in the heart. Journal of Computational Physics, 1977, 25: 220—252.

[211] Peskin C S. Flow patterns aroud heart valves: A numerical method. Journal of Computational Physics, 1972, 10: 252—271.

[212] Goldstein D, Handler R, Sirovich L. Modeling a nonslip flow with an external force field. Journal of Computational Physics, 1993, 105: 354—366.

[213] Fadlun E A, Verzicco R, Orlandi P, et al. Combined immersed boundary finite difference method for three dimensional complex flow simulations. Journal of Computational Physics, 2000, 161(1): 35—60.

[214] Li Z L. An Overview of the immersed interface method and its applications. Taiwanese Journal of Mathematics, 2003, 7(1): 1—49.

[215] Tseng Y H, Ferziger J H. A ghost cell immersed boundary method for flow in complex geometry. Journal of Computational Physics, 2003, 192: 593—623.

[216] Mittal R, Iaccarino G. Immersed boundary method. Annual Review of Fluid Mechanics, 2005, 37: 239—261.

[217] Palma P D, Tullio M D, Pascazio G, et al. An immersed boundary method for compressible viscous flows. Computers & Fluids, 2006, 35(7): 693—702.

[218] Zhong X. A new high order immersed interface method for solving elliptic equations with imbedded interface of discontinuity. Journal of Computational Physics, 2007, 225(1): 1066—1099.

[219] Zhong G H, Sun X F. A new simulation strategy for an oscillating cascade in turbomachinery using immersed boundary method. Journal of Propulsion and Power, 2009, 259(2): 312—321.

[220] Karagiozis K, Kamakoti R, Pantano C. A low numerical dissipation immersed interface method for the compressible Navier-Stokes equations. Journal of Computational Physics, 2010, 229: 701—727.

[221] Meyer M, Devesa A, Hickel S, et al. A conservative immersed interface method for large eddy simulation of incompressible flows. Journal of Computational Physics, 2010, 229(18): 6300—6317.

[222] Meyer M, Hickel S, Adams N A. Assessment of implicit large eddy simulation with a conservation immersed interface method for turbulent cylinder flow. International Journal of Heat and Fluids Flow, 2010, 31: 368—377.

[223] Zeeuw D L, Powell K G. An adaptively refined cartesian mesh solver for the Euler equations. Journal of Computational Physics, 1992, 101(2): 453—454.

[224] Chiang Y L, van Leer B, Powell K G. Simulation of unsteady inviscid flow on an adaptive refined cartesian grid. AIAA Paper 1992-0443, 1992.

[225] Coirier W J,Powell K G. An accuracy assessment of cartesian mesh approaches for the Euler equations. Journal of Computational Physics,1995,117(1):121—131.

[226] Forrer H,Jeltsch R. A higher order boundary treatment for cartesian grid method. Journal of Computational Physics,1998,140(2):259—277.

[227] Dadone A. Cartesian grid computation of inviscid flows about multiple bodies. AIAA Paper 2003-1121,2003.

[228] Dadone A,Grossman B. Ghost cell method for inviscid three dimensional flows on cartesian grids. AIAA Paper 2005-874,2005.

[229] Dadone A. Towards a ghost cell method for analysis of viscous flows on cartesian grids. AIAA Paper 2010-709,2010.

[230] 韩玉琪,江立军,高歌,等. 一种新的边界处理方法在笛卡儿网格中的应用. 航空动力学报,2012,27(10):2371—2377.

[231] Han Y Q,Cui S X,Gao G,et al. Application of ghost body cell method on adaptively refined cartesian grid in computational fluid dynamics//The 2nd International Conference on Applied Mechanics. Hong Kong,China,2012.

[232] 韩玉琪,崔树鑫,高歌. 基于自适应笛卡儿网格的翼型绕流数值模拟. 科学技术与工程,2013,13(10):2891—2895.

[233] Jawahar P,Kamath H. A High resolution procedure for Euler and Navier-Stokes computations on unstructured grids. Journal of Computational Physics,2000,164(1):165—203.

[234] Tsang L,Kong J A,Ding K H. Scattering of Electromagnetic Waves:Theories and Applications. New York:John Wiley & Sons,2000.

[235] Tsang L,Kong J A,Shin R T. Theory of Microwave Remote Sensing. New York:John Wiley & Sons,1985.

[236] Mishchenko M I,Travis L D,Lacis A A. Multiple Scattering of Light by Particles. Cambridge:Cambridge University Press,2006.

[237] Mishchenko M I,Travis L D,Lacis A A. Scattering,Absorption,and Emission of Light by Small Particles. Cambridge:Cambridge University Press,2002.

[238] Chandrasekhar S. Radiative Transfer. Oxford:Clarendon Press,1950.

[239] Chandrasekhar S. Radiative Transfer. New York:Dover Publications,1960.

[240] Ishimaru A. Wave Propagation and Scattering in Random Media:Single Scattering and Transport Theory. New York:Academic Press,1978.

[241] Ishimaru A. Wave Propagation and Scattering in Random Media:Multiple Scattering,Turbulence,Rough Surfaces,and Remote Sensing. New York:Academic Press,1978.

[242] Voronovich A G. Wave Scattering from Rough Surfaces. Berlin:Springer-Verlag,1994.

[243] Ishimaru A. Electromagnetic Wave Propagation,Radiation,and Scattering. New Jersey:Prentice-Hall,1991.

[244] Fung A K. Microwave Scattering and Emission Models and Their Applications. Norwood:Artech House,1994.

[245] Jin Y Q. Electromagnetic Scattering Modelling for Quantitative Remote Sensing. New Jersey:World Scientific Publishing Company,1993.
[246] Priest E R. Solar Magneto-hydrodynamics. Boston:Kluwer Academic Publishers,2000.
[247] Parker E N. Cosmical Magnetic Fields. Oxford:Oxford University Press,1979.
[248] Priest E R. Solar Flare Magnetohydrodynamics. New York:Gordon and Breach Science Publishers,1981.
[249] Bonnet R M,Dupree A K. Solar Phenomena in Stars and Stellar Systems. Dordrech:D. Reidel Publishing Company,1981.
[250] Beyer H F,Shevelko V P. Introduction to the Physics of Highly Charged Ions. Bristol:Institute of Physics Publication,2003.
[251] Wendisch M,Yang P. Theory of Atmospheric Radiative Transfer. New York:John Wiley & Sons,2012.
[252] Heitler W. Quantum Theory of Radiation. 3rd ed. Oxford:Clarendon Press,1954.
[253] Sobelman I I. Atomic Spectra and Radiative Transitions. Berlin:Springer-Verlag,1992.
[254] Rybicki G B,Lightman A P. Radiative Processes in Astrophysics. New York:John Wiley & Sons,1997.
[255] Courant R,Hilbert D. Methods of Mathematical Physics. Vol 1 and Vol 2. New York:Interscience,1989.
[256] Pomraning G C. An asymptotically correct approximation to the multidimensional transport equation. Nuclear Science and Engineering,1965,22:328—338.
[257] Thomas G,Stamnes K. Radiative Transfer in the Atmosphere and Ocean. Cambridge:Camridge University Press,1999.
[258] Wiscombe W. The delta-M method:Rapid yet accurate radiative flux calculations for strongly asymmetric phase functions. Journal of The Atmospheric Sciences,1977,34:1408—1421.
[259] Slater J C. Quantum Theory of Atomic Structure. Vol 1 and Vol 2. New York:McGraw-Hill,1960.
[260] Slater J C. Quantum Theory of Molecules and Solids. New York:McGraw-Hill,1974.
[261] Slater J C. Quantum Theory of Matter. 2nd ed. New York:McGraw-Hill,1968.
[262] 阿布里科索夫,戈尔可夫,加洛辛斯基. 统计物理学中的量子场论方法. 郝柏林译. 北京:科学出版社,1963.
[263] 阿希叶泽尔,别列斯捷茨基. 量子电动力学. 于敏等译. 北京:科学出版社,1964.
[264] 曹昌祺. 辐射和光场的量子统计理论. 北京:科学出版社,2006.
[265] Jackson J D. Classical Electrodynamics. New York:John Wiley & Sons,1962.
[266] Schiff L I. Quantum Mechanics. New York:McGraw-Hill,1968.
[267] Weissbluth M. Atoms and Molecules. New York:Academic Press,1978.
[268] Akhiezer A I,Berestetskii V B. Quantum Electrodynamics. New York:Interscience,1965.
[269] Hirschfelder J O,Gurtiss C F,Bird R B. Molecular Theory of Gases and Liquids. New

York: John Wiley & Sons, 1954.

[270] Bird R B, Stewart W E, Lightfoot E N. Transport Phenomena. 2nd ed. New York: John Wiley & Sons, 2002.

[271] Lifshitz E M, Pitaevskii L P. Statistical Physics. 3rd ed. Oxford: Pergamon Press, 1980.

[272] Cowan R D. The Theory of Atomic Structure and Spectra. Berkeley: Berkeley University of California Press, 1981.

[273] 康帕涅茨. 理论物理学. 戈革译. 北京:高等教育出版社,1962.

[274] Beigman I L, Lebedev V S. Physics of Highly Excited Atoms and Ions. Berlin: Springer-Verlag, 1998.

[275] Sampson D H. Radiative Contributions to Energy and Momentum Transport in a Gas. New York: Interscience, 1965.

[276] 朗道,栗弗席兹. 统计物理学. 杨训恺等译. 北京:人民教育出版社,1964.

[277] Sobelman II. Introduction to the Theory of Atomic Spectra. Oxford: Pergamon Press, 1969.

[278] Friedrich H. Theoretical Atomic Physics. 2nd ed. Berlin: Springer-Verlag, 1998.

[279] 索科洛夫. 量子电动力学导论. 吴伯泽译. 北京:人民教育出版社,1962.

[280] 王竹溪. 热力学. 2 版. 北京:人民教育出版社,1960.

[281] 王竹溪. 统计物理学导论. 2 版. 北京:人民教育出版社,1965.

[282] Zubarev D N. Nonequilibrium Statistical Thermodynamics. Translated Shepherd P J. New York: Consultants Bureau, 1974.

[283] Balescu R. Equilibrium and Nonequilibrium Statistical Mechanics. New York: Wiley-Interscience Publication, 1975.

[284] Bond J W, Watson E M, Welch J A. Atomic Theory of Gas Dynamics. Reading: Addison-Wesley Publishing Compang, 1965.

[285] Sharma S. Assessment of nonequilibrium radiation computation methods for hypersonic flows. California: NASA TM 103994, 1993.

[286] 加来道雄. 物理学的未来. 伍义生,杨立盟译. 重庆:重庆出版社,2012

[287] 焦维新,傅绥燕. 太空探索. 北京:北京大学出版社,2003.

[288] Herzberg G. Atomic Spectra and Atomic Structure. 2nd ed. New York: Dover Publications, 1944.

[289] 褚圣麟. 原子物理学. 北京:高等教育出版社,1979.

[290] Hansen C F. High temperature electronic excitation and ionization rates in gases. NASA CR 189496, 1992.

[291] Lee J H. Basic governing equations for the flight regimes of aeroassisted orbital transfer vehicles. AIAA Paper 84-1729, 1984.

[292] Park C. Assessment of two-temperature kinetic model for ionizing air. AIAA Paper 87-1574, 1987.

[293] Candler G, Park C. The computation of radiation from non-equilibrium hypersonic flows.

AIAA Paper 86-2678,1986.

[294] Greendyke R,Hartung L C. An approximate method for the calculation of non-equilibrium radiative heat transfer. AIAA Paper 90-0135,1990.

[295] Condon E U,Shortley G H. The Theory of Atomic Spectra. Cambridge:Cambridge University Press,1957.

[296] Herzberg G I. Spectra of Diatomic Molecules. 2nd ed. New York:D. van Nostrand,1951.

[297] Griem H R. Plasma Spectroscopy. New York:McGraw-Hill,1964.

[298] Penner S S. Quantitative Molecular Spectroscopy and Gas Emissivities. Reading:Addision-Wesley Publishing Compang,1959.

[299] Condon E U,Odabasi H. Atomic Structure. Cambridge:Cambridge University Press,1980.

[300] Plass G N. Models for spectral band absorption. Journal of the Optical Society of America,1958,48(10):690—703.

[301] Arnold J O,Whiting E E,Lyle G C. Line by line calculation of spectra from diatomic molecules and atoms assuming a Voigt line profile. Journal of Quantitative Spectroscopy and Radiative Transfer,1969,9:775—798.

[302] Tien C L. Thermal Radiation Properties of Gases//Irvine T F,Hartnett P. Advances in Heat Transfer,Vol 5. New York:Academic Press,1968:253—324.

[303] Hottel H C,Sarofim A F. Radiative Transfer. New York:McGraw-Hill,1967.

[304] Goody R M. Atmospheric Radiation I:Theoretical Basis. Oxford:Oxford University Press,1964.

[305] Edwards D K. Absorption of radiation by carbon monoxide gas according to the exponential wide-band model. Applied Optics,1965,4(10):1352—1353.

[306] 赫兹堡. 分子光谱与分子结构:双原子分子光谱. 王鼎昌译. 北京:科学出版社,1983.

[307] 郑一善. 分子光谱导论. 上海:上海科技出版社,1963.

[308] 赖文. 分子光谱学. 徐庞智,张建中,李碧钦译. 北京:高等教育出版社,1985.

[309] Breene R G. The Shift and Shape of Spectral Lines. Oxford:Pergamon Press,1961.

[310] Goody R M,Yung Y L. Atmospheric Radiation-Theoretical Basis. 2nd ed. New York:Oxford University Press,1989.

[311] Griem H R. Spectral Line Brodening by Plasmas. New York:Academic Press,1974.

[312] Griem H R. Principles of Plasma Spectroscopy. Cambridge:Cambridge University Press,1997.

[313] Elsasser W M. Heat Transfer by Infrared Radiation in the Atmosphere. Cambridge:Harvard University Press,1943.

[314] Arking A,Grossman K. The influence of line shape and band structure on temperatures in Planetary atmospheres. Journal of the Atmospheric Sciences,1972,29:937—949.

[315] Kondratyev K Y. Radiation in the Atmosphere. New York:Academic Press,1969.

[316] Domoto G A. Frequency integration for radiative transfer problems involving homogene-

ous non-gray gases: The inverse transmission function. Journal of Quantitative Spectroscopy and Radiative Transfer, 1974, 14: 935—942.

[317] Lacis A A, Qinas V. A description of the correlated K-distribution method for modeling nongray gaseous absorption, thermal emission, and multiple scattering in vertically inhomogeneous atmospheres. Journal of Geophysical Research, 1991, 96(D5): 9027—9063.

[318] Fu Q, Liou K N. On the correlated K-distribution method for radiative transfer in nonhomogeneous atmospheres. Journal of the Atmospheric Sciences, 1992, 49(22): 2139—2156.

[319] Goody R M, West R, Chen L, et al. The correlated K method for radiation calculations in nonhomogeneous atmospheres. Journal of Quantitative Spectroscopy and Radiative Transfer, 1989, 42: 539—550.

[320] Riviere P, Soufiani A, Taine J. Correlated-K and fictitious gas methods for H_2O near 2. 7μm. Journal of Quantitative Spectroscopy and Radiative Transfer, 1992, 48: 187—203.

[321] Riviere P, Scutaru D, Taine J, et al. A new C-K data base suitable from 300K to 2500K for spectrally correlated radiative transfer in CO_2-H_2O transparent gas mixtures // The 10th International Heat Transfer Conference. New York: Taylor & Francis, 1994: 129—134.

[322] Riviere P, Soufiani A, Taine J. Correlated-K and fictitious gas model for H_2O infrared radiation in the Voigt regime. Journal of Quantitative Spectroscopy and Radiative Transfer, 1995, 53: 335—346.

[323] Modest M F, Zhang H. The full-spectrum correlated-K distribution for thermal radiation from molecular gas-particulate mixtures. ASME Journal of Heat Transfer, 2002, 124(1): 30—38.

[324] Modest M F. Narrow-band and full-spectrum K-distribution for radiative heat transfer: Correlated-K vs. scaling approximation. Journal of Quantitative Spectroscopy and Radiative Transfer, 2003, 76(1): 69—83.

[325] Zhang H, Modest M F. A multi-scale full-spectrum correlated k-distribution for radiative heat transfer in inhomogeneous gas mixtures. Journal of Quantitative Spectroscopy and Radiative Transfer, 2002, 73(4): 349—360.

[326] Zhang H, Modest M F. Multi-group full-spectrum K-distribution database for water mixtures in radiative transfer calculations. Journal of Quantitative Spectroscopy and Radiative Transfer, 2003, 76(9): 3593—3603.

[327] Modest M F, Singh V. Engineering correlations for full spectrum K-distribution of H_2O from the HITEMP spectroscopic databank. Journal of Quantitative Spectroscopy and Radiative Transfer, 2005, 93(3): 263—271.

[328] Modest M F, Riazzi R J. Assembly of full spectrum K-distribution from a narrow band database: Effects of mixing gases, gases and nongray absorbing particles, and mixtures

with nongray scatterers in nongray enclosures. Journal of Quantitative Spectroscopy and Radiative Transfer,2005,90(2):169—189.

[329] Wang A, Modest M F. High-accuracy, compact database of narrow-band K-distribution for water vapor and carbon dioxide. Journal of Quantitative Spectroscopy and Radiative Transfer,2005,93(3):245—262.

[330] Wang L, Modest M F. Narrow-band based multiscale full-spectrum K-distribution method for radiative transfer in inhomogeneous gas mixtures. ASME Journal of Heat Transfer,2005,127(7):740—748.

[331] Pal G, Modest M F, Wang L. Hybrid full-spectrum correlated K-distribution method for radiative transfer in strongly nonhomogeneous gas mixtures. ASME Journal of Heat Transfer,2008,130:701—708.

[332] Edwards D K. Molecular gas band radiation//Advances in Heat Transfer, Vol 12. New York: Academic Press,1976:115—193.

[333] 戴文赛. 太阳系演化学(上册). 上海:上海科学技术出版社,1979.

[334] 苟清泉,黄树勋. 原子结构的变分计算. 成都:成都科学大学出版社,1989.

[335] 周秀骥,陶善昌,姚克亚. 高等大气物理学(上、下册). 北京:气象出版社,1991.

[336] 李世昌. 高温辐射物理与量子辐射理论. 北京:国防工业出版社,1992.

[337] 章冠人. 光子流体动力学理论基础. 北京:国防工业出版社,1996.

[338] 龙峻汉. 天体物理中的辐射机制. 2 版. 北京:科学出版社,1998.

[339] 陶文铨. 数值传热学. 2 版. 西安:西安交通大学出版社,2001.

[340] 杨世铭,陶文铨. 传热学. 4 版. 北京:高等教育出版社,2006.

[341] 陶文铨. 计算传热学的近代进展. 北京:科学出版社,2000.

[342] 石广玉. 大气辐射学. 北京:科学出版社,2007.

[343] 彭惠民. 等离子体中辐射输运和辐射流体力学. 北京:国防工业出版社,2008.

[344] 曹玉璋,陶智,徐国强,等. 航空发动机传热学. 北京:北京航空航天大学出版社,2005.

[345] 曹玉璋. 传热学. 北京:北京航空航天大学出版社,2001.

[346] 陆大有. 工程辐射传热. 北京:国防工业出版社. 1988.

[347] 黄素逸,刘伟. 高等工程传热学. 北京:中国电力出版社,2006.

[348] 卞伯绘. 辐射换热的分析与计算. 北京:清华大学出版社,1988.

[349] 王福恒,王嵩薇. 近代科学技术中的原子分子辐射理论. 成都:成都科技大学出版社,1991.

[350] 吕建伟,王强. 超音速条件下机翼表面气动加热计算及对红外辐射的影响研究. 隐身技术,2008,1(1):32—38.

[351] 吕建伟,王强. 飞行器表面温度和发射率分布对红外辐射特征的影响. 光电工程,2009,36(2):50—54.

[352] 朱希娟,额日其太,王强,等. 微射流强化混合对喷流红外辐射特征的影响. 北京航空航天大学学报,2011,37(4):483—486.

[353] 朱希娟,额日其太,王强,等. 脉冲射流强化混合对喷流红外辐射特性的影响. 北京航空

航天大学学报,2001,37(5):551—555.

[354] Zhu X J,Eriqitai,Wang Q,et al. Infrared radiation simulation of exhaust system by coupling FVM with narrow band K-distribution. Journal of Aerospace Power,2012,27(1):25—32.

[355] 任超奇,王强,胡海洋.收扩喷管与飞行器后体的一体化气动优化设计.航空动力学报,2014,29(10):2294—2302.

[356] 谈和平,夏新林,刘林华,等.红外辐射特性与传输的数值计算:计算热辐射学.哈尔滨:哈尔滨工业大学出版社,2006.

[357] 刘林华,谈和平.梯度折射率介质内热辐射传递的数值模拟.北京:科学出版社,2006.

[358] 刘林华,趙军明,谈和平.辐射传递方程数值模拟的有限元和谱方法.北京:科学出版社,2008.

[359] Duderstadt J J,Martin W R. Transport Theory. New York:John Wiley & Sons,1979.

[360] Yamamoto G,Aida M,Yamamoto S. Improved Curtis-Godson approximation in a nonhomogeneous atmosphere. Journal of the Atmospheric Sciences,1972,29:1150—1155.

[361] Lacis A A,Oinas V. A description of the correlated k distributed method for modeling nongray gaseous absorption,thermal emission,and multiple scattering in vertically inhomogeneous atmospheres. Journal of Geography Research,1991,96:9027—9063.

[362] Fu Q,Liou K. On the correlated K-distribution method for radiative transfer in nonhomogeneous atmospheres. Journal of the Atmospheric Sciences,1992,49:2139—2156.

[363] Shi G Y,Xu N,Wang B. An improved treatment of overlapping absorption bands based on the correlated K-distribution model for thermal infrared radiative transfer calculations. Journal of Quantitative Spectroscopy and Radiative Transfer,2009,110:435—451.

[364] O'Brien D M,Dilley A C. Infrared cooling of the atmosphere:accuracy of correlated K-distributions. Journal of Quantitative Spectroscopy and Radiative Transfer,2000,64:483—497.

[365] Kratz D. The correlated K-distribution technique as applied to the AVHRR channels. Journal of Quantitative Spectroscopy and Radiative Transfer,1995,53(5):501—517.

[366] Edwards D,Francis G. Improvements to the correlated k-radiative transfer method:application to satellite remote sensing. Journal of Geography Research,2000,105(D14):18135—18156.

[367] Salzmann D. Atomic Physics in Hot Plasmas. New York:Oxford University Press,1988.

[368] Zimmerman G B,More R M. Pressure ionization in laser-fusion target simulation. Journal of Quantitative Spectroscopy and Radiative Transfer,1980,23:517—522.

[369] 徐锡申,张万箱.实用物态方程理论导引.北京:科学出版社,1986.

[370] Elton R C. X-Ray Lasers. New York:Academic Press,1990.

[371] 彭惠民,王世绩,邱玉波,等.X射线激光.北京:国防工业出版社,1997.

[372] Bransden B H,Joachain C J. Physics of Atoms and Molecules. 2nd ed. New York:Pearson Education,2003.

[373] Svanberg S. Atomic and Molecular Spectroscopy. New York: Springer-Verlag, 1992.
[374] 哈肯，沃尔夫. 原子物理学和量子物理学. 北京：科学出版社，1993.
[375] Fano U, Rau A R P. Atomic Collisions and Spectra. New York: Academic Press, 1986.
[376] 方泉玉，颜君. 原子结构、碰撞与光谱理论. 北京：国防工业出版社，2006.
[377] 杨福家. 原子物理学. 4 版. 北京：高等教育出版社，20008.
[378] 陈佳洱. 原子分子物理学. 北京：科学出版社，1991.
[379] 徐克尊. 高等原子分子物理学. 3 版. 合肥：中国科学技术大学出版社，2012.
[380] 郑乐民，徐庚武. 原子结构与原子光谱. 北京：北京大学出版社，1988.
[381] M. 奥钦，H. H. 雅费. 对称性、轨道和光谱. 徐广智译. 北京：科学出版社，1980.
[382] Cooper G. Compton Fokker-Planck equation for hot plasmas. Physical Review, 1971, D3: 2312－2316.
[383] Plemmons D, Feather B, Baxter L, et al. Aero-optics effects testing in AEDC wind tunnels. AIAA Paper 2004-2499, 2004.
[384] Jumper E J, Fitzgerald E J. Recent advances in aero-optics. Progress in Aerospace Sciences, 2001, 37: 299－339.
[385] Born M, Wolf E. Principles of Optics. 7th ed. Cambridge: Cambridge University Press, 1999.
[386] 玻恩，沃耳夫. 光学原理. 2 版. 黄乐天译. 北京：科学出版社，1978.
[387] Goodman J W. Introduction to Fourier Optics. 3rd ed. New York: McGraw-Hill, 2006.
[388] Hecht E. Optics. 4th ed. New York: Addison Wesley, 2002.
[389] Saleh B, Teich M. Fundamentals of Photonics. 2nd ed. New York: Wiley-Interscience, 2007.
[390] Raithby G D, Chui E H. A finite-volume method for predicting a radiant heat transfer in enclosures with participating media. Journal of Heat Transfer, Transactions of the ASME, 1990, 112: 415－423.
[391] Chui E H, Raithby G D. Competition of radiant transfer on a nonorthogonal mesh using the finite-volume method. Numerical Heat Transfer. Part B-Fundamentals, 1993, 23: 269－288.
[392] Chai J C, Lee H S, Patankar S V. Finite volume method for radiative heat transfer. Journal of Thermophysics and Heat Transfer, 1994, 8(3): 419－425.
[393] Chai J C, Parthasarathy G, Patankar S V, et al. Finite volume radiative heat transfer procedure for irregular geometries. Journal of Thermophysics and Heat Transfer, 1995, 9(3): 410－415.
[394] 郝金波，阮立明，谈和平，等. 有限体积法求散射性介质辐射传递及耦合换热. 哈尔滨工业大学学报，2002，34(2)：161－165.
[395] Chai J C, Patankar H S, Lee H S. Evaluation of spatial differencing practices for the discrete-ordinates method. Journal of Thermophysics and Heat Transfer, 1994, 8(1): 140－144.
[396] Kim S H, Huh K Y. A new angular discretization scheme of the finite volume method for

3-D radiant heat transfer in absorbing, emitting and anisotropically scattering media. International Journal of Heat Mass Transfer, 2000, 43(7): 1233—1242.

[397] Godson W. The computation of infrared transmission by atmospheric water vapor. Journal of the Atmospheric Sciences, 1955, 12: 272—284.

[398] Malkmus W. Random Lorentz band model with exponential-tailed S^{-1} line-intensity distribution functions. Journal of the Optical Society of America, 1967, 57(3): 323—329.

[399] Zdunkowski W, Trautmann T, Bott A. Radiation in the Atmosphere: A Course in Theoretical Meteorology. Cambridge: Cambridge University Press, 2007.

[400] Curtis A. Contribution to a discussion of "a statistical model for water vapor absorption". Quarterly Journal of Royal Meteorological Society, 1952, 78: 638—640.

[401] Godson W. The evaluation of infrared transmission by atmospheric water vapor. Quarterly Journal of Royal Meteorological Society, 1953, 79: 367—379.

[402] Ellingson R G, Ellis J, Fels S. The intercomparison of radiation codes used in climate models: Long wave results. Journal of Geophysical Research, 1991, 96: 8929—8953.

[403] 俞允强. 物理宇宙学讲义. 北京:北京大学出版社, 2002.

[404] Stacey W M. Fusion Plasma Physics. Weinheim: Wiley-VCH, 2005.

[405] Freidberg J P. Plasma Physics and Fusion Energy. Cambridge: Cambridge University Press, 2007.

[406] 高崇寿, 谢柏青. 今日物理. 北京:高等教育出版社, 2008.

[407] Wesson J. Tokamaks. 3rd ed. Oxford: Oxford University Press, 2004.

[408] Lawson J D. Some criteria for a power producing thermonuclear reactor. Proceedings of the Physical Society, 1957, B70: 6.

[409] Penner S S, Olfe D B. Radiation and Reentry. New York: Academic Press, 1968.

[410] Jacobs P A. Thermal Infrared Characterization of Ground Targets and Backgrounds. New York: SPIE Press, 1996.

[411] 聂在平, 方大纲. 目标与环境电磁散射特性建模:理论、方法与实现(基础篇). 北京:国防工业出版社, 2009.

[412] 聂在平, 方大纲. 目标与环境电磁散射特性建模:理论、方法与实现(应用篇). 北京:国防工业出版社, 2009.

[413] Ruck G T. Radar Cross Section Handbook. New York: Plenum Press, 1970.

[414] Crispin J W, Siegel K M. Methods of Radar Cross Section Analysis. New York: Academic Press, 1968.

[415] 黄培康. 雷达目标特征信号. 北京:宇航出版社, 1993.

[416] 黄培康, 殷红成, 许小剑. 雷达目标特性. 北京:电子工业出版社, 2005.

[417] 阮颖铮. 雷达截面与隐身技术. 北京:国防工业出版社, 1998.

[418] Knott E F. Radar Cross Section. Boston: Artech House, 1985.

[419] Hirschel E H, Weiland C. Aerothermodynamic Design Problems of Hypersonic Flight Vehicles. New York: Springer-Verlag, 2009.

[420] 王淦昌. 激光惯性约束核聚变. 现代物理知识,1989,(1):1.
[421] 何景棠. μ 子催化冷核聚变. 物理,1989,18:461.
[422] 何景棠. 冷聚变的实验进展. 物理学进展,2005,25(2):221—233.
[423] 李银安. 冷核聚变现象研究. 物理,1990,19:65.
[424] 彭先觉,师学明. 核能与聚变裂变混合能源堆. 物理,2010,39:385.
[425] 李帮楠. 聚变-裂变混合堆:中国发展增殖堆的道路. 物理,1987,16:487.
[426] 朱士尧. 核聚变研究的发展历史. 物理,1990,19:113.
[427] 朱士尧. 核聚变原理. 合肥:中国科学技术大学出版社,1992.
[428] 潘传红. 国际热核实验反应堆(ITER)计划与未来核聚变能源. 物理,2010,39:375.
[429] Aris R. Vectors,Tensors,and the Basic Equations of Fluid Mechanics. Englewood Cliffs: Prentice-Hall,1962.
[430] 华罗庚. 高等数学引论(第 1 卷第 2 分册). 北京:科学出版社,1963.
[431] 夏皮罗. 可压缩流的动力学与热力学(上、下册). 陈立子,等译. 潘杰元等校. 北京:科学出版社,1966.
[432] 汤普森. 可压缩流体动力学. 田安久,张瑜,朱丰泉,等译. 吴文校. 北京:科学出版社,1986.
[433] 吴仲华. 静止与运动坐标下的气动热力学基本方程-粘性力的作用与粘性项的物理意义. 机械工程学报,1965,13(4):43—67.
[434] 堪特劳维兹. 气体动力学基本原理:非定常气体动力学的一维处理法. 徐华舫译. 北京:科学出版社,1988.
[435] 李维新. 一维不定常流与冲击波. 北京:国防工业出版社,2003.
[436] 周毓麟. 一维非定常流体力学. 北京:科学出版社,1990.
[437] 钱学森. 气体动力学基本原理(A 编):气体动力学诸方程. 徐华舫译. 北京:科学出版社,1966.
[438] White F M. Viscous Fluid Flow. 2nd ed. New York:McGraw-Hill,1991.
[439] Zucrow M J,Hoffman J D. Gas Dynamics. New York:John Wiley & Sons,1976.
[440] Cullen D E,Pomraning G C. The multiband method in radiative transfer calculations. Journal of Quantitative Spectroscopy and Radiative Transfer,1980,24:97—113.
[441] Cullen D E. Application of the probability table method to multigroup calculations of neutron transport. Nuclear Science and Engineering,1974,55(4):387—400.
[442] Liberman M A,De Groot J S,Toor A. 高密度 Z 箍缩等离子体物理学. 孙承纬译. 北京:国防工业出版社,2003.
[443] Joachain C J. Quantum Collision Theory. Amsterdam:North-Holland Publishing Company,1975.
[444] Smith K. The Calculation of Atomic Collision Processes. New York:Wiley-Interscience,1971.
[445] Mott N F,Massey N W. 原子碰撞理论. 趙恒忠,趙鸿译. 北京:科学出版社,1960.
[446] Bransden B H. Atomic Collision Theory. New York:The Benjamin/Cummings Publishing

Company,1983.

[447] 林美荣,张包铮.原子光谱学导论.北京:科学出版社,1990.

[448] 陈式刚.非平衡统计力学.北京:科学出版社,2010.

[449] Wu C H. Three-dimensional turbomachine flow equations expressed with respect to non-orthogonal curvilinear coordinates and methods of solution//Proceeding of the 3rd International Symposium on Air-Breathing Engines. 1976:233—252.

[450] Pomraning G C. Transport effects in diffusion theory. Nuclear Science and Engineering, 1965,21:62—78.

[451] Szilar R H,Pomraning G C. Numerical transport and diffusion methods in radiative transfer. Nuclear Science and Engineering,1992,112:256—269.

[452] Sanchez R,Pomraning G C. A family of flux-limited diffusion theories. Journal of Quantitative Spectroscopy and Radiative Transfer,1991,45:313—333.

[453] Courant R,Friedrichs K O. Supersonic Flow and Shock Waves. New York:Interscience, 1948.

[454] Ferri A. Elements of Aerodynamics of Supersonic Flows. New York:The Macmillan, 1949.

[455] Liepmann H W,Puckett A E. Introduction to Aerodynamics of a Compressible Fluid. New York:John Wiley & Sons,1947.

[456] Hayes W D,Probstein H F. Hypersonic Flow Theory. Vol 1:Inviscid Flows. New York: Academic Press,1966.

[457] Hansen C F. Approximation for the thermodynamic and transport properties of high-temperature air. NACA TN 4150,1958.

[458] Dorrance W H. Viscous Hypersonic Flow. New York:McGraw-Hill,1962.

[459] de Groot S R. Thermodynamics of Irreversible Processes. Amsterdam:North-Holland Publishing Company,1952.

[460] de Groot S R,Mazur P. Non-Equilibrium Thermodynamics. Amsterdam:North-Holland Publishing Company,1962.

[461] Clarke J F,McChesney M. The Dynamics of Real Gases. Oxford:Butterworths-Heinemann,1964.

[462] Spitzer L. The Physics of Fully Ionized Gases. 2nd ed. New York:Interscience,1962.

[463] Friedrichs K O. Symmetric hyperbolic linear differential equations. Communications on Pure and Applied Mathematics,1954,7:345—392.

[464] 谷超豪.正对称型方程组理论的一些发展和应用//数学论文集.上海:复旦大学数学研究所,1964:42—58.

[465] Smythe W R. Static and Dynamic Electricity. New York:McGraw-Hill,1968.

[466] Landau L D,Lifshitz E M. Electrodynamics of Continuous Media. Oxford:Pergamon Press,1984.

[467] Boyd T J M,Sanderson J J. The Physics of Plasmas. Cambridge:Cambridge University

Press,2003.
[468] Goldston R J,Rutherford P H. Introduction to Plasma Physics. Bristol:Institute of Physics Publication,1995.
[469] Goedbloed J P,Poedts S. Principles of Magnetohydrodynamics:With Applications to Laboratory and Astrophysical Plasmas. Cambridge:Cambridge University Press,2004.
[470] Biskamp D. Nonlinear Magnetohydrodynamics. Cambridge:Cambridge University Press,1993.
[471] Lifschitz A E. Magnetohydrodynamics and Spectral Theory. Boston:Kluwer Academic Publishers,1989.
[472] Freidberg J P. Ideal Magnetohydrodynamics. New York:Plenum Press,1987.
[473] Pai S I. Magnetogasdynamics and Plasma Dynamics. Berlin:Springer-Verlag,1964.
[474] Polovin R V,Demutskii V P. Fundamentals of Magnetohydrodynamics. Translated from Russian by D. Haar. New York:Consultants Bureau,1990.
[475] Moreau R. Magnetohydrodynamics. Boston:Kluwer Academic Publishers,1990.
[476] Moller C. The Theory of Relativity. London:Oxford University Press,1972.
[477] Lifshitz E M,Pitaevskii L P. Physical Kinetics. Oxford:Pergamon Press,1981.
[478] Balescu R. Statistical Dynamics:Matter out of Equilibrium. London:Imperial College Press,1997.
[479] Montgomery D C,Tidman D A. Plasma Kinetic Theory. New York:McGraw-Hill,1964.
[480] Klimontovich Y L. Kinetic Theory of Nonideal Gases and Nonideal Plasmas. Oxford:Pergamon Press,1982.
[481] Lions P L,DiPerna R. Global solutions of Vlasov-Maxwell system. Communications on Pure and Applied Mathematics,1989,42:729—757.
[482] Dupree T H. Dynamics of ionized gases. Physics of Fluids,1961,4:696.
[483] Guernsey R L. Kinetic equation for a completely ionized gas. Physics of Fluids,1962,5:322—327.
[484] Kruer W L. The Physics of Laser Plasma Interactions. Reading:Addison-Wesley Publishiny Company,1988.
[485] Lui C S,Tripathi V K. Interaction of Electromagnetic Waves With Electron Beams and Plasmas. Singapore:World Scientific Publishing Company,1994.
[486] 陆全康,蔡诗东. 关联统计动力学. 上海:复旦大学出版社,1997.
[487] Hu X W. The stimulated Brillouin scattering of a strong laser in partially stripped plasmas. Plasma Science and Technology,2000,2:279—286.
[488] Hu Y M,Hu X W. Nonlinear evolutions of stimulated Raman and Brillouin scattering processes in partially stripped-ion plasmas. Chinese Physics Letters,2001,18(9):1230—1233.
[489] Hu Y M,Hu X W. Parametric processes of a strong laser in partially ionized plasmas. Physical Review E,2003,67:036402.

[490] Spitzer L. Physics of Fully Ionized Gases. New York: Interscience, 1956.
[491] 斯必泽. 完全电离气体的物理学. 左耀，等译. 北京：科学出版社，1959.
[492] 库里柯夫斯基，留比莫夫. 磁流体力学. 徐复，唐福林，胡文瑞，等译. 上海：上海科学技术出版社，1966.
[493] 贝特曼. 磁流体力学不稳定性. 徐复，薛明伦，唐福林，等译. 北京：原子能出版社，1982.
[494] 胡文瑞. 宇宙磁流体力学. 北京：科学出版社，1987.
[495] Alfven H. Cosmical Electrodynamics. Oxford: Clarendon Press, 1950.
[496] Alfven H, Falthammer C G. Cosmical Electrodynamics: Fundamental Principles. Oxford: Clarendon Press, 1963.
[497] 朗道，栗弗席兹. 连续介质电动力学(上、下册). 周奇译. 北京：人民教育出版社，1963.
[498] 杰克逊. 经典电动力学(上、下册). 朱培豫译. 北京：人民教育出版社，1978.
[499] 吕保维，王贞松. 无线电波传播理论及其应用. 北京：科学出版社，2003.
[500] Jeans S J. The Mathematical Theory of Electricity and Magnetism. 5th ed. Cambridge: Cambridge University Press, 1948.
[501] de Groot S R, Sutorp L G. Foundations of Electrodynamic. Amsterdam: North-Holland Publishing Company, 1972.
[502] Sommerfeld A. Electrodynamics. New York: Academic Press, 1952.
[503] 柯林. 电磁流体力学. 唐戈，郭均译. 北京：科学出版社，1960.
[504] 曹昌祺. 电动力学. 北京：人民教育出版社，1962.
[505] 严济慈. 电磁学. 北京：高等教育出版社，1988.
[506] Stratton J A. Electromagnetic Theory. New York: McGraw-Hill, 1941.
[507] 麦克斯韦. 电磁通论. 戈革译. 武汉：武汉出版社，1992.
[508] Sargent M, Scully M O, Lamb W E. Laser Physics. Boca Raton: CRC Press, 2018.
[509] 常铁强，张钧. 激光等离子体相互作用与激光聚变. 长沙：湖南科学技术出版社，1988.
[510] 刘锡三. 强流粒子束及其应用. 北京：国防工业出版社，2007.
[511] 李家春. 气动热化学：祝贺吴承康院士 80 华诞文集. 北京：科学出版社，2009.
[512] Livengood J C, Wu C K. Correlation of autoignition phenomena in internal combustion engines and rapid compression machines//The Fifth Symposium International on Combustion, 1955: 347—356.
[513] Wu C K, Law C K. On the determination of laminar flame speeds from stretched flames//The 20th Symposium International on Combustion, 1984: 1941—1949.
[514] Zhou L X, Qiao L, Zhang J. A unified second order moment turbulence-chemistry model for simulating turbulent combustion and NO_x formation. Fuel, 2002, 81: 1703—1709.
[515] Zhou L X, Wang F, Zhang J. Simulation of swirling combustion and NO formation using a USM turbulence-chemistry model. Fuel, 2003, 82: 1579—1586.
[516] 周力行. 燃烧理论和化学流体力学. 北京：科学出版社，1986.
[517] 徐旭常，周力行. 燃烧技术手册. 北京：化学工业出版社，2008.
[518] 周力行. 多相湍流反应流体力学. 北京：国防工业出版社，2002.

[519] Akhiezer A I, Akhiezer I A, Polovin R V, et al. Plasma Electrodynamics, Vol 1, Linear Theory; Vol 2, Non-linear Theory and Fluctuations. Oxford: Pergamon Press, 1975.
[520] Braginskii S I. Transport Processes in a Plasma, in Reviews of Plasma Physics, Vol 1. New York: Consultants Bureau, 1965.
[521] Grad H. Principles of the Kinetic Theory of Gases, in Handbuch der Physik, Vol 12. Berlin: Springer-Verlag, 1957.
[522] Haar D. Elements of Statistical Mechanics. New York: Holt, Rinehart and Winston, 1954.
[523] Chandrasekhar S. Principles of Stellar Dynamics. Chicago: University of Chicago Press, 1942.
[524] Boyd T J M, Sanderson J J. Plasma Dynamics. London: Nelson, 1969.
[525] Shercliff J A. A Textbook of Magnetohydrodynamics. Oxford: Pergamon Press, 1965.
[526] Lighthill M J. Waves in Fluid. Cambridge: Cambridge University Press, 1978.
[527] Parks G K. Physics of Space Plasma: An Introduction. Boulder: Westview Press, 2003.
[528] Chen F F. 等离子体物理学导论. 林光海译. 北京：人民教育出版社，1980.
[529] 朱幼兰，钟锡昌，陈炳木，等. 初边值问题差分方法及绕流. 北京：科学出版社，1980.
[530] 西亚斯. 高速空气动力学理论. 安继光译. 北京：国防工业出版社，1960.
[531] 谷超豪，李大潜. 数学物理方程. 上海：上海科技出版社，1987.
[532] Freidberg J. 等离子体物理与聚变能. 王文浩译. 北京：科学出版社，2010.
[533] 宫本健朗. 热核聚变等离子体物理学. 金尚宪译. 北京：科学出版社，1981.
[534] 康寿万，陈雁萍. 等离子体物理手册. 北京：科学出版社，1981.
[535] Roth J R. Industrial Plasma Engineering: Vol 1 Principles. London: Institute of Physics Bristol, 2001.
[536] Boulos M, Fauchais P, Pfender E. Thermal Plasma Processing . Vol 1. New York: Plenum Press, 1994.
[537] Perry H, Landsberg H H. Projected World Energy Consumption in Energy and Climate. Washington D. C. : U. S. National Research Council, 1977.
[538] Krall N A, Trivelpiece A W. Principles of Plasma Physics. New York: McGraw-Hill, 1973.
[539] Stix T H. The Theory of Plasma Waves. New York: McGraw-Hill, 1962.
[540] Stix T H. Waves in Plasmas. New York: American Institute of Physics, 1992.
[541] 徐家鸾. 金尚宪. 等离子体物理学. 北京：原子能出版社，1981.
[542] 胡希伟. 等离子体理论基础. 北京：北京大学出版社，2006.
[543] 李定，陈银华，马锦秀，等. 等离子体物理学. 北京：高等教育出版社，2006.
[544] Krall N A, Trivelpiece A W. Principles of Plasma Physics. New York: McGraw-Hill, 1973.
[545] 马腾才，胡希伟，陈银华. 等离子体物理原理(修订版). 合肥：中国科学技术大学出版社，2012.
[546] 普朗特. 流体力学概论. 郭永怀，陆士嘉译. 北京：科学出版社，1987.

[547] Prandtl L, Tietjens O G. Fundamentals of Hydro and Aeromechanics. New York: McGraw-Hill, 1934.
[548] Oswatitsch K. Gas Dynamics. New York: Academic Press, 1956.
[549] Schlichting H. Boundary-layer Theory. 7th ed. New York: McGraw-Hill, 1979.
[550] 郭永怀. 边界层理论讲义. 合肥:中国科学技术大学出版社, 2008.
[551] 卞荫贵. 边界层理论(上、下册). 合肥:中国科学技术大学出版社, 1979.
[552] 吴介之, 马晖扬, 周明德. 涡动力学引论. 北京:高等教育出版社, 1993.
[553] 童秉纲, 尹协远, 朱克勤. 涡运动理论. 合肥:中国科学技术大学出版社, 1994.
[554] Cebeci T, Bradshaw P. Momentum Transfer in Boundary Layers. New York: Hemisphere Publishing, 1977.
[555] 吴建民. 高等空气动力学. 陈则霖, 吴文正译. 北京:北京航空航天大学出版社, 1992.
[556] Moore F K. Theory of Laminar Flows. Princeton: Princeton University Press, 1964.
[557] Hinze J O. Turbulence. New York: McGraw-Hill, 1975.
[558] 洛强斯基. 层流边界层. 王殿儒等译. 北京:国防工业出版社, 1965.
[559] 洛强斯基. 液体与气体力学(上、下册). 林鸿荪译. 北京:高等教育出版社, 1959.
[560] Bateman G. MHD Instabilities. Cambridge: MIT Press, 1978.
[561] Leontovich M A. Reviews of Plasma Physics. Vol 3. Boston: Springer-Verlag, 1967.
[562] Shafranov V D. Plasma Equilibrium in a Magnetic Field, Vol 2. New York: Consultants Bureau, 1966.
[563] van Kampen N G, Felderhof B U. Theoretical Methods in Plasma Physics. New York: Wiley, 1967.
[564] Rose D J, Clark M. Plasmas and Controlled Fusion. New York: John Wiley & Sons, 1961.
[565] Davidson R C . Methods in Nonlinear Plasma Theory. New York: Academic Press, 1971.
[566] O'Neil T M, Book D L. Nonlinear Plasma Theory. New York: W. A. Benjamin, 1969.
[567] Tidman D A, Krall N A. Shock Waves in Collisionless Plasmas. New York: John Wiley & Sons, 1971.
[568] Vedenov A A. Theory of Turbulent Plasmas. New York: Elsevier, 1968.
[569] Kadomtsev B B. Plasma Turbulence. New York: Academic Press, 1965.
[570] Leontovich M A. Plasma Physics and the Problem of Controlled Thermonuclear Reactions. Vols 1—4. Oxford: Pergamon Press, 1960.
[571] 金格塞帕. 非线性等离子体物理引论. 郭萍译. 北京:国防工业出版社, 2009.
[572] Melrose D B. Instabilities in the Space and Laboratory Plasmas. Cambridge: Cambridge University Press, 1986.
[573] Taniuti T, Nishihara K. Nonlinear Waves. New York: Pitman Book Limited, 1983.
[574] Hasegawa A. Plasma Instabilites and Nonlinear Effects. New York: Spring-Verlag, 1975.
[575] Hasegawa A, Sato T. Space Plasma Physics: 1. Stationary Processes. New York: Springer-Verlag, 1989.

[576] Petviashvili V, Pokhotelov O. Solitary Waves in Plasma and in the Atmosphere. New York: Gardon and Breach Science Publishers, 1992.
[577] 王德焴,黄光力.非线性磁声波和动力阿尔文波的稀疏孤子解及在低极尖区的应用.空间科学学报,1996,16:17.
[578] 甘师盘,洪明华,王宪民.彗尾剪切磁流体的修正 Burgers-KdV 方程及其非线性特征.空间科学学报,1993,13:107.
[579] 宋礼庭.离子声波的 Burgers-KdV 方程.空间科学学报,1988,8:53.
[580] Goldman M V. Strong turbulence of plasma waves. Review of Modern Physics, 1984, 56: 709.
[581] Ginzberg V L. The Propagation of Electromagnetic Waves in Plasmas. New York: Pergamon, 1971.
[582] Benz A O. Plasma Astrophysics: Kinetic Processes in Solar and Stellar Coronae. Boston: Kluwer Academic Publishers, 1993.
[583] Washimi M, Taniuti T. Propagation of Ion-acoustic solitary waves of small amplitude. Physical Review Letters, 1966, 17: 996—997.
[584] 赵凯华.电浆基本理论.北京:高等教育出版社,2013.
[585] Jeffrey A, Kakutani T. Weak nonlinear dispersive waves: A discussion centered around the Korteweg-de Vries equation. SIAM Review, 1972, 14: 582.
[586] Zabusky N J, Kruskal M D. Interaction of solitons in a collisionless plasma and the recurrence of initial states. Physical Review Letters, 1965, 15: 240—243.
[587] Infeld E. Nonlinear Waves, Solitons and Chaos. Cambridge: Cambridge University Press, 1990.
[588] 泡利.相对论.凌德洪,周万生译.上海:上海科学技术出版社,1958.
[589] 狄拉克.广义相对论.朱培豫译.北京:科学出版社,1979.
[590] Mϕller C. The Theory of Relativity. Oxford: Oxford University Press, 1952.
[591] Pauli W. Theory of Relativity. Oxford: Pergamon Press, 1958.
[592] Rindler W. Special Relativity. 2nd ed. Edinburgh: Oliver and Boyd, 1966.
[593] Synge J L. Relativity: The Special Theory. New York: Interscience Publishers, 1956.
[594] Einstein A. The Meaning of Relativity. Princeton: Princeton University Press, 1946.
[595] Eddington A S. The Mathematical Theory of Relativity. Cambridge: Cambridge University Press, 1960.
[596] Weinberg S. Gravitation and Cosmology: Principles and Applications of the General Theory of Relativity. New York: John Wiley & Sons, 1972.
[597] Fock V. The Theory of Space, Time, and Gravitation. 2nd ed. Translated by Kemmer N N. New York: Macmillan, 1964.
[598] Weyl H. Space-Time-Matter. Translated by Brose H L. New York: Dover Publications, 1952.
[599] Schroedinge E. Space-Time Structure. Cambridge: Cambridge University Press, 1950.

[600] Wald R M. General Relativity. Chicago:The University of Chicago Press,1984.

[601] Harrison E R. Gravitation Theory and Gravitational Collapse. Chicago:The University of Chicago Press,1965.

[602] 爱因斯坦. 相对论原理(狭义相对论和广义相对论经典论文集). 赵志田,刘一贯译. 北京:科学出版社,1980.

[603] Lichnerowicz A. Ralativistic Hydrodynamics and Magnetohydrodynamics. New York: Benjamin,1967.

[604] Anile A M, Choquet-Bruhat Y. Relativistic Fluid Dynamics. Berlin: Springer-Verlag, 1989.

[605] Anile A M. Relativistic Fluids and Magneto-Fluids. Cambridge: Cambridge University Press,1989.

[606] Anderson J L. Principles of Relativity Physics. New York:Academic Press,1967.

[607] Zeldovich Y B,Novikov I D. Relativistic Astrophysics I. Chicago: University of Chicago Press,1971.

[608] Hawking S W,Ellis F R. The Large Scale Structure of Space-time. Cambridge:Cambridge University Press,1974.

[609] 是长春. 相对论流体力学. 北京:科学出版社,1992.

[610] 俞允强. 广义相对论引论. 2 版. 北京:北京大学出版社,1997.

[611] 梁灿彬. 微分几何入门与广义相对论(上. 下册). 北京:北京师范大学出版社,2001.

[612] 刘辽,赵峥. 广义相对论. 2 版. 北京:高等教育出版社,2004.

[613] 须重明,吴雪君. 广义相对论与现代宇宙学. 南京:南京师范大学出版社,1999.

[614] 蔡伯濂. 狭义相对论. 北京:高等教育出版社,1991.

[615] 罗瑟 WGV. 相对论导论. 北京:科学出版社,1980.

[616] Smoller J,Temple B. Global solutions of the relativistic Euler equations. Communications in Mathematical Physics,1993,156:67—99.

[617] Elliott R S. Electromagnetic:History,Theory,and Application. New York:IEEE Press, 1993.

[618] Reitz J R,Milford F J,Christy R W. Foundations of Electromagnetic Theory. 4th ed. Reading:Addison-Wesley Publishing Company,1979.

[619] Kong J A. Electromagnetic Wave Theory. New York:John Wiley & Sons,1986.

[620] 龚中麟,徐承和. 近代电磁理论. 1 版. 北京:北京大学出版社,1990.

[621] 龚中麟. 近代电磁理论. 2 版. 北京:北京大学出版社,2010.

[622] Van de Hulst. Light Scattering by Small Particles. New York:John Wiley & Sons,1957.

[623] Deirmendjian D. Electromagnetic Scattering on Spherical Polydispersions. New York: Elsevier,1969.

[624] Harrington R F. Field Computation by Moment Method. New York:Macmillan,1968.

[625] Peterson A F,Ray S L,Mittra R. Computational Methods for Electromagnetics. New York:IEEE Press,1998.

[626] Jin J M. The Finite Element Method in Electromagnetics. New York: John Wiley & Sons, 1993.

[627] Tsang L, Kong J A, Ding K H, et al. Scattering of Electromagnetics Waves: Numerical Simulations. . New York: John Wiley & Sons, 2001.

[628] Hoffmann K A, Chiang S T. Computational Fluid Dynamics. 4th ed. Kansas: Engineering Education System, 2000.

[629] Peyret R. Handbook of Computational Fluid Mechanics. New York: Academic Press, 1996.

[630] Wilcox D C. Turbulence Modeling for CFD. 2nd ed. La Canada CA: DCW Industries, 1998.

[631] Wesseling P. Principles of Computational Fluid Dynamics. New York: Springer-Verlag, 2001.

[632] Zienkiewicz O C, Taylor R L. The Finite Element Method: Fluid Dynamics. Vol 3. Boston: Butterworth-Heinemann, 2000.

[633] Brebbia C A. Boundary Element in Fluid Dynamics. Southampton: Computational Mechanics Publications, 1992.

[634] Power H, Brebbia C A, Ingham D B. Boundary Element Methods in Fluid Dynamics (Ⅱ). Southampton: Computational Mechanics Publications, 1994.

[635] Munipalli R, Aithal S, Shankar V. Effect of wall conduction in proposed MHD enhanced hypersonic Vehicles. AIAA Paper 2003-6921, 2003.

[636] Aithal S, Munipalli R, Shankar V. A design environment for plasma and magneto-aerodynamics. AIAA Paper 2004-4169, 2004.

[637] Palmer G. Magnetic field effects on the computed flow over a Mars return aerobrake. Journal of the Thermophysics and Heat Transfer, 1993, 7(2): 294—301.

[638] Bell J B, Colella P, Trangenstein J A. High-order Godunov methods for general systems of hyperbolic conservation laws. Journal of Computational Physics, 1989, 82: 362.

[639] Zachary A L. A higher-order Godunov method for the equations of ideal magnetohydrodynamics. Journal of Computational Physics, 1992, 99: 341—347.

[640] Brio M, Wu C C. An upwind difference scheme for the equations of ideal magnetohydrodynamics. Journal of Computational Physics, 1988, 75: 400—422.

[641] Dia W, Woodward P R. Extension of the piecewise parabolic method to multidimensional ideal magnetohydrodynamics. Journal of Computational Physics, 1994, 115: 485—514.

[642] Dia W, Woodward P R. A simple Riemann solver and high-order Godunov schemes for hyperbolic systems of conservation laws. Journal of Computational Physics, 1994, 121: 51—65.

[643] Harten A. High resolution schemes for hyperbolic conservation laws. Journal of Computational Physics, 1983, 49(3): 357—393.

[644] Harten A, Osher S. Uniformly high-order accurate no-oscillatory schemes, I. SIAM Jour-

nal on Numerical Analysis,1987,24(2):279—309.

[645] Harten A. ENO schemes with subcell resolution. Journal of Computational Physics, 1989,83:148—184.

[646] Reddy S,Papadakis M. TVD schemes and their relation to artifical dissipation. AIAA Paper 93-0070,1993.

[647] Harten A,Engquist B, Osher S,et al. Uniformly high order accurate essentially non-oscillatory schemes,Ⅲ. Journal of Computational Physics ,1987,71(2):231—303.

[648] Shu C W. Essentially non-oscillatory and weighted essentially non-oscillatory schemes for hyperbolic conservation laws. NASA CR-206253,1997.

[649] Shu C W,Osher S. Efficient implementation of essentially non-oscillatory shock-capturing schemes Ⅱ. Journal of Computational Physics,1989,83:32—78.

[650] Shu C W,Osher S. Efficient implementation of essentially non-oscillatory shock-capturing schemes. Journal of Computational Physics,1988,77:439—471.

[651] Ma Y W,Fu D X. Super compact finite difference method with uniform and nonuniform grid system//Proceedings of the 6th International Symposium on Computational Fluid Dynamics. Lake Tahoe,1995:1435—1440.

[652] Lele S K. Compact finite difference scheme with spectral-like resolution. Journal of Computational Physics,1992,103:16—42.

[653] Cockburn B,Shu C W. The Runge-Kutta discontinuous Galerkin method for conservations laws V: Multidimensional systems. Journal of Computational Physics, 1998, 141 (2):199—224.

[654] Cockburn B,Shu C W. The local discontinuous Galerkin method for time-dependent convection-diffusion systems. SIAM Journal on Numerical Analysis,1998,35:2440—2463.

[655] Harada S, Augstinus J, Hoffmann K A, et al. Development of modified Runge-Kutta scheme with TVD limiters for the ideal 1-D MHD equations. AIAA Paper 97-2090,1997.

[656] Gaitonde D V. Development of a solver for 3-D non-ideal magnetogasdynamics. AIAA Paper 99-3610,1999.

[657] MacCormak R W. An upwind conservation form method for the ideal magnetohyrodynamics equations. AIAA Paper 99-3609,1999.

[658] Canupp P W. Resolution of magnetogasdynamic Phenomena using a flux-vector splitting method. AIAA Paper 2000-2477,2000.

[659] Munipalli R,Anderson D A,Wilson D R. CFD evaluation of seeded and unseeded MHD accelerators. AIAA Paper 2000-0215,2000.

[660] Munipalli R,Shankar V. Development of computational capabilites in real gas MHD simulations. AIAA Paper 2001-0198,2001.

[661] Munipalli R,Shankar V,Liu Z. An unstructured grid paraller MHD solver for real gas MHD simulations. AIAA Paper 2001-2738,2001.

[662] Bruno C,Czysz P A,Murthy S N. Electromagnetic in hypersonic propulsion system.

AIAA Paper 97-3389,1997.
[663] Chase R L,Boyd R,Czysz P,et al. An AJAX technology advanced SSTO design concept. AIAA Paper 98-5527,1998.
[664] Guriyanov E P,Harsha P T. AJAX:new directions in hypersonic technology. AIAA Paper 96-4609,1996.
[665] Fraishtadt V L,Kuranov A L,Sheikin E G. Use of MHD system in hypersonic aircraft. Technical Physics,1998,43(11):1309.
[666] Kuranov A L,Sheikin E G. Magnetohydrodynamic control on hypersonic aircraft under AJAX concept. Journal of Spacecraft and Rockets,2003,40(2):174—182.
[667] Kuranov A L,Sheikin E G. MHD control by external and internal flows in scramjet under AJAX concept. AIAA Paper 2003-0173,2003.
[668] Powell K G,Roe P L,Myong R S. An upwind scheme for magnetohydrodynamics. AIAA Paper 95-1704,1995.
[669] Hoffmann K A,Damevin H M,Dietiker J F. Numerical Simulation of hypersonic magnetohydrodynamic flows. AIAA Paper 2000-2259,2000.
[670] Brackbill J U,Barnes D C. The effect of nonzero $\nabla\cdot\vec{B}$ on the numerical solution of the magnetohydrodynamic equations. Journal of Computational Physics,1980,35:426—430.
[671] Toth G. The div $\cdot\vec{B}=0$ constraint in shock-capturing magnetohydrodynamics codes. Journal of Computational Physics,2000,161:605—652.
[672] Canupp P W. Influence of magnetic field divergence errors inmagneto-aerodynamic computations . AIAA Paper 2001-0197,2001.
[673] Tian Z Y,Li H,Ding G H. Numerical investigation of hypersonic MHD flow over a blunt for aero-thermal reduction // The 59th International Astronautical Congress. Glasgow, 2008.
[674] 王保国,黄伟光. 高超声速基础理论的工程应用与典型算例. 北京:国防工业出版社, 2017.
[675] Jameson A, Yoon S. Lower-Upper implicit schemes with multiple grids for the Euler equations. AIAA Journal,1987,25(7):929—935.
[676] Roe P L,Balsara D S. Notes on the eigensystem of magnetohydrodynamics. SIAM Journal of Applied Mathematics,1996,56(1):57—67.
[677] Jameson A. Time dependent calculations using multigrid with applications to unsteady flows past airfoils and wings. AIAA Paper 91-1596,1991.
[678] 王竹溪,郭敦仁. 特殊函数概论. 北京:科学出版社,1965.
[679] 华罗庚,王元. 数值积分及其应用. 北京:科学出版社,1963.
[680] Balsara D S, Rumpf T, Dumbser M, et al. Efficient, high accuracy ADER-WENO schemes for hydrodynamics and divergence-free magnetohydrodynamics. Journal of Computational Physics,2009,228:2480.
[681] Yee H C,Sjögreen,B. Efficient low dissipative high order schemes for multiscale MHD

flows，Ⅱ:Minimization of $\nabla \cdot \vec{B}$ numerical error//Proceedings of the International Conference on High Performance Scientific Computing. Hanoi,2003.
[682] Evans C R,Hawley J F. Simulation of magnetohydrodynamic flows:A constrained transport method. Journal of Astrophysics,1988,332:659—667.
[683] Arminjon P,Touma R. Central finite volume methods with constrained transport divergence treatment for ideal MHD. Journal of Computational Physics,2005,204:737—759.
[684] Dedner A. Hyperbolic divergence cleaning for the MHD equations. Journal of Computational Physics,2002,175:645—673.
[685] Londrillo P,Delzanna L. On the Divergence-free condition in Godunov type schemes for ideal magnetohydrodynamic:the upwind constrained transport method. Journal of Computational Physics,2008,195:17.
[686] 吴俊宏,王保国. 新型高分辨率格式及其在CFD的应用. 科技导报,2010,28(13):40—46.
[687] MacCormack R W. Evaluation of low magnetic Reynolds approximation for aerodynamic flow calculations. AIAA Paper 2005-4780,2005.
[688] Collins D G,Blattner W G,Wells M B,et al. Backward Monte Carlo calculations of the polarization characteristics of the radiation emerging from spherical-shell atmospheres. Applied Optics,1972,11:2684—2696.
[689] Ambirajan A. A backward Monte Carlo estimator for the multiple scattering of a narrow light beam. Journal of Quantitative Spectroscopy and Radiative Transfer,1996,56(3):371—336.
[690] Oguma M,Howell J R. Solution of two-dimensional blackbody inverse radiation by an inverse Monte Carlo method//Proceedings of the 4th ASME/JSME Joint Symposium. Maui,1995.
[691] Modest M F. Backward Monte Carlo simulations in radiative heat transfer. Journal of Heat Transfer,Transactions of the ASME,1992,35(12):3323—3333.
[692] Hammersley J M,Handscomb D C. Monte Carlo Methods. New York:John Wiley & Sons,1964.
[693] Cashwell E D,Everett C J. A Practical Manual on the Monte Carlo Method for Random Walk Problems. Oxford:Pergamon Press,1959.
[694] Meyer H A. Symposium on Monte Carlo Methods. New York:John Wiley & Sons,1956.
[695] Howell J R,Perlmutter M. Monte Carlo solution of thermal transfer through radiant media between gray walls. ASME Journal of Heat Transfer,1964,86(1):116—122.
[696] Perlmutter M,Howell J R. Radiant transfer through a gray gas between concentric cylinders using Monte Carlo. ASME Journal of Heat Transfer,1964,86(2):169—179.
[697] Howell J R. The Monte Carlo method in radiative heat transfer. ASME Journal of Heat Transfer,1998,120(3):547—560.
[698] 徐钟济. 蒙特卡罗方法. 上海:上海科学技术出版社,1985.
[699] 裴鹿成,张孝泽. 蒙特卡罗方法及其在粒子输运问题中的应用. 北京:科学出版社,1980.
[700] 布斯连科,施廖盖尔. 统计试验法(蒙特卡罗法). 王毓云,杜淑敏译. 上海:上海科学技术

出版社，1964.

[701] Rubinstein R Y. Simulation and the Monte Carlo Method. New York：John Wiley & Sons，1981.

[702] Shreider Y A. The Monte Carlo Method (The Method of Statistical Trials). Oxford：Pergamon. 1966.

[703] 安斯伦，拉尔斯登，维尔夫. 数字计算机上用的数学方法，第 3 卷，统计方法. 中国科学院计算中心概率统计组译. 上海：上海科学技术出版社，1981.

[704] 王梓坤. 概率论基础及其应用. 北京：科学出版社，1976.

[705] Greenspan H，Kelber C N，Okrent D，et al. Computing Methods in Reactor Physics. New York：Gordon and Breach Science Publishers，1968.

[706] 谢仲生，邓力. 中子输运理论数值计算方法. 西安：西北工业大学出版社，2005.

[707] 秦裕琨. 炉内传热. 2 版. 北京：机械工业出版社，1992.

[708] Yang W J，Taniguchi H，Kudo K. Radiative heat transfer by the Monte Carlo method//Hartnett J P，Irvines F T. Advances in Heat Transfer. Now York：Academic Press，1995.

[709] 岑可法，樊建人，池作和，等. 锅炉和热交换器的积灰、结渣、磨损和腐蚀的防止原理与计算. 北京：科学出版社，2003.

[710] 吕建伟，王强. 基于 RMC 的飞行器蒙皮红外辐射特征建模与计算. 红外与激光工程. 2009，38(2)：232－237.

[711] Kudo K，Kuroda A，Eid A，et al. Radiative load Problem using the singular value decomposition technique. JSME International Journal，Series B，1996，39(4)：808－814.

[712] Case K M. Transfer problems and the reciprocity principle. Review of Modern Physics，1957，29：651－663.

[713] Everson J，Nelson H F. Development and application of a reverse Monte Carlo radiative transfer code for rocket plume base heating. AIAA Paper 93-0138，1993.

[714] Kumar G N，Griffith D O，Fay J F，et al. Development and validation of a 3-D reverse Monte Carlo code for multi Plume launch vehicle base region radiative load predictions. AIAA Paper 95-0719，1995.

[715] Burt J M，Boyd I D. A Monte Carlo radiation model for simulating rarefied multiphase plume flows. AIAA Paper 2005-4691，2005.

[716] Raymer D P. Aircraft Design：A Conceptual Approach. Washington D. C.：American Institute of Aeronautics and Astronautics，1989.

[717] Whitford R. Design for Aircombat. Oxford：Jane's Publishing Company，1987.

[718] Huenecke K. Modern Combat Aircraft Design. New York：Naval Institute Press，1987.

[719] Küchemann D. The Aerodynamic Design of Aircraft. Oxford：Pergamon Press，1978.

[720] Rom J. High Angle of Attack Aerodynamics. New York：Springer-Verlag，1992.

[721] 琼斯. 隐身技术. 洪旗，魏海滨译. 北京：航空工业出版社，1991.

[722] Ball R E. The Fundamentals of Aircraft Combat Survivability：Analysis and Design. 2nd ed. New York：AIAA，2003.

[723] Sweetman B. YF-22 and YF-23 Advanced Tactical Fighters. Wichita: Motorbooks International, 1991.

[724] Launay S, Sartre V, Bonjour J. Parametric analysis of loop heat pipe operation: A literature review. International Journal of Thermal Sciences, 2007, 46: 621－636.

[725] Maidanik Y F. Loop heat pipe. Applied Thermal Engineering, 2005, 25: 635－657.

[726] Kaya T, Hoang T T. Mathematical modeling of loop heat pipes and experimental validation. Journal of Thermophysics and Heat Transfer, 1999, 13(3): 314－320.

[727] Kaya T, Goldak J. Numerical analysis of heat and mass transfer in the capillary structure of a loop heat pipe. International Journal of Heat and Mass Transfer, 2006, 49: 3211－3220.

[728] Riehl R R, Siqueira T A. Heat transport capability and compensation chamber influence in loop heat pipes performance. Applied Thermal Engineering, 2006, 26(11): 1158－1168.

[729] Pal G, Modest M F. A new hybrid full-spectrum correlated K-distribution method for radiative transfer calculations in nonhomogeneous gas mixtures. 2007 ASME-JSME Thermal Engineering Summer Heat Transfer Conference, 2007.

[730] Liu Q, Cinnella P, Tang L. Coupling heat transfer and fluid flow solvers for multi-disciplinary simulations. AIAA Paper 2004-996, 2004.

[731] Bharadwaj S P, Modest M F. Medium Resolution transmission measurements of CO_2 at high temperature—an update. Journal of Quantitative Spectroscopy & Radiative Transfer, 2007, 103(1): 146－155.

[732] 李喜喜，额日其太，朱希娟. 基于多重角度离散的排气系统红外辐射特性数值模拟. 科学技术与工程，2012，12(31)：8317－8321.

[733] Carlson J R. Computational prediction of isolated performance of an axisymmetric nozzle at Mach number 0.9. NASA TM 4506, 1994.

[734] 斯捷金. 喷气发动机原理：叶片机. 张惠民，鲁启新译. 北京：国防工业出版社，1958.

[735] 斯捷金. 喷气发动机原理：工作过程及特性. 秦鹏，梅波译. 陈辅群校. 北京：科学出版社，1961.

[736] 姜正行. 飞机内流空气动力学. 北京：航空工业出版社，1989.

[737] 朱俊强，黄国平，雷志军. 航空发动机进排气系统气动热力学. 北京：上海交通大学出版社，2014.

[738] 朱希娟，李霞，王俊，等. 三种典型流动状态下的喷流红外辐射特性. 红外与激光工程，2013，42(4)：850－856.

[739] 方宝瑞. 飞机气动布局设计. 北京：航空工业出版社，1997.

[740] 吴达，郑克扬. 排气系统的气动热力学. 北京：北京航空航天大学出版社，1989.

[741] 刘陵，刘敬华，张榛，等. 超音速燃烧与超音速燃烧冲压发动机. 西安：西北工业大学出版社，1993.

[742] 严传俊，范玮. 脉冲爆震发动机原理及关键技术. 西安：西北工业大学出版社，2005.

[743] Phillips C B, Erdman P W, Howlett L C, et al. Innovations in multi-spectral self-induced

shock-layer radiance measurement, instrumentation, and data acquisition suite. AIAA Paper 2001-0353, 2001.

[744] Gorelov V A, Gladyshev M K, Kirreev A Y, et al. Nonequilibrium shock-layer radiation in the systems of molecular bands and N_2^+ (1－): Experimental study and numerical simulation. AIAA Paper 96-1900, 1996.

[745] Levin D A, Candler G V, Limbaugh C C. Multi-spectral shock layer radiation from a hypersonic slender body. AIAA Paper 99-3747, 1999.

[746] Behrouzi P, McGuirk J J. Jet mixing enhancement using fluid tabs. AIAA Paper 2004-2401, 2004.

[747] Parekh D E, Kibens V, Glezer A, et al. Innovative jet flow control-mixing enhancement experiments. AIAA Paper 96-308, 1996.

[748] Freund J B, Moin P. Jet mixing enhancement by high-amplitude fluidic actuation. AIAA Journal, 2000, 38(10): 1863－1870.

[749] Sod G A. A survey of several finite difference methods for systems of nonlinear hyperbolic conservation laws. Journal of Computational Physics, 1978, 27(1): 1－32.

[750] Woodward P R, Colella P. The numerical simulation of tow-dimensional fluid flow with strong shocks. Journal of Computational Physics, 1984, 54: 115－173.

[751] Ryu D, Jones T W. Numerical MHD in astrophysics: algorithm and test for one-dimensional flow. Astrophysical Journal, 1995, 442: 228.

[752] Dai W, Woodwrd P R. On the divergence-free condition and conservation lows in numerical simulations for supersonic magnetohydrodynamic flows. Astrophysical Journal, 1998, 494: 317－335.

[753] 吴其芬，李桦. 磁流体力学. 长沙：国防科技大学出版社，2007.

[754] 李桦，田正雨. 高超声速流动磁流体力学控制的数值模拟研究. 长沙：国防科技大学出版社，2010.

[755] Balsara D S, Spicer S D. A staggered mesh algorithm using high order Godunov fluxes to ensure solenoidal magnetic fields in magnetohydrodynamic simulations. Journal of Computational Physics, 1999, 149: 270－292.

[756] Londrillo P, Zanna D. High-order upwind schemes for multidimensional magnetodynamics. Astrophysical Journal, 2000, 530: 508.

[757] Bityurin V A, Lineberry J T, Potebnia V G, et al. Assessment of hypersonic MHD concepts. AIAA Paper 97-2323, 1997.

[758] Kuranov A. The First Workshop on Thermochemical Processes in Plasma Aerodynamics. Saint Petersburg: Hypersonic System Institute, 2000.

[759] Kuranov A. The Second Workshop on Thermochemical Processes in Plasma Aerodynamics. Saint Petersburg: Hypersonic System Institute, 2001.

[760] Kuranov A L, Sheikin E G. The potential of MHD control for improving scramjet performance. AIAA Paper 99-3535, 1999.

[761] Brichkin D I, Kuranov A L, Sheikin E G. The potentialites of MHD control improving scramjet performance. AIAA Paper 99-4969, 1999.

[762] Macheret S O, Shneider M N, Miles R B. Electron bean generated plasmas in hypersonic MHD channels. AIAA Paper 99-3635, 1999.

[763] Macheret S O, Shneidr M N, Miles R B. MHD power extraction from cold hypersonic air flows with external ionizers. AIAA Paper 99-4800, 1999.

[764] Park C, Mehta U B, Bogdanoff D W. Real gas calculation of MHD bypass Scramjet performance. AIAA Paper 2000-3702, 2000.

[765] Golovachev Y P, Sushikh S Y, Van Wie D. Numerical simulation of MGD flows in supersonic media. AIAA Paper 2000-2666, 2000.

[766] Vatazhin A B, Kopchenov V I, Gouskov O V. Some estimations of possibility to use the MHD control for hypersonic flow deceleration. AIAA Paper 99-4972, 1999.

[767] Kopchenov V, Vatazhin A, Gouskov O. Estimation of possibility of use of MHD control in scramjet. AIAA Paper 99-4971, 1999.

[768] Macheret S O. Shneider M N, Miles R B. Magnetohydrodynamic control of hypersonic flows and scramjet inlets using electron beam ionization. AIAA Journal, 2002, 40(1): 74—81.

[769] Bityurin V A, Bocharov A N, Lineberry J. MHD flow control in hypersonic flight. AIAA Paper 2005-3225, 2005.

[770] Otsu H, Matsuda A, Abe T, et al. Feasibility study on the flight demonstration for a reentry vehicle with the magnetic flow control system. AIAA Paper 2006-3566, 2006.

[771] Knight D. A selected survey of magnetogasdynamic local flow control at high speeds. AIAA Paper 2004-1191, 2004.

[772] Gaitonde D. Higher-order solution procedure for three-dimensional nonideal magnetogasduynamics. AIAA Journal, 2001, 39(11): 2111—2120.

[773] Gaitonde D, Shang J. On the structure of an unsteady type IV interaction at Mach 8. Computers & Fluids, 1995, 24(4): 469—485.

[774] Gaitonde D, Poggie J. Simulation of magnetogasdynamic flow control techniques. AIAA Paper 2000-2326, 2000.

[775] Shang J S. Recent research in magneto-aerodynamics. Progress in Aerospace Science, 2002, 37(1): 1—20.

[776] Chernyi G, Remarks O. The Fifth Workshop on Magneto-Plasma-Aerodynamics in Aerospace Applications. Moscow: Institute for High Temperatures, Russian Academy of Sciences, 2003.

[777] 洪延姬，李倩，方娟，等. 激光等离子体减阻技术研究进展. 航空学报，2010，31(1)：93—101.

[778] 聂万胜，程钰锋，车学科. 介质阻挡放电等离子体流动控制研究进展. 力学进展，2012，42(6)：722—734.

[779] Knight D, Kuchinskiy V, Kuranov A, et al. Survey of aerodynamic flow control at high

speed by energy deposition. AIAA Paper 2003-525, 2003.

[780] Rosa R J. Magnetohydrodynamic Energy Conversion. New York: McGraw-Hill, 1968.

[781] Raizer Y. Gas Discharge Physics. 2nd ed. New York: Springer-Verlag, 1997.

[782] Bazelyan E M, Raizer Y P. Spark Discharge. Boca Raton: CRC Press, 1997.

[783] Mitchner M, Kruger C. Partially Ionized Gases. New York: John Wiley & Sons, 1973.

[784] Bychkov Y I, Korolev Y D, Mesyats G A. Injection Gaseous Electronics. Moscow: Nauka, 1982.

[785] Davidson P. An Introduction to Magnetohydrodynamics. Cambridge: Cambridge University Press, 2001.

[786] Hughes W F, Young F J. The Electromagnetodynamics of Fluids. Malabar: Robert E. Krieger Publishing Company, 1989.

[787] Moreau E. Airflow control by non-thermal plasma actuators. Journal of Physics D: Applied Physics, 2007, 40(3): 605—636.

[788] Khodataev K V. Microwave discharges and possible applications in aerospace technologies. Journal of Propulsion and Power, 2008, 24(5): 962—972.

[789] Starikovskiy A, Aleksandrov N. Nonequilibrium plasma aerodynamics. Rijeka: InTech, 2011.

[790] Roth J R, Sherman D M, Wilkinson S P. Boundary layer flow control with a one atmosphere uniform glow discharge surface plasma. AIAA Paper 98-0328, 1998.

[791] Thomas F O, Corke T C, Iqbal M, et al. Optimization of dielectric barrier discharge plasma actuators for active aerodynamic flow control. AIAA Journal, 2009, 47(9): 2169—2178.

[792] Dawson R A, Little J. Effects of pulse polarity on nanosecond pulse driven dielectric barrier discharge plasma actuators. Journal of Applied Physics, 2014, 115(4): 043306.

[793] Dedrick J, Boswell R W, Charles C. Asymmetric surface barrier discharge plasma driven by pulsed 13.56 MHz power in atmospheric pressure air. Journal of Physics D: Applied Physics, 2010, 43(34): 342001.

[794] Dedrick J, Im S, Cappelli M A, et al. Surface discharge plasma actuator driven by a pulsed 13.56MHz—5kHz voltage waveform. Journal of Physics D: Applied Physics, 2013, 46(40): 405201.

[795] Takashima K, Yin Z, Adamovich I V. Measurements and kinetic modeling of energy coupling in Volume and surface nanosecond pulse discharges. Plasma Sources Science and Technology, 2013, 22(1): 015013.

[796] Poggie J, Adamovich I, Bisek N, et al. Numerical simulation of nanosecond pulse electrical discharge. Plasma Sources Science and Technology, 2013, 22(1): 015001.

[797] Bak M S, Capplelli M A. Simulations of nanosecond pulsed dielectric barrier discharges in atmospheric pressure air. Journal of Applied Physics, 2013, 113(11): 113301.

[798] Likhanskii A V, Shneider M N. Modeling of dielectric barrier discharge plasma actuators drive by repetitive nanosecond pulses. Physics of Plasmas, 2007, 14(7): 073501.

[799] Unfer T, Boeuf J P. Modelling of a nanosecond surface discharge actuator. Journal of

Physics D: Applied Physics, 2009, 42(19): 194017.

[800] Zhu Y F, Wu Y, Cui W, et al. Modelling of plasma aerodynamic actuation driven by nanosecond SDBD discharge. Journal of Physics D: Applied Physics, 2013, 46(35): 355205.

[801] Che X K, Shao T, Nie W S, et al. Numerical simulation on a nanosecond pulse surface dielectric barrier discharge actuator in near space. Journal of Physics D: Applied Physics, 2012, 45(14): 145201.

[802] Shin J, Narayanaswamy V, Raja L L, et al. Characterization of a direct current glow discharge plasma actuator in low-pressure supersonic flow. AIAA Journal, 2007, 45(7): 1596—1605.

[803] Wang J, Li Y H, Cheng B Q, et al. Effects of plasma aerodynamic actuation on oblique shock wave in a cold supersonic flow. Journal of Physics D: Applied Physics, 2009, 42 (16): 165503.

[804] Narayanaswamy V, Raja L L, Clemens N T. Control of unsteadiness of a shock wave/turbulent boundary layer interaction by using a pulsed plasma—jet actuator. Physics of Fluids, 2012, 24(7): 076101.

[805] Atkinson M D, Poggie J, Camberos J A. Control of separated flow in a reflected shock interaction using a magnetically accelerated surface discharge. Physics of Fluids, 2012, 24(12): 126102.

[806] Peschke P, Goekce S, Leyland P, et al. Experimental investigation of pulsed dielectric barrier discharge actuators in sub-and transonic flow. AIAA Paper 2013-2885, 2013.

[807] Bedin A P, Mishin G I. Ballistic studies of the aerodynamic drag on a sphere in ionized air. Technical Physics Letters, 1995, 21(1): 5—7.

[808] Klimov A I, Koblov A N, Mishin G I, et al. Shock wave propagation in a glow discharge. Soviet Technical Physics Letters, 1982, 8(4): 192—193.

[809] Nishihara M, Takashima K, Rich J W, et al. Mach 5 bow shock control by a nanosecond pulse surface dielectric barrier discharge. Physics of Fluids, 2011, 23(6): 066101.

[810] Bisek N J, Poggie J, Nishihara M, et al. Hypersonic flow over a cylinder with a nanosecond pulse electrical discharge. Journal of Thermophysics and Heat Transfer, 2014, 28(1): 18—26.

[811] Gaitonde D V. Simulation of local and global high-speed flow control with magnetic fields. AIAA Paper 2005-0560, 2005.

[812] Lee J H. Basic governing equations for the flight regimes of aeroassisted orbital transfer vehicles. Progress in Astronautics and Aeronautics, 1985, 96: 3—53.

[813] Cambel A B. Plasma Physics and Magneto-fluid Mechanics. Series in Missile and Space Technology. New York: McGraw-Hill, 1963.

[814] Patel M P, Ng T T, Vasudevan S, et al. Plasma actuators for hingeless aerodynamic control of an unmanned air vehicle. Journal of Aircraft, 2007, 44(4): 1264—1274.

[815] He C, Corke T C, Patel M P. Plasma flaps and slats: An application of weakly ionized

plasma actuators. Journal of Aircraft, 2009, 46(3): 864—873.

[816] Gnemmi P, Rey C. Plasma actuation for the control of a supersonic projectile. Journal of Spacecraft and Rockets, 2009, 46(5): 989—998.

[817] Shang J S, Kimmel R, Hayes J, et al. Hypersonic experimental facility for magnetoaerodynamic interactions. Journal of Spacecraft and Rockets, 2005, 42(5): 780—789.

[818] Patel M, Sowle Z, Corke T C, et al. Autonomous sensing and control of wing stall using a smart plasma slat. Journal of Aircraft, 2007, 44(2): 516—527.

[819] Huang J, Corke T C, Thomas F O. Unsteady plasma actuators for separation control of low-pressure turbine blades. AIAA Journal, 2006, 44(7): 1477—1487.

[820] Ness D V, Corke T C, Morris S C. Plasma actuator blade tip clearance flow control in a liner turbine cascade. Journal of Propulsion and Power, 2012, 28(3): 504—516.

[821] 徐纲，聂超群，黄伟光，等. 低速轴流压气机顶部微量喷气控制失速机理的数值模拟. 工程热物理学报，2004，25(1)：37—40.

[822] Nie C Q, Tong Z T, Huang W G, et al. Experimental investigations of micro air injection to control rotating stall. Journal of Thermal Science, 2007, 16(1): 1—6.

[823] 邓向阳，张宏武，朱俊强，等. 压气机非定常叶顶间隙流的数值模拟研究. 工程热物理学报，2006，27(2)：229—231.

[824] 耿少娟，朱俊强，黄伟光，等. 喷气对低速轴流压气机转子叶顶区域流动的影响. 工程热物理学报，2007，28(3)：395—398.

[825] 耿少娟，朱俊强，戴季. 叶尖喷气影响低速离心压气机特性的数值分析. 工程热物理学报，2006，27(3)：411—413.

[826] 李钢，聂超群，朱俊强. 介质阻挡放电等离子体流动控制技术的研究进展. 科技导报，2008，26(4)：87—92.

[827] 李钢，聂超群，朱俊强. 介质阻挡放电等离子体对压气机叶栅性能影响的实验. 航空动力学报，2008，23(3)：522—526.

[828] 童志庭，朱俊强，聂超群. 微喷气提高轴流压气机稳定性的研究. 工程热物理学报，2006，27(3)：121—124.

[829] 聂超群，李钢，朱俊强，等. 介质阻挡放电等离子体流动控制的研究. 中国科学，2008，38(11)：1827—1835.

[830] 李钢，聂超群，朱俊强. 介质阻挡放电等离子体流动控制实验研究. 工程热物理学报，2008，29(7)：1117—1120.

[831] 李钢，徐燕骥，朱俊强，等. 利用介质阻挡放电等离子体控制压气机叶栅端壁二次流. 中国科学，2009，39(11)：1843—1849.

[832] 胡书珍，张燕峰，朱俊强，等. 跨声速轴流压气机间隙泄漏流触发旋转失速. 推进技术，2010，31(1)：47—51.

[833] 李钢，徐燕骥，朱俊强，等. 介质阻挡放电等离子体对近壁区流场的控制的实验研究. 物理学报，2009，58(6)：4026—4033.

[834] 吴吉昌，李成勤，朱俊强. 七孔探针及其在叶栅二次流动测量中的应用. 航空动力学报，

2011,26(8):1879—1886.

[835] 王沛,朱俊强,黄伟光.间隙流触发压气机内部流动失稳机制及周向槽扩稳机理.航空动力学报,2008,23(6):1067—1071.

[836] 杜娟,林峰,黄伟光,等.某跨音速轴流压气机叶顶间隙泄漏流的非定常特征.工程热物理学报,2009 ,30(5):749—752.

[837] 耿少娟,陈静宜,黄伟光,等.跨音速轴流压气机叶顶间隙泄漏流对微喷气的非定常响应机制和扩稳效果研究.工程热物理学报,2009,30(12):2010—2106.

[838] Nan X,Lin F,Huang W G,et al. Effects of casing groove depth and width on the stability and efficiency improvement for a transonic axial rotor//Proceedings of the 10th International Symposium on Experimental Computational Aerothermodynamic of Internal Flows. Brussels. ISAIF Paper 2010-054,2011.

[839] Nan X,Lin F,Chen J Y,et al. The budget analysis of axial momentum of the rotor tip flows for axial compressors with circumferential grooves. ASME Paper GT 2014-26495, 2014.

[840] 南希,王偲臣,林峰,等.轴流压气机动叶端区流动的控制体分析方法及其在周向槽机匣处理中的应用.工程热物理学报,2014,35(3):445—450.

[841] 南希,林峰,聂超群,等.动叶端区控制体分析方法在跨音速轴流压气机周向槽机匣处理中的应用.工程热物理学报,2015,36(4):728—732.

[842] 王保国,黄伟光,徐燕骥,等.航空涡扇发动机多目标多学科设计优化方法.北京:机械工业出版社,2017.

[843] Wu Y,Li Y H,Zhu J Q,et al. Experimental investigation of a subsonic compressor with plasma actuation treated casing. AIAA Paper 2007-3849,2007.

[844] 李应红,吴云,梁华,等.提高抑制流动分离能力的等离子体冲击流动控制原理.科学通报,2010,55(31):3060—3068.

[845] 李应红,梁华,马清源,等.脉冲等离子体气动激励抑制翼型吸力面流动分离的实验研究.航空学报,2008,29(6):1429—1435.

[846] 吴云,李应红,朱俊强,等.等离子体气动激励抑制压气机叶栅角区流动分离的仿真与实验.航空动力学报,2009,24(4):830—835.

[847] 吴云,李应红,朱俊强,等.等离子体气动激励扩大低速轴流式压气机稳定性的实验.航空动力学报,2007,22(12):2025—2030.

[848] 李应红,梁华,吴云,等.等离子体气动激励建模仿真综述.空军工程大学学报,2008,9(5):1—5.

[849] Vulis L A,Genkin A L,Fomenko B A. Theory and Calculations of Magnetogasdynamical Flows. Moscow:Atomizdat,1971.

[850] Pikelner S B. Fundamentals of Cosmic Electrodynamics. Washington D. C. :NASA,1964.

[851] Gorbatskii V G. Cosmic Gasdynamics. Moscow:Fizmatgiz,1977.

[852] Lee J H. Electron-impact vibrational excitation rates in the flow field of aeroassisted orbital transfer vehicles//The 20th Thermophysics Conference,Fluid Dynamics and Co-lo-

cated Conferences,1985.
[853] Hankey W L. Reentry Aerodynamics. Washington D. C. :American Institute of Aeronautics and Astronautics,1988.
[854] Grantham W L. Flight results of a 25,000 foot per second re-entry experiment using microwave reflectometers to measure plasma electron density and standoff distance. NASA TND-6062,1970.
[855] Candler G V,MacCormack R W. The computation of hypersonic ionized flows in chemical and thermal nonequilibrium. AIAA Paper 88-0511,1988.
[856] Bruno C,Czysz P A. An electro-magnetic-chemical hypersonic propulsion system. AIAA Paper 98-1582,1998.
[857] Poggie J,Gaitonde D V. Magnetic control of flow past a blunt body:Numerical validation and exploraion. Physics of Fluids,2002,14(5):1720—1731.
[858] McMullan R J,Lindsey M F,Adamovich I V,et al. Experimental validation of 3-D magnetogasdynamic compressible Navier-Stokes solver. AIAA Paper 2004-2269,2004.
[859] MacCormack R W. Aerodynamic flow calculations with strong magnetic induction and diffusion. AIAA Paper 2005-0559,2005.
[860] Hoffmann K A,Damevin H M,Dietiker J F. Numerical simulation of hypersonic magnetohydrodynamic flows. AIAA Paper 2000-2259,2000.
[861] Robinson W,Gerwin R. MHD flight control for hypersonic vehicles. AIAA Paper 2001-1884,2001.
[862] Cowling T G. Magnetohydrodynamics. New York:Interscience,1957.
[863] Raizer Y P. Physics of Gas Discharges. Berlin:Springer-Verlag,1991.
[864] Macheret S O,Shneider M N,Miles R B,et al. Electron beam generated plasmas in hypersonic magnetohydrodynamic channels. AIAA Journal,2001,39(6):1127—1136.
[865] Macheret S O, Shneider M N,Miles R B. Magnetohydrodynamic control of hypersonic flow and scramjet inlets using electron beam ionization. AIAA Journal,2002,40(1):74—81.
[866] MacCormack R W. Magneto-aerodynamic flow calculations with strong magnetic fields. AIAA Paper 2004-2163,2004.
[867] MacCormack R W. Flow calculations with strong magnetic effects. AIAA Paper 2004-0318,2004.
[868] Dietiker J F,Hoffmann K A. Numerical simulation of turbulent magnetohydrodynamic flows. AIAA Paper 2001-2737,2001.
[869] Damevin H M,Hoffmann K A. Numerical magnetogasdynamics simulations of hypersonic,chemically reacting flows. AIAA Paper 2001-2746,2001.
[870] MacCormack R W. Flow calculations with strong magnetic fields. AIAA Paper 2003-3623,2003.
[871] Macheret S O,Shneider M N,Miles R B. Modeling of plasma generation in repetitive ultashort high-power DC,microwave,and laser pulses. AIAA Paper 2001-2940,2001.

[872] Resler E L, Sears W R. The prospects of magneto-aerodynamics. Journal of the Aeronautical Sciences, 1958, 25(4): 235—245.

[873] Hansen C F, Heimes S P. A review of the thermodynamic, transport, and chemical reaction rate properties of high-temperature air. NACA TN-4359, 1958.

[874] Gupta R N, Yos J M, Thompson R A, et al. A review of reaction rates and thermodynamic and transport properties for an 11-species air model for chemical and thermal nonequilibrium calculations to 30000K. NASA RP-1232, 1990.

[875] Sato H. The Hall effect in the viscous flow of ionized gas between parallel plates under transverse magnetic field. Journal of the Physical Society of Japan, 1961, 16(7): 1427—1433.

[876] Spalart P R, Allmaras S R. A one-equation turbulence model for aerodynamic flows. AIAA Paper 92-0439, 1992.

[877] Pope S B. Turbulent Flow. Cambridge: Cambridge University Press, 2000.

[878] Marcuse D. Light Transmission Optics. New York: van Nostrand ReinHold Company, 1982.

[879] Clark R, Banish M. Fundamentals of aero-optics phenomena. AIAA Paper 94-2545, 1994.

[880] Chernov L A. Wave Propagation in a Random Medium. New York: McGraw-Hill, 1960.

[881] Tatarsk V I. Wave Propagation in a Turbulent Medium. New York: Dover Publications, 1967.

[882] Anderson J D. Gasdynamic Lasers: An Introduction. New York: Academic Press, 1976.